AF344216

TRAITÉ

DE

PALÉONTOLOGIE.

TRAITÉ

DE

PALÉONTOLOGIE

OU

HISTOIRE NATURELLE DES ANIMAUX FOSSILES

CONSIDÉRÉS DANS LEURS RAPPORTS

ZOOLOGIQUES ET GÉOLOGIQUES

PAR

F.-J. PICTET,

Professeur de zoologie et d'anatomie comparée
à l'Académie de Genève.

—

SECONDE ÉDITION,
REVUE, CORRIGÉE, CONSIDÉRABLEMENT AUGMENTÉE,
Accompagnée d'un atlas de 110 planches grand in-4°.

TOME TROISIÈME.

A PARIS,

CHEZ J.-B. BAILLIÈRE,
LIBRAIRE DE L'ACADÉMIE IMPÉRIALE DE MÉDECINE,
RUE HAUTEFEUILLE, 19;

A LONDRES, CHEZ H. BAILLIÈRE, 219, REGENT-STREET;
A NEW-YORK, CHEZ H. BAILLIÈRE, 290, BROADWAY;
A MADRID, CHEZ C. BAILLY-BAILLIÈRE, CALLE DEL PRINCIPE, 11.

1855

TRAITÉ

DE

PALÉONTOLOGIE.

TROISIÈME EMBRANCHEMENT.

MOLLUSQUES.

—

DEUXIÈME CLASSE.

GASTÉROPODES.

Les gastéropodes forment une classe très variée, représentée dans les mers actuelles et dans les mers anciennes par une quantité considérable de genres et d'espèces. C'est à elle qu'appartiennent aussi les seuls mollusques qui vivent hors de l'eau et qui respirent l'air atmosphérique.

Leur caractère extérieur le plus apparent consiste dans un disque charnu, placé sous le ventre, qui leur sert à ramper et que l'on a nommé le *pied*. Quelquefois cependant, comme dans les hétéropodes, cet organe est comprimé et sert à nager. Si l'on réunit aux gastéropodes les ptéropodes, comme nous l'avons fait à l'exemple de M. de Blainville, il faut ajouter que le pied manque quelquefois, et est remplacé par des sortes de nageoires semblables à des ailes, et placées des deux côtés du cou.

L'ensemble de leur organisation justifie mieux l'association de ces animaux en une classe distincte. Ils sont intermédiaires entre les céphalopodes et les acéphales, et ne peuvent être confondus ni avec les uns ni avec les autres. Ils ont, comme les premiers, une tête distincte, un collier nerveux œsophagien, un cœur aortique libre et indépendant du canal alimentaire ; mais leurs organes des sens sont bien moins parfaits, et leur bouche n'est jamais entourée de ces grands bras qui caractérisent si clairement les céphalopodes. Les acéphales, avec leur tête indistincte, leur manteau qui entoure le corps comme la couverture d'un livre, leur cœur allongé, souvent traversé par l'intestin, etc., forment un type plus différent encore et bien plus imparfait.

Les gastéropodes sont pour la plupart munis d'une coquille. Ce corps étant le seul qui nous indique l'existence des espèces fossiles, il est nécessaire d'étudier avec quelques détails ses parties essentielles.

Les coquilles peuvent être internes ou externes ; ce dernier cas est de beaucoup plus fréquent. Les coquilles internes sont ordinairement plus petites, fragiles, aplaties et simples.

La plupart des coquilles externes sont enroulées obliquement, ce qui provient d'un inégal développement des deux côtés de l'animal ; elles forment ainsi une hélice ou spirale oblique. Quelques-unes sont patelloïdes et symétriques sans enroulement, et quelques formes intermédiaires lient entre eux ces deux cas extrêmes.

L'enroulement, quand il a lieu, se fait le plus souvent sur le côté droit, quelquefois sur le côté gauche. Chaque espèce est ordinairement constante à cet égard ; quelquefois cependant des coquilles présentent une anomalie connue sous le nom d'hétérotaxie, et sont tournées en sens inverse de l'état normal. On les nomme alors des *coquilles inverses* ou *perverses*.

Les tours de spire s'appliquent ordinairement les uns contre les autres ; l'axe sur lequel a lieu cette application, et qui résulte du contact des parties internes de ces tours, se nomme la *columelle* (pl. LVII, fig. 1, *a*). Quelquefois aussi les tours ne se touchent pas au centre de la coquille, mais s'enroulent à une certaine distance autour d'un axe idéal. L'ouverture qui en résulte se nomme l'*ombilic*. Il peut être plus ou moins ouvert. Tantôt on voit tous les tours de spire ; tantôt l'ombilic est réduit à un petit canal ; tantôt encore il ne forme qu'un trou dans une véritable columelle, qui est ainsi *perforée* dans son centre ([1]).

La partie par laquelle sort l'animal se nomme la *bouche*. Les variations de ses formes constituent les caractères les plus importants pour la distinction des genres. Cette bouche est quelquefois fermée par une pièce cornée ou pierreuse nommée *opercule*, dont la fonction est de protéger l'animal lorsqu'il se retire dans sa coquille.

La nomenclature des diverses parties de la coquille diffère beaucoup suivant les auteurs. Il existe, en particulier, plusieurs manières d'envisager ces corps quant à leur position. Quelques naturalistes les placent la spire en haut et la bouche en bas (Lamarck , Sowerby, etc.) ; ils nomment donc l'extrémité de la spire *partie supérieure*, et la bouche *partie inférieure* ou base ; le canal qui prolonge quelquefois cette ouverture est désigné par eux sous le nom de *queue*. D'autres auteurs, au contraire, placent la bouche en haut et la spire en bas, et décrivent par conséquent la coquille d'une manière inverse des précédents. Je suivrai ici le mode plus

([1]) On trouvera de nombreux exemples de ces divers modes d'enroulement dans les planches LVII et suivantes. Voyez en particulier, pour les espèces largement ombiliquées, pl. L, fig. 1, pl. LII, fig. 12 à 21, etc.

rationnel proposé par M. d'Orbigny, qui considère les mollusques comme marchant devant lui, et désigne comme antérieure la partie d'où sort l'animal, et postérieure le bout de la spire qui est en arrière dans la locomotion.

Les diverses parties de la bouche ont reçu différentes dénominations, suivant celle de ces méthodes que l'on a adoptée. On évitera toute confusion en abandonnant les noms de bord droit, bord gauche, etc.; et en nommant toujours, à l'exemple de M. d'Orbigny, *bord columellaire*, le côté de la bouche qui est formé par la columelle ou placé de son côté, et *labre*, le côté opposé [1].

La bouche peut présenter différents caractères. Ses bords peuvent être continus ou désunis, simples ou dentés, entiers ou échancrés, etc. Les bords tout à fait continus sont plus rares que le cas contraire, et il arrive ordinairement que ce bord est modifié par son contact avec le tour de spire précédent [2].

Les dents peuvent se trouver sur la columelle [3] et sur le labre; les premières sont les plus importantes, et sont en général la terminaison d'un filet relevé, enroulé sur cette columelle.

Les échancrures du bord de la bouche portent le nom de *sinus*, si elles ne font que creuser le bord sans le prolonger, et de *canal*, si ce bord se prolonge en tube. Ces caractères sont importants, parce qu'ils indiquent, dans les coquilles échancrées, la présence, chez l'ani-

[1] Dans la figure 1 de la planche XLVII, la lettre *a* désigne le bord columellaire, et la lettre *b* le labre.

[2] Voyez pl. LVIII, fig. 10, etc., pl. LXI, fig. 28, 29, etc., des exemples de bords continus.

[3] Voyez pl. LIX, fig. 19 et 26, pl. LX, etc., des exemples de columelles dentées.

mal, d'un tube ou canal respiratoire qui manque dans ceux qui ont des coquilles à bouche entière (¹).

On est appelé fréquemment, en définissant les genres ou les espèces, à tirer des caractères du mode d'enroulement de la spire. Jusqu'à ces dernières années, les conchyliologistes se sont contentés des mots très vagues de *spire courte, spire allongée, spire très allongée*, etc., mots dont la signification et la valeur varient beaucoup d'un genre à l'autre. Mais aujourd'hui que l'étude des coquilles a pris de l'importance et du développement, on a dû chercher le moyen de préciser davantage ce caractère essentiel. M. Élie de Beaumont et d'autres naturalistes ont montré que l'accroissement de chaque coquille est parfaitement régulier et peut être apprécié avec une rigueur mathématique.

M. d'Orbigny a inventé un instrument nommé *hélicomètre*, qui a pour but de faciliter l'appréciation de ces mesures. Il se compose de deux branches fixées sur un pivot et dont l'écartement angulaire se mesure par un arc de cercle divisé, soudé à l'une d'elles (pl. LVII, fig. 2). Cet instrument fournit les moyens d'apprécier exactement l'*angle spiral*, élément important de toute détermination spécifique, en permettant d'indiquer son ouverture en nombre de degrés.

Cet angle spiral est dit *régulier*, lorsque les branches de l'hélicomètre sont en contact avec la coquille dans toute sa longueur, et que par conséquent les bords externes de tous les tours sont sur la surface d'un cône régulier. On dit que l'angle spiral est *convexe*, lorsque les branches de l'hélicomètre sont en contact avec la coquille vers le sommet de la spire, mais ne peuvent

(¹) Les planches LVII à LXII représentent surtout des bouches entières ; les planches suivantes, des bouches à sinus et des bouches terminées par un canal.

pas toucher la bouche. Cette forme, désignée aussi sous le nom de *pupoïde*, provient de ce que les tours de spire s'accroissent relativement plus vite dans le premier âge et moins vite plus tard. L'angle spiral est *concave*, lorsque les branches de l'hélicomètre touchent le sommet de la spire et le dernier tour, sans être en contact avec les intermédiaires. Cette forme provient de ce que le dernier tour est plus renflé à proportion que les autres.

Il est en outre nécessaire de pouvoir apprécier l'accroissement plus ou moins rapide de la coquille. Cet accroissement se mesure par l'obliquité de la suture ou de la jonction des tours. L'angle que forme cette ligne de suture avec le côté de la coquille a été nommé par M. d'Orbigny *angle sutural*, et indique avec précision cette obliquité. On le mesure en plaçant la coquille dans l'hélicomètre, la bouche en bas (pl. LVII, fig. 3), de manière que la branche mobile *b* soit parallèle au côté de l'angle spiral, et que la branche *a*, qui porte le cercle, suive une des lignes suturales.

Il faut enfin, dans la description d'une coquille et pour indiquer si la spire est plus ou moins saillante ou plus ou moins recouverte par le dernier tour, mesurer la hauteur de ce dernier tour relativement à l'ensemble de la coquille. On peut, pour cela, diviser une ligne ne cent parties, élever sur le milieu de cette ligne une perpendiculaire d'une longueur quelconque, et mener par son sommet des obliques sur toutes les divisions de la ligne. On obtient ainsi un triangle divisé, dans lequel, pour mesurer la proportion cherchée, on n'aura qu'à placer la coquille parallèlement à la ligne divisée. On verra facilement quelle est la proportion du dernier tour, car sa hauteur sera exprimée par un nombre égal à celui des divisions comprises entre zéro et l'oblique, qui rencontrera sa ligne suturale (la hauteur totale de la coquille est exprimée par 100).

La classification des gastéropodes présente des difficultés réelles. Conformément aux principes que j'ai rappelés dans le premier volume, elle ne peut et ne doit être établie que sur des caractères tirés des organes vitaux essentiels, et par conséquent sur l'étude des animaux eux-mêmes. Aussi peut-on dire avec raison que cette classification n'a pris une certitude suffisante que depuis que l'on a senti combien il est nécessaire d'étudier les mollusques et de ne pas se borner à collecter leurs coquilles. Mais, en même temps, il faut reconnaître que beaucoup d'espèces dans la nature vivante, et que toutes celles, bien plus nombreuses encore, qui ont vécu dans des époques antérieures à la nôtre, ne sont connues que par ces coquilles. Il devient donc nécessaire, en pratique, que la classification soit en rapport avec leurs différences de formes, et l'étude des animaux vivants doit avoir pour but de lier les caractères importants de l'animal avec ceux plus artificiels, plus variables, plus incertains, mais plus faciles à observer, de la coquille qui le protège.

Mais l'expérience démontre que l'on ne peut pas toujours établir cette liaison importante, et qu'il n'est malheureusement que trop de cas dans lesquels des coquilles tout à fait semblables renferment des mollusques très éloignés les uns des autres, et d'autres dans lesquels on voit des animaux très voisins être recouverts par des coquilles fort différentes de formes. Ainsi on voit certaines hélices ressembler par leur coquille, à s'y méprendre, à des ampullaires, ou à des natices, tandis que leurs animaux sont pulmonés et terrestres, ceux des ampullaires pectinibranches et d'eau douce, et ceux des natices pectinibranches et marins. Dans ces cas, et dans beaucoup d'autres semblables, il est impossible de dévier des principes généraux de la science, et il faut que les conchyliologistes subordonnent complétement les formes de la coquille aux caractères de l'animal. Si ce dernier n'est pas connu, il est quelquefois des circonstances accidentelles qui, en jetant quelque lumière sur ses mœurs, doivent encore être préférées aux caractères que fournit la coquille seule. J'aurai, par exemple, occasion de montrer avec quelle facilité les paléontologistes ont rapporté à des genres qui vivent actuellement dans les eaux douces des coquilles trouvées dans des dépôts marins. Le fait d'avoir eu des habitudes marines est souvent plus important pour faire préjuger les formes essentielles d'un mollusque, que tel ou tel détail de la forme de la coquille.

Plus on avance dans l'étude de ces mollusques, plus on arrive à se convaincre que si les déterminations génériques ont une certaine valeur pour les espèces des époques récentes, les déterminations de celles des époques anciennes sont entourées souvent d'un doute très grand. Les espèces des époques récentes ont les formes, le facies, les caractères accidentels des espèces actuelles, et l'on peut avec une grande probabilité, et je dirai même avec une certaine certitude, arguer de ces analogies pour décider du genre auquel elles appartiennent. Les espèces anciennes ne sont point dans ce cas, et il est souvent très douteux que l'on puisse préjuger, d'un certain degré de ressemblance plus ou moins éloigné, une analogie réelle dans les caractères essentiels. Je ne puis que renvoyer ici à ce que j'aurai occasion de montrer plus loin, quand je traiterai des *Chemnitzia*, des *Turbo*, des *Solarium*, etc., etc. Il est très possible que les caractères apparents de ces genres aient été liés d'une tout autre manière avec ceux de l'animal.

Toutefois, dans la plupart des cas, la comparaison des espèces perdues et des mollusques actuels, avec la précaution de s'attacher aux caractères les plus essentiels de la coquille, pourront servir à reconnaître leurs affinités probables.

Nous divisons ici les gastéropodes en huit ordres. Ces ordres sont très inégaux en nombre, car celui des pectinibranches renferme à lui seul beaucoup plus d'espèces fossiles que tous les autres ensemble. C'est aussi celui auquel s'appliquent principalement les considérations qui précèdent, parce que le nombre même des espèces augmente beaucoup les difficultés de son étude.

Les caractères de ces ordres sont tirés de la forme du pied et de celle des branchies, et ils sont difficiles à distinguer par leurs coquilles. Je donnerai toutefois quelques directions approximatives pour faciliter cette distinction, en renvoyant les caractères détaillés au moment où je traiterai de chacun d'entre eux.

Voici les caractères principaux qu'on peut leur assigner :

1° *Pied normal propre à ramper.*

Les PULMONÉS ont une cavité pulmonaire qui leur permet de respirer l'air atmosphérique et pas de branchies. Ils sont tous terrestres ou vivent dans les eaux douces. Leur coquille est presque toujours enroulée obliquement, rarement patelliforme ; elle est le plus souvent mince et fragile, et n'est jamais operculée.

Les PECTINIBRANCHES ont des branchies en forme de peigne dans une large cavité dont l'orifice est sur la tête. Leurs coquilles sont le plus souvent enroulées, fréquemment operculées ; la plupart d'entre elles sont solides et pesantes, quelques-unes sont patelliformes. Cet ordre comprend presque tous les gastéropodes enroulés marins et une partie de ceux d'eau douce, principalement les operculés.

Les Cyclobranches ont des branchies externes disposées tout autour du manteau, où elles forment un cordon plus ou moins complet. Ces mollusques sont marins et protégés par une coquille patelloïde univalve ou multivalve, jamais enroulée.

Les Nudibranches ont leurs branchies libres à l'extérieur du corps, ramifiées ou en lobes. Ils n'ont jamais de coquille et n'ont pas été trouvés fossiles.

Les Tectibranches ont des branchies sur le côté, cachées par le manteau et en cône pyramidal. Leurs coquilles, quand elles existent, sont bulliformes, enroulées obliquement, à tours embrassants; quelquefois très larges et à peine obliques.

Les Dentalides ont les branchies disposées en deux paquets cervicaux symétriques. Ces mollusques marins, réunis anciennement aux annélides, ont une coquille en forme de petite corne, atténuée à son extrémité et ouverte à ses deux bouts.

2° *Pied nul ou servant seulement à nager.*

Les Nucléobranches, ou Hétéropodes, ont un pied comprimé, natatoire, et des branchies en panache sur un nucléus portant le cœur. Leurs coquilles, quand elles existent, sont souvent cartilagineuses, toujours minces et fragiles; elles sont patelloïdes ou enroulées presque toujours dans le même plan.

Les Ptéropodes, considérés par plusieurs auteurs comme constituant une classe spéciale, manquent de pied et ont deux nageoires en forme d'ailes sur les côtés de la tête. Leur coquille, quand elle existe, est fibreuse, cornée ou calcaire, toujours mince et fragile.

Les gastéropodes ont apparu dès les premières époques géologiques, et l'on trouve déjà leurs débris dans les terrains les plus anciens. Ils se sont continués dans toutes les créations successives, en augmentant graduellement de nombre et en prenant des formes de plus en plus variées, jusqu'à l'époque actuelle, où ils paraissent être plus nombreux que dans aucune autre. La comparaison de ces faunes successives présente quelques résultats qui ne sont pas sans intérêt.

Le plus remarquable peut-être est le peu de différences essentielles que l'on observe entre les mollusques des différentes époques. La comparaison de ces faunes donne ici des résultats différents de ceux que nous avons indiqués pour les reptiles et les poissons. Nous avons vu, dans les poissons osseux, qu'aucun genre des époques antérieures à la craie n'est parvenu jusqu'à nous, et qu'aucun de ceux de l'époque primaire ne se retrouve depuis les terrains jurassiques. Un grand nombre de genres de gastéropodes, au contraire, se retrouvent dans plusieurs époques. La période primaire, en particulier, contient plus de genres qui vivent aujourd'hui que de genres éteints; et en général ces derniers, et surtout ceux qui sont spéciaux à une époque déterminée, forment une exception plus rare que le cas contraire.

Il résulte de là une preuve évidente contre la théorie du perfectionnement graduel, car il devient incontestable que les faunes anciennes sont composées de mollusques d'une perfection égale à celle des espèces actuelles. Rien n'autorise à admettre que dans la série des temps, l'organisation des natica, des turbo, des trochus, etc., ait subi des modifications de quelque importance, et puisse être considérée comme ayant augmenté de perfection. On peut aussi en déduire une preuve que les circonstances extérieures, telles que la température, la nature des mers, etc., ont éprouvé peu de changements.

Il est cependant un fait qui a été considéré par quelques naturalistes comme un argument en faveur de ce perfectionnement graduel. Les gastéropodes pulmonés ou à respiration aérienne représentent probablement un type d'organisation supérieur à celui des gastéropodes à branchies, et ils ont apparu, dit-on, à une époque récente. Je montrerai plus bas qu'ils sont plus anciens qu'on ne l'a cru jusqu'à ces dernières années. Je dois surtout faire remarquer que les dépôts qui renferment des coquilles terrestres et fluviatiles sont si rares dans les terrains anciens, que l'on ne peut presque pas tirer un argument de ce qu'on n'ait pas encore trouvé des coquilles de gastéropodes pulmonés. Depuis qu'on en a découvert dans les terrains wealdiens, et probablement même dans le lias, il devient évident qu'il est bien loin d'être démontré que l'apparition de cet ordre ait été réellement plus récente que celle des autres.

Si l'on compare les divers ordres les uns avec les autres, on sera surtout frappé du petit nombre des mollusques anciens dont la bouche est échancrée par un fort sinus, ou prolongée par un canal apparent. Les coquilles de l'époque primaire ont presque toutes une bouche ronde, en comprenant sous cette désignation les bouches qui ont une fente, comme les pleurotomaires. Celles de l'époque jurassique présentent en majorité la même forme, et les familles des muricides ou des strombides ont seules quelques espèces qui représentent les coquilles à canal. Les bouches échancrées ou canaliculées augmentent pendant la période crétacée, pour avoir dans l'époque tertiaire à peu près la même proportion qu'aujourd'hui.

Les faunes anciennes de gastéropodes ont été moins nombreuses que les nôtres, moins variées de forme, et l'on peut dire qu'elles se sont augmentées et compliquées dans la série des temps.

On peut s'en convaincre d'abord, en comparant le nombre des genres aux diverses époques, ce qui donne la mesure de la diversité des formes. Ce nombre a toujours été en augmentant, et les terrains anciens n'en renferment pas le quart de nos mers actuelles. Plusieurs familles manquent à ces premières époques ainsi qu'à l'époque jurassique, et l'on en peut même citer telles que les cypréades, les olivides, etc., qui ne datent que de la fin de l'époque crétacée. S'il est vrai de dire que peu de types des époques anciennes manquent à notre faune moderne, l'inverse serait faux, car nous avons aujourd'hui des types nombreux qui ne sont pas représentés dans ces créations anciennes.

Le même résultat découle de la comparaison des espèces, dont le nombre a été en croissant depuis les époques anciennes jusqu'aux plus récentes.

Quelques groupes cependant font une exception ; mais ce cas est rare. On en peut citer comme exemple, dans l'ordre des pectinibranches, la famille des haliotides, qui a présenté plus de genres et d'espèces dans la plupart des époques anciennes qu'elle n'en a de nos jours, et surtout qu'elle n'en a eu dans l'époque tertiaire.

La taille des gastéropodes n'a pas plus varié que leurs formes. On trouve dans la plupart des époques quelques espèces remarquables par leur grandeur, comme nous en avons encore quelques-unes dans les mers actuelles, mais la taille moyenne s'est maintenue à peu près la même.

Je ne reviens pas ici sur la loi de la spécialité des fossiles : la classe des gastéropodes est une de celles dans laquelle on a le plus souvent cité des espèces qui passent d'un étage à l'autre ; je me contenterai de rappeler ce que j'ai déjà dit, que les recherches des paléontologistes les plus dignes de confiance ont singulièrement réduit ces passages. Quoique quelques espèces se trouvent à la fois dans deux subdivisions géologiques très rapprochées, l'étude de cette classe démontre aussi évidemment que celle de toutes les autres, que la durée limitée des espèces domine tous les faits, et que leur distribution en faunes distinctes est incontestablement la règle générale.

1ᵉʳ ORDRE.

PULMONÉS.

(Pulmobranches, Blainville.)

Les pulmonés diffèrent de tous les autres gastéropodes, et même de tous les mollusques, en ce qu'ils respirent l'air atmosphérique. Ils ont une cavité pulmonaire simple, ouverte sous le bord droit du manteau. Quelques-uns d'entre eux sont nus, et ont souvent une petite coquille interne ; d'autres sont protégés par une coquille externe ordinairement enroulée, mince, non operculée.

Ils sont tous terrestres ou fluviatiles, et aucun d'eux ne vit dans la mer. Cette circonstance peut servir à guider le paléontologiste : car le fait qu'une coquille aura été trouvée dans un dépôt d'eau douce ou dans un dépôt marin sera souvent le seul moyen de décider si elle appartient à l'ordre des pulmonés ou à celui des pectinibranches. En effet, les coquilles de ces deux ordres se ressemblent quelquefois beaucoup : il est facile de confondre certaines hélices avec des turbo, et les coquilles des auricules ont les mêmes caractères que la plupart de celles de la famille des actéonides. Les formes de l'animal peuvent seules, dans l'étude de la nature vivante, décider les cas douteux ; et le paléontologiste, privé de ce moyen essentiel, ne peut guère recourir qu'au gisement, en admettant, ce qui est assez probable, que les genres ont eu anciennement la même habitation qu'aujourd'hui.

En partant de ces principes, dont nous trouverons plus bas une seconde application pour les familles des ampullarides et des paludinides, on est amené à rejeter de l'ordre qui nous occupe ici, pour les placer dans celui des pectinibranches, plusieurs espèces qui ont été rapportées, quoique marines, aux genres actuels des gastéropodes pulmonés.

Au reste, ces cas douteux forment l'exception, et la plupart des genres sont assez reconnaissables par leurs formes pour ne pas laisser d'incertitude. Ils deviennent alors importants pour le géologue, parce qu'ils peuvent prouver que les terrains où on les trouve doivent leur origine aux eaux douces.

On remarque, en général, que les genres terrestres sont mélangés avec les fluviatiles plutôt qu'avec les marins ; et, en effet, les mollusques terrestres vivent souvent dans les lieux humides, et, par conséquent, près des lacs, des fleuves et des ruisseaux ; et comme d'ailleurs ils n'ont guère été fossilisés que par des inondations locales, et qu'ils n'ont pas pu être déposés dans le fond des mers régulières, il n'est pas étonnant qu'on les trouve surtout dans ces mêmes dépôts d'eau douce qui ont englouti des mammifères, des reptiles et d'autres habitants de la terre.

Jusqu'à ces dernières années, on considérait les gastéropodes pulmonés comme caractérisant exclusivement l'époque tertiaire et l'époque moderne. De nouvelles découvertes ont prouvé leur existence dans les terrains wealdiens, et peut-être même dans quelques dépôts d'eau douce de l'époque du lias. On ne peut donc plus, ainsi que je l'ai dit plus haut, s'appuyer sur la tardive apparition de cet ordre pour en déduire le perfectionnement graduel des gastéropodes.

On divise les gastéropodes pulmonés en quatre familles, les *Limacides*, les *Colimacides*, les *Auriculides*, et les *Limnéides*. Les trois premières n'ont jusqu'à présent été trouvées que dans les terrains de l'époque tertiaire et de l'époque diluvienne. Celle des limnéides a apparu plus tôt, et c'est à elle que s'appliquent les faits récemment découverts que je viens de rappeler.

1re FAMILLE. — LIMACIDES.

Les limacides ont le corps nu ; leur coquille est très petite et interne, souvent même nulle. Ce sont des animaux terrestres qui ont dû, par leur nature même, être rarement conservés fossiles.

Les LIMACES (*Limax*, Lin.), — Atlas, pl. LVII, fig. 4,

n'ont qu'une petite coquille interne oblongue et plate.

L'abbé Dupuy a indiqué [1] sous le nom de *Limax Lartetii* une espèce des terrains miocènes de Sansan. (Nous avons reproduit sa figure dans l'atlas.)

Les dépôts tertiaires pliocènes fluviatiles de Maidstone et de Stutton [2] renferment une coquille considérée par les naturalistes anglais comme analogue à celle de la *Limax agrestis*, Lin, ou petite *Limace grise*, qui est une des plus fréquentes aujourd'hui.

[1] *Journal de conchyl. de Petit*, 1850, p. 301, pl. 15, fig. 1, et *Notice sur la colline de Sansan*, par M. Lartet, p. 43.

[2] Morris, *Catalogue*, p. 148.

LES TESTACELLES (*Testacella*, Lamk), — Atlas, pl. LVII, fig. 5,

ont une petite coquille externe sur l'extrémité postérieure. Cette coquille est presque auriforme, légèrement spirale au sommet, et très largement ouverte.

L'abbé Dupuy [1] a aussi décrit une testacelle de Sansan, la *T. Lartetii*, qui diffère de toutes les espèces de France par sa profondeur. (Atlas, pl. LVII, fig. 5.)

M. Marcel de Serres [2] cite la *T. haliotidea*, Draparnaud, actuellement vivante, comme trouvée dans les dépôts tertiaires du midi de la France.

2ᵉ FAMILLE. — COLIMACIDES.

Les colimacides ont une coquille enroulée en hélice déprimée ou allongée, une columelle sans plis et quatre tentacules, dont les supérieurs portent les yeux. Les espèces sont toutes terrestres.

LES VITRINES (*Vitrina*, Drap.), — Atlas, pl. LVII, fig. 6,

sont intermédiaires entre les limaces et les hélices. Leur corps est trop gros pour rentrer entièrement dans la coquille. Celle-ci est mince, transparente, fragile, non ombiliquée, croissant rapidement dans le sens horizontal, à spire très courte, à ouverture grande et sans bourrelet.

Les espèces actuelles européennes sont petites et vivent dans les lieux humides ; les exotiques sont ordinairement plus grandes.

On en connaît un petit nombre d'espèces fossiles des terrains tertiaires.

La *Vitrina rillyensis*, Saint-Ange de Boissy [3], a été trouvée dans les calcaires lacustres de Rilly-la-Montagne.

La *V. intermedia*, Reuss [4], provient des calcaires lacustres du nord de la Bohême. C'est l'espèce figurée dans l'Atlas.

Des espèces actuellement vivantes ont été retrouvées dans des dépôts diluviens.

[1] *Journal de conchyl.* de M. Petit, 1850, p. 302, pl. 15, fig. 2.
[2] *Géognosie des terrains tertiaires*, p. 259. Dans les *Ann. des sc. nat.* 1827, tome XI, p. 409, il y a une testacelle désignée par le même auteur sous le nom de *T. asinina*. (Voyez Bronn, *Nomenclator*.)
[3] *Mém. Soc. géol.*, 2ᵉ série, t. III, p. 270, pl. 5, fig. 7, *a*, *b*.
[4] *Palæontographica*, t. II, p. 18, pl. 1, fig. 4.

Les Hélices ou Escargots (*Helix*, Lin.), — Atlas, pl. LVII, fig. 7 à 10,

forment le genre le plus important de cette famille ; il comprend toutes les espèces à coquille déprimée ou globuleuse, dont l'ouverture est au moins aussi large que haute [1].

Les hélices sont, de nos jours, très nombreuses et répandues dans presque toutes les contrées du globe. Les espèces sont d'une détermination difficile, tant par leur nombre que par le peu de précision des caractères qui les distinguent. Cette difficulté est bien plus grande encore pour les espèces fossiles, qui sont souvent altérées et qui ne présentent presque jamais le secours important de la coloration. Aussi a-t-on très fréquemment rapporté les espèces fossiles aux vivantes, et dans beaucoup de cas ces rapprochements ne peuvent être ni contestés ni démontrés d'une manière rigoureuse.

Les espèces appartiennent exclusivement à l'époque tertiaire et à l'époque moderne. On n'en a en général trouvé de fossiles que dans les dépôts d'eau douce. On verra toutefois que quelques auteurs ont indiqué des hélices dans divers terrains plus anciens, mais l'examen de ces espèces montre promptement que c'est à tort qu'on les a rapportées à ce genre [2].

Je ne considère toutefois point comme absolument impossible que l'on découvre les hélices dans des époques anciennes ; et le fait que l'on trouve surtout dans ces époques des terrains marins, n'est pas une raison très puissante, car il est évident qu'un escargot peut être entraîné par un fleuve dans la mer. Je pense seulement que toutes les espèces trouvées jusqu'à présent, et qui sont de vraies hélices, n'ont été découvertes que dans les terrains tertiaires, et que rien n'autorise à admettre une antiquité plus grande pour ce genre si remarquable de nos jours.

[1] Des variétés d'enroulement ont fait établir beaucoup de genres reconnus maintenant inutiles. Il faut en particulier réunir aux hélices les CARACOLLA, CAROTREMA, HELICELLA, HELICOGENA, TERA, ZONITES, etc., noms sous lesquels ont été décrites des espèces vivantes et des espèces fossiles. Il faut également leur réunir une foule d'autres genres, admis seulement par ceux qui ont décrit des espèces vivantes.

[2] Ainsi l'*Helix Gentii*, Sow., 143, du grès vert, est une natice ; ainsi les *H. cirriformis*, Sow., 174, *carinatus*, Sow., 40, *striatus*, Sow., 174, etc., appartiennent à la famille des trochides.

Parmi les espèces certaines, les plus anciennes appartiennent aux terrains tertiaires inférieurs.

M. Michaud et M. Saint-Ange de Boissy [1] ont fait connaître en particulier quelques hélices du calcaire lacustre de Rilly-la-Montagne près Reims, dépôt inférieur aux lignites du midi de la France (suessonien inférieur, d'Orbigny). Ce sont les *H. hemisphærica*, Michaud, *Iana*, id., *Arnouldi*, id., *Droueti*, de Boissy, *Damasi*, id., et *Geslini*, id.

M. Melleville [2] a décrit l'*H. fallax*, Mell., des sables inférieurs de Châlons-sur-Vesle. M. d'Orbigny a changé ce nom en *subfallax*, parce qu'il avait été donné par Dekay à une autre espèce.

M. Matheron [3] a fait connaître quelques espèces des lignites de Provence, mais en les attribuant en grande partie à d'autres genres. Ce sont : l'*H. rotellaris*, Math., de Simiane près Gardanne ; les *Cyclostoma Lunelli*, id., *heliciformis*, id., et *disjuncta*, id., des Baux, de Vitrolles, etc.; l'*Ampullaria protostoma*, id., de Pignier, et une espèce décrite par le même auteur sous le nom d'*Ampullaria gallo-provincialis*, déjà donné à une ampullaire plus récente. M. d'Orbigny en a fait l'*Helix Matheroni*. Ces espèces, quoique appartenant toutes au groupe des lignites, ne caractérisent pas toutes la même couche ; l'*Helix rotellaris* se trouve dans la formation la plus ancienne de ce groupe, et les autres sont réparties dans les étages supérieurs.

Les gypses d'Aix, probablement contemporains de ceux de Paris (éocène supérieur) ont fourni au même auteur l'*Helix Coquandiana*, Matheron.

Les terrains nummulitiques du Vicentin renferment, quoique marins, une espèce décrite depuis longtemps par Alex. Brongniart, sous le nom de *Helix damnata* [4].

L'*H. globosa*, Sow., 170, a été trouvée dans les tertiaires éocènes d'Angleterre, ainsi que les *H. vectiensis*, F. Edwards [5], *d'Urbani*, id., *occlusa*, id., *tropifera*, id., *omphalus*, id. (*striatella*, Wood), *sublabyrinthica*, id., *beado-*

---

[1] Michaud, *Magazin de zoologie de Guérin*, 1837 ; Saint-Ange de Boissy, idem, 1839, et *Mém. Soc. géol. de France*, 2e série, t. III, p. 274, pl. 5.

[2] *Mémoire sur les sables tertiaires inférieurs du bassin de Paris*, dans les *Ann. des sc. géol.*, 1843, t. II, et à part, p. 45, pl. 5 ; d'Orbigny, *Prodrome*, t. II, p. 297.

[3] Matheron, *Ann. sc. et ind. midi de la France*, t. III, et *Répert. des trav. Soc. statist. de Marseille*, 1842, t. VI, p. 269, etc. ; d'Orbigny, *Prodrome*, t. II, p. 207. L'âge des lignites de Provence n'est pas parfaitement certain (voyez d'Archiac, *Hist. des prog.*, t. III). M. Matheron les considère comme synchrones des argiles plastiques et du calcaire grossier du bassin de Paris. M. Leymerie (*Bull. Soc. géol.*, 2e série, 1851, t. VIII, p. 202) émet une opinion à peu près semblable, en assimilant ces lignites au terrain nummulitique de l'Aude.

[4] Brongniart, *Vicentin*, p. 52, pl. 2, fig. 2.

[5] F. Edwards, *Eocene mollusca* (*Palæont. Soc.*, 1852, p. 60, pl. 10 et 11).

nensis, id., et une espèce rapportée par le même auteur, M. F. Edwards, à l'*H. labyrinthica*, Say, qui vit aujourd'hui dans l'Amérique méridionale.

Les terrains d'eau douce qui ont été formés vers la fin de l'époque éocène et au commencement de l'époque miocène ne sont pas toujours faciles à rapporter à leurs analogues marins. Il reste donc des doutes sur l'âge de quelques espèces renfermées dans ces dépôts [1].

L'*Helix Ramondi*, Brongniart [2], est dans ce cas; M. d'Orbigny l'attribue à son terrain parisien inférieur, et la cite comme ayant été trouvée à Narbonne (Aude); mais cette espèce caractérise surtout les calcaires lacustres de la Limagne, de l'Allier, etc., et se trouve enfouie avec les mammifères de la faune à anthracothériums (miocène inférieur).

On trouve dans les mêmes terrains et dans ceux des environs de Narbonne (Aude) l'*H. Cocquii*, Brongniart [3].

Les dépôts analogues [4] des environs d'Orléans, de Pithiviers, de Castelnaudary, etc., ont fourni l'*H. Moroguesi*, Brongniart, espèce à laquelle il faut ajouter l'*H. Tristani*, id., l'*H. Vialai*, de Boissy, l'*H. Pouezi*, id., etc.

L'*H. Lemani*, Alex. Brongniart et l'*H. Desmarestiana*, id., ont été trouvées à Palaiseau [5].

M. Deshayes [6] a décrit en outre les *H. dubia*, Desh., de Saint-Cyr et de l'île de Wight, et l'*H. Ferrantii*, Desh., d'Oigny près Villers-Cotterets.

Je ne sais pas à quelle époque rapporter deux espèces du Tarn, décrites par M. Saint-Ange de Boissy [7], sous le nom de *H. Archiaci* et *politula*.

Aux environs d'Aix en Provence, au-dessus des gypses et des dépôts à poissons et à insectes dont nous avons parlé plus haut, on trouve des grès ou mollasses qui, quoique marins, renferment beaucoup d'hélices [8]. Ils paraissent se rapporter, suivant quel-

[1] Voyez principalement pour ces espèces : Saint-Ange de Boissy, *Descr. de plus. esp. d'hélices fossiles Mag. de zoologie* de Guérin, 1844.

[2] Alex. Brongniart, *Ann. Mus.*, t. XV, p. 378, pl. 23 ; Bouillet, *Catalogue des moll. d'Auvergne* ; Férussac, *Mém. géol.*, n° 1, p. 57 ; Deshayes, 2ᵉ édit. de Lamarck, t. VI, p. 135 ; Saint-Ange de Boissy, *loc. cit.*

[3] Alex. Brongniart, *Ann. Mus.*, t. XV, p. 378, pl. 23 ; Férussac, Saint-Ange de Boissy, *loc. cit.*

[4] Alex. Brongniart, *Ann. Mus.*, t. XV, p. 378, pl. 23 ; Deshayes, *Coq. foss. Par.*, t. II, p. 53, pl. 6 ; de Boissy, *loc. cit.*

[5] Brongniart, *loc. cit.* ; Deshayes, *loc. cit.*

[6] Deshayes, *loc. cit.*

[7] Saint-Ange de Boissy, *loc. cit.*

[8] Ce grès, inférieur aux véritables mollasses miocènes, a été nommé *grès à hélices* par M. Rozet.

ques auteurs, à l'époque miocène inférieure, suivant d'autres à la
même période que la mollasse marine , c'est-à-dire aux terrains
miocènes supérieurs.

On trouvera la description des espèces dans les ouvrages de MM. Marcel
de Serres, Matheron (¹), etc. Les plus connues sont l'*H. aquensis*, M. de Serres,
de la taille de l'*H. pomatia*, mais moins globuleuse ; l'*H. Beaumontii*, Matheron ; l'*H. gallo-provincialis*, id., etc.

Quelques gisements de Provence, probablement contemporains de ces grès,
paraissent aussi renfermer des hélices.

Les *H. massiliensis*, Matheron, et *torus*, id., ont été trouvées aux environs
de Marseille. Les *H. d'Orbignyana*, Math., *Micheliniana*, id., et *pisum*, id.,
proviennent de la mollasse coquillière (miocène supérieur) de Rognes.

Les *H. Christolii*, id., *Dufrenoyi*, id., etc., sont plus récentes et appartiennent probablement à l'époque pliocène.

**Les terrains miocènes des départements des Landes et de la
Gironde contiennent aussi des hélices.**

M. Grateloup (²) a fait connaître l'*H. trochoides* (*subtrochoides*, d'Orb.) de
l'étage inférieur. Il a rapporté une autre espèce du même gisement à l'*H. contorta*, Ziegler, vivante. M. d'Orbigny l'a désignée sous le nom de *subcontorta*.
Il a décrit les *H. depressa*, Grat. (*subdepressa*, d'Orb.), et *aspera*, Grat , des
faluns bleus.

Les terrains miocènes supérieurs du même pays en ont aussi fourni.
M. Grateloup (³) a décrit l'*H. subglobosa*, Grat., du tuf lacustre mêlé aux
faluns jaunes, l'*H. intermedia*, Grat , des faluns jaunes superficiels, et rapportées une espèce des faluns jaunes mixtes, à l'*H. variabilis*, Drap.

**On en peut citer encore plusieurs espèces trouvées dans les
terrains miocènes supérieurs du reste de la France et du Piémont.**

Le célèbre gisement de Sausan, dont nous avons si souvent parlé dans le
premier volume, renferme plusieurs hélices (⁴). Ce sont les *H. Lartetii*,
de Boissy, *sansaniensis*, Dupuy, deux espèces analogues aux vivantes ; les

(¹) Marcel de Serres, *Géogn. terr. tert.*, p. 98, pl. 1, fig. 18 ; Matheron,
Catalogue, dans *Répert. trav. Mars.*, t. VI, p. 269 ; voyez aussi dans Huot,
Nouv. cours de géologie, t. I, p. 743, un catalogue des hélices d'Aix, d'après
M. Delcros, contenant une vingtaine d'espèces.

(²) *Conch. foss. de l'Adour*, pl. 3.

(³) *Ibid.*

(⁴) Voyez la liste donnée par MM. Noulet, Dupuy et de Boissy dans Lartet,
Notice sur la colline de Sansan, p. 43 ; de Boissy, *Mag. de zoologie* de Guérin,
1844 ; abbé Dupuy, *Journal de conchyl.* de M. Petit, 1850, p. 304 ; etc.

H. pulchella, Muller, et *costata*, Dupuy, et cinq espèces inédites indiquées par M. Noulet.

Les dépôts miocènes de la Touraine renferment des hélices dont quelques espèces ont été décrites par M. Deshayes [1], sous les noms de *H. asperula*, Desh., *turonensis*, id., *Ducauxii*, id., *umbilicalis*, id.

M. Dujardin [2] en avait déjà signalé deux espèces dans ce gisement; il les rapportait aux *H. algira*, et *vermiculata*, Lamk, qui vivent actuellement dans le midi de l'Europe.

C'est probablement encore à la même époque qu'il faut rapporter l'*H. Reboulii*, Leufroy [3], de Pézénas.

L'*H. Haueri*, Michelotti [4], provient des bords de la Batteria près de Turin.

Les terrains miocènes d'Allemagne sont très riches en hélices.

Les environs de Wiesbaden, de Mayence, etc., en ont en particulier fourni plusieurs.

L'*H. Moguntina*, Deshayes [5], est connue depuis longtemps.

M. Thomæ [6] en a récemment décrit un grand nombre, parmi lesquelles il y en a vingt-six nouvelles, qui, jusqu'à présent, paraissent en grande partie spéciales à ces gisements. Suivant cet auteur, l'*H. Ramondi* s'y trouverait aussi. La planche LVII représente, dans la figure 7, l'*H. Braunii*, Thomæ; dans la figure 8, l'*H. subsulcosa*, id., et dans la figure 9, l'*H. Rahti*, id.

M. F. Sandberger [7] a montré que cette association d'hélices rappelle beaucoup les formes du bassin méditerranéen.

Le docteur A. E. Reuss a décrit [8] plusieurs hélices du nord de la Bohême qui ont aussi des caractères de pays méridionaux. L'*H. algiroides* rappelle beaucoup l'*H. algira*, et quelques grandes espèces sont remarquables sous le point de vue de leurs formes méridionales (voyez en particulier l'*H. oxystoma*, Reuss, Atlas, pl. LVII, fig. 10). Cet auteur en énumère 17 dont 13 nouvelles. Quelques unes de celles de Wiesbaden y ont été retrouvées.

M. P. Merian [9] a signalé dans le calcaire d'eau douce de Mulhausen plusieurs espèces d'hélices non encore décrites.

[1] *Encyclop. méth.*, Vers, t. II, p. 251, et Lamarck, 2ᵉ édit., t. VIII, p. 137.

[2] *Mém. Soc. géol. de France*, t. II, p. 275.

[3] *Ann. sc. nat.*, t. XV, p. 406, pl. 11, fig. 4-6.

[4] *Descr. foss. miocén.*, p. 149, pl. 5, fig. 15.

[5] Deshayes, 2ᵉ édit. de Lamarck, *Histoire naturelle des animaux sans vertèbres*, Paris, 1838, t. VIII, p. 138.

[6] *Fossile Conchylien aus der tertiaer Schichten bei Hochheim und Wiesbaden.* Extrait des *Mém. Soc. de Wiesbaden*, 1845.

[7] *Leonhard und Bronn neues Jahrb.*, 1851, p. 676.

[8] *Palæontographica*, t. II, p. 18, pl. 1 et 2.

[9] *Basel Verhandl.*, 1846-48, t. VIII, p. 33; *Leonhard und Bronn neues Jahrb.*, 1851, p. 122 et 762.

Les mollasses de la Suisse sont encore mal connues au point de vue des hélices.

On y cite [1] l'*H. Ramondi*, Brongniart, *Rahti*, Thomæ, *cespitum*, Drap., etc.

M. le docteur Greppin en a trouvé [2] un grand nombre dans les dépôts tertiaires de Délémont (Jura bernois).

Les terrains tertiaires supérieurs d'Angleterre renferment peu d'hélices.

M. Wood [3] en indique quatre du crag. Deux se trouvent dans le crag rouge : l'*H. rysa*, Wood, et l'*H. puchella*, Mull., actuellement vivante.

Deux espèces également vivantes se trouvent dans le crag à mammifères. Ce sont les *H. hispida*, Lin., et *arbustorum?* Lin.

Les terrains tertiaires supérieurs (pléistocènes) d'eau douce, du même pays, contiennent de nombreuses espèces dont la plupart sont analogues aux vivantes. M. Morris [4] en a donné le catalogue général ; M. Brown [5], celui des tertiaires supérieurs de Coppord ; M. Edmonds [6], celui des mêmes terrains de la côte de Cornouailles.

Les terrains tertiaires supérieurs de Belgique n'en ont fourni qu'une seule à M. Nyst [7], qui l'a décrite sous le nom d'*Helix Hoesendonckii*. Elle a été trouvée au Stuyvenberg près Anvers.

En Allemagne, les mêmes terrains paraissent plus riches.

C'est à l'époque pliocène que la plupart des géologues allemands rapportent les espèces décrites par Zieten [8]. Ce sont les *H. insignis*, Schübler, et *sylvestrina*, Schl. de Steinheim [9], et les *H. globulosa*, Benz, *subangulosa*, id., *rugulosa*, v. Martens, *depressa*, id., et *inflexa*, id., des environs d'Ulm.

M. Klein [10] a fait connaître plusieurs espèces du Wurtemberg, parmi lesquelles les *H. Ehingensis*, *Steinheimensis*, *orbicularis*, *gyrorbis* et *mucronata*,

[1] Studer, *Geol. der Schweiz*, t. II, p. 419, 433, etc.

[2] *Ibid.*, t. II, p. 407.

[3] *Mollusca from the crag* (*Palæont. Soc.*, 1847).

[4] Morris, *Catalogue*, p. 147.

[5] Brown, *Quart. journ. of the geol. Soc.*, 1852, t. VIII, p. 189. Voyez aussi le même auteur, *Ann. and mag. of nat. hist.*, 1841, t. VII, p. 427, et 1843, t. XII, p. 477.

[6] *Geol. trans. of Cornwall*, 1848, et *Leonhard und Bronn neues Jahrb.*, 1850, p. 868.

[7] *Description des coquilles et polypiers fossiles des terrains tertiaires de la Belgique*, p. 464, pl. 38, fig. 17.

[8] *Petrif. du Wurtemberg*, pl. 29 et 31.

[9] Voyez sur les colimacés de Steinheim une note de M. L. de Buch, *Acad. de Berlin*, 18 janvier 1856.

[10] *Wurtemberg Jahreshefte*, t. II, 1846, p. 65.

sont nouvelles, ainsi que les *H. Kleini*, Krauss, et *Giengensis*, id. Toutes ces espèces paraissent appartenir à l'époque pliocène.

Le même auteur [1] a donné un catalogue des hélices qui se trouvent dans les dépôts plus récents du même pays (diluvien). Les espèces sont presque toutes analogues aux vivantes, sauf l'*H. submarginalis*, Klein, et *acieformis*, id.

Les espèces du loess du Rhin ont été citées par plusieurs auteurs. M. Alex. Braun [2], en particulier, a donné la proportion de leur abondance. La plus fréquente est l'*H. hispida*, Drap., puis vient l'*H. arbustorum*, qui est près de vingt fois plus rare, etc. Toutes ces espèces sont analogues aux vivantes, sauf l'*H. diluvii*, Braun, et l'*H. tenuilabris*, id.

Les hélices du tuf calcaire de Ahlersbach étudiées par M. Speyer [3] sont nombreuses (24 espèces) et toutes analogues aux vivantes.

On en cite quelques-unes des terrains supérieurs d'Italie.

Les terrains pliocènes du Piémont renferment, suivant M. E. Sismonda [4], deux espèces, les *H. sepulta*, Mich., et *vermicularis*, Bonelli.

Les terrains quaternaires de Sicile renferment, suivant M. Philippi [5], deux espèces actuelles vivantes, l'*H. vermiculata*, Müller, et l'*H. Mazzulii*, Jan., et une espèce éteinte, l'*H. sphæroidea*, Philippi.

Il est inutile d'énumérer ici les gisements diluviens où l'on a trouvé des hélices identiques avec les espèces vivantes. C'est la règle générale pour ces formations, pour les cavernes, les brèches osseuses, etc. Dans quelques pays, cependant, on a observé des espèces fossiles qui ne vivent plus dans la même localité et qui ont ordinairement pris une habitation plus méridionale.

Les ANASTOMA, Fischer (*Angystoma*, Klein, *Tomogeres*, Montf., d'Orb. [6], *Tomigeres*, Leach, *Lychnus*, Matheron), — Atlas, pl. LVII, fig. 11,

forment un genre à peine distinct des hélices et caractérisé seulement par une bouche retournée et ouverte en haut, dirigée du

[1] *Würtemberg Jahreshefte*, t. II, 1846, p. 100.
[2] *Leonhard und Bronn neues Jahrb.*, 1847, p. 19.
[3] *Leonhard und Bronn neues Jahrb.*, 1844, p. 32.
[4] *Synopsis an. ev. Pedem. foss.*, p. 56.
[5] *Enum. moll. Sicil.*, t. I, p. 135, pl. 8, fig. 19.
[6] M. d'Orbigny, *Cours élém.*, p. 9, a employé le mot de *Tomogeres*, Montf., pour désigner ce genre, parce qu'il date de 1810, et que Lamarck, auquel il attribue celui d'*Anastoma*, n'a écrit qu'en 1820 le volume de l'*Hist.*

côte de la spire et ayant un labre réfléchi. Les animaux n'étant
pas connus, il est impossible de discuter l'importance de cette
modification singulière.

Ce genre ne renferme aujourd'hui que deux espèces des zones
chaudes, qui sont caractérisées par une bouche dentée, grimaçante.
M. Matheron a formé un genre LYCHNUS pour des espèces fossiles
à bouche simple, que cette seule différence ne peut pas séparer
des anastoma. Ces espèces ont été trouvées dans les lignites de
la Provence (tertiaire inférieur).

M. Matheron [1] a décrit ces espèces sous les noms de *Lychnus ellipticus*,
Math., *L. urgonensis*, id., *L. Matheronii*, Requien. Elles proviennent toutes
trois des Bouches-du-Rhône. (La dernière est figurée dans l'Atlas.)

Les BULIMES (*Bulimus*, Lamk), — Atlas, pl. VLII, fig. 12 à 17,

sont des hélices à coquille allongée, dont la bouche, entourée
d'un bourrelet, est plus haute que large. Quelques espèces vivantes étrangères sont très grandes ; les fossiles sont pour la plupart,
comme les espèces européennes actuelles, de taille moyenne ou
petite. Quelques-unes cependant prennent, sous ce point de vue,
les caractères des bulimes des pays chauds.

Nous réunissons à ce genre, à l'exemple de M. Deshayes, celui
des AGATHINES (*Achatina*, Lamk), qui ne diffèrent des bulimes que
par leur columelle tronquée et leur labre non réfléchi (Atlas,
pl. LVII, fig. 15 à 17). L'identité des animaux rend cette association nécessaire.

On trouve les bulimes fossiles dans tous les terrains tertiaires.
Les terrains tertiaires inférieurs en renferment plusieurs.

Parmi les espèces les plus anciennes on peut citer le *Bulimus Michaudi*, de
Boissy [2], du calcaire lacustre de Rilly-la-Montagne, et quatre espèces du

nat. des anim. sans vert., où il est contenu. Mais ce genre a été établi par
Fischer, en 1807, suivant Menke, sous le nom d'*Anostoma*. M. Deshayes
(*Dict. de d'Orbigny*, I, 431) a fait d'ailleurs remarquer avec raison que l'on
doit changer l'orthographe en ANASTOMA (ἄνα, sur), nom déjà employé dans ce
but par G. B. Sowerby. Cette légère modification ne doit pas empêcher de
considérer Fischer comme créateur du genre.

[1] Matheron, *Catalogue* dans *Répert. trav. statist. Mars.*, t. VI, p. 274,
pl. 34, fig. 1 et 2, et *Ann. sc. et ind. midi de la France*; Requien, *Bull. Soc.
géol.*, 1842, t. XIII, p. 495.

[2] *Mém. Soc. géol.*, 2ᵉ série, t. III, p. 279, pl. 6, fig. 4.

même gisement décrites par le même auteur sous le nom d'*Achatina*. Ce sont les *A. Terveri*, *rillyensis*, *cuspidata* et *similis*, de Rilly. (Atlas, pl. LVII, fig. 15 et 16.)

Les lignites de Provence en contiennent également.

M. Matheron [1] a décrit les *Bulimus terebra*, Math., des Baux ; *Ponsecorsii*, id., d'Orgon, espèce de grande taille et semblable aux bulimes ovoïdes américains ; *subcylindricus*, id., des lignites d'Aix, grande espèce allongée. (Atlas, pl. LVII, fig. 12.)

M. d'Orbigny [2] nous paraît placer avec raison dans ce genre les *Lymnæa longissima*, Math., des lignites de Simiane, et *aquensis*, id. (*Bulim. meridionalis*, d'Orb.), des lignites d'Aix.

Je crois également justifiée l'opinion émise par le même auteur, qui rapporte au genre des bulimes deux espèces des gypses (éocène supérieur), le *C. aquensis*, Math., d'Aix, qui deviendrait le *Bulimus Matheronianus*, d'Orb., et le *Cyclostoma crassilabra*, Math., de Vaucluse.

La *L. affuvicensis*, Math., des lignites de Fuveau, et la *L. obliqua*, id., des lignites d'Aix, me paraissent plus douteuses.

Les terrains tertiaires éocènes d'Angleterre ont fourni quelques espèces. On cite en particulier [3] le *Bulimus ellipticus*, Sowerby (ou *australis*, Wetherell et Sowerby jeune), grande espèce des dépôts d'eau douce de l'île de Wight, etc. (Atlas, pl. LVII, fig. 13); le *B. politus*, F. Edwards de Headon-Hill, et le *B. costellatus*, Sow. (*Achatina costellata*, F. Edw.), de l'île de Wight, etc.

Les bulimes paraissent manquer presque complétement aux terrains parisiens proprement dits. Des quatre espèces qui avaient été décrites par Lamarck et par M. Deshayes [4], trois sont des *Paludestrina* pour M. d'Orbigny, (*B. sextonus*, *lævigatus* et *conulus*), et une est une *Bonellia* (*B. terebellatus*). Il paraît cependant que l'on doit rapporter à ce genre l'*Achatina pellucida*, Desh. [5], de Parnes.

Les dépôts d'Aix que nous avons désignés ci-dessus sous le nom de *grès à hélices*, et quelques terrains contemporains du midi de la France, renferment aussi des bulimes.

M. Matheron [6] a décrit les *Bulimus aquensis*, Math., d'Aix ; *gallo-provincialis*, id., de Peyrolles, et *Christolianus*, id., du même gisement.

[1] Matheron, *Catalogue*, dans *Répert. trav. Soc. Marseille*, t. VI, p. 277, pl. 36 et 37.

[2] D'Orbigny, *Prodrome*, t. II, p. 298 ; Matheron, *ibid.*

[3] Sowerby, *Min. conch.*, pl. 337 ; Wetherell et G. B. Sowerby, *London geol. journ.*, t. I, p. 20 ; F. Edwards, *Eocene mollusca* (*Palæont. Society*, 1852, p. 71, pl. 11).

[4] *Coq. foss. Par.*, t. II, p. 61, pl. 8 et 9 ; Lamarck, *Ann. Mus.*, t. IV.

[5] *Coq. foss. Par.*, t. II, p. 65, pl. 6.

[6] *Catalogue*, dans *Répert. trav. statist. de Marseille*, t. VI, p. 279.

Quelques espèces sont citées dans les terrains miocènes supérieurs.

M. Grateloup [1] a trouvé dans les faluns jaunes de Dax une espèce qu'il
rapporte au *B. lubricus*, Brug. M. d'Orbigny en a fait le *B. sublubricus*. Ces
mêmes faluns jaunes renferment deux espèces du groupe des *Achatina*, dont
une est nouvelle, l'*A. buccinula*, Gratel., et dont l'autre est rapportée par le
même auteur à l'*A. acicula*, Lamk, vivante.

Les *B. globulus* et *turritus*, Grat., paraissent être des paludestrines.

M. Thomæ [2] a décrit le *Bulimus gracilis*, d'Hochheim et les *Achatina
Sandbergeri*, Thom., et *subsulcosa*, id., du même gisement, ainsi qu'une
espèce qu'il rapporte à l'*A. lubrica*, Menke, vivante.

M. A. E. Reuss [3] a recueilli, dans les dépôts d'eau douce du nord de la
Bohême, les *Bulimus complanatus*, Reuss, et *Meyeri*, id., etc., et six espèces
nouvelles décrites sous le nom d'*Achatina*. Le *B. complanatus* est figuré dans
l'Atlas, pl. LVII, fig. 13, et l'*Achatina inflata*, Reuss, id., fig. 17.

Quelques espèces vivantes ont été trouvées fossiles dans des
dépôts récents.

On a trouvé aussi quelques bulimes hors d'Europe.

On cite [4] à Bahia Blanca (Amér. mér.) le *B. nucleus*, Sow.

Plusieurs espèces ont été trouvées dans des dépôts récents de Sainte-
Hélène [5].

Les Maillots (*Pupa*, Lamk), — Atlas, pl. LVII, fig. 18 à 20,
ont une coquille à sommet très obtus, épaisse, et dont le milieu
est renflé, parce que le dernier tour de l'adulte redevient plus
étroit que les autres. La bouche a un bourrelet et est entamée par
le tour de spire précédent. Les maillots sont aujourd'hui de petites
espèces qui vivent dans les lieux humides.

Quelques auteurs en distinguent les Vertigos (*Vertigo*, Müller),
qui n'ont que deux tentacules, mais qui paraissent liés par des
transitions insensibles avec les maillots. Dans plusieurs petites
espèces, les petits tentacules disparaissent graduellement et plus
ou moins complètement, et ces dégradations successives montrent

[1] *Conch. foss. de l'Adour*, t. I.
[2] *Foss. Conch. tert. Schicht.*, etc., p. 150, pl. 3, fig. 9.
[3] *Palæontographica*, t. II, p. 29, pl. 3.
[4] *Voyage of the Beagle*, Mammif., p. 9.
[5] G. B. Sowerby jeune, dans l'appendice à l'ouvrage de Darwin sur les
îles volcaniques; E. Forbes, *Quart. journ. of the geol. Soc.*, t. VIII, p. 197,
pl. 5.

le peu d'importance de ce caractère, d'autant plus que les grands tentacules conservent tout à fait leurs caractères normaux, et ne prennent point ceux des familles suivantes où ils ne sont également qu'au nombre de deux.

Je réunis aussi aux maillots les AZECA, Leach, genre établi pour les espèces voisines du *Pupa tridens*, Drap.

Les maillots ne se trouvent que dans les terrains tertiaires et récents.

Les terrains tertiaires inférieurs en renferment beaucoup.

Les dépôts de Rilly-la-Montagne en contiennent plusieurs espèces qui ont été décrites [1] par M. Michaud et par M. Saint-Ange de Boissy. Ce sont les *Pupa columellaris*, Mich., *sinuata*, id., *oviformis*, id., *rillyensis*, de Boissy, *Archiaci*, id., *palanqula*, id., et *remiensis*, id. Les *P. columellaris* et *rillyensis* atteignent une taille bien supérieure à celle des espèces européennes actuelles. (Voyez Atlas, pl. LVII, fig. 18, la *P. rillyensis*.)

Les lignites de Provence ont fourni à M. Matheron [2] le *Pupa antiqua*, Math. (*subantiqua*, d'Orb.), des Baux ; le *P. patula*, id., du vallon de Duc, et le *P. elegans*, d'Aix.

Les terrains éocènes d'Angleterre ont fourni à M. F. Edwards [3] le *Pupa perdentata*, Edw., de Seonce, et le *P. oryza*, id., de Headon-Hill.

Ce genre se continue dans les terrains miocènes.

M. l'abbé Dupuy [4] en a décrit cinq espèces de Sausan. Ce sont les *P. Larteti*, Dup., *Nouletiana*, id., *Iratiana*, id., *Blainvilleana*, id., et une analogue de la *P. anticertigo*, Dupuy, vivante.

M. Grateloup [5] a trouvé dans les faluns jaunes de Dax le *Pupa striata*, Grat. (*substriata*, d'Orb.).

M. Thomæ [6] n'a décrit que le *Pupa selecta*, Thom., d'Hochheim.

On doit à M. Alex. Braun [7] la connaissance de quelques autres espèces d'Allemagne.

M. Reuss [8] cite dans les dépôts d'eau douce du nord de la Bohême le

[1] Michaud, *Actes Soc. lin. Bordeaux*, t. X, p. 256 ; Saint-Ange de Boissy, *Mém. Soc. géol.*, 2ᵉ série, t. III, p. 273, pl. 5.

[2] *Catalogue*, dans *Répert. trav. Soc. statist. de Marseille*, t. VI, p. 277, et *Ann. sc. et ind. midi de la France*, p. 56, pl. 1.

[3] *Eocene mollusca* (*Palæont. Soc.*, 1852, p. 76, pl. 11 et 14).

[4] *Journal de conchyliol.* de M. Petit, 1850, p. 307, pl. 15.

[5] *Conch. foss. de l'Adour*, I.

[6] *Foss. Conch. tert. Schicht.*, p. 150.

[7] *Denk. naturf. Vereins*, 1842.

[8] *Palæontographica*, t. II, p. 29, pl. 3.

Pupa minutissima, Hartm., vivante, et deux espèces nouvelles, les *Vertigo callosa*, Reuss (fig. 19), et *turgida*, id.

Les terrains tertiaires pliocènes en contiennent également.

M. Klein [1] en cite quelques-uns trouvés à Steinheim ou dans des gisements voisins. Ce sont les *P. Schubleri*, Klein (*antiqua*, Schübler), *acuminata*, id., et *neorolingensis*, id.

Les dépôts diluviens et quaternaires renferment des espèces dont la grande majorité sont identiques avec les vivantes.

Les Megaspira, Léa, — Atlas, pl. LVII, fig. 21,

ont les caractères essentiels des maillots, mais en diffèrent par leur allongement, la coquille étant composée de tours nombreux.

Le type de ce genre est le *Pupa elatior*, Spix, qui vit dans l'Amérique méridionale.

On peut lui rapporter quelques espèces fossiles.

Une des plus remarquables est la *Megaspira rillyensis*, de Boissy [2] (*Pyramidella exarata*, Michaud), des calcaires lacustres de Rilly-la-Montagne : c'est l'espèce figurée dans l'Atlas.

Le *Pupa elongata*, Melleville [3], des sables inférieurs de Châlons-sur-Vesle, est aussi une *Megaspira*.

Il est très possible qu'il faille rapporter au même genre la *Melania tenuicostata*, Matheron [4], des lignites de Rognac ; mais sa bouche n'a pas de dents internes.

La *Clausilia ? Lartetii*, Dupuy [5], me paraît aussi devoir être associée aux précédentes.

Les Clausilies (*Clausilia*, Lamk), — Atlas, pl. LVII, fig. 22 à 25,

ont une coquille fusiforme comme les maillots, mais plus grêle, à sommet peu obtus. La bouche arrondie ou ovale est irrégulière, à bords réunis, partout réfléchis en dehors. Leur nom vient d'une pièce élastique et operculiforme qui fait l'office d'opercule et qui est

---

[1] *Würtemb. Jahreshefte*, 1846, t. II, p. 76, pl. 1. La première a été décrite par Zieten, *Pétrif. du Wurt.*, pl. 29, fig. 7.

[2] *Mém. Soc. géol.*, 2ᵉ série, t. III, p. 277, pl. 6, fig. 1 et 2 ; Michaud, *Act. Soc. lin. Bordeaux*, t. X, p. 158, fig. 6.

[3] *Sables tert. inf.* (*Ann. sc. géol.*, t. II).

[4] *Catalogue*, dans *Répert. trav. statist. Marseille*, t. VI, p. 290, pl. 36, fig. 19 à 22.

[5] *Journ. conchyl.* de M. Petit, p. 306, pl. 15, fig. 1.

située dans l'avant-dernier tour. Cette pièce paraît manquer dans quelques espèces vivantes, et ne peut que bien rarement servir de caractère en paléontologie. M. Deshayes pense, probablement avec raison, que les clausilies et les maillots ne doivent former qu'un seul genre.

Elles ont commencé avec les terrains tertiaires inférieurs.

M. Saint-Ange de Boissy a décrit (¹) les *Cl. contorta*, Boiss., et *Edmondi*, id., trouvées dans les calcaires lacustres de Rilly-la-Montagne. (Atlas, pl. LVII, fig. 22 et 23.)

M. Michelin (²) cite la *Clausilia campanica*, Michel, trouvée dans le calcaire à palæotheriums de Provins.

M. F. Edwards a fait connaître (³) la *Clausilia striatula*, des dépôts éocènes d'Angleterre (Scouce).

Quelques espèces appartiennent à l'époque miocène (⁴).

M. Thomæ (⁵) a décrit la *Cl. bulimoïdes*, Braun, des environs de Wiesbaden.

M. A. E. Reuss (⁶) a fait connaître les *Cl. vulgata*, Reuss, et *peregrina*, id. (Atlas, pl. LVII, fig. 25), des dépôts lacustres du nord de la Bohême.

Les dépôts pliocènes en contiennent aussi.

M. Reuss (⁷) a trouvé la *Cl. grandis*, Reuss, à Zwiefalten, et la *Cl. antiqua*, Schübler, à Steinheim, etc.

LES AMBRETTES (*Succinea*, Drap., *Cochlohydra*, Ferussac). — Atlas, pl. LVII, fig. 26,

ont à peu près la forme des hélices, mais une ouverture très ample, plus longue que large. Leur labre est tranchant, jamais réfléchi, et il s'unit avec une columelle mince, amincie et également tranchante. Ces mollusques habitent le voisinage des eaux, et

----

(¹) *Mém. Soc. géol.*, 2ᵉ série, t. III, p. 278, pl. 5.

(²) Michelin, *Mém. d'agric. de l'Aube*, 1832, p. 204 ; *Bull. Soc. géol.*, t. V, p. 460.

(³) *Eocene mollusca* (*Palæont. Soc.*, 1852, p. 78, pl. 11, fig. 6).

(⁴) La plupart des auteurs rapportent à l'époque miocène la *Clausilia maxima*, Grat., *Conch. foss. Adour* (Atlas, pl. LVII, fig. 24) ; mais cette espèce me paraît plus récente. Elle a été trouvée dans les tufs lacustres supérieurs, avec les *Helix nemoralis*, *hortensis*, etc.

(⁵) *Foss. conch. tert. Schicht.*, pl. 4, fig. 6.

(⁶) *Palæontographica*, t. II, p. 34, pl. 4, fig. 1 et 2.

(⁷) *Würtemb. Jahreshefte*, 1846, t. II, p. 73 ; Zieten, *Pétrif. Würt.*, pl. 34, fig. 3.

M. Deshayes a montré qu'ils diffèrent des genres précédents par quelques caractères anatomiques importants.

On en connaît quelques espèces des terrains tertiaires.

La *S. imperspicua*, Wood [1], provient des terrains éocènes d'Angleterre.

La *S. spectabilis*, Thomæ [2], a été trouvée dans les terrains miocènes de Wiesbaden.

M. A. E. Reuss [3] a trouvé dans les terrains lacustres du nord de la Bohême la *S. affinis*, Reuss, et une espèce qu'il rapporte à la *S. Pfeifferi*, Rossm., vivante (Atlas, pl. LVII, fig. 26.)

M. Alex. Braun et M. Klein [4] ont fait connaître, sous les noms de *S. paludinoïdes* et *S. vitrinoïdes*, deux espèces des terrains diluviens d'Allemagne (loess), où elles se trouvent avec quelques espèces qui vivent encore.

La *Succinea Bensoniana*, Forbes [5], a été trouvée dans les dépôts récents de l'île Sainte-Hélène.

3ᵉ FAMILLE. — AURICULIDES.

Les auriculides ont une coquille ordinairement plus massive et plus épaisse que les colimacides, et leur columelle est pourvue de deux plis. Les yeux de l'animal sont à la base des tentacules, dont il n'existe qu'une paire. Ces mollusques ont des habitudes demi-aquatiques et demi-terrestres.

On trouve dans divers auteurs de nombreuses espèces indiquées comme appartenant au genre AURICULA; mais parmi ces coquilles il en est plusieurs qui ont été trouvées dans des terrains marins, et comme de nos jours aucun gastéropode pulmoné ne vit dans la mer, on peut douter de l'exactitude de ces rapprochements. Il est très probable, comme le fait remarquer M. d'Orbigny, que la plupart des prétendues auricules fossiles des terrains formés par la mer doivent être rapportées à la famille des pyramidellides, dont les coquilles ont les mêmes caractères, mais dont les animaux sont pectinibranches et marins.

Il est cependant un certain nombre d'espèces qui proviennent

[1] F. Edwards, *Eocene (mollusca Pal. Soc.*, 1852, p. 81, pl. 11, fig. 3).

[2] *Foss. Conch. tert. Schicht.*, p. 153.

[3] *Palæontographica*, t. II, p. 18, pl. I.

[4] Braun, *Denk. naturf. Vereins*, 1842; Klein, *Würtemb. Jahreshefte*, 1846, t. II, p. 97.

[5] *Quart. journ.*, t. VIII, p. 198.

de gisements d'eau douce. Elles appartiennent toutes au genre des auricules et à l'époque tertiaire.

Les Auricules (*Auricula*, Lamk.). — Atlas, pl. LVII, fig. 27 à 34, forment le seul genre de cette famille; car, à l'exemple de M. Deshayes, et en nous fondant sur la similitude des animaux et sur les transitions insensibles qui lient ces formes diverses, nous leur réunissons les genres suivants:

1° Les Scarabus, Montfort (*Polydonta*, Fischer), à coquille ovoïde, aplatie, à bouche grimaçante et dentée, tant sur le labre que sur la columelle.

2° Les Conovulus, Lamk, et les Melampus, Montfort, à coquille ovoïde ou conique, à labre réfléchi et sans dents, à columelle dentée.

3° Les Carychium, O.-F. Müller, à coquille allongée, à labre réfléchi et à columelle dentée.

4° Les Acme, Hartm (olim *Acicula*, id.) ou Pupula, Agassiz, à coquille allongée et à bouche sans dents.

On trouve les auricules dès les terrains tertiaires les plus inférieurs.

Les calcaires lacustres de Rilly-la-Montagne ont fourni à M. Saint-Ange de Boissy [1] l'*A. remiensis*, Boiss., dont la columelle a une seule dent et dont le labre est simple, et les *A. Michelini*, Boiss., et *Michaudi*, id., à labre et columelle dentés. Ces coquilles sont allongées et appartiennent au type des Carychium. (Atlas, pl. LVII, fig. 27 et 28.)

Les lignites de Provence renferment, suivant M. Matheron [2], les *Auricula Requieni*, Math., et *A. ovula*, id. (*subovula*, d'Orb.).

M. P. Edwards [3] a décrit, sous le nom de *Melampus tridentatus*, une espèce des terrains éocènes du Hampshire, qui deviendrait l'*Auricula tridentata* (Atlas, pl. LVII, fig. 29), et sous le nom de *Pedipes glaber*, une espèce du même gisement, qui me paraît devoir porter le nom d'*Auricula glabra* et appartenir au groupe des Scarabus.

Les espèces des environs de Paris décrites par Lamarck et par M. Deshayes [4]

[1] *Mém. Soc. géol.*, 2ᵉ série, t. III, p. 281, pl. 6, fig. 12 à 14.
[2] *Catalogue*, dans *Répert. trav. statist. Marseille*, t. VI, p. 280, pl. 34, fig. 1 et 2.
[3] *Eocene mollusca* (*Pal. Soc.*, p. 112, pl. 10, fig. 4 et 9).
[4] Lamarck, *Ann. Mus.*, t. IV; Deshayes, *Coq. foss. Par.*, t. II, p. 62, pl. 6 à 8; etc.

doivent pour la plupart être classées dans d'autres genres et devenir des *Pedipes*, des *Ringicules*, des *Actéons*, etc.

Il faut peut-être conserver dans ce genre l'*A. conomuliformis*, Desh., de Parnes, etc. (parisien A, d'Orb.).

Les terrains miocènes contiennent aussi des auricules.

M. Grateloup [1] a figuré, en la rapportant à tort à l'*Auricula Judæ*, Lamk, actuellement vivante dans les Indes orientales, une espèce des faluns blancs (miocène inférieur). Elle a été nommée par M. d'Orbigny *A. subjudæ*, (Atlas, pl. LVII, fig. 30.)

Le même auteur cite dans les faluns jaunes de Dax (miocène supérieur) les *A. marginalis*, Grat., *pisum*, Fér. (*subpisum*, d'Orb.), et *biplicata*, Grat. (*subbiplicata*, d'Orb.).

Les dépôts miocènes de Sansan renferment une espèce, le *Carychium minimum*, Dupuy [2].

L'*A. turonensis*, Desh. [3], provient des faluns de la Touraine.

Les *Carychium antiquum* et *minutissimum*, A. Braun [4], ont été découverts dans les terrains miocènes d'Allemagne.

Les calcaires d'eau douce des environs de Mulhouse ont fourni à M. P. Merian [5] deux espèces nouvelles, les *A. Alsatica*, Mer., et *protensa*, id.

Quelques espèces sont plus récentes et caractérisent l'époque pliocène.

Le crag rouge et le crag supérieur renferment [6] l'*Auricula pyramidalis*, Sow. (*Conocalus pyramidalis*, Wood), et l'*Auricula myosotis*, Drap., vivante.

L'*Auricula myosis*, Brocchi [7], se trouve à la fois dans les terrains miocènes et pliocènes du Piémont.

M. E.-A. Reuss [8] cite dans les dépôts lacustres de la Bohême l'*Acme fusca*, Gray (*Auricula lineata*, Drap.), vivante, et l'*Acme costellata*, Reuss, éteinte. (Atlas, pl. LVII, fig. 31.)

Plusieurs espèces (*Acme fusca*, Gray, ou *Pupula lineata*, Charp., *Carychium vulgare*, etc., etc.), actuellement vivantes, ont été trouvées fossiles dans des terrains récents.

[1] *Conch. foss. de l'Adour*, I.

[2] *Journ. de conchyl.* de M. Petit, 1850, p. 312.

[3] *Mém. Soc. géol.*, t. II, p. 276.

[4] *Denk. naturf. Ver.*, 1842, p. 149.

[5] *Basel Verhandl.*, t. VIII, p. 33; *Leonhard und Bronn, neues Jahrb.*, 1851, p. 122 et 763.

[6] Sowerby, *Min. conch.*, pl. 379; Wood, *The crag mollusca* (*Palæont. Soc.*, 1848, p. 11, pl. I).

[7] Sismonda, *Synopsis*, p. 58.

[8] *Palæontographica*, t. II, p. 40, pl. 3, fig. 15 et 16.

4ᵉ Famille. — LYMNÉIDES.

Les lymnéides ont une coquille très mince, tantôt allongée, tantôt tout à fait déprimée. Elles diffèrent des colimacides, en ce qu'elles n'ont que deux tentacules non oculés et que leurs habitudes sont purement aquatiques.

Cette famille paraît plus ancienne que les précédentes ; elle est déjà représentée dans quelques dépôts d'eau douce de l'époque secondaire. Son plus grand développement a eu lieu pendant l'époque tertiaire et dans les eaux douces actuelles.

Les Lymnées (*Lymnæus*, Lamk, *Lymnæa*, *Limneus*, *Limnea*, etc., Auct.), — Atlas, pl. LVIII, fig. 1 et 2,

ont une coquille allongée, dont le dernier tour est très grand, à bord mince. Leur columelle a un pli très oblique ; leur bouche est plus longue que large. Elles sont communes aujourd'hui dans les eaux stagnantes.

Les espèces les plus anciennes appartiennent à l'époque wealdienne.

Sowerby [1] en a indiqué une espèce dans les terrains wealdiens d'Angleterre.

M. Dunker [2] a décrit le *Lymnæus Hennei*, Dunk., des mêmes terrains d'Allemagne. (Atlas, pl. LVIII, fig. 1.)

Les espèces sont beaucoup plus abondantes dans les terrains tertiaires.

On en connaît un assez grand nombre de l'époque éocène.

Elles paraissent cependant manquer dans les sables inférieurs et dans le calcaire lacustre de Rilly-la-Montagne.

Les lignites de Provence en contiennent, suivant M. Matheron, quelques espèces ; mais nous les avons rapportées ci-dessus au genre Brunes.

M. Noullet [3] en a fait connaître deux espèces du terrain nummulitique

[1] Dans le Mémoire de Fitton sur les terrains crétacés d'Angleterre (*Trans. of the geol. Soc*, 2ᵉ série, t. IV, p. 298 et 363).

[2] *Monog. der Nordeutsch. Wealdenbildung*, p. 57, pl. 10, fig. 2.

[3] Noullet, *Descr. coq. foss. des calc. lac. de Montolieu et de Conques* ; Leymerie, *Mém. Soc. géol.*, 2ᵉ série, t. I, p. 370 ; d'Archiac, *Hist. des progrès*, t. III, p. 278.

de la montagne Noire, les *L. Rollandi* et *Leymeriæ*. M. Leymerie en avait déjà signalé des fragments dans ce même terrain.

Le dépôt éocène supérieur du bassin de Paris en renferme au moins huit espèces qui ont été décrites [1] par MM. Brard, Brongniart, Deshayes, etc. Ce sont les *L. longiscata*, Brongniart, *strigosa*, id., *acuminata*, id., *palustris*, id. (*subpalustris*, d'Orb.), *ovum*, id., *ventricosa*, id., *arenularia*, Brard, *pyramidalis*, id., et *substriata*, Deshayes.

Le *L. Naudoti* [2], Michelin, a été trouvé dans le calcaire à palæothériums de Provins.

Plusieurs de ces espèces ont été retrouvées dans les terrains éocènes d'eau douce d'Angleterre. M. F. Ewards [3] cite en outre dans ces gisements, les *L. caudata*, F. Edw., *sulcata*, id., *gibboxula*, id., *sublata*, id., *mixta*, id., *tumida*, id., *fusiformis*, Sow., *columellaris*, id., *subquadrata*, F. Edw., *convexa*, id., *costellata*, id., *cincta*, id., *angusta*, id., *minima*, Sow., *recta*, F. Edw., et *tenuis*, id.

Les espèces se continuent dans les terrains de l'époque miocène.

Il faut rapporter aux terrains miocènes inférieurs les espèces suivantes décrites par MM. Brard, Brongniart, Deshayes, etc. [4] : *L. cornea*, Brongniart, *fabula*, id., *inflata*, id., *obtusa*, Brard, *symetrica*, id., et *cylindrica*, id.

M. Grateloup [5] en a fait connaître plusieurs des terrains miocènes supérieurs des environs de Dax. Ce sont le *L. striatella*, Grat., des faluns jaunes, et les *L. fragilis*, Grat. (vivante), *auricularia*, Drap. (vivante), *ovata*, id. (vivante) et *palustris*, id. (vivante), des calcaires lacustres supérieurs ; si toutefois ces couches appartiennent bien à cette époque [6].

M. Deshayes [7] a décrit les *L. peregrina*, Desh., *obtusissima*, id., et *velutina*, id., des terrains miocènes de la Crimée.

Le célèbre gisement de Sausan renferme, suivant M. Noulet [8], cinq espèces inédites.

Les environs de Wiesbaden ont fourni à M. Thomæ [9] les *L. pachy-*

---

[1] Brard, *Ann. Mus.*, t. XV ; Brongniart, *id.* ; Deshayes, *Coq. foss. Par.*, t. II, p. 90, pl. 10 et 11.

[2] *Mém. Soc. agric. de l'Aube*, 1832, n° 44, p. 201 ; *Bull. Soc. géol.*, t. V, p. 460.

[3] *Eocene mollusca* (*Palæont Soc.*, 1852, p. 84, pl. 12) ; Sowerby, *Min. conch.*, pl. 169 et 528.

[4] Brard, *loc. cit.* ; Brongniart, *id.* ; Deshayes, *id.*

[5] *Conch. foss. de l'Adour*, I.

[6] M. d'Orbigny les attribue à l'époque miocène. Ne sont-elles pas plus récentes ?

[7] *Mém. Soc. géol.*, t. III, p. 63, pl. 5.

[8] Liste ajoutée à la fin de la *Notice sur la colline de Sausan*, par M. Lartet.

[9] *Foss. Conch. tert. Schicht.*, p. 158, pl. 4.

gaster, Th., *acutus*, A. Braun (*subpalustris*, Th.), *cretaceus*, id., *minor*, id., et une espèce qui paraît identique avec le *L. vulgaris*, Pfeiffer (vivante). Le *L. acutus* est figuré dans l'Atlas, pl. LVIII, fig. 2.

M. A.-E. Reuss [1] cite dans les calcaires lacustres du nord de la Bohême, outre trois des espèces précédentes, le *L. medius*, Reuss.

M. P. Merian [2] indique trois espèces de lymnées dans les calcaires lacustres des environs de Mulhouse, dont une ne peut pas se distinguer du *L. palustris*, Drap.

Quelques espèces paraissent avoir vécu pendant l'époque pliocène.

M. Klein a décrit [3] les *L. bullatus*, Kl., *subovatus*, Hartm., *ellipticus*, Kurr., *gracilis*, Zieten, *Kurrii*, Kl., et *socialis*, Schübl., trouvés dans le Wurtemberg.

Le crag supérieur d'Angleterre renferme, suivant M. Wood [4], quelques espèces identiques avec les vivantes.

On a trouvé des lymnées fossiles hors d'Europe.

Le *L. subulata*, Sowerby [5], provient du terrain nummulitique des Indes orientales.

Les CHILINA, Gray,

ont une tête plus largement auriculée que les lymnées, les tentacules plus courts, et leur manteau se prolonge postérieurement dans l'angle d'ouverture de la coquille. Ces coquilles ressemblent beaucoup aux lymnées; elles sont minces, ovales ou oblongues; leur columelle est assez épaisse et a un ou deux plis plus ou moins aigus. Ce genre est aujourd'hui spécial à l'Amérique méridionale.

M. d'Orbigny [6] en a trouvé des moules imparfaits dans des terrains tertiaires (miocènes?) situés sur les bords du río Negro, en Patagonie (*Ch. antiqua*, d'Orb.).

[1] *Palæontographica*, t. II, p. 35, pl. 4.
[2] *Basel Verhandl.*, 1846-1848, t. VIII, p. 33; *Leonhard und Bronn neues Jahrb.*, 1851, p. 122 et 763.
[3] Klein, *Würtemberg. Jahreshefte*, 1846, t. II, p. 81, pl. 2; Zieten, *Petrif. Wurt.*, pl. 30 et 31.
[4] *Crag mollusca* (*Palæont. Soc.*, 1848, p. 6, pl. I).
[5] *Trans. of the geol. Soc.*, 1837, t. V, pl. 47, fig. 13.
[6] *Voyage dans l'Amér. mérid.*, Paléontologie, p. 114.

Les Physes (*Physa*, Drap., *Bulinus*, Adanson, *Nauta*, Leach, *Aplexus*, Gray, *Aplecta* et *Aplexa*, Fleming), — Atlas, pl. LVIII, fig. 3,

se distinguent des lymnées par leur test poli et luisant, et par leur enroulement sénestre. Ces caractères ne seraient pas suffisants à eux seuls pour motiver l'établissement d'un genre ; mais il y a pour cela d'autres motifs plus importants, et entre autres, la forme du manteau, qui est renversé sur le test, et celle des tentacules, qui sont allongés et étroits, tandis qu'ils sont triangulaires et épais dans les lymnées. Les physes vivent dans les eaux douces et sont moins abondantes que ces derniers. On les trouve fossiles dans les terrains tertiaires.

Les espèces les plus remarquables se trouvent dans les dépôts les plus inférieurs de cette époque.

Le calcaire lacustre de Rilly-la-Montage [1] a en particulier fourni une espèce d'une très grande taille, la *Physa gigantea*, Michaud (Atlas, pl. LVIII, fig. 3), et la *P. parvissima*, de Boissy.

Suivant M. d'Orbigny, la *Ph. gigantea* a été retrouvée dans les terrains nummulitiques de l'Inde et décrite par Sowerby [2] sous le nom de *Ph. Prinsepii.*

M. Raulin [3] a étudié un gisement riche en physes, situé à Montolieu (Aude) sous le terrain nummulitique. Il est probablement contemporain du calcaire de Rilly.

La *Physa columnaria*, Desh. [4], a été trouvée dans les tertiaires inférieurs (suessonien A) d'Epernay, etc.

Les lignites de la Provence ont fourni à M. Matheron [5], outre l'espèce précédente, les *Physa Draparnaudii*, Math., *gallo-provincialis*, id., *gardanensis*, id., *doliolum*, id. et *Michaudi*, id. La plupart sont remarquables par leur grande taille, surtout si on les compare aux petites physes qui vivent aujourd'hui dans nos eaux douces d'Europe.

Les tertiaires récents fluviatiles d'Angleterre renferment deux espèces que l'on rapporte aux *Ph. fontinalis* et *hypnorum*, aujourd'hui vivantes [6].

[1] Michaud, *Mag. de zool. de Guérin*, 1837 ; Saint-Ange de Boissy, *Mém. Soc. géol.*, 2ᵉ série, t. III, p. 283, pl. 6.

[2] *Trans. of the geol. Soc.*, 1837, t. V, pl. 47 ; d'Orbigny, *Prodrome*, t. II, p. 299.

[3] *Bullet. Soc. géol.*, 2ᵉ série, t. V, p. 428.

[4] *Coq. foss. Par.*, t. II, p. 90, pl. 10, fig. 11 et 12.

[5] *Catalogue*, dans *Trav. Soc. statist. Marseille*, t. VI, p. 288, pl. 36.

[6] Morris, *Catalogue*, p. 156.

LES PLANORBES (*Planorbis*, Brug.). — Atlas, pl. LVIII, fig. 4 à 6,
ont une coquille discoïdale, mince et fragile, enroulée presque
dans le même plan et à tours peu croissants. Ils vivent aujour-
d'hui dans les eaux douces stagnantes.

Ces mollusques paraissent les plus anciens de tous les gastéropodes pulmonés, car, suivant M. Dunker, ils remontent jusqu'à
l'époque du lias.

Ce paléontologiste [1] cite le *Planorbis liasinus*, Dunker, trouvé dans les
schistes inférieurs du lias de Halberstadt qui renferment un mélange de mollusques marins et de mollusques d'eau douce.

Ce même genre a été trouvé dans les terrains wealdiens.

M. Dunker [2] a décrit et figuré le *Planorbis Jugleri*, Dunker, petite espèce carénée du terrain wealdien d'Allemagne. (Atlas, pl. LVIII, fig. 4.)

Les espèces augmentent beaucoup de nombre dans l'époque
tertiaire.

On les trouve dans les terrains tertiaires les plus anciens.

Les sables inférieurs d'Epernay (Marne) renferment, suivant M. Deshayes [3],
les *P. subovatus*, Deshayes, *lævigatus*, id., et *sparnacensis*, id.

Les lignites de Provence ont fourni à M. Matheron [4] les *Planorbis sub-
cingulatus*, Math., et *pseudo-rotundatus*, id. Cette dernière espèce et une autre
indéterminée ont été trouvées par M. Leymerie dans le terrain nummulitique de la montagne Noire.

Les terrains éocènes supérieurs du bassin de Paris sont caractérisés, suivant M. Deshayes [5], par les *L. inflatus*, Desh., *subangulatus*, id., *rotundatus*, Brard (retrouvé aussi dans les sables miocènes de Fontainebleau),
lens, Brongniart, *inversus*, Desh., et *planulatus*, id. (la Villette, Pantin, etc.).

Les dépôts analogues d'Angleterre ont fourni à M. E. Edwards [6], outre
une partie des espèces précédentes (*Pl. rotundatus*, Brard, et *lens*, Brongniart),
les *Pl. euomphalus*, Sowerby, *obtusus*, id., *discus*, F. Edwards, *oligyratus*, id.,

<hr>

[1] *Palæontographica*, t. I, p. 107, pl. 13, fig. 20.
[2] *Monog. der Norddeutsch. Wealdenbild.*, p. 57, pl. 10, fig. 4.
[3] *Coq. foss. Par.*, t. II, p. 85, pl. 9 et 10.
[4] *Catalogue*, etc., dans *Trav. Soc. statist. Marseille*, t. VI, p. 281, pl. 38.
[5] *Loc. cit.*
[6] F. Edwards, *Eocene mollusca* (*Palæontogr. Soc.*, 1852, p. 97, pl. 15.;
Sowerby, *Min. conch.* pl. 140 et 140; Wood, *London geol. Journ.*, t. I,
p. 118; Bronn, *Lethæa*, p. 1011, pl. 40, fig. 17.

platystoma, Wood, *tropis*, F. Edw., *hemistoma*, Sow., *elegans*, F. Edw., *bi-angulatus*, id., *Sowerbyi*, Bronn.

Le lieutenant Spratt a recueilli dans le golfe de Smyrne, à Vourlan, dans un calcaire d'eau douce, avec des espèces éocènes, cinq planorbes dont quatre se rapportent avec plus ou moins de doute aux espèces de Paris, et dont une est nouvelle [1] (*Pl. Sprattii*, E. Forbes).

Les terrains miocènes contiennent aussi des planorbes.

M. d'Orbigny rapporte au terrain miocène inférieur deux espèces décrites par Brongniart [2]. Ce sont les *L. cornu*, Brongniart, et *rotundatus*, id., déjà cités plus haut.

Le *Pl. mansilhensis*, Matheron [3], a été trouvé dans la mollasse d'eau douce de Marseille.

Le *Pl. depressus*, Nyst [4], provient des terrains miocènes d'eau douce de Belgique.

Le dépôt ossifère de Sansan [5] en renferme suivant M. Noullet six espèces inédites.

M. d'Orbigny [6] nomme *Planorbis Grateloupi*, une espèce de Dax rapportée par M. Grateloup au *P. cornu*, Brongniart.

Les terrains miocènes de Wiesbaden ont fourni à M. Thomæ [7] trois espèces nouvelles, les *Pl. solidus*, Th., *corniculum*, id., et *applanatus*, id. (Cette dernière est figurée, Atlas, pl. LVIII, fig. 5.)

Les gisements analogues du nord de la Bohême étudiés par M. le docteur A.-E. Reuss [8] ont présenté, outre quelques espèces connues, les *Pl. exiguus*, Reuss, *Ungeri*, id., et *decussatus*, id.

La mollasse de Günzburg [9] contient le *Pl. Mantelli*, Dunk.

Les calcaires lacustres de Mulhouse ont fourni à M. P. Merian [10] deux espèces indéterminées.

Les espèces se continuent dans les terrains pliocènes.

Celles du Wurtemberg (Steinheim, etc.) ont été décrites d'abord par Voltz,

[1] E. Forbes, *Quart. journ. of the geol. Soc.*, 1845, t. I, p. 163.

[2] Brongniart, *Ann. Muséum*, t. XV; Deshayes, *Coq. foss. Par.*, t. II, p. 83, pl. 9; d'Orbigny, *Prodrome*, t. III, p. 2.

[3] *Catalogue*, etc., *Trav. Soc. statist. Marseille*, t. VI, p. 286.

[4] *Coq. et polyp. foss. Belgique*, p. 471, pl. 38, fig. 19.

[5] *Liste*, etc., à la suite de Lartet, *Notice sur la colline de Sansan*, p. 44.

[6] D'Orbigny, *Prodrome*, t. III, p. 27; Grateloup, *Conch. de l'Adour*, t. I.

[7] *Foss. Conch. tert. Schicht*, p. 153, pl. 4.

[8] *Palæontographica*, t. II, p. 37, pl. 4.

[9] W. Dunker, *Palæontographica*, t. I, p. 159, pl. 21.

[10] *Basel Verhandl.*, 1846-48, t. VIII, p. 33; *Leonhard und Bronn neues Jahrb.*, 1851, p. 122 et 763.

Zieten [1], etc. Ce dernier auteur en figure quatre sous le nom de *Pl. pseudo-ammonius*, Voltz (*Helicites pseudo-ammonius*, Schl. (Atlas, pl. LVIII, fig. 6), *Pl. imbricatus*, Müller (vivante), *Pl. hemistoma*, Sow., et *Pl. contortus*, Müller (vivante).

M. Klein [2] en a ajouté plusieurs des mêmes gisements. Il a donné le nom de *Pl. costatus*, Kl., à celle que Zieten rapportait à l'*imbricatus*, et décrit les *Pl. lævis*, Klein, *oxystoma*, id., et *Kraussii*, id.

Le crag supérieur d'Angleterre [3] (crag à mammifères) ne renferme que des espèces vivantes.

Les ANCYLES (*Ancylus*, Geoffr.), — Atlas, pl. LVIII, fig. 7 à 9,

ont une coquille patelloïde, dont le sommet est incliné postérieurement, rarement symétrique et dirigé ordinairement de côté. Le test est très mince. L'animal est conique et a un pied très large.

Son mode de respiration a été contesté. M. Moquin-Tandon [4] vient de montrer qu'on ne peut pas les éloigner des lymnées sous ce point de vue.

Je réunis à ce genre les VELLETIA, Gray (*Acroloxus*, Beck), qui diffèrent des ancyles par la direction du crochet incliné à gauche au lieu de l'être à droite (Atlas, pl. LVIII, fig. 8). Il est vrai que M. Thompson y a ajouté quelques différences dans la forme des dents ; mais il reste à savoir si ces différences sont toujours liées avec la direction du crochet.

Les ancyles sont aujourd'hui de petites espèces fluviatiles.

On en connaît des fossiles dès l'époque éocène.

L'*Ancylus Matheroni*, Saint-Ange de Boissy [5], provient des calcaires lacustres de Rilly-la-Montagne. (Atlas, pl. LVIII, fig. 7.)

L'*A. elegans*, d'Orb. (*Velletia elegans*, F. Edw.), a été trouvé à Hordwell et dans le Cantal [6]. (Atlas, pl. LVIII, fig. 8.)

Ils se continuent pendant l'époque miocène.

L'*A. depressus*, Deshayes [7], a été découvert dans les terrains miocènes inférieurs de Jouy.

[1] Zieten, *Pétrif. Wurtemberg*, pl. 29 et 31.

[2] *Würtemb. Jahreshefte*, t. II, 1846, p. 77, pl. 1.

[3] Wood, *Crag mollusca* (*Palæont. Soc.*, 1848, p. 8, pl. 1).

[4] *Journ. de conchyl.* de M. Petit, 1852.

[5] *Mém. Soc. géol*, 2ᵉ série, t. III, p. 270, pl. 5, fig. 6.

[6] Sowerby, *Min. conch.*, pl. 533 ; Bouillet, *Catal. mollusq. Auvergne* ; F. Edwards, *Eocene mollusca* (*Palæont. Soc.*, 1853, p. 111, pl. 14).

[7] Deshayes, *Coq. foss. Par.*, t. II, p. 101, pl. 10, fig. 13.

L'*A. decussatus*, Reuss [1], provient des terrains d'eau douce de Bohême.
(Atlas, pl. LVIII, fig. 9.)

L'*A. deperditus*, Desmarest [2], a été recueilli dans les environs d'Ulm, à
Grimmelfingen, dans un calcaire crayeux (miocène suivant M. Bronn, pliocène suivant M. d'Orbigny).

Dans ce genre comme dans les précédents, les espèces vivantes
se trouvent fossiles dans les dépôts superficiels.

2ᵉ ORDRE.

PECTINIBRANCHES.

Les pectinibranches ont des branchies en forme de
peigne, situées ordinairement dans une large cavité ;
ils respirent donc l'air dissous dans l'eau et sont essentiellement aquatiques. Leur tête est distincte, et leurs
yeux existent presque toujours, tantôt pédicellés, tantôt
sessiles. Ils sont, pour la plupart, revêtus d'une coquille,
qui est le plus souvent enroulée en hélice, forte et solide. Quelques-uns d'entre eux ont un opercule, c'est-
à-dire un disque calcaire ou corné, plus ou moins épais,
qui est fixé au pied, et qui peut fermer l'ouverture de
la coquille.

La plupart des pectinibranches sont marins, et un
petit nombre habitent les eaux douces. Quelques-uns
même, par une sorte d'exception, peuvent vivre à l'air,
mais surtout dans les lieux humides. Cet ordre nombreux et varié comprend toutes les coquilles turbinées
univalves, marines, qui ne sont pas enroulées dans un
même plan. Ces mollusques forment aujourd'hui une
partie essentielle de la population des mers, et ils vivent sous toutes les latitudes.

On en trouve aussi dans tous les terrains, et ils ont

[1] *Palæontographica*, t. II, p. 17, pl. 1, fig. 1.
[2] *Bull. Soc. philom.*, 1814, p. 19 ; Zieten, *Petrif. Würt.*, pl. 37, fig. 4
Klein, *Würt. Jahreshefte*, t. II, 1846, p. 64.

déjà existé aux époques les plus reculées. Ils paraissent dans les faunes anciennes avoir été moins nombreux et surtout moins variés qu'aujourd'hui ; toutefois, ainsi que je l'ai fait remarquer en parlant des gastéropodes en général, les découvertes faites depuis un certain nombre d'années montrent qu'il ne faut pas exagérer ce fait, et que les premières créations de pectinibranches ont déjà été abondantes et remarquables. Ils ont augmenté successivement en nombre pendant les époques triasique, jurassique et crétacée, et leur principal développement paraît avoir été réservé aux périodes tertiaire et moderne. Ce que j'ai dit plus haut relativement à l'histoire paléontologique des gastéropodes se rapporte principalement aux pectinibranches, et je me borne ici à y renvoyer le lecteur.

J'ai déjà montré que les pectinibranches fournissent des preuves continuelles et évidentes contre la théorie du perfectionnement graduel. Ceux de ces mollusques, en effet, qui ont vécu dans l'époque primaire, ont eu certainement le même degré de perfection dans l'organisme que ceux qui les ont suivis ; et de même il serait impossible de trouver dans les espèces des époques secondaire et tertiaire aucun fait qui autorisât à admettre la moindre infériorité relativement à celles qui vivent aujourd'hui.

Les naturalistes ont beaucoup varié pour la classification de ces mollusques. Cuvier les divise en un petit nombre de familles, fondées sur le plus ou moins d'enroulement de la coquille et sur la présence ou l'absence de plis à la columelle ; cette méthode a l'avantage d'être facile à saisir, mais elle crée des associations un peu forcées. Lamarck a fait un plus grand nombre de familles, qui sont plus naturelles, et qui ont été généralement adoptées ; sa méthode est la base des travaux de

la plupart des conchyliologistes modernes. Je l'ai suivie
en grande partie en profitant, en outre, des travaux de
MM. Deshayes, d'Orbigny, etc., en cherchant ainsi à la
faire concorder, autant que possible, avec les ouvrages
qui doivent être le plus constamment en main de tous
les paléontologistes.

J'indiquerai, en commençant l'histoire de chaque famille, les caractères sur lesquels elle est établie; mais,
je crois convenable de donner, en outre, en faveur de
ceux qui commencent l'étude des mollusques fossiles,
un aperçu de la manière dont on peut les reconnaître
par l'inspection de la coquille seule. Je renvoie, d'ailleurs, à ce que j'ai dit ci-dessus, page 7, pour rappeler
que les seuls caractères essentiels et suffisants pour
motiver l'établissement de ces familles sont ceux qui
se lient à l'organisation intime de l'être, et par conséquent ceux qui sont tirés de l'étude des organes vitaux,
et non de l'enveloppe extérieure ou coquille. Ces derniers ne doivent être employés qu'autant qu'ils concordent avec les autres ou en dépendent.

On pourra s'aider pour cette analyse du tableau suivant, en n'oubliant pas toutefois que les exigences de
la méthode naturelle font quelquefois associer des
genres dont les coquilles diffèrent, et éloigner des
genres à coquilles semblables, et que, par conséquent,
il y a dans un tableau pareil plus de précision apparente
et de rigueur dans les caractères que la nature des
choses ne le comporte souvent.

I. Coquilles a enroulement spiral régulier.

1° *Bouche non prolongée en canal et sans échancrures bien
marquées.*

† Pas de fente ni de trous au labre.

CYCLOSTOMIDES. Bouche ronde, operculée, à bord continu, non influencée par le dernier tour. Terrestres.

PALUDINIDES. Coquille mince, ovoïde ou ventrue, operculée, couverte d'un épiderme verdâtre, à bouche entière formée d'un bord continu. Fluviatiles.

MÉLANIDES. Coquille mince, ovoïde ou turriculée, couverte d'un épiderme, à bouche légèrement [1] sinueuse ou déprimée en avant, quelquefois échancrée, à bords désunis. Fluviatiles.

LITTORINIDES. Coquille épaisse, non nacrée, pas brillante, ordinairement épidermée, variant depuis la forme globuleuse à la forme très allongée ; columelle jamais plissée. Marines. (Animal sans filets sur le pied.)

PYRAMIDELLIDES. Coquille épaisse, non nacrée, ordinairement brillante, sans épiderme, variant depuis la forme ovoïde à la forme très allongée ; columelle souvent plissée. Marines. (Animal sans filets sur le pied.)

NATICIDES. Coquille globuleuse, spire très courte, bouche très grande, semi-circulaire, operculée. Marines. (Animal muni d'un très grand pied.)

NÉRITIDES. Mêmes caractères extérieurs. Marines. (Animal à pied médiocre.)

TROCHOÏDES. Coquille enroulée, nacrée, épaisse, à spire médiocre ou courte, operculée, bouche médiocre. Marines. (Animal muni de filets sur le pied.)

†† Une fente ou des trous au labre.

HALIOTIDES. Marines.

2° Coquilles à bouche échancrée ou prolongée en canal.

A. Coquille polie, lisse et sans stries d'accroissement, parce que la couche superficielle est sécrétée par un repli externe du manteau.

CYPRÉADES. Coquille mince dans le jeune âge, et dont le dernier tour s'épaissit en prenant une forme très différente des autres. Marines.

---

[1] Dans certaines espèces la sinuosité va jusqu'à une profonde échancrure, comme chez les volutides.

OLIVIDES. Coquille à enroulement régulier. Marines.

B. Coquille où l'on distingue extérieurement des stries d'accroissement.

† Un canal et une échancrure.

STROMBIDES. Un canal antérieur et une échancrure sur le labre.

†† Une échancrure et pas de canal.

CONIDES. Coquille enroulée en forme de cône, bouche étroite,
columelle non plissée.

VOLUTIDES. Coquille à bouche médiocre ou grande, non en
forme de cône; columelle plissée.

Obs. Quelques mélanides ont, comme je l'ai dit, une échancrure
qui les placerait rigoureusement ici. Leur coquille mince et leurs
habitudes fluviatiles les feront rapporter à leur véritable famille.

††† Bouche prolongée en avant en un canal plus ou moins allongé
(quelquefois très court) et sans autre échancrure.

MURICIDES. Coquille à canal droit ou peu courbé.

BUCCINIDES. Coquille à canal court ou médiocre, infléchi en
dessus.

II. COQUILLES NON ENROULÉES OU A ENROULEMENT IRRÉGULIER.

VERMÉTIDES. Coquille enroulée d'abord en spire, puis prolongée en tube irrégulier.

CALYPTRACIDES. Coquilles patelloïdes ou à spire peu marquée,
non symétriques.

FISSURELLIDES. Coquilles patelloïdes ou à spire peu marquée,
symétriques, échancrées ou percées d'un trou.

ACMÆIDES. Coquilles patelloïdes, symétriques, entières.

1re FAMILLE. — CYCLOSTOMIDES.

Les cyclostomides forment, dans l'ordre des pectinibranches,
une exception dont j'ai déjà parlé : elles sont toutes terrestres. Ce
genre de vie est rendu possible chez elles, parce que la cavité
cervicale est ouverte en avant et tapissée d'un réseau vasculaire
qui sert à la respiration aérienne. Leur coquille est enroulée en
hélice, operculée, à bouche ordinairement ronde, dont les bords
sont le plus souvent réfléchis et non dentés. On a souvent rap-

porté à cette famille des coquilles fossiles trouvées dans les terrains marins ; mais la plupart appartiennent probablement aux suivantes. Ainsi presque toutes les espèces décrites comme des HÉLICINES sont des rotelles de la famille des trochoïdes, etc.

Les CYCLOSTOMES (*Cyclostoma*, Lamk). — Atlas, pl. LVIII, fig. 10 à 13,

ont une coquille allongée ou déprimée, non polie, dont la bouche circulaire a ses bords réunis, ordinairement réfléchis. La columelle est lisse, les tours sont contigus et l'opercule est spiral.

Je réunis à ce genre les CYCLOTUS, Guilding, les POTERIA, Gray, les ASPEROSTOMA, Troschel, les CYCLOPHORA, Swainson, etc. [1]. Au premier de ces sous-genres, caractérisé par un opercule calcaire, se rapportent quelques espèces éocènes.

Je crois devoir lui réunir aussi l'espèce que M. F. Edwards a rapportée au genre CRASPEDOPOMA, Pfeiffer (*Bolania*, Gray).

Les cyclostomes se trouvent fossiles dans tous les terrains tertiaires, et datent des dépôts les plus anciens de cette époque.

Les calcaires lacustres de Rilly-la-Montagne renferment [2] les *C. Arnouldi*, Michaud, *helicinæformis*, Boissy, et *conoidea*, id. Le premier est figuré dans l'Atlas, pl. LVIII, fig. 10.

Les lignites de Provence ont fourni à M. Matheron [3] les *C. solarium*, Math.; *abbreviata*, id., etc. Nous avons rapporté ci-dessus au genre des hélices une partie des espèces décrites par ce paléontologiste sous le nom de *Cyclostomes*.

Les gypses d'Aix renferment, suivant le même auteur, outre quelques espèces que nous avons citées ci-dessus en les rapportant au genre BULIMUS, le *C. Coquandi*, Math.

Le *C. Braunii*, Noulet [4], a été découvert dans le terrain nummulitique de la montagne Noire.

Le calcaire grossier de Paris et les dépôts éocènes contemporains (parisien inférieur) contiennent [5] le *C. mumia*, Lamk, et le *C. inflata*, Deshayes. Quelques espèces décrites sous ce nom paraissent devoir être transportées dans la famille des trochoïdes.

[1] Je ne parle pas ici d'une foule de groupes dont on ne cite que des espèces vivantes. M. Pfeiffer a divisé les cyclostomes en 27 genres.

[2] Michaud, *Mag. de zool. de Guérin*, 1837, pl. 83 ; Saint-Ange de Boissy, *Mém. Soc. géol.*, 2ᵉ série, t. III, p 282, pl. 6.

[3] *Catalogue*, dans *Trav. Soc. statist. Marseille*, t. VI, p. 281, pl. 35.

[4] D'Archiac, *Hist. des progrès*, t. III, p. 278.

[5] Lamarck, *Ann. Mus.*, t. IV, p. 11 ; Deshayes, *Coq. foss. Par.*, t. II, p. 76, pl. 7.

M. F. Edwards [1] a décrit sous le nom générique de CYCLOSTOMA, deux espèces des terrains éocènes d'Angleterre, les *C. cinctus*, F. Edw., et *nudus*, id., et sous le nom de CRASPEDOPOMA, une espèce des mêmes gisements (*C. Elisabetha*, F. Edw.).

Les terrains miocènes renferment aussi des cyclostomes.

Le grès à hélices des environs d'Aix renferme, suivant M. Matheron, le *C. Draparnaudi*, Math., et une espèce que l'on peut rapporter au *C. elegans* vivant; mais il dit lui-même que le fossile est plus grand et n'est connu qu'à l'état de moule.

Le *C. Serriana*, du même auteur, provient des mollasses coquillières de Rogués (miocène supérieur).

Les sables de Fontainebleau et quelques autres gisements miocènes inférieurs ont une espèce qui a été décrite [2] par Brongniart sous le nom de *C. elegans antiquum*, et rapportée par M. Deshayes au *C. elegans*, Drap., (vivant); mais elle est plus évasée. (Atlas, pl. LVIII, fig. 11).

C'est à la même époque que paraît appartenir le *C. plicata*, d'Archiac, trouvé dans le département de l'Oise [3].

M. Grateloup a figuré [4] le *C. cancellatum*, Grat., des faluns bleus (miocène inférieur) de Dax, etc., et le *C. Lemani*, Basterot, du tuf lacustre supérieur.

Le *Cyclostoma Lartetii*, Noulet [5], provient du terrain miocène de Sansan.

Les terrains miocènes de Wiesbaden [6] renferment, suivant M. Thomæ, les *Cycl. bisulcatum*, Zieten, *doliam*, Thomæ, et *labellum*, id. Les deux premiers sont figurés dans l'Atlas, pl. LVIII, fig. 12 et 13.

Le *C. gregaria*, Bronn [7], provient de Duxweiler.

Le *C. Rubeschi*, Reuss [8], est une espèce allongée qui provient des calcaires d'eau douce de la Bohême.

M. Pierre Merian [9] a trouvé dans le calcaire d'eau douce de Mulhouse une espèce nouvelle, voisine du *C. muonia*, etc. Il lui a donné le nom de *C. Koechlinianum*.

[1] *Eocene mollusca* (*Palæont. Soc.*, 1852, p. 117, pl. 10.

[2] Brongniart, *Ann. Mus.*, t. XV, pl. 22, fig. 1 ; Deshayes, *Coq. foss. Par.*, t. II, p. 75, pl. 7, fig. 4 et 5.

[3] *Bull. Soc. géol.*, 2° série, t. II, 1845, p. 336.

[4] *Conch. foss. de l'Adour*, I.

[5] *Liste*, etc., dans Lartet, *Notice sur la colline de Sansan*, p. 44.

[6] Zieten, *Petrif. Würtemb.*, p. 40, pl. 30, fig. 6 ; Thomæ, *Foss. Conch. tert. Schichten*, etc., p. 116, pl. I.

[7] *Leonhard und Bronn neues Jahrb.*, 1829, p. 75.

[8] *Palæontographica*, t. II, p. 40, pl. 4, fig. 12.

[9] *Basel Verhandl.*, 1846-48, t. VIII, p. 33 ; *Leonhard und Bronn neues Jahrb.*, 1851, p. 122 et 763.

Les cyclostomes se continuent dans les terrains pliocènes.

Le *C. bisulcatum*, Zieten, cité ci-dessus, et le *C. glabrum*, Schübl., paraissent se trouver dans les dépôts pliocènes du Würtemberg [1].

Le *C. elegans*, Drap., vivant, est cité [2] dans les parties les plus supérieures du crag.

Les FERUSSINA, Gratéloup (*Ferussacia*, Leufroy, *Strophostoma*, Deshayes) [3], — Atlas, pl. LVIII, fig. 14 et 15,

diffèrent des cyclostomes au même titre que les tomogères des hélices; c'est-à-dire que le dernier tour se retourne et vient s'ouvrir du côté de la spire.

On n'en connaît que quelques espèces fossiles des terrains miocènes [4].

La *F. anostomaeformis*, Gratel. (*Strophostoma lariçata*, Desh., Bronn, etc.), a été trouvée dans les faluns bleus (miocène inférieur) de Dax, etc. (Atlas, pl. LVIII, fig. 14.)

La *F. lapicida*, Leufroy, a été trouvée dans les dépôts d'eau douce des environs de Montpellier, etc.

La *F. tricarinata*, Alex. Braun, provient des terrains miocènes des environs de Mayence. C'est l'espèce figurée dans l'Atlas, fig. 15.

La *F. striata*, Desh., a été découverte à Buxweiler, en Alsace.

2ᵉ FAMILLE. — PALUDINIDES.

(*Péristomiens*, Lamarck.)

Les paludinides sont caractérisées par une coquille mince, operculée et couverte d'un épiderme verdâtre ou brun. Cette coquille est plus ou moins globuleuse, héliciforme, rarement allongée. Les bords de la bouche sont continus comme dans la famille précédente; l'opercule est presque toujours corné.

Ces mollusques sont tous fluviatiles.

On en a trouvé des fossiles dans le lias, dans les terrains wealdiens et dans ceux de l'époque tertiaire.

[1] Zieten, *loc. cit.*, et pl. 31, fig. 9; Klein, *Würt. Jahresh.*, t. II, 1846, p. 70, pl. 1.

[2] Wood, *Crag moll.* (*Palaeont. Soc.*, 1848, p. 4).

[3] Le nom de *Ferussina*, datant de 1827, doit avoir la priorité sur les deux autres, qui ont été établis en 1828.

[4] Gratéloup, *Bull. Bord.*, 1827, t. II, p. 5, et *Conch. foss. Adour*; Deshayes, *Ann. sc. nat.*, 1828, t. XIII, p. 286; Bronn, *Lethaea*, p. 1013; Leufroy, *Ann. sc. nat.*, t. XV, p. 404; Thomæ, *Foss. Conch. tert. Schicht.*, pl. 1.

Les Ampullaires (*Ampullaria*, Lamarck)

ont une coquille globuleuse, ventrue, à bouche vaste, bordée par un labre non réfléchi. Ces caractères sont ordinairement suffisants pour les distinguer des paludines ; mais dans quelques espèces allongées il y a des transitions qui rendent les limites plus incertaines.

L'animal est remarquable par une organisation qui lui permet de vivre longtemps hors de l'eau. Ses branchies, semblables à celles de tous les pectinibranches, sont contenues dans une cavité dont la paroi supérieure est dédoublée de manière à former une large poche ou réservoir d'eau.

Les ampullaires sont aujourd'hui des mollusques d'eau douce et vivent dans les régions chaudes du globe. On a rapporté à ce genre un grand nombre de coquilles trouvées dans les dépôts marins ; mais il faut remarquer qu'il est très difficile de distinguer les coquilles des ampullaires de celles des natices, qui sont marines. On peut, il est vrai, dire qu'en général les premières se distinguent par leur test mince, rugueux en dehors et non encroûté sur la columelle ; mais ces caractères ne sont pas constants, et l'on connaît des vraies natices marines, à test mince, épidermé et à ombilic sans callosité. Je pense donc que dans cet état de choses le gisement fournit des caractères plus importants que la coquille, et je crois qu'il y a moins de chances d'erreur à rapporter provisoirement au genre des natices tous les fossiles des terrains marins décrits comme des ampullaires [1].

Les Paludines (*Paludina*, Lamk, *Vivipara*, id. olim, *Bithynia*, Gray, etc.), — Atlas, pl. LVIII, fig. 16 à 20,

ont une coquille plus allongée et moins ventrue que les ampul-

[1] Je fais surtout allusion ici aux nombreuses espèces des terrains tertiaires marins dont on a fait des ampullaires, et qui sont très probablement des natices. Quelques espèces cependant, parmi celles du bassin de Paris, se trouvent plutôt dans des couches à fossiles fluviatiles ou à fossiles mélangés. Leur distribution n'est pas encore assez connue pour qu'on puisse les répartir avec quelque sécurité entre le genre des ampullaires et celui des natices. Parmi les espèces plus anciennes, ou peut citer les *Ampullaria Oceani*, Goldf., et *Ponti*, id., du terrain carbonifère, quelques espèces jurassiques et crétacés, etc. On peut douter aussi qu'il y ait à l'état fossile de vraies Ampullacera, Quoy et Gaym. (*Amphibola*, Schum.). Ce genre, réuni une fois aux ampullaires, paraît être pulmoné et operculé. Il formerait ainsi une nouvelle famille. M. de Kœninck lui a rapporté (*Descr. anim. foss. carb. Belg.*, p. 488,

laires, le péristome complet, et la bouche modifiée par l'avant-dernier tour, présentant un angle vers son bord postérieur. Le labre n'est point sinueux. L'opercule est mince et corné.

M. d'Orbigny [1] distingue les PALUDINES et les PALUDESTRINES. Les premières ont l'opercule composé d'éléments concentriques, à sommet subcentral; les secondes sont de petites espèces à opercule spiral. Il est difficile dans les fossiles de s'appuyer sur ce caractère, et, sans en contester la valeur, je me vois obligé de réunir ces espèces sous le nom commun de *Paludina*. Le genre PALUDESTRINA me paraît d'ailleurs le même que celui des LITTORI-NELLA, A. Braun, et que celui des HYDROBIA, Hartm., séparés des paludines par le même motif de leur opercule spiral.

Les paludines actuelles forment un genre nombreux et vivent dans les eaux douces; le groupe des paludestrines habite aussi les eaux saumâtres.

On en connaît des fossiles depuis l'époque du lias.

M. Dunker [2] en a décrit quelques-unes de ce même lias d'Halberstadt qui nous a déjà montré un planorbe et une lymnée. Ce sont les *P. Krausemai, solidula* et *tubulata*, Dunker.

Je réunis au même genre l'*Ampullaria angulata*, du même auteur; cette espèce intéressante me paraît avoir au moins autant la forme des paludines que celle des ampullaires. (Atlas, pl. LVIII, fig. 10.)

Quelques espèces sont indiquées depuis longtemps dans l'époque wealdienne [3].

Sowerby a décrit sous le nom de *Vivipara fluviorum*, une espèce de Lewes qu'il a rapportée à tort à une vivante, et fait connaître plus tard la *Pal. elongata*, Sow., de l'île de Wight, la *P. carinifera*, id., des couches de Purbeck, et la *P. Sussexiensis*, id., du sud de l'Angleterre.

M. Roemer, et surtout M. Dunker, ont étudié les espèces des terrains wealdiens d'Allemagne. Outre la *P. elongata* ci-dessus indiquée et une espèce qu'ils rapportent, ce me semble fort à tort, à la *P. fluviorum*, Sow., ils ont décrit

pl. 42, fig. 4) une *A. tabulata*, Phill. Cette assimilation me semble trop douteuse pour qu'on puisse en inférer l'existence des mollusques pulmonés dès l'époque carbonifère.

[1] *Voyage dans l'Amér. mérid.*, Mollusques, p. 383, pl. 47; *Cours élément.*, t. II, p. 14.

[2] *Palæontographica*, t. I, p. 107, pl. 15.

[3] Sowerby, *Min. conch.*, pl. 31 et 509, et dans Fitton, *Trans. of the geol. Soc.*, t. IV, 1836, pl. 22, fig. 6; Mantell, *S.-E. England*, p. 248; Roemer, *Ool. Geb.*, p. 190, et *Nachtr.*, p. 46; Dunker, *Monog. der Norddeutsch. Weald-bildung.*, p. 53, pl. 10.

les *P. scalariformis*, Dunk., *Roemeri*, id., *Schusteri*, Roemer, *subangulata*, id., *acuminata*, Dunker, et *Hagenowi*, id.

La *P. fluviorum* est figurée dans l'Atlas d'après M. Dunker, pl. LVIII, fig. 17.

Depuis l'époque wealdienne, il faut aller jusqu'à l'époque tertiaire pour trouver des paludines.

On en a cité dans les terrains tertiaires inférieurs.

Les environs de Reims et d'Epernay en ont fourni plusieurs [1], parmi lesquelles : la *P. aspersa*, Mich. (Atlas, pl. LVIII, fig. 18); la *P. Nysti*, Saint-Ange de Boissy, de Billy-la-Montagne; la *P. subangulata*, Mich., des marnes blanches au-dessus des lignites près Reims, et les *P. rimata*, id., et *P. Desnoyersi*, Deshayes, d'Epernay.

M. Melleville [2] a décrit les *P. miliola*, Mell., et *intermedia*, id., des argiles plastiques de Ciry-Salsogne.

Les lignites de Provence ont fourni à M. Matheron [3] les *Paludina Bosquiana*, Math., *Beaumontiana*, id., et *Deshayesiana*, id. La *P. obangulata*, id., ne paraît pas appartenir à ce genre.

M. Deshayes [4] a étudié les Paludines des environs de Paris. La *P. lenta*, Sow., et la *P. striatula*, Deshayes, de Soissons, paraissent appartenir au même âge que les précédentes. Dix autres espèces sont distribuées dans les divers étages éocènes supérieurs à ceux-ci (parisien supérieur et inférieur). Nous avons figuré dans l'Atlas la *P. globulus*, Desh. (fig. 19), du calcaire grossier de Houdan.

M. Charles d'Orbigny [5] a décrit trois espèces du terrain éocène à palæothériums (*P. varicosa*, *cyclostomæformis* et *elongata*).

Les terrains contemporains de l'île de Wight ont fourni quelques espèces décrites pour la plupart par Sowerby [6] comme des phasianelles (*P. orbicularis*, *angulosa*, *minuta*, etc.).

La *P. Stricklandiana*, E. Forbes [7], a été trouvée dans un dépôt des environs de Smyrne qui paraît éocène.

Les paludines sont nombreuses dans les terrains miocènes.

Les sables de Fontainebleau et les terrains miocènes inférieurs des environs de Paris contiennent [8] une espèce assimilée à la *P. semicarinata*, Brard,

---

[1] Michaud, *Mag. de zool.* de Guérin, 1837 ; Saint-Ange de Boissy, *Mém. Soc. géol.*, 2e série, t. III, p. 284, pl. 6; Deshayes, *Coq. foss. Par.*, t. II, p. 127.

[2] *Mém. sur les sabl. tert. infér. du bassin de Paris* (*Ann. des sc. géol.*, 1843, t. II).

[3] *Catalogue*, dans *Trav. Soc. statist. Marseille*, t. VI, p. 295, pl. 37.

[4] *Coq. foss. Par.*, t. II, p. 125.

[5] *Mag. de zool.* de Guérin, 1837.

[6] *Min. conch.*, pl. 31 et 175.

[7] *Quart. Journ. of the geol. Soc.*, t. I, p. 163.

[8] Deshayes, *Coq. foss. Par.*, t. II, p. 125.

vivante (Atlas, pl. LVIII, fig. 20), la *P. pygmœa*, Desh., la *P. terebra*, id., etc.

M. Nyst [1] a trouvé en Belgique dans les mêmes terrains trois espèces qu'il a décrites sous les noms de *P. Chastelii*, *Draparnaudi et pupa*.

M. Grateloup [2] a trouvé dans les faluns bleus (miocène inférieur) deux espèces qu'il rapporte aux *P. globulus*, Desh., et *aassa*, id.

Les faluns jaunes (miocène supérieur) renferment les *P. abbreviata*, Grat., et *minutissima*, id. Suivant M. d'Orbigny, il faut rapporter au même genre les *Bulimus globulus et turritus*, Grat., et la *Phasianella varicosa*, id., des mêmes dépôts.

Les terrains miocènes du Piémont ont fourni la *P. subcarinata* [3], E. Sismonda.

La *P. ovata*, Dunker [4], provient de la mollasse de Gunsburg.

M. P. Merian [5] cite une espèce nouvelle, la *P. circinata*, Mer., trouvée dans les calcaires d'eau douce des environs de Mulhouse.

Il faut ajouter [6] une espèce de Crimée décrite par M. Deshayes, *P. achatinoides*, et quelques espèces de Volhynie, recueillies par M. Dubois de Montpéreux, et décrites sous le nom de *Cyclostoma* (*C. planatum*, *Biolozurkense*, *rotundatum*).

Quelques-unes appartiennent à l'époque pliocène.

Zieten, et plus tard M. Klein et M. Krauss, ont fait connaître [7] les espèces du Wurtemberg. Deux ont été rapportées à des vivantes sous les noms de *P. acuta*, Drap., et *P. thermalis*, Lamk; une à la *P. globulus*, Desh. [7], et trois paraissent nouvelles, les *P. nobilis*, Klein, *varicosa*, Krauss, et *conoidea*, id.

Le crag supérieur renferme [8] surtout des espèces actuellement vivantes.

Les VALVÉES (*Valvata*, Müller). — Atlas, pl. LVIII, fig. 21 et 22, ressemblent beaucoup aux paludines et en diffèrent surtout par leur bouche, qui n'est pas modifiée par l'avant-dernier tour et qui n'est pas anguleuse au côté postérieur; ses bords sont réunis et tranchants. L'opercule est circulaire.

[1] *Coq. et polyp. foss. Belgique*, p. 402, pl. 37 et 38.

[2] *Conch. foss. de l'Adour*, t. I.

[3] Sismonda, *Synopsis*, p. 53. Ce nom devra être changé.

[4] *Palæontographica*, t. I, p. 159, pl. 21, fig. 10 et 11.

[5] *Basel Verhandl.*, 1846-48, t. VIII, p. 33 ; *Leonhard und Broun neues Jahrb.*, 1851, p. 122 et 762.

[6] Deshayes, *Mém. Soc. géol.*, t. III, p. 64, pl. 5 ; Dubois de Montpéreux, *Conch. foss. plateau*, etc., p. 48, pl. 1 et 3.

[7] Zieten, *Petrif. Wurt.*, pl. 30 et 31 ; Klein, *Würtemb. Jahreshefte*, t. II, 1846, p. 86, pl. 2 ; Krauss, id., 1852, t. VIII, p. 139, pl. 5.

[8] Wood, *Crag moll.* (*Palæont. Soc.*, p. 108 et 110, *Paludina* et *Paludestrina*).

Ces mollusques vivent aujourd'hui dans les eaux douces. On en
connaît quelques espèces fossiles des terrains tertiaires.

La *V. Leopoldi*, Saint-Ange de Boissy [1], est très commune dans les terrains tertiaires inférieurs de Rilly-la-Montagne. (Atlas, pl. LVIII, fig. 21.)

La *V. multiformis*, Deshayes (*Paludina multiformis*, Zieten) [2], est une
espèce très abondante dans les terrains moyens et supérieurs de Bade et du
Wurtemberg. Elle est remarquable par l'extrême variabilité de son enroulement et de ses carènes. (Atlas, pl. LVIII, fig. 22.)

Quelques espèces actuellement vivantes ont été citées dans les terrains tertiaires supérieurs, le crag, etc.

Les NEMATURA, Benson,

diffèrent des genres précédents par leur ouverture très resserrée
et fort petite par rapport au diamètre du dernier tour. L'opercule
est spiral.

Ce genre a été établi [3] pour quelques petites espèces qui vivent dans l'Inde, mais l'animal n'ayant pas été décrit, sa place
reste indécise.

M. Sowerby cite une espèce fossile de l'époque éocène (*Nematura fossilis*,
Sow.) qui paraît appartenir à ce genre.

3ᵉ FAMILLE. — MÉLANIDES.

Les mélanides ont, comme les paludinides, une coquille mince,
spirale, operculée, recouverte d'un épiderme brun ou noirâtre.
Cette coquille est souvent allongée. Les bords de la bouche sont
désunis; le labre est tranchant. A la partie antérieure on remarque ordinairement une dépression qui est très faible chez quelques espèces et qui devient chez d'autres une profonde échancrure.

L'étude des formes de l'animal prouve des analogies assez grandes entre cette famille et les cérites.

Elle ne renferme que deux genres, les MÉLANIES et les MÉLA-
NOPSIDES; car celui des PYRÈNES (*Pyrena*, Lamk) ne peut pas être

___

[1] Saint-Ange de Boissy, *Mém. Soc. géol.*, 2ᵉ série, t. III, p. 284, pl. 6,
fig. 25.

[2] Zieten, *Petrif. Wurtemb.*, pl. 30; Deshayes, 2ᵉ édit. de Lamarck,
t. VIII, p. 508; Klein, *Wurtemb. Jahreshefte*, t. II, 1846, p. 89.

[3] Benson, *Journ. de Calcutta*; G.-B. Sowerby, *Ann. and mag. of nat. hist.*,
t. I, p. 117.

conservé, et les espèces qui le composaient doivent être réparties entre les mélanies et les mélanopsides, suivant que leur bouche est entière ou échancrée.

Les MÉLANIES (*Melania*, Lamk), — Atlas, pl. LVIII, fig. 23 à 29, ont une coquille allongée, à bouche ovale, un peu rétrécie en arrière et à labre légèrement renversé en avant. Leur opercule est corné et étroit ; son sommet est très légèrement spiral.

Les mélanies n'habitent aujourd'hui que les eaux douces. On a anciennement rapporté à ce genre de nombreuses coquilles marines, que l'on place maintenant dans ceux des RISSOA, CHEMNITZIA, EULIMA, etc.; car ces espèces différaient très probablement des véritables mélanies, par l'organisation des animaux. Je dois toutefois faire remarquer que l'analogie de ces coquilles avec celles des mélanies, est quelquefois très grande, et qu'il est impossible de ne pas conserver quelques doutes sur cette distribution passablement arbitraire.

On peut considérer comme de véritables mélanies un assez grand nombre d'espèces.

Elles paraissent dater du commencement de l'époque jurassique (1).

Le lias d'Halberstadt, remarquable, comme nous l'avons dit, par ses coquilles fluviatiles, renferme, suivant M. Dunker (2), les *Melania Zenkeni*, Dunck., et *turritella*, id. (Atlas, pl. LVIII, fig. 23 et 24.)

Le terrain wealdien d'Allemagne a fourni au même auteur (3) neuf espèces de mélanies, dont six nouvelles et trois déjà connues, la *M. pusilla*, Roemer, la *Tornatella Popei*, Sow., et le *Muricites strombiformis*, Schl., etc. J'ai fait figurer dans la planche LVIII de l'Atlas cette dernière (fig. 25), la *M. harpæformis*, Dunker (fig. 26), et la *M. tricarinata*, id. (fig. 27).

Les mélanies paraissent assez nombreuses dans les terrains tertiaires et se trouvent dès les plus anciens dépôts de cette époque.

M. Melleville (4) en a décrit deux espèces de l'argile plastique de Cuy-Salsogne (soissonien inférieur), les *M. inquinata*, Mell. (Atlas, pl. LVIII, fig. 28), et *curvirostra*, id.

(1) Il faut, en effet, suivant toute probabilité, transporter dans d'autres genres les mélanies de l'époque primaire, les nombreuses espèces de Saint-Cassian et la *M. Schlotheimi*, Quenst., du muschelkalk.

(2) *Palæontographica*, t. I, p. 108, pl. 13, fig. 1 à 7.

(3) *Monog. der Norddeutsch. Wealdenbild.*, p. 48, pl. 10.

(4) *Mém.*, dans *Ann. sc. géol.*, t. III.

Les lignites de Provence ont fourni à M. Matheron [1] plusieurs espèces, décrites principalement sous le nom de *Melanopsis*.

Les mélanies du bassin de Paris ont été étudiées par M. Deshayes [2]. La plupart des espèces décrites sous ce nom sont maintenant attribuées à d'autres genres. On peut énumérer parmi celles qui resteront avec le plus de probabilité dans celui des mélanies, la *M. Cuvieri*, Deshayes, des sables inférieurs du Soissonnais, et la *M. inquinata*, Defr. (Atlas, pl. LVIII, fig. 29.)

La *M. lactea*, Lamk, que l'on considère généralement aujourd'hui comme une *Chemnitzia* ressemble singulièrement aussi aux mélanies vivantes.

La *M. trilicea*, Férussac, provient des terrains contemporains d'Épernay.

Parmi les mélanies des terrains éocènes supérieurs d'Angleterre, on peut citer [3] les *M. fasciata*, Sow., *costata*, id., *minima*, id., et *truncata*, id.

La *M. Hamiltoniana*, E. Forbes [4], a été découverte dans un terrain éocène des environs de Smyrne.

Les terrains miocènes renferment aussi quelques mélanies.

Les espèces figurées par M. Grateloup [5] doivent pour la plupart passer dans d'autres genres.

La *M. Nystii*, Duch. [6], a été trouvée en Belgique.

Les *M. paluda*, Bonelli, *curvicosta*, Desh., et *Brochii*, Michelotti, caractérisent les terrains miocènes du Piémont [7]. La *M. curvicostata*, Desh., se trouve aussi en Morée.

La *M. aquitanica*, Noulet [8], a été découverte à Sansan.

M. Philippi [9] a fait connaître les *M. quadristriata* et *secalina* des terrains miocènes de Cassel, et la *M. Hoyseana* de Westeregeln.

M. Dunker [10] a décrit la *M. Wetzleri*, D., de la mollasse des environs d'Ulm, et M. Klein les *M. turrita*, *grossecostata* et *bulimoides* d'Ulm et de Grimmelfingen.

[1] *Catalogue*, dans *Trav. Soc. statist. Marseille*, t. VI, p. 290, pl. 36 et 37 ; avec les rectifications proposées par M. d'Orbigny dans le *Prodrome*.

[2] *Coq. foss. Par.*, t. II, p. 102 ; Defrance, *Dict. sc. nat.*, t. XXIX, etc.

[3] Sow., *Min. conch.*, pl. 241.

[4] *Quart. journ. of the geol. Soc.*, t. I, p. 163.

[5] *Conch. foss. Adour*, t. I.

[6] Nyst, *Coq. et pol. foss.*, p. 411, pl. 38.

[7] Deshayes, *Expédit. de Morée*, zool., p. 149 ; Michelotti, *Précis faune miocène*, p. 188.

[8] *Mém. coq. foss. nouvelles du bassin sub-pyrénéen*, 1846, et Lartet, *Notice sur la colline de Sansan*, p. 45.

[9] *Tert. Verst. Norddeutschl.*, p. 19 ; *Palæontographica*, t. I, p. 59, pl. 10, fig. 11. C'est faute de renseignements que je réunis sous la désignation de miocène toutes les mollasses d'Allemagne ; celle de Westeregeln, en particulier, renferme plusieurs espèces éocènes.

[10] *Palæontographica*, t. I, p. 157 ; Klein, *Würtemb. Jahresh.*, 1846, t. II, p. 81, pl. 2.

M. P. Mérian (1) en a trouvé une, la *M. Escheri*, Br., dans les calcaires d'eau douce de Mulhouse.

Les MÉLANOPSIDES (*Melanopsis*, Fér.), — Atlas, pl. LVIII, fig. 30 à 32,

diffèrent des mélanies par leur columelle qui est tronquée et séparée du bord droit par un sinus. Ce sont aussi des mollusques fluviatiles, operculés, qui habitent surtout aujourd'hui les pays chauds. Elles paraissent dater seulement du commencement de l'époque tertiaire.

M. Melleville (2) a fait connaître le *M. buccinatum*, des sables inférieurs de Châlons-sur-Vesle. (Atlas, pl. LVIII, fig. 30.)

Les *M. gallo-provincialis*, Matheron (3), et *marticensis*, id., caractérisent les lignites de Provence.

La *M. fusiformis*, Sow. (*M. buccinoides*, Fér., Desh.), se trouve dans les tertiaires inférieurs de France et d'Angleterre (4).

Les sables inférieurs de Soissons renferment en outre, suivant M. Deshayes (5), la *M. Dufresnii*, Desh., et une espèce semblable à la *M. costata*, Oliv., vivante. M. d'Orbigny conteste ce dernier rapprochement et remplace ce nom par celui de *M. subcostata*.

La *M. ancillaroides*, Desh., provient des terrains tertiaires inférieurs de Meaux : la *M. Parkinsonii*, Desh., de ceux de Cuise-la-Motte, et la *M. obtusa*, Desh., de ceux de Rétheuil, etc.

Sowerby (6) a décrit les *M. carinata, brevis* et *subulata*, des terrains éocènes supérieurs de l'île de Wight et du Hampshire.

Les mélanopsides se continuent dans les terrains tertiaires miocènes.

M. Grateloup (7) en a figuré plusieurs, savoir : Des faluns bleus (miocène inférieur), la *M. gibbosula*, Grat., et une espèce rapportée à tort à la *M. costata*, Lamk.

Du terrain lacustre supérieur de Dax, les *M. buccinoides*, Fér., *olivula*, Grat., *aquensis*, Grat., et *Dufourii*, Fér. Cette dernière espèce est répandue

(1) *Basel, Verh.* 1846-48, et *Leonhard und Bronn neues Jahrb.*, 1854, p. 122. et 762.

(2) *Mém. sables tert. inférieurs* (*Ann. sc. géol.*, 1843, t. II).

(3) *Catalogue*, dans *Trav. Soc. statist. Marseille*, t. VI, p. 219, pl. 37.

(4) Sowerby, *Min. conch.* pl. 332; Deshayes, *Coq. foss. Par.*, t. II, p. 120, pl. 14.

(5) Deshayes, *id.*, pl. 12 et 19.

(6) *Min. conch.*, pl. 332 et 523.

(7) *Conch. foss. Adour*, t. I.

dans une grande partie des terrains miocènes d'Europe et paraît identique
avec une mélanopside qui vit encore en Morée et en Espagne.

M. Férussac [1], outre les espèces indiquées ci-dessus, en a décrit encore
quelques-unes, et en particulier les *M. Martinii*, Fér., *brevis*, id., etc.

Les terrains miocènes du Piémont contiennent, suivant M. Michelotti [2],
trois espèces qui sont la *M. Martinii*, Fér., la *M. carinata*, Sow., la *M. Nar-
zolina*, Bon., et une espèce identique avec la *M. prærosa*, Lin., vivante.

M. Dunker [3] rapporte à la même espèce une mélanopside de la mollasse
de Gunsburg.

La *M. callosa*, Braun (*M. Fritzii*, Thomæ) [4], a été découverte dans les
terrains miocènes des environs de Wiesbaden. (Atlas, pl. LVIII, fig. 31.)

La *M. impressa*, Krauss [5], provient des terrains pliocènes du Wurtemberg.

La *M. Luz-hani*, de Verneuil [6], a été trouvée dans la Turquie d'Europe.
(Atlas, pl. LVIII, fig. 32.)

4ᵉ Famille. — LITTORINIDES.

Cette famille est formée pour recevoir toutes les coquilles marines à labre entier qui ont une coquille épaisse, non nacrée, ordinairement épidermée, une columelle sans plis, et dont l'animal ne
porte pas de filets sur la partie supérieure du pied. Ce dernier
caractère les distingue des trochides.

Les Rissoa, Freminville (*Alvania*, Leach, *Mangelia*, Risso, *Cingula* et *Odostomia*, Flem., *Loxostoma*, Bivona, *Cirropteron*,
Sars, *Goniostoma*, Villa), — Atlas, pl. LVIII, fig. 33 à 38.

sont encore très voisines des mélanides, soit par la forme de l'animal, soit par celle de la coquille, qui est turriculée ; mais sa bouche ronde est bordée par un labre épaissi, jamais tranchant,
souvent pourvu d'un bourrelet. La columelle n'est pas aplatie.

Je leur réunis les Rissoina de M. d'Orbigny, caractérisées par
un petit sinus antérieur et un postérieur, et par leur labre épaissi
au milieu. Ce caractère, très visible dans quelques espèces, me
paraît s'effacer dans d'autres par des transitions insensibles.

[1] *Mém. Soc. d'hist. nat. de Paris*, t. 1, et *Hist. nat. des mollusques, Mélanopsides foss.*, pl. 2.

[2] *Descr. foss. tert. miocèn. Ital. sept.*, p. 191.

[3] *Palæontographica*, t. 1, p. 158, pl. 21, fig. 30 et 31.

[4] *Foss. Conch. tert. Schicht*, p. 158, pl. 2, fig. 7.

[5] *Würtemberg Jahreshefte*, 1852, p. 143, pl. 3.

[6] Viquesnel, *Mém. Soc. géol.*, 2ᵉ série, t. 1, p. 265, pl. 12, fig. 1.

Les espèces vivantes sont en général de taille petite ou moyenne et se trouvent dans toutes les mers.

C'est probablement à ce genre que l'on doit rapporter les espèces marines décrites comme des mélanies et qui ont le labre épaissi. Celles à labre tranchant seront réparties dans les genres CHEMNITZIA, EULIMA, etc. Il faudra y joindre plusieurs espèces décrites sous les noms de TURRITELLA, TURBO, etc.

En admettant cette manière de voir, on ferait remonter les rissoa jusqu'à la fin de l'époque primaire.

Il paraît qu'on peut rapporter à ce genre quelques espèces des terrains permiens.

M. W. King (¹) en a décrit trois des terrains permiens d'Angleterre.

D'autres appartiennent à l'époque des dépôts de Saint-Cassian (salifèrien).

Il me paraît bien difficile, au moyen des planches (²) du comte de Münster et de M. Klipstein, de décider quelles sont, parmi les espèces de Saint-Cassian, les véritables *Rissoa*.

Les plus probables me paraissent : *Turbo elegans*, Münster, *Turritella quadrangula*, *T. nodosa*, Klipstein, *T. subcanaliculata*, id., *Melania antho-phylloides*, id., etc.

M. Brown (³) en a décrit quelques espèces du keuper (*R. Gibsoni*, *Leighi*, *minutissima* et *obtusa*.

Ce genre est abondant dans les terrains de l'époque jurassique.

Le lias d'Halberstadt a fourni à M. W. Dunker (⁴) la *Rissoa liasina*, Dunk.

La grande oolithe d'Angleterre (⁵) renferme les *R. duplicata*, Sow., *obliquata*, id., *acuta*, id., *lœvis*, id., *cancellata*, Morris, et *tricarinata*, id., (*Rissoina*, Morris, d'Orb.) (Voyez Atlas, pl. LVIII, fig. 33 et 34, les *R. duplicata* et *tricarinata*.)

Les *R. duplicata* et *lœvis* se retrouvent en France, et il faut y ajouter la

(¹) *Permian foss.* (*Pal. Soc.*, p. 205).

(²) Münster, *Beitraege zur Petref.*, t. IV ; Klipstein, *Beitr. zur geol. Kentn. der oestlichen Alpen*, Giessen, 1843, in-4°, pl. 10 et 11.

(³) *Manchester geol. trans.*, 2ᵉ série, t. I (teste Bronn., *Enum.*).

(⁴) *Palæontographica*, t. I, p. 108.

(⁵) Sowerby, *Min. conch.*, pl. 609 ; Morris et Lycett, *Mollusca from the great oolite* (*Palæont. Society*, 1850, p. 52, pl. 9).

R. Franconiana, d'Orb. [1], de la grande oolithe de Luc (Calvados). (Atlas, pl. LVIII, fig. 35.)

On trouve dans les terrains coralliens de Saint-Mihiel [2], les *R. bisulca*, Buvignier (*Rissoina*, d'Orb.) (Atlas, pl. LVIII, fig. 36), *unisulca*, Buv., et *unicarina*, id.

Quelques espèces ont été trouvées dans les terrains crétacés.

Le gault d'Ervy [3] renferme la *Rissoa Dupiniana*, d'Orb., et la *Rissoina incerta*, id.

Elles augmentent de nombre dans les terrains tertiaires.

Les terrains tertiaires inférieurs n'en renferment cependant qu'une petite quantité.

On trouve à Cuise-la-Motte [4] la *Rissoa submarginata*, d'Orb., et la *Rissoina cochlearella*, id. (*Melania cochlearella*, Lamk). Cette dernière espèce se retrouve dans l'étage du calcaire grossier avec la *Melania marginata*, Lamk, Desh. (Atlas, pl. LVIII, fig. 37), et les *Rissoa polita et clavula*, Desh. [5]. (Id., fig. 38.)

Les rissoa sont très abondantes dans les terrains miocènes et pliocènes.

M. Nyst [6] a trouvé dans les tertiaires miocènes inférieurs de Klein-Spauwen les *R. plicata*, Desh. (*R. Michaudi*, Nyst.), *Duboisi*, Nyst (*Cycl. scalare*, Dubois), et *succincta*, Nyst.

M. Grateloup [7] en a décrit plusieurs espèces, savoir : Des faluns bleus (miocène inférieur), les *R. elegans*, Grat., *aquensis*, Grat., *Montagui*, Payr, et *nitida*, Grat. (*nerina*, d'Orb.).

Des faluns jaunes (miocène supérieur), le *R. cochlearella*, Bast., *nana*, Grat., *Grateloupi*, Bast., etc. (environ vingt espèces).

M. Philippi [8] a fait connaître aussi quelques espèces des terrains tertiaires miocènes de la Hesse (*R. ovulum, interrupta, unidentata*).

Les dépôts de la Touraine en contiennent quelques espèces qui ont été

---

[1] *Paléont. franç., Terr. jur.*, t. II, p. 24, pl. 237 et 237 bis, et *Prodrome*.

[2] Buvignier, *Mém. Soc. philom.* de Verdun, t. II, p. 16, pl. 5 ; d'Orb., *loc. cit.*

[3] *Paléont. franç., Terr. crét.*, t. II, p. 60, pl. 153 ; *Prodrome*, t. II, p. 127.

[4] D'Orbigny, *Prodrome*, t. II, p. 310 ; Deshayes, *Coq. foss. Par.*, t. II, p. 117, pl. 14.

[5] Deshayes, *Coq. foss. Par.*, t. II, p. 117, pl. 14.

[6] *Coq. et pol. foss. de Belgique*, p. 416, pl. 37 et 38.

[7] *Conch. fossile de l'Adour*, t. I. Voyez, pour quelques rectifications, d'Orbigny, *Prodrome*, t. III.

[8] *Tert. Verst. Norddeutsch.*, p. 51, pl. 3.

décrites [1] par Dujardin (cinq espèces dont trois ou quatre rapportées à des vivantes).

Il faut rapporter au même genre quelques espèces de Volhynie décrites par M. Dubois de Montpéreux sous d'autres noms génériques [2].

M. Eichwald [3] en a signalé plusieurs espèces en Lithuanie et M. Pusch en Pologne.

Le crag d'Angleterre en renferme plusieurs. M. Wood en a décrit [4] (sous les noms de *Rissoa* et *Alvania*) onze espèces du crag corallien de Sutton et un petit nombre du crag rouge et du crag supérieur. Plusieurs de ces espèces se retrouvent vivantes. Cinq sont nouvelles et n'existent que fossiles à Sutton.

Les terrains miocènes et pliocènes du Piémont en renferment quelques espèces [5]. Le *R. pusilla*, Brocchi, se trouve dans les uns et les autres et vit dans la Méditerranée. M. Sismonda en cite dans les dépôts pliocènes treize espèces (dont quatre encore vivantes).

On trouvera dans les travaux [6] de MM. Risso, Philippi, etc., l'indication d'un grand nombre d'espèces fossiles dans les terrains récents du midi de la France, de la Sicile, de l'Angleterre, etc.

Les Cochlearia, Braun (*Chilocyclus*, Bronn). — Atlas, pl. LVIII, fig. 39,

sont des coquilles turriculées, épaisses et très remarquables par l'épanouissement du labre, qui est continu et forme un large rebord autour d'une bouche circulaire. M. d'Orbigny les réunit aux rissoa ; M. Bronn les rapproche des dauphinules

On en connaît [7], suivant quelques auteurs, deux espèces des schistes de Saint-Cassian ; la *C. carinata*, Braun (Atlas, fig. 39) et la *C. Braunii*, Klipst. Suivant d'autres (Giebel), ces deux espèces n'en font qu'une seule. Je ne les connais pas en nature.

Les Turritelles (*Turritella*, Lamk). — Atlas, pl. LVIII fig. 40 à 43,

ont une coquille allongée et enroulée en obélisque ou turriculée.

<hr>

(1) *Mém. Soc. géol.*, t. II, p. 279, pl. 19.

(2) Voyez d'Orbigny, *Prodrome*, t. III, p. 29.

(3) *Naturh. Skizzen von Lithauen*, etc., p. 218; Pusch, *Polens Pal.*, p. 96.

(4) *Crag moll.* (*Palœont. Soc.*, p. 98 et 109, pl. 11).

(5) Michelotti, *Descr. foss. mioc.*, p. 196 ; Sismonda, *Synopsis*, p. 53.

(6) Risso, *Hist. nat. Europe mér.*, t. IV, p. 119 ; Philippi, *Enum. moll. Siciliæ*, t. I, p. 149, t. II, p. 123.

(7) Münst., *Beitr. zur Petref.*, t. IV, p. 104, pl. 10, fig. 27 ; Klipstein, *Geol. der vestl. Alpen*, p. 206, pl. 14, fig. 27.

Leur bouche est ronde ou quandragulaire, à bords réunis en arrière et à labre sans bourrelet, souvent sinueux en avant. L'animal a un pied subtriangulaire, tronqué en avant, deux tentacules coniques, à la base desquels sont les yeux et un manteau qui forme une sorte de collier ou d'anneau frangé. L'opercule est corné, spiral, à sommet central, composé d'un grand nombre de tours et frangé sur son bord.

Les turritelles vivent aujourd'hui dans presque toutes les mers, principalement dans les régions chaudes. Elles sont ordinairement à de grandes profondeurs près du rivage.

On est convenu de réunir à ce genre, celui des Proto, Defrance, qui comprend quelques espèces, chez lesquelles le dernier tour se déforme et présente une dépression du côté spiral ; la bouche est comme gonflée et forme une sorte de pavillon auriforme, mince et fragile, à contours rugueux.

Quelques auteurs admettent qu'il n'y a aucune turritelle dans les terrains antérieurs à l'époque crétacée ; mais cette assertion ne me paraît pas reposer sur des preuves certaines. Il est possible que l'examen d'un grand nombre d'échantillons de turritelles anciennes fasse transporter quelques espèces dans les genres des Murchisonia, des Loxonema, etc. ; mais il serait téméraire d'affirmer qu'on s'est trompé dans tous les cas où l'on a rapporté au genre des turritelles des fossiles des terrains plus anciens que les crétacés.

Il me semble que dans bien des cas la nature des ornements et la forme de la bouche semblent concorder fort bien avec les caractères des turritelles actuelles.

Je n'oserais pas en particulier affirmer qu'il n'y ait point de vraies turritelles dans les terrains de l'époque primaire.

Je reconnais que celles qui ont été décrites par Sowerby [1] comme appartenant au système silurien d'Angleterre sont très douteuses.

Parmi les espèces dévoniennes décrites [2] sous le nom de *Turritelles*, plusieurs ont le labre continu et sont probablement des *Loxonema* (*T. trochleata*, Münster, *antiqua*, id., etc). La plupart sont inconnues sous ce point de vue.

[1] Murchison, *Silurian system*, pl. 3 et 20. C'est sur une espèce de cette forme que M. M'Coy (*Ann. and mag. of nat. hist.*, 2ᵉ série, t. VII, p. 45, et t. VIII, p. 109) a établi le genre Holopella. Il devra probablement être réuni aux Loxonema.

[2] Münster, *Beitraege*, t. III, p. 88, et t. V, p. 122; Goldfuss, *Petref. Germ.*, t. III, p. 103, pl. 95 et 96.

La *T. Pealii*, Goldfuss (Atlas, pl. LVIII, fig. 40), et quelques autres, rappellent cependant par leur forme certaines espèces tertiaires.

On peut dire la même chose des turritelles des terrains carbonifères. Parmi une quinzaine d'espèces décrites sous ce nom [1], quelques-unes devront être transportées dans d'autres genres ; mais je ne vois pas pourquoi la *T. gracilis*, Goldfuss, ne serait pas une vraie turritelle : elle en a tout à fait les ornements et le labre désuni. (Atlas, pl. LVIII, fig. 41.)

Il me paraît plus probable encore que l'on peut compter quelques vraies turritelles dans les terrains inférieurs de l'époque secondaire.

Les espèces peu nombreuses du muschelkalk [2] sont rapportées par M. d'Orbigny au genre des CHEMNITZIA et à celui des LOXONEMA, et par M. Bronn à celui des TRETOSPIRA.

Je dois faire remarquer cependant que la *T. scalata*, Schloth., et la *T. obliterata*, Goldfuss, diffèrent bien peu par leurs formes externes des *Turritella Renauxiana* et *Requeniana*, d'Orb., du terrain crétacé, et de celle du terrain aptien que nous avons décrite sous le nom de *Turritella helvetica*.

Le comte de Münster et M. Klipstein [3] ont décrit sous le nom de *Turritella* plus de cinquante espèces de Saint-Cassian. Je m'empresse de reconnaître que plusieurs d'entre elles seront mieux placées dans d'autres genres ; mais je ne vois pas pourquoi on n'en conserverait pas quelques-unes dans celui-ci, et en particulier les *T. Goldfussii*, Klipst., *Baklandii*, id., *strigillata*, id., *cylindrica*, id., etc.

Les terrains jurassiques n'en sont pas probablement non plus complètement privés.

Parmi les six espèces du lias qu'a figurées [4] M. Goldfuss, il me semble que la *T. Hartmannia*, Münst., appartient bien à ce genre. Les *T. indequicincta*, id., *trisulcata*, id., etc., n'ont pas non plus de caractères qui rendent cette association improbable.

La *T. elongata*, Sow., Zieten [5], du lias d'Allemagne et d'Angleterre, paraît être aussi une véritable turritelle.

Dans les autres terrains jurassiques on trouve des espèces qui, décrites

[1] De Buch, *Goniat. et Clym. in Schlesien*, p. 18, etc. ; Sowerby, *Trans. of the geol. Soc.*, 2ᵉ série, t. V, p. 39 ; Philippi, *Geol. of Yorkshire* ; Goldfuss, loc. cit.

[2] Alberti, *Trias* ; Goldfuss, *Petref. Germ.*, loc. cit. ; Bronn, *Lethea*, 3ᵉ édit., 1ʳᵉ livr., p. 76.

[3] Münster, *Beiträge zur Petref.*, t. IV, p. 118 et 142, pl. 9 et 13 ; Klipstein, *Geol. der oestl. Alpen*, p. 173, pl. 11.

[4] *Petref. Germ.*, t. III, p. 105, pl. 9.

[5] *Petrif. Wurtemb.*, pl. 32, fig. 5.

sous le nom de turritelles, sont des cérithes (*T. echinata*, de Buch, *T. muricata*, Sow., etc.); mais je suis disposé à considérer comme de vraies turritelles, la *T. tristriata*, Schübler, de l'oolithe inférieure et la *T. Petschorœ*, Keys., du terrain kellowien de Russie [1].

La *T. Roissyi*, d'Archiac, a la forme externe des turritelles, mais un large ombilic.

L'existence des turritelles dans l'époque crétacée n'est pas contestée.

On en trouve dans les terrains néocomiens et aptiens.

M. Leymerie [2] a fait connaître la *T. lœvigata*, Leym., du terrain néocomien de Marolles.

M. d'Orbigny [3] en a décrit trois autres espèces du terrain néocomien inférieur; il en a indiqué deux du terrain néocomien supérieur du département du Var, et figuré une belle espèce des mêmes terrains au Chili.

Il faut y ajouter la *T. helvetica*, Pictet et Renevier [4], du terrain aptien inférieur de la perte du Rhône.

La *T. Hilseana*, Koch [5], provient du Hilsthon du Brunswick.

Le gault en renferme également.

M. d'Orbigny [6] a décrit la *T. Vibrayeana* de Giraudot, etc., la *T. Bauliniana* de Machéromenil, et la *T. Hugardiana* des Alpes de Savoie.

La *T. Faucignyana*, Pictet et Roux [7], se trouve dans le gault de Savoie et de la perte du Rhône.

Les craies marneuses et les craies chloritées en ont fourni plusieurs.

Les *T. granulata*, Sow. [8], et *costata*, id., se trouvent à Blackdown.

M. d'Orbigny [9] en a décrit ou indiqué quatre espèces du Mans, une de la Malle dans l'étage inférieur (cénomanien), et six d'Uchaux (turonien).

[1] D'Archiac, *Mém. Soc. géol.*, t. V, p. 380, pl. 30, fig. 2; Schübler, dans Zieten, *Pétréf. Wurt.*, pl. 32, fig. 4; Keyserling, *Petschora Land*, p. 320, pl. 18, fig. 26.

[2] *Mém. Soc. géol.*, t. IV, p. 342; d'Orbigny, *Paléont. franç.*, *Terr. crét.*, p. 36, pl. 15, 1.

[3] *Paléont. franç.*, loc. cit.; *Prodrome*, t. II, p. 67 et 103, et *Voyage dans l'Amer. mérid.*, Paléont., p. 104, pl. 6, fig. 11.

[4] *Paléont. suisse*, *Terr. aptien*, pl. 3, fig. 2.

[5] *Palœontographica*, t. I, p. 169.

[6] *Paléont. franç.*, *Terr. crét.*, p. 37, pl. 151.

[7] *Moll. foss. grès verts*, p. 166, pl. 16, fig. 1.

[8] *Min. conch.*, pl. 565.

[9] *Paléont. franç.*, loc. cit., et *Prodrome*, t. II, p. 148 et 190.

Il faut ajouter [1] la *T. Geinitzi*, d'Orb., de Bohême, la *T. Neptuni*, Münst., de Tournay, la *T. Archiaci*, d'Orb. (*Neptuni*, d'Archiac, non Münst.) du même gisement, etc.

Les dépôts du même âge d'Allemagne et de Bohême (*unterer Quadersandstein, untere Quader mergel, Plaener mergel*, etc.) renferment aussi des turritelles qui ont été décrites [2] par MM. Roemer (*T. nodosa*, etc.), Geinitz (*T. propinqua*, etc.), et Reuss (*T. acicularis, multistriata*, etc.).

Les turritelles augmentent de nombre dans les terrains crétacés supérieurs.

Sowerby [3] en a fait connaître quelques espèces de Gosau (Tyrol) (*T. biformis, ridiga, læviuscula*).

M. Dujardin [4] a décrit la *T. paupercula*, de Touraine.

La *T. marticensis*, Matheron [5], a été trouvée dans la craie des Martigues.

Il faut y ajouter quelques espèces du midi de la France, décrites par M. d'Orbigny [6] (*T. Coquandiana, Bocuga*, etc).

Les terrains crétacés supérieurs d'Allemagne paraissent riches en turritelles. Les espèces ont été décrites [7] par Goldfuss (cinq espèces d'Aix-la-Chapelle, trois de Gosau, etc.), Roemer (cinq espèces d'Aix, de Quedlimbourg, de Kieslingswalde, etc.,) et surtout par M. Joseph Müller, qui a étudié plus spécialement les espèces d'Aix-la-Chapelle, et qui en compte vingt-trois espèces, dont quinze nouvelles. M. Zekeli a ajouté aussi quelques espèces de Gosau à celles que l'on connaissait déjà.

M. d'Orbigny [8] indique dans le terrain danien de Meudon la *T. supracretacea*, non encore décrite.

Les turritelles sont d'une grande abondance dans les terrains tertiaires.

Elles se trouvent dès les plus inférieurs.

[1] *Prodrome*, t. II, p. 148; Münster dans Goldfuss, *Petref. Germ.*, t. III, p. 106, pl. 196, fig. 15; d'Archiac, *Mém. Soc. géol.*, 2ᵉ série, t. II, p. 344, pl. 25, fig. 2.

[2] Roemer, *Norddeutsch. Kreideg.*, p. 80, pl. 11; Geinitz, *Charact.*, pl. 15, p. 7, 45 et 73; Reuss, *Verst. Böhm. Kreideform.*, I, p. 51, et II, pl. 114.

[3] *Trans. of the geol. Soc.*, 2ᵉ série, t. III, pl. 38.

[4] *Mém. Soc. géol.*, 1835, t. II, p. 230, pl. 17, fig. 9.

[5] *Catalogue*, dans *Trav. Soc. statist. Marseille*, 1846, pl. 39, fig. 16.

[6] *Paléont. franç., Terr. crét.*, t. II, pl. 152 et 153; *Prodrome*, t. II, p. 217.

[7] Goldfuss, *Petref. Germ.*, t. III, p. 106, pl. 96 et 97; Roemer, *Norddeutsch Kreideg.*, p. 80, pl. 11; J. Müller, *Monogr. der Petref. der Aachener Kreideform.*, 2ᵉ partie, 1852, p. 25, pl. 4; Zekeli, *Gaster. Gosau form.*, p. 28.

[8] *Prodrome*, t. II, p. 290, et *Bull. Soc. géol.*, 2ᵉ série, t. VII, p. 127.

M. Melleville ([1]) fait connaître la *T. marginulata*, des terrains inférieurs du bassin de Paris.

M. Deshayes ([2]) en a décrit vingt-trois espèces, dont quatorze nouvelles, dans son grand ouvrage sur les fossiles de Paris. La *T. rotifera*, Desh., caractérise les sables inférieurs de Soissons. Les *T. hybrida*, Desh., *carinifera*, id., et *edita*, Sow., appartiennent aux terrains tertiaires inférieurs du département de l'Oise.

La plupart des autres se trouvent dans le calcaire grossier ou dans les étages contemporains, à Grignon, à Courtagnon, Mouchy, etc. Les plus importantes sont la *T. imbricataria*, Lamarck (Atlas, pl. LVIII, fig. 41), espèce très répandue ; la *T. fasciata*, Lamk, espèce très variable dans ses ornements, et également fort abondante (id., fig. 42) ; la *T. terebellata*, Lamk, qui atteint une grande taille ; la *T. multisulcata*, Lamk, remarquable par sa forme courte ; etc.

Quelques-unes enfin caractérisent les terrains éocènes supérieurs de la Chapelle, de Senlis, d'Auvert, etc. (*T. sulcifera*, Desh., *monilifera*, etc.).

Al. Brongniart ([3]) a décrit quelques turritelles des terrains nummulitiques du Vicentin (*T. incisa*, Al. Br., *asperula*, id., *Archimedis*, id., *cathedralis*, id.).

On doit à M. Leymerie ([4]) la connaissance de quelques turritelles des terrains nummulitiques des Corbières, et à M. d'Archiac celle de quelques espèces de Biaritz, et d'autres gisements analogues.

M. d'Orbigny ([5]) a indiqué sans les décrire cinq espèces du terrain nummulitique de Couïza (Aude).

Les terrains éocènes d'Angleterre ([6]) ont aussi des turritelles qui sont en partie les mêmes que celles de Paris, et dont quelques-unes paraissent spéciales. Telles sont les *elongata*, Sow., *conoidea*, id., etc.

Les turritelles des terrains miocènes et pliocènes sont très nombreuses.

M. Grateloup, et plus antérieurement M. de Basterot ([7]), ont fait connaître les espèces du bassin de Bordeaux et de l'Adour.

Les faluns bleus (miocène inférieur) et les faluns jaunes (miocène supérieur)

([1]) *Mém. sabl. inf.* (*Ann. sc. géol.*, 1843, t. II).

([2]) *Coq. foss. Par.*, t. II, p. 269, pl. 35 à 40. Lamarck avait déjà décrit plusieurs espèces de ces gisements dans le tome IV des *Ann. du Mus.*

([3]) *Mém. terr. de sédim. sup. du Vicentin*, p. 54, pl. 2 et 4.

([4]) Leymerie, *Mém. Soc. géol.*, 2ᵉ série, t. I, p. 364, pl. 16 ; d'Archiac, id., t. III, pl. 13, et *Hist. des progrès*, t. III, p. 285.

([5]) *Prodrome*, t. II, p. 340.

([6]) Sowerby, *Min. conch.*, pl. 51.

([7]) *Conch. foss. de l'Adour*, et *Act. Soc. linn. Bord.*, 1832, t. V ; Basterot, *Coq. foss. Bord.*, p. 28.

en renferment plusieurs, au moins vingt-six espèces. Il paraît que quelques-unes se continuent dans les deux gisements; mais il faut ajouter que la variabilité des turritelles et le peu de précision de leurs caractères spécifiques rendent la discussion de ces passages très difficile. Nos collections ne sont pas assez complètes pour nous avoir permis une comparaison directe.

M. Nyst (1) a décrit les espèces de Belgique, parmi lesquelles se trouvent les *T. crenulata*, Nyst et *planispira*, id., qui paraissent nouvelles.

Les terrains miocènes du Piémont renferment, suivant M. Michelotti (2) huit espèces, dont trois spéciales à ces gisements, les *T. Revieri*, Mich., *nodosa*, id., et *varicosa*, Brocchi. Les autres se rapportent aux espèces de Bordeaux, etc., et une paraît identique avec la *T. ungulata*, Gmel., vivante.

Les terrains pliocènes (3) du même pays ont fourni également des espèces perdues (*T. vermicularis*, Brocc., *triplicata*, id., etc.) et un mélange des espèces précédentes et des turritelles vivantes.

Le crag d'Angleterre est dans le même cas (4). Une espèce (*T. incrassata*, Sow.), se trouve dans tous les étages du crag et vivante. La *T. clathratula*, Wood, du crag supérieur, est nouvelle.

D'autres espèces ont encore été décrites (5) par MM. Dubois de Montpéreux, de Hauer, Dunker, etc.

On a aussi décrit (6) de nombreuses espèces de turritelles en Amérique et en Asie, dans les terrains crétacés, nummulitiques et tertiaires récents.

Les Scalaires (*Scalaria*, Lamk). — Atlas, pl. LVIII, fig. 44 à 46,

sont enroulées comme les turritelles, mais ont leurs tours arrondis, souvent disjoints, et une bouche ronde, à bords entiers, épaissis. Ces coquilles sont ordinairement ornées de côtes élevées, qui marquent en dehors les différents points de l'accroissement. Leur opercule est corné, spiral, et composé de peu de tours.

Les scalaires habitent aujourd'hui les mers chaudes et tempé-

(1) *Coq. et pol. foss. de Belgique*, p. 395, pl. 37 et 38.

(2) *Descr. foss. mioc. Italie sept.*, p. 183.

(3) Sismonda, *Synopsis*, p. 54; Brocchi, *Conch. subap.*, pl. 6.

(4) Wood, *Moll. from the crag* (*Pal. Soc.*, p. 74, pl. 9).

(5) Dubois de Montpéreux, *Conch. foss. Volh. Pod.*, pl. 2; Hauer, *Haiding. Abhandl.*, 1847, p. 350; W. Dunker, *Palæontographica*, t. I, p. 63, et 132.

(6) Voyez d'Orbigny, *Prodrome* et *Voyage dans l'Amér. mér. Paléont.*; Morton, *Synopsis*; Say, *Journ. Acad. Phil.*, t. IV; Conrad, id., t. VI, VII, VIII; Forbes, *Trans. of the geol. Soc.*, 2e série, t. VII, p. 128, etc.

rées ; elles se trouvent sur les fonds de sable vaseux, au-dessous ou au niveau des plus basses marées.

Les caractères que j'ai rappelés ci-dessus distinguent très facilement les scalaires vivantes des turritelles ; mais les espèces fossiles présentent des transitions embarrassantes. Les terrains crétacés, en particulier, fournissent une série d'espèces que M. d'Orbigny place dans les scalaires, et qui ont en effet de grands rapports dans leurs ornements avec ce genre, mais dont les tours s'aplatissent par degrés et dont le péristome arrive à être discontinu. Il y aurait à peu près autant de motifs pour ramener cette série dans le genre des turritelles que pour la laisser dans celui des scalaires. On peut même ajouter que ces coquilles se rapprochent beaucoup aussi de quelques fossiles que l'on est convenu de réunir aux chemnitzia. Je reviendrai sur cette comparaison en traitant de ce dernier genre.

Il manque de preuves suffisantes pour faire remonter l'antiquité du genre scalaire au delà de l'époque jurassique.

Je ne crois pas, en particulier, qu'il y en ait dans les terrains de la période primaire.

Il est vrai que le comte de Münster [1] a décrit sous ce nom une coquille du terrain dévonien d'Elbersreuth (*Scalaria antiqua*, Münster), mais cette coquille manque d'un des caractères les plus apparents du genre des scalaires, c'est-à-dire des côtes saillantes ; aussi sa détermination générique me paraît-elle contestable.

Je ne pense pas non plus que l'on puisse admettre leur présence dans le terrain triasique.

La seule espèce de cette époque qui ait été rapportée à ce genre est la *Scalaria costata*, Münster [2], de Saint-Cassian, qui est costée, mais dont la bouche, incomplétement connue, ne paraît point avoir les caractères génériques des scalair

Leur existence dans l'époque jurassique n'est établie que par un très petit nombre d'espèces.

La *S. Munsteri*, Rœmer [3], du terrain corallien d'Allemagne, que je ne connais que par la figure de M. Rœmer, paraît bien avoir les caractères du genre.

[1] Münster, *Beitr. zur Petref.*, t. I, p. 39, pl. 13, fig. 1.
[2] Münster, id., t. IV, p. 103, pl. 10, fig. 28.
[3] *Norddeutsch. Oolithgeb.*, p. 117, pl. 10, fig. 5.

La S. *pygmæa*, Lycett ([1]), n'a été décrite que par une phrase insuffisante. Elle appartiendrait à l'oolithe inférieure ;

La S. *minuta*, Buvignier ([2]), du terrain kimméridgien de la Meuse, me paraît très douteuse.

Les espèces sont plus nombreuses dans les terrains crétacés ; mais elles s'y présentent en général avec les caractères spéciaux dont j'ai parlé plus haut (Atlas, pl. LVIII, fig. 39).

On trouve dans le terrain néocomien inférieur ([3]), les S. *canaliculata*, d'Orb., et *Albensis*, id.

M. d'Orbigny cite dans son *Prodrome* ([4]) deux espèces inédites du terrain néocomien supérieur (urgonien) d'Escragnolles, et une espèce du terrain aptien de Gurgy (Yonne).

J'ai décrit avec M. Renevier ([5]) la S. *Rouxii*, du terrain aptien de la perte du Rhône.

Le gault en renferme plusieurs espèces ([6]).

M. d'Orbigny a décrit les S. *Clementina, gaultina, Rauliniana, Gastina* et *Dupiniana*.

Cette dernière espèce se retrouve dans le gault des environs de Genève, avec deux espèces nouvelles, la S. *Rhodani*, Pictet et Roux, et la S. *gurgitis*, id. (Atlas. pl. LVIII, fig. 44.)

Les craies marneuses et les craies supérieures ont aussi fourni des scalaires.

M. d'Orbigny ([7]) a trouvé dans le grès vert du Mans la S. *Guerangeri*, d'Orb.

La S. *pulchra*, Sow. ([8]), a été découverte à Blackdown.

La S. *Philippi*, Reuss ([9]), provient du quader inférieur de Bohême. Je doute, du reste, que cette dernière soit une vraie scalaire ; elle est courte et les bords de la bouche ne sont pas épaissis.

([1]) *Ann. and mag. of nat. hist.*, 2ᵉ série, t. VI, p. 419.

([2]) Buvignier, *Statist. géol. de la Meuse*, Paris, 1852, p. 35, pl. 27.

([3]) D'Orbigny, *Pal. franç., Terr. crét.*, t. II, p. 50, pl. 154.

([4]) *Prodrome*, t. II, p. 103 et 115.

([5]) *Paléont. Suisse, Terr. aptien*, p. 30, pl. 3.

([6]) D'Orbigny, *Paléont. franç., Terr. crét.*, t. II, p. 52, pl. 154 et 155 ; Pictet et Roux, *Moll. des grès verts*, p. 169, pl. 16.

([7]) *Pal. franç., Terr. crét.*, t. II, p. 412.

([8]) *Trans. of the geol. Soc.*, t. IV, p. 242, pl. 18, fig. 11.

([9]) *Verst. Boehm. Kreidef.*, II, p. 114, pl. 44, fig. 14.

M. d'Orbigny [1] rapporte à ce genre, je crois avec raison, le *Fusus costato-striatus*, Münster, de la craie de Haldem, et la *Melania decorata*, Roemer, de la craie de Strehlen.

M. Joseph Müller [2] a décrit les *S. striato-costata* et *macrostoma*, de la craie supérieure d'Aix-la-Chapelle.

Les scalaires augmentent beaucoup de nombre dans les terrains tertiaires et se rapprochent beaucoup plus des formes des espèces vivantes.

Elles se trouvent assez abondantes dans les terrains tertiaires inférieurs.

M. Melleville [3] a décrit la *S. monilifera* des sables inférieurs de Laon.

M. d'Archiac a fait connaître [4] la *S. subundosa*, du terrain nummulitique de Biaritz, où elle se trouve avec les *S. decussata*, Lamk, et *semicostata*, Sow.

M. Deshayes [5] indique huit espèces dans le bassin de Paris.

On trouve encore dans les terrains éocènes [6], les *S. Franscisci*, Caillat, de Grignon ; les *S. spirata*, Galeotti, et *S. subcylindrica*, Nyst, de Belgique ; cinq espèces décrites par M. Sowerby et la *S. Bowerbankii*, Morris [7], des terrains tertiaires inférieurs d'Angleterre.

Elles se continuent nombreuses dans les terrains tertiaires moyens et supérieurs.

Les espèces des environs de Bordeaux et des Landes ont été décrites [8] par M. de Basterot et par M. Grateloup.

Les faluns bleus (miocène inférieur) renferment la *S. clandestina*, Gratel.

Les faluns jaunes (miocène supérieur) ont fourni six espèces, dont quatre nouvelles (*S. striata*, Grat., *multilamella*, Basterot, *subspinosa*, Grat., et *cancellata*, Grat.), une déjà décrite et une rapportée à la *S. communis*, qui vit aujourd'hui en abondance sur les côtes d'Europe [7].

[1] *Prodrome*, t. II, p. 247 ; Münster, dans Goldfuss, *Petref. Germ.*, t. III, p. 23, pl. 171, fig. 18 ; Roemer, *Norddeutsch. Kreideg.*, p. 82, pl. 12, fig. 11.

[2] *Aach. Kreidef.*, II, p. 7, pl. 3 et 5.

[3] *Descr. sables tert.* (*Ann. sc. géol.*, p. 53, pl. 6, fig. 7-8).

[4] *Mém. Soc. géol.*, 2ᵉ série, t. III, p. 443, pl. 13, fig. 18.

[5] *Coq. foss. Par.*, t. II, p. 195, pl. 22 à 25.

[6] Caillat, *Soc. sc. nat. Seine-et-Oise*, pl. 9, fig. 3 ; Galeotti, *Mém. prov. Brabant*, p. 146 ; Sowerby, *Min. conch.*, pl. 16 et 577 ; Nyst, *Coq. et pol. foss. Belgique*, p. 389, pl. 37 et 38.

[7] *Quart. journ. geol. Soc.*, t. VIII, p. 266.

[8] De Basterot, *Coq. foss. Bord.*, p. 30 ; Grateloup, *Act. Soc. linn. Bord.*, t. V, p. 132, et *Conch. foss. de l'Adour*, I.

La *S. terebralis*, Michelin [1], se trouve aussi dans les falunières des environs de Bordeaux.

Le Piémont est riche en scalaires. M. Michelotti [2] signale sept espèces dans les terrains miocènes de la montagne de Turin, dont cinq décrites par Brocchi, et deux nouvelles, les *S. scaberrima*, Mich. (Atlas, pl. LVIII, fig. 46), et *S. reticulata*, id. De ces sept espèces deux, *S. punicea*, Brocchi, et *lanceolata*, id., passent au terrain pliocène.

M. Sismonda [3] indique dans les terrains pliocènes d'Asti, etc., outre les deux espèces ci-dessus, les *S. contigua*, Bon., *pseudoscalaria*, Brocchi (Atlas, pl. LVIII, fig. 45), *sulcata*, Bon., *oblita*, Mich., et quelques espèces qu'il rapporte à celles qui vivent aujourd'hui dans la Méditerranée.

Les terrains tertiaires d'Allemagne renferment aussi plusieurs scalaires. M. Philippi [4] cite cinq espèces nouvelles, outre quelques-unes ci-dessus indiquées.

La *S. pseudoscalaris*, Dubois [5], n'est pas la même que celle de Brocchi, et doit porter un autre nom (M. d'Orbigny la nomme *S. Duboisiana*)

Le crag d'Angleterre en contient aussi plusieurs. M. Wood [6] en compte douze espèces, la plupart du crag corallien. Quatre se trouvent vivantes, savoir : la *S. varicosa*, Lamk, et la *S. clathratula*, Turton, du crag corallien, et les *S. Groenlandica*, Chemnitz, et *Trevelyana*, Leach, du crag rouge. Les autres sont spéciales au crag corallien et ne vivent plus actuellement. Trois d'entre elles (*S. frondosa*, *foliacea* et *subulata*) ont été décrites par Sowerby. Les autres sont nouvelles.

La *S. tenera*, G. B. Sow. [7], a été trouvée dans un terrain miocène des bords du Tage.

Enfin on a trouvé des scalaires en Asie et en Amérique dans les terrains crétacés et tertiaires [8].

Les espèces des terrains crétacés de l'Inde ont été décrites par M. d'Orbigny et par M. Forbes ; celles des mêmes terrains en Amérique, par M. Morton ; celles des terrains tertiaires de l'Amérique du Nord, par MM. Conrad, etc., et celles de l'Amérique du Sud, par MM. d'Orbigny, Sowerby, etc.

[1] *Magazin de zool.* de Guérin, 1re année.

[2] *Descr. foss. terr. mioc.*, p. 160.

[3] *Synopsis*, p. 53.

[4] *Tert. Verst. Norddeutsch.*, p. 54.

[5] *Conch. foss. Wolh. Pod.*, p. 43.

[6] *Mollusca from the crag* (*Palaeont. Soc.*, p. 89, pl. 8).

[7] *Quart. journ. of the geol. Soc.*, t. III, p. 420.

[8] D'Orbigny, *Astrolabe*, pl. 3 ; Forbes, *Trans. of the geol. Soc.*, VII, p. 124 ; Morton, *Synopsis* ; Conrad, *Journ. Acad. Phil.*, t. VIII ; d'Orbigny, *Voyage dans l'Amér. mérid.*, Paléont. ; Sowerby, dans le *Voyage de Darwin*, etc.

Les **Littorines** (*Littorina*, Férussac), — Atlas, pl. LVIII,
fig. 47,

paraissent avoir les caractères essentiels des genres précédents et
des formes zoologiques semblables ; mais leur coquille en diffère
beaucoup par sa forme courte et plus ou moins globuleuse. Cette
coquille est épaisse, a une bouche arrondie, oblique, modifiée
par l'avant-dernier tour et un peu anguleuse en arrière ; elle est
bordée extérieurement par un labre tranchant taillé en biseau et
intérieurement par une columelle aplatie. L'opercule est corné et
paucispiré, à sommet latéral.

Ces mollusques ont d'abord été confondus avec les turbos, mais
l'animal manque tout à fait des filaments du pied qui caractérisent les trochides. Les coquilles ont beaucoup de rapports avec
celles des turbos et des phasianelles. A l'état vivant on les distingue facilement des premiers par l'absence constante de substance
nacrée et par l'aplatissement de la columelle ; et des phasianelles,
par les mêmes caractères et parce que ces dernières ont la surface lisse et polie. A l'état fossile, les moyens de détermination
manquent souvent, et il est plusieurs espèces que quelques auteurs rapportent aux turbos, tandis que d'autres les associent aux
littorines.

Il résulte de cette difficulté de grandes différences dans la manière dont les naturalistes ont retracé l'histoire paléontologique
des littorines. Les uns croient qu'elles ont existé dès les époques
les plus anciennes et qu'elles se sont continuées dans tous les terrains jusqu'à la période actuelle, où elles ont acquis un grand
développement numérique. D'autres (M. d'Orbigny) nient qu'on
les trouve à l'état fossile, sauf dans quelques dépôts contemporains.

Elles sont aujourd'hui de toutes les latitudes, vivant presque
toujours sur les rochers qui bordent les rivages, au niveau ou immédiatement au-dessous des hautes marées. Leur taille est généralement médiocre et leurs couleurs sont rarement très brillantes.

Je suis disposé, pour ma part, à admettre l'opinion de ceux qui
croient à l'ancienneté des littorines.

Je reconnais cependant que l'espèce trouvée par Sowerby (1) dans le terrain silurien (*L. striatella*) est très douteuse.

(1) Murchison, *Sil. syst.*, pl. 19, fig. 12.

Les espèces du terrain carbonifère décrites par M. de Kœninck [1] me paraissent plus incontestables (*L. solida*, Kœn., *L. Lacordairiana*, id., et *L. biserialis*, Phillipi). Cette dernière se trouve aussi dans les terrains dévoniens.

Elles paraissent se continuer sans être nombreuses pendant l'époque secondaire.

M. Deshayes [2] rapporte à ce genre le *Turbo muricatus*, Sow., fossile du terrain oxfordien et quelques autres espèces également jurassiques. M. d'Orbigny, ainsi que je l'ai dit plus haut, n'admet pas leur existence dans les terrains crétacés et rapporte au genre Turbo les espèces décrites par M. Deshayes; mais je les considère comme étant probablement de véritables littorines [3].

Les auteurs anglais rapportent encore au genre LITTORINE des espèces trouvées dans les grès verts et décrites par Sowerby comme des turbos ou des paludines : ce sont les *Turbo carinatus*, Sow., 240, *conicus*, id., 433, *rotundatus*, id., *monilifer*, id., 31, et *Paludina extensa*, id., 31. Il faut ajouter les *Littorina gracilis* et *pungens* [4].

Les littorines sont plus nombreuses dans les terrains tertiaires.

Il faut, suivant M. Deshayes, rapporter à ce genre trois espèces qu'il avait précédemment décrites comme des phasianelles [5], les *L. tricostalis, multisulcata* et *melanoides*.

On trouve, suivant le même auteur, dans les faluns de la Touraine et à Bordeaux, les *L. Grateloupi* et *Precostina*, Desh.

M. Wood a trouvé [6] la littorine commune (*Turbo littoreus*, Lin.) dans le crag rouge et dans le crag supérieur d'Angleterre.

La figure 47 de la planche LVIII de l'Atlas représente cette même espèce d'après un échantillon du musée de Genève, qui provient des terrains pliocènes du Piémont.

Les PLANAXES (*Planaxis*, Lamk)

ont une coquille ovale, conique, solide, dont la bouche est ovale, un peu plus longue que large, et la columelle aplatie, tronquée à

---

[1] De Kœninck, *Descr. anim. foss. carb. Belgique*, p. 455, pl. 39 et 40; de Verneuil, *Pal. de la Russie*, p. 340.

[2] Lamarck, 2ᵉ édit., t. IX, p. 210; Sowerby, *Min. conch.*, pl. 240, fig. 8 à 10.

[3] D'Orbigny, *Pal. franç., Terr. crét.*, et *Prodrome*; Deshayes, dans le mémoire de Leymerie, *Mém. Soc. géol.*, t. V.

[4] *Trans. of the geol. Soc.*, 2ᵉ série, t. IV, pl. 18.

[5] *Coq. foss. Par.*, t. II, pl. 34 et 38; 2ᵉ édit. de Lamarck, *Histoire naturelle des animaux sans vertèbres*, t. IX, p. 211.

[6] *Moll. from the crag* (*Pal. Soc.*, p. 118, pl. 19, fig. 14).

son extrémité et séparée par un sinus étroit du labre, qui est sillonné ou rayé en dedans, et dont le côté postérieur est muni en dessous d'une callosité.

Ces mollusques paraissent avoir beaucoup d'analogie avec les littorines, et leur coquille n'en diffère guère que par la troncature de la columelle. Aussi plusieurs naturalistes, et en particulier MM. Deshayes et de Blainville, les rapprochent-ils des genres qui forment la famille des paludinides. Cette opinion paraît confirmée par l'étude de l'animal. Mais d'autres naturalistes, tels que MM. Quoy et Gaimard, d'Orbigny, etc., leur assignent une tout autre place et les rangent dans la famille des buccinides. J'ai adopté ici la première de ces opinions, qui me paraît la plus justifiable.

On ne connaît aujourd'hui que quelques espèces des mers chaudes. Parmi les fossiles on n'en peut citer que dans les terrains tertiaires, et même avec doute.

M. Grateloup (¹) en a décrit deux espèces des faluns jaunes (miocène supérieur), dont M. d'Orbigny fait des buccins. Le *P. striatus* me paraît seul avoir les formes des planaxes.

M. Michelotti (²) avait décrit la *Planaxis multisulcata* des terrains miocènes du Piémont. Il l'a transportée plus tard dans le genre NASSA.

M. Deshayes (³) parle d'une espèce nouvelle de Dax, qui n'est ni décrite ni figurée.

Il faut ajouter plusieurs planaxes subfossiles, trouvées dans des terrains superficiels du midi de la France, et indiquées par M. Risso (⁴).

5ᵉ Famille. — PYRAMIDELLIDES.

Les pyramidellides ont une coquille turriculée, qui diffère de celle des paludinides en ce qu'elle est lisse, souvent brillante, dépourvue d'épiderme, et que sa columelle est encroûtée et épaisse et a quelquefois des plis saillants. Les principales différences, du reste, tiennent aux formes de l'animal, si toutefois on peut en juger par celui des pyramidelles proprement dites, qui a des tentacules en cornet.

(¹) *Conch. foss. de l'Adour*, I, pl. 14.

(²) *Ann. delle scienze Reg. Lomb. Ven.*, 1840, p. 158; *Descr. foss. mioc.*, p. 207.

(³) 2ᵉ édit. de Lamarck, *Histoire naturelle des animaux sans vertèbres*, Paris, 1843, t. IX, p. 236.

(⁴) *Histoire naturelle des principales product. Europ. mérid.*, t. IV, p. 172.

C'est probablement à cette famille qu'il faut rapporter la plupart des espèces des terrains marins que l'on a décrites comme des mélanies. On en connaît déjà un assez grand nombre et l'on sait maintenant que quelques-uns des genres ont apparu dès les terrains les plus anciens, et que d'autres ne datent que de l'époque jurassique ou des époques subséquentes.

On s'accorde généralement pour leur réunir les actéonides, qui ont une coquille sans épiderme, enroulée, généralement ovale, à spire courte et souvent entièrement enveloppée, une bouche operculée, tantôt entière, tantôt échancrée en avant, un labre quelquefois réfléchi, épaissi et même denté, une columelle presque toujours munie de gros plis, et une coquille fréquemment ornée de stries ponctuées ou formées de fossettes en lignes transversales. Ces mollusques ont en effet les plus grands rapports avec les pyramidellides et s'y lient par de nombreuses transitions. La connaissance plus précise des animaux serait nécessaire pour apprécier la convenance de leur réunion. La découverte de nérinées aussi courtes et même plus courtes que les actéons semble la rendre nécessaire, en montrant que la longueur de la coquille n'est pas même un caractère générique.

Les coquilles de ce groupe des actéonides ressemblent beaucoup, comme je l'ai dit plus haut (p. 34), à celles des auricules : mais les animaux diffèrent beaucoup, car ces derniers sont pulmonés et terrestres et les actéonides sont tous pectinibranches et marins. C'est donc à tort que l'on a rapporté aux auricules des coquilles marines ovales, à bouche entière et à columelle plissée ; elles doivent être classées dans la famille qui nous occupe ici. Ainsi dans les dix espèces d'auricules décrites par M. Deshayes, il y a des actéons, des ringinelles, des ringicules, etc. La même chose a lieu pour celles de M. Dujardin des faluns de la Touraine et pour celles de la plupart des auteurs.

Les pyramidellides, en acceptant pour cette famille l'extension que nous venons de lui donner, datent des époques les plus anciennes du globe, et sont représentées dans les terrains de la période primaire par des eulima, des chemnitzia et des macrocheilus. Elles augmentent de nombre et de variété de formes dans les terrains jurassiques et crétacés, étant représentées par cinq genres dans les premiers, par dix dans les derniers et dans tous les deux par un grand nombre d'espèces. Elles perdent de leur importance dans les terrains tertiaires et dans l'époque actuelle,

non pas tant au point de vue du nombre des genres et des espèces
que sous celui des dimensions, qui sont en général considérablement réduites.

Parmi les genres de cette famille, aucun ne se trouve à la fois
dans tous les terrains. Celui dont la vie paléontologique a été la
plus longue, est le genre des eulima, qui paraît dater de l'époque
carbonifère et qui a vécu jusqu'à nos jours, et celui des actéons,
qui s'étend depuis l'oolithe inférieure jusqu'aux mers actuelles.
Plusieurs genres sont spéciaux à une époque déterminée. Ainsi
celui des macrocheilus n'a été trouvé que dans les terrains dévoniens et carbonifères ; le genre nombreux et important des nérinées n'a été observé que dans les terrains jurassiques et crétacés ;
ceux des actéonelles, des globiconcha et des pterodonta sont spéciaux aux terrains crétacés supérieurs ; les varigera et les avellana ne s'étendent ni au-dessous, ni au-dessus de l'époque crétacée ; les turbonilla, les niso, les pedipes, les volvaria, les ringicula,
n'ont commencé qu'avec l'époque tertiaire.

Les Chemnitzia, d'Orbigny. — Atlas, pl. LIX, fig. 1 à 10,

ont une coquille allongée, non ombiliquée, une bouche ovale,
large en avant et acuminée en arrière ; un labre mince et tranchant, et une columelle droite, légèrement encroûtée. Ils se distinguent des eulima par leur coquille costulée et non polie, qui,
en conséquence, n'a pas dû être recouverte par des replis du manteau.

Les chemnitzia vivent, comme les eulima, dans les parties profondes du littoral de presque toutes les mers.

Ce genre ressemblant assez par les formes de la coquille à celui
des mélanies, plusieurs auteurs ont cru pouvoir lui rapporter la
plupart des espèces fossiles qui avaient été décrites sous ce dernier nom. D'autres, comme je l'ai dit plus haut, page 64, lui ont
attribué toutes les turritelles de l'époque primaire et du commencement de l'époque secondaire.

J'ai déjà émis des doutes sur cette dernière association ; je pense
que parmi celles que l'on a transportées dans le genre des chemnitzia, il y a de véritables turritelles reconnaissables à leurs tours
plans, leur bouche courte et carrée, etc. Je crois, par contre,
ainsi que je l'ai dit page 67, qu'il n'y a aucun motif sérieux pour

séparer des coquilles jurassiques et crétacées que l'on a nommées des chemnitzia, une partie des prétendues scalaires de l'époque crétacée. Ces questions, du reste, sont d'une extrême difficulté en présence de caractères aussi fugitifs et pour des êtres chez lesquels on ignore complétement la forme de l'animal, celle de l'opercule, l'existence ou l'absence de l'épiderme, etc.

Quelques autres noms génériques ont été donnés à ces coquilles fossiles des dépôts marins qui ont des formes semblables à celles des mélanies, etc. Ils doivent être réunis à celui des chemnitzia. Ainsi les Pasithea, Lea ([1]), sont tout à fait dans ce cas.

Le genre des Loxonema, Phillips, ne me semble pas se distinguer clairement des chemnitzia. Suivant M. d'Orbigny, il serait caractérisé par un labre prolongé en avant et muni d'un sinus postérieur, et renfermerait toutes les espèces de l'époque primaire. Chez beaucoup de ces dernières, tous les caractères sont ceux des chemnitzia jurassiques. Il me semble que ces deux groupes doivent être réunis.

On doit probablement aussi réunir aux chemnitzia les Pyagiscus, Philippi, et les Orthosteles, Aradas et Magg., genres établis pour des espèces vivantes.

Le genre des chemnitzia, ainsi envisagé, se trouve dès l'époque primaire.

M. d'Orbigny ([2]) cite sous le nom de *Loxonema* deux espèces bien douteuses des grès de Caradoc (silurien inférieur), la *Turritella cancellata*, Sow., et le *Buccinum fusiforme*, id., et une espèce des roches de Ludlow (silurien supérieur), la *Terebra sinuosa*, Sow.

Le même auteur rapporte à ce genre quelques espèces décrites par Hall, sous les noms de Murchisonia et Subulites.

Le terrain dévonien renferme un grand nombre de coquilles fossiles qui ont la forme enroulée et allongée des turritelles et des mélanies. M. d'Orbigny les réunit toutes indistinctement sous le nom de *Loxonema*; mais, ainsi que je l'ai déjà fait remarquer, il y a parmi ces espèces des vraies turritelles; il y en a qu'on ne peut pas séparer des chemnitzia, car on cherche en vain une différence dans la bouche; quelques-unes, enfin, ont le labre évidemment prolongé et seraient de vrais loxonema.

[1] *Contributions*, p. 103 et 207.
[2] D'Orbigny, *Prodrome*, t. I, p. 5; Sowerby et Murchison, *Silur. system*, pl. 20, fig. 18 et 19; Hall., *Pal. of New-York*, t. I, p. 180.

Ainsi, parmi les espèces décrites par le comte de Münster [1], je ne puis voir ni sinus ni prolongement du labre dans ses *Turritella trochleata*, *antiqua*, etc. (Atlas, pl. LIX, fig. 1), qui, comme je l'ai dit page 61, ne sont probablement pas non plus de vraies turritelles. Je vois au contraire un labre prolongé dans les *Melania prisca* (Atlas, pl. LIX, fig. 2) et *arcuata*.

Il faut donc, comme je l'ai dit ci-dessus, ou réunir toutes ces formes, ce qui est justifié par de nombreuses transitions, où admettre dans les terrains dévoniens des chemnitzia et des loxonema. Il me paraît surtout impossible de suivre ici l'opinion de M. d'Orbigny, et de n'admettre que des loxonema dans l'époque primaire et que des chemnitzia dans la période jurassique.

On trouvera de nombreuses espèces des terrains dévoniens décrites dans les ouvrages de Goldfuss [2] (six turritelles et neuf mélanies), Sowerby (*T. conica*, *gregaria*, etc.), Phillips (huit *Loxonema*), Münster (plusieurs turritelles, mélanies d'Ebersreuth), Roemer (*L. subulata*, et une dizaine d'autres espèces et du Hartz), etc.

Les espèces des terrains carbonifères, très nombreuses encore, confirment tout à fait ce que je viens de dire, et ont tantôt les caractères assignés aux loxonema, tantôt ceux des vraies chemnitzia.

Ainsi j'ai fait figurer dans l'Atlas, pl. LIX, fig. 3, le *L. rugiferum*, d'Orb. Si on le compare à la *Chemnitzia subnodosa*, d'Orb. (pl. LIX, fig. 4), on serait bien embarrassé pour exprimer, d'une manière précise, la différence qu'il y a entre leurs deux labres. La forme générale, leurs ornements, etc., ne présentent que des analogies.

Au reste, M. de Köninck [3], qui a décrit le plus grand nombre des espèces, les a bien réunies sous le nom générique de chemnitzia, et, en effet, les onze espèces qu'il figure ont tout à fait les caractères de ce genre.

Depuis lors M'Coy a fait connaître [4] plusieurs espèces d'Irlande.

On peut ajouter la *C. acuminata*, Keyserling [5], etc.

On en cite quelques espèces dans le terrain permien.

---

[1] *Beitr. zur Petref.*, t. III, p. 83 et 88, pl. 15.

[2] Goldfuss, *Petref. Germ.*, p. 103 et 109, pl. 195, 196, 197, 198 ; Sowerby dans Murchison, *Sil. sys.*, pl. 3, 8, etc ; Phillips, *Palæont. foss. of Devon*, p. 98 et 139, pl. 38 et 60 ; Münster, *Beitr. zur. Petref.*, t. III, p. 88, pl. 15, et t. V, p. 122 ; Roemer, *Harzgebirg.*, p. 31, pl. 8, *Rheinisch Uebergangsgeb.*, 22 ; et surtout *Palæontographica*, t. III, p. 3, 16 et 34, etc.

[3] *Descr. anim. foss. carb. Belgique*, p. 459, pl. 41.

[4] *Ireland*, p. 30, pl. 3, 5, 7, etc.

[5] *Petschora Land*, p. 268, pl. 11, fig. 15.

Le *L. altenburgensis*, d'Orb. (*Turbonilla altenburgensis*, Geinitz), provient d'Altenburg [1].

Les *L. fasciata*, King, *Geinitziana*, King, et *Swedenborgiana*, King (*L. rugifera*, Verneuil, non Phillips), ont été découvertes dans les terrains permiens d'Angleterre [2]. Le *Macrocheilus symetricus*, King, des mêmes gisements me paraît appartenir au même genre.

Elles se retrouvent dans les dépôts inférieurs de l'époque secondaire.

J'ai dit plus haut, page 62, qu'il me paraît douteux que l'on pût rapporter à ce genre les *Turritella scalata* et *obliterata* du muschelkalk.

La *T. obsoleta*, Zieten, de ce même gisement est bien une chemnitzia ainsi que le *Fusus Helli* du même auteur [3].

Il y a parmi les espèces de Saint-Cassian beaucoup de chemnitzia qui ont été décrites [4] sous les noms de turritelles et de mélanies. J'ai dit plus haut que je ne pensais pas toutefois que *toutes* les turritelles dussent passer dans le genre des chemnitzia, et en particulier pas celles à tours aplatis et à bouche courte. Les mélanies me paraissent, par contre, pouvoir plus complètement être transportées dans ce genre, sauf celles qui ont le bord épaissi et qui sont par conséquent des rissoa, et sauf encore les espèces polies ou eulima.

Les chemnitzia se continuent dans tous les terrains jurassiques, mais je dois encore ici attirer l'attention des paléontologistes sur la diversité des formes des coquilles qu'on a réunies dans ce genre.

Les unes ont, comme la *C. subnodosa*, d'Orb. (Atlas, pl. LIX, fig. 4), tout à fait les caractères et le mode d'ornement normaux.

D'autres ont un sinus postérieur très marqué, comme la *C. condensata*, d'Orb. (Atlas, pl. LIX, fig. 7). Si l'on adoptait le genre Loxonema, et si on le caractérisait comme M. d'Orbigny, il faudrait admettre qu'il se continue dans les terrains jurassiques.

D'autres, enfin, comme la *T. Defrancii*, d'Orb., ne peuvent que bien difficilement être distinguées des turritelles.

Les espèces paraissent, du reste, répandues dans tous les terrains de cette époque [5].

---

[1] Geinitz, *Zechsteingeb.*, p. 7, pl. 3, fig. 9 et 10.

[2] King, *Permian foss.* (Pal. Soc., 1849, p. 209, pl. 16).

[3] Zieten, *Petrif. Wurt.*, pl. 36, fig. 1 et 2.

[4] Münster, *Beitr. zur Petref.*, t. IV, p. 93 et 118, pl. 9 et 13; Klipstein, *Geol. der oestl. Alpen*, p. 172 et 184, pl. 11 et 12. Voyez aussi d'Orbigny, *Prodrome*, t. I, p. 183.

[5] Voyez surtout pour les espèces jurassiques, d'Orbigny, *Pal. franç.*, *Ter. jur.*, t. II, pl. 237 à 250.

On en trouve en particulier dans le lias.

Il faut, en effet, rapporter à ce genre quelques mélanies du Calvados, décrites par M. Eudes Deslongchamps [1], telles que la *M. semi-costata*, Desh., du lias inférieur de Bayeux et la *M. nodosa*, id. (*subnodosa*, d'Orb.), du lias moyen. (Atlas, pl. LIX, fig. 4.)

M. d'Orbigny a décrit [2] quelques espèces de France, dont plusieurs nouvelles. Il décrit et figure trois espèces du lias inférieur, cinq du lias moyen et quatre du lias supérieur. (Voyez Atlas, pl. LIX, fig. 5 et 6, les *C. undulata* et *Feruniana*, d'Orb., du lias moyen.)

Les espèces d'Allemagne ont été décrites [3] par Goldfuss (*Melania Blainvillei*); Zieten (*Turrit. undulata* du lias de Banz), etc.

M. d'Orbigny rapporte à ce genre les *Paludina* et *Melania* trouvées par M. Dunker [4] dans le lias d'Halberstadt, et que nous avons citées plus haut en les maintenant provisoirement dans ces genres fluviatiles.

L'oolithe inférieure et la grande oolithe ont aussi des chemnitzia.

On peut citer surtout les mélanies du Calvados décrites par M. Deslongchamps [5] (quatre espèces de l'oolithe inférieure et une de la grande oolithe, sous le nom *Cerithium Defrancii*).

La *M. lineata* [6], Sow., connue depuis plus longtemps, se trouve dans l'oolithe inférieure d'Angleterre et du Calvados.

MM. Morris et Lycett [7] ont décrit sept espèces nouvelles de la grande oolithe de Minchihampton et deux de celle du Yorkshire. M. Lycett en indique trois de l'oolithe inférieure du Gloucestershire. La *C. variabilis* est figurée dans l'Atlas, pl. LIX, fig. 8.

M. d'Orbigny [8] a figuré de nouveau la plupart des espèces connues et a décrit plusieurs espèces inédites.

Le même auteur rapporte à ce genre deux espèces décrites par Phillips [9] sous les noms de *Terebra vetusta* et *M. vittata*, et deux espèces de la grande oolithe du département de l'Aisne, établies par M. d'Archiac [10] sous les noms de *Nerinea margaritifera* et *Turritella Roissyi*. J'ai déjà dit plus haut que cette dernière a la forme des turritelles jointe avec un large ombilic. Je ne pense

[1] *Mém. Soc. linn. Calvados*, t. VII, p. 219.
[2] *Prodrome*, t. I, p. 213, 226, et *Pal. franç., Terr. jur.*
[3] Goldfuss, *Petref. Germ.*, pl. 198; Zieten, *Petrif. Wurt.*, pl. 32, fig. 2.
[4] *Palæontographica*, t. I, p. 107, pl. 13.
[5] *Mém. Soc. linn. Calvados*, t. VII, p. 222.
[6] *Min. conch.*, pl. 218, fig. 1, et *Pal. franç., Terr. jur.*
[7] Morris et Lycett, *Moll. from the great oolithe* (*Pal. Soc.*, 1850, p. 49 et 114); Lycett, *Ann. and mag. of nat. hist.*, 2ᵉ série, 1850, t. VI, p. 418.
[8] *Prodrome*, t. I, p. 263 et 298, et *Pal. franç., Terr. jur.*
[9] *Geol. of Yorkshire*, p. 116 et 123, pl. 7 et 9.
[10] *Mém. Soc. géol.*, 1ʳᵉ série, t. V, p. 380, pl. 30.

pas qu'on puisse en faire une chemnitzia. Elle ressemble beaucoup à certaines
nérinées; il serait important de constater d'une manière plus précise qu'elle
manque tout à fait de dents sur le labre.

Les espèces des terrains kellowien et oxfordien sont aussi en
partie confondues avec les mélanies.

Il faut en particulier placer dans ce genre [1] la *M. Heddingtonensis*, Sow.,
du terrain oxfordien de France et d'Angleterre (Atlas, pl. LIX, fig. 9), et la
M. condensata, Desh., du Calvados, (Atlas, pl. LIX, fig. 7.)

On peut citer encore [2] la *C. Fischeriana*, d'Orb., du terrain oxfordien de
Russie, la *C. melanoides*, Phillips, des mêmes dépôts d'Angleterre, et plusieurs espèces nouvelles (trois du terrain kellowien et une de l'oxfordien),
décrites par M. d'Orbigny.

Les chemnitzia sont abondantes dans les terrains jurassiques
supérieurs.

M. d'Orbigny [3] a décrit quatorze espèces du terrain corallien et deux du
terrain kimméridgien. Ces espèces sont toutes nouvelles.

On peut y ajouter les *M. Bronnii* et *abbreviata*, Roemer [4], des terrains
kimméridgiens d'Allemagne; la *M. gigantea*, Leymerie [5], du terrain portlandien du département de l'Aube; la *M. crenulata*, Cornuel [6], du terrain
portlandien de Vassy; la *M. cingula*, Buvignier [7], du terrain corallien de
la Meuse; la *M. scalina*, id., du terrain kimméridgien, du même pays, etc.

Ce genre diminue d'importance dans les terrains crétacés.

Aucune espèce des terrains néocomiens n'a encore été figurée. M. d'Orbigny [8] en indique trois inédites (une du néocomien inférieur et deux de l'urgonien).

Le terrain aptien et le gault n'en ont point fourni jusqu'à présent, à
moins, comme je l'ai dit plus haut, page 67, qu'il ne faille transporter dans
ce genre une partie des scalaires du gault. Si l'on compare en effet les espèces
à tours peu convexes, telles que la *S. Rhodani*, Pictet et Roux (Atlas, pl. LVIII,

---

[1] Sowerby, *Min. conch.*, pl. 39, fig. 2; Deslongchamps, *Mém. Soc. linn.
Norm.*, t. VII, p. 227.

[2] D'Orbigny, dans Murchison et Verneuil, *Pal. de la Russie*, pl. 37, fig. 6;
Prodrome, t. I, p. 332 et 352, et *Pal. franç., Terr. jur.*; Phillips, *Geol.
of Yorkshire*, p. 102.

[3] *Pal. franç., Terr. jur.*, t. II.

[4] *Norddeutsch. Oolithgebirg.*, p. 159, pl. 9 et 10.

[5] *Statistique de l'Aube*, pl. 9, fig. 1.

[6] *Mém. Soc. géol.*, 1re série, t. IV, p. 289, pl. 15, fig. 9.

[7] *Statist. géol. de la Meuse*, p. 28, pl. 22.

[8] *Prodrome*, t. II, p. 67 et 103.

fig. 14), avec quelques espèces du lias, telles que la *C. undulata*, d'Orb. (Atlas, pl. LIX, fig. 5), la *C. Perviana*, d'Orb. (Atlas, pl. LIX, fig. 6), etc., on se convaincra facilement que les analogies de ces espèces entre elles égalent au moins celles des premières avec les scalaires vivantes.

Les terrains crétacés supérieurs en ont quelques espèces.

La *C. Mosensis*, d'Orb. [1], a été trouvée dans le terrain cénomanien de Montfaucon.

La *C. inflata*, d'Orb. [2], provient d'Uchaux.

La *C. Pailleteana*, d'Orb. [3], caractérise le terrain crétacé supérieur de Soulange; la *C. Reyslebii*, Zekeli, celui de Gosau.

La *C. arenosa*, Reuss [4], a été trouvée dans les grès verts de Czeneziz. Elle pourrait bien être un moule de rostellaire.

Les chemnitzia se continuent dans les terrains tertiaires.

Il faut probablement placer dans ce genre plusieurs mélanies des auteurs, et en particulier [5] la *M. plicatula*, Desh., des sables de Brachenx; la *M. hordacea*, Desh., de Chaumont, etc.; la *M. costellata*, Lamk, du bassin de Paris, etc., et du terrain nummulitique du Vicentin; la *M. fragilis.*, Lamk, de Grignon; la *M. canicularis*, id., id., etc.

J'ai dit plus haut, p. 55, que la *M. lactea*, Lamk (*M. Stygii*, Brong. (Atlas, pl. LIX, fig. 10), des mêmes terrains, passait généralement pour une chemnitzia, tout en ayant les caractères des vraies mélanies.

Elles paraissent abondantes dans les terrains de l'époque miocène.

Les terrains miocènes inférieurs du bassin de Paris renferment la *Melania semidecussata*, Lamk. [6].

Ceux de Dax ont fourni à M. Grateloup [7] une espèce que ce paléontologiste a attribuée à la *M. costellata*, Lamk, et que M. d'Orbigny a nommée *M. Grateloupi*.

Les terrains miocènes supérieurs de Bordeaux, de Podolie, de Cassel, etc., renferment plusieurs espèces décrites [8] sous les noms de *Melania* et de *Pyrgiscus*, par MM. Grateloup, Dubois, Philippi, etc.

[1] *Pal. franç., Terr. crét.*, t. II, p. 70, pl. 155, fig. 20.

[2] *Pal. franç., Terr. crét.*, t. II, p. 71, pl. 156, fig. 2.

[3] *Pal. franç., Terr. crét.*, t. II, p. 69, pl. 155, fig. 19; Zekeli, *Gastér. Gosau*, p. 33.

[4] *Boehm. Kreideg.*, t. I, p. 51, pl. 10, fig. 7.

[5] Deshayes, *Coq. foss. Par.*, t. II, p. 115, etc.; Brongniart, *Vicentin*; Lamarck, *Ann. Mus.*, t. IV, etc.

[6] Deshayes, *Coq. foss Par.*, t. II, p. 106, pl. 12.

[7] *Conch. foss. Adour*, I.

[8] Grateloup, id.; Dubois, *Conch. foss. plat. Wolh. Pod.*; Philippi., *Tert. Verst. nordwest. Deutsch.* Voyez surtout d'Orbigny, *Prodrome*, t. III, p. 33.

M. Lea a décrit [1] sous le nom de PASITHEA plusieurs espèces de l'État de Virginie qui paraissent aussi des chemnitzia.

LES TURBONILLES (*Turbonilla*, Leach, Risso). — Atlas, pl. LIX, fig. 11 à 15,

ont presque tous les caractères des chemnitzia et leur ont été réunies par la plupart des auteurs. Leur bouche entière, ovale ou anguleuse, large en avant, a un labre mince, tranchant et droit, et quelquefois des plis sur la columelle. Leur caractère distinctif consiste dans un nucléus très distinct, enroulé dans un autre sens que le reste, en sorte que la coquille du jeune âge est placée à l'extrémité de la spire de la coquille adulte, comme une partie que le hasard y aurait fixée.

Ce dernier caractère, dont je suis loin de contester l'importance réelle, n'est pas toujours d'un emploi facile pour les fossiles. Il n'est pas toujours possible de voir les relations de la jeune coquille avec l'enroulement subséquent, et parmi les nombreuses espèces que j'ai indiquées ci-dessus dans le genre des chemnitzia, il en est beaucoup dont on ne connaît pas le mode embryonnaire d'enroulement. Cela est si vrai, que quelques auteurs ont attribué par hypothèse à toutes les chemnitzia ce caractère des turbonilles.

Il faut leur réunir les ODOSTOMIA, Flem., les OVATELLA, Bivona, les PARTHENIA, Lowe, et une partie des espèces comprises dans les genres que nous avons associés aux chemnitzia.

On n'a jusqu'à présent inscrit dans ce genre que des espèces des terrains tertiaires.

M. d'Orbigny considère comme des turbonilles [2] l'*Auricula bimarginata*, Desh., des terrains tertiaires inférieurs d'Abbecourt, l'*Auricula acicula*, Lamk, de Chaumont (Atlas, pl. LIX, fig. 11), l'*A. spina*, Desh. (*id.*, fig. 12), et plusieurs espèces de Grignon, etc., décrites sous le même nom générique.

Je crois aussi avec ce savant paléontologiste que la *Pyramidella turella*, Melleville [3], qui n'est pas lisse, mais costée, n'est pas une vraie pyramidelle et peut être rapprochée des turbonilles et des chemnitzia. (Atlas, pl. LIX, fig. 15.)

[1] Lea, *Descr. new foss. tert.*; d'Orbigny, *id.*

[2] D'Orbigny, *Prodrome*, t. II, p. 301, etc.; Deshayes, *Coq. foss. Par.*, t. II, p. 70.

[3] *Descr. sables tert. infér.*, p. 52, pl. 4.

M. Grateloup a décrit [1] sous le nom d'*Actée* ou *Acteon*, et de *Tornatelle*, une foule d'espèces allongées des terrains miocènes qui ont des analogies incontestables avec les précédentes. Les figures 14 et 15 de la planche LIX de l'Atlas représentent l'*A. dubia*, Grat., et sa variété, *marginalis*, des faluns jaunes.

Il faut y ajouter quelques auricules, tornatelles et pyramidelles de M. Nyst [2].

Suivant M. d'Orbigny, les chemnitzia citées par M. E. Sismonda dans le terrain pliocène du Piémont sont des turbonilles.

On peut dire la même chose des nombreuses chemnitzia trouvées par M. Wood [3] dans le crag (11 espèces dont 6 nouvelles), car M. Wood fait entrer dans la caractéristique du genre la déviation de l'extrémité de la spire.

Les espèces du même auteur et du même gisement rapportées au genre ONOSTOMA, Flem., doivent aussi être réunies aux précédentes (4 espèces).

Les MACROCHEILUS, Phillips, — Atlas, pl. LIX, fig. 16,

ont encore de grandes analogies avec les chemnitzia. Ils sont plus ovales, ont une grande bouche évasée et un labre sans sinuosités. Ils en diffèrent surtout par leur columelle, qui est aplatie et plissée antérieurement de manière à simuler une sorte de canal.

M. Phillips a étendu un peu plus les limites de ce genre et y comprenait quelques espèces qui ne diffèrent pas essentiellement des chemnitzia. Il faut leur réunir une partie des ELENCHUS, M'Coy, et les POLYPHEMUS, Sow.

Ce genre, qui n'est connu qu'à l'état fossile, caractérise les terrains anciens.

On en cite quelques espèces du terrain dévonien.

Je considère comme les véritables types du genre [4], le *Buccinum arculatum*, Schl., et le *B. Schlotheimi*, Verneuil, de Paffrath, etc. (Atlas, pl. LIX, fig. 16.)

Il faut probablement y ajouter quelques-unes des espèces de M. Phillips [5], telles que le *M. lævis*, Phillips (*M. Phillipsii*, d'Orb.), le *M. imbricatus*, Phill. (*M. subimbricatus*, d'Orb.), etc.

Une des espèces les plus répandues [6] est le *M. acutus*, Phillips (*Buccinum*

---

[1] *Conch. foss. Adour*, I.

[2] *Descr., coq. et pol. foss. Belgique*, pl. 37 et 38.

[3] *Moll. from. the crag* (Pal. Soc., p. 78, pl. 10).

[4] Schlotheim, pl. 13, fig. 1; d'Archiac et Verneuil, *Trans. of the geol. Soc.*, 2ᵉ série, t. VI, pl. 32; Goldfuss, *Petr. Germ.*, pl. 172, fig. 15, etc.

[5] Phillips, *Palæoz. foss. of Devon*, pl. 39; d'Orbigny, *Prodrome*, t. I, p. 63.

[6] Phillips, *loc. cit.*; Sowerby, *Min. conch.*, pl. 566, etc.

acutum, Sow., *Elenchus antiquus*, M'Coy) des vieux grès rouges de Stone-house-Hill.

Ce genre se continue et se termine dans les terrains carbonifères.

On cite [1] les *Buccinum imbricatum*, Sow., *sigillinaeum*, Phillips, et *vexillaeum*, id., de Bolland.

M. M'Coy [2] a fait connaître deux espèces nouvelles d'Irlande (*M. caniculatus* et *fimbriatus*).

Le *Polyphemus fusiformis*, Sow. [3], du terrain carbonifère de Coalbrook-Dale, paraît être encore une espèce de ce genre.

Les EULIMA, Risso, — Atlas, pl. LIX, fig. 17 et 18,

ont une coquille non ombiliquée, lisse et polie, à spire très allongée, souvent infléchie et tordue, à bouche ovale ou oblongue, arrondie en avant, acuminée en arrière, à labre tranchant et à columelle simple ou encroûtée. La surface très lisse de la coquille montre qu'elle a dû être recouverte par un prolongement du manteau, comme celle des porcelaines et des olives. L'opercule est corné et son accroissement est latéral et un peu oblique. Plusieurs espèces ont à chaque tour des varices opposées.

Ces mollusques vivent aujourd'hui dans les parties profondes du littoral de la plupart des mers. On leur réunit des coquilles fossiles turriculées, qui paraissent avoir été lisses par les mêmes motifs et qui ont les mêmes caractères dans la bouche.

Parmi ces coquilles fossiles quelques-unes ont été désignées sous les noms de ELENCHUS, M'Coy, POLYPHEMOPSIS, Portlock, SUBULITES, Emmons, et paraissent avoir autant de motifs que les autres pour être associées au genre des EULIMA. Il faut probablement aussi leur associer les STYLIFER, Sowerby.

En admettant cette réunion, on en conclura que le genre des eulima a déjà vécu pendant l'époque primaire.

Elles manquent cependant aux terrains silurien et dévonien et paraissent dater de l'époque carbonifère.

L'*E. Phillipsiana*, de Kéninck [4], de Belgique (Atlas, pl. LIX, fig. 17), a, en apparence, au moins les caractères des eulima vivantes.

[1] Sowerby, *Min. conch.*, pl. 566; Phillips, *Geol. of Yorkshire*, p. 239, pl. 16.

[2] *Synopsis foss. Ireland*, p. 28, pl. 2.

[3] *Trans. of the geol. Soc.*, 2ᵉ série, t. V, pl. 39, fig. 28.

[4] *Descr. anim. foss. terr. carb. Belgique*, p. 474, pl. 41, fig. 8.

Il faut y ajouter l'*E. Coyana*, d'Orb. (*Elenchus subulatus*, M'Coy), d'Irlande [1].

Il est probable que l'on doit admettre l'existence des eulima pendant l'époque triasique.

Plusieurs espèces de Saint-Cassian, décrites [2] comme des mélanies par le comte de Münster et par M. Klipstein, paraissent avoir été lisses comme les eulima et ont les formes de ce genre. On peut citer entre autres la *M. longissima*, Münster, la *M. Koninckeana*, id., la *M. fusiformis*, id., la *M. Hauslabii*, Klipstein, etc.

La *M. pupæformis*, Münster, est remarquable par sa petite ouverture. Appartient-elle à ce genre ?

Leur existence dans l'époque jurassique ne paraît démontrée que par un très petit nombre d'espèces.

L'*Eulima axonensis*, d'Archiac [3], a été trouvée dans l'oolithe miliaire (bathonien) du bois d'Esparcy (Aisne). C'est une petite espèce.

M. d'Orbigny ajoute [4] une seconde espèce inédite de la grande oolithe.

M. Lycett [5] cite une *Eulima parvula*, Lyc., de l'oolithe inférieure du Gloucestershire.

Le même auteur a décrit [6] avec M. Morris une *Eulima lævigata* de l'oolithe inférieure du Yorkshire, et quatre espèces de l'oolithe inférieure de Minchinhampton.

Elles semblent peu abondantes aussi dans les terrains crétacés.

Les *Eulima albensis*, d'Orb., et *melanoides*, Desh., caractérisent le terrain néocomien de Marolles [7].

Les *E. amphora*, d'Orb., et *Requieniana*, id., ont été trouvées [8] à l'Échaux. Cette dernière se retrouve à Gosau, avec trois espèces nouvelles décrites par M. Zekeli.

Il faut ajouter l'*E. antiqua*, Forbes [9], du terrain crétacé supérieur de Pondichéry.

[1] D'Orbigny, *Prodrome*, t. I, p. 117 ; M'Coy, *Syn. of Ireland*, p. 42, pl. 3, fig. 19.

[2] Münster, *Beitr. zur Petref.*, t. IV, p. 93, pl. 9 ; Klipstein, *Geol. der oestl. Alpen*, p. 185, pl. 12.

[3] *Mém. Soc. géol.*, t. V, p. 377, pl. 28, fig. 9.

[4] *Prodrome*, t. I, p. 297.

[5] *Ann. and mag. of nat. hist.*, 2ᵉ série, 1850, t. VI, p. 419.

[6] *Moll. from the great ool.* (Pal. Soc., 1850, p. 47 et 114).

[7] *Pal. franç., Terr. crét.*, t. II, p. 64 et 65, pl. 155 ; Deshayes dans Leymerie, *Mém. Soc. géol.*, t. V, pl. 16, fig. 6.

[8] *Pal. franç., Terr. crét.*, t. II, p. 66 et 67, pl. 155 et 157 ; Zekeli, *Gaster. Gosau*, p. 31.

[9] *Trans. of the geol. Soc.*, 2ᵉ série, t. VII, p. 134, pl. 12, fig. 17.

Les espèces paraissent plus nombreuses dans les terrains tertiaires.

On doit considérer comme des eulima la *Melania nitida*, Lamk [1] (Atlas, pl. LIX, fig. 18), de Grignon, ainsi que quelques autres espèces du calcaire grossier, décrites aussi comme des mélanies, et en particulier la *M. distorta*, Defr.

La *Mel. elongata*, Brongniart [2], du terrain nummulitique de Castelgomberto, appartient également à ce genre.

La *Mel. nitida*, Basterot (non Lamk), est aussi une eulima, ainsi que plusieurs espèces de Dax et de Bordeaux, décrites par M. Grateloup sous les noms de *Melania* et de *Rissoa* [3].

M. Philippi ajoute encore trois espèces du tertiaire d'Allemagne [4].

M. Sismonda indique dans les tertiaires du Piémont quelques espèces, qu'il rapporte toutes à des vivantes [5].

M. Wood [6] cite dans le crag corallien d'Angleterre les *E. polita*, Lin., et *subulata*, Montf., vivantes, et l'*E. glabella*, Wood, qui paraît éteinte.

Les Pyramidelles (*Pyramidella*, Lamk), — Atlas, pl. LIX, fig. 19 et 20,

ont aussi une coquille allongée, turriculée, conique, lisse, polie, sans épiderme. Elles diffèrent des eulima par leur bouche anguleuse, à labre tranchant, quelquefois muni de dents momentanées et par leur columelle pourvue d'un ou de deux gros plis.

Ces mollusques vivent aujourd'hui dans les régions chaudes des deux océans, et surtout dans les mers profondes, au milieu des bancs de coraux. Ils ne paraissent pas plus anciens que l'époque crétacée.

On n'en connaît même que deux espèces dans les terrains de cette époque [7].

La *Pyramidella canaliculata*, d'Orb., a été trouvée dans les craies chloritées moyennes du midi de la France.

[1] Deshayes, *Coq. foss. Par.*, p. 110, pl. 13, fig. 10 à 13.
[2] *Vicentin*, p. 59, pl. 3, fig. 15.
[3] Basterot, *Coq. foss. Bord.*, p. 30 ; Grateloup, *Conch. foss. de l'Adour*, t.
[4] *Tert. Verst. nordw. Deutschl.*
[5] Sismonda, *Synopsis*, p. 38 ; voyez aussi Philippi, *Enum. moll. Sic.*, Brocchi, Deshayes, etc.
[6] *Moll. from the crag* (Palæont. Soc., 1848, p. 97, pl. 19).
[7] D'Orbigny, *Pal. franç., Terr. crét.*, t. II, p. 104, pl. 164 ; Reuss, *Boehm. Kreidef.*, p. 113, pl. 44, fig. 6 et 7.

La *P. carinata*, Reuss (*subcarinata*, d'Orb.), provient du calcaire à hippurites de Korikzan (Bohême).

Les autres espèces appartiennent aux terrains tertiaires.

M. Melleville a décrit [1], sous le nom de *Pupa elongata*, une espèce des terrains tertiaires inférieurs de Châlons-sur-Vesle, que je crois, avec M. d'Orbigny, devoir être attribuée au genre des pyramidelles (Atlas, pl. LIX, fig. 19), à moins qu'elle ne soit plutôt une turbonille avec la *P. turella*.

La *P. terebellata*, Deshayes (*Auricolata terebellata*, Lamk.), est commune [2] dans l'étage du calcaire grossier (parisien infér.) de Grignon, Mouchy, etc. (Atlas, pl. LIX, fig. 20.)

La *P. striatella*, Grateloup [3], et la *P. mitrula*, Basterot, proviennent des faluns bleus (miocène infér.) de Dax.

Les faluns jaunes (miocène supér.) du même pays renferment une espèce rapportée à tort, par M. Grateloup, à la *P. terebellata*, Lamk. C'est la *P. Grateloupi*, d'Orb.

La *P. uniculcata*, Desh. (*P. terebellata*, Duj.), a été trouvée [4] dans les faluns de la Touraine.

Le crag corallien de Sutton renferme la *P. lacviuscula*, Wood [5].

On peut encore ajouter quelques espèces des États-Unis, décrites [6] par MM. Conrad, Lea, etc.

Les Niso, Risso (*Bonellia*, Deshayes, *Jonella*, Grateloup), — Atlas, pl. LIX, fig. 21,

ont des coquilles allongées, turriculées, lisses, coniques et ombiliquées, qui ressemblent beaucoup à celles des pyramidelles, mais qui en diffèrent, parce que leur columelle manque de plis.

Ce genre a été établi pour la première fois en 1826 par Risso, pour l'espèce vivante de la Méditerranée. Plus tard, M. Deshayes forma celui de Bonellia pour une espèce des terrains tertiaires marins, qu'on avait rapportée à tort aux bulimes.

Cette espèce [7] est le *Niso terebellatus* (*Bonellia terebellata*, Desh., *Bulimus terebellatus*, Lamk.), nom sous lequel on a confondu plusieurs espèces.

[1] *Descr. sables tert. infér.* (*Ann. des sc. géol.*, p. 46, pl. 4, fig. 23).

[2] Lamarck, *Ann. Mus.*, IV, p. 436; Deshayes, *Coq. foss. Par.*, p. 191, pl. 22, fig. 7 et 8.

[3] *Conch. foss. de l'Adour*, I.

[4] Deshayes dans Lamarck, *Histoire naturelle des animaux sans vertèbres*, 2ᵉ édit., t. IX, p. 58; Dujardin, *Mém. Soc. géol.*, t. II, p. 282.

[5] *Moll. from the crag* (*Pal. Soc.*, 1848, p. 77).

[6] Conrad, *Journ. Acad. Philad.*, VIII, pl. 9; Lea, *Descr. new foss. tert.*

[7] Deshayes, *Coq. foss. Par.*, t. II, p. 63, pl. 4, fig. 1 et 2.

Celle qui doit le conserver se trouve dans le calcaire grossier de Grignon, etc.

Celles que MM. Grateloup, Micholetti, etc., ont trouvées dans les terrains miocènes ne paraissent pas être les mêmes.

L'espèce de Bordeaux et des faluns de Dax (*Bonellia terebellata*, Grat., *Janella terebellata*, id.), a, d'après la figure [1], une bouche beaucoup plus aiguë en avant. C'est la *Niso Burdigalensis*, d'Orb.

L'espèce des terrains pliocènes du Piémont [2] et des terrains quaternaires de Sicile que j'ai fait figurer dans l'Atlas, pl. LIX, fig. 21, me paraît avoir un ombilic plus grand et est entourée d'une carène plus saillante. Elle est probablement identique avec l'espèce vivante nommée (*Niso terebellum*, Chemn. (*N. eburnea*, Risso).

L'espèce des terrains miocènes du Piémont s'en distingue [3] par des tours moins élargis et plus bombés. Je ne la connais pas.

L'espèce de Belgique [4] des mêmes terrains miocènes, décrite par M. Nyst, ressemble plus à celle de M. Grignon qu'à celle d'Asti. M. Nyst l'associe à la première, M. d'Orbigny la nomme *N. subterebellata*.

Il faut ajouter la *Niso minor*, Philippi de Cassel [5].

Les terrains éocènes de l'Amérique septentrionale ont fourni une espèce [6] associée par M. Conrad à celle de Paris, et nommée par M. d'Orbigny *N. umbilicata*. C'est la *Pasithea umbilicata*, Lea.

Les Nérinées (*Nerinea*, Defrance),—Atlas, pl. LIX, fig. 22 à 26, et pl. LX, fig. 1,

forment un genre très remarquable, qui ne se trouve qu'à l'état fossile. Leur coquille, comme celle des genres précédents, est turriculée, à tours nombreux, quelquefois ombiliquée. La columelle, creuse ou non, est toujours encroûtée et a de gros plis transverses sur toute sa longueur. La bouche étroite, carrée ou ovale, est toujours pourvue en avant d'un profond sinus et en arrière d'un canal qui laisse sur la suture une double ligne qui rappelle un peu celle des pleurotomaires. Le labre est souvent chargé de plis qui correspondent à l'intervalle des plis columellaires.

Les nérinées sont très faciles à distinguer de tous les genres

[1] Grateloup, *Conch. foss. Adour*, I.

[2] Risso, *Europe méridionale*, t. IV, p. 218, fig. 98; Philippi, *Enum. moll. Sic.*, I, p. 158, II, p. 186; Michelotti, *Descr. foss. mioc.*, p. 151; Sismonda, *Synopsis*, p. 52; Bonelli, etc.

[3] Michelotti, *Descr. foss. mioc. Ital. sept.*, p. 151.

[4] Nyst, *Coq. et pol. foss. de Belgique*, p. 433, pl. 27, fig. 29.

[5] Philippi, *Tert. Verst. nordw. Deutsch.*, p. 53, pl. 3, fig. 16.

[6] Conrad, *Contributions*, pl. 4, fig. 85; d'Orbigny, *Prodrome*, t. II, p. 343.

voisins, soit lorsque la bouche est intacte, soit à l'état de moules, soit
surtout lorsqu'elles sont sciées par le milieu. Les moules sont marqués extérieurement de sillons qui correspondent aux plis du labre
(Atlas, pl. LIX, fig. 22, 25 et 26), et la coupe montrant à la fois
pour chaque tour la trace de ces plis et de ceux de la columelle
est plus compliquée que celle de tous les autres gastéropodes
(Atlas, pl. LIX, fig. 23).

La comparaison d'un certain nombre de ces coupes montrera
que les plis varient avec l'âge. Ils sont ordinairement plus saillants et plus compliqués vers le commencement de la spire que
vers la bouche, de sorte que, soit par cette circonstance, soit
parce que la matière calcaire continue à se déposer, les loges sont
de plus en plus étroites, à mesure que l'on se rapproche du
sommet.

Le nombre des plis varie aussi beaucoup suivant les espèces,
soit sur le labre, soit sur la columelle. On en trouve sur chacun
de ces côtés, trois, deux ou un. Probablement même il peut y
avoir quelques espèces dépourvues de plis. Il y en a (*N. turricula*)
dans lesquelles le jeune âge de la coquille a des plis et l'âge adulte
en est dépourvu.

Les nérinées varient aussi par leur enroulement. La forme la
plus fréquente est allongée ; il arrive ordinairement qu'elles s'accroissent très rapidement dans le jeune âge, puis elles continuent
à s'allonger en conservant le même diamètre et en formant une
partie presque cylindrique.

Quelques espèces restent courtes ; il en est même (Atlas, pl. LIX,
fig. 34) dans lesquelles le dernier tour cache tous les autres.

La columelle est le plus souvent pleine et non ombiliquée.
Quelques espèces font cependant une exception en ayant un ombilic. Dans quelques-unes même (Atlas, pl. LX, fig. 1), cet ombilic
s'évase considérablement, de sorte que la coquille prend la forme
d'un entonnoir.

Ce genre a été établi pour la première fois par M. Defrance (¹),
et ses caractères ont été mieux précisés ensuite par M. Deshayes
et par M. d'Orbigny. Quelques auteurs l'ont rapproché des cérithes,
mais sa place paraît être dans le voisinage des pyramidelles.

(¹) *Dict. sc. nat.*, t. XXXIV, p. 462. Avant lui, quelques espèces avaient
été décrites sous le nom de Vis, de Terebratules, etc. (Voy. Bourguet. *Traité
des pétrif.*, pl. 35, fig. 237 ; Lang, *Lapid. figur.*, p. 110 ; C.-A. Deluc, *Journ.
de phys.*, 1799, oct., p. 317, et 1802, oct., p. 397.)

M. D. Sharpe [1] a proposé de le subdiviser en sous-genres. Il distingue :

Les NERINEA proprement dites, ombiliquées ou non, à deux ou à trois plis simples sur le labre ainsi que sur la columelle.

Les NERINELLA, non ombiliquées, à un pli simple sur la columelle et sur le labre.

Les TROCHALIA, ombiliquées, courtes, larges, avec un pli sur la columelle et quelquefois un sur le labre.

Les PTYGMATIS, ombiliquées ou non, à deux plis compliqués, soit sur la columelle, soit sur le labre.

Les gradations nombreuses qui lient les espèces ombiliquées et celles qui ne le sont pas, la différence de nombre et de complication des plis qui existent entre l'âge adulte et le jeune âge, me font considérer ces sous-genres comme ne reposant pas sur des caractères suffisamment rigoureux.

Les nérinées sont caractéristiques des terrains jurassiques et crétacés [2]. On n'en connaît toutefois aucune espèce du lias. M. d'Orbigny fait observer qu'on les trouve surtout dans les couches qui contiennent des polypiers, d'où l'on peut conclure qu'elles avaient les mêmes habitudes que les pyramidelles.

Les espèces les plus anciennes que l'on connaisse appartiennent [3] à l'oolithe inférieure et à la grande oolithe.

La *N. cingenda*, Phillips [4], a été trouvée dans l'oolithe inférieure de Blue-Wick et dans la grande oolithe de Brandsby, etc.

M. d'Orbigny a décrit dans sa *Paléontologie française* les *N. jurensis* et *Lebruniana*, de l'oolithe inférieure.

[1] *Quarterly journ. of the geol. Soc.*, 1850, t. VI, p. 101.

[2] M. Bellardi vient cependant de décrire, sous le nom de *Nerinea supracretacea* (*Mém. Soc. géol. de France*, 2ᵉ série, t. IV, pl. 12, fig. 6), un fossile du terrain nummulitique des environs de Nice. Sa détermination générique me paraît douteuse. La coupe représentée est oblique et imparfaite. Elle montre, il est vrai, deux plis columellaires incontestables, mais pas de pli du labre. J'ai vu moi-même un des échantillons attribués à cette espèce; il m'a paru rappeler beaucoup plus le type du *Cerithium giganteum*, qui a aussi deux plis columellaires, que celui des nérinées.

[3] Voyez surtout pour les nérinées de l'époque jurassique, outre les travaux plus spéciaux cités ci-dessus : d'Orbigny, *Pal. franç.*, *Terr. jur.*, t. II, p. 75, pl. 251 à 283; Sharpe, *Quart. journ. of the geol. Soc.*, 1850, VI, 101; Goldfuss, *Petref. Germ.*, t. III, p. 39, pl. 175 et 176; Deslongchamps, *Mém. Soc. linn. de Normandie*, t. VII, 1843, etc.

[4] Phillips, *Geol. of Yorkshire*, pl. 28 et 29; Morris, *Catalogue*, p. 153.

Dans ce même ouvrage M. d'Orbigny a décrit douze espèces de la grande oolithe, dont quatre nouvelles.

M. Deslongchamps a fait connaître quelques espèces de la grande oolithe de Normandie (*N. funiculosa, trochea, Voltzii* et *cylindrica* (*pseudo-cylindrica*, d'Orb.).

M. d'Archiac [1] a étudié celles de la grande oolithe du département de l'Aisne. Il cite la *N. Voltzii,* d'Arch., nom déjà donné par M. Deslongchamps et changé par M. d'Orbigny en *N. Axonensis*; la *N. acicula,* id.; une espèce qu'il rapporte à la *N. Bronntutana,* Thum., et qui est différente (*N. subbruntutana,* d'Orb.), et une espèce qu'il considère à tort aussi comme la *N. suprajurensis,* Voltz; c'est la *N. Archiaciana,* d'Orb. La *N. margaritifera* est une chemnitzia.

MM. Morris et Lycett ont décrit [2] les espèces de la grande oolithe d'Angleterre; ils en citent six, dont deux nouvelles (*N. Eudesi* et *N. Stricklandi*).

Les terrains oxfordiens en renferment quelques espèces.

M. Voltz [3] a fait connaître la *N. nodosa*; M. Deslongchamps la *N. clavus,* de Trouville; M. Thurmann, la *N. elegans,* de l'oxfordien du mont Terrible; M. Roemer, une espèce du Hanovre, réunie à tort à la *nodosa* (*N. atalanta,* d'Orb.).

M. d'Orbigny, dans sa *Paléontologie française,* a décrit quatre espèces, dont deux nouvelles (*N. Acteon* et *attica*).

Il a fait connaître aussi [4] la *N. Eichwaldiana* de l'oxfordien de Russie.

Les nérinées ont atteint le maximum de leur développement pendant la période corallienne. Les dépôts de cette époque en ont déjà fourni plus de soixante espèces.

M. Voltz, en 1835, en a décrit [5] plusieurs (*N. elongata, fasciata, speciosa, elegans* (*trithea,* d'Orb.), *scalata*).

La *N. Mandelslohi,* Bronn [6] (*triplicata,* Pusch), est très répandue dans le terrain corallien de France et d'Allemagne.

M. Roemer [7] a décrit plusieurs nérinées d'Allemagne (*N. visurgis, tuberculosa,* etc.).

L'ouvrage de Goldfuss [8] contient la figure de plusieurs espèces (*subteres,*

[1] *Mém. Soc. géol.,* 1re série, 1843, t. V, p. 381, pl. 30.

[2] *Mollusca from the great ool.* (*Palæont. Soc.,* 1850, p. 32, pl. 7).

[3] *Leonhard und Bronn neues Jahrb.,* 1837, p. 561; Thurmann, *Soulèv. du Porrentruy,* p. 17; Roemer, *Norddeutsch. Oolithgeb.,* p. 144.

[4] Murchison et Verneuil, *Pal. de la Russie,* p. 418, pl. 37.

[5] *Leonhard und Bronn neues Jahrb.,* 1835.

[6] *Leonhard und Bronn neues Jahrb.,* 1837, p. 553; Goldfuss, *Petr. Germ.,* pl. 175, fig. 4; Pusch, *Polens Pal.,* pl. 10, fig. 18.

[7] *Norddeutsch. Oolithgeb.,* p. 142, pl. 11.

[8] *Petref. Germaniæ,* t. III, p. 39, pl. 175 et 176.

Münster, *subscalaris*, id., *terebra*, Schübler, *cochlearis*, Münster, 3 *cincta*, id., 5 *cincta*, id., 4 *cincta*, id., *teres*, id. (outre plusieurs espèces déjà connues).

M. Deshayes (1) a fait connaître la N. Mosæ de Saint-Mihiel, d'Oyonnaz, etc. et plusieurs espèces des terrains coralliens de Morée (N. *Defrancei*, *intricata*, *nodulosa*, *simplex*, etc.)

M. d'Orbigny en a décrit et figuré un très grand nombre dans sa *Paléontologie française* (17 espèces dont 35 nouvelles). J'attire surtout l'attention des paléontologistes sur la N. *Cabanettana*, d'Orb., type des espèces ovoïdes (Atlas, pl. LIX, fig. 24). Les autres sont en général allongées. La N. *dilatata*, d'Orb., de forme normale, est figurée dans l'Atlas, pl. LIX, fig. 23.

L'espèce décrite sous le nom de N. *suprajurensis*, par Goldfuss (2), appartient aussi au terrain corallien et non au jurassique supérieur, comme l'a montré M. Marcou. La N. *Bruntutana*, Thurmann, est aussi caractéristique du terrain corallien. Plusieurs espèces de Russie ont été signalées (3) par M. Inuwald de Roczyny. On devra consulter aussi, pour les nérinées du nord de la France, les travaux de M. Buvignier (4).

Les terrains jurassiques supérieurs en contiennent aussi plusieurs espèces.

Plusieurs de celles du terrain kimméridgien de la Suisse, ont été indiquées ou décrites par M. Voltz (5) (N. *grandis*, *depressa*, *cylindrica*, *trinodosa* du terrain jurassique supérieur de la Haute-Saône, N. *punctata*, etc.).

La N. *Goodhallii*, Sowerby (6), a été trouvée dans les mêmes gisements d'Angleterre et de France.

Parmi les espèces décrites par M. Roemer (7) on peut citer les N. *conifera* et *Gosæ* du terrain kimméridgien d'Allemagne.

Le comte de Münster a fait connaître dans l'ouvrage de Goldfuss (8) la N. *subpyramidalis*, et une espèce confondue avec la N. *grandis*, Voltz (N. *Goldfussiana*, d'Orb.)

M. d'Orbigny, dans sa *Paléontologie française*, décrit dix espèces du terrain portlandien, dont quatre nouvelles. La plus remarquable est celle qui est figurée dans sa planche 279, et qu'il rapporte à la *subpyramidalis*, Münster. Je ne comprends cependant point quel rapport il peut y avoir entre les figures données par ces deux auteurs. Celle de M. d'Orbigny est figurée dans l'Atlas, pl. LX, fig. 1.

(1) *Dict. classiq. d'hist. nat.*, t. II, pl. 4, *Moll. de Morée*, p. 186.

(2) Goldfuss, *Petref. Germ.*, pl. 175, fig. 10 ; Marcou, *Bull. Soc. géol.*, 2ᵉ série, t. IV, 1846, p. 129.

(3) *Bull. Soc. nat. de Moscou*, 1850, t. XXIII, part. 1, p. 567 et 577.

(4) *Statist. géol. de la Meuse*, p. 34.

(5) Voltz, *in litteris*, et *Leonhard und Bronn neues Jahrb.*, 1835 ; Thurmann, *Soulèv. du Porrentruy*, p. 17.

(6) Dans Fitton, *Trans. of the geol. Soc.*, 1836, t. IV, p. 232.

(7) *Norddeutsch. Oolithgeb.*, p. 143, pl. 11.

(8) Goldfuss, *loc. cit.*

La N. *Salinensis*, d'Orb., de forme normale, est représentée dans l'Atlas, pl. LIX, fig. 22.

M. Duvernoy [1] attribue aux nérinées des terrains jurassiques supérieurs la perforation singulière des calcaires de cette époque qui les a fait nommer *roches trouées*. Il croit que les coquilles ont été prises par la vase calcaire qui a formé ces roches, avant sa solidification, et qu'ensuite elles ont été détruites et n'ont laissé que les trous comme traces de leur existence. Il ne pense pas d'ailleurs que ces animaux aient agi à la manière des mollusques perforants.

Les nérinées ont continué d'exister pendant l'époque crétacée.

On en connaît quelques-unes du terrain néocomien.

M. d'Hombres-Firmas a fait connaître la N. *gigantea*, d'Orgon et de la fontaine de Vaucluse (terrain urgonien).

M. d'Orbigny [2] a décrit, outre la précédente, six espèces du terrain néocomien inférieur et quatre du terrain néocomien supérieur (urgonien). La N. *Renauxiana*, d'Orb., de l'urgonien, est figurée dans l'Atlas, pl. LIX, fig. 25.

Il a ajouté plus tard [3] deux espèces inédites appartenant, l'une au néocomien inférieur, l'autre au supérieur.

Ces mollusques manquent, à ce qu'il paraît, au terrain aptien et au gault, circonstance qui se lie peut-être à l'absence des polypiers à cette époque.

Ils reparaissent avec une certaine abondance dans les terrains crétacés supérieurs.

M. d'Orbigny [4] en a décrit cinq espèces des craies chloritées inférieures (terrain cénomanien), six des dépôts turoniens des Martigues, d'Uchaux, etc., et trois des craies supérieures. La N. *lincata*, d'Archiac (*Espaillaciana*, d'Orb.), de la craie blanche, est figurée dans l'Atlas, pl. LIX, fig. 26.

La N. *dubia*, d'Archiac [5], a été trouvée à Tournay (terrain cénomanien).

La N. *longissima*, Reuss [6], provient du quader inférieur de Bohême, ainsi que quelques autres espèces incomplétement décrites.

On trouvera dans le grand ouvrage de Goldfuss [7] la description d'une dizaine d'espèces trouvées à Gosau et dans les environs de Salzbourg (terrain crétacé supérieur).

[1] *Comptes rendus de l'Acad. des sciences*, 1849, t. XXIX, p. 645.

[2] *Pal. franç., Terr. crétacés*, t. II, p. 75, pl. 156 à 160.

[3] *Prodrome*, t. II, p. 67 et 103.

[4] *Pal. franç., Terr. crét.*, t. II, p. 85, pl. 160 à 164.

[5] *Mém. Soc. géol.*, 2ᵉ série, t. II, p. 344, pl. 25, fig. 4.

[6] *Boehm. Kreidef.*, I, p. 54, II, p. 113.

[7] *Petref. Germ.*, t. III, p. 44, pl. 177. Voyez aussi Zekeli, *Gastr. Gosau form.*, p. 33.

On peut ajouter la *N. Podolica*, Pusch [1], de la craie supérieure de Pologne, la *N. Geinitzii*, Goldfuss, etc.

Les nérinées ont cessé d'exister avec la période crétacée. On n'en a jusqu'à présent trouvé aucun fragment certain dans les terrains tertiaires.

Je renvoie pour la *Nerinea supracretacea*, Bellardi, du terrain nummulitique, à ce que j'en ai dit dans la note de la page 99. Je ne veux, du reste, en aucune manière, soutenir l'impossibilité qu'on en découvre plus tard.

Les Actéons (*Actæon*, Montfort) (*Tornatella*, Lamarck, *Solidula*, Fischer, *Speo*, Risso, *Itieria*, Matheron, *Monoptygma*, Lea),— Atlas, pl. LX, fig. 2 et 3,

ont une coquille oblongue, ovoïde, sans épiderme, à bouche longue, arquée, élargie en avant, sans sinus ni échancrure, bordée d'un labre tranchant et simple, et armée de plis irréguliers obliques sur la columelle, qui est épaisse. La coquille est souvent marquée de stries transverses ponctuées.

Ces mollusques vivent aujourd'hui dans les mers chaudes et temperées, sur les côtes sablonneuses et à de grandes profondeurs.

Ce genre est inconnu dans la période primaire. Il semble avoir apparu pour la première fois dans le milieu de la période secondaire.

Il manque probablement au terrain triasique et au lias.

Les espèces de Saint-Cassian décrites sous ce nom par le comte de Münster et par M. Klipstein (*T. scalaris*, M., et *abbreviata*, Kl.) n'ont pas de dents à la columelle et sont vraisemblablement des actæonines [2]. La *T. cincta*, Münst., du lias, est peut-être aussi du même genre, mais sa bouche est inconnue.

Les espèces les plus anciennes appartiennent à l'oolithe inférieure et à la grande oolithe.

On peut rapporter à ce genre l'*Auricula Sedgwicki*, Phillips [3], de la grande oolithe d'Angleterre.

[1] *Polens Pal.*, p. 113, pl. 10, fig. 17.
[2] Münster, *Beitr. zur Petref.*, t. IV, p. 103 ; Klipstein, *Geol. der oest. Alpen*, p. 265 ; Münster dans Goldfuss, *Petref. Germ.*, pl. 177, fig. 9.
[3] Phillips, *Geol. of Yorkshire*, pl. 11, fig. 33.

L'*A. pullus*, Morris et Lycett, est cité comme trouvé dans la grande oolithe du même pays [1], mais la figure ne montre pas de dents.

M. d'Orbigny place aussi dans les actéons le *Conus minimus*, d'Archiac [2], de la grande oolithe d'Aubenton.

Les terrains kellowien et oxfordien en contiennent aussi.

L'*A. retusus*, Phillips [3], provient du terrain oxfordien de Scarborough.

Les terrains oxfordiens de Russie ont fourni [4] l'*A. Frearsianus*, d'Orb. (Atlas, pl. LX, fig. 2), et l'*A. Petchorae*, Keyserling.

On en trouve même dans le terrain wealdien.

L'*A. Popii*, Sow. [5], a été découvert près de Tunbridge.

Les espèces se continuent pendant l'époque crétacée.

Les terrains neocomien et aptien en particulier en ont fourni plusieurs.

M. d'Orbigny [6] a décrit et figuré sept espèces du néocomien inférieur et une du néocomien supérieur (urgonien). Il a depuis lors indiqué une espèce de chacun de ces terrains.

Le lower green sand d'Angleterre renferme [7] la *Tornatella marginata*, Forbes (*A. Forbesiana*, d'Orb.), et l'*A. subalbensis*, d'Orb.

On en cite aussi dans le gault.

L'*A. Vibrayeana*, d'Orb. [8], a été trouvé à Géraudot et à Ervy.

Plusieurs espèces appartiennent aux terrains crétacés supérieurs.

La *T. affinis*, Sowerby [9], provient de Blackdown.

L'*A. ovum*, d'Orb. [10], a été découvert à Cassis (terrain cénomanien).

[1] Morris et Lycett, *Moll. from the great ool.* (*Pal. Soc.*, 1850, p. 118, pl. 15) ; d'Orbigny, *Pal. franç., Terr. jur.*, t. II, p 182, pl. 288.

[2] *Mém. Soc. géol.*, t. V, 1843, p. 385, pl. 30, fig. 9.

[3] *Geol. of Yorkshire*, p. 167, pl. 4, fig. 27.

[4] D'Orbigny dans Murchison et Verneuil, *Pal. de la Russie*, p. 449, pl. 37, fig. 8-11 ; Keyserling, *Petschora Land*, p. 20, pl. 18, fig. 22-23.

[5] Dans Fitton, *Trans. of the geol. Soc.*, t. IV, p. 178, pl. 22, fig. 8.

[6] *Pal. franç., Terr. crét.*, t. II, p. 116, pl. 167.

[7] Forbes, *Quart. journ. of the geol. Soc.*, I, p. 347, pl. 4, fig. 1 ; d'Orb., *Prodrome*, t. II, p. 115.

[8] *Pal. franç., Terr. crét.*, t. II, p. 122, pl. 167, fig. 16-18.

[9] Dans Fitton, *Trans. of the geol. Soc.*, t. IV, p. 242, pl. 18, fig. 9.

[10] *Pal. franç., Terr. crét.*, t. II, p. 123, pl. 167, fig. 19 et 20.

L'*Auricula indrata*, Dujardin [1], du terrain sénonien d'Indre-et-Loire, appartient à ce genre.

M. Reuss a décrit [2] sous le nom d'*A. elongatus*, Sow., une espèce du planer mergel de Bohême, qui est l'*A. Reussi*, d'Orb.

M. d'Orbigny rapporte aussi aux actéons la *Phasianella lineolata*, Reuss, du planer mergel de Bohême [3].

Les actéons augmentent de nombre dans les terrains tertiaires.

M. Melleville [4] a décrit la *T. biplicata*, des terrains tertiaires inférieurs de Châlons-sur-Vesle (Atlas, pl. LX, fig. 3), et la *T. elegans*, de Cuise-la-Motte.

L'*A. Castellanensis*, d'Orb. [5], appartient au terrain nummulitique de Castellane (Basses-Alpes).

On trouve à Grignon, etc. (calcaire grossier), les *T. sulcata*, Lamk., et *affinis*, Férussac [6].

On cite dans l'argile de Londres [7] l'*Auricula simulata*, Sow., et les *Acteon crenatus* et *elongatus*, id.

Les terrains tertiaires miocènes et pliocènes sont ceux qui en renferment le plus.

M. Grateloup [8] a décrit la *Tornatella cancellata*, Grat., des faluns bleus (miocène inférieur) de Dax, et quatorze espèces des faluns jaunes (miocène supérieur).

La *T. alligata*, Deshayes [9], se trouve dans les terrains miocènes inférieurs du bassin de Paris.

M. Nyst [10] a décrit quelques tornatelles de Belgique.

Le crag d'Angleterre en contient, suivant M. Wood [11], quatre espèces : l'*A. Noæ*, Sow., du crag rouge, l'*A. tornatilis*, Lin., du crag corallien, du crag

[1] *Mém. Soc. géol.*, t. II, p. 231, pl. 17, fig. 3.

[2] *Boehm. Kreidef.*, p. 50, pl. 7.

[3] *Idem*, p. 49, pl. 7 et 10.

[4] *Descr. sables tert. inférieurs* (Ann. sc. géol., pl. 4, fig. 16-22).

[5] *Prodrome*, t. II, p. 311.

[6] Deshayes, *Coq. foss. Par.*, t. II, p. 187.

[7] Sowerby, *Min. conch.*, pl. 163 et 460.

[8] *Conch. foss. de l'Adour.* Plusieurs de ces espèces avaient déjà été décrites par M. Basterot. Voyez aussi, pour leur synonymie, d'Orbigny, *Prodrome*, t. III, p. 35.

[9] *Coq. foss. Par.*, t. II, p. 188, pl. 23, fig. 3 et 4.

[10] *Coq. et pol. foss. Belg.*, p. 420, pl. 37.

[11] *Moll. from the crag* (Palæont. Society, 1848, p. 160, pl. 19).

rouge et des mers actuelles ; l'*A. subulatus*, Wood, du crag rouge, et l'*A. Levi-
diensis*, id., du crag corallien.

M. Philippi [1] a fait connaître la *T. punctato-sulcata* de Cassel.

Le terrain miocène du Piémont renferme [2] deux espèces, dont une, la
T. semi-striata, Defr., se retrouve dans le pliocène. Ce dernier étage ren-
ferme en outre deux espèces dont la *T. fasciata*, Lamk, vit encore, et dont la
T. achatina, Bonelli, paraît spéciale à ce gisement.

Plusieurs espèces d'actéons ont aussi été citées en Amérique
dans divers terrains.

L'*A. ornata*, d'Orb. [3], provient du terrain néocomien de Santa-Fé de
Bogota.

De nombreuses espèces tertiaires ont été indiquées ou décrites [4] par
MM. Conrad, Lea, etc.

Les Indes orientales en ont aussi fourni [5].

L'*A. substriata*, d'Orb (*striata*, Sow.), provient des terrains kellowiens
des environs de Pondichéry.

Les Avellana, d'Orbigny (*Avellana* et *Ringinella*, olim), —
Atlas, pl. LX, fig. 4,

ont les plus grands rapports avec les actéons et n'en diffèrent
guère que par leur labre entouré d'un gros bourrelet, tandis qu'il
est mince et tranchant dans ces derniers. Les ornements sont
souvent les mêmes dans ces deux genres, et les avellana, comme les
actéons, ont fréquemment leur coquille ornée de stries ou de sillons ponctués.

M. d'Orbigny avait anciennement distingué les Ringinelles, qui
sont ovoïdes, à spire allongée, et les Avellana, qui sont globuleuses
et à spire courte. Ces caractères n'offrant pas une précision suffisante, ce savant paléontologiste a avec raison réuni ces deux
genres.

Une des espèces les plus anciennement connues avait été con-

[1] *Tert. Verst. nordwest. Deutschl.*, p 20, pl. 3, fig. 22.

[2] Michelotti, *Descr. foss. mioc.*, p. 159 ; Sismonda, *Synopsis*, p. 52.

[3] *Voyage, Paléontologie*, p. 79.

[4] Conrad, *Journ. Acad. Philad.*, VI, etc. ; Morton, *Synopsis* ; Lea dans
Silliman's American journ., t. XL, etc.

[5] Sowerby, *Trans. of the geol. Soc.*, 2ᵉ série, t. V, p. 719 ; Forbes, *id.*,
t. VII, p. 135.

sidérée à tort comme un casque par M. Alexandre Brongniart, qui avait cru que la bouche était terminée par un canal, tandis qu'elle est entière.

Les avellana ne vivent plus aujourd'hui. Elles paraissent spéciales à l'époque crétacée.

Les *A. subglobosa*, d'Orb., et *sphæra*, id., ont été trouvées dans le terrain néocomien de Marolles [1].

M. d'Orbigny a décrit [2] sept espèces du gault, dont trois sous le nom de *Ringinella* et quatre sous celui d'*Avellana*. L'*A. incrassata*, d'Orb., est figurée dans l'Atlas, pl. LX, fig. 4.

Notre *Ringinella alpina*, Pictet et Roux [3], du gault du Saxonet et de la porte du Rhône, doit aussi prendre place dans ce genre.

On trouve à Blackdown une espèce qui a été décrite [4] par Sowerby sous le nom d'*Auricula incrassata*.

Le *Cassis avellana* de Brongniart, dont j'ai parlé plus haut, et qui se trouve dans les craies chloritées de Rouen, est devenu pour M. d'Orbigny la *Ringinella cassis*. Ce paléontologiste a décrit [5], en outre, l'*A. Mailleana*, d'Orb., du même gisement et indiqué l'*A. carusensis* des craies chloritées de la Malle (Var).

L'*A. Prevosti* d'Archiac [6], (olim *A. bidentata*), a été trouvée à Tournay dans le tourtia.

L'*A. Royana* d'Orb. [7], a été recueillie dans le terrain crétacé supérieur de Royan, et l'*A. Archiaciana*, id., provient d'Aix-la-Chapelle.

M. Sowerby a décrit [8] l'*A. decurtata* du terrain crétacé supérieur de Gosau.

On peut ajouter quelques espèces étrangères à l'Europe, appartenant aux terrains crétacés supérieurs.

Ce sont [9] la *Torn. inflata*, Morton, des États-Unis; l'*A. Chilensis*, d'Orb., du Chili, et la *T. labiosa*, Forbes, de Pondichéry.

---

[1] D'Orb., *Pal. franç.*, *Terr. crét.*, t. II, p. 132, pl. 168, et *Prodrome*, t. II, p. 68.

[2] D'Orb., *Pal. franç.*, *Terr. crét.*, p. 126 et 133, pl. 167 à 169.

[3] *Descr. moll. grès verts*, p. 172, pl. 16, fig. 5.

[4] *Miner. conch.*, pl. 163.

[5] *Pal. franç.*, *Terr. crét.*, t. II, p. 157, et *Prodrome*, t. II, p. 149.

[6] *Mém. Soc. géol.*, 2ᵉ série, t. II, p. 343, pl. 25, fig. 4.

[7] *Pal. franç.*, *Terr. crét.*, t. II, p. 144, pl. 169.

[8] *Trans. of the geol. Soc.*, 2ᵉ série, t. III, pl. 38.

[9] Morton, *Syn. pet. crét.*, p. 49; d'Orbigny, *Voyage de l'Astrol.*, pl. 4; E. Forbes, *Trans. of the geol. Soc.*, 1846, t. VII, p. 135.

Les Actéonelles (*Actæonella*, d'Orb.). — Atlas, pl. LX,
fig. 5 et 6,

ont une coquille lisse, raccourcie, ventrue ou bulliforme, à spire
très courte, souvent enveloppée et composée de tours très hauts.
La bouche est longitudinale, étroite, un peu élargie en avant et
fortement rétrécie en arrière, où elle forme un léger canal à tous
les âges. Le labre n'a point de plis internes. La columelle a trois
gros plis peu obliques ; le bord columellaire est très encroûté.

Le canal postérieur de la bouche, qui fait que les lignes d'accroissement extérieur sont infléchies en arrière, lie jusqu'à un certain point les actéonelles aux nérinées ; mais elles en diffèrent par
l'absence de pli sur le labre, et surtout par leur bouche complètement dépourvue de sinus du côté antérieur. Leur forme courte et
ventrue les rapproche au contraire des actéons et rappelle
même quelquefois celle des bulles.

Les actéonelles forment un genre éteint qu'on n'a encore trouvé
que dans les terrains crétacés supérieurs. Quelques-unes ont atteint une grande taille : l'*A. gigantea* a jusqu'à 95 millimètres de
longueur.

M. d'Orbigny, qui a établi ce genre, a décrit dans la *Paléontologie française* [1] trois espèces, qu'il range dans son étage turonien : l'*A. Renauxiana*,
d'Orb., d'Uchaux ; l'*A. lævis*, id., d'Uchaux, d'Autriche, etc. ; l'*A. crassa*, id.
(*Voluaria crassa*, Dujardin), du Var, etc., et cité l'*A. Lefebreana*, id., d'É-
gypte. Il a depuis lors [2] ajouté l'*A. Toucasiana*, d'Orb., du terrain turonien du Var. L'*A. lævis* est figurée dans l'Atlas, pl. LX, fig. 6.

Il faut ajouter à ce genre [3] la *Tornatella gigantea*, Sow. (Atlas, pl. LX,
fig. 5) et la *Tornatella Lamarckii*, Sow., de Gosau ; cinq espèces nouvelles du
même gisement, décrites par M. Zekeli, et quatre espèces d'Autriche retrouvées aussi à Gosau, et décrites comme des tornatelles dans le grand ouvrage
de Goldfuss. Ces espèces appartiennent à l'étage sénonien. La *T. gigantea* se
retrouve en France.

Les Volvaires (*Volvaria*, Lamk). — Atlas, pl. LX, fig. 7,

ont une coquille allongée, subcylindrique, à spire très courte, à
peine apparente. Leur bouche, étroite et longitudinale, est échan-

---

[1] *Pal. franç.*, *Terr. crét.*, t. II, p. 107, pl. 164 à 166.

[2] *Prodrome*, t. II, p. 194.

[3] *Pal. franç.*, *Terr. crét.*, t. II, p. 109, pl. 165 ; Sowerby, *Trans. of the
geol. Soc.*, 1835, t. III ; Goldfuss, *Petref. Germ.*, t. III, p. 48, pl. 177 ; Zekeli, *Gastér. Gosau*, p. 39, pl. 5 à 7.

crée en avant par un sinus; son labre est tranchant. La columelle est épaisse, à plis peu saillants et très obliques. La coquille est ordinairement ornée de stries ponctuées.

Ce genre se distingue facilement des précédents par l'échancrure de sa bouche; il est plus facile à confondre avec celui des marginelles, et dans l'ouvrage de Lamarck plusieurs de ces dernières sont décrites comme des volvaires. Mais les vraies volvaires appartiennent à une tout autre famille que les marginelles, qui ont une coquille lisse et brillante, recouverte par une sécrétion calcaire extérieure comme les porcelaines; tandis que les volvaires prouvent, par leurs stries ponctuées, qu'elles n'avaient pas de manteau enveloppant la coquille.

Lamarck a placé dans ce genre (1) plusieurs espèces vivantes, qui sont des marginelles. Les véritables volvaires paraissent très rares aujourd'hui; on en connaît deux fossiles dans les terrains tertiaires.

La *V. bulloides*, Lamk (2), a été trouvée dans l'étage du calcaire grossier de Grignon, etc. (Atlas, pl. LX, fig. 7.)

La *V. acutiuscula*, Sow. (3), a été trouvée en Angleterre à Barton, et en France dans les terrains parisiens supérieurs.

Les Ringicules (*Ringicula*, Desh.), — Atlas, pl. LX, fig. 8 à 10, ont une bouche étroite et grimaçante, échancrée en avant par un sinus très profond. Ces coquilles sont ovales, oblongues, épaisses, ornées en travers de stries ou de sillons ponctués. Le labre est très épaissi, réfléchi et sans dents. La columelle, encroûtée en arrière, porte deux gros plis.

Elles ressemblent beaucoup aux avellana et s'en distinguent principalement par le sinus antérieur de la bouche.

Ce genre, anciennement réuni aux auricules, renferme des mollusques qui vivent aujourd'hui dans les mers chaudes, et des espèces fossiles des terrains tertiaires.

On en connaît deux espèces des tertiaires éocènes.

M. Deshayes (4) paraît en avoir confondu plusieurs sous le nom d'*A. rin-*

____

(1) M Deshayes, *Coq. foss. Par.*, t. II, p. 712, dit n'en connaître qu'une seule espèce vivante.

(2) Lamarck, *Ann. Mus.*, t. V, p. 29; Deshayes, *Coq. foss. Par.*, t. II, p. 712, pl. 95, fig. 4 à 6.

(3) Sowerby, *Min. conch.*, pl. 487; Deshayes, *loc. cit.*, pl. 95, fig. 7-9.

(4) Deshayes, *Coq. foss. Par.*, t. II, p. 72, pl. 8.

geas, Lamk. Ce nom doit rester à l'espèce du calcaire grossier. (Atlas, pl. LX, fig. 8.)

Il faut rapporter à ce même genre l'*Auricula turgida* [1], Sow., de l'argile de Londres.

Elles deviennent plus nombreuses dans les terrains miocènes et pliocènes.

M. Grateloup [2] a figuré deux espèces des faluns bleus (miocène inférieur), en les rapportant à l'*A. ringens* et à l'*A. ventricosa*, Grat. Ce sont les *Ringicula Grateloupi* et *subventricosa*, d'Orb. (Atlas, pl. LX, fig. 9 et 10.)

La *Voluta buccinea*, Brocchi, qui doit devenir la *R. buccinea*, se trouve dans les terrains miocènes supérieurs de toute l'Europe [3].

L'*A. Bonelli*, Desh. [4] (*Pedipes punctilabris*, Bon.), a été trouvée dans le terrain miocène de Turin, ainsi que la *R. striata*, E. Sism. (*Pedipes striatus*, Bon.). Cette dernière est aussi citée dans le nord de l'Allemagne [5], mais il n'est pas certain que ce soit la même espèce.

La *R. marginata*, Deshayes, a été découverte [6] dans le terrain pliocène d'Asti.

M. Dubois de Montpéreux a trouvé [7] en Volhynie deux espèces décrites par M. Eichwald sous les noms de *Marginella exilis* et *costata*.

Le crag d'Angleterre renferme, suivant M. Wood [8], la *Ringicula buccinea* précitée et la *N. ventricosa*, Sow. (crag rouge et crag corallien).

Je place tout à fait provisoirement ici, et sans rien préjuger sur ses affinités, le genre des

PIÉTINS (*Pedipes*, Adanson). — Atlas, pl. LX, fig. 11 et 12.

Ce genre, caractérisé par une coquille ovale, épaisse, à bouche grimaçante, bordée d'un labre non épaissi et muni de dents columellaires, a quelquefois été confondu avec les ringicules ; mais l'animal a des caractères tout à fait différents qui paraissent le rapprocher de certaines auricules. Il est, du reste, pectinibranche, et ne peut pas être associé à une famille de pulmonés. C'est ce qui m'a empêché de suivre à cet égard l'opinion de MM. Deshayes, etc. Ses rapports géologiques sont donc difficiles à assi-

---

[1] *Min. conch.*, pl. 163.

[2] *Conch. foss. de l'Adour*, I.

[3] Voy. Deshayes, *Encycl. méth.*, et 2ᵉ édit. de Lamarck, *Histoire des animaux sans vertèbres*, t. VIII, p. 344 ; Brocchi, Grateloup, etc.

[4] Deshayes, *loc. cit.* ; Sismonda, *Synopsis*, p. 52.

[5] Philippi, *Tert. Verst. nordw. Deutschl.*, p. 28, pl. 4, fig. 23.

[6] Deshayes, *loc. cit.*

[7] *Conch. foss. plat. Pod. Wolh.*, p. 24, pl. 4.

[8] *Moll. from the crag* (*Palæont. Soc.*, 1848, p. 22, pl. 4).

guer, et il devra peut-être former une famille spéciale avec quelques petites coquilles décrites comme des auricules, mais qui devront sortir de ce genre, parce que, comme le piétin, elles ont une petite branchie pectinée. M. d'Orbigny le place à la suite des actéons. La coquille du piétin se distingue du reste de celles des ringicules par l'obliquité de la bouche et par l'absence de bourrelet au labre, qui, par contre, est ordinairement muni de dents internes.

Quelques espèces fossiles des terrains tertiaires paraissent être de véritables piétins.

M. Melleville [1] a décrit le *Potinus crassidens*, des terrains tertiaires inférieurs de Châlons-sur-Vesle. (Atlas, pl. LX, fig. 11.)

M. d'Orbigny rapporte [2] à ce genre l'*Auricula ovata*, Lamk, de Grignon, Mantes, etc. (Atlas, pl. LX, fig. 12), et indique une espèce nouvelle, *A. alpina*, d'Orb., du terrain éocène des Hautes-Alpes.

L'*Auricula umbilicata*, Desh. [3], des falons de la Touraine (miocène supérieur) est aussi un piétin pour M. d'Orbigny.

Les ACTEONINA, d'Orbigny, — Atlas, pl. LX, fig. 13 à 22,

ont les formes des actéons, mais point de dents à la columelle. Ce genre renferme seulement des espèces fossiles que l'analogie des formes permet de placer dans cette famille avec une certaine probabilité. Leur forme normale est celle d'actéons sans dents. (Atlas, pl. LX, fig. 13.)

Quelques-unes de ces espèces sont coniques et rappellent singulièrement les cônes par leurs formes externes; elles avaient été placées dans ce genre (Atlas, pl. LX, fig. 14 et 15). M. d'Orbigny a montré [4] qu'il est cependant facile de les en distinguer. Les cônes réabsorbent intérieurement leur coquille de manière à la rendre mince comme du papier, sans doute pour faire place aux viscères, en sorte que leur coupe transversale (Atlas, pl. LXIV, fig. 25) montre une spire très mince dans ses premiers tours. Les acteonines, au contraire (Atlas, pl. LX, fig. 14), ont le test aussi épais dans l'origine qu'au dernier tour.

[1] *Descr. cailles tert. inférieurs* (*Ann. sc. géol.*, pl. 6, fig. 5, 6).

[2] *Prodrome*, t. II, p. 34; Lamarck, *Ann. mus.*, IV; Deshayes, *Coq. foss. Par.*, t. II, p. 68, pl. 6, fig. 12 et 13.

[3] Deshayes, *Encycl. method.*, t. XI, p. 89; Dujardin, *Mém. Soc. géol.*, t. II, p. 276, pl. 19, fig. 20; d'Orbigny, *Prodrome*, t. III, p. 34.

[4] *Prodrome*, t. I, p. 226; *Pal. franc., Terr. jur.*, t. II, p. 162.

D'autres espèces sont ovoïdes et rappellent les olives (Atlas, pl. LX, fig. 16 à 18). MM. Morris et Lycett [1] les ont nommées CYLINDRITES, en leur réunissant quelques espèces qui ressemblent aux cônes; mais des transitions nombreuses rendent impossible de fixer une limite, et nous ne pouvons pas séparer ce genre de celui des actéonines.

Quelques autres espèces ont une forme presque globuleuse et se rapprochent ainsi des GLOBICONCHA, d'Orbigny (Atlas, pl. LX, fig. 19 à 22), au point qu'il me paraît impossible de distinguer ces deux genres liés par des transitions insensibles [2].

M. d'Orbigny nomme ACTÉONINES toutes les espèces antérieures à l'époque néocomienne, et GLOBICONCHA, les espèces recueillies dans les terrains de la période crétacée. Si l'on admettait la séparation de ces deux genres, il faudrait modifier cette assertion et reconnaître en même temps qu'il y a des globiconcha dans le terrain jurassique et des acteonina dans l'époque crétacée.

En réunissant les deux genres en un seul, nous admettrons en même temps que les actéonines ont vécu pendant la plus grande partie de l'époque primaire et de l'époque secondaire [3].

On en connaît dès les terrains carbonifères.

L'*A. carbonaria*, d'Orb. [*Chemnitzia carbonaria*, de Koninck, olim *Conus* [4]], paraît bien avoir les caractères des véritables actéonines. Elle a été trouvée dans le calcaire carbonifère de Visé et de Tournay.

On doit probablement aussi admettre l'existence des actéonines pendant l'époque triasique.

M. d'Orbigny me paraît rapporter avec raison à ce genre quelques espèces de Saint-Cassian [5], et en particulier la *Tornatella scalaris*, Münster, la

[1] *Mollusca from the great ool.* (*Pal. Soc.*, 1850, p. 97).

[2] Par exemple, l'*Acteonina Esparcyensis*, d'Orbigny (Atlas, pl. LX, fig. 19), de la grande oolithe, est bien plus globuleuse que la *Globiconcha Fleuriausa*, d'Orb. (id., fig. 21). Le nom de *Globiconcha* aurait peut-être dû être conservé comme le plus ancien, mais il est inapplicable aux espèces coniques.

[3] Depuis que cet article a été rédigé, j'ai reçu l'ouvrage de M. A. Buvignier, *Statistique de la Meuse*, Paris, 1852, 1 vol. in-8°, avec atlas in-folio de 33 planches; il s'y trouve vingt-quatre espèces de ce genre, décrites sous le nom de TORNATELLA et d'ORTHOSTOMA, savoir : trois du lias, une de la grande oolithe, douze du coral rag, cinq du calcaire à astartes, deux du portlandien et une du gault.

[4] De Koninck, *Descr. anim. foss. Belg.*, p. 469, pl. 44, fig. 15.

[5] Münster, *Beitr. zur Petref.*, t. IV, p. 103 et 112; Klipstein, *Geol. der oestl. Alpen*, p. 205, pl. 14.

T. abbreviata, Klipstein et l'*Oliva alpina*, id. Je doute beaucoup qu'il faille y joindre le *Fusus Orbignyanus*, Münster.

C'est dans les terrains de l'époque jurassique que l'on trouve les espèces les plus nombreuses du type des actéonines proprement dites.

Elles ont vécu dans le lias. La plupart y ont la forme conique.

M. Deslongchamps a décrit (1), sous le nom de *Cenra*, les *C. cadomensis*, (Atlas, pl. LX, fig. 14), *concavus*, (id., fig. 15), *abbreviatus* (*A. subabbreviata*, d'Orb.) et *Caumonti*, du lias moyen de Fontaine-Étoupefour.

L'*A. sparsisulcata*, d'Orbigny (2), a une forme ovoïde. Elle provient aussi du lias moyen de Normandie.

Je crois avec M. d'Orbigny qu'il faut rapporter à ce genre la *Tornatella fragilis*, Dunker (3), du lias d'Halberstadt, petite espèce ovoïde. La *Torn. cincta*, Münster (4), du lias supérieur de Banz, me paraît moins certaine, la bouche n'étant pas figurée.

L'oolithe inférieure et la grande oolithe ont fourni quelques espèces.

M. d'Orbigny en a décrit (5) quatre, dont trois nouvelles de l'oolithe inférieure, et trois, dont deux nouvelles de la grande oolithe. Ces espèces sont toutes ovoïdes, comme l'*A. Lorieriana*, d'Orb. (Atlas, pl. LX, fig. 13), ou globuleuses, comme l'*A. Esparcyensis* (*Cassis Esparcyensis*, d'Archiac) (6), de la grande oolithe d'Esparcy. (Atlas, pl. LX, fig. 19.)

Il faut y ajouter (7) les *Actaeon glaber*, Bean, et *humeralis*, Phillips, de l'oolithe inférieure d'Angleterre.

M. Lycett (8) cite sous le nom d'*Acteonina* et de *Cylindrites* huit espèces, dont sept nouvelles de l'oolithe inférieure du Gloucestershire.

MM. Morris et Lycett ont décrit un grand nombre d'espèces (9) de l'oolithe inférieure sous les mêmes désignations génériques. Ils citent dans l'oolithe inférieure de Michihampton dix cylindrites, dont six nouvelles, et trois actéonines, dont une nouvelle ; et dans les gisements analogues du Yorkshire, trois actéonines dont une nouvelle. (Voyez Atlas, pl. LX, fig. 16 à 18.)

(1) *Mém. Soc. linn. Normandie*, t. VII, p. 147, pl. 10 et 18; d'Orbigny, *Pal. franç., Terr. jur.*, t. II, p. 161, pl. 285.

(2) D'Orbigny, *loc. cit.*

(3) *Palæontographica*, t. I, p. 111, pl. 13, fig. 19.

(4) Goldfuss, *Petref. Germ.*, p. 18, pl. 177, fig. 9.

(5) *Pal. franç., Terr. jur.*, t. II, p. 167, pl. 286.

(6) *Mém. Soc. géol.*, t. V, p. 385, pl. 31, fig. 10.

(7) Phillips, *Geol. of Yorkshire*, p. 124 et 129.

(8) *Ann. and mag. of nat. hist.*, 1850, 2ᵉ série, t. VI, p. 418.

(9) *Moll. from the great ool.* (*Pal. Soc.*, 1850, p. 97 et 119).

La *Tornatella pulla*, [1] Kock et Dunker, est une véritable actéonine de l'oolithe inférieure d'Allemagne.

Les actéonines se continuent dans les terrains kellowiens et oxfordiens.

L'*Actæonina Sabaudiana*, d'Orb. [2], caractérise les terrains kellowiens du mont du Chat (Savoie).

L'*Acteon Peroskianus*, d'Orbigny, de Russie, est une actéonine [3].

Elles augmentent de nombre dans les terrains coralliens.

M. d'Orbigny place dans ce même genre [4] les *Bulla subquadrata* et *spirata*, Roemer, du terrain corallien de Hildesheim, le *Buccinum parvulum*, id., de Heneggelsen, et la *Bulla olivæformis*, Kock et Dunker. Je suis du même avis relativement aux trois bulla auxquelles j'ajouterai volontiers la *B. Hildesheimensis*, Roemer. J'ai beaucoup plus de doute sur le *Buccinum parvulum*.

Le même auteur [5] a décrit cinq espèces nouvelles du terrain corallien. Elles sont ovoïdes ou globuleuses. L'*A. Dornoisiana*, d'Orb., et l'*A. acuta*, id., acquièrent une très grande taille (150 millimètres).

On en trouve quelques-unes dans les terrains jurassiques supérieurs.

L'*A. ventricosa*, d'Orb., provient de l'étage kimméridgien du Calvados [6].

L'*A. cylindracea*, d'Orb. (*Melania cylindracea*, Cornuel) [7], caractérise le terrain portlandien de Vassy (Haute-Marne).

Les actéonines se continuent dans les terrains crétacés.

[1] Kock et Dunker, *Beitr. Ool. Gebild.*, p. 33, pl. 2, fig. 11.

[2] *Pal. franç.*, *Terr. jur.*, t. II, p. 173, pl. 288.

[3] D'Orbigny dans Murchison et Vern., *Pal. de la Russie*, p. 449, pl. 37, fig. 12 à 14.

[4] *Prodrome*, t. I, p. 353 ; Roemer, *Norddeutsch. Oolith. Geb.*, p. 137 et 139, pl. 9 ; Kock et Dunker, *Beitr. Ool. Gebild.*, p. 44, pl. 5. M. D'Orbigny attribue ces fossiles au terrain oxfordien, quoique les auteurs allemands les classent dans le corallien supérieur. Je ferai remarquer que le savant paléontologiste français a placé lui-même la *Bulla Hildesheimensis* dans le terrain corallien, et qu'elle a été trouvée dans la même couche que les *B. subquadrata et spirata*.

[5] *Pal. franç.*, *Terr. jur.*, t. II, p. 174, pl. 287 et 288.

[6] *Pal. franç.*, *Terr. jur.*, t. II, p. 178, pl. 288.

[7] D'Orbigny, id. ; Cornuel, *Mém. Soc. géol.*, 1840, t. IV, p. 289, pl. 15, fig. 14.

On trouve dans les dépôts aptiens une espèce qui a tout à fait les formes des vraies actéonines : c'est l'*A. Charvanesi*, Pictet et Renevier [1], du terrain aptien de la perte du Rhône, très voisine de l'*A. Sarthacensis*, d'Orb. (Atlas, pl. LX, fig. 22.)

Les grès verts du Mans (terrain cénomanien) renferment une espèce tout à fait globuleuse, et qui est par conséquent une globiconcha pour M. d'Orbigny. C'est l'*A. rotundata* (*Globiconcha rotundata*, d'Orb. [2].

Les craies supérieures (terrain sénonien) renferment plusieurs espèces, qui ont des formes très variées [3].

Les unes ont la spire courte et même cachée. La *G. Marrotiana*, d'Orb., est dans ce dernier cas (Atlas, pl. LX, fig. 20). La *G. ovata*, d'Orb., n'est point une globiconcha. M. Coquand vient de montrer [4] qu'elle appartient au genre des porcelaines (*Cypraea*, Lin.). M. d'Orbigny avait été trompé par un échantillon incomplet.

D'autres ont une spire assez développée et tendent à s'allonger et à être moins globiconcha. Telles sont la *G. Fleuriausa*, d'Orb., de Royan (Atlas, pl. LX, fig. 21), et surtout, à ce qu'il paraît, la *G. elongata*, d'Orbigny, du Beausset (Var).

Les Varigera, d'Orbigny. — Atlas, pl. LX, fig. 23.

ne diffèrent des globiconcha que par des varices latérales provenant de bouches successives qui laissent des dépressions sur le moule.

Ce genre me paraît être le même que celui qui a été établi [5] par M. D. Sharpe sous le nom de Tylostoma, et qui renferme des coquilles globuleuses chez lesquelles la bouche, à intervalles réguliers, prend un bord épais qui laisse des traces sur le moule.

Il restera à savoir si les varices sont assez régulières et assez importantes pour distinguer toujours clairement les varigera des globiconcha. Je crois aussi que ces varices se confondront facilement, au moins sur le moule, avec les impressions des pterodontes.

[1] *Paléont. Suisse, Terr. aptien*, p. 32, pl. 3, fig. 5.

[2] *Pal. franç., Terr. crét.*, t. II, p. 143, pl. 169, fig. 17.

[3] D'Orbigny, *Pal. franç., Terr. crét.*, t. II, p. 144, pl. 169 et 170; *Prodrome*, t. II, p. 220.

[4] *Journ. de conchyliologie* de M. Petit, 1853, p. 439, pl. 14, fig. 1 et 2.

[5] *Quart. journ. of the geol. Soc.*, 1849, t. V, p. 376. Il restera à savoir si l'on doit conserver le nom de *Varigera* ou celui de *Tylostoma*. M. d'Orbigny met au sien la date de 1847, et je crois, en effet, qu'à cette époque il l'a nommé ainsi dans ses manuscrits ou sa collection; mais il ne l'a pas publié, à ma connaissance, avant 1850, et cette dernière année devient sa date réelle. Celui de *Tylostoma* a été établi en avril 1849.

Ces mollusques ne vivent plus aujourd'hui et paraissent spéciaux à l'époque crétacée.

M. D. Sharpe [1] en a décrit quelques espèces des terrains crétacés du Portugal.

M. d'Orbigny indique [2] la *V. Ricordeana*, de Fontenoy (Yonne), du terrain néocomien inférieur.

La *V. Rochatiana*, d'Orb. [3], se trouve dans le terrain aptien de la perte du Rhône (c'est l'espèce figurée dans l'Atlas).

La *V. Guerangueri*, d'Orb. [4] (olim, *Pterodonta*), se trouve dans le terrain cénomanien du Mans.

M. d'Orbigny indique encore dans son *Prodrome* quelques espèces inédites, savoir : une du terrain aptien, une du gault, une du terrain cénomanien et une du terrain sénonien.

Il rapporte au même genre la *Tornatella abbreviata*, Philippi [5], de Gosau : mais à en juger par la figure de M. Philippi, cette espèce a un pli à la columelle et pas de varices!

Les PTERODONTA, d'Orbigny, — Atlas, pl. LX, fig. 24,

sont aussi des coquilles ovales, oblongues, ventrues. Le labre porte en dedans une dent ou protubérance qui s'imprime en creux sur le moule. Il a un sinus antérieur court et quelquefois un postérieur.

Ces coquilles sont voisines des précédentes ; lorsque la bouche n'est pas bien entière en avant, on ne peut pas toujours les distinguer facilement. L'impression interne de la dent se confond dans les moules avec celle des varigera. Le canal terminal reste le principal caractère différentiel.

M. d'Orbigny a lui-même varié dans la caractéristique de ce genre qu'il avait d'abord rapproché des strombes.

Les pterodonta paraissent spéciales aux craies marneuses et chloritées et au terrain crétacé supérieur.

M. d'Orbigny [6] a décrit ou indiqué dans sa *Paléontologie française* deux

[1] Sharpe, *loc. cit.*

[2] *Prodrome*, t. II, p. 68.

[3] D'Orbigny, *id.*, p. 103 ; Pictet et Renevier, *Pal. Suisse, Terr. aptien*, p. 33, pl. 3, fig. 6.

[4] *Pal. franç., Terr. crét.*, t. II, p. 230.

[5] *Palæontographica*, t. I, p. 23, pl. 2, fig. 1.

[6] *Pal. franç., Terr. crét.*, t. II, p. 313 et pl. 218 à 220.

espèces du terrain cénomanien (*P. elongata* et *inflata*, d'Orb.) (Atlas, pl. LX, fig 14) et quatre des craies supérieures (terrain sénonien).

Il faut y ajouter la *P. naticoides*, d'Orb. [1], d'Uchaux.

M. d'Orbigny propose de rapporter au même genre le *Pterocera gracilis*, Reuss [2], du calcaire à hippurites de Kutschlin; mais M. Reuss ne décrit point d'impression de dents.

6ᵉ FAMILLE. — NATICIDES.

Les naticides ont une coquille enroulée, globuleuse ou déprimée, à spire médiocre ou courte, dont la bouche, plus ou moins semi-circulaire, est modifiée par le retour de la spire et fermée par un opercule corné.

Ces caractères n'ont pas une précision suffisante pour que l'on puisse toujours décider, sans hésitation, si une coquille fossile appartient ou non à cette famille, car les espèces les plus allongées se lient singulièrement par leur forme aux paludinides et à quelques genres des trochides (*Phasianella*, etc.). Toutefois, dans la plupart des cas, la brièveté de la spire et la forme de la bouche suffiront pour lever les doutes.

A l'état vivant, les naticides se caractérisent plus facilement par un animal très volumineux, qui ne peut pas toujours rentrer dans la coquille, et qui a un très grand pied dilaté recouvrant en arrière une partie du test.

Les naticides ont vécu à toutes les époques géologiques, mais elles ont été représentées par des formes moins variées dans les temps anciens. Pendant l'époque primaire on ne les trouve que sous la forme de natices proprement dites. Ce même genre existe aussi seul, comme représentant de la famille, pendant la période jurassique. Le genre des narica s'y ajoute pendant l'époque crétacée. Dans les terrains tertiaires on trouve pour la première fois les sigarets, les velutina, et les deshayesia.

Cette famille ne renferme qu'un seul genre perdu, celui des DESHAYESIA.

LES NATICES (*Natica*, Adanson) [3], — Atlas, pl. LXI, fig. 1 à 7, ont une coquille sans ornements et marquée seulement de lignes d'accroissement, globuleuse ou déprimée, rarement allongée, à

[1] *Prodrome*, t. II, p. 191.
[2] *Boehm Kreidef.*, p. 46, pl. 11, fig. 21.
[3] *Hist. nat. Sénégal, Coquillages*, Paris, 1757, p. 172.

spire presque toujours très courte et à bouche ovale ou semi-lunaire, pourvue au côté interne de callosités qui s'unissent plus ou moins à celles qui existent souvent sur l'ombilic. L'animal peut rentrer entièrement dans la coquille et la fermer hermétiquement par son opercule.

Les natices se trouvent dans tous les terrains et ont vécu pendant toutes les époques géologiques; elles paraissent avoir été moins nombreuses en espèces dans les terrains anciens et avoir augmenté graduellement. Aujourd'hui elles sont abondantes dans les plages sablonneuses de la plupart des mers, surtout dans les régions chaudes. Elles se tiennent au niveau des plus basses marées ou au-dessous.

On a cherché à subdiviser les natices en groupes ou en sous-genres, en se fondant sur le plus ou le moins d'aplatissement de la coquille, la longueur de la spire, la forme de l'ombilic, etc. Ces divisions peuvent être commodes pour faciliter la distinction des espèces; mais je ne crois pas qu'il y eût de l'avantage à aller jusqu'à en faire des genres, qui seraient peu naturels et peu justifiés.

M. Agassiz ([1]) nomme EUSPIRA les espèces qui ont la spire plus ou moins élevée et les tours distincts. M. d'Orbigny ([2]) divise les natices en quatre groupes. Il nomme MAMILLÆ celles dont le bord postérieur de la bouche est encroûté et l'ombilic ouvert et calleux, comme dans la *N. mamilla* vivante, etc. Les CANRENÆ sont plus globuleuses et ont dans l'ombilic un fort funicule qui pénètre dans l'intérieur; les *N. canrena, mille punctata*, etc., en sont des exemples (Atlas, pl. LXI, fig. 7). Les EXCAVATÆ (pl. LXI, fig. 3) ont une coquille plus large que haute, pourvue d'un large ombilic simple et sans funicule (*N. excavata*, etc.). Les PRÆLONGÆ (pl. LXI, fig. 2) sont plus hautes que larges et ont un ombilic étroit, comme les *N. prælonga, bulimoides, bajocensis*, etc.

Cette énumération est incomplète, et l'on ne saurait pas où placer la *N. patula*, Desh., la *N. sigaretina*, id. (Pl. LXI, fig. 6), la *N. cepacea*, Lamk (Pl. LXI, fig. 5), etc.

Il faut réunir à ce genre les GLOBULUS, Sowerby, les GLOBULARIA, Swainson, les NACCA et les NEVERTILA, Risso, et probablement les NATICOPSIS, M° Coy.

[1] Traduction française de Sowerby, *Min. conch.*, p. 14.
[2] *Pal. franc.*, *Terr. crét.*, t. II. p. 148.

Les natices, ainsi que je l'ai dit plus haut, ont vécu à toutes les époques géologiques, et sauf le silurien inférieur, il n'est aucune division des terrains dans laquelle on n'en ait cité. Aussi le nombre total des espèces fossiles connues s'élève-t-il à près de trois cents.

On en connaît quelques espèces des terrains siluriens supérieurs (murchisonien).

Les roches de Ludlow renferment la *N. parva*, Sow. non Lea [*N. subparva*, d'Orb. (1)].

Les calcaires de Wenlock ont fourni une espèce décrite (2) par Sowerby sous le nom de *Nerita spirata*, et qui est une natice (*N. Wenlockensis*, d'Orb.).

M. Eichwald a décrit (3) quelques espèces du silurien supérieur de Russie.

On en trouve dans les terrains dévoniens.

L'old red sandstone a fourni à M. Sowerby (4) la *Natica glauchnoides* (*N. subglaucinoides*, d'Orb.).

Goldfuss (5) a décrit six espèces, dont quatre nouvelles, des terrains dévoniens du Rhin. La plus connue est la *N. subcostata*, Schlot., qui me paraît être une vraie natice, malgré l'opinion de M. d'Orbigny qui en fait un turbo. Il faut probablement y ajouter les *Ampullaria Oceani et Ponti*, id.

On trouvera quelques autres espèces décrites par M. Roemer (6) (*N. marginata, excentrica, inflata*, qui sont des turbo pour M. d'Orbigny).

Les terrains carbonifères en renferment plusieurs.

On en trouvera la description dans les ouvrages de Phillips (7) (*N. ampliata*, Phill., *elliptica*, id., *elongata*, id., *lirata*, id. (*Turbo*, d'Orb.), *planispira*, id., *spirata*, Sow., *plicistria*, id., *tabulata*, id. (*Turbo*, d'Orb.), *costata*, id.; dans ceux de M. Kœninck (8) (*N. Omaliana*, de Kon., à laquelle il faut joindre quelques *Nerita* du même auteur, telles que la *N. plicistria*, Phill. (Atlas, pl. LXI, fig. 4) ; dans ceux de M. M'Coy (9) (*N. neritoides*, etc., en y joignant ses *Naticopsis Phillipsii, dubia*, etc.).

---

(1) Sowerby dans Murchison, *Sil. Syst.*, pl. 5, fig. 24 ; d'Orbigny, *Prodrome*, t. I, p. 29.

(2) Sowerby, id., pl. 12, fig. 15 ; d'Orbigny, id.

(3) *Sil. syst. in Estland*, p. 124, etc.

(4) Murchison, *Silur. syst.*, pl. 3, fig. 14.

(5) *Petref. Germ.*, t. III, p. 116, pl. 199.

(6) *Harzgebirge*, p. 27, pl. 7.

(7) *Geol. of Yorkshire*, p. 224, etc.

(8) *Descr. anim. foss. carb. Belg.*, p. 479, pl. 42.

(9) *Synopsis of Ireland*, pl. 3, 5, 7, etc.

M. d'Orbigny [1] indique dans les terrains carbonifères d'Amérique les *N. bucciniodes* et *Antisiensis*.

Quelques espèces appartiennent aux terrains permiens.

La *N. hercynica*, Geinitz [2], provient du zechstein du Hartz.
Les *N. minima*, Bronn et *Leibnitziana*, King, ont été trouvées dans les terrains permiens d'Angleterre [3].

Elles se continuent dans le muschelkalk.

Les *N. Gaillardoti*, Voltz, et *pulla*, Goldfuss, ont été trouvées en Wurtemberg [4].

Le terrain de Saint-Cassian en contient de nombreuses espèces [6].

Le comte de Münster a décrit douze espèces de ce gisement célèbre, auquel M. de Klipstein en ajoute seize.
Quelques espèces décrites par ce dernier sous le nom de NATICELLA [6] sont aussi des natices.
Les *N. Sanctæ crucis*, Wism. [7], et *pleurotomoides*, id., ont été trouvées dans les schistes d'Heiligkreutz, qui appartiennent probablement au même terrain.

Les terrains jurassiques renferment tous des natices.
Elles ne paraissent pas abondantes dans le lias.

M. d'Orbigny [8] a décrit la *N. pelops*, du lias supérieur de France.
La *N. pulla*, Roemer [9] non Goldfuss, du lias d'Allemagne, ressemble peu à une natice.

Elles augmentent de nombre dans l'oolithe inférieure et la grande oolithe.

[1] *Voyage en Amér.*, Paléont., p. 43, pl. 3.
[2] *Zechsteingeb.*, p. 7, pl. 3.
[3] W. King, *Permian fossils* (*Palæont. Soc.*, 1848, p. 212, pl. 16).
[4] Zieten, *Petrif. Wurtemb.*, p. 43, pl. 32, fig. 7 et 8.
[5] Münster, *Beitr. zur Petref.*, t. IV, p. 99; Klipstein, *Geol. der œstl. Alpen*, p. 193.
[6] Le genre des NATICELLA, tel que l'admettent le comte de Münster et M. Klipstein, comprend des natices, des neritopsis, des turbo, etc.
[7] Münster, *Beitr.*, t. IV, p. 21
[8] *Pal. franç.*, Terr. jur., t. II, p. 188, pl. 288.
[9] *Oolith. geb.*, suppl., p. 46, pl. 20, fig. 15.

M. Phillips a fait connaître [1] les *N. umidula* et *adducta* de l'oolithe inférieure du Yorkshire.

Il faut y ajouter trois espèces des mêmes gisements décrites [2] par M. Lycett (*N. canaliculata*, Lyc. non Sow. non Desh., *Leckamptonensis*, Lyc., et *Gomondi*, id.

Les espèces de la grande oolithe d'Angleterre ont été décrites [3] par MM. Morris et Lycett sous les noms de *Natica* et d'*Euspira*. Ils comptent dix espèces de natica, dont cinq nouvelles, et cinq espèces d'euspira qui n'étaient pas connues.

M. d'Orbigny [4] décrit quatre espèces de France, dont trois nouvelles, de l'oolithe inférieure, et huit espèces, dont six nouvelles de la grande oolithe. La *N. bajocensis*, d'Orbigny, de l'oolithe inférieure, est figurée dans l'Atlas, pl. LXI, fig. 2.

M. d'Archiac avait déjà fait connaître [5] la *N. Michelini*, d'Arch., de la grande oolithe d'Esparcy.

M. d'Orbigny réunit aux natices la *Nerita lævigata*, Sow. [6], de l'oolithe inférieure de Dundry.

Les terrains kellowiens et oxfordiens en renferment quelques-unes.

La *N. cincta*, Phillips [7], provient du terrain oxfordien de Malton.

M. d'Orbigny a décrit [8] les *N. zangis* et *Chauviniana* du terrain kellowien, et cinq espèces nouvelles du terrain oxfordien, auxquelles il faut ajouter trois espèces nouvelles décrites par M. Buvignier [9].

Les natices sont nombreuses dans le terrain corallien.

La *N. grandis*, Münster [10], est abondante en France, en Allemagne et en Suisse.

M. d'Orbigny [11] a décrit dix espèces, dont huit nouvelles; M. Buvignier en a ajouté trois.

Le comte de Münster [12] en cite cinq espèces dans le terrain corallien de Kehlheim.

[1] *Géol. of Yorkshire*, p. 129, pl. 11.
[2] *Ann. and mag. of nat. hist.*, 2ᵉ série, 1850, t. VI, p. 416.
[3] *Moll. from the great ool.* (*Palæont. Soc.*, 1850, p. 40 et 112, pl. 6 et 13).
[4] *Pal. franç., Terr. jur.*, t. II, p. 189, pl. 289 à 291.
[5] *Mém. Soc. géol.*, t. V, p. 377, pl. 30.
[6] *Min. conch.*, pl. 217.
[7] *Géol. of Yorkshire*, p. 101, pl. 4, fig. 9.
[8] *Pal. franç., Terr. jur.*, t. II, p. 198, pl. 291 et 292.
[9] *Statist. géol. de la Meuse*, Paris, 1852, p. 31, pl. 23.
[10] Goldfuss, *Petref. Germ.*, p. 118, pl. 199, fig. 8.
[11] *Pal. franç., Terr. jur.*, t. II, p. 203, pl. 293 à 296; Buvignier, *loc. cit.*
[12] *Beitr. zur Petref.*, t. I, p. 109.

Il faut probablement rapporter à ce genre l'*Helix jurensis*, Münster, du corallien (?) de Streitberg, et quelques espèces attribuées par Roemer aux ampullaires, aux nérites, etc.

Elles se continuent dans les terrains jurassiques supérieurs.

M. Roemer en a décrit [1] plusieurs du terrain kimméridgien d'Allemagne (*N. globosa, macrostoma, turbiniformis*, etc.).

M. d'Orbigny [2] a retrouvé une partie de ces espèces en France et en a ajouté quatre nouvelles du même terrain. Il en décrit trois du terrain portlandien.

M. Buvignier [3] a fait connaître trois espèces nouvelles du terrain portlandien de la Meuse.

La *N. elegans*, Sow. [4], se trouve dans le terrain portlandien de France et d'Angleterre.

Les natices des terrains crétacés ne sont pas moins abondantes que celles des terrains jurassiques.

On les trouve dès l'époque néocomienne.

M. Matheron [5] en a fait connaître quelques-unes du néocomien de la Provence (*N. pseudo-ampullaria*, Math., *allaudiensis*, id., *Brugnieri*, id., d'Allaix).

M. d'Orbigny [6] en a décrit cinq du terrain néocomien inférieur, sans compter quatre espèces nouvelles indiquées dans le *Prodrome*, dont deux du néocomien inférieur et deux du supérieur.

On trouve dans le terrain aptien [7] la *Natica Cornueliana*, d'Orb., la *N. rotundata*, Sow. (*Ampullaria lævigata*, Desh., *N. sublævigata*, d'Orb.) et la *N. Sueurii*, Pictet et Renevier.

Elles sont abondantes dans le gault.

Les espèces ont été décrites [8] par M. Michelin (*N. excavata*, Atlas, pl. LXI, fig. 3), par M. Leymerie (*N. Dupinii*), par M. Mantell (*Amp. canaliculata* ou *N. gaultina*, d'Orb.), par M. d'Orbigny (six espèces dont trois nou-

---

[1] *Norddeutsch. Oolithgeb.*, p. 156, pl. 10.

[2] *Pal. franç., Terr. jur.*, t. II, p. 211, pl. 297 à 299.

[3] *Statist. géol. de la Meuse*, p. 34, pl. 23 et 24.

[4] Dans Fitton, *Trans. geol. Soc.*, 1836, 2ᵉ série, t. IV, p. 261, pl. 23, fig. 3.

[5] *Catalogue*, dans *Rép. trav. Soc. statist. de Marseille*, t. VI, p. 301, pl. 38.

[6] *Pal. franç., Terr. crét.*, p. 148, pl. 170 et 171.

[7] D'Orbigny, *loc. cit.*; Pictet et Renevier, *Pal. Suisse, Terr. aptien*, p. 77, pl. 3.

[8] Michelin, *Mém. Soc. géol.*, 1836, t. III, pl. 12, fig. 4; Leymerie, id., t. V, pl. 16, fig. 7; Sowerby dans Fitton, *Trans. of the geol. Soc.*, t. IV, pl. 11, fig. 12; Mantell, *Geol. of Sussex*, pl. 19; d'Orbigny, *Pal. franç., Terr. crét.*, t. II, p. 154, pl. 172 à 174; Pictet et Roux, *Moll. des grès verts*, pl. 17 et 18, p. 177.

velles, par MM. Pictet et Roux (*N. Fabrina*, Atlas, pl. LXI, fig. 4, *Rhodani, perspicua*), etc.

Les craies chloritées, les craies marneuses, etc. (terrains cénomanien et turonien) en contiennent beaucoup.

On en trouvera la description [1] dans les ouvrages de Sowerby (*Helix Genti* de Blackdown, *Littorina pungens*, id., *Turbo conicus*, *N. lyrata*, id., etc.), dans ceux de Geinitz, Reuss, Roemer, et surtout dans ceux de M. d'Orbigny (*N. difficilis, cassisiana, caruensis*, etc., du terrain cénomanien, *N. Requieniana, Martinii*, etc., du terrain turonien).

Les craies supérieures (terrain sénonien) ne sont pas moins riches en natices.

M. d'Orbigny a décrit [2] les *N. Royana* et *Matheroniana*, de France.

On doit à M. Sowerby [3] la connaissance des *N. bulbiformis* et *angulata*, de Gosau, auxquelles il faut ajouter la *N. immersa*, Münster, et trois espèces du même gisement décrites par M. Zekeli.

Les espèces d'Allemagne ont été décrites [4] par MM. Geinitz, Roemer, Reuss, etc., et surtout par Goldfuss (quatre espèces de Maestricht et d'Aix-la-Chapelle) et par M. Jos. Müller (sept espèces d'Aix-la-Chapelle, dont la *N. Klipsteinii* nouvelle).

La *N. supracretacea*, d'Orb., caractérise le terrain danien de Meudon [5].

De nombreuses espèces des terrains crétacés supérieurs de l'Inde et de l'Amérique ont été décrites [6] par MM. Morton, d'Orbigny, Ed. Forbes, etc.

Les terrains tertiaires sont riches en natices. Plusieurs espèces ont été rapportées au genre ampullaire, qui ne renferme que des mollusques d'eau douce. Le principal motif de ce rapprochement est la direction de la bouche et le peu d'épaisseur du test de quelques-unes de ces coquilles. Mais ces différences ne sont pas plus grandes que celles qui séparent les espèces vivantes de

[1] Sowerby, *Min. conch.*, pl. 31, 145, 433, etc., et dans Fitton, *Trans. of the geol. Soc.*, 1836, t. IV; Geinitz, *Charachter.*, p. 47; Roemer, *Verst. Norddeutsch. Kreideg.*, p. 83; Reuss, *Boehm. Kreidef.*, I, p. 49. II, p. 113; d'Orbigny, *Pal. franç., Terr. crét.*, t. II, p. 164, pl. 172 à 175.

[2] D'Orbigny, *Pal. franç., Terr. crét.*, t. II, p. 163, pl. 174 et 175.

[3] *Trans. of the geol. Soc.*, 2ᵉ série, 1831, t. III; Zekeli, *Gaster. Gosau*, p. 46.

[4] Geinitz, *loc. cit.*; Roemer, id.; Reuss, id.; Goldfuss, *Petref. Germ.*, t. III, p. 119, pl. 199; Jos. Müller, *Monog. Petref. Aachen. form.*, II, p. 13.

[5] *Bull. Soc. géol.*, 2ᵉ série, t. VII, p. 127.

[6] Morton, *Synopsis*, p. 48; d'Orbigny, *Voy. de l'Astrolabe*, pl. 4; Ed. Forbes, *Trans. of the geol. Soc.*, 2ᵉ série, 1846, t. VII.

ce genre nombreux et varié. Les *N. melanostoma*, etc., vivantes, ont le test aussi mince que les espèces que l'on a hésité à rapporter aux natices, et quant à la bouche ou à l'ombilic, il n'y a rien dans les espèces fossiles qui empêche de les rapprocher des natices vivantes. Par les mêmes raisons, je crois inutile, ainsi que je l'ai dit plus haut, d'admettre le genre GLOBULUS de M. J. Sowerby, destiné à renfermer ces espèces douteuses.

Les espèces des terrains tertiaires inférieurs sont nombreuses.

M. Deshayes en a décrit (¹) vingt-trois espèces sous les noms de *Natica* et d'*Ampullaria*. Parmi elles la *N. glaucinoides*, Desh., caractérise les terrains tertiaires les plus inférieurs du département de l'Oise (suessonien A, d'Orb.).

Les *N. intermedia*, Desh., et *spirata*, id. (*suessoniensis*, Desh.), appartient aux dépôts de Cuise-la-Motte, etc. (suessonien B).

Le plus grand nombre des espèces décrites par M. Deshayes ont été trouvées dans le calcaire grossier ou les dépôts contemporains. Plusieurs d'entre elles sont très abondantes et connues de tous les paléontologistes. On peut citer en particulier la *N. cepacea*, Lamk (Atlas, pl. LXI, fig. 5), la *N. sigaretina*, Desh. (*Ampullaire*, Desh., Lamk, Atlas, pl. LXI, fig. 6), la *N. patula*, Desh., id., etc.

Quelques-unes enfin caractérisent les dépôts éocènes supérieurs. Telles sont les *N. hybrida*, Desh., *ponderosa*, id., etc.

Outre ces natices décrites dans l'ouvrage de M. Deshayes, il y en a un grand nombre d'autres.

Ainsi dans les terrains nummulitiques, plusieurs espèces ont été décrites (²) par MM. Al. Brongniart (*Ampullaria vulcani*, *perusta*, *cochlearia*, *obesa*, de Ronca dans le Vicentin), Leymerie (*N. longispira*, *brevispira*, *acutella*, etc., de la montagne Noire), Alex. Rouault (*N. Baylei*, de Pau), Bellardi (*N. bicarinata*, de Nice), etc. Les divers dépôts nummulitiques contiennent, en outre, beaucoup d'espèces du bassin de Paris.

Les tertiaires inférieurs de Cuise-la-Motte renferment quelques espèces encore inédites ou incomplétement décrites (³).

Parmi les espèces de l'argile de Londres (⁴), la *N. glaucinoides*, Sow., n'a aucun rapport avec l'espèce du même nom de Deshayes. On peut encore ajouter les *N. Hantoniensis*, Sow. (*N. striata*, Sow., 373), *similis*, Sow., 5, et les

---

(¹) *Coq. foss. Par.*, t. II, p. 135 et 162.

(²) Al. Brongniart, *Vicentin*, pl. 2; Leymerie, *Mém. Soc. géol.*, 2ᵉ série, 1846, t. I, p. 363, pl. 15; Al. Rouault, *id.*, 1850, t. III, pl. 15; Bellardi, id., t. IV, pl. 12, etc. Voyez surtout d'Archiac, *Hist. des progrès de la géol.*, t. III, p. 280.

(³) D'Orbigny, *Prodrome*, t. II, p. 312.

(⁴) Sowerby, *Min. conch.* et *Trans. Lin. Soc.*, 1804, t. VII, pl. 2; d'Orbigny, *Prodrome*, t. II, p. 345.

espèces rapportées au genre Globulus, savoir : les *N. acuta*, Sow., 284, et *ambulacrum*, id.

On connaît plus de soixante espèces de natices des terrains miocènes et pliocènes.

La *N. crassatina*, Deshayes (1), appartient au terrain miocène inférieur du bassin de Paris.

M. Grateloup en a décrit (2) beaucoup, savoir : douze des faluns bleus (miocène inférieur) ou du calcaire inférieur, et treize des faluns jaunes (miocène supérieur).

On en trouvera d'autres dans les ouvrages de Nyst (3) (*N. Sowerbyi*, Nyst, *crassa*, id.), Dujardin (*N. varia*, de Tours), Michelotti (*N. scalaris*, Bellardi et Mich., *N. redempta*, Mich. etc., du terrain miocène du Piémont), Smith (*N. perpusilla*, des bords du Tage), Philippi (*N. dilatata*, de Cassel, etc.

Le crag d'Angleterre a fourni à M. Wood (4) dix espèces, dont trois encore vivantes, trouvées dans le crag supérieur, et sept éteintes dont les *N. proxima*, Wood et *cirriformis*, Sow., sont du crag corallien et les autres du crag supérieur, sauf la *N. varians*, Duj., qui se trouve dans les deux.

La *N. crassa*, Nyst (*patula*, Sow.), a été trouvée dans le crag d'Angleterre, d'Anvers, du Bosc d'Aubigny, etc. (5).

Plusieurs espèces analogues aux vivantes ont été trouvées dans les terrains pliocènes d'Italie (6) (*N. glaucina*, Lin., *millepunctata*, Lamk, *helicina*, Brocchi, *Valenciennesi*, Payr., *olla*, M. de Serres, etc.), outre quelques espèces perdues (*N. plicatula*, Bronn, *umbilicosa*, Bonelli), etc. La *N. millepunctata* est figurée dans l'Atlas, pl. LXI, fig. 7.

Les terrains récents du midi de la France et d'Italie sont dans le même cas.

Il faut ajouter plusieurs espèces des terrains tertiaires étrangers (7).

(1) *Coq. foss. Par.*, t. II, p. 171, pl. 20, fig. 1 et 2.

(2) *Conch. foss. Adour*, I. Voyez les rectifications de M. d'Orbigny, *Prodrome*, t. III, p. 6.

(3) Nyst, *Coq. et pol. foss. Belg.*, p. 438, pl. 37; Dujardin, *Mém. Soc. géol.*, 1837, t. II, pl. 19; Michelotti, *Descr. foss. mioc. Piém.*, p. 155, pl. 6; Philippi, *Tert. Verst. Norddeutsch.*, p. 20, pl. 3, fig. 20; Smith, *Quart. journ. geol. Soc.*, t. III, p. 420.

(4) *Mollusca from the crag* (*Palæont. Soc.*, 1848).

(5) Voyez sur cette espèce, Hébert, *Bull. Soc. géol.*, 2ᵉ série, t. VI, p. 560.

(6) Brocchi, *Conch. subap.*, p. 297, etc.; E. Sismonda, *Synopsis*, p. 50; d'Orbigny, *Prodrome*, p. 168.

(7) Lea, *Descr. new foss. tert.*, pl. 36 et 37; Conrad, *Journ. Acad. Phil.*, t. VI; d'Orbigny, *Voyage*, Paléontologie; Moore, *Quart. journ. geol. Soc.*, t. VI, p. 51; Sowerby dans Darwin, et *Trans. of the geol. Soc.*, t. V, pl. 26, etc.

Les Narica, d'Orbigny, — Atlas, pl. LX, fig. 25,

ont une coquille striée, à ombilic simple et sans encroûtement,
à bouche semi-lunaire, non modifiée par le retour de la spire, et
dont le bord columellaire, dépourvu de callosités, est toujours coupé
carrément. L'animal diffère de celui des natices, parce que son
pied n'est pas relevé sur les côtés ; ce caractère justifie leur
séparation générique, qui ressort moins clairement de la comparaison des coquilles. Les stries du test peuvent bien avoir, comme
caractère, une certaine constance ; mais il est difficile de leur
attribuer une grande importance, et la forme du bord columellaire n'est pas toujours un motif incontestable de séparation, car
il y a parmi les natices tertiaires quelques espèces presque complétement dépourvues de callosité.

Je ne veux point, par là, nier la convenance du genre des
Narica [1], mais j'ai quelques doutes sur la réunion aux espèces
vivantes des espèces crétacées ci-dessous indiquées.

Les narica vivent aujourd'hui dans les mers chaudes, sur les
bancs de coraux. On n'en a jusqu'à présent trouvé de fossiles que
dans l'époque crétacée [2].

M. d'Orbigny a fait connaître une espèce des craies chloritées, la *N. cré-
tacea*, d'Orb., pl. 175.

Il faut y ajouter les *Natica carinata* et *granosa*, Sow., de Blackdown, et la
Narica genevensis, Pictet et Roux, du gault des environs de Genève. (Atlas,
pl. LX, fig. 25.)

Les Sigarets (*Sigaretus*, Adanson, *Cryptostoma*, Blainv.), —
Atlas, pl. LX, fig. 26 et 27,

ont été considérés par quelques auteurs comme appartenant à une
famille toute différente de celle-ci, parce qu'ils ont quelquefois
une bouche si grande, qu'ils se rapprochent des coquilles patel-

[1] Ce genre paraît être imparfaitement distingué de celui des Fossarus,
Philippi ou Fossar (*Phasianema*, Wood) et de celui des Maravignia, Aradas.
Toutefois la seule espèce fossile qui ait été attribuée aux Fossarus, le *F. sulcatus*,
Wood, *Moll. from the crag* (*Palæont. Soc.*, 1848, p. 121, pl. 8), n'a pas la
bouche demi-circulaire des narica, et appartient à un autre type.

[2] D'Orbigny, *Pal. franç., Terr. crét.*, t. II, p. 170, pl. 175 ; Sowerby
dans Fitton, *Trans. of the geol. Soc.*, 1836, t. IV, p. 244, pl. 18, fig. 7 et 8 ;
Pictet et Roux, *Moll. des grès verts*, p. 188, pl. 18, fig. 5.

loïdes. Mais l'étude de l'animal montre qu'ils ont les plus grands rapports avec les natices; ils en diffèrent, parce qu'ils sont plus volumineux et ne peuvent pas rentrer dans la coquille, que leur opercule est rudimentaire, et que leur coquille est moins épaisse, plus déprimée, striée, auriculiforme, à bouche plus grande et non ombiliquée. Ces caractères suffisent pour empêcher d'admettre la réunion proposée des natices et des sigarets.

Ils ont été cités dans les terrains dévoniens et les terrains de Saint-Cassian; mais les espèces décrites sous ce nom ont plutôt les caractères des STOMATIA.

Ces mollusques paraissent n'avoir pas vécu avant l'époque tertiaire, et s'être continués depuis les étages les plus anciens jusqu'aux mers actuelles. Les espèces ont été souvent confondues à tort avec les vivantes, et en particulier avec les S. *haliotoïdeus* et *concavus*, Lamk. Un examen plus approfondi a démontré leur différence.

Le plus ancien est le *Sigaretus Levesquei*, Recluz ([1]), des terrains tertiaires anciens de Cuise-la-Motte.

On trouve dans les terrains tertiaires des environs de Paris ([2]) le S. *clathratus*, Recluz (Atlas, pl. LX, fig. 26), le S. *canaliculatus*, Sow., le S. *lævigatus*, Desh., et le S. *pellucidus*, Desh. ([3]).

M. Grateloup ([4]) a décrit sous le nom de S. *lævigatus* une espèce des faluns bleus de Dax, qui n'est pas le *lævigatus*, Desh. C'est le S. *sublævigatus*, d'Orb.

Le S. *depressus*, Grateloup, provient des faluns jaunes de Dax et de Bordeaux.

([1]) Recluz, *Monogr. des Sigarets*, dans les *Monographies de Chenu*. Nous le citons sur l'autorité de M. d'Orbigny; il est bien figuré et indiqué dans le tableau de Recluz, mais sa description manque.

([2]) Recluz, *id.*; Deshayes, *Coq. foss. Par.*, t. II, p. 183, pl. 23; Sowerby, *Min. conch.*, pl. 584.

([3]) Le *Sigaretus pellucidus*, Desh., à cause de sa coquille mince et fragile, est rapporté par M. Recluz(*loc. cit.*, p. 3) au genre CONOCELLA, Blainv., 1824, qui est le même que celui des MARSENIA, Leach, 1820 (*Cryptothyra*, Menke, *Chelinotus*, Swainson). A l'état vivant, ce genre a une coquille cartilagineuse, mince et fragile, et les formes des sigarets. La *Cor. perspicua* (*Helix perspicua*, Lin.) est placée par M. Philippi, *Enum. moll. Sic.*, I, p. 142, dans le même genre. Elle est vivante sur les côtes de Sicile et fossile dans les terrains quaternaires du même pays. La *Marsenia tentaculata*, Montagu, vivante sur les côtes d'Angleterre et fossile dans le crag corallien de Sutton (Wood, *Moll. from the crag*, p. 150, pl. 15), appartient au même type.

([4]) *Conch. foss. Adour*, I, suppl.

Les *S. sulcatus*, Recluz, id., *turonicus*, id., et *Gratelupianus*, id., viennent des faluns de Touraine et de Bordeaux. Le *S. turonicus* est figuré dans l'Atlas, pl. LX, fig. 27.

Le *S. globosus*, Recluz, id., est d'une localité de France inconnue.

Le *S. elegans* (*Cryptostoma elegans*, Phil. [1], *Sigaretus subelegans*, d'Orb.) a été trouvé en Allemagne.

Le *S. affinis*, Eichwald (*S. haliotoideus*, Dubois), provient des terrains miocènes d'Allemagne.

Le *S. striatus*, M. de Serres [2], se trouve dans les terrains tertiaires du Languedoc.

Le *S. Deshayesanus*, Recluz, a été trouvé dans les terrains subapennins de Morée, et le *S. italicus*, Recluz, dans les gisements analogues du Piémont. Je doute qu'ils aient été comparés avec le *S. haliotoideus*, Sism. (*S. sub-haliotoideus*, d'Orb.).

Le *S. excavatus*, Wood [3], a été trouvé dans le crag corallien de Sutton.

On cite [4] dans les terrains tertiaires éocènes des États-Unis, les *S. bilix*, Conrad, *arcuatus*, id., et *declivis*, id., et dans les tertiaires miocènes de Virginie les *S. apertus*, Lea, et *fragilis*, Conrad.

Les Deshayesia, Raulin (*Naticella*, Grateloup), — Atlas, pl. LX, fig. 28,

ont les formes et les caractères des natices avec des dents sur le bord columellaire, comme les nérites.

On ne connaît que deux espèces de ce genre, qui ne vit plus aujourd'hui. Elles appartiennent toutes les deux à l'époque tertiaire miocène.

M. Raulin a décrit [5] la *D. parisiensis*, qui appartient au terrain miocène inférieur des environs d'Étampes.

M. Grateloup a fait connaître [6] la *D. neritoides* (*Naticella neritoides*, Grat.), des faluns bleus (miocène inférieur) de Dax, etc. (Atlas, pl. LX, fig. 28.)

Les Vélutines (*Velutina*, Gray, *Galericulum*, Brown), — Atlas, pl. LXI, fig. 8,

ont les formes des sigarets, mais elles sont plus comprimées ; leur coquille est entourée d'un épiderme épais, et elles manquent

---

[1] *Tert. Verst. Norddeutsch.*, p. 20, pl. 3.
[2] *Géogn. terr. tert.*, p. 127.
[3] *Mollusca from the crag* (*Palæont. Soc.*, 1848, p. 150).
[4] Conrad, *Journ. Acad. Phil.*; Lea, *Descr. new. foss. tert.*
[5] Raulin, *Mag. de zoologie* de Guérin, 1844, pl. 3.
[6] Grateloup, *Conch. foss. Adour*, I, et *Bull. Soc. Bord.*, t. II, p. 8.

d'opercule. Elles paraissent faire une transition entre les sigarets et les cabochons.

On n'en connaît qu'un petit nombre d'espèces fossiles des terrains récents. Les vivantes sont marines.

M. Wood [1] a trouvé dans le crag corallien la *V. cirgata*, Wood, espèce perdue (Atlas, pl. LXI, fig. 8), et dans le crag supérieur, les *V. lævigata*, Lin., et *undata*, Smith, encore vivantes sur les côtes de la Grande-Bretagne.

7ᵉ Famille. — NÉRITIDES.

Les néritides ont une coquille épaisse, globuleuse ou déprimée, à spire très courte, quelquefois cachée. La bouche est semi-lunaire, très épaisse ; ses bords sont encroûtés et souvent prolongés sur la columelle, et pourvus de dents. L'opercule est pierreux.

Cette famille est très voisine de la précédente. Leur séparation est surtout motivée par les formes de l'animal, qui, dans les néritides, est plus petit, n'a pas ce grand pied dilaté qui recouvre une partie du test, et a la tête découverte. Les coquilles ont beaucoup d'analogie.

Ces mollusques vivent aujourd'hui dans les eaux douces et salées. On en a trouvé des fossiles dans un grand nombre de terrains ; ils paraissent cependant manquer tout à fait à l'époque primaire. Les trois genres que nous connaissons à l'état fossile ont tous des représentants dans chacune des époques suivantes.

Les Nérites (*Nerita*, Lin.), — Atlas, pl. LXI, fig. 9 à 16,

sont caractérisées par une coquille semi-globuleuse, déprimée en dessous, non ombiliquée, à bouche semi-circulaire, à bord columellaire aplati et pourvu ou non de dents ou de crénelures. L'opercule est pierreux, muni d'une apophyse latérale.

On voit, par cette caractéristique, que nous leur réunissons les Néritines (*Neritina*, Lin.). Les animaux sont entièrement semblables, et les coquilles ne diffèrent que par la columelle, qui est lisse et dépourvue de dents chez les néritines, et dentée chez les vraies nérites. On remarque même quelquefois chez les premières une légère denticulation, qui prouve le peu d'importance de ce caractère.

[1] *Moll. from the crag* (*Palæont. Soc.*, 1848, p. 151, pl. 19).

Il faut aussi leur réunir les PELORONTA, Oken, genre formé pour la *N. peloronta*, Lin, et les NERIDOMUS, Morris et Lycett, dont le bord columellaire est convexe.

Lorsqu'on a séparé les nérites des néritines, on croyait ces dernières exclusivement fluviatiles; mais on a reconnu depuis que plusieurs d'entre elles vivent dans les eaux saumâtres, et même dans la mer. Cette circonstance est un motif de plus de réduire à sa juste valeur cette distinction tout artificielle.

On trouve surtout les nérites dans les régions chaudes. Les marines vivent au niveau des basses marées et se fixent aux rochers. On les trouve fossiles depuis le lias, dans la plupart des terrains; elles se continuent peu nombreuses jusqu'à l'époque moderne, où elles paraissent à leur maximum de développement.

Quelques espèces ont cependant été citées dans les terrains plus anciens que le lias; mais elles ont dû être transportées dans les genres CAPULUS (*Nerita haliotis*, Sow., du silurien), TURBO (*N. venusta*, Münster, *semistriata*, id., du dévonien), et NATICA (*N. spirata*, Sow., etc., du terrain carbonifère; *N. alpina*, Klipst., de Saint-Cassian, etc.).

On n'en connaît même qu'une seule espèce dans le lias.

C'est [1] la *N. liasina*, d'Orb. (*Neritina liasina*, Dunker), du lias d'Halberstadt, dans lequel nous avons déjà signalé des mollusques d'eau douce mêlés avec des mollusques marins.

Les espèces se continuent dans la grande oolithe et l'oolithe inférieure.

M. Lycett [2] cite dans l'oolithe inférieure du Gloucestershire les *N. cassidiformis* et *lineata*, qui sont nouvelles.

La *N. costata*, Phill. [3] non Gmelin (*N. subcostata*, d'Orb.), a été trouvée dans l'oolithe inférieure du Somersetshire et la grande oolithe du Yorkshire.

La *N. Gea*, d'Orb. [4], caractérise la grande oolithe du Pas-de-Calais.

Les *N. minuta*, Sow. (Atlas, pl. LXI, fig. 9) (*Cooksonii*, Desh.), et *costulata*, Desh. (*costata*, Sow.), se trouvent dans la grande oolithe de France et d'Angleterre [5].

---

[1] Dunker, *Palæontographica*, I, p. 110, pl. 13, fig. 13 à 16.

[2] *Ann. and mag. of nat. hist.*, 2ᵉ série, t. VI, p. 416.

[3] *Geol. of Yorkshire*, p. 129, pl. 11, fig. 32.

[4] *Pal. franç.*, *Terr. jur.*, t. II, p. 232, pl. 302.

[5] Sowerby, *Min. conch.*, pl. 463; Deshayes dans Lamarck, *Histoire na-*

Il faut ajouter (1) les *N. cancellata*, Morris et Lycett, *rugosa*, id., etc., de la grande oolithe de Minchinhampton.

Elles ne sont pas abondantes dans les terrains oxfordiens.

M. Buvignier a décrit (2) deux espèces, *N. acuta* (Atlas, pl. LXI, fig. 10) et *bisinuata*, de Neuvizi (Ardennes). La seconde doit être transportée dans le genre *Neritoma*.

Elles augmentent de nombre dans les terrains coralliens.

M. Buvignier (3) en a également fait connaître sept espèces : la *N. palæochroma*, Buv., de Verdun ; la *N. sigaretina*, id., de Saint-Mihiel ; la *N. nais*, id. ; la *N. warrensis*, id., etc.

M. Roemer a fait connaître (4), outre la *N. pulla*, de Hoheggeisen, la *N. ovata*, de Lindner Berge.

La *N. costellata*, Münster (5), est une jolie espèce de Nattheim.

Il faut ajouter les *N. corallina* et *Moxæ*, de Saint-Mihiel, etc., décrites (6) par M. d'Orbigny.

Les terrains jurassiques supérieurs en renferment peu.

La *N. jurensis*, Münster (7), me paraît être une *Stomatia*.

Sowerby a décrit (8) la *N. sinuosa*, Sow., du portlandien d'Angleterre.

La *N. angulata*, Swindon, Sow., est une *Neritoma*.

La *Neritina Fittoni*, Sow. (9), a été trouvée dans le terrain wealdien d'Angleterre.

La *N. pulchella*, Buvignier (10), provient du calcaire à astartes.

Les nérites ne paraissent pas avoir été nombreuses pendant l'époque crétacée.

On n'en cite qu'une seule des terrains néocomiens.

turelle *des animaux sans vertèbres*, 2e édition, t. VIII, p. 617 ; Deslongchamps, *Mém. Soc. linn. Norm.*, t. VII, p. 133, pl. 10.

(1) Morris et Lycett, *Moll. from the great ool. (Palæont. Soc.*, p. 56, pl. 11).

(2) *Mém. Soc. phil. Verdun*, t. II, p. 17, pl. 3 ; d'Orb. *Pal. franç.*, *Terr. jur.*, t. II, p. 233, pl. 302.

(3) Buvignier, *loc. cit.*, et *Statistique géol.* de la Meuse, p. 30 ; d'Orbigny, id., p. 235, pl. 302 et 303.

(4) *Norddeutsch Oolithgeb.*, p. 155, pl. 10.

(5) Goldfuss, *Petref. Germ.*, t. III, p. 115, pl. 198, fig. 21.

(6) *Pal. franç.*, *Terr. jur.*, t. II, p. 237, pl. 303.

(7) Roemer, *loc. cit.*

(8) *Min. conch.*, pl. 217.

(9) Dans Fitton, *Trans. geol. Soc.*, t. IV, p. 178, pl. 22.

(10) *Statist. géol.* de la Meuse, p. 30.

C'est la *Nerita mammæformis*, d'Orbigny [1] (*Trochus mammæformis*, Renaux), d'Orgon.

Les autres appartiennent aux terrains crétacés supérieurs.

M. d'Orbigny [2] rapporte à ce genre la *Natica nodosocosta*, Reuss, et la *Nerita plebeia*, id., de l'hippuritenkalk, de Bohême, et indique deux espèces nouvelles, les *N. ornatissima*, et *Beourgeoisiana*, du terrain turonien de France.

La *Nerita Goldfussi*, Keferstein [3], provient des terrains crétacés supérieurs des environs de Vienne.

La *N. Betzii*, Nilson, a été trouvée à Maestricht.

Je ne puis pas admettre l'opinion de M. d'Orbigny, qui transporte dans ce genre le *Pileopsis ornata*, Münster [4], d'Appenzell. Je crois que c'est une valve de caprotine ou de diceras.

On peut ajouter quelques espèces [5] des terrains crétacés supérieurs de Pondichéry.

Les nérites ont pris un plus grand développement pendant l'époque tertiaire.

On en trouve dès les dépôts les plus inférieurs.

M. Melleville a décrit [6] les *Neritina ornata* et *vicina*, Mell., des sables tertiaires inférieurs de Chalons-sur-Vesle.

M. Matheron a fait connaître [7] la *Neritina Brongniartiana* des lignites de Provence.

M. Brongniart [8] a décrit quelques nérites des terrains nummulitiques du Vicentin (*N. Acherontis*, *N. Caronis*). La *N. Schomidelliana*, citée ci-dessous, s'y retrouve aussi.

Les espèces du bassin de Paris ont été surtout décrites par Férussac, par Lamarck et par M. Deshayes [9].

Les terrains inférieurs de Cuise-la-Motte, etc. (suessonien), renferment les

[1] D'Orbigny, *Prodrome*, t. II, p. 404.

[2] D'Orbigny, id., p. 192 ; Reuss, *Boehm. Kreidef.*, II, p. 112, pl. 44.

[3] Goldfuss, *Petref. Germ.*, t. III, p. 115, pl. 198, fig. 20.

[4] Goldfuss, *Petref. Germ.*, t. III, p. 12, pl. 168, fig. 13.

[5] D'Orbigny, *Astrolabe*, pl. 4 ; Forbes, *Trans. geol. Soc.*, t. VII, p. 121.

[6] *Mém. sabl. tert.* (*Ann. sc. géol.*, 1843, p. 50, pl. 6).

[7] *Catal. corps org.*, dans *Trav. Soc. statist. Marseille*, t. VI, p. 298, pl. 38, fig. 4 et 5.

[8] *Mém. terr. Vicentin*, p. 60, pl. 2.

[9] Férussac, *Hist. nat. des moll.* ; Lamarck, *Ann. du Mus.*, t. V ; Defrance, *Dict. sc. nat.*, t. XXXIV ; Deshayes, *Coq. foss. Par.*, t. II, p. 147, pl. 18, 19, 25.

N. consobrina, Fér. (Atlas, pl. LXI, fig. 12), *globulus*, Défr., *nucleus*, Desh., *pisiformis*, id., *zonaria*, id., etc.

L'espèce la plus remarquable de cette époque est la *N. Schmidelliana*, Chemnitz (*N. perversa*, Gmelin, *conoidea*, Lamk., *grandis*, Sow.), dont la face buccale est plate et séparée par une arête tranchante d'une spire conique à tours presque confondus (Atlas, pl. LXI, fig. 11). C'est le type du genre VELATES, Montfort.

Le calcaire grossier a fourni les *Nerita mammaria*, Lamk., *granulosa*, Desh. (Atlas, pl. LXI, fig. 13), *tricarinata*, Lamk. (id., fig. 14), et les *Neritina lineolata*, Desh., *elegans*, id., etc.

Les terrains éocènes supérieurs de Valmondois renferment les *N. angistoma*, Desh., outre la *N. granulosa*, ci-dessus indiquée.

Parmi les espèces d'Angleterre, on peut citer ([1]) la *Nerita globosa*, Sow., de l'argile de Londres, la *N. aperta*, Sow., des formations éocènes supérieures de l'Ile de Wight, et la *Neritina concava*, id., du même gisement.

Les terrains miocènes sont extrêmement riches en nérites.

La *Neritina Duchastelii*, Desh. ([2]), provient des grès miocènes du bassin de Paris.

La *Neritina aquensis*, Matheron ([3]), caractérise les gypses d'Aix.

M. Nyst ([4]) a décrit sous le nom de *N. concava* une espèce qui paraît assimilée à tort à la *concava*, Sow. C'est la *subconcava*, d'Orb.

Les espèces des terrains miocènes supérieurs ont été décrites ([5]) par MM. Basterot et Grateloup (dix-sept espèces, dont plusieurs nouvelles et quelques-unes assimilées à tort à des vivantes), Dujardin (*N. asperata*, *funata*, etc., des faluns de la Touraine), Matheron (plusieurs espèces de la mollasse coquillière du midi de la France), Bellardi et Michelotti (cinq espèces de nérites dont les *N. gigantea*, *Bisingeri* et *Morellii*, nouvelles), Dunker (une espèce de la mollasse de Gunsburg, associée, ce me semble, à tort, à la *N. fluviatilis*), Thomæ (*Neritina gregaria*, Atlas, pl. LXI, fig. 15, et *Nerita Rhenana*, id., fig. 16, du terrain miocène de Wiesbaden), etc.

Les NERITOMA, Morris ([6]), — Atlas, pl. LXI, fig. 17,

différent des nérites par une faible carène ou une dépression qui

[1] Sowerby, *Min. conch.*, pl. 424 et 385.

[2] *Coq. foss. Par.*, t. II, p. 154, pl. 17.

[3] *Cat. corps org.*, dans *Trac. Soc. statist. Marseille*, p. 298, pl. 38.

[4] *Coq. et pol. foss. Belg.*, p. 436, pl. 37.

[5] Basterot, *Coq. foss. Bord.*; Grateloup, *Conch. foss. Adour*; Dujardin, *Mém. Soc. géol.*, t. II, p. 286; Matheron, *Catalogue*, etc., p. 299; Bellardi et Michelotti, *Saggio orittog.*, p. 73; Michelotti, *Descr. foss. Ital. sept.*, p. 153, etc.; Dunker, *Palæontographica*, t. I, p. 160; Thomæ, *Foss. conch.*, *Wiesb.*, p. 160, pl. 3.

[6] *Quart. journ. geol. Soc.*, 1849, t. V, p. 334.

suit le milieu du dernier tour, et qui se termine par une échancrure en arrivant sur le bord du labre. Ce dernier a aussi une petite sinuosité antérieure et un canal postérieur. Le bord columellaire est dépourvu de dents.

M. Buvignier avait déjà pressenti la convenance de former un genre particulier de la *N. bisinuata*, et M. d'Orbigny en avait contesté la valeur, en se fondant sur la petitesse du sinus et sur son absence dans le jeune âge. Le fait, que cette organisation se retrouve dans une autre espèce, me semble lui donner une certaine importance.

M. Morris comprend dans ce genre deux espèces du terrain jurassique [1]. Ce sont la *Nerita bisinuata*, Buvignier, du terrain oxfordien des Ardennes, et la *Nerita angulata*, Sow., du terrain portlandien d'Angleterre. Cette dernière est figurée dans l'Atlas.

Les NÉRITOPSIS, Sow., — Atlas, pl. LXI, fig. 18 et 19,

ont une coquille analogue à celle des nérites, mais elles en diffèrent par leur bord columellaire, qui est échancré et non aplati ; il ne porte pas de dents (pl. IV, fig. 9). Les espèces actuelles, peu nombreuses, vivent dans la mer.

On peut probablement rapporter à ce genre un certain nombre d'espèces fossiles répandues dans la plupart des terrains, depuis le commencement de l'époque secondaire, sans être abondante dans aucun.

Les espèces les plus anciennes appartiennent à l'époque triasique.

La *Nerita cancellata*, Zieten [2], du muschelkalk, appartient en effet probablement à ce genre.

Quelques espèces de Saint-Cassian semblent intermédiaires par leurs formes entre les natices et les néritopsis. Le comte de Münster et M. Klipstein les ont en général décrites sous le nom de NATICELLA [3]. Il me paraît difficile de les répartir entre ces deux genres par la seule vue des figures,

[1] Morris, *id.*; Buvignier, *Mém. Soc. phil. Verdun*, t. II, p. 18; *Géol. des Ardennes*, p. 534; d'Orbigny, *Pal. franç., Terr. jur.*, t. II, p. 233; Sowerby, *Trans. of the geol. Soc.*, 1836, t. IV, p. 23, fig. 2.

[2] *Pétrif. Wurtemb.*, p. 44, pl. 32, fig. 9.

[3] Münster, *Beitr. zur Petref.*, t. IV, p. 100, pl. 10; Klipstein, *Geol. der oestl. Alpen*, p. 197, pl. 13 et 14.

M. d'Orbigny n'admet parmi elles qu'une néritopsis, la *Naticella pyrulæformis*, Klipst. Je serais disposé à en ajouter plusieurs autres, telles que les *Naticella cincta*, Klipst., *costata*, Münster, etc.

On en connaît quelques espèces des terrains jurassiques.

M. d'Orbigny a décrit [1] la *N. Hebertiana*, d'Orb., du lias moyen du Calvados.

La *N. Philœa*, id., du lias supérieur de Sémur. (Atlas, pl. LXI, fig. 18.)

La *N. bajocensis*, d'Orb., de l'oolithe inférieure du Calvados.

La *N. tricostata*, d'Orb., et la *N. Bangeriana*, id., de l'oolithe inférieure de Niort.

La *N. inæqualicostata*, d'Orb., du terrain kellowien de la Sarthe.

La *N. Moreausiana*, d'Orb., et la *N. decussata*, id. (*Natica decussata*, Münster), de l'étage corallien de Saint-Mihiel.

La *N. Cottaldina*, d'Orb., du terrain corallien de l'Yonne.

La *N. delphinula*, d'Orb., du terrain kimméridgien de Saint-Jean-d'Angely.

M. Buvignier [2] a décrit la *N. corallensis*, du corallien de Saint-Mihiel, et la *N. Beaumontiana*, des argiles de Kimmeridge.

Il faut ajouter quelques espèces de la grande oolithe d'Angleterre [3] (*N. striata*, Morris et Lycett, *N. sulcosa*, id. (*Nerita sulcosa*, d'Archiac?), *N. varicosa*, Morris et Lycett).

Le nom de *sulcosa* doit rester à une autre espèce du corallien, décrite par Zieten [4].

Elles se continuent pendant l'époque crétacée, en restant rares dans chaque terrain.

C'est encore à M. d'Orbigny [5] que l'on doit la connaissance de la plupart des espèces. Il cite :

Les *N. Robineausiana* et *Mariæ*, d'Orb., dans le terrain néocomien inférieur de Saint-Sauveur et de Fontenoy.

Deux espèces inédites dans le terrain néocomien supérieur d'Escragnolles.

La *N. varusensis*, d'Orb., inédite, du gault de Clar.

Les *N. ornata* et *pulchella*, d'Orb., du terrain cénomanien, la première de Rouen, la seconde du Mans.

La *N. Renauxiana*, d'Orb., d'Uchaux.

La *N. lævigata*, d'Orb., de la craie supérieure de Royan.

Il faut ajouter la *Nerita costulata*, Roemer [6], du placer d'Allemagne.

[1] *Pal. franç., Terr. jur.*, t. II, p. 221, pl. 300 et 301.

[2] *Statist. géol. de la Meuse*, p. 31.

[3] Morris et Lycett, *Moll. from the great ool.* (*Palæont. Soc.*, 1850, p. 59 et 106, pl. 11 et 13).

[4] *Petrif. Wurtemb.*, p. 44, pl. 32, fig. 10.

[5] *Pal. franç., Terr. crét.*, t. II, p. 174, pl. 176 et 177 bis; *Prodrome*, t. II, p. 69, 104, 129, 150, etc.

[6] *Norddeutsch. Kreideg.*, p. 82, pl. 12.

On n'a jusqu'à présent indiqué qu'une seule néritopsis dans les terrains tertiaires. Peut-être faudra-t-il y ajouter quelques-unes de celles qui ont été décrites sous le nom de néritines.

Cette espèce est la *Neritopsis moniliformis*, Grateloup [1], des faluns jaunes de Dax. (Atlas, pl. LXI, fig. 19.)

Les Pileolus, Sow., — Atlas, pl. LXI, fig. 20 à 22,

sont encore des coquilles très voisines des nérites. Leur spire n'est pas apparente. Elles forment un bouclier ou cône déprimé, fortement élargi sur les bords, et souvent anguleux. La bouche est semi-lunaire et occupe la moitié de la partie inférieure ; les bords en sont larges et forment des lames très étendues ; le bord columellaire épaissi couvre l'autre moitié inférieure de la coquille.

Les pileolus, qui n'existent plus de nos jours, se lient avec les nérites par la *Nerita conoidea*, qui a, en partie, les mêmes formes, et unissent d'une manière remarquable ce genre avec celui des Navicelles (*Navicella*, Lamk, *Septaria*, Férussac, *Cimber*, Montf.), qui n'a pas de représentant fossile.

On trouve les pileolus dans les terrains jurassiques, crétacés et tertiaires [2]. Ils sont peu nombreux.

On cite dans la grande oolithe d'Angleterre [3] les *Pileolus lævis*, Sow. (Atlas, pl. LXI, fig. 20), et *plicatus*, id. La première de ces espèces a aussi été trouvée en France par M. Eudes Deslongchamps.

Les *P. costatus*, d'Orb., *radiatus*, id. (Atlas, pl. LXI, fig. 21), et *Moreanus*, id. [4], proviennent du terrain corallien de Saint-Mihiel, ainsi que cinq espèces nouvelles décrites par M. Buvignier [5].

Le *P. cretaceus*, d'Orb. [6], provient du terrain cénomanien de la Sarthe.

Le *P. neritoides*, Desh. [7], a été trouvé dans le calcaire grossier de Parnes, Mouchy, etc. (Atlas, pl. LXI, fig. 22.)

[1] *Conch. foss. de l'Adour*, 1.

[2] Je ne crois pas devoir remonter plus haut, malgré le *Pileolus dexter*, Richter, *Pal. de la Thuringe*, p. 37, du terrain dévonien, car le moule qui est figuré paraît bien incertain.

[3] Sowerby, *Min. conch.*, pl. 342 ; Deslongchamps, *Mém. Soc. linn. Norm.*, t. VII, pl. 10 ; Morris et Lycett, *Moll. from. the great ool.* (*Palæont. Soc.*, 1850, p. 59).

[4] D'Orbigny, *Pal. franç.*, *Terr. jur.*, t. II, p. 241, pl. 304.

[5] *Statist. géol. de la Meuse*, Paris, 1852, p. 31.

[6] *Prodrome*, t. II, p. 150.

[7] *Coq. foss. Par.*, pl. 17, fig. 17 et 18.

8ᵉ Famille. — TROCHIDES.

Les trochides sont difficiles à caractériser clairement par leur coquille, qui ressemble souvent à celle de plusieurs des familles précédentes. Elle est turbinée, en spire médiocre ou courte, ombiliquée ou non, et à bouche tantôt ronde, tantôt modifiée par l'avant-dernier tour. Elle est fermée par un opercule corné ou calcaire, spiral ou à éléments latéraux.

On peut, en général, mais pas dans tous les cas, distinguer cette famille de celle des néritides et des naticides, parce que la bouche est plus petite par rapport à l'ensemble de la coquille, et parce que les premiers tours de spire sont plus grands en comparaison du dernier. La brièveté de la spire, et la forme arrondie de la coquille l'éloignent de la plupart des pyramidellides. Le test, épais, solide et ordinairement nacré à l'intérieur, peut, dans beaucoup de cas aussi, servir à les caractériser, en particulier à les distinguer des littorines.

Le principal caractère qui justifie la séparation des trochides des autres gastéropodes, est la forme de l'animal, qui se distingue par des filets situés à la partie supérieure du pied.

Les genres de cette famille se lient les uns aux autres par d'insensibles transitions, et leur distinction n'est pas toujours justifiée par des caractères bien précis. Toutefois, comme le nombre des espèces est très considérable, et que les genres sont commodes en pratique, la plupart des naturalistes les ont conservés, tout en reconnaissant le peu de valeur de quelques-uns d'entre eux.

Les trochides ont apparu dès les temps les plus anciens du globe, et l'on en retrouve plusieurs espèces dans les faunes de l'époque primaire. Leurs formes à cette époque, tout en présentant quelques caractères spéciaux, n'ont pas été très différentes de celles des espèces actuelles, et cette famille fournit une de ces preuves nombreuses du peu de différence qu'il y a eu probablement entre les mers anciennes et les mers modernes, sous le point de vue de leur température et de leur nature.

On peut considérer cette famille comme une des plus stationnaires pendant les diverses époques géologiques. Elle a été, dans tous les terrains, représentée d'une manière presque constante, soit sous le point de vue des genres, soit sous celui des espèces, elle ne présente ni augmentation graduelle ni diminution bien marquée.

Cinq genres, sur une douzaine qui composent la famille, ont existé à toutes les époques des la période primaire, et se retrouvent dans les mers actuelles. Cette proportion est considérable.

Deux genres (*Serpularia* et *Scalites*) sont spéciaux à l'époque primaire.

Un (*Helicocryptus*) n'a été trouvé que dans les terrains jurassiques et crétacés.

Les *Bifrontia* caractérisent l'époque tertiaire.

Les *Solarium* et les *Delphinula* datent de l'époque jurassique, et se retrouvent jusque dans les mers actuelles.

Les *Phorus* datent de la fin de l'époque crétacée et vivent aussi dans nos mers.

Les Turbos (*Turbo*, Lin.), nommés aussi les *Sabots*, — Atlas, pl. LXI, fig. 23 à 27,

ont une coquille épaisse, généralement globuleuse ou ovoïde, à spire saillante, à bouche entière, arrondie, rarement modifiée par l'avant-dernier tour, à bords désunis. L'opercule est ordinairement pierreux; les tours de spire sont plus arrondis que dans les troques.

J'ai dit plus haut que tous les genres de la famille des trochides se ressemblent beaucoup entre eux, et qu'il y a souvent de l'incertitude pour les limites qui les séparent; on reconnaîtra cependant en général les turbos à leur bouche ronde et simple, et à leurs tours de spire arrondis. Ils sont moins allongés que les phasianelles, n'ont pas le bourrelet des dauphinules; leur forme n'est pas conique comme chez les trochus; leur ombilic fermé, ou très peu ouvert, empêche de les confondre avec les solarium, les straparolus, etc.

Nous réunissons à ce genre les Bolme, ou Bolma, Risso (1), groupe qui correspond au *T. rugosus*, Lin., et provisoirement au moins les Tuba, Lea (*Meteogris*, Conrad non Lin.), genre douteux et imparfaitement connu. Les Scoliostoma, Max. Braun, ont une bouche très fortement déviée, rappelant celle des strophostoma, et méritent probablement de constituer un genre distinct.

(1) Risso, *Europ. mér.*, t. IV, p. 117; Lea, *Contrib. to geology*, pl. IV, fig. 117 à 199; Max. Braun, *Leonh. und Bronn neues Jahrb.*, 1838, p. 297.

Ces mollusques ont apparu dans les âges les plus anciens du globe et se trouvent dans tous les terrains. C'est un des genres dont la durée a été la plus constante. Ils sont remarquables aujourd'hui par le nombre, la grande taille et la belle coloration de plusieurs espèces des mers chaudes, qui vivent collées aux rochers, au niveau des basses marées ou un peu au-dessous, et sont tout à fait herbivores.

On connaît quelques turbos des terrains siluriens.

M. Sowerby [1] en a décrit deux espèces des grès de Caradoc (silurien inférieur), le *T. Pryceæ*, Sow., et la *Littorina striatella*, id., et quelques autres des roches de Ludlow (silurien supérieur, telles que les *T. corallii*, Sow., *carinatus*, id. non Born. (*T. octavia*, d'Orb.), *circinatus*, id., et l'*Euomp. funatus*, id., qui est aussi turbo (Atlas, pl. LXI, fig. 23), ainsi que l'*E. sculptus*, id. (*Turbo momus*, d'Orb.).

M. M'Coy [2] a décrit le *T. crebristria*, des grès de Caradoc.

Quelques espèces des terrains siluriens supérieurs de Suède ont été décrites [3] par Wahlenberg, Hisinger, etc. (*T. striatus*, His., ou *Leda*, d'Orb., *T. bicarinatus*, Wahl., *T. cornu arietis*, His.).

Il faut ajouter plusieurs espèces des terrains siluriens supérieurs et inférieurs des États-Unis [4].

M. Hall a formé avec quelques-unes d'entre elles le genre *Holopea*, qui me paraît motivé plutôt sur le fait de son antiquité que sur des caractères précis.

Ils augmentent de nombre dans les terrains dévoniens.

Les espèces du bassin du Rhin et des régions voisines sont nombreuses. Elles ont été décrites par Goldfuss [5] (onze sous le nom de *Turbo*, auxquelles il faut ajouter quelques-uns de ses trochus), Roemer (huit espèces du Harz), d'Archiac et Verneuil (deux espèces sous le nom de *Natica*), le comte de Münster (quatre turbo d'Elbersreuth, auxquels il faut ajouter, suivant M. d'Orbigny, les *Nerita semistriata* et *venesta*, et la *Scalaria antiqua* du même gisement). Le *Turbo Wurmii*, Roemer, du Harz, est figuré dans l'Atlas, pl. LXI, fig. 24.

Les espèces paraissent moins nombreuses en Angleterre; elles ont été

[1] Murchison, *Sil. syst.*, pl. 5, 12, 13, 19 et 21.

[2] *Ann. and mag. of nat. hist.*, 2ᵉ série, 1851, t. VII, p. 46.

[3] Wahlenberg, *Act. Suec.*; Hisinger, *Lethæa Suecica*, pl. 11 et 12, etc.

[4] Hall, *Pal. of New-York*, t. I, pl. 3, 37, etc.; d'Orbigny, *Prodrome*, t. I, p. 6 et 30.

[5] Goldfuss, *Petref. Germ.*, t. III, p. 80, pl. 192; Roemer, *Harzgebirge*, p. 29, pl. 7 et 8, et *Palæontographica*, t. III, p. 26; d'Archiac et Verneuil, *Trans. of the geol. Soc.*, 2ᵉ série, t. VI, p. 366, pl. 34; Münster, *Beitr. sur Petref.*, t. III, p. 89 et 83, pl. 15.

décrites par Sowerby (¹) (*T. Williamsi, cirriformis, subangulatus*, etc.), et Phillips (*Natica meridionalis*, Phillips).

Il faut ajouter le *Turbo Zitteli*, Keyserling (²), du terrain dévonien de Russie.

Les espèces se continuent dans les terrains carbonifères.

Les plus anciennement connues sont celles d'Angleterre (³), et en particulier le *Turbo tiara*, Sow., et quelques espèces décrites par M. Phillips.

M. de Koninck (⁴) a étudié les espèces des terrains carbonifères de Belgique (*T. pygmæus, cryptogamus, Haningi anianus* et *deornatus*). Il faut, suivant M. d'Orbigny, transporter dans ce même genre la *Natica lyrata*, l'*Ampullaria tabulata*, et quelques littorines du même auteur.

On peut, suivant M. d'Orbigny (⁵), ajouter la *Natica Mariæ*, Verneuil, du terrain carbonifère de Russie, et la *Lacuna antiqua*, M'Coy, d'Irlande.

Quelques turbos ont été trouvés dans les terrains permiens. Ils sont de petite taille.

Le *Turbo Meyeri*, Münster (⁶) (*Trochus helicinus*, Geinitz, *Trochilites helicinus*, Schlot.), provient du zechstein de Glücksbrunn.

Le *Trochus pusillus*, Geinitz (⁷), qui appartient aussi au zechstein, paraît être également un turbo. C'est une petite espèce lisse et douteuse du diamètre de 3 millimètres.

M. King (⁸) en a décrit cinq espèces des terrains permiens d'Angleterre, parmi lesquelles le *T. helicinus*, et trois (ou quatre?) nouvelles.

Les turbos se trouvent également dans tous les terrains de l'époque secondaire, et cela dès les plus anciens.

Goldfuss (⁹) en figure quelques espèces du muschelkalk, les *Turbo helicites*, Münster, *gregarius*, Schl., et *Haumanni*, Goldf. Son *Turbo Menkei* est trop allongé pour rester dans ce genre.

(¹) Sowerby dans Murchison, *Sil. syst.*, pl. 3, et *Trans. of the geol. Soc.*, 2ᵉ série, t. V, pl. 57 ; Phillips, *Geol. of Yorkshire*, pl. 36.

(²) *Petschora Land*, p. 267, pl. 11, fig. 12.

(³) Sowerby, *Min. conch.*, pl. 522 et 551 ; Phillips, *Geol. of Yorkshire*, pl. 13, etc.

(⁴) *Descr. anim. foss. carb. Belg.*, p. 451, pl. 40.

(⁵) Murchison et Verneuil, *Pal. de la Russie*, p. 332, pl. 27, fig. 12 ; M'Coy, *Synopsis of Ireland*, p. 32, pl. 5, fig. 24 ; d'Orbigny, *Prodrome*, t. I, p. 121.

(⁶) Goldfuss, *Petref. Germ.*, t. III, p. 92, pl. 192, fig. 14.

(⁷) *Zechsteingeb.*, p. 7, pl. 3, fig. 14 et 15.

(⁸) *Permian fossils* (*Palæont. Soc.*, 1848, p. 204, pl. 16).

(⁹) *Petref. Germ.*, t. III, p. 93, pl. 193.

Le *Trochus Albertinus*, Zieten [1], est un turbo. Il provient aussi du muschelkalk.

On en a décrit plusieurs des schistes de Saint-Cassian [2] ; on trouvera la description de vingt et une espèces dans le mémoire du comte de Münster et la description de douze autres dans l'ouvrage de M. Klipstein. Il faut, suivant M. d'Orbigny, et ainsi que je l'ai dit plus haut, ajouter plusieurs espèces qui ont été décrites par ces deux paléontologistes sous les noms de *Naticella*, *Pleurotomaria*, *Trochus*, etc.

Les turbos sont fréquents dans le lias.

On trouvera la description d'un grand nombre d'espèces dans la *Paléontologie française* de M. d'Orbigny [3].

MM. Kock et Dunker [4] ont fait connaître les *Turbo cyclostomoides* et *littorinæformis*, du calcaire à gryphées du pied du Hainberg.

Zieten et Goldfuss [5] ont décrit plusieurs espèces du lias d'Allemagne (*T. capitaneus*, Münster, *duplicatus*, Goldf., *heliciformis*, Zieten, *cyclostoma*, Benz, *semi-ornatus*, Münster, *canalis*, id., *Dunkeri*, Goldf., etc.).

Il faut ajouter le *T. undulatus*, Phillips [6] non Chemnitz, du lias du Yorkshire (*T. subundulatus*, d'Orb.).

Ils ne sont pas moins abondants dans l'oolithe inférieure et la grande oolithe.

Plusieurs espèces d'Allemagne ont été décrites par Goldfuss [7] (onze espèces de turbos et quelques trochus à rapporter à ce genre), Zieten (*T. quadricinctus*), etc.

Les espèces de France ont été figurées par M. d'Orbigny dans sa *Paléontologie française* [8]. M. d'Archiac en avait déjà décrit [9] plusieurs de l'oolithe d'Esparcy (*T. canaliculatus*, *delphinuloides*, *pyramidalis*, etc., en y joignant le *Trochus Labadyei*, id., et la *Monodonta Lyelli*, id.

La connaissance des espèces d'Angleterre est due à Phillips (*T. levi-*

---

[1] *Pétrif. Wurtemberg*, pl. 68, fig. 5.

[2] Münster, *Beitr. zur Petref.*, t. IV, p. 114 ; Klipstein, *Geol. der œstl. Alpen*, p. 155, pl. 10.

[3] Les planches relatives au genre des Turbo ont paru, mais pas encore le texte.

[4] *Norddeutsch. Ool. Gebild.*, p. 27, pl. 4, fig. 13 et 14.

[5] Zieten, *Pétrif. Wurtemb.*, p. 44, pl. 33 ; Goldfuss, *Petref. Germ.*, t. III, p. 93, pl. 179 et 193. Ce dernier ouvrage renferme la description de quinze espèces.

[6] *Geol. of Yorkshire*, pl. 13, fig. 18.

[7] Goldfuss, *Petref. Germ.*, t. III, p. 97, pl. 93 et 94 ; Zieten, *Pétrif. Wurtemb.*, pl. 33.

[8] J'ai dit plus haut que le texte des Turbo n'a pas encore paru.

[9] *Mém. Soc. géol.*, 1843, t. V, p. 379, pl. 29.

gatus), à Sowerby (*T. ornatus* et *T. imbricatus* de l'oolithe inférieure, *T. obtusus* de la grande oolithe, etc.), et surtout à MM. Morris et Lycett (neuf espèces de turbos de la grande oolithe, dont sept nouvelles). Il faut y joindre plusieurs monodonta des mêmes auteurs [1].

Ils se continuent dans les terrains kellowiens et oxfordiens.

Le *T. sulcostomus*, Phillips [2], provient des terrains kellowiens d'Angleterre et de France.

Les espèces des terrains oxfordiens ont principalement été décrites [3] par MM. Goldfuss (*T. Meriani*, etc.), Roemer, d'Orbigny (plusieurs espèces de France et de Russie), de Keyserling (*T. rhomboides* et *Wisiaganus*), Rouillier (*T. Panderianus*).

Les terrains coralliens en renferment aussi une vingtaine d'espèces connues.

Elles seront principalement décrites par M. d'Orbigny (le *Prodrome* en indique neuf nouvelles). On en trouve quelques-unes dans les ouvrages [4] de Goldfuss (*T. tegulatus*, Münster, *Anchurus*, id. etc.) et Roemer (*T. princeps*, etc.).

M. Buvignier [5] a décrit sept turbos du terrain corallien de la Meuse. Il faut y ajouter plusieurs espèces décrites par le même auteur sous les noms de *Delphinula* et de *Trochus*. J'ai reçu les publications de M. Buvignier trop tard pour pouvoir indiquer ici les rectifications qui me paraissent nécessaires.

Ils diminuent de nombre dans les terrains jurassiques supérieurs.

Le *T. viviparoides*, Roemer [6], provient du terrain kimmeridgien de Goslar.

Ces mollusques se retrouvent dans les terrains crétacés, et y ont

[1] Phillips, *Geol. of Yorkshire*, p. 129, pl. 11; Sowerby, *Min. conch.*, pl. 240, 272, 551; Morris et Lycett, *Mollusca from the great ool.* (*Palæont. Soc.*, 1850, p. 64 et 16, pl. 9, 11 et 15). Voyez aussi un mémoire de M. Lycett sur les fossiles de l'oolithe inférieure, *Ann. and mag. of nat. hist.*, 2ᵉ série, 1850, p. 410.

[2] *Geol. of Yorkshire*, p. 112.

[3] Goldfuss, *Petref. Germ.*, t. III, pl. 193; Roemer, *Norddeutsch. Oolithgeb.*; d'Orbigny, *Pal. franç.*, *Terr. jur.*, *Prodrome*, t. I, p. 354, et dans Murchison et Verneuil, *Pal. de la Russie*, p. 450; Keyserling, *Petschora Land*, p. 318; Rouillier, *Bull. Soc. nat. Moscou*, t. XX, p. 401, etc.

[4] Goldfuss, *Petref. Germ.*, t. III, pl. 195; Roemer, *Norddeutsch. Oolithgeb.*, p. 161.

[5] *Mém. Soc. Verdun*, t. II, p. 20, pl. 6, et *Statistique géol. de la Meuse*, Paris, 1852, p. 36, pl. 24 à 26.

[6] *Norddeutsch Oolithgeb.*, p. 153, pl. 11.

en un développement assez analogue à celui que nous venons de leur reconnaître dans l'époque jurassique.

On en connaît quelques espèces des terrains néocomiens et aptiens.

M. d'Orbigny a décrit [1] sept espèces du néocomien inférieur et un *T. Martinianus* du terrain aptien. Il a depuis lors indiqué dans son *Prodrome* quelques espèces nouvelles.

M. Roemer [2] a fait connaître deux espèces du hilsthon et du hilsconglomérat. Il rapporte l'une au *T. pulcherrimus*, Phillips, et nomme l'autre *T. clathratus* (*T. subclathratus*, d'Orb.).

On peut encore citer dans le terrain aptien le *Turbo mucoitus*, Forbes [3] (*T. Forbesianus*, d'Orb.).

Les turbos sont nombreux dans le gault.

M. d'Orbigny [4] en a décrit huit espèces dans sa *Paléontologie française* et en a ajouté une nouvelle dans le *Prodrome*.

J'en ai fait connaître [5] avec M. Roux cinq espèces nouvelles du gault des environs de Genève. Deux d'entre elles sont figurées dans la planche LXI de l'Atlas, le *T. Groulyanus* dans la figure 25 et le *T. Faucignyanus* dans la figure 26.

Ils augmentent encore de nombre dans les craies marneuses et les craies chloritées.

M. d'Orbigny [6] en a décrit neuf espèces dans sa *Paléontologie française* et ajouté dans le *Prodrome* plusieurs espèces inédites.

Le *T. moniliferus*, Sow. [7], a été découvert à Blackdown.

M. d'Archiac a décrit [8] plusieurs espèces du tourtia (douze) auxquelles M. d'Orbigny ajoute deux espèces du même gisement décrites par le même auteur sous le nom de *Littorines*.

Il faut ajouter une espèce de Bohême assimilée à tort par M. Reuss [9] au *T. Astierianus*, d'Orb. C'est le *T. Reussianus*, d'Orb.

---

[1] *Pal. franç.*, *Terr. crét.*, t. II, p. 213, pl. 182 à 184. Voyez aussi Leymerie, *Mém. Soc. géol.*, t. V.

[2] *Norddeutsch. Kreideg.*, p. 80, et *Norddeutsch. Oolithgeb.*, pl. 2, fig. 2.

[3] Forbes, *Quart. journ. of the geol. Soc.*, t. I, p. 348, pl. 4, fig. 2. Voyez pour la synonymie de cette espèce et pour une description détaillée : Pictet et Renevier, *Paléont. Suisse*, *Terr. aptien*, p. 38, pl. 4, fig. 1 et 2.

[4] *Pal. franç.*, *Terr. crét.*, t. II, p. 216, pl. 282 à 285.

[5] *Moll. des grès verts*, p. 191, pl. 19.

[6] *Pal. franç.*, *Terr. crét.*, t. II, p. 222, pl. 185 et 186.

[7] *Min. conch.*, pl. 395.

[8] *Mém. Soc. géol.*, 2ᵉ série, t. II, p. 337, pl. 23.

[9] *Boehm. Kreidef.*, p. 112, pl. 44.

La *Delphinula tricarinata*, Roemer [1], des craies marneuses inférieures, doit, suivant M. d'Orbigny, être rapportée à ce genre. Elle ressemble plutôt à un trochus.

Les craies supérieures contiennent aussi des turbos.

M. Dujardin [2] a décrit sous les noms de *Delphinula*, *Monodonta*, etc., plusieurs turbos des craies de la Touraine.

Le *Turbo arenosus*, Sow. [3], a été trouvé à Gosau. M. Zekeli a décrit en outre neuf espèces nouvelles de ce gisement.

M. Reuss [4] a fait connaître quelques espèces du nord de la Bohême (*T. sexcostulatus*, *obtusus*, *subinflatus*).

Il faut ajouter plusieurs espèces des craies supérieures d'Allemagne, décrites par Goldfuss [5], sous le nom de *Trochus*, et qui n'ont pas les formes de ce genre. Tels sont en particulier les *Trochus Nilssoni*, *Basteroti* (*amatus*, d'Orb.), *plicato-carinatus*, *tuberculato-cinctus*, etc.

M. d'Orbigny [6] indique une espèce (*T. Gracesii*, d'Orb.) dans le terrain danien de Lafalaise.

Les turbos n'augmentent pas de nombre pendant l'époque tertiaire, et les espèces restent en général réduites à une taille médiocre ou petite, comme les précédentes, bien inférieures, sous ce point de vue, à plusieurs espèces actuelles.

Quelques-unes ont été trouvées dans les terrains nummulitiques [7].

Al. Brongniart a décrit le *T. scobina* de Castelgomberto et le *T. Asmodei* du val Sangonini.

M. d'Archiac a fait connaître les *T. Buchii*, d'Arch., *Damouri*, id., *lapurdensis*, id. et *Wegmanni*, id., de Biarritz.

M. Bellardi a décrit le *T. Saissei* de la Palarea, près Nice. Cette dernière me paraît plutôt un trochus.

On cite aussi quelques espèces de l'Inde, décrites par MM. Sowerby, etc.

D'autres appartiennent aux dépôts éocènes parisiens [8].

[1] *Norddeutsch. Kreideg.*, p. 81, pl. 12, fig. 3 à 6.

[2] *Mém. Soc. géol.*, 1837, t. II, p. 231, etc.

[3] *Trans. of the geolog. Soc.*, 2ᵉ série, t. III; Zekeli, *Gastér. Gosau*, p. 51, pl. 9 et 10.

[4] *Boehm. Kreidef.*, I, p. 48, pl. 10 et 11.

[5] *Petref. Germ.*, t. III, p. 58, pl. 181 et 182.

[6] *Prodrome*, t. II, p. 291.

[7] Al. Brongniart, *Vicentin*, p. 53, pl. 2; d'Archiac, *Mém. Soc. géol.*, 2ᵉ série, t. III, pl. 13, et *Hist. des progrès*, t. III, p. 235; Bellardi, *Mém. Soc. géol.*, 2ᵉ série, t. IV, pl. 12; Sowerby (J. C. de), *Trans. of the geol. Soc.*, 2ᵉ série, t. V, etc.

[8] Deshayes, *Coq. foss. Par.*, t. II, p. 249, pl. 30, etc.; Orbigny, *Pro*

M. Deshayes en a décrit quinze espèces du calcaire grossier et du terrain parisien supérieur. Plusieurs d'entre elles paraissent être plutôt des trochus, comme le fait remarquer M. d'Orbigny, qui transporte en revanche, dans les turbos, les delphinula sans bourrelet de Lamarck, Deshayes, etc., telles que les *D. turbinoides*, Lamk, *striata*, id., *marginata*, id., *calcar*, id., *conica*, id., *lima*, id., *biangulata*, id. Je n'ai de doute que pour la *lima* qui pourrait bien être une dauphinule à bouche incomplète. Le *Turbo sulciferus*, Deshayes, du calcaire grossier de Grignon, etc., est figuré dans l'Atlas, pl. LXI, fig. 27.

Il faut y ajouter le *T. Henrici*, Caillat, de Grignon.

Le *T. sculptus*, Sowerby, se trouve dans le terrain éocène d'Angleterre et dans le calcaire grossier du bassin de Paris.

Les turbos sont nombreux dans les terrains miocènes.

Les dépôts de Bordeaux et de Dax en ont fourni un grand nombre qui ont été étudiés [1] par M. Basterot et par M. Grateloup. Ce dernier auteur en a décrit huit espèces des faluns bleus et deux des faluns jaunes, auxquelles il faut ajouter quelques dauphinules du même auteur.

M. Matheron [2] cite dans les mollasses du midi de la France le *T. pisum*.

Les espèces du Piémont ont été étudiées [3] par Borson, Brongniart, Bellardi, Michelotti, etc. Ce dernier auteur en compte six espèces dans les terrains miocènes, les *T. carinatus*, Borson, *pliocenicus*, Michelotti, *fimbriatus*, Borson, *speciosus*, Michelotti, *Meynardi*, id., et même le *T. rugosus*, vivant.

M. Philippi [4] a fait connaître quelques espèces du nord de l'Allemagne (*T. exiguus*, Phil., *bicarinatus*, id., *simplex*, id., etc.).

Le *T. pustulosus*, Münster [5], a été trouvé dans les environs de Bünde.

Le *T. mamillaris*, Eichw. (*rugosus*, Dubois non Lin.), se trouve en Volhynie, etc., et en Touraine [6].

Il faut ajouter [7] deux espèces de Bessarabie, décrites par M. d'Orbigny, et plusieurs espèces des terrains miocènes de Virginie, étudiées par M. Lea [8].

Les terrains pliocènes ne paraissent pas en renfermer beaucoup.

drome, t. II, p. 348 et 414; Caillat, *Descr. foss. nouv. Grignon*, pl. 9, fig. 1; Sowerby, *Min. conch.*, pl. 393, etc.

[1] Basterot, *Coq. foss. Bord.*, pl. 1; Grateloup, *Conch. foss. Adour*, 1.

[2] *Catal.*, p. 236, pl. 39.

[3] Borson, *Sag. orit.*; Brongniart, *Vicentin*, p. 53; Bellardi et Michelotti, *Sag. orit.*; Michelotti, *Descr. foss. misc.*, p. 175, pl. 7.

[4] *Tert. Verst. Nordwest. Deutsch.*, pl. 4.

[5] Goldfuss, *Petref. Germ.*, t. III, p. 101, pl. 95, fig. 3.

[6] Eichwald, *Lith.*, 220; Pusch, *Pol. Pal.*, p. 109; Dubois de Montpereux, *Conch. foss. Volh. Pod.*, p. 48, etc.

[7] D'Orbigny, *Voyage de Hommaire de Hell*, p. 457, pl. 3.

[8] Lea, *Descr. new. foss. tert.*, pl. 36 et 37.

Le *T. rugosus*, Lin., déjà cité ci-dessus, se trouve dans les terrains sub-apennins de l'Astezan [1].

LES PHASIANELLES (*Phasianella*, Lamk). — Atlas, pl. LXII, fig. 1 à 3,

se distinguent à peine des turbos. L'animal a le pied un peu plus étroit, et les tentacules plus allongés ; mais leurs formes sont identiques d'ailleurs. La coquille des phasianelles a la spire plus allongée, la bouche plus longue que large, à bords désunis, modifiée par le tour précédent, le labre tranchant et non réfléchi, la columelle lisse et l'opercule pierreux. Leur principale différence d'avec les turbos consiste donc dans leur forme plus allongée et leur bouche plus haute que large. La plupart des espèces sont lisses, polies et sans épiderme.

Les phasianelles ont encore de grands rapports de forme avec quelques coquilles qui appartiennent à d'autres familles, et en particulier avec les bulimes, les natices du groupe des euspira, et les chemnitzia. Elles se distinguent des premiers, parce qu'elles sont marines et operculées ; et des deux autres, parce qu'elles n'ont pas la bouche acuminée en arrière. Elles sont d'ailleurs, en général, plus courtes que les chemnitzia, et plus allongées que les euspira. Il faut cependant convenir que leurs rapports avec ces dernières sont souvent très intimes. Il y a plusieurs espèces qui ont presque autant de raisons pour être placées dans un genre que dans l'autre [2].

Il faut réunir aux phasianelles les EUTROPIA, Humph., et les TRICOLIA, Risso ; Denis de Montfort les nommait PHASIANUS.

Les phasianelles vivent aujourd'hui, de la même manière que les turbos, dans presque toutes les mers. Les plus grandes espèces sont spéciales aux régions chaudes. A l'état fossile, on les trouve dans la plupart des terrains, mais elles ne sont nulle part très abondantes.

Elles ne paraissent toutefois pas plus anciennes que l'époque dévonienne.

[1] Sismonda, *Synopsis*, p. 48.

[2] Je ne puis voir, par exemple, dans une légère différence dans la manière dont se réfléchit le bord postérieur de la bouche, des motifs bien concluants pour que la *Natica Calypso*, d'Orb., appartienne à un autre genre que les *Phasianella Leymeriei*, d'Archiac, *subumbilicata*, d'Orb., etc.

Goldfuss en a décrit [1] quatre des terrains dévoniens de l'Eifel (*Ph. neritoidea*, *ventricosa*, *ovata* et *fusiformis*).

M. d'Orbigny rapporte à ce genre la *Melania Römeri*, Braun [2], du terrain dévonien de Schübelhammer. Je n'en connais que la figure, qui me paraît insuffisante pour une détermination générique.

M. d'Orbigny attribue aussi aux phasianelles la *Littorina astrecta*, Roemer [3], et la *Pyrula microtricha*, id., du Hartz. Je reconnais que la première a assez bien les formes des phasianelles vivantes; mais elle est presque identique aussi avec la *L. Phillipsii*. Quant à la seconde, elle est beaucoup trop globuleuse et a une trop grande bouche pour appartenir à ce genre.

La *Phasianella subclathrata*, Roemer [4], des mêmes gisements, me paraît assez douteuse.

Je ne suis pas certain que l'on doive admettre leur existence dans les terrains carbonifères.

M. d'Orbigny considère comme une phasianelle la *Chemnitzia re019uervra*, de Köninck [5], des terrains carbonifères de Belgique. Le motif de cette association est probablement le bord de la bouche disjoint; mais la forme de cette même bouche rappelle bien peu celle des phasianelles vivantes, qui est plus régulièrement ovale.

Des formes analogues à celles des phasianelles se retrouvent dans les dépôts les plus inférieurs de l'époque secondaire.

Le *Turbo Menkei*, Goldfuss [6], du muschelkalk d'Allemagne, a une bouche ronde comme les turbos et les phasianelles. Sa longueur le rapproche plutôt de ce dernier genre.

Il y a quelques phasianelles probables parmi les nombreuses espèces de Saint-Cassian [7], outre la *Ph. Munsteri*, Wissmann, la seule espèce admise dans ce genre par le comte de Münster. Tel est, par exemple, le *T. intermedius*, Münster. Les *T. Cassianus*, id., *striatulus*, id., *duplu*, id., qui sont plus courts, sont intermédiaires entre les deux genres. Les *Melania Hagenowii*, Klipst., *variabilis*, id., etc., paraissent avoir les caractères des phasianelles.

Quelques espèces proviennent du lias.

[1] *Petref. Germ.*, t. III, p. 113, pl. 193, fig. 13 à 16.
[2] D'Orbigny, *Prodrome*, t. I, p. 67; Münster, *Beitr. zur Petref.*, t. V, p. 122, pl. 11, fig. 11.
[3] Roemer, *Harzgebirge*, pl. 8, fig. 10 et 14.
[4] Roemer, *Harzgebirge*, pl. 8, fig. 15.
[5] *Descr. anim. foss. carb. Belg.*, p. 408, pl. 41, fig. 9.
[6] *Petref. Germ.*, t. III, p. 93, pl. 183, fig. 1.
[7] Münster, *Beitr. zur Petref.*, t. IV, pl. 13.

M. d'Orbigny [1] attribue à ce genre la *Melania phasianoides*, Deslongchamps, du lias du Calvados, et figure la *Ph. Jason*, du lias de Saint-Amand.

Le même auteur place aussi dans les phasianelles le *T. paludinarius*, Münster [2], du lias d'Amberg ; sa forme est, en effet, allongée, mais elle se lie par des transitions bien peu sensibles aux *T. nudus*, id., etc., du même gisement.

Il en est de même du *T. paludinæformis*, Schübler [3], du lias de Streifenberg, plus long que les turbos et plus renflé que les phasianelles actuelles.

Elles se continuent dans les terrains jurassiques proprement dits.

La *Ph. cincta*, Phillips [4], caractérise l'oolithe inférieure d'Angleterre.

M. d'Archiac a décrit [5] la *Phasianella Leymeriei* de la grande oolithe d'Esparcy.

La *Natica submulticincta*, du même auteur (Atlas, pl. LXII, fig. 1), est une des espèces que j'ai citées plus haut comme prouvant la difficulté de fixer une limite entre les euspira et les phasianelles. M. d'Orbigny la place dans ce dernier genre.

M. Lycett [6] a fait connaître quelques espèces de l'oolithe inférieure d'Angleterre.

Les espèces de la grande oolithe d'Angleterre ont été surtout étudiées par MM. Morris et Lycett [7], qui citent outre la *Ph. Leymeriei*, six espèces nouvelles de Minchinhampton et une de Scarborough.

La *Phasianella striata*, Sow. (olim *Melania striata*, id., Atlas, pl. LXII, fig. 2), est une espèce commune dans le terrain kellowien et le terrain oxfordien [8]. Suivant MM. Morris et Lycett, elle se trouverait aussi dans la grande oolithe.

M. d'Orbigny a reproduit dans sa *Paléontologie française* une partie des espèces indiquées ci-dessus, et décrit plusieurs espèces nouvelles, telles que les *Ph. delia* et *cantabrica* de la grande oolithe du Pas-de-Calais ; d'autres espèces ont été placées par lui tantôt dans les turbos, tantôt dans les phasianelles. Il me paraît probable que le genre qui nous occupe ici doit renfermer surtout les espèces lisses.

La *Melania bulinoides*, Desl. [9], du terrain oxfordien du Calvados, est une phasianelle.

[1] *Prodrome*, t. I, p. 229 et 217 ; *Pal. franç.*, *Terr. jur.*, pl. 324.

[2] Goldfuss, *Petref. Germ.*, t. III, p. 94, pl. 193, fig. 6.

[3] Zieten, *Petrif. Wurt.*, pl. 30, fig. 12 et 13.

[4] *Geol. of Yorkshire*, p. 123, pl. 9, fig. 29.

[5] *Mém. Soc. géol.*, 1843, t. V, pl. 28.

[6] *Ann. and mag. of nat. hist.*, 2ᵉ série, 1850, t. VI, p. 411.

[7] *Moll. from the great ool.*, (*Palæont. Soc.*, 1850, p. 73, 117, etc.)

[8] Sowerby, *Min. conch.*, pl. 47 ; Morris et Lycett, *loc. cit.*; d'Orbigny, *Pal. franç.*, *Terr. jur.*, pl. 324 et 323.

[9] *Mém. Soc. linn. Calvados*, t. VII, pl. 12.

Il est bien possible que l'*Acteon striatulus*, Keyserling (1), de l'oxfordien de Russie, doive aussi, comme le propose M. d'Orbigny, être transporté dans ce genre.

La *Ph. paludiniformis*, Buvignier (2), a été trouvée dans le terrain corallien de Saint-Mihiel. C'est la *Ph. Buvignieri*, d'Orb.

Ces mollusques ne paraissent pas avoir été abondants pendant l'époque crétacée.

M. d'Orbigny (3) en a décrit ou indiqué quelques espèces, dont une (*Ph. neocomiensis*) propre au terrain néocomien du bassin parisien, trois du gault du même bassin et deux des craies supérieures du bassin pyrénéen (*Ph. supracretacea*, d'Orb., et *Ph. Royana*, id.).

M. Sowerby (4) a fait connaître trois espèces des sables de Blackdown (*Ph. pusilla, formosa et striata*). Ce dernier nom a été changé avec raison par M. d'Orbigny en *Ph. Sowerbyii*.

M. d'Orbigny rapporte à ce genre la *Natica lamellosa*, Roemer (5), des craies supérieures de Kieslingswalde. Elle me paraît bien douteuse.

M. Zekeli (6) a décrit trois espèces nouvelles de Gosau. Il rapporte, il est vrai, une d'entre elles à la *P. exigua*, d'Orb.; mais cette dernière est plus aiguë.

Il faut ajouter la *Ph. Haleana*, d'Orb. (7), du terrain crétacé supérieur de l'Alabama.

Les phasianelles augmentent de nombre dans les terrains tertiaires.

On trouvera la description de six espèces du calcaire grossier dans Deshayes (8), auxquelles il faut ajouter, pour les tertiaires éocènes, la *P. princeps*, Sow., d'Hauteville (Manche). La *Ph. melanoides*, Desh., est figurée dans l'Atlas, pl. LXII, fig. 3.

M. Basterot (9) indique aux environs de Bordeaux deux espèces, dont une est, suivant lui, identique avec la *P. turbinoides*, Lamk, fossile à Grignon, et dont l'autre, la *Prevostina*, Basterot, est spéciale au tertiaire moyen. M. d'Orbigny a donné à la première le nom de *Ph. aquensis*. M. Grateloup en a

(1) *Petschora Land*, p. 320, pl. 18, fig. 24.

(2) *Mém. Soc. phil. Verdun*, 1843, t. II, pl. 5.

(3) *Pal. franç., Terr. crét.*, t. II, p. 232, pl. 187 et 188, *Prodrome*, t. II, p. 130.

(4) *Trans. geol. Soc.*, 1836, 2ᵉ série, pl. 18.

(5) *Norddeutsch. Kreideg.*, p. 83, pl. 12, fig. 13.

(6) *Gastér. Gosau*, p. 56, pl. 10.

(7) *Prodrome*, t. II, p. 224.

(8) *Coq. foss. Par.*, t. II, p. 205, pl. 34, 38, 40; Sowerby, *Gen. of shells*, fig. 3; Deshayes, 2ᵉ édit. de Lamarck, *Histoire naturelle des animaux sans vertèbres*, Paris, 1843, t. IX, p. 247.

(9) Basterot, *Coq. foss. Bord.*, p. 38; Grateloup, *Conch. foss. Adour*.

décrit quelques espèces du même gisement (*Ph. angulifera* ou *Grateloupi*, Desh., *Ph. spirata*, Grat., etc.).

Il faut, suivant M. d'Orbigny, rapporter à ce genre la *Littorina Alberti*, Dujardin [1], des faluns de la Touraine.

M. d'Orbigny a décrit trois espèces de Bessarabie.

M. de Sismonda [2] indique la *Ph. punctata* (*Tricolia punctata*, Risso), du terrain miocène du Piémont. Cette espèce vit encore dans la Méditerranée.

La *Ph. rubra*, Sism. (*T. rubra*, Risso), se trouve fossile dans les terrains subapennins d'Asie et vivante aussi dans la Méditerranée.

LES DAUPHINULES (*Delphinula*, Lamk). — Atlas, pl. LXI, fig. 28 et 29.

sont également tout à fait voisines des turbos par les formes de l'animal; mais leur coquille est fortement ombiliquée, et a une bouche ronde, entière, à bords réunis, munie d'un fort bourrelet et fermée par un opercule spiral corné. Cette coquille est, en général, épaisse et nacrée.

Les limites de ce genre n'ont pas été envisagées de la même manière par tous les conchyliologistes; car, s'il y a des espèces qui réunissent clairement les deux caractères indiqués ci-dessus d'un large ombilic et d'une bouche à bord épais et réfléchi, il en est d'autres aussi qui ne présentent que l'un ou l'autre, et l'on peut hésiter sur leur importance relative.

Je mets en première ligne la forme de la bouche, et je conserve le nom de *Dauphinule* aux espèces seulement chez lesquelles la bouche est ronde et entourée d'un bourrelet, rappelant ainsi celle des cyclostomes.

Les dauphinules sont peu nombreuses aujourd'hui, et vivent dans les mers chaudes. On les a considérées comme ayant apparu pour la première fois dans les terrains jurassiques; mais on en a trouvé dans les schistes de Saint-Cassian qui semblent faire remonter leur origine au terrain triasique. Elles ont été rares pendant les périodes jurassique et crétacée; leur maximum de développement a eu lieu pendant l'époque tertiaire.

Le comte de Münster a décrit une seule espèce de dauphinule de Saint-Cassian [3], la *D. lævigata*, Münster.

[1] *Mém. Soc. géol.*, 1837, t. II, pl. 19, fig. 22.

[2] *Synopsis*, p. 48.

[3] Münster, *Beitr. zur Petref.*, t. IV, p. 104, pl. 10, fig. 29; Klipstein, *Geol. der œstl. Alpen*, p. 202, pl. 14.

Les espèces attribuées par M. Klipstein au même genre sont des solarium et des trochus.

On trouve, comme je l'ai dit, quelques dauphinules dans les terrains jurassiques.

M. d'Orbigny [1] a fait connaître la *D. reflexilabrum*, du lias du Calvados, (Atlas, pl. LXI, fig. 28.)

M. Thorent a décrit [2] la *D. gibbosa*, de l'oolithe inférieure. M. d'Orbigny la considère comme un turbo. La figure très imparfaite de M. Thorent semble cependant indiquer un péristome épaissi (?).

M. Buvignier [3] en a fait connaître neuf espèces de divers étages. Il y en a plusieurs qui n'ont pas le péristome épaissi et qui sont des turbos.

La *D. coronata*, Sow., se trouve dans la grande oolithe d'Angleterre avec deux espèces nouvelles, les *D. Buckmanni*, Morris et Lycett, et *alia*, id. [4].

MM. Morris et Lycett rapprochent des dauphinules, sous le nom générique de CRASSOSTOMA, des coquilles de la forme des trochus, non ombiliquées, dont la bouche est ronde, entière et entourée dans l'âge adulte d'une lame testacée flabelliforme. La columelle porte une dent obtuse. Ces coquilles rappellent le type des monodontes; mais leur péristome continu et épaissi leur donne une analogie réelle avec les dauphinules.

La seule espèce certaine [5] est le *C. Pratti*, Morris et Lycett, de la grande oolithe d'Angleterre. Ces paléontologistes indiquent deux espèces douteuses du même gisement, le *C. discoideum* et *heliciforme*, M. et L.

Les terrains crétacés renferment quelques espèces de dauphinules.

M. d'Orbigny [6] a décrit la *D. Dupiniana*, du néocomien de Marolles.

M. d'Archiac [7] a décrit sous le nom de *D. Bouxardi*, d'Arch., une espèce du tourtia des environs de Tournay, qui, à en juger par la figure, paraît avoir de grands rapports avec le genre SOLARIUM.

Les auteurs allemands ont aussi décrit [8] quelques dauphinules. J'ai dit plus

[1] *Pal. franç., Terr. jur.*, t. III.

[2] *Mém. Soc. géol.*, 1837, t. III, p. 260, pl. 22, fig. 16.

[3] *Stat. géol. de la Meuse*, p. 35, pl. 24, 25 et 32. Voyez l'observation que j'ai faite, page 133, sur les travaux de M. Buvignier.

[4] Morris et Lycett, *Moll. from the great ool.* (*Palæont. Soc.*, 1850, p. 70, pl. 5 et 9).

[5] Morris et Lycett, *loc. cit.*, p. 72, pl. 11.

[6] *Pal. franç., Terr. crét.*, t. II, p. 200, pl. 182.

[7] *Mém. Soc. géol.*, 2ᵉ série, 1847, t. II, p. 334, pl. 22, fig. 6.

[8] Roemer, *Norddeutsch. Kreideg.*, p. 81, pl. 12; Geinitz, *Charact.*, p. 73, etc.

haut que la *D. tricarinata*, Roemer, était un trochus. La *D. coronata*, avec
son large ombilic et sa bouche détachée du tour précédent, est peut-être bien
une vraie dauphinule. Elle a été trouvée dans la craie supérieure de Rügen.

M. Zekeli [1] a décrit sept espèces nouvelles de Gosau, mais il y a parmi
elles de véritables trochus.

Les dauphinules sont plus nombreuses pendant l'époque tertiaire.

M. Deshayes [2] en décrit douze espèces des environs de Paris, parmi lesquelles les *D. spiraloides*, Desh., *canalifera*, Lamk, et *Warnii*, Defr. (Atlas,
pl. LXI, fig. 29), ont seules le péristome épaissi et sont seules de vraies dauphinules. Elles appartiennent à l'époque du calcaire grossier.

M. d'Orbigny indique dans son *Prodrome* [3] une espèce nouvelle des terrains tertiaires inférieurs de Cuise-la-Motte, la *D. submarginata*.

M. Grateloup [4] a décrit, sous le nom de *D. marginata*, Lamk (*D. Hellica*,
d'Orbigny), une espèce des faluns bleus, et la *D. rotellæformis*, Grat., des
faluns jaunes, ainsi que plusieurs espèces à péristome non épaissi, qui sont
plutôt des turbos.

On peut ajouter quelques dauphinules tertiaires américains [5].

Les Troques (*Trochus*, Lin., nommés aussi les *Toupies* et les
Sabots). — Atlas, pl. LXII, fig. 4-10,

ont une coquille ordinairement conique, plus ou moins allongée
ou déprimée, à pourtour caréné, à bouche triangulaire, déprimée,
lisse, nacrée intérieurement, inclinée par rapport à la direction
du dernier tour, et laissant voir la portion inférieure de la columelle, qui est constamment torse ou arquée.

Les troques se distinguent des turbos par leur forme plus régulièrement conique, et par leur bouche déprimée et oblique ; mais,
comme je l'ai dit plus haut, des transitions insensibles réunissent
ces deux genres, qui paraissent séparés par des caractères plus
artificiels que réels. On a cherché à les distinguer d'après la
nature de leur opercule, qui est corné dans la plupart des troques,
et pierreux dans la majorité des turbos ; mais cette différence ne
paraît pas avoir en général une grande importance générique, et,
dans ce cas spécial, elle ne s'accorde pas d'une manière constante
avec les caractères tirés de la forme de la bouche. Il serait
d'ailleurs impossible de l'employer pour la plupart des fossiles.

[1] *Gastér. Gosau*, p. 37, pl. 10 et 11.
[2] *Coq. foss. Par.*, t. II, p. 202, pl. 24 à 26.
[3] *Prodrome*, t. II, p. 313.
[4] *Conch. foss. Adour*, I.
[5] Conrad, *Journ. Acad. Phil.* ; Lea, *Descr. new foss. tert.*, etc.

Je ne sépare pas les Monodontes (Atlas, pl. LXII, fig. 8 à 10)
des troques, car la présence de la petite dent, qui résulte
d'une sorte de troncature de la columelle, est un caractère tout
à fait accessoire, et dont les limites sont impossibles à fixer
d'une manière précise. Il est, en effet, des espèces où la dent
devient une simple sinuosité qui s'efface par degrés insensibles.

Il faut également réunir aux troques les GIBBULA, Risso, dont
le type est le *T. magus*; les OTAVIA, du même auteur, groupe qui
est le même que celui des CLANCULUS, Montfort, et qui comprend
quelques monodontes (*T. pharaonius*, Lin.); les PHOBUS, genre
établi aussi par Risso et réuni par Philippi à celui des OMPHALIUS,
Phil., comprenant le *T. umbilicatus*, Da Costa; les MARGARITA,
Leach, 1819 non 1814; les CANTHARIDUS, MELEAGRIS et INFUNDI-
BULUM, Montfort; les ZIZIPHINUS, Gray; les CANTHORBIS, FRA-
GELLA, CHLOROSTOMA, TROCHIDON, CALLIOSTOMA, PYRAMIDEA, LAM-
STOMA et CHRYSOSTOMA, Swainson; les PYRAMIS et les POLYDONTA,
Schumacher; les CRASPEDOTUS, EUCHELIUS, DILOMA, OXYSTELE,
OSILINUS et CITTARIUM, Philippi; les LABIO, Oken (*T. labio*); pro-
bablement aussi les OLIVIA, Cantraine, etc.

Il est souvent difficile de distinguer les troques des pleurotomaires incomplètes, car ces deux genres ont tout à fait la même
forme, et ne diffèrent que parce que le labre présente dans les
pleurotomaires une longue échancrure. Ce caractère, qui indique
des différences essentielles dans la forme des animaux, est un
motif suffisant pour la séparation de ces genres; mais il en résulte que l'on a souvent de la peine à classer les échantillons dont
le labre est cassé, ou ceux qu'on ne connaît qu'à l'état de moules.
Il est donc probable que, dans l'énumération des espèces que renferment les catalogues paléontologiques, il y a des erreurs que des
occasions favorables permettront plus tard de relever.

Les troques ont apparu dès les premiers âges du globe, mais
ils ont augmenté de nombre dans les périodes plus récentes.

Ils paraissent peu nombreux dans l'époque silurienne.

Le *T. lenticularis*, Sow. [1], des grès de Carador, est probablement une
pleurotomaire.

Le *T. ellipticus*, Hisinger [2], a été trouvé dans le terrain silurien supérieur de Suède.

[1] Murchison, *Sil. system*, pl. 19, fig. 11.
[2] *Lethæa Suecica*, p. 35, pl. 11, fig. 1.

Les *T. biceps* et *rupestris*, Eichwald, proviennent du terrain silurien de
Russie [1].

M. M'Coy [2] a fait connaître quelques espèces des terrains siluriens d'Angleterre.

Ils sont plus abondants dans les terrains dévoniens.

On trouvera, dans les ouvrages de Goldfuss et du comte de Münster [3],
la description de quelques espèces d'Allemagne (*T. Neptuni*, Münster,
petræus, Münst., *exaltatus*, Goldfuss, etc.). Le *T. ellipticus*, cité ci-dessus,
paraît se retrouver dans le terrain dévonien du Rhin.

M. Roemer a fait connaître [4] les *T. Nessigii*, *oxygonus* et *acies* du Harz.

MM. d'Archiac et de Verneuil ont décrit [5] la *Monodonta purpura* du dévonien de la Prusse rhénane (Atlas, pl. LXII, fig. 10). L'*Euomphalus Vorone-
jensis*, de Verneuil, de Russie, est aussi un trochus.

Le *Trochus helicites*, Sow. [6], a été trouvé dans l'old red sandstone d'Angleterre.

Ils se continuent dans les terrains carbonifères.

Le *Trochus biserratus*, Koninck (*Pleurotomaria biserrata*, Phill.), se
trouve en Angleterre, en Allemagne et en Belgique.

M. de Koninck [7] en a décrit, en outre, quelques espèces de Belgique
(*T. lepidus*, Atlas, pl. LXII, fig. 4, *Hisingerianus*, *coniformis*, *tenuispira*).

Goldfuss a fait connaître [8] les *T. amictus*, *Roemeri* et *Verneuilli*, des calcaires carbonifères d'Allemagne et de Belgique. Son *Trochus Yvanii* est une
pleurotomaire.

M. d'Orbigny rapporte encore aux trochus quelques espèces des terrains carbonifères d'Irlande décrites par M. M'Coy [9] sous les noms de TROCHELLA et
PLEUROTOMARIA.

Dans les terrains inférieurs de l'époque secondaire, les trochus paraissent surtout abondants à l'époque singulière des dépôts de Saint-Cassian.

[1] *Die Urwelt Russlands*, t. II, p. 34, pl. 2.

[2] *Ann. and mag. of nat. hist.*, 2ᵉ série, 1851, t. VII, p. 49.

[3] *Petref. Germ.*, t. III, p. 49; Münster, *Beitr. zur Petref.*, t. III, p. 88,
pl. 15.

[4] *Harzgebirge*, p. 29, pl. 7 et 8, et *Palæontographica*, t. III, p. 37.

[5] *Trans. of the geol. Soc.*, 1842, 2ᵉ série, t. VI, p. 358, pl. 32, fig. 15;
Paléont. de la Russie, p. 334, pl. 23, fig. 3.

[6] Murchison, *Sil. syst.*, pl. 3, fig. 5.

[7] *Descr. foss. carb. Belg.*, p. 444, pl. 37 et 39.

[8] *Petref. Germ.*, t. III, p. 51, pl. 178.

[9] M'Coy, *Synopsis of Ireland*, p. 41, etc.; d'Orbigny, *Prodrome*, t. I,
p. 119.

M. Klöden cite [1] le *T. echinatus*, Klöden, trouvé dans le muschelkalk du Brandebourg.

Le comte de Münster et M. Klipstein ont décrit [2] un très grand nombre d'espèces de Saint-Cassian. Il faut ajouter aux trochus proprement dits, comme je l'ai dit plus haut, des dauphinules, et, comme nous le verrons plus bas, plusieurs pleurotomaires, etc. On arrive ainsi à reconnaître l'existence d'une cinquantaine d'espèces, presque toutes de petite taille.

Les trochus du lias [3] sont nombreux et bien caractérisés.

On trouvera, dans l'ouvrage de Goldfuss [4], la description de plusieurs espèces d'Allemagne (*T. Fischeri*, Münster, *flexuosus*, id., *Doris*, id., *Thetis*, id., *quadricostatus*, id., *glaber*, Koch, Atlas, pl. LXII, fig. 5, *subsulcatus*, Münster, *nudus*, id.).

MM. Koch et Dunker ont décrit [5], outre le *T. glaber* indiqué ci-dessus, le *T. turriformis*, le *T. subimbricatus*, le *T. gracilis*, et le *T. umbilicatus*. Je crois, avec M. d'Orbigny, que les *T. foveolatus* et *princeps* sont des pleurotomaires.

Le *T. Schubleri*, Zieten [6], provient du lias de Gammelshausen, et le *T. undosus*, id., du lias de Streifenberg.

M. d'Orbigny [7] a décrit vingt-six espèces (outre le *T. glaber*) du lias proprement dit et une espèce du lias supérieur (toarcien).

Ils se conservent tout aussi nombreux dans la grande oolithe et l'oolithe inférieure.

On trouve en Angleterre [8], dans l'oolithe inférieure, les *T. angulatus*, Sow. (*concavus*, id.), *bisertus*, Phill., *dimidiatus*, Sow., *duplicatus*, id., *pyramidatus*, Phill. (*subpyramidatus*, d'Orb.), et plusieurs espèces indiquées par M. Lycett.

La grande oolithe du même pays a fourni à MM. Morris et Lycett [9], outre quelques espèces connues, cinq espèces nouvelles décrites sous le nom de

[1] Klöden, *Brandeb.*, p. 156, pl. II, fig. 7 ; Alberti, *Trias*, p. 238.

[2] Münster, *Beitr. zur Petref.*, t. IV, p. 107, pl. 11 ; Klipstein, *Geol. der gest. Alpen*, pl. 146, pl. 9.

[3] Voyez pour les trochus de l'époque jurassique, Buvignier, *Stat. géol. de la Meuse*, p. 38, pl. 25 à 27.

[4] *Petref. Germ.*, p. 33, p. 179 et 180. M. d'Orbigny place, je ne sais pourquoi, une partie des espèces d'Amberg dans le liasien et l'autre dans le toarcien.

[5] *Beitr. Norddeutsch. Oolith.*, p. 23, pl. 1.

[6] *Petrif. Wurtemb.*, p. 46, pl. 34, fig. 3 et 5.

[7] *Pal. franç.*, *Terr. jur.*, t. II, p. 246, pl. 303 à 311.

[8] Sowerby, *Min. conch.*, pl. 181 ; Phillips, *Geol. of Yorkshire*, pl. 11 ; Lycett, *Ann. and mag. of nat. hist.*, 2° série, 1850, t. VI, p. 411.

[9] *Mollusca from the great ool.* (*Palæont. Soc.*, p. 61 et 116, pl. 10 et 15) ; Phillips, *Geol. of Yorkshire*, pl. 9.

Trochus et trois rapportées au genre des Monodonta. Le *T. moniliteclus*, de la grande oolithe de Scarborough, avait déjà été décrit par Phillips.

Quelques espèces ont été décrites par les auteurs allemands [1]. On trouvera dans l'ouvrage de Goldfuss la description des *T. biarmatus*, Münster, *onceus*, id., *anaglypticus*, id., *Philippii*, id., *metis*, id. et *angulatus*, id., et dans celui de Roemer celle des *columellaris*, Roemer et *triangulus*, id. Le *T. decoratus*, Zieten, provient de Schlatt.

M. d'Archiac a trouvé [2] dans la grande oolithe d'Esparcy, les *T. plicatus*, d'Arch. et *spiratus*, id.

M. d'Orbigny a décrit [3], outre quelques-unes des espèces ci-dessus, treize espèces nouvelles de l'oolithe inférieure et neuf de la grande oolithe.

Ils paraissent tendre à diminuer dans les terrains jurassiques moyens et supérieurs.

M. d'Orbigny [4] a décrit le *T. Halesus*, d'Orb., du terrain kellowien de la Haute-Marne et de la Sarthe; les *T. helios*, d'Orb. et *Pollux*, d'Orb., du terrain oxfordien de Neuvizi (Ardennes) ; huit espèces nouvelles du terrain corallien de Saint-Mihiel et de l'Yonne; et le *T. eudoxus*, d'Orb., du terrain kimméridgien de Villerville.

Le *T. Rouillieri*, d'Orb. (*T. moniliteclus*, Rouill. non Phill.), provient de l'oxfordien de Russie [5].

Les auteurs allemands ont fait connaître un grand nombre de trochus de leur Jura blanc qui correspond, comme on sait, à l'oxfordien supérieur, au corallien et aux étages jurassiques supérieurs. On trouvera leur description [6] dans les ouvrages de Goldfuss (neuf espèces d'Eichstaedt, de Streitberg, de Nattheim, etc.), de Roemer (sept espèces du corallien); celle du portlandien, le *T. acutimargo*, paraît être une pleurotomaire. Il faut y ajouter les *Monodonta laevigata*, Münster, et *ornata*, id., d'Auerbach et de Nattheim, décrites dans le grand ouvrage de Goldfuss.

Ce genre se continue assez abondant pendant l'époque crétacée. On en trouve dans les terrains néocomiens et aptiens.

M. Leymerie [7] a trouvé le *T. striatulus* dans le terrain néocomien de Marolles.

[1] Goldfuss, *Petref. Germ.*, t. III, p. 55, pl. 180; Roemer, *Norddeutsch. Oolith.*, p. 150, pl. 10, et *Nachtrage*, p. 43, pl. 20; Zieten, *Petrif. Wurtemb.*, pl. 35, fig. 1.

[2] *Mém. Soc. géol.*, 1843, t. V, pl. 29.

[3] *Pal. franç., Terr. jur.*, t. III, p. 270, pl. 311 à 317.

[4] *Pal. franç., Terr. jur.*, t. III, p. 291, pl. 318.

[5] *Bull. Soc. nat. Moscou*, 1847, t. XX, p. 403, fig. 21.

[6] Goldfuss, *Petref. Germ.*, t. III, p. 56, pl. 180; Roemer, *Norddeutsch. Oolith.*, p. 150, pl. 11.

[7] *Mém. Soc. géol.*, 1842, t. V, p. 13, pl. 17.

M. d'Orbigny [1] a fait connaître les *T. Albensis*, *Marollianus* et *denigerus* du même gisement ; ainsi que le *T. Astierianus*, d'Orb., du terrain urgonien du département du Var. Il a depuis lors indiqué dans son *Prodrome* quelques espèces nouvelles du néocomien du Var et de l'Yonne et du terrain aptien.

Les seules espèces que je trouve citées dans le hilston ou le hilsconglomérat d'Allemagne sont le *T. bicinctus*, Roemer (*tricinctus*, olim), et le *T. scalaris*, Roemer [2].

Le lower green sand d'Angleterre a fourni [3] le *T. subreticulatus*, d'Orb. (*T. reticulatus*, Phill.), de Speeton, le *T. minimus*, d'Orb. (*Solarium minimum*, Forbes), du même gisement, et le *T. subpulcherrimus*, d'Orb. (*Turbo pulcherrimus*, Forbes), d'Atherfield.

J'ai décrit avec M. Renevier [4] les *Trochus Razoumowski* du terrain aptien inférieur de la perte du Rhône, et le *T. Couveti*, id., du même terrain, à la Presta près Couvet.

Le gault fournit quelques espèces de formes normales et quelques espèces ombiliquées. Ces dernières font une transition aux solarium, tellement que les limites entre les deux genres sont difficiles à fixer. Elles ont en conséquence été placées tantôt dans l'un, tantôt dans l'autre. Je me range volontiers à l'opinion qui place dans le genre des trochus toutes les espèces chez lesquelles l'ombilic est plus étroit que la largeur d'un tour.

L'espèce la plus anciennement connue [5] est le *Solarium conoideum*, Fitton, figuré par Brongniart sous le nom de *Trochus gurgitis*. Elle est répandue dans le gault de toute l'Europe.

J'ai décrit avec M. le docteur Roux [6] les *Trochus Guyotianus* (Atlas, pl. LXII, fig. 6), *Tollotianus* et *Nicoletianus*, du gault des environs de Genève, ainsi que les *Solarium alpinum*, *triplex* et *Hugianum* des mêmes gisements, qui doivent, à cause de leur ombilic étroit, passer dans le genre des Trochus.

Les craies chloritées, les craies marneuses et les craies supérieures sont riches en trochus.

M. Brongniart a décrit le *T. Basteroti* [7] des environs de Rouen.

[1] *Pal. franç., Terr. crét.*, t. II, p. 182, pl. 176 et 177 ; *Prodrome*, t. II, p. 69, 104 et 115.

[2] Roemer, *Norddeutsch. Oolithgeb.*, p. 151, pl. 11, fig. 8 ; *Norddeutsch. Kreideg.*, p. 81, pl. 20, fig. 3.

[3] Forbes, *Quart. journ. geol. Soc.*, I, p. 348, pl. 4 ; Phillips, *Geol. of Yorkshire*, pl. 2 ; d'Orbigny, *Prodrome*, t. II, p. 115.

[4] *Paléont. Suisse, T. aptien*, p. 39, pl. 4, fig. 3 et 4.

[5] *Trans. of the geol. Soc.*, t. IV, 1836, pl. 11, fig. 14 ; Brongniart dans Cuvier, *Ossem. foss.*, pl. Q, fig. 7.

[6] *Descr. foss. grès verts*, pl. 19 et 21.

[7] Dans Cuvier, *Ossem. foss.*, 4e édit., pl. K, fig. 3.

Depuis lors M. d'Orbigny (¹) a fait connaître un très grand nombre d'espèces; sept d'entre elles sont décrites dans la *Paléontologie française* (*T. Requienianus* des craies chloritées de Cassis, *Guerangeri*, *Sarthinus* et *Marçaisi*
des grès verts cénomaniens du Mans, *Marrotianus*, *difficilis* et *Girondinus*
des craies supérieures de Royan). Il a ajouté dans son *Prodrome* plusieurs espèces inédites.

M. d'Archiac (²) a décrit les trochus du tourtia de Belgique (*T. Buvoli*,
Huoti, *Duperreyi*, etc.).

On trouve quelques espèces des craies supérieures de la Touraine décrites (³) par M. Dujardin (*T. funatus*, *T. simplex*, *Dujardini*, d'Orb.).

L'Allemagne en a fourni un grand nombre d'espèces qui ont été décrites (⁴) par Münster et Goldfuss (dix espèces, dont six nouvelles des craies chloritées de Haldem et du plaener de Quedlimbourg), Geinitz (*T. Reichä*, *Steinlei*
et *Cordieri*), Roemer (*T. planatus*, R., du plaener mergel), Reuss (*T. plicatus*
et *Geinitzi*, de Luschitz, *T. pseudohelix* et *canaliculatus*, de Koriczan), Müller
(*T. Koninckii*, d'Aix-la-Chapelle), etc.

Les espèces de Gosau (Tyrol) ont été décrites (⁵) par Sowerby (*T. spiniger*),
Goldfuss (*T. plicato-granulosus*), et M. Zekeli (*T. triqueter* et *coarctatus*).

M. d'Orbigny indique (⁶) deux espèces inédites du terrain danien de la
falaise près de Beynes.

On peut ajouter (⁷) quelques espèces des terrains crétacés supérieurs de
Pondichéry.

Les trochus sont surtout abondants dans les terrains tertiaires.
On en connaît quelques-uns de l'époque nummulitique et des
terrains tertiaires inférieurs.

M. Alex. Brongniart (⁸) a décrit quelques espèces du Vicentin, les *T. Luca-
sianus* et *Boscianus* de Castelgomberto et la *Monodonta Cerberi*, de Ronca.

M. Bellardi a fait connaître (⁹) les *T. lævissimus*, Bell, *Niceensis*, id., et une
espèce indéterminée du terrain nummulitique de la Palarea, près de Nice.

M. Deshayes (¹⁰) a décrit dix-sept espèces du bassin de Paris (y compris les

---

(¹) *Pal. franç.*, *Terr. crét.*, t. II, p. 186, pl. 177, etc.
(²) *Mem. Soc. géol.*, 2ᵉ série, 1847, t. II, pl. 25.
(³) *Mém. Soc. géol.*, 1837, t. II, p. 231, pl. 17.
(⁴) Münster dans Goldfuss, *Petref. Germ.*, t. III, p. 58, pl. 181 et 182;
Geinitz, *Charakt.*, p. 47, *Kieslingswalda*, pl. 6, *Handb.*, pl. 14; Roemer,
Norddeutsch. Kreidef., p. 87; Reuss, *Boehm. Kreidef.*, I, 48, II, 112; Müller,
Aach. Kreidef., II, p. 44.
(⁵) Sowerby, *Trans. geol. Soc.*, 2ᵉ série, t. III, p. 38; Goldfuss, *Petref.
Germ.*, t. III, pl. 182, fig. 3; Zekeli, *Gastér. Gosau*, pl. 9, fig. 1 et 3.
(⁶) *Prodrome*, t. II, p. 291.
(⁷) Forbes, *Trans. geol. Soc.*, 2ᵉ série, 1846, t. VII, pl. 13.
(⁸) *Vicentin*, p. 55, pl. 2.
(⁹) *Mém. Soc. géol.*, 2ᵉ série, t. IV, pl. 12.
(¹⁰) *Descr. coq. foss. Par.*, t. II, p. 227, pl. 27 à 31.

phorus, etc.), parmi lesquelles le *T. fragilis*, Desh. (*subfragilis*, d'Orbigny), appartient aux tertiaires inférieurs de Beauvais, et le *T. subcarinatus*, Desh., aux sables inférieurs de Soissons.

La plupart des autres se trouvent dans le calcaire grossier, et en particulier les *T. crenularis*, Lamk, *ornatus*, id., *mitratus*, Desh., *funiculosus*, id., *Lamarckii*, id., *elatus*, id., *sulcatus*, Lamk. Il faut probablement aussi transporter dans ce genre une partie des espèces décrites comme des turbos.

Quelques espèces appartiennent aux grès marins supérieurs (parisien B) de Valmondois, etc. Ce sont les *T. monilifer*, Lamk (Atlas, pl. LXII, fig. 7), *margaritaceus*, Desh., *minutus*, id., *patellatus*, id., auxquels on peut ajouter la *Monodonta parisiensis*, id.

M. Sowerby a fait connaître, sous le nom de turbo, quelques espèces des terrains éocènes d'Angleterre. Plusieurs appartiennent au genre des phorus, dont je parlerai plus bas.

Les terrains miocènes contiennent une quantité considérable de trochus.

Parmi les espèces du bassin de Paris décrites par M. Deshayes, il en est quelques-unes qui appartiennent aux terrains miocènes inférieurs. Ce sont les *T. cyclostoma*, Desh., *bicarinatus*, Lamk, et *incrassatus*, Desh. (*subincrassatus*, d'Orb.).

Les faluns bleus de Dax et les terrains miocènes inférieurs de Bordeaux ont fourni une dizaine d'espèces qui ont été étudiées [1] par M. Basterot et M. Grateloup (*T. labarum*, Bast., *T. Bucklandii*, id., etc.).

Les faluns jaunes du même pays, et en général les terrains miocènes supérieurs du sud-ouest de la France, sont riches en trochus. Ils ont été décrits par les mêmes auteurs. On a figuré, dans l'Atlas, pl. LXII, deux espèces comme type du groupe des monodontes, fig. 8, le *T. Araonis* (*Monodonta Araonis*, Grat.), et fig. 9, le *T. cypris*, d'Orb. (*Monod. elegans*, Bast.).

On doit à M. Matheron [2] la connaissance de quelques espèces des mollasses miocènes du midi de la France (*T. Martinianus*, Math.).

Les principales espèces des terrains miocènes du Piémont [3] sont le *T. Amedei*, Brongn., le *T. turritus*, Bon., les *T. cingulatus* et *crenulatus*, Brocchi, les *T. rotellaris*, Mich., *Borsoni*, id., et *vertex*, id., etc., etc.

M. Nyst [4] a décrit les espèces de Belgique. Il en compte dix espèces, dont cinq nouvelles du système campinien (miocène supérieur), et deux du système tongrien, le *T. calliferus*, Desh., et le *T. Kickxii*, Nyst, qui se retrouve aussi dans le campinien.

Les espèces du crag d'Angleterre ont été décrites [5] par Sowerby, puis

---

[1] Basterot, *Coq. foss. Bord.*, pl. 4; Grateloup, *Conch. foss. Adour*, I.

[2] *Catal. corps organisés*, etc., *Trav. Soc. stat. Marseille*, 1843, p. 236.

[3] Brongniart, *Vicentin*, pl. 6; Sismonda, *Synopsis*, p. 49; Michelotti, *Descr. foss. mioc. Piémont*, p. 181.

[4] *Coq. et pol. foss. de Belgique*, p. 377.

[5] Sowerby, *Min. conch.*, pl. 181 et 272; Wood, *Moll. from the crag* (*Pal. Society*, 1848, p. 123, pl. 13).

par M. Wood, qui en énumère dix-huit espèces, auxquelles on doit ajouter trois MARGARITA et cinq ADEORBIS. Sur ces vingt-six espèces, dont huit sont nouvelles, dix appartiennent exclusivement au crag corallien; deux se trouvent dans le même gisement et dans les mers actuelles (*T. conulus*, Lin., et *T. millegranus*, Phil.); une espèce (*T. Kickxii*, Nyst.) se trouve dans le crag corallien et dans le crag rouge; six appartiennent à ces mêmes gisements et se retrouvent dans les mers actuelles; sept enfin n'ont apparu que dans le crag rouge et dans le crag supérieur; trois d'entre elles vivent encore.

M. d'Orbigny [1] a fait connaître plusieurs espèces de Bessarabie. M. Dubois de Montpéreux a décrit [2] celles de Volhynie et de Podolie.

Les espèces du nord de l'Allemagne ont été étudiées par Philippi [3] (*T. nitidissimus*, Phil., *arvensis*, id., *campestris*, id., *Struveanus*, Zimm., *elegantulus*, Phil., etc.).

On peut ajouter un certain nombre d'espèces américaines [4].

Les terrains pliocènes renferment aussi des troques; et parmi eux il y a plusieurs espèces qui vivent encore dans nos mers.

On a surtout décrit [5] les espèces de l'Astezan, sous le nom de trochus et de monodonta. Les *T. cingulatus*, Brocchi, *crenulatus*, id., et le *Mon. polyodonta*, Brown, se trouvent à la fois dans les terrains miocènes et pliocènes. Les *T. patulus*, Brocchi, *turgidulus*, id., et *vorticosus*, id., sont spéciaux à ces derniers. Les autres espèces se trouvent à la fois dans les terrains pliocènes et dans les mers actuelles (*T. conulus*, Lin., *fanulum*, Gmel., *guttadauri*, Phil., *magus*, Lin., etc., etc.).

Les PHORUS, Montfort, — Atlas, pl. LXII, fig. 11,

ont une coquille en forme de cône déprimé, qui a la singulière propriété d'agglutiner des corps étrangers au moyen de la substance calcaire dont elle est composée. La bouche est fortement échancrée au bord columellaire. L'opercule est corné et s'augmente par des lames arquées latérales. Ces mollusques ont été d'abord réunis aux troques, mais ils méritent d'en être séparés.

Les phorus ont apparu pour la première fois dans les terrains crétacés supérieurs; on les retrouve dans la plupart des couches tertiaires. Ils sont aujourd'hui peu nombreux et spéciaux aux climats chauds. On a, dans l'origine, rapporté presque toutes les espèces au *Trochus conchyliophorus*, Born, qui est vivant; mais

[1] *Voyage de M. Hommaire de Hell*, Paléontologie, p. 445, pl. 2.
[2] *Conch. foss. plateau Wolhyn. Podol.*, p. 39, pl. 2 et 3.
[3] *Tert. Verst. Norddeutsch.*, p. 22, et *Palæontographica*, t. I, p. 61, pl. 9.
[4] Lea, *Descr. new. foss. tert.*, p. 35, etc.
[5] Sismonda, *Synopsis*, p. 19; Brocchi, *Conch. subap.*, pl. 5, 6, etc.

un examen plus approfondi a montré que les espèces fossiles étaient plus nombreuses et surtout plus spéciales dans leur distribution géologique qu'on ne l'avait pensé.

On connaît peu d'espèces des terrains crétacés.

M. d'Orbigny [1] a décrit le *P. canaliculatus* (*Trochus agglutinans*, Mantell), des couches supérieures de la craie de Royan.

M. Zekeli [2] a fait connaître les *P. minutus* et *plicatus*, de Gosau.

Le *Phorus leprosus*, d'Orb. (*Trochus leprosus*, Morton), a été trouvé dans les terrains crétacés supérieurs des États-Unis [3].

Les espèces sont plus nombreuses dans les terrains tertiaires.

M. Al. Brongniart [4] a décrit le *T. cumulans* des terrains nummulitiques de Castelgomberto.

Le *T. Gravesianus*, d'Orb. [5], caractérise les terrains tertiaires inférieurs de Cuise-la-Motte.

Le *Ph. Benettiæ*, Sow. (*T. agglutinans*, Lamk non Lin., *T. parisiensis*, d'Orb.), a été trouvé dans l'argile de Londres et de Belgique, ainsi que dans le calcaire grossier de Paris [6].

On peut ajouter [7] parmi les espèces éocènes le *T. extensus*, Sow., de l'argile de Londres, le *T. confusus*, Desh., du calcaire grossier, et le *T. conchyliophorus*, Desh. non Born (*T. subconchyliophorus*, d'Orb.), du terrain parisien supérieur. (Atlas, pl. LXII, fig. 14.)

Les terrains miocènes renferment plusieurs espèces qui ont été en général confondues avec les précédentes.

M. Grateloup [8] réunit trois espèces sous le nom de *T. conchyliophorus*, Born; il en forme cependant trois variétés. L'une, sous le nom de *Burdigalensis*, Grat. (*Benettiæ*, Brongn. non Sow.), paraît être la même que celle qui a été nommée *Deshayesi* par M. Michelotti; elle se trouve dans le terrain miocène supérieur de la montagne de Turin et dans les faluns bleus de Dax.

La seconde, sous le nom d'*italica*, est rapportée par M. Grateloup au *T. cu-*

<hr>

[1] *Pal. franç.*, *Terr. crét.*, t. II, p. 186, pl. 176, fig. 13 et 14.

[2] *Gastér. Gosau*, p. 61, pl 11.

[3] Morton, *Synopsis crét.*, p. 46, pl. 15, fig. 6; d'Orbigny, *Prodrome*, t. II, p. 222.

[4] *Vicentin*, p. 57, pl. 4, fig. 1.

[5] *Prodrome*, t. II, p. 312.

[6] Sowerby, *Min. conch.*, pl. 98; Deshayes, *Coq. foss. Par.*, t. II, p. 241, pl. 31.

[7] Sowerby, *Min. conch.*, pl. 278; Deshayes, *Coq. foss. Par.*, t. II, p. 242 et 243, pl. 31.

[8] *Conch. foss. Adour*, I. Voyez, pour la synonymie de ces espèces, d'Orbigny, *Prodrome*, t. III.

mulans, Brongn. C'est le *P. Grateloupi*, d'Orb.; elle provient également des faluns bleus.

La troisième, rapportée à tort par le même auteur au *T. agglutinans*, Lamk, est le *Ph. aquensis*, d'Orb., et provient des faluns jaunes.

Les terrains miocènes de la colline de Turin renferment, outre le *Ph. Deshayesi*, Mich., ci-dessus indiqué, le *Ph. gigas*, Kœnig, non Borson (*Ph. Borsoni*, Bellardi), le *Ph. testigerus*, Broun (*colligens*, Bon.), et le *Ph. gigas*, Borson, non Kœnig.

Le terrain tongrien de Belgique renferme (outre le *T. agglutinans* de l'éocène) une espèce que M. Nyst rapporte [1] avec doute au *Ph. extensus*, Sow., et qui est le *subextensus*, d'Orb.

On peut ajouter [2] aux espèces miocènes le *T. scrutarius*, Philippi, de Cassel, etc., et le *T. plicomphalus*, Pusch, de Pologne.

Les terrains pliocènes d'Asti [3] renferment, outre le *Ph. Deshayesi*, du miocène, le *T. crispus*, Kœnig (*agglutinans*, Brocchi), et le *T. infundibulum*, Brocchi.

Les CADRANS (*Solarium*, Lamk.), — Atlas, pl. LXII, fig. 12 à 21,

ont une coquille orbiculaire et déprimée, dont le caractère principal est d'avoir un ombilic très ouvert, qui permet d'apercevoir tous les tours de spire. La bouche est quadrangulaire, arrondie ou triangulaire, fermée par un opercule corné, paucispiré. L'animal est identique avec celui des troques.

Je persiste, malgré l'opinion contraire de plusieurs paléontologistes, à réunir aux solarium les ECOMPHALUS, Sowerby, et par conséquent les STRAPAROLUS, Montfort (Atlas, pl. LXII, fig. 12 à 15). J'ai cherché vainement un caractère constant pour distinguer ces deux genres.

M. d'Orbigny caractérise les solarium par leur bouche quadrangulaire ou arrondie, par leur ombilic le plus souvent crénelé au pourtour, et les straparolus par des tours ronds ou carrés, non crénelés dans l'ombilic. Or, si l'on consulte le *Prodrome* et qu'on examine les espèces distribuées par M. d'Orbigny lui-même entre ces deux genres, on verra que cette crénelure est un caractère tout spécial aux espèces des terrains tertiaires, et, sur une vingtaine de solarium connus de l'époque crétacée, on en trouve à peine deux ou trois qui aient le pourtour de l'ombilic crénelé.

[1] *Coq. et pol. foss. Belg.*, p. 375, pl. 36.

[2] Philippi, *Tert. Verst. Nordwest.*, p. 22, pl. 3, fig. 37 ; Pusch, *Pol. Pal.*, p. 110, pl. 10, fig. 7.

[3] Sismonda, *Synopsis*, p. 50.

Les crénelures même de ces espèces sont plutôt une série de tubercules dont on trouve les analogues dans les straparolus de la même époque.

M. de Koninck admet aussi le genre euomphalus comme distinct des solarium; mais il se fonde sur d'autres motifs. Les euomphalus ont, suivant lui, la lèvre extérieure sinuée ou fendue, tandis que les solarium ont cette lèvre simple et par contre une ou deux petites fentes au pourtour de l'ombilic qui correspondent aux crénelures. Ces caractères qui ont motivé aussi l'établissement du genre Schizostoma, Bronn non Lea (¹), sont loin d'être généraux et ne suffiraient que pour distinguer quelques euomphalus des terrains anciens, des solarium de l'époque tertiaire.

Je n'ai pas besoin de réfuter le caractère mis en avant par M. Phillips, qui croyait que tous les euomphalus sont cloisonnés à l'intérieur.

Je reconnais cependant que les euomphalus des terrains anciens ont un autre faciès que les solarium tertiaires; mais c'est là un fait fréquent en paléontologie. On voit souvent dans un genre naturel les ornements varier suivant les époques géologiques sans fournir de motifs suffisants pour une subdivision générique.

Les solarium sont intimement liés avec les trochus, dont ils ne diffèrent guère que par la grandeur de l'ombilic, caractère qui présente des transitions nombreuses. Nous avons dit plus haut, p. 148, que nous réservions le nom de solarium aux espèces dont l'ombilic est largement ouvert et au moins égal à la largeur d'un des tours.

Je leur réunis aussi les Maclura, Hall et les Ophileta, Vanuxem, qui sont des euomphalus à spire déprimée (*Maclurita* et *Maclurites*, Lesueur); ainsi que les Platyschisma, M'Coy, qui paraissent ne différer des euomphalus que par un ombilic un peu plus petit.

Ce genre a du reste une synonymie compliquée. Les espèces qui le composent ont été décrites par les anciens auteurs sous les noms de Solarites (Krüger), Umbilites (Hüpsch), Cochlites trochiformes (Schroet.), Trochilites (Schl.), Helicites (Martin, Schlot., Wahl.), Cornu arietis (Bromel), et confondues plus tard avec les ampullaires, les dauphinules, les cirrus, etc. Il comprend une

---

(¹) Le genre Schizostoma correspond, pour quelques auteurs, au genre Bifrontia, comme je le dirai plus loin. On a confondu aussi sous ce nom des pleurotomaires.

partie des *Inachus* de Hisinger, des *Spinoxus* de Steininger, etc.

Ce genre, tel que nous l'admettons ici, a apparu dès les temps les plus anciens du globe. Toutes les espèces de l'époque primaire appartiennent à la division des euomphalus; les espèces de la période secondaire ont des caractères intermédiaires, et celles de la période tertiaire rappellent plutôt les formes des espèces de nos mers actuelles. Les solarium vivent aujourd'hui dans les régions chaudes de tout le globe.

Ils existaient déjà dans l'époque silurienne.

On trouvera dans le *Silurian system* de M. Murchison [1] huit espèces décrites par M. Sowerby, dont trois des roches de Llandeilo (silurien inférieur), et cinq des calcaires de Wenlock, de Dudley et d'Aymestry (silurien supérieur). Il faut retrancher de ces dernières les *C. sculptus* et *funatus* qui sont des turbo.

M. M'Coy [2] a fait connaître quelques espèces des terrains siluriens d'Angleterre sous les noms de *Euomphalus*, *Maclureia*, etc.

Les espèces de Russie (silurien inférieur), ont été décrites par Goldfuss [3] (*E. Quallierianus*, Schl.), de Verneuil, de Keyserling (*E. Waschkince*), Pander (*Turbo petropolitanus*), etc.

Les euomphalus du terrain silurien supérieur de Suède ont principalement été étudiés par Hisinger [4] (huit espèces, dont il faut retrancher quelques turbos et auxquelles il faut ajouter les *Inachus angulatus* et *sulcatus*, etc.). L'*E. alatus*, Wahl., est figuré dans l'Atlas, pl. LXII, fig. 12.

M. Hall [5] a fait connaître de nombreuses espèces d'Amérique des terrains siluriens inférieurs et supérieurs, tant sous le nom d'*Euomphalus* que sous ceux de *Maclura* et *Ophileta*.

Les solarium du groupe des euomphalus sont très abondants dans les terrains dévoniens.

La plupart proviennent des terrains dévoniens du bassin du Rhin et ont été décrits [6] par Goldfuss (dix-huit espèces, dont il faut retrancher l'*E. Goldfussii*, qui est un cirrus, et l'*E. striatus*, qui est une porcellia), le comte

[1] *Silurian system*, pl. 22, 13, 6 et 12.

[2] *Ann. and mag. of nat. hist.*, 2ᵉ série, 1851, t. VII, p. 193.

[3] Goldfuss, *Petref. Germ.*, t. III, p. 81; Keyserling, *Petschora Land*, p. 265, pl. 11; Pander, *Russland*, pl. 4, etc.

[4] *Lethæa Suecica*, p. 36, pl. 11 et 12.

[5] *Pal. of New-York*, t. I, p. 9, pl. 3, et *Nat. hist. of New-York* (annuals reports).

[6] Goldfuss, *Petref. Germ.*, t. III, p. 80, pl. 89, 90; Münster, *Beitr. zur Petref.*, t. III, p. 85, pl. 15; d'Arch. et Verneuil, *Trans. of the geol. Soc.*, 2ᵉ série, t. VI, p. 362, pl. 33 et 34.

de Münster (quatre espèces d'Elbersreuth et une de Schübelhammer), d'Archiac et Verneuil (huit euomphalus dont quatre nouveaux, et le *Cirrus Leonhardi*, qui appartient au même genre). Deux espèces ont été figurées dans l'Atlas, pl. LXII, l'*E. trigonalis*, Goldfuss (fig. 13), et l'*E. lævis*, d'Arch. et Verneuil (fig. 14).

M. Rœmer [1] a décrit l'*E. retrorsus* et l'*E. papyraceus* des terrains dévoniens du Harz.

L'*E. subalatus*, Verneuil [2], provient du terrain dévonien du département de la Sarthe.

Les espèces d'Angleterre ont été principalement décrites par Phillips [3] (*E. circularis*, *serpens* et *annulatus*, outre une espèce rapportée avec doute à l'*E. radiatus*, Goldf.).

Il faut ajouter les *Platyschisma Kircholmiensis*, Keyserling [4], et *Ochtensis*, id., du terrain dévonien de Russie.

Les espèces des terrains carbonifères sont également nombreuses et sont connues depuis longtemps. Plusieurs espèces ont une distribution géographique étendue.

L'*E. pentangulatus*, Sow. [5], a été trouvé en Angleterre, en Belgique, en France, en Allemagne, en Russie, aux États-Unis, etc.

L'*E. pugilis*, Phillips (Atlas, pl. LXII, fig. 15), a été trouvé en Angleterre, en Allemagne et en Belgique.

L'*E. acutus*, Fleming, l'*E. catilloides*, de Koninck, etc., sont à peu près dans le même cas.

On trouvera principalement la description des espèces [6] dans les ouvrages de Goldfuss (douze espèces de Belgique et de Ratingen, dont il faut retrancher trois dont les tours ne sont pas en contact, et qui sont des *Serpularia*), de Koninck (dix-neuf espèces, dont huit nouvelles, du terrain carbonifère de Belgique), Sowerby (*Planorbis æqualis*, *E. catilus*, *E. Colei*, *E. nodosus*, *E. pentangulatus*), Phillips (quatre espèces), M'Coy (*E. quadratus*, etc.).

L'*E. Soiwæ*, de Keyserling, et l'*E. hieus*, Kutorga, proviennent des terrains carbonifères de Russie [7].

[1] *Palæontographica*, t. III, p. 15 et 19.

[2] *Bull. Soc. géol.*, 1850, t. VII, p. 779.

[3] *Pal. foss. of Devon*, p. 94 et 138, pl. 36 et 60.

[4] *Petschora Land*, p. 264, pl. 14.

[5] *Min. conch.*, pl. 45.

[6] Goldfuss, *Petref. Germ.*, t. III, p. 85, pl. 190 et 191; de Koninck, *Descr. foss. carb. Belg.*, p. 418; Sowerby, *Min. conch.*, pl. 45, 46, 140, 621; Phillips, *Geol. of Yorkshire*; M'Coy, *Syn. of Ireland*, p. 37, pl. 5.

[7] *Petschora Land*, p. 266, pl. 14; Kutorga, *Werh. kais. Akad.*, p. 85, pl. 9, fig. 2.

On peut ajouter [1] quelques espèces des terrains carbonifères de Bolivia décrites par M. d'Orbigny.

On a récemment découvert dans l'époque permienne :

L'*E. permianus*, King [2], qui a été trouvé dans les dépôts permiens d'Angleterre.

Les solarium de l'époque secondaire ne conservent pas d'une manière constante les formes d'euomphalus, et font souvent par leurs ornements des transitions aux solarium actuels, sans prendre cependant tout à fait leurs formes. Ils ne sont du reste pas très abondants.

Quelques espèces ont été trouvées à Saint-Cassian.

Je crois qu'on peut considérer comme de vrais solarium les *Schizostoma serrata*, Münster [3] (Atlas, pl. LXII, fig. 16), *dentata*, id., *gracilis*, id., la *Delphinula Verneuili*, Klipst., les *D. biarmata*, id., *lineata*, id., *plana*, id., le *Solarium bipunctatum*, id., et probablement les euomphalus de M. Klipstein. Ceux du comte de Münster sont probablement des turbo.

Ces solarium de Saint-Cassian sont ou lisses ou ornés de points au pourtour, à peu près comme le *Solarium Baugieri*, d'Orb., de l'oolithe inférieure.

Les solarium de l'époque jurassique sont peu nombreux. Ils sont presque tous assez aplatis et ornés de tubercules saillants.

Le *Straparolus sinister*, d'Orb., a été trouvé dans le lias moyen [4].

L'*Euomphalus minutus*, Schübler [5], provient du lias de Gammelshausen, et l'*E. pygmæus*, Dunker [6], du lias d'Halberstadt.

M. d'Orbigny [7] a décrit les *Straparolus subæqualis*, *tuberculosus* (Atlas, pl. LXII, fig. 17.) et *pulchellus* de l'oolithe inférieure, et le *S. Baugieri* de la grande oolithe.

Le *Solarium polygonium*, d'Arch. [8], provient de la grande oolithe d'Esparcy.

[1] *Voyage dans l'Amérique mér.*, Paléontologie, p. 42, pl. 3.
[2] *Permian foss.* (*Palæont. Soc.*, 1848, p. 211, pl. 17).
[3] Münster, *Beiträge*, t. IV, p. 104, pl. 11 ; Klipstein, *Geol. der œstl. Alpen*, p. 201, etc., pl. 14.
[4] *Pal. franç.*, *Terr. jur.*, t. II, pl. 322, fig. 1-7.
[5] Zieten, *Pétrif. Wurt.*, p. 45, pl. 33, fig. 6.
[6] *Palæontographica*, t. 1, p. 177, pl. 25.
[7] *Pal. franç.*, *Terr. jur.*, t. II, pl. 321 à 323.
[8] *Mém. Soc. géol.*, 1843, t. V, p. 378, pl. 29.

La grande oolithe d'Angleterre renferme [1], outre l'espèce précédente, les *Solarium varicosum*, Morris et Lycett, et *discoideum*, id.

Le *Solarium Sarthacense*, d'Orb., caractérise le terrain kellowien, et le *Straparolus Sapho*, le terrain oxfordien [2].

Pendant l'époque crétacée ce genre a conservé en grande partie les formes de l'époque jurassique. La plupart des espèces sont aussi ornées de tubercules. M. d'Orbigny les a réparties entre les genres STRAPAROLUS et SOLARIUM, attribuant en général au premier les espèces plus aplaties, et au second les espèces à spire moins déprimée, lors même, comme c'est le cas le plus fréquent, qu'elles n'ont pas de crénelures dans l'ombilic.

Les terrains néocomiens et aptiens en renferment quelques espèces.

M. d'Orbigny [3] a décrit les *S. neocomiense* et *alpinum*, et le *Strap. Dupinianus*, du terrain néocomien inférieur, ainsi que le *Solarium pulchellum* et le *Strap. Moutonianus*, du néocomien supérieur.

Le *Solarium carcitanense*, Matheron [4], a été trouvé dans le terrain aptien de Cassis.

Le *Sol. tabulatum*, Phillips [5], provient de l'argile de Specton.

Le gault est riche en solarium.

Le *Sol. moliniferum*, Michelin, d'Ervy, le *Sol. ornatum*, Fitton, de France et d'Angleterre, le *Sol. circoïde*, Brongn. (Atlas, pl. LXII, fig. 20), fréquent à la perte du Rhône, sont les plus anciennement connus [6].

La *Delphinula dentata*, Leymerie, est aussi un solarium, comme l'a montré M. d'Orbigny.

M. d'Orbigny [7] a fait connaître le *Straparolus Martinianus* (Atlas, pl. LXII, fig. 19), et les *Solarium Astierianum*, *granosum*, et *altense*.

J'ai décrit avec M. le docteur Roux [8] les *Sol. Rochatianum*, *Deshayesi*, *Tingryanum*, etc.

[1] Morris et Lycett, *Moll. from the great ool.* (*Palæont. Soc.*, 1850, p. 71, pl. 9).

[2] D'Orbigny, *loc. cit.*

[3] *Pal. franç., Terr. crét.*, t. II, p. 194, pl. 178 et 179.

[4] *Catalogue corps org.*, etc., p. 234, pl. 39.

[5] *Geol. of Yorkshire*, p. 94, pl. 2, fig. 36.

[6] Michelin, *Magas. de zool.*, 1834, pl. 34; Fitton, *Trans. of the geol. Soc.*, 1836, t. IV, pl. 11; Brongniart dans Cuvier, *Ossem. foss.*, 4e édit., pl. Q, fig. 9.

[7] *Pal. franç., Terr. crét.*, t. III, p. 195, pl. 178 à 183.

[8] *Moll. foss. des grès verts*, p. 204, pl. 20 et 21.

Ils se continuent sans être très abondants dans les craies marneuses et les craies supérieures.

On trouve dans les grès du Mans [1] (cénomanien) le *Solarium scalare*, d'Orb., et le *Straparolus Guerangueri*, id.

Le tourtia de Tournay [2] a fourni le *Solarium Thirianum*, d'Archiac, et le *Straparolus nummulitæformis*, d'Orb.

Le *Sol. decemcostatum*, de Buch, et le *Sol. angulatum*, Reuss (*subangulatum*, d'Orb.), ont été trouvés dans le plaener mergel [3] de Bohême.

Les *S. textile*, Zekeli, *Orbignyi*, id., et *quadratum*, Sow., proviennent des terrains crétacés supérieurs de Gosau [4].

M. d'Orbigny [5] cite dans le terrain danien le *S. Danæ*, d'Orb., de Meudon, etc.

On peut ajouter le *S. deperditum*, d'Orb. [6], des terrains crétacés supérieurs de Pondichéry.

Les solarium de l'époque tertiaire se rapprochent beaucoup plus des formes des espèces vivantes. On n'y retrouve plus le type des euomphalus. La plupart sont régulièrement coniques, à tours aplatis, à spire surbaissée et à ombilic vaste, crénelé au pourtour.

Les *S. marginatum*, Desh. (Atlas, pl. LXII, fig. 21), *bistriatum*, Desh., et *plicatum*, Lamk [7], se trouvent dans les sables inférieurs du Soissonnais, de Laon, etc. et dans le terrain nummulitique, le premier à Biarritz, le second dans le Vicentin, et le troisième à Pau. Ce dernier se continue dans le calcaire grossier.

M. Al. Brongniart a décrit le *S. umbrosum* du terrain nummulitique de Bonca, M. Al. Rouault les *S. planoconcavum* et *Pomelii* des terrains nummulitiques de Pau, M. Leymerie le *S. simplex* des terrains nummulitiques de Conques et de Montolieu [8].

M. Melleville [9] a fait connaître le *Sol. subgranulatum* des terrains tertiaires inférieurs de Laon.

[1] D'Orbigny, *Pal. franç.*, *Terr. crét.*, t. II, p. 206, pl. 177.

[2] D'Archiac, *Mém. Soc. géol.*, 1847, 2ᵉ série, p. 334, pl. 22; d'Orbigny, *Prodrome*, t. II, p. 154.

[3] Reuss, *Boehm. Kreidef.*, pl. 7 et 10.

[4] Zekeli, *Gastér. Gosau*, p. 63, pl. 11.

[5] *Prodrome*, t. II, p. 291.

[6] *Voyage de l'Astrolabe*, pl. 4.

[7] Deshayes, *Coq. foss. Par.*, t. II, p. 218, pl. 25; d'Archiac, *Hist. des progrès*, t. III, p. 284, etc.

[8] Al. Brongniart, *Vicentin*, pl. 2, fig. 12; Al. Rouault, *Mém. Soc. géol.*, 2ᵉ série, t. III, p. 457; Leymerie, *Id.*, t. I, pl. 16.

[9] *Descr. sabl. tert. infér.*, etc., (*Ann. Soc. géol.*, 1843, p. 54, pl. 5).

Les espèces du bassin de Paris ont été surtout décrites par Lamarck et par M. Deshayes [1]. Outre les trois espèces des terrains tertiaires inférieurs, indiquées ci-dessus, on cite les *S. patulum*, Lamk, *spiratum*, id., *canaliculatum*, id., du calcaire grossier, et les *S. trochiforme*, Desh., et *plicatulum*, id., des grès marins supérieurs.

Le *S. discoideum*, Sow. [2], provient de l'argile de Londres.

On trouve dans les terrains éocènes de Belgique [3] le *S. Nystii*, Galeotti, et le *S. grande*, Nyst.

Les terrains tertiaires éocènes d'Amérique ont fourni plusieurs espèces [4].

Les terrains miocènes et pliocènes sont très riches en solarium.

M. Grateloup [5] a fait connaître une espèce des faluns bleus (*S. pseudoperspectivum*, Grat. non Brocchi, *S. Grateloupi*, d'Orb.), et plusieurs espèces des faluns jaunes, soit sous le nom de *Solarium*, soit sous celui de *Delphinula*.

M. Matheron [6] a décrit le *S. Doublieri* des mollasses miocènes du midi de la France.

M. Dujardin [7] a trouvé dans les faluns bleus de la Touraine les *S. anserum*, Duj., et *planorbillus*, id.

M. Nyst a décrit [8] le *S. Dumontii*, N., du système tongrien de Belgique, et le *S. turbinoides*, id., du système campinien.

M. Philippi a recueilli, à Cassel [9], le *S. acies*, Phil. M. d'Orbigny rapporte au même genre la plupart des dauphinules du même auteur.

Les solarium sont fréquents dans les terrains tertiaires du Piémont, et ont été décrits par MM. Brocchi, Bronn, Michelotti, etc. Ce dernier auteur [10] en compte onze dans le terrain miocène, dont quatre nouvelles, *S. Lyelli*, Mich., *humile*, id., *Deshayesi*, id., *Brocchi*, id.

Les *S. simplex*, Bronn, *stramineum*, Lamk (*subvariegatum*, d'Orb.), se trouvent aussi dans le terrain pliocène.

Les terrains récents renferment des solarium en général identiques avec les vivants [11].

[1] *Coq. foss. Par.*, t. II, p. 215, pl. 25 et 26.
[2] *Min. conch.*, pl. 11.
[3] Nyst., *Coq. et pol. foss. Belg.*, p. 368, pl. 34 et 36.
[4] Voyez d'Orbigny, *Prodrome*, t. II, p. 348.
[5] *Conch. foss. Adour*, I.
[6] *Catal.*, etc., p. 235, pl. 39.
[7] *Mém. Soc. géol.*, 1837, t. II, p. 282, pl. 19.
[8] *Coq. et pol. foss. Belg.*, p. 369, pl. 36.
[9] *Tert. Verst. Nordw. Deutsch.*, pl. 3; d'Orbigny, *Prodrome*, t. II, p. 43.
[10] *Descr. foss. mioc. Ital. sept.*, p. 167, et *De solariis in supra cretaceis Italiæ*, etc. (*Transact. Royal Soc. of Edinburgh*, vol. XV, part. 1re).
[11] Pour les espèces des terrains diluviens, voyez Philippi, *Enum. moll. Sic.*, et Cantraine, *Bull. Acad. Bruxelles*, 1842, p. 342.

Les Bifrontia , Deshayes , — Atlas , pl. LXII , fig. 22 et 23,

sont de petites coquilles planorbiformes, à ombilic tout à fait ouvert montrant tous les tours de spire, aussi bien que le côté opposé,
à labre mince tranchant, séparé du bord columellaire du péristome
par deux échancrures, l'une supérieure et l'autre inférieure. Le
dernier tour est quelquefois disjoint et séparé des autres.

M. Deshayes, qui a établi ce genre [1] sur des coquilles tertiaires
que nous croyons devoir en rester le véritable type, y a réuni
l'*Euomphalus catillus*. Ce savant conchyliologiste motive cette
réunion sur l'existence de deux échancrures à peu près semblables
dans le péristome de l'euomphalus, échancrures qui ont été pour
M. Bronn le motif de l'établissement de genre Schizostoma.

Je doute beaucoup de la convenance de cette réunion. Il faudrait,
ce me semble, une analogie plus complète pour admettre l'existence d'un genre dans l'époque primaire, et pour croire qu'il a été
interrompu pendant la longue époque secondaire pour reparaître
à l'époque tertiaire. La forme de la coquille est très différente et,
tandis que les véritables bifrontia sont minces, à labre tranchant,
planorbiformes, sans spire saillante, les schizostoma sont de
grosses coquilles à bord épais, à ombilic bien moins ouvert, à spire
saillante. Je crois, comme je l'ai dit plus haut, que l'échancrure
du labre des schizostoma présente une série de modifications qui
les lient intimement aux solarium, et je ne conserve par conséquent ici le nom de bifrontia qu'aux espèces qui réunissent tous
les caractères indiqués ci-dessus.

Je les laisse dans la famille des trochides, malgré l'opinion de
M. Deshayes, qui les associe aux vermets. La séparation du dernier tour dans un petit nombre d'entre elles ne me paraît pas un
caractère suffisant pour les éloigner complétement des solarium.

Les espèces appartiennent exclusivement à l'époque éocène.

La *B. Deshayesi*, Michaud [2] a été trouvée dans les sables inférieurs de
Laon.

[1] Ce genre avait d'abord été désigné par M. Deshayes (*Encycl. méth.*) sous
le nom d'Omalaxon ou Homalaxon, puis Omalaxis. Dans la 2ᵉ édit. de Lamarck,
Histoire naturelle des animaux sans vertèbres, ce nom a été changé en celui
de *Bifrontia*.

[2] *Galerie de Douai*, p. 325, pl. 29; Melleville, *Sabl. tert. inf.*, *Ann. sc.
géol.*, p. 54, pl. 5.

M. Deshayes [1] a décrit la B. *Landinensis*, Desh., des terrains tertiaires inférieurs de Cuise-la-Motte, Laon, etc. (Atlas, pl. LXII, fig. 23) et les B. *bifrons*, Lamk, *disjuncta*, Desh., *marginata*, id., et *serrata*, id., du calcaire grossier. La première nommée par Lamarck, *Solarium bifrons*, est l'espèce la plus anciennement connue. La B. *disjuncta* a son dernier tour en partie détaché (Atlas, pl. LXII, fig. 22).

Les Serpularia, Roemer [2]. — Atlas, pl. LXII, fig. 24, sont des solarium à tours disjoints. Ils exagèrent ainsi ce que nous venons de voir dans quelques bifrontia, et la disjonction est plus profonde et dure pendant la totalité de la croissance. Ils ont le labre simple et sans échancrure.

Ce genre a été établi par M. Roemer pour quelques espèces de l'époque primaire qui ont d'ailleurs les caractères des euomphalus. Il est donc probable qu'on doit le laisser dans la famille des trochides, mais quelques espèces semblent indiquer une transition aux vermets.

Je doute beaucoup, par des motifs analogues à ceux que j'ai exposés en traitant des bifrontia, qu'on doive associer à ce genre la petite coquille paradoxale connue sous le nom de *Cyclostoma spiruloides*, Lamk [3], qui est plus mince et moins déroulée que les vraies serpularia.

En admettant cette exclusion, les serpularia caractérisent les terrains dévoniens et carbonifères.

La S. *centrifuga*, Roemer (*Euomphalus serpula*, d'Arch. et Vern. non Kon.), provient du terrain dévonien du Hartz, de Paffrath, etc. [4].

L'E. *circinalis*, Goldfuss [5] de l'Eifel, est aussi une serpularia ainsi que l'E. *disjunctus*, id. du calcaire carbonifère de Ratingen et l'E. *vermilia*, id., du calcaire carbonifère de Tournay.

Il faut ajouter deux autres espèces du calcaire carbonifère de Belgique, décrites par M. de Koninck [6] sous les noms de *Euomphalus serpula*, Kon. non d'Arch. (Atlas, pl. LXII, fig. 24), et *angiostomus*, Kon.

[1] *Coq. foss. Par.*, t. II, p. 221, pl. 26, et 2ᵉ édition de Lamarck, t. IX, p. 104.

[2] Le nom de Serpularia a été déjà donné par le comte de Münster à des annélides fossiles ; voyez t. II, p. 569.

[3] Deshayes, *Coq. foss. Par.*, t. II, p. 78, pl. 7.

[4] Roemer, *Harzgebirge*, p. 31, pl. 8, fig. 13 ; d'Archiac et Verneuil, *Trans. géol. Soc.*, 2ᵉ série, 1842, t. IV, p. 368, pl. 33.

[5] *Petref. Germ.*, t. III, p. 81, pl. 189, fig. 6, pl. 190, fig. 7, pl. 191, fig. 2.

[6] *Descr. anim. foss. carb. Belg.*, p. 425, pl. 23 bis, et 25.

Les Scalites, Conrad. — Atlas, pl. LXII, fig. 25 et 26,

sont caractérisés par des tours fortement anguleux, aplatis en dessus et par un ombilic nul ou très petit.

Ces coquilles sont liées par des formes intermédiaires avec les euomphalus et en particulier par le genre des Raphistoma, Hall, qui ont la spire plus courte, quelquefois tout à fait déprimée et un ombilic petit, mais bien ouvert. M. d'Orbigny réunit les raphistoma et les scalites, et, en effet, il est presque impossible de trouver des caractères constants pour séparer les espèces allongées, ou scalites, et les espèces déprimées, ou raphistoma.

Je dois cependant faire remarquer que les liaisons sont tout aussi grandes peut-être avec quelques enomphalus : l'*E. qualteriatus*, Schlot., l'*E. maximus*, Steininger (*trigonalis*, Goldfuss, etc.), ont avec un ombilic un peu plus ouvert des formes singulièrement semblables à celles des raphistoma. Je crois que si l'on doit conserver ce genre, il faudra le limiter autrement.

Les espèces décrites sous les noms de scalites et de raphistoma appartiennent toutes à l'époque primaire.

M. Hall [1] a décrit un scalite (*S. angulatus*, Atlas, pl. LXII, fig. 25), et trois raphistoma du terrain silurien inférieur des États-Unis. La *R. staminea* est figurée dans l'Atlas, pl. LXII, fig. 26.

M. d'Orbigny rapporte à ce genre le *Turbo Roemeri*, Goldfuss [2] du terrain dévonien de l'Eifel, mais cette espèce est beaucoup moins carénée que les américaines; elle a la forme de quelques espèces du genre Lacuna, Turton.

Suivant le même auteur la *Naticopsis Domanicieusis*, Keyserling [3] serait aussi une scalite, mais la forme de la bouche, l'absence de carène et l'existence d'une sorte de dent à la columelle me paraissent rendre cette assertion très douteuse.

La *Ianthina Issedon*, de Verneuil, a davantage les formes des scalites américaines; il en est de même d'un moule indéterminé figuré par le même auteur. Ces deux espèces ont été trouvées dans les terrains carbonifères de Russie [4].

[1] *Palæont. of New-York*, t. I, p. 27, pl. 6.

[2] Goldfuss, *Petref. Germ.*, t. III, p. 91, pl. 192, fig. 6 ; d'Orbigny, *Prodrome*, t. I, p. 68.

[3] *Petschora Land*, p. 267, pl. 11, fig. 13.

[4] *Paléont. de la Russie*, p. 341, pl. 23, fig. 5 et 14.

Les Pittonnelles (*Pittonnellus*, Montfort).—Atlas, pl. LXII,
fig. 27 et 28,

ont les formes des trochus et des solarium; ils en diffèrent par
une forte callosité qui recouvre l'ombilic. Leur coquille luisante
et polie a une bouche semi-lunaire, à bord mince et tranchant ;
l'animal a la forme de celui des trochus. Ce genre se distingue
facilement de tous ceux de cette famille par les caractères que je
viens d'indiquer et il a été admis par la plupart des auteurs, mais
il a reçu plusieurs noms. Il correspond aux ROULETTES ou RO-
TELLA de Lamarck, aux GLOBULUS de Schumacher (non Sowerby)
et aux PTYCOMPHALUS d'Agassiz. Il a été aussi confondu avec les
NÉRITES, les TROCHUS, les HÉLICINES, etc.

Ces mollusques habitent aujourd'hui les mers chaudes, jusqu'à
la Méditerranée; on les trouve fossiles dans plusieurs terrains,
à partir des plus anciens; mais ils sont en général rares, et
parmi les espèces qui ont été décrites plusieurs doivent être transportées dans d'autres genres.

La plus ancienne appartient au terrain dévonien.

La *R. helicinæformis*, Goldf. [1] a été trouvée à Pfaffrath.

On en connaît du lias.

Les *Rotella callosa*, Bronn, et *expansa*, Goldf., ont été toutes deux trouvées en Allemagne [2] et ne sont peut-être que des variétés d'une seule
espèce. M. d'Orbigny les considère comme des pleurotomaires.

Le lias supérieur de Normandie en renferme une qui est longue et conique,
comme certains trochus, mais qui a bien la callosité des pittonnelles.

M. d'Orbigny [3] l'a décrite sous le nom de *P. conicus* (Atlas, pl. LXII,
fig. 27).

On en connaît aussi deux espèces de l'époque crétacée.

M. d'Orbigny a décrit [4] la *Rotella Archiaciana* des grès cénomaniens du
Mans, Atlas, pl. LXII, fig. 28.

La *P. bicarinata*, Zekeli [5], caractérise les terrains crétacés supérieurs de
Gosau.

[1] *Petref. Germ.*, t. III, p. 102, pl. 195, fig. 7.
[2] Deshayes, *Coq. caract. des terrains*, p. 189, pl. 4, fig. 5 et 6 ; Goldf.,
Petref. Germ., t. III, pl. 195, fig. 8 et 9.
[3] *Pal. franç.*, *Terr. jur.*, t. II, p. 304, pl. 321.
[4] *Pal. franç.*, *Terr. crét.*, t. II, pl. 178.
[5] *Gastéropodes de Gosau*, p. 61, pl. 11, fig. 3.

Le *P. cretaceus*, d'Orb. [1], a été trouvé dans les terrains crétacés supérieurs de Pondichéry.

Les pittonnelles ont été trouvées aussi dans les terrains tertiaires et y sont un peu plus abondantes.

M. d'Orbigny place dans ce genre [2] l'*Helicina dubia*, Lamarck, du calcaire grossier et la *Delphinula callifera*, Desh., des grès marins supérieurs. Elles n'en ont qu'une partie des caractères.

Deux espèces ont été trouvées dans les terrains miocènes supérieurs de Bordeaux [3] et de Dax. Ce sont les *R. nana*, Grat., et *Defrancii*, Basterot.

Cette dernière espèce se trouve aussi dans les terrains miocènes du Piémont.

On peut ajouter quelques espèces de l'Amérique septentrionale [4].

Les Helicocryptus, d'Orbigny, pl. LXII, fig. 29,

ont une coquille qui s'enroule d'une manière fort différente de tous les genres précédents : la spire est formée de tours embrassants aussi bien en dessus qu'en dessous, de manière à laisser un ombilic non-seulement sur la face ombilicale ordinaire, mais aussi sur la face spirale. La coquille est déprimée, orbiculaire ; la bouche est verticale, ovale, transverse, à bords tranchants et recouverts d'une forte callosité sur toute la partie embrassante.

On ne connaît que deux espèces de ce genre singulier.

La plus ancienne appartient à l'époque corallienne.

C'est l'*H. pusillus*, d'Orb. [5] (*Helix pusilla*, Roemer), recueilli à Saint-Mihiel (Meuse) et à Hobenggelsen en Allemagne.

La plus récente a été trouvée dans le terrain cénomanien.

M. Sowerby [6] l'a décrite sous le nom de *Planorbis radiatus* ; elle a été trouvée à Blackdown et dans le Mans.

Les Stomates (*Stomatia*, Lamarck), — Atlas, pl. LXIII,
fig. 1 et 2,

forment une transition entre les véritables trochides et les halio-

<hr>

[1] D'Orbigny, *Voyage de l'Astrolabe*, pl. 4.

[2] Deshayes, *Coq. foss. Par.*, t. II, pl. 6 et 25.

[3] Basterot, *Coq. foss. Bord.*, pl. 1 ; Grateloup, *Conch. foss. de l'Adour*, I.

[4] Lea, *Descr. new foss. tert.*, pl. 36.

[5] *Pal. franç., Terr. jur.*, t. II, p. 361, pl. 321.

[6] *Min. conch.*, pl. 140, fig. 8 et 9.

tides. Elles ont une coquille auriforme et évasée comme les oreilles de mer actuelles, mais leur labre n'est pas percé de trous. L'animal a des caractères qui rappellent à la fois les deux familles. L'existence d'un opercule rudimentaire semble leur assigner une place à la fin de celle des trochides.

Les stomates ont vécu à toutes les époques géologiques et se retrouvent dans nos mers [1].

Les plus anciennes appartiennent aux terrains dévoniens.

M. d'Orbigny [2] attribue avec raison à ce genre les *Sigaretus furcatus* et *rugosus*, Goldf., de l'Eifel, le *Pileopsis lineata*, id., du même gisement et le *P. substriata*, Münster, de Schübelhammer.

Je pense avec le même auteur que le *Capulus Ermanni*, de Verneuil, Keys., Murch. [3], du terrain carbonifère de Russie, est probablement une stomatia.

M. d'Orbigny [4] rapporte encore au même genre diverses espèces de Saint-Cassian décrites par le comte de Münster et par M. Klipstein sous les noms de *Capulus*, *Naticella*, *Botella* et *Sigaretus*.

On n'en cite qu'un petit nombre d'espèces de l'époque jurassique.

On trouve dans le lias la *S. reticulata*, d'Orb. (*Pileopsis reticulata*, Münster), de Banz [5].

Ce n'est qu'avec doute que MM. Morris et Lycett [6] rapprochent des stomatia la singulière coquille dont ils ont fait le genre MEGASTOMA et qu'ils désignent sous le nom de *Stomatia?* (*Megastoma*) *Buvignieri*. Elle provient de la grande oolithe de Minchinhampton.

La *S. sulcosa* (*Nerita sulcosa*, d'Archiac) provient de la grande oolithe d'Esparcy [7].

M. Buvignier [8] a décrit les *Stomatella carinata* (Atlas, pl. LXIII, fig. 1) et *funata* du terrain corallien de Saint-Mihiel.

Elles paraissent également rares dans l'époque crétacée.

[1] Il paraît qu'on doit leur réunir les STOMATELLES (*Stomatella*, Lam.).

[2] *Prodrome*, t. I, p. 68; Goldfuss, *Petref. Germ.*, t. III, p. 10 et 13, pl. 168.

[3] *Paléont. de la Russie*, p. 331, pl. 23, fig. 10.

[4] *Prodrome*, t. I, p. 194.

[5] Goldfuss, *Petref. Germ.*, t. II, p. 11, pl. 168, fig. 8.

[6] *Moll. from the great ool.*, *Palœont. Soc.*, 1850, p. 84, pl. 9.

[7] D'Archiac, *Mém. Soc. géol.*, t. V, p. 377, pl. 28, fig. 10.

[8] *Mém. Soc. Verdun*, t. II, p. 19, pl. 5, d'Orbigny, *Pal. franç.*, Terr. jur., t. II, pl. 339.

J'ai décrit [1] avec M. Roux la S. *gaultina*, du gault des environs de Genève (Atlas, pl. LXIII, fig. 2).

M. d'Orbigny [2] a fait connaître la S. *aspera* du terrain cénomanien de Cognac.

On n'en a encore trouvé aucune dans l'époque tertiaire.

9ᵉ Famille. — HALIOTIDES.

La famille des haliotides est composée de quelques genres qui ont été associés, par des hypothèses plus ou moins probables, aux oreilles de mer. Ces dernières sont les seules dont l'animal soit connu et elles sont, comme on le sait, caractérisées par une coquille déprimée, auriforme, percée de trous sur le labre. Ces trous correspondent à des tubes qui s'ouvrent dans la cavité respiratoire et qui servent à y introduire l'eau. L'animal porte sur son pied des tentacules ou filaments flexibles semblables à ceux des trochides, mais beaucoup plus nombreux. Ce pied est large, épais au centre, aminci sur les bords, et l'organisation du mollusque paraît ne pas s'éloigner beaucoup de celle de la famille précédente, sauf que la circulation y est plus lacunaire, ainsi que l'a montré M. Milne Edwards.

Les paléontologistes sont en grande partie d'accord pour rapprocher des oreilles de mer un certain nombre de coquilles fossiles turbinées, de forme trochoïde ou allongée, rappelant celle des trochus, des turbo, des euomphalus, etc., mais caractérisées par une longue fente sur le labre. On a considéré cette fente comme l'analogue des trous de la coquille des oreilles de mer et on lui a attribué par hypothèse des fonctions analogues. Les pleurotomaria et les murchisonia sont les types auxquels je fais allusion. La longueur de la fente, et la trace qu'elle laisse sur le test, en prouvant son importance probable, justifient cette manière de voir.

Le genre des trochotoma, celui des cirrus et celui des polytremaria offrent d'ailleurs, comme je le montrerai plus bas, des transitions importantes entre les pleurotomaires et les oreilles de mer, et fournissent ainsi une preuve nouvelle en faveur de la convenance de leur réunion.

Le genre vivant des scissurella, d'Orbigny, a la forme tro-

[1] *Moll. foss. grès verts*, p. 245, pl. 24, fig. 3.
[2] *Pal. franç.*, Terr. crét., t. II, p. 237, pl. 188, fig. 4 à 7.

choïde et la fente des pleurotomaires et pourra par conséquent fournir de précieuses données, mais l'animal est encore inconnu.

En admettant la grande probabilité des analogies que nous venons d'analyser, nous pouvons donc définir la famille des haliotides comme ayant une coquille auriforme ou conique dont le labre est percé de trous distincts ou d'une fente marginale.

Cette famille, ainsi limitée, a une histoire paléontologique fort singulière, et qui rappelle plutôt celle des céphalopodes ou des brachiopodes que celle des autres familles de la classe des gastéropodes. Elle a été profondément modifiée pendant la série des temps, et aucun des genres qui la composent n'a vécu pendant toutes les époques.

Deux se trouvent dans les mers actuelles.

La plupart sont spéciaux à une période limitée. Ceux des murchisonia, cantantostoma, et des polytremaria ne dépassent pas l'époque primaire.

Celui des porcellia et celui des cirrus qui ont commencé dans cette époque se sont éteints avant le milieu de l'époque secondaire.

Le genre des trochotoma est spécial aux terrains jurassiques.

Les haliotides et les scissurelles, les seuls genres actuellement vivants, ne datent que de la fin de l'époque tertiaire.

Les pleurotomaires au contraire sont richement représentées dans toute la série des terrains, depuis le silurien. Elles disparaissent toutefois vers le milieu de l'époque tertiaire, et manquent aux mers actuelles. Il résulte de là que la famille des haliotides a été en voie de diminution dans le nombre des genres qui l'ont successivement représentée. On compte six genres de cette famille dans l'époque primaire, quatre dans la période jurassique, un seul (les pleurotomaires) depuis le commencement de l'époque crétacée, jusqu'au milieu de l'époque tertiaire, et un seul encore (les haliotides) depuis ce moment jusqu'à l'époque quaternaire, où un second genre (les scissurelles) vient s'y ajouter pour se continuer dans l'époque actuelle.

Les PLEUROTOMAIRES (*Pleurotomaria*, Defr.), — Atlas, pl. LXIII, fig. 3 à 10,

sont le genre qui se rapproche le plus de la famille précédente ; leur coquille est conique, déprimée ou subglobuleuse, ordinairement trochoïde, avec ou sans ombilic. La bouche est de forme variable, modifiée par le tour de spire précédent. La columelle est simple, quelquefois calleuse. Le labre est tranchant et échancré par un sinus, en fente plus ou moins étroite et prolongée. Ce sinus, à mesure qu'il se ferme en arrière, laisse toujours apparente à l'extérieur de la coquille une bande, que M. Al. d'Orbigny nomme *la bande du sinus*[1]. On l'aperçoit assez généralement à tous les tours, et ses lignes d'accroissement sont écailleuses, arquées et imbriquées, tandis que celles du labre s'infléchissent de chaque côté vers le sinus. Elle laisse ordinairement aussi une trace sur les moules qui est quelquefois bien peu marquée, mais qui suffit souvent pour les distinguer de ceux des trochus (fig. 9, *a*).

Les pleurotomaires sont en général couvertes de dessins très élégants en relief. M. d'Orbigny a remarqué, dans les espèces du terrain crétacé, que la coquille très jeune en est généralement dépourvue, et qu'ils s'effacent aussi dans l'âge avancé. Ces ornements paraissent se conserver d'une manière plus uniforme dans les espèces des terrains plus anciens.

Les formes de ce genre sont très variables. La plupart des coquilles ont tout à fait les caractères des troques, et n'en diffèrent absolument que par la fente du labre; d'autres rappellent plutôt les turbos, et quelques-unes peuvent être comparées aux solarium. Ces variations semblent confirmer ce que j'ai dit au sujet de la famille des trochides : que les genres établis sur ces différences de formes sont plutôt des coupes artificielles que des groupes naturels. On peut se servir de ces différences dans l'enroulement pour diviser les pleurotomaires en un certain nombre de groupes. M. de Koninck en forme deux : les *Globosæ*, dont la forme est plus ou moins globuleuse, et dont la coquille est très peu ornée, et les *Ornatæ*, qui ont des tours anguleux et des ornements très prononcés. Ce dernier groupe peut se subdiviser en deux autres, établis par M. d'Orbigny : les *Perspectivæ*, qui ont les formes des solarium, c'est-à-dire dont l'ombilic est ouvert et permet d'apercevoir les tours, et les *Folcatæ*, qui ressemblent davantage aux troques par leur ombilic fermé ou simplement perforé.

Il est probable que les pleurotomaires n'avaient pas d'opercule; on peut en donner pour preuve leur analogie avec les haliotides, qui en sont dépourvues, et le fait qu'on n'a jamais trouvé

[1] Voyez Atlas, pl. LXIII, fig. 4 à 9, où la bande du sinus est indiquée par la lettre *a*.

d'opercules dans les terrains qui renferment leurs coquilles en quantité innombrable.

La synonymie de ce genre est peu compliquée. Je dois seulement rappeler que l'on a dû y transporter plusieurs espèces décrites dans l'origine sous les noms de trochus, turbo, solarium, etc. Il en est de même de quelques espèces rapportées aux schizostoma, qui ont au labre une échancrure que l'on peut facilement confondre avec le sinus des pleurotomaires.

J'ai dit plus haut que ces mollusques dataient des époques les plus anciennes du globe, et avaient duré sans interruption jusqu'au milieu de l'époque tertiaire.

On en trouve dans les terrains siluriens [1].

Les grès de Caradoc (silurien inférieur) renferment la *P. angulata*, Sow., à laquelle il faut probablement ajouter le *Trochus lenticularis*, id.

La *P. undata*, Sow., provient des roches de Ludlow (silurien supérieur).

M. Portlock a décrit les *P. subrotunda*, *trochiformis* et *turrita* des terrains siluriens de Tyrone ; M. M'Coy la *P. crenulata* des terrains siluriens supérieurs du Westmoreland ; M. Salter la *P. Moorei* des terrains siluriens inférieurs de l'Ayrshire.

M. Hall a fait connaître de nombreuses espèces des terrains siluriens inférieurs des États-Unis.

Les pleurotomaires augmentent beaucoup de nombre dans les terrains dévoniens.

Les espèces d'Angleterre ont été décrites [2], par MM. Sowerby (*P. aspera, cleriformis, impendens*), et Phillips (*P. antitorquata, cancellata, gracilis*).

Les espèces connues d'Allemagne et du bassin du Rhin sont au nombre de plus de trente. Elles sont connues [3] par les travaux de Goldfuss (seize espèces); de Roemer (six espèces nouvelles dans son premier ouvrage et six dans le *Palæontographica*); de Sandberger (*P. decussata, nodulosa, subclathrata*); de MM. d'Archiac et Verneuil (onze espèces dont sept nouvelles), etc.

Elles sont plus abondantes encore dans les dépôts de l'époque carbonifère.

[1] Sowerby, dans Murchison, *Silur. syst.*, pl. 8, 19 et 21 ; Hall, *Palæont. of New-York*, t. I ; Portlock, *Geol. report*, pl. 30 ; M'Coy, *Ann. and mag. of nat. hist.*, 1852, t. X, p. 190 ; Salter, *Quart. Journ. geol. Soc.*, 1848, t. V, p. 14, pl. 1, fig. 1.

[2] Sowerby, *Trans. of the geol. Soc.*, 2ᵉ série, t. V, pl. 54, 57 ; Phillips, *Palæont. foss. of Devon.*, pl. 37.

[3] Goldfuss, *Petref. Germ.*, t. III, p. 61, pl. 182, 183, 191 ; Roemer *Harzgebirge*, p. 27, pl. 7 et 8, et *Palæontographica*, t. III, p. 15, etc ;

La *P. carinata*, Sow., et la *P. striata*, id., ont été trouvées en Angleterre. M. Phillips a décrit, en outre, vingt-sept espèces des mêmes gisements et M. M'Coy en a ajouté quelques-unes d'Irlande [1].

M. de Koninck [2] a recueilli dans les terrains carbonifères de Belgique, cinquante et une espèces, dont il décrit quarante-huit, parmi lesquelles il y en a vingt-neuf nouvelles. La plupart appartiennent au groupe des *Ornatæ*, *Falcatæ*, et quelques-unes à celui des *Globosæ* qui paraît spécial au terrain carbonifère. La *P. callosa*, Kon., est figurée dans l'Atlas, pl. LXIII, fig. 3.

On trouvera dans le grand ouvrage de Goldfuss [3] la description de sept espèces du calcaire carbonifère de Ratisgen.

Il faut ajouter quelques espèces de Russie décrites par MM. de Verneuil [4], Murchison et Keyserling, etc. (*P. ouralica*, *aliaica*, *karpiskiana*), et par M. Keyserling seul (*P. trochiformis*).

La *P. angulosa*, d'Orb. [5], provient du terrain carbonifère de Bolivia.

Les terrains permiens en renferment quelques-unes.

La plus anciennement connue a été décrite par Schlotheim sous le nom de *Trochilites antrina* et devient la *P. antrina* [6]. Elle a été trouvée en Allemagne et en Angleterre.

La *P. Verneuili*, Geinitz [7] a été découverte en Allemagne.

La *P. penea* de Verneuil, Keys., Murch. [8], provient de la Russie.

M. King [9] a décrit les *P. Tunstallensis*, *nodulosa* et *Linkiana* des terrains permiens d'Angleterre.

Il n'y en a point dans le muschelkalk, mais bien dans les dépôts de Saint-Cassian.

Le comte de Munster et M. Klipstein [10] ont décrit de nombreuses espèces ; mais en confondant avec les pleurotomaires quelques trochus, etc. Il faut réserver le nom de pleurotomaire à celles qui ont une bande ou sinus suffisante pour prouver l'existence de la fente quand le labre est détruit. Ces re-

Sandberger, *Leonh. und Bronn neues Jahrb.*, 1842, p. 192, pl. 8; d'Archiac et Verneuil, *Trans. geol. Soc.*, 2ᵉ série, t. VI, pl. 33, etc.

(1) Sowerby, *Min. conch.*, pl. 10 et 171 ; Phillips, *Geol. of Yorkshire*, pl. 15 ; M'Coy, *Synopsis of Ireland*, pl. 5 et 6.

(2) *Descr. anim. foss. carb. Belg.*, p. 362.

(3) *Petref. Germ.*, pl. 183 et 184.

(4) De Verneuil, Murch. et Keys., *Paléont. de la Russie*, p. 337, pl. 23 ; Keyserling, *Petchora Land*, p. 265, pl. 11.

(5) *Voyage dans l'Amér. mér. Paléontologie*, p. 43, pl. 3, fig. 4.

(6) Schlotheim, *Beitr. zur Petref.*, p. 32, pl. 7, fig. 6.

(7) *Zechsteingeb.*, p. 7, pl. 3.

(8) *Pal. de la Russie*, p. 336, pl. 22, fig. 5.

(9) *Permian fossils*, *Paléont. Society*, 1848, p. 215, pl. 17.

(10) Munster, *Beitr. zur Petref.*, t. IV, p. 109, pl. 11 et 12 ; Klipstein, *Geol. der œstl. Alpen*, p. 170, pl. 14.

tranchements faits, il restera encore dans ce gisement plus d'une vingtaine de véritables pleurotomaires.

Les pleurotomaires ont pris un grand développement pendant l'époque jurassique, et la plupart des espèces ont des ornements élégants.

On en connaît plusieurs du lias.

On peut citer parmi les espèces d'Angleterre la *P. anglica* (*T. anglicus*, Sow.) Il faudrait y ajouter deux coquilles décrites par Sowerby [1] sous le nom d'HELICINA (*H. expansa* et *compressa*), si elles sont des pleurotomaires comme le pense M. d'Orbigny et non des pittonnelles. Je n'ai pas pu les observer en nature.

Les espèces du lias de France ont principalement été étudiées par M. Eudes Deslongchamps [2], puis par M. d'Orbigny. Le premier en a décrit et figuré plus de trente espèces de Normandie qui proviennent surtout du lias de Fontaine-Etoupefour. M. d'Orbigny en a ajouté plusieurs.

La figure 4 de la pl. LXIII de l'Atlas représente la *P. bitorquata*, d'Orb.; la figure 5 la *P. hyphantia*, Deslongch. et la figure 6, la *P. platyspira*, d'Orb. Ces trois espèces appartiennent au lias moyen de France.

On trouvera la description des espèces d'Allemagne [3] dans les ouvrages de Goldfuss (quinze espèces presque toutes nouvelles et décrites par Goldfuss ou par le comte de Münster), Zieten (*P. tuberculosa*, Defr.); Duncker (*P. rotellæformis*, d'Halberstadt); Koch (*P. solarium*, de Kahlefeld); etc.

Les pleurotomaires connues de l'oolithe inférieure dépassent déjà le chiffre de soixante.

Outre quelques espèces décrites par Sowerby [4] sous le nom de trochus (*Trochus ornatus*, *granulatus*, *punctatus*, *elongatus*, *abbreviatus*, *fasciatus*, *sulcatus*), on peut citer en Angleterre les *P. funata*, Lycett, et *lævigata*, id.

Goldfuss a fait connaître quelques espèces d'Allemagne [5] dont M. d'Orbigny a rectifié en partie la synonymie.

La connaissance des espèces de France est presque entièrement due à

[1] Sowerby, *Min. conch.*, pl. 142, 10 et 273.

[2] Eudes Deslongchamps, *Mém. Soc. Lin. Normandie*, 1848, t. VIII; d'Orbigny, *Pal. franç.*, *Terr. jur.*, t. II, pl. 316 et suivantes. Je regrette de ne pas avoir pu profiter des travaux de ce dernier auteur; le texte n'a pas encore paru.

[3] Goldfuss, *Petref. Germ.*, t. III, p. 69, pl. 184 et 185; Zieten, *Pétrif. Wurt.*, pl. 35; Duncker, *Palæontographica*, t. I, p. 111; Koch, *id.*, t. I, p. 174, etc.

[4] Sowerby, *Min. conch.*, pl. 193, 220 et 221; Lycett, *Ann. and mag. of nat. hist.*, 2ᵉ série, 1850, t. VI, p. 411 et 417.

[5] *Petref. Germ.*, t. III, p. 74, pl. 186 et 187.

M. Eudes Deslongchamps [1], qui en a décrit plus de trente-cinq espèces de l'oolithe inférieure du Calvados, dont la plupart nouvelles.

Elles se continuent moins nombreuses dans la grande oolithe.

C'est également à M. Eudes Deslongchamps que l'on doit la connaissance de la plus grande partie des espèces de France.

MM. Morris et Lycett ont décrit [2] six espèces de la grande oolithe d'Angleterre dont deux nouvelles.

Les terrains kellowiens et oxfordiens en ont fourni quelques-unes qui sont moins connues.

M. d'Orbigny indique dans son *Prodrome* [3] cinq espèces nouvelles du terrain kellowien et quatre du terrain oxfordien.

Il rapporte au même genre le *Trochus guttatus*, Phillips [4], et le *Cirrus depressus*, id., du terrain kellowien d'Angleterre; ainsi que les *T. bicarinatus*, Sow., et *tornatus*, Phill., du terrain oxfordien du même pays.

M. Buvignier [5] en a décrit trois espèces des terrains oxfordiens du département de la Meuse.

On peut ajouter quelques espèces de Russie décrites [6] par M. d'Orbigny (*P. Buvignieri, Buchiana, Blödeana, Worthiana*, etc.) et par M. de Keyserling (*P. syssolæ*).

Les espèces d'Allemagne sont en petit nombre et difficiles à rapporter exactement aux étages connus.

Les pleurotomaires semblent diminuer de nombre dans le terrain corallien et dans les étages jurassiques supérieurs.

On trouvera dans l'ouvrage de Goldfuss [7] la description de quelques espèces; la *P. armata*, Goldf., provient de Streitberg, la *P. clathrata*, id., de Pappenheim, la *P. Agassizii*, id., de Nattheim.

M. Roemer a décrit [8] la *Pl. Munsteri*, R. du corallien de Heersum, etc.

Il faut ajouter, suivant M. d'Orbigny [9], les *Trochus monilifer*, Zieten, *Jurensis*, id. et *quinquecinctus*, id., du corallien de Nattheim, le *T. reticulatus* Sow., du terrain kimméridgien de Weymouth et le *T. acutimargo*, Roemer, du portlandien d'Osterwald.

[1] *Mém. Soc. Lin. de Normandie*, 1848, t. VIII.

[2] *Mollusca from the great ool.*, Palæont. Soc., 1850, p. 77, pl. 10.

[3] *Prodrome*, t. I, p. 333 et 335.

[4] *Geol. of Yorkshire*, p. 112, pl. 6; Sowerby, *Min. conch.*, pl. 221.

[5] *Statist. géol. de la Meuse*, p. 39, pl. 25.

[6] Murch., Vern. et Keys., *Paléont. de la Russie*, p. 451; Keyserling, *Petschora Land*, p. 318.

[7] *Petref. Germ.*, t. III, pl. 186.

[8] *Norddeutsch. Oolithgeb.*, p. 148, pl. 10, supplément, p. 14, pl. 20, fig. 12.

[9] D'Orbigny, *Prodrome*, t. II, p. 10; Zieten, *Pétrif. Wurt.*, pl. 34 et

La *Pl. mosensis*, Buvignier [1] appartient aux terrains kimméridgiens de la Meuse.

M. d'Orbigny annonce dans le *Prodrome* trois espèces nouvelles du terrain corallien et une du terrain kimméridgien.

Les terrains de l'époque crétacée renferment de nombreuses pleurotomaires.

On en connaît dans les terrains néocomiens et aptiens.

M. d'Orbigny [2] a décrit dans la *Paléontologie française* six espèces du terrain néocomien inférieur et deux du terrain urgonien. Il a depuis lors ajouté quelques espèces inédites dans le *Prodrome*.

La *P. Defrancii*, Matheron [3], a été trouvée dans le terrain néocomien des Bouches-du-Rhône.

Le terrain aptien de la perte du Rhône et le lower green sand d'Angleterre renferment une espèce qui, décrite d'abord sous le nom de *Trochus*, a successivement été nommée *P. striata*, Sow., *P. gigantea*, id., *Trochus jurensissimilis*, Roemer, *P. Fittoni*, d'Orb. Le nom de *P. gigantea* doit lui être conservé [4].

La *P. Ansteti*, Forbes [5], a été trouvée aussi dans le lower green sand d'Angleterre.

Les espèces du gault sont abondantes.

La plus anciennement connue est le *Trochus Rhodani*, Brongn., de la perte du Rhône [6].

M. d'Orbigny [7] en a décrit cinq espèces dont quatre nouvelles, et indiqué plus tard quelques autres.

Nous en avons trouvé quatorze espèces dans le gault des environs de Genève dont neuf nouvelles [8]. La figure 7 de la planche LXIII représente la *P. Thurmanni*, Pictet et Roux, la figure 8 la *P. regina*, id., et la figure 9 le moule de la *P. allobrogensis*, id.

Elles restent nombreuses dans les craies marneuses, les craies chloritées et les terrains crétacés supérieurs.

35; Sowerby, *Min. conch.*, pl. 272; Roemer, *Norddeutsch. Oolithgeb.*, supplément, p. 45, pl. 20.

[1] *Statist. géol. de la Meuse*, p. 39, pl. 23.

[2] *Pal. franç., Terr. crét.*, t. II, p. 240, pl. 188 à 191.

[3] *Catalogue*, p. 237, pl. 39, fig. 14.

[4] Voyez Pictet et Renevier, *Paléontologie suisse, Terr. aptien*, p. 42, pl. 4, fig. 5 et 6.

[5] *Quart. Journ. géol. Soc.*, p. 351, pl. 4, fig. 6.

[6] J'ai montré (*Moll. grès verts*, p. 223) que le *T. gurgitis*, Brongn., est un trochus et non une pleurotomaire

[7] *Pal. franç., Terr. crét.*, t. II, p. 246, pl. 191 et 192.

[8] Pictet et Roux, *Moll. des grès verts*, p. 226, pl. 22 à 24.

La *P. perspectiva* (*Cirrus depressus* et *perspectivus*, Mantell, etc.), est commune en Angleterre et en France, dans le terrain cénomanien.

M. d'Orbigny (1) a décrit treize espèces des terrains cénomaniens et turoniens dont onze nouvelles, et indiqué plus tard quatre autres. Il a fait connaître sept espèces des craies supérieures.

M. d'Archiac (2) a fait connaître les *P. Nysti*, *scarpacensis*, *Dumontii*, de Tournay, où l'on trouve aussi la *P. texta*, Goldfuss.

Quelques espèces ont été découvertes dans les terrains crétacés d'Allemagne (3). On cite en particulier, outre la *P. texta*, Goldfuss, etc., sept autres espèces décrites par le même auteur, les *P. sublævis*, Reuss, *fenata*, id., et *dictyota*, id., de Bohême.

On peut ajouter la *P. distincta*, Dujardin (4), des craies supérieures de Touraine.

M. Hébert parle (5) d'une espèce trouvée dans le calcaire pisolitique de la Falaise.

J'ai dit plus haut que les pleurotomaires se terminaient dans le commencement de la période tertiaire. Les espèces de cette époque sont très peu nombreuses.

La *P. Perezii*, d'Orb. (6), a été trouvée dans le terrain nummulitique de Nice.

La *P. concava*, Deshayes (7), a été découverte dans le calcaire grossier du bassin de Paris (atlas, pl. LXIII, fig. 10).

Je ne sais s'il faut ajouter la *P. Sismondai*, Goldfuss (8), qui proviendrait des sables marins supérieurs des environs de Bünde.

Les pleurotomaires se retrouvent dans divers pays éloignés de l'Europe.

On en cite dans les terrains crétacés des Etats-Unis et de l'Inde, et jusque dans les terrains carbonifères de l'Australie (9).

LES SCISSURELLES (*Scissurella*, d'Orbigny), — Atlas, pl. LXIII,
fig. 11,

ont les formes des pleurotomaires ombiliquées et une fente tout à

---

(1) *Pal. franç.*, *Terr. crét.*, t. II, p. 251, pl. 193 à 205.

(2) *Mém. Soc. géol.*, 2e série, t. II, p. 342, pl. 21.

(3) Reuss, *Boehm. Kreidegeb.*, I, p. 47, pl. 10, et II, p. 112, pl. 44; Goldfuss, *Petref. Germ.*, t. III, p. 75, pl. 186, fig. 5.

(4) *Mém. Soc. géol.*, 1847, t. II, p. 231.

(5) *Bull. Soc. géol.*, 2e série, t. IV (1847), p. 518.

(6) *Prodrome*, t. II, p 313.

(7) *Coq. foss. Par.*, t. II, p. 246, pl. 32, fig. 1-3.

(8) *Petref. Germ.*, t. III, p. 77, pl. 188, fig. 1 a. b. J'ai beaucoup de doutes sur l'origine de cette espèce.

(9) Morton, *Synopsis*; Forbes, *Trans. geol. Soc.*, t. VII; M' Coy, *Ann. and mag. of nat. hist.*, 1847, t. XX, p. 305.

fait analogue sur le labre. Cette fente se bouche comme dans le genre précédent, et laisse également une bande sur le sinus. Mais les scissurelles sont de petites coquilles délicates, à test très mince, hyalin, et, malgré l'opinion de quelques auteurs, je ne pense pas que l'on puisse les réunir génériquement avec les pleurotomaires, qui sont robustes et ont un test épais, solide, orné, et dont le genre de vie a dû être certainement très différent.

On rapporte ordinairement aux scissurelles le genre ANATOMUS, Monfort, II, 278; la description donnée par cet auteur me laisse des doutes et je ne sais pas s'il n'a pas désigné sous ce nom quelque coquille voisine des spirorbis.

On connaît quelques espèces de scissurelles qui vivent dans les mers actuelles. On n'en a trouvé de fossiles que dans les terrains récents.

La *S. crispata*, Flem., qui vit actuellement sur les côtes d'Écosse, a été trouvée fossile dans le crag corallien de Sutton [1].

La *S. aspera*, Phillippi [2], a été découverte en Calabre près de Reggio (Atlas, pl. LXIII, fig. 11). C'est, suivant M. Phillippi, une espèce perdue. M. Wood la réunit avec doute à la précédente; mais elle est plus haute.

Les MURCHISONIA, de Verneuil et d'Archiac, — Atlas, pl. LXIII, fig. 12 à 14,

ont encore le labre échancré par une fente tout à fait semblable à celle des pleurotomaires, mais leur coquille est allongée, turriculée et semblable par son enroulement à celle des chemnitzia ou à celle des turritelles, avec lesquelles elles ont été confondues. Leur organisation a probablement été très voisine de celle des pleurotomaires. La fente laisse sur la coquille une bande du sinus semblable.

Ces mollusques paraissent n'avoir vécu que pendant la période primaire. On en connaît déjà plus de cinquante espèces.

On les trouve dès les terrains siluriens.

La *M. baltica*, de Vern. [3], a été trouvée dans le terrain silurien inférieur de Russie; la *M. cingulata*, id. (*Turrit. cingulata*, Hisinger), provient du terrain silurien supérieur de Russie et de Suède.

[1] *Moll. from the crag, Palæont. Soc.*, 1848, p. 162, pl. 15, fig. 13.
[2] Phillippi, *Enum. moll. Sicil.*, II, p. 160, pl. 23, fig. 17.
[3] De Vern., Keys., Murch., *Pal. de la Russie*, p. 338, pl. 23, fig. 7.

On doit aussi [1] rapporter à ce genre trois espèces des roches de Ludlow, décrites par M. Sowerby, comme des pleurotomaires, sous les noms de *articulata*, *corallii*, *Lloydii* ; quatre espèces de divers gisements siluriens d'Angleterre décrites par M. M'Coy ; la *M. scalaris*, Salter, du terrain silurien inférieur de l'Ayrshire, etc.

M. Hall [2] a fait connaître une douzaine d'espèces des terrains siluriens inférieurs des États-Unis.

Les espèces sont nombreuses dans les terrains dévoniens.

Parmi celles d'Angleterre [3] on peut citer la *M. brevis* (*Bucciaum breve*, Sow.), la *M. spinosa* (*Bucc. spinosum*, Sow.), et quelques espèces décrites par M. Phillips (*M. geminata*, etc.).

La *M. antiqua* (*Cerithium antiquum*, Steininger, *M. coronata*, d'Arch. et Vern., etc.) caractérise les terrains dévoniens d'Allemagne [4].

D'autres espèces des mêmes gisements ont été décrites [5] par Goldfuss (*Murch. bilineata*, Goldf., *intermedia*, d'Arch. et Vern. Atlas, pl. LXIII, fig. 13, *coronata*, id., etc.) ; d'Archiac et Verneuil (huit espèces, *M. bipyramidosa*, d'Arch. et Vern. (*bilineata*, Phill.) Atlas, pl. LXIII, fig. 12, *M. binodosa*, d'Arch. et Vern., etc. ; Münster (*Schizostoma antitorquata*, *contraria*, *tricincta*, etc.) ; Roemer (*M. hercynica*, Roemer, et *bistriata*, id., du Harz).

Elles se continuent à peu près en même nombre dans l'époque carbonifère.

M. Phillips [6] a fait connaître plusieurs espèces d'Angleterre (*Rostellaria*, *angulata*, *Pleurotomaria fusiformis*, *Turritella tæniata*, etc.).

On peut y ajouter la *M. elongata*, Portlock [7], de Tyrone, etc.

Goldfuss [8] a décrit les *Murch. spirata*, *trilineata* et *plicata*, du terrain carbonifère de Ratingen.

[1] Murchison, *Silur. system*, pl. 5 et 8 ; M'Coy, *Ann. and mag. of nat. hist.*, 1852, 2ᵉ série, t. X, p. 191 ; Salter, *Quart. Journ. geol. Soc.*, 1848, t. V, p. 14.

[2] *Pal. of New-York*, t. I, p. 32, 41, 177.

[3] Sowerby, *Min. conch*, pl. 566 et *Trans. geol. Soc.*, t. V ; Phillips, *Palæont. foss*, pl. 39.

[4] Steininger, *Mém. Soc. géol.*, 1837, t. I, p. 367 ; d'Archiac et Verneuil, *Trans. geol. Soc.*, 2ᵉ série, t. VI, pl. 32, fig. 3.

[5] Goldfuss, *Petref. Germ.*, t. III, p. 103, pl. 172 et 195 ; d'Archiac et Verneuil, *Trans. geol. Soc.*, 2ᵉ série, t. 6, p. 355 ; Münster, *Beitr. zur Petref.*, t. III, p. 87, pl. 15 ; Roemer, *Harzgeb.*, p. 29, et *Palæontographica*, t. III, p. 37, pl. 5.

[6] *Geol. of Yorksh.*, t. II, pl. 15 et 16.

[7] *Geol. Report*, p. 569, pl. 38, fig. 16.

[8] *Petref. Germ.*, t. III, pl. 172, fig. 6 à 9.

Les espèces des terrains carbonifères de Belgique ont été étudiées par M. de Koninck [1] qui en a décrit huit espèces dont cinq nouvelles. Il les divise en *coronata* et *sulcata*. La figure 14 de la planche LXIII représente le *M. subsulcata*, de Kon.

Les murchisonia apparaissent pour la dernière fois dans les terrains permiens.

On trouve, en Allemagne et en Russie, la *M. subangulata* de Verneuil [2]. M. d'Orbigny y ajoute avec doute la *Turritella biarmica*, Kutorga, de Russie [3].

Les Catantostoma, Sandberger, — Atlas, pl. LXIII, fig. 15,

ont les formes générales et les caractères des murchisonia. Elles en diffèrent par l'enroulement irrégulier du dernier tour, qui, dans son dernier tiers, dévie de manière à ce que la bouche se trouve dans la direction de l'axe de la coquille. La bande du sinus est également déviée et forme une ligne sinueuse. La coquille est ovoïde, plus courte que la plupart des murchisonia.

On n'en connaît [4] qu'une seule espèce le *C. clathratum*, Sandberger, des calcaires marneux de Willmar, qui appartiennent à l'époque dévonienne.

Les Porcellia, Léveillé, — Atlas, pl. LXIII, fig. 16,

ont encore la fente des pleurotomaria et des murchisonia; mais elles sont enroulées presque dans un même plan, n'étant obliques que dans le jeune âge. Elles sont ombiliquées des deux côtés comme les hélicocryptus.

Ces mollusques ont été rapprochés des bellérophons; mais l'obliquité de l'enroulement, au moins dans le jeune âge, semble indiquer une analogie plus grande avec les gastéropodes trochiformes.

On en connaît une dizaine d'espèces qui appartiennent principalement à l'époque primaire et dont les dernières se trouvent dans les étages inférieurs de l'époque secondaire.

[1] *Descr. an. foss. carb. Belg.*, p. 408, pl. 33.

[2] De Verneuil, Keys., Murch., *Pal. de la Russie*, p. 316, pl. 22; Geinitz, *Zechsteingeb.*, pl. 3, fig. 20.

[3] D'Orb., *Prodrome*, t. I, pl. 164.

[4] Sandberger, *Leonh. und Bronn, neues Jahrb.*, 1842, p. 302, pl. 8; Goldfuss, *Petref. Germ.*, t. III, p. 78, pl. 188, fig. 2.

On n'en a encore cité aucune dans les terrains siluriens, mais il y en a quelques-unes dans les dépôts de l'époque dévonienne.

La *Porc. radiata*, d'Orb. (*Euomphalus striatus*, Goldf., *Porc. retrorsa*, Münst.) a été trouvée [1] dans les terrains dévoniens du bassin du Rhin et de la Russie.

Le comte de Münster a fait connaître [2] en outre les *P. parvula et cincta* d'Elbersreuth et de Schübelhammer.

La *P. armata* de Verneuil [3] a été découverte en Russie.

La *P. Edouardii*, d'Orb. [4] provient de l'Eifel.

On en connaît un petit nombre de l'époque carbonifère.

La *P. puzo*, Léveillé [5] (*Bellerophon Puzosii*, d'Orb.), provient de Visé, Tournay, etc. (Atlas, pl. LXIII, fig. 16).

La *N. Woodwardi*, Sow. [6] est une porcellia, ainsi que l'a montré M. de Koninck. Elle a été trouvée avec la précédente et en Angleterre.

Il faut ajouter la *P. Verneuilii* (*Bellerophon Verneuilii*, d'Orb.) également de Belgique.

Les espèces les plus récentes appartiennent aux dépôts de Saint-Cassian.

Il faut évidemment leur attribuer les *Schizostoma Buchii et costata*, Münster [7].

Par contre, la *Porcellia cingulata* du même auteur paraît n'avoir point eu de fente et n'est pas une porcellia, mais plutôt un solarium.

Les TROCHOTOMA, Deslongchamps (*Ditremaria*, d'Orb. [8], *Rimulus*, id., olim, non Defrance), — Atlas, pl. LXIII, fig. 17 et 18,

ont les formes des pleurotomaires, mais la fente du labre est remplacée par un trou situé à une assez grande distance du bord.

[1] D'Orbigny, *Monog. des céphal.*, p. 217, pl. 6; Goldfuss, *Petref. Germ.*, t. III, pl. 189, fig. 15.

[2] *Beitr. zur Petref.*, t. III, p. 84.

[3] *Pal. de la Russie*, p. 346, pl. 21.

[4] *Monog. des céphal.*, pl. 7.

[5] *Mém. Soc. géol.*, t. II, pl. 2.

[6] *Min. conch.*, pl. 571. Voyez pour les porcellia de l'époque carbonifère, de Koninck, *Desc. an. foss. carb. Belg.*, pl. 28.

[7] *Beitr. zur Petref.*, t. IV, p. 103, pl. 11.

[8] Le nom de *Trochotoma* paraît avoir la priorité de quelques mois sur celui de *Ditremaria*. M. d'Orbigny a écrit tantôt DITREMARIA, tantôt DYTREMARIA.

Ce trou est ovale, sans saillie, et a eu probablement des fonctions respiratoires. Il s'étend successivement en avant, se referme en arrière à mesure que l'animal grandit, et laisse en conséquence comme trace une *bande* semblable à celle des pleurotomaires.

Les trochotoma forment un type exclusivement jurassique. On en connaît une quinzaine d'espèces.

La plus ancienne appartient au lias moyen (¹).

C'est le *T. gradus*, Desl., du lias de Fontaine-Étoupefour (Calvados).

On en connaît quelques-unes de l'oolithe inférieure et de la grande oolithe.

M. Deslongchamps (²) a décrit le *T. affinis* de l'oolithe inférieure des Montiers (Atlas, pl. LXIII, fig. 18) et les *T. rota, acuminata, conuloides* et *globulus* de la grande oolithe de Langrune.

M. Lycett a indiqué (³) dans l'oolithe inférieure d'Angleterre les *T. depressiuscula*, Lycett, *funata*, id., et *canaliculata*, id.

MM. Morris et Lycett (⁴) ont trouvé dans la grande oolithe d'Angleterre une partie des mêmes espèces et ajouté les *T. tabulata, obtusa* et *extensa*, ainsi qu'une autre espèce qu'ils rapportent avec doute au *Trochus discoideus*, Roemer, sous le nom de *Trochotoma discoidea*.

Les espèces les plus récentes ont été trouvées dans le terrain corallien.

M. d'Orbigny a rapporté à ce genre la *P. ornata*, Münster (⁵), du terrain corallien de Nattheim et décrit cinq espèces nouvelles, les *T. Rathieriana, scalaris, amata* (Atlas, pl. LXIII, fig. 17), *quinquecincta* et *Hubertina*. Il faut ajouter trois espèces décrites par M. Buvignier.

Les Cirrus, Sowerby, — Atlas, pl. LXIII, fig. 19,

ont les formes des euomphalus ou solarium de l'époque primaire. Sowerby, en établissant ce genre, y comprit toutes les espèces qui ont un ombilic grand et infundibuliforme et une spire saillante. Ces

---

(¹) Deslongchamps, *Mém. Soc. Lin. Norm.*, t. VII, 1843, p. 106, pl. 8 ; d'Orbigny, *Pal. franç., Terr. jur.*, t. II, p. 277.

(²) *Loc. cit.*, pl. 8.

(³) *Ann. and mag. of nat. hist.*, 2ᵉ série, 1850, t. VI, p. 417.

(⁴) *Moll. from the great ool.*, *Palæont. Soc.*, 1850, p. 82, pl. 10.

(⁵) Goldfuss, *Petref. Germ.*, t. III, p. 106, pl. 195, fig. 6 ; d'Orbigny, *Prodrome*, t. II, p. 9 et *Pal. franç., Terr. jur.*, t. II, pl. 342 à 345 ; Buvignier, *Stat. géol. de la Meuse*, p. 39, pl. 25.

espèces sont maintenant en grande majorité replacées avec raison dans le genre des solarium. Parmi elles, il s'en est trouvé quelques-unes qui présentent le caractère important de trous sur le labre semblables à ceux des haliotides. Cette circonstance indique évidemment une organisation analogue à celle de la famille qui nous occupe. On réserve maintenant le nom de cirrus aux espèces qui ont ces trous, en rejetant, comme je l'ai dit plus haut, toutes les autres dans le genre des solarium.

Nous nommons donc cirrus les coquilles turbinées semblables aux pleurotomaires, qui ont le labre percé de trous prolongés en tubes courts, comme ceux des haliotides et dont les plus antérieurs seuls sont ouverts.

Ce genre fait une transition intéressante entre les pleurotomaires et les oreilles de mer, ayant la forme des premières et les trous du labre des dernières.

Il faut lui réunir les PHANEROTINUS, Sowerby (¹) genre établi pour le *C. cristatus.*

Les cirrus ne sont connus que par un petit nombre d'espèces de l'époque primaire et de l'époque jurassique.

On trouve dans le terrain dévonien le *C. spinosus* (*Euomphalus spinosus,* Goldf. , *E. Goldfussi,* d'Arch. et Vern.), belle espèce de l'Eifel (²). C'est l'espèce figurée.

Les terrains carbonifères renferment (³) le *C. cristatus* (*Euomphalus cristatus,* Phill.) d'Angleterre et le *Cirrus armatus,* de Koninck, de Belgique.

Dans l'époque jurassique, le lias et la grande oolithe en ont fourni quelques espèces.

M. d'Orbigny (⁴) a décrit les *C. Normannianus* et *calcar* du lias de Fontaine-Étoupefour. Je n'en connais que la figure, mais les trous ne me paraissent pas ouverts et la coquille semble plutôt avoir des prolongements fermés comme les dauphinules.

Les *Cirrus nodosus,* Sowerby et *Leachii ,* id. (⁵) proviennent de l'oolithe inférieure de Dundry.

(¹) *Min. conch.,* pl. 624.

(²) Goldfuss, *Petref. Germ.,* t. III, p. 85, pl. 190, fig. 3 ; d'Archiac et Verneuil, *Trans. geol. Soc.,* 2ᵉ série, t. VI, pl. 34, fig. 1.

(³) Phillips, *Geol. of Yorkshire,* p. 225, pl. 13, fig. 5 ; de Koninck, *Desc. an. foss. carb. Belg.,* p. 443, pl. 24, fig. 13.

(⁴) *Pal. franç.,* *Terr. jur.,* t. II, p. 340. Le texte n'a pas encore paru.

(⁵) *Min. conch.,* pl. 219.

Les **Polytraemaria**, d'Orbigny, — Atlas, pl. LXIII, fig. 20,

ont encore une forme turbinée, leur labre est percé d'une quantité considérable de trous rapprochés et disposés sur une ligne qui correspond à la bande de tous les genres précédents. Ces coquilles sont très voisines des cirrus, et n'en forment peut-être qu'un sous-genre; les trous sont plus nombreux et non tubuleux.

On n'en connaît qu'une espèce, la *P. catenata*, de Koninck [1], des terrains carbonifères de Belgique.

Les **Haliotides** (*Haliotis*, Lin.), nommées aussi *Ormiers* et
Oreilles de mer, — Atlas, pl. LXIII, fig. 21 et 22,

ont une coquille déprimée, dont la forme rappelle le cartilage de l'oreille humaine, dont la spire est courte et déprimée, et dont la bouche très ouverte occupe la presque totalité. On remarque sur le labre une série de trous respiratoires, qui se continuent vers la spire et dont les antérieurs seuls sont ouverts. Ces trous se prolongent quelquefois en tubes.

Ce genre, qui vit aujourd'hui abondamment dans toutes les mers, est caractérisé par un animal volumineux, peu large et épais, à tête pourvue de tentacules coniques et allongés, portant les yeux à leur base externe, sur un long pédoncule. Il s'attache aux rochers comme les patelles, au niveau des plus basses marées.

On n'a encore trouvé des haliotides fossiles que dans les terrains tertiaires moyens et supérieurs.

MM. de Sismonda, Michelotti, etc. [2], indiquent dans les terrains miocènes de la montagne de Turin les *H. monilifera*, Bon. (Atlas, pl. LXIII, fig. 22) et *ovata*, Bon.

On trouve, dans les terrains subapennins de l'Astésan, une espèce que M. de Sismonda rapporte à l'*H. tuberculata*, qui vit aujourd'hui dans la Méditerranée (Atlas, pl. LXIII, fig. 21). Elle paraît également être la même que celle qui a été décrite par M. de Serres, sous le nom d'*H. Philberti* et indiquée par Christophori et Ian sous celui d'*H. prisca*.

<hr>

[1] De Koninck, *Desc. anim. foss. carb. Belg.*, p. 374, pl. 32, fig. 1.

[2] Sismonda, *Synopsis*, p. 28; Michelotti, *Desc. foss. mioc. Ital. sept.*, p. 166, pl. 6; M. de Serres, *Mém. Soc. Lin. de Normandie*, 1827, *Ann. sc. nat.*, 1827, t. XII, p. 319, pl. 45, *Géogn. des terr. tert.*, p. 128.

10ᵉ Famille. — JANTHINIDES.

Les janthinides se distinguent de tous les autres pectinibranches, par un appareil vésiculaire très remarquable, qui, en se
remplissant d'air, soutient l'animal à la surface de l'eau et lui
permet de se laisser emporter au loin par les vents et les courants.

Cette famille n'est composée aujourd'hui que du genre JAN-
THINA, dont la coquille est ventrue, mince, à ouverture anguleuse,
à columelle droite et à labre sinueux.

Elle n'a aucun représentant fossile (¹).

11ᵉ Famille. — CYPRÉADES.

La famille des cypréades est clairement caractérisée par le
mode d'accroissement de sa coquille ; elle grandit jusqu'à un certain âge avec un bord mince, puis s'arrête, borde son contour de
diverses manières, l'épaissit de bourrelets souvent très épais et
s'encroûte extérieurement. Ce mode de croissance est dû à ce que
l'animal a un très grand manteau, dont les lobes, fort extensibles, se replient pour entourer la coquille et pour sécréter de
nouvelles couches. La partie externe de la coquille étant ainsi le
produit d'une sécrétion constante, est très lisse, brillante, d'une
coloration ordinairement vive et variée, qui a fait nommer *Porcelaines* le genre principal qui compose cette famille.

Les cypréades ne paraissent pas anciennes. On n'en a trouvé
aucune trace dans les terrains de l'époque primaire, non plus que
dans la grande majorité de l'époque secondaire. Elles ont été exclusivement réservées aux terrains crétacés supérieurs, à l'époque
tertiaire et à l'époque moderne. Trois genres, sur quatre qui composent cette famille, datent de la fin de l'époque crétacée et se
continuent dans l'époque tertiaire, pendant laquelle un quatrième
apparaît. Tous les quatre vivent encore dans nos mers. Pendant
la période tertiaire les espèces ont été nombreuses, mais en géné-

---

(¹) Il faut rapporter à d'autres genres le petit nombre de coquilles fossiles
attribuées à celui des janthines. Ainsi la *Janthina issedon* de Verneuil, Murchison et Keyserling, est un Trochoïde du genre SCALITES.

ral d'une taille inférieure à celle des vivantes. Ce groupe remarquable paraît n'avoir pris tout son développement que dans les mers actuelles et principalement dans les mers intertropicales.

Les Porcelaines (*Cypræa*, Lin.) [1], — Atlas, pl. LXIII,
fig. 23 à 27,

ont une coquille ovale ou oblongue, convexe, à bords roulés en dedans ; l'ouverture est longitudinale, étroite, en forme de fente, dentée des deux côtés, échancrée aux deux bouts par un sinus ; la spire ne paraît pas au dehors ou est représentée par une très petite protubérance.

Le mode de croissance que j'ai indiqué brièvement dans les caractères de famille, doit faire comprendre que la jeune coquille ne ressemble point à l'adulte ; elle a la forme d'un petit cône mince, à bord tranchant, à columelle courbée et tronquée à sa base. La surface externe étant déposée par couches, il en résulte aussi des changements successifs de coloration.

M. Gray divise les porcelaines en trois genres [2], qui me paraissent fondés sur des caractères trop artificiels pour être conservés. Il désigne en particulier sous le nom de Trivia, les espèces sillonnées ; sous le nom de Luponia, celles dont le labre s'infléchit vers le sommet, etc.

Les porcelaines habitent aujourd'hui les mers chaudes de la plus grande partie du globe. Les espèces les plus grandes et les plus belles, qui font l'ornement des collections, sont spéciales aux mers intertropicales ; l'animal est souvent remarquable par l'étendue de son manteau, par la coloration et par les protubérances tentaculifères et dentelées dont il est orné. A l'état fossile on les trouve dans les terrains crétacés supérieurs et dans les terrains tertiaires. Les espèces sont de taille moyenne ou petite et moins nombreuses qu'aujourd'hui.

Elles sont en particulier peu nombreuses dans les terrains crétacés.

[1] Les coquilles fossiles de ce genre ont été souvent désignées par les anciens auteurs sous les noms de Porcellanites, Cypræacites, etc.

[2] Nous n'avons pas à nous occuper ici non plus des genres Trivia, Cypræovula, Pustularia, Cyprædia, etc., de M. Swainson, qui peuvent être commodes pour distinguer les espèces vivantes, mais qui n'ont pas une valeur générique.

M. Zekeli ([1]), en indique une de la fin de l'époque crétacée, *C. rostrata*, Zekeli, de Gosau.

M. H. Coquand a montré que la *Globiconcha ovula*, d'Orb., de la craie blanche de la Charente est une vraie cyprée ([2]).

Elles augmentent de nombre dans les terrains tertiaires inférieurs.

M. Deshayes ([3]) en a décrit neuf espèces du bassin de Paris, parmi lesquelles deux appartiennent aux sables inférieurs du Soissonnais (*C. Levesquei*, Desh , *C. exserta*, Desh.); cinq au calcaire grossier, *C. angystoma*, Desh., *inflata*, Lamk, *elegans*, Defr. (Atlas, pl. LXIII, fig. 23), *sulcosa*, Lamk, et *crenata*, Desh. (Atlas, pl. LXIII, fig. 24), et deux aux terrains éocènes supérieurs (*C. media*, Desh., et *Lamarckii*, id., de Valmondois).

M. Melleville ([4]) a fait connaître la *C. acuminata* des sables inférieurs de Laon, Cuise-la-Motte, etc.

M. Bellardi ([5]) a étudié les cyprées des terrains nummulitiques de Nice. Il y a trouvé plusieurs des espèces décrites par M. Deshayes ([6]), et décrit quelques nouvelles (*C. corbuloides*, Bell., *Genyi*, id., et *prælonga*, id.).

M. Rouault ([7]) a décrit la *C. Koninckii* des terrains nummulitiques de Pau. L'argile de Londres n'a encore fourni que la *C. oviformis*, Sowerby ([8]).

Les cyprées sont très nombreuses en espèces dans les terrains de l'époque miocène et de l'époque pliocène.

M. Grateloup ([9]) en a fait connaître neuf espèces des faluns bleus ou des grès inférieurs de Dax et de Bordeaux. Il en figure plus de trente espèces des faluns jaunes dont quelques-unes sont nouvelles.

Les espèces du Piémont ([10]) sont abondantes, soit dans le terrain miocène, soit dans le terrain pliocène (dix-neuf espèces miocènes, dont trois ou quatre se retrouvent dans le pliocène, et cinq qui ne datent que de ce dernier).

M. Dujardin ([11]) a cité sept espèces des environs de Tours, dont la *C. globosa*, Duj., et la *C. affinis*, id., sont nouvelles.

([1]) *Gasterop. Gosau*, pl. 11, fig. 10.

([2]) *Journal de conchyl.* de Petit, 1853, p. 439, pl. 14; d'Orbigny, *Pal. franç., Terr. crét.*, t. II, p. 145, p. 170.

([3]) *Coq. foss. Par.*, t. II, p. 719, pl. 94 et 97.

([4]) *Descr. sables inférieurs*, etc., *Ann. sc. géol.*, 1843, p. 74, pl. 10.

([5]) *Mém. Soc. géol.*, 2ᵉ série, t. IV, pl. 13.

([6]) *C. elegans, media?, inflata?, angystoma, Levesquei*.

([7]) *Mém. Soc. géol.*, 2ᵉ série, t. III, pl. 18, fig. 20.

([8]) *Min. conch.*, pl. 4.

([9]) *Act. Soc. Lin. Bord.*, t. VI, *Conch. foss. de l'Adour*, I, *Porcelaines*, I et II, et supplément.

([10]) Sismonda, *Synopsis*, p. 46; Michelotti, *Descr. foss. mioc. Ital. sept.* p. 324.

([11]) *Mém. Soc. géol.*, 1837, t. II, pl. 19, fig. 21.

M. Matheron (¹) a fait connaître la *C. provincialis* de la mollasse des Bouches-du-Rhône.

La *C. sphærica*, Philippi (²) provient des terrains tertiaires d'Osterweddingen.

Le docteur Moritz Hörnes vient de publier (³) une monographie des cyprées des terrains miocènes des environs de Vienne, dans laquelle il décrit dix espèces, dont aucune n'est nouvelle. Il rectifie avec soin la synonymie de plusieurs d'entre elles, et donne un catalogue de celles dont il admet l'existence dans les terrains miocènes et pliocènes d'Europe (vingt six espèces). Nous avons figuré deux espèces de ce gisement ; celle que M. Hörnes rapporte à la *C. fabagina*, Lam. (Atlas, pl. LXIII, fig. 25), et celle qu'il nomme *C. affinis*, Duj. (id., fig. 26).

Le crag d'Angleterre en renferme quelques-unes. M. Wood (⁴) en cite cinq, dont une (*C. europæa*) est encore vivante. Deux autres appartiennent à la fois au crag corallien et au crag rouge (*C. avellana*, Sow., et *C. retusa*, id.). La *C. Angliæ*, Wood (Atlas, pl. LXIII, fig. 27), est spéciale au crag rouge, et le crag corallien renferme la *C. affinis*, Duj.

Ce genre a été trouvé fossile dans l'Inde. On trouvera la description de quelques espèces des tertiaires de la province de Cutch dans le Journal de Madras, 1840, t. II, p. 370.

Un moule de porcelaine est cité par M. Morton (⁵) comme trouvé dans l'étage inférieur du terrain crétacé des États-Unis. Une espèce (*C. Henikeri*, Sow.) est citée (⁶) dans les terrains tertiaires de Saint-Domingue.

Les Ovules (*Ovula*, Bruguières), — Atlas, pl. LXIII,
fig. 28 à 30,

ressemblent beaucoup aux porcelaines, mais leur coquille est atténuée et subacuminée aux deux bouts, et leur bord columellaire est lisse et dépourvu de dents. Les animaux sont tout à fait semblables.

Ces mollusques sont moins abondants en espèces que les porcelaines, et vivent aujourd'hui comme elles dans les mers chaudes. A l'état fossile on en cite quelques espèces des terrains crétacés les plus récents, mais plusieurs d'entre elles sont douteuses. Quelques espèces proviennent de l'époque tertiaire.

(¹) *Catalogue*, etc., p. 256, pl. 40.
(²) *Palæontographica*, t. I, p. 79, pl. 10.
(³) Partsch und Hörnes, *Die fossilen Mollusken des tertiær Beckens Wien*, n° 2.
(⁴) *Moll. from the crag, Palæont. Soc.*, p. 14, pl. 2.
(⁵) *Journ. Acad. Phil.*, t. VIII, part. 2, p. 222.
(⁶) *Quart. Journ. geol. Soc.*, 1850, t. VI, p. 45, pl. 9, fig.

M. d'Orbigny [1] rapporte à ce genre le *Strombus ventricosus*, Reuss, des terrains crétacés de Bohême, mais le labre me paraît beaucoup trop détaché des tours précédents pour autoriser ce rapprochement.

La *Cyprœa Marticensis*, Matheron [2], des Martigues paraît ne pas avoir eu le labre denté et serait en conséquence une ovule. Ses formes sont pourtant encore plus celles des cyprées.

M. Zekeli [3] a décrit l'*Ovula striata*, de Gosau.

M. d'Orbigny ajoute quelques espèces des terrains crétacés supérieurs de Pondichéry [4].

On trouve dans le terrain pisolitique de La Falaise l'*Ovula cretacea*, d'Orb. [5].

Les craies de Faxoe (danien) ont fourni la *Cyprœa bullaria*, Lyell [6] (*Ovula bullaria*, d'Orb.).

Les espèces des terrains tertiaires sont plus certaines ou mieux connues.

On en cite quelques-unes des terrains tertiaires anciens.

Le *Strombus giganteus*, Münster [7], du terrain nummulitique du Kressenberg paraît être une ovule.

L'*Ovula tuberculosa*, Duclos [8] (*Cyprœa Deshayesi*, Gray), provient des tertiaires inférieurs de Cuise-la-Motte, etc. (Atlas, pl. LXIII, fig. 28.).

L'*Ovula intermedia*, Desh. [9], appartient au calcaire grossier de Grignon, etc.

L'*Ovula retusa*, Sow. [10], provient de l'argile de Londres.

On en a trouvé aussi dans les terrains miocènes et pliocènes.

M. Hörnes [11] a trouvé l'*Ovula spelta*, Lamarck dans les terrains miocènes du bassin de Vienne (Atlas, pl. LXIII, fig. 29).

M. Dujardin [12] a trouvé dans les faluns de la Touraine deux espèces qu'il rapporte l'une à l'*O. spelta*, et l'autre à l'*O. carnea*, Lamk. Cette dernière est l'*O. subcarnea*, d'Orb.

---

[1] *Prodrome*, t. II, p. 192; Reuss, *Boehm. Kreidef.*, p. 46, pl. 9, fig. 11.

[2] *Catalogue*, etc., pl. 40, fig. 21.

[3] *Gasterop. Gosau*, p. 64, pl. 11, fig. 9.

[4] *Prodrome*, t. II, p. 225; Forbes, *Trans. geol. Soc.*, t. VII.

[5] *Prodrome*, t. II, p. 291.

[6] *Prodrome*, t. II, p. 291.

[7] Goldfuss, *Petref. Germ.*, t. III, p. 14, pl. 169, fig. 3.

[8] Deshayes, *Coq. foss. Par.*, t. II, p. 717, pl. 96, fig. 16, pl. 97, fig. 17.

[9] Deshayes, *Coq. foss. Par.*, t. II, p. 718, pl. 95, fig. 34 à 39.

[10] *Trans. geol. Soc.*, 2ᵉ série, t. V, pl. 8, fig. 19.

[11] *Die foss. Moll. des Wiener Beckens*, n° 2.

[12] *Mém. Soc. géol.*, 1837, t. II, p. 302.

L'*Ovula Leathesii*, Sow. [1] (Atlas, pl. LXIII, fig. 30) provient du crag d'Angleterre (crag corallien et crag rouge).

On trouve dans le terrain pliocène d'Asti, outre l'*O. spelta*, l'*O. passerinalis*, Lamk [2].

Les ERATO, RISSO, — Atlas, pl. LXIII, fig. 31 et 32,

ont une coquille ovoïde et brillante, comme celle des genres précédents; mais la spire est visible à l'extérieur, et le bord columellaire est dentelé, ainsi que le bord externe. Le premier de ces caractères les distingue des porcelaines, et tous les deux des ovules. L'absence de véritables plis à la columelle les éloigne des marginelles. Une petite espèce vivante, rapportée successivement aux marginelles, aux porcelaines et aux volutes, se trouve aujourd'hui dans la Méditerranée. On n'en a encore découvert de fossiles que dans les terrains les plus récents.

Cette espèce actuellement vivante (*Voluta lævis*, Don., *Marginella lævis*, Lamk, *Vol. cypræola*, Brocchi) (Atlas, pl. LXIII, fig. 31) paraît se trouver fossile dans presque tous les terrains miocènes et pliocènes. M. d'Orbigny sépare cependant celle des terrains miocènes sous le nom de *E. subcypræola*, d'Orb. [3].

On peut ajouter l'*E. Maugeriæ*, Sow. (Atlas, pl. LXIII, fig. 32) du crag corallien et du crag rouge [4].

Les MARGINELLES (*Marginella*, Lamk), — Atlas, pl. LXIII, fig. 33 à 37,

ont une coquille ovoïde, oblongue, lisse, à spire courte, à labre muni d'un fort bourrelet extérieur. Leur bouche est à peine échancrée à sa base; la columelle est garnie de gros plis presque égaux qui la distinguent facilement de celle des trois genres précédents.

Ce genre a été confondu avec les volutes et les bulles; il se rapproche encore plus de celui des volvaires. Mais, comme je l'ai dit plus haut, la coquille des marginelles s'accroît par des couches

---

[1] *Min. conch.*, pl. 478; Wood, *Moll. from the crag, Pal. Soc.*, 1848, p. 14, pl. 2.

[2] *Anim. sans vert.*, t. X, p. 78; Sismonda, *Synopsis*, p. 46.

[3] Voyez surtout Hörnes, *Die foss. Moll. des Wiener Beckens*, n° 2.

[4] *Moll. from the crag, Palæont. Soc.*, 1848, p. 19, pl. 2.

extérieures sécrétées par les replis du manteau, ce qui n'a pas lieu pour ces autres genres, dont la surface est en conséquence moins lisse.

Les marginelles sont nombreuses dans les mers des pays chauds; on les trouve fossiles dans les terrains crétacés tout à fait supérieurs et dans les terrains tertiaires.

On n'en connaît encore qu'une de l'époque crétacée.

M. Zekeli [1] l'a trouvée à Gosau et l'a nommée *M. involuta*, Zekeli.

On cite quelques espèces des terrains tertiaires inférieurs.

La *M. phaseolus*, Al. Brongniart [2] a été trouvée dans les terrains nummulitiques du Vicentin.

M. Deshayes [3] a décrit sept espèces de marginelles. La *M. ovulata*, Lamk, Desh. (Atlas, pl. LXIII, fig. 33) se trouve dans le calcaire grossier, les sables inférieurs du Soissonnais et le terrain nummulitique du Kressenberg. La *M. eburnea*, Lam (id., fig. 34), paraît se trouver dans le calcaire grossier et dans le terrain nummulitique de Ronca Les *M. dentifera*, Lamk, *hordeola*, Desh., *nitidula*, id., et *angystoma*, id. (Atlas, pl. LXIII, fig 35) caractérisent le calcaire grossier, La *M. ampulla*, Desh. (id., fig. 36) provient des sables tertiaires supérieurs de Valmondois.

Elles sont assez abondantes dans les terrains tertiaires moyens et supérieurs.

Les espèces ont été décrites [4] par MM. Deshayes, Dujardin, Philippi, Grateloup, Bellardi, Michelotti, etc.

M. Hörnes en admet dix dans les terrains miocènes et pliocènes. Ce sont les *M. auris eporis*, Brocchi, *Deshayesi*, Michelotti, *marginata*, Bonelli, *taurinensis*, Michelotti, *elongata*, Bell. et Mich , *arena*, Valenciennes, *scalina*, Philippi, *miliacea*, Lamarck (Atlas, pl. LXIII, fig. 37), *clandestina*, Brocchi, et *minuta*, Pfeiffer. Quatre d'entre elles vivent encore.

Plusieurs espèces américaines ont été décrites [5] par MM. Lea, Conrad, Sowerby, etc.

[1] *Gaster. Gosau*, pl. 11, fig. 11.

[2] *Vicentin*, p. 64, pl. 2, fig. 21.

[3] *Coq. foss. Par.*, t. II, p. 705, pl. 94 bis et 95.

[4] Deshayes, *Exp. de Morée*, et Lamarck, *Hist. nat. des anim. sans vertèbres*, 2ᵉ édit., t. X; Dujardin, *Mém. Soc. géol.*, t. II; Philippi, *Enumerat. moll. Sic.*, I, 232 et II, p. 197; Grateloup, *Conch. foss. Adour*; Bellardi et Michelotti, *Sagg. oritt.*, pl. 5; Michelotti, *Desc. foss. mioc.*, p. 321; Hörnes, *Die fossil. Mollusken des tert. Beckens von Wien.* 2ᵉ liv., etc.

[5] Lea, *Desc. foss. tert.*; Conrard, *Journ. Ac. Phil.*, t. VI, VII, VIII, etc.; Sowerby, *Quart Journ. geol. Soc.*, 1850.

12ᵉ Famille. — OLIVIDES.

Les olivides ont de grands rapports avec les cypréades ; leurs coquilles sont aussi presque toujours recouvertes par des prolongements du manteau, et par conséquent lisses et brillantes. Mais les formes de l'animal ne sont point les mêmes. Celui des olivides a le pied beaucoup plus allongé, linguiforme et le manteau plus court. Il est remarquable en outre parce que ce manteau se roule en un tuyau cylindrique, qui porte l'eau aux branchies. Les coquilles des olivides sont épaisses, oblongues, à columelle encroûtée et presque toujours plissée , et à labre entier. Leur spire est courte ou moyenne, mais jamais cachée. Elles diffèrent d'ailleurs de celles des cypréades par leur enroulement régulier. Les mollusques sont très carnassiers et habitent en grand nombre les plages sablonneuses et peu profondes des mers chaudes.

Cette famille ne paraît pas être antérieure aux derniers dépôts de l'époque crétacée où elle est représentée par une seule espèce (*A. cretacea*, Müller). Elle ne renferme aucun genre éteint. Les espèces ont beaucoup augmenté de nombre dans l'époque moderne , où elles sont souvent remarquables par leurs couleurs brillantes et variées.

Je commencerai leur histoire par celle d'un genre encore peu connu, dont l'animal n'a pas été décrit , et dont la place par conséquent ne peut pas encore être définitivement fixée.

Les Tarrières (*Terebellum*, Klein), — Atlas, pl. LXIV,
fig. 1 et 2,

ont des coquilles lisses, enroulées , subcylindriques , pointues au sommet. La bouche est longitudinale, rétrécie dans sa partie postérieure, échancrée et sinueuse dans sa partie antérieure ; le labre est tranchant. La columelle est lisse et tronquée à l'extrémité.

La forme de ces coquilles et le poli de leur surface semblent indiquer de grandes analogies avec les olivides et les cypréades, car il est vraisemblable qu'elles ont été recouvertes par des replis du manteau. On peut donc avec quelque probabilité les considérer comme intermédiaires entre ces deux familles , et leur conserver cette place provisoire, jusqu'à ce que la connaissance de l'animal vienne la confirmer ou en assigner une autre.

Il faut réunir à ce genre celui des Séraphes ou Séraphs, Montfort, établi sur le *T. convolutum*, Lamk, chez lequel la spire n'est pas visible. Je crois également qu'il n'y a pas de motifs suffisants pour admettre le genre Terebellopsis, de M. Leymerie [1], fondé sur une espèce du terrain nummulitique dans laquelle la spire est au contraire très saillante, et les sutures plus profondes. Ces différences dans l'enroulement présentent des degrés insensibles.

On ne connaît aujourd'hui qu'une seule espèce vivante. Les fossiles sont un peu plus nombreuses et appartiennent toutes à l'époque tertiaire.

On en a trouvé plusieurs dans les terrains tertiaires inférieurs.

M. Al. Brongniart [2] a décrit le *T. obsolutum* des terrains nummulitiques du Vicentin. On trouve dans ce gisement, suivant M. d'Orbigny, le *T. Brongniartianum*, d'Orb.

M. Leymerie [3] a fait connaître le *Terebellopsis Braunii* et le *Terebellum carcassense* du terrain nummulitique de l'Aude.

Le *T. fusiforme*, Lamk [4] caractérise les dépôts éocènes inférieurs de Cuise-la-Motte et se trouve aussi dans le département de l'Aude (Atlas, pl. LXIV, fig. 2).

Le *T. convolutum*, Lamk [5] (*Bull. sopita*, Brander) est répandu dans le calcaire grossier de France et les gisements analogues de Belgique et d'Angleterre (Atlas, pl. LXIV, fig. 1).

Les espèces ne sont pas nombreuses dans les terrains miocènes.

M. Grateloup [6] en a trouvé deux dans les calcaires inférieurs aux faluns bleus. Il les rapporte aux *T. convolutum* et *fusiforme*, Lamk, rapprochement que conteste M. d'Orbigny.

On cite aussi le *T. obtusum*, Sow. [7], trouvé dans les terrains tertiaires de la province de Cutch, Indes orientales, une espèce inédite de l'Asie Mineure, etc.

Les Olives (*Oliva*, Brug.), — Atlas, pl. LXIV, fig. 3 et 4,

ont une coquille subcylindrique, enroulée, lisse, à spire très

[1] *Mém. Soc. géol.*, 2ᵉ série, t. I, p. 365.
[2] *Vicentin*, p. 62, pl. 2; d'Orbigny, *Prodrome*, t. II, p. 314.
[3] *Loc. cit.*
[4] Deshayes, *Coq. foss. Par.*, t. II, pl. 95.
[5] Deshayes, *Coq. foss. Par.*, t. II, p. 737, pl. 95.
[6] *Conch. foss. Adour*, I; d'Orbigny, *Prodrome*, t. III, p. 9.
[7] *Madras Journal*, 1840, t. II, p. 370; *Trans. geol. Soc.*, 2ᵉ série, t. V, p. 329, pl. 26.

courte. La bouche est longitudinale, échancrée en avant ; la columelle a des plis obliques. Les tours de spire sont séparés par des sutures canaliculées.

Ce genre, clairement caractérisé par ses formes générales, par la grandeur de son dernier tour, et par le petit canal formé par les sutures, est très répandu aujourd'hui dans les mers chaudes.

Il faut lui réunir les HIATULA, Swainson (*O. hiatula*, Lamk), les LAMPODOMA, SCAPHULA, OLIVELLA, du même auteur, les AGARONIA, Gray, etc.

Les espèces fossiles sont beaucoup moins nombreuses et ne paraissent pas avoir vécu avant la période tertiaire [1].

Elles ne sont pas très nombreuses dans les terrains tertiaires inférieurs.

M. d'Orbigny indique [2] une espèce nouvelle trouvée dans les sables inférieurs de Cuise-la-Motte (*O. mucronata*, d'Orb.).

M. Deshayes [3] a décrit les *O. nitidula*, Desh. et *mitreola*, Lamk, du calcaire grossier.

La *S. Salisburyana*, Sow. [4] a été trouvée dans l'argile de Londres.

La *P. Branderi*, Sow. [5] (Atlas, pl. LXIV, fig. 3), caractérise les dépôts éocènes supérieurs du Hampshire et de Valmondois.

Il faut ajouter [6] les *O. Laumontiana*, Lamk, et *Marmini*, Mich., de Valmondois.

On en trouve un plus grand nombre dans les terrains miocènes et pliocènes.

Les espèces de Bordeaux et de Dax ont été décrites par M. Basterot et M. Grateloup [7]. Ce dernier énumère deux espèces des faluns bleus, l'*O. clavula*, Lamk, Grat. (*pseudoclavula*, d'Orb.) et l'*O. flammulata*, Lamk, Grat. (*Noe*, d'Orb.) (Atlas, pl. LXIV, fig. 4), et trois espèces des faluns jaunes (outre l'*O. clavula*, qui, suivant lui, s'y trouve aussi). Ce sont l'*O. Dufresnei*,

---

[1] Je ne crois pas, en effet, que l'on doive rapporter à ce genre une petite espèce de Saint-Cassian, figurée par M. Klipstein (*Geol. der œstl. Alpen*, pl. 14, fig. 26), et décrite avec doute comme une olive. La forme de la spire et celle de la bouche ne paraissent pas justifier ce rapprochement. M. d'Orbigny la place avec plus de raison dans le genre Acteonina.

[2] *Prodrome*, t. II, p. 314.

[3] *Coq. foss. Par.*, t. II, p. 739, pl. 96.

[4] Sowerby, *Min. conch.*, pl. 288.

[5] Sowerby, *id.*

[6] Deshayes, *loc. cit.*

[7] *Conch. foss. Adour* ; d'Orbigny, *Prodrome*, t. III, p. 51.

Bast., *Basterotina*, Grat. et *Grateloupi*, d'Orb. (*Laumontiana*, Grat. non Lamk).

L'*O. picholina*, Brongniart [1] provient de la montagne de Turin.

On trouve, en outre, dans les terrains miocènes du Piémont [2] les *Oliva Dufresnei*, Bast., *subclavula*, d'Orb., *cylindracea*, Borson et *rosacea*, Bonelli.

M. Hörnes [3] ne compte que deux espèces dans les dépôts miocènes du bassin de Vienne, l'*O. flammulata*, Lamk, à laquelle il réunit l'*O. Dufresnei*, Bast., et l'*O. clavula*, Lamk.

On a trouvé aussi des olives en Amérique. Quelques-unes ont été décrites par MM. Conrad et Lea [4].

M. d'Orbigny [5] cite l'*O. serena*, d'Orb., des terrains tertiaires de l'Amérique méridionale.

L'expédition du Beagle a trouvé quatre espèces près de Bahia-Bianca [6].

L'*O. cylindrica*, Sow. [7] provient des terrains tertiaires de Saint-Domingue.

On cite aussi quelques-uns de ces mollusques trouvés dans la province de Cutch (Indes-orientales) et sur les bords de l'Irawadi (Birmanie) [8].

Les ANCILLAIRES (*Ancillaria*, Lamk, *Anaulax*, de Roissy) [9],
— Atlas, pl. LXIV, fig. 5 à 9,

ont une coquille oblongue, subcylindrique, à spire courte ou moyenne, à bouche longitudinale. Ces coquilles ont les plus grands rapports avec les olives, et n'en diffèrent que parce que la suture qui sépare les tours de spire n'est point canaliculée. L'animal des ancillaires confirme ces analogies avec les olives ; il vit de la même manière qu'elles.

[1] *Vicentin*, p. 63, pl. 3, fig. 4.

[2] Sismonda, *Synopsis*, p. 45; Michelotti, *Descr. foss. mioc. Ital. sept.*, p. 335.

[3] *Die foss. Mollusk. tert. Wien*, n° 2.

[4] *Desc. new foss. tert. et Journ. Acad. Phil.*

[5] *Voyage en Amérique, Paléont.*, p. 116.

[6] *Voyage of the Beagle, Foss. mamm.*, p. 9.

[7] *Quart. Journ. geol. Soc.*, t. VI, 1850, p. 45.

[8] *Madras Journal*, 1840; *Trans. geol. Soc.*, 2ᵉ série, t. V, etc.

[9] Ce genre a été nommé d'abord par Lamarck ANCILA. Ce nom a été changé contre celui d'ANCILLARIA en 1811. Il est écrit quelquefois ANCYLLARIA (d'Orbigny). Les ANAPLAX de Roissy, ou AXOLAX de quelques auteurs sont identiques avec les ancillaires. Il paraît qu'il faut aussi leur réunir les MONOPTYGMA, Lea.

Les ancillaires actuelles sont beaucoup moins nombreuses que les olives ; mais ces deux genres ont eu à peu près le même développement pendant l'époque tertiaire.

Les ancillaires paraissent un peu plus anciennes. Elles ont déjà vécu vers la fin de l'époque crétacée.

M. Joseph Müller [1] a trouvé une espèce dans la craie supérieure d'Aix-la-Chapelle et l'a nommée *Anc. cretacea.*

Elles sont assez nombreuses dans les terrains éocènes.

M. Deshayes [2] en a décrit six espèces. La plus répandue est l'*A. buccinoidea,* Lamarck qui se retrouve depuis les terrains inférieurs de Cuise-la-Motte jusque dans les sables supérieurs de Valmondois [3]. L'*A. canalifera,* Lamarck (Atlas, pl. LXIV, fig. 5), a été recueillie dans les sables inférieurs et dans le calcaire grossier. L'*A. olivula,* Lam., paraît exister à la fois dans les sables inférieurs, le calcaire grossier et les terrains nummulitiques de Biarritz et de Nice. Les *A. glandina,* Desh. (Atlas, pl. LXIV, fig. 6), et *dubia,* id., caractérisent le calcaire grossier. L'*A. inflata,* Desh., paraît spéciale aux sables supérieurs.

M. A. Rouault [4] a décrit les *A. conica, nana* et *spissa,* des terrains nummulitiques de Pau.

L'argile de Londres a fourni [5] les *A. arenaformis,* Sow., et *terebella,* id.

Elles se continuent dans les terrains miocènes et pliocènes. Leur comparaison laisse des doutes, soit quant au nombre des espèces, soit quant aux transitions d'un étage à l'autre [6].

Il paraît que l'*A. canalifera* passe de l'éocène au miocène.

Les espèces miocènes et pliocènes les plus certaines et les plus répandues sont l'*A. obsoleta,* Brocchi (*elongata,* Desh.) Atlas, pl. LXIV, fig. 7 et l'*A. glandiformis,* Lamk (*inflata,* Borson, *conformis,* Pusch), Atlas, pl. LXIV, fig. 8 et 9. Ces deux espèces sont citées dans la plupart des dépôts miocènes connus.

Les autres espèces sont moins certaines [7].

[1] *Monog. der Petref. der Aachener Kreideformation,* II, p. 79, pl. 6, fig. 23.

[2] *Coq. foss. Par.,* t. II, p. 728, pl. 96 et 97.

[3] M. d'Orbigny distingue les espèces de ces divers gisements. Il sépare l'*A. buccinoidea,* Desh. (*subulata,* Lamk) de l'*A. buccinoidea,* Lamk.

[4] *Mém. Soc. géol.,* 2ᵉ série, t. III, pl. 18.

[5] Sowerby, *Min. conch.,* pl. 99.

[6] Voyez surtout Hörnes, *Die foss. Moll. tert. Wien,* n° 2 ; Grateloup, *Conch. foss. Adour* (cinq espèces) ; Sismonda, *Synopsis* ; Michelotti, *Descr. foss. mioc.,* etc.

[7] D'Orbigny, *Prodrome,* t. III, p. 9 et 52, en admet un grand nombre.

On en cite aussi plusieurs des terrains tertiaires des États-Unis [1].

Quelques fragments indéterminés ont été trouvés sur les bords de l'Irawadi, en Birmanie.

L'*A. australis*, Sow. [2], provient de la Nouvelle-Zélande.

13ᵉ FAMILLE. — STROMBIDES.

La famille des strombides est une des plus clairement caractérisées par les formes de la coquille et par celles de l'animal. La
coquille est en forme de cône ou de fuseau dans le jeune âge,
puis, après avoir grandi plus ou moins longtemps d'une manière
régulière, elle s'arrête dans son accroissement, son bord se dilate,
s'épaissit, s'élargit souvent d'une manière remarquable, ou s'arme
de longues pointes. La partie antérieure de la bouche se termine
par un canal, accompagné d'un sinus plus ou moins distinct.
L'animal a un pied divisé en deux parties, dont l'antérieure est
en fer à cheval, et dont la postérieure soutient un opercule en
forme de couteau. La tête porte presque toujours une trompe extensible, des deux côtés de laquelle sont des tentacules, terminés
par un œil volumineux.

Cette famille, qui correspond à celle des ALÉS, de Lamarck, est
très facile à distinguer de toutes les autres par les différences de
formes qu'entraîne l'âge, et par la double échancrure de la bouche.

Les strombides ont paru pour la première fois dans les terrains jurassiques ; les espèces augmentent de nombre dans l'époque crétacée, et cette famille paraît être arrivée aujourd'hui à
son maximum de développement numérique. Les nombreuses espèces actuelles vivent surtout dans les mers chaudes, autour des
îles ou des bancs de coraux, à une grande profondeur. Quelques-
unes atteignent une très grande taille.

Les STROMBES (*Strombus*, Lin.). — Atlas, pl. LXIV, fig. 10 et 11,

ont une coquille ovale, quelquefois déprimée, dont le dernier

---

[1] Voyez Huot, *Man. de géol.*, I, p. 763 ; Conrad, *Journ. Ac. Philad.*,
t. VII, etc.

[2] Sowerby, *Quart. Journ. geol. soc.*, 1850, t. VI, p. 311 ; Hind, *Voy.
of the Sulphur.*

tour, souvent gibbeux, a son labre dilaté, mais simple et sans digitation. La bouche est échancrée en avant et en arrière par un sinus, et se prolonge en avant en un canal court et tronqué.

Les strombes ne paraissent pas avoir été très nombreux dans les époques qui ont précédé la nôtre; on n'en connaît pas d'antérieurs aux terrains crétacés. Les espèces sont aujourd'hui répandues dans la plupart des mers, et sont, surtout dans toutes les régions chaudes, abondantes et remarquables par leur taille et leurs formes.

Elles ne sont en particulier pas nombreuses dans les terrains crétacés.

Une seule a été citée (¹) dans le terrain néocomien, le S. *subspeciosus*, d'Orb. (olim *Pterocera*), de Marolles, Saint-Sauveur, etc.

Le S. *Dupinianus*, d'Orb. (²), est un fossile du gault.

Les S. *inornatus*, d'Orb. et *incertus*, id. (³) (olim *Pterocera*), caractérisent les craies chloritées, etc. (T. cénomanien).

Il faut, suivant M. d'Orbigny, ajouter le *Dolium nodosum*, Sow. (⁴), de la craie de Sussex. Je croirais plutôt, avec M. Agassiz, que cette espèce appartient au genre des ptérocères.

Les espèces ne sont pas encore très nombreuses dans les terrains tertiaires éocènes.

M. Deshayes (⁵) a décrit trois espèces des environs de Paris. Le *Strombus oaliosus* caractérise les terrains tertiaires inférieurs de Bracheux, Cuise-la-Motte, etc. Le S. *ornatus*, Desh. (*Murex Bartonensis*, Sow.), Atlas, pl. LXIV, fig. 10, et le S. *canalis*, Lamk, proviennent du calcaire grossier.

M. A. Brongniart (⁶) a fait connaître le S. *Fortisii*, du terrain nummulitique du Vicentin.

Elles augmentent de nombre dans les terrains tertiaires miocènes et pliocènes.

Le S. *Bonellii*, Brongniart (⁷), se trouve dans presque tous les dépôts miocènes.

(¹) *Pal. franç.*, *Terr. crét.*, t. II, p. 303, pl. 211.
(²) *Pal. franç.*, *Terr. crét.*, p. 313, pl. 217.
(³) *Pal. franç.*, *Terr. crét.*, pl. 214 et 215.
(⁴) *Min. conch.*, pl. 426 et 427.
(⁵) *Coq. foss. Par.*, t. II, p. 627, pl. 84 et 85; Sowerby, *Min. conch.*, pl. 31.
(⁶) *Vicentin*, pl. 4, fig. 7.
(⁷) *Vicentin*, pl. 6, fig. 6.

M. Basterot a décrit le *S. decussatus* [1], qui se trouve à Bordeaux et à Turin.

M. Grateloup [2] en a surtout fait connaître un très grand nombre des environs de Dax et de Bordeaux (quatorze espèces dont la plupart nouvelles).

Le *S. Mercati*, Desh. (*S. italicus*, Bonelli), se trouve dans les dépôts pliocènes du midi de l'Europe [3]. Atlas, pl. LXIV, fig. 11.

On peut ajouter [4] quelques espèces des terrains tertiaires de l'Inde (*S. deperditus*, Sow., *nodosus*, id.)

M. Sowerby en a décrit [5] quatre espèces de Saint-Domingue.

LES PTÉROCÈRES (*Pterocera*, Lamk), — Atlas, pl. LXIV, fig. 12 à 15,

sont identiques avec les strombes par les formes de l'animal, et les coquilles n'en diffèrent que parce que le labre forme de grandes digitations. Ce genre repose donc sur des caractères plus artificiels que réels. Les espèces sont d'ailleurs difficiles à distinguer de celles des strombes, lorsqu'on ne les connaît qu'à l'état de moules, parce qu'alors les digitations manquent. Elles diffèrent des rostellaires, parce que le sinus antérieur est ordinairement séparé du canal par un intervalle, mais ce caractère est souvent peu tranché. Je me trouve en particulier en désaccord dans son application avec M. d'Orbigny. Ce savant paléontologiste place dans le genre des ptérocères plusieurs espèces allongées, terminées par un canal droit ou courbé, en dehors duquel le labre forme une courbe continue jusqu'à la première digitation. Les digitations sont peu nombreuses et quelquefois il n'y en a qu'une. Le sinus y est nul ou contigu au canal ; aussi presque tous les autres paléontologistes ont-ils décrit ces espèces sous le nom de ROSTELLAIRES. Elles ont beaucoup plus le faciès de ce groupe ou celui des chenopus, que celui des ptérocères vivantes. Je crois qu'il est plus convenable de réserver le nom de ptérocères aux espèces courtes à aile grande, munie de digitations nombreuses (quatre ou cinq) et chez lesquelles il y a presque toujours un sinus distinct entre le canal antérieur et la première digitation. Je laisse dans

[1] *Coq. foss. Bord.*, p. 69.

[2] *Conch. foss. Adour*, I.

[3] Deshayes, *Exp. de Morée*. Voyez encore pour les Strombes, Deshayes, 2ᵉ édit. de Lamarck, *Hist. nat. des anim. sans vert.* Chenu, *Illustr. de conch.*, etc.

[4] *Trans. geol. Soc. London*, 2ᵉ série, t. V, pl. 26.

[5] *Quart. Journ. geol. Soc.*, 1850, t. VI, p. 45.

le genre des rostellaires toutes les espèces à spire longue, à digitations peu nombreuses et dont le sinus est nul ou réuni à la base du canal. Les espèces jurassiques forment, comme je le dirai plus bas, le genre des *Alaria*, Morris et Lycett.

Les ptérocères ont vécu en abondance dans les terrains jurassiques, et se continuent avec des formes variées pendant l'époque crétacée. Ils sont très rares dans les terrains tertiaires et reparaissent plus abondants de nos jours, où plusieurs espèces, remarquables par leur grande taille, vivent dans les mers chaudes des deux hémisphères.

Les espèces les plus anciennes appartiennent au lias.

M. d'Orbigny a indiqué (¹) le *P. liasina*, d'Orb., du lias d'Étoupefour.

On en cite quelques-unes de l'oolithe inférieure et de la grande oolithe.

M. Eudes Deslongchamps a décrit (²) les *P. atractoides, vespa, balanus, retusa et paradoxa* (Atlas, pl. LXIV, fig. 12), de la grande oolithe de Normandie.

MM. Morris et Lycett (³) ont ajouté le *P. Ignobilis*, M. et L., le *P. Bentleyi*, id., et le *P. Wrightii*, id., de la grande oolithe d'Angleterre.

Les espèces paraissent rares dans les terrains oxfordiens et kelloviens.

M. d'Orbigny (⁴) en cite plusieurs dans son prodrome; mais l'observation que j'ai présentée plus haut s'applique presque à toutes. Je crois cependant que l'on devra admettre quand elle sera décrite, la *P. aranea*, d'Orb., du terrain oxfordien de Creué.

Elles deviennent plus abondantes dans le terrain corallien et les terrains jurassiques supérieurs. Ces fossiles sont même assez répandus dans quelques gisements, pour avoir fait donner le nom de *Calcaire à ptérocères* à un étage du terrain kimméridgien.

On trouve dans le terrain corallien (⁵) les *P. Bupellensis*, d'Orb., *tetracera*, id., *aranea*, id., et quelques espèces inédites.

(¹) *Prodrome*, t. I, p. 291.
(²) *Mém. Soc. Lin. Normandie*, t. VII, p. 161, pl. 9.
(³) *Moll. from the great ool., Palæont. Soc.*, 1850, p. 14 et 103, pl. 2, et 13.
(⁴) *Prodrome*, t. I, p. 333 et 356.
(⁵) *Prodrome*, t. II, p. 10; *Ann. sc. nat.*, 1825, p. 3, pl. 3.

M. Buvignier (¹) a décrit deux espèces du terrain corallien et trois du terrain kimméridgien.

Le calcaire à ptérocères de l'étage kimméridgien est principalement caractérisé (²) par les *P. Oceani* (*Strombus Oceani*, Broug., olim *Stromblies denticulatus*, id., Atlas, pl. LXIV, fig. 14), et *P. Ponti* (*Strombus Ponti*, Broug.).

Il faut y ajouter le *P. vespertilis*, Eudes Desl. (³), *musca*, id., et *incerta*, id. (*Buccinum læve et subcarinatum*, Roemer). Ces trois espèces proviennent de l'argile kimméridgienne de Honfleur.

Les ptérocères de l'époque crétacée sont assez nombreux.
On en cite quelques-uns des terrains néocomiens et aptiens.

L'espèce la plus connue est le *P. pelagi*, Broug. (⁴) (Atlas, pl. LXIV, fig. 15), décrit par cet illustre géologue, d'après des échantillons recueillis dans le terrain néocomien, supérieur aux *Caprotina ammonia*. En Suisse cette espèce est constamment dans cet étage.

L'espèce du terrain néocomien inférieur qui lui ressemble le plus n'a pas été décrite.

M. d'Orbigny (⁵) a décrit outre cette espèce les *P. Moreausiana*, *Dupiniana* et *speciosa*, du terrain néocomien inférieur. Je ne mentionne pas son *P. Emerici*, qui me paraît une rostellaire.

Le *P. Beaumontiana*, d'Orb., appartient au terrain néocomien supérieur. Il est singulièrement voisin du véritable *P. pelagi*.

Le *P. tenuidactyla*, Buvignier (⁶), provient du terrain néocomien d'Ancerville.

Le *P. Rochatiana*, d'Orb. (⁷), a été trouvé dans le terrain aptien de la perte du Rhône (Atlas, pl. LXIV, fig. 15).

Le *P. Fittoni*, Forbes (⁸), appartient au lower green sand d'Angleterre.

Quelques espèces se trouvent dans le gault et dans les terrains crétacés supérieurs.

Le *P. bicarinata*, d'Orb. (⁹) a été découvert dans le gault du nord de la France.

(¹) *Statist. géol. de la Meuse*, p. 44, pl. 28 et 29.
(²) Brongniart, *Ann. des mines*, 1821, pl. 7.
(³) *Mém. Soc. Lin. Normandie*, t. VII, p. 161, pl. 9.
(⁴) *Ann. de mines*, 1821, pl. 7. Voyez aussi Pictet et Renevier, *Pal. Suisse*, *Terr. aptien*, p. 43, pl. 5.
(⁵) *Pal. franç., Terr. crét.*, t. II, pl. 211.
(⁶) *Statist. géol. de la Meuse*, p. 44, pl. 28.
(⁷) Pictet et Renevier, *Pal. Suisse, terr. aptien*, p. 45, pl. 4.
(⁸) *Quart. Journ. geol. Soc.*, t. I, p. 351, pl. 4, fig. 6.
(⁹) *Pal. franç., Terr. crét.*, t. II, pl. 208.

Le *P. rosea*, Sowerby [1], se trouve dans le gault des environs de Genève et dans le grès vert de Blackdown.

M. d'Orbigny a décrit [2] le *P. polycera* de l'Île Madame (terrain cénomanien), et le *P. marginalis*, d'Orb., du Mans, id. Il a indiqué en outre le *P. Verneuilli*, du même gisement. Je doute beaucoup que son *P. inflata* appartienne à ce genre.

M. d'Archiac a fait connaître [3] le *P. Coliegni*, de Tournay.

Je considère les deux espèces décrites par Reuss [4] sous les noms de *P. gigantea* et *gracilis*, comme très douteuses.

M. d'Orbigny indique dans la craie blanche le *P. Toucasiana*, d'Orb., non décrit. Son *P. supracretacea* a au moins autant les caractères des rostellaires que ceux des ptérocères.

M. Zekeli a décrit [5] les *P. Haueri*, *subtilis* et *angulata*, de la craie de Gosau.

Les ptérocères, ainsi que je l'ai dit plus haut, sont très rares dans les terrains tertiaires.

La seule espèce citée est le *P. radix*, Brong. [6], du terrain nummulitique du Vicentin.

Les ROSTELLAIRES (*Rostellaria*, Lamk). — Atlas, pl. LXIV, fig. 16 à 24,

ont une coquille plus ou moins turriculée, dont la bouche est terminée en avant par un canal respiratoire presque toujours long et étroit, et dont le labre s'étend tantôt en restant entier, tantôt en formant des digitations peu nombreuses; il est en outre échancré par un sinus contigu au canal. La place du sinus distingue ce genre des ptérocères [7], l'existence du canal empêche de le confondre avec les strombes. L'animal est tout à fait semblable à celui de ces deux genres.

M. Philippi et d'autres auteurs ont reconnu de très grandes différences entre l'animal des rostellaires proprement dites, représentées par la *R. curvirostris*, et celui de l'espèce de la Méditerranée, connue sous le nom de *R. pes-pelicani*, Lamk. Cette der-

---

(1) Dans Fitton, *Trans. of the geol. Soc.*, 1846, t. IV, pl. 18; Pictet et Roux, *Moll. des grès verts*, p. 265, pl. 23.

(2) *Pal. franç., Terr. crét.*, t. II, pl. 217.

(3) *Mém. Soc. géol.*, 2ᵉ série, t. II, p. 345, pl. 25.

(4) *Boehm. Kreidegeb.*, pl. 11.

(5) *Gaster. Gosau*, pl. 12, 13 et 15.

(6) *Vicentin*, pl. 4, fig. 9.

(7) Voyez ci-dessus p. 197, la comparaison des rostellaires et des ptérocères.

nière a les yeux placés sur les côtés des tentacules, tandis que ces organes sont terminaux dans les rostellaires. Ces différences ont motivé avec raison la formation d'un nouveau genre, celui des CHENOPUS (*Aporrhais*, Aldov.), Atlas, pl. LXIV, fig. 23 et 24, qui contiendrait la *R. pes-pelicani* et les espèces voisines. Malheureusement il est difficile de lier exactement ces différences de la coquille aux formes de l'animal, et par conséquent de diviser d'une manière convenable les espèces fossiles entre ces deux genres. Les chenopus vivants ont le canal respiratoire déprimé, un peu tordu et à peine canaliculé, et le labre fortement digité, tandis que les rostellaires proprement dites ont ce dernier organe moins découpé et le canal fortement creusé. Certaines espèces fossiles, principalement des terrains jurassiques et crétacés, sont intermédiaires entre ces deux formes, et il est très difficile de savoir auquel des deux genres elles ont dû appartenir par leur animal. En conséquence, tout en reconnaissant complètement la convenance d'établir le genre chenopus, je me vois forcé ici de réunir provisoirement ses espèces avec les rostellaires.

Les espèces jurassiques et crétacées ont fourni à MM. Morris et Lycett [1] le type du genre ALARIA, que ces paléontologistes caractérisent surtout par sa forme turriculée et par l'absence constante de canal à l'angle postérieur de la bouche. L'aile est tantôt entière, tantôt digitée, et peut former une varice; le canal antérieur peut être court ou long, droit ou courbé. La forme turriculée leur est commune avec toutes les rostellaires et les chenopus. L'absence de canal postérieur fournirait un caractère distinctif s'il était constant; mais si l'on compare entre elles les espèces vivantes, on verra combien il est variable. Depuis le type des *R. Favannii*, Pfeiffer, etc., où il longe toute la spire, on arrive par degrés jusqu'à des espèces telles que le *C. occidentalis*, Beck, où il est presque nul. Parmi les espèces fossiles rangées dans le genre des alaria, il y en a où la partie postérieure du labre arrive si obliquement sur la spire, que l'angle qu'il forme est semblable au canal du *C. occidentalis*.

Je pense donc que l'on ne peut pas trouver dans ce canal un

[1] *Moll. from the great ool.*, *Palæont. Soc.*, 1850, p. 15. Ce genre me paraît être à peu près le même que celui que l'un de ces auteurs, M. Lycett, a établi sous le nom de ROSTROFUSA, *Ann. and mag. of nat. hist.*, 2ᵉ série, 1848, t. II, p. 252.

caractère générique constant, et je réunis provisoirement les alaria aux rostellaires.

Ces mollusques ont paru dès l'époque jurassique et sont assez nombreux dans les terrains crétacés et tertiaires. Ils vivent aujourd'hui dans la plupart des mers, jusque dans les régions les plus froides, sur les fonds de sable, à d'assez grandes profondeurs et n'atteignent pas la taille des deux genres précédents.

Les espèces des terrains jurassiques ont en général, comme je l'ai dit plus haut, une aile sans canal postérieur, à digitations peu nombreuses. Elles ont été décrites sous le nom d'ALARIA, par MM. Morris et Lycett, de PTEROCERA, par M. d'Orbigny, et de ROSTELLARIA, par la plupart des autres auteurs.

M. Eudes Deslongchamps [1] a décrit quelques espèces de Normandie. Suivant lui la *R. trifida*, Phillips, Atlas, pl. LXIV, fig. 16, se trouverait depuis le lias jusque dans l'argile kimméridgienne de Honfleur. La *R. hamus*, E. D., appartient à la grande oolithe et à l'oolithe inférieure.

La *R. hamulus*, E. D., et la *R. cirrus*, id., ont été trouvées dans la grande oolithe, et la *R. myurus*, E. D., dans l'oolithe inférieure (Atlas, pl. LXIII, fig. 17).

M. Buvignier [2] a décrit une espèce du terrain corallien du département de la Meuse, cinq des dépôts kimméridgiens, et cinq des terrains portlandiens.

La *R. composita*, Sow. [3], se trouve dans l'oolithe inférieure et la grande oolithe d'Angleterre.

M. Lycett [4] a fait connaître cinq espèces nouvelles de l'oolithe inférieure du même pays.

Le même auteur avec M. Morris [5] a décrit sous le nom d'ALARIA douze espèces de la grande oolithe, dont cinq sont nouvelles.

On a encore trouvé en Angleterre [6] la *R. trifida*, Philipps, du terrain oxfordien, et la *R. bispinosa*, id., du calcareous gret.

Les espèces d'Allemagne sont nombreuses [7]. Goldfuss en a fait connaître cinq du lias et deux du terrain corallien de l'appenheim. MM. Koch et Dunker ont décrit la *R. Philippi*, de l'oolithe inférieure et trois espèces du terrain jurassique supérieur. (*R. nodifera, Chenopus cingulatus, C. strombiformis*, K. et D.).

[1] *Mém. Soc. linn. Norm.*, t. VII, p. 171, pl. 9.

[2] *Statist. géol. de la Meuse*, p. 43, pl. 28.

[3] *Min. conch.*, pl. 558.

[4] *Ann. and mag. of nat. hist.*, 2ᵉ série, 1850, t. VI, p. 419.

[5] *Moll. from the great ool.*, Paleont. Soc., 1850, p. 15, pl. 8.

[6] Phillips, *Geol. of Yorksh.*, pl. 4 et 5.

[7] Goldfuss, *Petr. Germ.*, t. III, p. 15, pl. 169 et 170 ; Koch und Dunker, *Oolithengeb.*, p. 31 et 46, pl. 2 et 5 ; Roemer, *Oolithgeb.*, p. 146, pl. 11 et 12.

Les *R. costata*, Roemer, et *caudata*, id., caractérisent le terrain corallien de Hoheneggelsen.

Les rostellaires sont nombreuses dans les terrains crétacés. Un grand nombre d'entre elles ont encore les formes des alaria; d'autres ont un canal postérieur comme la plupart des rostellaires vivantes. La grande ressemblance de ces dernières et des premières sous tous les autres points de vue, est une nouvelle preuve que ce canal ne peut pas fournir des caractères généraux suffisants.

On en connaît quelques-unes des terrains néocomiens et aptiens.

M. d'Orbigny (1) a décrit ou indiqué cinq espèces du terrain néocomien inférieur et quatre du terrain néocomien supérieur d'Escragnolles.

M. Buvignier (2) a décrit les *R. euryptera* et *longiscata*, des terrains néocomiens du département de la Meuse.

On trouve dans le lower green sand d'Angleterre et dans l'argile de Speeton (3), la *R. glabra*, Forbes, et la *R. composita*, Philipps non Sow. (*subcomposita*, d'Orb.).

Nous avons trouvé (4) dans le terrain aptien de la perte du Rhône la *R. Robinaldina*, d'Orb., la *R. Rouxii*, Pictet et Renevier, et le *Chenopus Dupinianus*, d'Orb.

La *R. Costa*, Sharpe (5), provient des terrains crétacés inférieurs du Portugal.

Les rostellaires sont abondantes dans le gault.

Les auteurs anglais (6) en ont fait connaître plusieurs, telles que les *R. calcarata*, Sow., *carinata*, Mantell, *elongata*, Sow., *marginata*, id., *Parkinsoni*, id., *retusa*, id.

M. d'Orbigny en a ajouté (7) quelques-unes et en particulier les *R. tricostata*, *carinella*, *Dutemplei*, *Itieriana*.

Dans le travail que j'ai publié avec M. le docteur Roux (8), nous avons

---

(1) *Pal. fr.*, *Terr. crét.*, t. II, p. 282, pl. 206 et 207 ; quelques espèces ne sont qu'indiquées dans le prodrome.

(2) *Statist. géol. de la Meuse*, p. 44, pl. 28.

(3) Forbes, *Quart. Journ. geol. Soc.*, I, p. 350, pl. 4 ; Phillips, *Geol. of Yorkshire*, p. 94, pl. 2.

(4) *Pal. Suisse*, *Terr. aptien*, p. 46, pl. 4.

(5) *Quart. journ. geol. Soc.*, 1850, t. VI, p. 193.

(6) Sowerby, *Min. conch.*, pl. 349 et *Trans. of the geol. Soc.*, 2ᵉ série, t. IV ; Mantell, *Geol. of Sussex*, etc.

(7) *Pal. fr.*, *Terr. crét.*, t. II, p. 284, pl. 207 et 208.

(8) *Mollusques des grès verts*, p. 247, pl. 24 et 25. Je persiste dans mon opinion sur la synonymie de ces espèces. La vraie *R. Parkinsoni*, n'a pas été

cherché à rétablir la synonymie de quelques espèces et nous en avons ajouté plusieurs nouvelles (*R. Grasiana, Thimotheana, fusiformis, Deluci, cingulata*).

Les craies chloritées et les terrains crétacés supérieurs ne sont pas moins riches en représentants de ce genre.

La *R. macrostoma*, Sow. [1], et les *R. calcarata*, id., *P. Parkinsoni*, id., ci-dessus indiqués, ont été trouvés à Blackdown.

M. d'Orbigny [2] a fait connaître six espèces du terrain cénomanien de France, cinq du terrain turonien et la *R. pyrenaica*, des bains de Rennes (terrain sénonien).

Nous avons figuré dans l'Atlas, pl. LXIV, la *R. ornata*, d'Orb., fig. 18 et la *R. Requieniana*, id., fig. 19. Ces deux espèces proviennent du terrain turonien d'Uchaux.

Les espèces d'Allemagne [3] ont été étudiées par Goldfuss (*R. ovata*, de la craie de Haldem, *Buchi*, Goldf., du plæner kalk, etc., *vespertilio*, id., du plæner mergel, etc., *striata*, d'Aix-la-Chapelle, *papilionacea*, id., *costata*, de Gosau; Reuss (*R. subulata, tenuistria*, etc., du plæner mergel); Geinitz (*Reussi*, etc.); Pusch (*acutirostris*); Jos. Müller (six espèces nouvelles d'Aix-la-Chapelle); Zekeli (onze espèces de Gosau, etc.).

Les espèces de Gosau avaient déjà été étudiées par Sowerby [4], qui en avait décrit plusieurs espèces.

Les rostellaires sont plus rares dans les dépôts de l'époque tertiaire. Leur analogie avec les espèces vivantes permet plus facilement d'en distinguer les chenopus.

M. Melleville [5] a décrit la *R. lævigata*, des terrains tertiaires inférieurs de Laon (Atlas, pl. LXIV, fig. 20).

Les espèces du bassin de Paris ont été décrites par Lamarck et par M. Deshayes [6]. Ce dernier auteur compte quatre espèces. La *R. fissurella*, Lamk (Atlas, pl. LXIV, fig. 22), est indiquée comme se trouvant à la fois dans les terrains tertiaires inférieurs, dans le calcaire grossier et dans le grès marin supérieur. La *R. macroptera* (*ampla*, Nyst), et la *R. columbaria*, id., caracté-

connue par M. d'Orbigny. Celle que cet auteur a décrite sous ce nom est notre *R. Orbignyana*, et ne peut pas porter celui de *R. costata*. La *R. marginata*, Fitton, n'est point la *R. Parkinsoni*, etc. Voyez encore les observations supplémentaires, *Moll. des grès verts*, p. 549.

[1] *Trans. geol. Soc.*, 2ᵉ série, t. IV.

[2] *Pal. fr., Terr. crét.*, t. II, pl. 209 et 210.

[3] Goldfuss, *Petref. Germ.*, t. III, pl. 170; Reuss, *Boehm. Kreidef.*, I, p. 46, pl. 9; Geinitz, *Verstein*, p. 303; Pusch., *Pol. Pal.*; Jos. Müller, *Verst. Aach. Kreid.*, pl. 2 et 3; Zekeli, *Gaster. Gosau*, pl. 12 à 14, etc.

[4] *Trans. geol. Soc.*, 2ᵉ série, t. III, pl. 38.

[5] *Sables tert. inf., Ann. sc. géol.*, p. 71, pl. 10.

[6] Lamarck, *Ann. Mus.*, t. II; Deshayes, *Coq. foss. Par.*, t. II, p. 610.

risent le calcaire grossier. La *R. crassilabrum*, Desh. (*labrosa*, Sow.), appartient au grès marin supérieur.

La *R. macroptera* a été retrouvée dans le terrain nummulitique de Nice, et la *R. fissurella*, dans le même gisement, et en outre dans ceux de Pau, du Vicentin, etc.

M. A. Brongniart [1] a décrit la *R. corvina* et la *R. pes-carbonis* du terrain nummulitique du Vicentin. M. A. Rouault [2] a fait connaître la *R. Lejeunei*, la *R. maxima*, la *R. Hupei* (Atlas, pl. LXIV, fig. 21), et le *R. spirata*, du terrain nummulitique de Pau.

M. Bellardi [3] a décrit la *R. macropteroides*, Bell., *lœvis*, id., *multiplicata*, id., *geniophora*, id., et cité quelques espèces indéterminées du terrain nummulitique de Nice.

On trouve dans l'argile de Londres [4] la *R. lucida*, Sow., la *R. rimosa*, id., et la *R. Sowerbyi*, Mantell (olim *Parkinsoni*).

Les espèces se continuent dans les terrains miocènes et pliocènes.

Le terrain tongrien de Belgique renferme [5] la *R. crassa*, van Beneden (*R. Margerini*, Nyst, Chenopus, Sow., Nyst).

M. Grateloup [6] a décrit la *R. dentata* et deux espèces qu'il rapporte aux *C. pes-pelicani*, Lin. et *pes-carbonis*, Grat. (*C. Burdigalensis*, d'Orb. et *Grateloupi*, id.).

On trouve dans les terrains miocènes du Piémont [7] la *R. dentata*, Grat., ci-dessus indiquée et deux espèces nouvelles, la *R. Collegnoi*, Bellardi et Michelotti, et le *Chenopus pes-graculi*, Bronn.

Le *C. pes-pelicani*, Lamk (Atlas, pl. LXIV, fig. 23 et 24), actuellement vivant, se trouve fossile dans les terrains pliocènes du même pays, dans les terrains quaternaires de Sicile, dans le crag d'Angleterre, etc.

On a trouvé en Allemagne une partie des espèces précédentes (*R. fissurella*, Lamk, *pes-pelicani*, id., etc.). Parmi les espèces nouvelles on cite la *R. decussata*, Philippi [8], de Westeregeln, et la *R. paradoxa*, Philippi [9].

On a aussi trouvé des rostellaires hors d'Europe [10].

[1] *Vicentin*, pl. 4, fig. 2 et 8.

[2] *Mém. Soc. géol.*, 2ᵉ série, t. III, pl. 18.

[3] *Mém. Soc. géol.*, 2ᵉ série, t. IV, pl. 13.

[4] Sowerby, *Min. conch.*, pl. 91 et 349.

[5] Nyst, *Coq. et pol. foss. Belg.*, pl. 44, fig. 4.

[6] *Conch. foss. Adour*, 1.

[7] Michelotti, *Descr. foss. mioc. Ital. sept.*, p. 200.

[8] *Palæontographica*, t. I, p. 75, pl. 10 a.

[9] *Tert. Verst. Nordwest. Deutsch.*, p. 24, pl. 4, fig. 13.

[10] Morton, *Journ. Ac. Phil.*, t. VIII; d'Orbigny, *Voyage en Amér.*, Pa-

On trouvera quelques espèces des terrains crétacés de l'Amérique septentrionale, décrites par M. Morton.

Les mêmes gisements de l'Amérique méridionale renferment des espèces décrites par M. d'Orbigny.

Le même auteur en décrit une des terrains tertiaires du même pays.

On en a trouvé aussi dans les terrains tertiaires de la province de Cutch.

C'est peut-être à la fin de cette famille qu'il faut placer un genre dont les rapports ont toujours été contestés.

Les Struthiolaires (*Struthiolaria*, Lamk),

qui ont une coquille ovale, à spire élevée, dont la bouche ovale est terminée en avant par un canal très court et peu profond. Le bord columellaire est couvert par une callosité. Le labre un peu infléchi simule un sinus en arrière de ce canal; il est muni d'un bourrelet en dehors.

Les formes de la coquille, si ce n'était la brièveté du canal, sembleraient la placer dans la famille des fusides; la sinuosité du labre paraît indiquer quelque chose d'analogue au sinus des strombes. Les formes de l'animal montrent, suivant M. Deshayes, de grandes analogies avec les chenopus.

M. Kiener pense plutôt qu'on doit rapprocher les struthiolaires des pourpres.

On ne connaît aujourd'hui qu'un très petit nombre de struthiolaires vivantes, qui sont spéciales aux mers de la Nouvelle-Zélande. Leur existence à l'état fossile est douteuse.

La *Struthiolaria umbilicata*, Bonelli [1], du terrain pliocène d'Asti, appartient suivant M. Sismonda, au genre *Lacuna*, Turton.

Une espèce douteuse (*S. ornata ?* Sow.), a été citée dans les terrains tertiaires de Patagonie [2].

14ᵉ Famille. — CONIDES.

La famille des conides se distingue de toutes les autres familles par une coquille formant un cône, dont la base est représentée par

lœut. et *Foss. de Colombie*; *Madras Journ.*, 1849; Sowerby, *Trans. of the geol. Soc.*, 2ᵉ série, t. V, etc.

[1] Bellardi et Michelotti, *Saggio orittog.*, p. 31, pl. 3; Sismonda, *Synopsis*, p. 48.

[2] Sowerby, in Darwin, *South. America*, pl. 4.

la spire et dont les tours sont enroulés sur eux-mêmes comme
des cornets. La bouche est longue, étroite, sans dents et échancrée en avant; l'opercule est très étroit, à éléments latéraux.
Ces coquilles ont souvent dans la nature vivante des couleurs
vives et variées et une surface très polie, qui rappelle par-
fois celle des porcelaines; mais elles en diffèrent essentiellement, parce qu'elles sont revêtues d'un épais drap marin.
Les animaux ont un pied allongé, non extensible, et un tube respiratoire très long. Les yeux sont au tiers antérieur des tentacules. L'enroulement des cônes présente un caractère qui lui est
tout à fait spécial, les tours intérieurs se réabsorbent à mesure que
la coquille s'accroît et deviennent extrêmement minces, tandis
que les tours extérieurs sont épais. Il résulte de cette circonstance que la coupe de la coquille faite perpendiculairement à son
axe, présente une spire dont les premiers tours sont très minces
comparativement au dernier (Atlas, pl. LXIV, fig. 25), tandis
que dans les autres coquilles la spire formée par une coupe pareille aurait une épaisseur à peu près uniforme. Cette organisation permet de distinguer les cônes dans les cas douteux et nous
nous en sommes déjà servi pour rapporter au genre *Acteonina*,
quelques espèces des terrains jurassiques qui avaient été attribuées à la famille qui nous occupe ici.

Les Cônes (*Conus*, Linné). — Atlas, pl. LXIV, fig. 25 à 30,
sont le seul genre connu de la famille et forme comme on sait dans
les mers actuelles un genre aussi remarquable par le nombre des
espèces que par la beauté de quelques unes d'entre elles. Ils n'ont
apparu pour la première fois que vers la fin de l'époque crétacée,
dans laquelle ils ne sont représentés que par un petit nombre
d'espèces. Ils ont pris un plus grand développement pendant la
période tertiaire, principalement à partir de l'époque à laquelle
les terrains miocènes ont commencé à se déposer.

Les espèces des terrains crétacés appartiennent exclusivement
à l'étage des craies blanches.

Le *C. cylindraceus*, Geinitz ([1]), du quader inférieur de Saxe, me paraît
être une acteonina.

Le *C. semi-costatus*, Goldfuss ([2]), a été trouvé dans la craie supérieure de
Haldem.

([1]) *Charakter.*, p. 72, pl. 18.
([2]) *Petr. Germ.*, t. III, p. 14, pl. 169, fig. 2.

Le *C. tuberculatus*, Dujardin [1], provient des craies blanches des environs de Tours (Atlas, pl. LXIV, fig. 26).

Le *C. Marticensis*, Matheron [2], a été découvert dans la craie des Martigues.

On peut ajouter le *C. gyratus*, Morton [3], de la craie blanche des États-Unis.

Les espèces, ainsi que je l'ai dit plus haut, augmentent beaucoup de nombre dans l'époque tertiaire.

On en connaît quelques-unes des terrains tertiaires anciens.

M. Deshayes [4] en a décrit huit espèces du bassin de Paris. Les *C. deperditus*, Brug., *diversiformis*, Desh. (Atlas, pl. LXIV, fig. 27), *turritus*, Lamk, *stromboides*, id. (*lineatus*, Brander), et *antediluvianus*, id., caractérisent le calcaire grossier.

Le *C. sulciferus*, Desh., le *C. crenulatus*, id., et le *C. scabriculus*, Brand., appartiennent aux grès marins supérieurs.

M. Melleville [5] a fait connaître le *C. bicoronatus*, des terrains tertiaires de Cuise-la-Motte (Atlas, pl. LXIV, fig. 8).

M. A. Brongniart [6] a décrit le *C. alsianus*, du terrain nummulitique de Ronca, et une espèce du même gisement qu'il rapporte au *C. deperditus*, Lamk, et qui paraît différente. C'est le *C. Brongniarti*, d'Orb.

M. d'Archiac [7] a fait connaître le *C. Rouaulti*, du terrain nummulitique de Biaritz et de Pau.

On trouve aussi dans les terrains nummulitiques quelques-unes des espèces du bassin de Paris qui ont été citées plus haut.

Plusieurs espèces ont été citées dans l'argile de Londres. Outre une partie des espèces du bassin de Paris (*C. deperditus*, *diversiformis*) et le *C. lineatus*, Brander (*stromboides*, Desh.), on peut citer [8] : les *C. dormitor*, Sow., *concinnus*, id., *scabriculus*, id., *corculum*, id. et *velatus*, id.

Les terrains tertiaires, miocènes et pliocènes en renferment une très grande quantité ; leur synonymie est très difficile et leur distribution géographique est par conséquent encore imparfaitement connue.

On pourra consulter principalement la *Monographie des cônes de Vienne*,

[1] D'Orbigny, *Pal. fr., Terr. crét.*, t. II, p. 321, pl. 220.

[2] *Catalogue*, etc., p. 257, pl. 40.

[3] *Synopsis cret. group.*, p. 49, pl. 10.

[4] *Coq. foss. Par.*, t. II, p. 743, pl. 98.

[5] *Sables tertiaires, Ann. sc. géol.*, p. 71, pl. 10.

[6] *Vicentin*, pl. 3, fig. 1 et 2.

[7] *Mém. Soc. géol.*, 2ᵉ série, t. III, pl. 13, fig. 22.

[8] Sowerby, *Min. conch.*, pl. 301, 302, 303 et 623.

par M. Hörnes [1]. Ce paléontologiste en figure dix-neuf espèces dont deux seulement sont nouvelles, les *C. Haueri* et *extensus*. (Atlas, pl. LXIV, fig. 29.)

M. Grateloup [2] en a figuré une grande quantité des environs de Bordeaux et de Dax (plus de trente espèces).

Les espèces miocènes du Piémont ont principalement été décrites par M. Michelotti [3], qui en compte dix-neuf espèces dont onze nouvelles. Le *C. rostristatus*, Bell., est figuré dans la planche LXIV, figure 30, mais d'après un échantillon du bassin de Vienne.

Les espèces pliocènes du même gisement ont été décrites par Brocchi, etc. M. de Sismonda [4] admet sept espèces qui se trouvent à la fois dans le terrain miocène et dans le terrain pliocène, et huit spéciales au terrain pliocène. Il nous est impossible d'énumérer ici ces nombreuses espèces. Les plus connues sont : le *C. betulinoides*, Lamk, le *C. Aldrovandi*, Brocchi, le *C. Mercati*, id., le *C. ponderosus*, id., le *C. Noæ*, id., le *C. antediluvianus*, Brug.

On peut ajouter [5] à cette longue énumération des cônes européens, plusieurs espèces des États-Unis, quelques-unes du terrain nummulitique de l'Inde, neuf espèces de Saint-Domingue décrites par Sowerby, etc.

15e Famille. — VOLUTIDES.

Les volutides ont une coquille enroulée, plus ou moins allongée, dont la bouche est échancrée en avant et ne se prolonge pas en canal, et dont la columelle présente toujours des gros plis très marqués. Cette bouche n'est point fermée par un opercule. L'animal est plus ou moins volumineux, à pied variable et sans pores aquifères.

Les coquilles de cette famille se distinguent des actéonides par leur bouche échancrée et de la plupart des familles précédentes par les dents très marquées de leur columelle [6]. Elles diffèrent de toutes les suivantes par l'absence de canal ou par un enroulement normal.

[1] *Die fossilen Mollusken des tertiaer Beckens von Wien.*

[2] *Conch. foss. Adour*, I.

[3] *Descr. foss. mioc. Ital. sept.*, p. 336, pl. 13 à 17.

[4] *Synopsis*, p. 43.

[5] Voyez d'Orbigny, *Prodrome*; Sowerby, *Trans. geol. Soc.*, 2e série, t. V, pour les espèces de Cutch, et *Quart. journ. geol. Soc.*, 1850, t. VI, p. 44, pour celles de Saint-Domingue.

[6] Les marginelles, p. 188, ont les mêmes dents, mais elles se distinguent par leur coquille polie.

Ces mollusques ne paraissent pas très anciens à la surface du globe ; on n'en retrouve point avant le milieu de l'époque crétacée, où ils sont représentés par les deux genres principaux ; et ce n'est que dans les terrains tertiaires que les espèces deviennent nombreuses. Celles de nos mers actuelles sont souvent remarquables par leur taille, leurs belles formes et la brillante disposition des couleurs.

Les Volutes (*Voluta*, Lin.), — Atlas, pl. LXV, fig. 1 à 5,

ont une coquille ovale, oblongue ou ventrue, à spire courte et à sommet obtus. La bouche est allongée, à bords simples, non dilatés, et présente en avant une forte échancrure. La columelle est marquée de plis très prononcés et obliques.

Ce genre comprend aujourd'hui de nombreuses espèces, qui vivent sur les fonds sablonneux des parties tranquilles de la plupart des mers. Les premières ont apparu pour la première fois dans l'époque crétacée, où elles sont peu nombreuses ; leur nombre augmente beaucoup avec la période tertiaire.

On a divisé les volutes, d'après la nature de leur enroulement, en genres [1] que l'étude de l'animal ne paraît pas confirmer. On nomme en particulier Cymbium ou Cymba, les espèces très ouvertes, dont la spire est complétement ou presque complétement cachée par le dernier tour. Les volutes de cette forme sont toutes spéciales à l'époque actuelle, et les fossiles appartiennent sans exception à la division de celles où la spire est bien visible.

Chemnitz a formé aussi pour quelques fossiles (*V. cithara*, etc.) un genre Cithariodus, qui ne repose sur aucun caractère suffisant.

Les espèces des terrains crétacés ne se trouvent, comme je l'ai dit plus haut, qu'à partir du milieu de cette époque.

M. d'Orbigny [2] a décrit la *V. Guerangueri*, du Mans (terrain cénomanien), quatre espèces d'Uchaux (terrain turonien), et la *V. Lahayesi*, d'Orb., du terrain crétacé supérieur.

La *V. Requieniana*, d'Orb., d'Uchaux, est figurée Atlas, pl. LXV, fig. 1.

[1] FULGORARIA et VOLUTA, Schum. ; SCAPHELLA, CYMBIOLA, HARPULA, VOLUTILITHES et VOLUTA, Swainson ; YETUS, id., d'après Adanson ; MELO, Humphrey, etc.

[2] *Pal. franç.*, *Terr. crét.*, t. II, pl. 220-221.

M. Mantell [1] a décrit une *V. obliqua*, du terrain crétacé de Middleham ; mais ce nom avait déjà été donné par Sowerby à une autre espèce de l'argile de Londres.

M. Matheron [2] a fait connaître la *V. concidea*, de Fignières, près Marseille, et la *V. pyruloides*, du terrain crétacé supérieur de Plan d'Aups.

On trouve [3] dans le plaener de Strehlen, Haldem, etc., la *V. semiplicata*, Geinitz (*laticostata*, Müller), la *V. Roemeri*, Geinitz, la *V. induta*, id. (*Pleurotoma*, Goldf.), et la *V. semilineata*, id., outre quelques espèces déjà indiquées ci-dessus.

La *V. deperdita*, Goldf. [4], provient de la montagne de Saint-Pierre, près Maestricht.

Les environs d'Aix-la-Chapelle renferment dans leurs terrains crétacés supérieurs (outre les *V. elongata*, d'Orb., *semistriata*, Gein., *induta*, id.), les *V. Ortlieyana*, Müller [5], *cingulata*, id., *nitidula*, id., et *Benedeni*, id.

Les espèces de Gosau sont nombreuses : Sowerby avait déjà décrit la *V. acuta* (*subacuta*, d'Orb.), M. Zekeli [6] vient d'y ajouter quinze autres espèces.

On peut citer aussi plusieurs volutes des terrains crétacés de Pondichéry, décrites par M. E. Forbes [7].

Les volutes sont plus abondantes encore dans les terrains tertiaires.

Les terrains éocènes en particulier en renferment une quantité considérable.

Lamarck, puis M. Deshayes, ont fait connaître celles du bassin de Paris. Ce dernier en a décrit [8] trente et une espèces, dont les *V. depressa*, Lamk., *multistriata*, Desh., *angusta*, id., *ambigua*, Lamk., *bisulcata*, Desh., et *plicatella*, id., appartiennent aux terrains inférieurs et se trouvent surtout à Cuise-la-Motte.

Les autres appartiennent en majorité au calcaire grossier. On peut citer parmi les plus abondantes et les plus caractéristiques les *V. cithara*, Lamk. (Atlas, pl. LXV, fig. 2), *spinosa*, id., *muricina*, id., *scalaris*, Desh. (Atlas, pl. LXV, fig. 3), etc. Il est impossible de ne pas être frappé de l'apparence spéciale et caractéristique de cette grande série de volutes éocènes. Les

[1] *Geol. of Sussex*, p. 108, pl. 18.

[2] *Catalogue*, etc., pl. 40.

[3] Geinitz, *Charact.*, p. 70, pl. 18, etc.; Goldfuss, *Petr. Germ.*, t. III, pl. 170, etc.

[4] *Idem, ibid.*, pl. 169.

[5] J. Müller, *Aachener Kreidef.*, II, p. 40, pl. 5 et 6.

[6] *Gastér. Gosau*, pl. 13 et 14; Sowerby, *Trans. geol. Soc.*, 2e série, t. III.

[7] *Trans. of the geol. Soc.*, 2e série, t. VII.

[8] *Coq. foss. Par.*, t. II, p. 679, pl. 90 à 95.

formes tranchées et élégantes de ce genre y rendent très évidente l'existence de modifications spécifiques puissantes dans la série des temps; et tandis que certains genres, par leurs formes indécises peuvent faire douter du renouvellement des faunes, le genre des volutes le rend évident.

Quelques espèces enfin, comme les *V. sulcata*, Desh., *Branderi*, Defr., *simplex*, Desh., etc., caractérisent les dépôts éocènes supérieurs de Valmondois, de Monneville, etc.

Une partie des espèces du bassin de Paris ont été retrouvées dans les terrains nummulitiques, et en particulier la *V. ambigua*, Lamk, la *V. mauritiana*, id., etc. Il faut y ajouter (¹) la *V. subspinosa*, Brongniart, de Ronca; une espèce du même gisement rapportée par le même auteur à la *V. affinis*, Brocchi; les *V. Deshayesiana*, A. Rouault, et *Prevosti*, id., du terrain nummulitique de Pau, et quelques espèces inédites nommées par M. d'Archiac.

Les dépôts éocènes du bassin de Londres sont presque aussi riches en volutes que ceux de Paris (²). M. Morris en énumère vingt-deux espèces, parmi lesquelles figurent une partie de celles dont je viens de parler. Plusieurs (seize) ont été décrites par Sowerby (*V. athleta*, *costata*, *denudata*, *pauperata*, etc., etc.). Les matériaux me manquent pour indiquer leur distribution géologique exacte; les unes appartiennent à l'argile de Londres, les autres aux dépôts éocènes supérieurs.

C'est probablement aussi à l'époque éocène qu'appartiennent les dépôts de Westeregeln, dans lesquels M. Philipps (³) cite les *V. labrosa*, Phil., *Germari*, id., et des espèces du bassin de Paris.

Ces mollusques paraissent diminuer de nombre dans les terrains tertiaires moyens et supérieurs.

Le bassin de Bordeaux en a cependant encore fourni un bon nombre qui ont été décrites par MM. Basterot et Grateloup (⁴). Les espèces ont souvent été rapportées un peu légèrement à celles du bassin de Paris. Les faluns bleus ou faluns inférieurs paraissent en renfermer une douzaine d'espèces (*V. picturata*, Grat., *Turbelliana*, id., etc.), et les faluns jaunes seulement la *Voluta rarispina*, Lamk (Atlas, pl. LXV, fig. 4). Cette espèce est caractéristique de presque tous les terrains miocènes d'Europe.

On doit à M. Nyst (⁵) la connaissance de plusieurs espèces de Belgique, prin-

---

(¹) Brongniart, *Vicentin*, p. 63, pl. 3; A. Rouault, *Mém. Soc. géol.*, 2ᵉ série, t. III, pl. 18; d'Archiac, *Hist. des progrès*, t. III, p. 297; J. C. de Sowerby, *Trans. geol. Soc.*, 2ᵉ série, t. V.

(²) Morris, *Catalogue*, p. 107; Sowerby, *Min. conch.*, pl. 115, 290, 386, 398, 399, 612, 613, 623.

(³) *Palæontographica*, I, p. 78, pl. 10.

(⁴) De Basterot, *Coq. foss. Bord.*, p. 43; Grateloup, *Act. Soc. linn. Bord.*, 6, et *Conch. foss. Adour*, I. Voyez les rectifications de synonymie proposées par M. d'Orbigny, *Prodrome*, t. III, p. 9.

(⁵) *Coq. et polyp. foss. des terrains tert. de la Belgique*, 1843, p. 592, pl. 44 et 45.

cipalement de l'étage tongrien (*V. suturalis*, Nyst, *cingulata*, id., *semipli-cata*, id., *semigranosa*, id., etc.).

Les terrains miocènes du Piémont renferment suivant M. Michelotti [1], outre la *V. rarispina*, Lamk, citée plus haut, la *V. ficulina*, Lamk, la *V. Taurinia*, Bonelli, la *V. magorum*, Brocchi, et la *V. Swainsoni*, Michelotti. Aucune espèce n'a été citée dans les terrains pliocènes d'Asti.

M. Hörnes [2] a trouvé dans les terrains tertiaires miocènes des environs de Vienne, la *V. rarispina*, la *V. ficulina*, et la *V. Taurinia*, citées ci-dessus. Il y a ajouté la *V. Haueri*, Hörnes.

La *V. spoliata*, Smith [3], a été découverte dans les terrains miocènes des bords du Tage.

Le crag d'Angleterre (crag rouge et crag corallien) paraît ne renfermer que la *Voluta Lamberti*, Sow. [4], coquille qui se retrouve dans le crag de Belgique et dans plusieurs dépôts miocènes. (Atlas, pl. LXV, fig. 5.)

On a aussi trouvé des volutes dans les terrains tertiaires de l'Amérique et de l'Inde [5].

Les Volutelles (*Volutella*, d'Orb.)

ressemblent beaucoup aux volutes par leur coquille, sauf que leur surface externe est polie et encroûtée, surtout vers la spire. Cette circonstance est due à ce que le manteau de l'animal est très extensible et enveloppe la coquille comme dans les porcelaines. On ne trouve aujourd'hui ces mollusques que dans les mers d'Amérique. Les espèces ont été jusqu'à présent réunies aux volutes, et, sans vouloir nier l'importance du caractère qui les distingue, il faut reconnaître qu'il serait d'une application très difficile en paléontologie.

On n'a cité à l'état fossile qu'une seule espèce, la *V. angulata*, d'Orb. [6],

[1] *Descr. foss. mioc. Ital. sept.*, p. 319, pl. 13, fig. 5.

[2] *Die foss. Mollusk. tert. Beck. von Wien*, 2ᵉ livr., p. 89, pl. 9.

[3] *Quart. journ. geol. Soc.*, 1847, t. III, p. 422.

[4] Sowerby, *Min. conch.*, pl. 129; Wood, *Moll. from the crag* (*Palæont. Soc.*, 1848, p. 20, pl. 2).

[5] Voyez *Journ. Acad. Phil.*, t. VI, etc.; Darwin, *Voyage du Beagle*; *Foss. mam.*, p. 9 (deux espèces de Bahia-Blanca); *Madras journ.*, 1840, 2ᵉ vol., p. 370 (deux espèces des tertiaires de Cutch); J. C. de Sowerby, *Trans. geol. Soc.*, 2ᵉ série, t. V (id.). Voyez aussi dans d'Orbigny (*Voyage, Paléontologie*) deux espèces des terrains tertiaires de l'Amérique méridionale, etc. Sowerby (*Quart. journ. geol. Soc.*, 1850, t. VI, p. 46) a décrit deux volutes de Saint-Domingue.

[6] *Voyage dans l'Amér. mérid.*, Paléontologie, p. 456, *Mollusques vivants*, p. 422.

qui se trouve dans les terrains diluviens d'Amérique. La même espèce vit encore aujourd'hui sur les côtes de ce pays.

Les Mitres (*Mitra*, Lamk), — Atlas, pl. LXV, fig. 6 à 9,

ont dans leur coquille les plus grands rapports avec les volutes ; elles en diffèrent par une forme plus allongée, une bouche plus petite à proportion et plus étroite, une spire plus aiguë, et par des plis de la columelle moins obliques, disposés de manière que les plus petits sont les plus antérieurs, tandis que l'inverse a ordinairement lieu dans les volutes. Les différences entre les animaux justifient d'ailleurs la séparation de ces deux genres.

Les mitres ont apparu pour la première fois dans les terrains crétacés, et sont nombreuses dans les terrains tertiaires. Les espèces fossiles n'atteignent pas en général la taille des espèces actuelles, qui, répandues dans les régions chaudes, sont souvent parées de couleurs assez brillantes.

Les espèces des terrains crétacés sont peu nombreuses, et ne sont pas antérieures aux craies chloritées.

M. d'Orbigny [1] a décrit ou indiqué la *M. Cassisiana*, d'Orb. (olim *cancellata*), du terrain cénomanien de Cassis (Atlas, pl. LXV, fig. 6), et la *M. Requieni*, d'Orb., des dépôts contemporains d'Orange.

La *M. clathrata*, Reuss [2], provient du placer mergel de Bohême.

La *M. cancellata*, Sow. [3], a été découverte dans les terrains crétacés supérieurs de Gosau.

M. J. Müller [4] a trouvé dans les terrains crétacés supérieurs d'Aix-la-Chapelle les *M. Murchisoni*, Müller, *nana*, id., et *pyruliformis*, id.

M. d'Orbigny [5] rapporte au même genre le *Cerithium reticulatum*, Roemer, de la craie de Strehlen, et la *Fasciolaria Roemeri*, Reuss, du placer mergel de Bohême. Les figures données par ces auteurs me paraissent justifier ce rapprochement.

M. d'Orbigny annonce en outre l'existence d'une espèce nouvelle (*Mitra Vignyensis*, d'Orb.), dans le terrain danien de Vigny.

Elles augmentent de nombre dans les terrains tertiaires.
Plusieurs espèces ont été recueillies dans les dépôts éocènes.

[1] *Pal. franç.*, *Terr. crét.*, t. II, p. 329, pl. 221 ; et *Prodrome*, t. II, p. 154.

[2] *Boehm. Kreidef.*, I, p. 44, pl. 11, fig. 13.

[3] *Trans. geol. Soc.*, 2ᵉ série, t. III, pl. 39 ; Zekeli, *Gastér. Gosau*, p. 81.

[4] *Monog. petref. Aachener Kreidef.*, II, p. 23, pl. 3.

[5] *Prodrome*, t. II, p. 226 ; Roemer, *Norddeutsch. Kreideg.*, p. 79, pl. 11, fig. 18 ; Reuss, *Boehm. Kreidef.*, II, p. 111, pl. 44, fig. 17.

M. Deshayes [1] en a décrit vingt et une espèces du bassin de Paris, qui appartiennent toutes au calcaire grossier, à l'exception de la *M. Lajogi*, Desh. (Atlas, pl. LXV, fig. 8), qui caractérise le grès marin supérieur. La *M. subplicata*, Desh., se trouve à la fois dans ce dernier gisement et dans le calcaire grossier. On remarque dans cette série quelques belles espèces bien caractérisées, comme les *M. elongata*, Lamk (Atlas, pl. LXV, fig. 7), *Brongniarti*, Desh., *parisiensis*, id.

Quelques-unes des espèces du bassin de Paris se retrouvent dans les terrains nummulitiques (*M. cancellina, fusellina, plicatella, terebellum*). Il faut y ajouter [2] les *M. Agassizii*, Rouault, *Delbosii*, id., *cincta*, id., et *Thorenti*, id., du terrain nummulitique de Pau; la *M. Nicensis*, Bellardi, de Nice, et la *M. scalarina*, d'Archiac, des terrains nummulitiques de Biarritz.

Les dépôts éocènes d'Angleterre contiennent [3] les *M. parva*, Sow., *pumila*, id., et *scabra*, id.

Les environs de Magdebourg (éocène?) ont fourni à M. Philippi [4] les *M. biplicata*, Phil., *rugosa*, id., *levigata*, id. et *lutescens?* Lamk.

Elles se continuent nombreuses dans les terrains miocènes et pliocènes.

Les mieux connues sont celles du Piémont, grâce à la monographie qu'en a publiée M. Bellardi [5]. M. Michelotti en avait déjà décrit un grand nombre des terrains miocènes.

M. Basterot et M. Grateloup ont décrit de nombreuses mitres des faluns de Dax et de Bordeaux. Il y a beaucoup à rectifier dans leurs synonymies.

Les espèces de Touraine ont été décrites par M. Dujardin [6] (sept espèces dont cinq nouvelles, *M. pupa, decussata, oliveformis, tenuistriata, subcylindrica*).

M. Hörnes a étudié celles du bassin de Vienne [7]. Il en a décrit treize espèces dont deux nouvelles (*M. Michelotti*, Hörnes, et *Partschii*, id.).

M. Wood a fait connaître [8] la *M. plicifera*, du crag d'Angleterre.

M. Strichland a décrit [9] la *M. juniperus*, des dépôts pliocènes de l'île de Céphalonie.

L'ensemble de ces descriptions porte le nombre des espèces miocènes à

[1] *Coq. foss. Par.*, t. II, p. 662, pl. 88 à 90.

[2] D'Archiac, *Hist. des progrès*, t. III, p. 296, et *Mém. Soc. géol.*, 2e série, t. II; Al. Rouault, *Id.*, t. III; Bellardi, *Id.*, t. IV.

[3] Sowerby, *Min. conch.*, pl. 401 et 430.

[4] *Palæontographica*, I, p. 77, pl. 10.

[5] *Monogr. delle mitre foss. del Piemonte*, 1850, 4°. Voyez aussi Sismonda, *Synopsis*; Michelotti, *Descr. foss. mioc.*, etc.

[6] *Mém. Soc. géol.*, 1837, p. 301, pl. 20.

[7] *Die foss. Moll. tert. Beck. von Wien*, n° 2, p. 96, pl. 10.

[8] *Moll. from the crag (Palæont. Soc.*, 1848, p. 24).

[9] *Quart. journ. geol. Soc.*, 1847, t. III, p. 113.

plus de soixante. On remarquera parmi les plus répandues et les plus caractéristiques, la *M. fusiformis*, Brocchi, la *M. scrobiculata*, id. (Atlas, pl. LXV, fig. 9), la *M. striatula*, id., la *M. pyramidella*, id., etc. Ces espèces sont fréquentes dans tous les terrains miocènes et pliocènes d'Europe. La *M. ebenus*, Lamk, paraît se trouver à la fois vivante et fossile dans ces mêmes terrains.

On a aussi trouvé des mitres dans les terrains tertiaires d'Amérique et de l'Inde (¹).

16ᵉ Famille. — MURICIDES.

Je réunis sous cette dénomination tous les gastéropodes pectinibranches dont la bouche se prolonge en avant en un canal droit. J'associe ainsi les muricides et les fusides de quelques auteurs, car je ne puis pas voir une importance suffisante dans les caractères qui les distinguent. Les muricides sont en général caractérisés par leur bouche bordée de bourrelets saillants, se renouvelant périodiquement et laissant sur la coquille des varices comme traces de leur existence passagère. Les fusides ont la bouche simple et sont dépourvus de varices ; mais tous ceux qui ont vu une série un peu considérable de coquilles appartenant à ces deux divisions ont reconnu combien il y a de passages de l'une à l'autre. Les murex à varices nombreuses se confondent avec les fuseaux à côtes. Dans ce dernier genre, les lames d'accroissement, en se développant un peu plus fortement dans quelques espèces, atteignent l'importance des varices des murex. On n'a d'ailleurs pu signaler aucune différence entre les animaux.

Cette famille, ainsi limitée, renferme dans les mers actuelles plusieurs genres nombreux en espèces, mais son développement est relativement récent. Elle manque complètement à l'époque primaire et aux terrains les plus anciens de l'époque secondaire. On n'a encore cité aucun représentant de ces genres nombreux avant l'oolithe inférieure. Deux genres vivants, les Fusus, et un autre éteint, les Spinigera, ont seuls été découverts dans les dépôts de l'époque jurassique.

La même distribution se continue à peu près pendant l'époque

(¹) Voyez pour l'Amérique : Hunt, *Cours élément. géol.*, I, p. 763 ; Conrad, *Journ. Acad. Phil.* ; Sowerby, *Quart. journ. géol. Soc.*, 1850, t. VI, p. 46 (deux espèces de Saint-Domingue), etc. ; pour l'Inde, *Madras journ.*, 1840 ; Sowerby, *Trans. géol. Soc.*, 2ᵉ série, t. V, etc.

crétacée. On peut seulement citer en outre quelques pyrules dans les divers terrains de cette période, ainsi qu'une fasciolaire et quelques pleurotomes qui caractérisent les formations les plus récentes (terrains sénonien et danien).

Pendant l'époque tertiaire tous les genres vivants sont représentés, c'est-à-dire tous ceux qui composent la famille des muricides, à l'exception des spinigera.

Pour faciliter la connaissance des genres, je les groupe comme il suit :

1° Des varices : *Murex, Typhis, Triton, Ranella, Spinigera.*

2° Pas de varices, labre entier, pas de dents ni de plis à la columelle : *Fusus, Pyrula, Trichotropis.*

3° Pas de varices, labre entier, des dents ou des plis à la columelle : *Fasciolaria, Turbinella, Cancellaria.*

4° Pas de varices, labre échancré par un sinus ou par une fente, pas de plis à la columelle : *Pleurotoma.*

5° Pas de varices, labre échancré, un ou plusieurs plis à la columelle : *Borsonia, Cordieria.*

Les Rochers (*Murex*, Lin.). — Atlas, pl. LXV, fig. 10 et 11, ont une coquille ovale ou oblongue, canaliculée et marquée sur le côté externe des tours par des bourrelets rudes, épineux ou tuberculeux, souvent prolongés et bizarrement découpés. Chaque tour en porte au moins trois, et les supérieurs se réunissent aux inférieurs pour former des rangées longitudinales qui s'étendent plus ou moins obliquement dans toute la longueur de la coquille. Ces coquilles sont donc en général faciles à reconnaître par la complication du bord de la bouche et par le grand nombre de leurs épines.

Les murex sont très abondants de nos jours dans toutes les mers, et ont été connus par les plus anciens auteurs, parce qu'une espèce, le *M. brandaris*, a été employée dans l'antiquité pour fournir une teinture pourpre très estimée. Les murex fossiles sont nombreux, mais ils n'atteignent pas la taille des plus grandes espèces actuelles ; ils augmentent en nombre et en grandeur en allant des terrains inférieurs aux terrains supérieurs.

On n'en a trouvé encore aucune espèce certaine (1) dans les ter-

(1) Le *M. fusiformis*, Münster, Goldf., 172, le *M. Haccarensis*, Phil., et en général les espèces jurassiques décrites sous le nom de *Murex*, sont des *Fusus*.

rains jurassiques, et leur existence à l'époque crétacée est très douteuse.

Le *M. calcar*, Sowerby (1), du grès vert de Blackdown, est un fossile.

Je ne connais pas le *M. trichinopolitensis*, Forbes (2), du terrain crétacé supérieur des Indes orientales.

Les espèces sont au contraire très abondantes dans les terrains tertiaires.

Les dépôts éocènes en renferment quelques-unes.

Lamarck, puis M. Deshayes (3), en ont décrit dix-sept espèces du bassin de Paris. Les *M. reticulatus*, Lamk, et *plicatilis*, Desh., caractérisent les terrains inférieurs de Cuise-la-Motte. Les autres sont à peu près également répartis entre le calcaire grossier et les grès marins supérieurs. Nous avons figuré dans l'Atlas, pl. LXV, fig. 10, l'espèce la plus commune à Grignon, le *M. calcitrapa*, Lamk, et pl. LXV, fig. 11, le *M. tricarinoides*, Desh., du même gisement.

Le *M. foliaceus*, Melleville (4), provient des terrains tertiaires inférieurs de Mons en Laonnais.

M. A. Rouault (5) a décrit les *M. trigonus*, Rouault, *septem-costatus*, id., *Geoffroyi*, id., et *Nystii*, id., du terrain nummulitique des environs de Pau. Il a trouvé dans le même terrain quelques variétés du *M. spinulosus*, Desh.

Les dépôts éocènes des environs de Londres renferment quelques espèces du bassin de Paris, et en outre les *M. bispinosus*, Sow., *coronatus*, id., *cristatus*, id., *defossus*, id., *frondosus*, id., *minax*, Brander, etc.

Les terrains miocènes et pliocènes en contiennent une bien plus grande quantité.

Les espèces du bassin de Bordeaux et de Dax, connues par les travaux de M. Basterot et de M. Grateloup (6), sont environ au nombre de quarante. M. d'Orbigny en a rectifié la synonymie et leur a réuni diverses coquilles décrites par les mêmes auteurs, sous les noms de *purpura*, *pyrula*, etc.

M. Michelotti (7) en compte trente espèces (dont dix-sept nouvelles) dans les terrains miocènes du Piémont. Suivant M. E. Sismonda, on trouve huit espèces dans les terrains pliocènes du même pays, outre six de celles des terrains miocènes qui s'y continuent.

(1) *Min. conch.*, pl. 410.

(2) *Trans. geol. Soc.*, 2ᵉ série, vol. VII.

(3) *Descr. des Coq. foss. Par.*, t. II, p. 581.

(4) *Sables tert. inf.* (Ann. sc. géol., 1843, p. 70, pl. 10, fig. 6 et 7).

(5) *Mém. Soc. géol.*, 2ᵉ série, t. III, p. 493, pl. 17.

(6) Grateloup, *Act. Soc. linn. Bord.*, 6, et *Conch. foss. Adour*, 1; Basterot, *Coq. foss. Bord.*; d'Orbigny, *Prodrome*, t. III, p. 15 et 72.

(7) *Monografia del genere Murice* (Ann. delle sc. del regno Lomb.-Veneto, 1841); *Descr. foss. mioc. Ital. sept.*, p. 233; Sismonda, *Synopsis*, p. 40.

Les espèces de Belgique ont été étudiées [1] par MM. Van Beneden, de Koninck, etc., et surtout par M. Nyst. Parmi les espèces nouvelles ou spéciales à ce terrain, on peut citer les *M. Pauwelsii*, Kon., *Deshayesi*, Duchatel, *fusiformis*, Nyst, et *cuniculosus*, Duchatel, du terrain tongrien.

La Touraine renferme dans ses terrains miocènes quelques espèces qui ont été décrites par M. Dujardin [2] (six espèces sous le nom de *Murex*, dont trois nouvelles : les *M. turonensis*, Duj., *gravidus*, id., et *exiguus*, id., et quelques espèces sous le nom de *Fusus* : *F. marginatus*, *clathratus*, *rhombus*, etc.).

Les espèces du bassin de Vienne ont été particulièrement bien étudiées par M. Hörnes [3], qui en a recueilli trente-neuf espèces. Il a pu les comparer avec les espèces d'Italie, grâce à une communication des murex du musée de Modène qui lui a été faite par M. Doderlein. Cette monographie que je viens de recevoir au moment d'envoyer cette feuille à l'impression est indispensable pour l'histoire des espèces des tertiaires récents.

M. Philippi [4] a fait connaître le *M. capito*, des terrains tertiaires du nord de l'Allemagne. On cite encore le *M. pentagonus*, Karsten, de Sternberg, etc.

On ne cite dans le crag d'Angleterre ( ) que le *M. erinaceus*, Lin., vivant, et le *M. tortuosus*, Sow.

Le *M. domingensis*, Sow. [6], a été trouvé dans les terrains tertiaires de Saint-Domingue.

Les Typhis, Montfort. — Atlas, pl. LXV, fig. 12,

ont tous les caractères des murex, mais leurs varices, au lieu de simples épines, portent des tubes. Les derniers seuls sont ouverts. Les espèces vivantes sont propres aux mers chaudes. On n'en connaît de fossiles que dans les terrains tertiaires.

On en cite deux espèces du calcaire grossier du bassin de Paris [7], le *T. parisiensis*, d'Orb (*M. fistulosus*, Desh., non Brocchi), et le *T. tubifer*, Desh. (*M. fistulosus*, Sow., non Brocchi). (Atlas, pl. LXV, fig. 12.)

Cette dernière espèce se trouve aussi dans le bassin de Londres [8], à Bar-

[1] De Koninck, *Descr. coq. foss. argile de Boom. et de Basele*, 1837 ; Van Beneden, *Bull. de zool. de Guérin*, 1835 ; Nyst, *Coq. et pol. foss. Belg.*, p. 542, pl. 41 et 42.

[2] *Mém. Soc. géol.*, 1837, t. II, p. 295, pl. 19.

[3] *Die foss. Moll. tert. Beckens von Wien*, nº 5, p. 216.

[4] *Tert. Verst. nordwestl. Deutschl.*, p. 60, pl. 4.

[5] Sowerby, *Min. conch.*, pl. 434 ; Wood, *Moll. from the crag* (*Palæont. Soc.*, 1848, p. 46, pl. 4).

[6] *Quart. journ. geol. Soc.*, t. VI, 1850, p. 49.

[7] Deshayes, *Coq. foss. Par.*, t. II, p. 603, pl. 80 ; d'Orbigny, *Prodrome*, t. II, p. 364.

[8] Sowerby, *Min. conch.*, pl. 189.

ton, avec deux autres, le *T. muticus*, Sow., et le *T. pungens*, Brander (*M. tubifer*, Sow.).

Quelques espèces ont été trouvées dans les terrains miocènes et pliocènes.

M. Nyst [1] en a trouvé une espèce dans le terrain tongrien de Kleinspauwen (*M. tubifer*, Nyst, non Desh., non Sow., *T. Nysti*, d'Orb.).

Le *T. tripterus*, Grateloup [2], provient des faluns bleus de Dax, etc.

Trois espèces sont répandues [3] dans plusieurs gisements des terrains miocènes supérieurs. Ce sont les *T. fistulosus*, Brocchi, *horridus*, Id., et une ou deux? espèces plus ou moins voisines du *tubifer*, Desh. (*T. tubifer*, Grat., *subtubifer*, d'Orb., *simplex*, Philippi).

Le *T. tetrapterus*, Michelotti [4] (*siphonellus*, Bon.), se trouve dans les terrains miocènes et dans les terrains pliocènes de l'Astezan. Il vit encore dans la Méditerranée.

M. Hörnes [5] a trouvé dans le bassin de Vienne, les *M. fistulosus*, *horridus* et *tetrapterus*, précités, et une espèce nouvelle, le *T. Wenzelides*, Hörnes.

On peut citer aussi deux ou trois espèces des terrains tertiaires d'Amérique, et en particulier le *Typhis alatus*, Sow., de Saint-Domingue [6].

Les Ranelles (*Ranella*, Lamk), — Atlas, pl. LXV, fig. 13 à 15,

diffèrent des murex parce que leurs bourrelets ne forment qu'une seule rangée longitudinale de chaque côté. Chaque tour n'en porte ainsi que deux, situés symétriquement sur chaque flanc, et séparés par conséquent régulièrement par l'intervalle d'un demi-tour. La coquille est souvent un peu déprimée ; la bouche ovale ou arrondie se prolonge en avant en un canal, comme dans les genres précédents.

On n'en connaît aucune espèce antérieure à l'époque tertiaire [7]. Ce genre paraît même manquer aux terrains éocènes.

L'espèce la plus fréquente et la plus connue est la *R. lævigata*, Lamk.

[1] *Coq. et pol. foss. Belg.*, p. 549, pl. 43, fig. 3.
[2] *Conch. foss. Adour*, I.
[3] Brocchi, *Conch. foss.*, p. 405, pl. 7; Michelotti, *Monog. del genere Murice*, et *Descr. foss. mioc. Ital. sept.*, p. 230; Grateloup, *loc. cit.*, etc.
[4] Michelotti, *loc. cit.*, p. 231.
[5] *Die foss. Moll. tert. Beck. von Wien*, n° 5, p. 260.
[6] *Quart. journ. geol. Soc.*, 1850, t. VI, p. 48.
[7] Les prétendues ranelles jurassiques sont des *Spiniger*.

(*Buccinum marginatum*, Lin.), qui se trouve dans les terrains miocènes et pliocènes, et qui vit encore (Atlas, pl. LXV, fig. 15).

M. Michelotti [1] en décrit sept espèces outre la précédente (*R. Deshayesi*, Mich., Atlas, pl. LXV, fig. 13, *Michaudi*, id., *incerta*, id., *spinulosa*, id., *Bronni*, id., *miocenica*, id., et *elongata*, id.). Elles proviennent toutes des terrains miocènes.

La *R. nodosa*, E. Sism., provient des terrains pliocènes d'Asti et s'y trouve avec la *R. reticularis*, Desh. (*R. gigantea*, Lamk).

M. Grateloup [2] et M. Basterot en ont fait connaître un assez grand nombre des faluns jaunes de Dax et de Bordeaux, où l'on retrouve une partie des espèces précédentes. M. d'Orbigny conteste la plupart des rapprochements spécifiques faits par M. Grateloup. Ce gisement renferme environ une douzaine d'espèces. Nous avons figuré (Atlas, pl. LXV, fig. 14) la *R. Grateloupi*, d'Orb., rapportée par M. Grateloup à la *R. semigranosa*, Lamk.

M. Hornes a décrit [3] les ranelles du bassin de Vienne. Il en compte cinq dont une seule nouvelle, la *R. Poppelacki*, Hornes. Dans ce travail il estime à dix-neuf le nombre des espèces fossiles de ce genre.

LES TRITONS (*Triton*, Lamk, *Tritonium*, Link, non O.-F. Müller),
— Atlas, pl. LXV, fig. 16 à 18,

diffèrent des deux genres précédents, parce que les bourrelets de chaque tour ne se continuent plus avec ceux des autres, mais que ces ornements sont alternes et quelquefois rares ou subsolitaires. Ils sont en outre en général moins épineux et moins développés que ceux des murex. Les coquilles ont du reste à peu près la même forme et sont plus fréquemment allongées que dans les genres précédents. L'opercule est moins épais que celui des murex.

On a cherché à subdiviser le genre des tritons. Les espèces à bouche très grimaçante et à columelle fortement encroûtée ont été séparées par Montfort sous le nom de PERSONA, et par M. Schumacher, sous celui de DISTORTA. Les formes de l'animal, étudiées par MM. Quoy et Gaimard, paraissent justifier cette séparation, car il est caractérisé par une trompe très grêle, fort longue et subclaviforme. Les espèces fossiles établissent entre ce type et celui des tritons proprement dits des transitions qui manquent dans la nature vivante.

[1] *Descr. foss. mioc. Ital. sept.*, p. 254.
[2] *Conch. foss. Adour*, 1; d'Orbigny, *Prodrome*, t. III, p. 76.
[3] *Die fossil. Moll. tert. Beck. von Wien*, n° 5, p. 209, pl. 21.

Les tritons actuels vivent dans la plupart des mers et atteignent souvent une très grande taille. Les tritons fossiles n'ont encore été trouvés que dans les terrains tertiaires et dans les terrains crétacés les plus supérieurs.

Parmi ces dernières espèces on n'en a encore cité qu'à Gosau.

M. Zekeli (¹) a décrit les *T. gosauicum, orbriforme et loricatum*.

Les espèces augmentent pendant l'époque éocène.

Celles du bassin de Paris ont été décrites par M. Deshayes (²). Ce savant conchyliologiste en énumère onze espèces, dont le *T. angustom*, Desh., caractérise les terrains inférieurs de Cuise-la-Motte, et les dix autres le calcaire grossier. Le *T. viperinum*, Lamk, est figuré Atlas, pl. LXV, fig. 16.

Le *T. Lejeunei*, Melleville (³), a été découvert dans les terrains inférieurs de Cuise-la-Motte et de Mons en Laonnais (Atlas, pl. LXV, fig. 17.)

Dans les terrains nummulitiques de Barritz et de Pau (⁴) on a retrouvé quelques espèces du bassin de Paris (*T. bicinctura*, Desh., *nodularium*, Lamk, Atlas, pl. LXV, fig. 18, *turriculatum*, Desh.). Il faut ajouter les *T. Delafossei*, Rouault, et *s. inosum*, id., des terrains nummulitiques de Pau.

L'argile de Londres a fourni le *T. argutus*, Sow. (⁵). On y retrouve aussi le *T. viperinum*, Lamk.

On en connaît un grand nombre des terrains miocènes et pliocènes.

Le terrain tongrien de Belgique (⁶) renferme une espèce que M. Nyst rapporte au *T. argutus*, Sow., et qui a été décrite sous les noms de *T. gracilis*, Van Beneden, et *T. flandricum*, Koninck.

M. Grateloup (⁷) en a fait connaître plusieurs. Les *T. crassum*, Grat., et *Ilisingeri*, id., caractérisent les faluns blancs de Dax, inférieurs aux faluns bleus. Les autres, au nombre d'une dizaine d'espèces, la plupart nouvelles, appartiennent aux faluns jaunes (*T. Tarbellianum*, Grat., *craticosum*, etc.).

M. Michelotti (⁸) cite douze espèces dans les terrains miocènes du Piémont.

(¹) *Gastér. Gosau*, pl. 15, fig. 1 à 5.

(²) *Coq. foss. Par.*, t. II, p. 606, pl. 86 et 91.

(³) *Sabl. tert. inf. (Ann. Soc. géol.*, 1843, pl. 10, fig. 6 à 7).

(⁴) A. Rouault, *Mém. Soc. géol.*, 2ᵉ série, t. III, pl. 18; d'Archiac, *Hist. des progrès*, t. III, p. 294.

(⁵) *Min. conch.*, pl. 344.

(⁶) Nyst, *Coq. et pol. foss. Belg.*, p. 553; Van Beneden, *Bull. Guéria*, 1835, etc.

(⁷) *Conch. foss. Adour*, I

(⁸) *Descr. foss. mioc. Ital. sept.*, p. 248.

Les terrains pliocènes du même pays [1] renferment, outre six des précédentes, quelques espèces propres (*T. distortum*, Defr., *gyrinoides*, E. Sism., *doliare*, Brongn., etc.).

M. Hörnes [2] a trouvé six espèces de tritons dans le bassin de Vienne, mais aucune nouvelle.

Les *T. tortuosum*, Phil. [3], et *rugosum*, Id. (*subrugosum*, d'Orb.), proviennent des terrains tertiaires du nord-ouest de l'Allemagne.

M. Deshayes [4] a trouvé en Morée le *T. affine*, Desh. (*pileare*, Brocchi).

Le *T. similimus*, Sow. [5], provient des terrains tertiaires de Saint-Domingue.

Les SPINIGERA, d'Orb., — Atlas, pl. LXV, fig. 19,

présentent des caractères intermédiaires entre les ranelles et les fuseaux. Ce sont des coquilles turriculées, terminées en avant par un long canal droit. La spire est bordée de chaque côté par des points d'arrêt réguliers qui portent de longues épines. Ces points d'arrêt ne forment pas des renflements de nature à mériter le nom de bourrelets ou varices, et sous ce point de vue ils fournissent un caractère qui distingue ce genre des ranelles ; mais ils tiennent évidemment à une cause semblable à celle qui a créé les bourrelets dans les genres précédents. De longues épines bordent la spire des deux côtés comme les varices bordent les ranelles.

Ce genre a des rapports incontestables avec les ALARIA, que nous avons réunies plus haut aux rostellaires. Il n'existe plus dans les mers actuelles, et renferme quelques espèces des terrains jurassiques et crétacés.

M. Deslongchamps a décrit [6] sous le nom de *Ranella* une espèce de l'oolithe inférieure de Normandie : c'est la *R. longispina*, Desl. (Atlas, pl. LXV, fig. 19.)

M. d'Orbigny indique [7] dans le terrain kellowien de Pizieux une espèce inédite, la *S. compressa*, d'Orb.

Le même auteur rapporte à ce genre le *Chenopus spinosus*, Münster [8], de

[1] Sismonda, *Synopsis*, p. 39.
[2] *Die foss. Moll. tert. Beckens von Wien*, n° 4, p. 198, pl. 19 et 20.
[3] *Tert. Verst. nordwest. Deutschl.*, pl. 4.
[4] *Expédit. de Morée*, Moll., p. 188, pl. 24.
[5] *Quart. journ. geol. Soc.*, 1850, t. VI, p. 48.
[6] *Mém. Soc. linn. de Normandie*, t. VII, pl. 10, fig. 29.
[7] *Prodrome*, t. I, p. 334.
[8] Münster, *Beitr. zur Petref.*, t. I, pl. 12, fig. 2, et dans Goldfuss, *Petr. Germ.*, t. III, pl. 170, fig. 2.

Pappenheim ; mais si la figure est complète, cette espèce n'a d'épines que d'un côté.

Je fais la même observation sur la *Rostellaria ovata*, Münster [1], de la craie de Haldem, qui est considérée aussi par M. d'Orbigny comme une *Spinigera*.

Les FUSEAUX (*Fusus*, Brug.), — Atlas, pl. LXV, fig. 20 à 23,

ont une coquille allongée, fusiforme ou subfusiforme, dont la spire est grande et bien visible. La bouche est allongée, élargie en bas, pourvue d'un labre simple, entier, sans bourrelet et d'une columelle unie.

Ce genre a été désigné par les anciens auteurs sous les noms de SIPHO, TROCHOGONUS, MAZZA, etc. Il correspond à une partie des TRITONIUM, O.-F. Müller (non *Triton*, Lamk). Quelques espèces renflées sont devenues le type des genres TROPHON, Montfort, ou ATRACTUS, Agassiz ; elles ne paraissent pas différer essentiellement des vrais fuseaux. Il faut leur associer aussi les HEMIFUSUS, CHRYSODOMUS, CLAVILITHES, LEIOSTOMA, STREPSIDURA, etc., divisions proposées par M. Swainson. Je leur réunis également les ATRACTODON, Charlesworth, caractérisés par une dent mousse sur la partie postérieure de la columelle.

Les fuseaux ont apparu pour la première fois vers le milieu de l'époque jurassique [2], mais il n'y sont représentés que par des espèces peu nombreuses. Ils prennent un plus grand développement vers la fin de l'époque crétacée et deviennent très abondants pendant l'époque tertiaire.

L'espèce la plus ancienne paraît être le *F. nodulosus*, Desl., non Sow. (*subnodulosus*, d'Orb.), de la grande oolithe de Normandie [3]. Je dois toutefois faire remarquer que sa bouche ne se prolonge presque pas en canal, et que sous ce point de vue elle ressemble tout à fait à celle de quelques espèces du lias, telles que le *F. curvicostatus*, Deslongchamps, attribué par M. d'Orbigny au genre *Cerithium*, et surtout à quelques espèces dont nous parlerons plus bas sous le nom de *Purpuroidea*.

Le comte de Münster a fait connaître [4] trois fusus des terrains jurassiques d'Allemagne : le *F. Roemeri*, de Hoheneggelsen, le *F. jurensis*, du Jura blanc de Pegnitz, et le *F. comma*, des environs de Thurnau.

[1] Goldfuss, *Petref. Germ.*, t. III, pl. 170, fig. 3.

[2] Les espèces de l'époque primaire qui ont été rapportées à ce genre paraissent devoir en être exclues. Le *Fusus primordialis*, de Koninck, est une *Chemnitzia*. Plusieurs fusus de Saint-Cassian sont des *Cerithium*, etc.

[3] *Mém. Soc. linn. de Normandie*, t. VII, p. 155, pl. 10, fig. 37.

[4] Goldfuss, *Petref. Germ.*, t. III, p. 22, pl. 171, fig. 13-15.

M. Lycett (1) a fait connaître le *F. obliquatus*, de l'oolithe inférieure de Normandie.

Il faut, suivant M. d'Orbigny (2), rapporter à ce genre le *Buccinum launoicum*, Buvignier, le *Murex Puschianus*, Rouillier, et le *Murex baccanensis*, Phillips (*Buccinum lacertam*, d'Orb., olim), du terrain oxfordien ainsi que différentes espèces du terrain corallien de Saint-Mihiel (Meuse), décrites par M. Buvignier, sous les noms de PLEUROTOMES et de TURBOS.

Ce dernier auteur a décrit (3) les *F. inornatus* et *mosensis*, du calcaire à astartes (kimméridgien) de la Meuse.

Les fuseaux augmentent de nombre, comme je l'ai dit, pendant l'époque crétacée, mais seulement dans les terrains moyens et supérieurs.

Ils sont rares dans l'époque néocomienne.

M. d'Orbigny (4) a décrit le *F. neocomiensis*, du néocomien de Marolles et indiqué le *F. delphinulus*, du néocomien de Morteau.

Ils augmentent beaucoup de nombre dans le gault (5).

M. d'Orbigny en a décrit dix espèces, auxquelles M. Roux et moi en avons ajouté six.

Il faut y ajouter la *Pyrula Smithii*, Sow., du gault d'Angleterre.

Les fuseaux sont très abondants dans les craies chloritées et les terrains crétacés supérieurs.

Les espèces d'Angleterre (6) ont été décrites par Sowerby. Nous avons déjà parlé plus haut du *Murex calcar*, de Blackdown, qui est un fusus; il faut y ajouter les *F. clathratus*, Sow., *quadratus*, id., *rigidus*, id., *rusticus*, id., du même gisement, ainsi que la *Pyrula Brightii*, id., trouvée avec les précédents.

M. d'Orbigny (7) a décrit les *F. Renauxianus* (Atlas, pl. LXV, fig. 20), et *Requienianus*, du terrain turonien d'Uchaux, et indiqué le *F. acteon*, d'Orb., du terrain cénomanien du mont Blainville (Meuse).

(1) *Ann. and mag. of nat. hist.*, 2ᵉ série, 1850, t. VI, p. 419.

(2) *Prodrome*, t. I, p. 357 et t. II, p. 10.

(3) *Stat. géol. de la Meuse*, p. 42, pl. 28 et 30.

(4) *Pal. franç.*, *Terr. crét.*, t. II, p. 331, pl. 222 et *Prodrome*, t. II, p. 71.

(5) D'Orbigny, *Pal. franç.*, *Terr. crét.*, t. II, pl. 222 et 223; *Prodrome*, t. II, p. 133; Pictet et Roux, *Mollusques des grès verts*, p. 270, pl. 26; Sowerby dans Fitton, *Trans. geol. Soc.*, t. IV, pl. 11, fig. 15.

(6) Sowerby, *loc. cit.*, pl. 18, fig. 16-19.

(7) *Pal. franç.*, *Terr. crét.*, t. II, p. 339 et 343, pl. 223 et 225; *Prodrome*, t. II, p. 153.

Il rapporte au même genre la *Pyrula subcarinata*, d'Archiac [1] (*T. galathea*, d'Orb.), du terrain cénomanien de Tournay.

Le même auteur [2] a décrit le *F. Marotianus*, du terrain sénonien des environs de Couse, et quatre espèces des craies supérieures de Royan.

Les espèces d'Allemagne sont nombreuses, M. Roemer [3] a fait connaître le *F. plicatus*, du plæner.

M. Reuss [4] a trouvé en Bohème, outre la précédente, les *F. nodosus*, id., *carinifer*, id., et *vittatus*, id.

Goldfuss [5] a fait connaître quatre espèces de la craie verte de Haldem et une (*F. amictus*) de la craie dure des environs de Buren.

M. Kner [6] a décrit les *F. inconsequens* et *alibi*, de Nagarzony.

M. J. Müller [7] décrit treize espèces dont la plupart nouvelles, trouvées dans les terrains crétacés supérieurs d'Aix-la-Chapelle.

Les espèces de Gosau [8] ont été décrites d'abord par Sowerby (*F. heptagonus, carinella, abbreviatus, cingulatus*), et plus tard par M. Zekeli qui y a ajouté une dizaine d'espèces nouvelles.

On cite aussi plusieurs espèces des terrains crétacés supérieurs de Pondichéry et du Chili [9].

Ce genre prend un développement plus grand encore dans les terrains tertiaires. On connaît déjà près de deux cent cinquante espèces de cette époque.

Ils sont fréquents dès les terrains éocènes.

Les espèces du bassin de Paris ont été principalement décrites par Lamarck et par M. Deshayes. Ce dernier auteur [10] en décrit cinquante-neuf espèces réparties depuis les terrains éocènes les plus inférieurs, jusqu'aux sables marins supérieurs. Le maximum du développement se présente dans le calcaire grossier qui renferme près de quarante espèces.

Les formes en sont très variées, ce dont on pourra juger en comparant les figures que nous avons reproduites dans l'Atlas, de trois espèces du calcaire grossier, le *F. Noe*, Lamk, pl. LXV, fig. 21, le *F. serratus*, Desh., fig. 22 et le *F. bulbiformis*, Lamk, id., fig. 23.

[1] *Mém. Soc. géol.*, 2ᵉ série, t. II, pl. 35, fig. 7.

[2] *Pal. franç., Terr. crét.*, t. II, pl. 224 à 226 ; *Prodrome*, t. II, p. 228.

[3] *Norddeutsch. Kreidegeb.*, p. 79, pl. 11, fig. 15.

[4] *Boehm. Kreidegeb.*, I, p. 43, pl. 9 et 10.

[5] *Petr. Germ.*, t. III, p. 23, pl. 171.

[6] *Beit. Kreid. oest. Alpen.*, p. 16, pl. 2.

[7] *Petref. Aach. Kreideform.*, p. 34, pl. 5.

[8] *Trans. geol. Soc.*, 2ᵉ série, t. III, pl. 39 ; Zekeli, *Gaster. Gosau*, pl. 15 et 16.

[9] D'Orbigny, *Prodrome*, t. II, p. 129.

[10] *Coq. foss. Par.*, t. II, p. 508, pl. 70 et suiv.

M. Melleville [1] a décrit les *F. planicostatus*, et *Marox*, de Châlons-sur-Vesle, et les *F. angusti costatus*, et *affinis*, de Laon et Coise-la-Motte.

Plusieurs espèces du bassin de Paris se retrouvent dans les terrains nummulitiques [2], où l'on trouve en outre le *F. polygonatus*, décrit par A. Brongniart, les *F. Bellardii, Davidsoni, ovatus et subpentagonus*, décrits par M. A. Rouault, quelques espèces indéterminées de la Palaréa, près de Nice, et un certain nombre d'espèces des terrains nummulitiques de l'Inde, de l'Asie Mineure, etc.

Les terrains éocènes du bassin de Londres renferment outre quelques espèces qui se retrouvent dans le bassin de Paris, un assez grand nombre d'autres qui ont été décrites principalement par M. Sowerby [3]. Ses *Murex gradatus*, Sow., et *latus*, id., sont des fusus et appartiennent à l'argile plastique inférieure. Les autres ont été trouvées en majorité (quinze espèces) dans l'argile de Londres, et quelques-uns (*F. sex-dentatus* et *labiatus*) dans les terrains éocènes supérieurs.

M. Philippi [4] a trouvé aux environs de Magdebourg, une vingtaine d'espèces dont la moitié sont nouvelles; les autres appartiennent au terrain parisien.

Les terrains miocènes et pliocènes en renferment aussi une quantité considérable.

M. Nyst [5] en cite sept espèces du terrain tongrien de Belgique, dont quatre nouvelles et deux décrites par M. de Koninck.

M. de Basterot et M. Grateloup [6] ont fait connaître les espèces du bassin de Dax et de Bordeaux, où ils énumèrent une dizaine d'espèces du terrain miocène inférieur, et près de trente des faluns jaunes.

Les paléontologistes piémontais [7] ont reconnu l'existence de trente-six espèces de fuseaux dans les terrains miocènes du Piémont. Les terrains pliocènes du même pays renferment une partie des mêmes espèces et un très petit nombre d'autres qui leur sont spéciales (*Fusus clavatus*, Brocchi, etc.).

Le crag d'Angleterre en renferme quelques espèces qui appartiennent surtout au type du *Fusus contrarius*, c'est-à-dire au genre des Trophon, Montfort, nom sous lequel elles ont été décrites par M. Wood [8], qui en compte douze dont plusieurs nouvelles.

[1] *Sables tert. inf.*, *Ann. des sc. géol.*, 1843, pl. 9.

[2] D'Archiac, *Hist. des progrès*, t. III, p. 291; A. Brongniart, *Vicentin*, p. 73, pl. 4; A. Rouault, *Mém. Soc. géol.*, 2ᵉ série, t. III, pl. 17; Bellardi, id., t. II; J. de C. Sowerby, *Trans. of the geol. Soc.*, 2ᵉ série, t. V, etc.

[3] *Min. conch.*, pl. 35, 63, 187, 199, 228, 229, 274, 291, 304, 400, 411, 412, 415, 423.

[4] *Palæontographica*, t. I, p. 70, pl. 10.

[5] *Coq. et pol. foss. de Belgique*, p. 487, pl. 38-41.

[6] Basterot, *Coq. foss. Bord.*, et Grateloup, *Conch. foss. Adour*, t. 1.

[7] Voyez surtout Michelotti, *Descr. foss. miocènes*, p. 270, pl. 9, 10 et 17 et Sismonda, *Synopsis*, p. 37.

[8] *Moll. from the crag* (Palœont. Soc., 1848, p. 43, pl. 5 et 6).

M. Philippi [1] a fait connaître quelques espèces (*F. cheruscus*, *oelis*, *Schwarzenbergi*) des terrains miocènes du nord-ouest de l'Allemagne.

M. Hörnes [2] compte dix-neuf espèces de fuseaux dans le bassin de Vienne, dont trois nouvelles, *F. Procosii*, Partsch, *Schwartzi*, Hörnes, et *bilineatus*, Partsch.

On peut ajouter encore [3] le *F. elatior*, Beyrich, du Joachimsthal, etc., le *F. bimarginatus*, Giebel, et quelques espèces décrites par MM. Dubois de Montpéreux, Michelin (*F. inconstans*, de Bordeaux, Dujardin), *F. calatus*, de Touraine, etc.).

Le *F. filamentosus*, Strickl. [4], provient des dépôts pliocènes de l'île de Céphalonie.

De nombreuses espèces ont été trouvées dans les terrains tertiaires des deux Amériques et de l'Inde.

Les **Pyrules** (*Pyrula*, Lamk, *Pirula*, Montfort), — Atlas, pl. LXV, fig. 24 et 25,

sont tout à fait voisines des fuseaux par leurs caractères essentiels, et n'en diffèrent que par la forme de leur coquille, dans laquelle la spire est courte et en grande partie enveloppée par le dernier tour, qui est très grand, en sorte que cette coquille est souvent presque piriforme. Le labre est entier et la columelle lisse. Il est probable, d'après quelques recherches faites sur les animaux vivants, qu'il faudra subdiviser ce genre; mais de nouvelles études sont nécessaires pour cela. Quelques auteurs ont fait un genre particulier des **Melongena**, mais ces mollusques paraissent avoir les caractères essentiels des pyrules.

Il faut aussi leur réunir les **Fulgur**, Montfort, les **Rapa**, Klein, les **Galeodes**, les **Volema**, les **Busycon** et les **Tudicla**, Bolten, les **Pyrus**, Webster, les **Latiaxis**, Swainson, et probablement aussi les **Ficula** et les **Pyrella**, du même auteur.

Les pyrules, moins abondantes de nos jours que les fuseaux, sont aussi moins fréquentes à l'état fossile; on ne les a encore trouvées que dans les terrains crétacés et tertiaires.

Les espèces des terrains crétacés sont peu nombreuses,

---

[1] *Tertiær Verst. nordwest. Deutsch.*, p. 59, pl. 4.

[2] *Die foss. Moll. tert, Beck. von Wien*, p. 276, pl. 31 et 32.

[3] Beyrich, *Karsten Archiv*, t. XXII, p. 15; Giebel, *Soc. de Halle*, t. V, pl. 5; Dubois, *Conch. foss. plat. Volh.*; Michelin, *Mag. de Guérin*, 1831, pl. 33; Dujardin, *Mém. Soc. géol.*, t. II, 1837, p. 294, etc.

[4] *Quart. journ. geol. Soc.*, 1847, t. III, p. 112.

M. d'Orbigny [1] cite dans le terrain néocomien de Marolles, les *P. infra-cretacea*, d'Orb., et *ornata*, id. (olim *Fusus*).

J'ai décrit [2] avec M. Renevier la *P. valdensis*, du terrain aptien du canton de Vaud.

La *P. depressa*, Sow. [3], a été trouvée à Blackdown.

L'Allemagne a fourni quelques espèces [4]. Les *P. depressa*, Goldfuss, et *carinata*, id., appartiennent au groupe de la *P. spirillus*, Lamk (*Pyrelles*). La *P. Cottæ*, Roemer, du terrain crétacé de Coesfeld, et la *P. costata*, Roemer, répandue dans une grande partie de l'Allemagne, sont plutôt des fuseaux.

La *P. coronata*, Roemer, provient de Quedlimbourg.

On a trouvé à Aix-la-Chapelle la *P. minima*, Goldf., du groupe des *Ficules* et la *P. Beuthana*, Müller.

Les terrains tertiaires éocènes en renferment quelques-unes.

M. Deshayes [5] a décrit cinq espèces du bassin de Paris. La *P. lævigata*, Lamk (Atlas, pl. LXV, fig. 24), est si semblable au *F. bulbiformis* (fig. 23), qu'elle sert mieux qu'aucune autre à prouver le peu d'importance des caractères qui séparent ces deux genres. Il en est de même de la *P. subcarinata*, Lamk. Ces deux espèces se trouvent à la fois dans le calcaire grossier et dans les grès marins supérieurs. Il en est de même de la *P. elegans*, Lamk (*P. Green-woodii*, Sow.). La *P. nexilis*, Lamk (Atlas, pl. LXV, fig. 25), du groupe de la *P. ficus*, ainsi que la précédente, a été trouvée dans le calcaire grossier. La *P. tricostata*, Desh., les a précédées et se trouve dans le tertiaire inférieur de Cuise-la-Motte.

M. Melleville [6] a fait connaître la *P. intermedia*, des terrains tertiaires inférieurs de Châlons-sur-Vesles.

Elles augmentent de nombre dans les terrains tertiaires miocènes et pliocènes.

M. Nyst [7] a trouvé dans le terrain tongrien de Belgique, deux espèces qu'il rapporte aux *P. elegans* et *nexilis*, ci-dessus indiquées.

M. Grateloup [8] cite dans les calcaires inférieurs deux espèces qu'il rapporte aux *P. elegans*, Lamk, et *cancellata*, id.; et indique ou décrit quelques espèces des faluns jaunes (*P. clava*, Bast., *rusticula*, id., etc.). Une des

---

[1] *Pal. franç., Terr. crét.*, t. II, p. 332, pl. 222.

[2] *Pal. Suisse, Terr. aptien*, pl. 5, fig. 3.

[3] *Trans. geol. Soc.*, 1836, t. IV, p. 242, pl. 18, fig. 20.

[4] Goldfuss, *Petref. Germ.*, t. III, p. 27, pl. 172; Roemer, *Norddeutsch. Kreideg.*, p. 79, pl. 11; Geinitz, *Charact.*, p. 44, pl. 15; Müller, *Aach. Kreid.*, p. 39, pl. 6.

[5] *Coq. foss. Par.*, t. II, p. 577, pl. 78 et 79.

[6] *Sables tert. inf., Ann. sc. géol.*, 1843, p. 69, pl. 10, fig. 8 et 9.

[7] *Coq. et pol. foss. de Belgique*, p. 505, pl. 39.

[8] *Conch. foss. Adour*, I.

espèces les plus remarquables par sa taille est le *P. cornuta*, Agas. (*tuberigena*, Bast., *minax* et *stromboides*, Grat.), qui atteint huit pouces de longueur, et qui est répandue dans plusieurs dépôts miocènes.

M. Wood [1] rapporte à la *P. reticulata*, Lamk, qui vit actuellement dans l'océan Indien, une espèce du crag corallien de Ramsholt.

M. A. Brongniart [2] a décrit la *P. condita*, de la montagne de Turin.

Quelques espèces ont été confondues avec la *P. ficoides*, Lamk. M. Grateloup en a décrit une des faluns bleus (*P. subficoides*, d'Orb.). Celle des terrains miocènes du Piémont paraît en différer (*P. ficoides*, d'Orb.). Celle des terrains pliocènes de l'Astézan serait encore distincte (*P. subintermedia*, d'Orb., *Ficulina intermedia*, E. Sism., *P. ficoides*, Desh.).

La *P. geometra* (*Ficulina geometra*, E. Sism.), voisine de la *P. ficus*, se trouve aussi dans l'Astézan.

M. Hörnes [3] a décrit sept espèces de pyrules du bassin de Vienne, dont aucune nouvelle.

Le *P. consors*, Sow. [4], provient des terrains tertiaires de Saint-Domingue.

Les Tricnornoris, Broderip (*Fulgur*, Conrad non Montfort), Atlas, pl. LXV, fig. 26,

sont des fuseaux renflés, à coquille mince, épidermée, avec un large ombilic, qui forme la base d'un canal court. La bouche est grande. Les espèces vivantes se trouvent dans les mers du nord.

On n'en connaît à l'état fossile qu'un très petit nombre d'espèces.

Le *T. borealis*, Brod. et Sowerby, actuellement vivant, se trouve dans le crag corallien et dans le crag supérieur d'Angleterre [5]. C'est l'espèce figurée dans l'atlas.

On en cite quelques-unes des terrains miocènes des États-Unis qui ont été décrites [6] par MM. Conrad et Say.

Les Fasciolaires (*Fasciolaria*, Lamk), — Atlas, pl. LXV, fig. 27 et 28,

ont les formes des fuseaux et leur long canal ; mais leur columelle porte dans sa partie antérieure deux ou trois plis très obliques.

[1] *Moll. from the crag* (Pal. Soc., 1848, p. 42, pl. 2, fig. 12).
[2] *Vicentin*, p. 75, pl. 6, fig. 4.
[3] *Die foss. Moll. tert. Beck. von Wien*, n° 6, p. 265, pl. 27 à 30.
[4] *Quart. journ. geol. Soc.*, 1850, t. VI, p. 42.
[5] *Moll. from the crag* (Palæont. Soc., 1848, p. 67, pl. 7 et 19).
[6] D'Orbigny, *Prodrome*, t. III, p. 70 ; Conrad, *Foss. of the tert. form.*

Ce dernier caractère semblerait les rapprocher des borsonia; mais le labre est entier et ne présente point l'échancrure caractéristique des pleurotomes; les animaux sont, du reste, semblables à ceux des fuseaux. On connaît aujourd'hui quelques espèces des mers chaudes, et celles qui sont fossiles appartiennent presque exclusivement aux terrains tertiaires, où elles ne sont pas nombreuses.

M. d'Orbigny [1] cite deux espèces inédites qui auraient paru un peu avant cette époque, les *F. prima*, d'Orb., et *supracretacea*, id., des terrains daniens de la Falaise et de Vigny.

Les *F. gracilis*, Zekeli [2], *nitida*, id., et *spinosa*, id., ont été trouvées dans les terrains crétacés supérieurs de Gosau.

Elles ont été peu nombreuses pendant l'époque éocène.

M. d'Orbigny [3] indique la *F. Levesquei*, d'Orb., dans les terrains tertiaires inférieurs de Cuise-la-Motte.

M. Deshayes [4] a décrit la *F. funiculosa*, Desh., du calcaire grossier des environs de Paris (Atlas, pl. LXV, fig. 27).

Le *Fusus uniplicatus*, Lamk, appartient peut-être aussi à ce genre (id., fig. 28).

Elles augmentent de nombre dans les terrains miocènes et pliocènes.

M. Grateloup en a cité [5] dix-sept espèces dans le bassin de Bordeaux et de Dax, dont deux, les *F. clavata*, Grat., et *uniplicata*, Bast. (*Grateloupi*, d'Orb.), appartiennent aux faluns blancs inférieurs, et dont les autres sont à peu près également réparties entre les faluns bleus et les faluns jaunes.

M. Michelotti [6] en compte six espèces dans les terrains miocènes du Piémont, savoir : la *F. costata*, Bon., la *F. polonica*, Pusch., et quatre espèces nouvelles.

Les terrains pliocènes du même pays renferment [7] la *F. fimbriata*, Bronn (*Fusus fimbriatus*, Brocchi).

[1] *Prodrome*, t. II, p. 291.
[2] *Gaster. Gosau*, pl. 16, fig. 9-11.
[3] *Prodrome*, t. II, p. 317.
[4] *Coq. foss. Par.*, t. II, p. 508, pl. 79, fig. 12 et 13.
[5] *Actes Soc. linn. Bord.*, 1833, t. VI, et *Conch. foss. Adour*, I.
[6] *Descr. foss. mioc. Ital. sept.*, p. 259, pl. 8.
[7] Brocchi, *Conch. subap.*, p. 419, pl. 8, fig. 8 ; Sismonda, *Synopsis*, p. 36.

M. Dujardin (¹) a trouvé en Touraine, outre la *F. burdigalensis*, Bast., une espèce nouvelle, la *F. nodifera*, Duj.

L'Allemagne a fourni quelques fasciolaires de l'époque tertiaire. On peut citer (²) la *F. fusiformis*, Philippi, de Westeregeln (éocène?), les *F. fusus*, id., et *pusilla*, id., des environs de Cassel, la *F. parvula*, Beyrich, d'Hermsdorf, les *F. obliquata*, Partsch, et *Bellardii*, Hörnes, de Vienne, etc.

Deux espèces des terrains tertiaires de Saint-Domingue ont été citées par Sowerby (³).

LES TURBINELLES (*Turbinella*, Lamk). — Atlas, pl. LXV, fig. 29,

ont une coquille enroulée, à spire plus ou moins élevée, à labre entier, à bouche prolongée en avant en un canal court, et à columelle marquée de quatre à cinq plis transverses. L'animal diffère peu de celui des fuseaux.

Les turbinelles ressemblent par leurs formes générales aux pyrules et aux fuseaux courts, mais elles s'en distinguent facilement par les plis de la columelle. Ces mêmes plis les séparent aussi des fasciolaires, car ils sont transversaux et situés vers le milieu de la columelle dans les turbinelles, tandis que dans les fasciolaires ils sont à la base du canal et très obliques. La coquille des turbinelles se rapproche aussi un peu de celle des volutides, mais on pourra toujours l'en distinguer, parce que la bouche est prolongée antérieurement en un canal, tandis qu'elle est simplement échancrée dans les volutides.

Il est possible qu'il faille une fois subdiviser le genre des turbinelles, mais nous ne pouvons pas admettre ici les genres POLYGONA, CYNODONA, LAGENA, Schumacher, LATHYRUS, Gray, etc., qui ne sont fondés que sur le mode d'enroulement et la forme plus ou moins turbinée ou ovoïde. Le genre SCOLYMUS, Desh., est probablement basé sur de meilleurs caractères, mais il n'est pas encore confirmé par l'étude de l'animal.

Ces mollusques sont assez nombreux aujourd'hui, et habitent principalement les mers chaudes. Ils paraissent rares à l'état

(¹) *Mém. Soc. géol.*, 1837, t. II, p. 293.

(²) Philippi, *Palæont.*, t. I, p. 79, pl. 10 et *Tert. Verst. nordw. Deutsch.*, p. 25 et 59, pl. 4; Beyrich, *Karsten Archiv.*, t. XXII, p. 16; Hörnes, *Verzeichniss*, p. 19, etc.

(³) *Quart. journ. geol. Soc.*, t. VI, 1850, p. 19.

fossile, et l'on n'en connaît encore que quelques espèces des terrains tertiaires.

La *T. parisiensis*, Desh. [1], se trouve dans les terrains eocènes (Atlas, pl. LXV, fig. 29).

La *T.? pyrenaica*, A. Rouault, caractérise les terrains nummulitiques des environs de Pau [2].

Le bassin de Bordeaux en a fourni un plus grand nombre. M. Grateloup [3] en cite cinq des faluns blancs inférieurs, et huit des faluns jaunes (*T. Lynchii*, Bast., etc.).

M. Michelotti [4] en compte huit espèces dans les terrains miocènes, parmi lesquelles se trouve la *Turbo Lynchii*, Bast. (*T. labellum*, Bon., *crassa*, Sism., *Basteroti*, Bell. et Mich.), et quatre espèces nouvelles.

On cite aussi quelques espèces de l'Amérique septentrionale, de Saint-Domingue et de l'Inde [5].

Les Cancellairés (*Cancellaria*, Lamk),

ont une coquille ovale ou turriculée, dont la bouche se prolonge en avant en un canal court, souvent presque nul et même remplacé quelquefois par une échancrure. La columelle est marquée de plis en partie transverses. Le labre est souvent sillonné en dedans.

Les affinités de ce genre ont été très controversées entre les conchyliologistes. Si l'on n'examine que la forme de la coquille, on hésitera à le placer dans la famille des muricides ou dans celle des volutides. Quelques espèces, qui ont le canal bien marqué, ont des analogies évidentes avec les turbinelles et justifient l'opinion de Lamarck, qui rapproche ce genre de ceux qui composent notre famille des muricides. Quelques espèces, au contraire, où le canal est remplacé par une échancrure et qui cependant se lient avec les précédentes par des transitions insensibles, ont des rapports avec les volutes et semblent motiver l'opinion de Linné, qui les plaçait dans le même genre.

L'étude de l'animal n'a pas pu résoudre d'une manière satisfai-

---

[1] *Coq. foss. Par.*, t. II, p. 496, pl. 79, fig. 14 et 15.

[2] *Mém. Soc. géol.*, 2ᵉ série, t. III, pl. 16, fig. 11.

[3] *Actes Soc. linn. Bordeaux*, 1832, t. 5, p. 335, et *Conch. foss. Adour*, I.

[4] *Desc. foss. mioc. Ital. sept.*, p. 262, pl. 8 et 17.

[5] Voyez Conrad, *Journ. Acad. Phil.*, t. VII, p. 136; Huot, *Cours élément. de géol.*, t. I, pl. 764; *Madras Journ.* 1840, t. II, p. 360 et 369; J. de C. Sowerby, *Trans. of the geol. Soc.*, 2ᵉ série, t. V, et *Quart. journ. geol. Soc.*, 1850, t. VI, p. 50, etc.

sante cette question. Il ressemble peu à celui des volutes et des mitres, car il paraît manquer de trompe buccale et n'a pas la voracité de ces deux genres. L'absence d'opercule, signalée par Adanson, paraît l'éloigner des muricides. Peut-être, comme le pense M. Deshayes, les véritables rapports de ce genre sont-ils avec le groupe des actéonides, dont il se rapproche par les formes générales de la coquille, et dont il ne diffère guère que parce que ces dernières ont presque toujours une bouche entière.

Sans prétendre ici résoudre cette question, puisque je n'ai pas de matériaux nouveaux à apporter pour la connaissance des organes essentiels de l'animal, je conserve provisoirement à ce genre la place qui lui a été assignée par la plupart des conchyliologistes, en le plaçant dans le voisinage des turbinelles et des fuseaux. Je dois faire remarquer que la nature des ornements de la coquille, ses stries et ses bourrelets, ont bien plus d'analogie avec les muricides qu'avec aucune autre famille.

Les cancellaires actuelles vivent principalement dans les mers chaudes. Les espèces fossiles appartiennent presque exclusivement à l'époque tertiaire.

M. Zekeli indique [1] cependant une espèce des terrains crétacés supérieurs de Gosau (*C. torquilla*, Zekeli).

Les terrains tertiaires éocènes en renferment plusieurs.

M. Deshayes [2] en a décrit sept espèces, dont la *C. crenulata*, Desh., appartient aux terrains tertiaires inférieurs de Cuise-la-Motte. Les six autres caractérisent le calcaire grossier. Nous avons figuré dans l'Atlas, pl. LXV, fig. 30, la *C. volutella*, Lamk.

M. Melleville a ajouté [3] la *C. Maglorii*, Mell., des terrains tertiaires inférieurs de Mons en Laonnais.

On trouve dans l'argile de Londres [4] les *C. quadrata*, Sow., *lævinscula*, id., et *evulsa*, id. (Atlas, pl. LXV, fig. 31). Cette dernière espèce se trouve aussi dans le calcaire grossier de Paris, dans les sables inférieurs, dans le terrain nummulitique de Pau, etc.

Elles augmentent beaucoup de nombre dans les terrains miocènes et pliocènes.

[1] *Gaster. Gosau*, pl. 14, fig. 10.
[2] *Coq. foss. Par.*, t. II, p. 497, pl. 79.
[3] *Sab. tert. inf.* (*Ann Sc. géol.*, 1843, p. 66, pl. 9, fig. 1-3).
[4] Sowerby, *Min. conch.*, pl. 360 et 361.

M. Nyst [1] en cite six espèces dans le terrain tongrien de Belgique, dont trois sont nouvelles : les *C. elongata*, *granulata* et *planispira*. Le terrain campinien du même pays contient, suivant le même auteur, cinq espèces, dont une seule nouvelle, la *C. minuta*, Nyst.

Le bassin de Bordeaux et de Dax renferme, suivant M. Grateloup [2], une vingtaine d'espèces réparties entre les faluns bleus, les faluns jaunes et les grès supérieurs (*C. stromboides*, Grat., *Deshayesiana*, Desm., *spinifera*, Grat., *Geslini*, Basterot, *contorta*, id., *Welziana*, Grat., *Laurensii*, id., *Dufourii*, id., *doliolaris*, Bast., outre plusieurs espèces déjà décrites par Lamarck, etc.).

Les espèces du Piémont ont été décrites [3] par MM. Deshayes (*uniangulata* et *scabra*) Brocchi (plusieurs espèces sous le nom de *Voluta*), etc., et surtout par M. Bellardi, qui, dans une monographie des espèces de ce genre trouvées en Piémont, en décrit vingt-cinq, dont sept nouvelles. Sur ce nombre, onze sont propres aux terrains miocènes, quatre aux sables subapennins, et dix sont communes à ces deux étages. Nous avons figuré dans l'Atlas, pl. LXV, fig. 32, la *C. scabra*, Desh., et fig. 33, la *C. lyrata*, Bellardi.

Plusieurs des espèces précédentes se trouvent dans les terrains tertiaires d'Allemagne, où l'on cite en outre [4] la *C. Berolinensis*, Beyrich, de Sternberg, etc.; la *C. elegans*, Karsten, id.; la *C. callosa*, Partsch., des environs de Vienne; la *C. inermis*, Pusch, d'Allemagne et de Pologne, etc.

La *C. decussata*, Smith [5], provient des dépôts miocènes des bords du Tage.

M. Wood [6] cite dans le crag d'Angleterre quatre cancellaires, dont la *C. coronata*, Scacchi, du crag rouge; la *C. mitræformis*, Brocchi, et la *C. costellifera*, Sow., du crag rouge et du crag corallien; et la *C. subangulosa*, Wood, du crag corallien.

On a aussi trouvé des cancellaires dans les terrains tertiaires de l'Amérique septentrionale [7].

LES PLEUROTOMES (*Pleurotoma*, Lamk), — Atlas, pl. LXVI,
fig. 1 à 5,

ont une coquille tout à fait semblable à celle des fuseaux, c'est-à-
dire turriculée, fusiforme, à spire saillante et à bouche terminée

[1] *Coq. et pol. foss. de Belgique*, p. 474, pl. 38 et 39.

[2] *Act. Soc. lin. Bordeaux*, 1832, t. V, p. 337, *Conch. foss. Adour*, I.

[3] Deshayes, 2ᵉ éd. de Lamarck, *Histoire naturelle des animaux sans vertèbres* et *Encyclopédie méthodique* : Brocchi, *Conch. subapen.*; Bellardi, *Desc. des cancellaires fossiles, des terrains tertiaires du Piémont*, Mém. Acad. de Turin, 1841, 2ᵉ série, t. III.

[4] Beyrich, *Karsten Archiv*, t. XXII, p. 47; Karsten, *Sternberg. Verst*, p. 25; Pusch, *Pol. Palæont.*, p. 129, pl. 11, fig. 22, etc.

[5] *Quart. journ. geol. Soc.*, t. III, 1847, p. 421.

[6] *Moll. from the crag* (*Palæont. Soc.*, 1848, p. 64, pl. 7).

[7] Voyez Conrad, *Journ. Acad. Philad.*, t. VI, p. 222; t. VII, p. 136; t. VIII, part. 2, p. 187, etc.

par un canal plus ou moins long ; mais elles en diffèrent ainsi que de tous les genres précédents par leur labre qui est échancré par une entaille ou un sinus.

Lamarck en avait d'abord séparé, sous le nom de CLAVATULES, les espèces à canal court ; mais il a reconnu depuis que de nombreuses formes intermédiaires rendent cette distinction impossible (¹).

Nous réunissons par la même raison aux pleurotomes les DAPHNELLA, Hinds, chez lesquels le canal est tout à fait nul, et les MANGILIA ou MANGELIA, Risso (*Cithara?* Schum.), qui sont à peu près dans le même cas. Les PERRONA, Schum., diffèrent encore moins des vraies pleurotomes. Les RAPHITOMA, Bellardi, ont à peu près les caractères des Defrancia et des Mangelia, c'est-à-dire un canal court, un sinus très faible.

Les pleurotomes forment aujourd'hui un genre très nombreux. On en connaît aussi une quantité considérable à l'état fossile. Elles ne sont probablement pas antérieures aux terrains tertiaires ou aux terrains crétacés les plus récents. Les espèces en petit nombre qui ont été indiquées dans les terrains plus inférieurs paraissent ne pas appartenir à ce genre.

Le comte de Münster (²) a rapporté à ce genre deux espèces de Saint-Cassian, où il dit avoir observé clairement la fente latérale, quoiqu'elle ne soit pas représentée sur la gravure. Il est probable que ces coquilles doivent être plutôt rangées dans le genre murchisonia ou dans quelque groupe voisin, si la fente est réelle ; et dans celui des cérites, si elle n'existe pas. M. Klipstein décrit une troisième espèce du même gisement, qui est probablement dans le même cas.

Aucune espèce n'a été trouvée dans le terrain jurassique, mais on en a cité quelques-unes de l'époque crétacée (³).

Il faut toutefois remarquer que la *P. remotelineata*, Geinitz, et les *P. semiplicata*, Goldfuss, *induta*, id., et *semilineata*, id., paraissent être des rostellaires dont l'aile n'est pas conservée. La *P. suturalis*, Goldf., peut être un fuseau ou une volute, ce qui est difficile de décider dans son état de conservation ; elle n'est sûrement pas une pleurotome. Par contre les *Pl. heptagona*,

---

(¹) Les DEFRANCIA, Millet, devraient peut-être en être séparées, car elles manquent d'opercule.

(²) Münster, *Beitr. zur Petref.*, t. IV, p. 123 ; Klipstein, *Geol. der oest. Alpen*, p. 183.

(³) Geinitz, *Charact.*, pl. 18, fig. 5 ; Goldfuss, *Petr. Germ.*, t. III, p. 21, pl. 170, fig. 11 à 13.

Zekeli, et *fenestrata*, id. [1], des terrains crétacés supérieurs de Gosau, paraissent bien appartenir à ce genre.

Dans l'époque tertiaire ce genre a pris au contraire un grand développement et l'on connaît près de trois cents espèces trouvées dans les dépôts de cette période.

M. Deshayes [2] en a décrit soixante-cinq espèces du bassin de Paris, dont sept des terrains tertiaires inférieurs de Cuise-la-Motte; six des grès marins supérieurs, et les autres du calcaire grossier. Quelques-unes toutefois passent d'un étage à l'autre. Nous en avons figuré dans l'Atlas trois espèces du calcaire grossier : la *P. transversaria*, Lauk (pl. LXVI, fig. 1), la *P. uniserialis* Desh. (id., fig. 2), et la *P. labiata*, id. (fig. 3).

M. Melleville [3] y a ajouté neuf espèces des terrains tertiaires inférieurs de Cuise-la-Motte, de Laon, etc.

Les terrains nummulitiques renferment, outre quelques espèces du bassin de Paris, plusieurs autres qui ont été décrites [4] par M. Al. Rouault (douze espèces nouvelles des environs de Pau); Bellardi (*P. goniophora*, Bell., et *Perezi*, id. de Nice); d'Archiac (quelques espèces indéterminées), etc.

Les pleurotomes éocènes du bassin de Londres sont assez nombreuses. On y retrouve quelques-unes de celles du bassin de Paris, et en outre quelques espèces décrites par Brander, sous le nom de Murex (*M. conoideus, innexus, intorta, macilentus*, etc.), et une dizaine figurées par Sowerby [5].

Leur nombre devient plus considérable encore dans les terrains miocènes et pliocènes.

M. Nyst [6] en cite vingt espèces dans le terrain tongrien de Belgique, dont deux décrites par M. de Koninck (*P. Morreni* et *Selysii*), et dix nouvelles par lui-même. Il indique dans le système campinien cinq espèces déjà connues.

Le bassin de Bordeaux en renferme, suivant M. Grateloup [7], plus de quatre-vingt-dix espèces, dont huit des faluns blancs inférieurs; une trentaine spéciales aux faluns bleus (miocène inférieur), cinq communes aux faluns bleus et aux jaunes; et le reste (trente-huit) provenant de ces derniers (miocène supérieur).

[1] *Gaster, Gosau*, p. 91, pl. 16.

[2] *Coq. foss. Par.*, T. II, p. 402, pl. 62 à 70.

[3] *Sabl. tert. inf.* (*Ann. sc. géol.*, 1843, p. 62, pl. 8).

[4] Al. Rouault, *Mém. Soc. géol.*, 2ᵉ sér., t. III, pl. 16; Bellardi, *id.*, t. IV; d'Archiac, *Hist. des progrès*, t. III, p. 290.

[5] *Min. conch.*, pl. 146, 386 et 387.

[6] *Coq. et pol. foss. de Belgique*, p. 508, pl. 40 à 44.

[7] Grateloup, *Conch. foss. Adour*, I, et *Actes Soc. lin. Bord.*, 1832, t. V, p. 314; Desmoulins, *id.*, 1842, t. XII et XIV; Basterot, *Coq. foss. Bord.*, etc.

On peut ajouter aux espèces de France [1], la *P. spirata*, Matheron, non Lamk (*P. subspirata*, d'Orb.), de la mollasse des Bouches-du-Rhône, ainsi que les espèces décrites par M. Dujardin et trouvées dans les faluns de la Touraine (dix-sept espèces, dont douze nouvelles).

Les espèces du Piémont ont été étudiées [2] par MM. Brocchi, E. Sismonda, Michelotti, etc., et surtout par M. Bellardi, qui a publié une belle monographie de ces coquilles. Le catalogue de M. Sismonda indique cent une espèces, dont soixante-six sous le nom de PLEUROTOMA, trente-quatre sous celui de RAPHITOMA. De ces cent espèces, cinquante-sept sont spéciales aux dépôts miocènes; dix-sept se trouvent à la fois dans les terrains miocènes et pliocènes, et vingt-six n'ont apparu qu'à l'époque pliocène. Une douzaine d'espèces ont leurs analogues vivants. Nous avons figuré dans l'Atlas, pl. LXVI, fig. 4, la *P. cataphracta*, Brocchi, des terrains miocènes du Piémont, comme type des vrais pleurotomes, et, fig. 5, la *P. corrulans*, Bellardi, du terrain pliocène, comme type des raphitoma.

Le crag d'Angleterre en renferme un grand nombre d'espèces décrites par M. Wood [3] sous les noms de PLEUROTOMA (*P. prominula*, Wood, *semi-colon*, Sow., et quatre espèces déjà connues), et de CLAVATULA (*C. perpulchra*, Wood, *mitrula*, Sow., *cancellata*, Sow., *concinnata*, Wood, *Boothii*, Smith., *plicifera*, Wood, et neuf autres espèces.

Les pleurotomes sont nombreuses dans les terrains tertiaires d'Allemagne, et plusieurs des précédentes y ont été trouvées. M. Philippi [4] en a décrit une assez grande quantité, soit des environs de Magdebourg, soit de Cassel. Parmi les gisements où il les a trouvées, il y en a, ainsi que je l'ai dit plus haut, qui appartiennent probablement à l'époque éocène (Westeregeln, etc.). Les matériaux me manquent pour en faire la distinction. Il énumère vingt et une espèces, dont treize nouvelles, aux environs de Magdebourg. Les espèces de Cassel sont moins nombreuses.

Les autres espèces ont été principalement décrites [5] par le comte de Münster dans l'ouvrage de Goldfuss (douze espèces, dont onze nouvelles), et par M. Beyrich, qui a étudié les espèces du Brandebourg, parmi lesquelles il décrit deux pleurotomes nouvelles, les *P. laticlavia* et *trochiformis*.

Les *P. lævigata*, Smith, et *denudata*, id. [6], ont été trouvées dans les dépôts miocènes des bords du Tage.

[1] Matheron, *Catalogue travaux Soc. stat.*, mars 1843, p. 248, pl. 46, fig. 11; Dujardin, *Mém. Soc. géol.*, 1837, t. II, p. 289, pl. 20.

[2] Sismonda, *Catalogue*, p. 32; Michelotti, *Descr. foss. mioc.*; Bellardi, *Monogr. delle pleurotome fossili del Piemonte*; *Mém. Acad. des sc. de Turin*, 1847, 2ᵉ sér., t. IX, in-4.

[3] *Moll. from the crag* (*Palæont. Soc.*, 1848, p. 53, pl. 6 et 7).

[4] *Tert. Verst. nordwest. Deutschl.*, p. 57, pl. 4, et *Palæontographica*, t. I, pl. 9.

[5] Goldfuss, *Petr. Germ.*, t. III, p. 20, pl. 171; Beyrich, *Karsten Archiv.*, t. XXII, p. 18; Pusch, *Polens Palæont.*, p. 143, etc.

[6] *Quart. journ. geol. Soc.*, t. III, 1847, p. 421.

On peut ajouter (¹) plusieurs espèces des États-Unis, du Chili, de Saint-Domingue, etc.

Les Borsonia, Bellardi,

sont des pleurotomes dont la columelle est ornée d'un pli vers son extrémité. Je ne crois pas que ce caractère soit suffisant pour justifier l'établissement d'un genre, car, unique et presque terminal, il paraît être un bourrelet du bord plutôt qu'un véritable pli de la columelle.

Deux espèces ont été placées dans ce groupe.

La *B. prima*, Bellardi (²), provient du terrain miocène de Turin.

La *B. plicata*, Beyrich (³), et la *B. decussata*, id., ont été trouvées dans les terrains tertiaires de Hermsdorf.

Les Cordieria, A. Rouault, — Atlas, pl. LXVI, fig. 6 et 7,

paraissent être aux pleurotomes ce que les turbinelles sont aux fuseaux ; c'est-à-dire qu'elles joignent à la lèvre échancrée ou sinueuse des premières, des plis très distincts à la columelle dans la même direction que ceux des turbinelles. Je crois, comme je l'ai dit plus haut, que les borsonia doivent être réunies aux pleurotomes ; mais si l'examen de quelques nouvelles espèces donnait une certaine importance au pli columellaire qui les distingue, il ne serait pas impossible qu'on dût alors les associer plutôt aux cordieria. Dans l'état actuel des choses, ces dernières me paraissent mériter (⁴) d'être tout à fait distinguées des pleurotomes.

On n'en connaît que quatre espèces des terrains tertiaires éocènes.

Les terrains nummulitiques de Pau renferment (⁵) les *C. pyrenaica*, Rouault (Atlas, pl. LXVI, fig. 6), *Biaritzina*, id. (id., fig. 7), et *iberica*, id.

(¹) D'Orbigny, *Prodrome et Voyage*, *Paléont.*, p. 119 ; Sowerby, *Voyage de Darwin et Quart. journ. geol. Soc.*, 1850, t. VI, p. 50 ; Conrad, *Journ. Ac. Phil.*, t. VI, VII et VIII, etc. ; Huot, *Cours élém. géologie*, t. I, p. 763, etc.

(²) *Monog. pleur. Piémont*, p. 83, pl. 4, fig. 13.

(³) *Karsten Archiv*, t. XXII, p. 33.

(⁴) Je dois toutefois faire remarquer que les figures données par M. Rouault n'indiquent guère de sinus au labre, et montrent mal en quoi ces espèces diffèrent des véritables turbinelles ; mais la description est positive à cet égard.

(⁵) *Mém. Soc. géol.*, 2ᵉ série, t. III, p. 487, pl. 17.

Il faut, suivant M. Rouault, ajouter la *Pleurotoma striolaris*, Desh., du calcaire grossier de Rhétheuil (¹). La description de M. Deshayes ne parle pas de dents à la columelle.

17ᵉ Famille. — BUCCINIDES.

Les buccinides ont une coquille enroulée, variable dans sa forme, à canal court, tronqué et infléchi en arrière. Le labre s'épaissit souvent, soit aux diverses périodes de l'accroissement de la coquille, soit à l'âge adulte seulement. L'animal est pourvu de branchies inégales et d'un tube respiratoire très long.

Cette famille, telle que nous la limitons ici, correspond à celle des purpurifères de Lamarck, et à la réunion de celle des cassides et de celle des buccinides de M. d'Orbigny, que je ne vois pas de motifs suffisants pour séparer. On reconnaîtra en général facilement les coquilles qui lui appartiennent, à la forme spéciale de leur canal. Quelques-unes d'entre elles toutefois, font une transition aux coquilles à bouche simplement échancrée ; mais on y voit encore les bords de l'échancrure s'infléchir en un demi-canal presque toujours un peu dirigé en dessus. Le petit nombre de genres d'ailleurs qui pourraient présenter quelque incertitude, (telles que les tonnes, qui se rapprochent des volutides par leurs formes) se distingueront toujours par d'autres caractères.

La famille des buccinides est une des plus nombreuses, soit à l'état vivant, soit à l'état fossile. Elle est représentée dans nos mers par un nombre considérable de genres et d'espèces. Son développement est d'ailleurs relativement récent. Elle manque complétement dans les terrains de l'époque primaire, confirmant ainsi ce que j'ai déjà montré plus haut, l'absence presque complète des gastéropodes à canal respiratoire dans les périodes anciennes. Elle n'est représentée dans les époques jurassiques et crétacées que par le genre des cérites et par quelques rares espèces buccinoïdes. Elle prend tout son développement dans l'époque tertiaire, surtout à partir des terrains miocènes.

Si l'on compare l'histoire paléontologique de chacun des genres qui la composent, on en trouvera un seul (les cérites), qui ait existé depuis le commencement de l'époque secondaire jusqu'à

(¹) *Coq. foss. Par.*, t. II, p. 484, pl. 68, fig. 4, 5 et u.

nos jours; trois éteints (columbellina, purpurina et ceritella) sont spéciaux à l'époque jurassique ou à l'époque crétacée. Un très petit nombre (buccinum, morio), ont commencé à exister vers le milieu ou la fin de l'époque crétacée et ont duré jusqu'à présent La majorité se trouve dans les terrains de l'époque tertiaire et dans les mers actuelles.

Pour faciliter la distinction des genres on peut les grouper comme suit :

I. Coquilles larges, ventrues, à bouche échancrée, sans canal : *Harpa, Dolium.*

II. Coquilles larges, ventrues, à canal : *Cassis, Morio.*

III. Coquilles étroites, à bouche resserrée, bordée d'un bourrelet, columelle non aplatie : *Oniscia, Columbella.*

IV. Coquilles à bouche resserrée, bordée d'un bourrelet et prolongée en arrière en un canal : *Columbellina.*

V. Coquilles plus ou moins ventrues, à columelle aplatie, à canal court, presque nul : *Purpura, Monoceros, Ricinula.*

VI. Coquilles ovoïdes, à canal médiocre, à columelle non aplatie : *Buccinum, Purpuroïdea, Ceritella.*

VII. Coquilles allongées, turriculées, à canal recourbé, ou bordé par une columelle torse : *Terebra, Cerithium.*

LES HARPES (*Harpa*, Lamk), — Atlas, pl. LXVI, fig. 8,

ont une coquille ovale, plus ou moins bombée, munie de côtes longitudinales parallèles, inclinées et tranchantes ; la spire est courte, la bouche est échancrée à l'extrémité et dépourvue de canal ; la columelle est lisse, aplatie et pointue à son extrémité. Ce genre est, ainsi que le suivant, un de ceux qui, par l'absence de canal, s'éloignent du type normal de la famille des buccinides. Les coquilles rappellent un peu celles des volutes, mais s'en distinguent du reste par l'absence de dents à la columelle. M. Philippi pense que les formes de l'animal le rapprochent des olives et des ancillaires plus que des buccins.

Les harpes forment aujourd'hui un genre peu nombreux, mais composé d'espèces remarquables par la disposition de leurs couleurs. Les espèces fossiles sont peu abondantes et spéciales aux terrains tertiaires.

III.   16

On trouve aux environs de Paris [1] la *H. mutica*, Lam., dans le calcaire grossier de Grignon, etc., et la *H. elegans*, Desh. (Atlas, pl. LXVI, fig. 8), dans les grès marins supérieurs de Valmondois.

L'argile de Londres renferme les débris d'une espèce incomplètement connue [2], observée par Parkinson (*H. Trimmeri*, Flem.).

Les faluns blancs inférieurs des environs de Dax ont fourni une espèce que M. Grateloup [3] rapporte à la *H. mutica*, Lam., et que M. d'Orbigny considère comme distincte, *H. submutica*, d'Orb.

Les Tonnes (*Dolium*, d'Argenville). — Atlas, pl. LXVI, fig. 9,

ont une coquille mince, ventrue, bombée, presque toujours globuleuse, cerclée transversalement, la bouche est oblongue, échancrée en avant, sans canal, le labre est denté ou crénelé dans toute sa longueur. L'animal se rapproche de celui des harpes et des buccins.

Les tonnes sont peu nombreuses aujourd'hui ; plusieurs sont de grande taille ; leurs coquilles sont beaucoup plus légères que celles des genres voisins. On ne connaît à l'état fossile qu'un petit nombre d'espèces des terrains tertiaires supérieurs [4].

La plus répandue est le *D. denticulatum*, Desh. (Atlas, pl. LXVI, fig. 9), rapportée par Brocchi au *D. pomum*, vivant (*D. pomiforme*, Bronn, etc.). Elle se trouve dans les terrains tertiaires de Vienne (Grund), ainsi que dans les dépôts pliocènes d'Asti, de Castel Arquato, de Lisbonne, de Morée et de l'île de Rhodes [5]. Le *D. orbiculatum*, Bronn, paraît être le jeune de la même espèce.

Le *D. lampas*, Brocchi, paraît n'avoir été établi que sur un fragment de la même espèce.

Le *D. Deshayesianum*, Grateloup [6], caractérise les faluns bleus de Dax.

[1] Deshayes, *Description des Coq. foss. Par.*, t. II, p. 644, pl. 86.

[2] Fleming, *Brit. Ann.*, p. 342 ; Parkinson, *Org. remains*, t. III, p. 59.

[3] Grateloup, *Conch. foss. Adour*, pl. 40 ; d'Orbigny, *Prodrome*.

[4] Les espèces appartenant à des époques plus anciennes et rapportées à ce genre paraissent devoir en être exclues. Ainsi, le *D. nodosum*, Sow., de la craie de Sussex, est un strombide.

[5] Deshayes, *Exp. scient. de Morée*, t. III, p. 194, et 2ᵉ édit. de Lamarck, *Histoire naturelle des animaux sans vertèbres*, Paris, 1844, t. X, p. 147. Voyez surtout, pour cette espèce, Hörnes, *Foss. Moll. tert. Beck, von Wien*, n° 3, p. 163.

[6] *Conch. foss. Adour*, suppl., pl. 2.

Les Oniscies (*Oniscia*, Sowerby, *Oniscus*, Kellerœsel), —
Atlas, pl. LXVI, fig. 10,

ont une coquille oblongue, subcylindrique, un peu conoïde, à
spire courte et obtuse ; la bouche est étroite, à bords parallèles ;
le bord columellaire est droit, encroûté et granuleux. Le labre est
épaissi, dentelé, renflé dans le milieu. Le canal terminal est très
court, étroit et à peine recourbé.

Les espèces vivantes habitent les mers chaudes. On n'en connaît qu'une seule fossile en Europe.

C'est l'*Oniscia cithara*, Sow. [1] (*Buccinum cithara*, Brocchi, *Cassidaria harpæformis*, Grat., etc.), des terrains miocènes de Dax, de Turin, de Pologne,
de Vienne, etc. C'est l'espèce figurée dans l'Atlas. L'*O. verrucosa*, Bonelli,
paraît n'être que la jeune de la même espèce.

L'*O. domingensis*, Sow. [2], provient des dépôts tertiaires de Saint-Domingue.

Les Casques (*Cassis*, Lamk). — Atlas, pl. LXVI, fig. 11 et 12,

forment un genre bien caractérisé par une coquille bombée, à
bouche longitudinale, étroite, terminée à son extrémité par un
canal court, brusquement recourbé vers le dos. La columelle est
plissée ou ridée transversalement et ordinairement encroûtée. Le
labre est formé par un bourrelet épaissi, presque toujours denté.

Ce genre très naturel et facile à reconnaître, est remarquable
aujourd'hui par la grandeur de plusieurs espèces qui vivent dans
les mers chaudes. A l'état fossile on n'en connaît que dans les
terrains tertiaires, et elles sont toutes de taille moyenne ou petite.
Ces mollusques vivent aujourd'hui à quelque distance des rivages et sur des fonds sablonneux, où ils s'enfoncent en totalité.

Les espèces des terrains éocènes ne sont pas nombreuses.

M. Deshayes [3] en a décrit trois du bassin de Paris : les *C. harpæformis*,

[1] Sowerby, *Genera*, n° 24 ; Basterot, *Coq. foss. Bord.*, p. 51 ; Grateloup, *Conch. foss. Adour*, 1 ; Michelotti, *Desc. foss. mioc. Ital. sept.*, p. 219,
pl. 12 ; Hœrnes, *Foss. Moll. tert. Beck. von Wien*, n° 3, p. 170, pl. 14,
fig. 2, etc. Risso a décrit en outre une *O. alicia*, qui reste plus que douteuse.

[2] *Quart. journ. geol. Soc.*, 1850, t. VI, p. 47.

[3] *Description des Coq. foss. Par.*, t. II, p. 637, pl. 85 et 86.

Lam., et *cancellata*, id. (Atlas, pl. LXVI, fig. 11), du calcaire grossier, et le *C. calantica*, Desh., du grès marin supérieur de Valmondois.

M. Alex. Brongniart a fait connaître [1] les *C. Thesei* et *Æneæ*, du terrain nummulitique de Ronca.

M. Bellardi a décrit [2] les *C. Deshayesi* et *Archiaci*, du terrain nummulitique de Nice.

Les espèces augmentent de nombre dans les terrains miocènes et pliocènes.

Une des plus répandues [3] est celle qui ressemble au *Cassis saburon*, Lam., actuellement vivant, et qui paraît ne pas pouvoir en être spécifiquement distinguée. Suivant M. Hörnes, il a été décrit sous une dizaine de noms spécifiques différents. C'est le *C. texta*, Bronn, Sismonda, etc. Il se trouve dans presque tous les terrains miocènes et pliocènes d'Europe.

Quelques autres espèces vivantes paraissent se trouver également fossiles. On cite les *C. flammea*, Lam., *crumena*, id., *areola*, id., et *sulcosa*, id.

Le bassin de Bordeaux a fourni plusieurs espèces. M. Grateloup paraît les avoir un peu trop multipliées ; mais tous les paléontologistes s'accordent pour reconnaître comme espèces distinctes : dans les faluns bleus, le *C. elegans*, Grat., et dans les faluns jaunes, les *C. diadema*, Grat., *mamillaris*, id. (Atlas, pl. LXVI, fig. 12), et *Rondeleti*, Basterot.

Parmi les espèces du Piémont, on peut inscrire le *C. variabilis*, Bell. et Mich., etc.

M. Beyrich [4] a décrit les *C. lineata*, *megapolitana* et *inermis* des couches de Sternberg.

On doit à M. Philippi [5] la connaissance des *C. Germari* et *affinis*, des environs de Magdebourg (éocène?).

Plusieurs espèces étrangères sont encore citées [6] dans les terrains nummulitiques de l'Inde, les tertiaires éocènes de l'Alabama, ceux de Saint-Domingue, etc.

Les Monto, Montfort (*Cassidaria*, Lamk), — Atlas, pl. LXVI, fig. 13,

ressemblent aux casques par leur forme générale, leur bouche

[1] *Vicentin*, p. 66, pl. III.

[2] *Mém. Soc. géol.*, 2ᵉ série, t. IV, pl. 14.

[3] Voyez les ouvrages précités de MM. Grateloup, Michelotti, Sismonda, etc., et surtout la monogr. des casques du bassin de Vienne, par M. Hörnes : *Foss. Moll. tert. Beck. von Wien*, n° 3, p. 173, pl. 14 à 16.

[4] *Karsten Archiv*, t. XXII, p. 45, et de Buch, *Petrif. rem.*, pl. 5.

[5] *Palæontographica*, t. I, p. 75, pl. 10, fig. 13.

[6] J. de C. Sow., *Trans. geol. Soc.*, 2ᵉ série, t. VI ; Conrad, *Journ. Ac. Phil.*, t. VI et VII ; George B. Sowerby, *Quart. Journ. geol. Soc.*, 1850, t. VI, p. 47.

étroite, leur labre muni d'un bourrelet ou d'un repli, et leur bord columellaire encroûté et rugueux; mais ils en diffèrent parce que le canal est plus long et moins brusquement infléchi.

On ne connaît aujourd'hui qu'un petit nombre de morio des mers chaudes du globe; les fossiles proviennent presque tous des terrains tertiaires.

On en cite cependant un de la fin de l'époque crétacée.

La *C. cretacea*, Müller [1], provient des terrains crétacés supérieurs d'Aix-la-Chapelle.

On en trouve quelques-uns dans les terrains éocènes.

M. Deshayes [2] en a décrit quatre espèces du bassin de Paris sous le nom de Cassidaria. La *C. carinata*, Lam. (*Buccinum nodosum*, Brander, *Morio nodosum*, d'Orb, Atlas, pl. LXVI, fig. 13), se trouve dans le calcaire grossier et dans le grès marin supérieur de Valmondois. La *C. coronata*, Desh., caractérise ce dernier étage à Tancrou. Les *C. textiliosa*, Desh., et *funiculosa*, id., proviennent du calcaire grossier de Parnes et de Courtagnon.

L'argile de Londres a fourni [3] la *C. ambigua* (*Buccinum ambiguum*, Brander, *Cassis striata*, Sow.).

M. Bellardi [4] a fait connaître la *Cassidaria Orbignyi*, du terrain nummulitique des environs de Nice.

Les *C. cancellata*, de Buch, et *depressa*, id. [5], proviennent des terrains tertiaires éocènes du Mecklenbourg.

On en connaît aussi quelques espèces des terrains miocènes et pliocènes.

Le terrain tongrien de Belgique renferme, suivant M. Nyst [6], la *C. ambigua* ci-dessus indiquée, et la *C. Nystii*, Kik; cette dernière étant peut-être la même que la *C. depressa*, de Buch.

La *C. bicatenata*, Nyst. (*Cassis bicatenata*, Sow.) [7] se trouve dans le terrain campinien du même pays et en Angleterre dans le crag corallien et le crag rouge.

[1] *Aach. Kreid. Verst*, p. 17, pl. 3, fig. 21.

[2] *Description des Coq. foss. Par.*, t. II, p. 632, pl. 85 et 86.

[3] Sowerby, *Min. conch.*, pl. 6.

[4] *Mém. Soc. géol.*, 2e série, t. IV, pl. 14, fig. 6 et 7.

[5] *Ueber zwei neue Arten von Cassidarien*, etc. (*Mém. Acad. Berlin*, le 6 décembre 1830).

[6] *Coq. et pol. foss. Belg.*, p. 564, pl. 44, fig. 5.

[7] Sowerby, *Min. conch.*, pl. 151; Wood, *Moll. from the crag* (*Pal. Soc.*, p. 27, pl. 4).

La *Cassidaria echinophora*, Lamk [1], espèce commune dans la Méditerranée, est répandue dans la plupart des tertiaires récents d'Europe (miocènes et surtout pliocènes).

On trouve la *C. striatula*, Bonelli, dans les terrains tertiaires miocènes de la montagne de Turin, ainsi que la *C. fasciata*, Bell. (*Morio fasciatus*, d'Orb.). Cette dernière se retrouve dans le terrain pliocène d'Asti [2].

On peut ajouter [3] une espèce des terrains miocènes des États-Unis, la *C. Hodgii*, Conrad, et une autre des terrains tertiaires de Saint-Domingue, la *C. lævigata*, Sow.

Les Colombelles (*Columbella*, Lamk), — Atlas, pl. LXVI, fig. 14 à 17,

sont caractérisées par une coquille ovale, à spire courte, dont la bouche est allongée, étroite, échancrée à l'extrémité, ou terminée par un canal très court, droit. Le labre présente à son côté interne un renflement qui rétrécit la bouche. Le bord columellaire est ordinairement marqué de petites dentelures, qui ressemblent au premier coup d'œil à des plis, mais qui ne se prolongent pas dans l'intérieur; il n'est jamais aplati.

Les coquilles de ce genre se distinguent des nasses, par leur canal très court et jamais réfléchi, et des pourpres par leur columelle non aplatie. Quelques auteurs, et en particulier Lamarck et M. Deshayes, les ont rapprochées des volutides. Les formes de l'animal montrent en effet des analogies réelles avec les mitres; d'un autre côté, il en a avec les pourpres. La coquille a beaucoup de rapports avec les buccinides, car c'est à tort que l'on comparerait les dentelures de la columelle chez les colombelles, avec les plis des volutes et des mitres.

Les colombelles forment aussi des transitions aux fusus. La *C. nassoides*, Bell., par exemple, a un canal qui s'allonge beaucoup, tout en conservant la forme de la bouche des colombelles. Les véritables limites de ces types ne sont pas faciles à préciser.

Les colombelles sont aujourd'hui des animaux de rivage, d'une taille petite ou médiocre, et souvent ornés de couleurs agréables. Elles vivent principalement dans les mers chaudes. On ne les a

---

[1] Voyez surtout sur cette espèce Hornes, *Foss. Moll. tert. Beck. von Wien*, n° 3, p. 183, pl. 18, fig. 4 à 6.

[2] Sismonda, *Synopsis*, p. 30; Mich. et Bell., *Saggio oritt.*, p. 75 et 51, etc.

[3] *Silliman Journal*, 1847, t. XLI, p. 343, pl. 2; G. Sowerby, *Quart. Journ. geol. Soc.*, 1850, t. VI, p. 47.

encore trouvées fossiles que dans les étages moyens et supérieurs du terrain tertiaire.

On en connaît environ une vingtaine d'espèces, pour la connaissance desquelles je renvoie principalement à la monographie des colombelles du Piémont, par M. Bellardi, à la description de celles du bassin de Vienne, par M. Hörnes, et aux travaux de M. Grateloup sur les fossiles du sud-ouest de la France.

M. Bellardi [1] les divise en *Strombiformes*, ou colombelles à spire très courte, *Nassæformes*, à spire longue et à canal presque nul, et *Fusiformes*, à spire et à canal longs.

Ce dernier groupe renferme les espèces dont j'ai parlé plus haut et qui font une transition aux fusus. Plusieurs auteurs (Michelotti, etc.) les associent à ce dernier genre.

M. Bellardi compte 14 espèces en Piémont, savoir : dans le groupe des Strombiformes, la *C. discors*, Desh., des terrains miocènes (Atlas, pl. LXVI, fig. 14); dans le groupe des Nassæformes, les *C. scripta*, Bell., *Borsoni*, Bell., et *corrugata*, Bon., qui se trouvent à la fois dans les terrains miocènes et pliocènes, les *C. turgidula*, Bell., et *curta*, id. Atlas, pl. LXVI, fig. 15), du premier de ces gisements; et les *C. semicaudata* et *erythrostoma* des dépôts pliocènes; dans le groupe des Fusiformes, la *C. subulata*, Bell., d'Asti; les *C. elongata*, Bell., et *scabra*, id., des terrains miocènes; et les *C. nassoides*, Bell. (*Fusus politus*, Bronn, Atlas, pl. LXVI, fig. 16), *compta*, id., et *thiara*, id., communes aux terrains miocènes et aux terrains pliocènes.

M. Hörnes [2] a trouvé sept des espèces précédentes dans les environs de Vienne, et il en a ajouté une huitième, la *C. Bellardii*, Hörnes, Atlas, pl. LXVI, fig. 17.

On peut ajouter quelques espèces décrites par M. Grateloup [3], sous les noms de *Mitra* (*Mitra turgidula*, Grat., des faluns bleus, M. *nassoides*, des faluns jaunes), et de *Buccinum*, ainsi que deux espèces de Touraine qu'a fait connaître M. Dujardin [4] (*Buccinum curtum*, Duj., *Columbella filosa*, id.).

La *C. sulcata*, Sow. (olim *Buccinum sulcatum*, id.), provient du crag rouge d'Angleterre [5].

Les *C. Haitensis* et *venusta*, Sow. [6], proviennent des terrains tertiaires de Saint-Domingue.

[1] *Monogr. delle colomb. fossili del Piemonte*, Turin, 1848; in-4° (extr. du t. X des *Mém. de l'Acad. de Turin*).

[2] *Foss. Moll. tert. Beck. von Wien*, n° 3, p. 143, pl. 11.

[3] *Conch. foss. Adour*, 1.

[4] *Mém. Soc. géol.*, 1837, t. II, pl. 19.

[5] Sowerby, *Min. conch.*, pl. 375 et 477; Wood, *Moll. from the crag* (*Palæont. Soc.*, 1848, p. 23, pl. 2).

[6] G. Sowerby, *Quart. Journal geol. Soc.*, 1850, t. VI, p. 46.

Les Colombellines (*Colombellina*, d'Orb.), — Atlas, pl. LXVI,
fig. 18 et 19,

ne sont connues qu'à l'état fossile et par conséquent que par
leur coquille. Elle diffère de celle des colombelles par une bouche plus flexueuse, en S, terminée à sa partie postérieure par
un canal long et étroit qui a dû servir de passage à quelque organe spécial qui manque dans ce dernier genre. Elle leur ressemble d'ailleurs tout à fait par son test épais, sa bouche étroite
et son labre épaissi en dedans.

On n'en a encore trouvé que dans les terrains crétacés.

M. d'Orbigny [1] a décrit une espèce du terrain néocomien de Marolles, la
C. monodactylus, rapportée d'abord, par M. Deshayes, aux rostellaires (Atlas,
pl. LXVI, fig. 18), et une espèce du grès vert du Mans et des craies chloritées
de Cassis (T. cénomanien), la *C. ornata*, d'Orb. (id., fig. 19).

Il rapporte au même genre [2] deux espèces des terrains crétacés de Pondichéry, décrites par M. E. Forbes, sous les noms de *Strombus contortus* et
Strombus uncatus.

Les Pourpres (*Purpura*, Lamk., — Atlas, pl. LXVI,
fig. 20 et 21,

ont par leur coquille beaucoup de rapports avec tous les buccinides, leur bouche, souvent très dilatée, se termine en avant par
une échancrure peu marquée, plus oblique et subcanaliculée. Elles
diffèrent de tous les genres de cette famille par leur columelle
aplatie, qui se termine en avant par une pointe plus ou moins
marquée. L'animal présente plusieurs caractères différentiels
constants.

Ce genre peut être subdivisé en quatre groupes, auxquels on a
donné ordinairement une importance trop grande, en les considérant comme des genres distincts, car ils se lient par des transitions insensibles, et les animaux sont identiques. Ces groupes
sont les Ricinules (*Sistrum*, Montf.), caractérisées par un labre
et une columelle dentés; les Licornes ou Monoceros (*Acanthina*,
Fischer, *Rudolpha* et *Rudolphus*, Schum., *Unicornus*, Montf.),
dont le labre porte une seule dent conique, située près de l'échan-

<hr>

[1] *Pal. fr.*, *Terr. crét.*, t. II, p. 347, et pl. 226.

[2] *Prodrome*, t. II, p. 231 ; Forbes, *Trans. geol. Soc.*, 2ᵉ sér., t. VII,
p. 129.

crure de la bouche ; les Pourpres proprement dites, dont la bouche tantôt médiocre, tantôt très ouverte, ne porte aucune dent ;
et les Concholepas, où la spire est très petite et la bouche si
grande, qu'on peut croire au premier coup d'œil que la coquille
est patelloïde et non enroulée.

Ce dernier groupe n'a pas encore été trouvé à l'état fossile.

Les Pourpres proprement dites sont les plus abondantes, soit
dans les mers actuelles, soit fossiles. On n'en a cependant trouvé
aucune espèce dans les dépôts éocènes ni même dans les terrains
miocènes inférieurs.

M. Dujardin [1] en a décrit deux espèces des faluns de la Touraine (*P. angulata* et *exsculpta*, Duj.). Son *Buccinum intextum* paraît aussi être une pourpre.

M. Matheron [2] a fait connaître la *P. Martinii* de la mollasse des Bouchesdu-Rhône.

M. Grateloup et M. Basterot ont fait connaître [3] plusieurs espèces des faluns
jaunes de Dax et de Bordeaux. On peut citer en particulier les *P. pleurotomoides*, Grat., *fusiformis*, id., *scabriuscula*, id., etc., et y ajouter deux espèces
décrites par M. Grateloup, sous les noms de *Magilus antiquus* et *planaxoides*.

M. Michelotti [4] en compte six espèces dans les terrains miocènes du Piémont, dont quatre nouvelles (*P. inconstans, retusa, fusiformis* et *neglecta*).

Les terrains pliocènes du même pays [5] renferment la *P. Sismondai*, Michelotti, et la *P. striolata*, Bronn, qui se trouve aussi dans l'étage précédent.

M. Philippi [6] a décrit le *P. cyclopum* des terrains quaternaires de Sicile ;
suivant M. Sismonda (mais non suivant M. Michelotti) elle se trouverait dans
les terrains miocènes du Piémont.

M. Hörnes [7] cite, dans les environs de Vienne, la *P. hæmastoma* vivante
(Atlas, pl. LXVI, fig. 20), et la *P. exilis*, Partsch (id., fig. 21).

On trouve dans le crag rouge d'Angleterre [8] la *P. lapillus*, Lin., vivante,
et la *P. tetragona*, Sowerby.

M. d'Orbigny [9] cite aussi deux espèces des terrains diluviens d'Amérique.

Les Ricinules paraissent peu abondantes à l'état fossile.

[1] *Mém. Soc. géol.*, 1837, t. II, p. 297, pl. 19.
[2] *Catalogue*, etc., *Trav. Soc. stat. Marseille*, 1843, p. 251, pl. 40.
[3] *Conch. foss. Adour*, I, pl. 35.
[4] *Desc. foss. mioc. Ital. sept.*, p. 217.
[5] Sismonda, *Synopsis*, p. 28.
[6] *Enum. moll. Sicil.*, I, p. 219.
[7] *Foss. Moll. tert. Beck. von Wien*, n° 3, p. 165.
[8] Wood, *Moll. from the crag* (*Palæont. Soc.*, 1848, p. 36, pl. 4 ; Sowerby,
Min. conch., pl. 414).
[9] *Voyage, Paléontol.*, p. 157.

On cite dans les terrains tertiaires [1], la *R. echinulata*, Pusch (*elata*, Blainv.), de Pologne, de Vienne, etc.; la *R. aspera*, Grat., de Dax; la *R. calcarata*, id., de Dax et de Piémont; et la *R. Grateloupi*, d'Orb. (*R. morus*, Grat.), de Dax.

Les MONOCEROS sont dans le même cas.

Le *M. monacanthos* (*Buccinum monacanthos*, Brocchi) se trouve dans les terrains supérieurs du Piémont.

Quelques espèces se trouvent dans les terrains tertiaires supérieurs et inférieurs d'Amérique [2]. M. d'Orbigny a décrit le *M. Blainvillei* des terrains tertiaires et miocènes de l'Amérique méridionale. M. Sowerby en a fait connaître deux autres du Chili et M. Conrad, deux des terrains éocènes des États-Unis.

Les PURPUROIDEA, Lycett (*Purpurina*, d'Orb. [3]). — Atlas, pl. LXVI, fig. 22 à 24,

ont les formes de la coquille des pourpres et leur grande ouverture, mais leur columelle n'est pas aplatie. La bouche, plus longue en général que la spire, est terminée par un canal court et étroit. La columelle est arquée.

Les coquilles de ce genre paraissent intermédiaires entre les pourpres et les buccins, elles ont la forme et les ornements des premières sans leur columelle aplatie. Elles se distinguent des buccins par leur bouche beaucoup plus élargie dans sa partie antérieure et par leur columelle très arquée.

Je ne sais pas si l'on peut en distinguer les BRACHYTREMA, Morris et Lycett [4], qui ont un peu plus d'analogie avec les fusus mais qui me paraissent avoir les mêmes caractères essentiels que le genre qui nous occupe ici.

Les purpuroidea sont spéciales à l'époque jurassique.

On peut probablement rapporter à ce genre une partie des fusus à canal court, trouvés par M. Eudes Deslongchamps [5] en Normandie, et dont j'ai parlé plus haut. Le *F. nassoides*, E. D., de l'oolithe inférieure, est le mieux caractérisé. Il se lie de près au *F. nodulosus*, id., de l'oolithe coquillère de

[1] Pusch, *Polens Pal.*, p. 140; Grateloup, *Conch. foss. Adour*, I, pl. 35.
[2] D'Orbigny, *Voy., Pal.*, p. 116; Sowerby dans Darwin, *Voyage*, etc.
[3] Le nom de PURPUROIDEA date de 1848 et est antérieur par conséquent à celui de PURPURINA qui, quoique M. d'Orbigny le date de 1847, n'a été publié qu'en 1850, dans le Ier volume du *Prodrome*.
[4] *Moll. from the great ool. (Pal. Soc.*, 1850, p. 24).
[5] *Mém. Soc. linn. Normandie*, t. VII, p. 156, pl. 10.

Bath, et au *F. variculosus*, id., du lias supérieur de Fontaine-Étoupefour. Il me paraît difficile de les distinguer génériquement.

M. d'Orbigny [1] indique quelques espèces inédites de l'oolithe inférieure de Normandie, de celle du département de la Sarthe, et du terrain kellowien de Pizieux.

Le même auteur rapporte à ce genre le *Fusus Thorenti*, d'Archiac [2], de la grande oolithe du bois d'Eparcy (Atlas, pl. LXVI, fig. 22).

M. Buvignier [3] a décrit sous le nom de *Purpura* trois espèces du terrain corallien de Saint-Mihiel. Ce sont les *P. Lapierrea*, *Moreana* (olim *Moreausea*) et *turbinoides*.

M. Lycett a décrit, soit seul, soit avec M. Morris [4], les *P. Moreausia* (*Purpura Moreausea*, Buvignier), *glabra* (Atlas, pl. LXVI, fig. 23) et *nodulata* (Atlas, pl. LXVI, fig. 24). Cette dernière est le *Murex nodulatus*, Young and Bird (*M. tuberosus*, Sow.) et paraît à MM. Morris et Lycett identique avec la *Purpura Lapierrea*, Buvignier.

Il y faut ajouter le *Brachytrema turbiniformis*, Morris et Lycett, de la grande oolithe d'Angleterre.

LES CÉRITELLES (*Ceritella*, Morris et Lycett), — Atlas,
pl. LXVI, fig. 25 et 26,

sont très voisines des purpuroidea, leur spire est plus longue, plus aiguë et l'ouverture, plus allongée et plus oblique, est terminée par un petit canal accompagné d'une columelle qui se réfléchit davantage en dehors.

Ces mollusques paraissent spéciaux aux terrains jurassiques.

M. Lycett a fait connaître [5] les *C. sculpta* et *tumidula* de l'oolithe inférieure d'Angleterre.

MM. Morris et Lycett ont décrit [6] plusieurs espèces de la grande oolithe du même pays. La *Ceritella unilineata* avait été décrite par Sowerby sous le nom de *Buccinum unilineatum*, et inscrite par M. d'Orbigny parmi les *Purpurina*. Six autres sont nouvelles : *C. acuta* (Atlas, pl. LXVI, fig. 25), *planata*, *Sowerbyi*, *mitralis*, *conica* (Id., fig. 26), et *gibbosa*.

Ces mêmes naturalistes ont assimilé deux autres espèces de la grande oolithe à celles que M. Buvignier avait décrites [7] sous les noms de *Pleurotoma lon-*

[1] *Prodrome*, t. I, p. 270 et 334.

[2] *Mém. Soc. géol.*, 1847, t. V, p. 384, pl. 30, fig. 8.

[3] *Stat. géol. de la Meuse*, p. 44, pl. 30.

[4] Lycett, *Ann. and. mag. of nat. hist.*, 2ᵉ série, 1848, t. II, p. 250 ; Morris et Lycett, *Moll. from the great ool.* (Palæont. Soc., 1850, p. 25, pl. 4 et 5).

[5] *Ann. and mag. of nat. hist.*, 2ᵉ série, t. VI, 1850, p. 418.

[6] *Moll. from the great ool.* (Palæont. Soc., 1850).

[7] *Mém. Soc. Verdun*, 1843, t. II, p. 22. Ces deux espèces sont pour M. d'Orbigny des fusus.

giscata et *rissoides*, et qui proviennent du terrain corallien de Saint-Mihiel. Cette assimilation me paraît peu probable.

Les Buccins (*Buccinum*, Lin.), — Atlas, pl. LXVI, fig. 27 à 30 et pl. LXVII, fig. 1 à 4,

ont des coquilles ovoïdes ou allongées, à bouche médiocre, plus longue que large, mais pas étroite, à columelle non aplatie, quelquefois encroûtée et à canal court, un peu infléchi en dessus et réduit quelquefois à une simple échancrure.

On voit que les buccins représentent en quelque sorte l'état normal de la famille et qu'ils offrent plutôt un ensemble de caractères négatifs, n'ayant ni la vaste ouverture des tonnes et des harpes, ni la columelle aplatie des pourpres, ni le canal des casques, ni la bouche étroite des colombelles, etc. On ne sera donc pas étonné de reconnaître en même temps que ce genre est peu naturel et qu'il devra probablement être subdivisé. Le moment n'est pas encore arrivé où on pourra le faire avec quelque sécurité; car si l'on connaît bien les animaux de quelques-uns des types, il en est d'autres qui sont inconnus et l'on ne peut pas encore établir d'une manière complète les rapports qui existent entre les caractères essentiels et ceux que fournit la coquille.

Dans cet état de choses, on peut reconnaître les groupes suivants, dont quelques-uns devront former des genres et dont d'autres seront probablement réduits à n'être que de simples sections.

L'étude des fossiles augmentant encore beaucoup les transitions d'un groupe à l'autre, et les difficultés de trouver des caractères, je réunis provisoirement tous ces groupes en un seul genre.

Ce sont :

Les Tritonium, O.-F. Müller [1], à coquille ovale, composée de tours arrondis, ou ovale conique, épidermée, à columelle arrondie, simple, sans callosité, à opercule corné, à sommet latéral et submédian. Animal à pied ovale, plus court que la coquille, à yeux situés à la base externe des tentacules.

Les Buccinum, Lamk, à coquille ayant à peu près la forme des précédentes, mais ordinairement plus épaisse et à tours moins ré-

---

[1] Il ne faut pas confondre les *Tritonium*, O.-F. Müller, Schumacher, etc., avec les *Tritonium*, Link, Cuvier, etc., dont nous avons parlé, p. 221, sous le nom de Triton.

gulièrement arrondis. Opercule corné, onguiculé, à sommet pointu, terminal, inférieur. Animal rampant sur un pied étroit et allongé, yeux situés à l'extrémité de petits pédicules qui naissent du côté externe des tentacules (Atlas, pl. LXVI, fig. 29 et 30).

Les Pisania, Bivona, à coquille allongée, à tours peu renflés, à bouche étroite, terminée par un petit canal droit (¹). Types : les *Buccinum maculosum*, Lamk, le *Fusus articulatus*, Lamk, la *Purpura sertum*, Lamk.

Les Sulcobuccinum, d'Orb., sont des buccins pourvus d'un léger sinus sur le labre, marqué au dehors par un fort sillon. Ce genre est spécial aux terrains tertiaires inférieurs (Atlas, pl. LXVII, fig. 1 à 3, les *B. tiara*, Desh., et *fissuratum*, id.).

Les Bullia, Gray, *Buccinanops*, d'Orb., *Leiodoma*, Swainson, à coquille lisse, dont l'ouverture évasée est largement échancrée en avant et bordée par un labre tranchant. La columelle a un enroûtement postérieur sans dent. Animal à manteau très développé et dépourvu d'yeux. Types : les *B. lævissimum*, Lamk, *achatinum*, id., etc., vivants (Atlas, pl. LXVI, fig. 27, et pl. LXVII, fig. 4).

Les Eburna, Lamk, à coquille dont la spire est turriculée, la bouche assez grande, le labre tranchant et la columelle profondément ombiliquée.

Les Pseudoliva, Swainson, *Pseudodactylus*, Phil., *Gastridium*, G.-B. Sow., à coquille ovale globuleuse, renflée, épaisse, à labre tranchant, muni d'une dent à sa base. Type : *B. plumbeum*, Chemn., vivant.

Les Nassa, Lamk, à coquille ovale subglobuleuse, à ouverture terminée par un petit canal un peu recourbé. Columelle simple dans le jeune âge et garnie dans l'âge adulte d'une callosité plus ou moins marquée; labre épaissi et souvent muni d'un bourrelet. Animal à pied large; yeux portés sur des renflements qui naissent au côté externe de la base des tentacules. Ce groupe est nombreux en espèces. Quelques-unes sont très bien caractérisées, d'autres forment des transitions aux véritables buccins (Atlas, pl. LXVI, fig. 28). Les *Eione*, Risso, sont de véritables nasses.

(¹) Les Pollia, *Gray*, sont un genre mal distingué des *Pisania*. M. Gray y place le *F. articulatus* et le *B. maculosum*. M. Philippi l'envisage autrement et propose de le réduire aux *B. tranquebaricum*, *undosum*, etc.

Les PHOS, Montfort, sont des nasses allongées. Type : le *Murex senticosus*, Lin., vivant.

Les DEMOULIA, Gray, sont au contraire des nasses ovoïdes ou globuleuses, à spire courte. Type : le *B. retusum*, Lamk, vivant.

Les CYCLOPES, Risso, sont des nasses à coquille orbiculaire tout à fait déprimée et à spire obtuse. Type : le *B. neriteum*, Lin., vivant.

En réunissant tous ces groupes, ainsi que je l'ai dit plus haut, sous la dénomination commune de BUCCINUM, on trouvera que ce grand genre est tout à fait inconnu [1] dans l'époque primaire et dans les terrains inférieurs et moyens de l'époque secondaire. Il paraît avoir été représenté pour la première fois dans le milieu de la période crétacée par quelques rares espèces. Il est au contraire abondant dans les terrains tertiaires, surtout dans ceux de l'époque miocène.

Il paraît manquer aux terrains néocomiens, et ses plus anciens représentants dans l'époque crétacée appartiennent au gault.

Le *B. gaultinum*, d'Orb. [2], du gault de Machéroménil, est très incomplétement connu.

M. Sowerby a décrit [3] une espèce sous le nom de NASSA, de Blackdown (*N. lineata*, Sow.).

Les *B. costatum*, Goldfuss, et *bicarinatum*, id. [4], ne paraissent pas avoir les caractères des buccins. Ce dernier est un fusus, le premier paraît dessiné sur un échantillon à bouche incomplète.

Le *B. productum*, Reuss [5], paraît être un cérite.

Les buccins augmentent beaucoup de nombre dans l'époque tertiaire.

On en connaît plusieurs de l'époque éocène.

[1] Le *Buccinum areolatum*, Schl., de l'Eifel, est un macrochéilus (p. 83), ainsi que les *B. acutum*, Sow., *imbricatum*, id., etc., du terrain carbonifère. Le *B. breve*, Sow., est une murchisonia, ainsi que le *B. spinosum*, Phill., etc.; d'autres sont des chemnitzia, etc. Dans l'époque jurassique, il en est de même. Le *B. nodosum*, Goldf., du lias, est une chemnitzia. Le *B. unilineatum*, Sow., de la grande oolithe, est une ceritella, les *B. angulatum*, Sow., et *naticoïde*, id., du portlandien, sont des ptérocères, etc.

[2] *Pal. fr., Terr. crét.*, t. II, p. 350, pl. 233.

[3] *Trans. geol. Soc.*, 1836, 2ᵉ série, t. IV, p. 241, pl. 18.

[4] *Petref. Germ.*, t. III, pl. 173, fig. 4 et 5.

[5] *Boehm. Kreidef.*, pl. 10, fig. 18.

M. Deshayes [1] en compte quinze espèces dans le bassin de Paris.

Quatre d'entre elles forment pour le savant conchyliogiste une section spéciale qui correspond au genre que M. d'Orbigny a nommé depuis SEMICASSIS. Ce sont les *B. tiara*, Desh. (Atlas, pl. LXVII, fig. 1), *fissuratum*, id. (id., fig. 2 et 3), et *semicostatum*, id., des terrains tertiaires inférieurs de Brachrux, etc., et le *B. obtusum*, Desh., qui se trouve à la fois à Cuise-la-Motte et dans le calcaire grossier.

Une de ces espèces, le *B. patulum*, Desh., des grès marins supérieurs du Valmondois (Atlas, pl. LXVII, fig. 4), est remarquable par sa bouche très ouverte. Il rappelle sous ce point de vue certaines espèces vivantes qui ont été groupées sous le nom de BULLIA, Gray; il est cependant plus court que la plupart des espèces vivantes.

Les autres sont de vrais buccins. Mais ils varient encore singulièrement par leurs formes et ne paraissent guère faire partie d'un genre bien naturel. Le *B. strombidia*, Lam., en particulier (Atlas, pl. LXVI, fig. 30), est remarquable par sa longue ouverture. Il se trouve dans les terrains inférieurs de Cuise-la-Motte et dans le calcaire grossier.

Le *B. ambiguum*, Desh., et le *B. ovatum*, id., appartiennent aux terrains tertiaires inférieurs.

On trouve dans le calcaire grossier, outre les espèces indiquées ci-dessus, les *B. bistriatum*, Lamk, *striatulum*, id., *intermedium*, id., et *decussatum*, id. (Atlas, pl. LXVI, fig. 29).

Il faut ajouter aux espèces des grès marins supérieurs les *B. fusiforme*, Desh., et *truncatum*, id., et une espèce voisine du *B. Andrei*, Basterot (*B. sub Andrei*, d'Orb.)

M. Melleville [2] a décrit trois espèces des sables inférieurs. Son *B. arenarium*, Mell., appartient au groupe des BULLIA. Les *B. granulosum*, Mell., et *bicorona*, id., ont les formes des vrais buccins.

M. Al. Brongniart a décrit [3] une espèce des terrains nummulitiques de Ronca, qui a les caractères du groupe des NASSES (*N. caronis*, Brongn.).

Le terrain tertiaire (éocène ?) de Westeregeln renferme, suivant M. Philippi [4], les *B. bullatum*, Phil., *subcoronatum*, id., etc.

Les espèces augmentent beaucoup de nombre dans les terrains miocènes et pliocènes, et le type des nasses, rare dans les époques antérieures, y prend en particulier un grand développement.

M. Nyst [5] fait connaître les *B. Gossardii*, N., et *suturosum*, id., du terrain tongrien de Belgique, et décrit dix espèces, dont une seule nouvelle (*B. crassum*, Nyst), dans le système campinien du même pays.

[1] *Coq. foss. Par.*, t. II, p. 644, pl. 86, 87, 88, 94 et 94 bis.
[2] *Sables tert. inf.* (*Ann. sc. géol.*, 1843, p. 72, pl. 10, fig. 1 à 5).
[3] *Vicentin*, p. 64, pl. 3, fig. 10.
[4] *Palæontographica*, t. I, p. 76, pl. 10.
[5] *Coq. et pol. foss. de Belg.*, p. 568, pl. 43 à 45.

Les espèces du bassin de Bordeaux, dont la connaissance est principalement due à MM. Basterot et Grateloup [1], sont très abondantes. Ce dernier auteur figure le *B. costellatum*, Grat. (*Nassa*), des calcaires inférieurs, une dizaine d'espèces (*Buccinum* et *Nassa*) des faluns bleus, et près de vingt des faluns jaunes.

Dans les terrains miocènes du Piémont, M. Michelotti [2] compte vingt-trois espèces, dont un seul buccin proprement dit (*B. parvulum*, Mich.), et vingt et une nasses.

Les terrains pliocènes [3] du même pays renferment, outre un certain nombre d'espèces qui passent des terrains miocènes, une douzaine d'espèces (principalement des nasses) propres à ces terrains, ou vivant encore dans les mers actuelles.

M. Hörnes [4] compte vingt-deux espèces dans le bassin de Vienne. Il réunit les buccins et les nasses, et ne décrit que quatre espèces nouvelles (*B. Grateloupi*, Hörnes, *signatum*, Partsch, *badense*, id., *echinatum*, Hörnes).

M. Smith [5] en a décrit quatre espèces des dépôts miocènes du bassin du Tage.

Le crag d'Angleterre renferme, suivant M. Wood [6], dix nasses et deux buccins (*N. labiosa*, Sow., *granulata*, id., *propinqua*, id., *elegans*, Leathes, *consociata*, Wood, *monensis*, Forbes, *reticosa*, Sow., *B. Dalei*, Sow., etc.).

Il faut ajouter [7] quelques espèces décrites par M. Dujardin (*Bucc. contortum*, *elegans*, *graniferum*, etc., des faluns de la Touraine); et par M. d'Orbigny, dans le voyage de M. Hommaire de Hell (*B. Doutchiam*, *Davelianum*, *Verneuilli*, etc.), etc.

J'ai fait figurer dans l'Atlas (pl. LXVI) deux des espèces les plus caractéristiques de ces terrains miocènes et pliocènes, savoir : fig. 27, le *Buccinanops eburnoides*, d'Orb. (*Eburna spirata*, Sow., etc.), et, fig. 28, la *Nassa prismatica*, Brocchi.

Les Vis (*Terebra*, Lamk, *Subula*, Blainv.), — Atlas, pl. LXVII, fig. 5 à 7,

se distinguent de tous le s genres précédents par leur coquille allongée, turriculée, très po intue au sommet, et dont la bouche est plusieurs fois plus courte que la spire. Cette bouche est échancrée en avant, et la columelle est torse ou oblique. L'opercule est corné, ovale, onguiculé et formé d'éléments imbriqués.

[1] *Conch. foss. Adour*, t. I, pl. 36, et *Act. Soc. Bord.*, 1833, t. VI, p. 207.

[2] *Descr. foss. mioc. Ital. sept.*, p. 203, pl. 7, 12, 13 et 17.

[3] Sismonda, *Synopsis*, p. 28.

[4] *Foss. Moll. tert. Beckens von Wien*, n° 3, p. 136, pl. 12 et 13.

[5] *Quart. journ. geol. Soc.*, 1847, t. III, p. 421.

[6] *Moll. from the crag* (*Palæont. Soc.* 1848, p. 27 pl. III et VII); Sowerby, *Min. conch.*, pl. 110, 477 et 486.

[7] Dujardin, *Mém. Soc. géol.*, 1837, t. II, p. 298, pl. 20; d'Orbigny, *Voyage de M. Hommaire de Hell*, pl. 3 et 4, etc.

L'animal présente de grands rapports avec celui des buccins, sauf quelques caractères qui justifient suffisamment leur séparation générique.

Les vis paraissent manquer complétement aux terrains de l'époque primaire et de l'époque secondaire.

Sowerby (1) a indiqué sous le nom de *T. coronata*, Sow., une espèce du terrain crétacé supérieur de Gosau. M. d'Orbigny a montré avec raison qu'elle appartient au genre des cérites (*C. pseudocoronatum*, d'Orb.).

Elles ne sont pas nombreuses dans les terrains tertiaires éocènes.

M. d'Orbigny (2) cite une *T. aerea*, d'Orbigny, trouvée dans les terrains tertiaires inférieurs de Cuise-la-Motte.

On trouve dans le calcaire grossier de Grignon la *Terebra plicatula*, Lamk (3) (Atlas, pl. LXVII, fig. 5).

Elles augmentent de nombre dans les terrains miocènes et pliocènes.

M. Hörnes (4) admet quatorze espèces connues dans cette période. M. Deshayes porte ce nombre à trente-deux (y compris l'espèce éocène). Les plus connues et les plus caractéristiques sont : la *T. fuscata*, Brocchi (Atlas, pl. LXVII, fig. 6), espèce lisse, répandue dans tous les dépôts miocènes et pliocènes d'Europe; la *T. pertusa*, Bast. (Atlas, pl. LXVII, fig. 7); la *T. Basteroti*, Nyst, etc.

Ces espèces sont répandues dans les divers dépôts connus. Le bassin de Vienne en renferme huit. Le bassin de la Gironde (5) a fourni la *T. melaniana*, Grat., la *T. bistriata*, id., et la *T. acuminata*, id., des faluns bleus; cinq espèces des faluns jaunes, et trois qui se trouvent à la fois dans les uns et dans les autres (*T. murina*, Bast., etc.).

M. Michelotti (6) indique quatre espèces dans les terrains miocènes du Piémont, dont deux nouvelles, *T. neglecta*, Mich., et *tesselata*, id.

(1) Sowerby, *Trans. geol. Soc.*, t. III, pl. 39; d'Orbigny, *Prodrome*, t. II, p. 231; Zekeli, *Gastér. Gosau*, pl. 16.
(2) *Prodrome*, t. II, p. 320.
(3) Deshayes, *Coq. foss. Par.*, t. II, p. 658, pl. 87, fig. 25 et 26.
(4) *Foss. Moll. tert. Beck. von Wien*, n° 3, p. 123, pl. 11.
(5) Grateloup, *Conch. foss. Adour*, pl. 35, et *Act. Soc. linn.*, 1833, VI, p. 281; Basterot, *Coq. foss. Bordeaux*.
(6) *Desc. foss. mioc. Ital. sept.*, p. 214, pl. 17.

Les terrains pliocènes du même pays renferment en outre [1] quelques espèces qui vivent encore (*T. fasciata*, Lamk, *striolata*, id.).

M. Wood [2] cite, dans le crag d'Angleterre, les *T. incerta*, Nyst, et *canalis*, Wood.

On trouve, dans le terrain tertiaire de Sternberg [3], les *T. pusilla*, Karsten, et *Karsteni*, id.

Les vis ont aussi été trouvées en Amérique et dans l'Inde.

La *T. mlaula*, Nyst et Galeotti [4], de Tehuacan, au Mexique, est un cérite.

Quelques espèces des terrains tertiaires de l'Amérique septentrionale sont décrites par MM. Lea et Conrad [5], et d'autres, de Saint-Domingue et du Chili, par M. Sowerby.

La *T. reticulata*, Sow. [6], se trouve dans les terrains tertiaires nummulitiques de la province de Cutch (Indes Orientales).

Les Cérites (*Cerithium*, Adanson), — Atlas, pl. LXVII, fig. 8 à 14,

ont, comme le genre précédent, une coquille turriculée et allongée, mais leur bouche oblongue et oblique est terminée en avant par un canal court, tronqué ou recourbé, et en arrière par une gouttière plus ou moins marquée. Le labre est souvent épaissi, sinueux et très projeté en avant à sa partie antérieure. L'opercule est petit, corné, circulaire, à tours très rapprochés, ou ovale, à tours lâches.

Ce genre, très naturel, a été subdivisé par quelques auteurs. Il est impossible d'admettre les genres Potamis et Telescopium, de Montfort, qui ne diffèrent suffisamment des vraies cérites ni par la coquille, ni par l'animal. Les Potamides, de M. Brongniart, dont le canal très court est presque remplacé par une simple échancrure, et dont le labre se dilate fortement avec l'âge, forment une division peut-être meilleure, parce que la plupart des espèces vivent plutôt dans les eaux saumâtres que dans la mer.

[1] Sismonda, *Synopsis*, p. 27.

[2] *Moll. from the crag* (*Palæont. Soc.*, 1848, p. 25, pl. 4).

[3] Karsten, *Sternberg, Verstein.*, p. 34.

[4] *Bull. Acad. Bruxelles*, 1840, p. 247.

[5] *Journ. Ac. Philad.*, VI, p. 226, VII, p. 156, etc.; Sowerby dans Darwin, *Voyage*, et *Quart. journ. geol. Soc.*, 1850, t. VI, p. 47.

[6] *Madras journal*, 1840, t. II, p. 367; *Trans. geol. Soc.*, 2ᵉ série, t. III, etc.

Mais ces coquilles se lient d'une manière si insensible avec les véritables cérites, qu'il est impossible d'établir des limites entre ces deux genres.

On a cru pendant longtemps que les cérites étaient exclusivement caractéristiques des terrains tertiaires et de l'époque actuelle, et l'on s'est quelquefois basé sur cette opinion pour rapporter à l'époque tertiaire des terrains plus anciens. Depuis lors on a reconnu que ces mollusques ont vécu dans plusieurs époques géologiques. Ce fait montre combien il est imprudent, dans l'état actuel de la science, de chercher à déterminer les terrains par des considérations tirées de la distribution des genres. Ce problème important de la géologie ne peut être résolu que par l'étude bien faite des espèces.

On ne connaît encore aucune espèce certaine [1] de l'époque primaire.

Les schistes de Saint-Cassian sont les terrains les plus anciens dans lesquels on en ait rencontré.

Le comte de Münster [2] en a décrit quatre espèces, et M. Klipstein neuf; il faut y ajouter plusieurs turritelles et fusus des mêmes auteurs.

On en connaît plus de cent vingt espèces des terrains jurassiques.

Elles ont principalement été décrites [3] par M. Eudes Deslongchamps et M. Goldfuss. Le premier en a fait connaître trente, dont quatorze du lias, quatorze de l'oolithe, une des terrains oxfordiens et une de l'argile de Kimmeridge. Le second en a décrit trois espèces du lias, huit du Jura brun, et deux du terrain corallien. Il faut, comme je l'ai dit plus haut, y ajouter plusieurs espèces décrites sous le nom de turritelles.

M. d'Orbigny [4] en a indiqué plusieurs qu'il décrira plus tard dans la *Paléontologie française*.

M. d'Archiac [5] a fait connaître sept espèces nouvelles de la grande oolithe

---

[1] Il faut, en effet, rayer des catalogues quelques espèces rapportées à tort à ce genre, telles que le *C. antiquum*, Stein., qui est une MELANOPSIS, etc. Le *C. parvulum*, Kon. (*Anim. foss. de Belgique*, p. 493), est une CHEMNITZIA.

[2] Münster, *Beitr. sur Petref.*, t. IV, p. 122; Klipstein, *Geol. des œstl. Alpen*, p. 180; d'Orbigny, *Prodrome*, t. I, p. 196.

[3] Eudes Deslongchamps, *Mém. Soc. linn. Normandie*, t. VII, p. 192; Goldfuss, *Petref. Germ.*, t. III, p. 51.

[4] *Prodrome*, t. I, p. 215, 231, 250, 271, et t. II, p. 11, 46.

[5] *Mém. Soc. géol.*, 1843, t. V, p. 383, pl. 31.

du bois d'Eparcy. Le *C. Bronguiarti*, d'Arch., est figuré dans l'Atlas, pl. LXVII, fig. 8.

M. Buvignier [1] a décrit le *C. prismoideum*, Buvignier, du terrain oxfordien de Neuvizi, treize espèces du terrain corallien de Saint-Mihiel, trois du calcaire à astartes, et treize du terrain portlandien.

MM. Morris et Lycett [2] ont fait connaître le *C. geomatum*, et le *C. Beanii* de la grande oolithe du Yorkshire.

Le *C. Sysola*, Keyserling [3], provient du terrain oxfordien de Russie.

On peut ajouter quelques espèces décrites par Boëmer [4] (*C. limaforme*, etc.).

Les espèces se continuent nombreuses dans les terrains crétacés. On en connaît à peu près autant que des terrains jurassiques.

Plusieurs appartiennent aux terrains néocomiens et aptiens.

M. d'Orbigny [5] a décrit onze espèces du terrain néocomien inférieur, une du terrain urgonien, et quatre des dépôts aptiens. Le *C. aptiense*, d'Orb., est figuré dans l'Atlas, pl. LXVII, fig. 9.

Quelques espèces de ce dernier gisement avaient déjà été décrites par M. Ed. Forbes [6] (*C. tuberculatum*, Forb., *turriculatum*, id., etc.).

M. Renevier et moi, avons ajouté [7] les *C. Henri*, P. et R., *Rochati*, id., et *Reynieri*, id., du terrain aptien de la perte du Rhône.

Le *C. disparile*, Buvign. [8], provient du terrain néocomien d'Ancerville.

On en trouve quelques-unes dans le gault.

Ces espèces ont été décrites [9] par MM. A. Brongniart (*C. excavatum*, Atlas, pl. LXVII, fig. 10), Deshayes (*C. subspinosum et ornatissimum* d'Ervy), Michelin (*C. trimonile*), d'Orbigny (huit espèces, dont cinq nouvelles), Pictet et Roux (six espèces dont quatre nouvelles); etc.

Les espèces augmentent dans les craies chloritées et dans les terrains crétacés supérieurs.

[1] *Mém. Soc. de Verdun*, 1843, p. 2, pl. 6, et *Stat. géol. de la Meuse*, p. 40, pl. 27 à 30.

[2] *Moll. from the great ool.* (*Pal. Soc.*, 1850, p. 115 et 112, pl. 15).

[3] Keyserling, *Petchora Land*, p. 317, pl. 18.

[4] *Oolithgeb.*, p. 141, et *Nachtrag.*, p. 44.

[5] *Pal. fr.*, *Terr. crét.*, t. 2, p. 354, pl. 227 à 229.

[6] *Quart. journ. geol. Soc.*, 1844, t. I.

[7] *Paléont. Suisse*, *Terr. aptien*, pl. 5.

[8] *Stat. géol. de la Meuse*, p. 42, pl. 27.

[9] Brongniart, Cuvier, *Oss. foss.*; Deshayes, *Mém. Soc. géol.*, 1842, t. V, pl. 17; Michelin, id., 1838, t. III, pl. 12; d'Orbigny, *Pal. fr.*, *Terr. crét.*, t. II, p. 364, pl. 229 et 230; Pictet et Roux, *Moll. des grès verts*, p. 276, pl. 27.

M. d'Orbigny [1] a fait connaître par des descriptions ou de simples indications neuf espèces des terrains cénomaniens, sept des terrains turoniens, et cinq de la craie blanche.

Les espèces des terrains crétacés d'Allemagne ont été décrites [2] par Geinitz (*C. Birchi, C. Luschitzanum*), Roëmer (*C. clathratum, C. binodosum*), Reuss (*C. ternatum, C. tessulatum, C. fasciatum*), Goldfuss (*C. imbricatum, C. Decheni, C. Nerei*), Jos. Müller (sept espèces d'Aix-la-Chapelle, dont quatre nouvelles), etc.

Les cérites des terrains crétacés supérieurs de Gosau (Tyrol) sont très abondants et ont été étudiés [3] par Sowerby, par Goldfuss, et surtout par M. Zekeli. Ce dernier en énumère 45 espèces !

Les espèces des terrains tertiaires sont en nombre immense, et ce genre est un des plus abondants et des plus caractéristiques de plusieurs couches de cette époque. La plupart de ces espèces sont d'une taille moyenne comme les vivantes. Un certain nombre d'entre elles acquièrent des dimensions très considérables et dépassent tous les gastéropodes vivants. Le *C. giganteum* atteint presque deux pieds de longueur.

Le bassin de Paris est particulièrement riche en cérites. M. Deshayes en a décrit cent trente-sept espèces, réparties entre les divers étages, à peu près comme suit : trente espèces appartiennent aux terrains éocènes inférieurs de Cuise-la-Motte, Abbecourt, etc. Deux de ces espèces se retrouvent dans le calcaire grossier qui en contient en tout cinquante-six. Les sables supérieurs de Valmondois en ont fourni quarante-quatre, dont huit communes au calcaire grossier. Les autres appartiennent aux dépôts miocènes, et j'en parlerai plus bas. Nous avons figuré dans l'Atlas, pl. LXVII, le *C. hexagonum*, Lamk (fig. 11), et le *C. cinctum*, Lamk (fig. 12), ainsi que le *C. tricarinatum*, Lamk (fig. 13), des terrains éocènes supérieurs d'Ermenonville.

Il faut ajouter pour les dépôts inférieurs neuf espèces décrites [4] par M. Melleville et trouvées à Laon, Chalons, etc.

Un grand nombre des espèces du bassin de Paris ont été retrouvées dans

---

[1] *Pal. fr., Terr. crét.*, t. II, p. 372, pl. 231 et 232, *Prodrome*, t. II, p. 156.

[2] Geinitz, *Charact.*, p. 72, et *Quadersandst.*, pl. 10; Roëmer, *Norddeutsch. Kreideg.*, pl. 11; Reuss, *Boehm. Kreideg.*, I, p. 42, pl. 10; Goldfuss, *Petr. Germ.*, t. III, p. 34, pl. 174; Jos. Müller, *Aachen. Kreidef.*, II, p. 48, pl. 5 et 6; etc.

[3] Goldfuss, *Petref. Germ.*, t. III, p. 36, pl. 174; Sowerby, *Trans. geol. Soc.*, 2e série, 1831, t. III; Zekeli, *Gastér. Gosau*, pl. 18 à 24.

[4] *Sabl. tert. inf.* (*Ann. sc. géol.*, 1843, p. 61, pl. 7).

le terrain nummulitique qui a fourni en outre quelques espèces qui lui paraissent propres [1].

A. Brongniart a décrit onze espèces de Ronca et trois de Castelgomberto, et fait connaître en outre le *C. diaboli*, si commun dans la montagne des Diablerets, au-dessus de Bex. M. Leymerie a décrit six espèces nouvelles des Corbières et de la Montagne noire; M. Bellardi en cite onze espèces des environs de Nice, dont huit nouvelles; M. A. Rouault en a fait connaître cinq nouvelles des environs de Pau; M. d'Archiac a cité le *C. sublamellosum*, d'Arch., des Pyrénées, et quelques espèces indéterminées, etc.

Les espèces d'Angleterre ont surtout été décrites par M. Sowerby [2], sous les noms génériques de *Cerithium* et de *Potamides*. On y retrouve plusieurs espèces de Paris et des espèces propres. Elles sont toutefois bien moins nombreuses que dans le bassin de Paris. M. Morris compte seulement cinq cérites dans les dépôts éocènes du bassin de Londres et neuf potamides dans les dépôts fluviatiles de l'Ile de Wight (parisien supérieur).

Les cérites se continuent dans les terrains miocènes et pliocènes et y sont encore abondants et variés.

Lamarck et M. Deshayes [3] ont fait connaître quelques espèces des terrains miocènes inférieurs des environs de Versailles.

M. Matheron [4] en a décrit quelques-unes des mollasses du midi de la France (*C. Coquandianum*, *concisum*, *provinciale*, *Laurae*).

M. Nyst [5] cite cinq espèces du terrain tongrien de Belgique, dont trois nouvelles (*C. Galeotti*, Nyst, *variculosum*, id., et *Henckelii*, id.). Le système campinien lui a fourni deux espèces, dont une nouvelle (*C. sexlineatum*, Nyst).

Le bassin de la Gironde renferme une assez grande série de cérites qui ont été décrits par MM. Basterot et Grateloup [6]. Ce dernier auteur en énumère cinquante-cinq espèces, dont huit des faluns blancs inférieurs, et dix-neuf des faluns bleus (miocène inférieur), dont deux passent aux faluns jaunes (miocène supérieur). Ce dernier gisement en renferme une trentaine d'espèces.

M. Michelotti [7] compte dix-sept espèces de cérites dans les terrains miocènes du Piémont. Elles ont été décrites par Brocchi, Bellardi, etc., ou par les auteurs qui ont étudié d'autres gisements où elles se retrouvent; quatre sont nouvelles.

[1] A. Brongniart, *Vicentin*, p. 67; Leymerie, *Mém. Soc. géol.*, 2e série, t. I, p. 364, pl. 16; Bellardi, *id.*, t. IV, pl. 14 et 15; A. Rouault, *id.*, t. III, p. 478, pl. 16; d'Archiac, *id.*, p. 446, et *Hist. des progrès*, t. III, p. 286.

[2] Sowerby, *Min. conch.*, pl. 127, 188 et 338 à 341; Morris, *Catal.*, p. 144 et 159.

[3] *Coq. foss. Par.*, loc. cit.

[4] *Catalogue méthodique et descriptif des corps organisés fossiles du département des Bouches-du-Rhône et lieux circonvoisins*, *Trav. Soc. stat. Mars.*, 1843, pl. 40.

[5] *Coq. et pol. foss. Belg.*, p. 533, pl. 41 et 42.

[6] *Actes de la Soc. linn. Bord.*, t. V, p. 263, et *Conch. foss. Adour*, I.

[7] *Descr. foss. mioc. Ital. sept.*, p. 192, pl. 7 et 16.

Les terrains pliocènes du même pays [1] contiennent un petit nombre des mêmes espèces, et en outre les *C. crenatum*, Brocchi (Atlas, pl. LXVII, fig. 14), *imbricatum*, Bon., et *perversum*, Lamk.

M. Dujardin a décrit [2] neuf espèces des faluns de la Touraine, dont trois nouvelles.

Les espèces d'Allemagne ont été décrites [3] par Philippi (*C. bitorquatum*, *trilineatum*, etc.), Goldfuss (*C. lævissimum*, etc.), etc.

Le crag d'Angleterre renferme, suivant M. Wood [4], neuf espèces, dont trois nouvelles, les *C. cribrarium*, Wood, *perpulchrum*, id., *granosum*, id.

Le *C. Zeuschneri*, Pusch [5], provient de la Pologne.

M. Dubois de Montpéreux a décrit [6] quelques espèces de Podolie.

M. d'Orbigny a fait connaître [7] celles que M. Hommaire de Hell a rapportées de son voyage en Bessarabie.

On a aussi trouvé des cérites en Amérique et dans l'Inde [8].

MM. Nyst et Galeotti en citent trois espèces dans le terrain crétacé du Mexique. Les espèces d'Amérique septentrionale ont été décrites par Conrad, Lyell, etc.; celles du Chili et de Saint-Domingue, par Sowerby.

D'autres ont été indiquées dans les formations tertiaires nummulitiques de la province de Cutch (Indes orientales).

LES TRIFORES (*Triforis*, Desh.), — Atlas, pl. LXVII, fig. 15,

sont des coquilles fort singulières, caractérisées par une bouche presque ronde, par un canal complètement tubuleux comme dans certains murex, et enfin parce qu'il y a sur le dos du dernier tour une petite ouverture circulaire constante, opposée à l'ouverture principale. Ces caractères n'ont cependant, lorsqu'on les examine de près, qu'une valeur secondaire. Le canal terminal peut facilement se clore par le développement du labre de manière à former

---

[1] Sismonda, *Synopsis*, p. 27.

[2] *Mém. Soc. géol.*, 1837, t. II, p. 287.

[3] Philippi, *Tert. Verstein.*, p. 23, pl. 4, et *Palæont.*, t. 1, p. 63; Goldfuss, *Petr. Germ.*, t. III, pl. 175.

[4] *Moll. from the crag (Pal. Soc.*, 1848, p. 69, pl. 8).

[5] *Polens Palæont.*, p. 148.

[6] *Desc. coq. plat. Volhyn., Podol.*, pl. 2. Voyez à ce sujet les observations de M. Deshayes, *Bull. Soc. géol.*, t. II, p. 223.

[7] *Voyage de M. H. de Hell*, p. 467, pl. 4.

[8] Nyst et Galeotti, *Bull. Ac. Brux.*, p. 215; Conrad, *Journ. Ac. Phil.*, t. VII, p. 146, etc.; Lyell, *Quart. Journ. geol. Soc.*, t. I, p. 439; Sowerby, in Darwin, *Voyage*, et *Trans. geol. Soc.*, 2ᵉ série, t. V, etc., et *Quart Journ. geol. Soc.*, 1850, t. VI, p. 51.

un tube. Cette forme spéciale s'observe dans quelques espèces vivantes qui font ainsi une transition entre les cérites et les triforés, et qui ne diffèrent de ces derniers que par l'absence de la petite ouverture circulaire opposée à la bouche.

On en connaît quelques espèces vivantes et une seule fossile des terrains tertiaires.

Le *T. plicatus*, Desh. (1), a été trouvé dans les tertiaires éocènes supérieurs du bassin de Paris (grès marins de Valmondois).

18ᵉ Famille. — VERMÉTIDES.

Les vermétides (2) diffèrent de toutes les familles précédentes par l'enroulement irrégulier de leur coquille, qui est en forme d'hélice et libre dans le jeune âge, et qui se fixe ensuite, en s'entortillant en une masse quelquefois considérable, formée de plusieurs individus réunis en groupe. L'opercule est rond, corné et spiral. Les animaux sont caractérisés par un pied devenu inutile, puisqu'il ne peut pas être employé à la locomotion. Ils sont, du reste, de véritables gastéropodes par l'ensemble de leurs caractères.

Les coquilles de cette famille sont quelquefois faciles à confondre avec les tubes que sécrètent certaines annélides, et en particulier avec ceux des serpules. La véritable différence est dans les formes de l'animal. J'indiquerai, en donnant les caractères des genres, la manière de distinguer les coquilles.

Quelques espèces aussi conservent longtemps un enroulement régulier et sont difficiles à distinguer des turritelles. Ces cas sont cependant rares et la régularité n'est presque jamais assez parfaite pour laisser une incertitude sérieuse.

Les vermétides ne sont pas antérieurs aux terrains crétacés ; et

(1) *Coq. foss. Par.*, t. II, p. 429, pl. 71, fig. 13 à 17.

(2) Dans la première édition de cet ouvrage, j'ai réuni aux vermétides les Magilus, Montfort, et les Leptoconchus, Rüppel. Je suis plus disposé actuellement à admettre l'opinion de M. Deshayes, qui rapproche ces genres des pourpres. Je n'ai pas du reste à discuter ici cette question, car on ne connaît aucune espèce fossile que l'on puisse attribuer à l'un ou à l'autre. Les prétendus magiles (*M. antiquus*, Grat., *planaxoides*, id.), des terrains miocènes de Dax, paraissent en particulier être de véritables pourpres.

Le genre Campilotus, Guettard, comprend à la fois des vermets, des siliquaires et des magiles. Il ne peut pas être conservé.

même ils sont seulement représentés dans les dépôts de cette période par quelques espèces de vermets que leur enroulement régulier rend douteuses. Ils se trouvent assez fréquemment dans les terrains tertiaires et présentent leur maximum de développement dans les mers actuelles.

Les VERMETS (*Vermetus*, Adanson), — Atlas, pl. LXVII,
fig. 16 à 18,

ont une coquille tubuleuse, souvent régulière et turriculée dans le jeune âge, quelquefois irrégulière et horizontale, et presque toujours fixée et irrégulièrement contournée dans l'âge adulte. L'animal ressemble à celui des turbos, avec toutefois quelques différences de détail.

Les coquilles de ce genre ressemblent beaucoup aux tubes des serpules et ne peuvent guère en être distinguées extérieurement. On pourra toutefois les reconnaître en pratiquant une section qui permette de voir l'intérieur. Les tubes des serpules sont complètement libres, tandis que les coquilles des vermets sont coupées par de petites cloisons intérieures transverses, que forme l'animal à mesure qu'il s'accroît.

La coquille est fermée par un opercule de forme variée qui a fourni à M. Gray des caractères pour l'établissement de six groupes.

Le genre de vermets a été désigné sous divers noms; nous lui réunissons ici les VERMICULARIA, Schumacher non Sowerby; les SERPULORBIS, Sassi; les CONCHOSERPULA, Blainv., etc.

Ces mollusques manquent comme je l'ai dit plus haut aux terrains jurassiques [1].

Leur existence dans les terrains crétacés européens [2] n'est justifiée que par deux espèces décrites par M. d'Orbigny. A en juger par les figures, ces espèces sont aussi régulièrement enroulées que les turritelles. Il me paraît difficile de les séparer de ce dernier genre, et de trouver des motifs suffisants pour les associer

---

[1] Les VERMICULARIA du coral rag et de la grande oolithe, décrites par Phillips (*V. compressa et nodus*), ainsi que les vermets jurassiques figurés par Sowerby (*Min. conch.*, pl. 57 et 596), sont des annélides.

[2] Les prétendus vermets des grès verts d'Angleterre, décrits par Sowerby (*V. concavus*, Sow., 57, *umbonatus*, id., *polygonalis*, id., 596), me paraissent être aussi des annélides.

aux vermets. Je n'ose toutefois pas hasarder une affirmation, n'ayant pas vu les échantillons en nature; d'autant plus que quelques espèces vivantes récemment découvertes, présentent à peu près les mêmes caractères.

Ces deux espèces sont [1] le *V. Rouyanus*, d'Orb. (Atlas, pl. LXVII, fig. 16), et le *V. albensis*, id., du terrain aptien du département de l'Aube.

Le *V. auguis ?*, Forbes [2], des terrains crétacés supérieurs de Pondichéry paraît aussi douteux.

On a cru jusqu'à ces dernières années, que les vermets manquaient aux terrains tertiaires inférieurs [3]. Quelques espèces ont été découvertes dans les dépôts nummulitiques [4].

M. d'Archiac en cite des débris indéterminés trouvés à Biarritz.

M. A. Rouault décrit avec doute deux espèces de Pau. Son *V. hexagonus*, me paraît une serpule, son *V. squamosus* pourrait bien être un véritable vermet.

M. Bellardi a fait connaître les *V. lima*, Bell., *Gervyl*, id., et *lineoides*, id., de la Palarea, près Nice. Son *V. lævis*, id., indiqué par lui-même avec doute, ne paraît pas appartenir à ce genre.

On en cite quelques espèces des terrains tertiaires de l'époque miocène et de l'époque pliocène.

Les *V. gigas*, Bivona, et *triqueter*, id. (Atlas, pl. LXVII, fig. 17), se trouvent fossiles à la fois dans les terrains miocènes et dans les terrains pliocènes du Piémont, ainsi que dans les terrains quaternaires de Sicile. Ils vivent encore dans la Méditerranée [5].

Les *V. subcancellatus*, Biv., et *glomeratus*, id. (Atlas, pl. LXVII, fig. 18), espèces également vivantes, ont été trouvées dans les terrains quaternaires de Sicile [6].

Le *V. arenarius*, Desh. [7], provient des terrains tertiaires de Morée.

M. Wood [8] a trouvé dans le crag d'Angleterre le *V. intortus*, Lamk.

---

[1] *Pal. franç., Terr. crét.*, t. II, p. 385, pl. 233, fig. 5 à 9.

[2] *Trans. geol. Soc.*, 2ᵉ série, t. VII, p. 124, pl. 13, fig. 1.

[3] Le *V. Bognoriensis*, Sow., 596, est une serpule.

[4] D'Archiac, *Mém. Soc. géol.*, 2ᵉ série, t. III, p. 445, et *Hist. des progrès*, t. III, p. 283; A. Rouault, *Mém. Soc. géol.*, 2ᵉ série, t. III, pl. 15; Bellardi, id., t. IV, pl. 15, etc.

[5] Bivona, *Memoria*, p. 9, pl. 2, fig. 1 et 2; Michelotti, *Descr. foss. mioc. Ital. sept.*, p. 163; Philippi, *Enum. moll. Sic.*, p. 172.

[6] Philippi, *loc. cit.*

[7] *Exp. d. de Morée*, p. 136.

[8] *Mollusca from the crag* (Palæont. Soc., 1848, p. 113, pl. 12, fig. 8).

Quelques espèces ont été trouvées dans les terrains tertiaires d'Amérique (¹).

M. d'Orbigny place dans ce genre une espèce décrite par M. Lea sous le nom de Petaloconchus (*P. sculpturatus*, Lea), de Virginie, et deux serpules du même auteur.

Les Cæcum, Fleming,

paraissent devoir être rapprochés des vermets et des trochoïdes. Ils semblent voisins des derniers par l'organisation de l'animal et rappellent les vermets par leur coquille tubulaire. Cette coquille est généralement infléchie, lisse ou annelée, ouverte à son extrémité antérieure et fermée en arrière par une cloison arrondie. L'opercule est corné et spiral.

Ce genre a été aussi réuni aux dentales. Il correspond aux Brochus, Brown, aux Odontina, Zborwesky, aux Odontidium, Philippi, et aux Dentaliopsis, Clark.

Les espèces actuelles sont peu nombreuses. On en cite quelques fossiles de l'époque tertiaire (²).

M. F. Edwards a trouvé une espèce encore inédite dans les formations éocènes d'Hordwell.

M. Wood en cite quatre espèces dans le crag d'Angleterre dont trois encore vivantes, et le *C. mamillatum*, Wood, spécial au crag corallien.

M. Philippi a cité l'*O. regulosum*, vivant et fossile à Palerme.

Les Siliquaires (*Siliquaria*, Bruguière, *Tenagoda*, Guett., *Anguinaria*, Schumacher, *Agathirses*, Montfort), — Atlas, pl. LXVII, fig. 19 à 22,

ressemblent beaucoup aux vermets par le mode de leur enroulement et la nature de leur coquille, ainsi que par les caractères plus importants de l'animal. Elles en diffèrent parce que la coquille a une fente longitudinale, subarticulée, qui règne dans toute sa longueur.

M. d'Orbigny mettant à la fente de la coquille une importance plus grande que les autres auteurs, rapproche les siliquaires des

(¹) D'Orbigny, *Prodrome*, t. III, p. 47; Lea, *Desc. new foss. sch. tert.*, p. 7, pl. 31; Morton, *Journ. Ac. Phil.*, VI, p. 197, etc.

(²) Voyez surtout pour ce genre, Wood, *Moll. from the crag* (*Palæont. Soc.*, 1848, p. 114, pl. 20); Philippi, *Enum. moll. Siciliæ*, I, p. 162, pl. 8, II, p. 73, etc.

pleurotomaires. Les formes de l'animal, étudiées par M. Audouin [1], paraissent prouver leur analogie avec les vermets.

On n'en connaît de fossiles que dans les terrains tertiaires. Les espèces vivantes se trouvent dans la Méditerranée et dans les mers plus chaudes.

Quelques espèces sont citées dans les terrains tertiaires inférieurs.

Lamarck [2] en a fait connaître deux de Grignon, la *S. spinosa*, Lamk (Atlas, pl. LXVII, fig. 19), la *S. lima*, id. (*id.*, fig. 20). Ces deux espèces ont été retrouvées dans divers gisements du calcaire grossier. La dernière caractérise aussi le terrain nummulitique de Nice.

M. Chenu en a figuré quelques autres, la *S. multistriata*, Defrance, de Marquemont, la *S. florina*, id., de Néhou (Manche), la *S. dubia*, id., de Grignon, la *S. occlusa*, Anton., et la *S. sulcata*, Defr. (Atlas, pl. LXVII, fig. 21). Ces deux dernières sont indiquées comme ayant une origine douteuse. M. d'Orbigny cite la *S. dubia*, comme se trouvant à Ermenonville (parisien supérieur); la *S. sulcata*, comme provenant de gisements contemporains de Mouneville, Lierville, etc., etc.; et la *S. occlusa*, comme découverte à Parnes et à Mouchy-le-Châtel dans le calcaire grossier.

Les terrains miocènes et pliocènes en renferment aussi.

Lamarck [3] a décrit la *S. terebella*, de Saint-Clément-de-la-Plaie, près d'Angers.

La *S. anguina*, Lamk [4], vivante, se trouve dans les terrains miocènes, pliocènes et quaternaires d'Italie (Atlas, pl. LXVII, fig. 22).

On cite aussi des siliquaires hors d'Europe.

La *S. vitis*, Conrad (*Clairbornensis*, Lea), a été trouvée dans les terrains tertiaires inférieurs de l'Amérique septentrionale. La *S. Grantí*, provient des gisements nummulitiques de la province de Cutch [5].

[1] *Ann. sc. nat.*, 1829, *Revue*, p. 31, et *Dict. classique d'hist. nat.*, t. XV, p. 428.

[2] *Animaux sans vertèbres*, 2ᵉ édit. revue par Deshayes, Paris, 1838, t. V, p. 585; Chenu, *Illustr. de conch.*, *Siliquaires*.

[3] *Animaux sans vertèbres*, 2ᵉ édit., revue par Deshayes, t. V, p. 581.

[4] *Id.*, et Sismonda, *Synopsis*, p. 26; Philippi, *Enum. moll. Sic.*, I, p. 173, etc.

[5] *Madras Journal*, 1840, t. II, p. 363; J. de C. Sowerby, *Trans. geol. Soc.*, 2ᵉ série, t. V, etc.

Les Nisées (*Nisea*, Marcel de Serres),

forment un genre dont la place et les véritables rapports sont encore tout à fait problématiques. Les fossiles singuliers désignés sous ce nom ont été décrits par M. Marcel de Serres (¹); ils consistent en un corps discoïde, plus ou moins héliciforme, quelquefois aplati ou ovalaire, qui se prolonge en deux longs tubes droits.

M. Marcel de Serres pense que l'on peut comparer ces coquilles aux magiles; mais l'existence de deux tubes au lieu d'un, et la forme variable de la partie basilaire, rendent ce rapprochement douteux, d'autant plus qu'on ne les connaît qu'à l'état de contre-empreinte, c'est-à-dire par une matière calcaire qui a rempli la cavité de la roche où ils ont dû être contenus. Je n'oserais pas même affirmer avec une pleine certitude que ces corps soient des mollusques, ni même de véritables animaux.

M. Marcel de Serres a décrit trois espèces de la craie compacte inférieure des environs de Nîmes.

19ᵉ Famille. — CRÉPIDULIDES.

Les crépidulides sont caractérisées par une coquille patelloïde, conique, qui présente peu ou point de traces d'enroulement. La bouche est large, régulière dans la jeunesse, mais l'animal ne tardant pas à se fixer, les coquilles prennent une forme irrégulière, étant influencées par la surface sur laquelle elles vivent. Ce dernier caractère les distingue facilement des coquilles de la famille suivante, ainsi que de celles des acmées et des patelles.

Les animaux sont pourvus d'un pied large, arrondi, peu extensible, et d'un manteau qui entoure la coquille et qui laisse en avant une cavité cervicale où se trouve le peigne branchial. La tête et les tentacules sont larges, courts et déprimés. Tous les genres qui composent cette famille se ressemblent beaucoup par ces caractères essentiels, et devront peut-être être réunis, sauf le premier, celui des cabochons, qui est moins déprimé, qui a des tentacules plus coniques, et dont la coquille a une attache musculaire en fer à cheval. Ces genres d'ailleurs se distinguent facilement par la forme de la coquille.

(¹) *Ann. sciences nat.*, 2ᵉ série, Paris, 1840, t. XIV, p. 13.

Les crépidulides datent des époques les plus anciennes et se retrouvent dans la plupart des terrains; mais elles y sont très inégalement distribuées. Le genre des cabochons est leur seul représentant dans l'époque primaire et même dans l'époque secondaire, jusqu'après le milieu de la période crétacée. On trouve en outre dans les derniers étages de cette période quelques infundibulum. Les autres genres ne datent que de l'époque tertiaire. Aucun d'eux n'a disparu et ils existent tous dans les mers actuelles.

Les Cabochons (*Capulus*, Montf., *Pileopsis*, Lamk, *Pilopsis*, Koenig), — Atlas, pl. LXVII, fig. 23 à 34,

ont une coquille qui forme un cône oblique, dont le sommet est recourbé en crochet et s'enroule même quelquefois en une petite spire. La bouche est arrondie ou ovale; son bord antérieur est beaucoup plus court que l'autre, et elle présente sous son bord postérieur une impression musculaire arquée et transverse.

On a remarqué que quelques espèces se fixent aux corps solides sous-marins, tantôt en nivelant les inégalités au moyen d'un dépôt calcaire [1] qui leur forme un support, tantôt en s'y creusant une légère cavité. Ces espèces ont été réunies sous le nom d'Hypponices (*Hypponix*, Defr.). Mais comme rien ne prouve que toutes les espèces n'ont pas la même propriété, ce genre doit être réuni à celui des cabochons, jusqu'à ce que de nouvelles recherches justifient la convenance de leur séparation. Le genre Acroculia, Phillips (ou *Acrocylia*), peut encore moins être admis, car il n'est fondé que sur une déviation peu importante du crochet du sommet qui en même temps est plus enroulé. Le nom de Pileopsis, de Lamarck, étant postérieur et identique avec celui de Capulus établi par Montfort, ce dernier doit avoir la préférence.

Il faut réunir encore aux cabochons les Amalthea, Schumacher, les Acrita, Fischer, les Amathina et Sabia, Gray, et les Platyceras, Conrad. Ces mêmes mollusques avaient été plus anciennement désignés par Klein, sous les noms de *Cochlolepas* et *Mitra ungarica*.

Les cabochons ont apparu dès les époques les plus anciennes du globe et se sont continués sans être très nombreux jusqu'au

[1] Nous avons figuré dans l'Atlas (pl. LXVII, fig. 23) une espèce vivante avec son support testacé, le *C. radiatus*, Quoy et Gaimard.

terrain tertiaire et à l'époque moderne, où ils ont atteint leur maximum de développement.

Les espèces de l'époque primaire ont été décrites sous les noms de *Pileopsis*, *Capulus* et *Acroculia*.

On en connaît déjà dans les terrains siluriens.

M. Murchison [1] cite une espèce dans les calcaires d'Aymestry (silurien supérieur). Il la rapporte au *Capulus vetustus*, Sow., du terrain carbonifère, dont je parlerai plus bas. L'absence de figure ne permet pas de juger la validité de ce rapprochement.

Les espèces sont plus nombreuses dans le terrain dévonien.

M. Phillips [2] a décrit l'*Acroculia sigmoidalis*, du vieux grès rouge de Torquay, et une espèce qu'il rapporte, ce me semble à tort, au *Capulus vetustus*. Ces deux espèces appartiennent au groupe des capulus à crochet dévié et très latéral.

L'Allemagne a fourni de nombreuses espèces [3]. Les unes sont à crochets enroulés et latéraux; on peut citer parmi elles : le *C. trochleatus*, Münster, de Schübelhammer (Atlas, pl. LXVII, fig. 24), le *C. Brauni* et le *C. substriatus*, id., du même gisement, le *C. compressus*, Goldf., et le *C. lineatus*, id., de l'Eifel, les *P. contortus*, Roemer, et *ornatus*, id., du Harz, etc.

On peut citer aussi le *P. prisca*, Goldf., remarquable par des ouvertures tubulaires qui rappellent un peu les haliotides (Atlas, pl. LXVII, fig. 25).

Les autres ont les crochets peu déviés et peu arqués. Ce sont les *C. monoplectus*, Münster, de Schübelhammer, *Zinkeni*, Roemer, du Hartz, *trigona*, Goldf., de l'Eifel (Atlas, pl. LXVII, fig. 26), *psittacinus*, Sandberger, du duché de Nassau (Atlas, pl. LXVII, fig. 27), etc.

Les terrains carbonifères sont moins riches en capulus que les dévoniens.

L'espèce la plus répandue [4] est le *Capulus vetustus*, Kon., *Pileopsis vetusta*, Sow., *P. trilobus*, Phil., espèce de forme variable, plus ou moins ondulée et dont les côtés, plus ou moins sinueux, rappellent un peu les caractères du genre brocchia, sauf que la sinuosité est sensiblement symétrique des deux côtés (Atlas, pl. LXVII, fig. 28 et 29).

[1] *Silurian system*, p. 616 et 707.

[2] *Palæoz. foss. of Devon.*, pl. 36, fig. 169 et 170.

[3] Münster, *Beitr. zur Petref.*, t. III, p. 82, pl. 14, et t. V, p. 121, pl. 10; Goldfuss, *Petref. Germ.*, t. III, pl. 167 et 168; Roemer, *Palæontographica*, t. III, pl. 15 et *Harzgebirge*, pl. 7; d'Archiac et de Verneuil, *Trans. of the geol. Soc.*, 2ᵉ série, t. VI, pl. 34; G. et F. Sandberger, *Verst. Rein. schicht. Syst.*, Nassau, pl. 26, fig. 17 et 18.

[4] De Koninck, *Coq. et pol. foss. Belgique*, pl. 22, fig. 7, et pl. 23 bis, fig. 2; Sowerby, *Min. conch.*, pl. 607; Phillips, *Geol. of Yorkshire*, pl. 14, etc.

Il faut ajouter (1) le *P. neritoides*, Phil., de Belgique et d'Angleterre à bords un peu sinueux ; le *P. tubifer*, Sow., d'Angleterre, remarquable par ses trous tubuleux et l'*Actito Munsteriana*, Fischer, de Moscou.

Les terrains inférieurs de l'époque secondaire en renferment peu.

On cite (2) dans le muschelkalk, le *C. Hartlebeni*, Dunker (Atlas, pl. LXVII, fig. 30), et le *C. mitratus*, Goldf.

Le terrain salifère de Saint-Cassian (3) a fourni le *C. pustulosus*, Münster.

Le *C. Munsteri*, Philippi (*neritoides*, Münster non Phil.), paraît trop régulier pour un capulus, et est probablement un sigaret, comme le pense M. d'Orbigny.

Le lias est le seul terrain jurassique dans lequel on en ait cité. Il paraît en renfermer deux espèces (4).

Le *P. reticulatus*, Goldfuss, du lias de Bamberg et de Banz, a le crochet latéral et enroulé. C'est une stomatia pour M. d'Orbigny.

Le *P. rugosus*, Goldfuss, du lias d'Amberg, est patelloïde.

Les terrains crétacés n'en contiennent que dans leurs étages supérieurs.

Le *C. elongatus*, Goldf. (5), a été trouvé à Essen.

Le *C. arcuatus*, Goldf., de l'Appenzell, me paraît être une valve de Caprotine.

M. J. Müller (6) a décrit les *C. caprinifer*, *miliaris* (Atlas, pl. LXVII, fig. 31), et *Troscheli*, de la craie supérieure de Vaels.

M. d'Orbigny (7) parle de deux espèces inédites du terrain danien de la Falaise, etc.

Ces mollusques augmentent de nombre dans l'époque tertiaire.

On trouve dans les dépôts éocènes du bassin de Paris, neuf espèces décrites par M. Deshayes (8). La plupart appartiennent au calcaire grossier. Ce sont

(1) Koninck, *loc. cit.*, pl. 23 bis, fig. 1 ; Sowerby, *Min. conch.*, pl. 607 ; Fischer de Waldheim, *Bull. Soc. Moscou*, 1844, t. XVII, p. 802, pl. 19.

(2) Dunker, *Palæontographica*, I, p. 334, pl. 42 ; Goldfuss, dans *Wiegmann's Archiv*, 1837, t. I, p. 147, pl. 3.

(3) Münster, *Beitr. zur Petref.*, t. IV, pl. 9, fig. 13 et 14.

(4) Goldfuss, *Petref. Germ.*, t. III, pl. 168, fig. 8 et 9.

(5) Goldfuss, *Idem*, pl. 188, fig. 13.

(6) Monog., *Petref. Aachen. Kreidef.*, II, p. 50, pl. 6, fig. 9 à 11.

(7) *Prodrome*, t. II, p. 292.

(8) *Coq. foss. Par.*, t. II, p. 23 ; M. d'Orbigny, *Prodrome*, t. II, p. 370, dit que le *P. opercularis* n'est qu'une variété du *squamæformis*.

les *P. squamæformis* (Lamk.), Desh., *opercularis*, id., *elegans*, id. (Atlas, pl. LXVII, fig. 32), *retoriella*, id., *spirirostris* (Lamk.), Desh., *cornucopiæ*, id. (Atlas, pl. LXVII, fig. 33), *dilatata*, id., *pennata*, id. Une caractérise les dépôts parisiens supérieurs, le *P. patelloïdes*, Desh.

Il faut ajouter le *P. lævigatus*, Melleville [1], des dépôts tertiaires inférieurs du département de la Marne.

Le *P. variabile*, Galeotti [2], provient des terrains éocènes de la Belgique.

On en cite aussi plusieurs espèces dans les terrains miocènes et pliocènes.

M. de Basterot, et M. Grateloup [3] en particulier, en ont fait connaître plusieurs des faluns du sud-ouest de la France.

Le *P. angyliformis*, Grat., caractérise les faluns bleus.

Les *P. granulosa*, Grat., *elegans*, id. (*subelegans*, d'Orb.), *aquensis*, Grat., et *bistriata*, id., ont été trouvés dans les faluns jaunes.

Les terrains miocènes du Piémont [4] ont fourni le *P. favariella*, Gené, les *P. neglecta*, Michelotti, et *Bredai*, id., et les *Hipponix sulcata*, Borson (Atlas, pl. LXVII, fig. 34), et *interrupta*, Michelotti.

Le *P. ungarica*, Lamk., vivant, est cité dans les terrains de l'Astésan, dans le crag d'Angleterre et dans quelques gisements d'Allemagne.

Ces mêmes dépôts tertiaires pliocènes de l'Astésan renferment, suivant M. E. Sismonda [5], les *P. glabrata*, Bon., *pedemontana*, id., et *sulcosa*, Desh.

Le crag d'Angleterre a fourni, suivant M. Wood [6], outre le *C. ungaricus* (crag rouge et crag corallien), le *C. militaris*, Montf. (id.), encore vivant, le *C. obliquus*, Wood (crag rouge), et le *C. fallax*, id. (crag corallien).

On en cite aussi des terrains tertiaires de l'Amérique septentrionale [7] (*C. lugubris*, Conrad, *C. pygmæus*, Lea, etc.).

Les Brocchia, Bronn, — Atlas, pl. LXVIII, fig. 1 et 2,

ont, comme les cabochons, une coquille irrégulièrement conique, marquée en dedans d'une impression musculaire et à sommet un peu courbé en spirale ; mais le bord gauche est incisé par un fort

[1] *Sables tert. inf.* (*Ann. sc. géol.*, p. 45, pl. 5).
[2] *Mém. const. géol.*, pl. 3 ; Nyst, *Coq. et pol. foss. Belgique*, p. 350, pl. 35.
[3] Basterot, *Coq. foss. Bord.* ; Grateloup, *Conch. foss. de l'Adour*, t. I, pl. 1.
[4] Gené, *Dénominations inédites du Musée de Turin* ; Michelotti, *Descr. foss. mioc. Ital. sept.*, p. 138, pl. 5 et 16.
[5] *Synopsis*, p. 26.
[6] *Moll. from the crag* (*Palæont. Soc.* 1848, p. 154, pl. 17).
[7] Conrad, *Journ. Acad. Phil.*, t. VII p. 143 ; Lea, *Descr. foss. tert.*, etc.

sinus, et l'on remarque, entre ce sinus et le bord antérieur, des plis qui remontent vers le sommet.

Quelques auteurs considèrent ces caractères comme insuffisants pour justifier l'établissement d'un genre. Il me paraît toutefois probable que l'irrégularité de la coquille, qui provient d'une différence constante entre le bord droit et le gauche, doit se lier avec une modification organique de quelque importance.

Nous avons vu plus haut des cabochons à bords échancrés et sinueux, mais dans ces espèces les deux bords se comportent de même sous ce point de vue.

On en connaît deux espèces fossiles des terrains tertiaires.

La *B. sinuosa*, Bronn [1] (*Patella sinuosa*, Brocchi), provient des terrains pliocènes et quaternaires; la *B. lævis*, Bronn (*Pileopsis dispar*, Bon.), se trouve à la fois dans les terrains miocènes et dans les terrains pliocènes. Elles sont figurées toutes deux dans la planche LXVIII de l'atlas, la *B. sinuosa* à la figure 1, et la *B. lævis* à la figure 2.

Les Spiricelles (*Spiricella*, Rang), — Atlas, pl. LXVIII, fig. 3,

forment un genre éteint dont les rapports sont encore douteux, et qui diffère des cabochons parce que la bouche, extrêmement dilatée, forme une vaste surface oblongue, et parce que le sommet est contourné horizontalement. Il serait possible que cette coquille eût abrité un animal d'une forme assez différente de celui des cabochons, et il est difficile d'avoir à cet égard des idées précises.

M. Rang [2] a établi ce genre pour une petite coquille fossile trouvée dans les terrains miocènes de Mérignac (*S. unguiculus*, Rang).

Les Dispotea, Say (*Calypeopsis*, Lesson, *Ricatillus*, Swainson), — Atlas, pl. LXVIII, fig. 4,

ont des coquilles patelloïdes, semblables à celles des cabochons par leur contour peu régulier, mais à sommet conique et non recourbé. Elles en diffèrent surtout par la présence d'une lame interne qui forme un cornet ou cône appuyé contre le côté droit et dont le sommet est placé sur celui de la coquille elle-même.

[1] Bronn, *Ital. tert. Geb.*, p. 7 et 8, pl. 3; Brocchi, *Conch. subap.*, p. 257, pl. 1, fig. 1; E. Sismonda, *Synopsis*, p. 26.

[2] *Bull. Soc. linn. Bordeaux*, 23 déc. 1828, t. II, p. 3.

Ce genre a été établi en 1824, par Say, sous le nom de Dispo-
TEA ; Lesson, en 1830, l'a désigné sous le nom de Calypeopsis, et
Swainson, en 1840, sous celui de Bicatillus.

Je ne pense pas que l'on puisse en séparer les Crucibulum,
Schumacher, qui n'en diffèrent que par la forme du cornet, qui
est plus resserré et qui a une cavité interne et étroite. Ces
coquilles sont les mêmes que les Siphopatella, Lesson, et les
Biconia, Swainson.

Les dispotea sont aujourd'hui des coquilles des mers chaudes
de l'Amérique et de l'Inde.

On n'en connaît à l'état fossile que quelques espèces des terrains tertiaires miocènes de l'Amérique septentrionale.

J'ai fait figurer dans l'Atlas une espèce que j'ai reçue d'Amérique, sous le
nom de *Calyptræa costata*, Conrad ; c'est une véritable dispotea.

On cite en outre les *D. constricta*, Conrad [1], *dumosa*, id., *multilineata*,
id., *grandis*, id., etc.

Les Calyptrées (*Calyptræa*, Lamk), — Atlas, pl. LXVIII,
fig. 5 et 6,

ont une coquille de même forme que les dispotea, et une lame
également fixée au côté interne de leur sommet ; mais cette lame
ne forme qu'un demi-cornet, elle représente la moitié d'un cône
qui aurait été coupé par un plan passant par son axe et par son
sommet [2].

M. Cuming a observé que, dans quelques espèces au moins, l'a-
nimal sécrète par son pied un support calcaire semblable à celui
de quelques cabochons.

Ce genre est le même que les Mitrularia, Schumacher, et les
Cemoria, Risso. Il comprend les Calyptria et les Lithedaphus de
M. Owen.

Il est représenté dans les mers actuelles par quelques espèces
qui sont cantonnées sur les côtes rocailleuses des régions chaudes.
Il est très rare à l'état fossile, et la plupart des espèces qui lui ont
été attribuées doivent être transportées dans celui des enton

[1] *Journ. Acad. Phil.*, t. VIII, 2ᵉ partie, p. 187, t. XLI, p. 343, etc.
[2] J'ai fait figurer dans l'Atlas, pl. LXVIII, fig. 5, la *C. equestris*, Lin.,
vivante, pour faire comprendre les caractères du genre ; aucune espèce fossile
à moi connue ne les présente clairement.

noirs. Lamarck réunissait en un seul genre CALYPTRÆA toutes les coquilles de cette famille qui ont une lame interne. Les paléontologistes, en suivant cette méthode, ont cité un grand nombre de calyptrées fossiles qui ne peuvent plus porter ce nom, maintenant qu'on ne l'attribue qu'aux espèces munies d'une lame en demi-cornet.

Je ne connais aucune véritable calyptrée dans les terrains antérieurs aux dépôts miocènes ([1]), et même aucune espèce européenne décrite n'a complétement les caractères de ce genre.

La *C. deformis*, Lamk ([2]), en particulier, est loin d'en présenter les formes essentielles ; car la lame interne s'enroule à peine (Atlas, pl. LXVIII, fig. 6). Je dirais même, que si on la compare aux autres genres de la famille, en supposant que cette lame interne soit le rudiment d'une des lames normales, on verra qu'elle rappelle plus le type des *Dispotea* que celui des *Calyptrées*. On peut assez bien la comparer à la partie fixée de l'entonnoir des premières, en admettant que le reste de l'entonnoir a disparu, tandis qu'elle ne rappelle aucune partie du demi-cornet libre des calyptrées. Elle devra probablement former un genre nouveau. Elle se trouve dans les terrains miocènes de Bordeaux. Les autres espèces de ce gisement sont des Infundibulum.

La *C. Gualteriana*, Gené ([3]), des terrains miocènes du Piémont, est incomplétement connue et est peut-être un infundibulum.

M. Michelotti figure extérieurement une *C. Tauriniana*, Mich., du même gisement, mais sans décrire la lame interne. Sa place reste donc douteuse.

Je ne connais pas la *C. pileolus*, Lea ([4]), de Virginie.

LES ENTONNOIRS (*Infundibulum*, Montf.), — Atlas, pl. LXVIII, fig. 7 à 10,

diffèrent des genres précédents par leur coquille sur laquelle on distingue ordinairement des traces d'enroulement spiral, et surtout par la disposition de la lame interne qui est horizontale et enroulée, en formant une sorte de plan spiral attaché extérieurement au pourtour de la coquille et simulant au centre une fausse columelle.

[1] La *C. cu pola*, Eudes Desl., est un belction ; les calyptrées du bassin de Paris sont des entonnoirs.

[2] Lamarck, *Animaux sans vertèbres*, 2ᵉ édition, revue par G.-P. Deshayes, t. VII, pl. 625 ; Basterot, *Coq. foss. Bord.*, pl. 71 ; Grateloup, *Conch. foss. Adour*, I, pl. 1.

[3] Gené, *Dénom. inédites* ; Michelotti, *Descr. foss. mioc. Ital. sept.*, p. 138.

[4] *Descr. new. foss. tert.*, p. 22, pl. 35 (*teste* d'Orbigny, *Prodrome*, t. III, p. 92).

Ces coquilles font une sorte de passage aux trochus. Dans quelques espèces la lame spirale peut se comparer à la face ombilicale des trochus très aplatis, surtout lorsque chez ces derniers (*Trochus concavus*, Gmel., quelques *Phorus*) les bords dépassent cette face ombilicale.

On peut diviser les infundibulum en deux sections ou sous-genres, les INFUNDIBULUM proprement dits ou TROCHITA, Schumacher (*Trocheletta*, Lesson), et les GALERUS, Humphrey (*Mitella*, d'Argenville, *Trochilla*, Swainson, *Sigapatella* et *Siphopatella*, Lesson).

Je les aurais acceptés comme genres distincts, si les auteurs étaient plus d'accord sur leurs caractères distinctifs et s'il n'y avait pas des transitions entre ces deux groupes. M. Philippi, et en général les auteurs allemands, caractérisent le premier par l'existence de tours nombreux, visibles extérieurement sur la coquille, tandis qu'on n'en voit aucune trace sur les galerus. Les auteurs anglais font principalement résider la distinction dans la forme de la lame spirale qui est plus simple dans les vrais infundibulum.

Ce genre est plus nombreux à l'état fossile que les précédents. Il paraît dater de la fin de l'époque crétacée.

M. d'Orbigny [1] a décrit l'*I. cretaceum* de la craie de Royan (Atlas, pl. LXVIII, fig. 7), et indiqué un *I. supracretaceum*, du terrain danien de Port-Marly.

On connaît une vingtaine d'espèces de l'époque tertiaire. Quelques-unes ont été trouvées dans les terrains éocènes.

M. Deshayes [2] en énumère quatre dans le bassin de Paris, sous le nom de *Calyptrées*, savoir : les *C. trochiformis*, Lamk (Atlas, pl. LXVIII, fig. 8), *lævigata*, Desh., *lamella*, id., et *crepidularis*, Lamk [3] (Atlas, pl. LXVIII, fig. 9). Les deux premières se trouvent à la fois dans le calcaire grossier et dans les grès marins supérieurs. Les deux dernières paraissent spéciales au premier de ces gisements.

---

(1) *Pal. franç.*, *Terr. crét.*, t. II, p. 390, pl. 234; *Prodrome*, t. II, p. 232 et 292.

(2) *Coq. foss. Par.*, t. II, p. 29, pl. 4.

(3) La *C. crepidularis*, Lamk, pourrait bien être une crépidule. Elle présente une disposition assez anormale de la lame intérieure.

M. d'Orbigny [1] indique dans les terrains tertiaires inférieurs de Cuise-la-Motte une espèce inédite, l'*I. suessoniensis*, d'Orb.

On trouve en Angleterre, dans l'argile de Londres, outre l'*I. trochiforme* indiqué ci-dessus, l'*I. obliquum*, Sowerby [2].

Elles sont plus abondantes dans les terrains miocènes et pliocènes.

M. de Basterot et M. Grateloup citent [3] dans le bassin de Bordeaux et de Dax sept calyptrées, dont six sont des infundibulum. La *C. crassiuscula*, Grateloup, caractérise les faluns bleus (miocène inférieur). Les *C. trochiformis*, Grat. (*subtrochiformis*, d'Orb.), *depressa*, Bast., *sinensis*, Grat. (*subsinensis*, d'Orb.), *muricata*, Basterot, et *costaria*, Grat., appartiennent aux faluns jaunes (miocène supérieur).

M. Nyst [4] a trouvé deux espèces dans le terrain tongrien de Belgique. Il en rapporte une à la *C. lœvigata*, Desh., des environs de Paris, et nomme l'autre *C. striatella*. Il cite aussi quelques espèces déjà connues dans les terrains tertiaires supérieurs.

Les espèces des terrains miocènes du Piémont sont mal connues. J'ai dit plus haut, p. 276, que la place des *Calyptræa Gualtieriana*, Gene, et *Tauriniana*, Mich., était douteuse.

On cite [5] dans les terrains pliocènes du même pays, la *C. muricata*, Brocchi, qui vit encore dans la Méditerranée, et qui n'est peut-être pas distincte de la *C. sinensis*.

Le crag d'Angleterre (rouge et corallien) ne renferme, suivant M. Wood [6], qu'une seule espèce, la *C. sinensis*, Lin. (*I. rectum*, Sow., *C. lœvigata*, Lamk, *I. rotundum* et *subsquamosum*, Wood, etc.), qui vit actuellement dans la Méditerranée et qui se retrouve dans la plupart des terrains tertiaires récents. Nous l'avons figurée dans l'Atlas (pl. LXVIII, fig. 10), d'après M. Bronn.

On a trouvé aussi quelques infundibulum dans les terrains tertiaires de l'Amérique septentrionale [7].

Les Calypules (*Crepidula*, Lamk), — Atlas, pl. LXVIII, fig. 11,

ont une coquille ovale ou oblongue, plus ou moins déprimée et

---

[1] *Prodrome*, t. II, p. 320.

[2] *Min. conch.*, pl. 97.

[3] Basterot, *Coq. foss. Bord*, p. 71; Grateloup, *Conch. foss. Adour*, I, pl. I.

[4] *Coq. et pol. foss. Belgiq.*, p. 359, pl. 35 et 36.

[5] Sismonda, *Synopsis*, p. 26; Brocchi, *Conch. subap.*, pl. 1, fig. 2.

[6] *Mollusca from the crag* (*Palæont. Soc.*, 1848, p. 159, pl. 18, fig. 1).

[7] Conrad, *Journ. Acad. Phil.*, t. VII, p. 143, t. VIII, p. 186, etc.; Lea, *Descr. new foss. tert.*, etc.

concave en dessous. La spire est nulle ou peu apparente et le sommet situé en arrière; la bouche est en partie fermée par une lame horizontale qui en occupe toute la partie postérieure.

Ce genre correspond aux CRÉPIDULUS, Montfort, aux CRYPTA, Gray, aux SANDALIUM, Schumacher, aux PROXENULA, Perry, et aux LEPHYROBULUS, Schlüt. Il faut lui réunir les CREPIPATELLA, Lesson, les JANACUS, Mörch, et les ERGÆA, Adams, sous-genres formés sur de légères modifications dans la forme du bord de la lame et dans la position du sommet.

Ces mollusques vivent aujourd'hui sur les rochers des mers chaudes tempérées, et sont même quelquefois parasites d'autres coquilles. On ne les trouve fossiles que dans les terrains tertiaires, et même ils paraissent ne dater (1), au moins en Europe, que de l'époque miocène.

Une espèce très semblable à la *C. unguiformis*, Lamk, et assimilée par la plupart des auteurs à cette espèce vivante (2), et séparée par M. d'Orbigny sous le nom de *C. unguis*, se trouve dans la plupart des dépôts miocènes et pliocènes d'Europe (Atlas, pl. LXVIII, fig. 11).

La *C. cochlear*, Basterot (3), a été trouvée près de Bordeaux et en Piémont?

La *C. spirifera*, Bonelli (4), provient du terrain miocène du Piémont.

La *C. mytiloidea*, Bell. et Mich. (5), a été découverte dans les terrains pliocènes du même pays.

Plusieurs espèces sont aussi indiquées dans les terrains tertiaires d'Amérique (6).

(1) A moins, comme je l'ai dit plus haut, que la *Calyptræa crepidularis*, Lamk, ne soit une crépidule. En Amérique, M. Conrad indique quelques espèces dans les terrains tertiaires inférieurs de l'Alabama. Je ne puis pas considérer comme une crépidule la *C. cretacea*, Müller, *Aach. Kreidef.*, pl. 6, fig. 12, du grès vert de Vaels. Si elle est un gastéropode, elle ressemble plus aux stomatia qu'aux crépidules; mais je serais disposé à n'y voir qu'une valve de *Chama*.

(2) Bronn, *Lethæa*, p. 1004; Basterot, *Coq. foss. Bord.*; Grateloup, *Conch. foss. Adour*, I, pl. 1; Sismonda, *Synopsis*, p. 26, etc.

(3) *Coq. foss. Bord.*, p. 71, pl. 5, fig. 10.

(4) E. Sismonda, *Syn. meth.*, p. 25.

(5) *Saggio orit.*, p. 74, pl. 8.

(6) Voyez pour celles de l'Amérique septentrionale, Morton, *Journ. Acad. Phil.*, t. VI, p. 115; Conrad, *Idem*, t. VII, pl. 148, et *American Journ. of sc.*, t. XXIII, p. 339, etc. Pour celles de l'Amérique méridionale, voyez *Voyage du Beagle*, *Foss. mam.* (2 espèces de Bahia-Bianca); d'Orbigny, *Voyage, Paléont.*, p. 459 (une espèce des terrains quaternaires).

20ᵉ Famille. — FISSURELLIDES.

Les fissurellides ont une coquille clypéiforme, aplatie, conique, ou arquée, qui diffère de celle des crépidulides par sa régularité, par sa forme plus symétrique et parce qu'on n'y voit aucune trace de spire. Cette coquille est toujours ou percée au sommet, ou échancrée plus ou moins profondément sur son bord antérieur. Les animaux ont en avant du manteau une large cavité, qui contient deux lobes branchiaux, pectinés, coniques et libres dans leur extrémité.

Cette famille, qui comprend quatre genres vivants, faciles à distinguer, paraît dater de l'époque primaire et s'est conservée pendant toute l'époque secondaire. Si l'on admet, comme je le fais ici, l'opinion soutenue par M. de Koninck, qui a pour résultat de lui associer les bellérophons, les cyrtolites, etc., on peut ajouter que cette famille a été abondamment représentée dans les premiers âges du globe. Elle se composerait ainsi de six genres, dont deux, spéciaux à l'époque primaire, se sont éteints avant la période secondaire, les bellérophons, et les cyrtolites. Parmi les quatre autres, qui se retrouvent au contraire dans les mers actuelles, l'un d'eux, les fissurelles, se trouvent dès l'époque primaire, les émarginules ont vécu pendant toute l'époque secondaire et l'époque tertiaire, les rimules datent de la fin de la période crétacée, et les parmaphores n'ont paru que pendant l'époque tertiaire.

Les Parmaphores (*Parmaphorus*, Blainv.), — Atlas, pl. LXVIII, fig. 12,

ont une coquille oblongue, déprimée, un peu convexe en dessus, subrectangulaire, arrondie à ses extrémités, échancrée antérieurement par un léger sinus. L'animal est volumineux.

Ces coquilles ne présentent qu'incomplètement les caractères que nous avons assignés à la famille. Il faut, pour justifier leur classement, envisager la très légère échancrure antérieure comme l'analogue de la fente des émarginules. L'animal justifie cette manière de voir par ses caractères essentiels.

Les parmaphores ont été décrits par Montfort, sous les noms

de Patots et de Scutus [1], et il serait plus rigoureux de substi-
tuer le dernier à celui de Parmaphores, qui est plus récent.

Ces mollusques, peu nombreux en espèces, habitent aujourd'hui
les mers chaudes. Leur existence à l'état fossile ne paraît pas très
ancienne. Je ne crois pas en effet que les espèces des terrains tertiaires anciens qui ont été décrites sous le nom de Parmaphores,
appartiennent à ce genre.

Les *P. elongatus*, Lamk, et *angustus*, Desh., du calcaire grossier de Grignon [2], me paraissent trop ovales, trop profonds et trop minces pour être
de véritables parmaphores. Ils semblent avoir plus d'analogie avec quelques
patelles comprimées. (On peut voir la figure du *P. elongatus* dans l'Atlas,
pl. LXIX, fig. 15.)

Leur existence paraît mieux démontrée dans les terrains miocènes.

Le *P. Bellardi* [3], Michelotti (*P. elongatus*, Bellardi, non Lamk), a tout à
fait les formes génériques des parmaphores (Atlas, pl. LXVIII, fig. 12). Il
provient de la colline de Turin et du Tortonèse.

Les Emarginules (*Emarginula*, Lamk), — Atlas, pl. LXVIII,
fig. 13 à 18,

ont une coquille en bouclier conique, à sommet excentrique et
souvent incliné en arrière, à cavité simple, pourvue en avant
d'une forte échancrure ou d'une fente marginale plus ou moins
allongée. Plusieurs d'entre elles ont la forme et les ornements des
patelles, mais l'échancrure les en distingue facilement.

Les émarginules ont apparu pour la première fois dans le commencement de l'époque secondaire, et se retrouvent jusqu'à l'époque moderne dans la plupart des terrains, mais en petit nombre.

On en cite une espèce des schistes de Saint-Cassian.

Le comte de Münster [4] l'a rapportée à tort à l'*E. Goldfussii*, Roemer, du
terrain corallien du Hanovre. Il conviendrait de la désigner sous le nom de
E. Munsteri (Atlas, pl. LXVIII, fig. 13).

[1] Il faudrait, si l'on adoptait ce nom, écrire Scutum.
[2] Deshayes, *Coq. foss. Par.*, t. II, p. 12, pl. 1.
[3] Bellardi, *Bull. Soc. géol.*, t. IX, p. 270; Michelotti, *Descr. foss. mioc.
Ital. sept.*, p. 139, pl. 5, fig. 5.
[4] Münster, *Beiträge zur Petref.*, t. IV, p. 92, pl. 9, fig. 15.

On en connaît quelques-unes des terrains jurassiques.

M. Eudes Deslongchamps a décrit [1] la *E. planicostata* du lias de Fontaine-Étoupefour et les *E. Blotii* et *Deshayesii* de la grande oolithe de Normandie.

M. d'Orbigny a indiqué [2] deux espèces inédites de l'oolithe inférieure de Niort, et une du terrain corallien de Saint-Mihiel. L'*E. Michaelensis*, Buvig., provient de ce dernier gisement.

L'*E. scalaris*, Sow. [3], provient de la grande oolithe d'Angleterre (Atlas, pl. LXVIII, fig. 14). Les *E. tricarinata*, id., et *cincturia*, id., sont des rimules.

M. Lycett [4] indique trois espèces nouvelles de l'oolithe inférieure d'Angleterre.

L'*E. decussata*, Goldf. [5], a été trouvée dans le terrain oxfordien de Streitberg.

L'*E. Goldfussii*, Roemer [6], a été découverte dans le terrain corallien de Hoheneggelsen.

Les espèces ne paraissent pas nombreuses dans les terrains crétacés.

M. d'Orbigny [7] en a décrit une du terrain néocomien, l'*E. neocomiensis*, trouvée à Marolles, et trois espèces du terrain cénomanien, l'*E. Guerangueri*, d'Orb. (Atlas, pl. LXVIII, fig. 15), du Mans, l'*A. pelagica*, Passy (id., fig. 16), de Rouen, et l'*A. Sanctæ Catharinæ*, id., de Cassis, de Rouen, de la Flèche, etc. Il a depuis lors [8] indiqué une espèce inédite du gault du Clar, une autre du terrain crétacé supérieur du Bausset (Var), et une du terrain danien de la Falaise.

L'*E. argonensis*, Buvignier [9], a été trouvée dans le gault de Varennes.

M. Dujardin [10] a fait connaître l'*E. cretosa*, du terrain crétacé supérieur de Touraine.

[1] *Mém. Soc. linn. Norm.*, t. VII, p. 124, pl. 7.

[2] *Prodrome*, t. I, p. 272, et t. II, p. 12; Buvignier, *Stat. géol. de la Meuse*, p. 28, pl. 21.

[3] *Min. conch.*, pl. 519; Morris et Lycett, *Moll. from the great oolithe* (*Pal. Soc.*, 1850, p. 88, pl. 8).

[4] *Ann. and mag. of nat. hist.*, 2ᵉ série, 1850, t. VI, p. 410.

[5] *Petref. Germ.*, t. III, p. 9, pl. 167, fig. 16.

[6] *Oolithgeb.*, p. 136, pl. 9; Goldfuss, *loc. cit.*, fig. 15. J'ai dit plus haut qu'elle devait conserver ce nom, donné à tort à une espèce de Saint-Cassian.

[7] *Pal. franç.*, Terr. crét., t. II, p. 392, pl. 234 et 235.

[8] *Prodrome*, t. II, p. 134, 232 et 293.

[9] *Stat. géol. de la Meuse*, p. 28, pl. 21.

[10] *Mém. Soc. géol.*, 1837, t. II, p. 230.

On peut ajouter (1) les *E. carinata*, Reuss, du plaener mergel de Luschitz, l'*E. Buchii*, Geinitz, du grès vert d'Oberau, l'*E. Mulleraua*, Bosquet, du Limbourg, et l'*E. fissuroides*, id., de Maestricht.

Les émarginules se continuent dans les terrains tertiaires.

M. Deshayes (2 a décrit cinq espèces du bassin de Paris. Elles appartiennent toutes au calcaire grossier. Nous avons figuré dans l'Atlas, l'*E. clypeata*, Lamk (pl. LXVIII, fig. 17), de Grignon, et l'*E. clathrata*, Desh. (id., fig. 18), de Parnes.

Quelques espèces appartiennent aux terrains miocènes et pliocènes.

M. Grateloup (3) en a décrit deux espèces de Dax. Il rapporte celle des faluns bleus à l'*E. clathrata*, Desh., mais elle me paraît différente. C'est l'*E. subclathrata*, d'Orb. L'autre espèce (*E. squamata*, Grat.) appartient aux faluns jaunes.

Trois espèces ont été découvertes dans les terrains miocènes du Piémont (4); ce sont les *E. Grateloupi*, Bell. et Mich., les *E. Chemnitzii*, Mich., et *Soltieri*, id. L'*E. fissura*, Lamk, vivante, est citée (5) dans le terrain pliocène du même pays.

La même espèce se retrouve dans le crag corallien et le crag rouge d'Angleterre (6) avec l'*E. crassa*, Sow., qui vit également encore sur les côtes d'Angleterre. Ces deux espèces sont aussi citées dans le crag de Belgique (7), etc.

L'*E. fenestrella*, Dubois (8), a été trouvée en Volhynie.

L'*E. punctulata*, Philippi (9), provient de Freden.

L'*E. Schlotheimi*, Bronn (10), a été découverte à Weinheim.

L'*E. arata*, Conrad, se trouve aux États-Unis.

Les RIMULES (*Rimula*, Defrance), — Atlas, pl. LXVIII,
fig. 19 à 24,

ne diffèrent des émarginules que parce que la fente, au lieu d'être placée sur le bord antérieur, est dans tous les âges située dans l'intervalle compris entre le sommet et ce bord, formant ainsi

(1) Reuss, *Bœhm. Kreidegeb.*, I, p. 41, pl. 11, fig. 6; Geinitz, *Charachteristick*, p. 48, pl. 16, fig. 5; Bosquet, *Palæontographica*, I, p. 326, pl. 41.
(2) *Coq. foss. Par.*, t. II, p. 16, pl. 1 et 3.
(3) *Conch. foss. Adour*, I, pl. 1.
(4) Michelotti, *Descr. foss. mioc. Ital. sept.*, p. 140.
(5) Sismonda, *Synopsis*, p. 25.
(6) Wood, *Moll. from the crag* (*Pal. Soc.*, 1848, p. 164, pl. 18).
(7) Nyst, *Coq. et pol. foss. Belg.*, p. 350.
(8) *Conch. foss. plat. Volh.*, p. 50, pl. 1.
(9) *Tert. Verst. nordwest. Deutsch.*, p. 51, pl. 3.
(10) Schlotheim, *Petref.*, p. 116.

une entaille fermée, d'autant plus éloignée du sommet que la coquille est plus âgée.

Ce genre comprend les Cemoria, Leach, les Diodora, Gray, les Sipho, Brown, et les Puncturella, Lowe. Les légères différences dans la forme et dans la position de l'ouverture qui pourraient servir à distinguer une partie de ces groupes ne paraissent pas avoir une valeur générique.

Les espèces fossiles sont très peu nombreuses et datent de l'époque jurassique.

M. E. Deslongchamps [1] a décrit sous le nom de *Fissurella acuta* une espèce de la grande oolithe de Langrune qui appartient à ce genre.

La grande oolithe d'Angleterre renferme deux rimules décrites par Sowerby [2], sous les noms de *Emarginula clathrata* (Atlas, pl. LXVIII, fig. 19), et *E. tricarinata*.

M. d'Orbigny [3] indique une espèce inédite du terrain corallien de Saint-Mihiel, etc.

Les rimules sont inconnues jusqu'à présent dans les terrains crétacés.

On en cite un très petit nombre dans les terrains tertiaires.

Les *Rimula fragilis*, Defr., et *Bioincilli*, id. (Atlas, pl. LXVIII, fig. 20), ont été trouvées [4] dans le calcaire grossier d'Hauteville (Manche).

La *R. noachina* (*Patella noachina*, Lin., *Puncturella noachina*, Lowe, *Sipho striata*, Brown, *Cemoria Flemingii*, Leach, etc.), actuellement vivante, a été trouvée dans le crag récent d'Angleterre [5] (Atlas, pl. LXVIII, fig. 21).

Les Fissurelles (*Fissurella*, Bruguière), — Atlas, pl. LXVIII,
fig. 22 à 26,

sont des coquilles coniques, patelloïdes, qui se distinguent en général avec facilité de tous les genres de cette famille et de la suivante, parce que leur sommet est percé par une ouverture plus ou moins grande, ordinairement ovale. Elles ont de grands rapports avec les rimules; dans la plus grande partie des cas, la po-

[1] *Mém. Soc. linn. Norm.*, t. VII, p. 122, pl. 7.

[2] Sowerby, *Min. conch.*, pl. 519; Morris et Lycett, *Moll. from the great ool.* (*Palæont. Soc.*, 1850, p. 86, pl. 8).

[3] *Prodrome*, t. II, p. 12.

[4] Defrance, *Dict. sc. nat.*, t. XLV, p. 472; Bronn, *Lethæa*, 1re édit., p. 996, pl. 40, fig. 6.

[5] Wood, *Moll. from the crag* (*Palæont. Soc.*, 1848, p. 166, pl. 18).

sition de l'ouverture, qui correspond exactement au sommet de la coquille, les caractérise suffisamment ; mais il y a quelques espèces (Atlas, pl. LXVIII, fig. 24) dans lesquelles il peut y avoir du doute, car ce trou perce le sommet obliquement. Nous conservons le nom de *Fissurelles* à toutes les espèces chez lesquelles le sommet est compris dans le trou.

On a proposé dans ces dernières années de subdiviser les fissurelles en plusieurs genres fondés sur la grandeur de l'ouverture, la simplicité ou la dentelure de ses bords, la forme plus ou moins déprimée de la coquille, etc. Ces caractères n'ont pas une valeur générique, et nous réunissons en conséquence aux fissurelles les PUPILIA ou PUPILLÆA et les LUCAPINA, Gray, les MACROSCHISMA, les FISSURIDEA et les CLYPIDELLA, Swainson, les SERRA, les FISSURELLIDEA, d'Orbigny, les LARVA, Humph., et les CREMIDES, Adams.

Les espèces actuelles vivent dans toutes les mers et sont plus communes dans les régions chaudes ; elles s'attachent aux rochers comme les patelles. Les espèces fossiles paraissent dater de l'époque primaire, mais elles ont été très peu abondantes jusqu'à la période tertiaire.

Leur existence dans l'époque primaire ne repose cependant pas sur des preuves incontestables.

On n'en cite aucune espèce dans le terrain silurien. La seule que l'on ait indiquée dans le terrain dévonien est la *F. conoidea*, Goldf. [1], de l'Eifel, qui a, il est vrai, à ce qu'il paraît, un trou au sommet, mais qui par sa forme élevée et irrégulière, semble se rapprocher davantage des capulus (Atlas, pl. LXVIII, fig. 22).

M. M'Coy [2] a décrit une *F. elongata*, du calcaire carbonifère d'Irlande.

Les espèces des terrains jurassiques et crétacés sont peu nombreuses.

La *F. acuta*, Deslong. [3], de la grande oolithe de France et d'Angleterre (Atlas, pl. LXVIII, fig. 24), est précisément une de ces espèces dont les caractères sont douteux. La fente échancre le crochet, mais se dirige en avant, de sorte qu'il y aurait quelques motifs pour la placer parmi les rimules. Elle ne paraît cependant bien plus voisine des formes des vraies fissurelles que de la *Rimula clathrata* (Atlas, pl. LXVIII, fig. 19).

[1] *Petref. Germ.*, t. III, p. 8, pl. 167, fig. 13.
[2] *Synopsis of Ireland*, p. 43, pl. 5, fig. 27.
[3] *Mém. Soc. linn. Norm.*, t. VII, p. 122, pl. 7, fig. 22 à 24.

M. d'Orbigny (¹) a indiqué deux espèces inédites du terrain corallien de Saint-Mihiel.

La *F. depressa*, Geinitz (²), provient du placner mergel de Luschitz.

La *F. patelloides*, Reuss (³), a été trouvée dans le placner kalk inférieur de Postelberg (Atlas, pl. LXVIII, fig. 23).

La *F. lævigata*, Goldfuss (⁴), appartient aux terrains crétacés supérieurs d'Aix-la-Chapelle.

La *F. Neckayi*, Kner (⁵), provient des gisements analogues de Lemberg.

Les fissurelles augmentent de nombre dans les terrains tertiaires.

Lamarck et M. Deshayes (⁶) ont décrit quatre espèces du bassin de Paris. Une d'elles a été rapportée à tort par Lamarck à la *F. græca*, vivante : c'est la *F. parisiensis*, d'Orb. Les autres sont les *F. costaria*, Desh., *squamosa*, id., et *labiata*, Lamk (Atlas, pl. LXVIII, fig. 25). Elles se trouvent toutes les quatre à Grignon.

M. Melleville (⁷) a fait connaître la *F. Miaotti*, des terrains tertiaires inférieurs de Mouampteoil.

Plusieurs ont été citées dans les terrains miocènes et pliocènes.

M. Grateloup (⁸) en compte six espèces dans le bassin de Bordeaux et de Dax. Les *F. intermedia*, Grat., et *clypeata*, id., caractérisent les faluns bleus de Dax. Les faluns jaunes en renferment quatre espèces. Deux ont été rapportées un peu à la légère aux *F. græca* et *minuta*, Lamk, vivantes, et une autre à la *F. costaria*, Desh. La *F. depressa*, Grat., ne peut pas non plus conserver son nom déjà donné par Lamarck à une espèce de l'océan Indien.

On trouve dans les terrains miocènes de Piémont (⁹) la *F. oblita*, Michel., et la *F. neglecta*, Desh., *F. italica*, Defr. (Atlas, pl. LXVIII, fig. 26), espèce souvent confondue avec la *F. græca*, qui vit comme elle dans la Méditerranée et qui se retrouve avec elle fossile dans les terrains pliocènes d'Asti et dans les dépôts tertiaires récents d'Allemagne.

(¹) *Prodrome*, t. II, p. 12.

(²) *Charachterist.*, p. 75 pl. 18, fig. 24.

(³) *Bœhm. Kreidef.*, I, p. 41, pl. 11, fig. 10.

(⁴) *Petref. Germ.*, t. III, p. 8, pl. 167, fig. 14.

(⁵) *Verst. Lemberg*, p. 23, pl. 4, fig. 9.

(⁶) *Coq. foss. Par.*, t. II, p. 48, pl. 2.

(⁷) *Descr. sabl. tert. inf.* (*Ann. sc. géol.*, p. 44, pl. 9).

(⁸) *Conch. foss. Adour*, I, pl. 1.

(⁹) Michelotti, *Descr. foss. mioc. ital. sept.*, p. 144, pl. 16 ; Deshayes dans Lamarck, *Anim. sans vert.*, 2ᵉ édit, revue par G.-P. Deshayes, t. VII, p. 601 ; Sismonda, *Synopsis*, p. 25.

La *F. græca*, se retrouve dans le crag rouge et le crag corallien d'Angleterre [1].

La *F. Martinii*, Matheron [2], provient de la mollasse marine des Bouches-du-Rhône.

On en trouve aussi dans différentes parties de l'Amérique [3].

C'est avec doute que nous rapprochons de cette famille un genre qu'on ne connaît qu'à l'état fossile et dont les rapports ont été singulièrement contestés.

Les Bellérophes (*Bellerophon*, Montf.), — Atlas, pl. LXIX, fig. 1 à 5,

ont une coquille parfaitement symétrique, enroulée sur elle-même comme celle des nautiles, mais non cloisonnée, subglobulaire ou légèrement discoïde, et munie dans son milieu d'une carène ou d'un sillon longitudinal plus ou moins prononcé. L'ouverture est semi-lunaire et modifiée par l'avant-dernier tour de spire ; son labre est tranchant, sinueux ou fendu dans sa partie médiane.

Les affinités zoologiques des bellérophes ont été très contestées. Le premier auteur qui en ait fait mention est le baron de Hupsch, en 1786, qui les rapprocha des nautiles sous le nom de *Nautilitiæ simplices*, à cause de l'absence de cloisons. Montfort, en 1808, a créé pour ces fossiles le genre Bellerophon ; mais il a commis une grave erreur en prétendant qu'ils étaient cloisonnés. M. Defrance a démontré que les coquilles des bellérophes sont simples à l'intérieur, mais les a laissées près des nautiles à cause de leur enroulement symétrique.

D'autres auteurs les ont placés dans l'ordre des gastéropodes. M. de Blainville les a rapprochés des bulles ; M. Fleming leur a trouvé des analogies avec les actéons. M. Deshayes et la plupart des naturalistes modernes [1] les rangent dans les ptéropodes, à côté des atlantes et surtout des helicophlegma. Les coquilles de

[1] Wood, *Moll. from the crag* (*Pal. Soc.*, 1848, p. 168).

[2] *Catalogue* dans *Trav. Soc. statist. Mars.*, p. 195, pl. 33, fig. 1.

[3] Voyez Say, *Journ. Acad. Phil.*, t. IV, p. 132 ; Conrad, *Idem*, t. VII, p. 142, et t. VIII, 2ᵉ partie, p. 187 ; d'Orbigny, *Voyage. Paléont.*, p. 159 ; Darwin, *Voyage du Beagle, Foss. mam.*, p. 9, etc.

[4] M. d'Orbigny a soutenu cette opinion dans ses premiers travaux ; il s'est rangé depuis lors à celle de M. de Koninck. Je l'avais moi-même adoptée dans la première édition de cet ouvrage.

ce dernier genre, qui vit aujourd'hui, ressemblent, en effet, beaucoup aux bellérophes ; elles sont subglobuleuses et ont des petites côtes longitudinales qui rappellent celles de quelques espèces de ce genre, et leur labre est échancré de même.

M. de Koninck a émis une autre opinion. Il pense que pour qu'on pût rapprocher les bellérophes des atlantes, il faudrait que la coquille des premiers fût mince et vitrée, comme cela a lieu pour tous les hétéropodes qui, étant éminemment pélagiques, doivent avoir des coquilles légères. Il s'appuie en outre sur le fait que les bellérophes se trouvent en général fossiles avec des espèces côtières. M. de Koninck croit qu'il faut plutôt les rapprocher des émarginules, qui ont comme eux des coquilles symétriques et marquées d'un sinus marginal. Ces deux genres ne différeraient que par l'enroulement, car le sinus et les lames d'accroissement présentent beaucoup d'analogie. Il leur trouve aussi des rapports avec les pleurotomaires et les solarium, qui ont aussi une fente marginale, mais latérale au lieu d'être médiane. Les porcellia serviraient à former une transition entre les formes des bellérophes et celles des solarium.

Je me suis rangé à la manière de voir de M. de Koninck, en associant ces fossiles aux fissurellides et en les considérant avec lui comme un lien perdu entre les émarginules et les pleurotomaires (par les porcellia). Il m'a semblé que la consistance de la coquille est d'une trop haute importance pour pouvoir être négligée dans cette comparaison. Les bellérophes ont eu évidemment la solidité des émarginules et des gastéropodes ordinaires, et non l'apparence délicate, fibreuse, semi-hyaline des coquilles des ptéropodes. On peut bien mieux, sans forcer les analogies probables, les comparer à des émarginules dont le crochet s'enroulerait beaucoup plus que dans le type vivant.

Quelques auteurs ont proposé l'établissement de genres voisins des bellérophes, mais ces groupes sont fondés sur des caractères peu précis, et leurs limites n'ont pas été envisagées de même par tous les paléontologistes.

M. Hall [1] désigne, sous le nom de BUCANIA, des coquilles qui ont les formes des bellérophes, mais un ombilic beaucoup plus ouvert, laissant voir à l'intérieur tous les tours (pl. LXIX, fig. 4). A ce caractère principal s'en joint ordinairement un autre : le la-

[1] *Palæont. of New-York*, t. I, p. 32.

bre est échancré sur l'extrémité de la ligne dorsale par un sinus très ouvert et peu profond qui s'éloigne beaucoup de l'échancrure étroite et profonde des vrais bellérophes.

Le même auteur rapporte à son genre CARINAROPSIS [1], une espèce plus patelliforme, à sinus semblable à celui des bucania, et à carène médiocrement prononcée. Cette espèce est intéressante en ce qu'elle rappelle davantage par son aplatissement, les formes des fissurellides vivantes.

M. Conrad [2] a établi sous le nom de CYRTOLITES, un genre qui joint aux mêmes caractères du sinus un enroulement plus lâche encore, tellement que dans quelques espèces les tours sont disjoints et à distance.

M. d'Orbigny n'admet pas le genre bucania, et donne une autre signification à celui des cyrtolites. Il ne tient, avec raison, pas compte de la grandeur de l'ombilic qui est variable. Il nomme bellérophons toutes les espèces dans lesquelles le labre est fortement échancré sur la ligne dorsale, et dans lesquelles il y a une carène ou un canal correspondant qui subsistent sur la coquille. Il attribue le nom de cyrtolites à celles qui ont un sinus très faible, ne laissant point de trace sur la coquille.

Dans l'application, ces caractères sont d'une extrême difficulté, car il y a des transitions entre les vraies carènes et les carènes nulles ou presque nulles. Pour en juger, on peut comparer les figures 4 et 5 de la planche LXIX. La première, qui est la *Bucania expansa*, Hall, est pour M. d'Orbigny un bellérophon. La seconde, qui est le *Bellerophon bilobatus*, d'Orb., est un cyrtolite ; or, sa carène est presque aussi marquée et son sinus est plus fort que dans la première.

Une seconde difficulté s'ajoute à ces transitions, c'est le fait qu'un grand nombre d'espèces des terrains anciens ne sont pas suffisamment connues, et que les divers auteurs qui les ont décrites n'ont pas pu figurer leurs sinus ou échancrures.

Dans cet état de choses, j'ai réuni en un seul genre les bellérophes, les bucania et les cyrtolites dont l'enroulement est semblable à celui de ces deux groupes. Quant à quelques cyrtolites très peu enroulés, tels que le *C. trentonensis*, Hall, je les consi-

<hr>

[1] Ce genre CARINAROPSIS renferme aussi des patelles.
[2] *Ann. geol. report*, 1838, p. 118.

dère comme douteux et se rapprochant plutôt des *serpularia* (tome III, p. 162). Je dois faire remarquer que quelques-unes de ces espèces à tours disjoints ne sont connues qu'à l'état de moule, et qu'il est probable que dans le test de plusieurs d'entre elles, les tours se touchaient. C'est en particulier ce qui arrive pour le *B. cornu-arietis*, Sow.

Les bellérophes proprement dits peuvent se distinguer entre eux, suivant qu'ils sont ombiliqués (Atlas, pl. LXIX, fig. 2 et 3) ou non ombiliqués (*id.*, fig. 1). Ils diffèrent aussi en ce que les uns ont une carène sur la ligne médiane (Atlas, pl. LXIX, fig. 1 et 2), ou un sillon (*id.*, fig. 3).

Les bellérophes sont spéciaux aux terrains de l'époque primaire (1). Leur principal développement paraît avoir eu lieu dans les époques dévoniennes et carbonifères (2).

Quelques espèces ont été trouvées dans les terrains siluriens.

Toutes les espèces que je connais du terrain silurien inférieur ont un sinus très peu prononcé et appartiennent par conséquent aux groupes des bucania et des cyrtolites, telles sont en particulier le *B. bilobatus*, d'Orb. (3), très répandu dans le terrain silurien inférieur, et le *B. oculus*, id.; telles sont les bucania décrites par M. Hall (4) et trouvées dans les terrains siluriens inférieurs de l'Amérique du Nord (*B. expansa*, Hall, Atlas, pl. LXIX, fig. 4, etc.). Je n'ai cependant pas vu toutes les espèces, et je ne puis pas affirmer que parmi celles que je ne connais pas il n'y en ait pas qui aient l'échancrure des bellérophes. On trouvera leur description (5) dans les ouvrages de de Verneuil, Murchison et de Keyserling (*B. ingricus* et *melanoslomus*), d'Orbigny (*B. Teostii*, etc.), et surtout Hall (six bucania, une carinaropsis, trois cyrtolites et deux bellérophes).

Nous avons représenté dans l'Atlas, pl. LXIX, le *B. bilobatus*, d'Orb., fig. 5, et la *Bucania expansa*, Hall, fig. 6.

(1) Le *Bell. nautilinus*, Münst. *Beitr.*, t. IV, pl. 14, fig. 1, de Saint-Cassian, est une goniatite. Les espèces plus récentes attribuées à ce genre doivent plus évidemment encore en être exclues.

(2) Voyez pour les bellérophes la Monographie de M. d'Orbigny dans le grand ouvrage de Férussac et d'Orbigny sur les Céphalopodes acétabulifères vivants et fossiles, Paris, 1835 à 1848, p. 180.

(3) D'Orbigny, *Céphalop.*, pl. 8. Sowerby in Murchison, *Sil. system*, pl. 19, fig. 5; Hall, *Palæont. of New-York*, pl. 40, etc.

(4) Hall, *loc. cit.*, pl. 6, 40, etc.

(5) De Verneuil, Murch. et Keyserling, *Palæont. de la Russie*; d'Orbigny, *Céphalopodes, loc. cit.*; Hall, *Palæont. of New-York*, etc.

Parmi les espèces du terrain silurien supérieur il y a peut-être de vrais bellérophes à échancrure normale. Ainsi le *B. ouralicus*, Vern. [1], en a le faciès, mais son échancrure n'est pas figurée. Les figures de Sowerby [2] laissent aussi dans l'incertitude sur les espèces anglaises (*B. Aymestriensis, dilatatus, Wenlockensis*).

Les terrains dévoniens en renferment qui ne sont pas beaucoup plus certaines.

On cherchera vainement des notions précises sur l'échancrure de la plupart des espèces décrites. Les belles planches de MM. d'Archiac et de Verneuil [3] sont insuffisantes sous ce point de vue (*B. Murchisoni*, d'Arch., *elegans*, id., *striatus*, id., *tuberculatus*, id.). Celles de Sowerby et celles de Roemer [4] fournissent des documents plus imparfaits encore. M. d'Orbigny [5] a eu probablement à sa disposition d'autres matériaux, à la suite desquels il a réparti les espèces entre les deux genres; il compte dix bellérophes et cinq cyrtolites.

Le terrain carbonifère est riche en bellérophes et les espèces sont mieux connues. Elles ont toutes les caractères des bellérophes proprement dits.

Les espèces d'Angleterre ont été décrites [6] par Fleming, Sowerby, Phillips, etc.; les plus répandues sont les *B. decussatus*, Flem., *tenuifascia*, Sow., *hiulcus*, Sow., *cornu-arietis*, id., etc.

M. de Koninck a fait connaître [7] celles des terrains carbonifères de Belgique. Il en a décrit quatre espèces carénées et non ombiliquées (le *B. casulites*, Montf., est figuré dans l'Atlas, pl. LXIX, fig. 1). Il compte sept espèces carénées et ombiliquées (voyez Atlas, pl. LXIX, fig. 2, le *B. cornu-arietis*, Sow., ou *tangentialis*, Phillips). Trois espèces ombiliquées ont un sillon à la place de carène (*B. bicarenus*, Leveillé, Atlas, pl. LXIX, fig. 3). Une seule a un sillon et pas d'ombilic.

Les Bellerophina, d'Orb., — Atlas, pl. LXIX, fig. 6,

ont les formes des bellérophes, mais elles en diffèrent par une

[1] Verneuil, Murch. et Keys., *Paléont. de la Russie*, p. 345, pl. 23.
[2] In Murchison, *Silur. system*, pl. 6, 12 et 13.
[3] *Trans. of the geol. Soc.*, 2ᵉ série, t. VI, pl. 28 et 29.
[4] Sowerby, in Murchison, *Silur. system*; Roemer, *Harzgebirge*, pl. 8 et 9.
[5] *Prodrome*, t. I, p. 72.
[6] Fleming, *British anim.*, p. 338; Sowerby, *Min. conch.*, pl. 469 et 470, et *Trans. of the geol. Soc.*, 2ᵉ série, t. V; Phillips, *Geol. of Yorkshire*.
[7] *Desc. anim. foss. carb. Belgique*, p. 334.

légère déviation dans l'enroulement, qui n'est plus exactement symétrique, et par l'absence du sinus; leur spire est un peu visible, d'un côté seulement.

Les rapports de ces coquilles sont douteux. Elles pourraient tout aussi bien être rapprochées des trochoïdes et en particulier du genre singulier des helicocryptus. M. d'Orbigny a proposé dans ces dernières années de les associer aux bulles. Ces questions sont difficiles à résoudre, dans l'ignorance complète où nous sommes de l'organisation des animaux.

On ne les a trouvées que dans les terrains crétacés.

La seule espèce connue, la *B. Vibrayei*, d'Orb. [1], est voisine du *Bellerophon Urii* par sa forme et ses stries, et a été trouvée dans le gault de Dienville.

Nous devons encore placer provisoirement à la fin de cette famille quelques genres qui en ont les caractères essentiels, mais non ceux des coquilles, car elles ne sont ni échancrées, ni percées et ressemblent par conséquent tout à fait à celles des patelles. Les animaux par leurs organes branchiaux, appartiennent à la division des pectinibranches, et empêchent de réunir ces genres aux patelles, qui sont cyclobranches.

Les Siphonaires (*Siphonaria*, Sowerby), — Atlas, pl. LXIX, fig. 7,

peuvent être distinguées par leur coquille qui n'est pas symétrique, et qui présente sur son côté droit une espèce de canal ou de gouttière, rendu sensible en dessus par une côte plus élevée et par un bord plus saillant. L'impression musculaire interne est interrompue. L'animal est muni d'une branchie pectinée transverse.

Ce genre est le même que celui des Liaia, Gray, et des Thumusculus, Schmidt.

Les siphonaires, confondues longtemps avec les patelles, se trouvent aujourd'hui dans les mers chaudes du globe. On n'en connaît fossiles qu'un petit nombre d'espèces des terrains tertiaires.

[1] *Pal. franç., Terr. crét.*, t. II, p. 410, pl. 236, fig. 7 à 11.

Les S. *bisiphites* et *vasconiensis*, Mich. [1], ont été trouvées dans les faluns de Dax. La première est figurée dans l'Atlas.

M. d'Orbigny [2] cite une espèce dans les terrains quaternaires d'Amérique.

Les GARDINIA, Gray (*Mouretia*, Sowerby),

sont pectinibranches comme les siphonaires, et ont de grands rapports avec elles dans les formes de l'animal; mais la coquille est presque symétrique, et n'a pas d'expansion latérale. La seule irrégularité provient de ce que l'impression musculaire est un peu plus développée à droite. Cette impression musculaire diffère en outre de celle des siphonaires en ce qu'elle est continue. La coquille est plus facile à confondre avec celle des patelles, mais l'animal est très différent.

On n'en connaît qu'une seule espèce fossile [3], la *Gardinia Garnoti* (*Pileopsis Garnoti*, Payradeau). Elle se trouve dans les terrains quaternaires de Sicile et vit encore dans la Méditerranée.

Les ACMÉES (*Acmæa*, Eschcholtz, *Patelloidea*, Quoy, *Lottia*, Gray, *Helcion*, d'Orb., non Montf.),

forment un genre très embarrassant pour les paléontologistes, parce que leur coquille, tout à fait identique dans ses formes avec celle des patelles, protège un animal tout différent et qui est un véritable pectinibranche. Dans la nature vivante on remarque qu'en général les coquilles des acmées sont plus minces, plus fragiles, plus finement striées que celles des patelles; mais ces caractères sont incertains et trompeurs, et rien ne guide pour leur application à l'étude des terrains anciens. M. d'Orbigny pense que toutes les coquilles antérieures aux terrains tertiaires, et décrites comme des patelles, sont vraisemblablement des acmées; mais cette opinion, qui a pour elle peu de preuves positives, ne me paraît pas suffisamment fondée; et l'on ne peut guère, dans l'état actuel de la science, répartir avec quelque sécurité, les espèces fossiles entre ces deux genres.

On trouve, comme je le montrerai plus loin, bien des espèces rapportées par M. d'Orbigny aux acmées et qui sont épaisses, so-

----

[1] Michelin, *Mag. de zoologie de Guérin*, première année, *Mollusques*, pl. 5 et 32.

[2] *Voyage en Amérique, Paléontologie.*

[3] Philippi, *Enum. moll. Sicil.*, t. II, p. 85.

lides, ornées de grosses côtes, tandis que les mers actuelles renferment plusieurs patelles minces et lisses. Je réunis provisoirement les espèces de ces deux genres en leur laissant le nom du plus anciennement connu, celui de patelles, et je renvoie par conséquent à l'ordre suivant pour la discussion de ces espèces.

3ᵉ ORDRE.

CYCLOBRANCHES.

Les cyclobranches ont des branchies en forme de houppes, dont l'ensemble forme un long cordon circulaire, plus ou moins complet, sous les rebords de leur manteau. Ces mollusques sont tous marins et se lient, comme on a pu le voir, par des transitions insensibles avec l'ordre des pectinibranches. Il est même possible que ces deux ordres doivent une fois être réunis, d'autant plus que celui des cyclobranches ne renferme que deux genres dont les rapports sont assez éloignés.

Les Patelles (*Patella*, Lin., *Lepas* et *Patella*, Auct. antiq.), — Atlas, pl. LXIX, fig. 8 à 16,

ont une coquille scutiforme, plus ou moins conique et régulière. Elles vivent aujourd'hui fixées aux rochers, au niveau des basses marées.

J'ai dit plus haut, en traitant du genre acmée, qu'il était impossible de distinguer d'une manière convenable ces coquilles de celles des patelles, et qu'il était par conséquent nécessaire de les réunir provisoirement. Les citations ci-dessous renfermeront donc probablement des mollusques pectinibranches et cyclobranches. Je rappelle en outre que M. d'Orbigny considère comme probable que ce sont surtout les premiers qui ont vécu dans les époques antérieures aux terrains tertiaires.

Je réunis aux patelles le genre METOPTOMA, Phillips, qui n'en diffère que parce que le bord antérieur est tronqué (Atlas, pl. LXIX, fig. 9). On doit leur associer aussi quelques-unes des CARINAROPSIS, Hall ; et les GONICTIS, Raf.

Les Helcion, Montfort, ne sont que des patelles très bombées.

Les patelles, considérées telles que je viens de l'indiquer, se trouvent dans presque tous les terrains, mais ne sont nombreuses nulle part. Elles ont acquis leur maximum de développement dans l'époque actuelle.

Dans l'époque primaire on en cite quelques espèces.

Les terrains siluriens d'Europe n'en ont pas encore fourni, mais on en connaît quelques-unes des dépôts siluriens inférieurs d'Amérique.

M. Hall [1] a décrit sous le nom de *Metoptoma rugosa*, une espèce des terrains siluriens inférieurs d'Amérique, qui n'est point tronquée en avant et qui appartient au groupe des vraies patelles (Atlas, pl. LXIX, fig. 8).

Il faut placer dans ce genre les *Carinaropsis patelliformis* et *orbiculatus*, du même auteur et des mêmes gisements.

Elles sont nombreuses dans les terrains dévoniens.

Le comte de Münster [2] en a fait connaître quatre des terrains dévoniens d'Elbersreuth (*P. disciformis*, *subradiata*, *elliptica* et *lævigata*), et une de Schubelhammer (*P. speciosa*).

Le *Patellites antiquus*, Schlot. [3], provient du nord de l'Allemagne.

Les *P. Saturni*, Goldf., et *Neptuni*, id., proviennent de l'Eifel, la *P. primigenia*, Schlot., de l'affrath. Ces espèces sont toutes figurées, ainsi que les précédentes, dans l'ouvrage de Goldfuss [4].

Il faut ajouter le *P. striatosulcata*, Rœmer [5], du Hartz.

Elles sont nombreuses dans les terrains carbonifères.

Un grand nombre d'entre elles ont été décrites par Phillips [6]. Les unes sont ovales, les autres tronquées, c'est-à-dire qu'il y a parmi elles des Acmées (*P. sinuosa*, Phill., *mucronata*, id., *curvata*, id., *retrorsa*, id., *lateralis*, id.), et des Metoptoma (*M. pileus*, Phill., *imbricatus*, id., *ellipticus*, id., *oblongus*, id., *sulcatus*, id.).

M. de Koninck [7] a retrouvé en Belgique quelques-unes de ces espèces et en a ajouté deux nouvelles (*P. Ryckholtiana* et *solaris*). Cette dernière est un Metoptoma (Atlas, pl. LXIX, fig. 9).

[1] *Palæont. of New-York*, t. I, p. 306, pl. 40 et 83.
[2] *Beitr. zur Petref.*, t. III, p. 81 pl. 14.
[3] *Petref.*, p. 113, *Nachtrag*, I, p. 62, pl. 12; Goldfuss, *Petref. Germ.*, t. III, p. 6, pl. 167, fig. 3.
[4] *Petref. Germ.*, loc. cit., pl. 166 et 167.
[5] *Palæontographica*, t. III, p. 80, pl. 12, fig. 18.
[6] *Geol. of Yorkshire*, t. II, pl. 14.
[7] *Desc. anim. foss. carb. Belg.*, p. 324, pl. 22 et 23 bis.

Quelques-unes sont indiquées dans les terrains triasiques.

La *P. subannulata*, Münster [1], provient du muschelkalk de Laineck, près Baireuth.

Six espèces de Saint-Cassian ont été décrites [2] par le comte de Münster et par M. Klipstein.

Elles se continuent dans les terrains jurassiques.

On en connaît quelques-unes du lias.

Les *P. Schmidti* et *subquadrata*, Dunker [3], proviennent du lias d'Halberstadt.

La *P. papyracea*, Goldf. [4], a été trouvée dans le lias de Banz, et la *P. rugosa*, id., dans le lias de Löbke.

On en cite un assez grand nombre dans l'oolithe inférieure et dans la grande oolithe. Parmi ces espèces on en remarque plusieurs qui, par leur épaisseur, leurs côtes passablement distinctes et en général par toute leur apparence, semblent se rapporter bien plus au genre des patelles qu'à celui des acmées. Elles sont une preuve de la difficulté de répartir les coquilles fossiles entre ces deux genres et du peu de certitude de l'opinion qui attribue au genre acmée toutes les coquilles patelliformes antérieures à l'époque tertiaire.

La *P. mammillaris*, Münster [5], de Aalen en Wurtemberg, a bien encore les formes des acmées.

Les espèces décrites [6] par M. Eudes Deslongchamps prennent en partie les ornements et la forme des vraies patelles. Ce paléontologiste a décrit les *P. Tessonii* et *sulcata*, de l'oolithe inférieure de Normandie et les *nitida*, *clypeola* et *appendiculata*, de la grande oolithe (outre la *P. rugosa*, Sow.). Je suis disposé à ne voir avec M. d'Orbigny dans l'*Umbrella ? disculus*, Desl., qu'une vraie patelle.

La grande oolithe d'Angleterre [7] a fourni plusieurs patelles auxquelles

---

[1] Goldfuss, *Petref. Germ.*, t. III, p. 6, pl. 167, fig. 6.

[2] Münster, *Beitr. zur Petref.*, t. IV, p. 91, pl. 9 ; Klipstein, *Geol. der œst. Alpen*, p. 204, pl. 14.

[3] *Palæontographica*, t. I, p. 113, pl. 13.

[4] *Petref. Germ.*, t. III, p. 6, pl. 167, fig. 7 et 8.

[5] Goldfuss, *Petref. Germ.*, t. III, p. 7, pl. 167, fig. 10.

[6] *Mem. Soc. Linn. Norm.*, t. VII, p. 112, pl. 7.

[7] Sowerby, *Min. conch.*, pl. 139 et 484 ; Morris et Lycett, *Moll. from the great ool. (Palæont. Soc.*, 1850, p. 88, pl. 12).

s'appliquent les considérations ci-dessus. On y trouve la *P. rugosa*, Sow. (Atlas, pl. LXIX, fig. 10); la *P. paradoxa*, Morris et Lycett (id., fig. 11), espèce à grosses côtes et très solide, et neuf autres espèces, dont quatre nouvelles, décrites par les mêmes auteurs.

La *P. Aubentonensis*, d'Archiac [1], provient de la grande oolithe d'Aubenton.

On trouve peu de patelles dans les terrains oxfordiens :

La *P. tenuistriata*, Eudes Desl. [2], a été découverte à Trouville.

Elles augmentent de nombre dans l'époque corallienne.

La *P. cingulata*, Münster [3], a été trouvée à Pappenheim.

Les *P. minuta*, Roemer, et *ovata*, id. [4], proviennent du terrain corallien d'Hoheneggelsen (oxfordien d'Orbigny).

M. Buvignier [5] a décrit cinq espèces du coralrag de Saint-Mihiel. La *P. virdunensis*, Buv., est figurée dans l'Atlas, pl. LXIX, fig. 12.

M. d'Orbigny [6] a indiqué quelques espèces inédites.

Elles se continuent peu nombreuses dans les terrains jurassiques supérieurs.

M. Buvignier [7] cite deux espèces (*P. mosensis*, Buv., et *Humbertina*, id.) du calcaire à astartes et une, la *P. suprajurensis*, Buv., du terrain portlandien de Varennes.

Cette dernière espèce paraît être la même que la *P. latissima*, Sow. [8], du terrain kimméridgien de Weymouth.

Ces mollusques ne sont pas très abondants dans les terrains crétacés.

On en connaît peu du terrain néocomien.

Les *Patella lamellosa*, Koch [9], et *quadrata*, id., proviennent du hils de Ellingser Brinke.

Le gault en renferme quelques-unes.

[1] *Mém. Soc. géol.*, 1847, t. V, p. 377, pl. 28, fig. 8.
[2] *Mém. Soc. linn. Norm.*, t. VII, p. 114, pl. 7.
[3] Goldfuss, *Petref. Germ.*, t. III, p. 7, pl. 167, fig. 11.
[4] *Norddeutsch. Oolithgeb.*, p. 135, pl. 9 et supplém., p. 43, pl. 20.
[5] *Statist. géol. de la Meuse*, p. 27, pl. 21.
[6] *Prodrome*, t. II, p. 12.
[7] *Loc. cit.*
[8] *Min. conch.*, pl. 139.
[9] Koch. et Dunker, *Beitr. Oolgeb.*, p. 51.

M. d'Orbigny [1] a décrit l'*H. tenuicosta* du gault de Gévaudot et de Saint-Florentin et indiqué l'*H. conica*, d'Orb. de Clar.

La *P. lævis*, Sow. [2], provient du gault de Folkestone.

La *P. Varnensis* [3], a été découverte dans le gault de Varennes, et la *P. Parthensis*, Buv., dans des sables verts inférieurs que M. Buvignier réunit au gault, et que je croirais plutôt appartenir au terrain aptien.

J'ai décrit avec M. Roux [4] deux espèces du gault de la Perte du Rhône, sous les noms d'*Acmæa inflata* et *A. paulina* (Atlas, pl. LXIX, fig. 13).

Les terrains crétacés moyens et supérieurs en ont aussi fourni quelques espèces.

L'*Amæa subcentralis* d'Archiac [5] a été trouvée à Tournay (*T. cénomanien*). Plusieurs espèces d'Allemagne ont été décrites [6] par MM. Geinitz (*P. angulosa*, du plänerkalk de Strehlen), Reuss (*P. companulata* et *P. tenuicosta*, du calcaire à hippurites de Koriczan); Roemer (*P. conica*, du pläner mergel de Ilseburg); comte de Münster (*P. semistriata* de la craie de Haldem); von Hagenow (*P. constricta* et *striatula* de la craie de Rugen); etc.

Elles n'augmentent pas beaucoup de nombre dans les terrains tertiaires.

On trouve dans le tertiaire eocène du bassin de Paris quatre espèces décrites par M. Deshayes [7], la *P. Duclosi*, Desh., du calcaire grossier de Parnes, espèce très conique, et les *P. costaria*, Desh. (Atlas, pl. LXIX, fig. 14), *striatula*, id., et *glabra*, id., des grès supérieurs de Vaimondois.

J'ai dit plus haut que les *Parmaphorus elongatus*, Lamk (Atlas, pl. LXIX, fig. 15), et *angustus*, Desh. [8], ressemblent beaucoup plus à la *Patella compressa*, Desh, etc., qu'aux parmaphores vivants, et qu'ils sont probablement des patelles. Le premier se trouve dans le calcaire grossier et le grès marin supérieur. Le deuxième appartient au premier de ces gisements.

La *P. striata*, Sow. [9], provient de l'argile de Londres.

Les terrains miocènes et pliocènes en contiennent également.

[1] *Pal. fr., Terr. crét.*, t. II, p. 308, pl. 235.

[2] *Min. conch.*, pl. 139.

[3] *Stat. géol. de la Meuse*, p. 27, pl. 21.

[4] *Moll. des grès verts*, p. 283, pl. 27.

[5] *Mém. Soc. géol.*, 1847, 2ᵉ série, p. 331, pl. 22.

[6] Geinitz, *Characterist.*, supp., pl. 6; Reuss, *Boehm. Kreidef.*, t. II, p. 110, pl. XL et XLIV; Roemer, *Norddeutsch. Kreidgeb.*, p. 77, pl. 11, Münster in Goldfuss, *Petref. Germ.*, t. III, p. 7, pl. 167, fig. 12; von Hagenow in *Leonh. und Bronn, Neues Jahrb.*, 1842, p. 363.

[7] *Descr. des coq. foss. Par.*, t. II, p. 7, pl. 1.

[8]   id.,   p. 12, pl. 1.

[9] *Min. conch.*, pl. 389.

M. Grateloup (1) a trouvé deux espèces dans les faluns bleus de Dax (miocène inférieur). Il rapporte l'une à la *P. costaria*, Desh., qui paraît différente, et nomme l'autre *P. acuminata*, Grat. Il ne cite qu'une espèce des faluns jaunes qu'il rapporte à la *P. vulgata*, Lin., vivante, mais elle ne paraît plus élevée et moins costée. Au reste, les figures de M. Grateloup ne permettent pas de se faire sur ces analogies une opinion précise.

Les auteurs piémontais (2) comptent six espèces de patelles dans les terrains miocènes de l'Italie septentrionale. Ce sont les *P. pileata*, Bon. (*Acmæa pileata*, Sism.), *polygona*, Sism. (Atlas, pl. LXIX, fig. 16), *Borni*, Mich., *neglecta*, id., *Klipsteini*, id., et *anceps*, id. Les terrains pliocènes du même pays ont fourni la *P. diluvii*, Mich.

Le crag d'Angleterre suivant M. Wood (3), ne renferme qu'une seule patelle; la *P. vulgata*, Lin., vivante, et trois acmées ou TECTURA, Audouin et M.-Edw. Ce sont les *T. virginea*, Müll., et *fulva*, id., encore vivantes, et la *T. parvula*, Wood, spéciale au crag à mammifères.

On peut ajouter (4) la *P. angulata*, d'Orb., de Bessarabie, la *P. Duboisiana*, d'Orb., de Volhynie, etc.

Quelques patelles mal déterminées ont été citées dans les terrains tertiaires de l'Amérique méridionale et dans les monts Caribari (Indes orientales).

Les DESLONGCHAMPSIA, M'Coy. — Atlas, pl. LXIX, fig. 17,

ne diffèrent des patelles que par un large sillon longitudinal à la partie antérieure, qui se prolonge en dépassant un peu le bord, formant ainsi une région triangulaire étroite qui rompt l'uniformité normale. Le sommet est plus rapproché du bord antérieur.

Il est difficile de se rendre compte de la valeur de cette modification; il n'est pas impossible qu'elle corresponde à un caractère organique important.

La seule espèce connue (5) est la *D. Eugenei*, M'Coy, de la grande oolithe d'Angleterre.

(1) *Conch. foss. Adour*, I, pl. 1.

(2) Sismonda, *Synopsis*, p. 25; Michelotti, *Desc. foss. mioc. Ital. sept.*, p. 133.

(3) *Moll. from the crag*, *Pal. Soc.*, 1848, p. 160, pl. 18.

(4) D'Orbigny, *Pal. du voyage de M. Hommaire de Hell*, p. 170, pl. 4, et *Prodrome*, t. III, p. 93; Dubois, *Conch. foss. plat. Volh. Pod.*, pl. 4, fig. 11.

(5) M'Coy, *Notes manuscrites*; Morris et Lycett, *Mollusca from the great oolithe* (*Pal. Soc.*, p. 94, pl. 12).

LES OSCABRIONS (*Chiton*, Lin., *Cryptoplax*, Gray), — Atlas, pl. LXIX, fig. 18 et 19,

sont de véritables gastéropodes par la forme de leur pied et par leurs organes essentiels, et ils ressemblent aux patelles par la disposition de leurs branchies; mais ils diffèrent de tous les autres mollusques de cette classe, parce qu'au lieu d'avoir une coquille unique, leur corps est protégé par une série de pièces calcaires indépendantes ou *céromes*, imbriquées d'avant en arrière et ordinairement au nombre de huit. Cette disposition remarquable, distingue clairement les oscabrions de tous les autres animaux.

Ces mollusques sont rares à l'état fossile et paraissent être aujourd'hui à leur maximum de développement. On les a cependant trouvés déjà dans les terrains dévoniens, mais ils ne sont représentés dans la série des époques suivantes qu'à de rares intervalles et par des fragments peu nombreux.

Leur étude est difficile, car on ne trouve le plus souvent que des plaques isolées qui rendent les erreurs faciles dans l'appréciation de leurs caractères. Les plaques du milieu sont souvent lobées et ont une forme assez tranchée; la dernière souvent arrondie peut facilement se confondre avec certaines patelles. Il ne serait pas impossible que quelques fossiles de l'époque primaire, considérés comme des espèces de patelles ou d'acmées, surtout parmi celles qui ont la forme dont on a fait le genre des METOPTOMA, ne fussent que des plaques terminales d'oscabrions.

Quelques plaques dorsales du même genre ont été même confondues avec les bellérophes (1), et ont fait croire à quelques auteurs que ce dernier groupe pourrait arriver jusqu'à une forme très étalée.

On en connaît comme je l'ai dit quelques espèces de l'époque dévonienne.

Nous avons figuré dans l'Atlas, pl. LXIX, fig. 19, le *Chiton corrugatus*, Sandberger (2), des terrains dévoniens du duché de Nassau. Le *C. sagittalis*,

---

(1) Ainsi le *B. expansus*, Roemer, *Harzgeb.*, pl. 9, fig. 5 (non Hall), est très probablement une plaque d'oscabrion.

(2) G. et F. Sandberger, *Syst. Besch. Verst. Rhein. Schichten syst.*, Nassau, pl. 26, fig. 22 et 23.

id., des mêmes gisements, est une espèce dont les cérames sont en forme de fer de flèche.

Le *Bellerophon expansus*, Roemer [1], doit probablement, comme nous l'avons dit, être transporté dans ce genre.

Suivant M. G. Sandberger [2], il faut ajouter à la liste des oscabrions dévoniens le *C. priscus*, Münster, cité plus bas, qui aurait été trouvé dans le terrain dévonien de Wilmar, le *C. cordiformis*, Sandb., de Grund, et les *C. fasciatus*, id., et *subgranosus*, id , de Wilmar.

Les espèces se continuent dans les terrains carbonifères.

Le *C. priscus*, Münster [3], provient du terrain carbonifère de Tournay (Atlas, pl. LXIX, fig. 18).

Le *C. concentricus*, Koninck, et *gemmatus*, id. (*subgemmatus*, d'Orb.), ont été trouvés à Visé (Belgique).

M. le baron de Ryckholt [4] a ajouté dix espèces nouvelles des terrains carbonifères de Belgique.

Une espèce a été indiquée dans les terrains permiens.

C'est le *C. Loftusianus*, King [5], de Humbleton Hill.

Ils paraissent très rares dans les dépôts jurassiques.

M. Terquem a fait connaître [6] le *C. Deshayesi*, du lias du département de la Moselle.

M. Deslongchamps a décrit [7] le *C. Koninckii*, Desl., de la grande oolithe de Luc.

Aucune espèce n'a encore été citée dans les terrains crétacés.
Elles sont peu nombreuses dans les terrains tertiaires.

On trouve dans le calcaire grossier de Paris le *C. grignonensis*, Lamk [8].

Le *C. miocenicus*, Michelotti [9], rapporté d'abord par Sismonda, etc., au *C. cinereus*, Lamk, vivant, caractérise les terrains miocènes de la colline de Turin.

M. Sismonda [10] (mais non M. Michelotti), y ajoute le *C. cajetanus*, Poli (*subcajetanus*, d'Orb.), qui se trouverait avec le précédent.

[1] Roemer, *Harzgeb.*, pl. 9, fig. 5.
[2] *Leonh. und Bronn, Neues Jahrb.*, 1842, p. 399.
[3] Münster, *Beitr. zur Petref.*, t. I, p. 38, pl. 13, fig. 4 ; de Koninck, *Desc. anim. foss. carb. Belg.*, p. 319, pl. 22 et 23.
[4] *Résumé géol. sur le genre Chiton (Bulletin Acad. Bruxelles*, t. XII, n° 7.)
[5] *Permian fossils (Palæont. Soc.*, t. VIII, p. 202, pl. 16).
[6] *Bull. Soc. géol.*, 2ᵉ série, 1852, p. 386.
[7] *Mém. Soc. linn. Norm.*, t. VIII, p. 157, pl. 18.
[8] Deshayes, *Coq. foss. Par.*, t. II, p. 7, pl. 1.
[9] *Desc. foss. mioc. Ital. sept.*, p. 132, pl. 16, fig. 7.
[10] *Synopsis*, p. 25.

M. Wood [1] indique dans le crag corallien d'Angleterre, le *C. strigillaris*, Wood, espèce perdue, et avec doute, les *C. fascicularis*, Lin., et *Rissoi*, Payr., encore vivantes.

M. Conrad et M. Lea [2] ont décrit quelques espèces des terrains tertiaires d'Amérique.

M. d'Orbigny a trouvé dans les terrains diluviens d'Amérique le *C. tuberculiferus*, Sow.

Les Oscabrelles (*Chitonella*, Lamk),

diffèrent des oscabrions en ce que les pièces dorsales ou céra-mes, sont plus petites, séparées et en partie cachées sous la peau. Ces mollusques serpentent, et courbent leur corps plus facile-ment que les oscabrions.

La valeur de ce genre est contestable et des nuances insensi-bles le lient au précédent. Je crois aussi que son existence à l'état fossile est très douteuse.

M. d'Orbigny [3] lui attribue le *Chiton cordifer*, de Koninck, des terrains carbonifères de Tournay. M. de Ryckholt considère comme des plaques de crinoïdes les fragments sur lesquels cette espèce a été établie.

4° ORDRE.

DENTALIDES.

Les dentalides ont été pendant longtemps réunis aux annélides, et rapprochés des serpules, mais l'étude de l'animal a montré qu'ils ont les caractères essentiels des gastéropodes ; ils ne peuvent toutefois être associés à au-cun des ordres précédents et doivent en former un spécial.

Ils sont caractérisés par un corps allongé, coni-que, tronqué en avant, un pied proboscidiforme, une tête distincte et pédiculée, des lèvres pourvues de ten-tacules et des branchies disposées en deux paquets cer-vicaux symétriques.

[1] *Moll. from the crag, Palæont. Soc.*, 1848, p. 183, pl. 20.
[2] Lea, *Desc. new foss. tert.*; d'Orbigny, *Voyage, Paléontologie*, p. 459.
[3] *Prodrome*, t. I, p. 127 ; de Koninck, *Descr. anim. foss. carb. Belg.*, p. 324, pl. 22, fig. 5 ; Ryckholt, *Résumé géol. Chiton*, p. 25.

Les Dentales (*Dentalium*, Linné, *Dentalis*, Llwoyd), — Atlas,
pl. LXIX, fig. 20 à 29,

sont le seul genre de la famille. Ils ont une coquille régulière,
allongée, arquée en forme de petite corne, atténuée à son extrémité et ouverte aux deux bouts.

Les Entalium, Defrance, ne sont que des dentales dont l'extrémité postérieure a été cassée par accident et sécrétée de nouveau
avec un diamètre différent.

M. Gray a donné une autre signification à ce mot. Il divise les
dentales en trois genres : les Dentales proprement dits, striés ou
costés longitudinalement, les Entalium, lisses, et les Gadila, qui
ont une bouche rétrécie. Ces groupes sont commodes pour distinguer les espèces, mais ils n'ont pas une valeur générique.

Les dentales ont apparu dès les époques les plus anciennes du
globe et se retrouvent dans la plupart des terrains. Ils vivent aujourd'hui sur les côtes sablonneuses et rocailleuses de la plupart
de nos mers, et sont surtout abondants dans les régions chaudes.

On en connaît quelques-uns de l'époque primaire, mais seulement des terrains dévoniens et carbonifères.

Goldfuss [1] a décrit les *D. Saturni* et *antiquum*, du terrain dévonien de
l'Eifel, et le *D. priscum*, du terrain carbonifère de Tournay (Atlas, pl. LXIX,
fig. 20).

On trouve dans les terrains carbonifères de Visé [2], les *D. ingens* et *ornatum*, de Koninck (Atlas, pl. LXIX, fig. 21).

M. M'Coy a fait connaître [3] le *D. inornatum*, des terrains carbonifères
d'Irlande.

Quelques espèces sont citées dans les terrains triasiques [4].

Le *D. læve*, Schloth., provient du muschelkalk de Baireuth, le *D. torqua-
tum*, Hall, du muschelkalk de Iéna.
Quatre espèces ont été trouvées à Saint-Cassian.

L'époque jurassique en renferme un petit nombre.

[1] *Petref. Germ.*, t. III, p. 1, pl. 166.
[2] *Descr. des anim. foss. carb. Belg.*, Liège, 1842-1844, p. 317, pl. 22.
[3] *Synopsis of Ireland*, p. 47, pl. 5.
[4] *Petref. Germ.*, t. III, p. 2, pl. 166 ; Schlotheim, *Petref.*, *Nachträge*,
II, p. 107, pl. 32, fig. 1 ; Münster, *Beitr. zur Petref.*, t. IV, p. 91 ; Klipstein, *Geol. der œst. Alp.*, p. 206.

On trouve dans le lias (¹) les *D. giganteum*, Phillips, *elongatum*, Münster, et *compressum*, d'Orbigny.

M. Eudes Deslongchamps (²) a décrit deux espèces de Normandie, dont une (*D. entaloides*, Desl.), de l'oolithe inférieure du Moutiers, et une (*D. nitens*, Desl. non Sow., *D. Normannianum*, d'Orb.), du terrain kimméridgien de Villerville.

Goldfuss (³) a fait connaître le *D. cinctum*, du terrain jurassique de Dernburg, et le *D. tenue*, de Pappenheim.

On en trouve aussi dans les terrains crétacés.

Sowerby en a décrit (⁴) quelques espèces, le *D. cylindricum*, du grès vert inférieur du Devonshire, le *D. septangulare*, du grès vert de Belfast, les *D. decussatum* et *ellipticum*, du gault, et le *D. medium*, du grès vert de Blackdown.

J'ai décrit avec M. Roux (⁵) le *D. Rhodani*, du gault de la perte du Rhône (Atlas, pl. LXIX, fig. 22). Notre *D. serratum* paraît être une serpule.

M. Geinitz (⁶) a fait connaître le *D. glabrum*, du quader inférieur et du plæner mergel, et le *D. cidaris*, du plæner de Saxe.

Les *D. laticostatum* et *polygonum*, Reuss (⁷), proviennent du plæner de Bohême.

Le *D. Mosæ*, Bronn (⁸), est une espèce un peu irrégulière, fréquente dans le terrain crétacé supérieur de Maëstricht, de Quedlimbourg, etc. (Atlas, pl. LXIX, fig. 23).

Le *D. nudum*, Zekeli (⁹), a été trouvé dans les terrains crétacés supérieurs de Gosau.

Il faut ajouter (¹⁰) quelques espèces du Chili et de Pondichéry.

Les espèces augmentent beaucoup de nombre dans les terrains tertiaires (¹¹).

(¹) Phillips, *Geol. of Yorkshire*, pl. 14, fig. 8 ; Münster, in Goldfuss, *Petref. Germ.*, t. III, p. 2, pl. 166 ; d'Orbigny, *Prodrome*, t. I, p. 233.

(²) *Mém. Soc. linn. Normandie*, t. VII, p. 128, pl. 7.

(³) *Petref. Germ.*, t. III, p. 3, pl. 166.

(⁴) *Min. conch.*, pl. 70 et 79 ; *Edinburgh Phil. Journ.*, t. XII.

(⁵) *Descr. moll. foss. grès verts*, p. 286, pl. 27.

(⁶) *Charachterist.*, p. 74, pl. 18.

(⁷) *Boehm. Kreideg.*, I, p. 41, pl. 11.

(⁸) Goldfuss, *Petref. Germ.*, t. III, pl. 168.

(⁹) *Gastéropodes Gosau*, p. 118, pl. 24.

(¹⁰) D'Orbigny, *Voyage de l'Astrolabe* ; Forbes, *Trans. geol. Soc.*, 2ᵉ série, t. VII.

(¹¹) On pourra consulter pour la description des espèces, une monographie de M. Deshayes, publiée dans le tome II des *Mémoires de la Soc. d'hist. nat.*

Les dépôts éocènes en ont fourni plusieurs.

On cite dans les terrains tertiaires inférieurs [1] le *D. incertum*, Deshayes, d'Abbecourt, le *D. sulcatum*, Lamk, de Liancourt, etc., les *D. entalis* (*subentalis*, d'Orb.) et *abbreviatum*, Desh., de Cuise-la-Motte (Atlas, pl. LXIX, fig. 25).

Le calcaire grossier des environs de Paris [2] a fourni une dizaine d'espèces. Nous avons figuré dans l'Atlas, pl. LXIX, fig. 24, l'espèce qui a été réunie par Lamarck au *D. eburneum*, vivant (*D. subeburneum*, d'Orb.).

Le *D. grande*, Desh., provient des terrains éocènes supérieurs de la Chapelle-en-Serval.

Les *D. striatum*, Sow., et *nitens*, id. [3], ont été trouvés dans l'argile de Londres.

Les terrains miocènes et pliocènes en renferment un grand nombre.

M. Nyst [4] cite quatre espèces dans le système tongrien de Belgique (*D. Kickxii*, Nyst, et trois espèces déjà décrites); et cinq espèces dans le système campinien du même pays (*D. semiclausum*, Nyst, et quatre espèces connues).

Les dépôts miocènes du Piémont renferment, suivant M. Michelotti [5], dix espèces décrites par Lamarck, Deshayes, Michelotti, etc. Nous en avons figuré plusieurs dans la planche LXIX de l'Atlas : le *D. coarctatum*, Lamk (fig. 26); le *D. fossile*, Lin. (fig. 27); le *D. Bouei*, Desh. (fig. 28) ; le *D. asperum*, Mich. (fig. 29).

Suivant M. Sismonda [6] les terrains pliocènes du même pays renferment les *D. aprinum*, Lin., *dentalis*, Lin., *fissura*, Lamk, qui vivent encore et le *D. Noæ*, Bon., espèce éteinte.

Le crag d'Angleterre contient, suivant M. Wood [7], les *D. costatum*, Sow., et *entalis*, Lin., encore vivantes, et le *D. bifissum*, Wood, spécial au crag corallien.

On a aussi trouvé [8] quelques dentales dans les terrains tertiaires de l'Amérique septentrionale, dans ceux du Chili, etc.

de Paris, et la 2ᵉ édit. de Lamarck. On y trouvera de nombreuses espèces fossiles. M. Chenu a aussi publié une monographie dans les *Illustrations conchyliologiques*.

[1] Deshayes, *loc. cit.*; Lamarck, *Hist. natur. des anim. sans vertèbres*, 2ᵉ édit., etc.

[2] Deshayes, *id.*; d'Orbigny, *Prodrome*, t. II, p. 372.

[3] *Min. conch.*, pl. 70.

[4] *Coq. et pol. foss. Belg.*, p. 339.

[5] *Descr. foss. mioc. Ital. sept.*, p. 144, pl. 15 et 16; Deshayes, *loc. cit.*, etc.

[6] *Synopsis*, p. 24 ; Deshayes, *loc. cit.*

[7] *Moll. from the crag* (*Palæont. Soc.*, 1848, p. 187, pl. 20).

[8] Say, *Journ. Acad. Phil.*, t. IV, p. 154 ; Conrad, *id.*, t. VII, p. 142; Sowerby in Darwin, *South. Amer.*, p. 263, etc.

5ᵉ ORDRE.

TECTIBRANCHES

(*Monopleurobranches*, Blainville).

L'ordre des tectibranches est caractérisé par des branchies en forme de feuillets, placées le long du côté droit ou sur le dos, et plus ou moins recouvertes par le manteau. Tantôt l'animal est protégé par une coquille externe enroulée ou patelliforme; tantôt le manteau renferme dans son intérieur une coquille analogue; tantôt on ne trouve qu'un osselet interne cartilagineux ou corné; quelquefois même, il n'existe aucune partie solide.

Ces mollusques sont en général faibles et organisés pour ramper; ils sont en conséquence côtiers et préfèrent les lieux abrités, les fonds de vase et de sable, recherchant surtout ceux qui sont situés dans les golfes et même dans les eaux stagnantes des marais maritimes. Ils sont nocturnes et viennent au crépuscule ramper sur les plages tranquilles.

On n'en connaît pas de plus anciens que ceux de l'époque jurassique, pendant laquelle ont vécu des bulles et peut-être (?) des ombrelles. Quelques genres ont été abondants pendant l'époque tertiaire, et ont vécu alors en Europe, en Amérique et dans l'Inde. Leur principal développement numérique paraît correspondre à l'époque actuelle.

On peut les diviser en trois familles :

Les PLEUROBRANCHES, ont des branchies sur le côté du manteau, qui est simple, leur coquille est quelquefois nulle, quelquefois solide et patelliforme.

Les APLYSIENS, ont des branchies sur le dos : elles

sont protégées par un repli spécial du manteau, qui renferme quelquefois une coquille rudimentaire.

Les BULLÉENS, ont également les branchies sur le dos, protégées par le manteau lui-même; leur coquille est quelquefois nulle, quelquefois interne, quelquefois externe et enroulée.

1ʳᵉ FAMILLE. — PLEUROBRANCHES.

La famille des pleurobranches renferme, comme je l'ai dit, les tectibranches à branchies latérales. Quelques genres (*Pleurobranchus*, Cuvier, etc.), sont totalement dépourvus de coquilles et sont inconnus à l'état fossile.

Les OMBRELLES (*Umbrella*, Lamk, *Umbraculum*, Schum., *Gastroplax*, Blainv., *Acardo*, Megerle non Brug.), — Atlas, pl. LXX, fig. 1,

sont de grands mollusques circulaires, dont le pied déborde le corps et dont le dos est hérissé de tubercules. Le manteau porte une coquille pierreuse, plate, irrégulièrement arrondie, plus épaisse dans son milieu, à bords tranchants, et marquée de stries concentriques.

C'est avec doute que M. Delongchamps [1] rapporte à ce genre une coquille de l'oolithe ferrugineuse de Bayeux (*U. disculus*, E. D.). M. d'Orbigny la rapproche des acmées, et je l'ai ci-dessus associée aux patelles.

L'*U. ? hamptonensis*, Morris et Lycett [2], me paraît très douteuse.

Les espèces qui ont été citées dans les terrains tertiaires, paraissent plus certaines.

L'*U. Londinensis*, Melleville [3], provient des sables inférieurs de Laon (Atlas, pl. LXX, fig. 1).

Les terrains tertiaires pliocènes du Piémont renferment une espèce que

[1] *Mém. Soc. linn. Norm.*, t. VII, p. 120, pl. 7.
[2] *Moll. from the great ool.* (*Palæont. Soc.*), 1850, p. 95, pl. 12).
[3] *Descr. sabl. tert. inf.* (*Ann. sc. géol.*, p. 44, pl. 6).

M. Sismonda [1] rapporte à celle qui vit actuellement dans la Méditerranée (*U. mediterranea*, Lamk). Cette même espèce se retrouve dans les terrains quaternaires de Sicile.

Les Tylodines (*Tylodina*, Rafinesque),

ressemblent aux ombrelles ; l'animal peut se retirer entièrement sous une coquille conique, dont le sommet présente un ou deux tours d'enroulement embryonnaire.

La seule espèce fossile connue est la *T. Rafnesquii*, Philippi [2], qui vit dans la Méditerranée et qu'on trouve enfouie dans les terrains quaternaires de Gravina et de Palerme.

2ᵉ Famille. — APLYSIENS.

Cette famille renferme des tectibranches dont les branchies sont situées sur le dos et protégées par une sorte de bouclier, prolongement du manteau, qui renferme quelquefois une coquille rudimentaire. Les tentacules sont grands.

Ces coquilles, quand elles existent, sont très délicates et leur conservation à l'état fossile est en conséquence rare. Les mers actuelles renferment un très grand nombre de genres difficiles à distinguer par la coquille seule, qui ne forme qu'une partie peu importante de l'organisme. On a attribué sans motifs suffisants au plus anciennement connu, les rares débris fossiles qu'on a trouvés.

Les Aplysies (*Aplysia*, Lin., *Laplysia*, Lamk),

sont des mollusques nus qui ressemblent à de grosses limaces. Leur large pied déborde le corps et forme des crêtes flexibles qui peuvent se réfléchir sur le dos. Leurs tentacules creusés en gouttières, comme des oreilles de mammifères, les ont fait nommer *Lièvres de mer*. Le manteau contient dans son intérieur une coquille cornée et plate.

[1] Sismonda, *Synopsis*, p. 56; Philippi, *Enum. moll. Sic.*, I, p. 113, II, p. 88.

[2] Philippi, *Enum. moll. Sic.*, t. I, p. 114, pl. VII, fig. 8, t. II, p. 89.

M. Philippi ([1]) a désigné sous le nom d'*Aplysia deperdita*, une petite coquille triangulaire du calcaire quaternaire de Palerme.

Il a rapporté avec doute au même genre, sous le nom d'*A. grandis*, une espèce plus grande (vingt-six lignes) du même gisement.

3ᵉ FAMILLE. — BULLÉENS.

Les bulléens ont des branchies sur le dos, recouvertes par le manteau lui-même. Les tentacules manquent souvent. La coquille varie : tantôt elle est interne, tantôt externe et quelquefois assez grande pour cacher tout l'animal. Quelquefois elle manque complétement.

Les auteurs sont peu d'accord sur la division de cette famille. Quelques-uns n'admettent que les genres acera et bulla (en y reunissant les bullæa). M. Gray, dans ces derniers temps, a proposé de la partager en quatre familles et dix-huit genres! Je ne m'occuperai ici que des types qui ont été trouvés à l'état fossile.

Les bulléens ont apparu pour la première fois au milieu de l'époque jurassique. Ils ont augmenté successivement de nombre jusqu'à l'époque actuelle, dans laquelle ils paraissent avoir leur maximum de développement.

Les BULLES (*Bulla*, Lamk), — Atlas, pl. LXX, fig. 2 à 7,

ont une coquille univalve, peu enroulée, ovale, sans columelle ni saillie à la spire, largement ouverte et à labre tranchant. L'animal peut s'y renfermer presque complétement.

Je suis obligé de leur réunir un grand nombre de genres ou sous-genres, parce qu'il nous manque des moyens suffisants pour étendre à la paléontologie les divisions fournies par l'étude des animaux vivants. Je comprends en particulier sous le nom général de bulla : les BULLINA, Férussac ([2]) (*Aplustrum* ou *Hydatina*, Schum.), les CICHLYNA, Loven (*Bullina*, Risso), les ACERA, Müller (*Vitrella*, Swainson), les ALICULA, Ehrenberg, les BULLI-

[1] *Enum. moll. Sic.*, t. I, p. 125, pl. 7, fig. 10, t. II, p. 99, pl. 18, fig. 10.

[2] Les *Bullina*, Fér., peuvent bien se distinguer par la coquille, car chez elles la spire est visible et un peu saillante ; mais ce caractère est très peu important et présente trop de transitions pour avoir une valeur générique.

NULA, Beck, les ATYS, Montfort (*Bulla hydatis*), etc.; sans parler des groupes fondés par M. Gray pour des espèces vivantes.

Les bulles sont aujourd'hui des mollusques abondants dans les mers chaudes et tempérées. Elles ont apparu dès l'époque jurassique, et sont nombreuses dans les terrains tertiaires.

On en trouve comme je l'ai dit quelques-unes dans les terrains jurassiques; mais les espèces ne sont pas toujours faciles à distinguer des actéonines.

La grande oolithe de Normandie a fourni [1] la *B. globulosa*, Desl., et la *B. primæva*, id.

La *B. Thorentia ?*, Buvignier [2], caractérise les mêmes dépôts du département de l'Aisne.

M. d'Orbigny [3] indique trois espèces inédites, la *B. Lorieri*, d'Orb., du terrain kellowien de la Sarthe; la *B. Arduennensis*, id., du terrain oxfordien des Ardennes, et la *B. vetusta*, id., du terrain corallien de la Rochelle.

La *B. elongata*, Phillips [4], a été trouvée dans le terrain oxfordien d'Angleterre.

M. Buvignier [5] en a décrit trois (*B. Dionysea*, *Moreana* et *Michelinea*, Atlas, pl. LXX, fig. 2) des terrains kimméridgiens de la Meuse et deux des terrains portlandiens (*B. cylindrella* et *truncatula*). Ces deux dernières me paraissent avoir plus de rapports avec les actéonines qu'avec les bulles.

La *B. suprajurensis*, Roemer [6], provient du terrain corallien de Hildesheim.

J'ai déjà dit que les *B. olivæformis*, Kock et Dunker, *B. subquadrata*, Roemer, et *spirata*, id., du même gisement, trouvées à Marienhagen, sont plus probablement des actéonines.

La *B. Mantelliana*, Sow. [7], a été découverte dans le terrain wealdien de la forêt de Tilgate.

Les bulles sont rares dans les terrains crétacés.

La *B. cretacea*, Müller [8], a été trouvée dans le terrain crétacé supérieur d'Aix-la-Chapelle.

M. d'Orbigny [9] indique une *B. santonensis*, inédite, de la craie de Saintes.

[1] *Mém. Soc. linn. Norm.*, t. VII, p. 135, pl. 10 et t. VIII, p. 161, pl. 18.
[2] *Mém. Soc. phil. Verdun*, t. II, p. 15.
[3] *Prodrome*, t. I, p. 334 et 358, et t. II, p. 13.
[4] *Geol. of Yorkshire*, p. 102, pl. 4.
[5] *Statist. géol. de la Meuse*, p. 28, pl. 21.
[6] *Norddeutsch. Oolithgeb.*, p. 137, pl. 9.
[7] *Trans. geol. Soc.*, 2ᵉ série, t. IV, pl. 22.
[8] *Aachen, Kreidef.*, II. p. 7, pl. 3.
[9] *Prodrome*, t. II, p. 233.

Elles augmentent beaucoup en nombre dans les terrains tertiaires.

Lamarck et M. Deshayes [1] en ont décrit treize espèces des terrains éocènes du bassin de Paris, dont il faut retrancher deux scaphanders. La *B. angistoma*, Desh. (Atlas, pl. LXX, fig. 3), et la *B. semistriata*, caractérisent les dépôts inférieurs du département de l'Oise, de Soissons, etc. Les neuf autres appartiennent au calcaire grossier. Nous avons reproduit dans l'Atlas, pl. LXX, la *B. oculata*, Lamk., fig. 4, et la *B. plicata*, Desh., fig. 5, comme type des vraies bulles, et la *B. striatella*, Lamk., fig. 6, comme type des bulles à spire visible, ou BULLINA.

Plusieurs de ces espèces se retrouvent dans les terrains éocènes d'Angleterre [2] avec quelques autres qui leur paraissent spéciales (*B. acuminata*, Sow. non Brug., ou *subacuminata*, d'Orb., *elliptica*, Sow., *constricta*, id., etc.).

Il faut ajouter la *B. Sowerbyi*, Nyst [3], des terrains éocènes de Belgique.

Les espèces sont abondantes dans les terrains miocènes et pliocènes.

La *B. minuta*, Desh. [4], se trouve dans les terrains miocènes inférieurs du parc de Versailles.

Les espèces du bassin de Bordeaux ont été décrites par M. Basterot et par M. Grateloup [5]. Ce dernier a fait connaître quatre espèces nouvelles des faluns bleus (*B. fallax*, Grat.), et une quinzaine des faluns jaunes. Nous avons figuré dans l'Atlas, pl. LXX, fig. 7, la *Bullina Lajonkaireana*, Basterot, fréquente dans les terrains miocènes d'une partie de l'Europe.

La *B. Grateloupi*, Michelotti [6], et la *B. Brocchii*, id., caractérisent les dépôts miocènes du Piémont.

M. E. Sismonda [7] y ajoute la *B. uniplicata*, Bell., et indique dix espèces dans les terrains pliocènes du même pays. La plupart sont assimilées à des espèces vivantes.

L'Allemagne renferme dans ses terrains tertiaires une grande partie des espèces précitées. D'autres ont été décrites [8] par M. Philippi (*B. intermedia*, *retusa*, *terebelloides*, *teretiuscula*, *spicina*, *alialata*, *plicata*, *lineata*, etc.).

---

[1] Deshayes, *Descr. des coq. foss. Par.*, t. II, p. 37, pl. 5 et 8.

[2] Sowerby, *Min. conch.*, pl. 464.

[3] *Coq. et pol. foss. Belg.*, p. 456, pl. 39.

[4] *Coq. foss. Par.*, t. II, p. 43, pl. 5.

[5] Basterot, *Coq. foss. Bord.*, p. 20; Grateloup, *Conch. foss. Adour*, 1, pl. 2. Voyez pour la synonymie des espèces des faluns jaunes, d'Orbigny, *Prodrome*, t. III, p. 95.

[6] *Descr. foss. mioc. Ital. sept.*, p. 150.

[7] *Synopsis*, p. 56.

[8] Philippi, *Tert. Verst. nordwest. Deutsch.*, p. 18, pl. 3, et *Palæontographica*, I, p. 58, pl. 9.

M. Wood [1] cite dans le crag d'Angleterre, neuf espèces de bulles en y comprenant quelques scaphandres. Six d'entre elles vivent encore ; deux sont spéciales au crag corallien (*B. coccinea*, Wood, et *nana*, id.).

Il faut ajouter [2] quelques espèces décrites par MM. Matheron (*B. subumbilicata*, de la mollasse du midi de la France) ; Dubois de Montpéreux (*B. ovata*, Dubois ou *Duboisiana*, d'Orb.), etc.

On trouve aussi des bulles en Amérique et en Asie [3], dans les terrains crétacés et tertiaires.

Les Scaphander, Montfort (*Assula*, Schum.), — Atlas, pl. LXX, fig. 8 et 9,

peuvent à peine être séparés des bulles par les caractères de leur coquille. L'ouverture en est plus élargie à la partie antérieure et plus resserrée à proportion en arrière, de manière à former un cornet plus ouvert. Leur séparation générique paraît justifiée par la nature de l'estomac qui est pierreux comme chez les philina.

Quelques espèces des terrains tertiaires, voisines par leurs formes de la *Bulla lignaria*, vivante, paraissent devoir appartenir à ce genre.

La *B. conica*, Desh., de Soissons, et la *B. parisiensis*, d'Orb., de Cuise-la-Motte (Atlas, pl. LXX, fig. 8), espèce réunie à tort par M. Deshayes à la *B. lignaria*, caractérisent les terrains éocènes inférieurs [4].

La *B. Fortisii*, Brongniart [5], du terrain nummulitique de Ronca, a aussi les caractères des scaphandres.

Il en est de même de la *B. attenuata*, Sow. [6], de l'argile de Londres.

On doit encore placer dans les scaphandres deux bulles des faluns jaunes de Dax, rapportées à tort par M. Grateloup [7], l'une à la *B. lignaria* (*S. sublignaria*, d'Orb.), et l'autre à la *B. Fortisii*, Brongniart (*S. Grateloupi*, d'Orb.).

La véritable *B. lignaria*, Lin., vivante, paraît se retrouver [8] dans les

[1] *Moll. from the crag* (*Palæont. Soc.*, 1848, p. 172, pl. 21).

[2] Matheron, *Catalogue méthodique et descriptif des corps organisés fossiles du département des Bouches-du-Rhône et lieux circonvoisins*, extrait du *Répertoire des trav. Soc. stat. Mars.*, p. 196, pl. 33 ; Dubois de Montpéreux, *Conch. foss. plat. Volh. Pod.*, p. 49, pl. 4, etc.

[3] D'Orbigny, *Prodrome*, t. II et III.

[4] Deshayes, *Coq. foss. Par.*, t. II, p. 44, pl. 5 et 8 ; d'Orbigny, *Prodrome*, t. II, p. 321.

[5] *Vicentin*, p. 52, pl. 2, fig. 1.

[6] *Min. conch.*, pl. 464.

[7] *Conch. foss. Adour*, 1 ; d'Orbigny, *Prodrome*, t. III, p. 95.

[8] Sismonda, *Synopsis*, p. 56 ; Wood, *loc. cit.*, etc.

terrains pliocènes d'Asti, le crag, etc. La planche LXX, fig. 9 de l'Atlas, représente un échantillon du crag.

Les PHILINA, Ascanius [1], (*Lobaria*, O.-F. Müller, *Bullæa*, Lamk),
— Atlas, pl. LXX, fig. 10 et 11,

ont des coquilles de même forme que les bulles, mais plus minces et très ouvertes. La principale différence entre ces deux genres consiste dans ce que, dans les philina, cette coquille est cachée dans le manteau, tandis qu'elle est extérieure dans les bulles. On en connaît un petit nombre d'espèces vivantes et quelques fossiles des terrains tertiaires.

La *B. striata*, Desh. [2], se trouve dans les terrains éocènes de Grignon et de Mouchy (Atlas, pl. LXX, fig. 10).

La *B. scabra*, Müller (*B. punctata*, Philippi, *B. angustata*, Bivona), de la Méditerranée, se trouve fossile dans les terrains quaternaires de Sicile [3].

M. Wood [4] en cite quatre espèces dans le crag d'Angleterre, dont deux encore vivantes (*B. scabra*, ci-dessus indiquée et *B. quadrata*, Wood, Atlas, pl. LXX, fig. 11), et deux spéciales au crag corallien (*B. sculpta*, Wood, et *ventrosa*, id.).

6ᵉ ORDRE.

HÉTÉROPODES

(Nucleobranchiata, Blainville).

Les hétéropodes ont la partie inférieure du corps analogue au pied des gastéropodes normaux ; mais cet organe plus ou moins rudimentaire est comprimé en forme de nageoire. Ils se rapprochent d'ailleurs des ptéropodes par leurs habitudes et par leur mode de locomotion, et forment une transition remarquable entre ces deux groupes. Les sexes sont séparés, et les branchies en panache sont le plus souvent placées sur un nucleus qui porte le cœur.

[1] Le nom de *Philina* date de 1772, celui de *Lobaria*, de 1776 et celui de *Bullæa*, de 1801.

[2] *Descr. des coq. foss. Par.*, t. II, p. 37, pl. 5.

[3] Philippi, *Enum. moll. Sic.*, I, p. 121, pl. 7, fig. 17, II, p. 95.

[4] *Moll. from the crag* (*Palæont. Soc.*, 1848, p. 179, pl. 21).

Plusieurs hétéropodes sont nus, les autres ont une coquille ordinairement enroulée et presque toujours mince et petite par rapport aux dimensions du corps. Ils vivent comme les ptéropodes dans la haute mer, et surtout dans les régions chaudes et tempérées, se laissant flotter et entraîner par les courants, et, comme eux, ils apparaissent par myriades à la chute du jour.

On ne cite à l'état fossile qu'un seul genre, celui des carinaires, encore vivant et qui paraît avoir vécu dans l'époque tertiaire ; mais comme cet ordre renferme, ainsi que je l'ai dit, plusieurs genres nus ou à coquille très délicate, il serait imprudent d'affirmer qu'en réalité ils n'ont pas existé avant cette époque.

On divise les hétéropodes en quatre familles : les Firolides, les Atlantides, les Phylliroïdes et les Sagittides. Le seul genre connu à l'état fossile appartient à la première.

Les Carinaires (*Carinaria*, Lamk.), — Atlas, pl. LXX, fig. 12,

ont une coquille mince, fragile et transparente, enroulée obliquement à droite, à spire très courte et n'occupant que le sommet. La bouche est largement ouverte et divisée par une carène longitudinale. L'animal est très grand par rapport à cette coquille, gélatineux et couvert d'aspérités.

L'extrême fragilité des carinaires explique leur rareté à l'état fossile. M. Hugard en a découvert une espèce dans le terrain tertiaire miocène de Turin. C'est [1] la *C. Hugardi*, Bellardi, rapportée à tort par M. E. Sismonda, à l'*Argonauta nitida*, Lamk.

C'est peut-être près des carinaires qu'il faut placer un genre jusqu'à présent très mal caractérisé, celui des Ditaxopus, découvert dans les psammites de l'Amérique du nord (terrain dévonien ?), par M. Rafinesque [2].

[1] Sismonda, *Synopsis*, p. 58 ; d'Orbigny, *Prodrome*, t. III, p. 96.
[2] *Bull. Soc. géol. de France*, t. X, p. 378.

7ᵉ ORDRE.

PTÉROPODES.

Le caractère principal des ptéropodes réside dans leurs organes du mouvement. Ils n'ont pas le pied charnu des gastéropodes normaux, et leur tête porte deux ailes ou nageoires musculaires. Leur corps est nu ou enfermé dans une coquille mince et fragile, ordinairement symétrique, très rarement spirale.

Ces caractères, principalement ceux qui sont tirés des organes de la locomotion, les éloignent tellement des gastéropodes proprement dits, que plusieurs auteurs en ont fait une classe distincte. Sans méconnaître les arguments qui peuvent militer en faveur de cette manière de voir, je les ai considérés comme une simple subdivision des gastéropodes. Les motifs qui m'ont décidé sont tirés du degré de perfection de leur organisme qui paraît équivalent à celui des gastéropodes. Ils sont comme eux, bien moins parfaits que les céphalopodes et bien supérieurs aux acéphales. Je dois faire remarquer aussi que les hétéropodes qui nagent également et qui ne rampent pas plus qu'eux, semblent former une sorte de lien entre ces mollusques et les vrais gastéropodes.

Dans la nature vivante les ptéropodes sont des mollusques de haute mer, qui vivent en multitudes considérables à une grande distance des continents. Cachés dans les profondeurs des eaux pendant les heures chaudes du jour, on les voit apparaître à la surface vers le soir ou même dans la nuit.

La délicatesse de leurs téguments fait qu'on ne les retrouve que rarement fossiles, et il serait téméraire de conclure du petit nombre de faits que l'on a observés, leur abondance ou leur rareté aux diverses époques géologiques. Nous savons seulement qu'ils ont apparu dès les terrains siluriens et carbonifères, sous des formes qui ne se représentent plus aujourd'hui. C'est, en effet, probablement à cette classe qu'il faut rapporter des corps quadrangulaires, en pyramide régulière, qu'on a nommés des conulaires. Depuis lors on n'en retrouve plus aucune trace jusqu'à l'époque du lias, où ces mêmes conulaires reparaissent pour la dernière fois.

Une nouvelle interruption paraît exister dans l'histoire des ptéropodes, et ce n'est plus que dans les terrains tertiaires que l'on en découvre quelques espèces, qui se rapprochent davantage des formes actuelles.

On peut les diviser en six familles.

1° Mollusques presque toujours recouverts par une coquille, dépourvus de branchies externes, tête indistincte.

Les LIMACINIDES, à coquille hélicoïde.

Les HYALIDES, à coquille non enroulée symétrique calcaire.

Les CYMBULIDES, à coquille non enroulée, symétrique, cartilagineuse.

2° Mollusques sans coquilles, à branchies externes et à tête distincte.

Les CLIONIDES, à deux nageoires et pas de bras.

Les PNEUMODERMIDES, ayant deux nageoires et deux bras armés de ventouses.

Les CYMODOCIDES, à quatre nageoires.

Les quatre dernières familles n'ont pas de représentants fossiles.

1re Famille. — LIMACINIDES.

Les limacinides ont un corps enroulé en spirale, armé de deux nageoires et enfermé dans une coquille hélicoïde. Ils fournissent ainsi une preuve de plus de la nécessité de réunir les ptéropodes aux gastéropodes.

Les LIMACINES (*Limacina*, Cuv.), — Atlas, pl. LXX, fig. 13,

forment le seul genre connu. Ces bizarres mollusques ont été désignés par des noms variés. Ce sont les SPIRATELLA, Blainville, les HÉTÉROFUSUS, Fleming, les HÉLICOPHORA, Gray, les SPIRIALIS, Eydoux et Souleyet, les PÉRACLE, Forbes, les SCÆA, Philippi, les CAMPYLONAUS, Benson, et les HÉLICONOÏDES, d'Orbigny.

Une espèce encore vivante, *Scæa stenogyra*, Phil. (*Peracle physoïdes*, Forbes), Atlas, pl. LXX, fig. 13, a été trouvée fossile [1] dans les dépôts récents de la Sicile et de la Calabre.

2e Famille. — HYALIDES.

Cette famille renferme les ptéropodes à coquille calcaire et non enroulée. Ils n'ont pas de tête distincte. Leurs branchies sont toujours internes et leurs ailes au nombre de deux.

Les HYALES (*Hyolæa*, Lamk) [2], — Atlas, pl. LXX,
fig. 14 et 15,

ont une coquille globuleuse, dont la bouche est rétrécie et dont les côtés ont des fentes latérales qui laissent sortir des lanières membraneuses [3]. Les espèces vivantes sont nombreuses. Les espèces fossiles ont été trouvées dans les terrains tertiaires.

[1] Philippi, *Enum. moll. Sic.*, II, p. 164, pl. 25, fig. 20.

[2] J'ai conservé provisoirement le nom de *Hyalea*, qui est consacré par l'usage. Il n'a cependant pas pour lui le droit d'antériorité et il devra être changé. Ces mollusques ont été désignés en 1783, par Gioëni, sous le nom de CAVOLINA et en 1788, par Retzius, sous celui de TRICLA. Ils n'ont pris celui de HYALEA et HYALEA, qu'en 1799. Montfort les a désignés en 1810 sous le nom d'ARGONTA.

[3] J'ai fait figurer (Atlas, pl. LXX, fig. 14) une espèce vivante, *H. uncinata*, Rang, pour mieux faire comprendre la forme de la coquille.

On n'en connaît aucune espèce plus ancienne que l'époque miocène.

L'*H. aquensis*, Grat. (¹) (*H. Orbignyi*, Rang), provient des faluns jaunes de Dax (Atlas, pl. LXX, fig. 15).

M. E. Sismonda (²) cite quatre espèces des environs de Turin, les *H. taurinensis*, Sism. (*gibbosa*, Bon.), *interrupta*, Bon., *sulcosa*, id., et *aurita*, id.

Le même auteur parle d'une espèce des terrains subapennins du Piémont, qui paraît ne pas différer de l'*H. tridentata*, Lamk, qui vit aujourd'hui dans la Méditerranée.

M. Philippi (³) cite dans les terrains récents de la Sicile, la même espèce, et l'*H. depressa*, Biv.

Les CLIO, Linné (⁴) (*Cleodora*, Péron et Lesueur), — Atlas, pl. LXX, fig. 16 à 18,

ont une coquille fragile et vitrée comme les précédents, mais en forme de gaîne ou de cornet, pointu en arrière et dilaté antérieurement.

On a subdivisé ce genre en groupes dont les caractères, d'une importance médiocre, sont plus faciles à constater sur la nature vivante que dans les fossiles.

Quelques espèces ont un sinus de chaque côté de la bouche. Elles forment les genres CLEODORA proprement dits, PLEUROPUS, Eschscholtz, et BALANTIUM, Leach.

D'autres espèces n'ont pas de sinus. Ce sont : les VAGINELLA, Daudin (*Vaginula*, Sow.), et les CRESEIS, Rang.

Je réunis ici ces formes diverses qui sont d'ailleurs très voisines les unes des autres.

Il semblerait, d'après une découverte de M. E. Forbes, que ces mollusques ou que des animaux très voisins, auraient déjà vécu dans l'époque primaire.

Ce savant paléontologiste (⁵) a attribué avec doute aux creseis des corps triangulaires, allongés, trouvés par M. Sedgwick, dans le terrain silurien du Denbigshire. Il les a décrits sous les noms

(¹) *Conch. foss. Adour*, I.

(²) *Synopsis*, p. 57.

(³) *Enum. moll. Sic.*, I, p. 101, II, p. 70.

(⁴) Le nom de Clio a été donné à ces mollusques par Brown, en 1756, et par Linné en 1767. Il doit donc être substitué à celui de *Cleodora*.

(⁵) *Quart. journ. geol. Soc.*, 1845, t. I, p. 145.

de *C. primæva* et *Sedgwickii*. Ces corps, dont les plus grands ont huit pouces de longueur, seraient des ptéropodes gigantesques. Il me paraît bien probable qu'ils doivent former un genre nouveau [1], ou rentrer dans un de ceux que nous avons placés à la fin de cette famille.

Les véritables clio n'ont été trouvées que dans les terrains tertiaires , et même aucune espèce connue n'est antérieure à l'époque miocène.

La *Vaginella depressa*, Daudin (*Creseis vaginella*, Rang, *Cleodora strangulata*, Desh.), Atlas, pl. LXX, fig. 16, a été trouvée dans les terrains tertiaires miocènes des environs de Bordeaux et de Turin [2].

M. Wood [3] a décrit une espèce nouvelle du crag corallien, la *C. infundibulum*, Atlas, pl. LXX, fig. 17.

On a trouvé [4] dans les terrains subapennins du Piémont, une espèce qui a été rapportée à tort ou à raison à la *C. lanceolata*, Péron et Lesueur, Atlas, pl. LXX, fig. 18.

Les TRIPTERA , Quoy et Gaymard (*Cuvieria*, Rang), — Atlas,
pl. LXX, fig. 19,

ont une coquille conique, à ouverture un peu resserrée et cordiforme. Ses bords sont tranchants et le côté postérieur est fermé par un diaphragme convexe en dehors et non terminal.

M. G.-A. de Luc a trouvé dans les dépôts subapennins du Piémont, la *C. astesana*, Rang [5], Atlas, pl. LXX, fig. 19.

Après ces genres vivants on peut placer quelques formes de l'époque primaire qui, sous une taille plus forte paraissent avoir eu une organisation analogue à celle des clios actuelles.

Les CONULAIRES (*Conularia*, Miller), — Atlas, pl. LXX, fig. 20,

sont des coquilles de grande taille (deux à trois pouces) en forme de pyramide quadrangulaire et épaisses. Chacun des quatre côtés

[1] Il n'est pas impossible que ces corps soient le type du genre THECA, Sharpe, qui est encore très incomplétement défini.

[2] Rang, *Ann. sc. nat.*, 1829, t. XVI, p. 496; Grateloup, *Conch. foss. Adour*, I, etc.

[3] *Moll. from the crag* (*Pal. Soc.*, 1848, p. 191).

[4] Rang, *Ann. sc. nat.*, 1829, t. XVI.

[5] Rang, id.; Bronn, *Lethæa*, 1re édit., p. 985, pl. 40, fig. 25.

présente une ligne médiane, plus ou moins distincte, sur laquelle se rencontrent des plis transversaux, tantôt en formant des angles, tantôt en ligne droite.

Ce genre, qui ne vit plus aujourd'hui, a été surtout abondant pendant l'époque primaire, et se retrouve aussi dans le lias.

M. Hall [1] en a décrit quatre espèces du terrain silurien inférieur des États-Unis.

M. d'Orbigny [2] indique la C. *pyramidata*, Desl., du même terrain du Calvados.

La C. *Sowerbii*, Defrance [3] (*quadrisulcata*, Sow.), caractérise le terrain silurien supérieur de la Russie, de l'Angleterre, des États-Unis, etc.

On trouve dans le même terrain la C. *subtilis*, M'Coy [4].

MM. d'Archiac et Verneuil [5] citent dans les terrains dévoniens d'Allemagne, les C. *Brongniarti*, *Gerolsteinensis* et *ornata*. Cette dernière est figurée dans l'Atlas.

La C. *acuta* [6], Roemer, a été trouvée dans le terrain dévonien du Hartz.

La C. *deflexicostata*, Sandberger [7], provient des gisements analogues de Wilmar.

La C. *irregularis*, de Koninck [8], a été découverte dans les terrains carbonifères de Belgique.

Les espèces du lias ne sont pas encore bien connues.

M. d'Orbigny cite la C. *quadrisulcata*, Phillips [9], du lias supérieur du Yorkshire.

Les COLÉOPRION, Sandberger, — Atlas, pl. LXX, fig. 21,

ont une coquille plus étroite que celle des conulaires et en forme de tube cylindrique. On y remarque une ligne longitudinale sur laquelle arrivent des plis d'accroissement disposés en chevrons. Ces plis rappellent tout à fait ceux de quelques conulaires et paraissent justifier leur rapprochement.

<hr>

[1] *Palæont. of New-York*, p. 223, pl. 59.

[2] *Prodrome*, t. I, p. 10.

[3] Vern., Keys. et Murch., *Paléont. de la Russie*, p. 312, pl. 21; Sowerby, in Murchison, *Sil. syst.*, pl. 12.

[4] *Brit. pal. foss.*, pl. I, fig. 21.

[5] *Trans. geol. Soc.*, 2ᵉ série, t. VI, p. 353, pl. 31.

[6] *Harzgebirge*, p. 36, pl. 10.

[7] *Leonh. und Bronn neues Jahrb.*, 1847, p. 25, pl. 1, fig. 15.

[8] *Descr. anim. foss. carb. Belg.*, p. 498, pl. 45, fig. 2.

[9] *Prodrome*, t. I, p. 251.

On n'en connaît qu'une espèce, le *C. gracilis*, Sandb. [1], du terrain dévonien d'Oberlahnstein.

Les PUGIUNCULUS, Barrande, — Atlas, pl. LXX, fig. 22, paraissent encore devoir être associés à cette famille. La coquille est en forme d'une pyramide triangulaire, dont la base serait un triangle formé d'un angle obtus adjacent à des côtés convexes. Il est bien possible qu'on doive les réunir aux prétendues creseis siluriennes indiquées plus haut, et au genre TURCA, Sharpe, surtout à l'espèce décrite sous ce nom par M. Hall.

M. Barrande [2] a indiqué cinq espèces des terrains siluriens de Bohême.

Le *P. striatulus*, Barr, est figuré dans l'Atlas.

Quelques auteurs associent aux ptéropodes une partie des corps problématiques qui ont été décrits sous le nom de TENTACULITES, Schlot. Je reviendrai plus tard sur leur compte.

TROISIÈME CLASSE.

ACÉPHALES.

Les acéphales ou lamellibranches (*Conchifères*, Lamarck), renferment comme les gastéropodes un grand nombre d'espèces de formes très variées. Les limites de cette classe sont évidentes et faciles à tracer.

Leur caractère principal est l'absence de tête, et par conséquent le développement très imparfait des organes de la vision, de l'audition et de la préhension. Leur corps, qui renferme les viscères, est placé entre les deux lames du manteau, comme un livre dans sa couverture. Les branchies sont composées de quatre feuillets régulièrement striés et placés aussi en dedans du manteau. La bouche est à une extrémité ; l'anus s'ouvre à l'autre,

[1] *Leonh. und Bronn, Neues Jahrb.*, 1847, p. 25, pl. 1, fig. 15.
[2] *Id.*, 1847, p. 554, pl. 9.

placé souvent au bout d'un tube extensible qui sort de la coquille. Entre les deux, mais plus près de la bouche, est un pied plus ou moins développé, formé d'une masse charnue et qui se meut à peu près comme la langue des mammifères (¹).

Ces mollusques sont toujours protégés par une coquille bivalve, composée de deux parties plus ou moins égales, articulées par une charnière. Cette coquille est maintenue ouverte par un ligament élastique, elle est susceptible d'être fermée par un, deux ou plusieurs muscles attachés d'une valve à l'autre.

Les acéphales sont beaucoup moins mobiles que les mollusques des classes précédentes. Tandis que les céphalopodes et les ptéropodes nagent avec rapidité dans la mer, et que les gastéropodes rampent sur la surface des rochers, les acéphales ont un mouvement nul ou peu apparent. Les uns ont encore, il est vrai, une sorte de natation ; la plupart, au moyen de leur pied, peuvent se traîner péniblement sur le sable ; d'autres n'ont qu'un faible mouvement de va-et-vient, et quelques-uns, fixés pendant toute leur vie aux rochers, meurent à la place qui les a vus naître. L'absence de tête, l'état rudimentaire des organes des sens, l'imperfection de leur système nerveux et tout l'ensemble de leur organisme, démontrent jusqu'à l'évidence qu'ils sont très inférieurs aux classes précédentes.

Ils sont, du reste, faciles à distinguer par leur coquille bivalve ; ce caractère ne permettrait de les confondre qu'avec les brachiopodes, et, en effet, ces deux classes ont des analogies réelles. Je montrerai plus bas quels sont les caractères qui justifient leur séparation.

(¹) Voyez dans l'Atlas, pl. LXX, fig. 23, l'organisation de la *Trigonella piperata*, Desh., avec l'explication détaillée.

Le principal est l'absence du pied chez les brachiopodes et son remplacement par des bras symétriques charnus qui manquent toujours aux acéphales. On peut y joindre la structure des organes respiratoires et la forme de la coquille qui n'est jamais rigoureusement équilatérale et très souvent équivalve dans les acéphales, tandis que chez les brachiopodes elle n'est jamais équivalve et le plus souvent équilatérale.

Il convient de donner ici, comme je l'ai fait pour les gastéropodes, quelques détails sur la forme des coquilles des acéphales, et sur la nomenclature des différentes parties qui les composent ; et en premier lieu il est nécessaire de fixer les idées sur la station normale de ces mollusques. Ce point est d'autant plus important, qu'il peut être nécessaire en géologie de savoir si les coquilles trouvées dans telle ou telle localité sont fossilisées dans la position où elles ont vécu ; ou si elles ont été transportées.

Les conchyliologistes ont placé les coquilles soit pour leur description, soit dans les planches qui les représentent, de quatre manières différentes. Les uns (Linné, Bruguière, Lamarck, etc.) les placent la charnière en bas, et nomment par conséquent *base*, le côté de la coquille qui correspond à cette charnière, et *côté supérieur*, la partie bâillante. D'autres (M. de Blainville) les mettent dans une position précisément inverse, c'est-à-dire que la charnière est pour eux le sommet, et que la partie bâillante devient le côté inférieur. Dans ces deux méthodes, la longueur de la coquille est mesurée par la ligne qui va de la charnière à l'ouverture, et la largeur par celle qui passe par la bouche et par l'anus. D'autres (M. Deshayes) disposent les coquilles bivalves de manière à ce que la bouche soit en haut et l'anus en bas, M. d'Orbigny enfin les place la bouche en bas et l'anus en haut, de sorte que pour lui comme pour M. Deshayes, la longueur des mesures précédentes devient la largeur, et *vice versâ*.

Si l'on cherche les causes d'un désaccord aussi complet, on les trouvera, je crois, dans le fait qu'on a toujours confondu deux choses distinctes, la position dans laquelle on doit représenter l'animal et l'application des mots droit et gauche aux parties qui le composent. Cette confusion, en fournissant des motifs presque équivalents pour l'une et pour l'autre de ces méthodes, les a rendues, ce me semble, toutes les quatre fautives.

Si nous examinons d'abord le premier point, c'est-à-dire la position dans laquelle on doit représenter le mollusque, il ne peut pas y avoir, ce me semble, deux opinions; on doit le figurer suivant sa station normale. On placera le mollusque acéphale équivalve, comme l'enseigne l'étude de la nature, la bouche en bas et les tubes en haut, et le mollusque pleuroconque sur le flanc, en mettant en bas celle des deux valves qui occupe la même position dans la nature. Toute autre méthode est arbitraire et en complet désaccord avec ce qu'on fait pour les autres classes de l'histoire naturelle. Personne n'a jamais eu l'idée de représenter un mammifère dans la position de l'homme, ou un oursin la bouche en haut. On représente le premier sur ses quatre pattes, et l'oursin dans sa station normale, la bouche contre le sol. Ceci est plus important qu'on ne pense, et les figures où la véritable position est méconnue, ne peuvent que donner des idées fausses. Il est évident que si le peintre était appelé à représenter le mollusque dans le sol où il se loge, il n'oserait jamais placer ce sol au haut de la planche et faire pendre les siphons

en bas ; pourquoi la plupart des planches actuelles re-
présentent-elles donc le mollusque dans cette singulière
position ? Si les peintres de nature morte figurent souvent leurs oiseaux, pendus par une patte ou par la
queue, tous les naturalistes sont d'accord pour leur
donner la position qu'ils ont pendant leur vie. Nous
conserverons donc autant que possible aux mollusques
en les figurant, leur position naturelle, et nous repré-
senterons aussi les coquilles d'après le même système.

Dans la solution de ce premier point, je me trouve
complétement d'accord avec M. d'Orbigny ; mais cet
accord cesse si je passe à l'examen de la seconde question, l'application des mots droit et gauche.

Je crois que c'est bien à tort que l'on fait dépendre
ces mots de la position dans laquelle on figure le mollusque. Ils doivent être appliqués en raison des véritables rapports anatomiques des organes. On est convenu en anatomie de désigner par les mots droit et
gauche les parties du sujet considérées comme s'il
pouvait parler de lui-même, et non par rapport à l'observateur. Le bras droit d'un cadavre humain est celui
qui, pendant la vie, aurait été désigné ainsi par le sujet
lui-même. La droite d'un mollusque acéphale doit se
déterminer par les mêmes motifs. Sa bouche correspond à la tête de l'homme, son dos à son dos, et sa
droite est la même. Le fait qu'il s'enfonce dans la vase
la tête en bas ne peut pas changer ses rapports ; pas
plus que le bras droit d'un bateleur qui se tiendrait
droit sur sa tête, ne deviendrait subitement son bras
gauche. Je me trouve sur ce point en accord avec
M. Deshayes, et je crois avec tous ceux qui étudieront
cette question dans l'ensemble du règne animal ; ils
verront que la droite et la gauche dépendent de la po-

sition de la tête, du dos et de la queue et non du mode
de station de l'être.

Ces considérations me paraissent trop évidentes pour
avoir besoin d'une longue démonstration ; mais en même
temps, ainsi que je l'ai dit plus haut, je ne vois pas ce
qu'elles gagnent en force à ce qu'on s'appuie sur elles
pour représenter les mollusques à l'envers de leur station normale. Cela est d'autant plus vrai que, même en
faisant ce sacrifice, on ne peut pas faire en sorte que
l'observateur ait toujours le côté droit à sa droite et le
gauche à sa gauche. Si l'on examine une coquille à sa
face externe, puis à sa face interne, chaque valve devient alternativement droite ou gauche. Il suffira pour
que notre méthode ne présente aucune difficulté dans
l'application, de se souvenir que dans nos figures,
toutes les fois que la coquille est vue à l'intérieur, la
valve droite est celle qui est du côté droit de la planche.

Ces principes étant admis, on appellera *longueur*, la
ligne AB, qui va du sommet du côté anal, à l'extrémité
du côté buccal (pl. LXX, fig. 25, 30 et 31) ; *largeur*,
la ligne CP, qui joint le sommet des crochets avec le
milieu du bord de l'ouverture (fig. 25) ; et *épaisseur*,
la ligne MN, qui joint les points les plus saillants de
chaque valve (fig. 30).

Une coquille est dite *équilatérale*, lorsque la ligne
de la largeur la partage en deux parties égales ; elle est
équivalve, lorsque les valves sont symétriques.

Quant à la désignation des diverses parties de la coquille, on évitera toute confusion en employant, comme
nous l'avons fait pour les gastéropodes, des mots indé-
pendants de la position. Ainsi, le côté de la charnière C
(fig. 25) se nommera *côté cardinal* ou *région cardinale*; l'extrémité supérieure A portera le nom de *ré-*

gion anale ou *côté anal* ; l'extrémité inférieure B, sera désignée sous le nom de *région buccale* ou *côté buccal* ; et la partie de la coquille P, qui forme l'ouverture, se nommera *région palléale* ou *côté palléal*.

La coquille croît par couches concentriques, qui se déposent sur tout son bord, sauf dans la région cardinale, au-dessus de laquelle on distingue toujours le commencement ou la première origine de la coquille ; cette partie se nomme le sommet (*apex*). Lorsqu'il se recourbe, il porte le nom de *crochet* (*a*, dans les fig. 25 à 31). En avant du sommet existe souvent une partie déprimée, circonscrite et distincte du reste, que l'on désigne sous le nom de *lunule* (*b*, des fig. 28 et 30). En arrière du sommet est une dépression allongée qu'on nomme *écusson* ou *suture* (*d*, des mêmes figures) ; elle est recouverte par le ligament s'il est externe, et la partie qui correspond à son insertion prend le nom de *nymphes*. La région de la coquille qui environne l'écusson présente quelquefois un mode d'ornementation spécial, et est alors désignée sous le nom de *corselet*. Le pourtour des valves dans les régions buccale, palléale et anale prend le nom de *labre*.

Les deux valves de la coquille sont disposées comme nous l'avons dit, de manière à rester toujours en contact dans leur région cardinale, nommée aussi région sous-apiciale ; tandis qu'elles peuvent s'écarter dans tout le reste de leur bord, de manière à ouvrir la cavité de la coquille. Ce point de contact des valves est ordinairement assez compliqué et il présente le plus souvent un engrenage de dents qui convertissent le bord en une véritable *charnière* (¹). Les valves sont re-

---

(¹) Voyez pour les détails de la charnière un mémoire de M. Rechz, dans la *Revue et Magasin de zoologie*, 1850, p. 15, 158 et 217.

tenues comme je l'ai dit par un *ligament* qui est composé de deux parties, l'une externe et fibreuse (*desme*), qui a pour fonctions d'empêcher les valves de se séparer, et l'autre cartilagineuse (*chondre*), qui a principalement pour effet de faciliter leur écartement par son élasticité. Ce ligament est tantôt externe, tantôt interne (pl. LXX, fig. 25, *e*). La coquille s'ouvre sous son influence ; elle se ferme par l'action des muscles dont j'ai parlé plus haut.

Les dents de la charnière ont reçu divers noms. On nomme *dents cardinales* ou *sous-apiciales*, celles qui sont le plus rapprochées du sommet et qui sont perpendiculaires à la direction du bord cardinal (fig. 27 et 31, *c*) ; les dents latérales sont plus obliques et en général plus éloignées du sommet (fig. 31, *f*).

Les muscles qui ferment la coquille forment en dedans des valves des *impressions musculaires*. Quelquefois il n'y en a qu'une seule médiane ; dans les coquilles équivalves on en distingue ordinairement deux très écartées l'une de l'autre, dont une *buccale* (*g*, des figures 25 à 31), et une *anale* (*h*, des mêmes figures). Ces impressions musculaires sont réunies par une ligne, qui est formée par l'impression du bord du manteau : on la nomme *impression palléale* (*i*). Tantôt elle est parallèle au bord (fig. 31), tantôt elle est fortement échancrée (fig. 24), parce que le bord du manteau est dévié par les muscles rétracteurs des tubes. Cette échancrure, qui est toujours à la partie supérieure, se nomme le *sinus anal* (fig. 25, *k*).

La classification des acéphales présente des difficultés analogues à celles que nous avons rencontrées pour les gastéropodes. On a généralement trop négligé l'étude des animaux qui seuls peuvent fournir de véritables caractères pour les familles et les genres, et on a trop perdu de vue que les formes de la coquille n'ont d'importance qu'autant qu'elles traduisent celles des organes essentiels. Aussi a-t-on fréquemment mis en première ligne des caractères dont la valeur réelle est très contestable, et l'on a ainsi établi des classifications qui tiennent plus du système que de la méthode naturelle.

L'étude des mollusques ne peut pas se faire uniquement dans les cabinets, et il est nécessaire de les observer dans les mers où ils vivent pour s'en faire une idée juste et précise. Le nombre des observateurs qui peuvent faire avancer cette branche de la science est donc nécessairement restreint, et il faudra peut-être attendre encore longtemps pour que l'histoire des mollusques soit établie sur des bases définitives.

Mais, comme je l'ai dit ailleurs, tout en reconnaissant que les organes essentiels de l'animal doivent seuls former la base d'une classification naturelle, il ne faut pas perdre de vue que le paléontologiste n'a à sa disposition que des coquilles, et qu'il faut que leur étude suffise pour distinguer les genres et les espèces. Pour atteindre ce but, il est nécessaire qu'une analyse aussi parfaite que possible dans l'état actuel de la science, recherche et décide quels sont les caractères de ces coquilles qui doivent être considérés comme les plus importants.

Il est évident qu'il faut mettre en première ligne les caractères de la coquille qui influent le plus sur le genre de vie de l'animal, puis se servir ensuite de ceux qui, sans avoir une influence directe aussi évidente, seront reconnus, *a posteriori*, se lier le mieux avec les variations de l'ensemble de l'être.

Si l'on part de ces principes, on reconnaîtra que le premier et le plus important de ces caractères est la disposition du corps, qui permet une station verticale, ou qui force à une position horizontale. Les mollusques qui sont dans le premier cas sont libres et plus ou moins mobiles ; les autres sont souvent adhérents aux rochers et toujours plus imparfaits.

On doit probablement placer en seconde ligne la forme de l'impression du manteau, et en particulier l'existence ou l'absence du sinus palléal (¹). Si cette impression est échancrée, c'est-à-dire s'il y a un sinus, on en peut conclure que l'animal a eu des muscles rétracteurs puissants, et par conséquent des tubes grands et forts qui lui ont permis de s'enfoncer profondément dans le sable, tout en restant en communication avec l'eau ; tandis que l'impression palléale entière et l'absence de sinus indiquent des tubes nuls ou presque nuls, non extensibles.

Quelques auteurs ont contesté l'importance de ce caractère, et, en effet, il est susceptible de degrés et il rompt dans quelques cas des affinités réelles. Mais il en est de même de tous ceux qu'on peut employer (²), et l'on ne peut pas méconnaître qu'il est en général constant dans chaque famille naturelle et que les cas d'exception sont rares.

(¹) On pourra juger de ces différences, en comparant quelques figures que nous avons réunies pour ce but dans l'Atlas. La figure 24 montre la *Lutraria oblonga*, Turton ; les siphons *p*, réunis en un seul tube, forment un organe important et volumineux. La coquille montre en conséquence un très fort sinus anal comme on peut le voir sur la valve gauche figurée (fig. 25, *k*). Dans la *Venus gallina*, Lin., on voit des tubes bien plus courts correspondre à un bien plus petit sinus anal (fig. 27 et 29, *p* et *k*). Dans le *Cardium hians* (fig. 31 et 32), les tubes *p* ne font point de saillie et l'impression palléale est entière. Il en serait de même des genres dépourvus de tubes.

(²) On trouvera des exceptions au moins équivalentes dans l'emploi des impressions musculaires, et de bien plus grandes si l'on met en première ligne la disposition du ligament.

Les muscles qui servent à fermer la coquille ont été considérés par quelques auteurs comme présentant un caractère de première importance, et Lamarck a divisé les conchifères en monomyaires et dimyaires, suivant qu'il y a une ou deux impressions musculaires à chaque valve. Je crois que ce caractère qui, sauf dans un très petit nombre de cas, fournit des résultats identiques avec les précédents, est moins important qu'eux, car les mouvements de la coquille s'exécutent de la même manière avec un ou deux muscles. Il peut d'ailleurs être employé utilement dans les détails ; on tirera en particulier un bon parti des petites impressions accessoires qui indiquent quelquefois l'existence de petits muscles à côté des principaux.

La position du ligament fournit aussi quelques caractères, suivant qu'il est interne ou externe, ce dont il est facile de s'assurer par les impressions qu'il forme au point où il était attaché. Les autres caractères de la charnière, tels que le nombre des dents cardinales, et l'existence des dents latérales, paraissent plus variables, peuvent rarement servir à limiter les familles, et ne doivent même être employés qu'avec précaution dans l'établissement des genres. La forme générale de la coquille, qui peut être bâillante ou fermée, déprimée ou renflée, équilatérale ou inéquilatérale, lisse ou ornée, etc., peut fournir aussi quelques secours, mais non des caractères d'une très haute importance.

Ces modifications ne peuvent, comme on le voit, être suffisamment observées que sur des coquilles bien conservées et dont la face interne est visible. Aussi, toutes les fois que les paléontologistes n'auront à leur disposition que des coquilles fossiles impossibles à ouvrir, ce ne sera qu'avec de très grandes chances d'erreur qu'ils pourront hasarder des déterminations génériques, et il sera souvent plus sage de s'en abstenir. Les catalogues sont encombrés de doutes et d'erreurs, provenant de la facilité avec laquelle on a décrit des coquilles connues seulement par leur surface externe. Il suffit, pour se convaincre de ce danger, de comparer quelques coquilles vivantes, par exemple des genres vénus et cyprines, vénus et astartes, etc., et l'on verra qu'il arrive souvent que la forme extérieure ne fournit aucun moyen de préjuger les caractères internes.

Les moules bien conservés sont beaucoup préférables aux coquilles fermées, et peuvent être en général bien déterminés, car ils conservent les traces de l'impression palléale, des impressions musculaires et quelquefois d'une partie de la charnière. M. Agassiz [1] a montré quel parti on en pouvait tirer. Nous conseillons aux paléontologistes de faire mouler en plâtre ou en cire l'intérieur des coquilles vivantes des divers genres ; ils verront combien une collection pareille facilite et éclaire la détermination des fossiles.

Conformément aux principes que j'ai rappelés plus haut, je divise, à l'exemple de M. d'Orbigny [2],

---

[1] *Mém. de la Soc. d'hist. nat. de Neufchâtel, t. II.*

[2] Ainsi que je l'ai dit plus haut, je ne considère point cette classification comme à l'abri de toute objection. Il y a quelques groupes qui se trouvent placés sur les confins de ces ordres sans s'associer très bien avec aucun. Il y a aussi quelques familles qui ont plus d'analogie réelle avec des groupes d'un autre ordre que celui où l'on est obligé de les placer. Mais je dois faire remarquer que l'adoption de cette méthode a l'avantage de mettre en relief un caractère important, qu'elle n'a aucun inconvénient réel pour la formation des familles, qu'elle respecte *dans la grande majorité des cas* l'ensemble des rapports naturels, et qu'il suffira de signaler en temps et lieu les principales exceptions pour les rendre sans danger. Il faut remarquer d'ailleurs que nos orthoconques correspondent *presque* exactement aux dimyaires de Lamarck, Deshayes, etc. et nos pleuroconques aux monomyaires.

les mollusques acéphales en deux ordres : les ORTHO-
CONQUES, qui ont une station verticale, une coquille
presque toujours équivalve et dont la plupart sont dimyaires (Atlas, pl. LXX, fig. 24 à 32); et les PLEURO-
CONQUES, qui ont une station horizontale, une coquille
inéquivalve et qui sont ordinairement monomyaires
(Atlas, pl. LXX, fig. 33). Nous partageons le premier
en deux sous-ordres, et nommons, SINUPALLÉALES (fig.
24 à 30) les coquilles où l'impression du manteau
présente un sinus ou une échancrure, et INTÉGROPAL-
LÉALES, celles où elle est entière (fig. 31 et 32).

Les acéphales datent des temps les plus anciens du
globe, et présentent dans leur histoire géologique beaucoup de faits analogues à ceux que nous avons déjà
signalés pour les gastéropodes et quelques différences
qui ne sont pas sans intérêt.

On remarque dans cette classe, comme dans la précédente, que les formes ont peu varié pendant la longue série de temps qui se sont écoulés depuis l'époque
primaire jusqu'à l'époque moderne. Plusieurs genres
qui ont vécu dans l'origine se sont continués jusqu'à
aujourd'hui, et rien dans l'histoire de ces mollusques
n'autorise à admettre un perfectionnement graduel.

On remarque entre les familles les mêmes différences
que nous avons signalées pour les gastéropodes; quelques-unes se sont maintenues uniformément dans toute
la série des terrains; d'autres ont augmenté ou diminué
de nombre; quelques-unes, telles que les trigonides,
paraissent avoir été créées pour une époque déterminée,
ou du moins avoir eu un très grand développement
pendant un petit nombre de périodes consécutives,
tandis qu'elles ont été rares ou n'ont pas existé dans
toutes les autres.

Si l'on compare les grandes divisions que nous avons admises, on reconnaîtra que celle des orthoconques sinupalléales, a pris son développement postérieurement aux autres. Les coquilles à ligne palléale sinueuse paraissent manquer complétement aux premières époques d'animalisation, et sont peu abondantes dans les suivantes. Elles augmentent de nombre dans les époques plus récentes et sont à leur maximum dans les mers actuelles. Les orthoconques intégropalléales et les pleuroconques sont au contraire abondants dans toutes les époques.

L'histoire géologique des acéphales diffère de celle des gastéropodes dans un point très essentiel. Nous avons vu ces derniers augmenter graduellement de nombre, soit absolu, soit proportionnel, depuis les terrains les plus anciens jusqu'à l'époque moderne, où ils sont à leur maximum de développement. Les acéphales paraissent aussi augmenter de nombre d'une manière absolue, si toutefois cet effet n'est pas dû à ce que nous connaissons moins bien les terrains anciens que les terrains récents ; mais leur proportion numérique relative ne suit pas la même marche.

On voit en premier lieu que les acéphales sont plus nombreux que les gastéropodes pendant les premières époques géologiques, tandis que la proportion devient inverse dans les terrains tertiaires.

Si on les compare à la totalité des mollusques, on trouvera qu'ils forment à peu près le quart des espèces de l'époque primaire, presque la moitié de celles de l'époque jurassique, et le tiers de celles de l'époque tertiaire. Les gastéropodes, au contraire, qui forment comme eux, le quart de l'ensemble des espèces de l'époque primaire, représentent au moins 60 pour 100 de la population de l'époque tertiaire.

Ces proportions sont curieuses à comparer avec celles que présentent les céphalopodes et les brachiopodes. Ces deux classes, dont l'histoire est à peu près la même, forment ensemble plus de la moitié de la population de l'époque primaire, et seulement 1 à 2 pour 100 de celle de l'époque tertiaire.

1er ORDRE.

ORTHOCONQUES.

Je réunis ici tous les acéphales qui ont une station verticale ou un peu oblique. Ils se distinguent par une coquille équivalve ou subéquivalve, presque toujours régulière; ils ont tous, sauf les tridacnides, au moins deux impressions musculaires.

1er Sous-Ordre. — **ORTHOCONQUES SINUPALLÉALES.**

Ces mollusques sont caractérisés par leur manteau en partie fermé, et par des tubes presque toujours extensibles, réunis ou séparés. Les coquilles se distinguent, parce que l'impression palléale forme un sinus sur la région anale.

La distinction des familles présente des difficultés, parce que les formes de la coquille ne concordent pas toujours avec celles de l'animal. On les a avec raison limitées par les caractères essentiels; le tableau suivant est destiné à faciliter leur distinction par les formes des coquilles. Les genres sont d'ailleurs assez évidents et souvent plus faciles à caractériser que les familles; mais ces dernières sont convenables et nécessaires pour faire apprécier les véritables rapports des êtres.

J'ai adopté une classification qui est intermédiaire

entre celle de M. Deshayes et celle de M. d'Orbigny; elle m'a paru avoir quelques avantages en vue de la paléontologie.

Les familles que j'ai admises sont les suivantes :

CLAVAGELLIDES. Coquille à bord cardinal linéaire, ne formant pas de charnière, sans cuillerons, ordinairement petite et accessoire à un tube calcaire dans lequel elle est souvent incrustée.

PHOLADIDES. Coquille équivalve, à bord cardinal ne formant pas de charnière, crochet portant en dedans un cuilleron et recouvert en dehors par une ou plusieurs pièces testacées. Cette coquille est quelquefois renfermée dans un tube.

SOLÉNIDES. Coquille équivalve, très allongée, epidermée, bâillante aux deux extrémités, charnière formée de dents en crochets ou sans dents, ligament externe. Animal muni d'un grand pied.

MYACIDES. Coquille équivalve, allongée, épidermée, bâillante à l'extrémité anale, quelquefois à la buccale, charnière avec ou sans dents, ligament interne ou externe, animal muni d'un manteau épais, presque complétement fermé, d'un pied très petit et de deux siphons allongés, toujours réunis.

MACTRIDES. Coquille équivalve, solide et presque close, charnière formée d'une dent en V, ligament interne. Animal muni d'un grand pied et de deux siphons formant un tube médiocre.

CORBULIDES. Coquille ovale ou allongée, épidermée, presque close, très inéquivalve, charnière formée d'un crochet ou d'une dent oblique, ligament interne.

ANATINIDES. Coquille plus ou moins inéquivalve, mince, subnacrée, plus ou moins bâillante, ligament interne, muni dans son épaisseur d'un osselet cardinal, crochets présentant souvent en dedans une lame saillante.

MÉSODESMIDES, coquille épaisse, parfaitement close, ligament interne, sinus palléal faible.

AMPHIDESMIDES. Coquille équivalve, peu bâillante, plus ou moins comprimée, ligament interne, accompagné souvent d'un ligament externe, sinus palléal grand.

TELLINIDES. Coquille équivalve, close ou peu bâillante, plus ou moins comprimée, charnière composée de dents cardinales petites, accompagnées souvent de dents latérales, ligament externe.

Pétricolides. Coquille térébrante, irrégulière dans son accroissement, un peu bâillante ; charnière variable, peu forte ; ligament externe.

Cythérides. Coquille équivalve très régulière , bien close, à charnière formée de dents cardinales solides ; ligament externe.

1re Famille. — CLAVAGELLIDES.

(*Tubicolés*, Desh.)

Les clavagellides forment une famille anomale , caractérisée par un tube calcaire très prolongé, auquel est jointe une coquille bivalve, qui protége l'animal, et qui est souvent incrustée. Cette coquille est régulière, bâillante, à bord cardinal simple , ne formant pas de véritable charnière ; elle est dépourvue de cuillerons sous les crochets. Les formes de l'animal sont du reste celles des véritables acéphales, il est claviforme, entouré d'un manteau entièrement fermé, et a à la partie anale un tube très extensible, contenant les deux siphons. Son pied est plus ou moins rudimentaire.

Les mollusques singuliers qui forment cette famille peu nombreuse ont été classés par les anciens naturalistes, tantôt avec les serpules , tantôt avec les dentales. Lamarck est le premier auteur qui ait compris leurs véritables rapports zoologiques. Dans ces dernières années , on n'a modifié sa classification que pour en séparer les térédines et les tarets, en les associant à la famille des pholades.

J'y place avec M. Deshayes les genres Arrosoir, Clavagelle et Gastrochéne, tout en reconnaissant que ce dernier se rapproche sous beaucoup de points de vue des pétricolides, et paraît former par les saxicaves une transition entre ces deux familles. Les trois genres que je viens d'indiquer forment du reste une graduation intéressante en ce qui concerne l'union du tube et de la coquille. Dans les arrosoirs les deux valves sont soudées au tube ; dans les clavagelles une des valves est libre et l'autre soudée ; dans les gastrochènes les deux valves sont indépendantes du tube

Les Arrosoirs (*Aspergillum*, Lamk., *Brechites*, Guettard, *Penicillus*, Brug., *Arytæna*, Oken, *Adspergillum*, Menke, *Aquaria*, Perry, *Clepsydra*, Schum., *Verpa*, Bolten). — Atlas, pl. LXXI, fig. 1.

sont formés d'un tube calcaire qui se rétrécit insensiblement vers l'extrémité anale, et qui grossit en massue du côté buccal. Ce tube est ouvert au bout anal et fermé à l'extrémité buccale où il forme un disque plus ou moins arrondi, percé dans son milieu par une petite fissure, et sur toute sa surface par des trous épars subtubuleux, qui l'ont fait comparer à la grille d'un arrosoir. Quelques petits tuyaux forment ordinairement une collerette autour du disque terminal. En arrière de cette collerette on voit sur la paroi du tube deux valves égales incrustées, qui sont le représentant de la véritable coquille.

Ce genre remarquable est composé aujourd'hui d'espèces qui atteignent quelquefois une grande taille, et qui vivent en s'enfonçant verticalement dans le sable à une assez grande profondeur. Leur existence à l'état fossile est contestée.

L'*A. leognanum*, Hœninghaus (1), a été décrit comme trouvé fossile à Léognan, près Bordeaux. Il se distingue de toutes les autres espèces connues, mais quelques auteurs pensent qu'il y a eu erreur sur la localité, et que cette espèce n'est pas vraiment fossile (Atlas, pl. LXXI, fig. 1).

L'*A. maniculatum*, Philippi (2), paraît avoir été établi sur des fragments du tube de la *Clavagella bacillaris*, Lamk.

Les Clavagelles (*Clavagella*, Lamk., *Buccodus*, Guettard, *Tubulana*, Bivona), — Atlas, pl. LXXI, fig. 2 à 5,

ressemblent aux arrosoirs par leur tube calcaire, plus étroit et ouvert à l'extrémité anale, et fermé à l'extrémité buccale par une partie claviforme, percée au centre par une petite fente. Tantôt cette extrémité buccale est entourée d'une couronne de tubes branchus ; tantôt elle est hérissée en tout ou en partie de tubes spiriformes simples. Mais la coquille bivalve y est bien plus dé-

(1) Deshayes, dans Lamarck, *Anim. sans vert.*, 2ᵉ édit., t. VI, p. 22 ; Chenu, *Illust. conch.*, *Aspergillum*, pl. 2, fig. 8.

(2) *Enum. moll. Sicil.*, I, p. 1.

veloppée, et formée d'une valve incrustée dans le tube et d'une seconde valve libre.

Les clavagelles actuelles vivent de la même manière que les arrosoirs; on en connaît plusieurs espèces fossiles des terrains crétacés et tertiaires. M. Goldfuss [1] rapporte aussi à ce genre un fossile remarquable des calcaires carbonifères de Belgique (*Clavagella prisca*); mais M. de Koninck a montré que cette singulière espèce n'est qu'un productus.

On en connaît quelques espèces du terrain crétacé.

M. d'Orbigny [2] cite la *C. cenomaniana*, d'Orb., dans le grès vert du Mans.

On trouve [3] dans les terrains de la craie supérieure d'Europe (terrain sénonien) les *Clavagella cretacea*, d'Orb., Atlas, pl. LXXI, fig. 2, de Royan ; *C. ligeriensis*, d'Orb., de Tours; *C. clavata*, d'Orb. (*Teredina clavata*, Roemer), du quader inférieur et du plaenermergel de Quedlinbourg, Tyssa, etc.

La *C. semisulcata*, Forbes [4], provient du terrain crétacé de Pondichéry.

La *C. armata*, Morton [5], a été trouvée dans le terrain crétacé des États-Unis.

Les espèces des terrains tertiaires sont plus nombreuses.

M. Deshayes [6] décrit dans l'étage de Grignon, la *C. echinata*, Lamk, Atlas, pl. LXXI, fig. 3 (à laquelle il faut réunir la *C. tibialis*, Lamk), et la *C. cristata*, Lamk.

La *C. Lodoiska*, Caillat, est la *Panopæa margaritacea*, Val.

Dans l'étage immédiatement supérieur (parisien B, d'Orb.), on peut citer [7] la *C. Brongniarti*, Desh., Atlas, pl. LXXI, fig. 4, de Vaimondois, et la *C. coronata*, id., Atlas, pl. LXXI, fig. 5, de Lisy près Meaux et de Poulac.

Les *C. Goldfussii*, Philippi [8], et *C. Hoffmanni* (*Teredina Hoffmanni*, Philippi), ont été trouvées dans un terrain tertiaire des environs de Magdebourg, qui paraît appartenir à l'époque éocène.

[1] *Petref. Germ.*, t. II, pl. 160.

[2] *Prodrome*, t. II, p. 157.

[3] D'Orbigny, *Pal. franç., Terr. crét.*, t. II, p. 390, pl. 347, et *Prodrome*, t. II, p. 233 ; Roemer, *Norddeutsch. Kreid.*, p. 76, pl. 10.

[4] *Trans. geol. Soc.*, 2ᵉ série, t. VII, p. 139, pl. 17.

[5] *Synopsis*, p. 69, pl. 9, et *Journ. Acad. Philad.*, t. VIII, p. 223.

[6] *Coq. foss. Par.*, t. I, p. 8.

[7] Deshayes, et., Desmoulins, *Monogr. de la clavagelle couronnée* (*Bull. Soc. Lin. Bord.*, 1829, t. III, p. 339).

[8] *Palœontographica*, I, p. 44.

On retrouve ce genre dans les terrains miocènes, pliocènes et quaternaires.

La *C. Brocchii*, Lamk [1] (*Teredo ochleata*, Brocchi), se trouve dans l'Astésan.

La *C. bacillaris*, Desh. [2] (à laquelle il faut réunir la *C. tibialis*, Scacchi, la *C. aspergillum*, Bronn, le *Teredo bacillum*, Brocchi, la *Teredina bacillum* et l'*Aspergillum maniculatum*, Philippi), paraît se trouver à la fois dans les terrains miocènes de Bordeaux (Grateloup), pliocènes de l'Astésan (Brocchi), quaternaires de Sicile (Philippi) et dans les mers actuelles.

La *C. dubia*, Münster [3], appartiendrait aux terrains pliocènes, mais elle est peu certaine.

Les Gastrochènes (*Gastrochæna*, Spengler, *Uperotus*, Guettard, *Fistulana* et *Gastrochæna*, Lamk, *Chæna*, Retz, *Roxellaria*, Fleuriau de Bellevue), — Atlas, pl. LXXI, fig. 6 à 8,

ont aussi un tube calcaire, libre ou inséré dans les corps sous-marins, rétréci et ouvert à l'extrémité anale ; mais ce tube contient à l'intérieur une coquille bivalve, libre, qui ne lui est nullement soudée. Cette coquille est cunéiforme, à crochets presque terminaux et très bâillante à l'extrémité anale et au côté palléal, à charnière simple et linéaire, sans cuilleron, à ligament extérieur droit, et elle diffère de celles de la famille suivante, parce qu'elle n'a jamais de pièces accessoires vers la charnière.

Cuvier, à l'exemple de Lamarck, a cru devoir distinguer les fistulanes des gastrochènes, en plaçant dans le second de ces genres, des mollusques munis d'une coquille tout à fait semblable à celle des fistulanes, mais non renfermée dans un tube. M. Deshayes et M. Caillaud ont démontré que le tube existe en réalité toujours, mais que quand le mollusque perfore des corps sous-marins, la matière qu'il sécrète et qui formerait un tube libre dans le sable, reste sous la forme d'un enduit revêtant l'intérieur de la cavité. Ces deux genres doivent donc être réunis.

Quelques auteurs rapprochent les gastrochènes des pétricolides

[1] Lamarck, *Anim. sans vert.*, 2ᵉ édit., t. VI, p. 25 ; Brocchi, *Conch. subap.*, t. II, p. 270, pl. 15, fig. 1.

[2] *Encycl. méth.*, t. II, p. 239 et Lamarck, *Anim. sans vert.*, 2ᵉ édit., t. VI, p. 24 ; Brocchi, *loc. cit.*

[3] *Leonh. und Bronn*, *Neues Jahrb.*, 1835, p. 435.

et en effet elles ont des rapports avec le genre saxicava ; mais leur anatomie rappelle encore plus les arrosoirs.

Les gastrochènes actuelles vivent comme les genres précédents, en s'enfonçant dans le sable ou dans les pierres tendres. On en connaît un certain nombre de fossiles dans les terrains jurassiques, crétacés et tertiaires. Je dois toutefois faire remarquer que quelques auteurs ont souvent rapporté, sans preuves suffisantes, des coquilles perforantes au genre des gastrochènes. Il arrive souvent que la matière fossilisante s'introduisant dans la cavité percée par une venerupis, ou autre pétricolide, entoure la coquille et se moule sur la cavité, de manière à former comme une sorte de tube, sans qu'il en ait existé un pendant la vie [1].

Dans les terrains jurassiques elles se trouvent dans plusieurs étages.

M. Deshayes [2] dit avoir trouvé dans les parties inférieures du lias, des perforations qu'on doit probablement attribuer à de véritables gastrochènes. La *G. antiqua* [3], Pusch., se trouve dans les terrains jurassiques de Pologne.

M. d'Orbigny [4] cite la *G. Baugieri*, d'Orb., de l'oolithe inférieure de Niort.

La *G. Oxfordiana*, d'Orb. [5], a été trouvée dans le terrain oxfordien de Russie.

Les terrains coralliens de Trouville ont fourni trois espèces à M. Deslongchamps [6], savoir : les *G. unicosta* (*Fistulana*), Dest., *subtrigona*, id. (nom que M. d'Orbigny change, en *pseudotrigona*), et *lacryma*, id. A ces mêmes terrains appartiennent : la *G. Oceania*, d'Orb. [7], de Normandie, et trois espèces du département de la Meuse, décrites par M. Buvignier [8], les *G. corallensis*, *Deshayesea* et *Moreana* (Atlas, pl. LXXI, fig. 6).

Ce dernier auteur a fait connaître les *G. crassilabrum* et *dissimilis*, du calcaire de astartes (kimméridgien) de Maujouy.

Quelques auteurs en indiquent dans les terrains crétacés :

[1] Pictet et Roux, *Mollusques des grès verts*, p. 417.
[2] *Traité élém. de conchyl.*, I, p. 32.
[3] *Polens Pal.*, p. 92.
[4] *Prodrome*, t. I, p. 275.
[5] Murchison, Keys. et Verneuil, *Pal. de la Russie*, t. II, p. 471, pl. 49.
[6] *Mém. Soc. Lin. Norm.*, 1838, pl. 9.
[7] *Prodrome*, t. II, p. 14.
[8] *Mém. Soc. Verdun*, t. II, p. 3, pl. 3, et *Stat. géol. de la Meuse*, p. 5, pl. 6 et 17.

On trouve dans les terrains néocomiens et aptiens [1] la *G. dilatata*, Desh. Le terrain aptien de Wassy renferme en outre la *G. matronensis*, d'Orb.

Je ne connais pas la *T. pyriformis*, Mantell [2], du gault d'Angleterre.

La *G. mortivensis*, Math. [3] (*dilatata*, Reuss, *ostrea*, Geinitz), a été découverte dans les terrains turoniens de France et dans le plœner inférieur et le quader d'Allemagne. On a trouvé en Bohême avec elle une espèce décrite par M. Reuss, sous le nom de *T. pisiliformis*, et qui n'a peut-être pas les vrais caractères de ce genre. Je ne pense toutefois pas qu'elle doive être rapportée aux lithodomes comme le croit M. d'Orbigny, car elle est très bâillante.

Les terrains de la craie blanche en Europe ont fourni la *G. Royanensis*, d'Orb. [4].

La *G. (Fistulana) tenuis*, Reuss [5], du plœner inférieur de Bilin, n'est connue que par le remplissage des trous qu'elle creusait et n'appartient peut-être pas à ce genre.

La *G. aspergilloides*, Forbes [6], provient des terrains analogues de Pondichéry.

Les espèces se continuent dans les terrains tertiaires.

La *F. lumbricalis*, Münster [7], du Kressenberg, est très douteuse.

M. Deshayes [8] signale deux espèces dans l'étage de Grignon, savoir : les *G. (Fistulana) ampullaria*, Lamk, et *elongata*, Desh. Cette dernière, suivant M. Conrad, se retrouve aux Etats-Unis.

Dans les sables de Valmondois, M. Deshayes indique trois autres espèces; les *G. angusta*, Desh. (Atlas, pl. LXXI, fig. 7), *Provignyi*, id. (id., fig. 8), et *contorta*, Sow. [9]. Cette dernière se retrouve dans l'argile de Londres.

M. d'Orbigny [10] sépare sous le nom de *S. subcontorta*, une espèce du système campinien de Belgique, qui lui avait été assimilée par M. Nyst.

Le comte de Münster [11] signale dans le terrain pliocène quatre espèces

[1] Deshayes, *Mém. Soc. géol.*, t. V, pl. 3; d'Orbigny, *Pal. franç., Terr. crét.*, t. III, p. 394, pl. 375.

[2] *Geol. of Sussex*, p. 76.

[3] Matheron, *Catalogue* (*Trav. Soc. stat. Marseille*, p. 132, pl. 10, fig. 4); Reuss, *Verst. Boehm. Kreid.*, II, p. 20, pl. 37.

[4] *Pal. franç., Terr. crét.*, t. III, p. 395, pl. 375.

[5] *Verst. Boehm. Kreid.*, t. II, p. 19, pl. 33.

[6] *Trans. geol. Soc.*, 1839, t. VII, pl. 17.

[7] Keferstein, *Deutschland*, 1828, t. VI, p. 98.

[8] *Coq. foss. Par.*, t. I, p. 45, pl. 4 et 4; Sowerby, *Min. conch.*, pl. 526.

[9] *Min. conch.*, pl. 526,; Deshayes, p. 16, pl. 1, fig. 24-27.

[10] *Prodrome*, t. III, p. 99; Nyst, *Coq. et pal. foss. Belg.*, p. 37, pl. 1.

[11] *Leonh. und Bronn, neues Jahrb.*, 1835, p. 435.

qui sont encore imparfaitement connues. Ce sont les *G. (Fistulana) fasciculata*, Münst., *fragilis*, id., *fusiformis*, id., et *pyriformis*, id. Elles ne peuvent pas être admises sans une nouvelle étude.

La *G. abbreviata*, Bonelli [1], caractérise les terrains pliocènes d'Asti.

Deux espèces vivantes paraissent se retrouver fossiles [2]. La *G. dubia*, Desh. (*G. modiolina*, Lamk, *cuneiformis*, Bronn, *Polii*, Phil.), vit dans l'océan d'Europe et se trouve fossile, suivant M. Deshayes, en Italie et dans les terrains quaternaires de Sicile.

La *G. gigantea*, Desh., vit dans les mers de l'Inde, et se retrouve fossile en Égypte, mais non à Paris, quoiqu'elle y soit indiquée. Elle a été confondue avec la *G. Prosignyi*.

Il faut rayer du catalogue des Gastrochæna, la *G. tortuosa*, Sow., 526, qui est une GRAVILIA ; la *G. amphidæna*, Geinitz, qui est un TEREDO ; la *F. constricta*, Roemer, qui est une PHOLAS ; la *F. echinata*, Brocchi, qui est une CLAVAGELLA.

2ᵉ FAMILLE. — PHOLADIDES.

Les pholadides sont caractérisées par une coquille très bâillante de chaque côté, par des cuillerons implantés à la partie interne des crochets, par une charnière dépourvue de ligament et presque toujours munie de nombreuses pièces accessoires situées, soit sur l'extrémité des tubes, soit sur les crochets. Les coquilles sont tantôt libres, tantôt contenues dans un tube calcaire. L'animal est claviforme ou allongé ; son manteau est fermé sur la plus grande partie de sa longueur, et laisse sortir en avant un long tube qui renferme les deux siphons.

Cette famille se distingue clairement par la forme de la charnière dont les deux valves sont juxtaposées plutôt qu'articulées, et par les cuillerons des crochets. La présence des pièces accessoires de la charnière et le tube calcaire forment des caractères moins constants. Les animaux constituent un groupe très naturel par leurs siphons réunis en un long tube, leurs branchies petites, et leur pied court et tronqué.

Les CLOISONNAIRES (*Septaria*, Lamk, *Cuphe*, *Kuphus*, Guettard, *Fistella*, Lamk, *Clausaria*, Menke),

forment un genre qui est à peine distinct des tarets, et qui devra

[1] *Dénom. inédites ;* Sismonda, *Synopsis*, p. 24.

[2] Deshayes, *Traité élémentaire*, t. 1, p. 35 ; Bronn, *Ital. Geb.*, p. 96 ; Philippi, *Enum. moll. Sicil.*, I, p. 2 et II, p. 3 et 370.

peut-être leur être réuni lorsque la cloisonnaire de l'Inde sera
mieux connue. L'animal vit dans le sable au lieu de percer le
bois; il est logé dans un tube calcaire et est muni d'une coquille
semblable à celle des tarets. À l'extrémité postérieure, le tube se
partage en deux tuyaux cylindriques dont l'entrée intérieure est
dépassée par un éperon saillant. Leurs terminaisons font saillie
au dehors et contiennent les siphons de l'animal, en se prolongeant en deux calamules divergentes subarticulées. Des cloisons
irrégulières transversales divisent ce tube, comme les valvules in-
testinales divisent l'intestin. Le reste de l'organisation rappelle
les tarets; on y retrouve aussi les palettes calcaires destinées à
fermer le tube.

On a rapporté à ce genre plusieurs espèces fossiles des terrains
tertiaires, mais aucune d'elles ne présente des caractères suffisants pour les séparer des tarets.

La *Septaria Tarbelliana*, d'Archiac [1], des terrains nummulitiques des
environs de Bayonne, est connue par un fragment de tube qui rappelle tout
à fait la portion de celui des tarets où la cavité est divisée en deux tubes.

M. Matheron [2] rapporte à une espèce vivante de la Méditerranée (*S. mediterranea*, Math.), des débris fossiles des terrains récents des environs de
Marseille, qui sont probablement des fragments du *Teredo navalis*, vivant ac-
cidentellement dans le sable.

M. Marcel de Serres [3] a indiqué dans les terrains tertiaires du midi de
la France, trois espèces très douteuses dont deux au moins sont des serpules.

Les **Tarets** (*Teredo*, Lin., *Tenthredo*, Aristote, *Xilophagus*,
     Ligniperda, etc.). — Atlas, pl. LXXI, fig. 9 à 11,

ont une coquille sans ligament, courte et circulaire, très peu développée par rapport à la taille de l'animal, dont elle couvre à
peine la trentième partie. Elle est composée de deux valves égales,
chacune d'elles est fortement échancrée en dessus et en dessous,
et porte en dedans un cuilleron qui part de dessous les crochets.
Cette coquille occupe l'entrée d'un tube calcaire mince, souvent
très long, boursouflé, plus ou moins contourné, et terminé du côté
anal qui est le plus étroit, par deux ouvertures courtes, qui cor-

[1] *Mém. Soc. géol.*, 2ᵉ série, t. II, p. 207.
[2] *Ann. sc. et ind. du Midi*, I, p. 77, II, p. 312.
[3] *Ann. de Lyon*, I, 117, et l'*Institut*, 1846, t. XIV, p. 114.

respondent aux siphons. Ces siphons sont protégés par deux palettes calcaires qui leur servent d'opercules. Du côté buccal, le tube se ferme dans l'âge adulte.

La coupe de ce tube est circulaire dans la plus grande partie de son étendue ; mais vers l'extrémité anale il est rétréci par deux lames opposées qui le partagent plus ou moins complétement à sa partie interne en deux cylindres, de manière que dans cette région sa coupe a la forme d'un 8.

Les tarets sont aujourd'hui des ennemis redoutables des constructions marines, et ont été connus sous ce point de vue dès l'antiquité. On trouvera des détails intéressants sur ce genre remarquable dans les ouvrages de M. Deshayes [1]. Ils ne sont pas très nombreux à l'état fossile. On en cite quelques espèces des terrains jurassiques, crétacés et tertiaires. Elles sont connues soit par la coquille, soit par les cavités où elles ont vécu et qui se remplissent de matières minérales. On les trouve souvent dans les bois fossiles qu'elles perçaient de la même manière qu'elles le font aujourd'hui.

Il est impossible d'admettre le genre Térédolithe, par lequel quelques auteurs désignent les moules qui sont formés dans les cavités creusées par les tarets.

Je ne trouve citée qu'une seule espèce du terrain jurassique [2].

Le *T. antiquatus*, d'Orb. [3], est indiqué sans description, comme se trouvant dans le lias supérieur (toarcien) du département des Deux-Sèvres.

Les espèces sont plus nombreuses dans les terrains crétacés.

Quelques traces ont été trouvées dans les terrains néocomiens. De ce nombre est le *T. clavatus*, Leymerie [4], du néocomien de l'Aube, espèce connue

[1] *Traité élémentaire de conchyliologie*, t. I, p. 47 et *Exp. scient. de l'Algérie*, pl. 5. — Voyez aussi pour les tarets et leurs perforations, de Quatrefages, *l'Institut*, 1848, p. 190 ; Laurent, *id.*, 1848, p. 224.

[2] Je ne crois pas que les *Teredo gelyanus* et *corallensis*, Buvignier, *Stat. géol. de la Meuse*, p. 6, soient des tarets, car ils perçaient les corps calcaires.

[3] *Prodrome*, t. I, p. 251.

[4] *Mém. Soc. géol.*, t. V, p. 2, pl. 2 ; Deshayes, *Traité élém. de conch.*, t. I, p. 59.

seulement par des moules de cavités (térédolithes) et qui est probablement la même que celle qu'indique M. Deshayes.

Dans le gault on cite le *T. argonensis*, Buvignier (Atlas, pl. LXXI, fig. 9), et *Varennensis*, du même gault de Varennes [1].

Le *T. Fleuriausianus*, d'Orb. [2], espèce non encore décrite, a été trouvée dans le grès vert (cénomanien) de l'île d'Aix et du Mans.

Le *T. Requienianus*, Matheron [3] (Atlas, pl. LXXI, fig. 10 et 11), provient des craies chloritées d'Uchaux (turonien).

Le *T. Faujasii*, Bronn [4], a été trouvé dans les terrains crétacés supérieurs de la montagne de Saint-Pierre, près Maëstricht.

Le *T. tibialis*, Morton [5], a été découvert dans le terrain crétacé des États-Unis.

Les espèces des terrains tertiaires sont encore en partie mal connues.

Le *T. Tournali*, Leym. [6], se trouve dans le terrain nummulitique des Corbières et de Biarritz.

M. d'Archiac [7] cite dans les mêmes terrains nummulitiques, plusieurs espèces encore indéterminées.

Il faut probablement inscrire dans ce genre comme je l'ai dit plus haut, la *Septaria Tarbelliana*, d'Archiac, du terrain nummulitique de Bayonne.

La *T. antenautæ*, Sow. [8], se trouve dans l'argile de Londres. M. Sowerby a confondu sous ce nom deux espèces. Les figures 1-3 se rapportent à la *Teredina personata*.

Le *T. Burtini*, Desh. [9], se trouve dans les tertiaires éocènes de Paris et de Belgique. Ce dernier pays renferme plusieurs espèces de ce genre.

M. d'Orbigny [10] cite dans les terrains éocènes supérieurs, le *T. cæsonianus*, d'Orb., trouvé à Argenteuil.

[1] Buvignier, *Mém. Soc. phil. de Verdun*, 1842, pl. 3, et *Stat. géol. de la Meuse*, p. 6, pl. 6; d'Orbigny, *Pal. franç., Terr. crét.*, t. III, p. 302.

[2] *Prodrome*, t. II, p. 157.

[3] Matheron, *Catalogue des corps organisés fossiles*, p. 132; d'Orbigny, *Pal. franç., Terr. crét.*, t. III, p. 303.

[4] Bronn, *Index pal.*; Faujas de Saint-Fond, *Hist. de la mont. Saint-Pierre de Maëstricht*, p. 129, pl. 33.

[5] *Journ. Acad. Phil.*, t. VIII, p. 218 et 223.

[6] *Mém. Soc. géol.*, 2ᵉ série, t. I, p. 366, pl. 14 et t. II, p. 208.

[7] *Hist. des progrès*, t. III, p. 255.

[8] *Min. conch.*, pl. 102.

[9] *Traité élémentaire*, I, p. 59; Burtin, *Oryctographie de Bruxelles*, p. 112.

[10] *Prodrome*, t. II, p. 421.

Quelques tarets des terrains tertiaires moyens et supérieurs ont été rapportés à l'espèce commune des côtes d'Europe, le *T. navalis* [1].

On a trouvé quelques espèces dans les terrains tertiaires d'Amérique [2].

LES TÉRÉDINES (*Teredina*, Lamk.), — Atlas, pl. LXXI, fig. 12, ont une coquille globuleuse, équivalve, régulière, à crochets saillants, couverts par un écusson dorsal ovale. Cette coquille est fixée à l'extrémité d'un tube conique, ouvert à l'extrémité. Ce genre singulier résume en quelque sorte les caractères des pholades (par sa pièce dorsale) et ceux des tarets (par sa coquille fixée dans un tube). Dans le jeune âge la coquille paraît libre et sans connexion avec un tube quelconque. Elle ressemble alors à celle du genre xylophaga de Turton.

Le tube est plus gros et plus court à proportion que dans les tarets. L'ouverture postérieure est ordinairement simple ; mais chez quelques individus on y remarque six crêtes longitudinales saillantes, qui le divisent avec régularité en six arceaux et qui sont elles-mêmes coupées chacune par une petite crête médiane.

Les térédines n'ont encore été trouvées qu'à l'état fossile, dans les terrains crétacés et tertiaires.

Je pense qu'il faut rapporter à ce genre le *Teredo dentatus*, Rœmer [3], du terrain néocomien de Essen, car son tube est court et gros, et la denture de l'extrémité postérieure rappelle beaucoup celle de quelques térédines [4], et n'a pas son analogue dans le genre des tarets.

M. Deshayes [5] dit connaître une espèce de la craie inférieure de Saint-Paul-Trois-Châteaux.

L'espèce des terrains tertiaires est mieux connue.

La *T. personata*, Lamk [6] (*Teredo antenautæ*, Sow., *partim*), se trouve dans les tertiaires éocènes de France et d'Angleterre. C'est l'espèce figurée dans l'Atlas.

[1] Bronn, *Ital. tert. Geb.*, p. 86 ; Brocchi, *Conch. subap.*; Wood, *Ann. and mag. of nat. hist.*, décembre 1840 ; Deshayes, *Exp. scient. de Morée, Mollusques*, I, p. 75.

[2] Lea, *Contrib.*, p. 38, pl. 1 et *Descr. new foss. tert.*, p. 8, pl. 34 ; Conrad, *Proc. Ac. Philad.*, etc.

[3] *Verst. Norddeutsch. Kreideg.*, p. 76, pl. 10, fig. 9.

[4] Voyez Deshayes, *Traité élém. conch.*, pl. 3, fig. 11.

[5] *Id.*, p. 66.

[6] Deshayes, *Coq. foss. Par.*, I, p. 18 ; Sow., *Min. conch.*, pl. 102, fig. 1-3.

Les Pholades (*Pholas*, Linné), — Atlas, pl. LXXI, fig. 13 à 17,
ont une coquille mince, ovale ou allongée, très bâillante en avant
et en arrière. L'impression palléale est très fortement échancrée ;
les valves sont simplement en contact, sans charnière articulée.
Le ligament est nul ou rudimentaire, et des pièces accessoires
sont placées au-dessus ou en avant du point de contact des valves. Les crochets sont recouverts en dehors par des callosités très
caractéristiques formées par une lame calcaire étalée, soutenue
par de petites voûtes. Cet appareil doit son origine à un appendice supérieur du manteau qui se renverse sur la coquille pour
remplacer le ligament. En dedans et en dessous des crochets est
une forte dent en cuilleron (¹).

Ces mollusques diffèrent des tarets par les pièces accessoires
de la charnière et par la grandeur de la coquille, qui couvre la
majeure partie de l'animal. On peut ajouter que les pholades ne
se sécrètent pas de tube, mais quelques auteurs ont observé dans
des trous creusés par des pholades très adultes, un encroûtement
calcaire qui rend cette différence moins certaine.

Il faut réunir aux pholades (²) les Dactylina, Gray (*P. dactylus*), les Barnea, Risso (*P. costata*), les Martesia, Leach (*P.
striata*), et les Pholadidea, Turton (*P. papyracea*). Ces genres
sont fondés sur des différences dans les pièces accessoires de la
charnière.

Les Jouanettia, Desmoulins, ne diffèrent des vraies pholades
que par leur forme plus globuleuse et par la grandeur de la pièce
qui recouvre les crochets. Elles doivent leur être réunies.

Les pholades vivent aujourd'hui en perçant des trous dans l'argile durcie, la pierre, et les coraux, et s'y enfoncent de plus en
plus à mesure qu'elles grossissent. On les trouve fossiles dans la
plupart des terrains.

(¹) La figure 13 de la planche LXXI, représente la *Pholas dactylus*, vivante,
pour faire mieux comprendre les caractères génériques. 13, *a*, la coquille
vue en dessus avec la lame calcaire qui couvre les crochets ; 13, *b*, profil de
la valve droite ; *c*, le point de contact d'une des valves avec l'autre et le cuilleron qui est en dedans des crochets ; 13, *d*, coupe théorique de la coquille
et des cuillerons.

(²) Nous n'avons pas à nous occuper ici du genre Xylophaga, Turton, qui
perce le bois au lieu de la pierre, ni des Taroxephalia, Sowerby, qui sont inéquivalves. On n'en connaît pas de fossiles.

Toutefois leur existence à l'époque paléozoïque n'est pas incontestable.

La *P. Cordieri*, M. Renault [1], trouvée dans le terrain silurien de Gahard, près Rennes, est la seule espèce citée. Elle n'est figurée que du côté externe et l'on ne peut pas être certain qu'elle ait les caractères des vraies pholades.

Elles se trouvent dans plusieurs étages jurassiques.

M. d'Orbigny [2] indique la *P. toarcensis*, d'Orb., dans le lias supérieur (toarcien) de Thouars, Deux-Sèvres. Le même auteur signale la *P. Baugieri*, d'Orb., dans l'oolithe inférieure de Niort.

La *P. crassa*, Desl. [3], se trouve dans la grande oolithe.

La *P. Waldheimi*, d'Orb. [4], caractérise l'oxfordien de Russie.

La *P. recondita*, Phillips [5], est indiquée par les auteurs anglais comme trouvée dans le terrain corallien, et par M. d'Orbigny comme provenant de l'oxfordien.

La *P. compressa*, Sow. [6], a été découverte dans l'argile de Kimméridge.

Elles continuent dans les terrains crétacés.

La *P. constricta*, Phillips [7], provient de l'argile de Speeton. M. Roemer lui rapporte une espèce du hilsthon, sous le nom de *Fist. constricta*, Roemer ; c'est la *P. Roemeri*, d'Orb.

La *P. prisca*, Sow. [8], provient des calcaires inférieurs au lower green sand de Sandgate (urgonien ?).

La *P. sclerotites*, Geinitz [9], a été trouvée dans le quader de Cotta, etc.

On trouve dans le terrain aptien de France, la *P. Corneliana*, d'Orb. [10], (Atlas, pl. LXXI, fig. 14).

La *P. subcylindrica*, d'Orb. [11], provient du gault du nord de la France (Atlas, pl. LXXI, fig. 15).

[1] *Bull. Soc. géol.*, 2ᵉ série, t. IV, p. 326, pl. 3, fig. 6.
[2] *Prodrome*, I, p. 254 et 272.
[3] *Mém. Soc. linn. Normandie*, 1838, p. 6, pl. 9.
[4] Murchison, Keys. et Vern., *Paléont. de la Russie*, p. 466, pl. 40, fig. 1-3.
[5] *Geol. of Yorkshire*, pl. 3, fig. 19.
[6] *Min. conch.*, pl. 603.
[7] Phillips, *Geol. of Yorkshire*, p. 93, pl. 2, fig. 17 ; Roemer, *Verst. Norddeutsch. Kreid.*, p. 76, pl. 10, fig. 14 ; d'Orbigny, *Prodrome*, t. II, p. 72.
[8] Sowerby, *Min. conch.*, pl. 158.
[9] *Character.*, p. 99, pl. 24.
[10] *Pal. franç., Terr. crét.*, t. III, p. 305, pl. 349.
[11] *Pal. franç., Terr. crét.*, t. III, p. 306, pl. 349.

La *P. cithara*, Morton [1], a été trouvée dans le terrain crétacé supérieur des États-Unis.

Elles augmentent de nombre dans les terrains tertiaires.

La *P. Ortigayana*, Leyesq. [2], caractérise l'étage nummulitique de Caise-laMotte.

M. d'Archiac [3] cite la *P. anatina*, Goldf., d'après M. de Buch, comme trouvée à Akhaltzikhé, dans le terrain nummulitique.

M. le professeur Studer indique [4] au Tisbis (Appenzell), une pholade très renflée du même terrain.

M. Deshayes [5] décrit trois espèces des environs de Paris. Elles appartiennent aux grès supérieurs de Valmondois et d'Assy. Ce sont les *P. aperta*, Desh. (Atlas, pl. LXXI, fig. 16), *conoidea*, Desh. (*Id.*, fig. 17) et *scutata*, Desh.

D'autres appartiennent aux terrains miocènes et pliocènes.

Dans les terrains miocènes on peut citer comme espèce caractéristique [6] la *P. Jouannetti*, Desh. (*Jouannetia semicaudata*, Desmoulins), de Bordeaux et de Turin; la *P. Branderi*, Basterot, de Bordeaux et de Touraine; la *P. Fallojosi*, Defr., et la *P. palmula*, Duj., de Touraine.

La *P. dimidiata*, Duj., de Touraine, est considérée par M. Deshayes, comme une simple variété de la *P. scutata* de l'éocène.

La *P. altior*, Sow. [7], a été trouvée dans les terrains tertiaires des bords du Tage (Portugal), que M. Smith rapporte à l'étage miocène.

Parmi les espèces qui passent pour se trouver vivantes et fossiles dans les terrains tertiaires moyens ou supérieurs, on peut citer : la *P. callosa*, Lamk., indiquée par M. Dujardin, comme fossile en Touraine; la *P. crispata*, Lin (*lata*, List.), trouvée par Hisinger [8], fossile en Suède; la *P. candida*, Lin (*cylindrica*, Sow.), citée par MM. Sowerby et Wood dans le crag rouge, et par M. Nyst en Belgique [9].

La *P. papyracea*, Turton, est indiquée par Wood dans le crag corallien.

---

[1] *Journ. Acad. Phil.*, 8 et *Synopsis*, p. 68, pl. 9, fig. 2.

[2] D'Orbigny, *Prodrome*, t. II, p. 324.

[3] *Hist. des progrès*, t. III, p. 258.

[4] *Mém. Soc. géol.*, t. III, p. 395.

[5] *Coq. foss. Par.*, t. I, p. 20, pl. 2.

[6] Desmoulins, *Bull. Soc. lин. Bord.*, t. II, p. 244; Basterot, *Coq. foss. Bord.*, p. 97, pl. 7; Defrance, *Dict. sc. nat.*, t. XXXIX, p. 354; Dujardin, *Mém. Soc. géol.*, t. II, p. 254, pl. 18; Deshayes, *Traité élém. conch.*, t. I, p. 77.

[7] *Quart. Journ. geol. Soc.*, t. III, p. 417, pl. 15.

[8] *Lethœa Suecica*, p. 68.

[9] *Coq. et pol. foss. Belg.*, p. 44.

La *P. rugosa*, Brocchi (1), a été trouvée dans les terrains pliocènes d'Asti.

M. Philippi (2) décrit comme trouvée dans le terrain quartenaire de Sicile, la *P. vibonensis*, Phil., et y indique aussi la *P. dactylus*, Lin., espèce actuellement vivante.

On cite aussi plusieurs espèces d'Amérique (3).

3ᵉ Famille. — SOLÉNIDES.

Les solénides ont des coquilles équivalves, transverses, allongées, épidermées, bâillantes aux extrémités, à ligament extérieur, à charnière calleuse ou pourvue de deux petites dents en crochet.

L'animal est allongé, transverse, les siphons sont réunis, au moins dans leur majeure partie, les lobes du manteau sont séparés du côté buccal pour donner passage à un pied cylindroïde, qui est assez volumineux et élargi.

Les mollusques qui composent cette famille ont de grands rapports avec les myacides. Les coquilles ne suffisent pas toujours pour les distinguer, quoique en général celles des solénides soient bien plus allongées et plus bâillantes à l'extrémité buccale. La principale différence consiste dans le pied, qui est plus grand dans les solénides et presque rudimentaire dans les myacides ; ces dernières ont en outre les siphons plus grands à proportion. Plusieurs auteurs et entre autres M. d'Orbigny, considèrent ces caractères comme insuffisants pour justifier une famille, et réunissent les solens avec les genres dont nous avons fait la famille suivante. Nous avons adopté ici l'opinion de M. Deshayes, en limitant les solénides aux genres voisins de l'ancien groupe des solens.

Mais il se présente encore ici une difficulté assez grande, car, en considérant le genre des solens comme formant le type de la famille, on trouve entre son organisation et celle de quelques genres voisins des différences assez considérables, dont la valeur a été inégalement appréciée et qui ont pris pour quelques auteurs l'importance de caractères de familles.

(1) *Conch. subap.*, pl. 14, fig. 12.

(2) *Enum. moll. Sic.*, II, p. 4, pl. 13.

(3) Conrad, in *Silliman, Amer. Journ.*, t. XXVIII, p. 110 ; Conrad, *Bull. Washington*, 1841, 1, p. 193, pl. 2 ; Lea, *Desc. new foss. tert.*, p. 9; etc.

L'un de ces types est le genre des Solecurtus. Le pied y est beaucoup plus volumineux que chez les vrais solens et les siphons en diffèrent en ce qu'ils se séparent à leur extrémité en deux tubes courts, libres et inégaux. M. Deshayes a hésité sur la valeur de ces différences et a fini par réunir ces mollusques à la famille des solénides. M. d'Orbigny admet une famille des solécurtides.

Je serais disposé à adopter cette dernière manière de voir, si l'on ne considère que les vrais solens et le *Solecurtus strigillatus*; mais il y a entre ces deux types une foule de formes intermédiaires, mal connues, qui formeront certainement des transitions par leurs animaux, comme elles en forment par leurs coquilles. Les espèces fossiles augmentent encore ces liens au point qu'il est impossible souvent de décider si une espèce est un solen ou un solecurtus. J'ai donc cru meilleur de laisser provisoirement ces deux genres dans la même famille.

Un autre type plus embarrassant encore, sont les solémyes qui ont le pied des solens, leurs siphons courts, et une coquille également allongée; mais qui en diffèrent par des branchies toutes spéciales, par un ligament subintérieur, par leur charnière rapprochée du bord anal et surtout par leur impression palléale entière. Nous les plaçons dans les orthoconques intégropalléales.

Les Solens (*Solen*, Linné, nommés aussi *Manches de couteaux*). — Atlas, pl. LXXI, fig. 18 et 19,

sont caractérisés par une coquille très allongée, ordinairement subcylindrique, très bâillante aux deux extrémités. Le bord cardinal est le plus souvent droit et parallèle au bord palléal; l'extrémité buccale se trouve très éloignée de l'anale.

La charnière est variable; tantôt elle est près du milieu de la coquille, tantôt elle est placée vers l'extrémité buccale; elle est ordinairement munie de petites dents et quelquefois elle en manque. Le ligament est extérieur, au-dessus de la charnière, il s'insère sur des nymphes saillantes. L'impression musculaire anale est allongée ou transverse, la buccale est longue et étroite.

Ce genre a été subdivisé en un certain nombre de groupes [1]

[1] Les Solenites, Schlotheim, sont ou des solens ou des espèces appar-

qui peuvent être commodes pour faciliter l'étude des espèces, mais qui, jusqu'à présent, n'ont pas été justifiés par des caractères suffisants. Ces groupes sont : Les VAGINA, Muhlf. (*Ensis*, Schumacher, *Eusatella*, Swainson), dont la charnière est tout à fait à l'extrémité de la coquille, la région buccale étant presque nulle.

Les CULTELLUS, Schumacher, qui ont la charnière peu éloignée de l'extrémité, mais pas tout à fait terminale.

Les MACHA, Oken (*Siliquaria*, Schumacher), dont la charnière occupe le milieu de la coquille.

Les solens paraissent avoir existé à toutes les époques géologiques, mais en petit nombre. Ils sont plus nombreux aujourd'hui et vivent sur les plages sablonneuses en s'enfonçant verticalement dans le sable.

Ils paraissent dater de l'époque dévonienne.

Le *S. costatus*, Sandberger [1], a été trouvé dans le duché de Nassau (Atlas, pl. LXXI, fig. 18).

Le *S. vetustus*, Goldf., des terrains dévoniens, n'appartient pas à ce genre, mais probablement aux intégropalléales.

Le *S. pelagicus*, du même auteur, est, ainsi que le précédent, rapporté aux cypricardia par M. d'Orbigny. A en juger par la figure de Goldfuss, il devrait rentrer dans la famille des cœlodontides ; mais celle qu'en ont donnée MM. d'Archiac et Verneuil semble plutôt indiquer un solen [2].

On peut citer encore le *S. Lustheidi*, d'Arch. et Vern.

Le *S. siliquoides*, Koninck [3], est bien incomplet pour qu'on puisse apprécier ses caractères.

Le *S. comprimatus*, Klöd. [4], du terrain jurassique, est tout à fait douteux.

Le *S. Dupinianus*, d'Orb. [5], est très imparfaitement connu.

Plusieurs autres espèces indiquées dans les catalogues paléontologiques sont des solecurtus.

Dans les terrains tertiaires, le genre des solens est représenté par plusieurs espèces certaines.

tenant à des genres de formes allongées. La plupart ne sont pas suffisamment déterminées et ce nom générique doit disparaître de la méthode.

[1] G. et F. Sandberger, *Verst. Rhein. Syst. in Nassau*, pl. 27, fig. 1.

[2] Goldfuss, *Petr. Germ.*, t. II, pl. 159, fig. 2 et 3 ; d'Orbigny, *Prodrome*, t. I, p. 73 ; d'Archiac et Verneuil, *Trans. geol. Soc.*, 2ᵉ série, t. VI, p. 376, pl. 37.

[3] *Descr. anim. foss. carb. Belg.*, p. 63, pl. 3, fig. 3.

[4] *Brandebourg*, p. 223, pl. 3, fig. 12.

[5] *Pal. franç., Terr. crét.*, t. III, p. 320, pl. 350, fig. 3 et 4.

On cite dans le terrain nummulitique [1] le *S. cultellatus*, Münster, du Kressenberg, et le *S. rimosus*, Bellardi, de Nice.

Le terrain tertiaire de Grignon [2] renferme le *S. vaginalis*, Desh., espèce qui avait été rapportée à tort par Lamark à son *S. vagina*, vivant sur les côtes d'Europe (Atlas, pl. LXXI, fig. 19) ; et le *S. fragilis*, Lamk. Le premier se trouve aussi en Belgique.

Le *S. affinis*, Sow., a été trouvé à Highgate [3].

Dans les terrains miocènes, le *S. Bastérotpalensis*, Desh. (*vagina*, Bast., *subvagina*, d'Orb.), se trouve aux environs de Bordeaux [4].

M. Dujardin [5] cite le *S. siliquarius*, Desh., de Touraine, voisin du *vagina*.

M. Wood [6] cite dans le crag, outre le *S. siliqua*, deux espèces nouvelles, le *S. ensiformis*, Wood, et le *S. cultellatus* (*Cultellus cultellatus*, Wood). Tous deux se trouvent dans le crag corallien et dans le crag rouge.

Le *S. Olivi*, Michelotti [7], paraît caractériser le terrain pliocène d'Asti.

Parmi les espèces actuellement vivantes, plusieurs sont indiquées comme trouvées dans les divers étages tertiaires [8].

Le *S. ensis*, Lin. (*Haussmanni*, Schlot.), est cité dans les terrains tertiaires de Dusseldorf, dans le crag de Belgique et dans celui d'Angleterre, dans les terrains pliocènes d'Asti, dans les terrains quaternaires de Sicile, dans les tertiaires d'Amérique.

Le *S. vagina*, Lin., des mers d'Europe, est indiqué dans le pliocène d'Italie et de Morée, les tertiaires de Suède, les quaternaires de Sicile.

Le *S. siliqua*, Lin., des mers d'Europe, se trouve fossile en Norvége, en Angleterre et en Sicile.

Le *S. legumen*, Lin., d'Europe, est indiqué dans la mollasse suisse, en Italie et dans le pliocène d'Angleterre.

Le *S. tenuis*, Philippi, se trouve fossile dans les quaternaires de Sicile et dans le crag d'Anvers.

[1] Goldfus, *Petr. Germ.*, t. II, pl. 159, fig. 5 ; Bellardi, *Bull. Soc. géol.*, 2ᵉ série, t. VII.

[2] Deshayes, *Coq. foss. Par.*, t. I, p. 23, et *Traité élém. de conch.*, p. 108 ; d'Orbigny, *Prodrome*, t. II, p. 374 (*S. subvaginoïdes*).

[3] *Min. conch.*, pl. 3.

[4] Deshayes, *Traité élém.*, I, p. 104 ; Basterot, *Coq. foss. Bord.*, p. 96 ; d'Orbigny, *Prodrome*, t. III, p. 97.

[5] *Mém. Soc. géol.*, t. II, p. 255.

[6] *Ann. and mag. of nat. hist.*, t. VI, p. 243.

[7] *Brach. et Acef.*, p. 34.

[8] Deshayes, *Traité élém.*, I, p. 112.

Les SILIQUA, Muhlfeld (*Leguminaria* Schum., *Machera*, Gould),
— Atlas, pl. LXXI, fig. 20 et 21,

ne diffèrent des solens que parce que l'on remarque dans l'intérieur de chaque valve une côte élevée et transverse, qui s'étend jusqu'à la moitié ou aux deux tiers de la largeur. Cette côte aboutit à la charnière qui est toujours médiane ou submédiane et elle laisse une trace très caractéristique sur les moules fossiles. La valve gauche a une fossette et deux dents, qui sont reçues dans deux fossettes profondes de la valve opposée.

On ne les a encore trouvées fossiles que dans les terrains crétacés et tertiaires. Quelques espèces vivent dans les mers actuelles.

On en connaît trois des terrains crétacés.

La *L. Moreana*, d'Orb. (Atlas, pl. LXXI, fig. 20), et la *L. Nereis*, id. [1], ont été trouvées dans les grès verts supérieurs de France (terrain cénomanien).

La *L. truncatula* [2], d'Orb. (*S. truncatulus*, Reuss), caractérise les terrains crétacés supérieurs de la Bohème.

Une seule espèce est citée dans les terrains tertiaires.

La *L. papyracea*, d'Orb. [3] (*S. papyraceus*, Desh.), a été trouvée dans le terrain tertiaire éocène de Mouchy (Atlas, pl. LXXI, fig. 21).

Les SOLECURTUS, Blainville, — Atlas, pl. LXXI, fig. 22,

ont été longtemps confondus avec les solens, dont ils ont les formes générales de la coquille ; mais l'animal a, comme je l'ai dit plus haut, les siphons séparés à l'extrémité du tube et le pied très volumineux. Ils fournissent ainsi un de ces exemples, malheureusement trop fréquents, de la difficulté de juger par la coquille des véritables rapports des mollusques.

Les coquilles sont caractérisées par leur forme cylindrique et allongée, et par leurs extrémités très bâillantes. La charnière est

[1] *Pal. franç., Terr. crét.*, t. III, p. 324, pl. 350 ; *Prodrome*, t. II, p. 158.

[2] *Prodrome*, t. II, p. 235 ; Reuss, *Boehm. Kreidef.*, p. 17, pl. 36.

[3] D'Orbigny, *Prodrome*, t. II, p. 375 ; Deshayes, *Coq. foss., Par.*, t. I, p. 26, pl. 2, fig. 18 et 19.

médiane comme dans quelques solens et porte sur chaque valve une ou deux dents cardinales intrantes. Le ligament est bombé et épais. Dans la plupart des espèces les valves sont marquées extérieurement par des stries onduleuses et obliques.

La répartition des espèces entre les genres solen et solecurtus n'est pas toujours facile, surtout pour les fossiles; car la position médiane de la charnière n'est pas un caractère distinctif et les stries obliques du test que l'on avait crues une fois communes à tous les solecurtus, manquent dans plusieurs espèces vivantes.

Parmi les espèces que j'indique dans ces deux genres, il en est donc quelques-unes dont la place est encore contestable.

Elles paraissent manquer aux périodes anciennes jusqu'à la fin de l'époque jurassique.

Aucune espèce certaine n'est citée dans ces terrains. Le S. *Petschora*, Keys., du terrain oxfordien de Russie [1], est très douteux. Je ne pense pas cependant que l'on puisse le rapporter au genre *Pholadomya*, comme le fait M. d'Orbigny.

Plusieurs espèces ont été trouvées dans les terrains crétacés.

M. d'Orbigny [2] a fait connaître une espèce du terrain néocomien de Saint-Sauveur (S. *Robinaldinus*, d'Orb.), et cinq des terrains cénomaniens du Mans (S. *æqualis*, d'Orb., *Guerangueri*, id., *radians*, id. olim *elegans*, id., *Pelagi*, id., *actæon*, id.).

Le S. *Warburtoni*, Forbes [3], provient du lower greensand d'Angleterre.

Le S. *elegans*, Matheron [4], a été trouvé dans le terrain crétacé des Martigues.

M. Dujardin [5] a fait connaître le S. *inflexus*, des craies supérieures de Touraine. C'est un solecurtus.

Il est possible qu'il faille aussi placer dans ce genre le S. *compressus*, Goldfuss [6], de la craie d'Aix-la-Chapelle.

Les solecurtus sont assez nombreux dans les terrains tertiaires.

[1] *Petschora Land*, p. 316, pl. 17, fig. 33 et 34.
[2] *Pal. franç.*, *Terr. crét.*, t. III, pl. 350, 351 et 375, et *Prodrome*, t. II, p. 158.
[3] *Quart. Journ. geol. Soc.*, I, p. 237, pl. 2, fig. 1,
[4] *Catalogue Trav. Soc. stat. Mars.*, p. 132, pl. 10.
[5] *Mém. Soc. géol.* t. II, p. 222, pl. 15, fig. 4.
[6] *Petref. Germ.*, t. II, pl. 159, fig. 4.

Leur existence me paraît douteuse dans les terrains nummulitiques [1]. Je ne puis pas placer dans ce genre, avec M. d'Orbigny, la *Psammobia pudica*, A. Brong., ni la *Venericardia cyclopea*, id. Je crois également que le *Solecurtus elongatus*, Bellardi, et le *S. striatus*, id., trouvés aux environs de Nice, dans les mêmes terrains, sont plutôt des psammobies.

On trouve aux environs de Paris le *S. Lamarckii*, Deshayes [2], espèce confondue par Lamark avec le *S. strigillatus*, qui vit dans la Méditerranée, et désignée par M. Deshayes sous le nom de *S. parisiensis* (Atlas, pl. LXXI, fig. 22).

M. Agassiz a démontré que l'espèce qu'on trouve aux environs de Bordeaux et que l'on a généralement aussi confondue avec le *strigillatus*, en diffère par quelques caractères.

Les terrains de Grignon, Mouchy, etc., renferment en outre quelques espèces décrites aussi comme des soléns [3], et qui ont en partie au moins les caractères des solecurtus. Ce sont les *S. appendiculatus*, Lamk, et *ovalis*, Desh.

Je pense, avec M. Nyst, que la *Sanguinolaria compressa*, Sow. [4], est aussi un solecurtus. Elle a été trouvée dans l'argile de Londres et en Belgique.

Le *S. tellinella*, d'Orb. [5] (*S. tellinella*, Desh.), a été découvert dans les éocènes supérieurs de la Chapelle et de Mortefontaine.

On cite [6] comme trouvé dans les terrains récents et comme vivant encore, le *S. strigillatus*, Blainv., de la Méditerranée, indiqué comme fossile en Italie et en Morée dans le terrain pliocène, et en Sicile dans le terrain quaternaire.

le *S. coarctatus*, Gmel., de l'océan d'Europe, indiqué dans les terrains miocènes de Bordeaux, pliocènes d'Italie et quaternaires de Sicile;

le *S. candidus*, de la Méditerranée, cité aussi dans le pliocène de Perpignan d'Italie et dans le quaternaire de Sicile.

Le *S. multistriatus*, Phil. (*S. multistriatus*, Scacchi), a été trouvé fossile près de Gravina, dans le terrain quaternaire.

Les terrains tertiaires d'Amérique contiennent quelques espèces [7].

---

[1] A. Brongniart, *Vicentin*, p. 82, pl. 5; d'Orbigny, *Prodrome*, t. II, p. 321; Bellardi, *Mém. Soc. géol.*, t. IV, pl. 16.

[2] Deshayes, *Traité élém.*, I, p. 123, et 2ᵉ édit. de Lamark, *Anim. sans vert.*, t. VI, p. 63.

[3] Deshayes, *Coq. foss. Par.*, I, p. 27, pl. 2 et 4.

[4] Sowerby, *Min. conch.*, pl. 162; Nyst, *Coq. et pol. foss. Belg.*, p. 49.

[5] *Prodrome*, t. II, p. 421; Deshayes, *Coq. foss. Par.*, p. 32, pl. 4.

[6] Voyez surtout Deshayes, *Traité élém. de conch.*, I, p. 419.

[7] D'Orbigny, *Voyage paléont.*, p. 124; Lea, *Contributions*, p. 39, pl. 1; Morton, *Synopsis*, p. 88; Conrad, in *Sillim. Amer. Journ.*, t. XXVIII, XLI, etc., etc.

4ᵉ Famille. — MYACIDES.

Les myacides ont des coquilles allongées, inéquilatérales et bâillantes aux deux extrémités. Leurs impressions palléales sont très marquées et forment un grand sinus anal. La charnière est très variable de forme; le ligament, qui est tantôt interne, tantôt externe, ne porte jamais d'osselet accessoire. Les animaux ont un manteau fermé, sauf pour le passage du pied, et deux siphons réunis dans un long tube extensible.

Ces derniers caractères rapprochent les myacides des pholadides, et les animaux de ces deux familles ont en effet le même genre de vie ; mais on peut facilement les distinguer par la forme de la charnière, qui dans les myacides présente toujours une véritable articulation et un ligament.

Les myacides diffèrent des solénacés par leur forme moins transverse, leur coquille moins cylindrique et par le pied de l'animal bien plus petit et presque rudimentaire. Elles se distinguent des anatinides par l'absence constante de pièces calcaires dans le ligament et parce qu'elles n'ont jamais de côtes internes. Elles sont enfin plus bâillantes que les mactrides et l'extrémité des siphons y est rarement garnie des tentacules nombreux qui caractérisent les mactres.

Cette famille renferme un très grand nombre de coquilles fossiles, surtout dans les terrains jurassiques et crétacés, où elle paraît avoir eu une proportion numérique plus grande que de nos jours. Aussi son étude est-elle très importante au paléontologiste, mais en même temps souvent difficile, parce que les caractères de la charnière, qui séparent d'une manière très précise les genres actuels, ne peuvent pas toujours être observés d'une manière assez complète dans les fossiles, pour donner une certitude suffisante. On verra, en particulier lorsque nous traiterons des genres panopée et pholadomye, combien les auteurs sont peu d'accord sur ces limites génériques.

Le genre MYACITES des anciens auteurs, correspond en partie à la famille des myacides, et comprend en outre toutes les coquilles fossiles de formes analogues à celles des myes, comme la plupart des anatinides, des lutraires, etc. Je crois nécessaire d'abandonner tout à fait cette dénomination, et à cet égard je ne partage pas l'opinion de quelques auteurs allemands qui maintiennent ce genre, en se fondant sur le fait que dans beaucoup de fossiles, les caractères ne sont pas assez bien conservés pour décider des analogies précises avec les panopées, les myes, etc., et pensent qu'il vaut mieux alors ne pas se prononcer sur des rapprochements contestables. Je crois qu'il vaut mieux négliger les fossiles, dont le classement ne peut pas être fait avec sécurité ou du moins avec une très grande probabilité, et qu'il ne faut, dans aucun cas, admettre un genre dont les caractères sont vagues et incertains, pour y renfermer des espèces qui, si elles étaient mieux connues, appartiendraient à un autre.

La famille des myacides, telle que nous l'entendons ici, comprendrait donc les genres *Panopœa*, *Pholadomya*, *Glycimeris*, *Mya* et *Lutraria*. Elle correspond à la famille des myacides de M. d'Orbigny, moins les solénides. Elle est la même que la famille des glycimérides de M. Deshayes, en y ajoutant les mya et les lutraria et en en retranchant les ceromya. Les solens et les leguminaria font partie de la famille précédente ; les lutraria ont des rapports réels avec les mactres, mais encore plus, je crois, avec les myes ; celles-ci ne diffèrent guère des panopées que par leur ligament interne, et les ceromya sont probablement des anatinides, à cause de leur côte cardinale interne.

Les myacides ont vécu à toutes les époques géologiques ; mais elles ont été très peu abondantes pendant l'époque primaire ; car nous montrerons plus tard qu'une grande partie des espèces qu'on a attribuées à cette famille, sont intégropalléales. Elles rentrent dans la règle générale dont nous avons parlé plus haut : les sinupalléales ont été rares dans les terrains anciens.

Les Panorées (*Panopœa*, Ménard de la Groye, *Glycimeris*, Lamk).
— Atlas, pl. LXXII, fig. 1 à 5,

ont une coquille oblongue ou allongée, très bâillante, surtout à l'extrémité anale, l'ouverture de cette région étant placée en haut et celle de la région buccale sur le côté. La charnière est formée de chaque côté d'une dent cardinale qui est reçue dans une fossette du côté opposé (pl. LXXII, fig. 1 et 2). Le ligament est externe, court et saillant, inséré sur une forte callosité nymphale ; l'impression palléale est bien marquée et assez fortement sinueuse.

Les panopées se distinguent facilement des myes par leur ligament extérieur et par l'absence de cuilleron à la charnière. On ne peut pas les confondre avec les pholadomyes, qui ont une charnière sans dents.

On ne connaît aujourd'hui qu'un petit nombre de panopées ; elles acquièrent souvent une grande taille et vivent sur les côtes des mers froides et tempérées, en s'enfonçant verticalement dans le sable et en faisant saillir leur long tube qui renferme les deux siphons réunis. Elles paraissent avoir été beaucoup plus nombreuses à l'état fossile, surtout si on leur réunit une partie des genres qu'a désignés M. Agassiz sous les noms de MYOPSIS, PLEUROMYA, HOMOMYA, etc.

La convenance de cette réunion est contestée et mérite que nous nous y arrêtions quelques instants.

M. Agassiz est le premier auteur [1] qui ait essayé d'étudier d'une manière complète et monographique la division des mollusques acéphales qui renferme les panopées, les pholadomyes et ces genres douteux. Son travail a beaucoup contribué à faire connaître les espèces des terrains jurassiques et crétacés de la Suisse. Malheureusement les exemplaires complets lui ont trop fréquemment manqué, et il a dû, dans plusieurs cas, se contenter de l'étude de moules médiocrement conservés. Il a tiré de ces fragments un parti remarquable, mais ils n'étaient pas de nature à lever toutes les difficultés. M. d'Orbigny, qui a eu à sa disposition de nombreux échantillons beaucoup plus parfaits, a critiqué une partie des résultats auxquels était arrivé M. Agassiz ; il croit que ce savant paléontologiste a trop multiplié les genres et a quelquefois méconnu les véritables rapports de ces coquilles. M. Deshayes a également discuté quelques-unes des opinions de notre savant compatriote.

Parmi les genres qui ont été établis par M. Agassiz, ceux qui ont le plus de rapports avec les panopées sont les suivants :

1° Les MYOPSIS, Agassiz (Atlas, pl. LXXII, fig. 3), ont des formes extérieures identiques avec celles des panopées et la charnière

<hr>

[1] Agassiz, *Études critiques*, *Myes*, 1842 à 1845, 4° ; d'Orbigny, *Pal. franç.*, *Terr. crét.*, t. III, p. 308 ; Deshayes, *Traité élém. de conch.*, t. I. On devra aussi consulter la monographie du genre panopée, par M. Valenciennes, dans les *Archives du muséum d'hist. nat.*, t. I, p. 1, et dans les *Ill. conch.* de M. Chenu.

composée de la même manière. M. Agassiz les différencie par leur test mince et orné de stries rayonnantes. Il est vrai que les panopées vivantes ont un test épais et solide et que les myopsis, avec leur test fragile, semblent avoir par là une analogie plus grande avec les anatinides. Mais on ne peut pas les associer à ces derniers, qui ont toujours des osselets accessoires, ou des côtes internes, ou des crochets fendus; et il est difficile de considérer la minceur du test comme un caractère générique lorsque tout le reste est identique. Les stries rayonnantes sont encore moins importantes, car si elles sont bien distinctes sur quelques espèces, telles que la *M. neocomiensis*, elles manquent sur plusieurs autres. Je réunis donc aux panopées toutes les myopsis de M. Agassiz.

2° Les PLEUROMYA, Agassiz (Atlas, pl. LXXII, fig. 4), ont aussi tous les caractères essentiels des panopées. Il y a toutefois quelques doutes pour la charnière. M. d'Orbigny a pu constater sur quelques-uns l'existence des dents caractéristiques; mais M. Agassiz dit en avoir vainement cherché les traces. Leurs véritables rapports restent donc entourés d'un certain doute. Leur test est mince comme chez les myopsis, orné de côtes concentriques, en général plus fortes et plus régulières. Je dois ajouter que leur apparence extérieure est celle de ce genre, sauf qu'elles sont en général peu bâillantes. Il me paraît impossible de trouver un caractère suffisant pour les distinguer. Je crois donc nécessaire de les réunir provisoirement jusqu'à ce que la charnière soit mieux connue.

3° Les HOMOMYA, Agassiz, ont les formes des myopsis avec des crochets plus renflés, en sorte que quelques-uns ressemblent encore plus à des pholadomyes. Leur test est mince et orné seulement de côtes concentriques. La charnière n'est pas connue dans toutes. Quelques espèces ne me semblent pas pouvoir être distinguées des pleuromyes, et par conséquent des panopées. Je crois probable, avec M. d'Orbigny, que d'autres seront mieux placées dans le genre des pholadomyes, c'est ce qui serait facile à résoudre si l'on savait quelles sont les espèces armées de dents à la charnière. Dans l'état actuel de la science, le genre est inacceptable, parce qu'il n'est pas défini.

4° Les ARCOMYA, Agassiz, sont tout aussi incertaines. Ce sont probablement des myopsis chez lesquelles la région anale se relève un peu plus sur son bord cardinal et où une carène mousse part des crochets obliquement en arrière. Ces deux caractères leur donnent une ressemblance vague et trompeuse avec les arches. Si la charnière était connue je serais disposé à réunir aux panopées toutes les espèces qui auraient des dents semblables à celles de ce genre, si toutefois il y en a dans ce cas. Les espèces sans dents seraient difficiles à distinguer des pholadomyes.

5° Les MACTROMYA, Agassiz, me paraissent être en partie des myopsis courtes, et appartenir en partie à la famille des cardides. M. Agassiz a observé, au moins sur le moule de quelques espèces, un sillon qui indique dans la coquille une côte interne, oblique, portant des crochets et longeant l'impression musculaire buccale à son côté intérieur; mais rien ne prouve sa constance et les autres caractères sont très imparfaitement précisés. Je dois donc aussi abandonner ce genre.

En proposant ou en acceptant ces réductions, je ne pense pas atteindre la solution définitive de la question. Il est très possible, probable même, que M. Agassiz a entrevu avec ce coup d'œil qui n'est donné qu'aux naturalistes éminents, quelques associations naturelles; et de nouvelles observations basées sur des coquilles plus complètes, rétabliront peut-être une partie de ces genres. Mais il est impossible de les admettre tous, tant que leurs caractères et leurs limites ne sont pas mieux précisés[1]. Les panopées, en donnant à ce genre l'extension que je viens d'indiquer, ont apparu vers la fin de l'époque primaire; elles ont eu leur maximum de développement, quant au nombre des espèces, pendant l'époque jurassique et l'époque crétacée. Elles sont moins abondantes dans l'époque tertiaire et dans les mers actuelles, mais elle s'y présentent avec une plus grande taille.

Elles forment un groupe difficile à étudier, et dans lequel les limites des espèces peuvent être très contestées. L'absence d'ornements et la variabilité que présentent toujours plus ou moins les coquilles bâillantes créent de grandes sources d'incertitude. Aussi peu de genres offrent-ils une synonymie plus embrouillée[2].

[1] M. Agassiz dit lui-même, en parlant des moules des Mactromyes : « Ils sont plus faciles à reconnaître qu'à définir. J'ai vainement cherché à les circonscrire par un caractère précis, etc. » (*Myes*, p. XVII.)

[2] On jugera de ces difficultés par l'exemple suivant : Alexandre Brongniart a trouvé dans les marnes jaunes de la perte du Rhône, intermédiaires

Les plus anciennes que l'on connaisse appartiennent au terrain permien.

La *P. lunulata*, Geinitz et Gutb. (*Amphidesma lunulata*, Keyserling), a été trouvée en Allemagne et en Russie [1].

Les panopées citées dans les terrains triasiques sont nombreuses, mais il est probable que le nombre des espèces a été trop multiplié.

M. de Strombeck [2] pense, d'après l'observation de nombreux échantillons, que l'on doit réunir en une seule espèce les myacites qui ont été décrites par Schlotheim sous les noms de *musculoides*, *ventricosa* et *mactroides*, ainsi que celles qui ont été figurées par le comte de Münster, sous les noms de *grandis*, *obtusa*, *radiata* et *elongata* (*elongatissima*, d'Orb.). A cette même espèce on doit réunir l'*Arcomya biarquitalis*, Agassiz (*P. subæquicalvis*, d'Orb.). Elle prendrait le nom de *P. elongata*; elle est commune dans le muschelkalk de France et d'Allemagne et se trouve jusque dans le keuper du Wurtemberg.

M. Agassiz qui avait déjà fait pressentir la nécessité d'une partie de ces réunions, considère comme des espèces distinctes la *P. tenuis*, Agassiz, du calcaire dolomitique du Wurtemberg, la *P. costulata*, Agassiz, et la *P. æquis*, Agassiz, du grès bigarré de Soultz-les-Bains, ainsi que la *P. brevis*, Agassiz, du muschelkalk de Dietesweiler. Il les indique sans les figurer comme des Pleuromyes [3].

La *P. angustata* (*Myacites angustatus*, Mougeot) [4], du grès bigarré des Vosges, paraît aussi former une espèce distincte, mais elle n'a encore été ni figurée, ni décrite.

entre le terrain néocomien supérieur (urgonien) et le véritable terrain aptien, une espèce qu'il a nommée *Lutraria jurassi* (il rapportait ces marnes au terrain jurassique). Ce savant géologue assimila à tort à cette espèce des coquilles de Ligny, de Soulaine, de Nancy, etc., et par contre la décrivit plus tard sous le nom de *L. gurgitis*; M. Agassiz la crut nouvelle et la nomma *Myopsis neocomiensis*. En même temps ce nom de *Lutraria jurassi*, changé en *Myopsis* et en *Panopæa jurassi*, a été successivement appliqué par Goldfuss à une espèce du terrain jurassique supérieur du Hanovre, par M. Agassiz et M. d'Orbigny à une autre panopée de l'oolithe inférieure de Normandie, par M. Buvignier à une coquille du terrain portlandien du département de la Meuse, etc. On pourrait citer plusieurs autres exemples non moins frappants.

[1] Geinitz et Gutbier, *Zechsteingeb.*, p. 8, pl. 3, fig. 21 et 22; Keyserling, *Petschora Land*, p. 258, pl. 10, fig. 16.

[2] *Zeitschrift der Deutschen geol. Gesells.*, t. I, p. 129; Schlotheim, *Petref.*, I, p 177; Münster in Goldfuss, *Petref. Germ.*, t. II, pl. 153 et 154.

[3] *Études critiques*, *Myes*, p. 19.

[4] *Bull. Soc. géol.*, 2ᵉ série, t. IV, p. 1434.

La *P. Albertii*, Agassiz (*Myacites Albertii*, Voltz), rapportée au genre Lyonsia par M. d'Orbigny, me paraît plutôt devoir être rangée dans celui des panopées [1].

La *P. Fassaensis* (*Myacites Fassaensis*, Wismann des schistes de Seiss [partie inférieure du groupe de Saint-Cassian] paraît établie sur des échantillons peu caractérisés [2].

Les panopées augmentent beaucoup de nombre dans les terrains jurassiques, principalement sous la forme de pleuromyes, c'est-à-dire avec un test mince et des côtes concentriques assez marquées. Elles sont abondantes dans le lias [3].

Les *P. striatulata*, Agassiz, de Soleure et d'Alsace; *galatea*, Agass., d'Alsace; *crassa*, id., d'Alsace; *rostrata*, id., d'Alsace, sont indiquées comme des panopées par M. d'Orbigny, dans le lias inférieur de France (sinémurien).

La *P. liasina*, d'Orb. (*Unio liasinus*, Schübl., *Lutraria unioides*, Goldfuss et Agassiz, *Venus unioides*, Roemer), se trouve dans le lias d'Alsace, de Goslar et de Balingen (Wurtemberg).

La *P. glabra*, Agassiz, du lias d'Alsace, est citée par M. d'Orbigny dans le lias moyen ; la *P. angusta*, Agassiz , également du lias d'Alsace, appartient suivant M. d'Orbigny à l'étage supérieur.

La *P. æquistriata*, Agassiz , du même gisement en Alsace, est rapportée au genre Lyonsia par M. d'Orbigny ; mais M. Agassiz affirme n'avoir jamais vu l'impression de la côte caractéristique de ce genre.

La *P. parvula*, d'Orb. (*Mya parvula*, Dunker), et la *P. corrugata* (*Pholadomya corrugata*, Koch), ont été découvertes dans le lias d'Halberstadt [4]. La dernière se trouve aussi à Semur.

M. d'Orbigny indique trois espèces inédites du lias inférieur de Semur et de Pouilly (Côte-d'Or).

La *P. Pelea*, d'Orb., provient du lias moyen du département de la Sarthe, et la *P. Toarcensis*, d'Orb., du lias supérieur (toarcien) de Thouars.

M. Buvignier [5] a décrit cinq espèces nouvelles du lias du département de la Meuse.

Les *Sanguinolaria vetusta* et *elegans*, Phillips [6], paraissent être aussi de vraies panopées du lias.

[1] Goldfuss, *Petr. Germ.*, t. II, p. 261, pl. 154, fig. 3 ; d'Orbigny, *Prodrome*, t. I, p. 173.

[2] Münster, *Beitr. zur Petref.*, t. IV, p. 9, pl. 16, fig. 2.

[3] D'Orbigny, *Prodrome*, t. I, p. 215, 233 et 251 ; Agassiz, *Études critiques, Myes, Pleuromyes, Arcomyes*, etc.

[4] Koch et Duncker, *Beitr. Norddeutsch. Oolith.*, p. 20, pl. 1.

[5] *Statist. géol. de la Meuse*, p. 6, pl. 7 et 8.

[6] *Geol. of Yorksh.*, pl. 14, fig. 1, et pl. 12, fig. 7.

L'*Arcomya elongata*, Agassiz (*Panopæa elongata*, Roemer), du lias à bélemnites de Willershausen ; et l'*A. oblonga*, Agassiz, doivent aussi être transportées dans le genre panopée.

La *Mya ? parvula*, Dunker [1], d'Halberstad, me paraît bien douteuse.

L'oolithe inférieure et la grande oolithe en renferment aussi un grand nombre [2].

Il faut, en effet, rapporter au genre des panopées plusieurs pleuromyes décrites par M. Agassiz, telles que la *Pleuromya arenacea*, Agassiz, du marly sandstone de Soleure ; la *P. alta*, id., réunie à la précédente par M. d'Orbigny ; la *P. elongata*, Agassiz (Atlas, pl. LXXII, fig. 4) (*Lutraria elongata*, Münster, von Roemer, *P. subelongata*, d'Orbigny), de France et d'Allemagne ; la *P. tenuistria*, Agassiz (*Lutraria tenuistria*, Goldf.), de Suisse, d'Allemagne et de France ; la *P. pholadina*, Agassiz, du département du Haut-Rhin ; la *P. decutata*, Agassiz (*Lutraria decurtata*, Goldf.), de Babenstein.

Les *Myopsis Jurassi*, Agassiz, non Brongniart [3], de l'oolithe de Normandie et *Myopsis marginata*, Agassiz, de Soleure, sont aussi des panopées.

Il en est de même probablement de quelques Arcomya de M. Agassiz ; mais la question des dents de la charnière reste douteuse comme je l'ai dit plus haut.

M. d'Orbigny ajoute à ce genre plusieurs espèces inédites, et lui en rapporte d'autres décrites [4] par Zieten, Phillips, Goldfuss, etc., sous les noms d'*Amphidesma*, *Mya* et *Lutraria*.

M. Lycett indique [5] dans l'oolithe inférieure du Gloucestershire, la *Panopæa delicatissima*.

L'Elles ne sont pas abondantes dans le terrain kellowien [6].

La *Pleuromya Aldouini*, Agassiz (*Lutraria Aldouini*, Goldfuss non Brongniart), est la *P. Brongniartiana*, d'Orbigny.

M. d'Orbigny signale l'existence de deux espèces nouvelles, la *P. Elea*, de Pizieux et de Beaumont, et la *P. Erina*, de Pizieux et de Chaumont.

Elles augmentent un peu dans le terrain oxfordien [7].

[1] *Palæontographica*, I, p. 116.
[2] Agassiz, *loc. cit.*; d'Orbigny, *Prodrome*.
[3] Voyez la note page 362.
[4] Zieten, *Pétrif. du Wurtemb.*, p. 84, pl. 63 ; Phillips, *Geol. of Yorksh.*; Goldfuss, *Petref. Germ.*, t. II, pl. 153.
[5] *Ann. and mag. of nat. hist.*, 2ᵉ série, t. VI, p. 423.
[6] Agassiz, *Myes*, *loc. cit.*; d'Orbigny, *Prodrome*, I, p. 334.
[7] Agassiz, id.; d'Orbigny, *Prodrome*, I, p. 359, et in Murch., Keys. et Verneuil, *Paléont. de la Russie*, p. 468, pl. 40 ; Buvignier, *Statist. géol. de la Meuse*, p. 7, pl. 7 et 8 ; Keyserling, *Petschora Land*, pl. 18.

Il faut placer dans ce genre la *Pleuromya varians*, Agassiz (*P. peregrina*, d'Orb.), de France, de Suisse et de Russie, et la *Pleuromya recurva*, Agass., qui, devenant une panopée, doit changer son nom (*P. subrecurva*, d'Orb.), car elle n'est identique ni avec l'*Amphidesma recurvum*, de Phillips, ni avec la *Lutraria recurva*, de Goldfuss, transportées dans ce genre.

L'*Arcomya latissima*, Agassiz, du Fringeli, canton de Soleure, est aussi une panopée.

M. Buvignier a décrit les *P. tenuistria*, Buv., *Deshayesa*, id., et *Terquemea*, id., du terrain oxfordien du département de la Meuse.

M. d'Orbigny a décrit dans le grand ouvrage de MM. Murchison, Verneuil et Keyserling, quelques espèces de Russie; la *P. antiqua*, la *P. Qualeniana* et la *P. Lepechiniana*.

M. de Keyserling a fait connaître de la Russie septentrionale la *P. abducta* et la *P. rugosa* (non *rugosa*, Goldf., *P. Keyserlingii*, d'Orb.).

Les terrains coralliens en renferment plusieurs (1).

M. Buvignier a fait connaître trois espèces du département de la Meuse.

M. d'Orbigny place dans ce genre la *Lutraria sinuosa*, Roemer, en y réunissant la *Pleuromya donacina*, Agassiz, de l'étage kimméridgien.

L'*Unio striatus*, Münster in Goldfuss, de Natheim, et la *Mya ovalis*, Roem., de Heersum, sont aussi des panopées.

M. d'Orbigny signale sept nouvelles espèces de France; les *P. Hallica, Hallie, Hylla, Hippia, Hylax, Herxilia* et *Hesiona*.

Les espèces se continuent dans les terrains kimmeridgiens (2).

On trouve dans le Porrentruy et le canton de Soleure, la *Pleuromya donacina*, Agassiz, citée plus haut et réunie par M. d'Orbigny à la *P. sinuosa*; la *P. tellina*, Agassiz, réunie à la *P. Voltzii*, Agassiz, par M. d'Orbigny, sous le nom de *P. tellina*; et la *P. Greselyi*, Agassiz, réunie aussi par M. d'Orbigny à la *P. sinuosa*. Ces espèces se retrouvent aussi en France.

Le *P. Aldouini*, d'Orbigny (*Donax Aldouini*, Brong., non *Aldouini*, Goldfuss), est répandue dans une grande partie de la France.

Je renvoie au Prodrome de M. d'Orbigny pour les arcomyes, myes, platymyes, etc., qu'il propose de réunir aux panopées. Je ne connais pas la charnière de ces espèces, et ne puis pas discuter la convenance de ces réunions. Je dois seulement dire que l'*Arcomya gracilis*, Agassiz, du Porrentruy, me paraît avoir de grands rapports avec les anatines.

(1) Buvignier, *Statist. géol. de la Meuse*, p. 7, pl. 7 et 8; Roemer, *Nord-deutsch. Ool.*, supp., p. 42, pl. 19; d'Orbigny, *Prodrome*, t. II, p. 13; Goldfuss, *Petref. Germ.*, t. II, pl. 132.

(2) Agassiz, *Myes*, loc. cit.; d'Orbigny, *Prodrome*, t. II, p. 46.

Les panopées se continuent avec le test mince dans les terrains crétacés, mais sans avoir en général les côtes régulières et bien marquées qui caractérisent les pleuromyes, c'est-à-dire qu'elles appartiennent au type dont M. Agassiz avait fait le genre des myopsis.

Les espèces des terrains néocomiens sont souvent difficiles à distinguer.

Plusieurs myopsis ont été signalées par M. Agassiz [1] dans le terrain néocomien de la Suisse. Je ne puis pas ici discuter les limites de ces espèces; mais je les crois trop multipliées. Ce sont la *M. neocomiensis* [2], Agas., la *M. arcuata*, id. (*M. rostrata*, d'Orb.), la *M. unioides*, Agas. (à réunir peut-être avec la *M. neocomiensis*); la *M. lateralis*, Agass. (*P. irregularis*, d'Orb.); la *M. attenuata*, Agass.; la *M. curta*, id., réunie à la précédente par M. d'Orbigny et à sa *P. Carteroni*; la *M. lata*, Agass.; la *M. scaphoides*, Agass.

Il faut encore ajouter les espèces suivantes décrites par M. d'Orbigny, quelques-unes me paraissent également établies sur des caractères bien peu précis. *P. Cottaldina*, d'Orb., *P. Dupiniana*, *P. obliqua*, *P. recta*, *P. Robinaldina*, *P. Voltzii* (*Lutraria Voltzii*, Matheron), *P. massiliensis*, d'Orb. (*Lutraria massiliensis* et *cuneata*, Matheron), *P. Albertina*, d'Orb.

La *P. urgonensis*, d'Orb. (*Lutraria urgonensis*), Matheron, se trouve à la fois dans le néocomien proprement dit et dans le néocomien supérieur (urgonien).

La *P. Prevostii*, d'Orb. (Atlas, pl. LXXII, fig. 3), est probablement la même que la *Mya plicata*, Sow., et doit reprendre ce nom [3]. Elle est citée à la fois dans le néocomien supérieur (urgonien) et dans le terrain aptien.

Les panopées sont moins fréquentes dans le gault; quelques-unes se rapprochent un peu des corbules par une légère irrégularité des valves et par l'extrémité anale moins bâillante.

[1] *Études critiques, Myes*, p. 257, pl. 31, 32; d'Orbigny, *Paléont. franç.*, *Terr. crét.*, t. II, p. 332. Les noms de la *Paléontologie française* ont la priorité sur ceux de M. Agassiz.

[2] La *M. neocomiensis* est probablement la même que la *L. gurgitis* et aussi que la *L. jurassi*, de Brongniart (voyez la note p. 362); mais je ne propose pas de changer les noms, plusieurs espèces ayant été confondues sous ces désignations. Elle se trouve dans tous les étages néocomiens. Voyez Pictet et Renevier, *Paléont. Suisse*, *Terr. aptien*, 3e livr., pl. 6.

[3] Pictet et Renevier, *Pal. Suisse*, *Terr. aptien*, 3e livr., pl. 6.

M. d'Orbigny [1] a décrit les *P. acutisulcata*, d'Orb. (*Pholadomya acutisulcata*, Desh.), *P. arduennensis*, d'Orb., *P. Constantii*, d'Orb., et *P. inæquivalvis*, d'Orb. Sa *P. plicata* n'est pas la *Mya plicata*, Sowerby.

Nous devons ajouter [2] la *P. Sabaudiana*, Pictet et Roux, du gault des environs de Genève (Atlas, pl. LXXII, fig. 5).

Les terrains cénomaniens en renferment quelques espèces [3].

M. d'Orbigny a décrit la *P. striata* (nom qui doit être changé en *P. substriata*, d'Orb., le nom de *striata* ayant déjà été donné par le comte de Münster), la *P. Astieriana*, d'Orb., la *P. mandibula*, d'Orb. (*Mya mandibula*, Sow., M. C., pl. 43), la *P. gurgitis*, d'Orb., rapportée à tort suivant nous à la *Lutraria gurgitis*, Brongniart, et la *P. elatior*, d'Orb.

Il faut, suivant M. d'Orbigny, y ajouter [4] la *Mya læviuscula*, Sow., de Blackdown, la *Venus Ringmeriensis*, Mantell, de Middleham, la *P. ovalis*, Sow., de Blackdown et de France, la *P. Roemeri*, d'Orb. (*P. elongata*, Roemer, non *elongata* Roem, Ool.). Cette dernière est indiquée par J. Müller dans le grès vert d'Aix-la-Chapelle.

On n'en connaît qu'une espèce de l'étage turonien, c'est la *P. regularis*, d'Orbigny.

Quelques-unes sont indiquées dans le terrain crétacé supérieur (sénonien).

M. d'Orbigny [5] cite la *P. normanniana*, d'Orb., du département de la Manche, la *P. cretacea*, d'Orb., (*Lutraria cretacea*, Matheron), des Bouches-du-Rhône; la *P. Beaumontii*, Münster in Goldfuss (*P. Jugleri*, Roemer).

La *P. tenuisulcata*, Hœn. [6], a été aussi indiquée comme trouvée dans les terrains crétacés.

La *P. cretosa*, Dujardin [7] (*subsinuosa*, Val.) paraît se distinguer par son sinus anal presque nul.

Les panopées des terrains tertiaires se rapprochent en général des vivantes par l'épaisseur de leur test.

On en trouve quelques-unes dans les terrains tertiaires inférieurs.

[1] *Pal. franç., Terr. crét.*, t. III, p. 336, pl. 357 et 358.

[2] *Moll. des grès verts*, p. 401, pl. 28, fig. 4. La *P. Rhodani*, Pictet et Roux, doit être réunie à la *P. plicata*, Sowerby.

[3] D'Orbigny, *Pal. franç., Terr. crét.*, t. III, pl 359 à 361.

[4] Sowerby, *Trans. geol. Soc.*, 2ᵉ série, t. IV, pl. 16, fig. 5 et 6; Mantell, *Geol. of Sussex*, pl. 25, fig. 5; Roemer, *Norddeutsch. Kreideg.*, p. 75, pl. 10, fig. 5; J. Müller, *Monog. Petr. Aachen. Kreid.*, p. 29; d'Orbigny, *Prodrome*, t. II, p. 157.

[5] *Prodrome*, t. II, p. 233; Matheron, *Catalogue*, pl. 12; Goldfuss, *Petr. Germ.*, t. II, pl. 158.

[6] Leonh. und Bronn, *Neues Jahrb.*, 1842, p. 563.

[7] Valenciennes, *Archives du Muséum*, t. I, p. 21.

La *P. remensis*, Melleville (1), provient de Châlons-sur-Vesles.

La *P. pyrenaica*, d'Orb. (*elongata*, Leymerie non Roemer), se trouve aux Corbières et dans les terrains nummulitiques des Pyrénées (2).

La *P. castellonensis*, d'Orb. (3), a été trouvée dans le département des Basses-Alpes.

La *P. intermedia*, Morris (*Mya intermedia*, Sow., *P. Deshayesi*, Valenc., *Corbula dubia*, Desh.), a été trouvée dans les terrains éocènes inférieurs de Paris et d'Angleterre, et dans le terrain nummulitique de Nice (4).

M. d'Orbigny (5) donne le nom de *P. subintermedia*, à une espèce qui a été décrite par Goldfuss, sous le nom de *P. intermedia*, mais qui n'est pas l'*intermedia* de Sowerby. Cette espèce correspond au contraire à la *P. Faujasii*, Sow., 602, qui n'est pas celle de Ménard. Elle se trouve en Angleterre et en Allemagne, et doit reprendre le nom de *P. Sowerbyi*, que M. Valenciennes lui a donné. M. Hébert (6) pense que l'espèce décrite sous le nom de *P. intermedia*, par M. Nyst (*P. angusta*, Nyst, olim), doit former une nouvelle espèce.

M. d'Orbigny désigne sous le nom de *P. oblata ?*, la *Lutraria oblata*, Sowerby, 534 ; mais je considère cette espèce comme une *Thracia*.

Elles augmentent de nombre dans les tertiaires moyens et supérieurs (7).

La *P. Menardi*, Desh. (*P. Basterofi*, Val., *P. Faujasii*, Bast., non Ménard), caractérise les terrains miocènes de Dax, de Bordeaux, de Touraine, etc.

La *P. Rudolphi*, Eichwald (*P. Faujasii*, Dubois de Montpéreux), se trouve en Volhynie, dans les terrains du même âge.

Le *P. ? corrugata*, Philippi, du terrain tertiaire de Magdebourg (8), me paraît très douteuse.

La *P. inflata*, Goldf. (9), a été trouvée à l'état de moule dans les tertiaires supérieurs de Bünde.

La *P. Aldovrandi*, Lamk (Atlas, pl. LXXII, fig. 1), actuellement vivante,

(1) *Ann. sc. géol.*, pl. 1, fig. 5.

(2) Leymerie, *Mém. Soc. géol.*, 2ᵉ série, t. II, p. 308, pl. 14, fig. 8.

(3) *Prodrome*, t. II, p. 321.

(4) Sowerby, *Min. conch.*, pl. 76, fig. 1 et 419, fig. 2 ; Valenciennes, *loc. cit.*; Deshayes, *Descr. coq. foss. Paris*, I, p. 59, pl. 9, fig. 13 et 14.

(5) *Prodrome*, t. II, p. 374 ; Goldfuss, *Petr. Germ.*, t. II, p. 375, pl. 158, fig. 6 ; Valenciennes, *Arch. du Mus.*, I, p. 27.

(6) Hébert, *Bull. Soc. géol.*, 2ᵉ série, t. VI, p. 466 ; Nyst, *Coq. et pol. foss. Belg.*, p. 54.

(7) Voyez surtout Valenciennes, *Arch. du Mus.*, t. I et Deshayes, *Traité élément. de conch.*, t. I, p. 137.

(8) *Palæontographica*, t. I, p. 57, pl. 10, *a*, fig. 3.

(9) *Petref. Germ.*, t. II, p. 275, pl. 158, fig. 7.

se trouve fossile en Sicile. Je crois avec M. Deshayes qu'il faut lui réunir la
P. Faujasii, Mén. de la Groye, fossile en Italie, en Morée, etc. C'est le *Myacites giganteus*, Krüger [1]. Je pense qu'on doit lui réunir aussi la *P. elongata*, Münster mss., Philippi (non *elongata*, Roem., non *elongata*, Leym., non
elongata, d'Orb., non *elongata*, Forbes). L'examen d'un grand nombre d'é-
chantillons de la mollasse Suisse, me fait croire aussi que l'on ne peut que difficilement en distinguer la *P. Agassizii*, Val.

La *P. Arago*, Val., a été trouvée dans les sables pliocènes de Perpignan.

On cite dans le crag [2] la *P. gentilis*, Sow., et quelques fragments figurés
par le même auteur sous le nom de *P. Faujasii*, auxquels M. Valenciennes a
donné le nom de *P. Ipswicensis*.

La *P. Spengleri*, Val. (*Mya norvegica*, Spengl., *Glycimeris arctica*, Lamk.,
P. Bicone, Philippi), vivante aujourd'hui dans les mers du Nord, est citée à
l'état fossile dans le crag et le pliocène d'Angleterre, et dans les terrains
quaternaires de Sicile.

On a aussi trouvé des panopées fossiles en Amérique et en Asie.

Les Pholadomyes (*Pholadomya*, Sowerby), — Atlas, pl. LXXII,
fig. 6 à 16,

ressemblent beaucoup aux panopées par leur coquille oblongue et
très bâillante et par leur ligament extérieur, mais leur charnière
est dépourvue de dents et a seulement un faible épaississement.
Leur coquille est plus mince, surtout si on la compare à celle des
panopées récentes. Les impressions musculaires sont rarement
bien marquées, elles sont très écartées, la buccale est ovalaire,
quelquefois étranglée et l'anale obronde ou ovale. L'impression
palléale rapprochée du bord forme un sinus profond.

J'ai dit plus haut que l'on devait réunir à ce genre, une partie
de ceux que M. Agassiz a établis sur des caractères insuffisants.
Quelques mots sont nécessaires pour expliquer les motifs de cette
association.

Je ne partage pas l'opinion de M. Deshayes qui réunit les
Myopsis aux pholadomyes, plutôt qu'aux panopées [3]. Il est vrai
que par leur test mince ces coquilles font une transition entre ces
deux genres ; mais les dents de la charnière obligent, comme je
l'ai dit plus haut, de les ranger dans le dernier.

[1] *Urwelt*, t. II, p. 472.
[2] Sowerby, *Min. conch.*, pl. 602, 610 et 611.
[3] Voyez ci-dessus, p. 360.

Les Goniomya, Agassiz [1] (*Lysianassa*, Münster) (Atlas, pl. LXXII, fig. 15 et 16), ont une charnière sans dents et ne se distinguent des pholadomyes par aucun caractère précis. Quelques espèces sont un peu plus aplaties que la plupart des pholadomyes connues, mais d'autres sont passablement renflées. La seule circonstance invoquée en faveur de leur séparation est la disposition des côtes de la surface du test qui, au lieu d'être concentriques ou rayonnantes, partent en avant et en arrière des crochets, d'une manière oblique et parallèles les unes aux autres, de manière à former souvent sur les flancs, des angles assez marqués. Ce caractère tout à fait accessoire n'a pas à lui seul une valeur énergique. Il est possible, si l'on connaissait l'animal, que l'on trouvât d'autres motifs pour admettre le genre goniomya, mais dans l'état actuel de la science, il paraît plus conforme aux principes de la méthode de le réunir aux pholadomyes.

J'ai déjà dit plus haut que les Homomya, Agassiz, avaient les formes des pholadomyes (Atlas, pl. LXXII, fig. 14). Elles n'en diffèrent en réalité que par l'absence de côtes rayonnantes, le test n'étant orné que de stries concentriques. Ce caractère est très peu important et il est bien probable que toutes les homomya sans dents à la charnière sont de vraies pholadomyes. Les espèces qui auraient les dents des panopées devront être réunies à ce dernier genre.

Ce sont aussi les dents de la charnière qui doivent décider de la place des coquilles comprises par M. Agassiz, sous les noms de Macromya et de Arcomya. Un très petit nombre des espèces décrites sous ce nom ont une charnière sans dents et sont des pholadomyes. Les autres doivent être réparties entre les panopées, les anatinides, les unicardium, etc.

D'autres auteurs ont aussi établi des genres que nous devons comparer avec les pholadomyes.

Les Allorisma, King [2] (Atlas, pl. LXXII, fig. 6), ont subi, dans leur définition, diverses modifications qui les ramènent à n'être probablement que des pholadomyes avec un faciès particulier.

[1] *Études critiques, Myes,* p. 1.
[2] *Ann. and mag. of nat. hist.,* 2ᵉ série, 1844, t. XIV, p. 313; *Permian fossils* (Palæont. Soc., 1848. p. 196).

M. King a établi ce genre en 1844, en le caractérisant par l'absence de dents à la charnière et par un ligament externe porté par deux nymphes cartilagineuses et variable suivant les espèces. Il ne tarda pas à reconnaître que cette prétendue variabilité tient à ce qu'il avait réuni sous ce nom des espèces très diverses, et en particulier des coquilles sinupalléales et des intégropalléales (¹). Il limite maintenant ce genre à des espèces qui ne diffèrent des pholadomyes que par l'absence de côtes rayonnantes et par leur test granuleux orné de points saillants en séries, ce qui semble indiquer une composition microscopique différente. Nous avons déjà constaté l'insuffisance du premier de ces caractères. Quant au second, il faut attendre que des recherches microscopiques plus complètes (²) aient montré quel parti on pourrait tirer de ces granulations pour la classification. Il nous paraît impossible aujourd'hui d'en constater l'importance ; si on l'admettait, en effet, il faudrait de même séparer génériquement les panopées à test granuleux (*P. neocomiensis*, etc.) de plusieurs autres espèces qui appartiennent comme elles au groupe des myopsis.

M. d'Orbigny associe encore aux pholadomyes les SANGUINOLITES et les LEPTODOMUS, M'Coy ; mais ces deux genres ont l'impression palléale entière.

Les PACHYMYA, Sowerby, ne me paraissent point être des pholadomyes à cause de la petitesse de leur sinus. Elles sont plus voisines des coralliophages.

On peut diviser les vraies pholadomyes en groupes. M. Agassiz distingue les *Multicostées*, les *Trigonées*, les *Bucardiennes aiguës*, les *Bucardiennes parvicostées* les *Bucardiennes réticulées*, les *Flabellées*, les *Oculaires* et les *Cardissoïdes*.

Les pholadomyes forment une partie importante des faunes jurassiques et crétacées. Elles diminuent beaucoup de nombre dans les terrains tertiaires et sont très rares dans les mers actuelles.

(¹) Il réunit maintenant les intégropalléales aux Edmondia, de Koninck, mais les autres auteurs anglais ne s'accordent pas toujours avec lui en cela. Pour M. M'Coy, par exemple, les allorisma sont intégropalléales.

(²) M. Carpenter a entrepris cette étude intéressante. Il est probable que ses travaux jetteront un grand jour sur ce sujet.

Leur apparence a changé aux diverses époques. Ainsi les espèces peu nombreuses de l'époque primaire se sont constamment présentées sous la forme d'ALLORISMA. Les GONIOMYES et les HOMOMYES sont en majorité jurassiques et les vraies PHOLADOMYES se trouvent dans l'époque jurassique, l'époque crétacée, l'époque tertiaire et dans les mers actuelles.

Leur existence dans l'époque primaire n'est constatée [1] que si l'on admet la convenance d'y réunir les vrais allorisma.

La prétendue *P. radiata*, Goldf. [2], du terrain dévonien, ne repose évidemment que sur une erreur et M. Roemer a fait observer avec raison que la figure a été faite d'après une coquille de l'étage kimméridgien (*P. acuticostata*).

La *P. loricata*, d'Orb. (*Cardium loricatum*, Goldf.), du même terrain me paraît bien douteuse [3].

Suivant M. King [4] on doit considérer comme type des ALLORISMA, la *Hiatella sulcata*, Fleming (*Sanguinolaria sulcata*, Philippi, *Unio Urii*, Sow. non Fleming), des terrains carbonifères de Coalbrok Dale (Atlas, pl. LXXII, fig. 6), et placer dans le même genre la *Sanguinolaria tumida*, Philippi, la *Nucula occipiens*, Sow., la *Sanguinolaria gibbosa*, id., l'*Allorisma constricta*, King, et l'*Unio Aostiqi*, Sow., des mêmes terrains [5].

M. King a encore décrit l'*Allorisma elegans*, King, des terrains permiens de Russie et d'Angleterre. M. Keyserling paraît avoir basé sur des échantillons de cette même espèce son *Amphidesma lunulata* et sa *Cypricardia bicarinata*.

On n'en a pas encore cité dans les terrains triasiques. Elles sont au contraire abondantes dans les terrains jurassiques. Je ne puis pas ici entrer dans le détail de ces nombreuses espèces, ni dans la discussion de leur synonymie et je renvoie aux ouvra-

[1] Il faut en particulier en retrancher les pholadomyes de M. d'Orbigny, établies au moyen des sanguinolites de M. M'Coy.

[2] *Petref. Germ.*, t. II, pl. 155, fig. 1.

[3] *Id.*, pl. 141, fig. 5.

[4] *Permian fossils* (*Palæont. Soc.*, 1848, p. 196).

[5] On trouvera la description de ces espèces dans Phillips, *Geol. of Yorkshire*; Fleming, *Brit. annual*, p. 463; Sowerby, *Min. conch.*, pl. 548 et *Trans. geol. Soc.*, 2ᵉ série, t. V, pl. 39; King, *Ann. and mag. of nat. hist.*, 1844, t. XIV, p. 316, etc.

ges de MM. Agassiz, d'Orbigny, Goldfuss, etc. J'indiquerai seulement la répartition des espèces les plus importantes et des groupes.

Les MULTICOSTÉES [1] (Atlas, pl. LXXII, fig. 7), sont représentées dans le lias par la *P. compta*, Agassiz, de Gundershofen; dans l'oolithe inférieure, par les *P. fidicula*, Sow., 228, *Zieteni*, Agassiz, *costellata*, id.; dans la grande oolithe, par la *P. aculicostata*, Sow., 546; et dans le terrain kimméridien, par la *P. multicostata*, Agassiz (Atlas, pl. LXXII, fig. 8). M. d'Orbigny réunit ces deux dernières espèces.

Les BUCARDIENNES AIGUËS [2] sont : dans le lias, les *P. acuta*, Agassiz, de Bâle, *cincta*, id., *glabra*, id., du Bas-Rhin, *Roemeri*, id., de Willershausen, *Hausmanni*, Goldfuss, de Nordheim, *Idae*, d'Orb. (*ambigua*, Zieten), *ambigua*, Sowerby non Zieten; et dans l'oolithe inférieure, la *P. nymphacea*, Agassiz (*obtusa* ? Sowerby), de Normandie et la *P. media*, id., de Soleure.

Parmi les BUCARDIENNES RÉTICULÉES [3] on cite dans le lias : la *P. reticulata*, Agassiz, du Bas-Rhin, et les *P. producta*, Sow., 197, et *lyrata*, id., 197, d'Angleterre; dans l'oolithe inférieure, la *P. triquetra*, Agass., du Bas-Rhin, et la *P. Heraulti*, id., de Moutiers; dans la grande oolithe, la *P. Murchisoni*, Sow., Agass. (non Pusch, non Goldfuss, non Zieten), la *P. Belloni*, d'Orb. (*Murchisoni*, Zieten non Sow., etc.); la *P. bucardium*, Agassiz, la *P. texta*, id., etc.; dans les terrains kellowiens, la *P. corbata*, Agassiz, et la *P. decussata*, id., de la Sarthe (indiquée à tort comme du grès vert); dans le terrain oxfordien, la *P. acutilata*, Agass. (*Murchisoni*, Goldfuss, non Sow., non Agass.), la *P. clathrata*, Münster, et la *P. acuminata*, Zieten.

Les BUCARDIENNES PARCICOSTÉES (Atlas, pl. LXXII, fig. 8), sont représentées dans le lias par la *P. decorata*, Zieten, la *P. Escheri*, Agassiz (?), et la *P. foliacea*, id.; dans le terrain kellowien, par la *P. parcicosta*, id., et la *P. crassa*, id. [4] (Atlas, pl. LXXII, fig. 8), très commune en Suisse; dans le terrain oxfordien, par la *P. trigonata*, id.; dans les terrains coralliens, par la *P. concentrica*, Roemer, et par la *P. paucicosta*, id. (à laquelle M. d'Orbigny ajoute, je crois avec raison, les *P. ventricosa* et *ambigua*, Goldf., et les *P. plicosa*, Agass., *Michelini*, id., et *bicosta*, id.; et dans les terrains kimméridiens, par la *P. Protei*, Defrance (*Cardium Protei*, Brong., à laquelle il

[1] Agassiz, *Études critiques, Myes*, p. 37; d'Orbigny, *Prodrome*; Goldfuss, *Petr. Germ.*, t. II, pl. 154 à 157; Zieten, *Pétrif. du Wurt.*, pl. 65 et 66.

[2] Les trois groupes désignés sous le nom de *Bucardiennes*, sont très difficiles à limiter et à distinguer entre eux.

[3] Voyez pour les caractères de ce groupe, Atlas, pl. LXXII, fig. 12, la *P. genevensis*, Pictet et Roux, du gault.

[4] M. Agassiz place la *P. crassa*, dans les bucardiennes réticulées, mais elle me paraît plutôt appartenir au groupe des parcicostées.

faut, suivant M. d'Orbigny, réunir les *P. scutata*, Agass., *rostralis*, id., *angulosa*, id., *contraria*, id., *myacina*, id., *æqualis*, Sow., et *orbiculata*, Roemer), par le *P. truncata*, Agass., du Porrentruy, la *P. cor*, id., de Soleure, la *P. pulchella*, id., du Val-Travers, etc.

Les Oxalaires sont : dans le lias, la *P. Voltzii*, Agass. (*Uronia*, d'Orb.), de Mulhausen (Atlas, pl. LXXII, fig. 9); dans l'oolithe inférieure, la *P. latirostris*, Agass. (*fidicula*, Roemer, non Sow., non Zieten), la *P. angustata*, Sow., 327, non Agass. (*siliqua*, Agassiz), de Normandie ; dans la grande oolithe, les *P. fabacea*, id., et *ovulum*, id.; dans le terrain kellowien, le *P. obsoleta*, Phillips; dans le terrain corallien, les *P. complanata*, Roemer, et *canaliculata*, id. Elles sont nombreuses dans le terrain kimméridgien où l'on cite les *P. paradoxa*, Agass., *depressa*, id., *striatula*, id. (*modiolaris, nitida* et *tenera*, id.) et *echinata*, id., du Porrentruy, la *P. parvula*, Roemer (*tenuicosta*, Agass.), la *P. recurva*, id. (*galloprovincialis*, Math.), la *P. pectinata*, Agass., de Laufon, la *P. striata*, Münster, de Kehlheim, etc.

Les Flabellées sont moins nombreuses ; on cite la *P. pontica*, Agass., de l'oolithe inférieure de Goldenthal ; et dans l'étage oxfordien, les *P. birostris*, id., *similis*, id., *pelagica*, id., et *flabellata*, id., du terrain à chailles. On a trouvé dans les étages kimméridgiens, la *P. tumida*, id.

Les Cardissoïdes commencent dans l'oolithe inférieure, par la *P. concatenata*, Agass. (*æqualis*, Pusch), de Pologne. Elles sont représentées dans le terrain à chailles (oxfordien), par les *P. cardissoïdes*, id., *cancellata*, id. (Atlas, pl. LXXII, fig. 10), *ampla*, id., *læviuscula*, id., espèces que M. d'Orbigny réunit toutes à la *P. lineata*, Goldf., et par la *P. hemicardia*, Roemer (*cingulata*, Agass.). On cite dans le terrain kimméridgien de Soleure, la *P. cancellata*, Agass. (*P. refusa*, Desh.).

Les pholadomyes sans ornements ou Homomyes (Atlas, pl. LXXII, fig. 14), sont représentées dans le lias, par l'*H. ventricosa*, Agass., du Bas-Rhin, l'*H. alsatica*, id., si elle diffère de la précédente, et l'*H. angulata*, id., non Sow., du même pays ; dans l'oolithe inférieure, par l'*H. obtusa*, id. (*P. Aspasia*, d'Orb.), de Lorraine ; dans la grande oolithe, par l'*H. gibbosa*, id., du Jura suisse ; dans le terrain kimméridgien, par les *H. hortulana*, id. (Atlas, pl. LXXII, fig. 15), *compressa*, id., et *gracilis*, id.

Il faut, suivant M. d'Orbigny, leur ajouter la *Mactromya liasina*, Agass., du lias ; la *Mactra gibbosa*, Sow., 42, et la *Mya Verolayi*, d'Archiac [1], de la grande oolithe ; le *Solecurtus Petschora* [2], Keyserling, du kellowien de Russie ; la *Pholas compressa*, Sow., 603, du terrain kellowien d'Angleterre ; la *Mya gibbosa*, Sow., 419, du terrain kimméridgien ; la *Lutraria rugosa*, Goldf. [3], du même terrain, etc.

[1] *Mém. Soc. géol.*, t. V, pl. 26.
[2] *Petschora Land*, p. 316, pl. 17.
[3] *Petref. Germ.*, t. II, pl. 152.

Les Goniomyes (Atlas, pl. LXXII, fig. 15 et 16) sont nombreuses. On cite dans le lias les *G. heteropleura*, Agass. (*rhombifera*, Goldf.), *Knorrii*, id., *Engelhardi*, id., *hybrida*, Münster, *litterata*, Zieten, etc. Ces espèces proviennent de Bavière et du département du Bas-Rhin.

On a trouvé dans l'oolithe inférieure, la *P. scripta*, Sow., la *P. subcarinata*, Goldf., etc., et dans la grande oolithe, la *G. scalprum*, Agass., et la *G. proboscidea*, id. (Atlas, pl. LXXII, fig. 15), de Soleure, la *Mya angulifera*, Sow., 224, etc.

Le terrain kellowien [1] a fourni la *P. trapezicosta* (*Lutraria trapezicosta*, Pusch, *Lysianassa ornata*, Goldf.).

Le terrain oxfordien est caractérisé par la *P. trapezina*, Buvignier (Atlas, pl. LXXII, fig. 16), et les *G. sulcata*, Agass., *litterata* (Sow.), Agass., *marginata*, id., *major*, id., etc.

Dans le terrain corallien M. d'Orbigny cite une espèce non décrite (*P. intermedia*), intermédiaire entre les pholadomyes et les goniomyes. M. Buvignier a décrit [2] la *P. flexuosa*, du département de la Meuse.

Enfin on trouve dans les terrains jurassiques supérieurs, les *G. constricta*, Agass., et *obliqua*, id., du calcaire à tortues, de Soleure; la *G. anapliptica*, Münster, du terrain kimméridgien de Westphalie; la *G. sinuata*, Agass., du Porrentruy, etc.

Les pholadomyes se continuent dans les terrains crétacés avec un peu moins d'abondance. Elles sont aussi moins variées de formes.

La plupart sont de véritables pholadomyes. Leur distribution présente des caractères assez remarquables.

Presque toutes les espèces néocomiennes et aptiennes paraissent appartenir au groupe des Multicostées [3].

On cite la *P. elongata*, Münster [4], (en lui réunissant la *P. Faurina*, Agass.) très abondante dans le terrain néocomien de toute la Suisse, de l'Allemagne, etc.; la *P. Scheuchzeri*, id., du néocomien inférieur de Métabief, etc.; la *P. semicostata*, id., de Neuchâtel. On peut rapporter au groupe des Flabellées, la *P. pedernalis*, Roemer [5], du Texas et du terrain aptien de la

[1] Pusch, *Polens Pal.*, pl. 8, fig. 40; Goldfuss, *Petref. Germ.*, t. II, pl. 154, fig. 12.

[2] *Stat. géol. de la Meuse*, p. 8, pl. 8, fig. 19 et 20.

[3] Sauf les goniomys, dont je parlerai plus bas; il y a quelques espèces inédites qui pourront peut-être modifier ce résultat.

[4] Goldfuss, *Petr. Germ.*, t. II, pl. 157, fig. 3 à 6; Agassiz, *Myes*, p. 57, pl. 4 et 2".

[5] Roemer, *Texas*, p. 45, pl. 6; Pictet et Renevier, *Pal. Suisse, Terr. aptien*, 3ᵉ livraison.

perte du Rhône, la *P. Cornueliana*, d'Orb. (*Cardium Cornuelianum*, id., olim), trouvée à la perte du Rhône avec la précédente ; la *P. Martini*, Forbes [1], du lower greensand, etc.

Le gault en renferme peu.

La *P. genevensis*, Pictet et Roux [2], appartient au groupe des bucardiennes réticulées, et rappelle les formes de la *P. clathrata*, de l'oxfordien (Atlas, pl. LXXII, fig. 11).

La *P. Fabrina*, d'Orb. (non *Favrina*, Agass.), fait partie du groupe des multicostées [3].

La *P. nuda*, Agass. (*Trigonia arcuata*, Lamk), représente celui des trigonées qui est spécial aux terrains crétacés et tertiaires. Elle provient des grès verts (gault ?) du bas Dauphiné.

Les espèces des terrains crétacés supérieurs au gault, appartiennent en grande majorité au groupe des TRIGONÉES, avec cependant quelques BUCARDIENNES RÉTICULÉES et MULTICOSTÉES.

M. d'Orbigny a décrit la *P. Ligeriensis*, du terrain cénomanien, la *P. Archiaciana*, du terrain turonien et la *P. Marrotiana*, des craies supérieures.

Les espèces d'Allemagne ont été décrites par Roemer (*P. caudata, umbonata, alternans*, etc.), Goldfuss (*P. nodulifera, elliptica*, etc.), Pusch (*P. Esmarki*, qui est la même que la *P. Carantoniana*, d'Orb.), etc.

Le type des GONIOMYA est aussi représenté dans les terrains crétacés.

M. Agassiz a décrit les *G. caudata*, Agass., et *lævis*, id., des marnes néocomiennes de Neufchâtel.

M. d'Orbigny a fait connaître la *G. Agassizi*, du terrain néocomien, la *P. Raulisiana*, du gault et la *P. Mailleana*, du terrain cénomanien.

La *G. designata*, Goldf. [4] (*Goniomya consignata*, Roemer) se trouve dans presque toute l'Allemagne.

Les pholadomyes diminuent beaucoup de nombre dans les terrains tertiaires et ne s'y présentent que sous la forme de pholadomyes proprement dites.

[1] *Quart. Journ. geol. Soc.*, t. I, pl. 2, fig. 3.
[2] *Moll. des grès verts*, pl. 29, fig. 2.
[3] *Paléont. franç., Terr. crét.*, t. III, p. 364, pl. 363, fig. 6 et 7.
[4] *Petr. Germ.*, t. III, pl. 364, fig. 3 et 4.

On en cite encore quelques-unes dans les dépôts inférieurs.

La *P. subplicata*, d'Orb. (*plicata*, Melleville, non *plicata*, Portlock), a été trouvée à Châlons-sur-Vesles [1]. Elle appartient au même groupe que les pholadomyes vivantes (Atlas, pl. LXXII, fig. 12).

La *P. Mellevillii*, d'Orb. [2] (*P. margaritacea*, Melleville), provient de Laon, et fait partie du groupe des trigonées (id., fig. 13).

La *P. Puschii*, Goldf. [3] (confondue par plusieurs auteurs avec la *P. margaritacea*, Sow.), a été trouvée à Biarritz et à Nice. C'est probablement la même que les *P. elegantula*, Giebel, et *Weissi*, Philippi.

Il faut ajouter les *P. affinis*, et *Pereti*, Bellardi, trouvées à Nice ; mais la *P. nicœnsis* me paraît une thracia.

La *P. margaritacea*, Sow. [4], provient de l'argile de Londres. (M. Morris sépare sous le nom de *P. cuneata*, les échantillons de la baie de Pegwell.)

La *P. Konincki*, Nyst [5], a été trouvé dans les dépôts éocènes de la Belgique.

Les pholadomyes sont rares dans les terrains tertiaires récents.

M. Agassiz [6] a décrit la *P. arcuata*, Agass., de la mollasse Suisse.

M. Matheron [7] a fait connaître la *P. alpina*, de la mollasse des Basses-Alpes.

M. Wood indique [8] dans le crag corallien de Ramsholt, une espèce nouvelle, la *P. candeloides*, Wood.

On en a trouvé aussi en Amérique et dans l'Inde, depuis les terrains kellowiens jusqu'aux tertiaires récents [9].

[1] Melleville, *Sables tert. inf.*, *Ann. sc. géol.*, pl. 1, fig. 3-4.

[2] D'Orbigny, *Prodrome*, t. II, p. 321 ; Melleville, *id.*, pl. 1, fig. 1 et 2.

[3] Goldfuss, *Petr. Germ.*, t. II, pl. 158, fig. 3 ; d'Archiac, *Hist. des progr.*, t. III, p. 256 ; Philippi, *Palœont.*, I, p. 45, pl. 7 ; Bellardi, *Mém. Soc. géol.*, 2e série, t. IV, pl. 16.

[4] *Min. conch.*, pl. 297 ; Morris, *Catalogus*, p. 97.

[5] *Coq. et pol. foss. Belg.*, p. 50, pl. 4, fig. 9.

[6] *Études critiques*, *Myes*, p. 63, pl. 2-6, fig. 1-8. Je ne comprends pas pourquoi M. d'Orbigny (*Prodrome*, t. III, p. 98) donne le nom de *subarcuata* à cette pholadomye, et attribue celui d'*arcuata*, Agass., à la *P. nuda*, du même auteur, qui provient du grès vert du bas Dauphiné.

[7] *Catalogue*, *Trav. Soc. stat. Marseille*, p. 130, pl. 11, fig. 8.

[8] *Ann. and mag. of nat. hist.*, 1841, t. VI, p. 245.

[9] Forbes, *Trans. geol. Soc.*, 2e série, t. VII ; Sowerby, *id.*, 2e série, t. V ; Morton, *Journ. Acad. Phil.* et *Bull. de Washington*, etc.

Les Glycimères (*Glycimeris*, Lamk, *Cyrtodaria*, Daudin), —
Atlas, pl. LXXIII, fig. 1,

ont une coquille ovale, transverse, très bâillante de chaque côté,
une charnière calleuse, transverse, sans dents, des nymphes
très saillantes, un ligament extérieur et un épiderme épais et dé-
bordant.

Les glycimères se distinguent facilement des myes, des solens, etc., par leur charnière dépourvue de dents. Ce caractère
les rapproche des pholadomyes, mais elles en diffèrent par leur
coquille plus épaisse, leurs nymphes plus saillantes et leurs valves
plus bâillantes.

On n'en connaît à l'état fossile que quelques espèces des terrains tertiaires récents. Une seule espèce vit aujourd'hui dans
les régions les plus septentrionales du globe.

Il faut rayer des catalogues la *G. margaritacea*, Lamarck, espèce qui a
été établie sur une valve isolée de Grignon, rapportée d'abord aux clavagelles, puis aux pholadomyes.

La *G. angusta* ([1]), Nyst et Westendorp, a été trouvée dans le crag des
environs d'Anvers. C'est l'espèce figurée dans l'atlas.

La *V. cuginá*, Wood ([2]), provient du crag d'Angleterre.

Les Myes (*Mya*, Lamk), — Atlas, pl. LXXIII, fig. 2,

ont aussi une coquille transverse, bâillante aux deux bouts. Elles
sont d'ailleurs clairement caractérisées par la forme de leur
charnière; la valve droite est munie d'une dent cardinale, grande,
comprimée en forme de cuilleron et dans une direction presque
perpendiculaire au plan de la coquille; l'autre valve n'a qu'une
fossette; le ligament est intérieur et s'attache à cette fossette et à
la dent saillante ([3]).

Les myes vivent actuellement sur les côtes de la plupart des
mers, en s'enfonçant verticalement dans le sable; les espèces ne
sont pas nombreuses. Parmi les fossiles on a rapporté à ce genre
plusieurs coquilles qui n'ont de commun avec lui que leur forme

[1] *Bull. Acad. Bruxelles*, 1839, p. 396 ; Nyst, *Coq. et pol. foss. Belg.*,
p. 55, pl. 2, fig. 1.

[2] *Ann. and mag. of nat. hist.*, t. VI, p. 245.

[3] Voyez Atlas, pl. LXXIII, fig. 2, la charnière de la *Mya arenaria*, Lin.

bâillante et qui sont plus probablement des panopées, des pho-ladomyes ou des anatinides.

La plupart des auteurs sont aujourd'hui d'accord pour n'ad-mettre aucun représentant de ce genre avant l'époque tertiaire.

Dans les terrains tertiaires mêmes, les myes paraissent man-quer aux étages inférieurs.

On trouve dans le terrain pliocène de l'Astésan (¹), la *Mya dilatata*, Mich., et la *Mya testarum*, Bonelli.

Plusieurs espèces sont indiquées comme trouvées à la fois vi-vantes et fossiles (²).

La *M. tugon*, Desh. (*M. analina*), type du genre TOGONIA, Récluz, vit au Sénégal et se trouve, suivant M. Deshayes, dans les terrains subapennins, en Morée, et dans les terrains miocènes de Bordeaux où elle a été décrite sous le nom d'*ornata*, par M. Basterot.

La *M. arenaria*, Lamk, vivante dans la Méditerranée, se trouve fossile dans le crag en Islande et en Belgique. La *M. lata*, Sow., 84, du crag n'en est, suivant M. Nyst, qu'une simple variété.

La *M. ovalis*, Turton, vit dans les mers d'Angleterre et est fossile dans le crag.

La *M. truncata*, Lin., Desh., de l'océan d'Europe, se trouve fossile dans le crag et dans les terrains tertiaires récents d'Islande et de Norwége.

Les LUTRAIRES (*Lutraria*, Linné) (³). — Atlas, pl. LXX, fig. 24 et 25, et pl. LXXIII, fig. 3,

ont dans leur coquille beaucoup de rapports avec les myes, mais leur charnière manque de la dent saillante, qui caractérise ces dernières. Chaque valve présente une fossette deltoïde considé-rable, en dessous de laquelle est une dent comme plicé en deux; le ligament est intérieur et fixé dans les fossettes. Si l'on suppose, comme le fait observer M. Deshayes, que l'on puisse infléchir la dent de la valve droite des myes, de manière à la ramener dans

(¹) Michelotti, *Brach. et Acéf.*, p. 31; Brocchi, *Conch. subap.*, pl. 15, fig. 4-5.

(²) Voyez pour ces analogies, Deshayes, *Traité élém. de conch.*, t. I, p. 177.

(³) Ce nom, comme le fait observer M. Philippi, devrait s'écrire LUTRARIA, de *lutum*, boue. Il correspond à une partie des *Lutricola*, de Blainville. Il faut probablement en séparer les *Cryptodon*, Conrad, non Turton; il n'y a pas d'espèces fossiles de ce dernier genre.

le plan de la coquille et dans le bord cardinal, on aura une charnière de lutraire. Ces coquilles sont épidermées, équivalves, inéquilatérales et bâillantes de chaque côté. Les dents latérales sont nulles ou rudimentaires. La sinuosité palléale est profonde. Les impressions musculaires sont grandes et écartées ; elles sont accompagnées chacune d'une impression plus petite dont la buccale est la plus visible (Atlas, pl. LXX, fig. 25).

L'animal (id., fig. 24) a les siphons un peu divergents à l'extrémité, garnis de tentacules arborescents. Les palpes labiales sont longues, étroites et pointues, les branchies inégales, non prolongées dans le siphon.

Ces mollusques ont des rapports à la fois avec les myes et avec les mactres. Leur petit pied et leurs longs tubes, leur coquille bâillante et la composition de leur charnière les rapprochent des premières. Les tentacules qui terminent les siphons, la forme des palpes latérales et d'autres caractères anatomiques les associent au contraire tellement aux mactres, que M. Deshayes place ces deux genres dans la même famille.

Lamarck a confondu sous le nom de lutraires, des espèces fort différentes les unes des autres ; on doit réserver ce nom à celles de la première division qui ont la coquille oblongue, car ce sont les seules qui aient les siphons réunis. Celles de la seconde division, caractérisées par une coquille orbiculaire ou subtrigone, ont deux siphons distincts et doivent en conséquence, être transportées dans une autre famille. Elles appartiennent au genre Lavignon, de Cuvier.

Les lutraires vivent aujourd'hui de la même manière que les myes sur les côtes des mers tempérées. A l'état fossile on en cite dans les terrains jurassiques, crétacés et tertiaires ; mais comme je l'ai dit plus haut, la plus grande partie des espèces indiquées comme des lutraires doivent passer dans les genres précédents. On a trop négligé l'étude des caractères du moule et en particulier l'impression profonde que laissent les cuillerons sur ceux des véritables lutraires. Je suis tout à fait disposé à croire avec M. Deshayes, que de toutes les espèces citées sous le nom de lutraire dans les terrains secondaires, il n'y en a pas une seule qui appartienne réellement à ce genre.

Je n'en connais même point qui aient été trouvées dans les terrains éocènes de l'ancien continent.

Toutefois M. d'Archiac [1] en cite deux espèces indéterminées du terrain nummulitique, dont une douteuse du Kressenberg ; et une de Zafranboli (Asie Mineure).

Leur existence est démontrée dans les terrains miocènes.

La *L. latissima*, Desh. [2], est fossile aux environs de Bordeaux. Elle a été confondue à tort par M. Basterot, avec la *L. elliptica*, Lamk.

La *L. sanna*, Bast. [3], se trouve à Bordeaux et dans la montagne de Turin (Atlas, pl. LXXIII, fig. 3).

La *L. crassidens*, Lamk [4], provient des faluns de la Touraine où l'on trouve encore au moins deux espèces.

Les espèces des terrains pliocènes diffèrent peu ou point de celles qui vivent aujourd'hui dans nos mers.

La *L. solenoïdes*, Lamk [5] (*oblonga*, Turton), est citée par M. Michelotti comme trouvée à la montagne de Turin (miocène), par M. Sismonda dans les sables pliocènes d'Asti, et par M. Philippi, dans le terrain quaternaire de Sicile. Elle est commune dans les mers d'Europe. Je dois toutefois ajouter que les exemplaires que j'ai reçus sous ce nom, du Piémont, ne sont pas tout à fait identiques avec l'espèce vivante.

La *L. elliptica*, Lamk, est citée à la fois dans les sables pliocènes d'Asti (Sismonda), dans le crag (Wood), dans les quaternaires de Sicile (Philippi), et dans les mers actuelles.

La *L. rugosa*, Lamk, qui vit aussi dans la Méditerranée est indiquée dans les mêmes terrains et dans les sables pliocènes de Morée (Deshayes).

Les terrains tertiaires d'Amérique ont aussi fourni des lutraires [6].

5ᵉ FAMILLE. — MACTRIDES.

Les mactrides sont caractérisées par une coquille équivalve, épaisse, peu ou point bâillante, à ligament interne, à charnière sans osselet, offrant au milieu une fossette ou un cuilleron pour l'attache

---

[1] *Hist. des progrès*, t. III, p. 258.
[2] *Encyclop. méth.*, t. II, p. 389.
[3] *Coq. foss. Bord.*, p. 14, pl. 7, fig. 13.
[4] *Anim. sans vert.*, 2ᵉ édit. revue par Deshayes, t. VI, p. 94.
[5] Deshayes, *Traité élém. de conch.*, t. I, p. 267.
[6] Conrad dans Morton, *App.*, p. 8 et dans *Sillim. Journ.*, t. 28, 109, etc. (*L. lapidosa*, Conrad, *papyria*, Conrad, *canaliculata*, Say); d'Orbigny, *Voyage*, p. 161 (*L. plicatella*, Lamk).

du ligament, deux dents divergentes du côté buccal, et deux dents latérales, l'une anale et l'autre buccale.

Les animaux ont deux siphons réunis, dont l'ouverture terminale est garnie de tentacules simples ou rameux, rappelant ceux des lutraires. Leur manteau est également garni d'une double rangée de tentacules, Il est ouvert dans son milieu pour le passage d'un pied qui est grand, triangulaire et coudé.

Nous ne plaçons dans cette famille que le genre des mactres (¹), ayant associé les lutraires aux myacides, et rejetant les gnathodon dans la famille des cyclasides et les anatinelles dans celle des lucinides.

Les Mactres (*Mactra*, Lin.), — Atlas, pl. LXXIII, fig. 4,

ont une coquille subtrigone, régulière, peu inéquilatérale, très peu bâillante de chaque côté. La charnière est composée d'une grande fossette triangulaire qui rappelle celle des lutraires ; du côté buccal de cette fossette est une dent cardinale, comprimée et pliée en forme de V ; il y a en outre deux dents latérales en forme de lame mince. Le ligament est interne, avec un rudiment de ligament externe. Le sinus palléal est large, presque horizontal et peu profond.

Les mactres sont, comme l'a montré M. Deshayes, très voisines des lutraires par l'ensemble des caractères de l'animal. Elles leur ressemblent aussi par la forme de la charnière des coquilles ; on les distinguera toutefois par la dent en V et par les dents latérales qui manquent dans les lutraires ; ces dernières d'ailleurs ont une coquille plus bâillante. Les mactres diffèrent des lavignons par leurs siphons bien plus réunis, par leurs dents latérales et par leur sinus anal plus arrondi et plus court.

Nous n'admettons pas les genres Schizodesma, Gray, Spizula, id., et Mulinia, id., fondés sur quelques différences dans la forme du ligament. Nous leur réunissons aussi les Heddmactra et les Schizodesma, Swainson. Elles correspondent en partie aux Callista et aux Callistoderma, Poli.

____

(¹) Nous y aurions ajouté celui des Sowerbya, d'Orbigny, si il était caractérisé d'une manière plus précise ; mais il est probable qu'il doit être réuni à celui des Isocosta, Buvignier, et je discuterai leurs rapports zoologiques en traitant de ce dernier.

Ce genre renferme aujourd'hui de grandes coquilles bien caractérisées, qui vivent dans les mers froides et chaudes, en s'enfonçant dans les plages sablonneuses. Leur existence dans les terrains anciens est contestée. Les catalogues paléontologiques semblent indiquer qu'elles ont vécu dans toutes les époques jurassiques et crétacées; mais il faut remarquer que plusieurs espèces ont été rapportées à ce genre par leurs formes extérieures et sans qu'on ait pu observer la charnière. Il y a donc certainement ici comme dans tant d'autres cas quelques rapprochements douteux. M. Deshayes conteste la probabilité de leur existence avant l'époque tertiaire; mais je crois qu'il va trop loin. Je puis certifier pour ma part que la *Mactra gaultina*, du terrain albien, présente dans son moule l'impression très évidente de la dent en V, et que rien n'autorise à douter que ce soit une vraie mactre.

Aucune mactre n'a encore été citée dans les terrains antérieurs à l'époque jurassique; et les espèces citées comme se trouvant dans les dépôts de cette époque me paraissent singulièrement douteuses (1).

M. Roemer indique (2) deux espèces dans le terrain corallien d'Allemagne, la *M. trigona*, Roemer, de Hohenegelsen, et la *M. callosa*, id., de Dörshelf. La seconde est bien douteuse. La première paraît avoir les formes des thracia.

Il cite la *M. acuta*, Roemer, du terrain portlandien de Goslar, qui ne me paraît présenter aucun caractère certain pour être placée dans ce genre.

Je ne vois pas non plus de motifs suffisants pour attribuer aux mactres, comme le fait M. d'Orbigny (3), la *Tellina ovata*, Roemer (qui suivant lui est la même espèce que la *Venus nuculæformis*, id., d'Allemagne et de Suisse); la *Tellina convexa*, id., de Goslar; la *Venus isocardioides*, id., et la *Corbula trigona*, id., d'Allemagne et de France, etc.

La *Donax Saussuri*, Brong. (4), de la perte du Rhône, est considérée par M. d'Orbigny comme une mactre de l'époque kimméridgienne. C'est une cyprine, et elle appartient au terrain aptien.

(1) *Norddeutsch. Ool. geb.*, p. 123, pl. 6, 7 et 8.

(2) Je ne parle pas des espèces inédites du *Prodrome*, que je ne connais pas.

(3) *Prodrome*, t. II, p. 49.

(4) *Ann. des min.*, t. VI, pl. 7, fig. 5; Pictet et Renevier, *Paléont. suisse*, *Terr. aptien*, 3e livraison.

Je crois au contraire que l'existence des mactres est incontestable dans les terrains crétacés.

M. d'Orbigny [1] en a décrit trois espèces du terrain néocomien, les *M. Carteroni, Dupiniana* et *Matronensis*, et a réuni à ce genre la *Lutraria striata*, Sow. [2], de Lyme Regis.

J'ai fait connaître avec M. Renevier [3] la *M. Montmollini*, du terrain aptien de la perte du Rhône.

J'ai décrit avec M. Roux [4] la *M. gaultina*, Pictet et Roux, du gault de la perte du Rhône, etc.

Dans les grès verts de Blackdown, Sowerby [5] cite la *M. angulata*, qui paraît douteuse.

Les espèces sont plus nombreuses dans les terrains tertiaires ; mais seulement dans les étages supérieurs.

Le terrain éocène en renferme peu.

Il faut probablement retrancher les *M. cyrena* et *creta*, A. Brongniart, qui sont des cyrènes

M. d'Orbigny [6] indique dans les terrains tertiaires de Cuise-la-Motte, une *M. Levesquei*, d'Orb., confondue à tort suivant lui avec la *M. semisulcata*, Lamk.

L'étage de Grignon, Parnes, etc., contient la véritable *M. semisulcata*, Lamk [7], qui se retrouve aussi en Belgique, et la *M. deltoides*, Lamk.

L'étage éocène supérieur (parisien, B), a fourni la *M. depressa*, Deshayes (*M. subdepressa*, d'Orb.), de Mortefontaine, la Chapelle, etc. (Atlas, pl. LXXIII, fig. 4).

Les espèces augmentent de nombre dans les terrains miocènes et pliocènes.

Les terrains miocènes de Bordeaux [8] renferment, suivant M. Basterot, trois espèces. La première est très voisine de la *M. striatella*, Lamk, vivante. La seconde, confondue à tort par M. Basterot, avec la *M. deltoides*, Lamk, doit porter un nom nouveau. La troisième, ou *M. triangula*, Brocchi, se trouve

[1] *Pal. franç., Terr. crét.*, t. III, p. 366, pl. 368.
[2] *Min. conch.*, pl. 534.
[3] *Pal. Suisse, Terr. aptien*, pl. VII, fig. 8.
[4] *Moll. des grès verts*, pl. 29, fig. 3.
[5] Fitton, *Trans. geol. Soc.*, 2ᵉ série, t. IV, pl. 16, fig. 9.
[6] *Prodrome*, t. II, p. 322.
[7] *Ann. mus.*, t. VI, p. 419, pl. 9 ; Deshayes, *Coq. foss. Par.*, t. I, p. 31, pl. 4.
[8] Basterot, *Coq. foss. Bord.* ; Deshayes, *Traité élém. de conchyl.*, t. I, p. 288.

aussi, suivant M. Deshayes, à Dax, en Touraine, à Vienne, probablement en Pologne (où elle a été décrite par M. Pusch, sous le nom de *cuneata*), dans les terrains pliocènes d'Asti et de Morée, dans les terrains quaternaires de Sicile, et dans les mers actuelles.

M. Pusch (1) a trouvé en Pologne, outre l'espèce indiquée ci-dessus, une nouvelle mactre qu'il a décrite sous le nom de *deltoides*. Elle n'est ni la *deltoides* de Lamarck, ni celle de Basterot. La *M. biangulata*, Pusch, paraît spéciale à la Pologne.

La *M. ponderosa*, Eichwald (2), caractérise les terrains tertiaires de Russie.

M. d'Orbigny (3) a décrit les *M. vitaliana*, et *Bignardiana*, de Podolie.

Les terrains pliocènes d'Asti renferment trois espèces (4) qui paraissent identiques avec des vivantes. Ce sont les *Mactra tiror* et *stultorum*, confondues à tort par quelques auteurs, dont la première vit au Sénégal et la seconde dans la Méditerranée ; et la *M. triangula*, Ren., de la même mer, que nous avons citée plus haut.

La *M. corallina*, Desh., a été trouvée dans les tertiaires pliocènes de Grèce.

M. Wood (5) cite dans le crag (outre la *M. stultorum*) les *M. arcuata*, Sow., *M. solida*, Lin. (réunissant les *dubia* et *ovalis*, Sow.), *M. glauca*, Gmel., *M. subtruncata*, Mont., et avec doute les *M. deaurata*, Turton, et *crassa*, Turton.

La *M. arcuata* et la *M. solida*, se trouvent dans le système campinien de Belgique, qui renferme aussi la *M. inequilatera*, Nyst (6), et la *M. striata*, Nyst.

Les *M. solida*, Lin., et *glauca*, Gmel., ont aussi été trouvées dans les terrains quaternaires de Sicile (Philippi). On y cite également la *M. helvacea*, Chem., actuellement vivante, ainsi que les deux précédentes.

Le pliocène marin d'Angleterre contient aussi une espèce des mers actuelles, la *M. truncata*, Flem. (Morris, *Catal.*, p. 90).

La *M. crassatella*, Lamk (vivante), suivant M. Marcel de Serres, a été trouvée fossile dans les terrains tertiaires du midi de la France.

L'Asie et l'Amérique ont fourni aussi quelques mactres.

M. Forbes (7) a décrit les *M. tripartita* et *intersecta*, qui proviennent des terrains crétacés supérieurs des Indes orientales.

---

(1) *Polens Palæont.*, p. 76.

(2) *Lithuan.*, p. 207 ; d'Orbigny, in Murchison, Keys. et Verneuil, *Pal. de la Russie*, p. 499, pl. 43, fig. 19-21.

(3) Voyage de M. Hommaire de Hell, p. 479, pl. 4 et 6.

(4) Sismonda, *Synopsis*, p. 22.

(5) *Ann. and mag. of nat. hist.*, t. VI, p. 246 ; Sowerby, *Min. conch.*, pl. 160.

(6) *Coq. et pol. foss. Belg.*, p. 79, pl. 2, fig. 8 et pl. 4, fig. 1.

(7) *Trans. geol. Soc.*, 2ᵉ série, t. VII, p. 142 et 145, pl. 15 et 18.

M. d'Orbigny[1] a fait connaître deux espèces (*M. araucana* et *co deana*) des terrains crétacés supérieurs de l'île de Quiriquina (Chili).

Les espèces des terrains tertiaires ont été décrites[2] par MM. d'Orbigny (*M. gacca*); Lea (*M. dentalata* et *pygmæa*); Conrad (au moins dix espèces); etc.

6ᵉ Famille. — CORBULIDES.

Les corbulides sont caractérisées par un ligament intérieur, par une coquille ordinairement très inéquivalve et par une impression palléale très peu sinueuse. L'inégalité des valves n'est point un motif pour les placer dans une autre division que celle des orthoconques, car ces coquilles sont libres et leur station est toujours verticale. Quelques coquilles des familles précédentes, et entre autres les anatinides et les myes, sont aussi quelquefois inéquivalves, mais à un moindre degré. M. Deshayes a proposé la réunion des corbulides avec les myes, mais ces dernières ont le siphon plus court, leur coquille a un bâillement bien plus considérable et plus régulier, et leur impression palléale est beaucoup plus profondément échancrée. Ces différences me paraissent justifier leur séparation.

Les Corbules (*Corbula*, Bruguière), — Atlas, pl. LXXIII, fig. 5 à 7,

sont de petites coquilles subéquilatérales, ordinairement closes, à valves le plus souvent inégales, et à test épais et épidermé. La charnière consiste en une grande dent saillante, qui est reçue dans une fossette ou une échancrure de la valve opposée. L'impression palléale est faiblement excavée. Le ligament est interne, inséré sur la dent de la valve gauche et sur la fossette de la valve droite. La charnière est sujette à quelques variations; la dent saillante de la valve droite s'aplatit quelquefois en lame et la dent de la valve gauche s'atrophie. Souvent aussi les formes de la coquille varient; elle s'aplatit et tend quelquefois à devenir presque équivalve.

[1] *Voyage, Paléont.*, p. 125.

[2] D'Orbigny, *id.*; Lea, *Contributions*, p. 11, 14, etc.; Conrad, *Sillim. Journ.*, t. XXIII, XXVIII, XLI, XLII, etc., et *Foss. of the tert. form.*; Sowerby in Darwin, *Voyage*, etc.

Ces modifications ont engagé quelques auteurs à établir des genres nouveaux. La plupart ne paraissent pas pouvoir être conservés. Il faut en particulier réunir aux corbules :

Les Sphænia, Turton, genre établi pour les espèces à dent cardinale aplatie.

Les Lentidium, Cristofori, et les Ervilia, Turton, réunissant les espèces plates et équivalves.

Les Corbulomya, Nyst, genre formé pour des corbules, qui, comme la *C. complanata*, Sow., sont aplaties et très inéquivalves (Atlas, pl. LXXIII, fig. 8).

Les Corbukella, Lycett, qui ne diffèrent des corbules que par leurs valves égales, les dents de la charnière petites et les impressions musculaires plus marquées.

Les Erodona, Daudin, et les Alodis, Megerle, qui ne reposent sur aucun caractère essentiel.

Le principal développement numérique des corbules semble avoir été réservé à l'époque tertiaire. Nos mers actuelles en renferment plusieurs petites espèces.

Leur existence est très peu probable dans les terrains de l'époque primaire ([1]).

Les *C. ovata* et *striatella*, Rœmer, n'appartiennent certainement pas à ce genre.

Je ne connais pas la *C. Hennahii*, Sow., trouvée dans le dévonien de Plymouth, ni la *C. bimosa*, Flem., des terrains carbonifères d'Écosse.

Leur existence est douteuse à l'époque triasique ([2]).

M. Boué cite, dans un terrain dont l'âge est incertain et qui se rapporte peut-être au muschelkalk, la *C. Bosthorni*, qui paraît avoir bien peu les caractères des corbules.

La *C. dubia*, Münster, et la *C. Schlotheimi*, Geinitz, sont probablement des anatinides.

Les espèces des terrains jurassiques sont mieux connues, mais il reste encore bien des incertitudes sur leur compte.

M. Lycett ([3]) cite dans l'oolithe inférieure d'Angleterre quelques espèces, et

[1] Rœmer, *Harzgebirge*, pl. 6, fig. 21 et 22 ; Sowerby, *Trans. geol. Soc.*, 2ᵉ série, t. V, pl. 56, fig. 1 ; Fleming, *Brit. Annual*, p. 426.

[2] Boué, *Mém. Soc. géol. Fr.*, t. II, p. 47, pl. 4, fig. 4 ; Münster in Goldfuss, *Petr. Germ.*, t. II, pl. 151, fig. 13 ; Geinitz, *Versteinerung*, pl. 19, fig. 12.

[3] *Ann. and. mag. of nat. hist.*, 2ᵉ série, t. VI, p. 422.

entre autres la *C. imbricata*, Lycett, et la *C. curtansata*, Phillips (*Corbulella curtans ta*, Lycett) qui appartient ordinairement au terrain oxfordien. N'y a-t-il point là quelque erreur de détermination ?

La *C. obscura* [1], Sow. (*C. cucullæformis*, Koch et Dunker), provient de la grande oolithe d'Angleterre et d'Allemagne ; la *C. borealis*, d'Orb [2], a été trouvée dans le terrain oxfordien de Russie.

M. Buvignier [3] a décrit la *C. carinata* du terrain oxfordien du département de la Meuse, et trois espèces du calcaire à astartes et du terrain portlandien. Je doute beaucoup qu'elles soient de vraies corbules, surtout la *C. planulata*.

M. Bœmer [4] a fait connaître la *C. rostralis* et la *C. trigona* du terrain portlandien de Hoheneggelsen qui paraissent également bien douteuses.

La *C. alata*, Sow., et trois espèces décrites par M. Dunker, caractérisent les terrains wealdiens [5]

On trouve aussi dans le *Prodrome* de M. d'Orbigny l'indication de plusieurs espèces inédites de la grande oolithe et des étages oxfordien, corallien et kimmeridgien.

Les corbules ont été citées aussi dans les terrains crétacés.

M. d'Orbigny a décrit [6] les *C. compressa*, *incerta* et *neocomiensis* (olim *carinata*, d'Orb.) du terrain néocomien.

On trouve dans le terrain aptien [7] la *C. striatella*, Sow., la *C. elegantula*, d'Orb., et la *C. punctum*, Phillips.

Le grès vert de Blackdown a fourni [8] la *C. elegans*, Sow., et la *C. truncata*, id., qui se retrouvent aussi à Vaucluse

La *C. Goldfussiana*, Matheron [9], caractérise les terrains turoniens du midi de la France.

M. Geinitz a décrit la *C. Bockshi* de Kieslingswalde ; Nilson, la *C. caudata* de Strehlen, etc ; Goldfuss, la *C. subglobosa* du plæner mergel de Coesfeld [10].

[1] *Min. conch.*, pl. 572 ; Koch und Dunker, *Beitr. Nordool.*, p. 31, pl. 2, fig. 6.

[2] Murchison, Keys., Vern., *Pal. de la Russie*, p. 472, pl. 41, fig. 5-7.

[3] *Statist. géol. de la Meuse*, p. 9, pl. 8-12.

[4] *Norddeutsch. Ool.*, pl. 8, fig. 5 et 9.

[5] Sowerby in Fitton, *Trans. geol. Soc.*, t. IV, pl. 21, fig. 5 ; Dunker, *Weald. Bild.*, p. 46, pl. 13.

[6] *Pal. franç.*, *Terr. crét.*, t. III, p. 458, pl. 388.

[7] Sowerby, *Min. conch.*, pl. 572 ; d'Orbigny, *Pal. franç.*, *Terr. crét.*, p. 460 ; Phillips, *Geol. of Yorkshire*, p. 94, pl. 2.

[8] Sowerby, *Min. conch.*, pl. 572, et in Fitton, *Trans. geol. Soc.*, t. IV, pl. 16, fig. 8.

[9] *Catalogue*, p. 143, pl. 13, fig. 9-10.

[10] Reuss., *Boehm. Kreid.*, II, p. 20 ; Geinitz, *Kieslingsw.*, p. 12, pl. 2, fig. 17-18 ; Nilson, *Petr. Suec.*; Goldfuss, *Petr. Germ.*, t. II, pl. 151, fig. 17-18.

La *Corbula Edwardi*, Sharpe [1], provient des calcaires sous-crétacés du Portugal ; la *C. Costæ*, du même auteur, ne paraît plus voisine des *céromyes*.

On trouve dans les environs d'Aix-la-Chapelle [2] les *C. lineata*, Müller, *obtusa*, id., et *striatula*, Goldf., non Sow. (Atlas, pl. LXXIII, fig. 5).

La *C. subangulata*, d'Orb. (*angustata*, Sow., non Min. conch.), provient de Gosau [3].

Ce genre augmente beaucoup dans les terrains tertiaires.

On en connaît, en particulier, plusieurs espèces des terrains tertiaires éocènes.

M. Deshayes [4] en a décrit vingt-une espèces, dont il faut retrancher quelques *Neæra* et la *C. dubia* qui est la *Panopæa intermedia*. Une seule appartient aux dépôts inférieurs de Bracheux : c'est la *C. longirostris*, Desh. La plupart ont été trouvées dans le calcaire grossier. Trois caractérisent l'étage supérieur de Valmondois. Nous avons figuré dans l'Atlas, pl. LXXIII, fig. 6, la *C. gallica*, Lamk, espèce abondante dans le calcaire grossier et remarquable par sa grande taille.

Les terrains nummulitiques [5] renferment une partie des mêmes espèces (*C. gallica*, Lam., *exarata*, Desh., *striata*, Lam.) et quelques autres. M. Al. Rouault a fait connaître la *C. Archiaci*, Rouault, de Biarritz et de Pau. M. Bellardi a décrit les *C. semicostata*, Bengt, *Nicæensis*, *alata*, *minor*, *lævis* et *pyxidata* de la Palarea, près Nice.

Les espèces d'Angleterre ont été décrites par Brander et Sowerby [6]. Outre quelques-unes des précédentes on peut citer la *C. ficus*, Brander, la *C. globosa*, Sow., la *C. pisum*, id., la *C. revoluta*, id., de l'argile de Londres, etc. Il faut y ajouter [7] les *C. nitida*, Sow., et *cuspidata*, id., des terrains éocènes supérieurs de l'île de Wight.

La *C. abbreviata*, d'Orb. (*Nucula abbreviata*, Goldf.), provient de Streitberg [8].

M. Nyst [9] donne le nom de *C. Arnouldii* à une petite espèce d'Épernay.

<hr>

[1] *Quart. Journ. geol. Soc.*, 1844, t. VI, p. 181.

[2] Müller, *Mon. Aachen. Kreidef.*, p. 25, pl. 2 ; Sowerby in Goldfuss, *Petr. Germ.*, pl. 151, fig. 16.

[3] *Trans. geol. Soc.*, 2ᵉ série, t. III, pl. 38, fig. 4.

[4] *Coq. foss. Par.*, t. I, p. 46, pl. 7 à 9.

[5] D'Archiac, *Hist. des progrès*, t. III, p. 258 ; Al. Rouault, *Mém. Soc. geol.*, 2ᵉ série, t. III ; Bellardi, id., t. IV, etc.

[6] Brander, *Fossilia Hantoniensia*, fig. 10 ; Sowerby, *Min. conch.*, pl. 209.

[7] Sowerby, *Min. conch.*, pl. 362 ; Morris, *Catalogue*, p. 83.

[8] *Petr. Germ.*, t. II, pl. 121, fig. 18.

[9] *Coq. et pol. foss. Belg.*, p. 67.

voisine de la *C. pisum*, Sow. Il ne cite, du reste, aucune espèce nouvelle dans le système bruxellien.

Les corbules paraissent diminuer de nombre dans les terrains tertiaires moyens et supérieurs.

Une espèce, qui a reçu plusieurs noms, caractérise les tertiaires miocènes d'une grande partie de l'Europe [1]. C'est la *Corbula carinata*, Duj. *non carinata*, Phil., non d'Orb.; *C. dilatata*, Eichw.; *C. volhynica*, id. et Pusch, *rugosa*, Bast., non Lam.; *C. elliptica*, Andr., *Gaetani*, id.)

M. Nyst [2] cite dans le terrain tongrien de Belgique quatre *corbula* et deux *corbulomya* (*Corbula Henkeleusiana*, Nyst, *fragilis*, id., *pisum*, id. non Sow., *gibba*, Oliv. (Atlas, pl. LXXIII, fig. 7. *Corbulomya complanata*, Sow., Nyst, et *triangula*, id., (Atlas, fig. 8. Suivant le même auteur le système campinien renfermerait la *C. planata*, Nyst et Westendorp, et l'on y retrouverait la *C. gibba*, Oliv. La *C. Waeli*, Nyst, est une *Neœra*.

Les espèces du crag d'Angleterre ont été décrites par Sowerby, Phillips, Wood, etc. (*C. complanata*, Sow., 362, citée ci-dessus, *curtansata*, Phillips, etc.)

On trouve en Piémont [3], dans les terrains pliocènes, les *C. costellata*, Desh. (découverte en Morée), *cuspidata*, Bronn (vivante), *proboscidea*, Sism., *revoluta*, Brocchi, *gibba*, id. Ces deux dernières se retrouvent dans les terrains miocènes qui ont fourni en outre la *C. Deshayesi*, Sism.

M. Philippi [4] a cité plusieurs espèces des terrains éocènes et miocènes du nord de l'Allemagne. On peut indiquer parmi les espèces nouvelles, la *C. carinata*, Phil., non Duj., de Cassel; la *C. granulata*, Phil. de Freden; la *C. Kochi*, id., de Luithorst, et la *C. paradoxa*, id., de Westeregeln.

On peut ajouter encore [5] la *C. Duboisiana*, d'Orb. (*rugosa*, Dubois) de Volhynie, la *C. crassa*, Bronn, d'Autriche, la *C. crispata*, Philippi, des terrains quaternaires de Sicile, etc.

Plusieurs espèces ont été trouvées en Asie et en Amérique, depuis les terrains kellowiens jusqu'à l'époque récente [6].

[1] Dujardin, *Mém. Soc. géol.*, t. II, p. 257.

[2] *Coq. et pol. foss., Belg.*, p. 61.

[3] Sismonda, *Synopsis*, p. 22; Deshayes, *Exp. de Morée*, pl. 21; Michelotti, *Descript. foss. mioc. Ital. sept.*, p. 126.

[4] *Tert. Verst. nordwest. Deutschl.*, p. 7, pl. 2, et *Palæontographica*, t. I, p. 45, pl. 7, fig. 4.

[5] *Conch. foss. plat. Volh.*, p. 53, pl. 7; Hauer, *Haiding. natur. Abh.*, p. 351; Philippi, *Enum. moll. Sic.*, II, p. 12, pl. 13, etc.

[6] Le détail de ces espèces serait trop long. Je renvoie au *Prodrome* de M. d'Orbigny.

Les Nɴᴇᴀʀᴀ, Gray, — Atlas, pl. LXXIII, fig. 9 et 10,

ont une coquille mince, inéquivalve, parfaitement close, prolongée du côté anal en un appendice rostriforme, à crochets grands et presque égaux. La charnière est composée d'un petit cuilleron sur chaque valve, s'enfonçant obliquement, et d'une dent latérale recourbée sur la valve droite. Le bord cardinal de la valve gauche est échancré au-dessous du crochet. L'impression palléale est médiocrement échancrée. Le ligament est interne, fixe sur les cuillerons, et contient un petit osselet cylindracé.

Ces coquilles se distinguent surtout des corbules par leur coquille mince, renflée, par leur long bec anal et par les détails de leur charnière. L'osselet du ligament les rapproche des anatinides.

Ce genre, qui renferme plusieurs espèces vivantes, n'a encore été trouvé fossile que dans les terrains crétacés récents et dans les terrains tertiaires. Les espèces actuelles habitent les régions profondes de la mer.

On n'en connaît qu'un petit nombre d'espèces des terrains crétacés.

La *N. caudata*, Desh. [1] (*Corbula caudata*, Nilsson), provient de la craie supérieure de Suède, de Maëstricht et de Cypli.

Il faut, autant qu'on en peut juger par la description, y ajouter la *C. bifrons*, Reuss, du quader inférieur de Tyssa [2].

On en cite quelques-unes dans les terrains tertiaires.

La *C. Victoriæ*, Melleville [3], des terrains inférieurs de Laon et de Cuise-la-Motte, appartient à ce genre. (Atlas, pl. LXXIII, fig. 9.)

Quelques espèces, et entre autres [4] : la *N. dispar*, Morris (*C. dispar*, Desh., Atlas, pl. LXXIII, fig. 10), la *C. cochlearella*, Desh., la *C. argentea*, id., etc., caractérisent le calcaire grossier de Parnes et de Grignon.

M. Nyst a décrit la *C. fragilis*, Nyst [5], du système campinien du Limbourg, et la *C. Waelii*, du terrain tongrien d'Anvers.

[1] Deshayes, *Traité élémentaire conch.*, t. I, p. 192 ; Nilsson, *Petref. Suec.*
[2] Boehm. *Kreideg.*, II, p. 20.
[3] *Sables tert. inférieurs, Ann. sc. géol.*, pl. 1, fig. 8-10.
[4] Deshayes, *Coq. foss. Par.*, I, p. 57, pl. 5 et 9.
[5] *Coq. et pol. foss. Belg.*, p. 68, pl. 2.

La *N. sulcata*, Wood [1], a été trouvée dans le crag d'Angleterre.

La *N. costellata*, Forbes (*C. costellata*, Desh.), se trouve fossile [2] dans le terrain subapennin de Morée, dans les quaternaires de Sicile. Elle vit dans les mers d'Europe.

La *N. cuspidata*, Hinds (*Tellina cuspidata*, Olivi, *Mya rostrata*, Spengler, *Anatina longirostris*, Lam., *Erycina cuspidata*, Risso, *C. cuspidata*, Philippi, *T. cuspidata*, Brocchi), habite la Méditerranée et les mers du Nord, et se trouve fossile dans le terrain pliocène de Piémont, ainsi que dans le quaternaire de Sicile [3].

Les Potamomya, Sowerby, (*Azara*, d'Orbigny),

ont de grands rapports avec les corbules et les neæra ; mais leur coquille, qui est épaisse, a trois impressions musculaires sur chaque valve. La valve bombée a deux dents cardinales divergentes entre lesquelles se trouve la fossette du ligament ; la petite valve en a une seule large creusée en cuilleron. Le ligament est interne, et s'attache à la fossette de la grande valve et à la dent cardinale de la petite.

La convenance de séparer ce genre des corbules est justifiée par les formes de l'animal, dont le manteau est plus fermé, et dont les siphons sont plus longs.

Les Azara sont des coquilles d'eau douce qui paraissent avoir les caractères des potamomya. Elles vivent actuellement dans les mers d'Amérique.

M. E. Forbes [4] a cité deux potamomya douteuses des dépôts oolitiques du lac Staffin (île de Skye).

J. Sowerby [5] attribue à ce genre deux espèces décrites sous les noms de *Mya gregaria*, Sow., et *plana*, id., des terrains éocènes de l'île de Wight. Ce rapprochement me paraît très douteux, et fondé surtout sur le fait que ces coquilles proviennent d'un terrain d'eau douce.

Une espèce plus certaine a été découverte par M. d'Orbigny [6] dans les

[1] Morris, *Catalogue*, p. 93.

[2] Forbes, *Ann. and mag. of nat. hist.*, t. XIII, p. 307 ; Deshayes, *Traité élém.*, t. I, p. 194 ; Philippi, *Enum. moll. Sic.*, II, p. 13, pl. 13.

[3] Hinds, *Proceed. geol. Soc.*, 1843, p. 76 ; Deshayes, *Traité élém. conch.*, I, p. 192, etc.

[4] *Quart. Journ. geol. Soc.*, 1850, t. VII, p. 112, pl. 5.

[5] *Min. conch.*, pl. 363.

[6] *Voyage en Amérique, Paléontologie*, p. 101, et *Mollusques*, p. 573, pl. 82, fig. 22

terrains quaternaires de l'Amérique méridionale. C'est le *Azara labiata*, d'Orb. (*Mya labiata*, Maton, *Potamomya ochrea*, Hinds, *P. nimbum*, Sow., *Corbula ochreata*, Lovel Reeve).

Les Poromya, Forbes, — Atlas, pl. LXXIII, fig. 14,

ont aussi beaucoup d'affinités avec les corbula et les neæra. Leur coquille, plus ou moins globuleuse, et prolongée un peu du côté anal, est mince, équivalve, et ponctuée de petits pores. La valve bombée présente une forte dent cardinale, celle de la petite valve est tout à fait atrophiée ; il n'y a pas de dents latérales. Les impressions musculaires sont au nombre de deux. L'échancrure palléale est petite et la fossette ligamentaire oblongue.

On connaît deux espèces vivantes, l'une de Chine, l'autre des côtes orientales de la Méditerranée.

M. Forbes [1] rapporte à ce genre la *Corbula æquivalvis*, Goldfuss, des grès verts de Westphalie ; mais M. Jos. Müller a montré qu'elle appartient au genre *Cardita*. M. Forbes a en outre décrit [2] deux espèces du terrain crétacé supérieur de l'Inde, la *Poromya globulosa*, Forbes, de Pondichéry, et la *P. lata*, id., de Trinchinopoly.

La *C. granulata*, Nyst [3], du crag d'Angleterre et de Belgique, paraît aussi appartenir à ce genre. C'est l'espèce figurée dans l'Atlas.

Il en est probablement de même de la *C. granulata*, Philippi [4], qui est une autre espèce du terrain tertiaire de l'Allemagne.

7e Famille. — ANATINIDES.

Les anatinides correspondent à la famille qui a été établie par M. Deshayes sous le nom d'Ostéodesmes, et dont le caractère principal consiste dans un osselet attaché au ligament de la charnière. Les coquilles sont minces, fragiles, nacrées, un peu inéquivalves, plus ou moins bâillantes aux deux extrémités. La charnière présente toujours un cuilleron sur chaque valve, et est souvent fortifiée par une côte interne. Les animaux sont encore

[1] *Trans. of the geol. Soc.*, 2e série, t. VII, p. 140 ; Goldfuss, *Petr. Germ.*, t. II, p. 250, pl. 151, fig. 15.

[2] *Loc. cit.*, pl. 15 et 17.

[3] *Coq. et pol. foss. Belg.*, p. 71, pl. 4, fig. 6.

[4] *Tert. Verst. nordwest. Deutsch.*, p. 45, pl. 2, fig. 2.

peu connus; la plupart ont un manteau fermé sur la plus grande partie de son étendue, et ouvert seulement pour donner passage au pied. Un long tube extensible renferme deux siphons, qui sont plus ou moins réunis suivant les genres.

Les coquilles de cette famille diffèrent de celles de la précédente par leur test très mince et par l'osselet du ligament. On doit toutefois reconnaître que la science n'est pas assez avancée, pour décider avec quelque sécurité sur les véritables affinités des genres qui le composent. La forme des siphons éloigne beaucoup les thracies des anatines et des lyonsia. Doit-on, en tenant compte de ces siphons, rapprocher ces dernières des myacides, ou doit-on, en mettant en première ligne l'osselet de la charnière, conserver les familles, comme je les ai limitées ici à l'exemple de M. Deshayes? Telles sont des questions qui ne seront résolues que quand la classification des mollusques bivalves aura été assise sur des bases vraiment philosophiques.

L'étude des fossiles vient encore compliquer ces questions. Il est incontestable que le test mince des panopées qui appartiennent au type des myopsis et des pleuromyes, les rapproche beaucoup des céromyes. Il est même probable que, si nous avions à notre disposition les animaux eux-mêmes, le ligament, etc., nous découvririons entre ces genres et les vivants des rapports et des différences que l'étude des débris fossiles ne suffit pas pour apercevoir. Je considère donc la répartition des genres, entre la famille des myacides et celle des anatinides, comme provisoire, pour tous ceux au moins dont le ligament et la charnière ne sont pas exactement connus, ce qui est malheureusement le cas d'une grande quantité d'espèces fossiles.

Lorsque ces caractères essentiels manquent, on peut recourir à une circonstance accessoire dont la véritable valeur ne peut pas être facilement appréciée, mais qui est commode en pratique. Beaucoup de coquilles vivantes de la famille des anatinides ont une côte saillante interne qui soutient la charnière. Plusieurs coquilles fossiles montrent sur leurs moules des traces qui indiquent des côtes analogues. Il y a là une preuve d'analogie dont on peut tenir compte, et j'ai placé dans la famille des anatinides tous les fossiles qui ont une trace plus ou moins évidente du côté interne, laissant, comme je l'ai dit plus haut, ceux qui n'en ont pas, répartis entre les genres Panopée et Pholadomye.

Les difficultés augmentent encore, quand il faut distribuer les fossiles entre les divers genres de la famille des anatinides. Ces genres se distinguent entre eux par la forme de l'osselet et par celle de la charnière, dont, comme je l'ai dit, les traces n'existent souvent pas sur les fossiles. Il y a donc là une porte largement ouverte à l'arbitraire ; les paléontologistes ont dû avoir recours au faciès externe, toujours si trompeur, et de là est résulté un complet désaccord entre eux.

On peut compter dans cette famille six genres, qui ont à la fois des représentants dans nos mers et dans les époques antérieures à la nôtre. Les ANATINELLA, Sowerby, OSTEODESMA, Deshayes [1], MYODORA, Gray (*Myodora*, Reeve), ENTODESMA, Philippi, et MYOCHAMA, Stutchbury, n'ont pas été trouvés fossiles. Celui des CEROMYA, Agassiz, au contraire, paraît spécial à la période jurassique.

Les ANATINES (*Anatina*, Lam., *Auriscalpium*, Megerle, *Laternula*, Gray), — Atlas, pl. LXXIII, fig. 12 à 15,

doivent être réduites actuellement aux espèces qui ont dans leur ligament un osselet cardinal tricuspide, caduc, une coquille mince et fragile, subéquivalve, bâillante aux deux extrémités, et présentant sur les crochets une fente naturelle et constante, fermée par une membrane très mince. Les cuillerons sont étroits et soutenus en-dessous par une lame en arc-boutant, qui laisse sur le moule l'impression d'un sillon.

Il est probable qu'il faut réunir à ce genre les CEROMYA de M. Agassiz [2]. Les moules, que décrit, sous ce nom, le savant professeur de Neufchâtel, montrent que la coquille était mince et bâillante, que les crochets avaient une fente, et le ligament une pièce calcaire ; un sillon très marqué prouve que la lame en arc-boutant y existait aussi.

L'étude de nombreux échantillons, mieux conservés que ceux qu'a eus à sa disposition M. Agassiz, a fait croire à M. d'Orbigny

[1] Je parle ici du genre ostéodesma, tel que l'a limité M. Deshayes dans son *Traité élémentaire*. Plus anciennement il y réunissait les lyonsia.

[2] *Études critiques*, Myes, p. 143.

qu'il faut aussi rapporter aux anatines quelques espèces rangées par cet auteur dans le genre PLATYMYA.

Le genre RAYNCHOMYA, Agass., doit être abandonné; il avait été établi sur une espèce de cercomya [1].

Les anatines se trouvent fossiles dans la plupart des terrains, sans être nulle part très nombreuses. Dans nos mers actuelles ce genre n'est représenté que par un petit nombre d'espèces des pays chauds.

Elles ont des formes très variées, comme on peut s'en convaincre, en comparant les figures 13 à 15 de la planche LXXIII.

Les espèces fossiles paraissent, si l'on en croit les catalogues, exister dès les terrains siluriens.

M. M. Rouault a cité [2] l'*A. Ducaliana*, M. R., du terrain silurien supérieur de Gahard.

L'*Anatina Munsteri*, d'Orb. (*Pholadomya Munsteri*, d'Arch. et Vern.), provient du terrain dévonien de l'Eifel [3].

Je dois faire remarquer que l'impression palléale n'est décrite ni dans l'une ni dans l'autre de ces espèces, et que par conséquent elles pourraient bien appartenir aux intégropalléales.

Le lias en a aussi fourni une.

M. d'Orbigny [4] indique la *A. Delia* comme trouvée dans le terrain cénomanien de la Côte-d'Or.

Les espèces sont plus nombreuses dans les terrains jurassiques proprement dits.

M. Agassiz [5] en a fait connaître ou indiqué plusieurs sous le nom de CERCOMYA, et en particulier la *C. pinguis*, Ag., de l'oolithe inférieure du canton de Soleure, les *C. Schimperi*, Ag., et *sublævis*, id. (non décrites), la première de l'oolithe de Buch-weiler, et la seconde du Weistenstein; la *C. undata*, Ag. (*Sanguinolaria undulata*, Sow., 548), de l'oolithe inférieure d'Angleterre; la *C. siliqua*, Ag., de l'oxfordien de Sainte-Croix; le *C. antica*, id. (*Sanguinolaria undata*, Phillips), de l'oxfordien du Goldenthal; la *C. plana*, Ag., du corallien blanc du Val de Laufon, et quatre espèces du terrain

[1] *Études critiques*, p. 15, à la note.
[2] *Bull. Soc. géol.*, 2ᵉ série, 1851, t. VIII, p. 374.
[3] D'Orb., *Prodrome*, t. I, p. 74; d'Arch. et Vern., *Trans. geol. Soc.*, t. VI, p. 376, pl. 37, fig. 3.
[4] *Prodrome*, t. I, p. 216.
[5] *Études critiques*, *Myes*, p. 145, pl. 11 et 14.

kimméridgien de Porentruy et de Sainte-Croix (*A. striata*, Ag., *spatulata*, id., *expansa*, id., et *gibbosa*, id.).

Il faut y ajouter [1] la *Platymya longa*, Ag., du terrain oxfordien du Val Lanfon, et probablement les *Arcomya sinuata* et *helvetica*, Ag., du terrain kimméridgien.

M. Buvignier [2] a décrit l'*A. corbuloidea* du terrain oxfordien du département de la Meuse (Atlas, pl. LXXIII, fig. 13), l'*A. Moreana* du corallien de Saint-Mihiel, l'*A. inæquilatera* du calcaire à astartes, l'*A. cochlearella* et l'*A. Deshayesea*, du groupe portlandien.

M. d'Orbigny indique [3] trois espèces inédites de l'oolithe inférieure, deux de la grande oolithe, une du terrain kellovien et trois de l'étage corallien.

Les anatines sont nombreuses dans les terrains néocomiens et aptiens.

Il faut placer dans ce genre trois PLATYMYA de M. Agassiz [4] : la *P. rostrata*, Ag. (non Chemnitz), qui devient l'*Anatina Agassizi*, d'Orb., la *P. dilatata*, Ag., et la *P. tenuis*, Ag. (non Brown, *subtennis*, d'Orb.).

Il faut y ajouter [5] la *Cercomya inflata*, Ag., d'Hauterive, et six espèces décrites par M. d'Orbigny [6] : les *A. Astieriana*, d'Orb., de Jahrou; *A. Carteroni*, d'Orb., Atlas, pl. LXXIII, fig. 14, du département du Doubs; *A. Cornueliana*, d'Orb., de Bettancourt; *A. Marolliana*, d'Orb., de Marolles et Saint-Dizier; *A. Robinaldina*, d'Orb., de Saint-Sauveur; *A. subsinuosa*, d'Orb., de Marolles et de Tremilly.

J'ai décrit [7] avec M. Roux l'*A. Rhodani*, du terrain aptien supérieur de la perte du Rhône, et avec M. Renevier, l'*A. Heberti*, du terrain aptien inférieur du même gisement.

Il faut encore placer dans ce genre le *Solen carinatus*, Math. [8], des environs de Marseille (*A. carinata*, d'Orb., *Arcomya carinata*, Ag.).

Elles deviennent plus rares dans le gault et dans les terrains crétacés moyens et supérieurs.

[1] *Etudes critiques, Myes*, p. 167 et 180, pl. 10 et 10*.

[2] *Statist. géol. de la Meuse*, p. 41, pl. 9.

[3] *Prodrome*, t. I, p. 275, 306 et 336; t. II, p. 14.

[4] *Etudes critiques, Myes*, p. 182, pl. 10 et 10*; d'Orb., *Pal. fr., Terr. crét.*, t. III, p. 371, pl. 369.

[5] *Id.*, p. 153, pl. 11*.

[6] *Pal. fr., Terr. crét.*, t. III, p. 371, pl. 369, 370, 371.

[7] *Moll. grès verts*, p. 410, pl. 29; *Pal. suisse, Terr. aptien*, 3ᵉ livraison, pl. 7.

[8] *Catal. trav. Soc. statist. Marseille*, p. 133, pl. 11, fig. 1 et 2.

L'A. *thraciformis*, Buvignier [1], provient du gault de Varennes. Atlas, pl. LXXIII, fig. 15.

L'A. *elongata*, d'Orb. (*Lyonsia elongata*, Reuss), se trouve dans les terrains turoniens de France et d'Allemagne [2].

L'A. *Royana*, d'Orb. [3], a été trouvée dans les terrains turoniens de Montrichard et de Saint-Maure, ainsi que dans les terrains sénoniens de Royan.

L'A. *lanceolata*, d'Orb. (*Corbula lanceolata*, Geinitz) [4], provient des terrains crétacés supérieurs de Bohême.

L'A. *harpa*, Kner [5], a été trouvée dans le planer mergel de Quedlimbourg.

L'A. *arcuata*, Forbes [6], a été découverte dans les terrains crétacés supérieurs de Pondichéry.

Les anatines des terrains tertiaires sont encore mal connues.

M. Bellardi indique une *A. rugosa*, Bell., dans le terrain nummulitique de Nice, qui est évidemment une thracie.

M. Wood [7] signale dans le crag corallien de Sutton les *A. pretenera*, Wood, et *asperrima*, id., qui ne sont aussi ni décrites ni figurées.

Il n'est pas même démontré d'une manière suffisante que ces diverses espèces soient de vraies anatines.

Il faut probablement rayer encore de ce genre deux espèces décrites par M. Philippi [8]. L'A. *pusilla* est indéterminable ; l'A. *oblonga* nous paraît, ainsi que le fait remarquer M. Deshayes, avoir tous les caractères des thracies.

On cite dans les terrains tertiaires d'Amérique l'A. *Claibornensis*, Lea [9], et l'A. *antiqua*, Conrad. Je ne les connais pas.

LES THRACIES (*Thracia*, Leach). — Atlas, pl. LXXIII, fig. 16 à 19,

ont dans le ligament un osselet en demi-anneau ; leur coquille est mince et oblongue, un peu bâillante aux extrémités ; les cuillerons sont grands et horizontaux. Cette coquille est un peu inéqui-valve, la valve droite étant un peu plus profonde que l'autre. L'impression palléale a un sinus large et peu profond. Le liga-

[1] *Statist. géol. de la Meuse*, p. 10, pl. 9, fig. 22 et 23.
[2] Reuss, *Boehm. Kreid.*, p. 18, pl. 36, fig. 9.
[3] *Pal. fr., Terr. crét.*, t. III, p. 377, pl. 371.
[4] *Kiestingsw.*, pl. 2, fig. 3.
[5] *Haidinger Abhandl.*, t. III, p. 24.
[6] *Trans. geol. Soc.*, t. VII, p. 143, pl. 16, fig. 5.
[7] *Annals and mag. of nat. hist.*, t. VI, p. 245.
[8] *Enum. moll. Sicil.*, 1, p. 8 et 9, pl. 1, fig. 4, et 2, fig. 5.
[9] *Contribut.*, p. 40, pl. 1, fig. 8.

ment est double, la portion interne est très forte, l'externe beaucoup plus petite. Les crochets ne sont pas fendus. Dans la plupart des espèces, la charnière est soutenue par une côte peu épaisse dirigée obliquement du côté anal.

Les thracies diffèrent, en outre, de tous les genres précédents par la forme des siphons qui sont désunis, inégaux et subclaviformes.

Les RUPICOLES de M. Fleuriau de Bellevue [1] et les ODONCINETUS, Costa, doivent être réunis aux thracies. M. Deshayes a montré aussi que les CORIMYA de M. Agassiz ont tous les caractères de ce genre, et ne peuvent pas en être séparés. Quelques auteurs, cependant, tels que M. Philippi, associent de préférence les corimya aux périplomes. Pour résoudre complétement cette question, il faudrait mieux connaître la charnière et l'impression palléale des diverses espèces décrites sous le nom de corimyes. L'opinion de M. Deshayes paraît plus en rapport avec les formes générales et les caractères externes.

On connaît aujourd'hui quelques espèces des mers chaudes et tempérées. Les espèces fossiles sont distribuées dans les terrains jurassiques, crétacés et tertiaires. Parmi elles, il y en a, comme je viens de le dire, plusieurs, dont les caractères essentiels n'ont pas pu être observés, et qui ne sont placées dans ce genre que par leur facies. On considère, probablement avec raison, comme des thracies, toutes les coquilles minces, inéquivalves, bâillantes, à crochets non fendus, et dont la région anale est limitée par une côte externe plus ou moins saillante.

Les plus anciennes ont été trouvées dans le lias.

La *Thracia subrugosa*, indiquée avec doute par M. Dunker [2] (*Unio plastus?*, Roemer), provient du lias inférieur d'Allemagne.

La *T. lata*, d'Orb. (*Sanguinolaria lata*, Münst.) [3], a été trouvée dans le lias moyen.

La *T. Agassizii*, Desh. (*Corimya truncata*, Ag.), provient du Bas-Rhin.

[1] Voyez une discussion sur le droit d'antériorité des mots Rupicola et Thracia entre MM. Deshayes (*Traité élém. de conch.*, t. I, p. 236), et Reclus (*Revue zoologique*, 1846, p. 407).

[2] *Palæontographica*, t. II, p. 116, pl. 17, fig. 3.

[3] Goldfuss, *Petr. Germ.*, t. II, p. 281, pl. 160, fig. 2.

La *C. gnidia*, id., du même pays, la *C. Rœmeri*, id., du Hanovre, et la *C. glabra*, id., appartiennent au lias supérieur d'Allemagne et de France [1].

Les espèces sont nombreuses dans les terrains jurassiques proprement dits.

M. Agassiz [2] en a décrit plusieurs sous le nom de Corimya.

La *C. alta*, Ag., a été trouvée dans l'oolithe inférieure de Suisse et du Bas-Rhin.

Les *C. lens*, Ag., et *elongata*, id. (*T. Gresslyii*, Desh.), considérées par M. d'Orbigny comme ne faisant qu'une espèce, proviennent de la grande oolithe des environs de Soleure.

La *C. pinguis*, Ag., caractérise le terrain oxfordien de France et de Suisse.

La *C. Studeri*, Ag. (*T. suprajurensis*, Desh., *Tellina incerta*, Thurm., Atlas, pl. LXXIII, fig. 17), la *C. lata*, Ag., la *C. tenera*, id., et la *C. tenuistria*, id., ont été trouvées dans le terrain kimméridgien de la Suisse.

M. Agassiz associe encore avec raison aux corimya les *Tellina ovata* et *incerta*, Roemer [3], du même terrain, et la *Tellina corbuloides*, id., du corallien inférieur, qui devra changer de nom en passant dans ce genre.

Il faut ajouter [4] la *T. Chauviniana*, d'Orb., du terrain kellovien de Russie, la *T. Frearsiana*, id. (*Mya depressa*, Zieten, non Sow.) de l'oxfordien de France, d'Allemagne et de Russie, la *T. depressa*, Morris (*Mya depressa*, Sow.), du terrain kimméridgien, et quelques espèces inédites citées par M. d'Orbigny.

Les thracies se continuent dans les terrains crétacés.

Elles sont, en particulier, assez abondantes dans les étages néocomien et aptien.

M. Agassiz [5] a décrit les *C. Nicoleti et vulgaria* des environs de Neufchâtel, et la *C. taurica* de Crimée.

La *T. Phillipsii*, Roemer [6], provient d'Helgoland.

La *T. subangulata*, Desh. [7], a été découverte dans le terrain néocomien

[1] Deshayes, *Traité élémentaire de conch.*, t. I, p. 243 ; Agassiz, *Études critiques*, *Myes*, p. 265, pl. 38 et 39.

[2] *Études critiques*, *Myes*, p. 262, pl. 38, 39 ; Deshayes, *Traité élém. conch.*, 1, p. 243.

[3] *Norddeutsch. Oolithgeb.*, p. 120, pl. 8.

[4] D'Orbigny in Murchison, Keys., Vern., *Pal. de la Russie*, t. II, p. 471, et *Prodrome*, t. I, p. 336, 361, etc. ; Zieten, *Pétrif. du Wurt.*, pl. 64, fig. 2 ; Morris, *Catalogue* ; Goldfuss, *Petref. Germ.*, t. II, 234, pl. 147, etc.

[5] *Études critiques*, *Myes*, p. 272, pl. 37 et 39.

[6] *Norddeutsch. Kreid.*, p. 74, pl. 10, fig. 1.

[7] Deshayes in Leymerie, *Mém. Soc. géol.*, t. V, p. 3, pl. 5, fig. 1 ; Pictet et Renevier, *Pal. suisse*, *Terr. aptien*, 3e livr., pl. 7.

du département de l'Aube, et a été retrouvée dans les marnes jaunes aptiennes de la perte du Rhône. Nous avons, M. Renevier et moi, signalé en outre, dans ce même gisement, les *T. Couloni et Archiaci*, P. et R.

La *T. recurva*, d'Orb. (*Mya depressa*, Phillips, non Sow., non Zieten), provient de l'argile de Speeton [1].

La *Panopæa rotundata*, Sow [2] (*Lyonsia subrotundata*, d'Orb.), du lower greensand d'Angleterre, appartient aussi très probablement à ce genre.

On cite plusieurs espèces dans les terrains crétacés moyens et supérieurs.

J'ai décrit avec M. Roux [3] deux espèces nouvelles la *T. rotunda* (Atlas, pl. LXXIII, fig. 18) et la *T. alpina* trouvées dans le gault des environs de Genève.

On trouve dans le terrain cénomanien de la Malle la *T. gibbosa*, d'Orb. [4].

La *T. elongata*, Roemer [5] (non Philippi), a été trouvée dans le quader d'Allemagne.

La *Lutraria carinifera*, Sow., 534 (*Lyonsia carinifera*, d'Orb., *Corimya carinifera*, Ag., *Thracia carinifera*, Desh.), du terrain cénomanien de France et d'Angleterre est aussi une thracie.

Il faut peut-être réunir à ce genre la *Tellina Reichii*, Roemer [6], du placer d'Allemagne, et quelques espèces décrites par M. d'Orbigny sous le nom de LYONSIA. En particulier, la *L. elegans*, d'Orb., du terrain cénomanien de Saint-Sauveur me paraît en avoir le faciès.

Les terrains tertiaires n'en renferment pas un grand nombre d'espèces.

M. Bellardi [7] a décrit et figuré une *Thracia rugosa*, Bell., du terrain nummulitique de Nice, et indiqué une espèce indéterminée.

J'ai dit plus haut qu'il est très probable que l'*Anatina rugosa*, Bell., du même gisement, est aussi une thracie; elle devra changer de nom, et pourrait prendre celui de *T. Bellardii* (Atlas, pl. LXXIII, fig. 19).

M. Deshayes [8] parle d'un fragment de thracie trouvé dans le terrain tertiaire de Paris.

---

[1] Phillips, *Geol. of Yorksh.*, pl. 2, fig. 8. Je ne comprends pas la synonymie de M. d'Orbigny, qui cite cette *Mya depressa*, Phillips, comme type à la fois de la *T. recurva* et de la *T. subdepressa*.

[2] Sowerby in Fitton, *Trans. geol. Soc.*, 2ᵉ série, t. IV, p. 129, pl. 13, fig. 2.

[3] Pictet et Roux, *Moll. des grès verts*, p. 443, pl. 29, fig. 6 et 7.

[4] *Pal. fr., Terr. crét.*, t. III, p. 388, pl. 374.

[5] *Norddeutsch. Kreideg.*, p. 75, pl. 10, fig. 2.

[6] *Id.*, p. 74, pl. 9, fig. 26; d'Orbigny, *Pal. fr., Terr. crét.*, t. III, pl. 373, et *Prodrome*, t. II, p. 158, etc.

[7] *Mém. Soc. géol.*, 2ᵉ série, t. IV, pl. 16, fig. 13 et 14.

[8] *Traité élément. de conch.*, t. I, p. 241.

M. Morris [1] rapporte à ce genre la *L. oblata*, Sow., de l'argile de Londres et de Belgique (éocène).

La *T. truncata*, Wood [2], provient du crag d'Angleterre.

M. Phillippi [3] a décrit trois espèces éteintes des dépôts quaternaires de Sicile.

Quelques espèces sont citées comme se trouvant à la fois fossiles et vivantes, et en particulier [4].

La *T. plicata*, Desh., vit au Sénégal, et est indiquée comme fossile dans le terrain miocène de Bordeaux.

La *T. corbuloides* (*convexa*, Desh.) vit dans la Méditerranée, et se trouve fossile en Sicile et en Angleterre dans le crag.

La *T. pubescens*, Leach, des mers d'Europe, est indiquée comme fossile en Sicile, dans le crag, dans le pliocène d'Asti, en Morée, en Norwège.

La *T. papyracea*, Desh. (*phaseolina*, Kiener), vit dans les mers d'Europe; elle est citée dans le pliocène d'Asti et en Sicile.

Les PÉRIPLOMES (*Periploma*, Schumacher), — Atlas, pl. LXXIII, fig. 20,

ont une coquille ovalaire assez épaisse, plus inéquivalve que celle de la plupart des genres voisins, très inéquilatérale, à côté buccal court, à crochets fendus, et portant un cuilleron oblique étroit dans chaque valve, séparé du bord supérieur par une échancrure profonde. Un osselet triangulaire est fixé aux cuillerons par un ligament; l'impression palléale a un sinus court et triangulaire [5].

Les périplomes, voisines des anatines, par plusieurs caractères, en diffèrent par leur coquille plus épaisse, leurs extrémités moins bâillantes, et par l'échancrure qui existe entre le cuilleron et le bord supérieur, dans laquelle se loge l'osselet, comme un coin.

Ce genre contient quelques espèces vivantes des mers chaudes américaines. Son existence à l'état fossile est très contestable. M. Deshayes la nie, M. d'Orbigny lui, rapporte plusieurs espèces des terrains palæozoïques et secondaires. On peut dire ici, comme

[1] *Catalogue*, p. 102; Sowerby, *Min. conch.*, pl. 534.

[2] *Ann. and mag. of nat. hist.*, t. VI, p. 246.

[3] *Enum. moll. Sic.*, I, p. 19; 2, p. 17.

[4] Voyez surtout, pour cette distribution des espèces, Deshayes, *Traité élém. de conch.*, t. I, p. 244.

[5] La figure 20 de la planche LXXIII représente le *Periploma inæquivalvis*, Sow., vivant.

pour les thracies, que les preuves complètes manquent pour décider des véritables affinités des coquilles, dont la charnière, l'osselet et l'impression palléale sont imparfaitement connus. J'ai également dit plus haut, que les formes externes des corimya me faisaient croire à leur analogie probable avec les thracies plutôt qu'avec les périplomes, et que je croyais devoir par analogie placer, dans le premier de ces genres, un grand nombre de coquilles voisines de ce type éteint.

Je pense, en particulier, qu'il n'y a pas de motifs suffisants pour admettre une seule espèce certaine de périplomes dans la période primaire.

Le *Periploma planulata*, d'Orb. [1] (*Cleidophorus planulatus*, Hall.), du terrain silurien de New-York, est probablement intégropalléal.

La *P. biarmica*, d'Orb. [2] (*Solemya biarmica*, de Verneuil), du terrain permien de Russie, me paraît indéterminable.

Leur existence, dans l'époque jurassique, ne me paraît pas non plus démontrée.

La *P. donaciformis*, d'Orb. (*Amphidesma donaciformis*, Phill., Zieten), du lias d'Angleterre et d'Allemagne [3] ressemble autant aux panopées qu'aux périplomes.

Je ne puis rien dire des espèces inédites indiquées par M. d'Orbigny [4] dans les étages kellovien, oxfordien et corallien.

Quelques espèces ont été indiquées dans les dépôts de l'époque crétacée, mais ce qu'on en connaît ne suffit pas pour décider si ce sont de vraies périplomes. Elles ont certainement beaucoup de rapports avec les coquilles fossiles que nous avons associées aux thracia. M. Deshayes fait remarquer avec raison qu'elles ont aussi de l'analogie avec les cochlodesma.

Ces espèces sont [5] :

Le *P. neocomiensis*, d'Orb., et le *P. Robinaldina*, du terrain néocomien

---

[1] *Prodrome*, t. I, p. 11.

[2] *Id.*, p. 164 ; Murch., Keys., Vern., *Pal. de la Russie*, p. 294, pl. 19, fig. 4.

[3] D'Orbigny, *Prodrome*, t. I, 252 ; Phillips, *Geol. of Yorksh.*, pl. 12, fig. 5 ; Zieten, *Pétrif. du Wurtemb.*, pl. 63, fig. 3.

[4] *Prodrome*, t. I, p. 336 et 364, t. II, p. 14.

[5] D'Orbigny, *Pal. fr.*, *Terr. crét.*, t. III, p. 380, pl. 372 ; Pictet et Roux, *Moll. des grès verts*, p. 411, pl. 29, fig. 5.

des départements de l'Yonne et du Doubs ; le *P. simplex*, d'Orb., du gault de Varennes, de Novion et d'Ervy.

Nous avons nous-même décrit une espèce nouvelle du gault de Savoie, qui doit appartenir au même genre que les trois précédentes.

Les Lyonsia, Turton (*Osteodesma*, pars, Desh., *Magdala*, Leach., *Pandorina Scacchi*), — Atlas, pl. LXXIII, fig. 21 et 22,

sont caractérisées par une coquille très mince, nacrée, oblongue, inéquilatérale, inéquivalve, la valve gauche la plus grande, à crochets non fendus, à charnière formée d'un cuilleron étroit, appliqué contre le bord cardinal. Le ligament est interne, et porte un osselet quadrangulaire mince. Le test est ordinairement orné de stries fines rayonnantes [1].

Ce genre se distingue des anatines par ses crochets non fendus, et par l'absence de la côte interne, car on ne peut pas donner ce nom à la base un peu prolongée du cuilleron. Il ne renferme aujourd'hui que quelques espèces.

Son existence à l'état fossile est très douteuse, parce que, comme je l'ai dit plus haut, les détails de la charnière et du ligament n'ont pu que rarement être observés d'une manière suffisante. M. Deshayes nie l'existence des lyonsia fossiles. M. d'Orbigny [2] rapporte, au contraire, à ce genre : 1° toutes les greslyes que nous plaçons dans le genre des céromyes ; 2° plusieurs espèces cretacées qui sont pour nous des thracia ; 3° de nombreux fossiles de l'époque primaire.

Je doute beaucoup de l'analogie réelle de ces derniers avec les lyonsia vivantes, et je crois très probable que la grande majorité (et peut-être la totalité) devront être exclues de ce genre.

Je ferai remarquer, en particulier, que les Tellinomya, décrites par Hall dans sa paléontologie de l'état de New-York, et qui ont fourni à M. d'Orbigny cinq espèces des terrains siluriens inférieurs, sont probablement intégropalléales.

On peut avec plus de sécurité [3] affirmer que les Modiolopsis,

[1] La figure 21 de la planche LXXIII représente la *L. norwegica*, Sow., vivante et sa charnière.

[2] M. d'Orbigny arrive ainsi à admettre plus d'une centaine de Lyonsia fossiles.

[3] Je reviendrai sur tous ces genres en traitant des Orthoconques intégropalléales.

Hall, qui ont fourni un grand nombre d'espèces aux lyonsia du prodrome, présentent ce même caractère d'une impression palléale entière.

Il en est de même des Cypricardites, Conrad, ainsi que des espèces décrites par Sowerby, sous le nom de Cypricardia, et réparties par M. M'Coy dans plusieurs genres, dont je parlerai plus tard.

La *Lyonsia rotundata*, d'Orb. (*Mya rotundata*, Sow.), est une grammysia, genre intégropalléal.

Les Modiola, Psammobia, etc., citées dans les terrains siluriens par les anciens auteurs anglais, paraissent avoir ce même caractère général.

Il m'est, du reste, impossible de former une opinion précise sur les affinités d'une foule d'espèces très incomplètement conservées, appartenant aux terrains dévoniens et carbonifères, et décrites sans motifs apparents sous les noms génériques de *Sanguinolaria*, *Myacites*, *Mytilus*, *Tellina*, *Pandora*, *Venus*, etc. Celles qui ont des caractères appréciables seront groupées dans l'un ou l'autre des genres dont nous nous occuperons plus bas.

Quant aux lyonsia du terrain permien, que M. d'Orbigny a établies au moyen des *Tellinides dubius*, Schl., *Solemya biarmica*, Geinitz, *Osteodesma Kutorgana*, Vern., et *Cypricardia bicarinata*, Keys.; les échantillons présentent si peu de caractères, que je suis fort embarrassé pour contester ces rapprochements, qui me paraissent peu vraisemblables.

Il est probable, par contre, que ce genre n'a été trouvé fossile que dans les terrains tout à fait récents.

L'*Osteodesma corruscans*, Scacchi [1], des terrains quaternaires de Sicile, et qui vit encore dans la Méditerranée, paraît avoir les caractères des lyonsia et se rapprocher beaucoup de la *L. norvegica* (Atlas, pl. LXXIII, fig. 22).

Les Céromyes (*Ceromya* et *Gresslya*, Agass.). — Atlas, pl. LXXIV, fig. 1 et 2,

ont une coquille mince, ovale ou cordiforme, peu ou médiocrement bâillante, très inéquilatérale; il est douteux qu'elle soit inéquivalve. Les crochets sont plus ou moins grands et rapprochés. La

---

[1] Philippi, *Enum. moll. Sic.*, II, p. 15, pl. 14, fig. 1.

charnière est simple et sans dents, soutenue par une côte sinueuse interne, qui longe le bord cardinal de la valve droite, du côté anal. Sur la valve gauche, une expansion, d'abord cardinale, se prolonge au delà du plan des bords de la valve, et est entaillée en arrière du crochet, de manière que les bords de l'entaille figurent presque deux dents divergentes. Le ligament est étroit et externe; mais il est inséré de manière à être caché quand les valves sont rapprochées. Les impressions musculaires sont peu saillantes; le sinus palléal est grand [1].

Ces coquilles ont été quelquefois confondues avec les iso-cardes, car plusieurs espèces ont tout à fait la forme externe de ce genre; mais elles s'en distinguent facilement par leur im-pression palléale échancrée, leur charnière faible, leur test mince, etc.

Je réunis ici, à l'exemple de M. Deshayes (Atlas, pl. LXXIV, fig. 1), les céromyes et les gresslyes de M. Agassiz (id., fig. 2), car ces deux genres, intimement unis par la côte interne de leur valve droite, ne diffèrent que par l'enroulement des crochets plus grand chez les céromyes, et par la coquille plus allongée et moins cordiforme des gresslyes. De nombreuses transitions rendent cette réunion nécessaire.

M. d'Orbigny a proposé de réunir les céromyes et les gresslyes avec le genre vivant des LYONSIA, qui a aussi une charnière sans dents, et où la base du cuilleron de la valve droite simule un peu une côte, mais il me paraît impossible d'assimiler ce petit prolon-gement, qui a lieu également sur les deux valves, à la côte longue et bien marquée, qui n'existe que sur la valve droite des coquilles fossiles.

Plus tard, il admit le genre céromye, mais il laissa la plupart des gresslyes avec les lyonsia. Je crois que ces fossiles ont plus de rapports avec les céromyes qu'avec aucun autre genre, et j'ai admis ici leur réunion proposée par M. Deshayes.

Les rapports zoologiques des céromyes n'ont pas été envisagés de la même manière par tous les auteurs. M. Deshayes les place dans le voisinage des pholadomyes, et l'on ne peut pas nier qu'elles ne leur ressemblent par leurs formes externes, leur charnière sans

[1] Voyez, pour les caractères des céromyes, Buvignier, Bull. soc. géolog., 2ᵉ série, 1850, t. VIII, p. 125; et Terquem, id., 1851, t. IX, p. 359.

dents, leur sinus palléal, etc. La plupart des auteurs les placent
dans la famille des anatinides. J'ai adopté cette manière de voir,
car ces mêmes caractères les rapprochent également des lyonsia ;
leur test même leur donne certainement une grande analogie avec
les anatinides actuelles, et la côte oblique interne se retrouve dans
quelques genres de cette famille et pas dans ceux qui composent celle des myacides.

Ce genre caractérise les terrains jurassiques. Il manque tout à
fait à l'époque tertiaire et aux mers actuelles, et probablement
aussi à l'époque crétacée.

La plupart des espèces ont été décrites par M. Agassiz.

Les unes ont les crochets renflés et contournés et sont par conséquent des CÉROMYES [1].

Deux caractérisent l'oolithe inférieure, la *C. plicata*, Ag , et la *C. tenera*, id.

Deux autres appartiennent à l'étage kimméridgien, savoir : la *C. excentrica*, Ag. (*Isocardia excentrica*, Voltz), espèce très commune (Atlas,
pl. LXXIV, fig. 1), et la *C. inflata*, Ag. (*Isoc. inflata*, Voltz).

La *C. neocomiensis*, Ag., du terrain néocomien est une isocarde, et j'ai
montré ailleurs [2] que sous le nom de *C. crassicornis*, M. Agassiz a confondu
deux espèces du gault qui doivent porter les noms de *Isocardia crassicornis*,
Ag., et *Isoarca Agassizii*, Pictet et Roux.

Il faut ajouter [3] aux céromyes la *Ceromya Bajociana*, d'Orb. (*Isocardia
concentrica*, Phillips non Sow.) de l'oolithe inférieure de Normandie, la
C. striata, d'Orb. (*Cardita striata*, Sow., 89, non Rœm., non Ag.), de l'oolithe
inférieure d'Angleterre, la *C. elegans*, Desh., du terrain kellovien de la
Sarthe, les *Isocardia tetragona*, Koch et Dunker, et *orbicularis*, Rœmer, du
terrain kimméridgien d'Allemagne, et plusieurs espèces inédites citées par
M. d'Orbigny.

La *C. globosa*, Buvignier [4], du calcaire à astartes (kimméridgien) du
département de la Meuse, appartiennent aussi à ce groupe.

Les autres ont les crochets moins grands et se rapprochent davantage des formes des panopées , ce sont des GRESSLYES pour
M. Agassiz [5].

<hr>

[1] Agassiz, *Etudes critiques*, *myes*, p. 25, pl. 8 a à b 8 *f*.

[2] Pictet et Roux, *Moll. des grès verts*, p. 430.

[3] D'Orbigny, *Prodrome*, t. I, p. 275, 305; II, p. 14 et 48, etc. ; Deshayes,
Traité élém., pl. XXIV, fig. 3-5 ; Koch et Dunker, *Beitr. Ool.*, p. 48, pl. VII ;
Rœmer, *Norddeutsch. Ool.*, p. 107, pl. VII ; etc.

[4] *Stat. géol. de la Meuse*, p. 9, pl. IX.

[5] *Etudes critiques*, *myes*, p. 202, pl. 12 à 14.

Ce savant paléontologiste en décrit quatre du lias, les *C. pinguis*, Ag. (Atlas, pl. LXXIV, fig. 2), *major* et *striata*, du département du Bas-Rhin, et la *C. anglica*, Ag., d'Angleterre. Il place dans le même genre l'*Amphidesma donaciforme*, Phillips, l'*A. rotundatum*, id., et la *Corbula cordioïdes*, id., du lias d'Angleterre ([1]).

Il en compte un plus grand nombre de l'oolithe inférieure : les *C. latior*, *conformis*, *concentrica* et *erycina*, réunies par M. d'Orbigny en une seule espèce, la *C. cordiformis*, Ag., d'une localité inconnue, les *C. lunulata*, Ag., *zonata*, id., *rostrata*, id., *latirostris*, id., des marnes à *Ostrea acuminata*. Il rapporte au même genre la *Lutraria striatopunctata*, Munst., d'Allemagne.

La *C. sulcosa*, Agass., provient du terrain à chailles (oxfordien) du val Lanfon.

La *C. Deshayesiana*, Buvignier ([2]), provient du terrain oxfordien des Ardennes.

La *C. Warrensis*, Buv., caractérise le coral rag inférieur du département de la Meuse.

A ces espèces, on devra en ajouter quelques-unes décrites plus anciennement sous les noms de *Lutraria*, *Unio*, *Tellina*, *Amphidesma* ; l'existence de la côte oblique de la valve droite rendra en général ces rectifications faciles.

M. d'Orbigny indique également dans son Prodrome quelques espèces inédites.

Les PANDORES (*Pandora*, Brug., *Hypogæa*, partim, Poli), — Atlas, pl. LXXIV, fig. 3.

ont une coquille très inéquivalve, la valve gauche étant bombée, tandis que la droite est plate et même concave. La charnière est formée sur la valve bombée, d'une entaille, dont le bord buccal se prolonge en une petite saillie, et d'une petite fossette. Sur la valve plate, on voit une grosse dent comprimée, et une petite fossette semblable à celle de l'autre valve. Ces deux cavités servent à l'insertion du ligament qui est interne. L'impression palléale est simple et très remontée dans l'intérieur des valves. Ce caractère pourrait à la rigueur entraîner les pandores dans la division des intégropalléales, mais leurs affinités avec les sinupalléales sont incontestables.

La grande inégalité des valves les a fait souvent associer aux corbules ; mais les autres caractères de la coquille, et surtout les formes de l'animal, ne justifient pas ce rapprochement.

[1] *Geol. of Yorkshire*, pl. 12 et 14.
[2] *Bull. Soc. géol.*, 2ᵉ série, 1851, t. VIII, p. 400, pl. 1, fig. 10, et *Statist. géol. de la Meuse*, p. 9, pl. 13.

Les pandores mériteraient peut-être de former une famille spéciale, comme le propose M. Deshayes. Toutefois leurs affinités
me paraissent grandes avec les anatinides, et j'ai préféré suivre
ici la méthode de M. Philippi, qui les associe à ces mollusques.
Leur coquille mince et nacrée rappelle celle de presque tous les
genres dont nous venons de parler, l'inégalité des valves est un
caractère fréquent chez les anatinides; les pandores ne font que
l'exagérer, et les formes de l'animal rappellent, sous beaucoup
de points divers, celle des lyonsia.

On connaît un petit nombre d'espèces vivantes. Les espèces
fossiles ne sont pas plus abondantes et paraissent ne pas avoir
vécu avant l'époque tertiaire [1].

La *Pandora Defrancii*, Desh. [2], se trouve à Grignon, à Parnes, à Bruxelles, etc., dans les terrains éocènes.

M. Nyst en sépare [3] la *P. Grateloupi*, Nyst, confondue à tort avec elle
par M. Grateloup, et qui caractérise les terrains miocènes de Bordeaux.

La *Pandora rostrata*, Lam. (*Solen inæquivalvis*, Lin., *Tellina inæquivalvis*, id., *Mya inæquivalvis*, Pennant, *Pandora margaritacea*, Turton), a
été trouvée fossile dans le crag d'Angleterre, et vit dans les mers d'Europe [4].
C'est l'espèce figurée dans l'Atlas.

M. Philippi [5] cite, dans les terrains quaternaires de Sicile, deux espèces
qui vivent encore dans la Méditerranée : ce sont les *P. obtusa*, Lam., et
oblonga, Sow.

Je ne connais pas la *P. elongata* [6], Risso. Je ne pense pas que ce soit une
Pandore.

La *P. arenosa*, Conrad, la *P. crassidens* et la *P. trilineata*, Say, se
trouvent dans les tertiaires récents d'Amérique [7].

8ᵉ Famille. — MÉSODESMIDES.

Les mésodesmides forment une petite famille anormale, établie
par M. Gray et admise par M. Deshayes. Elles sont en quelque

[1] La *Pandora æquivalvis*, Desh. (*Mém. Soc. géol.*, t. V, pl. 3, fig. 7), du
terrain néocomien de l'Aube, ne paraît pas appartenir à ce genre.

[2] *Coq. foss. Par.*, t. 1, p. 61, pl. 9, fig. 15 à 17.

[3] *Coq. et pol. foss. Belg.*, p. 74.

[4] Wood, *Ann. and. mag. of nat. hist.*, 1840, p. 247; Deshayes, *Traité
élem.*, t. 1, p. 200.

[5] *Enum. moll. Sic.*, p. 14.

[6] *Europe mérid.*, t. IV, p. 373.

[7] Conrad, *Journ. Ac. Phil.*, t. VII, p. 130, et *Foss. of tert. form.*, p. 2, pl. 1.

sorte intermédiaires entre les mactres et les crassatelles, et caractérisées par une coquille épaisse solide, inéquilatérale, équivalve, parfaitement close, à charnière épaisse, pourvue de une à deux dents cardinales et de dents latérales plus ou moins prononcées. Le ligament est interne, reçu, de chaque côté, dans une fossette étroite et profonde; l'impression palléale a un sinus faible et quelquefois presque nul.

Elles se distinguent surtout des amphidesmides par ce dernier caractère et par leur coquille épaisse, exactement close.

Cette famille ne renferme qu'un seul genre.

Les MÉSODESMES (*Mesodesma*, Desh. [1] *Donacilla*, Lamk olim, d'Orbigny; *Erycina*, Sowerby, non Lamark; *Paphia* partim, Lamark; *Mactrula?* Risso), — Atlas, pl. LXXIV, fig. 4,

se distinguent facilement par leur solidité et par leurs valves bien fermées, par leur charnière solide et par la faiblesse de l'échancrure palléale. Les animaux sont caractérisés par des siphons séparés dans toute leur longueur, et terminés par des tentacules simples dans le siphon anal et branchus dans l'autre, bien plus courts que ceux des amphidesmides, par leurs branchies très inégales, et par leur pied allongé et comprimé.

La forme de plusieurs d'entre elles rappelle celle des donaces, dont elles diffèrent par la position du ligament.

Leur existence à l'état fossile n'est pas suffisamment démontrée, sauf dans les terrains récents.

La *Mesodesma Germari*, Dunker [2], du lias d'Halberstadt, paraît différer des mésodesmes actuelles par l'absence complète de dents latérales, par son impression palléale parfaitement entière et par la fossette du ligament plus linéaire et plus oblique.

La *Donacilla Couloni*, d'Orb. [3], du terrain néocomien, et la *D. compressa*, id., du terrain cénomanien de la Sarthe, ne sont connues que par des moules où les principaux caractères ne sont pas suffisamment reproduits pour permettre une détermination générique certaine.

[1] Le nom de *Donacilla* est antérieur à celui de *Mesodesma*; il a cependant moins de droit d'être conservé, car il a été établi pour un groupe qui renfermait des coquilles de divers genres, groupe qui a été abandonné par Lamark lui-même et réuni aux amphidesmes.

[2] *Palæontographica*, t. I, p. 40, pl. 6, fig. 20-22.

[3] *Pal. franç.*, Terr. crét., t. III, p. 401, pl. 376.

La *D. orientalis* (¹), d'Orb., provient du terrain miocène de Podolie ; elle a un sinus palléal plus profond que les espèces vivantes.

La *Mesodesma cornea*, Desh. (*Mactra cornea*, Poli, *Amphidesma donacilla*, Lamk, *Erycina plebeia*, Sowerby, *Mesodesma donacilla*, Desh., Philippi, etc.), actuellement vivante dans la Méditerranée, a été trouvée fossile dans les terrains récents de Tarente (²). C'est l'espèce figurée dans l'Atlas.

9ᵉ FAMILLE. — AMPHIDESMIDES.

Les amphidesmides, telles que nous les limitons ici, à l'exemple de M. Deshayes, sont caractérisées par des coquilles obrondes ou ovales, équivalves, régulières, minces, un peu bâillantes aux deux extrémités, à bords simples et tranchants, et ayant quelquefois un pli comme les tellines. Le ligament est interne, reçu sur un cuilleron oblique, la charnière porte une ou deux petites dents cardinales et presque toujours des latérales. Le sinus palléal est profond.

Les animaux ont deux siphons grêles, inégaux et désunis, des branchies petites, le pied médiocre, aplati, et les lobes du manteau réunis du côté anal.

Les coquilles des amphidesmides se distinguent facilement de celles des tellinides par leur ligament interne, de celles des mésodesmides par leur coquille plus mince, un peu bâillante, et par leur sinus palléal plus grand. Elles ressemblent davantage à celles des mactrides, mais elles sont en général moins bombées, et ont la charnière moins solide.

La division des siphons, dès leur base, sépare d'ailleurs clairement les animaux.

Les LAVIGNONS (*Trigonella*, da Costa, *Lavignonus*, Cuv.; *Scrobicularia*, Schumacher *partim* ; *Arenaria*, Megerle; *Listera*, Turton ; nommés aussi *Avignons* et *Avagnons*), — Atlas, pl. LXX, fig. 23,

ont une coquille ovale, subtrigone, aplatie, à crochets petits, un peu bâillante, peu inéquilatérale, le côté buccal étant le plus court.

(¹) *Voyage de M. Hommaire de Hell*, pl. 6, fig. 13 à 17.
(²) Philippi, *Enumeratio molluscorum Siciliæ*, t. II, p. 29.

La charnière est étroite, munie de deux petites dents sur la valve droite et d'une seule sur la gauche ; le ligament est interne, reçu sur un cuilleron oblique, et il y a, en outre, un petit ligament externe. Le sinus palléal est large, subtriangulaire, très dilaté dans son milieu et rétréci à son entrée. L'animal est remarquable par la longueur de ses siphons.

Les lavignons ont été confondus avec les mactres et les lutraires ; et, en effet, leur coquille présente, avec celles de ces genres, des analogies réelles, mais elles sont plus aplaties, leur charnière est plus faible, manque de la dent en V, et leur sinus palléal dilaté, dès le milieu, se dirige en remontant vers les crochets. La séparation des lavignons de ces deux genres est d'ailleurs justifiée par la forme des siphons qui sont très longs et séparés dans toute leur longueur.

Les lavignons vivent aujourd'hui près de l'embouchure des rivières, sur les côtes marines basses et vaseuses. Des espèces fossiles sont indiquées dans les terrains jurassiques crétacés et tertiaires, mais plusieurs d'entre elles ne sont pas encore connues assez complétement, pour qu'il ne reste pas de très grands doutes sur leur détermination générique.

Les espèces jurassiques, en particulier, sont citées (¹) comme devant se trouver depuis la grande oolithe, mais je n'en connais aucune certaine. Je cherche vainement sur les espèces figurées un caractère qui puisse justifier ce rapprochement. Quant aux espèces inédites du Prodrome, il faut attendre leur description.

M. d'Orbigny cite dans ce terrain le *L. mactroides* (*Mactromya mactroides*, Agass.), de Nantua, de Soleure, de Lithuanie, etc., et le *L. Tethys*, d'Orb., nov. sp. de Luc.

Le *L. ovalis*, d'Orb. (*Corbis ovalis*, Phillips), est indiqué par le même auteur, comme trouvé dans le terrain kellowien de France et d'Angleterre.

Le *L. subrugosus*, d'Orb., se trouve dans le terrain corallien des Basses-Alpes et de l'Ain.

Le *L. rugosus*, Rœm. (*Mya rugosa*, Rœm., *Lutraria concentrica*, Goldf., *Mactromya rugosa*, Agass.), est une espèce très répandue dans le terrain kimméridgien.

Quelques espèces sont aussi indiquées dans le terrain crétacé.

(¹) D'Orbigny, *Prodrome*, t. I, p. 306, 336, t. II, p. 14 et 49 ; Agassiz, *Études critiques*, *myes*, p. 190 et 197, pl. 9 *b* et 9 *c* ; Goldfuss, *Petref. Germ.*, t. II, p. 258, pl. 153, fig. 5.

M. d'Orbigny [1] cite dans le terrain néocomien le *L. rhomboidalis* (*Phola-domya rhomboidalis*, Leymerie), du département du Var, qui est bien plus épaisse que les espèces vivantes.

Le même auteur [2] indique dans le terrain aptien, le *L. minuta* (*Pla-tymya minuta*, Agass.), de Pont-Varin et du Mont-Salève, espèce dont une impression de la charnière, à ce que dit M. d'Orbigny, ne laisse pas de doutes sur sa détermination générique [3], et le *L. phaseolina* (*Mya phaseolina*, Philippi), de l'argile de Speeton.

Le gault [4] contient le *L. Clementina*, d'Orb., et le *L. subphaseolina*, (*L. phaseolina*, d'Orb.); les caractères génériques de ces espèces ne sont point constatés, ni par les planches, ni par la description.

Aucune espèce certaine de lavignon n'a encore été citée dans les terrains tertiaires d'Europe; le terrain quaternaire en renferme un petit nombre.

La *Trigonella piperata*, Desh. [5], espèce commune dans les mers d'Europe et jusqu'au Sénégal, a été trouvée fossile dans les couches d'alluvion du Norfolk, dans le crag d'Angleterre et dans un terrain récent des environs de Bone (Algérie).

Il me paraît douteux que l'on doive rapporter à ce genre la *Scrobicularia tenuis*, Philippi [6], du terrain quaternaire de Sicile; ses dents latérales semblent l'éloigner des lavignons.

Quelques espèces, que je ne connais pas, ont été citées [7] dans les terrains tertiaires d'Amérique.

Les Cumingies (*Cumingia*, Sowerby). — Atlas, pl. LXXIV, fig. 5,

ont une coquille aplatie, à crochets très petits, ovale, transverse, équivalve, subéquilatérale, le côté buccal étant plus long et le côté anal subtronqué. La charnière porte perpendiculairement au bord un cuilleron triangulaire, qui reçoit un ligament interne, une seule dent cardinale sur chaque valve et deux dents latérales sur

---

[1] *Prodrome*, t. II, p. 75; Deshayes in Leymerie, *Mém. Soc. géol.*, t. V, p. 3, pl. 2, fig. 6.

[2] *Prodrome*, t. II, p. 117; *Pal. fr.*, *Terr. crét.*, t. III, p. 105, pl. 377, fig. 4; Phillips, *Geol. of Yorksh.*, p. 93, pl. 2, fig. 13.

[3] Il est à regretter que cette impression n'ait pas été figurée.

[4] D'Orbigny, *Pal. fr.*, *Terr. crét.*, t. III, p. 106, pl. 377.

[5] *Traité élém. de conch.*, t. I, p. 343.

[6] *Enum. moll. Sic.*, t. II, p. 8, pl. 14, fig. 7.

[7] Conrad, *Foss. of the tert. form.*, p. 28; Lea, *Descr. new foss. tert.*, p. 11, pl. 34, etc.

la valve droite. Le sinus palléal est très profond, ovale oblong, et horizontal [1].

M. Deshayes place les cumingies dans la famille des amphidesmides, et près des lavignons, dont elles se distinguent facilement par leur cuilleron perpendiculaire et non oblique, ainsi que par leurs dents latérales.

Les espèces vivantes habitent les mers chaudes, en s'enfonçant dans les fentes des rochers.

On ne connaît à l'état fossile [2] que la *Cumingia tellinoïdes*, Conrad (olim *Mactra tellinoïdes*, Conrad), qui se trouve dans les terrains tertiaires supérieurs de l'Amérique septentrionale, et qui vit encore dans les mers qui baignent ce continent.

Les SYNDOSMYES (*Syndosmya*, Récluz, *Ligula*, Montagu, Nyst, etc.; *Abra*, Leach; *Erycina*, Lamarck, partim). — Atlas, pl. LXXIV, fig. 6.

ont une coquille mince et fragile, à crochets très petits, un peu bâillante aux deux extrémités, surtout au bord anal, ovale, oblongue ou subtriangulaire, inéquilatérale, le côté anal étant le plus long et un peu flexueux ou anguleux. La charnière présente un cuilleron ovale ou subtrigone, longeant le bord, pour recevoir un ligament interne; on observe, en outre, un petit ligament externe; la valve droite a deux petites dents cardinales et la gauche une seule; toutes deux ont le plus souvent des dents latérales. Les impressions musculaires sont ovales, oblongues, un peu courbées; le sinus palléal ressemble à celui des tellines, il est profond, ovale, triangulaire, transverse [3], la ligne palléale longe le bord ventral, et l'accompagne presque jusqu'au delà du milieu de la coquille, et là se recourbe, en formant un angle avant que d'arriver à l'impression musculaire anale, en sorte que le sinus est beaucoup plus étroit vers son ouverture que dans son milieu.

Ces coquilles, confondues par Lamarck avec les amphidesmes,

[1] La fig. 5 de la pl. LXXIV représente la *Cumingia mutica* vivante.
[2] Deshayes, *Traité élém. de conchyl.*, t. I, p. 323; Conrad, *Journ. Ac. Philad.*, t. VI, p. 258, et t. VII, p. 234.
[3] La fig. 6 de la pl. LXXIV représente la *Syndosmya alba* vivante.

s'en distinguent facilement par leurs valves lisses, fragiles, minces, et par la forme du sinus palléal.

Les espèces actuelles connues vivent toutes dans les mers d'Europe. On en connaît un petit nombre de fossiles dans les terrains tertiaires supérieurs.

M. Wood [1] en cite dans le crag, sous le nom d'*Amphidesma*, deux espèces qui vivent actuellement dans les mers d'Europe (*S. alba*, Plem., et *prismatica*, Turt.). Les deux mêmes espèces ont été retrouvées par M. Nyst dans les tertiaires récents de Belgique, et décrits sous les noms de *Ligula alba*, Wood, et *donaciformis*, Nyst. La première est figurée dans l'Atlas, pl. LXXIV, fig. 6, d'après un exemplaire vivant (Deshayes).

M. Recluz [2] rapporte à ce genre, sous le nom de *Syndosmya apelina*, une espèce qui se trouve fossile dans les terrains quaternaires de Sicile, et qui a été décrite sous le nom de *Erycina Renieri* par M. Philippi.

M. Deshayes indique encore l'existence de quelques autres espèces fossiles, mais sans les désigner d'une manière précise [3].

Les AMPHIDESMES (*Amphidesma*, Lamk, *Donacilla olim*, Lamk; *Semele*, Schumacher, — Atlas, pl. LXXIV, fig. 7,

sont caractérisées par une coquille ovale ou arrondie, peu épaisse, quoique bien moins mince que celle du genre précédent, équivalve ou subéquivalve, ayant souvent le pli des tellines. La charnière porte sur chaque valve deux petites dents cardinales, deux dents latérales et une fossette oblique profonde, allongée et étroite, qui reçoit un ligament interne. Un petit ligament s'observe, en outre, en dehors. Le sinus palléal est profond, la ligne palléale est d'abord large, parallèle au bord ventral, mais sans le toucher, puis vers les deux tiers de la coquille, elle se recourbe en un ellipsoïde oblique, dirigé d'arrière en avant et de bas en haut, sans former d'angle, en sorte que la largeur de son ouverture est presque égale à celle qu'il a vers son milieu [4].

Les amphidesmes vivent, comme les tellines, enfoncées verticalement dans le sable ou dans la vase des rivages.

[1] *Annals and mag. of nat. hist.*, 1841, t. VI, p. 246; Nyst, *Coq. et pol. foss. Belg.*, p. 91, pl. 3, fig. 14, et pl. 4, fig. 9.

[2] *Revue zoologique Soc. Cuvier.*, 1843; Philippi, *Enum. moll. Sic.*, 1, p. 12; 2, p. 8.

[3] *Traité élémentaire de conchyl.*, t. I, p. 353.

[4] La fig. 7 de la pl. LXXIV représente l'*A. solida* vivante.

Lamarck a réuni, sous le nom d'Amphidesmes, plusieurs espèces qui doivent appartenir à d'autres genres. Les paléontologistes ont quelquefois aussi attribué ce nom un peu à la légère à des coquilles trop imparfaitement connues, pour que l'on puisse considérer leur place comme définitivement fixée. Il règne, en particulier, une grande incertitude sur la plupart des espèces antérieures à l'époque tertiaire.

Je ne vois, par exemple, aucun motif pour laisser dans le genre des amphidesmes les quatre espèces des terrains carbonifères [1] d'Angleterre, que M. Portlock a décrites sous les noms de *A. carbonaria* (*Venus carbonaria*, Sow.), *A. axiniformis*, P., *A. deltoidea*, P., et *A. depressa*, P. Elles ont plutôt les formes des mactres, et l'on ne connaît aucun de leurs caractères essentiels.

Il me paraît également impossible de déterminer génériquement l'*A. pristina*, Verneuil [2], de l'Oural, du terrain carbonifère de Russie, ni l'*A. lunulata*, Keyserling, du terrain permien.

MM. Koch et Dunker ont décrit [3] deux espèces du lias, les *A. ellipticum* et *compressum*, qui me paraissent également fort douteuses.

Il en est de même de l'*A. decussatum*, Bean [4], du cornbrash. M. Phillips [5] en cite deux espèces du lias et trois de l'oolithe, dont la détermination générique n'est pas plus certaine.

L'*A. tenuistriatum*, Sowerby [6], des grès verts de Blackdown, n'appartient certainement pas à ce genre.

Les seules espèces certaines se trouvent dans les terrains tertiaires.

M. Deshayes [7] indique une espèce des environs de Bordeaux, voisine de l'*A. reticulata*, Lin., et trouvée par M. Hébert.

Le même auteur [8] a décrit les *A. subtrigona* et *ovata* des terrains tertiaires supérieurs de Morée.

Les amphidesmes indiquées par M. Wood dans le crag sont des syndosmyes.

Plusieurs amphidesmes ont été citées dans les terrains étrangers à l'Europe [9].

[1] *Geol. report*, p. 438 et 439.
[2] *Pal. de la Russie*, p. 300, pl. 20, fig. 5.
[3] *Beitr. Ool. geb.*, p. 19, pl. 1.
[4] *Ann. and mag. of nat. hist.*, 1839, p. 58.
[5] *Geol. of Yorkshire.*
[6] In Fitton, *Trans. of the geol. Soc.*, 2ᵉ série, t. IV, pl. 16, fig. 7.
[7] *Traité élémentaire de conchyl.*, t. I, p. 360.
[8] *Exped. de Morée*, p. 89, pl. 20.
[9] Voyez Conrad, in *Silliman's Amer. Journ.*, t. IV, VI et VII, et *Foss. of the tert. form.*; Morton, *Appendix.*

10ᵉ Famille. — TELLINIDES.

Les tellinides sont caractérisées par une coquille comprimée, dont chaque valve porte deux dents cardinales au plus, et dans quelques genres deux dents latérales. Le ligament est toujours externe. Ces coquilles, qui sont le plus souvent médiocrement bâillantes, ont les crochets faibles, situés à peu près vers le milieu ; le côté buccal est même quelquefois plus grand que le côté anal. Ce dernier porte souvent un pli oblique, irrégulier.

Cette famille, voisine, sous plusieurs points de vue, de celle des amphidesmides, s'en distingue constamment par l'absence du ligament interne. Leur coquille comprimée, légèrement bâillante, à charnière faible, à dents cardinales peu nombreuses, les caractérise aussi facilement, si on les compare aux autres familles des sinupalléales.

Je réunis ici les tellinides et les psammobides de M. Deshayes, à cause de l'analogie des siphons, du pied, de la coquille et des habitudes.

L'animal est aplati, son bord est garni de tentacules ; il porte deux siphons grêles désunis dans toute leur longueur, et pourvus de tentacules à l'extrémité. Les branchies sont inégales.

Les Tellines (*Tellina*, Linné ; *Peronea*, *Peronœderma*, Poli ; *Angulus*, Megerle ; *Strigilla*, Turton ; *Macoma*, Leach). — Atlas, pl. LXXIV, fig. 8 à 10,

forment un genre très tranché, dont les coquilles allongées ou orbiculaires, presque toujours minces et aplaties, présentent, du côté anal, un pli plus ou moins marqué, qui suffit en général pour les distinguer. La charnière est faible ; chaque valve porte une ou deux petites dents cardinales, et ordinairement deux latérales. Le côté anal est souvent plus petit que le buccal, et porte un ligament bombé et allongé. Les crochets sont très petits, l'impression palléale est étroite et très profondément excavée. Il faut leur réunir les Tellinides de Lamarck, qui n'en diffèrent que par l'absence des dents latérales et par le pli souvent effacé, et plusieurs autres genres établis sur des caractères insuffisants, tels que les OMALA, GARI et PHYLLODA de Schumacher.

Les tellines sont peu nombreuses jusqu'à l'époque tertiaire. Elles ont atteint leur maximum de développement dans les mers actuelles. Il faut observer, pour ce genre comme pour tant d'autres, que bien des espèces lui ont été rapportées à la légère, et qu'il y a dans les catalogues paléontologiques plusieurs erreurs à relever, surtout pour les terrains où l'on ne peut observer que des moules ou des coquilles fermées.

Je ne crois pas, en particulier, qu'il y ait des motifs suffisants pour admettre leur existence dans l'époque primaire.

La *T. obliqua*, Goldf., trouvée dans les terrains dévoniens de Kemmenau (*T. Goldfussi*, Deshayes), n'est connue que par un moule sans caractères [1].

M. Deshayes retranche de ce genre la *T. inflata*, Roemer, du terrain dévonien.

Je ne connais pas [2] la *T. lineata*, Hœning., du terrain carbonifère d'Allemagne, ni la *T. canalensis*, Cat., du terrain triasique.

Plusieurs espèces sont citées dans les terrains jurassiques, mais il règne également une grande incertitude sur leurs caractères.

M. d'Orbigny [3] rapporte à ce genre la *Psammobia obliqua*, Phillips, de l'oolithe inférieure, et indique une espèce nouvelle (*T. Delanouana*) du même terrain.

Le même auteur décrit par une phrase spécifique huit espèces nouvelles du Luc (grande oolithe).

M. Buvignier [4] a décrit la *T. Michaelensis* du terrain corallien, et la *T. jurensis* (Atlas, pl. LXXIV, fig. 8) du calcaire à astartés supérieur.

Il faut probablement transporter dans le genre des thracies [5] les *T. corbuloides*, Roemer, *incerta*, Thurmann, *ovata*, Roemer. Il en est de même de la *T. Rœmeri*, Koch et Dunker, de la *T. alata*, Münster, et de la *T. Guidia*, Hön.

La *T. rugosa*, Roemer, est aussi une thracie ou une anatine, mais pas une telline. La *T. convexa*, Roemer, et la *T. arcuata*, id., n'appartiennent probablement pas non plus à ce genre.

M. Deshayes refuse encore d'admettre dans les tellines la *T. æquilatera*, Koch et Dunker.

<hr>

[1] Goldfuss, *Petref. Germ.*, t. II, pl. 147, fig. 12; Deshayes, *Traité élém.*, t. I, p. 394.

[2] Hœninghaus, *Leonh. und Bronn neues Jahrb.*, 1839, p. 237.

[3] *Prodrome*, I, p. 275 et 306.

[4] *Stat. géol. de la Meuse*, p. 10, pl. 9 et 10.

[5] Roemer, *Norddeutsch. Ool. geb.*, p. 120; Koch et Dunker, *Beitr. Ool. geb.*, etc.

Il admet, au contraire, la *T. ampliata*, Phillips [1], du corallien d'Angleterre.

La *T. nuculiformis*, Münster [2], peut bien être une telline, mais ses caractères essentiels ne sont pas connus.

Les tellines des terrains crétacés sont un peu plus certaines.

M. d'Orbigny [3] a décrit la *T. Carteroni*, d'Orb. (*T. angulata*, Desh.), du terrain néocomien inférieur, la *T. Moreana*, d'Orb., du gault, la *T. Renauxi*, Math., du terrain turonien d'Uchaux, et la *T. Royana*, d'Orb., de Royan. La *T. æqualis*, Sow. [4], se trouve dans le lower greensand du comté de Sussex. La *T. cochiana*, Forbes [5], du même terrain, ne me paraît pas avoir les caractères des tellines.

M. d'Orbigny [6] indique dans le terrain cénomanien la *T. striatula*, Sow., du Mans et de Blackdown, et deux espèces de cette dernière localité, décrites par Sowerby sous les noms de *Psammobia gracilis*, Sow., et *Amphidesma tenuistriata*, Sow.

Les auteurs allemands ont décrit quelques tellines que M. d'Orbigny répartit entre ce genre et les *Arcopagia*. Les impressions palléales n'étant pas figurées, je ne puis pas avoir une opinion sur cette répartition. On trouvera leur description dans les ouvrages [7] de Goldfuss (*T. strigata et costulata*), Roemer (*T. Goldfussii, plana, subdecussata*, du terrain crétacé de Quedlimburg et d'Aix-la-Chapelle), Reuss (*T. concentrica, semi-costata*), Roemer, etc.

Il faut retrancher de ce genre la *T. Reichii*, Roemer, qui est une *Thracia*. Plusieurs autres espèces indiquées ci-dessus sont très imparfaitement connues, et par conséquent douteuses.

Les terrains tertiaires en renferment beaucoup, et leurs caractères ont pu être mieux précisés.

Dans l'étage éocène, M. Deshayes [8] décrit dix-sept espèces des environs de Paris, dont plusieurs sont des *Arcopagia*. Les vraies tellines sont les *T. rostralis*, Lamk, *tenuistria*, Desh., *scalaroïdes*, Lamk, *biangularis*, Desh. (Atlas, pl. LXXIV, fig. 9), *rostralina*, Desh., *donacialis*, Lamk, *cornéola*, Lamk, de l'étage de Grignon.

[1] *Geol. of Yorkshire*, p. 158, pl. 3, fig. 24.
[2] Goldfuss, *Petref. Germ.*, t. II, pl. 147, fig. 17.
[3] *Pal. franç., Terr. crét.*, t. III, p. 418, pl. 380.
[4] *Trans. geol. Soc.*, 2ᵉ série, t. IV.
[5] *Quart. journal geol. Soc.*, 1845, t. I, p. 239.
[6] *Prodrome*, t. II, p. 159; Sowerby, *Min. conch.*, pl. 456, et *Trans. geol. Soc.*, t. IV.
[7] Goldfuss, *Petref. Germ.*, t. III, pl. 148, fig. 18 et 19; Roemer, *Nord-deutsch. Kreideg.*, p. 73, pl. 9.
[8] *Coq. foss. Par.*, t. I, p. 77.

M. d'Orbigny [1] considère comme des espèces distinctes, sous le nom de *T. pseudodonacialis*, d'Orb., et de *T. pseudorostralis*, des tellines confondues avec les *T. donacialis* et *rostralis*, et appartenant aux tertiaires inférieurs (suessonien A et B).

Il a ajouté deux espèces inédites du même terrain (suessonien B), les *T. Cuisensis*, d'Orb., et *T. Oceani*, d'Orb., de Cuise-la-Motte.

M. d'Archiac [2] cite dans le terrain nummulitique plusieurs espèces du bassin de Paris.

Les terrains nummulitiques des environs de Nice renferment, suivant M. Bellardi [3], plusieurs tellines, dont quelques unes restent indéterminées. La *T. prolonga*, Bell., paraît nouvelle.

Les espèces des terrains éocènes d'Angleterre ont été décrites [4] par Sowerby (*T. filosa*, *T. ambigua*, de l'argile de Londres), et surtout par M. F. Edwards, qui en compte vingt-deux espèces (en y comprenant les arco-pagia). La plupart ont déjà été indiquées ci-dessus. Quelques-unes sont nou-velles (*T. rhomboidalis*, *tumescens*, *concinna* ou *subconcinna*, d'Orb.).

Les espèces se continuent nombreuses dans les terrains mio-cènes et pliocènes.

M. Nyst [5] a décrit la *T. Benedenii*, qui se trouve dans le système tongrien et dans le système campinien de Belgique, et indiqué dans le dernier de ces gisements six autres espèces, dont deux seulement me paraissent de véritables tellines; elles ont déjà été décrites par Sowerby comme trouvées dans le crag (*T. obliqua*, Sow. ou *Nysti*, Desh., et *ovata*, Sow.).

M. Basterot [6] a fait connaître la *T. bipartita* des environs de Bordeaux, et indiqué quelques espèces déjà connues. M. Grateloup en a complété le cata-logue.

M. Dubois de Montpéreux [7] a décrit quelques espèces de Volhynie.

Goldfuss [8] a fait connaître la *T. pusilla*, de Cassel, et figuré à tort sous le nom de *T. rostralina*, Desh., et *subcarinata*, Brocchi, deux espèces nou-velles du même gisement.

[1] *Prodrome*, t. II, p. 304 et 322.

[2] *Histoire des progrès*, t. III, p. 258.

[3] *Mém. Soc. géol. de France*, 2ᵉ série, t. IV, pl. 16.

[4] Sow., *Min. conch.*, pl. 402 et 403; F. Edwards, *London geol. Journal*, p. 44 et 100.

[5] *Coq. et pol. foss. Belg.*, p. 106. Les *T. obtusa*, Sow., et la *T. tenui-lamellosa*, Nyst, sont des *Arcopagia*; la *T. articulata* et la *T. lupinoides* sont probablement des *Venus*.

[6] *Coq. foss. Bord.*, p. 85, pl. 5, fig. 2.

[7] *Conch. foss. plat. Volh. Pod.*, p. 54. Voyez les rectifications proposées par M. d'Orbigny, *Prodrome*, t. III, p. 102.

[8] *Petref. Germ.*, t. III, p. 265, pl. 148, fig. 1 à 3.

Les terrains pliocènes d'Asti contiennent une assez grande quantité de tellines [1], et en particulier la *T. tumida*, Brocchi, la *T. serrata*, id., la *T. striatella*, id., la *T. subcarinata*, id., la *T. compressa*, id., la *T. uniradiata*, id., la *T. elliptica*, id., etc.

M. Philippi a signalé huit espèces dans les terrains quaternaires de Sicile [2], dont deux nouvelles (*T. pleurosticta* et *strigillata*).

M. Deshayes a donné [3] un catalogue comprenant dix-sept espèces, qu'il considère comme se trouvant à la fois vivantes et fossiles (en y comprenant les arcopagia). Nous avons figuré dans l'Atlas, pl. LXXIV, fig. 10, la *T. planata*, Lin., qui vit encore dans la Méditerranée, et qui se trouve fossile en Italie et en Sicile.

Les Arcopagia, Brown, — Atlas, pl. LXXIV, fig. 11 et 12,

ne diffèrent des tellines que par la forme de leur impression palléale. La portion de cette impression, qui forme le sinus, au lieu d'accompagner le bord palléal proprement dit, s'en écarte dès l'endroit où commence le sinus, pour remonter du côté des crochets et former une impression ovalaire. Leur forme, ordinairement orbiculaire, sert aussi à les distinguer des tellines allongées, mais ce caractère est loin d'être général, car plusieurs véritables tellines leur ressemblent sous ce point de vue.

La valeur de ce genre est très contestée, car les animaux paraissent très semblables, et tous les autres caractères sont identiques. J'ai admis leur séparation, en me fondant sur le fait de l'uniformité ordinaire de l'impression palléale entre les espèces d'un genre véritablement naturel.

Les espèces vivent dans les mers actuelles à la manière des tellines. On a signalé des fossiles dans les terrains crétacés et dans les terrains tertiaires.

M. d'Orbigny a décrit [4] l'*A. concentrica*, d'Orb. (non Reuss), du terrain néocomien (Atlas, pl. LXXIV, fig. 11), l'*A. Baudiniana*, id., du gault, l'*A. semiradiata* (olim *radiata*, id.), du terrain cénomanien du Mans, l'*A. numismalis* (*Lucina numismalis*, Math.), du terrain turonien, et les *A. gibbosa*, d'Orb., *circinalis*, id., et *rotundata*, id., des terrains crétacés supérieurs de Saintes et de Royan. Il a indiqué en outre quelques espèces inédites.

[1] Brocchi, *Conch. subapenn.*, pl. 12; Sismonda, *Synopsis*, p. 21, etc.
[2] *Enum. moll. Sic.*, t. I, p. 21, t. II, p. 21.
[3] *Traité élém. conch.*, t. I, p. 396.
[4] *Pal. franç.*, *Terr. crét.*, t. III, p. 409, pl. 378 et 379.

Le même auteur place dans les *Arcopagia* quelques espèces décrites par Goldfuss, Roemer, Reuss, etc.; mais les caractères connus me paraissent insuffisants pour décider de leurs affinités.

Les arcopagia se continuent dans les terrains tertiaires.

Il faut placer dans ce genre plusieurs espèces décrites sous le nom de *Tellina* et appartenant aux terrains tertiaires éocènes.

Parmi celles de Paris que Lamarck et M. Deshayes ont fait connaître [1], on peut associer aux *Arcopagia* les *T. elegans*, Desh., *sinuata*, Lamk, *patellaris*, id., *erycinoides*, id. (Atlas, pl. LXXIV, fig. 13), *corbinata*, Lamk, *pustula*, Desh., *lamellosa*, id., du calcaire grossier, et les *T. subrotundata*, Desh., *lucinalis*, id., et *undata*, id., des sables supérieurs de Valmondois.

Il faut y ajouter la *Tellina corbisoides*, Caillat [2], de Grignon.

Parmi les espèces d'Angleterre, la *T. Branderi*, Sow. [3], appartient à ce genre.

Quelques espèces sont citées dans les terrains miocènes et pliocènes.

La *T. obtusa*, Sow. [4], du crag d'Angleterre et du système campinien de Belgique, est une arcopagia.

Il en est de même de la *T. articulata*, Nyst, et de la *T. tenui-lamellosa*, id., du même gisement en Belgique.

La *T. elegans*, Basterot [5], non Desh., des terrains miocènes de Saucats, présente les mêmes caractères génériques.

Les terrains pliocènes de l'Astezan ont fourni [6] la *T. gigantea*, Sism. (*Lucina gigantea*, Bon.), la *T. telata*, E. Sism. (*Lucina telata*, Bon.), la *T. corbis*, Bronn (*Lucina serrulata*, Bonel.), et la *T. crassa*, Pennant, encore vivante, qui sont aussi des arcopagia.

Les **Fragilia**, Deshayes, — Atlas, pl. LXXIV, fig. 13,

sont très voisines des tellines. Elles en diffèrent par leur coquille plus renflée, par leur charnière qui a deux dents courbées et divergentes sur chaque valve, égales sur la droite et inégales sur la gauche. Cette coquille est légèrement bâillante à chaque extrémité, le ligament est petit, et l'impression palléale présente un

[1] *Coq. foss. Par.*, t. 1, p. 77.
[2] *Foss. de Grignon, Soc. sc. nat. Seine-et-Oise*, p. 3, pl. 9, fig. 8.
[3] *Min. conch.*, pl. 402.
[4] *Min. conch.*, pl. 179; Nyst, *Coq. et pol. foss. Belg.*, p. 106.
[5] *Coq. foss. Bord.*, p. 85, pl. 5, fig. 8.
[6] Sismonda, *Synopsis*, p. 21; Michelotti, *Brach. ed Acef*, p. 22, etc.

grand sinus qui rappelle plus celui des arcopagia que celui des tellines.

On en connaît quelques espèces vivantes qui ont été décrites sous les noms de *Petricola*, *Psammotea*, *Tellina*, etc.

Les espèces fossiles sont peu nombreuses [1].

Il faut placer probablement dans ce genre la *Petricola abbreviata*, Duj., des faluns de la Touraine, et la *P. peregrina*, Basterot, des terrains miocènes des environs de Bordeaux.

La *T. fragilis*, Desh., paraît s'être continuée depuis cette époque jusqu'aux mers actuelles ; c'est l'espèce figurée dans l'Atlas.

Les PSAMMOBIES, (*Psammobia*, Lamarck), — Atlas. pl. LXXV, fig. 1 et 2,

sont caractérisées par des coquilles ovales, oblongues, aplaties, subéquilatérales, un peu bâillantes, à crochets petits et peu saillants. La charnière est composée d'une ou deux dents sur chaque valve ; le ligament est externe, très convexe et élevé, ordinairement porté sur des nymphes saillantes. Les impressions musculaires sont grandes, presque égales ; le sinus palléal est profond, étroit et horizontal, à bords à peu près parallèles.

Ces coquilles ressemblent beaucoup à celles des tellines ; elles s'en distinguent surtout par leur sinus palléal qui ne forme jamais l'angle caractéristique de celui des tellines, et par leurs nymphes saillantes, tandis que, chez ces dernières, le ligament est inséré dans une excavation du bord cardinal.

On pourrait y ajouter l'absence constante de plis et de dents latérales, si quelques tellines ne leur ressemblaient pas sous ce point de vue. Elles ont aussi de l'analogie avec les solecurtus et les siliqua, en étant moins bâillantes. L'animal rappelle plutôt les formes des donax et des vénus ; il a toutefois les deux grands siphons séparés des tellines.

On doit réunir aux psammobies les PSAMMOTÉES (*Psammotœa*, Lamk), chez lesquelles une des dents de la charnière disparaît, soit sur une des valves, soit sur toutes les deux. Il faut leur associer aussi les PSAMMOCOLA, Blainville, une partie des LUTRICOLA, id.,

[1] Deshayes, *Traité élém. conch.*, t. I, p. 374 et 494 ; Basterot, *Coq. foss. Bord.* ; Dujardin, *Mém. Soc. géol.*, t. II ; Philippi, *Enum. moll. Sic.*, t. I, p. 30 ; t. II, p. 23 ; Michelotti, *Brach. ed Acef.*, p. 36.

les SOLETELLINA, id., les Gari et les LOBARIA, Schumacher, etc.

Je ne connais aucune psammobie certaine avant l'époque crétacée.

M. Deshayes [1] a proposé avec doute de réunir provisoirement à ce genre quelques coquilles des terrains dévoniens et carbonifères décrites sous le nom de *Sanguinolaria* par Goldfuss, Phillips, Portlock, etc.; mais ces espèces, très mal connues, ont, ce me semble, bien plus le facies des nombreuses coquilles intégro-palléales dont je parlerai plus loin sous le nom de *Cœlono-tides*, et qui forment les genres SANGUINOLITES, LEPTODOMUS, ORTHONOTUS, etc.

Je ne vois pas plus de motifs, pour associer aux psammobies les sanguinolaires des terrains jurassiques, et pour constater aucune espèce connue de ce genre ayant vécu dans cette époque.

Toutefois M. Deshayes indique plusieurs espèces inédites de l'Oxford-clay et du terrain kimméridgien, mais sans dire si leurs caractères connus sont suffisants pour décider avec quelque cer-titude de leurs rapports génériques.

L'existence des psammobies, pendant l'époque crétacée, me paraît moins contestable.

On peut, suivant toute probabilité, rapporter à ce genre les *Capsa elegans*, d'Orb., et *discrepans*, id. [2]; la première de l'étage cénomanien du Mans, et la seconde des dépôts turoniens et sénoniens de la Touraine.

J'ai décrit, avec M. Renevier, la *Psammobia Studeri* [3], du terrain aptien inférieur de la perte du Rhône (Atlas, pl. LXXV, fig. 1).

La *P. gracilis*, Sowerby [4], du grès vert de Blackdown, me paraît plus douteuse.

Les auteurs allemands sont en général d'accord pour rapporter au genre des tellines la *P. semicostata*, Roemer [5], du plaener de Quedlimbourg, etc.

Les psammobies augmentent de nombre dans les terrains ter-tiaires, et elles sont mieux connues.

M. Deshayes [6] a décrit la *P. rudis* (*Tellina rudis*, Lamk), de Grignon et de Valmondois (Atlas, pl. LXXV, fig. 2), et la *Psammotœa dubia*, du cal-

---

[1] *Traité élém. conchyl.*, t. I, p. 415.
[2] *Pal. franç.*, Terr. crét., t. III, p. 423, pl. 381.
[3] *Pal. Suisse*, Terr. apt., 3ᵉ livraison, pl. 7, fig. 6.
[4] in Fitton, *Trans. geol. Soc.*, 2ᵉ série, t. IV, pl. 16, fig. 12.
[5] *Norddeutsch. Kreideg.*, pl. 9, fig. 21. J'ai déjà cité cette espèce en par-lant des tellines.
[6] *Coq. foss. Par.*, t. I, p. 75, pl. 10.

caire grossier de Parnes. Le *Solen effusus*, Lamarck, du calcaire grossier de Grignon [1], paraît devoir être transporté dans le genre des psammobies sous le nom de *P. solenoïdes* (*Psammotæa solenoïdes*, Lamk).

Les *Sanguinolaria Hollowaysii* et *compressa*, Sow., [2], paraissent être des psammobies et caractérisent l'étage inférieur des terrains tertiaires du bassin de Londres.

La *P. angusta*, Philippi [3], se trouve dans les terrains tertiaires de Cassel.

La *P. Labordei*, Basterot [4], a été trouvée dans les terrains miocènes de Dax et de Bordeaux.

La *P. affinis*, Duj. [5], provient des faluns de la Touraine.

Le crag d'Angleterre renferme six espèces, suivant M. Wood [6].

M. Nyst [7] indique la *P. rudis*, Lamk, dans le terrain tongrien de Belgique, et quatre espèces dans le système campinien dont deux nouvelles, les *P. Dumontii* et *lævis*.

Une partie de ces espèces se retrouve en Piémont, où l'on cite encore les suivantes [8].

La *P. incarnata*, Lin. (*T. feroensis*, Lamk), qui vit encore dans la Méditerranée, est indiquée comme fossile dans les terrains miocènes et pliocènes de ce pays.

La *P. vespertina*, Lamk, qui vit également dans nos mers, a été trouvée dans le terrain pliocène d'Asti, qui renferme en outre la *P. uniradiata*, E. Sism., et la *P. Basteroti*, Broun.

Quelques espèces appartiennent aux terrains tertiaires d'Amérique [9].

LES SANGUINOLAIRES (Sanguinolaria, Lamarck), — Atlas,
pl. LXXV, fig. 3,

ont une coquille subelliptique, un peu bâillante aux deux extrémités. Le bord cardinal est étroit, la charnière est formée de deux petites dents cardinales sur chaque valve. Le ligament est bombé et porté par des nymphes médiocres. L'impression buccale est ovale et l'anale arrondie. Le sinus palléal a en partie les caractères de celui des tellines ; l'impression palléale arrive presque

[1] Deshayes, *id.*, p. 27, pl. 2, et *Traité élém. conch.*, t. I, p. 417 ; Lamarck, *Hist. nat. anim. sans vert.*, 2ᵉ édit., t. VI, p. 182.

[2] *Traité élém. conch.*, t. I, p. 417 ; Sow., *Min. conch.*, pl. 189 et 462.

[3] *Tert. Verst. Nordwest. Deutsch.*, p. 7, pl. 2.

[4] *Coq. foss. Bord.*, p. 95.

[5] *Mém. Soc. géol.*, t. II, p. 223.

[6] *Ann. and mag. of nat. hist.*, 2ᵉ série, t. VI, p. 248.

[7] *Coq. et pol. foss. Belg.*, p. 106.

[8] Sismonda, *Synopsis*, p. 21 ; Broun, *Ital. geb.*, p. 92.

[9] Huot, *Cours de géologie*, t. I, p. 764.

près du bord anal, puis se replie sur elle-même, de manière que
le côté ventral du sinus se confond avec la ligne palléale proprement dite jusqu'au milieu de la coquille. De là, la ligne du sinus
se détache, se dirige vers les crochets, s'infléchit en un angle du
côté dorsal, et se termine à l'impression musculaire anale. L'entrée de ce sinus a à peine la moitié de sa plus grande largeur. Ces
coquilles se distinguent aussi en général par leur bord ventral
dont la courbure représente une demi-ellipse [1].

Ce genre, ainsi limité, a pour type la *Sanguinolaria sanguinolenta*, Lamarck, et ne contient qu'un petit nombre d'espèces vivantes.

Les catalogues paléontologiques sont par contre encombrés de
prétendues sanguinolaires, et l'on a décrit, sous ce nom, plusieurs
espèces, ovales, comprimées, à crochets peu saillants, dont les
caractères génériques n'ont pas pu être observés.

Je dois dire que, pour ma part, je ne connais, au contraire,
aucune espèce fossile qui ait les caractères des sanguinolaires, tels
que je les ai rappelés.

M. Deshayes [2] a déjà montré qu'une grande partie des sanguinolaires de l'époque primaire, décrites par MM. Phillips, Portlock et Goldfuss, ont les formes des cypricardes. La plupart sont
certainement intégropalléales, et nous aurons occasion d'en parler
plus tard.

Les sanguinolaires jurassiques sont aussi incertaines [3]. Leurs
formes extérieures sont autant celles des pullastres, des mactres, etc., et leurs caractères essentiels sont inconnus, sauf pour
quelques espèces qui appartiennent évidemment à d'autres genres.

---

[1] La figure 3 de la planche LXXV représente une valve et la charnière
de la *S. sanguinolenta* vivante.

[2] Deshayes, *Traité élém. conch.*, t. 1, p. 428. On trouvera la description
des espèces dans Goldfuss, *Petref. Germ.*, t. II, pl. 159 (quatorze espèces de
l'époque primaire); Munster, *Beitr.*, t. III, p. 72 (quatre espèces du dévonien);
Phillips, *Geol. of Yorksh.* et *Pal. foss. of Devon*; Portlock, *Geol. rep.*;
Sowerby, 462, etc.

[3] M. Phillips (*Geol. of Yorksh.*) en cite deux du lias. M. Bean (*Mag. of
nat. hist.*, 1839), a fait connaître la *S. parvula*, du cornbrash. M. Goldfuss
(*loc. cit.*, pl. 160) en figure trois du lias et une de l'oolithe. M. Roemer
(*Norddeutsch. Ool. geb.*), la *S. Ungeri*, etc.

Ainsi, la *S. undulata*, Sow., 548, est une anatine, la *S. lata*, Münster, une thracie, etc.

Quelques espèces des dépôts tertiaires ont été placées dans le genre SANGUINOLAIRES; mais elles doivent en être exclues.

La *S. Lamarckii*, Desh. [1], des terrains éocènes supérieurs d'Assy en Multien, est une telline, d'après l'avis de M. Deshayes lui-même.

Les *S. compressa*, Sow., et *Hollowaysii*, id. [2], de l'argile de Londres, sont des psammobies.

Les CAPSES (*Capsa*, Bruguières, non Lamarck, *Capsula*, Schum.),
— Atlas, pl. LXXV, fig. 4,

ont une coquille ovale, convexe, équivalve, subéquilatérale, un peu bâillante, à crochets petits. La charnière est étroite et porte sur chaque valve deux dents inégales, dont l'une est courte et bilobée. Le sinus palléal est moins profond que dans les sanguinolaires, beaucoup plus large vers son ouverture, et la ligne qui le forme accompagne moins longtemps la ligne palléale proprement dite. Le ligament est épais, attaché à des nymphes grandes et saillantes [3].

Bruguières, en établissant le genre CAPSA, y réunit la *Venus déflorata*, que nous en considérons comme le type, et des véritables tellines. Plus tard, Lamarck transporta l'espèce type dans le genre des SANGUINOLAIRES avec la *S. sanguinolenta*, et employa le mot de *Capsa* devenu vacant, pour désigner des donaces dépourvues de dents latérales (*D. brasiliensis*, etc.).

La *Venus déflorata*, étant actuellement séparée génériquement de la *Sanguinolaria sanguinolenta*, doit reprendre le nom qui lui avait été donné par Bruguières.

Ces mollusques habitent aujourd'hui les plages sablonneuses de la mer.

Je ne connais aucune capse fossile avant le milieu de l'époque tertiaire.

[1] *Coq. foss. Par.*, t. I, p. 72, pl. 10, fig. 15-19; *Traité élém. conch.*, t. I, p. 429.

[2] *Min. conch.*, pl. 459 et 462.

[3] La figure 4 de la planche LXXV de l'Atlas représente les caractères génériques des capses observés sur la *C. déflorata* vivante.

J'ai en effet dit plus haut que les *Capsa discrepans* et *elegans*, d'Orbigny, paraissent avoir tous les caractères des psammobies.

Une espèce très voisine de la *C. deflorata* (*Venus deflorata*, Lin.), vivante, se trouve dans les terrains miocènes de Bordeaux (1).

LES DONACES (*Donax*, Linné). — Atlas, pl. LXXV, fig. 5 et 6, ont une coquille solide, non bâillante, à peu près triangulaire, dont le côté anal est court et obtus. La charnière porte une ou deux dents cardinales sur chaque valve. Le ligament est extérieur, court et bombé. Ces coquilles diffèrent des tellines, parce qu'elles sont plus épaisses et qu'elles n'ont pas de pli. Elles se distinguent des genres précédents, en ce qu'elles sont complètement fermées. Leur forme triangulaire peut aussi en général servir à les reconnaître.

La plupart des espèces ont des dents latérales. Lamarck leur a réservé le nom de DONACES, et a nommé CAPSES (*Capsa*, Lamk, non *Capsa*, Brug.) celles qui en sont dépourvues. Des transitions insensibles lient ces deux genres.

L'animal est muni de siphons grêles et désunis comme tous les tellinides ; il présente cependant un grand nombre de caractères spéciaux qui seraient peut-être suffisants pour motiver l'établissement d'une famille des donacides, comme l'a proposé M. Deshayes, famille qui serait intermédiaire entre les cythérides et les tellinides.

Il faut réunir au genre des DONACES les CUNEUS, da Costa, une partie des PERONEA, Poli, ainsi que les sous-genres établis par M. Schumacher, sous les noms de LATONA et HECUBA, et probablement aussi les IPHIGENIA du même auteur (*Donacina*, Férussac). Les MEROE, Schumacher, méritent probablement mieux de former un genre ; on n'en connaît pas de fossiles.

Les donaces sont plus nombreuses de nos jours qu'à l'état fossile. Leur existence, dans les terrains antérieurs à l'époque tertiaire, ne me paraît pas encore parfaitement démontrée (2).

La seule espèce en faveur de laquelle il y ait des motifs sérieux, est la

(1) Il faut, en particulier, rayer de ce genre probablement tous les DONACITES des anciens auteurs, ainsi nommés par une comparaison de forme vague et insuffisante. Ainsi le *Donacites Saussuri*, Brongt, est une cyprine, le *D. Albini*, Id., est une panopée, etc.

(2) *Palæontographica*, t. I, p. 38, pl. 6, fig. 12 à 14.

Donax securiformis, Dunker [1], du lias d'Halberstadt. Les caractères de la charnière, le ligament et la forme générale, sont bien ceux des donax. M. Dunker ajoute que l'impression palléale a la sinuosité ordinaire de ce genre, mais la figure 13 *a* semble en désaccord avec cette assertion. M. Terquem rapporte cette espèce à son genre HETTANGIA ; nous en reparlerons plus bas.

M. Roemer [2] a décrit deux espèces des terrains crétacés d'Allemagne. Les figures sont trop imparfaites pour faire juger de la confiance que l'on doit avoir à cette détermination générique.

Les espèces des terrains tertiaires sont plus certaines.

Lamarck et M. Deshayes [3] ont décrit sept espèces des environs de Paris dont il faut retrancher la *D. obliqua*, Lamk., qui est une astarté, et la *D. Michaelis*, id., qui est une telline. La *D. nitida*, Lamk., caractérise le calcaire grossier, et les quatre autres les tertiaires éocènes supérieurs de Beauchamp, etc. (*D. Basterotina*, Desh., *D. incompleta*, Lamk., *D. retusa*, id., Atlas, pl. LXXV, fig. 5, et *D. obtusalis*, id., fig. 6).

M. d'Orbigny [4] cite une *D. Levesquei*, d'Orb., inédite des terrains tertiaires inférieurs de Cuise-la-Motte.

M. Nyst [5] cite le *D. nitida*, Lamk., dans les tertiaires éocènes de Belgique, et une espèce nouvelle (*D. Stoffelsi*, Nyst), dans le terrain tongrien. Les *Donax striatella* et *fragilis*, id., du système campinien, paraissent être des tellines (Deshayes).

La *D. transversa*, Desh. (*D. anatinum*, Bast.), caractérise les terrains miocènes de la Touraine et de Bordeaux [6]; les *D. Sowerbyi*, Basterot, *triangularis*, id., et *irregularis*, id., ont été trouvées dans ces derniers gisements.

M. Michelotti [7] a découvert, dans les terrains miocènes du Piémont, la *D. oblita*, Mich.

Les terrains pliocènes de l'Astezan renferment [8] la *D. longa*, Bronn (*Tellina vinacea*, Gmel.), encore vivante, et la *D. minuta*, Bronn. La première se retrouve dans les terrains quaternaires de Sicile, avec quelques espèces actuelles de la Méditerranée.

Il faut ajouter trois espèces du midi de la Russie qui ont besoin d'une nouvelle étude et qui ont été décrites par M. Eichwald [9].

[1] Deshayes, *Traité élém. conch.*, t. I, p. 435.

[2] *Verst. Norddeutsch. Kreidef.*, p. 73.

[3] *Coq. foss. Par.*, t. I, p. 109.

[4] *Prodrome*, t. II, p. 322.

[5] *Coq. et pol. foss. Belg.*, p. 114, pl. 4 à 6.

[6] Deshayes dans Lamarck, *Anim. sans vertèbres*, 2ᵉ édit., t. VI, p. 250; Basterot, *Coq. foss. Bord.*, p. 83, pl. 6.

[7] *Descr. foss. mioc. Ital. sept.*, p. 117.

[8] Sismonda, *Synopsis*, p. 20; Bronn, *Ital. tert. Geb.*, p. 95; Philippi, *Enum. moll. Sic.*, 1, p. 3, pl. 3, fig. 13.

[9] *Lithuan.*, p. 208.

M. Wood [1] cite, dans le crag d'Angleterre, trois espèces dont deux nouvelles (*D. trunculus*, Sow., *D. truncata*, Wood, *D. glabra*, id.).

Il faut ajouter quelques espèces américaines [2].

Les Isodonta, Buvignier (*Sowerbya*, d'Orbigny), — Atlas, pl. LXXV, fig. 7,

forment un genre éteint assez bien caractérisé, mais dont les véritables rapports sont discutables. La coquille est équivalve, subéquilatérale ; la charnière est composée de deux dents cardinales sur la valve droite, d'une seule sur la valve gauche, et de deux dents latérales lamellaires, subsymétriques sur chacune d'elles. Une fossette allongée sépare sur la valve droite les dents cardinales, et deux fossettes obliques accompagnent celle de la valve gauche. Les impressions musculaires sont petites et profondes, circulaires. L'impression palléale forme un sinus anal profond. Le ligament est externe et court.

Il paraît [3] que M. d'Orbigny a décrit ce même genre sous le nom de Sowerbya, comme ayant un ligament interne ; il l'a rapproché des mactres.

Ceci pourrait soulever une question délicate d'antériorité.

Le nom de *Sowerbya* est plus ancien que celui d'*Isodonta* ; mais il a été établi sur un caractère qui paraît fautif. Doit-on préférer l'un ou l'autre ? Il nous semble que M. Buvignier a le droit de faire accepter le sien, si le ligament est réellement externe.

Les isodonta paraissent devoir être placées dans le voisinage des donaces. Elles forment un type qui paraît spécial à l'époque jurassique.

La seule espèce bien connue [4] est l'*Isodonta Deshayesiana*, Buvignier (*Sowerbya crassa*, d'Orb.), des couches oxfordiennes de Vieux-Saint-Rémy (Ardennes).

M. Buvignier [5] parle de quelques fragments douteux du Bradford-clay (grande oolithe) des Ardennes et de la Moselle.

[1] *Ann. and mag. of nat. hist.*, t. VI, p. 248.

[2] Huot, *Cours de géol.*, t. I, p. 764 ; Conrad, *Descr. new foss. tert.*, etc.

[3] La description de M. d'Orbigny est très brève ; c'est d'après l'assertion de M. Raulin que l'on a admis l'identité de ces deux genres.

[4] *Bull. Soc. géol. de France*, 2ᵉ série, 1851, t. VIII, p. 353, et *Stat. géol. de la Meuse*, p. 11, pl. 10, fig. 30 à 35 ; d'Orbigny, *Prodrome*, t. I, p. 362.

[5] *Stat. géol. de la Meuse*, p. 11.

11ᵉ Famille. — PÉTRICOLIDES.

Les pétricolides sont caractérisées par une coquille équivalve, inéquilatérale, souvent irrégulière, à ligament externe et à charnière variable, rarement composée de dents nombreuses. Ces mollusques sont le plus souvent térébrants. Ils se distinguent de la famille précédente par l'irrégularité de leurs coquilles, qui sont différentes d'un individu à l'autre de la même espèce, et dont les lignes d'accroissement ne sont point astreintes à cette uniformité qui caractérise la plupart des orthoconques. Les mêmes caractères les distinguent des cythérides, qui ont en outre un plus grand nombre de dents à la charnière. Leur ligament externe et l'absence de tube et de pièces accessoires à la charnière les éloignent des coquilles térébrantes, qui composent les familles des pholadides et des térédinides.

La plupart des espèces qui appartiennent à cette famille vivent en perçant l'argile durcie, les roches et les coraux. Il est probable qu'elles le font au moyen d'un suc corrosif. Les espèces fossiles ne sont pas très nombreuses, et appartiennent principalement aux terrains tertiaires.

Les Saxicaves (*Saxicava*, Fleuriau de Bellevue). — Atlas, pl. LXXV, fig. 8 et 9,

ont une coquille épaisse, solide, transverse, inéquilatérale, un peu bâillante au côté palléal et à l'extrémité. La charnière est dépourvue de dents, on porte deux tubérosités écartées qui méritent à peine ce nom. Le ligament est externe, allongé, épais ; l'impression palléale forme un sinus profond et étroit. Le test est recouvert par un épiderme souvent écailleux [1].

Ce genre est le même que celui des Hiatelles ou Hyatella, Daudin, des Iaus, Oken, des Byssomya, Cuvier. Il faut également lui réunir les Glycymeris, Schumacher, non Lamarck, les Didonta, id., les Biorhotius, Leach, les Pholeobius, id., les Agina, Turton, les Rhomboides, Blainville, etc.

[1] La figure 8 de la planche LXXV représente l'intérieur de la valve gauche de la *Saxicava gallicana*, Lamk, vivante.

Je ne vois pas non plus de motifs suffisants pour en séparer les ARCINELLA, Philippi (non Oken, non Schumacher), qui ne diffèrent des saxicaves que par leur bord cardinal un peu étalé en forme de lame.

Les CLOTHO, Faujas, ne sont que des saxicaves observées dans une position particulière [1]. Ces coquilles perforantes viennent se loger en parasites dans d'autres coquilles bivalves ; fait dont on connaît des exemples dans quelques genres, et qui ne semble pas suffisant pour motiver une séparation générique. L'espèce décrite par Faujas paraît n'être qu'une saxicave ; il faut cependant remarquer que chaque valve porte une dent bifide.

Les saxicaves ne paraissent pas avoir avec les pétricolides autant de rapports qu'on l'avait supposé ; M. Deshayes a montré qu'elles forment une transition évidente aux gastrochènes. Elles devront peut-être constituer une fois une petite famille.

Les espèces vivantes sont toutes perforantes et vivent dans le rochers. Leur taille est petite ou médiocre. Les fossiles se trouvent principalement dans les terrains tertiaires ; et même leur existence dans les époques antérieures ne me paraît pas encore établie d'une manière incontestable.

M. E. Deslongchamps [2] a cité une *S. phaseolus*, Desl., des terrains jurassiques de Normandie, qui n'a pas été figurée à ma connaissance.

La *S. antiqua*, d'Orb. [3], du gault de Novion, est encore inédite.

Des moules indéterminables ont été cités dans la craie tuffeau [4].

Les terrains tertiaires en contiennent des espèces mieux connues.

M. Deshayes [5] en a fait connaître cinq espèces du bassin de Paris.

[1] Deux espèces ont été indiquées dans le genre CLOTHO (*Ann. Mus.*, XI, 396, pl. 40) ; la *C. Faujasii*, Blainv. (*Dict.*, t. XXXII, p. 344), est celle qui a fourni les caractères ci-dessus indiqués. M. Basterot y a ajouté une *C. unguiformis*, qui paraît très différente, et qui ressemble beaucoup plus aux ongulines. Cette association a contribué à jeter un grand doute sur la valeur du genre CLOTHO. Suivant M. Bronn, l'impression palléale serait peut-être simple. Je pense toutefois qu'il veut parler de la *C. unguiformis*.

[2] *Bull. Soc. géol.*, 1835, t. VI, p. 191.

[3] *Prodrome*, t. II, p. 136.

[4] *Mém. Soc. géol.*, t. II, p. 222.

[5] *Descr. des Coq. foss. Par.*, t. I, p. 64.

La *S. grignonensis*, Desh., caractérise le calcaire grossier de Grignon. Les *S. modiolina*, Desh., *margaritacea*, id., et *vaginoides*, id., appartiennent aux sables éocènes supérieurs de Valmondois.

La *S. depressa*, id., du même gisement, paraît avoir plutôt les caractères des pétricoles.

La *S. fragilis*, Nyst [1], a été trouvée dans le crag d'Anvers.

Si l'on admet la réunion du genre CLOTHO aux saxicaves, il faut citer ici le *Clotho Faujasii*, Blainv., des terrains miocènes de Bordeaux [2].

Les terrains miocènes du Piémont renferment [3] la *S. elongata*, Brocchi, qui paraît être l'analogue de la *S. arctica*, Phil., vivante, et les *S. turgida*, Michelotti, et *miocenica*, id., espèces éteintes.

La *S. rugosa*, Lamk., vivante, se retrouve dans le crag et dans quelques dépôts tertiaires récents [4].

La *S. arctica*, Philippi, citée ci-dessus, paraît se retrouver en Allemagne, où elle a été décrite sous le nom de *Mytilus carinatus*, Goldf. [5] (Atlas, pl. LXXV, fig. 9). M. Philippi la place dans son genre ASCINELLA.

Il faut probablement, comme je l'ai dit plus haut, ajouter à ce genre l'*Arcinella lævis*, Philippi [6], des terrains quaternaires de Palerme.

Quelques espèces ont été trouvées dans les terrains tertiaires d'Amérique.

Les PÉTRICOLES (*Petricola*, Lamk.; *Rupellaria*, Fleuriau de Belle-vue [7]; *Pernites*, Kruger). — Atlas, pl. LXXV, fig. 10 et 11,

ont une coquille subtrigone ou allongée, fragile, un peu bâillante, dont la charnière a deux dents sur une des valves, et une ou deux sur l'autre. L'impression palléale est éloignée du bord et forme un sinus plus large et moins profond que celui des saxicaves [8].

Les espèces actuelles sont nombreuses, de petite taille et térébrantes. On en connaît des fossiles dans les terrains crétacés et tertiaires.

[1] *Coq. et pol. foss. Belg.*, p. 97, pl. 4, fig. 10.
[2] Voyez la note de la page précédente.
[3] *Descr. foss. mioc. Ital. sept.*, p. 125, pl. 4.
[4] Deshayes, *Traité élém.*, t. 1, p. 489.
[5] *Petref. Germ.*, t. II, p. 179, pl. 131, fig. 11.
[6] *Enum. Moll. Sic.*, II, p. 53, pl. 16, fig. 10.
[7] Le nom de *Rupellaria* est plus ancien que celui de *Petricola*; mais il y aurait de l'inconvénient à le reprendre, car il ne correspond pas tout à fait aux limites des genres actuels. Quelques auteurs le considèrent comme devant s'appliquer aux *Petricola*, et d'autres aux *Venerupis*.
[8] La figure 11 b, de la planche LXXIV représente l'intérieur de la valve droite de la *P. rariformis*, Desh., vivante.

Les terrains crétacés n'en renferment toutefois qu'un petit nombre d'espèces certaines.

La *P. neocomiensis*, Buvignier [1], n'est connue que par ses formes externes. Elle provient du terrain néocomien inférieur.

La *P. Rhodani*, Pictet et Roux [2], a été trouvée dans le gault des environs de Genève. Elle était perforante comme les espèces actuelles. (Atlas, pl. LXXV, fig. 10.)

Sowerby [3] a décrit deux espèces des grès verts de Blackdown, qui ne paraissent point avoir les caractères des pétricoles. M. d'Orbigny les considère comme des cardium. Cette opinion me paraît justifiable pour la *P. canaliculata*, mais non pour la *P. naciformis*.

Les espèces des terrains tertiaires sont un peu plus nombreuses.

M. Deshayes [4] a décrit deux espèces des environs de Paris, la *P. coralliophaga*, Desh., du calcaire grossier de Chaumont, et la *P. elegans*, id. (Atlas, pl. LXXV, fig. 11 a), qui se trouve à la fois dans le calcaire grossier et dans les dépôts éocènes supérieurs de Valmoudois. J'ai dit plus haut qu'il fallait probablement y ajouter la *Saxicava depressa*, Desh., de ce dernier gisement.

La *P. laminosa*, Sow. [5], a été trouvée dans le crag d'Angleterre et de Belgique.

On trouve dans les terrains pliocènes d'Asti [6] les *P. rupestris* (*Venus rupestris*, Brocchi) et *P. lithophaga* (*Venus*, Broun), toutes deux encore vivantes, et la *P. chamoidea*, Lamk, qui paraît une espèce distincte et éteinte, quoiqu'elle ait été considérée par Brocchi comme une variété de cette dernière.

La *P. rupestris* [7] Dubois de Montpéreux, des terrains miocènes de Volhynie, ne paraît pas identique avec l'espèce de Brocchi.

La *P. exilis*, Desh. [8], provient des terrains miocènes du Loir-et-Cher.

La *Venerupis substriata*, Münster [9], du bassin de Vienne, est aussi une pétricole.

Il faut ajouter quelques espèces des terrains tertiaires d'Amérique.

[1] *Stat. géol. de la Meuse*, p. 11, pl. 9.

[2] *Moll. des grès verts*, p. 417, pl. 39, fig. 8.

[3] Dans Fitton, *Trans. geol. Soc.*, 2ᵉ série, t. IV, pl. 16, fig. 10 et 11; d'Orbigny, *Prodrome*, t. II, p. 163.

[4] *Coq. foss. Par.*, t. I, p. 67.

[5] *Min. conch.*, pl. 373.

[6] Sismonda, *Synopsis*, p. 20; Brocchi, *Conch. subapenn.*, pl. 13 et 14; Deshayes, *Traité élém.*, t. I, p. 493.

[7] *Conch. foss. plat. Volh. Pod.*, p. 53, pl. 7, fig. 3 et 4.

[8] Dans Lamarck, *Anim. sans vert.*, 2ᵉ édit., t. VI, p. 138.

[9] Goldfuss, *Petref. Germ.*, t. II, p. 249, pl. 151, fig. 12.

Les **Vénérupes** (*Venerupis*, Lamk), — Atlas, pl. LXXV, fig. 12 à 14,

diffèrent des pétricoles en ce qu'elles ont trois dents cardinales sur une valve et deux ou trois sur l'autre. La sinuosité palléale est subtrigone, horizontale et beaucoup moins profonde. Les coquilles ressemblent à celles des vénus et s'en distinguent surtout par leur irrégularité et par un léger bâillement des valves.

Ce genre correspond en partie à celui des Rupellaria [1], Fleuriau de Bellevue. Il faut leur réunir les Gastrana, Schumacher.

Les espèces actuelles sont toutes perforantes ; les fossiles sont peu nombreuses ; on en connaît bien peu de certaines avant l'époque tertiaire.

Les venerupis des terrains carbonifères décrites par M. M'Coy [2] n'appartiennent pas à ce genre, et sont probablement intégropalléales.

On ne peut pas admettre, sans nouvel examen, les rupellaria jurassiques décrites [3] par M. Mérian et par le comte de Münster.

La *V. lamellosa*, Münster [4], de Streitberg, est très incomplétement connue.

Les espèces décrites par M. Buvignier [5] paraissent avoir mieux que les précédentes les caractères des venerupis. Ce sont les *V. coralliensis* (Atlas, pl. LXXIII, fig. 12), et *mosensis* (id., fig. 13), du terrain corallien du département de la Meuse, et la *V. neocomiensis*, id., du terrain néocomien inférieur.

Les espèces de l'époque tertiaire ne sont pas nombreuses.

M. Deshayes en a décrit [6] deux des dépôts éocènes supérieurs de Valmondois, les *V. globosa*, Desh., et *striatella*, id.

La *V. Faujasii*, Basterot [7], caractérise les terrains miocènes de Bordeaux, mais quelques autres la considèrent comme identique avec la *Coralliophaga coralliophaga*, Lamk, dont nous parlerons plus bas, ce que je n'ai pas pu vérifier. M. Deshayes signale encore l'existence de deux espèces dans ce gisement.

[1] Voyez la note, p. 434.
[2] *Synopsis of Ireland*, p. 67.
[3] Merian, *Basel Bericht*, 1840, 4, 74 ; Münster, *Verz. Bayr.*, 59.
[4] Goldfuss, *Petref. Germ.*, t. II, pl. 151, fig. 11.
[5] *Stat. géol. de la Meuse*, p. 11, pl. 9.
[6] *Coq. foss. Par.*, t. I, p. 69.
[7] *Coq. foss. Bord.*, p. 92 ; Deshayes, *Traité élém. conch.*, t. I, p. 503.

Les terrains pliocènes d'Asti renferment [1] les *V. cremata*, Sism., et *pernarum*, Bon., espèces éteintes, et la *V. irus*, Lamk, qui vit encore dans la Méditerranée. Cette dernière espèce se retrouve dans le crag d'Angleterre. (Atlas, pl. LXXV, fig. 14.)

Les CORALLIOPHAGES (*Coralliophaga*, Blainv.). — Atlas, pl. LXXV, fig. 15,

ont été anciennement confondues avec les cypricardes, dont elle ont la forme extérieure de la charnière; mais leur impression palléale forme un sinus anal. Les coquilles sont ovales, allongées, quelquefois presque cylindriques, équivalves, très inéquilatérales. La charnière porte deux dents, dont une est bifide; le ligament est petit. Ces mollusques perforent les rochers tendres et les polypiers.

Ces faits rapprochent les coralliophages des pétricoles et des vénérupes; toutefois il est nécessaire qu'une comparaison directe de leurs animaux avec ceux des cypricardes ait été faite plus complètement, avant que l'on puisse apprécier leurs véritables affinités génériques [2].

Les espèces vivantes sont peu nombreuses. Il en est de même des fossiles qui paraissent n'avoir été trouvées que dans les terrains tertiaires, et qui ont été réunies aux cypricardes.

Il faut placer dans le genre coralliophage la *Cypricardia oblonga*, Desh. [3], du calcaire grossier de Chaumont. C'est l'espèce figurée dans l'Atlas.

La *Venerupis coralliophaga*, E. Sism. (*Petricola coralliophaga*, Brocchi, *C. coralliophaga*, Lamk), paraît avoir aussi les caractères de ce genre [4]. Elle provient du terrain miocène de Turin. Il restera à la comparer à la *V. Faujasii*, Basterot.

La *C. cyprinoides*, Wood [5], caractérise le crag corallien d'Angleterre.

[1] Sismonda, *Synopsis*, p. 20. M. Sismonda y ajoute la *V. coralliophaga*, E. Sism., qui est une CORALLIOPHAGA.

[2] Voyez un mémoire de M. Mittre sur le genre CYPRICARDIA (*Journal de conchyl.* de M. Petit, 1850, t. I, p. 125).

[3] *Coq. foss. Par.*, t. I, p. 185, pl. 31, fig. 3 et 4.

[4] Brocchi, *Conch. subap.*, p. 525, pl. 13, fig. 10; Sismonda, *Synopsis*, p. 20.

[5] *Mollusca from the crag* (*Palæont. Soc.*, 1853, p. 200, pl. 15, fig. 7).

Les Pachymya, Sow., — Atlas, pl. LXXV, fig. 16.

me paraissent avoir plus de rapports avec la famille des pétricolides qu'avec aucune autre, quoique leurs affinités aient été envisagées d'une manière différente.

Leur coquille est épaisse, équivalve, très inéquilatérale, un peu bâillante ; elle rappelle par ses formes certaines modioles, et surtout les cypricardes et les coralliophages. La charnière est dépourvue de dents. Les impressions musculaires sont à peu près égales ; l'impression palléale présente un petit sinus anal.

M. Sowerby, en établissant ce genre, a montré son analogie avec les cypricardes, mais il n'a pas connu le sinus palléal qui l'en éloigne.

M. d'Orbigny a placé dans les pholadomyes la seule espèce connue ; mais la forme générale de la coquille, et surtout le peu de profondeur du sinus anal, me paraissent s'opposer tout à fait à cette manière de voir.

M. Philippi l'associe aux malléacés, par le motif que sa coquille est épaisse et fibreuse comme celle des inocérames, mais elle n'en a évidemment aucun des autres caractères.

M. Bronn, après l'avoir placée près des pholadomyes (*Index*), la rapproche des cythérides (*Lethæa*).

Je crois, comme je l'ai dit, que ces mollusques ont beaucoup plus de rapports avec les pétricolides, car, sauf l'épaisseur de la coquille, on retrouve dans cette famille tous leurs caractères essentiels. Ils ont les formes des coralliophages, la charnière sans dents des saxicaves, le petit sinus palléal des vénérupes, et, de même que nous verrons plus tard des genres fossiles voisins des cypricardes être dépourvus de dents à la charnière, nous trouvons ici que les coralliophages ont été précédées par des coquilles à charnière simple.

La seule espèce connue, la *P. gigas*, Sowerby (¹), a été trouvée dans la craie inférieure de Lewes et dans le terrain cénomanien du Mans et de la Malle. (Atlas, pl. LXXV, fig. 16.)

(¹) Sowerby, *Min. conch.*, pl. 504 et 505 ; d'Orbigny, *Pal. franç., Terr. crét.*, t. III, p. 359, pl. 366.

12ᵉ Famille. — CYTHÉRIDES.

(*Venusides*, d'Orb.; *Conques*, Desh.)

Les cythérides ont une coquille très régulière, inéquilatérale, parfaitement équivalve, et en général solide et complétement fermée. La charnière est solide, ordinairement composée de trois dents cardinales sur chaque valve, accompagnées quelquefois d'une dent située sous la lunule. Le ligament est extérieur.

Ces coquilles sont presque toujours faciles à distinguer de toutes les sinupalléales. Elles ne peuvent pas être confondues avec celles à bord bâillant ou à ligament interne. Elles diffèrent des tellinides par leur charnière plus forte et à dents plus nombreuses, par leur coquille plus épaisse et toujours fermée, etc. Leur régularité et leur solidité les séparent des pétricolides, avec lesquelles elles ont, du reste, des rapports très intimes.

Leur forme générale les rapproche davantage de quelques intégropalléales. Quelques espèces ressemblent beaucoup aux cyprines, aux astartes et même aux lucines ; mais l'échancrure de l'impression palléale établit une différence importante, facile à observer dans les coquilles et dans les moules bien conservés.

Les cythérides forment aujourd'hui une famille remarquable par le nombre et la beauté des espèces. Un grand nombre de leurs coquilles sont ornées de couleurs brillantes ou de dessins élégants. Elles sont aussi très nombreuses à l'état fossile ; mais il est à remarquer que l'on a souvent rapporté aux vénus des moules indéterminables ou des coquilles fossiles fermées, qui appartiennent à la division des intégropalléales. Ainsi que je l'ai dit plus haut, il est indispensable de connaître l'impression du manteau pour savoir si une espèce doit être rapportée à la famille qui nous occupe ici.

Les coquilles de cette famille offrent de nombreuses différences de détail dans leur forme, dans le nombre de dents de la charnière, dans la grandeur du sinus palléal, etc. Les conchyliologistes sont loin d'être d'accord sur la valeur de ces caractères, que les uns regardent comme suffisants pour former des genres, et que d'autres considèrent, au contraire, comme n'étant propres qu'à faciliter la distinction des espèces. Cette question ne peut pas être complètement résolue dans l'état actuel de la science, parce qu'on ne connaît pas un assez grand nombre d'animaux, et qu'on ne sait pas, par conséquent, si les légères différences que l'on a pu observer entre eux concordent avec les caractères de la coquille.

On verra, par exemple, dans quelques espèces, les siphons réunis à leur base et divisés à partir de leur tiers, et dans d'autres, ces mêmes organes réunis dans toute leur longueur. Mais on sera arrêté dans l'emploi de ce caractère, lorsqu'on verra ces deux états se trouver à la fois dans le groupe des cythérées, où ils correspondent à des coquilles identiques, qu'il est impossible de distinguer par leur charnière, leur forme, leur impression palléale.

J'ai suivi la méthode adoptée par M. Deshayes, qui consiste à admettre provisoirement tous les genres qui reposent sur des caractères de la coquille faciles à saisir. Lorsque les animaux seront tous connus, on pourra probablement améliorer cette classification.

Les cythérides paraissent être déjà représentées dans l'époque primaire, mais par une seule espèce de thetis. Elles sont très peu nombreuses jusque vers la fin de l'époque jurassique, et vont en augmentant de nombre jusqu'à l'époque actuelle.

Les TAPES, Megerle (*Pullastra*, Sow.). — Atlas, pl. LXXV, fig. 17 à 19,

ont une coquille ovale, plus allongée que la plupart des autres genres de cette famille, inéquilatérale, peu épaisse. La charnière (Atlas, pl. LXXV, fig. 17) n'est pas très épaisse et porte trois dents médiocres presque parallèles, souvent canaliculées ou même bifides. Les impressions musculaires sont médiocres. Le sinus palléal est horizontal, ovalaire et peu profond.

La valeur de ce genre est très contestable, et il se lie par de nombreuses transitions aux venus. M. Deshayes a montré que les formes de l'animal semblent cependant le rendre nécessaire.

On ne possède que des documents incertains sur son histoire paléontologique ; car la plupart des espèces décrites sous ce nom ne sont connues ni par leur impression palléale, ni par leur charnière, et, d'un autre côté, il est probable que quelques espèces auront été confondues avec les vénus.

Je continuerai ici à ne pas tenir compte des espèces dont la détermination générique n'est pas accompagnée de quelque preuve, et je crois en conséquence qu'on ne peut citer aucune espèce de pullastra avant l'époque crétacée.

Les espèces décrites[1] par Sowerby, Portlock et Phillips, et qui appartiennent à l'époque dévonienne ou aux terrains carbonifères, sont probablement intégropalléales.

Les prétendues pullastra des terrains jurassiques[2] sont aussi trop imparfaitement connues pour qu'on puisse prononcer sur leur compte.

Parmi les espèces de l'époque crétacée, les figures plus exactes qui ont été données par M. d'Orbigny[3] permettent de reconnaître avec une grande probabilité, quelques pullastra parmi les espèces qu'il a décrites sous le nom de Vénus. M. Deshayes[4] attribue au genre PULLASTRA les *Venus Brongniartiana*, d'Orb. (Atlas, pl. LXXV, fig. 18), *Cornueliana*, id., *Robinaldina*, id., *Dupiniana*, id., et *Ricordeana*, id., du terrain néocomien ; la *V. fragilis*, d'Orb. (*V. elliptica*, Roemer), du terrain cénomanien du Mans, et la *V. Royana*, id., de la craie de Royan. Ces espèces ont, en effet, la forme allongée et le grand sinus palléal des pullastra. Je vois moins de motifs pour leur associer la *V. faba*, Sow., dont le sinus triangulaire rappelle plutôt les vraies vénus.

Les *V. ovum* et *Martiniana*, Matheron[5], sont probablement des pullastra. Elles proviennent de la craie chloritée.

Les espèces des terrains tertiaires sont mieux connues.

On trouve dans les terrains tertiaires du bassin de Paris[6] la *V. tenuis*, Desh., des dépôts éocènes supérieurs de Vaugirard, et une espèce qui, suivant M. Deshayes, ne peut pas être séparée de la *V. decussata*, Lin., vivante. Je crois que la *Corbis aglaura*, Brongn., du terrain nummulitique du Vicentin, est identique avec l'espèce de Paris. (Atlas, pl. LXXV, fig. 19.)

[1] Sowerby, *Trans. geol. Soc.*, 2ᵉ série, t. V, p. 704, pl. 53, et dans Murchison, *Silur. system*, pl. 3 et 5 ; Portlock, *Geol. report*, pl. 36 ; Phillips, *Palœoz. foss.*, pl. 17.

[2] Phillips, *Geol. of Yorksh.*, pl. 7, 9 et 11 (*Pullastra obita*, *P. recondita*, *Unio peregrina*).

[3] *Pal. franç.*, *Terr. crét.*, t. III, pl. 381 à 386.

[4] *Traité élém. de conch.*, t. I, p. 523.

[5] *Catalogue trav. Soc. stat. Mars.*, t. VI, p. 225, pl. 16.

[6] *Coq. foss. Par.*, t. I, p. 142, pl. 23.

La *V. Borsoni*, Bellardi [1], du terrain nummulitique de Nice, paraît aussi être une pullastra.

Il faut ajouter la *Pullastra virgata*, Sow. [2], du terrain nummulitique de l'Inde.

Parmi les espèces des terrains tertiaires moyens et supérieurs, on peut citer quelques pullastra.

La *P. vetula*, Basterot [3], est commune dans les dépôts miocènes d'une grande partie de l'Europe.

On trouve dans les dépôts de même âge de Podolie et de Volhynie [4] la *P. nana*, Sow., et les *V. tricuspis*, Eichwald, et *modesta*, Dubois.

La *V. striatella*, Nyst [5], est une pullastra, et caractérise le système campinien de Belgique.

On trouve dans le crag d'Angleterre [6] les *P. perovalis*, Wood, *aurea*, Gmel., *virginea*, Lin. Ces deux dernières vivent encore. M. Wood y ajoute avec doute la *P. texturata*, Lamk.

Il y a en outre certainement plusieurs espèces confondues avec les vénus.

Les VÉNUS, Lin., — Atlas, pl. LXXV, fig. 20 et 21;
et pl. LXXVI, fig. 1,

ont une coquille ovale, arrondie, ou subtriangulaire, épaisse. La charnière a trois dents cardinales divergentes assez fortes. Les impressions musculaires sont grandes et ovalaires. Le sinus palléal est oblique, petit et triangulaire.

Les coquilles de ce genre se distinguent, comme on le voit, de celles des pullastra par leur forme moins allongée, par leurs dents cardinales plus fortes et divergentes et par la forme du sinus palléal; mais, ainsi que je l'ai dit plus haut, il y a des transitions qui rendent ces limites peu rigoureuses.

J'ai également dit que nous détacherions des vénus tous les genres qui présenteraient des caractères appréciables sur la coquille. Je ne crois pas que l'on puisse mettre dans cette catégorie

---

[1] *Mém. Soc. géol.*, 2ᵉ série, t. IV, pl. 17, fig. 5.

[2] *Trans. geol. Soc.*, 2ᵉ série, t. V, pl. 25, fig. 9.

[3] *Coq. foss. Bord.*, p. 89, pl. VI, fig. 7.

[4] Sowerby, *Trans. geol. Soc.*, 2ᵉ série, t. III, pl. 39; Eichwald, *Zool.*, t. I, pl. 4; Dubois de Montpéreux, *Conch. Volh. Pod.*, pl. 7.

[5] *Coq. et pol. foss. Belg.*, p. 167, pl. 12.

[6] Wood, *Ann. and mag. of nat. hist.*, t. VI, p. 250, et *Moll. from the crag.* (Pal. Soc., 1853, p. 204, pl. 20).

les suivants, établis sur des modifications de trop peu d'importance.

Je veux parler des ANOMALOCARDIA et des MERCENARIA, Schumacher, des DOSINA, Gray, des ORTYGIA et des CLAUSINA, Bronn,
des CHIONE, Megerle, des TIMOCLEA, Leach, des ANTIGONA,
Schumacher, etc. Il faut aussi abandonner les noms donnés par
Poli ; les vraies vénus correspondent à une partie de ses CALLISTA
et de ses CALLISTODERMA.

LES VOLUPIES, Defrance, paraissent très voisines des vénus,
mais ne sont pas assez connues pour être classées définitivement.

Les vénus sont très nombreuses à l'état fossile, principalement
dans les terrains tertiaires. La difficulté dont j'ai parlé plus haut
de les distinguer, lorsque l'on ne peut pas observer l'impression
palléale, fait que l'on ne peut pas avoir une grande confiance dans
la plupart des déterminations des espèces antérieures à cette
époque.

Leur existence dans les terrains primaires ne me paraît pas
bien démontrée.

Je ne vois ni impression palléale, ni trace de la charnière sur les *Venus
subglobosa*, Roemer, du terrain dévonien d'Allemagne [1]. Je ne connais pas
non plus de motifs suffisants pour accepter dans ce genre les *V. elliptica*,
Phillips [2], et *parallela*, id., du terrain carbonifère.

Je ne connais également aucune espèce certaine dans le commencement de l'époque secondaire jusqu'à la fin de l'époque
jurassique.

Les *V. nuda*, Zieten, *ventricosa*, Dunker, et *donacina*, Goldf., les deux
premières du muschelkalk, et la troisième du keuper, n'ont pas de caractères suffisants pour être classées [3].

J'ai cherché vainement, parmi les espèces jurassiques attribuées au genre VENUS par MM. Goldfuss, Münster, Roemer,
Dunker, etc., une seule coquille dont les caractères connus fussent
suffisants pour établir clairement ses affinités génériques.

Parmi ces espèces, il y en a qui ont en apparence beaucoup plus de rapports avec les cyprines. Telles sont, ce me semble, les *V. affinis*, Münster,

[1] *Palæontographica*, t. III, p. 29, pl. 4.

[2] *Geology of Yorksh.*, pl. 5.

[3] Zieten, *Pétrif. du Wurtemb.*, pl. 71, fig. 3 ; Dunker, *Palæontographica*,
t. I, p. 301, pl. 35, fig. 8 ; Goldfuss, *Petref. Germ.*, t. II, pl. 150, fig. 3.

Saussuri, Roemer, *tenuistria*, Münster, *caudata*, id., *isocardioida*, Roemer, *nuculiformis*, id., etc., sans toutefois que, pour la plupart de ces espèces, il soit possible de donner une affirmation positive (1).

D'autres, et sous la même réserve, rappellent plutôt les cardium (*V. acquinata*, Münster, etc.).

La *V. jurensis*, Münst., peut aussi bien être une lucine qu'une vénus; la *V. undata*, id., paraît être une astarté, etc.

Je m'empresse d'ailleurs de reconnaître qu'il y a aussi des espèces qui ont les formes externes des vénus, et qui pourraient, par conséquent, appartenir à ce genre; mais comme l'absence de caractères connus laisse une incertitude complète, n'est-il pas plus prudent de ne pas les inscrire encore? Telles sont les *V. antiqua*, Münster, *pumila*, id., *parvula*, Roemer, etc.

L'existence des vénus me paraît, par contre, incontestable pendant l'époque crétacée.

On doit à M. d'Orbigny (2) la connaissance de la plupart des espèces suffisamment connues. Ce savant paléontologiste a fait figurer les impressions de la charnière sur les moules et le sinus palléal d'un grand nombre d'entre elles. Il a décrit onze espèces du terrain néocomien, deux du terrain aptien, la *V. Vibrayeana*, d'Orb. (Atlas, pl. LXXVI, fig. 1), du gault, deux espèces du terrain cénomanien du Mans, deux d'Uchaux, et quatre des craies supérieures. De ce nombre, il faut retrancher quelques cythérées, telles, par exemple, que sa *V. subplana* (olim *plana*), dont la charnière ne laisse point de doutes.

M. Ed. Forbes a décrit (3) les *V. Orbignyana* et *occlensis*, du lower green sand d'Angleterre.

Sowerby a fait connaître (4) quelques espèces de Blackdown qui paraissent de véritables vénus (*V. immersa*, Sow., *faba*, id., *sublaxis*, id., *submersa*, id.).

M. Matheron a décrit, sous le nom de *Vénus*, quelques espèces qui n'appartiennent pas à ce genre, comme on peut s'en assurer facilement en voyant, sur les planches mêmes, des caractères génériques tout différents (5). La *V. Astariana*, Math., du terrain cénomanien, est probablement la seule de ses espèces crétacées qui soit une vraie vénus.

La *V. Lobaljei*, d'Archiac (6), a été trouvée dans le tourtia de Tournay.

Les espèces des terrains crétacés d'Allemagne sont moins bien connues, et demandent à être étudiées de nouveau, afin que la connaissance des carac-

---

(1) Münster, in Goldfuss, *Petr. Germ.*, t. II, pl. 150 ; Roemer, *Norddeutsch. Ool.*, p. 109, pl. 7 et 8; Kock et Dunker, *Beitr. Ool.*, p. 30, pl. 2.

(2) *Pal. franç., Terr. crét.*, t. III, pl. 382 à 386.

(3) *Quart. Journ. geol. Soc.*, 1845, p. 240, pl. 2.

(4) *Trans. geol. Soc.*, 2ᵉ série, t. IV, pl. 17.

(5) Matheron, *Catalogue trav. Soc. stat. Marr.*, 1842, t. VI, pl. 15 et 16.

(6) *Mém. Soc. géol.*, 2ᵉ série, t. II, p. 305, pl. 14, fig. 7.

tères importants puisse éclairer sur leurs rapports. Elles ont été décrites [1] principalement par le comte de Münster, dans l'ouvrage de Goldfuss (trois espèces nouvelles et trois rapportées un peu à la légère à des espèces de Sowerby); Roemer (sept espèces, dont cinq nouvelles, la plupart bien douteuses), Geinitz (*V. Goldfussii* et des espèces déjà connues), Reuss (dix espèces dont trois nouvelles), Jos. Müller (cinq espèces d'Aix-la-Chapelle, dont deux nouvelles), etc. Parmi ces espèces, il y a certainement quelques cythérées confondues. Il serait bien difficile de les séparer exactement avec les matériaux que l'on possède.

Les vénus augmentent de nombre dans les terrains tertiaires. Elles n'ont, toutefois, pas un très grand développement dans l'époque éocène.

M. Deshayes [2] a décrit neuf espèces du bassin de Paris, dont il faut retrancher les deux pullastra (*decussata* et *tenuis*) citées plus haut. Les *V. turgidula*, Desh., *texta*, Lamk, *scobinellata*, id., et *puellata*, id., appartiennent au calcaire grossier. La *V. lucinoides*, Desh., caractérise les dépôts éocènes supérieurs de la Chapelle. Les *V. obliqua*, Lamk, et *solida*, Desh., paraissent se trouver à la fois dans ces deux étages.

M. Leymerie a décrit [3] avec doute les *V. rablensis* et *subpyrenaica*, des terrains nummulitiques du département de l'Aube.

La *V. striatissima*, Bellardi [4] provient des terrains nummulitiques de Nice.

Les deux coquilles décrites par Al. Brongniart [5] sous les noms de *V. ? Proserpina* et *V. ? Moura*, nous paraissent bien douteuses, et surtout la première.

Elles se continuent dans les terrains miocènes et pliocènes.

La *V. incrassata*, Sow. (*V. suborbicularis*, Goldf., *Cyth. Brauni*, Ag.), est une des espèces qui rendent douteuse la convenance de séparer les cythérées des vénus, car elle est intermédiaire entre ces deux genres. Elle se trouve dans les terrains tongrien et campinien de Belgique et dans les terrains miocènes d'Allemagne, d'Angleterre et de France [6].

Les faluns de la Touraine renferment, suivant M. Deshayes [7], huit espèces.

<hr>

[1] *Petref. Germ.*, t. II, pl. 151, fig. 1-6; Roemer, *Norddeutsch. Kreideg.*, p. 72, pl. 9; Geinitz, *Quadersandst.*, pl. 10, et *Charact.*, pl. 20; Reuss, Boehm, *Kreidef.*, II, p. 20; Müller, *Monog. petref. Aachen.*, p. 24, pl. 2.

[2] *Coq. foss. Par.*, t. I, p. 141, pl. 22 à 25.

[3] *Mém. Soc. géol.*, 2ᵉ série, t. I, p. 361, pl. D.

[4] *Mém. Soc. géol.*, 2ᵉ série, t. IV, pl. 17, fig. 4.

[5] *Vicentin*, p. 81, pl. 5.

[6] Sowerby, *Min. conch.*, pl. 155; Goldfuss, *Petref. Germ*, t. II, pl. 148, fig. 7; Agassiz, *Icon. Coq. tert.*, pl. 13, fig. 1-4.

[7] *Traité élém. de conch.*, t. I, p. 552; Dujardin, *Mém. Soc. géol.*, t. II, p. 261.

M. Dujardin en comptait six dans ce gisement, dont trois nouvelles (*V. ca-di, catharata, clathrata*). Une partie de ces espèces se retrouvent dans le bassin de Bordeaux.

M. Wood [1] cite, dans le crag, trois espèces encore vivantes et une éteinte, sous le nom de *V. imbricata* (*Astarte imbricata*, Sow.).

Plusieurs autres espèces ont été décrites [2] par MM. Michelotti, Dubois de Montpéreux, d'Orbigny, Goldfuss, Philippi, etc. M. Deshayes estime à dix-huit le nombre des espèces de l'époque miocène. Quelques-unes d'entre elles passent à l'époque pliocène, qui renferme aussi quelques espèces propres.

Plusieurs se trouvent vivantes et fossiles [3]. Nous avons figuré, d'après Goldfuss, dans l'Atlas, pl. LXXV, fig. 21, la *V. plicata*, Gmel. Elle se trouve vivante au Sénégal et fossile dans les terrains miocènes et pliocènes d'Europe.

Les Thetis. Sow. [4]. — Atlas, pl. LXXVI, fig. 2,

ont, comme les vénus, une charnière composée de trois dents cardinales divergentes ; la postérieure est la plus longue, lamelliforme sur la valve droite et plus épaisse sur la gauche. La coquille rappelle un peu les formes des cardium. L'impression musculaire buccale est petite. Leur caractère le plus apparent est la forme de l'impression palléale qui présente un sinus anal triangulaire, très ouvert et très profond, se prolongeant verticalement jusque près des crochets.

On ne connaît qu'un petit nombre d'espèces de ce genre, qui n'a plus de représentant dans nos mers.

Il est possible que son existence remonte jusqu'à l'époque dévonienne.

M. Roemer a décrit [5] une coquille du terrain dévonien du Harz, chez laquelle le sinus palléal est également dirigé verticalement et atteint presque

[1] *Moll. from the crag* (*Palæont. Soc.*, 1853, p. 212, pl. 19).

[2] Michelotti, *Descr. foss. mioc. Ital. sept.* ; Dubois de Montpéreux, *Conch. foss. plat. Volh. Pod.* ; d'Orbigny, *Voyage de M. Hommaire de Hell* ; Philippi, *Tert. Verst. nordw. Deutsch.* ; Goldfuss, *Petref. Germ.*, pl. 148.

[3] Voyez, pour toutes ces questions, Deshayes, *Traité élém. conch.*, I. p. 551.

[4] Il ne faut pas confondre ce genre avec celui des Téthys, Lin., qui appartient à la division des gastéropodes nudibranches ; ce dernier provient du mot Téthis, déesse de la mer, épouse de l'Océan, et celui dont il s'agit ici de Thétis, petite-fille de la précédente et épouse de Pélée. — Le genre des Thetis, Adams, n'est pas le même ; il est voisin des Astartes.

[5] *Harzgebirge*, p. 26, pl. 6, fig. 25.

les crochets. Les autres caractères ne sont pas assez connus pour ne laisser aucun doute. M. Roemer a désigné cette coquille sous le nom de *Thetis? trigona*.

Les espèces les plus certaines appartiennent aux terrains crétacés.

Sowerby a fait connaître [1] la *T. major*, du grès vert de Blackdown, et la *T. minor*, du gault. Ces deux espèces se retrouvent en France, dans les gisements analogues, la première à Rouen, dans la craie chloritée, la seconde dans le gault de Novion, de Varennes, etc.

M. d'Orbigny [2] y ajoute, sous le nom de *T. lœvigata*, une espèce décrite par Sowerby sous celui de *Corbula lœvigata*. Elle provient du lower green sand de l'Ile de Wight.

J'ai décrit avec M. Roux [3] la *T. Genevensis* du gault des environs de Genève. C'est l'espèce figurée dans l'Atlas.

M. Roemer [4] a trouvé des thétis dans le bilsconglomerat d'Osterwald. Il les assimile à la fois aux *T. major* et *minor*, Sow., réunissant ainsi ces deux espèces en une. Je ne sais par quel motif il leur donne un nom nouveau, celui de *T. Sowerbyi*.

La *T. undulata*, Geinitz [5], du quader mergel de Kieslingswalde me paraît bien douteuse.

Les CYTHÉRÉES (*Cytherea*, Lamk). — Atlas, pl. LXXVI, fig. 3 à 5.

diffèrent des venus et des genres dont nous venons de parler par leur charnière, qui présente, outre les trois dents cardinales divergentes, une quatrième dent située du côté buccal, près des précédentes et sous la lunule (Atlas, pl. LXXVI, fig. 3). La coquille est ordinairement solide, ovale ou subarrondie, inéquilatérale, parfaitement régulière, équivalve et close. Le sinus palléal varie [6] et est plus ou moins profond et oblique.

[1] *Min. conch.*, pl. 313 ; d'Orbigny, *Pal. franç.*, *Terr. crét.*, t. III, pl. 387.

[2] *Pal. franç.*, *Terr. crét.*, t. III, p. 452, pl. 387 ; Sowerby, *Min. conch.*, pl. 209.

[3] *Moll. des grès verts*, p. 420, pl. 30, fig. 2.

[4] *Norddeutsch. Kreideg.*, p. 72.

[5] *Quadersandsteingebirge*, pl. 10, fig. 3 et 4.

[6] L'étendue de ces variations n'est peut-être pas aussi grande qu'on l'a cru. Je ne crois pas, en effet, que l'on doive réunir aux cythérées les espèces à sinus palléal presque nul et réduit à peine à une simple inflexion. Ces espèces, qui forment le genre Caryatis, Schumacher, ont bien plus les caractères

Ainsi que je l'ai dit, la convenance de séparer les cythérées des vénus est contestable, et l'étude des animaux laisse des incertitudes. Cependant, dans la grande majorité des cas, l'existence de la dent située sous la lunule forme un caractère distinctif très précis.

Les cythérées ont été anciennement désignées par Lamarck, sous le nom peu convenable de MÉNÉTRIX. Il faut leur réunir quelques groupes proposés dans ces dernières années, et qui paraissent reposer sur des caractères insuffisants, et en particulier les TRIGONA, Megerle, les CORBICULA, Benson, et les DIONE, Gray. Ce genre correspond avec les vénus à une partie des CALLISTA et des CALLISTODERMA, Poli.

L'histoire paléontologique des cythérées n'est guère plus claire que celle des vénus, car on a rapporté à ce genre, sur le facies extérieur, bien des espèces dont les caractères génériques sont tout à fait inconnus.

Je ne connais aucune espèce de l'époque primaire.

Elles sont très rares jusqu'à la fin de l'époque jurassique.

La plus ancienne paraît être la *Cytherea trigonellaris*, Voltz [1], du lias du Gundershofen. M. Deshayes a pu observer sa charnière et sa ligne palléale, et ne doute pas qu'elle n'appartienne à ce genre. Cette espèce, qui n'est pas rare, ne se trouve guère que fermée, et elle a été décrite par plusieurs auteurs, qui n'ont pas pu se rendre compte de ses affinités génériques. Elle a été nommée par M. Agassiz, *Cardinia laevis*, puis elle est devenue pour lui le type du genre PROSOR. Schlotheim l'a désignée sous le nom de *Venulites*. Zieten en a décrit un exemplaire sous le nom de *Cytherea trigonellaris*, et un mutilé sous celui de *Lucina plana*.

La *C. trigonellaris*, Goldfuss [2], n'est pas la même espèce, suivant M. Deshayes; mais elle me paraît en être bien voisine (Atlas, pl. LXXVI, fig. 24).

On cite quelques autres espèces du lias, mais je ne les connais que par les figures, et je doute que ce soient des cythérées. Les *C. aptychus*, *lamellosa* et *latiplexa*, Goldf., sont très probablement des cardinia, ainsi que l'a déjà

des astartés, et en particulier la petite impression musculaire buccale, accessoire à la principale. Nous parlerons plus loin de ce groupe, qui est rare à l'état fossile.

[1] Deshayes, *Traité élém. conch.*, t. I, p. 589; Agassiz, *Myes*, p. 226, et *Actes Soc. helv.*, Lausanne, 1843, p. 304; Zieten, *Pétrif. du Wurtemb.* pl. 63, fig. 4, et 72, fig. 4; etc.

[2] *Petref. Germ.*, t. II, p. 237, pl. 149, fig. 8.

fait remarquer M. Deshayes. Les *C. lucinia* et *cornea*, Voltz, sont très mal connues.

La *C. deltoidea*, Münster (*C. liasina*, Desh., *C. virga*, Philippi), du jura noir d'Allemagne, n'est connue que par sa surface externe [1].

La *C. dolabra*, Phillips, de l'oolithe inférieure, est probablement une cyprine.

M. Deshayes [2] a trouvé une vraie cythérée dans le terrain corallien de Luc (Calvados); il la nomme *C. vetusta*.

La *C. rugosa*, Sow., du terrain portlandien, est une astarte.

Les dépôts de l'époque crétacée renferment quelques cythérées. La charnière et l'impression palléale ont pu être observées sur un certain nombre d'entre elles.

La *Venus parva*, Sow., 518, est une cythérée; elle se trouve dans le lower greensand, dans le gault, et à Blackdown.

Ce dernier gisement renferme en outre [3] les *C. caperata*, Sow., *V. lineolata*, id., *V. plana*, id., *C. subrotunda*, id., *V. truncata*, id.

Quelques-unes de ces espèces ont été retrouvées en France. Il faut y ajouter la *C. uniformis*, Dujardin [4], de la craie de Touraine.

La *C. plana*, Goldfuss [5] (non Sow.), se trouve dans les terrains crétacés supérieurs d'Allemagne.

La *C. elongata*, Reuss [6], caractérise le plænermergel de Priesen.

Les cythérées sont très abondantes dans les terrains tertiaires. On en trouve en particulier un grand nombre dans les dépôts éocènes.

M. Deshayes [7] compte, dans son ouvrage sur les coquilles fossiles des environs de Paris, vingt-deux espèces de cythérées. Il en faut retrancher une qui appartient au terrain miocène inférieur. Trois d'entre elles (*C. obliqua*, Desh., *pusilla*, id., et *bellovacina*, id.), caractérisent les dépôts éocènes inférieurs du Soissonnais, etc. La grande majorité appartient au calcaire grossier; quelques-unes, cependant, ne sont pas exactement spéciales à cet

[1] Goldfuss, *Petref. Germ.*, t. II, pl. 149, fig. 0 ; Deshayes, *Traité élém. conch.*, I, p. 589.

[2] *Traité élém. conch.*, I, p. 590.

[3] Sow., *Min. conch.*, pl. 20 et 518, et *Trans. geol. Soc.*, 2ᵉ série, t. IV, pl. 17.

[4] *Mém. Soc. géol.*, t. II, p. 223, pl. 15, fig. 5.

[5] *Petref. Germ.*, t. II, pl. 148, fig. 4.

[6] *Bœhm. Kreidef.*, II, p. 21, pl. 41.

[7] *Coq. foss. Par.*, t. I, p. 126. Ce nombre s'est depuis lors élevé à vingt-neuf. (*Traité élém. conch.*, I, p. 591), mais les nouvelles espèces restent en majorité inédites.

étage. Les *C. rustica*, Desh., *concia*, id., *distans*, id., et *trigonula*, id., ne se trouvent que dans les dépôts supérieurs de Valmondois, etc.

L'argile de Londres [1] renferme, outre quelques-unes des espèces précédentes, les *C. rotundata*, Morris (*Venus*, Brander), *tenuistriata*, id. (*Venus*, Sow.), et *transversa*, id. (*Venus*, id.).

Les terrains nummulitiques ont fourni, outre quelques-unes des espèces précitées, un certain nombre d'espèces qui leur paraissent propres. Ce sont [2] les *C. custugensis*, Leym., et *rabica*, id., du département de l'Aube, la *C. Verneuilli*, d'Archiac, de Biarritz, etc.

Les espèces se continuent dans les terrains miocènes et pliocènes; mais elles semblent un peu moins abondantes que dans l'époque éocène.

La *C. sublævigata*, Nyst (*incrassata*, Desh. non Sow.), a été trouvée dans les terrains miocènes inférieurs du bassin de Paris et dans le terrain tongrien de Belgique [3].

M. Nyst a décrit plusieurs autres cythérées du terrain tongrien et de l'étage campinien. Il cite, dans ces deux étages, la *C. incrassata*, Sow., et la *C. chénoïdes*, Nyst. Il indique plus spécialement dans l'étage tongrien, outre quelques espèces connues, les *C. erycina* var. *Kickxi*, Nyst, *similis*, id., *sublævigata*, id., *Westendorpii*, id., etc. Il rapporte à la *C. sulcataria*, Desh., une espèce qui paraît différente et qui a été nommée par M. Hébert, *C. Bosqueti*. L'étage campinien renfermerait les *C. cyclodiformis*, Nyst, *trigona*, id., *sulcata*, id., *multilamellosa*, id., etc.

Plusieurs espèces remarquables ont été trouvées dans les dépôts miocènes de Bordeaux, du Piémont, d'Autriche, etc. Elles ont souvent été, dans l'origine, rapportées à tort à des espèces vivantes. M. Agassiz, dans un mémoire spécial [4], a relevé une partie de ces erreurs. M. Deshayes a accepté la plupart des idées de M. Agassiz, et en a contesté quelques-unes. En résumé, les espèces les plus certaines sont les suivantes : *Cytherea Lamarckii*, Agass., de Bordeaux (confondue à tort avec la *C. nitidula* de Paris); *C. erycinoïdes*, Lam., Brongt., ou *burdigalensis*, Defr. (bien difficile à distinguer de la *C. erycina*, Lamk, vivante ou *cedonulli*, Chemn., associée à cette espèce par M. Deshayes, séparée par M. Agassiz) Atlas, pl. LXXVI, fig. 5; *C. undata*, Bast., de Bordeaux; *C. affinis*, Duj., de Touraine.

<hr>

[1] Sowerby, *Min. conch.*, pl. 422 et 432; Morris, *Catalogue*, pl. 87.

[2] Leymerie, *Mém. Soc. géol.*, 2ᵉ série, t. I, pl. 15; d'Archiac, id., t. II, pl. 7, et *Hist. des progrès*, t. III, p. 262.

[3] Nyst., *Coq. et pol. foss. Belg.*, pl. 167; Desh., *Coq. foss. Par.*, I, p. 156, pl. 22, fig. 1-3.

[4] *Iconographie des coquilles tertiaires réputées identiques avec les espèces vivantes*, etc. *Mém. Soc. helv. Sc. nat.*, t. VII, 1845.

Il faut ajouter les *C. Dubossi*, et *nitens*, Andrzejowski, des terrains miocènes de Pologne, les *C. filosa* et *lenticulata*, Wood, du crag d'Angleterre, où elles se trouvent avec des espèces précitées; quelques espèces décrites par Goldfuss [1] (*C. rugosa*, Bronn, *cancellata*, id., *inflata*, Goldf., etc.).

Dans les terrains pliocènes d'Asti et de Morée, on cite les *C. Boryi*, Desh., *pedemontana*, E. Sism., etc.

Le crag d'Angleterre ne renferme, suivant M. Wood [2], que deux espèces encore vivantes (*C. chione*, Lin., et *rudis*, Poli).

M. Philippi en indique quelques-unes dans les terrains quaternaires de Sicile.

Ces terrains récents, tant pliocènes que quaternaires, renferment plusieurs espèces qui vivent encore dans nos mers [3].

Les Dosinies (*Dosinia*, Scopoli, *Artemis*, Poli, *Orbiculus*, Megerle),
— Atlas, pl. LXXVI, fig. 6,

ont, comme les cytherées, une charnière composée de trois dents cardinales divergentes et d'une dent latérale sous la lunule; mais leur coquille présente un facies particulier : elle est orbiculaire, à crochets petits, ornée de sillons ou de stries concentriques. Leur caractère distinctif principal consiste dans la forme de l'impression palléale, qui est placée très haut dans l'intérieur des valves, et qui présente un sinus anal régulier triangulaire très long, pointu au sommet et oblique d'avant en arrière.

Ce genre est représenté dans les mers actuelles par un assez grand nombre d'espèces qui se ressemblent beaucoup et qui forment un groupe très naturel. Les espèces fossiles sont peu nombreuses et ne paraissent pas plus anciennes que l'époque tertiaire moyenne.

On trouve dans les terrains miocènes de Bordeaux une espèce qui a été confondue à tort, par M. Basterot, avec la *C. lincta*, Lamk, vivante. C'est l'*A. Basteroti*, Agassiz [4] (M. Deshayes l'associe à la *C. Adansoni*, Philippi, vivante au Sénégal).

Une seconde espèce, fréquente dans les terrains miocènes de la plus grand

[1] *Petref. Germ.*, t. II, pl. 148.
[2] *Moll. from the crag, Palæont. Soc.*, 1855, p. 206, pl. 20.
[3] Voyez Deshayes, *Traité élém. conch.*, I, p. 597.
[4] *Iconogr. coq. tert.*, pl. 3, fig. 7-10.

partie de l'Europe, est rapportée par M. Deshayes [1] à la *D. exoleta*, Lin., vivante (?).

La *D. orbicularis*, Agass. [2] (*C. concentrica*, Bronn, non *Venus concentrica*, Lin.), est une belle espèce qui caractérise les terrains pliocènes du Piémont. C'est elle que nous avons figurée dans l'Atlas.

La véritable *D. lincta*, Lam., vivante, se retrouve fossile dans les terrains quaternaires de Sicile [3] et dans le crag.

M. Wood indique en outre [4], dans ce dernier gisement, une espèce (*A. lentiformis*, Sow.), confondue à tort avec l'*A. exoleta*.

On cite aussi quelques espèces américaines.

Les Cyclines (*Cyclina*, Deshayes, *Félan*, Adanson), — Atlas, pl. LXXVI, fig. 7,

ont une coquille orbiculaire, convexe, peu épaisse, à crochets obliques, assez grands. La charnière n'a que trois petites dents cardinales divergentes dont la postérieure est canaliculée. Le sinus palléal est petit, triangulaire, aigu et oblique d'avant en arrière.

Ce genre, représenté dans les mers chaudes par un petit nombre d'espèces, n'a fourni, jusqu'à présent, qu'une seule espèce fossile.

C'est la *C. Woodii*, Desh. [5], des environs de Bordeaux, espèce encore inédite.

Les Grateloupies (*Grateloupia*, Desmoulins), — Atlas, pl. LXXVI, fig. 8,

ont les formes extérieures des donaces ; mais la charnière est composée, sur chaque valve, de trois dents cardinales divergentes, de trois à quatre dents lamelleuses qui proviennent d'une division de la cardinale postérieure, et d'une seule dent latérale.

Le sinus palléal est ovalaire, large et profond, et forme un angle en arrivant vers le muscle anal. La coquille est ovale, transverse, parfaitement close.

La place de ce genre est encore douteuse. La charnière rap-

[1] *Traité élém. conch.*, I, p. 616.
[2] *Iconogr. coq. tert.*, pl. 2.
[3] *Traité élém. conch.*, I, p. 622.
[4] *Moll. from the crag*, *Palæont. Soc.*, 1853, p. 214, pl. 20.
[5] *Traité élém. conch.*, I, p. 626. La figure de l'Atlas représente la *C. chinensis*, vivante.

pelle celle des cythérées, dans le voisinage desquelles la plupart des auteurs sont d'accord pour le mettre provisoirement.

On en connaît maintenant quatre espèces fossiles. Elles appartiennent toutes à l'époque tertiaire. On n'en a encore trouvé aucune vivante.

La plus anciennement connue[1] est la *G. donaciformis*, Desmoulins (*Donax irregularis*, Bast.), des terrains tertiaires miocènes du bassin de Bordeaux. C'est l'espèce figurée dans l'Atlas.

Il faut, suivant M. Deshayes, ajouter la *G. difficilis* (*Donax difficilis*, Bast.), et la *G. cuneata*, Desh., des mêmes gisements.

La *G. Moulinsi*, Lea (*Cytherea hydana*, Conrad), provient des terrains tertiaires de l'Alabama.

2ᵉ Sous-Ordre. — ORTHOCONQUES INTÉGROPALLÉALES.

Ces mollusques sont caractérisés par leur manteau plus ou moins ouvert, leurs siphons courts ou nuls et leur ligne palléale non sinueuse.

Ils ont presque tous deux impressions musculaires comme les orthoconques sinupalléales. Il faut en excepter le groupe anomal des tridacnides et remarquer aussi que chez les mytilides, la grande inégalité qui existe entre l'impression buccale et l'impression anale fait une transition aux monomyaires.

Ce sous-ordre est en général clairement limité ; je dois toutefois faire remarquer qu'une des familles qui le composent, forme une sorte d'exception et présente une de ces difficultés que j'ai annoncées plus haut. La famille des cyclasides est composée d'animaux chez lesquels les siphons sont encore un peu développés et elle renferme des coquilles dont plusieurs ont l'impression palléale entière, plusieurs une très légère sinuosité et quelques-unes un vrai sinus. Ces mollus-

[1] Desmoulins, *Bull. Soc. Lin. Bord.*, II, p. 18 ; Deshayes, *Traité élém. conch.*, I, p. 579.

ques sont donc intermédiaires entre les sinupalléales et les intégropalléales. Je ferai remarquer plus loin une difficulté semblable pour les leda. Toutes les autres familles appartiennent clairement au type intégropalléal.

J'ai dit plus haut (p. 334) que ce type a précédé les sinupalléales et que son développement date des époques géologiques les plus anciennes.

La distinction des familles repose, comme dans le sous-ordre précédent, sur l'étude de l'animal. On peut toutefois trouver dans la coquille quelques caractères qui limitent plusieurs d'entre elles d'une manière assez évidente. Le tableau suivant signale les principales différences et pourra faciliter aux commençants la distinction de ces familles, pourvu, comme je l'ai dit plusieurs fois, qu'on ne s'exagère pas la précision des caractères tirés de la coquille seule.

I. *Deux impressions musculaires égales ou presque égales.*

A. Animal muni de deux siphons séparés, impression palléale sinueuse chez quelques espèces.

CYCLASIDES. Charnière composée de dents cardinales et de dents latérales ou seulement des unes ou des autres; impression palléale simple ou sinueuse. Les espèces sont toutes fluviatiles.

B. Siphons nuls ou très courts.

CYPRINIDES. Coquille fermée, inéquilatérale, charnière composée de deux à quatre dents cardinales et d'une latérale anale, ligament externe.

CARDIDES. Coquille fermée, subéquilatérale, cordiforme, à crochets saillants. Charnière ordinairement composée de deux grandes dents cardinales coniques et de deux latérales.

LUCINIDES. Coquille parfaitement close, à crochets peu proéminents, charnière variable, ligament extérieur, impression musculaire buccale souvent allongée.

ASTARTIDES. Coquille plus ou moins inéquilatérale, à crochets médiocres ou petits, charnière composée de dents cardinales obliques, ligament externe ou interne, impression musculaire buccale souvent accompagnée d'une plus petite.

UNIONIDES. Coquille inéquilatérale, épidermée. Charnière sans dents ou composée de dents irrégulières souvent bosselées, rugueuses ou striées, ligament externe. Les espèces sont toutes fluviatiles.

TRIGONIDES. Coquille épaisse, triangulaire, inéquilatérale, à charnière formée de grosses dents lamellaires souvent sillonnées. Ligament externe ; impressions musculaires accompagnées l'une et l'autre d'une plus petite.

CŒLONOTIDES. Coquille inéquilatérale, à charnière sans dents ou très peu armée, à ligament très long, deux impressions musculaires, la buccale tantôt double, tantôt simple.

ARCACIDES. Charnière composée de dents nombreuses disposées en série, ligament extérieur ou interne.

C. Un seul siphon.

SOLÉNOMYDES. Coquille revêtue d'un épiderme épais qui la dépasse, ligament interne, charnière sans dents, côté anal beaucoup plus court que le côté buccal.

II. *Impressions musculaires très inégales ou très inégalement situées par rapport au bord.*

MYTILIDES. Coquille très inéquilatérale, dont le crochet forme le plus souvent l'extrémité inférieure, ligament très long.

III. *Une seule impression musculaire.*

TRIDACNIDES. Coquille épaisse avec deux dents à la charnière, ligament externe.

1re FAMILLE. — CYCLASIDES.

La famille des cyclasides, qui correspond à celle des CONQUES FLUVIATILES de Lamark, renferme des mollusques d'eau douce, dont la coquille est caractérisée par une charnière formée ordinairement de trois dents cardinales sur une valve et de deux ou trois sur l'autre, et de deux dents latérales ; les unes et les autres manquent quelquefois. La coquille est recouverte par un épiderme épais, rugueux et persistant comme dans les unio. L'animal a le manteau prolongé en arrière en deux siphons ; et l'impression palléale est tantôt entière, tantôt sinueuse.

Les cyclasides se distinguent des astartides par la présence des dents latérales, et des cardides par leurs dents cardinales plus petites, et surtout par la forme moins renflée de leur coquille et par son épiderme. La forme et la disposition des dents cardinales les rapprocheraient davantage des cythérides, mais l'impression du manteau les en éloigne. D'ailleurs, les cyclasides sont toutes fluviatiles, et diffèrent en cela de ces trois familles dont toutes les espèces sont marines. Cette habitation semblerait les rapprocher des unionides, qui ont aussi d'ailleurs leur coquille recouverte d'un épiderme épais ; mais ces dernières ont le manteau ouvert sur toute sa longueur, et la charnière des coquilles présente de très grandes différences.

J'ai déjà dit plus haut que les cyclasides ont presque autant de motifs pour être placées dans le sous-ordre des sinupalléales que dans celui des intégropalléales. Elles forment un de ces types intermédiaires embarrassants et difficiles à classer. Je les ai réunies à la série des intégropalléales à cause de leurs rapports avec les cyprines, et parce que leur impression palléale, qui est fréquemment entière, présente, dans le cas contraire, une sinuosité très peu prononcée plutôt qu'un vrai sinus, et enfin parce que les siphons, assez développés, il est vrai, dans quelques types, sont au contraire très courts dans d'autres.

Les terrains anciens étant composés presque constamment de dépôts marins, on comprend que la famille des cyclasides n'ait pas laissé de traces fréquentes de son existence dans les périodes antérieures à l'époque tertiaire. On en trouve cependant quelques espèces bien déterminées dans le terrain wealdien, qui, comme je l'ai souvent dit, a probablement été formé vers l'embouchure d'un grand fleuve, à la fin de l'époque jurassique. On en trouve quelques autres dans les terrains déposés par des estuaires pendant le milieu de la même période. La plupart des espèces des terrains tertiaires se trouvent dans des dépôts d'eau douce, ainsi que l'on devait s'y attendre. On rapporte toutefois à cette famille, parce qu'elles en ont tout à fait les caractères, quelques coquilles trouvées dans des dépôts marins. Je renvoie pour ces faits à ce que j'ai dit plus haut (p. 15) sur les gastéropodes qui, de nos jours, vivent dans l'eau douce.

Cette famille est composée aujourd'hui des genres (¹) Cyclas, Cyrena, Glauconome, Gnathodon et Galathea (²).

Les Cyclades (*Cyclas*, Bruguière; *Sphærium*, Scop.; *Cyclas* et *Pisidium*, Pfeiffer), — Atlas, planche LXXVI, fig. 11 et 12,

ont une coquille mince et fragile, ovale, bombée, à crochets protubérants. Les dents cardinales sont très petites, tantôt au nombre de deux sur chaque valve, tantôt moins nombreuses, et quelquefois même nulles. Les dents latérales sont allongées, comprimées et lamelliformes. Le ligament est extérieur.

Je réunis ici les Cyclades, Brug. et les Pisidium, Pfeiffer (*Pisum*, Megerle); mais mon seul motif est la difficulté de distinguer les coquilles sans l'animal. Je reconnais que ces deux genres sont distingués par un caractère qui est très suffisant, si toutefois il est constant et général; les cyclades ayant toujours deux siphons, et les pisidium un seul. Les coquilles sont identiques, sauf que, *en général*, les pisidium sont un peu plus inéquilatéraux. Il est impossible de poursuivre cette distinction entre les coquilles fossiles.

Les cyclades devraient, à la rigueur, reprendre le nom de Sphærium qui leur a été donné par Scopoli en 1777; mais le nom de *Cyclas*, qui date de 1792, est tellement connu, qu'on ne peut vraiment pas proposer cette substitution. Ces mêmes mollusques ont été désignés en 1814, par v. Mühlfeld, sous le nom de Cornea. Il faut aussi leur réunir les Galileja, Costa, qui ne sont que des pisidium. Il en est de même des Pera et des Euglesia, Leach.

Les cyclades sont aujourd'hui de petites coquilles communes dans les eaux douces; on les trouve fossiles dans les terrains wealdiens et tertiaires (³).

(¹) Quelques auteurs y ajoutent les donax américaines d'eau douce, qui forment le genre Iphigenia, Schumacher. On n'en connaît pas de fossiles.

(²) Il existe aussi un genre de crustacés nommé Galathea, Fab., voyez t. II, p. 441.

(³) M. Dunker (*Palæontographica*, t. I, p. 38) a décrit avec doute une *C. rugosa* du lias d'Halberstadt dont la charnière, dépourvue de dents, porte une sorte de callosité irrégulière qui rappelle peu les cyclades vivantes. Je ne sais ce qu'on doit penser d'une *Cyclas cos*, indiquée par M. Jasykow et par

Les espèces des terrains wéaldiens paraissent nombreuses.

M. Sowerby [1] en a fait connaître plusieurs (*C. angulata, elongata, major, media, membranacea, parva?, subquadrata*) des diverses divisions du terrain wéaldien d'Angleterre ; mais plusieurs sont des cyrènes.

M. Dunker a décrit [2] deux pisidium (*P. Pfeifferi* et *pygmæum*) et quatre cyclas (*C. Buchii, subtrigona, Jugleri* et *Brongniarti*) des terrains wéaldiens d'Allemagne. Il faut ajouter la *C. faba*, Goldf. [3], du terrain wéaldien d'Osnabrück.

Les espèces se continuent abondantes dans les terrains tertiaires.

On les trouve dès les dépôts les plus inférieurs de cette époque.

M. Saint-Ange de Boissy [4] a décrit cinq espèces du calcaire lacustre de Rilly-la-Montagne (*C. Verneuilli*, Atlas, pl. LXXVI, fig. 11, *unguiformis, Desnoiersi, uncica* et *Rillyensis*).

M. Deshayes [5] a fait connaître une espèce (*C. lævigata*, Desh.) des marnes blanches du mont Bernou, près Épernay, et indiqué une plus récente découverte par M. Hébert dans les marnes du gypse des environs de Paris.

Les dépôts de Provence, et en particulier ceux des environs d'Aix, ont fourni une dizaine d'espèces de cyclades qui ont été étudiées [6] par M. J. de C. Sowerby et par M. Matheron. Les *C. Garrimensis*, Math., *Matheroni*, d'Orb. (*Brongniarti*, Math.), *galloprovincialis*, Math., et *nummularis*, Id., existent par myriades dans certaines couches qui en sont presque entièrement composées. M. Matheron a décrit, en outre, quatre espèces du terrain à gypse d'Aix et de Gargas (*C. Coquandiana, aquensis, pisum* et *gargasensis*).

Les espèces des terrains miocènes et pliocènes sont encore mal connues.

M. Eichwald, comme trouvée en Russie dans un dépôt d'eau douce de l'époque triasique (*Leonh. und Bronn Neues Jahrb.*, 1849, p. 239).

[1] *Min. conch.*, pl. 527, et in Fitton, *Trans. geol. Soc.*, 2ᵉ série, t. IV, pl. 21.

[2] Dunker, *Monogr. Norddeutsch. Weald.*, p. 44, pl. 13 ; Koch et Dunker, *Mon. Ool. Geb.*, p. 59, pl. 7.

[3] *Petr. Germ.*, t. II, p. 232, pl. 147, fig. 8.

[4] *Mém. Soc. géol.*, 2ᵉ série, t. III, pl. 5.

[5] *Coq. foss. Par.*, t. I, p. 116, pl. 18, fig. 12 et 13 ; et *Traité élém. conch.*, t. I, p. 710.

[6] J. de C. Sowerby, *Edinburgh new philos. Journal*, 1829 ; et Matheron, *Catalogue, Trav. Soc. stat. Marseille*, p. 146, pl. 14.

M. Klein [1] a décrit la *C. Œpfingensis* du calcaire d'eau douce inférieur du Wurtemberg.

M. Reuss a fait connaître [2] les *C. prominula* et *seminulum* des dépôts miocènes de Kolosorok et de Tuchovezie.

Les cyclades décrits par M. Dubois de Montpéreux, sont probablement des larmes (Deshayes).

Quelques espèces vivantes ont été retrouvées dans les dépôts récents d'une partie de l'Europe [3].

M. Wood [4] cite dans le crag deux cyclas et quatre pisidium qui paraissent se rapporter tous à des espèces actuelles.

Les CYRÈNES (*Cyrena*, Lamk.),—Atlas, pl. LXXVI, fig. 9 et 10,

se distinguent des précédentes par leurs coquilles plus solides, dont la charnière a toujours trois dents sur chaque valve. Ces coquilles ressemblent, du reste, à celles des cyclades ; elles sont arrondies ou trigones, renflées, recouvertes par un épiderme épais, à crochets écorchés. Les dents latérales sont presque toujours au nombre de deux, dont une est souvent rapprochée des cardinales ; ces dents sont tantôt lisses, tantôt striées. M. d'Orbigny les réunit aux cyclades, et, en effet, la distinction des deux genres repose sur des caractères peu importants et variables.

Il est probable que l'on ne doit pas en séparer génériquement les VILLERITA, VILLARITA ou VELORITA, Gray, les GELOINA, id., et les CORBICULA, Megerle.

Ces coquilles, ordinairement de plus grande taille que les cyclades, habitent aujourd'hui les fleuves et les grandes rivières. Elles sont toutes, sauf une, étrangères à l'Europe et spéciales aux zones chaudes du globe.

Les espèces fossiles ont été très abondantes pendant l'époque wéaldienne et pendant l'époque éocène. Cette circonstance se lie évidemment avec la rareté des terrains sédimentaires d'eau douce dans la plupart des autres périodes.

Il y a toutefois quelques motifs pour leur attribuer une plus haute antiquité.

[1] *Würtemb. Jahreshefte*, 1846, t. II, p. 93, pl. 2, fig, 19.

[2] *Palæontographica*, t. II, pl. 4.

[3] Deshayes, *Traité élém. conch.*, t. I, p. 711, etc.

[4] *Moll. from the crag* (*Palæont. Soc.*, 1850, p. 106).

M. Dunker [1] a décrit et figuré une petite espèce du lias d'Halberstadt (*C. Menkei*, Dunker). Elle paraît avoir les principaux caractères des cyrènes, et ce gisement renferme d'ailleurs, comme nous l'avons vu, quelques types fluviatiles.

M. Deshayes [2] dit avoir vu deux espèces de cyrènes trouvées par M. Dujardin dans les terrains coralliens de Luc (Calvados).

La *C. fossulata*, Cornuel [3], provient de l'oolithe vacuolaire (portlandien) de Vassy (Haute-Marne).

On a trouvé quelques espèces en Angleterre, dans les couches produites par des estuaires à l'île de Skye, et dans le Sutherlandshire, comprises entre l'oolithe et l'étage oxfordien. M. E. Forbes [4] en a décrit et figuré quatre.

Les espèces des terrains wéaldiens proviennent d'Angleterre et surtout d'Allemagne.

Il faut probablement placer dans ce genre une partie des cyclades décrites par Sowerby [5]. Leurs charnières ne sont pas assez bien connues pour que l'on puisse préciser cette répartition.

M. Dunker [6] en compte trente-cinq espèces dans les terrains wéaldiens du nord de l'Allemagne. Douze de ces espèces avaient été décrites par Roëmer; les vingt-trois autres sont nouvelles.

Les espèces des terrains tertiaires inférieurs se trouvent ordinairement dans les dépôts fluviatiles ou dans les dépôts mixtes, et elles y sont plus abondantes que les cyclades et les unio. Quelques-unes toutefois ont été trouvées dans des dépôts marins.

Les espèces du bassin de Paris ont été décrites [7] par Lamarck, Férussac, et par M. Deshayes, qui en a figuré onze espèces, parmi lesquelles la *C. cuneiformis*, Fér. (Atlas, pl. LXXVI, fig. 9), et la *tellinella*, Fér., sont si abondantes, que le sol en est pétri. Ces deux espèces caractérisent les terrains éocènes inférieurs d'Épernay, avec les *C. lævigata*, Desh., *antiqua*, Fér., et

[1] *Palæontogr.*, t. I, p. 40, pl. 6, fig. 23-25.

[2] *Traité élém. conch.*, t. I, p. 697.

[3] *Mém. Soc. géol.*, 1840, t. IV, p. 286, pl. 15, fig. 1.

[4] *Quart. Journ. geol. Soc.*, 1851, t. VII, p. 104.

[5] *Min. conch.*, pl. 527, et in Fitton, *Trans. geol. Soc.*, 2ᵉ série, t. IV, pl. 21.

[6] *Monogr. Norddeutsch. Weald.*, p. 29, pl. 10-13; Rœmer, *Norddeutsch. Oolgeb.*, p. 115, pl. 9, et supp., pl. 19.

[7] Lamarck, *Ann. mus.*, t. VII; Férussac, *Hist. des Moll. terr. et fluv.*; Deshayes, *Coq. foss. Par.*, t. I, p. 116. M. d'Orbigny considère les *C. pisum*

trigona, Desh., Les *C. cycladiformis*, Desh., *pisum*, id., *obliqua*, id., et *depressa*, id., appartiennent au calcaire grossier. Les *C. deperdita*, Desh., et *crassa*, id., proviennent des étages supérieurs de Valmondois, etc.

Il faut ajouter quelques espèces des dépôts éocènes inférieurs de Châlons-sur-Vesle décrits par M. Melleville [1] (*C. angustidens*, Mell., *orbicularis*, id., et *intermedia*, id.) deux espèces des lignites de Provence figurées par M. Matheron (*C. globosa*, Math., *Ferussaci*, id.), et la *C. Deshayesi*, Hébert, des environs de Rilly.

Le bassin de Londres en a aussi fourni quelques-unes [2] : La *Cyrena deperdita*, Sow., non Lamk (*C. britannica*, Desh.), la *C. cuneiformis*, Sow., et une espèce qui paraît identique avec la *C. tellinella*, Fér., caractérisent l'argile plastique. L'argile de Londres a fourni la *C. cycladiformis*, Desh. Les marnes éocènes supérieures de l'île de Wight contiennent les *C. obovata*, Sowerby, et *pulchra*, id.

Les terrains miocènes et pliocènes en contiennent également quelques espèces.

M. Bouillet [3] a fait connaître celles des dépôts lacustres de l'Auvergne, en les rapportant à tort, suivant M. Deshayes, aux espèces de Paris.

La *C. semistriata*, Desh. [4] caractérise les terrains miocènes inférieurs de France et le terrain tongrien de Belgique (Atlas, pl. LXXVI, fig. 10). Elle a été rapportée à tort par Goldfuss à la *C. cuneiformis*.

Le bassin de Bordeaux renferme, dans ses étages miocènes supérieurs, la *Cyrena Geslini*, Desh., et la *Cyrena Brongniarti*, Basterot [5].

La *C. Faujasi*, Desh. [6] (*C. lœvigata*, Gold., et *polita*, id.) caractérise les terrains miocènes d'Allemagne, etc., avec la *C. subarata*, Bronn (*C. Brongniarti*, Goldf.) et quelques espèces décrites par Goldfuss (*C. æqualis*, Goldf., *striatula*, id., etc.). Le crag d'Angleterre et de Belgique renferme une espèce

et *obliqua* comme des cyprines. Quant à la *C. trigona*, Desh., il la cite comme *Cyclas* dans le suessonien, et comme *Cyprina* dans le parisien.

[1] Melleville, *Sables tert. inf.*, *Ann. Soc. géol.*, 1843, p. 35, pl. 2 ; Matheron, *Catalogue*, *Trav. Soc. stat. Mars.*, p. 221, pl. 14 ; Hébert, *Bull. Soc. géol.*, 2ᵉ série, 1848, t. V, p. 401.

[2] Sowerby, *Min. conch.*, pl. 162 et 527 ; Morris, *Catalogue*, p. 86.

[3] Bouillet, *Catalogue* ; Deshayes, *Traité élém.*, t. I, p. 698.

[4] *Encycl. méth.*, t. II, p. 52 ; Lamarck, *Anim. sans vert.*, 2ᵉ édit., t. VI, p. 281 ; Nyst, *Coq. et pol. foss. Belg.*, p. 443 ; Goldfuss, *Petr. Germ.*, t. II, pl. 146, fig. 2 et 3.

[5] Deshayes, *Encycl. méth.*, t. II, p. 52 ; Lamarck, *Anim. sans vert.*, 2ᵉ édit., t. VI, p. 280 ; Basterot, *Coq. foss. Bord.*, p. 84.

[6] Deshayes, *loc. cit.* ; Bronn, *Lethæa*, 1ʳᵉ édit., p. 958, pl. 38, fig. 2 ; Goldfuss, *Petr. Germ.*, t. II, pl. 146.

qui, suivant M. Wood ([1]), est identique avec la *C. consobrina*, Caillaud, du Nil. Cette espèce a été décrite par M. Wood lui-même sous le nom de *trigonula*, par M. Nyst sous le nom de *Duchastelii*, et par M. Philippi sous celui de *Gemmellarii*.

M. Bertrand Geslin a trouvé une espèce dans le val d'Arno supérieur ([2]). Quelques cyrènes ont aussi été indiquées fossiles en Amérique.

Les GLAUCONOME, Gray ([3]) (*Glauconomya*, Bronn),

ont une coquille allongée, transverse, équivalve, inéquilatérale, mince, épidermée. Les bords sont tranchants. La charnière est étroite et formée de trois petites dents cardinales divergentes, quelquefois bifides. L'impression palléale forme un sinus étroit et profond.

Ce genre comprend aujourd'hui quelques petites coquilles fluviatiles.

M. Deshayes ([4]) lui rapporte deux espèces fossiles trouvées abondamment dans les lits marneux supérieurs au gypse dans le bassin de Paris. Ces espèces ont été décrites par Brongniart sous les noms de *Cytherea? convexa* et *plana*.

Les GNATHODON, Gray, — Atlas, pl. LXXVI, fig. 13,

sont intermédiaires entre les mactres et les cyrènes ; de sorte que les auteurs sont divisés sur la question de savoir si ce genre est plus voisin des unes ou des autres. La coquille est ovale, trigone, épaisse, solide, subcordiforme, épidermée. La charnière, très solide, est formée, sur la valve gauche, d'une petite dent cardinale en V, d'une grosse dent pyramidale également cardinale, sur la valve droite de deux petites dents divergentes et d'une grande fossette, et sur toutes deux d'une dent latérale buccale courte et d'une latérale anale très longue. L'impression palléale forme un sinus court et triangulaire.

Ce genre, qui a été établi en 1830, a été désigné plus tard (1831)

[1] *Moll. from the crag* (*Pal. Soc.*, 1850, p. 104, pl. XI).
[2] Deshayes, *Traité élém. conch.*, t. I, p. 699.
[3] Le genre GLAUCONOME a été établi en 1828. Le comté de Munster avait déjà désigné, en 1826, sous le même nom, des mollusques bryozoaires (Goldfuss, *Petr. Germ.*, t. I, p. 100).
[4] *Traité élém. conch.*, t. I, p. 674; Alex. Brongniart, dans Cuvier, *Oss. foss.*, 4ᵉ édit., t. IV, p. 392, 399 et 643, pl. P, fig. 7 et 8.

par M. Desmoulins sous le nom de RANGIA, et en 1833 par M. Conrad sous celui de CLATHRODON.

Il renferme deux espèces vivantes, dont l'une (*Gn. cuneatus*, Gray) est tellement abondante dans le lac Pontchartrain, que les sauvages s'en servent pour faire des plates-formes et pour élever le sol au-dessus des mouvements des eaux. Cette même espèce se retrouve fossile dans les terrains récents de l'Amérique septentrionale [1]. C'est l'espèce figurée dans l'Atlas.

M. Conrad [2] a fait connaître deux autres espèces fossiles des terrains tertiaires supérieurs de la Virginie et de la Caroline du Nord.

2ᵉ FAMILLE. — CYPRINIDES.

Je forme une petite famille pour des coquilles qui ont à la fois des rapports avec les cyrènes, les cardium, les vénus, etc., sans se laisser associer à aucun de ces groupes. L'animal, épais et ovale, a les bords du manteau simples et réunis postérieurement ; deux siphons très courts, inégaux, ciliés et assez semblables à ceux des cardium , un pied aplati et linguiforme, des branchies grandes et inégales. La coquille a la forme de celle des cythérides avec une impression palléale entière, et une charnière composée de deux à trois dents cardinales obliques sur chaque valve, et d'une latérale anale quelquefois atrophiée. Le ligament est externe.

Je ne place dans cette famille que le genre des cyprines et celui des cypricardes. Les caractères que j'ai indiqués ci-dessus montrent que ces deux groupes ont dans leur organisation bien des points communs. Leur manteau fermé postérieurement et la forme de leurs siphons les rapprochent beaucoup des cardium , et ils font une assez bonne transition entre ce type et celui des cyrènes.

M. Deshayes a adopté à peu près la même série que moi dans l'ordre des genres, savoir : *Cyrène, Cyprine, Cypricarde, Cardium*, mais il la coupe différemment : en *Cyrénides* qui comprennent les deux premières, et *Cardides* qui renferment les deux dernières. J'ai cru meilleur de ne laisser que des coquilles fluviatiles dans la première de ces familles, et de séparer davantage

[1] Deshayes, *Traité élém. conch.*, t. I, p. 300.
[2] *Foss. of the tert. form.*, pl. 13 et 39 ; et Silliman, *Amer. Journ.*, t. XLII (1842).

les cypricardes des cardium, à cause de leur forme générale, de celle de leur pied, de leur charnière, etc.

Je me trouve moins d'accord avec M. d'Orbigny, qui associe les cyprines et les cypricardes aux carditides, mais il place également ces deux genres à côté l'un de l'autre.

LES CYPRINES (*Cyprina*, Lamk, *Arctica*, Schumacher). — Atlas, pl. LXXVI, fig. 14 à 16,

ont une coquille subcordiforme, épidermée, à charnière forte, composée de trois dents cardinales sur chaque valve, un peu divergentes, et d'une dent latérale anale écartée, quelquefois presque nulle. Le ligament est externe, épais et bombé, et s'insère sur des nymphes saillantes.

On ne connaît bien aujourd'hui qu'une seule espèce de cyprine qui vit dans les mers du Nord. Les espèces fossiles sont plus nombreuses ; elles paraissent avoir eu leur maximum de développement dans l'époque crétacée.

Leur existence dans l'époque primaire n'est pas démontrée [1].

La *C. deltoidea*, Phillips, et la *C. retusa*, Rœmer, du terrain dévonien, ne paraissent pas être des cyprines. Je crois, avec M. d'Orbigny, que la dernière est une cardinia ; M. Deshayes en fait une cypricardia. La première a les formes externes d'un cardium.

La *C. Egertoni*, M'Coy, du terrain carbonifère d'Irlande, est une cardiomorpha.

Elle ne paraît pas non plus être incontestable dans les terrains triasiques et dans le salifèrien.

M. d'Orbigny [2] rapporte à ce genre les *Venus donacina* et *nuda*, Goldfuss, du muschelkalk, ainsi que la *C. strigillata*, Klipstein, et quatre *Isocardia* de Saint-Cassian, décrites par le comte de Munster ; mais aucune de ces espèces n'est connue par ses caractères internes, et leur faciès me paraît laisser de grands doutes.

[1] Phillips, *Palæoz. foss.*, pl. 17, fig. 59 ; Rœmer, *Harzgebirge*, pl. 6, fig. 18 ; M'Coy, *Synopsis of Ireland*, pl. 10, fig. 9.

[2] *Prodrome*, t. I, p. 173 et 198 ; Goldfuss, *Petr. Germ.*, pl. 150, fig. 3 ; Zieten, *Pétrif. du Wurt.*, pl. 71, fig. 3 ; Klipstein, *Geol. der œstl. Alpen*, pl. 16, fig. 23 ; Munster, *Beitr*, t. IV, etc.

Les dépôts jurassiques renferment par contre des espèces plus probables. Plusieurs restent cependant encore très mal connues.

J'ai dit plus haut (p. 443) que plusieurs espèces décrites sous le nom de vénus avaient les formes externes des cyprines. J'ai cité alors les *V. affinis*, Münster, *Saussuri*, Rœmer, *tenuistria*, Münster, *caudata*, id., *isocardioides*, id., *nuculiformis*, id.; mais il faut attendre la connaissance de la charnière ou des impressions du moule.

Il faudra probablement aussi considérer comme des cyprines quelques-unes des isocardia de Phillips et de Goldfuss, et ajouter plusieurs espèces inédites [1] indiquées par M. d'Orbigny et M. Deshayes.

Les *C. Cancriniana*, d'Orb., et *Helmerseniana*, id., du terrain oxfordien de Russie [2], paraissent être de véritables cyprines, ainsi que la *C. Kharaschorensis*, Rouillier, du même gisement.

Les cyprines des terrains crétacés sont plus nombreuses et mieux connues.

M. Leymerie [3] a fait connaître la *C. bernensis* (*C. rostrata*, d'Orb., non Sow.) du terrain néocomien et la *C. erryensis*, Leym., qui se trouve à la fois dans cet étage et dans le gault.

La *C. Saussuri*, Pictet et Renevier [4] (*Donacites Saussuri*, Brongt, *Cyprina rostrata*, Sow., etc.) caractérise le terrain aptien inférieur de la perte du Rhône (Atlas, pl. LXXVI, fig. 14).

Le terrain aptien supérieur de la perte du Rhône renferme outre la *C. erryensis* précitée, la *C. Rhodani*, Pictet et Roux [5].

Le terrain aptien de Vassy a fourni la *C. inornata*, d'Orb. [6].

On trouve dans le gault, outre la *C. erryensis*, la *C. cordiformis*, d'Orb., et la *C. regularis*, id.

Les craies chloritées et les craies marneuses en ont fourni davantage. M. d'Orbigny a décrit [7] les *C. oblonga*, *quadrata* et *ligeriensis* du terrain cénomanien, et les *C. consobrina* (Atlas, pl. LXXVI, fig. 15), *intermedia* et *Nouchiana*, du terrain turonien.

Il faut y ajouter [8] les *C. angulata*, Sow. et *cuneata*, id. de Blackdown.

(1) D'Orbigny, *Prodrome* ; Deshayes, *Traité élém. conch.*, t. I, p. 682.

(2) Murchis. Vern. et Keys., *Pal. de la Russie*, pl. 38, fig. 26 à 30 ; Rouillier, *Bull. Soc. nat. de Moscou*, 1847, t. XX, p. 421.

(3) *Mém. Soc. géol.*, 1842, t. V, p. 4.

(4) *Paléont. suisse*, *Terr. aptien*, 3ᵉ liv.

(5) *Moll. des grès verts*, p. 444, pl. 34.

(6) *Pal. fr.*, *Terr. crét.*, t. III, p. 99, pl. 272.

(7) *Loc. cit.*, pl. 275 à 278, *Prodrome*, t. II, p. 161 et 195.

(8) Sowerby, *Min. conch.*, pl. 65, et *Trans. geol. Soc.*, 2ᵉ série, t. IV, pl. 16 et 17.

La *C. elongata*, d'Orb., caractérise la craie supérieure de Royan.

Les espèces d'Allemagne paraissent en partie concorder avec celles de France, quoiqu'elles aient été décrites sous des autres noms. Suivant M. Philippi, la *C. quadrata*, d'Orb., comprend l'*Isocardia cretacea*, Geinitz, et la *Trigonia parvula*, Reuss.; la *C. ligeriensis*, d'Orb., correspond à la *C. rostrata*, Geinitz, etc.

Il paraît qu'on peut considérer comme des espèces distinctes [1] : la *C. orbicularis*, Rœmer, des environs de Quedlimbourg; la *C. trapezoidalis*, Rœmer, du plæner, etc.; la *C. protracta*, Reuss, du plæner.

Trois espèces ont été trouvées [2] dans les terrains crétacés du Portugal (*C. globosa*, Sharpe, *cordata*, id., *securiformis*, id.).

Le *Prodrome*, de M. d'Orbigny, renferme encore l'indication de quelques espèces inédites.

Elles diminuent dans les dépôts de l'époque tertiaire.

La *C. scutellaria*, Desh, (*Cytherea scutellaria*, Lamk) [3] caractérise les sables tertiaires inférieurs du bassin de Paris.

On trouve dans l'argile de Londres les *C. Morrisii* et *planata*, Sowerby [4].

La *C. Nystii* [5], Hébert (*C. scutellaria*, Nyst, non Lamk) caractérise l'étage tongrien de Belgique.

La *C. rotundata*, Braun [6] a été trouvée dans les terrains miocènes d'Alzei, près Mayence.

La *C. œqualis*, Agassiz [7] (*Venus œqualis*, Sowerby) provient de Dusseldorf et du crag d'Angleterre. Suivant M. Deshayes, c'est l'analogue de la *C. islandica* vivante.

La *C. rustica* [8], Flem. (*C. tumida*, Nyst., *C. Lajonkaira*, Goldf.) se trouve dans le crag d'Anvers et d'Angleterre (Atlas, pl. LXXVI, fig. 16).

Les autres espèces citées paraissent être des vénus [9].

Les CYPRICARDES (*Cypricardia*, Lamk, *Libitina*, Schum.), — Atlas, pl. LXXVI, fig. 17 et 18,

ont des coquilles allongées, très inéquilatérales, à région anale

---

[1] Rœmer, *Norddeutsch. Kreideg.*, p. 73, pl. 9; Reuss., *Boehm. Kreidef.*, pl. 37, fig. 15, etc.

[2] Sharpe, *Quart. Journ. geol. Soc.*, 1849, t. VI, p. 182.

[3] *Coq. foss. Par.*, t. I, p. 125, pl. 20, fig. 1-4.

[4] *Min. conch.*, pl. 619 et 620.

[5] Deshayes, *Traité élém. conch.*, t. I, p. 684; Nyst, *Coq. et pol. foss. Belg.*, p. 145, pl. 7 et 8; Hébert, *Bull. Soc. géol.*, 2e série, t. VI, 1849, p. 468.

[6] Agassiz, *Icon. coq. tert.*, pl. 14.

[7] id., pl. 13; Goldfuss, *Petr. Germ.*, t. II, pl. 148, fig. 5; Wood, *Moll. from the crag* (*Palæont. Soc.*, 1850, p. 146).

[8] *Coq. et pol. foss. Belg.*, p. 148, pl. 10, fig. 1; Goldfuss, *Petr. Germ.*, t. III, pl. 148, fig. 9; Deshayes, *loc. cit.*; Wood, *loc. cit.*

[9] Deshayes, *loc. cit.*

courte; leur charnière présente deux ou trois dents cardinales
obliques et une petite latérale du côté anal. Le ligament est
externe, allongé et étroit.

On a, jusqu'à ces dernières années, confondu sous ce nom deux
types distincts : les vrais cypricardes et les coralliophages (¹).
Nous ne plaçons ici que les espèces qui ont la ligne palléale entière.

Les rapports zoologiques des cypricardes sont douteux, ainsi
que je l'ai dit plus haut. M. Deshayes les associe aux cardides,
M. d'Orbigny aux carditides, Chemnitz aux mytilus, etc. Il faudra,
pour que l'on puisse avoir une opinion positive sur un sujet, que
l'on puisse séparer dans les descriptions de l'animal ce qui concerne les coralliophages de ce qui doit se rapporter aux cypricardes.
On verra alors si, comme je le suppose ici, elles sont intermédiaires entre les cyprines et les cardium, opinion déjà partagée
par Lamarck, comme l'indique le nom qu'il leur a donné.

Les catalogues paléontologiques renferment de nombreuses
indications de cypricardes fossiles ; mais je crois que l'on a trop
souvent donné ce nom générique aux coquilles oblongues et très
inéquilatérales dont on ne connaissait pas les vrais caractères.

Les dépôts de l'époque primaire renferment en particulier un
grand nombre de coquilles qui ont cette apparence, et qui ont été
rangées dans le genre des cypricardes par la plupart des conchyliologistes modernes. M. M'Coy (²) a montré que la grande majorité d'entre elles devait former un groupe particulier caractérisé
par une charnière rudimentaire et par un très long ligament qui
rappelle les mytilides. Nous en parlerons plus bas sous le titre
de : *Famille des Cœlonotides.*

Je ne connais aucune espèce de l'époque primaire qui présente
d'une manière incontestable les caractères des cypricardes. Je
suis loin cependant de vouloir affirmer que ce genre ait tout à
fait manqué pendant cette longue série de temps ; en effet,
M. Deshayes y compte 55 espèces et M. d'Orbigny 28. Je crois
seulement que la grande majorité de ces espèces sera mieux placée
dans d'autres genres que nous retrouverons dans la famille des
cœlonotides. L'incomplète conservation de plusieurs d'entre
elles, qui empêche d'y retrouver les caractères des cypricardes,

(¹) Voyez p. 437, l'histoire de ce genre.
(²) *Bristish Palæoz. fossils,* p. 275.

rend impossible également de certifier qu'ils n'existent pas.

Les cypricardes sont citées aussi dans les terrains triasiques, mais les preuves ne me paraissent pas incontestables.

Il m'est impossible de discuter l'opinion de M. d'Orbigny [1] qui attribue au genre des cypricardes une corbule, deux nucules et une trigonie décrites par Goldfuss, et trouvées dans le muschelkalk. On ne connaît aucun de leurs caractères internes.

Les terrains jurassiques en renferment quelques espèces plus certaines. Il me semble toutefois que quelques-unes ont des caractères très voisins de ceux des cyprines.

Je ne mentionne pas ici, faute de documents suffisants, les espèces du lias admises par M. d'Orbigny [2]. Deux sont inédites, et les autres décrites par Goldfuss sous les noms de cardium et de sanguinolaires, ne sont connues que par leurs formes externes ou par des moules sans caractères.

Je dois faire remarquer cependant que M. Deshayes et M. d'Orbigny sont d'accord pour admettre la *C. Neptuni* (*Sanguinol. Neptuni*, Goldf.) qui a en effet bien le facies du genre.

La *C. decorata*, Buvignier [3], du lias, est très allongée.

L'oolithe inférieure [4] a fourni la *C. cordiformis*, Desh., et quelques espèces voisines inédites indiquées par M. d'Orbigny dans son *Prodrome*; ce même auteur ajoute une espèce inédite de la grande oolithe, deux du terrain kellovien et une du terrain oxfordien.

M. Buvignier [5] a décrit la *C. isocardina* du terrain oxfordien du département de la Meuse.

Il faut encore, suivant M. d'Orbigny, ajouter la *Sanguin. gracilis*, Münster, et la *Tellina nuculiformis*, id., du terrain corallien de Streitberg.

Les cypricardes paraissent rares dans les terrains crétacés.

M. Deshayes [6] en cite deux inédites, dont une des craies de la Touraine et une du tourtia.

La *Cypricardia undulata*, Forbes [7], du lower greensand, est un mytilus.

M. d'Orbigny [8] a indiqué deux espèces inédites du terrain cénomanien de la Sarthe.

[1] *Prodrome*, t. I, p. 174.
[2] *Prodrome*, t. I, p. 235 et 251.
[3] *Stat. géol. de la Meuse*, p. 87, pl. 12.
[4] Deshayes, *Traité élém. conch.*, t. II, p. 16 ; d'Orbigny, *Prodrome*, t. I, p. 278, 308, 337 et 365.
[5] *Stat. géol. de la Meuse*, p. 87, pl. 10.
[6] *Traité élém. conch.*, t. II, p. 17.
[7] *Quart. journ. geol. Soc.*, t. I, p. 242 ; d'Orbigny, *Prodrome*, t. II, p. 119.
[8] *Prodrome*, t. II, p. 161.

Le même auteur transporte [1], dans le genre des cypricardes, trois espèces décrites par M. Roemer et M. Reuss sous le nom de *Crassatella*. Elles sont imparfaitement connues.

La *C. elongata*, Pusch [2], a été trouvée dans les terrains crétacés supérieurs de Bohême et de Pologne.

Elles sont rares dans les dépôts de l'époque tertiaire.

La *C. carinata*, Desh. [3] caractérise le calcaire grossier du bassin de Paris (Atlas, pl. LXXVI, fig. 17).

La *C. pectinifera*, Morris [4] (*Venus pectinifera*, Sow.), a été découverte dans l'argile de Londres et dans les dépôts contemporains de Belgique (Atlas, pl. LXXVI, fig. 18).

J'ai dit plus haut que le *C. oblonga*, Desh., est une coralliophage.

M. Philippi a fait connaître [5] la *C. Scacchi*, Ph., de Westeregeln, dépôt qui renferme aussi la *C. pectinifera*, précitée.

Les terrains miocènes et pliocènes ne paraissent pas renfermer de vraies cypricardes, mais seulement des coralliophages.

3ᵉ Famille. — CARDIDES.

Les cardides ont une coquille régulière, équivalve, à deux impressions musculaires, variable de forme, mais en général ventrue et peu inéquilatérale.

Son caractère principal consiste dans sa charnière, qui présente des dents cardinales irrégulières et des dents latérales écartées. L'impression palléale est simple, sans échancrure ni sinus ; le ligament est externe. Les moules se reconnaissent, parce qu'ils traduisent la forme renflée de la coquille, et parce que leurs empreintes musculaires buccales sont les plus apparentes et situées très près du bord.

L'animal est pourvu d'un manteau largement ouvert sur les régions buccale et palléale, réuni seulement à la partie anale où l'on voit deux siphons très courts, ciliés et non extensibles.

---

[1] *Id.* t. II, p. 240.

[2] Reuss, *Böhm. Kreidef.*, II, p. 4, pl. 33, fig. 28.

[3] *Coq. foss. Par.*, t. I, p. 186, pl. 31.

[4] Sowerby, *Min. conch.*, pl. 422 ; Nyst, *Coq. et pol. foss. Belg.*, pl. 11, fig. 8.

[5] *Palæontographica*, t. I, p. 50, pl. 7 et 8.

Le pied est variable, coudé, tantôt comprimé, tantôt épais.

Cette famille, telle que nous la limitons ici, ne correspond point à celle des CARDIACÉS des anciens auteurs, qui était beaucoup plus étendue. Elle renferme des coquilles qui ont été généralement décrites et connues sous les noms de *Cardium* et d'*Isocardia*, et qui ont entre elles beaucoup d'analogie dans leurs parties essentielles. Il ne faut pourtant point s'exagérer la rigueur des caractères tirés de la coquille; car la charnière, qui est la plus précis de tous, est sujette à quelques variations, et l'on voit dans quelques espèces les dents disparaître peu à peu, et même s'atrophier tout à fait.

LES BUCARDES (*Cardium*, Bruguière, nommées aussi les *Cœurs*),— Atlas, pl. LXX, fig. 31 et 32, et pl. LXXVII, fig. 1 à 5,

ont une coquille régulière, symétrique, subcordiforme, à crochets proéminents, mais non enroulés. La charnière a quatre dents sur chaque valve, dont deux cardinales, rapprochées et obliques, s'articulent en croix avec leurs correspondantes, et deux latérales écartées.

Ces coquilles sont fréquemment marquées sur la convexité de leurs valves de côtes longitudinales plus ou moins proéminentes, souvent striées ou épineuses, et qui ne paraissent pas à l'intérieur, sauf vers le bord palléal. Les moules, en conséquence, n'en conservent quelques traces que dans cette région.

Des variations remarquables dans la forme de la coquille et dans les dents de la charnière ont fourni à quelques naturalistes des motifs pour détacher un certain nombre de genres de celui des cardium. De nombreuses transitions effacent l'importance de ces différences et semblent leur refuser une valeur générique.

Nous n'admettons pas en particulier le genre CARDISSA, Megerle (*Hemicardium*, Cuvier), établi pour des espèces très-comprimées dans le sens de leur longueur, et présentant ordinairement, à la place d'une courbure régulière, une arête saillante qui les divise en deux parties (¹). La forme du *Cardium cardissa*, qu'on en peut

____

(¹) Voyez comme exemple le *C. aviculare*, Desh., du calcaire grossier (Atlas, pl. LXXVII, fig. 5).

considérer comme le type, est en effet très singulière ; mais elle se lie aux formes arrondies par des espèces intermédiaires nombreuses.

Les CORCULUM, Habenstreit, et les FRAGUM, Bolten, appartiennent au même type.

Nous ne pouvons pas davantage admettre les genres APHRODITE, Lea, et ACARDO, Swainson, formés pour les espèces édentées ; ni celui des PAPYRIDEA, Swainson, qui renferme les espèces bâillantes (telles que le *Mofac* d'Adanson) ; ni celui des LÆVICARDIUM, Swainson, dont le bord des valves n'est pas crénelé ; ni ceux désignés par M. Eichwald sous les noms d'ADACNA, MONODACNA et DIDACNA, d'après le nombre des dents cardinales de la charnière ; ni celui des HYPANIS, Pander, qui paraît formé pour les mêmes espèces que celui des adacna ; ni celui des SERRIPES, Beck, destiné au *C. groenlandicum*, à cause de son pied denté.

Il faut aussi renoncer au nom de CERASTES donné par Poli à l'animal des cardium, et à celui de CERASTODERMA du même auteur.

Quelques espèces fossiles, suivant M. Beyrich [1], ont une légère échancrure dans l'impression palléale, et diffèrent aussi par la forme du bord qui n'est jamais crénelé. Cet auteur en a formé sous le nom de PROTOCARDIA un genre nouveau, qui devra être admis dès que l'on aura pu préciser quelles sont les espèces qui doivent lui appartenir. M. Beyrich y place les *C. Hillanum*, Sow., *striatulum*, id., *truncatum*, id., etc.

Les cardium ont apparu dès les époques les plus anciennes du globe [2], et se continuent dans tous les âges suivants, augmentant de nombre à mesure qu'ils se rapprochent de l'époque actuelle, où ils paraissent avoir atteint le maximum de leur développement numérique. Ils habitent aujourd'hui le sable ou la vase des parties tranquilles du littoral de la plupart de nos mers.

On a décrit de nombreuses espèces de la période primaire. Une seule est citée dans les terrains siluriens.

C'est le *C. striatum*, Sow. [3], des calcaires d'Aymestry (silurien supérieur).

[1] *Zeitschrift für Malakozoologie*, 1845, p. 17.

[2] Les anciens paléontologistes ont désigné les cardium fossiles sous les noms de *Bucardites, Cardiolithus, Cardiacites, Concha cardiformis*, etc.

[3] *Sil. system*, pl. 6, fig. 2.

Elles paraissent au contraire nombreuses dans l'époque dévonienne.

Le comte de Münster [1] en a décrit trente-cinq espèces des environs d'Elbersreuth, etc., dont plusieurs sont bien incomplétement caractérisées, et quelques-unes appartiennent au genre des conocardium.

Le même auteur [2] en avait précédemment figuré dans l'ouvrage de Goldfuss, avec plus de soin, un certain nombre d'espèces des mêmes localités. Une partie d'entre elles appartiennent également au genre conocardium, et nous les y retrouverons plus tard.

M. Marie Rouault a fait connaître [3] les *C. Hugardi* et *Piceti*, de Bretagne.

Quelques autres espèces ont été décrites [4] par M. Roemer, d'Archiac et Verneuil, etc.

Les espèces sembleraient devoir se continuer dans les dépôts carbonifères, mais les cardium proprement dits n'y ont pas encore été cités d'une manière certaine.

Les coquilles indiquées sous ce nom appartienaent, jusqu'à présent, toutes aux genres suivants (conocardium, cardiomorpha, etc.).

Leur existence est douteuse dans les commencements de l'époque secondaire.

Le comte de Münster [5] a décrit le *C. dubium* de Saint-Cassian, et M. d'Orbigny rapporte à ce genre quelques espèces du même gisement décrites par M. Klipstein sous le nom de cardita.

Les terrains jurassiques ont fourni quelques espèces.

Celles d'Angleterre ont été décrites [6] par M. Phillips (2 espèces du lias, 7 de l'oolithe inférieure et de la grande oolithe et une du coral rag); Sowerby (*C. truncatum* du lias, *striatulum* de l'oolithe inférieure et *dissimile* du (Dean portlandien); *C. globosum* du cornbrash); Morris et Lycett (6 espèces de la grande oolithe, etc.)

[1] *Beitr. zur Petref.*, t. III, p. 58, pl. 13 et 14, etc.

[2] *Petr. Germ.*, t. II, pl. 141 à 143.

[3] *Bull. Soc. géol.*, 2ᵉ série, 1851, t. VIII, p. 387.

[4] Roemer, *Rheinische Uebergangsgeb.*, p. 40 et 92, *Harzgebirge*, p. 22, pl. 6, et *Palæontographica*, t. III ; d'Archiac et Verneuil. *Trans. geol. Soc.*, 2ᵉ série, t. IV, p. 375, pl. 36, etc.

[5] *Beitr. zur Petref.* t. IV, p. 90, pl. 8 ; d'Orbigny, *Prodrome*, t. I, p. 198. Le *Cardium striatum*, Schlot., du muschelkalk, est une lima.

[6] Phillips, *Geol. of Yorksh.* ; Sowerby, *Min. conch.*, pl. 553 ; *Mag. of nat. hist.*, 1839, p. 60, fig. 19 ; Morris et Lycett, *Mollusca from the great ool.* (*Palæont. Soc.*, 1853, p. 63, etc.).

Les espèces de France sont connues [1] par les travaux de MM. d'Archiac
(*C. peskaris*, Atlas, pl. LXXVII, fig. 1 ; et *minutum* de la grande oolithe
d'Esparcy, les autres appartiennent à d'autres genres) ; Leymerie (*C. coralli-
num* du terrain corallien), et Buvignier [2] (*C. cyreniforme* de l'Oxford clay,
3 espèces du corallien, 4 du calcaire kimméridgien, et 4 du terrain portlandien), et par plusieurs indications d'espèces inédites faites par M. d'Orbigny.

Les espèces d'Allemagne sont surtout décrites dans les ouvrages de Goldfuss [3] (*C. truncatum* et *cucullatum*, du lias ; *C. semiglabrum* et *chordotomum*,
du corallien de Streitberg ; *C. semipunctatum*, de Nattheim ; *C. intextum*, de
Derneburg, etc.).

Il faut y ajouter quelques espèces qu'ont indiquées ou fait connaître M. Roemer (*C. globosum* du corallien, etc.); Münster (*C. Protei* et *obscurum* de Kehlheim); Dunker (*C. Philippianum* du lias qui paraît le même que le *truncatum*,
Goldfuss), etc.

Les cardium se sont continués pendant l'époque crétacée. On
en connaît plusieurs des dépôts néocomiens et aptiens.

On trouve [4] dans les terrains néocomiens inférieurs de Vandœuvres et de
Marolles, les *C. impressum*, Desh., *Voltzii*, Leym., *subhillanum*, id., *Cottal-
dinum*, d'Orb., *imbricatorium*, id., et *peregrinum*, id.

Le lower greensand et les terrains aptiens [5] contiennent le *C. sphæroi-
deum*, Forbes (*Neckerianum*, Pictet et Roux), le *C. Ibbetsoni*, Forbes, et deux
espèces nouvelles que M. Renevier et moi avons décrites sous les noms de
Cardium Forbesi et *C. bellegardense*. Le *C. Bensledi*, Forbes est très douteux
et le *C. Austeni*, id., n'appartient certainement pas à ce genre.

Le gault renferme quelques espèces [6].

Le *C. Dupinianum*, d'Orb., se trouve dans ce gisement et dans le terrain
aptien.

[1] D'Archiac, *Mém. Soc. géol.*, 1843, t. V, p. 373, pl. 27 ; Leymerie,
Statist. de l'Aube, pl. 10, fig. 11 ; Buvignier, *Stat. géol. de la Meuse*, p. 15 ;
d'Orbigny, *Prodrome*, t. I, p. 279, 310, 338, t. II, p. 18 et 52.

[2] Parmi les espèces décrites par M. Buvignier, on doit remarquer le
C. septiferum du corallien de la Meuse, qui présente à l'intérieur une cloison
longeant l'impression musculaire anale. Cette cloison laisse sur le moule une
impression semblable à celle des cucullées (Atlas, pl. LXXVII, fig. 2).

[3] Goldfuss, *Petr. Germ.*, t. II, p. 218, pl. 143 et 144 ; Roemer, *Nord
Deutsch Oolgeb.*, p. 108. et supp., p. 39 ; Münster, *Beiträge*, t. I, p. 108 ;
Dunker. *Palæontog.*, t. I, p. 116.

[4] Leymerie, *Mém. Soc. géol.*, t. V ; d'Orbigny, *Pal. fr.*, *Terr. crét.*, t. III,
p. 16, pl. 239-242.

[5] Forbes, *Quart. Journ. geol. Soc.*, t. I, p. 243 ; Pictet et Renevier,
Paléont. suisse, *Terr. aptien*, 3e livraison.

[6] D'Orbigny, *Pal. fr.*, *Terr. crét.*, t. III, pl. 242 et 242 bis ; Pictet et
Roux, *Moll. grès verts*, p. 423, pl. 30 et 31.

M. d'Orbigny a décrit, les *C. Constantii* et *Raulinianum*.
J'ai fait connaître, avec M. Roux, le *C. alpinum* du gault de Savoie.

Les espèces augmentent beaucoup de nombre dans les craies chloritées et dans les terrains crétacés supérieurs.

Une des plus caractéristiques est le *Cardium hillanum*, Sow. [1], de Blackdown et des terrains cénomaniens de France (Atlas, pl. LXXVII, fig. 3). Il a été souvent confondu avec des espèces plus anciennes que nous avons énumérées ci-dessus, et qui présentent le même caractère de côtes rayonnantes serrées sur la région anale, contrastant avec les côtes concentriques ou les stries d'accroissement simples du reste de la coquille. Il faut ajouter, comme trouvées à Blackdown, les *C. productum*, Sow., et *umbonatum*, id. Le premier se retrouve au Mans.

Le *C. concentricum*, E. Forbes [2], provient des grès verts du Devonshire.

M. d'Orbigny a décrit ou indiqué, outre ces espèces, huit cardium de son étage cénomanien et deux de l'étage turonien. Il faut y ajouter les *C. hypericum* et *Michelini*, d'Archiac, de tourtia, et quelques espèces du terrain turonien d'Uchaux et des Martigues, décrites par Matheron sous le nom de *C. Requienianum*, *guttiferum* et *Cordierianum*.

Les *C. coniacum*, d'Orb., et *bimarginatum*, id., proviennent des terrains crétacés supérieurs de Cognac et de Royan, ce dernier gisement renferme aussi le *C. Faujasi*, Desmoulins.

M. Matheron [3] a décrit les *C. Villeneuvianum* et *Iberianum* des terrains crétacés supérieurs du plan d'Aups.

M. Dujardin [4] fait connaître les *C. insculptum* et *radiatum* des craies supérieures de Touraine.

L'Allemagne a fourni de nombreuses espèces, et une partie des précédentes s'y retrouvent. On verra leur description [5], dans les ouvrages de Goldfuss (huit espèces dont six nouvelles); Roemer; Reuss (*C. alternans, lineolatum, semipapillatum*, etc.); Geinitz (*C. Ottoni*); Kner (*C. fenestratum*); Jos Müller (neuf espèces d'Aix-la-Chapelle, dont sept nouvelles), etc.

Il faut ajouter plusieurs espèces des terrains crétacés du Chili et de Pondichéry [6].

[1] *Min. conch.*, pl. 14, 150, etc.; d'Orbigny, *loc. cit.*; d'Archiac, *Mém. Soc. géol.*, 2ᵉ série, t. II, pl. 14; Matheron, *Catal., Trav. stat. Mars.*, p. 157, p. 17.

[2] *Quart. Journ. geol. Soc.*, 1845, t. I, p. 408.

[3] *Loc. cit.*, pl. 18.

[4] *Mém. Soc. géol.*, t. II, p. 224, pl. 15.

[5] Goldfuss, *Petr. Germ.*, t. II, p. 220, pl. 144; Roemer, *Norddeutsch. Kreid.*, p. 71; Reuss, *Boehm. Kreid.*, pl. 38 et 40; Geinitz, *Charact., Kieslings.*, p. 14; Kner, *Kreide Verst. Ostgall.*, p. 20, pl. 2; J. Müller, *Mon. Aach. Kreid.*, I, p. 21, II, p. 65.

[6] D'Orbigny, *Prodrome*, t. II, p. 242.

Ce genre prend plus de développement encore dans les dépôts de l'époque tertiaire.

Lamarck, puis M. Deshayes [1] ont écrit dix-sept espèces des tertiaires éocènes du bassin de Paris. Le *C. hybridum*, Desh., et le *C. semigranulatum*, Desh. (*Plumstedianum*, Sow.), caractérisent les sables inférieurs d'Abbecourt, de Noailles, etc.; la majorité se trouve dans le calcaire grossier. Nous en avons figuré le *C. porulosum*, Lamk (Atlas, pl. LXXVII, fig. 4), comme exemple des espèces normales, et le *C. aviculare*, Desh (*Hippopus avicularis*, Sow.), Atlas, pl. LXXVII, fig. 5, comme exemple des espèces cardissoïdes.

Trois espèces appartiennent aux dépôts éocènes supérieurs (*C. rachitis*, Desh., *emarginatum*, id., et *granulosum*, Lamk).

A ces espèces il faut ajouter [2] le *C. fragile*, Melleville (*subfragile*, d'Orb.) de Cuise-la-Motte et plusieurs espèces inédites indiquées par M. d'Orbigny.

Les terrains nummulitiques [3] sont assez riches en cardium, mais ils ne sont pas encore très bien connus. Les catalogues signalent de nombreuses espèces indéterminées; on y retrouve une partie des cardium du bassin de Paris. M. d'Archiac en a fait connaître quelques nouvelles, telle que le *C. inscriptum*, de Biarritz, et le *C. Orbignyanum*, de Bayonne. M. Bellardi en compte quinze espèces aux environs de Nice, dont six nouvelles et trois indéterminées.

L'argile de Londres renferme [4], outre plusieurs espèces précitées, les *C. nitens*, Sowerby, *porulosum*, Brander, *semigranulatum*, Sowerby, *turgidum*, Brander, etc.

Les terrains tertiaires moyens et supérieurs sont très riches en cardium; mais les espèces ont besoin d'être encore beaucoup étudiées.

Celles du système tongrien de Belgique ont été décrites [5] par M. Nyst. Ce sont les *C. tenuisulcatum*, Nyst, non Münster, *elegans*, id., *hippopæum*, Desh., *turgidum*, Brand., et deux espèces nouvelles rapportées avec doute aux *C. papillosum*, Puli, et *striatulum*, Brochi. Ce sont les *C. Raulini*, Hébert, et *Nystianum*, d'Orb.

Les espèces des terrains miocènes proprement dits ont été décrites [6] par

[1] *Description des Coq. foss. Par.*, t. I, p. 164.

[2] *Ann. sc. géol.*, pl. 3, fig. 1 et 2; d'Orbigny, *Prodrome*, t. II, p. 324.

[3] D'Archiac, *Hist. des progrès*, t. III, p. 263; et *Mém. Soc. géol.*, 2ᵉ série, t. II, p. 209 et t. III, p. 431; Bellardi, *id.*, t. IV.

[4] Brander, *Foss. Hant.*, p. 96; Sowerby, *Min. conch.*, pl. 14, 144 et 346.

[5] Nyst, *Coq. et pol. foss. Belg.*, p. 185.

[6] Dujardin, *Mém. Soc. géol.*, t. II, p. 262; Matheron, *Catal.*, pl. 32; Basterot, *Coq. foss. Bord.*, p. 82; Michelotti, *Desc. foss. mioc. Ital. sept.*, p. 109, pl. 4; V. Hauer, *Haidinger Abhandl.*, t. I, p. 352; Deshayes, *Mém. Soc. géol.*, t. III, p. 46; Sowerby, *Trans. geol. Soc.*, 2ᵉ série, t. III; Gold-

Dujardin (sept espèces dont trois nouvelles) ; Matheron (*C. anomale* de la mollasse de Carry) ; Basterot (*C. discrepans, Paliasianum, Burdigalinum,* Lamk, etc., en tout sept espèces de Bordeaux) ; Michelotti (cinq espèces outre le *C. discrepans,* Bast., savoir : les *C. multicostatum,* Broch., *trigonum,* Sism., *Forbesi,* Mich., *Dertonense,* id., et *Taurinum,* id.) ; V. Hauer (*C. Kubekii* et *spondyloide* de Korod) ; Deshayes (vingt espèces de Crimée !) ; Sowerby (plusieurs espèces de Styrie) ; Goldfuss (sept espèces) ; Philippi (*C. pulchellum,* de Freden, *C. Haumanni* de Westeregeln, etc.) ; d'Orbigny (quelques espèces de Bessarabie) ; G.-B. Sowerby (deux espèces des bords du Tage) ; Pusch ; Dubois, etc.

Il faut ajouter les espèces du crag [1] dont M. Wood compte onze en Angleterre. Il en a décrit cinq nouvelles.

Les terrains pliocènes de l'Astezan ont fourni treize espèces [2] qui ont été décrites par Brocchi, etc. Quelques-unes sont analogues aux vivantes.

Plusieurs espèces sont aussi citées en Amérique.

M. Deshayes [3] s'est occupé de la question des espèces qui se trouvent à la fois vivantes et fossiles ; il en cite plusieurs. Une des plus remarquables est le *C. hians,* Brocchi, belle espèce qui vit dans la Méditerranée, et qui paraît dater de l'époque miocène (Atlas, pl. LXX, fig. 31 et 32).

Les Unicardium, d'Orbigny, — Atlas, pl. LXXVII, fig. 6,

sont des cardium dont la charnière est formée à chaque valve d'une seule dent cardinale qui est petite. Les dents latérales manquent. La coquille est ordinairement ovale, lisse ou ornée de stries concentriques.

Il n'est pas certain que ce groupe ait une valeur générique. La variabilité que nous avons reconnue plus haut dans la charnière des cardium peut donner quelques doutes à ce sujet.

M. d'Orbigny place dans ce genre un assez grand nombre d'espèces des terrains jurassiques et crétacés [4]. On n'en trouve point dans les dépôts tertiaires ni dans les mers actuelles.

---

fuss, *Petr. Germ.,* t. II, pl. 145 ; Philippi, *Tert. Verst. nordwest. Deutsch,* p. 17, et *Palæontographica,* t. I, p. 49 ; d'Orbigny, *Voyage de M. Hommaire de Hell* ; G.-B. Sowerby, *Quart. Journ. geol. Soc.,* t. III, p. 417. Voyez aussi Deshayes, *Traité élém. conch.,* t. II ; et d'Orbigny, *Prodrome,* t. III, p. 117.

[1] Wood, *Moll. from the crag, Palæont. Soc.,* 1853, p. 151 ; Sowerby, *Min. conch.,* pl. 49 et 283.

[2] Sismonda, *Synopsis,* p. 18.

[3] *Traité élém. conch.,* t. II, p. 72.

[4] Parmi les espèces que cite M. d'Orbigny, il y en a plusieurs qui ne

Le lias en renferme quelques-unes.

M. d'Orbigny rapporte à ce genre la *Corbula cardioides*, Phillips [1] du lias inférieur d'Angleterre, d'Allemagne et de France; l'*Amphidesma rotundum*, Zieten, et la *Telliva subalpina*, Münster, du lias de Boll [2]; et la *Corbis uniformis*, Phillips [3] d'Angleterre et du lias supérieur de Côme.

M. d'Orbigny cite, en outre, plusieurs espèces inédites [4].

Les terrains jurassiques proprement dits sont riches en unicardium.

M. d'Orbigny [5] attribue à ce genre plusieurs espèces décrites sous d'autres noms. La plupart ne sont point connues par leur charnière, de sorte qu'il me paraît impossible de discuter la probabilité de ces associations.

Il est plus impossible encore de se former une opinion sur les espèces inédites indiquées par cet auteur.

MM. Morris et Lycett ont décrit [6] trois espèces, dont deux nouvelles, de la grande oolithe d'Angleterre.

Les espèces sont très peu nombreuses dans les dépôts de l'époque crétacée.

M. d'Orbigny [7] cite, dans le terrain néocomien inférieur, l'*Un. inornatum*, d'Orb. (*Cardium inornatum*, d'Orb. olim.) de la Haute-Marne. C'est l'espèce figurée dans l'Atlas.

Suivant le même auteur, la *Corbula lœvigata*, Sow. [8] de Blackdown, appartiendrait aussi à ce genre.

Les Conocardium, Brown (*Pleurorhynchus*, Phillips, *Lychas*, Steininger, *Arcites*, Martin), — Atlas, pl. LXXVII, fig. 7,

ont une coquille prolongée du côté anal en une sorte de rostre,

sont connues que par leurs caractères externes. Plusieurs d'entre eux ont le facies des Corbis.

[1] *Geol. of Yorksh.*, pl. 14, fig. 12; Zieten, *Pétrif. du Wurtemberg*, pl. 63, fig. 5.

[2] Zieten, *loc. cit.*, pl. 72, fig. 2; Münster, in Goldfuss, *Petr. Germ.*, t. III, pl. 147, fig. 13.

[3] *Geol. of Yorksh.*, pl. 12, fig. 3.

[4] *Prodrome*, t. I, p. 218, 235 et 254.

[5] *Prodrome*, t. I, p. 279 (sept espèces du bajocien), p. 309 (sept espèces du bathonien), p. 338 (une espèce du kellowien), p. 366 (neuf espèces de l'oxfordien), t. II, p. 17 (trois espèces du corallien), p. 51 (trois espèces du kimméridgien), p. 60 (une espèce du portlandien).

[6] *Moll. from the great ool.*, *Palæont. Soc.*, 1853, p. 72.

[7] *Pal. fr.*, *Terr. crét.*, t. III, pl. 256, fig. 3-6.

[8] *Min. conch.*, pl. 209.

et un peu bâillante dans cette région. La région buccale est tronquée, et sur la partie cardinale de sa troncature s'élève un petit prolongement cylindrique ; la charnière est ordinairement linéaire. De nombreuses transitions lient ces coquilles aux véritables cardium ; aussi plusieurs paléontologistes refusent-ils à ce groupe une valeur générique. C'est un point difficile à discuter dans l'ignorance où nous sommes des caractères tirés de l'animal. Dans tous les cas, ces coquilles forment un type intéressant, soit par leurs formes exceptionnelles, soit par leur distribution géologique limitée.

M. d'Orbigny comprend dans ce genre les espèces courtes, à côte anal tronqué sans prolongement. Il me semble qu'elles ont plus de rapports avec les véritables cardium du groupe des *Cardissoïdes*.

Ces coquilles sont spéciales aux terrains dévonien et carbonifère.

Le type le plus connu est le *C. aliforme*, Sow. [1], qui, s'il n'y a pas d'erreur de détermination, se trouverait dans ces deux époques. La fig. 7 de la pl. LXXVII représente, d'après M. de Koninck, un échantillon du terrain carbonifère.

Le *C. Wilmorense*, d'Arch. et Vern. [2], se trouve dans les dépôts dévoniens de l'Eifel avec le *C. clathratum*, d'Orb. (*C. aliforme*, Goldf., Var. *clathratum*).

Le *Pl. trapezoïdalis*, Roemer, provient du terrain dévonien du Harz [3].

Le *Pl. Philipsii*, d'Orb. (*Pl. minax*, Phillips, *Pal. foss.*), a été trouvé dans le terrain dévonien d'Angleterre [4].

M. M'Coy [5] a décrit plusieurs espèces des terrains carbonifères d'Irlande.

On cite en Angleterre [6], outre le *C. aliforme* précité, les *Pl. armatus*, Phill., *elongatus*, Sow. (*rostratus*, Martin), *hibernicum*, Phill., *minax*, id. (non *minax*, *Pal. foss.*), et *trigonalis*, id., du calcaire carbonifère de Bolland.

M. de Koninck a fait connaître [7] les espèces du terrain carbonifère de Belgique (sous le nom de cardium). Il en a décrit cinq, dont deux nouvelles.

Le *C. uralicum*, Keys. [8], provient du terrain carbonifère de Russie.

[1] *Min. conch.*, pl. 552.
[2] *Mém. Soc. géol.*, 2ᵉ série, t. IV, pl. 36.
[3] *Harzgeb.*, p. 22, pl. 6, fig. 6.
[4] D'Orbigny, *Prodrome*, t. I, p. 86 ; Phill., *Pal. foss.*, pl. 17, fig. 50.
[5] *Synop. of Ireland*, p. 58, pl. 9.
[6] Phillips, *Geol. of Yorksh.*, pl. 5 ; Sowerby, *Min. conch.*, pl. 82.
[7] *Desc. anim. foss. carb. Belg.*, p. 81, pl. 4 et pl. H.
[8] *Petschora Land*, p. 238, pl. 11.

Les Isocardes (*Isocardia*, Lamk.) [1]. — Atlas. pl. LXXVII,
fig. 8 à 10,

different des cardium par leurs crochets très saillants, divergents,
le plus souvent roulés en spirale. Leur forme générale est très
ventrue. La charnière est composée de deux dents cardinales
aplaties dont une s'enfonce sous le crochet, et d'une petite dent
latérale du côté anal. Le ligament est bifurqué en avant. Les
impressions musculaires sont grandes, mais superficielles. Les
moules se reconnaissent à leur forme bombée.

Quelques coquilles fossiles, qui ont les formes extérieures des
isocardes, et qui sont faciles à confondre avec elles si l'on ne
peut pas observer la charnière et l'impression palléale, paraissent
devoir être rapportées à la famille des myacides ou à celle des
anatinides. Quelques ceromya en particulier ont tout à fait la
forme ventrue et les crochets contournés des isocardes, et appartiennent à la seconde des familles indiquées ci-dessus par leur
charnière et par leur extrémité bâillante. On peut en conséquence
s'attendre à quelques erreurs dans la répartition des espèces
entre ces deux genres.

Les isocardes ont apparu dès les temps les plus anciens du
globe, et se continuent dans presque tous les terrains. Elles ne
sont nombreuses dans aucun, non plus que dans l'époque moderne où l'on n'en connaît que quelques espèces des régions tempérées et chaudes.

On en cite quelques-unes de l'époque primaire; mais parmi
les espèces décrites sous ce nom, il y en a qui sont dépourvues
de dents, et qui, en conséquence, ont été séparées en un genre

[1] Les isocardes ont été décrites aussi sous les noms *Bucardites*, Lang,
Lithocardites, Besler, *Concha cordiformis*, *Cardium humanum*, Poli désigne
l'animal sous le nom de *Glossus*, et sa coquille sous celui de *Glossoderma*. Je
ne sais pas si l'on doit en rapprocher le genre très mal connu des Goldfussia,
établi par M. de Castelnau pour une coquille cordiforme (*C. nautiloides*) des
terrains siluriens d'Amérique, dont chaque valve est enroulée comme un
nautile (*Syst. sil. de l'Amérique sept.*), p. 43, pl. 15, fig. 5 et 6. Les Venilia,
Martin (*Synopsis*, p. 67) (non *Venilia*, Halder et Hancock) n'ont pas été suffi-
ment distinguées des isocardes; ce genre renferme une espèce des craies
d'Amérique.

particulier sous le nom de *Cardiomorpha*, nous en parlerons plus bas.

Plusieurs espèces ne sont pas connues par leur charnière, et ne peuvent être attribuées avec sécurité à l'un ou l'autre de ces genres.

Ainsi, l'*I. Humboldti*, Goldfuss [1], et l'*I. antiqua* du terrain dévonien de Wissenbach, sont placées par les auteurs allemands dans le genre Isocardia, et par M. d'Orbigny dans celui des cardiomorpha. Elles ont plutôt le faciès de ces dernières.

Quelques autres espèces douteuses ont été décrites [2] par le comte de Münster et par M. Roemer.

Les *Isoc. pumila* et *ovata*, de Koninck [3], du calcaire carbonifère de Visé, paraissent plus certaines, surtout les premières.

On en cite quelques-unes trouvées dans les dépôts inférieurs de l'époque secondaire.

Le comte de Münster et M. de Klipstein en ont fait connaître [4] une dizaine de Saint-Cassian.

L'*I. triasica*, Mougeot [5], a été trouvée dans le muschelkalk des Vosges.

Elles ne sont pas nombreuses dans le lias.

On cite en Allemagne le *Cardium multicostatum*, Goldf. [6], qui paraît une véritable isocarde et qui provient du lias de Banz.

M. d'Orbigny [7] ajoute une espèce inédite (*I. Elea*) du lias inférieur de Langres.

Elles augmentent un peu dans les terrains jurassiques proprement dits.

Goldfuss [8] en a fait connaître plusieurs, savoir : l'*I. cingulata*, Goldf., et et l'*I. gibbosa*, Münster, de l'oolithe inférieure ; l'*I. rostrata*, Goldf., non Sow., de la grande oolithe ; l'*I. minima*, Goldf., non Sow. (*Goldfussiana*,

---

[1] *Petr. Germ.*, t. II, pl. 160, fig. 1 et 2.
[2] Münster, *Beiträge*, t. III, p. 71 ; Roemer, *Rhein. Uebergangsgeb.*, p. 11 et 84, *Harzgeb.*, p. 23, et *Palæontographica*, t. III, p. 11.
[3] *Desc. anim. foss. carb. Belg.*, p. 100, pl. 4, fig. 15, et pl. 2, fig. 2.
[4] Münster, *Beiträge*, t. IV, p. 87, pl. 8 ; Klipstein, *Geol. der œstl. Alpen*, p. 259, pl. 17.
[5] *Bull. Soc. géol.*, 2e série, 1847, t. IV, p. 1433.
[6] *Petr. Germ.*, t. II, pl. 143, fig. 9.
[7] *Prodrome*, t. I, p. 218.
[8] *Petr. Germ.*, t. II, pl. 140.

d'Orb.), et les *I. truncata*, Goldf., (Atlas, pl. LXXVII, fig. 88), et *lineata*, Münster, du terrain oxfordien supérieur et du terrain corallien. Il faut probablement y ajouter les *Cardium semiglabrum*, Münster, et *semi-punctatum*, id. [1], des mêmes gisements.

Zieten a figuré [2] les *I. leporina*, Ziet., de l'oolithe inférieure; *I. angulata*, Ziet., non Sow. (*Wurtembergensis*, d'Orb.), du terrain kellowien; *I. elongata*, Ziet., non Volz (*I. Zieteni*, Desh.), du terrain oxfordien; *I. cordiformis*, Schübler, du terrain corallien, etc.

M. Roemer a décrit [3] les *I. dorsata*, R., et *parvula*, id., du corallien de Hoheneggelsen.

Parmi les espèces d'Angleterre, on cite [4] les *I. rostrata*, Sow., de l'oolithe inférieure; *minima*, id., de la grande oolithe; *tenera*, id., des roches de Kelloway, et quelques espèces décrites par M. Phillips.

M. d'Orbigny a indiqué plusieurs espèces inédites (deux de l'oolithe inférieure, deux du kellowien, deux du corallien et une du kimméridgien).

Les terrains crétacés renferment aussi des isocardes.

L'*Is. neocomiensis*, d'Orb. (*Ceromya neocomiensis*, Agas., *Isocardia prælonga*, Leym.), caractérise le terrain néocomien inférieur [5]. L'*I. angulata*, Phillips [6], provient de l'argile de Speeton et du hils d'Allemagne. L'*I. similis*, Sow. [7], appartient au lower greensand de Sandgate, l'*I. crassicornis*, d'Orb. (*Ceromya crassicornis*, Agas.), caractérise le gault de Savoie [8].

M. d'Orbigny a décrit [9] l'*I. cryptoceras*, du terrain cénomanien de la Malle, l'*I. carentoniensis*, du terrain turonien de Rochefort, l'*I. Renauxiana*, d'Uchaux, et l'*I. pyrenaica*, du terrain sénonien de Soulages. Il a plus tard indiqué [10] deux espèces inédites (*I. obliqua* et *semiradiata*) du terrain cénomanien de la Malle.

L'*I. cretacea*, Goldfuss [11] et l'*I. longirostris*, Roemer (*I. ataxensis*, d'Orb.) (Atlas, pl. LXXVII, fig. 9), se trouvent dans les terrains crétacés supérieurs de

[1] In Goldfuss, *loc. cit.*, pl. 143.
[2] *Petrif. du Wurtemberg*, pl. 62.
[3] *Norddeutsch. Oolgeb.*, p. 107.
[4] Sowerby, *Min. conch.*, pl. 295; Phillips, *Geol. of Yorksh.*, pl. 4, 9, etc., Morris et Lycett, *Moll. from the great ool.* (*Pal. Soc.*, 1853, p. 66).
[5] D'Orb., *Pal. fr.*, *Terr. crét.*, t. 3, p. 44, pl. 250; Agassiz, *Myes*, pl. 8.
[6] *Geol. of Yorksh.*, pl. 2, fig. 20, 21.
[7] *Min. conch.*, pl. 516.
[8] Agassiz, *Myes*, pl. 8, fig. 5 à 10; Pictet et Roux, *Moll. grès verts*, p. 428, pl. 31, fig. 3.
[9] *Pal. fr.*, *Terr. crét.*, t. III, p. 46, pl. 251 et 252.
[10] *Prodrome*, t. II, p. 163.
[11] *Petr. Germ.*, t. II, p. 211, pl. 141. fig. 1.

la plus grande partie de l'Allemagne, et se retrouvent en Angleterre et en Portugal.

M. Reuss [1] a décrit les *I. turgida* et *pygmæa* des terrains crétacés de Bohême.

L'*I. lunulata*, Roemer [2], non Nyst, appartient aux terrains crétacés supérieurs de Dresde; l'*I. trigona*, Roemer, aux gisements analogues de Blankenburg et d'Aix-la-Chapelle.

Les espèces ne sont pas nombreuses dans les terrains tertiaires.

L'*I. acutangula*, Bellardi [3], a été trouvée dans les terrains nummulitiques des environs de Nice. Le docteur Schafhäutl en a indiqué quelques espèces dans les gisements analogues du Kressenberg.

L'*I. parisiensis*, Desh. [4], caractérise le calcaire grossier du bassin de Paris.

L'*I. sulcata*, Sow. [5], a été trouvée dans l'argile de Londres.

L'*I. harpa*, Goldfuss [6], appartient aux terrains tertiaires de Magdebourg, etc.

M. Nyst [7] a trouvé dans l'étage tongrien de Belgique, outre l'espèce précédente, trois espèces nouvelles qui sont l'*I. multicostata*, Nyst, non Phill (*submulticostata*, d'Orb.), l'*I. carinata*, Nyst, et l'*I. transversa*, Nyst, non Munst. (*subtransversa*, d'Orb.).

Le même auteur cite, dans le système campinien (crag) du même pays, l'*I. lunulata*, Nyst, l'*I. crassa*, Nyst et West. (Atlas, pl. LXXVII, fig. 10), et une espèce rapportée, à tort ou à raison, à l'*I. cor*, vivante.

L'*I. cor*, Basterot, non Lin. (*I. Burdigalensis*, Desh., *I. Basteroti*, d'Orb.), se trouve dans les terrains miocènes de Bordeaux [8].

Les espèces du terrain miocène du Piémont ont été décrites [9] par M. Brocchi et M. Bellardi. Ce sont les *I. arietina*, Brocchi, *Deshayesi*, Bell., et *Moltkianoides*, Id.

Le terrain pliocène du même pays paraît renfermer, outre l'*I. Moltkia-*

[1] *Boehm. Kreidef.*, t. II, pl. 35 et 40.

[2] *Norddeutsch. Kreidey.*, p. 70, pl. 9, fig. 5.

[3] *Mém. Soc. géol.*, 2ᵉ série, t. IV, pl. F, fig. 12 à 13; Schafhäutl, *Léonh. und Bronn neues Jarb.*, 1852, p. 158.

[4] *Coq. foss. Par.*, t. I, p. 189.

[5] *Min. conch.*, pl. 295.

[6] *Petr. Germ.*, t. II, p. 284, pl. 160, fig. 15.

[7] *Coq. et pol. foss. Belg.*, p. 196.

[8] *Coq. foss. Bord.*, p. 81.

[9] Voyez surtout Michelotti, *Desc. foss. mioc. Ital. sept.*, p. 99, pl. 4; Brocchi, *Conch. sub.*, pl. 16. L'*I. arietina* a été rapportée par M. Sismonda au genre HIPPAGUS, Lea; mais ce groupe, établi pour une coquille des terrains tertiaires d'Amérique à charnière sans dents, ne paraît pas suffisamment distingué des vraies isocardes.

noïdes, qui y passe, l'*I. cor*, Lin., vivante [1]. Cette même espèce se retrouve dans le crag d'Angleterre.

On peut ajouter quelques espèces des terrains tertiaires d'Amérique [2].

Les CARDIOMORPHA, de Koninck, — Atlas, pl. LXXVII, fig. 11.

ont une charnière linéaire sans dents, dans laquelle une lame cardinale unie occupe tout le bord, depuis les crochets jusqu'à l'extrémité anale.

La coquille est équivalve, inéquilatérale, transverse ou obliquement allongée, plus mince que les isocardes vivantes ; le ligament est externe et linéaire ; les crochets sont recourbés ; les impressions musculaires sont superficielles et réunies par une impression palléale simple.

Ces derniers caractères semblent prouver une certaine analogie entre les isocardes et les cardiomorpha, et, en effet, la plupart des auteurs rapprochent ces deux genres. Je dois toutefois faire remarquer que la longueur de la charnière, sa forme linéaire et son absence de dents, semblent indiquer des rapports assez intimes avec les cœlonotides.

Les cardiomorpha sont spéciales à l'époque primaire. Elles paraissent avoir existé dès l'époque silurienne.

M. d'Orbigny [3] pense, je crois, avec raison, que les *Edmondia ventricosa*, Hall, *subangulata*, id., et *subtruncata*, id., du terrain silurien inférieur de New-York, sont probablement des cardiomorpha et non des edmondia. J'ai dit, en parlant des isocardes, que quelques espèces, dont la charnière n'est pas connue, restaient inédites entre les deux genres. Les *Isoc. antiqua*, Goldfuss, *Humboldtii*, id., et *vetusta*, id. [4], du terrain dévonien, peuvent bien être des cardiomorpha.

L'*I. tanais*, Verneuil [5], du terrain dévonien de Russie, appartient aussi à ce genre, car elle n'a pas de dents à la charnière.

Les terrains carbonifères paraissent riches en cardiomorpha.

[1] Sismonda, *Synopsis*, p. 18 ; Wood, *Moll. from the crag, Pal. Soc.*, 1853, p. 193.

[2] D'Orbigny, *Prodrome*, t. III, p. 121.

[3] *Prodrome*, t. I, p. 12 ; Hall, *Pal. of New-York*, pl. 35, fig. 1-3.

[4] *Petr. Germ*, t. II, pl. 140 et 160.

[5] Murch. Vern. Keys., *Pal. de la Russie*, pl. 20, fig. 6 ; Keyserling, *Petschora Land*, pl. 10, fig. 20.

On trouvera la description de treize espèces des terrains carbonifères de Belgique dans l'ouvrage de M. de Koninck [1]. Nous avons figuré dans l'Atlas la *C. oblonga*, de Kon. (*Isocardia oblonga*, Sow.), pl. LXXVII, fig. 11.

Ce genre s'est continué jusqu'à l'époque permienne.

La *C. modioliformis*, King [2], a été trouvée en Angleterre.

Il faut y ajouter probablement plusieurs espèces décrites sous d'autres noms génériques [3], mais les matériaux me manquent pour leur comparaison avec les divers genres de la famille des cœlonotides.

Les **Cardiola**, Broderip, — Atlas, pl. LXXVII, fig. 12,

sont des coquilles ovales ou suborbiculaires, renflées, à crochets grands, proéminents, infléchis obliquement du côté buccal, qui ressemblent par conséquent encore aux isocardes par cet ensemble de caractères. Elles en diffèrent par une area aplatie, située entre la charnière et les crochets, qui semble indiquer que le ligament s'étalait extérieurement.

Les caractères internes sont inconnus ; il est probable que la charnière était dépourvue de dents. Ces coquilles ont un facies assez particulier qui tient à leur bord palléal très arqué, à leur forme orbiculaire, et à la nature de leurs ornements composés de côtes rayonnantes et de plis concentriques qui se coupent en formant des sortes de tubercules.

Ces mollusques sont spéciaux à l'époque primaire, et paraissent même ne pas avoir survécu à l'époque dévonienne.

La *C. fibrosa*, Sow., et la *C. interrupta*, Broderip, caractérisent les terrains siluriens supérieurs d'Angleterre [4].

Sous le nom de *Cardium cornucopiæ*, Goldfuss [5] a aussi décrit une cardiola (Atlas, pl. LXXVII, fig. 12). Je crois que sous ce nom sont confondues deux espèces ; l'une spéciale aux terrains dévoniens, doit conserver ce nom ; l'autre est identique avec la *C. interrupta*, Brod.

---

[1] *Descr. anim. foss. carb. Belg.*, p. 101, pl. 1 à 3.

[2] *Permian fossils* (*Palæont. Soc.*, 1848, p. 180).

[3] D'Orbigny, *Prodrome*, t. I, p. 133.

[4] Sow. in Murch., *Sil. system*, pl. 8, fig. 4 et 5 ; Broderip, *Proceed. geol. Soc.*, 1844 ; M' Coy, *Brit. pal. foss.*, p. 282.

[5] *Petr. Germ.*, t. II, p. 143, fig. 1.

Le comte de Münster, MM. G. et F. Sandberger et M. Rœmer ont décrit [1] plusieurs cardiola; mais ils me paraissent avoir étendu un peu trop loin les limites du genre, en y plaçant quelques espèces qui n'en ont ni le facies ni l'area.

Les Lunulacardium, Münster, —Atlas, pl. LXXVII, fig. 13 et 14,

paraissent avoir quelques affinités avec les genres qui précèdent, mais sont encore trop mal connus pour qu'on puisse préciser leurs rapports zoologiques [2].

Ce sont des coquilles cordiformes ou aplaties, équivalves, peu inéquilatérales, dont le côté buccal présente une forte échancrure en forme de croissant, qui, dans quelques cas (Atlas, pl. LXXVII, fig. 13), coupe une pièce élevée au-dessus de la région buccale, et qui dans d'autres (fig. 14) détermine une lunule enfoncée.

Les espèces connues appartiennent exclusivement à l'époque dévonienne.

Elles ont été surtout décrites par le comte de Münster [3]. Nous avons figuré le *L. Partschi*, Münster (fig. 13), et le *L. excrescens*, id., de Schübel-hamer (fig. 14). Cette localité a fourni cinq ou six autres espèces.

Les Hettangia, Terquem, —Atlas, pl. LXXVII, fig. 15,

ont des coquilles subtriangulaires rappelant un peu la forme des donaces. Leur côté anal est court, tronqué, quelquefois bâillant, limité par une carène ou un angle ; le côté buccal est clos. Les bords sont sans crénelures. La charnière est formée par des dents cardinales épaisses, inégales, et par une dent latérale anale qui est quelquefois réduite à une simple callosité.

Le ligament est externe, porté sur des nymphes courtes. L'impression musculaire anale est ovale ou arrondie ; la buccale est plus étroite et plus allongée. L'impression palléale est simple.

Ces caractères semblent indiquer, comme le fait observer M. Terquem, plus de rapports avec les cardides qu'avec aucune autre famille. Les dents cardinales directes, la dent latérale, l'impression palléale simple, semblent justifier ce rapprochement.

[1] Münster, *Beitr. zur Petref.*, t. III, p. 66 ; G. et Fr. Sandberger, *Verst. Rhein. Syst. Nassau*, pl. 28 ; Rœmer, *Palæontographica*, t. III, p. 13.

[2] M. d'Orbigny les associe aux conocardium, dont ils ont singuliére-ment peu le facies.

[3] *Beitr. zur Petref.*, t. III, p. 69.

Le bâillement anal se retrouve de même chez quelques cardium et à la même place.

On ne saurait les rapprocher ni des donax qui sont sinupalléales, ni des cypricardes qui ont des dents cardinales plus obliquées et une forme bien plus inéquilatérale, ni des corbis qui ont les muscles plus grands, et qui sont toujours exactement closes. Toutes les espèces connues appartiennent au lias.

M. Terquem [1] en compte douze espèces, savoir : les *H. Deshayesa*, Terq., *angusta*, id., *tenera*, id., du lias inférieur d'Hettanges ; la *H. securiformis* (*Donax securiformis*, Dunker) du lias d'Halberstadt [2] ; la *H. ovata*, id., du lias moyen d'Arlac ; les *H. broliensis*, Buvignier, *longiscata*, id., *Moulinea*, id., *Terquemea*, id. [3], du lias moyen de Breux ; l'*H. lucida*, Terq., du lias moyen de Latour ; et les *H. compressa*, Terq., et *H. Diosvillensis*, id., du lias supérieur de Côte pelée (Thionville). La dernière est figurée dans l'Atlas.

4ᵉ Famille. — LUCINIDES.

Les lucinides sont caractérisées par une coquille équivalve, entièrement fermée, ronde ou ovale, dont la charnière, peu développée, est munie de dents cardinales médiocres ou petites, souvent rudimentaires, et de deux dents latérales qui manquent quelquefois. Les impressions musculaires sont très séparées, inégales, la buccale est souvent allongée ; l'intérieur des valves est généralement ponctué ou rayé.

Cette famille a les dents latérales des cardides ; mais elle s'en distingue facilement par la forme moins renflée de sa coquille,

[1] *Bull. Soc. géol.*, 2ᵉ série, 1853, t. X, p. 364, pl. 7 et 8.

[2] Dunker, *Palæont.*, t. I, p. 38, pl. 6, fig. 12 à 14. Les caractères de cette espèce restent entourés d'un certain doute. Elle a été décrite et figurée en détail par M. Dunker. M. Terquem a reproduit la phrase spécifique latine de cet auteur, et il dit : Nous n'y avons ajouté que les trois derniers mots, qui portent avec eux un caractère assez important pour ne pas être négligés. Or, ces trois derniers mots sont : *impressione pallii integra*. Si M. Terquem se fût contenté, au lieu de cette addition, de lire la description allemande, il eût vu que M. Dunker dit positivement que la ligne palléale a une sinuosité semblable à celle de la plupart des espèces vivantes ! J'ai, du reste, déjà fait remarquer ci-dessus (p. 420) que la fig. 13, *a*, semble en désaccord avec cette assertion. Une nouvelle étude peut seule résoudre ces questions. Si le sinus existe, la coquille appartient au genre donax ; s'il n'existe pas, elle devient une véritable hettangia.

[3] Buvignier, *Stat. géol. de la Meuse*, p. 14, pl. 10, 12 et 13.

ses dents cardinales plus petites, etc. Elle a plus de rapports avec la famille des cyclasides ; mais, outre quelques détails de la charnière, elle en diffère, parce que la coquille n'est pas épidermée et parce que toutes les espèces sont marines. Les dents latérales et la petitesse des cardinales l'éloignent d'ailleurs des astartides. Le plus grand nombre des espèces présentent, en outre, un caractère tout à fait spécial dans l'allongement de l'impression musculaire buccale.

Les animaux sont plus clairement caractérisés ; leur manteau est fendu dans toute la longueur du bord palléal, le pied un peu allongé, étroit et vermiculaire, etc. ; les branchies n'ont qu'un seul feuillet de chaque côté, etc.

Ces mollusques forment un groupe bien tranché, mais dont la place est difficile à déterminer, si l'on veut chercher dans les familles un ordre sérial. Cette difficulté est du reste fréquente dans les classifications, et depuis longtemps a montré à tous les esprits sérieux l'impossibilité d'une série linéaire.

Dans le cas dont il s'agit, il est impossible de les intercaler dans la série dont les termes principaux sont : *Venus*, *Cyrena*, *Cyprina*, *Cypricardia*, *Cardium*, *Isocardia*. Il n'est pas possible non plus de les envisager comme une transition entre ces derniers et les astartides. La longueur des siphons chez quelques lucinides semble même devoir les faire rapprocher des sinupalléales. Mon but, en les plaçant ici, a été de ne pas interrompre la série naturelle que je viens de citer, sans vouloir prétendre qu'elles soient exactement à leur rang de perfection.

Les lucinides paraissent avoir existé à toutes les époques et avoir augmenté graduellement de nombre, de sorte qu'elles présentent leur maximum dans les mers actuelles.

Les Corbeilles (*Corbis*, Lamk), — Atlas, pl. LXXVII, fig. 16 et 17,

ont une coquille ovale ou arrondie, à crochets souvent bombés, à charnière composée d'une ou deux dents cardinales, et de deux dents latérales dont l'anale est quelquefois multiple, et dont la buccale est plus grosse et plus rapprochée des crochets. Les impressions musculaires sont assez prononcées et à peu près arrondies ; l'anale est la plus petite et subcirculaire ; la buccale est un peu arquée comme dans les lucines ; elle est comprise tout entière en dedans de l'impression palléale, qui, à l'autre extrémité, arrive sur le milieu de l'impression musculaire anale.

Ce genre a reçu divers noms. Celui de corbis n'est pas le plus ancien, et, s'il n'était pas en quelque sorte consacré par l'usage, il devrait être remplacé par celui de FIMBRIA, donné en 1811 par Megerle. Plus tard, M. Schumacher nomma les mêmes coquilles IDOTHEA, et M. Sowerby attribua le nom de SPHÆRA à une espèce fossile qui ne peut pas en être séparée.

Les corbeilles paraissent dater de l'époque jurassique, et se retrouvent dans les terrains crétacés et tertiaires ; elles ont été peu nombreuses à toutes ces époques, et sont encore aujourd'hui réduites à quelques espèces qui vivent dans les pays chauds.

Je dois toutefois faire remarquer que quelques coquilles attribuées à ce genre sont connues seulement par leurs formes extérieures, qui ne sont pas toujours suffisantes pour les distinguer. Elles ressemblent en particulier beaucoup aux unicardium. On pourra se laisser guider par l'existence des raies ou stries irrégulières, rayonnantes, qui caractérisent souvent les corbis comme plusieurs autres lucinides, et qui manquent en général dans les autres familles.

Les plus anciennes, comme je l'ai dit, sont celles des terrains jurassiques.

Il ne paraît pas qu'elles aient vécu dans le lias. La *C. uniformis*, Phillips, du lias d'Angleterre, est un unicardium. La *C. lævis*, Roemer, du lias d'Allemagne, est une astarte.

Elles se trouvent dans presque tous les autres étages.

M. d'Archiac (1) a décrit la *C. Lajoyei* de l'oolithe d'Éparcy. Il est probable que le *Cardium Madridi*, id., du même gisement, appartient aussi à ce genre.

La *C. lævis*, Sow. (2), a été trouvée dans le terrain oxfordien d'Angleterre.

(1) *Mém. Soc. géol.*, 1843, p. 37, pl. 25 et 27. Voyez pour les espèces de la grande oolithe et de l'oolithe inférieure d'Angleterre : Morris, *Ann. and mag. of nat. hist.*, 2ᵉ série, t. VI, p. 123 ; Morris et Lycett, *Moll. from the great ool.* (*Palæont. Soc.*, 1853, p. 69).

(2) *Min. conch.*, pl. 580 ; Buvignier, *Mém. Soc. phil. Verdun*, t. II, 1843, p. 5 ; Deshayes, *Traité élém. conch.*, t. I, p. 801. La *C. ovalis*, Phillips, est une espèce douteuse ; M. d'Orbigny en fait un lavignon. La *C. sublævis*, Keys., est un *unicardium*.

M. d'Orbigny lui associe la *C. ovalis*, Buvig., non Phil. (*C. depressa*, Desh.), trouvée dans les Ardennes.

M. Buvignier [1] en a décrit un nombre considérable, savoir : une de l'oolithe ferrugineuse (*C. depressa*, Desh., ci-dessus indiquée), quinze du coral-rag, et une du calcaire à astartes (kimméridgien). Nous avons figuré dans l'Atlas, pl. LXXVII, fig. 16, la *C. subdecussata*, Buvignier, du terrain corallien.

M. d'Orbigny cite [2] huit espèces inédites, savoir : une du bajocien, une du bathonien, une du kellowien, deux de l'oxfordien, une du corallien et deux du kimméridgien.

On en connaît quelques-unes des terrains crétacés.

M. d'Orbigny [3] en a décrit une du terrain néocomien et deux des craies chloritées. La première (*C. corrugata*, d'Orb., *Sphæra corrugata*, Sow., *Venus cordiformis*, Leym.) est répandue dans toute la formation néocomienne, depuis l'étage à *Toxaster complanatus*, jusqu'à l'aptien supérieur [4].

La *C. gaultina*, Pictet et Roux [5], caractérise le gault de Savoie.

La *C. rotundata*, d'Orb. [6], se trouve dans la craie chloritée (cénomanien) de la plus grande partie de la France.

La *C. striaticostata*, d'Orb. [7], a été découverte dans les craies supérieures de Royan et Mussidan.

M. d'Orbigny en cite [8] deux inédites du terrain pisolithique de Meudon.

Peu d'espèces sont citées dans les terrains tertiaires.

La *C. lamellosa*, Desh. [9] (*Lucina lamellosa*, Lamk.), est la plus répandue dans le calcaire grossier. Elle se retrouve dans le terrain nummulitique, et jusqu'en Amérique.

La *C. pectunculus*, Lamk [10] provient du calcaire grossier de Valognes. (Atlas, pl. LXXVII, fig. 17).

La *C. Aglauræ*, Brongniart, du terrain nummulitique du Vicentin, est

[1] *Stat. géol. de la Meuse*, p. 12, pl. 11 et 12.

[2] *Prodrome*, t. I, p. 279, 309, 339, 366 ; t. II, p. 17 et 51.

[3] D'Orbigny, *Pal. fr., Terr. crét.*, t. III, p. 111, pl. 279 ; Sowerby, *Min. conch.*, pl. 335, etc.

[4] Voyez Pictet et Renevier, *Pal. Suisse, Terr. aptien*, 3ᵉ livraison.

[5] *Moll. des grès verts*, p. 448, pl. 34, fig. 4.

[6] *Pal. fr., Terr. crét.*, t. III, p. 113, pl. 245.

[7] *Id.*, p. 114, pl. 281.

[8] *Bull. Soc. géol.*, 1850, 2ᵉ série, t. VII, p. 131.

[9] Deshayes, *Coq. foss. Par.*, t. I, p. 88, pl. 14 ; Conrad, *Amer. Journ.*, 1846, pl. 4.

[10] *An. sans vert.*, t. V, p. 537. M. d'Orbigny en sépare le *C. pectunculus*, Desh., *Coq. foss. Par.*, t. I, p. 87, pl. 13.

probablement, comme je l'ai dit plus haut, identique avec la *Pullastra decussata*.

Il faut ajouter quelques espèces de l'Amérique septentrionale et du Chili[1].

Les LUCINES (*Lucina*, Bruguière), pl. LXXVIII, fig. 1 à 3,

ont une coquille ronde ou ovale, entièrement fermée, à crochets petits et obliques. L'impression palléale se continue en dehors de l'impression musculaire buccale ; cette dernière est très allongée, étroite et arquée. La charnière est faible et variable, composée ordinairement de deux dents cardinales et de deux dents latérales, dont la buccale est rapprochée du sommet. L'intérieur des valves est ordinairement ponctué et strié. Le ligament est en partie externe et en partie caché.

Ce genre est clairement caractérisé par l'allongement de son impression musculaire buccale et par la forme de son impression palléale. Ce dernier caractère l'éloigne des tellines, auxquelles il ressemble par sa charnière. Il se rapproche beaucoup des corbeilles, et en diffère principalement par la forme de l'impression musculaire buccale.

Le genre des LORIPÈDES (*Loripes*, Poli) paraît identique avec celui des lucines, tant par les formes de la coquille que par celles de l'animal.

Le genre des CODAKIA, Scopoli, est également un genre incomplètement caractérisé ; il renferme le *Codok* d'Adanson (*Lucina tigerina*, Desh.).

On ne peut pas non plus admettre les démembrements proposés par Schumacher sous les noms de LENTILLARIA et de TRIDONTA ; ni le genre STRIGELLA, Turton, où sont réunies les tellines et les lucines ornées extérieurement de stries divergentes ; ni les MYATEA, Turton ; ni les ORTYGIA, Brown, fondés sur des caractères insuffisants.

Le genre des THYATIRA, Leach (*Axinus*, Sowerby, *Cryptodon*, Turton, *Ptychina*, Philippi), pourrait plus facilement être admis ; toutefois, les caractères sur lesquels il est fondé, qui suffisent pour donner un facies particulier aux coquilles qui le composent, ne paraissent pas avoir une valeur générique. Les principaux sont

[1] Conrad, *Amer. Journ.*, 1846, p. 400 ; Sowerby in Darwin, *South. Amer.*, p. 250, etc.

l'existence d'une lunule sur la région buccale et d'un pli sur la région anale. Les genres EGERIA, Lea, et les TAZAS, Risso, sont imparfaitement définis et paraissent renfermer une partie des vraies lucines.

Les lucines ont existé dès l'époque primaire, et paraissent avoir augmenté de nombre en se rapprochant de l'époque moderne. Elles sont aujourd'hui fréquentes sur les bords de la mer, et s'enfoncent verticalement dans les plages sablonneuses. On en connaît quelques-unes des terrains dévoniens et carbonifères [1].

Goldfuss [2] en a décrit quatre de l'Eifel (dévonien). La *L. proavia*, Goldf., paraît être la même que la *L. Dufrenoyi*, d'Arch. et Verneuil. Il faut ajouter la *P. Griffithi*, Vern., des mêmes dépôts en Russie, et quelques espèces du Harz décrites par M. Roemer.

M. M'Coy a fait connaître [3] la *L. Coyana*, du terrain carbonifère d'Irlande. M. d'Orbigny réunit à ce genre l'*Ungulina antiqua*, du même auteur et des mêmes terrains. La *L. Dunoyeri*, Portlock [4], provient du terrain carbonifère de Tyrone.

Elles paraissent avoir existé à l'époque triasique.

La *L. duplicata*, Goldf., et la *L. Deshayesi*, Klipstein, se trouvent dans les schistes de Saint-Cassian [5].

Les espèces se continuent dans les terrains jurassiques ; quelques-unes se trouvent dans le lias.

La *L. plana*, Zieten [6], a été trouvée dans le lias supérieur d'Allemagne.
La *L. elegans*, Kock et Dunker [7], provient de Goslar.
M. d'Orbigny indique [8] une *L. Gabrielis*, inédite, de Saint-Amand.

[1] La *L. Hisingeri*, Murchison, *Quart. Journ. geol. Soc.*, 1846, t. III, p. 24, du terrain silurien supérieur du Gothland, me paraît bien douteuse.

[2] Goldfuss, *Petr. Germ.*, t. II, p. 226, pl. 146 ; d'Archiac et Verneuil, *Trans. geol. Soc.*, 2ᵉ série, t. VI, pl. 37, fig. 2 ; Murchis., Keys. et Vern., *Pal. de la Russie*, pl. 20, fig. 10 ; Roemer, *Harzgeb.*, pl. 6, fig. 19, et *Palæontographica*, t. III, p. 52 et 79.

[3] *Synops. of Ireland*, p. 53, pl. 8.

[4] *Geol. Report.*, p. 574, pl. 38.

[5] Goldfuss, *Petr. Germ.*, t. II, pl. 146, fig. 12 ; Münster, *Beitr. zur Petr.*, t. IV, p. 90 ; Klipstein, *Geol. der oestl. Alpen*, pl. 16, fig. 24.

[6] *Pétrif. du Wurtemb.*, pl. 72, fig. 4.

[7] *Beitr. Norddeutsch. Ool.*, pl. 1, fig. 9.

[8] *Prodrome*, t. 1, p. 254.

Les terrains jurassiques proprement dits en contiennent plusieurs.

Les espèces d'Allemagne ont été décrites (1) par Zieten (*L. lirata*, Ziet., non Phill., *Zieteni*, d'Orbigny, de l'oolithe inférieure) ; Goldfuss (*L. texturata*, Goldfuss, de Muggendorf ; *L. obliqua*, Goldfuss, du corallien de Nattheim ; *L. jurensis*, id., de Pappenheim ; la *L. lævis* est une cardinia), et Roemer (cinq espèces dont trois nouvelles : *L. substriata* et *minima* du portlandien, et *L. globosa*, du corallien inférieur).

La *L. Elsgaudiæ*, Thurmann, se trouve dans le terrain kimméridgien du Porrentruy (inédite).

M. d'Archiac (2) a décrit trois espèces de la grande oolithe du bois d'Éparcy ; la *L. Orbignyana*, d'Archiac, la *L. cardioides*, id., et une indiquée comme variété transverse de la *L. lirata*, Phill., devenue, pour M. d'Orbigny, la *L. bellona*.

M. Buvignier (3) a décrit huit espèces du terrain corallien de la Meuse. Nous avons figuré dans l'Atlas, pl. LXXVIII, fig. 1, la *L. striatula*, Buv., et fig. 2, la *L. aspera*, id., du terrain corallien.

Les terrains oxfordiens de Russie ont fourni (4) les *L. Fischeriana*, d'Orb., *Phillipsiana*, id., *corbisoides*, id., *inæqualis*, id., et *corrosa*, Keyserl.

Les lucines des terrains jurassiques d'Angleterre ont été décrites (5) par Sowerby (*L. crassa*, du calcareous grit, et *L. portlandica*, du portlandien), Phillips (*C. despecta*, de l'oolithe inférieure, *L. lirata*, des terrains kellowiens, etc.), Morris et Lycett (quatre espèces de la grande oolithe, déjà décrites).

On peut ajouter aux lucines des terrains jurassiques de France, une douzaine d'espèces inédites indiquées par M. d'Orbigny (6) (une du bajocien, deux du bathonien, trois du kellovien, cinq du corallien, et une du kimméridgien).

Elles n'augmentent pas beaucoup de nombre dans les terrains crétacés.

(1) Goldfuss, *Petr. Germ.*, t. III, pl. 146 ; Zieten, *Pétrif. du Wurtemb.*, pl. 63, fig. 1 ; Roemer, *Norddeutsch. Ool.*, p. 118, pl. 7, et *supp.*, p. 41, pl. 19.

(2) *Mém. Soc. géol.*, 1843, t. V, p. 371, pl. 35.

(3) *Stat. géol. de la Meuse*, p. 11, pl. 9-12.

(4) D'Orbigny in Murch., Vern. et keys., *Pal. de Russie*, p. 458, pl. 38 et 39 ; Keyserling, *Petchora Land*, p. 308, pl. 17.

(5) Sowerby, *Min. conch.*, pl. 557, et *Trans. geol. Soc.*, 2e série, t. IV, pl. 22, fig. 12 ; Phillips, *Geol. of Yorksh.*; Morris et Lycett, *Moll. from the great ool.* (*Palæont. Soc.*, 1853, p. 66).

(6) *Prodrome*, t. I, p. 270, 309 et 339, t. II, p. 17 et 31.

On cite [1], dans l'étage néocomien inférieur de France, les *L. Dupiniana*, d'Orb., *Cornueliana*, id., *Rouyana*, id., et *globiformis*, Leym.

La *L. sculpta*, Phillips [2], provient de l'argile de Speeton.

La *L. solidula*, Forbes [3] appartient au lower greensand d'Angleterre.

Le gault a fourni [4] la *L. Arduennensis*, d'Orb., de Machéroménil; la *L. Vibrayeana*, id., de Géraudot, et la *L. gurgitis*, Pictet et Roux, de la perte du Rhône.

La *L. Turonensis*, d'Orb., provient des terrains cénomaniens du Mans et de Rouen. La *L. Nereis*, id., se trouve au Mans. La *L. campaniensis*, id., se trouve à la fois dans les terrains turoniens d'Uchaux et dans les dépôts sénoniens de Saintes [6].

Sowerby [7] a fait connaître les *L. orbicularis* et *pisum* de Blackdown, et la *L. globosa*, id., du grès vert supérieur des comtés de Kent et de Sussex. M. Deshayes a montré que deux de ces espèces doivent changer leurs noms, qui avaient été antérieurement donnés à d'autres. Il nomme la *L. orbicularis*, *L. Sowerbyi* et la *L. globosa*, *L. Fittoni*.

Les terrains crétacés d'Allemagne ne paraissent pas riches en lucines, quoique les catalogues renferment les noms de plusieurs; mais ces espèces mal définies doivent être en grande partie réunies [7].

Ainsi, la *L. lenticularis*, Goldf., paraît identique avec les *L. lævis* et *Reichi*, Roemer, *L. circularis*, Geinitz, *Venus parva*, id., etc. Elle est répandue dans tous les terrains crétacés supérieurs.

La *L.? lens*, Roemer, n'est pas une lucine si elle est bien dessinée; son impression musculaire buccale n'est pas allongée.

Les terrains crétacés supérieurs d'Aix-la-Chapelle [8] ont fourni, outre la *L. lenticularis* ci-dessus indiquée, les *L. producta*, Goldf., *L. tenuis*, Müller, et *L. Geinitzii*, id.

Les terrains tertiaires en renferment davantage. Elles se trouvent dès les terrains éocènes.

M. Deshayes [9] en a décrit et figuré vingt-cinq espèces du bassin de Paris, dont la *L. squamosa* appartient aux dépôts miocènes inférieurs.

[1] D'Orbigny, *Pal. fr.*, *Terr. crét.*, t. III, p. 116; Leymerie, *Mém. Soc. géol.*, t. V, p. 4, pl. 3.

[2] *Geol. of Yorksh.*, pl. 2, fig. 15.

[3] *Quart. journ. geol. Soc.*, t. I, p. 239, pl. 2.

[4] D'Orbigny, *Pal. fr.*, *Terr. crét.*, t. III, p. 120, pl. 283; Pictet et Roux, *Moll. des grès verts*, p. 449, pl. 34, fig. 5.

[5] D'Orbigny, *loc. cit.*

[6] *Trans. geol. Soc.*, 2ᵉ série, t. IV, pl. 11, 16 et 22; Deshayes, *Traité élém. conch.*, t. I, p. 779.

[7] Goldf., *Petr. Germ.*, t. III, pl. 146; Roemer, *Norddeutsch. Kreid.*, p. 73.

[8] Goldfuss, id.; Jos. Müller, *Mon. Petr. Aachen.*, I, p. 23, II, p. 66.

[9] *Coq. foss. Par.*, t. I, p. 89, pl. 14 à 17.

Des vingt-quatre autres, huit appartiennent aux dépôts inférieurs d'Abbe-court, de Noailles, de Cuise-la-Motte, etc. (*L. bretigica*, Desh., *subtrigona*, id., *contorta*, Defr., *grata*, id., *uncinata*, id., *minuta*, Desh., *concava*, Defr., et *squamula*, Desh.).

Quatorze de ces espèces se trouvent dans le calcaire grossier. Les plus remarquables sont la *L. gigantea*, Desh., la plus grande des lucines connues, et qui atteint près d'un décimètre de diamètre.

Quatre d'entre elles (*L. gibbosula*, Lamk, *mutabilis*, id., *saxorum*, id., et *elegans*, Defr.) passent aux grès marins supérieurs, où l'on trouve en outre la *S. silicata*, Lamk.

M. d'Orbigny a montré que l'on a confondu à tort, sous le nom de *L. divaricata*, des espèces très distinctes répandues depuis les dépôts éocènes les plus inférieurs jusqu'aux mers actuelles. Il distingue la *L. subdivaricata*, d'Orb., de Cuise-la-Motte, la *L. pulchella*, id., du calcaire grossier, la *L. Ermenonvillensis*, id., des sables tertiaires supérieurs, deux espèces miocènes et l'espèce vivante.

Il faut ajouter aux espèces des dépôts inférieurs [1] la *L. rutians*, Melle-ville, non Conrad (*L. subrutians*, d'Orb.), de Châlons-sur-Vesle, etc., la *L. argus*, Mell., de Cuise-la-Motte, et une nouvelle espèce trouvée par M. Hébert à Châlons-sur-Vesle, et appartenant au groupe des axinus.

Les dépôts nummulitiques [2] renferment, outre quelques-unes des espèces précédentes et un grand nombre d'espèces inédites, la *C. corbarica*, Leymerie (*L. Coquandiana*, d'Orb.), des Corbières, indiquée à tort, par M. d'Orbigny, comme appartenant au terrain néocomien; la *L. Leymeriei*, d'Orb. (*L. corbarica quadrata*, Leym.), du même gisement, ainsi que la *L. sulcosa*, Leym.; la *L. scopularum*, Brongniart, du Vicentin, etc.

L'argile de Londres a fourni [3], outre quelques espèces du bassin de Paris, a *L. Goodhalli*, Sow., la *L. mitis*, id., et une espèce appartenant au groupe des axinus, l'*A. angulatus*, Sow., qui doit devenir la *L. angulata*.

Les dépôts éocènes de Bruxelles renferment [4] les *L. Volderiana*, Nyst, et *Galeottiana*, id., outre plusieurs des espèces précitées.

Les espèces augmentent encore de nombre dans les terrains tertiaires moyens et supérieurs.

J'ai dit plus haut que la *L. squamosa*, Lamk [5], caractérise les sables de Fontainebleau, etc.

<hr>

[1] *Sables tert. inf.*, *Ann. Soc. géol.*, p. 33, pl. 6; Desh., *Traité élém. conch.*, t. I, p. 780.

[2] D'Archiac, *Hist. des progrès*, t. III, p. 260; Leymerie, *Mém. Soc. géol.*, 2ᵉ série, t. I, 2ᵉ partie, p. 361; Brongniart, *Vicentin*, p. 79, etc.

[3] Sow., *Trans. geol. Soc.*, 2ᵉ série, t. V, pl. 8, fig. 7; et *Min. conch.*, pl. 315 et 557.

[4] Nyst, *Coq. et pol. foss. Belg.*, p. 120.

[5] Deshayes, *Coq. foss. Par.*, t. I, p. 106, pl. 17.

M. Nyst (¹) a trouvé dans le terrain tongrien de Belgique, la *L. striatula*, Nyst, la *L. gracilis*, id., et deux espèces rapportées à tort à des lucines du bassin de Paris. Elles doivent prendre les noms de *L. Thierenti*, Hébert (*L. albella*, Nyst, non Lamk.), et *L. tenuistria*, Hébert (*L. uncinata*, Goldf. et Nyst, non Defr.), Atlas, pl. LXXVIII, fig. 3.

On peut dire la même chose de sa *L. divaricata*, qui n'est point l'espèce vivante.

Le même auteur indique sous le nom d'*Axinus angulatus* une espèce qui paraît différente du type de Sowerby ; M. d'Orbigny la nomme *Lucina subangulata*.

Les espèces du bassin de Bordeaux ont principalement été étudiées par M. Basterot (²) et M. Grateloup (*L. dentata*, Bast., *neglecta*, id., *multilamella*, Desh., *globulosa*, id., *Grateloupi*, id. ou *globularia*, Grat., *trigonula*, Desh., etc.

Quelques espèces ont été décrites (³) par Dujardin (cinq espèces dont aucune nouvelle, sauf celle qu'il confond avec la *L. divaricata*, et une qu'il a prise à tort pour la *lactea*, et que M. Deshayes nomme *L. Dujardini* ; Eichwald (*L. exigua*, *affinis*, *nivea*, etc.); Dubois de Montpéreux (aussi une *L. divaricata*, qui devient la *L. ornata*, Agas., *L. circinaria*, qui est la même que la *L. affinis*, Eichw.), etc.

Les espèces d'Allemagne ont été figurées (⁴) par Goldfuss (*L. parvula*, Münst., *solida*, Goldf., et deux espèces assimilées à tort aux *L. saxorum* et *dentata*, qui doivent devenir les *L. Heberti*, Desh., et *L. cordiformis*, id.).

Il faut ajouter la *L. Braunii*, Genth (⁵), de Wæchtersbach (éocène ?).

M. Michelotti (⁶) compte dix espèces dans les terrains miocènes du Piémont, dont quatre ont été nommées par lui ou par Bonelli (*L. Turiniana*, Bon., *Bowerbankii*, Mich., *tumida*, id., *miocenica*, id.).

Les terrains pliocènes du même pays renferment (⁷) une douzaine d'espèces, parmi lesquelles quelques-unes des précédentes et quelques-unes des mers actuelles.

Le système campinien de Belgique a fourni à M. Nyst (⁸) quatre espèces,

(¹) *Coq. et pol. foss. Belg.*, p. 120; Hébert, *Bull. Soc. géol.*, 1849, t. VI, p. 467.

(²) Basterot, *Coq. foss. Bord.*, p. 87; Grateloup, *Catalogue* ; Desh., *Encycl. méth.*, t. II, p. 372, et *Traité élém. conch.*, t. I, p. 783.

(³) Dujardin, *Mém. Soc. géol.*, t. II, p. 258; Eichwald, *Lithuan.*, p. 206 ; Dubois de Montpéreux, *Conch. foss. plat. Vohl. Pod.*, p. 56 ; avec les rectifications de M. Deshayes, *Bull. Soc. géol.*, t. II, p. 225, et *Traité élém. conch.*, p. 783, et celles de M. d'Orbigny, *Prodrome*, t. III, p. 115.

(⁴) *Petr. Germ.*, t. II, pl. 146.

(⁵) *Leonh. und Bronn neues Jahrb.*, 1848, p. 190.

(⁶) *Descr. foss. terr. mioc. Ital. sept.*, p. 112.

(⁷) Sismonda, *Synopsis*, p. 16.

(⁸) *Coq. et pol. foss. Belg.*, p. 120 et 632.

dont trois nouvelles (*L. astartea*, Nyst, *flandrica*, Nyst et West., et *curvi-radiata*, Nyst).

Le crag d'Angleterre [1] renferme, suivant M. Wood, deux cryptodon, un loripes et quatre lucines, dont deux nouvelles.

La question des espèces qui passent d'un terrain à l'autre a été étudiée [2] par MM. Agassiz, Deshayes et d'Orbigny, qui sont loin d'être d'accord sur plusieurs questions.

Il faudra ajouter un grand nombre de lucines d'Amérique [3].

Les Diplodonta, Bronn (*Mysia*, Gray, non Leach). — Atlas, pl. LXXVIII, fig. 4,

ont été associées aux lucines par plusieurs auteurs ; mais elles peuvent s'en distinguer d'une manière constante.

La charnière est munie sur chaque valve de deux dents cardinales dont une est toujours bifide ; elle n'a point de dents latérales. La différence la plus apparente consiste dans les impressions musculaires qui sont toutes deux arrondies.

Le type du genre [4] est le *D. lupinus*, Bronn (*Venus lupinus*, Brocchi), des terrains miocènes du Piémont.

La *D. lunularis*, Philippi [5], se trouve dans les terrains tertiaires d'Allemagne.

La *Lucina parvula*, Münster [6], est peut-être, suivant M. Nyst, une diplodonta, et se trouve dans le terrain tongrien de Belgique et dans les terrains tertiaires de la Hesse, de Cassel, etc.

La *D. dilatata*, Philippi [7], a été trouvée dans les terrains quaternaires de Sicile dans le crag d'Anvers et dans celui d'Angleterre. Elle habite encore la mer Rouge. C'est l'espèce figurée dans l'atlas.

La *D. rotundata*, Montaigu, vivante a été trouvée fossile à Palerme et dans le crag d'Angleterre [8].

[1] Wood, *Moll. from the crag* (*Palæont. Soc.*, 1850, p. 144).

[2] Agassiz, *Iconographie des coq. tertiaires* ; Deshayes, *Traité élém. conch.*, t. I, p. 783 ; d'Orbigny, *Prodrome*.

[3] Deshayes, *loc. cit.* ; d'Orbigny. id.

[4] Brocchi, *Conch. subap.*, pl. 14, fig. 8 ; Bronn, *Ital. geб.*, p. 12 et 96, etc.

[5] *Tert. Verst. nordwest. Deutsch.*, p. 46.

[6] Münster in Goldf., *Petr. Germ.*, t. II, pl. 147, fig. 2 ; Nyst, *Coq. et pol. foss. Belg.*, p. 139, pl. 7.

[7] *Enum. moll. Sic.*, t. II, p. 24 ; Nyst, *loc. cit.*, p. 138, pl. 7 ; Wood, *Moll. from the crag* (*Pal. Soc.*, 1850, p. 144, pl. 12).

[8] Philippi, *loc. cit.*, Wood, *loc. cit.*

Il faut ajouter la *D. trigonula*, Bronn, du Piémont et des terrains quaternaires de Sicile (¹).

Les Scacchia, Philippi, — Atlas, pl. LXXVIII, fig. 5,

sont de petits mollusques dont la coquille a de grands rapports avec celle des lucines et des diplodonta. Les impressions musculaires sont arrondies et subégales. La charnière porte une ou deux petites dents cardinales et des dents latérales obsolètes. Le ligament est double et composé d'une partie interne et d'une externe. L'impression palléale est simple.

L'animal diffère complètement de celui des lucines, car il a deux branchies de chaque côté et un pied linguiforme comprimé. On connaît deux espèces qui vivent dans la Méditerranée.

Une troisième espèce est citée à l'état fossile, c'est la *S. inversa*, Philippi (²), du calcaire quaternaire de Palerme (Atlas, pl. LXXVIII, fig. 5).

Les Ongulines (*Ungulina*, Daudin), — Atlas, pl. LXXVIII, fig. 6,

ont une coquille arrondie, plus large que longue, un peu irrégulière, non bâillante. Leur charnière porte deux petites dents cardinales divergentes sur la valve droite et une seule bifide sur la gauche. Les impressions musculaires sont très grandes, presque égales.

On ne connaît qu'une seule espèce fossile (³) qui, suivant M. Deshayes (⁴), s'est creusé des trous peu profonds dans le calcaire d'eau douce du bassin de la Gironde. M. Basterot l'a, à tort, associée au genre Clotho de Faujas, dont elle n'a point les caractères (⁵). C'est l'*U. unguiformis*, Desh. (*Clotho unguiformis*, Bast.).

(¹) Philippi, *Enum. moll. Sic.*, t. II, p. 24; Bronn, *It. Geb.*, p. 96, pl. 3, fig. 2.

(²) *Enum. moll. Sic.*, t. II, p. 27, pl. 14, fig. 10.

(³) Deux espèces de l'époque primaire ont cependant été citées sous ce nom, mais elles sont trop incomplètement connues pour pouvoir être inscrites d'une manière définitive. Ce sont l'*U. suborbicularis*, Hall, *Nat. hist. of New-York*, n° 54, fig. 2, du terrain dévonien des États-Unis, et l'*U. antiqua*, Mc Coy, *Syn. of Ireland*, p. 53, pl. 8, du terrain carbonifère d'Irlande.

(⁴) *Traité élém. conch.*, t. 1, p. 811 ; Basterot, *Coq. foss. Bord.*, p. 92, pl. 7, fig. 6.

(⁵) Voyez page 432.

Les Cyrénelles (*Cyrenella*, Desh.; *Cyrenoida*, Joannis), — Atlas, pl. LXXVIII, fig. 7,

ont été autrefois rapprochées des cyrènes et paraissent avoir plus d'analogie avec les ongulines. Leur coquille est ovale ou obronde, subglobuleuse, mince, lisse, épidermée, close, à bords tranchants. La charnière porte deux petites dents cardinales obliques sur la valve droite et une sur la gauche. Le ligament est externe, porté sur des nymphes aplaties et obliques. Les impressions musculaires sont grandes, ovales, écartées.

On n'en connaît (¹) qu'une seule espèce fossile des sables marins moyens de Senlis (parisien supérieur).

C'est la *C. lucinoides*, Desh. (olim *Venus lucinoides*, id.), Atlas, pl. LXXVIII, fig. 7.

Les Érycines (*Erycina*, Lamk), — Atlas, pl. LXXVIII, fig. 8,

ont des coquilles ovales entièrement closes, dont la charnière est formée par deux dents cardinales divergentes, ayant en arrière une fossette oblique, et deux dents latérales oblongues comprimées et courtes sur chaque valve. Le ligament est interne, épais, fixé dans les fossettes. Les impressions musculaires sont superficielles et arrondies.

Ces coquilles sont en général minces, à bords tranchants, et se reconnaissent facilement à la forme de leur charnière, qui est étroite et échancrée dans son milieu par la fossette, précisément à l'endroit où la plupart des autres ont leur maximum d'épaisseur.

Ce genre a une synonymie embrouillée (²). Les causes de cette confusion remontent à Lamarck qui, en établissant le genre erycine, a confondu des types très distincts (³) ; en sorte que ses

(¹) Deshayes, *Coq. foss. Par.*, t. I, p. 146, pl. 23, fig. 12 et 13, et *Traité élém. conch.*, t. I, p. 818, pl. 14 bis.

(²) On devra surtout consulter, pour les caractères des érycines, Recluz, *Revue zoologique*, 1844, p. 291 et 325, et Deshayes, *Traité élém. conch.*, t. I, p. 726.

(³) Le genre érycine de Lamark renfermait, en particulier, des coquilles du genre Syndosmya, en sorte que quelques naturalistes considèrent le nom d'*Erycina*, Lamk, comme synonyme de ce dernier genre.

successeurs en ont compris les limites d'une manière très diverse.

On est aujourd'hui d'accord pour réunir aux érycines les KELLIA ou KELLYA, Turton ; les BORNIA, Philippi ; les PYTHINA, Hinds, et les CHIRONIA, Deshayes.

Il doit probablement en être de même des LEPTON, Turton, qui ne paraissent différer des érycines que par les ornements de leur surface.

Les CYAMIUM, Philippi, dépourvus de dents latérales et à ligament double ; les MONTACUTA, Turton, chez lesquels le ligament est porté par un processus interne, et les CLAUSINA, Jeffreys, paraissent encore voisins des érycines ; mais il reste plus de doutes sur la convenance de les réunir.

Les érycines, telles que nous les envisageons ici, ne paraissent pas avoir existé avant la période tertiaire [1].

On les trouve dès les dépôts éocènes.

Lamarck et M. Deshayes [2] en ont fait connaître plusieurs. Ce dernier auteur en énumère dix, mais il y en a de douteuses [3].

Les plus certaines sont les *E. radiolata*, Lamk, *orbicularis*, Desh. (Atlas, pl. LXXVIII, fig. 8), *pellucida*, Lamk, et *obscura*, id., du calcaire grossier, et la *E. elliptica*, Lamk, des grès marins supérieurs de Valmoudois.

Il faut ajouter deux espèces de Grignon décrites par M. Caillat.

M. Grateloup [4] en compte deux dans les environs de Dax et de Bordeaux.

M. Nyst [5] a fait connaître l'*E. striatula* du terrain tongrien de Belgique, et les *E. fuba* et *depressa*, du crag.

M. Wood [6] cite, dans le crag d'Angleterre, quatre LEPTON, huit KELLIA (en y confondant des PONONIA), cinq MONTACUTA, et un CYAMIUM douteux.

M. Sismonda [7] a signalé quelques érycines des terrains tertiaires de Piémont, et M. Philippi a décrit sous le nom de *Bornia* trois espèces fossiles en Sicile et encore vivantes.

Il faut, suivant M. d'Orbigny [8], ajouter plusieurs espèces décrites par Basterot, Dubois de Montpéreux, etc., sous les noms de *Lucina*, *Psammobia* et *Cyclas*, ainsi que diverses espèces des États-Unis (terrain miocène) que

[1] Les espèces des terrains dévoniens rapportés aux érycines par le comte de Münster (*Beitr. zur Petr.*, t. III, p. 71) n'appartiennent pas à ce genre.

[2] *Coq. foss. Par.*, t. I, p. 40 ; Caillat, *Nouv. foss. Grignon*.

[3] L'*E. elegans*, par exemple, a un profond sinus palléal.

[4] *Catalogue* ; Deshayes, *Traité élém. conch.*, t. I, p. 735.

[5] *Coq. et pol. foss. Belg.*, p. 88.

[6] *Moll. from the crag* (*Palæont. Soc.*, 1850, p. 113).

[7] *Synopsis*, p. 22 ; Philippi, *Enum. moll. Sic.*, t. I, p. 12.

[8] *Prodrome*, t. III, p. 115.

MM. Conrad, Lea, etc., ont décrites sous les noms génériques de SPHÆRELLA, Conrad, ERYCINELLA, id., MYALINA, id., et ALIGENA, Lea.

Les PORONIA, Recluz, — Atlas, pl. LXXVIII, fig. 9,

ressemblent aux érycines ; mais chez elles, c'est le côté buccal qui est le plus long, et le test est plus épais et plus solide. Leur charnière est plus épaisse et présente sur son milieu la même échancrure. Il y a une dent latérale anale. Le ligament est interne.

Ces coquilles ont été en partie confondues avec les précédentes, sous les noms de KELLIA, Turton ; BORNIA, Philippi, etc. Les LESÆA, Leach, sont rapportées par quelques auteurs aux poronia, et par d'autres aux érycines.

On ne cite, à l'état fossile, que la *Poronia rubra* (*Cardium rubrum*, Montagu), qui vit dans la Méditerranée, et que M. Philippi [1] a trouvée dans les dépôts quaternaires de Sicile.

Les CARDILIES (*Cardilia*, Desh.), — Atlas, pl. LXXVIII, fig. 10,

doivent probablement être rapprochées des érycines et des poronia et non des anatinides, car elles ont l'impression palléale entière. La coquille est mince, fragile, ovale, gonflée, cordiforme, à crochets saillants. La charnière est étroite, et porte dans son milieu un cuilleron saillant, deux dents cardinales sur la valve gauche et une sur la droite. Le ligament est intérieur. L'impression musculaire anale est portée sur une lame saillante [2].

Ces coquilles, qui ont été confondues par Lamarck avec les isocardes, ont été désignées par M. Deshayes sous le nom d'HEMICYCLODONTA, nom qui ne fut pas publié, et remplacé plus tard par celui de *Cardilia*. M. Bronn les a nommées HEMICYCLOSTERA, et M. Bonelli, LEPTINA. M. Deshayes les a associées aux ostéodesmes, mais en faisant pressentir leurs rapports possibles avec les érycines.

Les cardilies vivantes sont peu nombreuses ; on en connaît deux fossiles.

La *C. Michelini*, Deshayes [3], provient des dépôts éocènes supérieurs de la Chapelle-en-Serval (Oise).

[1] *Enum. moll. Sic.*, I, p. 14, II, p. 11.
[2] La fig. 10 de la pl. LXXVIII représente la *Cardilia semisulcata*, Deshayes, vivante.
[3] Deshayes, dans Lamarck, *Anim. sans vert.*, 2ᵉ édit., t. VI, p. 450.

La *C. Michelotti*, Desh. [1] (*Leptina isocardia*, Bonelli), a été découverte dans les terrains pliocènes de l'Astézan.

Il faut encore vraisemblablement rapprocher plus ou moins des lucinides les genres ANATINELLA, Sowerby, et GALEOMMA, Turton (*Parthenope*, Scacchi); mais aucune espèce fossile certaine [2] ne leur a été rapportée, et nous n'avons pas à nous en occuper ici.

Les EOMONDIA, de Koninck, — Atlas, pl. LXXVIII, fig. 11,

ont un ligament interne et une charnière sans dents. Elles ont des rapports avec les cardiomorpha et les cœlonotides. M. de Koninck les réunit aux mactres, mais l'impression palléale n'est probablement pas sinueuse.

Nous avons admis, en les rapprochant des lucines, l'opinion de M. Deshayes, mais nous ne pouvons pas aller aussi loin que lui en les plaçant dans le même genre. Les impressions musculaires presque égales et circulaires, la position du ligament et la forme générale de la coquille s'opposent à ce rapprochement.

M. de Koninck [3] a décrit deux espèces des terrains carbonifères de Belgique, les *E. Josepha* et *unioniformis* (Atlas, pl. LXXVIII, fig. 11).

L'*E. Murchisoniana*, King [4], provient du terrain permien d'Angleterre.

On n'en connaît pas d'autres certaines. Les edmondia de M. Hall paraissent, comme je l'ai dit, n'être que des *Cardiomorpha*.

5ᵉ FAMILLE. — ASTARTIDES.

Les astartides ont une coquille épaisse, solide, presque toujours close, tantôt cordiforme, tantôt plus ou moins aplatie. La charnière est formée d'un petit nombre de dents cardinales assez fortes et obliques; les latérales manquent toujours. Le ligament est tantôt externe, tantôt interne. Les impressions musculaires

[1] *Magasin de zoologie*, 1844, p. 8; Bonelli, *Dénom. inéd. mus. Turin*; Sismonda, *Synopsis*, p. 22.

[2] Philippi, *Enum. moll. Sic.*, t. II, p. 19, a cependant rapporté avec doute aux Galeomma une valve isolée du calcaire quaternaire de Palerme (*G. compressum*). On ne peut la considérer que comme une simple indication.

[3] *Descr. anim. foss. carb. Belg.*, p. 66, pl. 1.

[4] *Permian fossils* (*Palæont. Soc.*, 1848, p. 165).

sont ovales ou obrondes, presque toujours égales et écartées. Dans la plupart des genres, l'impression buccale est accompagnée d'une plus petite située entre la grande et la charnière. L'animal est caractérisé par l'absence complète de siphons, et par les lobes du manteau désunis dans toute leur longueur.

M. Gray et M. Deshayes séparent les crassatelles en une famille distincte, à cause de leur ligament interne : mais ce que l'on connaît des formes de l'animal semble ne pas justifier cette opinion, et paraît lier les crassatelles aux astartes. Nous avons d'ailleurs, à plusieurs reprises, été déjà conduits à réunir dans la même famille des coquilles à ligament externe et des coquilles à ligament interne. M. Deshayes n'admet leur séparation que d'une manière provisoire ; je puis en dire autant de leur réunion. La connaissance plus exacte de l'anatomie des crassatelles pourra seule résoudre cette question.

Les astartides sont très faciles à reconnaître, lorsque l'on possède de bons échantillons de la coquille ; mais lorsqu'on ne peut observer que les formes extérieures ou des moules imparfaits, il est au contraire difficile de les distinguer des cythérides et des cyprinides. Aussi est-ce souvent sans preuves suffisantes qu'on a rapporté certaines espèces fossiles à quelques genres de cette famille, et surtout aux astartes jurassiques.

Les Crassatelles (*Crassatella*, Lamk), — Atlas, pl. LXXVIII, fig. 12 et 13.

diffèrent, comme je l'ai dit, de tous les autres genres de cette famille par le ligament interne. Elles ont, du reste, de grands rapports avec les astartes par leur impression palléale entière, leur coquille épaisse, et surtout par leurs impressions musculaires dont la buccale est grande et accompagnée d'une plus petite située sous la charnière. La coquille est quelquefois d'une épaisseur remarquable. La charnière est très solide, pourvue sur la valve gauche de deux dents divergentes et de trois fossettes, dont une, très large, reçoit le ligament. La valve droite n'a qu'une forte dent souvent sillonnée et deux larges fossettes de chaque côté.

Plusieurs auteurs rapprochent les crassatelles des mactres, à cause de leur ligament interne et de l'analogie qui existe dans la fossette où il est attaché. Mais les mactres appartiennent à la division des coquilles sinupalléales, et, comme je l'ai dit plus haut, les caractères tirés de l'impression du manteau sont bien plus importants que ceux de la charnière. D'ailleurs, sauf le ligament, les crassatelles ont de nombreux rapports avec les astartes et les opis.

Ces mollusques ont plus de ressemblance peut-être avec les mésodesmes, ainsi que je l'ai dit plus haut. La faible sinuosité palléale de ces dernières, en s'effaçant graduellement, permet d'admettre entre ces deux genres des transitions réelles.

Le genre PTYCHOMYA, Agass., paraît devoir être réuni aux crassatelles. M. Agassiz n'a connu que les caractères extérieurs ; M. d'Orbigny, qui a pu étudier les caractères internes, a montré que ces coquilles ne peuvent point être placées dans le voisinage des myes, à cause de leurs impressions palléales entières, et que l'ensemble de leurs caractères doit, au contraire, les réunir au genre qui nous occupe ici.

Les crassatelles ne paraissent pas antérieures à l'époque crétacée [1], et présentent leur maximum de développement dans les terrains tertiaires. Elles sont aujourd'hui spéciales aux régions chaudes, et vivent sur les côtes sablonneuses enfoncées verticalement dans le sable [2].

Les espèces de l'époque crétacée paraissent plus nombreuses dans les terrains supérieurs que dans les inférieurs.

M. d'Orbigny [3] a décrit la C. *Cornueliana* et la C. *Robinaldina* (*Ptychomya plana*, Agass.) du terrain néocomien, quatre espèces du terrain cénomanien et deux des craies supérieures. Nous avons reproduit la figure de la C. *Gallienii*, d'Orb., du terrain cénomanien du Mans, pour montrer l'apparence caractéristique des moules de ce genre (Atlas, pl. LXXVIII, fig. 12).

M. d'Orbigny [4] a depuis lors ajouté une espèce inédite du gault, une du grès vert du Mans, une du terrain sénonien d'Hauteville, une de Maestricht, etc.

[1] La C. *Bartlingii*, Roemer, *Harzgeb.*, p. 24, pl. 6, du terrain dévonien est probablement une cardinia.

[2] Voyez un mémoire sur les crassatelles, par M. Nyst, lu à l'Académie de Bruxelles, le 17 août 1847 ; l'Institut, 28 janv. 1848.

[3] *Pal. fr., Terr. crét.*, t. III, p. 82.

[4] *Prodrome*, t. II, p. 137, 160, 239.

J'ai décrit avec (¹), M. Renevier, la *C. cruciania* du terrain aptien de Sainte-Croix, et avec M. Roux les *C. Saxoneti*, *Sabaudiana* et *Pictana* du gault de Savoie.

M. d'Archiac (²) a fait connaître les *C. quadrata* et *subgibbosula* du tourtia ; mais je suis disposé à ne voir, avec M. d'Orbigny, dans la première, qu'une cyprine.

M. Matheron (³) a décrit les *C. orbicularis* et *galloprovincialis* des dépôts crétacés supérieurs des Bouches-du-Rhône.

La *C. impressa*, Sowerby (⁴), provient de Gosau.

Les *C. trapezoidalis*, *arcacea* et *tricarinata*, Roemer (⁵), ont été découvertes dans les terrains crétacés supérieurs d'Allemagne. Leur détermination générique est douteuse) ; M. d'Orbigny les considère comme des cypricardes.

Deux espèces inédites ont été citées dans le terrain danien.

Elles sont plus nombreuses dans les terrains tertiaires, surtout dans les inférieurs.

M. Deshayes (⁶) a décrit onze espèces des tertiaires éocènes du bassin de Paris. Les *C. sulcata*, Lamk, *bellovaccina*, Desh., *subsulcata*, d'Orb., et *scutellaria*, Desh., caractérisent les sables inférieurs d'Abbecourt ; la *C. trigonata*, Lamk, ceux de Cuise-la-Motte. La plupart appartiennent au calcaire grossier. Les plus remarquables et les plus répandues sont la *C. ponderosa*, Nyst (*tumida*, Lamk), la *C. sulcata*, Sow. (*lamellosa*, Lamk), la *C. trigonata*, Lamk, la *C. sinuosa*, Desh. (Atlas, p. LXXVIII, fig. 13), etc.

Les terrains nummulitiques ont fourni (⁷), outre plusieurs des espèces précédentes, les *C. minima*, Leym., et *securis*, id., des Corbières ; la *C. pyrenaica*, d'Orb., de Saint-Martory ; la *C. rhomboidea*, d'Arch., de Biarritz, et cinq espèces décrites par M. Bellardi, trouvées aux environs de Nice.

Les *C. plicata*, Sow., et *sulcata*, id. (⁸), proviennent de l'argile de Barton.

Les *C. Laudinensis*, Nyst (⁹), et *Nystii*, Desh. (*Nystiana*, d'Orb., *tenuistria*, var. Nyst), appartiennent aux dépôts contemporains de Belgique, où elles se trouvent avec quelques-unes des précédentes.

(¹) *Pal. suisse*, *Ter. aptien*, 4ᵉ livraison ; Pictet et Roux, *Moll. des grès verts*, p. 438, pl. 33.

(²) *Mém. Soc. géol.*, 2ᵉ série, t. II, p. 301, pl. 14.

(³) *Catal.*, p. 141, pl. 13.

(⁴) *Trans. geol. Soc.*, 2ᵉ série, t. III, pl. 38.

(⁵) *Norddeutsch. Kreideg.*, p. 74, pl. 9.

(⁶) *Coq. foss. Par.*, t. I, p. 33.

(⁷) D'Archiac, *Hist. des progrès*, t. III, p. 257, et *Mém. Soc. géol.*, 2ᵉ série, t. II, pl. 7 ; Leym., *id.*, t. I, pl. 14 ; Bellardi, *id.*, t. IV, pl. 18 et 19 ; d'Orb., *Pal. fr.*, *Terr. crét.*, t. III, p. 78, pl. 265 (*C. pyrenaica*, rapportée à tort au terrain crétacé).

(⁸) *Min. conch.*, pl. 345.

(⁹) *Coq. et pol. foss. Belg.*, p. 83, pl. 4.

Les espèces sont beaucoup moins abondantes dans les terrains tertiaires moyens et supérieurs.

M. Nyst [1] a décrit la *C. intermedia* du terrain tongrien de Belgique ; la *C. astartiformis* de Prusse et la *C. Bronni* de Fribourg.

La *C. minuta* [2], Philippi, provient de Freden, etc.

La *C. concentrica*, Dujardin [3] (*trigonata*, Nyst, etc.), appartient aux dépôts miocènes de la plus grande partie de l'Europe.

Les espèces indiquées par M. Eichwald [4] sont très douteuses.

Quelques crassatelles indiquées par Lamarck [5] méritent également un nouvel examen, telles sont la *C. striolata*, Lamk, de Saint-Brieuc ; la *C. sinuata*, Lamk, de Bordeaux ; la *C. latissima*, Lamk, de Vaucluse, etc.

On peut ajouter plusieurs espèces d'Amérique [6].

Les Opis, Defrance, — Atlas, pl. LXXVIII, fig. 14 et 15,

se distinguent facilement par leur coquille très épaisse, courte, cordiforme, à crochets très grands, droits et saillants, et à région anale aplatie. La charnière est forte ; elle est formée, sur la valve droite, d'une grande dent triangulaire ou comprimée ; sur la valve gauche de deux petites dents étroites, un peu divergentes, et d'une fossette triangulaire profonde qui reçoit la dent de l'autre valve. Le ligament est externe. L'impression musculaire buccale est accompagnée d'une plus petite. Ce genre a quelques rapports avec les cardium ; mais il s'en distingue par sa charnière et par ses deux impressions musculaires buccales.

Les opis ne vivent plus de nos jours et paraissent spéciales à l'époque secondaire. On les trouve dès les terrains triasiques.

La *Cardita Hæninghausi*, Klipst. [7], a tout à fait la forme et les caractères externes des opis.

Elles augmentent beaucoup de nombre dans les terrains juras-

---

[1] *Coq. et pol. foss. Belg.*, p. 85, pl. 4 ; *Mém. sur les crassatelles*, cité plus haut.

[2] *Tert. Verst. nordw. Deutsch.*, pl. 45, pl. 2.

[3] *Mém. Soc. géol.*, t. II, p. 256, pl. 18.

[4] *Lithuan.*, p. 206.

[5] *Animaux sans vertèbres*, 2ᵉ édit., t. VI, p. 113.

[6] On cite dans le terrain crétacé de l'Amérique septentrionale la *C. vadosa*, Morton, *Journ. Acad. Phil.*, t. VIII, p. 223. Les terrains tertiaires du même pays en renferment quelques-unes ; voyez Say, *Journ. Acad. Phil.*, t. IV, p. 142 ; Conrad, id., t. VI, p. 228.

[7] *Geol. der œstl. Alpen*, pl. 16, fig. 20.

siques ; mais plusieurs ne sont encore connues que d'une manière incomplète.

Il faut rapporter à ce genre plusieurs espèces décrites sous le nom de Cardita, et en particulier (¹) la *C. lunulata*, Sow. (*Trigonia cardissoides*, Lamk.), la *C. similis*, Sow., Goldf., et la *C. trigonalis*, id., de l'oolithe inférieure d'Angleterre ; la *C. similis*, Philipps, non Sow. (*Opis Philippiana*, d'Orb.), de l'oxfordien ; les *C. cardissoides*, Goldf., et *lunulata*, id., du corallien de Nattheim.

L'*O. dilatata*, Desh. (²), caractérise la grande oolithe.

Les *O. angustata*, Lycett, et *gibbosa*, id., sont indiquées dans l'oolithe inférieure d'Angleterre.

M. Buvignier (³) a décrit l'*O. Archiaciana*, Buv., de la grande oolithe des Ardennes, l'*O. Raulinea*, id., de l'oolithe ferrugineuse de Wagnon, l'*O. Arduennensis*, id. (Atlas, pl. LXXVIII, fig. 14), du terrain oxfordien ; cinq espèces du corallien et deux du calcaire à astartes.

L'*O. excavata*, Roemer (⁴), provient du coral rag (?) de Fritzow.

Il faut ajouter une quinzaine d'espèces inédites indiquées (⁵) par M. d'Orbigny (deux du lias, trois de l'oolithe inférieure, trois de la grande oolithe, deux de l'oxfordien, quatre du corallien et une du kimméridgien).

Les opis se continuent dans les terrains crétacés.

L'*O. neocomiensis*, d'Orb. (⁶), a été trouvé dans le terrain néocomien de Marolles, Saint-Sauveur, etc.

L'*O. ornata*, d'Orb. (⁷) (*Isocardia ornata*, Forbes), appartient au lower greensand d'Atherfield.

Le gault renferme (⁸) les *O. Hugardiana*, d'Orb. (Atlas, pl. LXXVIII, fig. 15), *sabaudiana*, id., et *lineata*, Pictet et Roux.

M. d'Orbigny a décrit (⁹) en outre les *O. Coquandiana*, *elegans*, *Gueranguert* et *ligeriensis* des terrains cénomaniens de Cassis et du Mans, et l'*O. Truellei*, id. (*bicornis*, Geinitz), des craies supérieures de Saintes.

Il faut ajouter (¹⁰) l'*O. Aasoniensis*, d'Archiac, du tourtia de Belgique,

(¹) Sowerby, *Min. conch.*, pl. 232 et 444 ; Goldf., *Petr. Germ.*, t. II, pl. 133 ; Phillips, *Geol. of Yorks.*, pl. 4 ; Deshayes, *Traité élém.*, t. II, p. 128.

(²) Deshayes, *loc. cit.* ; Lycett, *Ann. and mag. of nat. hist.*, 2ᵉ série, t. VI, p. 421.

(³) *Stat. géol. de la Meuse*, p. 17, pl. 13 et 14.

(⁴) *Norddeutsch. Oolgeb.*, supp., p. 38, pl. 19, fig. 5.

(⁵) *Prodrome*, t. I, p. 234, 253, 276, 307, 362, et t. II, p. 15 et 50.

(⁶) *Pal. fr.*, *Terr. crét.*, t. III, p. 51, pl. 253.

(⁷) *Prodrome*, t. II, p. 118 ; Forbes, *Quart. journ. geol. Soc.*, t. I, p. 242, pl. 2.

(⁸) D'Orbigny, *Pal. fr.*, *Ter. crét.*, t. III, p. 52, pl. 253 et 254 ; Pictet et Roux, *Moll. des grès verts*, p. 432, pl. 32.

(⁹) D'Orbigny, id., pl. 254 bis, 254, 257.

(¹⁰) *Mém. Soc. géol.*, 2ᵉ série, t. II, p. 305, pl. 14 ; Reuss., *Norddeutsch.*

l'*O. pusilla*, Reuss., des terrains crétacés supérieurs de Meroultz ; et
l'*O. galeata*, d'Orb. (*Cardium galeatum*, J. Müller), d'Aix-la-Chapelle.

Les Astartes (*Astarte*, Sowerby ; *Crassina*, Lamk.). — Atlas,
pl. LXXVIII, fig. 16 et 17,

ont une coquille ovale ou oblongue, inéquilatérale , épaisse, à
crochets médiocres, à lunule bien marquée. La charnière est très
solide ; la valve gauche présente deux fortes dents égales, divergentes, et deux cavités ; on voit sur la valve droite deux dents
inégales. Le ligament est extérieur, épais et court. Ce genre diffère du précédent par ses crochets plus petits. Les moules bien
conservés se distinguent facilement de ceux qui appartiennent à
d'autres familles par les impressions des petites attaches musculaires buccales en-dessus des grandes.

Les coquilles qui font partie de ce genre ont été désignées par
Lamarck sous le nom de Crassina, mais celui d'Astarte est antérieur de deux ans. Il faut leur réunir les Tridonta, Schumacher ;
les Thetis, Adams, non Sow., non Cuv. ; les Mactroidea et les
Mactrina, Brown, les Nicania, Leach, et probablement aussi les
Goodalia, Turton. Elles ont été désignées sous les noms de Peronea et Peronoderma par Poli.

Les astartes sont nombreuses à l'état fossile, surtout depuis
l'époque jurassique ; mais, comme je l'ai dit plus haut, il est difficile d'être certain que toutes les espèces décrites sous ce nom
appartiennent bien réellement à ce genre, car leurs formes extérieures rappellent beaucoup celles des cyprines et des vénus. Les
espèces vivantes ne sont pas nombreuses [1].

Elles paraissent manquer à l'époque primaire [2], sauf peut-
être dans ses étages les plus supérieurs.

Kreidef., t. II, p. 2, pl. 33 ; d'Orbigny, *Prodrome*, t. II, p. 238 ; J. Müller,
Monog. Aach. Petr., t. I, p. 22, pl. 2, fig. 2.

[1] Voyez un mémoire de M. Lajonkaire, *Mém. Soc. hist. nat.*, Paris,
1823 ; et F. Roemer, *De astartarum genere*, Berlin, thèse in-4°.

[2] Les espèces des terrains dévoniens et carbonifères décrites sous ce nom
n'appartiennent pas à ce genre. La C. *cincta*, Goldf., 134,b, et la C. *quadrata*, M' Coy, sont des cardinia. La C. *transversa*, Koninck, p. 80, pl. 4,
est un megalodon. La C. *Neptuni*, Münster, *Beitr.*, t. III, pl. 12, est indéterminable.

M. W. King [1] a figuré deux espèces, les *A. Wallisneriana*, King, et *Tunstallensis*, id., des terrains permiens d'Angleterre. Elles ne sont connues que par leurs caractères externes.

L'époque triasique en a possédé quelques-unes.

M. F. Roemer [2] en a décrit et figuré trois espèces bien conservées du muschelkalk de Willebadessen.

Elles augmentent de nombre dans le lias.

On cite, en Allemagne [3], l'*A. obsoleta*, Dunker, d'Halberstadt ; l'*A. Voltzii*, Goldfuss, du lias de Banz, etc.; l'*A. alta*, id., du même gisement, réunie par quelques auteurs à la précédente ; l'*A. subcarinata*, Münster, du même gisement, à laquelle il faut probablement réunir l'*A. striatosulcata*, Roemer, de Goslar ; l'*A. subtetragona*, Münster (*excavata*, Goldf., non Sow.), également de Banz ; l'*A. complanata*, Roemer, de Wisbergholzen (lias supérieur), etc.

L'*A. rhombea*, Roemer, provient du lias de Nancy ; l'*A. acutimargo*, id., du lias du département de l'Aude.

M. d'Orbigny ajoute plusieurs espèces indéterminées [4].

Elles sont très abondantes dans l'oolithe inférieure et dans la grande oolithe.

M. d'Orbigny [5] compte vingt-sept espèces dans le premier de ces gisements, et seize dans le second. La plupart sont inédites. Parmi celles qui sont décrites, on peut citer [6] en premier lieu les *A. obliqua*, Desh., *modiolaris*, id., et *trigona*, id., décrites par Lamarck sous le nom de Cypricardia, et communes dans l'oolithe inférieure de Bayeux, l'*A. cordiformis*, Desh., du même gisement, etc.

L'*A. squamula*, d'Archiac [7], provient de la grande oolithe d'Aubenton.

Les espèces d'Angleterre ont été décrites [8] par Sowerby (*A. elegans*, *exca-*

---

[1] *Perm. foss.* (*Pal. Soc.*, 1848, p. 194, pl. 16).

[2] *Palæontographica*, t. I, p. 313, pl. 36.

[3] Dunker, *Palæont.*, t. I, p. 178, pl. 25 ; Goldfuss, *Petr. Germ.*, t. II, p. 189, pl. 134 ; Roemer, *Norddeutsch. ool. Geb.*, p. 112, pl. 7, et *De astartarum genere*.

[4] *Prodrome*, t. I, p. 216, 234 et 253 (deux espèces du sinémurien, six du liasien et une du toarcien).

[5] *Prodrome*, t. I, p. 276 et 307.

[6] Deshayes, *Traité élém. conch.*, t. II, p. 138 ; et *Mag. de zool.* de Guérin, 1re année, pl. 8.

[7] *Mém. Soc. géol.*, t. V, 1843, p. 372, pl. 25.

[8] Sowerby, *Min. conch.*, pl. 137, 233 et 444 ; Phillips, *Geol. of Yorksh.*, pl. 9 et 11; Lycett, *Ann. and mag. of nat. hist.*, 2e série, t. VI, p. 423.

vata, *lurida* et *trigonalis*, de l'oolithe inférieure ; *A. orbicularis* et *pumila*, de la grande oolithe) ; Phillips (quelques espèces sous les noms *Crassina*, *Pullastra*, etc.) ; Lycett (quelques espèces de l'oolithe inférieure) ; la partie de l'ouvrage de MM. Morris et Lycett, qui doit renfermer ce genre, n'a pas encore paru.

Le *A. detrita*, Goldfuss (Atlas, pl. LXXVIII, fig. 16), *nummulina*, Roemer, de Popilani, *polita*, id., de Baireuth, *exarata*, Koch, et *Munsteri*, id., de Gærtzen, *subtrigona*, Munst. in Goldf. [1], appartiennent, suivant M. d'Orbigny, à l'oolithe inférieure.

Le même auteur [2] attribue à son étage bathonien l'*A. pulla*, Roemer, la *Cardita angusta*, Munst. in Goldf., et l'*Isocardia leporina*, Klöden.

Ce genre se continue dans l'étage kellowien, et paraît atteindre son maximum de développement dans l'étage oxfordien.

M. d'Orbigny [3] énumère douze espèces du premier de ces étages et trente-quatre du second, et même, suivant M. Deshayes, il en oublie neuf. Il y en a là-dessus un très grand nombre d'inédites (sept du terrain kellowien et neuf de l'oxfordien). On trouvera la description des autres [4], qui sont toutes oxfordiennes, dans les ouvrages de Phillips (*A. ovata*, Smith, *aliena*, Phill., *extensa*, id., *carinata*, id., etc.); Goldfuss (*A. striatocostata*, Munst., etc.); d'Orbigny (*Duboisiana*, d'Orb., de Russie, *Mosquensis*, id., *Arduennensis*, id., qui est le même que l'*elegans*, Ziet. non Sow., etc.); Roemer (*A. zonata*, d'Angleterre); Rouillier (*A. retrotracta*, et *Panderi*, de Russie); Eichwald (*A. veneris*); Buvignier (*A. discoidea*).

Les espèces sont un peu moins nombreuses dans les dépôts coralliens.

M. Roemer [5] a décrit cinq espèces du terrain corallien de Hohenegelisen, dont l'*A. sulcata*, Roem. (*Crassina minima*, Zieten) est identique avec l'*A. pumila*, Sow., et dont l'*A. lamellosa*, Roemer, qui est une lucine pour M. Deshayes, paraît se confondre avec l'*A. scalaria*, id., du portlandien. Les trois autres espèces sont l'*A. plana*, Roemer, non Sow. (*A. lævis*, Goldf., *A. subplana*,

---

[1] Goldfuss, *Petr. Germ.*, t. II, pl. 134 ; Roemer, *De Astart. gen.*, Koch et Dunker, *Beitr. Ool.*, p. 28, pl. 2.

[2] *Prodrome*, t. I, p. 308 ; Goldfuss, *Petr. Germ.*, t. II, pl. 138 ; Kloeden in Kock und Dunker, *loc. cit.*, p. 30, pl. 2.

[3] *Prodrome*, t. I, p. 337.

[4] Phillips, *Geol. of Yorksh.*; Goldfuss, *Petr. Germ.*, t. II, pl. 134 ; d'Orbigny, dans Murchis., Keys., Vern., *Pal. de la Russie*, pl. 38 ; Roemer, *De Astart. genere* ; Rouillier, *Bull. Soc. nat. Moscou*, t. XX ; Buvignier, *Stat. géol. de la Meuse*, p. 18 ; etc.

[5] *Norddeutsch. Oolgeb.*, p. 113, pl. 6, et *Palæontogr.*, t. I, p. 329, pl. 4.

d'Orb.), l'*A. dorsata*, Roemer (*A. curvirostris*, Goldf.), et l'*A. exaltata*, Roemer.

L'*A. multistriata*, Leymerie (¹), non Sow. (*submultistriata*, d'Orb.), provient du corallien de l'Aube.

M. d'Orbigny y ajoute la *Cardita extensa*, Goldf., de Nattheim, et un espèces inédites de France (²).

Les astartes des terrains kimméridgiens et portlandiens sont moins nombreuses en espèces que celles de l'oolithe inférieure et de l'étage oxfordien ; mais elles sont quelquefois assez abondantes en individus pour avoir donné leur nom (calcaire à astartes) à quelques dépôts de l'époque kimméridgienne.

On trouve en Allemagne (³) l'*A. scularia*, Roemer, citée ci-dessus ; l'*A. cuneata*, Roemer, non Sow. (*Myrina*, d'Orb.), du terrain portlandien de Wendhausen ; l'*Unio suprajurensis*, Roemer, de Fritzow, etc.

On cite en Angleterre (⁴) l'*A. lineata*, Sow., du terrain kimméridgien ; l'*A. cuneata*, Sow., du terrain portlandien ; l'*A. rugosa* (*Cytherea rugosa*, Sow.), etc.

M. Buvignier (⁵) a décrit les *A. supracorallina*, d'Orb., et *mediolaevis* du calcaire à astartes, et l'*A. ambigua*, du portlandien de Bar.

M. d'Orbigny a ajouté plusieurs espèces inédites.

Les astartes se continuent assez abondantes dans les dépôts crétacés, sans atteindre toutefois un développement égal à celui qu'elles avaient dans quelques fractions de l'époque jurassique.

Les dépôts néocomiens et aptiens en ont fourni plusieurs.

M. d'Orbigny (⁶) en a décrit onze espèces du terrain néocomien, parmi lesquelles les *A. Beaumontii*, Leym., *gigantea*, Desh., et *substriata*, Leym., étaient seules connues.

Il faut ajouter l'*A. subdentata*, Roemer (⁷), du Hils ; l'*A. donata*, d'Orb.,

<hr>

(¹) *Stat. géol. de l'Aube*, pl. 10, fig. 7 bis.

(²) *Prodrome*, t. II, p. 15 ; Goldfuss, *Petr. Germ.*, t. II, pl. 133.

(³) Roemer, *Norddeutsch. Ool. geb.* p. 113, pl. 6.

(⁴) Sowerby, *Min. conch.*, pl. 137 et 179.

(⁵) *Stat. géol. de la Meuse*, p. 18, pl. 15 et 20.

(⁶) D'Orbigny, *Pal. fr.*, *Terr. crét.*, t. III, p. 72 ; Leymerie, *Mém. Soc. géol.*, t. V.

(⁷) Roemer, *Norddeutsch. Kreideg.*, pl. 71, pl. 9 ; et *De Astart. genere*, p. 20, fig. 4 ; Phillips, *Geol. of Yorks.*, pl. 2, fig. 18 et 19 ; d'Orbigny, *loc. cit.* ; Pictet et Renevier, *Pal. suisse*, *Terr. aptien*, 4ᵉ livraison ; Pictet et Roux, *Grès verts*, p. 534.

du terrain aptien de Marolles; l'*A. lævis*, Phillips, de l'argile de Speeton; l'*A. Buchii*, Roemer, des marnes aptiennes de la perte du Rhône (Atlas, pl. LXXVIII, fig. 17); les *A. Bruneri*, Pictet et Roux, et *Rhodani*, id., des terrains aptiens de la perte du Rhône, et quelques espèces du même gisement que nous décrirons dans notre paléontologie suisse.

Le gault est moins riche en astartes.

L'*A. Dupiniana*, d'Orb. ([1]), se trouve à Ervy et en Savoie.
L'*A. Bellona*, d'Orb. ([2]), espèce inédite, provient de Novion.
L'*A. sabaudiana*, Pictet et Roux ([3]), a été découverte au Saxonet.

Les craies chloritées et les craies supérieures ont fourni quelques espèces.

M. d'Orbigny ([4]) a fait connaître l'*A. Guerangueri*, du Mans (terrain cénomanien), et indiqué l'*A. difficilis*, d'Orb., des terrains crétacés supérieurs de Royan.

M. Sowerby ([5]) a décrit plusieurs espèces de Blackdown (*A. concinna, multistriata, formosa, impolita, striata*).

L'*A. Koninckii*, d'Archiac ([6]), du tourtia, paraît être la même que l'*A. striata*. Son *A. cyprinoides* est probablement une cyprine.

La *Venus granum*, Matheron ([7]), du terrain turonien des Martigues appartient à ce genre.

L'*A. similis*, Goldfuss ([8]), provient de la craie de Haldem (elle est indiquée aussi dans le corallien de Nattheim, mais il y a probablement confusion).

M. Reuss a décrit ([9]) quelques espèces des craies de Bohême (*A. porrecta,* Reuss ou *Reussii*, Desh., *nana*, Reuss., *acuta*, id.).

L'*A. macrodonta*, Sowerby ([10]), provient de Gosau, où l'on trouve aussi l'*A. laticosta*, Desh.

([1]) *Pal. fr., Terr. crét.*, t. III, p. 70, pl. 264.
([2]) *Prodrome*, t. II, p. 136.
([3]) *Moll. des grès verts*, p. 138, pl. 32.
([4]) *Pal. fr., Terr. crét.*, t. III, p. 71, pl. 266 bis, et *Prodrome*, t. II, p. 238.
([5]) *Trans. geol. Soc.*, t. IV, p. 239, pl. 16, fig. 15; *Min. conch.*, pl. 520.
([6]) *Mém. Soc. géol.*, 2ᵉ série, t. II, pl. 14.
([7]) *Catalogue*, p. 158, pl. 15.
([8]) *Petref. Germ.*, t. II, pl. 134, fig. 22.
([9]) *Boehm. Kreidef.*, pl. 33.
([10]) *Trans. geol. Soc.*, 2ᵉ série, t. III, pl. 38; Deshayes, *Traité élém. conch.*, t. II, p. 145, pl. 22, fig. 16 et 17.

M. Jos. Müller [1] a trouvé, à Aix-la-Chapelle, l'*A. cœlata*, Müll., et l'*A. V. Rœmeri*, id.

Ce genre se continue pendant l'époque tertiaire ; mais il est peu abondant dans la période éocène, fait d'autant plus remarquable qu'il reparaît très nombreux dans les formations supérieures pour diminuer de nouveau à l'époque moderne.

L'*A. rugata*, Sow. [2], a été trouvée dans l'argile de Londres, avec deux autres espèces (*A. donacina*, Sow., et *tenera*, id.).

Les dépôts éocènes inférieurs de Belgique ont fourni [3] les *A. Nystiana*, Kick., et *inæquilatera*, Nyst.

L'*A. Prattii*, d'Archiac [4], a été découverte dans le terrain nummulitique de Biarritz.

Les dépôts miocènes et pliocènes en renferment un plus grand nombre.

M. Nyst [5] en a décrit plusieurs. Les *A. Henckeliusiana*, Nyst, *Kickxii*, id., *Bosquetii*, id., et *trigonella*, id., caractérisent l'étage tongrien. Les *A. Galeotti*, Nyst, *Omalii*, Lajonkaire, *corbuloides*, id., *Burtinii*, id., *radiata*, Nyst, et West, *minuta*, Nyst. et diverses espèces communes à d'autres pays, appartiennent au crag ou système campinien.

L'*A. Basteroti*, Lajonkaire, se trouve à la fois dans ces deux étages.

M. Deshayes a fait connaître [6] l'*A. scalaris*, Desh., l'*A. striatula*, id., des environs d'Angers, l'*A. solidula*, id., des faluns de Touraine, etc.

Les terrains miocènes du Piémont renferment [7], outre cette dernière espèce, les *A. Murchisoni*, Michelotti, et *circinnaria*, id.

Le crag d'Angleterre en contient une quantité considérable, M. Wood [8] en compte vingt espèces, dont huit vivent encore.

Les espèces des terrains tertiaires d'Allemagne ont été décrites [9] par

[1] *Monog. Aach. Kreidef.*, I, p. 22 ; II, p. 65.

[2] Sowerby, *Min. conch.*, pl. 316 ; Morris, *Catal.*, p. 78, et *Quart journ. geol. Soc.*, 1852, t. VIII, p. 265.

[3] Nyst, *Coq. et pol. foss. Belg.*, p. 154, pl. 6.

[4] *Mém. Soc. géol.*, 2ᵉ série, t. III, pl. 12, fig. 2.

[5] *Coq. et pol. foss. Belg.*, p. 149 ; Lajonkaire, *Notice géol. sur les environs d'Anvers* (*Mém. Soc. hist. nat. Paris*, t. I).

[6] *Traité élém. conch.*, t. II, p. 146, pl. 22, *Magazin de zoologie*, 1830, pl. 10, et dans Lamarck, *Anim. sans vert.*, 2ᵉ édition, t. VI, p. 259.

[7] Michelotti, *Desc. foss. terr. mioc. Ital. sept.*, p. 119, pl. 4.

[8] *Moll. from the crag* (*Palæont. Soc.*, 1853, p. 172) ; Sowerby, *Min. conch.*, pl. 179 et 251.

[9] Goldfuss, *Petr. Germ.*, t. II, pl. 135 ; Philippi, *Tertiær Verst. nordw. Deutsch.*, pl. 2, et *Palæontographica*, t. I, p. 47 et 57, pl. 8.

Goldfuss (*A. gracilis, lamellosa, armata, concentrica*), et par M. Philippi (*A. lævigata*, de Cassel, *A. dilatata* et *subquadrata*, de Westeregeln, *A. anus* et *vetula*, de Luneburg).

Quelques espèces des terrains tertiaires se continuent dans les mers actuelles [1].

Les astartes se trouvent aussi fossiles en Amérique et en Asie [2].

Les CIRCÉ, Schumacher, — Atlas, pl. LXXVIII, fig. 18,

ont été en général confondues avec les cythérées [3] dont, en effet, elles ont à peu près la charnière; mais elles en diffèrent par leur sinus palléal nul ou presque nul, et par l'existence d'une petite impression musculaire accessoire à la buccale qui rappelle tout à fait les astartes. Je n'hésite pas à les rapprocher de ce dernier genre, d'autant plus que les formes de l'animal semblent justifier leur séparation d'avec les cythérées.

On ne connaît à l'état fossile qu'une seule espèce du crag rouge et du crag corallien [4]. Elle a encore son analogue vivant et a été décrite sous des noms variés (*Venus minima*, Montagu, *Cyprina minima* et *triangularis*, Turton, *Cytherea minima*, Brown, *Crassina minima*, Gray, etc.). Elle porte maintenant celui de *Circe minima*, Forbes et Hanley.

Les CAROTTES, Bruguière (*Cardita* et *Venericardia*, Lamk), — Atlas, pl. LXXVIII, fig. 19 et 20, et pl. LXXIX, fig. 1,

ont une coquille arrondie ou oblongue, entièrement fermée, souvent très inéquilatérale, ordinairement épaisse et ornée de côtes rayonnantes. Les impressions musculaires sont très bien mar-

[1] Voyez, pour ces identités, Deshayes, *Traité élém. conch.*, t. II, p. 148.

[2] M. d'Orbigny (*Voyage, Pal.*, p. 83 et 105) a décrit deux espèces des terrains crétacés de l'Amérique méridionale. Le même continent renferme l'*A. truncata*, de Buch (*Pétr. recueillies en Amérique*, p. 13).

On en trouve plusieurs dans les terrains tertiaires de l'Amérique septentrionale. Voyez Say, Conrad, *Foss. of the tert. form.*, et *Journ. Acad. Phil.*, t. IV, p. 150, t. VII, p. 133, t. VIII, p. 184, *American Journ. of sc.*, t. XXIII, p. 339, Lea, *Desc. new foss. tert.*, etc.

Quelques-unes sont indiquées comme trouvées dans les Indes orientales dans une formation secondaire supérieure (*Madras Journ.*).

[3] Voyez la note de la page 447.

[4] Wood, *Moll. from the crag* (*Palæont. Soc.*, 1853, p. 198).

quées. La charnière est solide, formée de deux dents cardinales, inégales et obliques. Le ligament est extérieur.

Lamarck a distingué les VENERICARDIA, dont les deux dents de la charnière sont obliques et dirigées du même côté, et les CARDITA, où une de ces dents est droite, située sous les crochets, et l'autre, oblique, prolongée sous le ligament. Les premières sont ordinairement ovales, et les dernières allongées et très inéquilatérales. Les conchyliologistes s'accordent maintenant pour réunir ces deux genres dont les animaux sont identiques, et que lient de nombreuses transitions. On trouve plusieurs espèces qui ont, avec les formes générales des vénéricardes, la charnière des cardites, et la dent, qui est courte dans ces dernières, passe par degrés à une position oblique ; en sorte que l'examen d'un grand nombre d'espèces rend impossible de fixer des limites précises.

Les cardites ont reçu divers noms. Elles étaient comprises dans le genre ACTINOBOLUS, Klein ; elles ont été nommées LAMNEA et LAMNEODERMA par Poli ; elles ont été divisées par de Blainville en CARDIOCARDITES et MYTILICARDES.

On doit leur réunir les ARCTURUS, Humphrey ; les BEGUINA, Bolten ; les GLANS, Megerle ; les ARCINELLA, Oken, non Schum., non Phil., et les CARDISSA, Oken, non Valch.

Les HIPPOPODIUM, Sowerby, paraissent aussi ne pas pouvoir en être séparés génériquement (Atlas, pl. LXXIX, fig. 1). Ils diffèrent du type ordinaire par une charnière énorme qui occupe souvent la moitié de la coquille et par l'absence des côtes rayonnantes, ornement ordinaire des véritables cardites. On ne les trouve que dans les terrains de l'époque jurassique.

Les cardites paraissent avoir existé depuis le commencement de l'époque secondaire ; mais elles n'ont été nombreuses que dans l'époque tertiaire.

Quelques espèces ont cependant été indiquées dans l'époque paléozoïque, mais elles n'appartiennent pas à ce genre.

La C. *Murchisoni*, Geinitz (¹), du terrain permien, est une cypricarde pour M. Deshayes et une myoconcha pour M. d'Orbigny. C'est le type du genre PLEUROPHORUS, King, dont nous parlerons plus bas.

(¹) *Zechsteingeb.*, p. 9, pl. 4, fig. 1 à 5.

Je considère, au contraire, leur existence comme probable pendant l'époque triasique.

Goldfuss, le comte de Münster et M. Klipstein ont décrit [1] sept espèces de Saint-Cassian.

Quelques-unes d'entre elles sont douteuses, d'autres doivent être exclues du genre, telles que la *C. Heninghausia* qui est une opis ; mais je ne vois aucun motif pour ne pas considérer comme des cardites, quelques espèces dont les formes extérieures sont tout à fait celles du genre, telles que la *C. crenata*, Goldfuss (Atlas, pl. LXXVIII, fig. 19.)

Il y en a probablement aussi eu quelques espèces pendant l'époque jurassique. Leur nombre sera augmenté si l'on admet la réunion des hippopodium aux cardita.

Le lias est caractérisé par l'*Hippopodium ponderosum*, Sow. [2], trouvé à Nancy, à Cheltenham, etc. (Atlas, pl. LXXIX, fig. 1.)

On trouve dans l'oolithe inférieure [3] l'*H. bajocense*, d'Orb. et l'*H. gibbosum*, id., espèces inédites ; la *C. terminalis*, Deshayes (*Astarte terminalis*, Roemer et *Myoconcha ornata*, id.), du Calvados ; la *C. Terqueni*, Desh., inédite de l'oolithe inférieure de Metz, etc.

La grande oolithe renferme [4] l'*H. Luciensis*, d'Orb., et quelques espèces inédites indiquées par M. Deshayes.

M. Buvignier [5] a fait connaître la *C. Moreana* des terrains oxfordiens d'Hannonville, quatre espèces des dépôts coralliens, deux du calcaire kimméridgien à astartes, et trois du portlandien.

M. d'Orbigny [6] indique en outre deux espèces inédites du corallien.

Les espèces augmentent de nombre dans les dépôts crétacés et ont davantage les formes normales du genre. On n'y retrouve plus d'hippopodium.

M. d'Orbigny [7] a décrit la *C. neocomiensis*, d'Orb. et la *C. quadrata*, id., du terrain néocomien de Marolles.

La *C. fenestrata* (*Venus fenestrata*, Forbes) a été trouvée dans le lower

[1] Goldfuss, *Petr. Germ.*, t. II, pl. 133 ; Münster, *Beitr. zur Petr.*, t. IV, p. 86, pl. 8 ; Klipstein, *Geol. der oestl. Alpen*, p. 254, pl. 16.
[2] *Min. conch.*, pl. 250.
[3] *Prodrome*, t. I, p. 277 ; Desh., *Traité élém. conch.*, t. II, p. 166.
[4] *Prodrome*, t. I, p. 308 ; Desh., *loc. cit.*
[5] *Stat. géol. de la Meuse*, p. 18.
[6] *Prodrome*, t. II, p. 16.
[7] *Paléont. franç.*, *Terr. crét.*, t. III, p. 85, pl. 267.

greensand d'Angleterre et dans le terrain aptien de la perte du Rhône [1].

Le gault a fourni [2] les *C. Constantii*, d'Orb., commune dans plusieurs gisements, les *C. Dupiniana*, id., *tenuicosta*, id., d'Ervy, Géraudot, etc., la *C. exaltata*, id., de Morteau, la *C. rotundata*, Pictet et Roux, de la perte du Rhône, les *C. clathrata*, Buvignier, et *orgonnensis*, id., du département de la Meuse.

M. d'Orbigny a fait connaître en outre cinq espèces du terrain cénomanien du Mans et de Rouen, auxquelles M. Deshayes [3] ajoute la *Myoconcha cretacea*, d'Orb., le *Mytilus clathratus*, d'Archiac, et les *C. Archiaci*, Desh., et *plicatilis*, id., inédites, du tourtia.

Il faut encore citer [4] la *C. parvula*, Goldf., de la craie de Haldem, la *C. Geinitzii*, d'Orb. (*C. tenuicosta*, Geinitz non d'Orb.), des craies supérieures de Saxe et la *C. Hebertiana*, d'Orb., du terrain pisolithique. La *C. semi-striata*, Roemer, de Strehlen et la *C. modiolus*, Roemer, des craies de Bohême sont des cardium.

Les cardites augmentent beaucoup de nombre dans les terrains tertiaires. M. Deshayes compte plus de cent espèces de cette période.

On les trouve dès l'époque éocène.

Lamarck et M. Deshayes [5] ont décrit les espèces du bassin de Paris, (14 *Venericardia* et 2 *Cardita*.) La *C. crassa*, Desh ? [6] (*pseudocrassa*, d'Orb.), la *V. pectuncularis*, Lamk, et la *V. multicosta*, Lamk, caractérisent les sables inférieurs du Soissonnais et de Bracheux. (Atlas, pl. LXXVIII, fig. 20.)

La *V. decussata*, Lamk, et la *V. planicosta*, Desh., proviennent de Cuise-la-Motte et se retrouvent dans le calcaire grossier. Les *V. asperula*, Desh., *squamosa*, id., *elegans*, Lamk, *calcitrapoïdes*, Lamk (*aculeata*, Desh.), *nitis*, Lamk, *imbricata*, id., *acuticosta*, id., *angusticosta*, Desh., sont répandues dans le calcaire grossier. Les *V. aspera*, Lamk, *complanata*, Desh., *coravium*, Lamk, et *spissa*, Defr., appartiennent aux sables supérieurs de Valmondois.

Les terrains nummulitiques [7] renferment une partie des espèces précé-

---

[1] *Quart. journ. geol. Soc.*, t. I, p. 240, pl. 2 ; Pictet et Renevier, *Paléont. Suisse, Terr. aptien*, 4ᵉ livraison.

[2] D'Orbigny, *Paléont. franç., Terr. crét.*, t. III, p. 89, pl. 268 et 269 ; *Prodrome*, t. II, p. 137 ; Pictet et Roux, *Moll. des grès verts*, p. 442, pl. 33 ; Buvignier, *Stat. géol. de la Meuse*, p. 19, pl. 15 et 32.

[3] *Trait. élém. conch.*, t. II, p. 168.

[4] Goldf., *Petr. Germ.*, t. II, pl. 133 ; Reuss, *Boehm, Kreid.*, pl. 33, etc.

[5] *Coq. foss. Par.*, t. I, p. 149.

[6] Voyez sur la *C. crassa* le doute émis par M. Deshayes, *Traité élém. conch.*, t. II, p. 175, et la remarque faite par le même auteur au sujet du nom de *pseudocrassa*.

[7] D'Archiac, *Hist. des progrès*, t. III, p. 262, et *Mém. soc. géol.*, 2ᵉ série,

dentes (*V. acuticostata, angusticostata, asperula, decussata, imbricata*, etc.), et des espèces qui leur sont propres.

Al. Brongniart a fait connaître les *V. Arduini* et *Laurœ* de Castel Gomberto. M. d'Archiac a décrit la *V. Barrandei* de Biarritz, et indiqué plusieurs espèces inédites. La *V. minuta*, Leym., provient des Corbières. La *V. Perezi*, Bellardi, a été trouvée à Nice, etc.

Les dépôts éocènes d'Angleterre ont plusieurs espèces communes avec le bassin de Paris (*V. acuticostata*, Lamk., décrite par Sowerby sous le nom de *carinata*, *nitis*, Lamk., *planicosta*, id.), et ont fourni en outre : la *V. Brongniarti*, Mantell, de Bognor[1] et les *V. deltoidea*, Sow., *globosa*, id., et *oblonga*, id., de Barton.

Elles se continuent dans les dépôts miocènes et pliocènes.

M. Nyst[2] a décrit les *C. latisulca, Kickxii* et *Omaliana* du terrain tongrien de Belgique, ainsi que la *C. squamulosa*, Nyst, du crag du même pays.

Il a cité dans ce dernier terrain quelques autres espèces du crag d'Angleterre.

M. Dujardin[3] a fait connaître plusieurs espèces des faluns de la Touraine (*C. affinis, squamulata, monilifera, alternans, pinnula*, etc.).

Les dépôts miocènes des environs de Bordeaux ont fourni quelques espèces[4], parmi lesquelles on peut remarquer les *C. pinnula*, Basterot, *hippopea*, id., *semidentata*, id., et *Jouannetti*, id. Cette dernière espèce, très caractéristique, se trouve dans la plupart des terrains miocènes européens, et en particulier dans la mollasse suisse.

M. Michelotti[5] compte huit espèces dans les terrains miocènes du Piémont, dont deux nouvelles (*C. producta*, Mich. et *scabricosta*, id.).

Les terrains pliocènes du même pays renferment en outre[6] les *C. intermedia*, Lamk., *pectinata*, Sismonda, etc.

M. Wood[7] compte six espèces dans le crag d'Angleterre.

La *C. orbicularis*, Goldfuss[8], est répandue dans toute l'Allemagne.

Il y a encore plusieurs espèces incomplétement connues, décrites par MM. Pusch, Eichwald, etc.

t. III, pl. 12; Al. Brongn., *Vicentin*, pl. 5, fig. 2 et 3; Leym., *Mém. Soc. géol.*, 2ᵉ série, t. I, pl. 15; Bellardi, *id.*, t. IV, pl. 17, etc.

[1] Mantell, *Geol. S. E. England*, p. 368; Sow., *Min. conch.*, pl. 259 et 289.

[2] *Coq. et pol. foss. Belg.*, p. 209, pl. 15 et 16.

[3] *Mém. soc. géol.*, t. II, p. 264.

[4] Basterot, *Coq. foss. Bord.*, p. 80; Desh., *Traité élém. conch.*, t. II, p. 177.

[5] *Desc. foss. mioc. Ital. sept.*, p. 95, pl. 16.

[6] Sismonda, *Synopsis*, p. 17.

[7] *Moll. from the crag (Palæont. Soc.*, 1853, p. 164).

[8] *Petr. Germ.*, pl. 134, fig. 1.

Plusieurs espèces paraissent se trouver à la fois fossiles et vivantes [1].

On devra ajouter quelques espèces américaines et en particulier celles que M. Conrad a décrites sous le nom de CARDITAMERA [2].

Les PACHYRISMA, Morris et Lycett, — Atlas, pl. LXXIX, fig. 2,

ont une coquille obronde, presque aussi longue que large, cordiforme, équivalve, très inéquilatérale, à crochets grands, enroulés comme ceux des isocardes, carénés du côté anal. Le corselet est très profond, la lunule manque. La charnière est extraordinairement épaisse, et offre sur chaque valve une grande et forte dent conique, et une fossette profonde avec un rudiment de dent latérale buccale. Les impressions musculaires sont profondes. La buccale est ovale, subtransversale, et la postérieure arrondie.

MM. Morris et Lycett, induits en erreur par une infiltration cristalline, avaient ajouté que l'impression anale était portée par une lame saillante. M. Deshayes, en dégageant la coquille de l'infiltration, a montré que cette impression est creusée dans l'épaisseur du test.

On ne connaît qu'une seule espèce de ce genre, c'est le *P. grande*, Morris [3], de la grande oolithe de Minchinhampton. Elle paraît se rapprocher à la fois des cardita et des mégalodon.

Les MÉGALODON, Sowerby (*Megalodus*, Goldfuss), — Atlas, pl. LXXIX, fig. 3,

ont une coquille ovale ou cordiforme parfaitement close, dont la charnière présente une grande dent cardinale souvent sillonnée, irrégulière sur la valve droite, une fossette et une dent étroite sur la valve gauche, et une dent latérale anale, allongée et peu saillante.

L'impression musculaire buccale est petite et profonde, très rapprochée de la charnière; l'impression musculaire anale est

[1] Voyez Deshayes, *Traité élém. conch.*, t. II, p. 184.

[2] *Foss. of the tert. form.*, p. 65, etc.; voyez d'Orbigny, *Prodrome*.

[3] Morris et Lycett, *Quart. journ. geol. Soc.*, t. VI, 1850, p. 399, et *Mollusca from the great oolite* (*Palœont. Soc.*, 1853, p. 78, pl. 8); Deshayes, *Traité élém. conch.*, t. II, p. 184.

ovalaire, souvent supportée par une lame saillante et oblique. Le ligament est extérieur.

Ce genre lie les cardites aux unionides en présentant en même temps quelques rapports avec les trigonies. L'inégalité et la place des impressions musculaires, ainsi que la forme allongée de quelques espèces, rappellent un peu les mytilides.

Les mégalodons ne vivent plus de nos jours et paraissent même spéciaux à l'époque primaire.

Leur existence est douteuse dans les terrains siluriens.

Le *M. Deshayesiana*, d'Orb. (*Cypricardia Deshayesiana*, Vern.), de Russie [1] n'a pas, suivant M. Deshayes, l'impression musculaire du genre.

Le *M. carpomorphum*, d'Orb. (*Cardium carpomorphum*, Hisinger), de Suède, n'est connu que par ses caractères externes [2].

Les espèces les plus certaines appartiennent toutes à l'époque dévonienne.

La plus connue est le *M. cucullatus*, Sow., fréquent en Angleterre et dans le terrain dévonien du Rhin [3] (Atlas, pl. LXXIX, fig. 3.)

Goldfuss en a décrit six autres espèces de Bensberg et de Paffrath. M. Roemer a fait connaître les *M. bipartitus* du Rhin et *elongatus* du Harz, et MM. d'Archiac et Verneuil le *M. concentricus* des terrains dévoniens du Rhin [4].

On en a cité encore dans les terrains de l'époque carbonifère, mais la détermination générique de ces espèces est très douteuse.

Le *M. antiquus*, d'Orb. (*Trigonia antiqua*, d'Orb. olim), de Bolivia, est incomplétement connu [5].

Le *M. transversus*, d'Orb. (*Astarte transversa*, Kon.), a plutôt la charnière des cypricardes que celle des mégalodons [6].

[1] D'Orbigny, *Prodrome*, t. I, p. 12; Murchison, Keys., Vern., *Pal. de la Russie*, p. 304, pl. 20, fig. 1; Deshayes, *Traité élém. conch.*, t. II, p. 236.

[2] Hisinger, *Lethæa Suecica*, pl. 19, fig. 5; d'Orb., *Prodrome*, t. I, p. 32.

[3] Sowerby, *Min. conch.*, pl. 568; Goldfuss, *Petr. Germ.*, t. II, pl. 132, fig. 8.

[4] Goldfuss, *Petr. Germ.*, pl. 132, fig. 4 et 9, et pl. 133, fig. 1 à 4; Roemer, *das Rhein. Ueberg.*, p. 78, pl. 2 et *Harzgeb.*, p. 24, pl. 6; d'Archiac et Vern., *Trans. geol. Soc.*, t. VI, pl. 36, fig. 11.

[5] *Voyage dans l'Amér. mérid.*, *Paléontologie*, p. 44, pl. 3.

[6] D'Orbigny, *Prodrome*, t. I, p. 130; de Koninck, *Desc. anim. foss. carb. Belg.*, p. 80, pl. 4; Desh., *Traité élém. conch.*, t. II, p. 237.

Les Pleurophorus, King, — Atlas, pl. LXXIX, fig. 4,

me paraissent avoir de grands rapports avec les mégalodons, les astartes et les cardita, et surtout avec les myoconcha.

Ce sont des coquilles fermées, très inéquilatérales, à ligament externe, dont la charnière est formée de deux dents cardinales divergentes et d'une dent latérale anale linéaire.

L'impression musculaire buccale, très rapprochée de la charnière, est souvent bordée intérieurement par une côte élevée ; elle est accompagnée d'une petite impression accessoire semblable à celle des astartes.

On ne connaît qu'une seule espèce de ce genre.

Elle appartient au terrain permien et a reçu divers noms [1]. C'est l'*Arca costata*, Brown, la *Modiola costata* de Verneuil, la *Cypricardia Murchisoni* et la *Cardita Murchisoni*, Geinitz, la *Myoconcha costata*, Brown. Elle doit maintenant porter le nom de *Pleurophorus costatus*, King. On l'a trouvée en Angleterre, en Allemagne, en Russie, etc.

Les Myoconcha, Sowerby, — Atlas, pl. LXXIX, fig. 5,

ont des coquilles fermées, très inéquilatérales, épaisses, qui rappellent extérieurement par leurs formes les mytilus du groupe des modioles. La charnière se compose d'une dent allongée sur une des valves et d'une fossette correspondante sur l'autre. Le ligament est allongé, externe. Les impressions musculaires sont très écartées ; l'anale est grande ; la buccale est large, triangulaire, profonde et accompagnée d'une impression accessoire plus petite, séparée de la principale par une côte saillante interne, et enfoncée sous la cavité du crochet.

Ces coquilles font une transition intéressante entre les cardita et les mytilus ; aussi ont-elles été placées tantôt avec les uns, tantôt avec les autres. Je crois avec M. Deshayes qu'elles sont plus voisines des cardites, la duplicité de leur impression musculaire buccale les rapproche de ce genre, qui d'ailleurs renferme des espèces tout à fait mytiliformes.

Je ne vais pourtant pas avec lui jusqu'à les réunir génériquement aux cardites. La simplicité de la charnière et la disposition

---

[1] King, *Permian foss.* (*Palæont. Soc.*, 1848, p. 181, pl. 15).

de l'impression buccale accessoire me paraissent motiver la conservation du genre myoconcha.

Elles ont beaucoup plus de rapports avec les Pleurophorus, King; je n'ai toutefois pas cru devoir les associer à ce genre qui a deux dents à la charnière, et chez lequel la petite impression buccale rappelle davantage celle des astartes.

Parmi les espèces qui ont été décrites, il est probable que l'on a confondu de vrais mytilus. Les formes externes sont insuffisantes pour distinguer ces deux genres.

Ce genre, éteint aujourd'hui, paraît dater de l'époque permienne ([1]).

La *M. Pallasi*, d'Orb. (*Mytilus Pallasi*, Vern.), de Russie, a bien les caractères de ce genre.

La *M. simpla*, d'Orb. (*Modiola simpla*, Keys.), semble aussi lui appartenir.

La *M. Murchisoni*, d'Orb., est pour nous un PLEUROPHORUS.

Deux espèces sont citées dans l'époque triasique.

Ce sont les *Mytilus Maximilianus Leuchtembergensis*, Klipstein, et *latus*, id., de Saint-Cassian ([2]), rapportés aux myoconcha par M. d'Orbigny. On ne connaît pas leur charnière.

Les terrains jurassiques en renferment plusieurs.

M. d'Orbigny ([3]) cite trois espèces inédites du lias inférieur et du lias moyen.

L'oolithe inférieure et la grande oolithe ont fourni une des espèces les mieux connues ([4]), la *M. crassa*, Sow. (*Mytilus sulcatus*, Goldf.) (Atlas, pl. LXXIX, fig. 5).

Le premier de ces gisements renferme aussi la *M. striatula*, d'Orb. (*Mytilus striatulus*, Münster), de Thurnau ([5]).

On trouve encore dans la grande oolithe ([6]), la *M. Actæon*, d'Orb., de France et d'Angleterre, la *M. Aspasia*, id., espèce inédite et la *M. elongata*, Morris et Lycett, de Minchinhampton.

([1]) D'Orbigny, *Prodrome*, t. I, p. 165 ; Verneuil, Murch., Keys., *Pal. de la Russie*, p. 316, pl. 19 ; Keyserling, *Petschora Land*, pl. 10 et 14.

([2]) D'Orb., *Prodrome*, t. I, p. 200 ; Klipstein, *Beitr. geol. der oestl. Alpen*, pl. 17, fig. 1 et 13.

([3]) *Prodrome*, t. I, p. 218 et 237.

([4]) Sowerby, *Min. conch.*, pl. 467 ; Goldf., *Petr. Germ.*, t. II, pl. 129, fig. 4.

([5]) Goldfuss, *Petr. Germ.*, t. II, pl. 131, fig. 1.

([6]) D'Orb., *Prodrome*, t. I, p. 312 ; Morris et Lycett, *Moll. from the great ool.* (*Palæont. Soc.*, 1853, p. 77, pl. 4).

La *M. Helmerseniana*, d'Orb. (1), provient du terrain oxfordien de Russie.

La *M. ornata*, Roemer (2), a été découverte dans le terrain corallien de Hohenezgelsen.

M. d'Orbigny indique (3), en outre, une espèce inédite de l'étage kellovien, deux de l'oxfordien et deux du corallien.

Les myoconcha se continuent et se terminent dans l'époque crétacée.

M. d'Orbigny (4) a indiqué une espèce inédite (*M. neocomiensis*) du terrain néocomien de Nantua.

Il a décrit la *M. cretacea*, d'Orb., du terrain cénomanien de France et la *M. Requieniana* (*Modiola Requieniana*, Math.), du terrain turonien d'Uchaux.

Il est très probable que les *M. minima*, Reuss, et *elliptica*, Roemer, n'appartiennent pas à ce genre (5).

Je rapporte provisoirement à cette famille un genre dont les rapports zoologiques ne sont pas encore suffisamment connus.

Les CARDINIA, Agassiz (*Unio*, Sowerby; *Sinemuria*, de Christol; *Pachyodon*, Stutch.; *Ginörga*, Gray), — Atlas, pl. LXXIX, fig. 6 et 7,

ont été d'abord confondues avec les unio; mais comme elles ont toujours été trouvées dans des terrains marins, on pouvait déjà douter *a priori* que l'on dût les réunir à ce genre éminemment fluviatile. M. Agassiz (6) a montré qu'elles diffèrent de ce genre par de nombreux caractères. Leur coquille, ordinairement transverse et inéquilatérale, lisse ou sillonnée par des lignes concentriques a un bord tranchant, des crochets rapprochés, peu saillants, fort obliques, et une lunule étroite, profonde, souvent lancéolée. La charnière est composée d'une dent cardinale qui

(1) In Murch., Keys., Vern., *Pal. de la Russie*, p. 463, pl. 39.

(2) *Norddeutsch. Ool.*, supplément, p. 33, pl. 18.

(3) *Prodrome*, t. I, p. 340 et 370, t. II, p. 19.

(4) *Prodrome*, t. II, p. 80, *Paléont. franç., Terr. crét.*, t. III, p. 259, pl. 335 et 336.

(5) Reuss, *Boehm. Kreideg.*, t. II, p. 14, pl. 33; Roemer, *Norddeutsch. Kreid.*, p. 466, pl. 8.

(6) Dans la traduction de Sowerby, *Conch. minér. de la Grande-Bretagne*, p. 57, explication de la pl. 33.

manque quelquefois, d'une fossette et de deux dents latérales. Les impressions musculaires sont écartées, profondes ; l'anale est simple, la buccale est accompagnée d'une petite accessoire située sur l'extrémité du bord cardinal. Le ligament est externe mais en partie caché et porté par des nymphes peu épaisses.

Ces caractères rappellent en partie ceux des astartes ; la forme de la coquille et la disposition des impressions musculaires buccales s'écartent peu de ce qu'on observe dans ce genre. Elles ont d'un autre côté des rapports évidents avec les unio, et M. Deshayes a montré que leur test est nacré, ce qui prouve une analogie importante avec ces coquilles. Ce savant conchyliologiste les envisage comme intermédiaires entre les astartes et les unio, et c'est en effet, ce nous semble, l'opinion la plus probable.

J'ai préféré les laisser dans la famille des astartides, et je dois convenir que j'ai été influencé à cet égard par le fait qu'elles ne se trouvent que dans les dépôts marins. M. de Koninck a proposé de la rapprocher des mactracés et en particulier du genre mésodesme, mais je considère cette opinion comme tout à fait inacceptable à cause de l'impression palléale entière.

M. Agassiz, en 1838, leur donna le nom de CARDINIA et peu de temps après, M. Stutchbury les désigna sous celui de PACHYODON. Plus tard, M. Christol (1841) frappé aussi de leur différence d'avec les unio, et ne connaissant pas les deux genres ci-dessus, les nomma SIXEMERIA. Il paraît qu'elles avaient été plus anciennement (1833) désignées par M. Berger, sous le nom de THALASSIDES (*Thalassites*, Quenstedt), mais ce nom générique n'ayant pas été appuyé d'une description, n'a aucun droit réel à être préféré.

Les noms de GINORGA, Gray, et de DITORA, id., paraissent désigner les mêmes coquilles. Le genre ANTHRACOSIA, King [1], paraît être voisin, mais il n'est connu que de nom.

Le genre des cardinia, qui a disparu de nos jours, ne renferme que des coquilles des terrains paléozoïques, triasiques et jurassiques inférieurs. Il faut probablement lui rapporter la plupart des espèces de ces terrains décrites sous le nom d'unio.

Elles paraissent, en particulier, nombreuses dans les dépôts de l'époque paléozoïque.

[1] *Ann. and mag. of nat. hist.*, 1844, t. XIV, p. 313.

Leur existence est toutefois douteuse dans l'époque silurienne.

M. d'Orbigny admet [1] dans le terrain silurien supérieur la *C. complanata* (*Pullastra complanata*, Sow.), la *C. angusta* (*Cypricardia angusta*, Hall), et la *C. machæræformis* (*Nucula machæræformis*, Hall). On ne connaît ces espèces que par leurs formes externes.

Il est très probable que quelques espèces ont vécu pendant l'époque dévonienne.

M. d'Orbigny [2] place dans ce genre plusieurs espèces décrites par Philipps, Goldfuss et Roemer, sous les noms de *Pullastra*, *Sanguinolaria*, *Corbula*, *Crassatella*, *Astarte*, etc.; il en compte dix-neuf. Il y a parmi elles plusieurs espèces douteuses, connues seulement par leurs formes externes; il y en a aussi d'assez probables. Nous plaçons, par exemple, volontiers dans le genre des astartes, la *Cyprina vetusta*, Roemer, du Harz, la *Corbula ovata*, id., la *Sanguinolaria Ungeri*, id., la *Sang. gibbosa*, id. (*C. Goldfussiana*, d'Orb.), la *Tellina inflata*, id., et les *Pullastra* de Philips. En ceci je me trouve d'accord avec M. Deshayes.

Il faut probablement y ajouter la *Cardinia devonica*, Geinitz [3], non d'Orbigny.

Les terrains carbonifères en renferment une assez grande quantité.

M. de Koninck [4] en a décrit dix des terrains carbonifères de Belgique dont une seule nouvelle (*C. nana*). Parmi les autres, plusieurs avaient été décrites sous le nom d'Unio [5].

Il y joint quelques espèces d'Irlande décrites par M. M'Coy [6], sous les noms de *Dolabra* et *Pullastra*, mais ces espèces sont en partie au moins dépourvues de dents à la charnière et appartiennent plutôt aux cœlonotides.

M. de Keyserling [7] a décrit les *C. Eichwaldiana* (*Unio*, id., Vern.) et *subparallela*, de Russie (*Modiola subparallela*, Portlock).

Une espèce a été citée dans le terrain permien, mais elle me paraît douteuse.

[1] *Prodrome*, t. I, p. 32; Sowerby, in Murchison, *Sil. syst.*, pl. 5, fig. 7, Hall, *Nat. hist. of New-York*, n° 7, fig. 2 et 6.
[2] *Prodrome*, t. II, p. 76; Deshayes, *Traité élém. conch.*, t. II, p. 226.
[3] *Die Verst. der Grauwackenform.*, p. 46, pl. 12, fig. 3.
[4] *Desc. anim. foss. carb. Belg.*, p. 68.
[5] Voyez Goldfuss, *Petr. Germ.*, t. II, pl. 131; J. de C. Sowerby, *Trans. geol. Soc.*, t. V, pl. 39; Sowerby, *Min. conch.*, pl. 33; et les rectifications proposées par M. Deshayes, *Traité élém. conch.*, t. II, p. 228.
[6] *Synopsis of Ireland*, pl. 8 et 11; d'Orbigny, *Prodrome*, t. I, p. 130.
[7] *Petschora Land*, pl. 10.

C'est la *C. umbonata*, d'Orb. (*Unio umbonatus*, Vern.), de Russie [1].

Elles ne sont pas nombreuses dans les dépôts triasiques.

Le muschelkalk [2] renferme la *C. Lebrunii*, d'Orb., de la Meurthe et la *C. Agassizii*, Desh., des Vosges. Ces espèces n'ont été décrites ni l'une ni l'autre.

Les dépôts de Saint-Cassian ont fourni [3] la *C. subproblematica*, d'Orb. (*Unio problematicus*, Klipstein), et la *C. Munsteri*, d'Orb. (*Unionites Munsteri*, Wisman, Münster). La première est bien douteuse.

Elles augmentent beaucoup dans le lias.

M. Agassiz [4] en cite dix-neuf espèces dans sa monographie, dont une avait été décrite par Zieten sous le nom d'*Unio*, quatre sous le même nom par Sowerby et plusieurs sous celui de *Pachyodon*, par M. Stutchbury.

Le nombre des espèces connues s'est accru depuis lors. Il faut y ajouter [5], les *Unio concexus*, *trigonus*, etc., Roemer, du lias inférieur d'Allemagne, les *Cardinia elongata* et *trigona*, Dunker, du lias d'Halberstadt, diverses espèces inédites indiquées par M. d'Orbigny, etc.

M. Deshayes [6] a donné des détails intéressants sur la répartition des espèces.

L'étage le plus inférieur ou infraliasique (Hettange, etc.) renferme, suivant lui, une dizaine d'espèces dont les plus caractéristiques sont la *C. angusta*, Agassiz, la *C. elongata*, Dunker et surtout la *C. concinna* (*Unio*, Sowerby) qui est la plus répandue.

L'étage inférieur proprement dit (Sémur, Beauregard, etc.), aurait fourni neuf espèces parmi lesquelles on peut citer surtout la *C. Listeri* (*Unio*, Sow.), la *C. amygdala*, Agas., la *C. cyprina*, id., etc.

Le même nombre d'espèces caractériserait le lias moyen; où l'on trouve la *C. securiformis*, Agass., la *Lucina lævis*, Goldf., la *C. Heberti*, Desh., et surtout la *C. hybrida* (*Unio*, Sow.) qui est une des coquilles les plus caractéristiques du lias moyen. (Atlas, pl. LXXIX, fig. 6.)

[1] Murchis., Keys., Vern., *Pal. de la Russie*, pl. 19, fig. 10.

[2] D'Orbigny, *Prodrome*, t. I, p. 174; Deshayes, *Traité élém. conch.*, t. II, p. 129.

[3] D'Orbigny, *Prodrome*, t. I, p. 198; Münster, *Beitr. zur Petref.*, t. IV, p. 20, pl. 16; Klipstein, *geol. der oest. Alpen*, p. 265, pl. 17.

[4] *Études critiques*, *Myes*, p. 222; Zieten, *Pétrif. du Wurtemberg*; Sowerby, *Min. conch.*, pl. 154, 185 et 223; Stutchbury, *Ann. and mag. of nat. hist.*, 1842, t. VIII, p. 481.

[5] Roemer, *Norddeutsch. Ool. geb.*, p. 95 et 213; Dunker, *Palæontogr.*, t. I, p. 36, pl. 6.

[6] *Traité élém. de conch.*, t. II, p. 229.

M. Buvignier [1] a décrit les *C. fascicularis* (Atlas, pl. LXXIX, fig. 7) et *trigonula* du lias de la Meuse.

Les cardinia se terminent probablement avec l'époque de l'oolithe inférieure.

La *C. oblonga*, Agass., provient de l'oolithe inférieure des Moutiers [2].

La *C. vestonensis*, Desh. [3], espèce inédite, a été trouvée à Vestones (Moselle).

La *C. crassissima*, Stutch. (*Unio*, Sow.), est fréquente dans l'oolithe inférieure d'Angleterre [4].

6e FAMILLE. — UNIONIDES.

Les unionides sont principalement caractérisées par le fait que toutes les espèces sont fluviatiles; car, du reste, les formes de l'animal et celles de la coquille sont éminemment variables.

Tantôt la charnière a des dents très fortes et rugueuses, tantôt elle en est complètement dépourvue. L'impression musculaire buccale est généralement double. La coquille, très variable dans sa forme et dans son épaisseur, est le plus souvent recouverte d'un épiderme épais; elle est toujours nacrée à l'intérieur, et c'est là peut-être son caractère le plus constant. Le ligament est externe.

Les formes variables des coquilles rendent très incertaines les limites des genres. Les plus anciennement admis sont ceux des Unio et des Anodontes, comprenant, le premier, les espèces à charnière dentée, le second, celles sans dents.

De nombreuses transitions lient maintenant ces deux groupes, et rendent leur séparation presque impossible.

On a trouvé quelques caractères plus importants pour limiter d'autres genres; mais, tantôt les variations de l'animal ne concordent pas avec celles de la coquille, tantôt des transitions effacent la valeur de ces modifications.

Ces groupes n'ayant pas en général de représentants fossiles, je

[1] *Stat. géol. de la Meuse*, p. 24, pl. 16.
[2] *Études critiques*, *Myes*, p. 228, pl. 12.
[3] *Traité élém. conch.*, t. II, p. 232.
[4] Stutchbury, *loc. cit.*; Sowerby, *Min. conch.*, pl. 153; Morris, *Catal.*, p. 80. M. d'Orbigny (*Prodrome*, t. 1, p. 216) l'attribue au lias inférieur.

ne m'arrêterai pas sur leur compte, et je me borne à indiquer les principaux.

Les MYCETOPUS, d'Orbigny, ont un pied trop grand pour rentrer dans la coquille. Celle-ci rappelle la forme des solens.

Les IRIDINES, Lamk (*Mutela*, Scopoli, *Platyris*, Lea), ont les bords du manteau réunis en arrière, et deux siphons très courts, inégaux. La charnière est linéaire, tantôt sans dents (*Leila*, Gray), tantôt semblable à celle des arches (*Pleiodon*, Conrad).

Les CRISTARIA, Schumacher (*Barbala*, Humph., *Symphynota*, Lea), ont une coquille qui se prolonge en aile, au-dessus de la charnière. Leur charnière est tantôt simple, tantôt dentée.

Les MARGARITANA, Schumacher, et les MONOCONDYLEA, d'Orbigny, se distinguent des unio par des réductions dans les dents latérales. Les DIPSAS, Leach, ont une seule dent postérieure.

Les CASTALIA, Lamarck (*Tetraplodon*, Spix), sont remarquables par la force de leur charnière, dont les dents lamelleuses et divisées sont fortement sillonnées.

Les PAXYODON, Schumacher (*Hyria*, Lamarck, *Diplodon*, Spix), ont, comme les iridines, deux siphons courts, contractiles. La coquille ressemble à celle des unio avec une aile comme les cristaria.

M. Deshayes a proposé de réunir tous ces groupes, et bien d'autres, que je n'ai pas nommés [1], en un seul genre, sous le nom d'UNIO. Cette manière de voir a pour elle la plupart des faits que j'ai indiqués ci-dessus. Je l'adopte à plus forte raison, pour l'énumération des espèces fossiles qui présentent beaucoup moins de variété.

On peut appliquer à cette famille les considérations que j'ai déjà plus d'une fois rappelées. Il est peu probable qu'on puisse lui rapporter des coquilles trouvées dans les terrains marins ; aussi on ne peut guère considérer comme certaines que les espèces trouvées dans les terrains d'origine d'eau douce, qui, comme on le sait, sont rares dans les époques anciennes.

Je ne connais point de véritables unionides antérieures aux

[1] Tels sont les *Prisodon*, Schumacher ; *Lymnium*, Oken ; *Alasmodonta*, Say ; *Alasmodon*, Fleming ; *Uniopis*, Swainson ; *Calceola*, id. ; *Complanaria*, id. ; *Appias*, Leach ; *Lamproscapha*, Swainson ; *Hemiodon*, id. ; *Patularia*, id. ; *Platyris*, Lea ; *Spatha*, id. ; *Calliscapha*, Swainson, etc.

terrains wealdiens, c'est-à-dire aux derniers temps de l'époque jurassique.

Les Mulettes (*Unio*, Retzius, *Unio* et *Anodonta*, Lamk), — Atlas, pl. LXXIX, fig. 8 et 9,

forment ce genre unique, et, comme je l'ai dit plus haut, elles ont apparu dès les terrains wealdiens [1].

Sowerby [2] en a décrit neuf des terrains wealdiens d'Angleterre. Il faut y ajouter quelques-unes des terrains [3] wealdiens d'Allemagne, savoir : les *Unio planus* et *porrectus*, Roemer, l'*Unio subsinuatus*, Koek et Dunker (*U. Volzii*, id., Atlas, pl. LXXIX, fig. 8), l'*U. Menkei*, Koek et Dunker (*U. convexus*, id.), et l'*U. Roemeri*, Dunker.

On en cite aussi dans les terrains crétacés.

M. d'Orbigny [4] a décrit une espèce trouvée dans des fers limoneux du terrain néocomien supérieur, qui paraissent être le produit de lavages terrestres. Il l'a rapportée d'abord à l'*Unio Martinii*, Sowerby, puis l'a considérée plus tard comme espèce distincte sous le nom de *U. Cornueliana*, d'Orb.

On connaît quelques espèces des terrains tertiaires ; mais, comme je l'ai dit ailleurs, elles sont rares dans l'étage éocène, où elles sont remplacées par les cyrènes.

L'*U. truncatosa* [5], Mich., a été trouvée dans les argiles à lignites des environs d'Épernay.

M. Charles d'Orbigny [6] a décrit deux espèces des couches de conglomérats et de lignites, inférieures à l'argile plastique de Meudon. Elles appartiennent au groupe des anodontes (*A. Cordieri* et *antiqua*).

L'*U. Solandri*, Sow. [7], provient d'un terrain d'eau douce de la falaise de Hordwell, dans le Hampshire.

[1]. Ainsi que je l'ai dit ailleurs, les unio de l'époque paléozoïque et des terrains jurassiques et crétacés appartiennent pour la plupart aux Cardinia. M. Ed. Forbes (*Quart. journ. geol. Soc.*, 1851, t. VII, p. 141), a décrit une espèce douteuse trouvée avec les cyrènes, dont nous avons parlé à la page 460.

[2]. *Transt. of the geol. Soc.*, 2ᵉ série, t. IV, pl. 21 et *Min. conch.*, pl. 594 et 595.

[3]. Roemer, *Norddeutsch. Ool. geb.*, p. 93, pl. 5 ; Koek et Dunker, *Beitr. Ool. geb.*, p. 58, pl. 7 ; Dunker, *Monog. Wealdenbild.*, p. 26, pl. 11.

[4]. *Palæont. franç.*, *Terr. crét.*, t. III, p. 127, pl. 284, *Prodrome*, t. II, p. 106.

[5]. Guérin, *Magasin de zoologie*, 1837, pl. 85.

[6]. C. d'Orbigny, id., pl. 78.

[7]. *Min. conch.*, pl. 517.

M. Matheron [1] en a fait connaître quelques espèces du midi de la France et en particulier cinq des dépôts les plus inférieurs du terrain à lignites ; l'*U. Curieri*, Math., des assises moyennes de ce même système, et une espèce un peu plus récente sans dents à la charnière, l'*A. aquensis*, Math., des gypses d'Aix.

Les espèces se continuent dans les dépôts miocènes et pliocènes, mais elles sont mal connues.

M. Noulet a fait connaître [2] neuf espèces de la région aquitanique du bassin sous-pyrénéen.

M. Bouillet [3] a signalé une espèce fossile en Auvergne.

Goldfuss a décrit [4] l'*U. costatus*, Goldf., et l'*U. flabellatus*, id., des lignites tertiaires des environs de Winterthur. La dernière se retrouve dans la mollasse d'eau douce d'une grande partie de la Suisse et en particulier aux environs de Lausanne et de Genève. (Atlas, pl. LXXIX, fig. 9.)

Le même auteur a fait connaître l'*U. Lavateri*, Goldf., et l'*U. splendens*, id., d'Œningen.

L'*U. Mandelslohi*, Dunker, et l'*U. Wetzeleri*, id., proviennent de la mollasse de Günzburg [5]. L'*U. atavus*, Partsch, appartient au bassin de Vienne. L'*Anod. anatinoides*, Klein (*Unio grandis*, Ziet.), a été découverte à Ulm. Les *U. Eseri*, Krauss, et *Kirchbergensis*, id., proviennent de Kirchberg [6]. Plusieurs espèces actuellement vivantes ont été retrouvées fossiles dans des dépôts récents et entre autres dans le crag [7].

L'*U. diluvii*, d'Orbigny [8] a été trouvée dans le terrain tertiaire d'Amérique.

7ᵉ Famille. — COELONOTIDES.

Nous réunissons, sous cette dénomination empruntée à M. M'Coy, des coquilles fossiles allongées, ovales, inéquilatérales, équivalves, le plus souvent closes, à charnière linéaire, longue,

[1] *Catal.*, *Trav. Soc. stat. Mars.*, 1842, p. 240, pl. 23 et 24. Son *Unio alpina* est sinupalléale.

[2] *Mém. sur quelques coq. fossiles*, etc., *Mém. Acad. Toulouse*, 3ᵉ série, année 1846 ; Lartet, *Notice sur la colline de Sansan*, p. 45.

[3] Deshayes, *Traité élém. conch.*, t. II, p. 215.

[4] *Petr. Germ.*, t. II, p. 182, pl. 132.

[5] *Palæontographica*, t. I, p. 161, pl. 24.

[6] Zieten, *Petrif. du Wurt.*, p. 80, pl. 60 ; Krauss, *Wurt. Iahresb.*, 1851, p. 149.

[7] Voyez Morris, *Catal.*, p. 105 ; Deshayes, *Traité élém. conch.*, t. II, p. 216 ; Wood, *Mollusca from the crag* (*Palæont. Soc.*, 1850, p. 97, etc.).

[8] *Voyage en Amérique*, *Paléont.*, p. 127.

le plus souvent dépourvue de dents, à ligament allongé, marginal, supporté par une lame interne. L'impression palléale est entière.

Ces coquilles paraissent avoir des rapports avec plusieurs des familles que nous avons énumérées.

Elles en ont très probablement beaucoup avec les coquilles fossiles à charnière simple, que nous avons laissées dans les familles des cardides et des lucinides.

Elles en ont vraisemblablement aussi avec les astartides, et surtout avec les cypricardes. Elles ont souvent été confondues avec ces dernières, dont elles ont le faciès, et dont elles se distinguent surtout par la simplification de la charnière et par l'allongement du bord cardinal.

Elles en ont avec les unionides dans la disposition de la charnière et du ligament et dans la forme générale de la coquille.

Elles en ont, enfin, avec les mytilides, chez lesquels le ligament est également allongé. Plusieurs d'entre elles ont, comme les mytilides, l'impression buccale très rapproch er des crochets.

M. M'Coy, auquel nous avons emprunté le nom de cœlonotides, place une partie des genres que nous y associons dans la famille des mytilides ; mais les impressions musculaires se conservent trop égales pour permettre, ce me semble, cette association, et j'ai cru convenable de réunir ensemble toute cette série remarquable de fossiles anciens.

L'ignorance complète où nous sommes des formes de l'animal rendra toujours cette famille douteuse et discutable. Les caractères que j'ai signalés me paraissent suffisants pour la justifier ; et cette association de genres me semble plus conforme à la vérité que leur dispersion dans les familles connues.

Les espèces ont été souvent rapportées à tort aux sanguinolaires, aux lyonsia, aux tellines, etc., et à d'autres genres à impression palléale sinueuse. Elles ont toutes cette ligne entière.

Les cœlonotides caractérisent exclusivement les dépôts de l'époque primaire.

Les Grammysia, de Verneuil, — Atlas, pl. LXXIX, fig. 10 et 11,

ont une coquille épaisse, close, oblongue, à côté buccal court, à charnière sans dents. La lunule est assez marquée. Le ligament est allongé. Les impressions musculaires sont grandes, arrondies et liées par une impression palléale simple, qui aboutit à l'impression musculaire anale, de manière à en laisser les deux tiers en dehors. Le caractère générique le plus apparent consiste dans une côte oblique, qui se rend du crochet au milieu du bord palléal, et qui laisse son impression sur le moule.

Ce genre, qui a été établi par M. de Verneuil [1], est probablement voisin des cypricardes et des cyprines, et lie ces coquilles avec les cœlonotides.

On les trouve dans les terrains siluriens et devoniens.

C'est à ce genre qu'appartient la *Nucula cingulata*, Hisinger [2] (*Orthonota cingulata*, Salter), des terrains siluriens de Suède et d'Angleterre.

L'*Orthonota extrasulcata*, Salter, des mêmes gisements a les mêmes caractères génériques.

Il en est de même de la *Mya rotundata* Sowerby [3], des roches de Ludlow.

La *Grammysia Hamiltonensis*, de Verneuil [4], provient des terrains dévoniens de la Manche, de l'Eifel et de New-York (*Hamilton group*). (Atlas, pl. LXXIX, fig. 10.)

Les *G. pexaneris*, Zeil et Wirtgen, et *ovata*, Sandberger (Atlas, pl. LXXIX, fig. 11), sont figurées mais non encore décrites dans l'ouvrage de MM. Sandberger sur les terrains dévoniens du Nassau [5].

Les LEPTODOMUS, M'Coy, — Atlas, pl. LXXIX, fig. 12 et 13, ont de grandes analogies dans leurs formes externes avec les pholadomyes; mais leur impression palléale est entière. Leur coquille est très mince, oblongue, renflée, subéquivalve, très inéquilatérale; la charnière est longue, dépourvue de dents. L'impression musculaire buccale est accompagnée d'une plus petite, comme chez les astartides.

J'ai déjà dit que, sous le nom [6] d'ALLORISMA, on avait confondu des coquilles sinupalléales et des intégropalléales. Le nom est resté aux premières. Les dernières appartiennent au genre qui nous occupe ici.

Les SANGUINOLITES de M'Coy [7] paraissent aussi devoir être

---

[1] *Bullet. Soc. géol.*, 2ᵉ série, t. IV, p. 696.

[2] *Lethæa suecica*, pl. 39, fig. 1; M'Coy, *Brit. Palæoz. foss.*, p. 280; Salter, *Mem. géol. Survey*, pl. 17.

[3] In Murchison, *Silurian syst.*, pl. 6, fig. 1.

[4] *Bull. Soc. géol.*, loc. cit.

[5] G. et F. Sandberger, *Vorst. Rhein. schicht. Syst. Nassau*, pl. 28, fig. 1 et 2.

[6] Voyez ci-dessus, p. 371.

[7] En réunissant les sanguinolites et les leptodomus de M. M'Coy, j'ai préféré conserver ce dernier nom. Le premier a l'inconvénient de pouvoir être con-

réunies aux leptodomus. Elles en diffèrent par leur forme plus allongée, et par une côte interne, qui borde l'impression musculaire buccale, comme chez les pachyrisma.

Le genre des leptodomus, tel que nous le limitons ici, comprend les LUTRARIA et les MYACITES de l'époque paléozoïque, et il représente par des coquilles intégropalléales le type des pholadomyes pendant cette période. Il est même à remarquer qu'il offre quelques variétés analogues. Ainsi certaines espèces, telles que le *Sanguinolites anguliferus*, M'Coy (Atlas, pl. LXXIX, fig. 12), présentait déjà à cette époque le type d'ornementation des goniomya.

M. M'Coy [1] cite dans les terrains siluriens d'Angleterre trois sanguinolites et cinq leptodomus. Quelques-uns avaient été décrits auparavant ; ainsi parmi ces huit espèces il faut compter l'*Orthonota inornata*, Phillips, la *Cypricardia? amygdalina*, Sowerby, la *C. impressa*, id , et la *C. undata*, id. Nous avons figuré dans l'Atlas, pl. LXXIX, fig. 13, le *L. truncatus*, M'Coy.

Ce que j'ai dit plus haut doit faire comprendre qu'il y aurait bien d'autres espèces à énumérer dans ce genre.

Les DOLABRA, M'Coy, — Atlas, pl. LXXIX, fig. 14,

ont une coquille ovale, renflée, inéquilatérale, inéquivalve, la valve gauche plus grande que la droite. Les crochets sont obtus. La charnière paraît crénelée dans quelques espèces. Chaque valve présente une longue dent ou côte, qui part très obliquement des crochets du côté anal, en formant un angle aigu avec la charnière.

Les *D. elliptica*, M'Coy. et *obtusa*, id. [2], proviennent des terrains siluriens d'Angleterre. La première est figurée dans l'Atlas.

Quelques espèces [3] ont été trouvées par le même auteur dans les terrains dévoniens d'Angleterre (*Cucullœa depressa*, Phill., *C. Hardingi*, Sow., unilateralis, id., *angusta*, id.) et dans les terrains carbonifères d'Irlande, (*D. corrugata*, M'Coy, *securiformis*, id., *gregaria*, id.).

fondu avec celui de Sanguinolaire et d'être composé comme les dénominations employées par les anciens auteurs, lorsqu'ils voulaient constater une analogie vague entre un type fossile et un type vivant.

[1] *Brit. palæoz. foss.*, p. 276.

[2] *Brit. palæoz. foss.*, p. 269.

[3] *Id.*, p. 302 et *Synopsis of Ireland*, p. 63.

Les Modiolopsis, Hall, — Atlas, pl. LXXIX, fig. 15,

sont caractérisées par une coquille très mince, équivalve, allongée, dont la région cardinale est élevée, comprimée, presque aussi longue que la coquille elle-même. La charnière n'a pas de dents. Ces mollusques rappellent les formes de quelques modioles, mais les impressions musculaires sont toutes deux grandes. La buccale est rapprochée des crochets.

M. d'Orbigny n'ayant pas connu la simplicité de l'impression palléale, a réuni ce genre aux lyonsia.

M. Hall [1] a décrit un grand nombre d'espèces des terrains siluriens inférieurs d'Amérique.

Il faut y ajouter des pterinea et des cypricardites du même pays, décrites par M. Conrad.

M. M' Coy place dans ce genre quelques espèces des terrains siluriens d'Angleterre rapportées à d'autres groupes. Ce sont [2] la *Pullastra complanata*, Sow.; la *Modiola expansa*, Portlock; la *Modiola Nilsoni*, Hisinger (*Modiola antiqua*, Sow. non Goldf.); le *Mytilus gradatus*, Salter (Atlas, pl. LXXIX, fig. 15); le *Mytilus platyphyllus*, Salter; la *Cypricardia solenoides*, Sow., etc.

Il faut y ajouter la *Mod. modiolaris*, Hall, qui se trouve en Amérique et en Europe, et deux espèces nouvelles (*M. inflata*, M' Coy et *postlineata*, id.).

Les Anodontopsis, M' Coy, — Atlas, pl LXXIX, fig. 16,

ressemblent aux anodontes. Elles ont une coquille mince, équivalve, inéquilatérale, comprimée, à charnière élevée; mais elles sont beaucoup plus courtes, arrondies et subtrigonales. La charnière porte une dent latérale postérieure, longue et mince, qui sert à l'insertion du ligament, et une plus courte à la région antérieure. La première est double sur la valve droite. L'impression musculaire buccale est simple, et bordée quelquefois intérieurement par une côte analogue à celle des pachyrisma.

M. M' Coy a rapporté [3] à ce genre la *Pullastra lœvis*, Sow., des terrains siluriens d'Angleterre et décrit quatre espèces nouvelles des mêmes gise-

[1] *Pal. of New-York*, t. I, p. 157.
[2] M' Coy, *Brit. palæoz. foss.*, p. 265; Sowerby in Murchison, *Silur. system.*, pl. 5 et 13; Portlock, *Geol. rep.*, pl. 33; Hisinger, *Lethæa Suecica*, pl. 18; Salter, *Mem. geol. Survey*, t. II, pl. 20, etc.
[3] *Brit. palæoz. foss.*, p. 271; Sowerby in Murch., *Sil. syst.*, pl. 3, fig. 1, a.

ments. Nous avons figuré, Atlas, pl. LXXIX, fig. 16, *L. angulifrons*, M'Coy.

Les Lyrodesma, Conrad (*Actinodonta*, Phillips), — Atlas,
pl. LXXIX, fig. 17,

ont des coquilles subrhomboïdales qui ressemblent à celles des arches. Sur la partie qui correspondrait à l'area du ligament, on voit huit lignes divergentes saillantes. M. M'Coy rapproche ce genre des précédents ; M. d'Orbigny l'associe aux léda. Si l'impression palléale est entière et la charnière simple, l'opinion de M. M'Coy est la plus vraisemblable. Ce qui explique, du reste, la divergence, c'est que M. Hall [1] a confondu dans ce genre deux espèces très différentes. L'une, la *L. plana*, est un vrai lyrodesma ; l'autre, la *L. pulchella*, est une nucule (Atlas, pl. LXXX, fig. 18).

Cette *L. plana*, Conrad, a été trouvée dans le terrain silurien inférieur d'Amérique. M. M'Coy la cite avec doute dans le terrain silurien d'Angleterre [2]. C'est l'espèce figurée dans l'Atlas.

Les Cleidophorus, Hall, — Atlas, pl. LXXIX, fig. 18,

ne peuvent pas encore être définitivement classés ; car on ne connaît ni leurs impressions musculaires ni leur impression palléale. La seule espèce connue a la forme de quelques psammobies ou plutôt des solénomyes avec une charnière sans dents. Les moules montrent un sillon, produit par une côte interne, qui rappelle celle des cucullella, et qui est dirigée depuis le crochet au bord palléal, en obliquant du côté buccal. Ces caractères montrent une analogie probable avec les cœlonotides. On ne peut pas les rapprocher des orthonotus et des cucullella, car on n'observe, à ce que dit M. Hall, aucune trace de dents sur la charnière.

On ne cite [3] que le *C. planulatus*, Hall (*Nuculites planulata*, Conrad), du terrain silurien des États-Unis.

Les Tellinomya, Hall, — Atlas, pl. LXXIX, fig. 19,

ont des coquilles équivalves, inéquilatérales, minces, à charnière

[1] *Pal. of New-York*, t. I, p. 302, pl. 82.
[2] Conrad, *Ann. rep.*; M'Coy, *Brit. palæoz. foss.*, p. 272.
[3] Hall, *Palæont. of New-York*, t. I, p. 300, pl. 82, fig. 9; Conrad, *Ann. rep.*, 1841, p. 48.

tout à fait simple, à impressions musculaires rapprochées du bord cardinal, la buccale simple. M. d'Orbigny les réunit aux lyonsia.

On n'en connaît que quelques espèces des terrains siluriens.

M. Hall en a décrit [1] quelques-unes des terrains siluriens inférieurs d'Amérique et M. M'Coy une (*T. inequicornis*) du terrain silurien d'Angleterre. Nous avons figuré dans l'atlas la *T. nasuta*, Hall, pl. LXXIX, fig. 19.

Il faut probablement y joindre quelques espèces décrites sous le nom d'OrthonotA [2]. Ce nom doit être réservé à celles qui ont des dents nombreuses à la charnière comme les nucules.

L'*O. cymbiformis*, M'Coy (*Cypricardia cymbiformis*, Sow.); l'*O. nasutus*, M'Coy (*Cyp. nasuta*, Conrad) et l'*O. semi-sulcatus*, M'Coy (*Modiola? semi-sulcata*, Sow.) ne sont pas de vrais orthonotus dans ce sens. Ils ressemblent beaucoup aux tellinomya et n'en diffèrent guère que par leur lunule excavée.

8ᵉ FAMILLE. — TRIGONIDES.

Les trigonides sont clairement caractérisées par leur charnière, qui est composée de dents cardinales oblongues, divergentes, souvent sillonnées. Les impressions musculaires sont doubles de chaque côté; il y en a, en outre, une autre sous les crochets. La buccale est profonde, très rapprochée de la charnière. Le ligament est externe. La coquille est équivalve, inéquilatérale, parfaitement close.

L'animal a le manteau ouvert sur toute la circonférence et se rapproche des mollusques qui composent la famille des arcacides.

Cette famille a commencé avec l'époque carbonifère, et a pris son plus grand développement dans l'époque jurassique et dans l'époque crétacée. Elle est inconnue [3] dans l'époque tertiaire et est représentée dans les mers actuelles par une seule espèce.

Elle renferme trois genres qui n'ont presque jamais vécu en-

[1] Hall, *Pal. of New-York*, t. I, p. 152; M'Coy, *Brit. palæoz. foss.*, p. 274.

[2] M'Coy, *loc. cit.*

[3] Il faut toutefois en excepter, si c'est une vraie trigonie, la *T. septaria*, Giebel (*Jahresb. Hall. Verein.*, t. V, pl. 4, fig. 1), du terrain tertiaire (*Septarien Thon*), des environs de Bière. Je ne la connais pas.

semble. Les schizodus ont paru les premiers ; ils ont été remplacés par les myophoria et celles-ci par les trigonies (¹).

Les Trigonies , *Trigonia*, Brug., — Atlas, pl. LXXX, fig. 1 à 3, ont sur la valve droite trois dents cardinales écartées, divergentes, sillonnées des deux côtés, et sur la valve gauche trois dents inégales sillonnées d'un seul côté. Les impressions musculaires sont petites. La coquille est triangulaire, carrée ou ovale, épaisse, souvent ornée de côtes ou de tubercules. Leur corselet est, en général, très développé, et présente souvent un système d'ornementation tout spécial.

Leurs moules intérieurs sont aussi clairement caractérisés que les coquilles ; les fortes dents de la charnière y laissent des traces très évidentes , principalement dans un profond sillon, qui descend perpendiculairement du côté buccal des crochets , et qui les sépare d'un gros pilastre vertical, produit par les fossettes servant d'insertion au muscle buccal. Les deux impressions musculaires s'y montrent évidemment doubles, et les crochets sont très séparés par l'épaisseur de la charnière. Ces moules sont ordinairement lisses, et se distinguent, par l'ensemble de leurs caractères, d'une manière très précise de ceux de toutes les autres coquilles bivalves. Ils ne ressemblent qu'à ceux des unio, dont ils sont, du reste, faciles à distinguer par leur impression anale double et par leur pilastre vertical séparé plus profondément, mais moins distant du reste de la coquille.

Les trigonies ont été désignées par les anciens auteurs sous les noms de *Conchites*, *Musculites*, etc. Ce sont des *Cardissa* et des *Trigonella* pour Walch (non *Trigonella*, Desh.). Elles ont été désignées par Sowerby, sous le nom de Lyridon, mot qui a été changé, par Bronn en Liriodon, puis en Lyriodon, et par Goldfuss, en Lyrodon.

Ce genre paraît avoir pris naissance avec les terrains triasiques. Il est très abondamment développé dans les terrains jurassiques et crétacés (²), et il renferme une seule espèce vivante, qui a été recueillie sur les côtes de la Nouvelle-Hollande.

(¹) Il faut en excepter le gisement si singulier de Saint-Cassian, où l'on trouve à la fois des trigonies et des myophoria.

(²) La *T. antiqua*, d'Orb , *Voyage en Amér.*, *Palæont.*, p. 44, des terrains carbonifères d'Amérique, n'appartient pas à ce genre.

M. Agassiz, auquel on doit une monographie des [1] trigonies, a proposé, pour faciliter l'étude de ce genre remarquable, de le subdiviser en groupes fondés sur des caractères artificiels tirés de la forme générale et des ornements extérieurs. Il distingue les *Scaphoïdes*, les *Clavellées*, les *Carrées*, les *Scabres*, les *Ondulées*, les *Costées* et les *Lisses*, qui sont toutes fossiles, et les *Pectinées*, qui ne renferment que la seule espèce vivante.

Les espèces les plus anciennes appartiennent, comme je l'ai dit, à l'époque triasique; mais les deux seules qui ont été citées n'ont pas tout à fait le faciès ordinaire du genre.

Ces deux espèces ont été trouvées à Saint-Cassian [2], ce sont la *T. harpa*, Münster et la *T. Gaytani*, Klipstein. On connaît en partie leur charnière dont les dents sont faiblement sillonnées. La première n'a pas le corselet des vraies trigonies; la seconde a bien le corselet, mais elle est moins ornée.

Le lias en renferme quelques-unes [3].

La plus caractéristique est la *T. navis*, Lamarck, fréquente dans le lias moyen de France et d'Allemagne. (Atlas, pl. LXXX, fig. 1.)

La *T. litterata*, Phillips, se trouve dans le lias inférieur du Yorkshire et des environs de Metz. M. d'Orbigny l'a inscrite à tort sous le nom de *T. lyrata*, Phill.

Il faut ajouter les *T. similis*, Ag., *costellata*, id., et *pulchella*, id., du lias supérieur.

Elles augmentent de nombre dans l'oolithe inférieure et la grande oolithe.

La plus connue est la *T. costata*, Parkinson, fréquente dans l'oolithe inférieure de la plus grande partie de l'Europe [4]. Il faut lui réunir la *T. lineolata*, Agass.

La *T. striata*, Sow., est presque aussi répandue dans les mêmes gisements. On doit ajouter les *T. signata*, Ag., et *scuticulata*, id., de l'oolithe inférieure, la *T. duplicata*, Sow., du même gisement, la *T. zonata*, Ag. (*T. Puschi*, Desh.), de l'oolithe inférieure de Pologne, la *T. denticulata*, Agass., de l'oolithe inférieure de la Suisse, etc.

[1] *Études critiques sur les mollusques fossiles, Trigonies*, Neuchâtel, 1840, 4°.

[2] Münster, *Beitr. zur Petr.*, Heft, IV, p. 89, pl. 7; Klipstein, *Geol. der oestl. Alpen*, p. 252, pl. 16.

[3] Voyez Agassiz, *Monog. des Trigonies*; Zieten, *Pétr. du Wurt.*, pl. 58, fig. 1 (*T. navis*), etc.

[4] Voyez outre Agassiz, Deshayes, *Traité élém. conch.*, t. II, p. 252, etc.

Les espèces de la grande oolithe d'Angleterre ont été décrites [1] par Sowerby (*impressa*, *imbricata* et *cuspidata*), et par MM. Morris et Lycett (huit espèces, dont quatre nouvelles). La *T. duplicata*, Sow., et la *T. costata*, id., s'y retrouvent.

M. E. Forbes [2] a décrit l *T. tripartita*, des estuaires de l'île de Skye.

M. d'Orbigny [3] indique deux espèces inédites de l'oolithe inférieure et six de la grande oolithe.

Elles se continuent dans les dépôts kelloviens et oxfordiens.

La *T. elongata*, Sow., 451, à laquelle M. d'Orbigny réunit la *T. cardissa*, Agass., est fréquente dans les terrains kelloviens.

La *T. clavellata*, Sow., 87, est plus contestée [4]. Elle se trouve fréquemment dans le terrain oxfordien. Suivant M. d'Orbigny elle lui est spéciale; suivant M. Deshayes elle se trouve en dessous et en dessus. La variété kellowienne est la *T. major*, d'Orb.

M. d'Orbigny associe à la vraie *clavellata*, les *T. perlata*, Ag., *maxima*, id., *notata*, id. et le *Lyrodon intermedium*, Fahrenkohl; M. Deshayes conteste une partie de ces rapprochements.

La *T. monilifera*, Agass., provient des terrains oxfordiens de France et de Suisse.

La *T. Arduenna*, Buvignier [5], se trouve dans les mêmes dépôts du département de la Meuse.

Il faut ajouter quelques espèces inédites citées par M. d'Orbigny.

Les terrains coralliens en renferment plusieurs.

La *T. Meriani*, Ag., y reproduit les ornements de la *T. costata*, et la *T. Bronni*, Ag., ceux de la *T. clavellata*. Elles paraissent distinctes de ces espèces.

La *T. geographica*, Ag., se trouve en Allemagne et en Suisse.

Il faut ajouter [6], les *T. hybrida*, Roemer et *concinna*, id., de Hoheneggelsen, et quatre espèces inédites, citées par M. d'Orbigny.

Il en est de même des terrains kimméridgiens et portlandiens.

[1] Sowerby, *Min. conch.*, pl. 507 et 508 et *Zool. Journ.*, t. III, pl. 2 (sa *T. pullus*, paraît la même que la *T. costata*); Morris et Lycett, *Moll. from the great ool.* (*Paléont. Soc.*, 1853, p. 54, pl. 5).

[2] *Quart. Journ.*, t. VII, 1851, p. 111. Ces estuaires ont formé des dépôts entre l'oolithe et l'oxfordien. J'en ai déjà parlé page 560, au sujet des cyrènes.

[3] *Prodrome*, t. I, p. 278 et 308.

[4] Je ne puis pas entrer ici dans le détail de cette discussion, voyez d'Orb. *Prodrome*, et Deshayes, *Traité élém. conch.*, t. II, p. 254.

[5] *Stat. géol. de la Meuse*, p. 20.

[6] Roemer, *Norddeutsch. Ool.*, p. 97, pl. 6, et *Supp.*, p. 35, pl. 19; d'Orb., *Prodrome*, t. II, p. 17.

La *T. muricata*, Roemer (*Lyr. muricatum*, Goldf., *T. Volzii*, Ag.) confondue avec la *T. clavellata*, etc., a encore le même système d'ornements, et est répandue dans presque toute l'Europe.

La *T. concentrica*, Ag., est une coquille caractéristique de cet étage, ainsi que la *T. papillata*, Ag., à laquelle il faut réunir la *T. suprajurensis*, id.

On peut ajouter les *T. truncata*, Ag., *plicata*, id., *rostrum*, id., et la *T. Goldfussi*, id. (*Lyrodon litteratum*, Goldf. non Phillips).

La *T. gibbosa*, Sowerby, et la *T. incurva*, id., caractérisent le terrain portlandien [1] d'Angleterre.

La *T. Barraensis*, Buvignier [2], a été trouvée dans le terrain portlandien du département de la Meuse.

Les trigonies sont abondamment représentées dans les dépôts de l'époque crétacée.

M. Agassiz en compte sept dans le terrain néocomien de Neufchâtel, M. d'Orbigny dix en Europe et quatre en Amérique, M. Deshayes dix-neuf en tout. Ce dernier auteur ne les énumère pas.

Les espèces les plus caractéristiques de la formation néocomienne inférieure, sont la *T. carinata*, Ag. (*sulcato-carinata* et *elongata*, Sow., *harpa*, Desh.), la *T. rudis*, Parkins. (*T. cincta*, d'Orb.), la *T. scapha*, Ag., la *T. caudata*, id., etc.

La *T. longa*, Ag. (*excentrica*, Math.), se trouve depuis le terrain néocomien inférieur, jusqu'au terrain aptien. Il en est de même de la *T. ornata*, d'Orbigny.

On trouve, outre ces deux espèces, dans le lower greensand d'Angleterre et dans le terrain aptien de la perte du Rhône, les *T. aliformis*, Parkinson (Atlas, pl. LXXX, fig. 2), *Archiaciana*, id., et *nodosa*, Sowerby. Les deux premières se retrouvent dans le gault, suivant M. d'Orbigny (mais pas à la perte du Rhône).

Les *T. Constantii*, d'Orb., et *Fittoni*, Desh., caractérisent le gault.

On cite dans le grès vert [3] de Blackdown, les *T. affinis*, Sow., *quadrata*, Sow., *spectabilis*, id., et dans celui du Devonshire, les *T. excentrica*, Sow., et *pennata*, id.

Les terrains cénomaniens de France [4] renferment, outre une partie des précédentes, les *T. Coquandiana*, d'Orb., *crenulata*, Lamk (Atlas, pl. LXXX, fig. 3), *sinuata*, Park., *sulcataria*, Lamk, etc., et quelques espèces inédites.

La *T. scabra*, Lamk, paraît spéciale aux dépôts turoniens [5].

[1] *Min. conch.*, pl. 235 et in Fitton, *Trans. geol. Soc.*, 2ᵉ série, t. IV, pl. 22.

[2] *Stat. géol. de la Meuse*, p. 20.

[3] Sowerby, *Min. conch.*, pl. 208, 237, 344 et in Fitton, *Trans. geol. Soc.*, 2ᵉ série, t. IV, pl. 17.

[4] D'Orbigny, *Paléont. franç., Terr. crét.*, t. III, p. 149, pl. 292 à 295 et *Prodrome*, t. II, p. 161.

[5] *Paléont. franç., Terr. crét.*, pl. 296.

Les craies supérieures de Royan et de Tours, ont fourni les *T. inornata*, d'Orbigny, et *disparilis*, id.

La *T. limbata*, d'Orb., représente le type de l'*oliformis* et de la *scabra* dans les dépôts du même âge.

La *T. Lamarckii*, Matheron [1], appartient aux dépôts crétacés supérieurs des Bouches-du-Rhône.

La *T. tenuisulcata*, Dujardin [2], provient de Tours.

Il faut ajouter [3] plusieurs espèces inédites citées par M. d'Orbigny et quelques autres qui ont été décrites par MM. Reuss (*T. pulchella*); Goldfuss (*T. excentrica*); Geinitz (*T. Buchi*), etc., et plusieurs espèces de l'Inde et d'Amérique, entre autres la *T. Hanetiana*, d'Orb., du Chili, décrite d'abord comme tertiaire.

J'ai dit plus haut qu'on n'en connaissait point de certaines dans les terrains tertiaires, mais qu'il faudra revenir de cette assertion, si la *T. septaria*, Giebel, du *Septarien Thon*, des environs de Biere, est une vraie trigonie [4].

Les Myophoria, Bronn, — Atlas, pl. LXXIX, fig. 20,

ont deux dents inégales, divergentes, épaisses et simples sur chaque valve. Les impressions musculaires sont petites, la buccale est bordée du côté interne par une lame saillante.

Ces coquilles, souvent confondues avec les trigonies, en diffèrent par le nombre des dents et par la surface lisse et non sillonnée de ces parties de la charnière. La coquille est ordinairement peu ornée; elle n'a pas les tubercules et les côtes concentriques des vraies trigonies, et ne présente le plus souvent que quelques côtes rayonnantes lisses et des stries d'accroissement.

Toutes les espèces connues appartiennent à l'époque triasique. La plupart se trouvent dans le muschelkalk.

La plus fréquente est la *M. vulgaris*, Schlot. [5], répandue en France et en

[1] *Catalogue, Trav. Soc. stat.*, p. 164, pl. 22.

[2] *Mém. Soc. géol.*, 1837, t. II, p. 225, pl. 15.

[3] Reuss, *Boehm. Kreideg.*, t. II, p. 5, pl. 41 ; Goldfuss, *Petr. Germ.*, pl. 137 ; Geinitz, *Characteristik*, p. 54, pl. 21 ; d'Orbigny, *Prodrome*, t. II, p. 240.

[4] *Jahreshefte Hall. Verein.*, t. V, pl. IV, fig. 1 ; voyez la note de la page 535.

[5] Schlotheim, *Petref. Nachträge*, pl. 36, fig. 5 ; Zieten, *Pétrif. du Wurt.*, pl. 58, etc.

Allemagne dans le grès bigarré, le muschelkalk et le keuper. (Atlas, pl. LXXIX, fig. 20.)

Goldfuss [1] en a figuré sous le nom de Lyrodon dix espèces, y compris la précédente. Elles proviennent toutes du muschelkalk d'Allemagne, sauf la *M. Kefersteinii*, qui est de Carinthie. En Allemagne, les *M. curvirostris*, Voltz, et *cardissoides*, Zieten, ont été retrouvées dans le grès bigarré ; et la *M. lævigata*, Goldf., s'étend en outre dans le keuper. En France, il paraît d'après M. Lebrun [2], que presque toutes les espèces se retrouvent dans le grès bigarré.

Il faut ajouter à ces dix espèces, la *M. Whateleyæ*, de Buch [3], du muschelkalk de Carinthie.

Ce genre se trouve aussi dans les dépôts de Saint-Cassian.

Le comte de Münster et M. Klipstein ont décrit [4] quatre espèces, auxquelles M. d'Orbigny ajoute les *Cardita decussata*, Münster, et *rugosa*, Klipstein. Ces six espèces ne me paraissent pas toutes incontestables ; elles ont peu l'apparence des myophoria et leurs caractères sont mal connus. La *C. decussata*, Munst., est celle qui ressemble le plus aux espèces du muschelkalk.

Les Schizodus, King, — Atlas, pl. LXXIX, fig. 21 et 22,

ont aussi les dents de la charnière lisses ; mais elles sont au nombre de deux sur la valve droite, et de trois sur la valve gauche. La dent médiane de cette dernière est bifide et embrassée par les deux dents de la valve opposée. Les impressions musculaires sont disposées comme dans les trigonies. La coquille est plus ou moins triangulaire ; elle est peu ornée.

On doit réunir à ce genre une partie des Axinus, car les auteurs anglais ont confondu sous ce nom deux types très différents. L'un, *Ax. angulatus*, Sow. 315, de l'argile de Londres, appartient au groupe des lucines ; l'autre renferme les axinus des terrains carbonifères et est identique avec les schizodus.

On doit leur associer aussi une partie des Sedgwickia, M' Coy, c'est-à-dire les espèces, telle que la *S. gigantea*, qui ont la char-

---

[1] *Petr. Germ.*, t. II, p. 196, pl. 135 et 136. Voyez pour ces mêmes espèces, Bronn, *Lethæa*, 3ᵉ édit., Trias, p. 56, pl. 11 et 13 ; Zieten, *Pétrif. du Wurtemberg*, pl. 71 et 58.

[2] Lebrun, *Tableau des foss. du trias* (Ann. Soc. d'émul. des Vosges, 1819, t. VII).

[3] *Leonh. und Bronn Neues Jahrb.*, 1845, p. 177.

[4] Münster, *Beitr. zur Petref.*, Heft, IV, p. 88, pl. 7 et 8 ; Klipstein, *Geol. der œstl. Alpen*, p. 253, pl. 16 ; d'Orb., *Prodrome*, t. I, p. 198.

nière des schizodus, et conserver le nom de *Sedgwickia* pour les espèces sans dents.

Les schizodus appartiennent exclusivement à l'époque primaire et caractérisent les terrains carbonifères et permiens [1].

On cite surtout dans le terrain carbonifère [2] le *S. sulcatus* (*Donax sulcatus*, J. de C. Sowerby).

Il faudra y ajouter, d'après ce que nous avons dit plus haut, quelques *Sedgwickia*, et entre autres la *S. gigantea*, du terrain carbonifère d'Irlande [3].

Les espèces paraissent plus nombreuses dans l'époque permienne.

L'*A. obscurus*, Sow., 314, provient du calcaire magnésien de Garford (Atlas, pl. LXXIX, fig. 21).

M. King [4] a redécrit en détail cette espèce ainsi que deux autres déjà connues, et y a ajouté le *S. truncatus*, King (Atlas, pl. LXXIX, fig. 22).

M. Brown [5] a décrit quatre espèces d'*Axinus* du nouveau grès rouge des environs de Manchester.

M. Geinitz a décrit [6] sous le nom de *Schizodus Schlotheimi*, une espèce du zechstein d'Allemagne, mais il la figure avec un sinus palléal. S'il n'y a pas là quelque erreur, l'espèce n'appartient pas à ce genre.

Le *S. rossicus*, Murch., Keys. et Vern. [7], provient du terrain permien de Russie.

9ᵉ FAMILLE. — ARCACIDES.

Les arcacides sont une des familles d'acéphales les plus clairement caractérisées par la forme de leur charnière, qui est composée de dents nombreuses, disposées sur une ligne, droite, arquée ou courbée. Le ligament est extérieur et occupe toute la largeur d'une facette comprise entre les crochets. Les impressions musculaires sont au nombre de deux à chaque valve, ordinairement simples et arrondies. L'animal est volumineux et pourvu d'un manteau largement ouvert sur toute sa longueur, sans tubes dis-

[1] Le *S. devonicus*, Murch., Keys. et Vern., du terrain dévonien de Russie, me paraît trop douteux pour être compté.
[2] Sowerby, *Trans. geol. Soc.*, 2ᵉ série, t. V, pl. 39.
[3] M'Coy, *Synopsis of Ireland*, p. 62, pl. 11.
[4] *Permian foss.*, *Palæont. Soc.*, 1848, p. 185.
[5] *Trans. Manchester geol. Soc.*, t. I, pl. 6.
[6] *Zechsteingeb.*, p. 8, pl. 3.
[7] *Paléont. de la Russie*, p. 309, pl. 19.

tincts ; les branchies sont composées de filaments détachés les uns des autres.

La plupart des conchyliologistes sont aujourd'hui d'accord pour en séparer les nuculides qui sont constamment dépourvues de facette ligamentaire externe, et qui diffèrent des arca par quelques caractères de l'animal, et entre autres par leur bouche plus petite, leurs palpes labiales très grandes et souvent par l'existence d'un ou deux siphons. Je n'ai pas adopté cette division dont la valeur me paraît très contestable ; ce dernier caractère relatif aux siphons, est spécial à quelques genres et manque chez beaucoup de nuculides aussi bien que chez les arcacides, et la position du ligament n'est pas en général suffisante pour constituer un caractère de famille. Ajoutons d'ailleurs, que dans le cas actuel elle en a d'autant moins qu'elle est très variable chez les nuculides.

Les Arches (*Arca*, Linné, *Arca*, *Cucullæa* et *Bissoarca*, Auct.), — Atlas, pl. LXXX, fig. 3 à 8.

se distinguent de tous les autres genres de cette famille par leur charnière qui forme une longue ligne droite, garnie de dents transverses, qui deviennent de plus en plus obliques et quelquefois même longitudinales aux extrémités. La coquille est allongée, ovale, inéquilatérale, souvent anguleuse ; les crochets sont ordinairement très écartés. Le côté palléal est tantôt fermé, tantôt bâillant.

Quelques auteurs ont séparé des arches, sous le nom de Byssoarca (Atlas, pl. LXXX, fig. 8), les espèces pourvues d'un byssus et à valves bâillantes ; mais M. d'Orbigny affirme que quelques espèces sont closes dans la jeunesse et bâillantes à l'état adulte, et que d'autres, munies d'un byssus, sont closes pendant toute leur vie.

D'autres auteurs, et en particulier Lamarck, ont nommé Cucullées (Atlas, pl. LXXX, fig. 5 et 6), des espèces munies à l'intérieur d'une lame saillante et chez lesquelles les dents de la charnière sont longitudinales. Ils réservent le nom d'arches à celles dont les dents sont toujours obliques et dont l'intérieur des valves est dépourvu de lames saillantes. La découverte d'un plus grand nombre d'espèces a démontré que ces deux genres sont liés par de nombreuses transitions. Il est quelquefois impossible de fixer une limite entre les dents très obliques et les dents longitudinales, et quelques espèces ont la charnière de l'un de ces groupes et la lame interne de l'autre. Les caractères sur lesquels ces deux genres ont été établis ne sont donc pas de nature à en exiger la conservation ; mais ils peuvent être employés avec avantage pour établir des groupes ou des sections [1].

On ne peut pas non plus admettre le genre TATSIS, Oken, fondé sur des espèces tordues (*A. tortuosa*), ni celui des SCAPHULA, Benson (*Scaphura*, Gray), qui renferme une espèce d'eau douce identique aux arches.

On doit de même, réunir aux arches les CYRAOXIS, Rafinesque (*Arca Noæ*), les NAVICULA, Blainville, et les genres LITHARCA, BARBATIA, SENILIA, ARGINA, LUNARIA, ANADARA, etc., établis par M. Gray.

On doit également renoncer aux anciennes dénominations de *Chametrachea*, Rondelet, etc., et aux noms de *Daphnæa* et *Daphneoderma*, donnés par Poli.

MM. Morris et Lycett ont établi sous le nom de MACRODON, un genre que je réunis aussi aux arches. La coquille est allongée ; la charnière est composée du côté buccal de dents obliques semblables aux dents normales, et du côté anal de longues dents parallèles au bord. Elles ont la côte interne des cucullées (Atlas, pl. LXXX, fig. 4).

Le genre des arches est très ancien à la surface de la terre et paraît avoir été abondant dans l'époque primaire et s'être conservé dans tous les terrains. Il est encore nombreux dans l'époque actuelle, où les espèces vivent surtout dans les mers chaudes et tempérées.

Elles ont apparu dès l'époque primaire sous la double forme d'arches et de cucullées.

On en cite plusieurs des terrains siluriens, mais les espèces de cette époque ont un faciès particulier ; elles sont petites, minces et rappellent les formes des cœlonotides. Autant qu'on en peut juger par les figures, la plupart d'entre elles n'ont pas d'area et seraient plus voisines des nucules. Quelques espèces ont été génériquement séparées par M. M'Coy, sous le nom de CUCULLELLA (Atlas, pl. LXXX, fig. 15). Elles sont subrhomboïdales, à bord uni, à ligne cardinale complétement crénelée et présentent une forte

[1] Voyez d'Orbigny, *Paléont. franç.*, *Terr. crét.*, t. III, p. 196.

cloison interne depuis les crochets jusqu'au bord interne de l'impression musculaire buccale. Elles ne sont pas encore assez connues pour qu'on puisse apprécier la valeur de ces caractères. J'ai cru cependant devoir accepter cette séparation, mais je n'ai pas de motifs suffisants pour ne pas l'étendre aux autres espèces de l'époque silurienne et je transporte les unes et les autres dans ce genre que je place entre le type des arches et celui des nucules.

M. Sowerby [1] a décrit sous le nom de *Cucullæa* trois de ces espèces des terrains siluriens supérieurs d'Angleterre les *C. antiqua*, *Cawdori* et *ovata*. Ce sont des *Cucullella*.

Je place également dans les Cucullelles [2] les six espèces décrites par M. Portlock, la *Nucula coarctata*, Phill., l'*Arca primitiva*, id., et deux espèces que M. M'Coy a fait connaître (*A. edmondiiformis* et l'*A. subæqualis*).

M. M. Rouault [3] cite deux arches dans le terrain silurien de Bretagne.

Le terrain dévonien paraît en renfermer plusieurs espèces, dont quelques-unes suivront certainement le sort des précédentes et devront être transportées dans le voisinage des nucules.

Celles d'Angleterre ont été décrites sous le nom de cucullées par MM. Sowerby et Phillips [4] (*A. amygdalina*, Phill., *depressa*, id., *angusta*, Sow., *Hardingi*, id., *trapezium*, id., *unilateralis*, id.). Ces espèces ne sont pas assez bien connues pour qu'on puisse discuter leur place zoologique. Quelques-unes me paraissent être des modiolopsis. Il faudrait savoir si leur charnière a des dents.

Les espèces du bassin du Rhin, d'Allemagne, etc., ont été étudiées [5] par MM. Goldfuss (*A. carinata*, Goldf., de l'Eifel, *A. prisca*, id., de Wilmar); Roemer (*Cucull. Lasii*, Roemer, du Hartz); d'Archiac et Verneuil (*A. Michelini*, d'A. et de V. ou *prisca*, Sandb., de Paffrath, etc.); de Buch (*A. torulosa*, de Glatz).

Les arches se continuent dans le terrain carbonifère et y sont

____

[1] *Silur. System*, pl. 3. Ces espèces ont été indiquées d'abord comme appartenant plutôt à l'époque dévonienne, mais les auteurs anglais sont aujourd'hui d'accord pour les attribuer au terrain silurien supérieur.

[2] Portlock, *Geol. Report*, p. 427; Phillips, *Mem. geol. Survey*, t. II, part. 1, pl. 21 et 22; M'Coy *British*, *Palæoz. foss.*, p. 283.

[3] *Bull. Soc. géol.*, 2ᵉ série, 1851, t. VIII, p. 366 et 375.

[4] Phillips, *Palæoz. foss. of Devon.*, pl. 18; Sowerby, *Trans. geol. Soc.*, 2ᵉ série, t. V, pl. 53.

[5] Goldfuss, *Petr. Germ.*, t. II, pl. 160; Roemer, *Harzgebirge*, p. 24, pl. 6; d'Archiac et Verneuil, *Trans. geol. Soc.*, 2ᵉ série, t. VI, pl. 36; de Buch, *Goniat et Clym.*, p. 17, pl. 2. Le nom d'*A. carinata*, Goldf., doit être changé.

représentées par des espèces plus certaines. M. de Koninck en
particulier a figuré quelques charnières où l'on retrouve tous les
caractères des cucullées et où l'area est en général bien marquée.

Elles ont été décrites par Sowerby [1] (*A. cancellata*); Phillips (*C. arguta,
C. obtusa*, etc.); de Koninck (onze espèces de Belgique, dont neuf nouvelles);
M'Coy (trois *Byssoarca*, etc.). Nous avons figuré dans l'Atlas, pl. LXXX, fig. 3,
l'*A. Lacordaireana*, de Koninck.

M. d'Orbigny [2], y ajoute plusieurs espèces décrites par M. M'Coy sous
d'autres noms génériques.

Quelques espèces ont été indiquées dans les dépôts de l'époque
permienne.

L'*A. antiqua*, Münster [3] provient du zechstein de Glucksbrunn et du
terrain permien d'Angleterre. Cette espèce doit reprendre le nom spécifique
de *striata*, qui lui avait été donné par Schlotheim (*Mytilus*). Elle a depuis
été nommée *Cucullæa sulcata*, par J. de C. Sowerby et *Arca Lopusiana*, par
M. Howse.

L'*A. tumida*, Sow., se trouve aussi en Allemagne et en Angleterre [4].

L'*A. Kingiana*, Vern., non Geinitz [5], caractérise le terrain permien de
Russie.

L'*A. permiana*, d'Orb. (*Arca Kingiana*, Geinitz), provient du zechstein de
la Thuringe [6].

Ce dernier gisement a aussi fourni l'*A. subtumida*, d'Orb. (*A. tumida*,
Geinitz, non Sow.).

Ces mollusques ont également vécu pendant l'époque triasique.

On trouve dans le muschelkalk [7], la *C. Goldfussi*, Alberti (*Arca minuta*,
Goldf., non Gmel.), la *C. nuculiformis*, Zenker, Geinitz, la *C. Beyrichi*,
Strombeck, la *C. triasina*, Roemer, l'*Arca Schmidi*, Geinitz, l'*A. Haus-
manni*, Dunker et l'*A. inæquicalvis*, Goldf., citée plus loin dans le lias.

[1] Sowerby, *Min. conch.*, pl. 473; Phillips, *Geol. of Yorksh.*, t. II, pl. 5;
de Koninck, *Desc. anim. foss. carb. Belg.*, p. 111; M'Coy, *Synopsis of Ireland*, p. 72, etc.

[2] *Prodrome*, t. I. p. 134.

[3] Goldfuss, *Petr. Germ.*, t. II, p. 145, pl. 122; voyez surtout King,
Permian fossils (Palæont. Soc., 1848, p. 172).

[4] Sowerby, *Min. conch.*, pl. 473; King, *loc. cit.*

[5] Verneuil, Keys. et Murch., *Paléont. de la Russie*, p. 313, pl. 19.

[6] Geinitz, *Zechsteingeb.*, p. 9, pl. 4; d'Orbigny, *Prodrome*, t. I, p. 185.

[7] Goldfuss, *Petr. Germ.*, t. II, pl. 122; Geinitz, *Leonh. und Bronn, Neues
Jahrb.*, 1842, p. 577, pl. 10; Strombeck, *Zeitschr. der Deutsch. geol. Ges.*,
1849, t. I, p. 451; Roemer, *Palæontograph.*, t. I, pl. 36; Dunker, *id.*, p. 292,
pl. 35; Mougeot, *Bull. Soc. géol.*, 2ᵉ série, t. IV, p. 1433.

Les espèces de Saint-Cassian ont été décrites [1], par le comte de Münster (six espèces), et par M. Klipstein (trois espèces).

Le lias renferme quelques arches.

Les espèces allemandes sont seules bien connues. Elles ont été décrites par MM. Goldfuss, Roemer, et le comte de Munster. On cite l'*A. Munsteri*, Zieten, du lias inférieur de Boblingen; l'*A. inæquivalvis*, Goldf. (*subliasina*, d'Orb.) du lias supérieur de Goppingen; l'*A. elegans*, Roemer in Goldfuss, du lias supérieur de Gosslar, et l'*A. lineata*, Goldfuss (*liasina Roemer*) du même gisement [2].

Les espèces de France sont encore mal étudiées [3]. M. Deshayes signale l'existence de cinq espèces inédites dans le lias inférieur d'Hettange. M. d'Orbigny indique une espèce non décrite dans le lias moyen et deux dans le lias supérieur. Les *A. Munsteri* et *subliasina* citées ci-dessus se retrouvent dans le lias moyen du département de la Meurthe.

Elles augmentent de nombre dans l'oolithe inférieure et la grande oolithe.

Sowerby [4] a décrit les *Cucullæa elongata* et *oblonga*, de l'oolithe inférieure d'Angleterre, ainsi que les *C. rudis* et *minuta*, et l'*Arca pulchra* de la grande oolithe.

Les *C. cancellata*, Phillips [5], *cylindrica*, id., *reticulata*, id., et *imperialis*, Bean., Phill., caractérisent le premier de ces gisements.

MM. Morris et Lycett [6] comptent dans la grande oolithe, huit arca dont quatre nouvelles, trois cucullées déjà connues, et une espèce de leur nouveau genre, MACRODON, dont j'ai parlé plus haut, *Macrodon hirsonensis* (*Arca hirsonensis*, d'Archiac, *Cucullæa elongata*, Phill.). Atlas, pl. LXXX, fig. 4. Cette dernière espèce a été trouvée par M. d'Archiac dans la grande oolithe du département de l'Aisne.

Les espèces d'Allemagne ont été décrites [7] par MM. Roemer (*A. biloba*); Goldfuss (*C. oblonga*, Goldf., *subdecussata*, Münster, *texturata*, id., *Cucul-*

<hr>

[1] Münster, *Beitr.*, t. IV, p. 82, pl. 8; Klipstein, *Geol. der œstl. Alpen*, p. 264, pl. 16.

[2] Goldfuss, *Petr. Germ.*, t. II, pl. 121 et 122; Zieten, *Petr. du Wurtemb.*, p. 75, pl. 56; Roemer, *Norddeutsch. Ool. geb.*, pl. 102.

[3] Deshayes, *Traité élém.*, t. II, p. 252; d'Orbigny, *Prodrome*, p. 236 et 255.

[4] *Min. conch.*, pl. 206, 447 et 473.

[5] *Geol. of Yorkshire*, p. 122, pl. 9.

[6] *Moll. from the great ool.* (*Palæont. Soc.*, 1833, p. 44, pl. 5 et 6); d'Archiac, *Mém. Soc. géol.*, t. V, p. 374, pl. 27.

[7] Roemer, *Norddeutsch. Ool. geb.*, p. 102 et sup. p. 37; Goldfuss, *Petr. Germ.*, pl. 123; Zieten, *Pétrif. du Wurtemb.*, pl. 56; Koch et Dunker, *Beitr. Ool.*, pl. 2.

lata, id., etc.); Zieten (*C. parvula, sublævigata*); Koch et Dunker (*Arca carinata*, non Sow., devenue l'*A. Kochii*, d'Orb.), etc.

M. Buvignier [1] a décrit une espèce de l'oolithe inférieure de Thonnelle, qui était perforante et qui se trouve dans l'intérieur des polypiers (*A. astreicola*, Buv.).

M. d'Orbigny indique [2] neuf espèces inédites de l'oolithe inférieure et quatorze de la grande oolithe.

Elles sont abondantes aussi dans le terrain kellowien et le terrain oxfordien.

M. Phillips [3] en a décrit plusieurs du terrain oxfordien d'Angleterre (*C. elongata*, Phill., non Sow., *C. triangularis*, Phill., *contracta*, id., *concinna*, id., *oblonga*, id. non Sow., etc).

L'*A. parvula*, Münster, et l'*A. elongata*, Goldf. (non Sow., non Phill., *A. hecate*, d'Orb.), caractérisent le terrain oxfordien de l'Allemagne [4].

De nombreuses espèces ont été citées dans le terrain oxfordien de Russie [5].

M. d'Orbigny cite six espèces inédites du terrain kellowien et huit de l'oxfordien.

Elles se continuent dans les dépôts coralliens.

M. Buvignier [6] a fait connaître deux espèces perforantes comme celle que nous avons déjà citée dans l'oolithe inférieure, on les trouve dans les polypiers du corallrag du département de la Meuse (*A. terebrans*, Buv., et *corallivora*, id.).

Les autres espèces ont principalement été décrites par les auteurs allemands, Goldfuss [7] a figuré les *Cucullæa fracta*, Goldf., du Wurtemberg, *trisulcata*, Münster, *texata*, id., et *funiculosa*, id., de Nattheim, ainsi que l'*Arca granulata*, id., et l'*A. pectinata*, id., du même gisement.

M. Roemer [8] a fait connaître les *A. bipartita*, et *lineolata*, la *C. Goldfussi*, id., la *C. rotundata*, id., etc., du terrain corallien du Hanovre.

[1] *Stat. géol. de la Meuse*, p. 19, pl. 16.

[2] *Prodrome*, t. I, p. 281 et 311.

[3] *Geol. of Yorkshire*, pl. 3.

[4] Goldfuss, *Petr. Germ.*, pl. 123, fig. 8 et 9.

[5] D'Orbigny, in Murchison, Keys., Vern., *Paléont. de la Russie*, pl. 39 ; Keyserling, *Petschora Land*, pl. 17 ; Rouillier, *Bull. Soc. nat. Moscou*, 1847, t. 20.

[6] *Stat. géol. de la Meuse*, p. 20, pl. 16.

[7] *Petrefacta Germ.*, pl. 124 et 123.

[8] *Norddeutsch. Ool.*, p. 102.

Il faut ajouter [1] les *A. lata*, Koch et Dunker, *obliquata*, Zieten, etc., et cinq espèces inédites citées par M. d'Orbigny.

Les terrains jurassiques supérieurs en ont aussi fourni quelques-unes.

L'*A. mosensis*, Buvignier [2], provient du terrain kimméridgien de Mauvage (Meuse).

L'*A. oralis*, Roemer, et l'*A. longirostris*, id., proviennent du terrain portlandien d'Allemagne.

M. d'Orbigny ajoute trois espèce inédites.

Les arches se continuent très nombreuses dans toute la série de l'époque crétacée.

On en connaît en particulier plusieurs des terrains néocomiens et aptiens.

M. d'Orbigny [3] a décrit onze espèces du terrain néocomien ; une d'elles, l'*A. Cornueliana*, d'Orb., passe au terrain aptien.

Il faut ajouter [4] les *A. cor.* et *A. Astieriana*, Math., du midi de la France, la *C. Schusteri*, Roemer, du hils, et la *C. exculpta*, Koch, du même gisement.

Le gault en a fourni quelques-unes.

L'*A. carinata*, Sow. [5], est abondante en Angleterre, en France, en Savoie, etc.

M. d'Orbigny a décrit en outre [6] les *A. Cottaldina*, d'Orb., *fibrosa*, id., *Hugardiana*, id., et *nana*, id.

Nous avons ajouté à ces espèces les *A. gurgitis*, Pictet et Roux [7], *Favrina* id., *Campichiana*, id., *bipartita*, id., *subnana*, id., et *obesa*, id. (Atlas, pl. LXXX, fig. 5), du gault des environs de Genève.

Les espèces sont nombreuses dans les craies chloritées (terrains cénomanien et turonien) et dans les craies supérieures.

[1] Koch et Dunker, *Beitr. Ool.*, pl. 7 ; Zieten, *Pétrif. du Wurtemberg*, pl. 70 ; d'Orbigny, *Prodrome*, t. II, p. 19.

[2] *Stat. géol. de la Meuse*, p. 20, pl. 16.

[3] *Paléont. fr.*, Ter. crét., t. III, pl. 208-211.

[4] Matheron, *Catalogue méthodique et descriptif des corps organisés fossiles du département des Bouches-du-Rhône*, dans *Répert. des trav. Soc. stat. Marseille*, t. VI, 1842, pl. 19 et 21 ; Roemer, *Norddeutsch. Kreideg.*, p. 70, pl. 9 ; Koch, *Palæontographica*, t. I, p. 170 ; pl. 24.

[5] *Min. conch.*, pl. 44.

[6] *Paléont. fr.*, Terr. crét., t. III, pl. 312 et 313.

[7] Pictet et Roux, *Mollusques des grès verts*, p. 456, pl. 36 à 38.

M. d'Orbigny [1] a fait connaître seize espèces du terrain cénomanien de France, et quatre du terrain turonien. Il faut ajouter quelques [2] espèces de Blackdown, décrites par M. Sowerby, quelques autres du terrain turonien du midi de la France et à ce qu'il paraît [3] un assez grand nombre d'espèces inédites du tourtia de Belgique.

Les espèces d'Allemagne ont été décrites [4] par Goldfuss (*A. furcifera, tenuistriata, radiata*, etc.); Roemer (huit espèces dont trois nouvelles, *A. cuneata, C. concentrica* et *rotundata*); Reuss (dix-neuf espèces dont une dizaine de nouvelles); Kner (*A. securiformis*, de Nagorzany); von Hagenow (*A. striatissima*), etc. Une des plus anciennement connues est l'*A. exultata*, Nilsson, commune dans les dépôts crétacés supérieurs de Suède, d'Allemagne, de Belgique, etc.

Les espèces des terrains sénoniens de France, au nombre de treize, environ, sont connues [5] par les travaux de MM. Dujardin (*A. affinis*, de Tours), Matheron et d'Orbigny.

Il faut ajouter de nombreuses espèces des terrains crétacés de l'Inde et des États-Unis [6].

M. d'Orbigny [7] cite aussi trois espèces inédites de l'étage danien.

Les terrains tertiaires sont riches en arches; la plupart ont la forme d'arches proprement dites et le type des cucullées y devient de plus en plus rare.

Lamarck et M. Deshayes [8] ont décrit deux cucullées et vingt-trois arches du bassin de Paris. Les premières (*C. crassatina*, Lam., Atlas, pl. LXXX, fig. 6, et *incerta*, Desh.), caractérisent les dépôts inférieurs d'Albecourt, de Noailles, etc. Les arches sont réparties dans plusieurs étages. Les *A. modioliformis*, Desh., et *obliquaria*, id., se trouvent avec les cucullées. L'*A. globulosa*, Desh., caractérise les dépôts de Cuise-la-Motte. La grande majorité appartient au calcaire grossier. Les *A. hyantula*, Desh., *magellanoides*, id., et *rudis*, Desh., non Sow. (*subrudis*, d'Orb.), se trouvent dans les sables supé-

---

[1] *Paléont. fr., Terr. crét.*, t. III, pl. 313 à 327.

[2] Sowerby, in Fitton, *Trans. geol. Soc.*, t. IV, pl. 17; Matheron, *Catal.*, etc.

[3] D'Archiac, *Mém. Soc. géol.*, 2ᵉ série, II, p. 306; Deshayes, *Traité élém. conch.*, t. II, p. 355.

[4] Goldfuss, *Petr. Germ.*, pl. 121 et 138; Roemer, *Norddeutsch. Kreid.*, p. 69; Reuss, *Bœhm. Kreidef.*, II, p. 10; Kner, *Beitr. Ostgall.*, p. 22, pl. 2; von Hagenow, *Leonh. und Bronn Neues Jahrb.*, 1842, p. 560. L'ouvrage de M. Jos. Müller sur les terrains crétacés d'Aix-la-Chapelle, ne renferme pas d'espèces nouvelles.

[5] Dujardin, *Mém. Soc. géol.*, t. II, p. 224; Matheron, *Catalogue*, pl. 21; d'Orbigny, *Paléont. fr., Terr. crét.*, t. III, pl. 322 à 327.

[6] D'Orbigny, *Prodrome*, t. II, p. 245.

[7] D'Orbigny, *Prodrome*, id., p. 294.

[8] *Coq. foss. Par.*, t. I, p. 193 et 198.

rieurs de Valmondois. Nous avons figuré, Atlas, pl. LXXX, fig. 8, l'*A. biangula*, Lam., du calcaire grossier. Elle appartient au groupe des Byssoarca.

Il faut ajouter les *A. lævis* et *striatularis* (1), Melleville, des dépôts inférieurs de Châlons-sur-Vesle et l'*A. lævigata*, Caillat, du calcaire de Grignon.

Les dépôts nummulitiques (2) renferment, outre quelques-unes des espèces précédentes, quelques espèces inédites, l'*A. pandora*, Al. Brongniart, de Castel Gomberto ; les *A. Caillaudi*, Bellardi, *Perezi*, id., *Gœei*, id., *Vanden Heckei*, id., *Bonelli*, id., et *simplex*, id., trouvées aux environs de Nice, et quelques espèces de l'Inde.

Les espèces des terrains éocènes d'Angleterre ont surtout été décrites par Sowerby (3). L'*A. depressa*, Sow., caractérise l'argile plastique. Les *A. Branderi*, *appendiculata*, *duplicata*, *impolita* et *nitens*, appartiennent à l'argile de Londres.

Les arches des terrains tertiaires moyens et supérieurs sont aussi nombreuses, mais moins bien connues.

M. Nyst (4) a trouvé dans le terrain tongrien de Belgique trois espèces nouvelles (*A. latesulcata*, Nyst, Atlas, pl. LXXX, fig. 79, *A. sulcicosta*, id., et *A. decussata*, id., non Lin., nom changé par M. d'Orbigny en *subcancellata*). Le système campinien, ou crag, du même pays, renfermerait, suivant le même auteur, trois espèces dont une seule nouvelle, l'*A. pusilla*, Nyst. M. d'Orbigny désigne sous le nom de *A. subdiluvii* une des deux autres que M. Nyst rapportait à l'*A. diluvii* (5).

M. Dujardin (6) a trouvé dans les faluns de la Touraine, sept espèces d'arches dont l'*A. turonica*, Duj., est seule indiquée comme nouvelle.

M. Basterot (7) indique six espèces dans le bassin miocène de Bordeaux. (*A. Brislaki*, *cardiformis*, etc..)

Les espèces des terrains miocènes du Piémont (8), sont au nombre de neuf, suivant M. Michelotti (*neglecta*, Mich., *polyfasciata*, Sism., etc). Six espèces,

(1) *Ann. sc. géol.*, p. 37, pl. 2 ; Caillat, *foss. de Grignon*, Seine-et-Oise, pl. 9.

(2) D'Archiac, *Hist. des progrès*, t. III, p. 265, Al. Brongniart, *Vicentin*, pl. 5, fig. 14 ; Bellardi, *Mém. Soc. géol.*, 2ᵉ série, t. IV, pl. H (19) ; etc.

(3) Sowerby, *Min. conch.*, pl. 276 et 474, et *Trans. of the geol. Soc.*, 2ᵉ série, t. V, pl. 8.

(4) *Coq. et pol. foss. Belg.*, p. 254.

(5) Le nom d'*A. diluvii* a été donné à plusieurs espèces que l'on a confondues à tort. L'espèce de Touraine est l'*A. turonica*, Desh. Celle des Siebenbürge est l'*A. Fichteli*, id., etc. Voyez Deshayes, *Traité élém. conch.*, t. II, p. 362. Le nom de *A. subdiluvii*, inventé par M. d'Orbigny, me paraît bizarre. Faut-il le traduire par : arche d'un déluge imparfait ?

(6) *Mém. Soc. géol.*, t. II, p. 266.

(7) *Coq. foss. Bord.*, p. 75.

(8) *Descrip. foss. mioc. Ital. sept.*, p. 101, pl. 3 ; Sismonda, *Synopsis*, p. 16.

suivant M. Sismonda, sont communes aux dépôts miocènes et aux pliocènes. Les *A. mytiloides*, Brocchi, et *pectinata*, id., caractérisent ces derniers.

L'*A. cucullæformis*, Eichwald, de Volhynie, est une de celles qui ont été confondues [1] avec l'*A. diluvii*, M. Dubois de Montpéreux qui avait cru à ce rapprochement, on a décrit quelques autres espèces (*C. alata*, *A. nodulosa*, Dubois, non Brocchi ou *Duboisiana*, d'Orb., etc.).

Les espèces du crag d'Angleterre ont été étudiées [2] par M. Wood. On n'y trouve que trois espèces, encore vivantes, les *A. tetragona*, Poli, *lactea*, Linn., et *pectunculoides*, Scacchi (*olim raridentata*, Wood).

On trouve en Allemagne [3] une partie des espèces précitées et en outre l'*A. Schubleri*, Zieten, et l'*A. gigantea*, id.

Il faut ajouter [4] l'*A. minuta*, Desh., de Morée, et les *A. aspera* et *obliqua*, Philippi, des terrains quaternaires de Sicile.

Les Pétoncles (*Pectunculus*, Lamk), — Atlas, pl. LXXX, fig. 9,

diffèrent des arches par leur coquille orbiculaire, subéquilatérale et surtout par les dents de la charnière qui forment un arc dans leur ensemble. Elles ont, du reste, comme elles un ligament extérieur, inséré sur une facette triangulaire placée entre les crochets et munie de sillons anguleux.

Les moules sont faciles à distinguer par des sillons, qui se prolongent depuis les bords internes des impressions palléales jusqu'aux sommets. Ces sillons déterminent des surfaces triangulaires étroites, dont les empreintes musculaires occupent la base.

Le test est sujet à un mode de décomposition assez spécial. La couche superficielle s'enlève et l'on voit alors à découvert des fibres rayonnantes séparées par des intervalles plus ou moins remplis, formant une apparence si différente de celle des autres coquilles, que quelques auteurs ont pris des fragments de ces corps pour des osselets internes.

Les pétoncles, désignés par les anciens auteurs sous les noms de *Glycimeris*, et par Poli sous ceux d'*Axinœa* et *Axinœoderma*, forment un genre très naturel, admis par tous les conchyliologistes. Il n'y a de divergence que sur la convenance de leur réu-

[1] Eichwald, *Lithuan.*, Dubois de Montpéreux, *Conch. foss. plat. Walk. Pod.*, pl. 7.

[2] Wood, *Moll. from the crag* (*Palæont. Soc.*, 1850, p. 75).

[3] *Pétrif. du Wurtemb.*, pl. 56 et 70; Philippi, *Tert. Verst. nordwest., Deutsch.*, etc.

[4] Deshayes, *Exp. de Morée*; Philippi, *Enum. moll. Siciliæ*.

nir quelques-uns des genres suivants [1], convenance que je discuterai en traitant de chacun d'eux.

Quelques auteurs font remonter les pétoncles jusqu'à l'époque primaire ; mais les seules espèces décrites sous ce nom [2] ont une coquille mince, sans area et appartiennent probablement au genre cucullella.

Je ne trouve pas non plus de preuves suffisantes pour admettre l'existence des pétoncles pendant l'époque jurassique [3], mais les dépôts de l'époque crétacée en ont fourni quelques espèces incontestables.

M. d'Orbigny a décrit [4] une espèce (*P. Marullensis*, d'Orb.), du terrain néocomien et une du gault (*P. alternatus*, d'Orb.).

Nous avons ajouté une espèce de ce dernier gisement, le *P. Huberianus*, Pictet et Roux.

Le grès vert de Blackdown, renferme les *P. sublævis*, Sow., et *umbonatus*, id. [5]. Le *P. subpulcinatus*, d'Archiac, provient du tourtia [6].

Le *P. subconcentricus*, Lamk, caractérise le grès vert du Mans [7].

Les *P. Requienianus*, d'Orb., et *Renauxianus*, id., appartiennent au terrain turonien d'Uchaux.

Les *P. Marottianus*, d'Orb., se trouve dans les craies supérieures de Royan.

Les espèces d'Allemagne sont assez nombreuses. La plus anciennement connue est le *P. lens*, Nilsson (*P. brevirostris*, Reuss, et *sublævis*, id.), des craies supérieures de Suède, de Bohème [8], etc.

Le *P. obsoletus*, Goldfuss [9], appartient au quader inférieur de Koschitz ; le *P. sublævis*, id., se trouve dans les craies supérieures.

M. Reuss en a fait connaître plusieurs [10]. Il en compte dix espèces en Bohème dont six nouvelles. Avant lui, M. Roemer en avait décrit six espèces dont trois nouvelles. Il y a à déduire quelques limopsis.

[1] M. Deshayes leur réunit les *Stalagmium* et les *Limopsis*.

[2] Voyez Portlock, *Geol. report*, pl. 34.

[3] Les *Pectunculus oblongus*, Sow., et *minimus*, id., sont des *Limopsis*. Le *P. Danmariensis*, Buvignier, *Stat. géol. de la Meuse*, pl. 16, du terrain portlandien, paraît une nucule(?)

[4] *Paléont. fr.*, *Ter. crét.*, t. III, p. 186 ; Pictet et Roux, *Moll. des grès verts*, p. 467, pl. 38.

[5] *Min. conch.*, pl. 472.

[6] D'Archiac, *Mém. Soc. géol.*, 2ᵉ série, t. II, p. 306.

[7] D'Orbigny, *Paléont. fr.*, *Terr. crét.*, t. III, pl. 306.

[8] Nilson, *Petr. succ.*, pl. V, fig. 4.

[9] *Petr. Germ.*, t. II, pl. 126.

[10] Bœhm. *Kreid.*, t. II, p. 9, pl. 35 et 44 ; Roemer, *Norddeutsch. Kreideg.*, p. 68.

Le *P. calvus*, Sow. [1], se trouve à Gosau.

Les terrains tertiaires en renferment plusieurs. La difficulté de déterminer les pétoncles, même vivants, fait que l'on a souvent indiqué des espèces comme trouvées dans plusieurs étages tertiaires et comme vivant encore dans la Méditerranée ou les mers de l'Inde. M. Deshayes et d'autres conchyliologistes plus exacts que leurs devanciers, ont relevé de nombreuses erreurs et ont montré que malgré les catalogues, la loi de spécialité des fossiles s'appliquait aux pétoncles dans les mêmes limites qu'aux autres genres convenablement étudiés.

Lamarck et M. Deshayes [2] ont décrit huit espèces des environs de Paris, dont il faut retrancher le *P. granulatus*, qui est une Limopsis. Le *P. lenticularis*, Lamk, provient des sables inférieurs du département de l'Oise. Le *P. depressus*, Desh., appartient aux sables supérieurs de Valmondois. Les autres caractérisent le calcaire grossier, sauf le *P. angusticostatus*, Lamk, des sables de Fontainebleau dont nous parlerons plus bas.

Il faut, suivant M. d'Orbigny [3], considérer comme distincte l'espèce de Cuise-la-Motte (*P. pseudopulvinatus*, d'Orb.), qu'on avait confondue avec le *pulvinatus*.

Les terrains nummulitiques [4] renferment quelques-unes des espèces du bassin de Paris et en outre le *P. striatissimus*, Bellardi, et plusieurs espèces inédites.

Parmi les espèces d'Angleterre on peut citer [5] le *P. Plumsteadiensis*, Sow., de l'argile plastique et quelques espèces de l'argile de Londres (*P. brevirostrum*, Sow., *decussatus*, id., *deletus*, Brander, Sow., etc.). Le *P. scalaris*, Sow., est une limopsis.

Les pétoncles des terrains tertiaires moyens et supérieurs sont en partie imparfaitement connus.

Le *P. angusticostatus*, Lamk [6], caractérise, comme je l'ai dit plus haut, les terrains miocènes inférieurs de Versailles, Fontainebleau, etc.

On trouve dans les mêmes gisements une espèce qui a été confondue avec

[1] *Trans. geol. Soc.*, 2ᵉ série, t. III, pl. 38.
[2] *Coq. foss. Par.*, t. I, p. 219.
[3] *Prodrome*, t. II, p. 323.
[4] D'Archiac, *Hist. des progrès*, t. III, p. 266; Bellardi, *Mém. Soc. géol.*, t. I, pl. 2 (19).
[5] Sowerby, *Min. conch.*, pl. 27 et 472.
[6] Deshayes, *Description des Coq. foss. Par.*, t. I, pl. 34, fig. 20 et 21.

le *P. terebratularis*; le *P. rhomboideus*, etc. C'est le *P. obovatus*, Lam., nommé plus tard par Philippi, *P. crassus* [1].

M. Nyst [2] cite dans le système tongrien le *P. lunulatus*, Nyst. Il indique dans le terrain campinien le *P. pilosus*, var., qui paraît différent du *P. pilosus*, et qui est nommé par d'Orbigny, *P. subpilosus* (Atlas, pl. LXXX, fig. 9).

M. Dujardin [3] a fait connaître quatre espèces des faluns de la Touraine auxquelles M. Deshayes dit pouvoir en ajouter trois.

Les espèces d'Allemagne ont principalement été figurées par Goldfuss [4]. La plus répandue est le *P. polyodonta*, Bronn; mais il y a eu de nombreuses confusions à l'égard de cette espèce, comme aussi pour plusieurs de celles qu'il rapporte aux espèces de France et d'Angleterre.

M. Dubois de Montpéreux [5] a décrit plusieurs espèces de Volhynie dont les déterminations sont contestées.

M. Michelotti [6] compte trois espèces dans les terrains miocènes du Piémont, dont une nouvelle (*P. cancellatus*, Mich.). Le *P. glycimeris* et le *P. pilosus* passent aux terrains pliocènes et aux mers actuelles; de sorte que, suivant M. Sismonda, les dépôts pliocènes de l'Astesan, renferment en tout sept espèces (*P. inflatus*, Brocchi, *insubricus*, id., *undatus*, id., etc.).

Le crag d'Angleterre ne renferme, suivant M. Wood [7], qu'une seule espèce, le *P. glycimeris*, Lin., à laquelle il faut réunir toutes celles qui ont été décrites sous d'autres noms (*P. undatus*, Turton, *subobliquus*, Wood, *variabilis*, Sowerby, 471, etc.).

Les pétoncles se trouvent aussi dans divers terrains de l'Amérique et de l'Inde [8].

M. d'Orbigny a décrit le *P. paytensis* des terrains tertiaires de l'Amérique méridionale. De nombreuses espèces des terrains crétacés et tertiaires de l'Amérique septentrionale ont été indiquées par MM. Conrad et Say.

[1] Deshayes, *Traité élém. conch.*, t. II, p. 328; Philippi, *Tert. Verst., nordw. Deutsch.*, p. 13.

[2] *Coq. et pol. foss. Belg.*, p. 247.

[3] *Mém. Soc. géol.*, 1837, t. II, p. 267.

[4] *Petr. Germaniæ*, t. II, p. 160, pl. 126 et 127; Philippi, *Palæontographica*, t. I, p. 57.

[5] *Conch. foss. plat. Wolh. Pod.*, p. 64, pl. 7. Voyez les rectifications proposées par M. Deshayes, *Bull. Soc. géol. de France*, t. II et VI, *Traité élém. conch.*, p. 330; Voyez aussi d'Orbigny, *Prodrome*, t. III, p. 122.

[6] *Desc. foss. mioc. Ital. sept.*, p. 105.

[7] *Mollusca from the crag*, *Palæont. Soc.*, 1850, p. 65.

[8] D'Orbigny, *Voyage, Paléontol.*, p. 429. Voyez aussi *Journ. Acad. Phil.*, t. IV, VII et VIII, *American. journ. of sc.*, t. XXIII, etc.

Les Stalagmium, Conrad (*Myoparo*, Leach),

sont des pétoncles dont la facette ligamentaire est réduite à la
moitié anale et n'est par conséquent pas marquée de chevrons,
mais seulement de sillons parallèles.

On n'en connaît (¹) qu'une seule espèce, le *S. margaritaceum*, Conrad
(*Myoparo costulatus*, Lea), des terrains tertiaires inférieurs des États-Unis.

M. Nyst (²) rapporte à ce genre une autre espèce, *Stalagmium Nysti*, du
terrain éocène de Belgique qui nous paraît plus voisine des nucules, et dont
M. d'Orbigny a fait son genre Nuculella.

Les Limopsis, Sassi (³) (*Trigonocælia*, Nyst et Galeotti, *Pectunculina*, d'Orb.), — Atlas, pl. LXXX, fig. 10 à 12,

ont de grands rapports avec les pétoncles, mais le ligament n'est
point extérieur, et la coquille manque en conséquence de l'impression triangulaire située sous les crochets. Ce ligament est
inséré dans une fossette deltoïde creusée dans la charnière elle-
même, au-dessus de la ligne des dents. La forme générale de la
coquille est orbiculaire comme celle des pétoncles, quelquefois
cependant plus oblongue et anguleuse. Les dents de la charnière
forment un arc plus ou moins marqué.

M. Deshayes ne sépare pas ce genre des pétoncles, M. d'Orbigny au contraire le place dans la famille des nuculides. Il le considère comme un lien entre cette famille et celle des arches ;
il est une preuve de la convenance de les réunir.

Ces mollusques ont apparu à l'époque où se sont déposés les
terrains connus sous le nom de grande oolithe et se sont continués
jusqu'à nous sans être jamais très nombreux.

On n'en cite en particulier qu'un petit nombre de l'époque
jurassique.

Il faut rapporter à ce genre le *Pectunculus oolithicus*, Buvignier (⁴) de
la grande oolithe du département des Ardennes, espèce retrouvée par M. d'Archiac dans l'oolithe de Luc et par MM. Morris et Lycett dans la grande oolithe

(¹) D'Orbigny, *Prodrome*, t. II, p. 390.
(²) *Coq. et pol. foss. Belg.*, p. 238.
(³) Ces trois noms désignent exactement les mêmes coquilles. Celui de
Limopsis date de 1827, celui de *Trigonocælia*, de 1835, et celui de *Pectunculina*, de 1843.
(⁴) *Stat. min. des Ardennes*, pl. 4, fig. 6 ; d'Archiac, *Mém. Soc. géol. de*

d'Angleterre. Ces derniers auteurs considèrent avec doute, comme appartenant à la même espèce les *P. oblongus* et *minimus*, Sow., 472.

Le *P. Petschoræ*, Keyserl. [1], du terrain oxfordien de Russie est aussi une
limopsis.

Le *L. corallensis*, Buv. [2], provient du terrain corallien du département
de la Meuse (Atlas, pl. LXXX, fig. 10).

M. d'Orbigny [3] ajoute deux espèces inédites de l'oolithe inférieure et une
du terrain corallien.

Les espèces sont moins nombreuses encore dans les terrains
crétacés.

M. d'Orbigny [4] a décrit sous le nom de *Pectunculina Guérangueri* et
Complanata, deux espèces du terrain cénomanien du Mans.

Le *P. Hœninghausi*, Jos. Muller [5], de la craie supérieure d'Aix-la-Chapelle est aussi une limopsis.

Elles augmentent de nombre dans l'époque tertiaire.

M. d'Orbigny [6] en cite deux espèces inédites des terrains tertiaires inférieurs de Cuise-la-Motte.

La *T. striata*, Rouault [7], caractérise le terrain nummulitique de Pau.

Le *P. granulatus*, Lamk [8], du calcaire grossier de Paris et du terrain
éocène de Belgique appartient à ce genre, ainsi que la *Nucula deltoidea*, Lamk,
qui se trouve dans le calcaire grossier et les sables supérieurs de Valmondois.

Il faut ajouter [9] les *Trigonocœlia auritoides*, Galeotti, et *T. lima*, Nyst et
Galeotti, des dépôts éocènes de la Belgique ; les *T. Goldfussi*, Nyst, Atlas,
pl. LXXX, fig. 11 (*P. auritus*, id., olim) et *T. scalaris*, Nyst, du terrain tongrien du même pays; et les *T. sublævigata*, Nyst, et *decussata*, id., du terrain
campinien du même pays.

Les *P. minutus*, Philippi, Goldf., *modiolus*, Bon, et *auritus*, Brocchi,
appartiennent aussi à ce genre [10]. Ils se trouvent dans le terrain miocène du

France, p. 374, pl. 27, fig. 6; Morris et Lycett, *Moll. from the great ool.*,
Palæont. Soc., 1853, p. 54.

[1] *Petschora Land*, p. 306, pl. 17.

[2] *Stat. géol. de la Meuse*, p. 20, pl. 16.

[3] *Prodrome*, t. I, p. 280 et t. II, p. 18.

[4] *Pal. fr., Terr. crét.*, t. III, p. 183, pl. 305.

[5] *Monog. Petref. Aach.*, t. I, p. 18.

[6] *Prodrome*, t. II, p. 325.

[7] *Mém. Soc. géol.*, 2ᵉ série, t. III, p. 469.

[8] Deshayes, *Coq. foss. Par.*, t. I, pl. 35 et 36.

[9] Nyst, *Coq. et pol. foss. Belg.*, p. 243, pl. 18, 19 et 20.

[10] Philippi, *Enum. moll. Sic.*, t. I, p. 63, pl. 5; Brocchi, *Conch. subap.*,
pl. 11.

Piémont. Le premier passe dans le pliocène et le quaternaire; le dernier se retrouve dans le crag. (Atlas, pl. LXXX, fig. 12.)

La *L. pygmæa*, E. Sism. [1], a été trouvée dans le terrain pliocène d'Asti.

La *T. insolita*, Sow., se trouve en Patagonie [2].

La *L. æquilatera* (*Nucula æquilatera*, Lea), caractérise les terrains miocènes de Virginie [3].

Les Isoarca, Münster, — Atlas, pl. LXXX, fig. 13 et 14,

ont la charnière droite ou presque droite des arches, et une coquille bombée, treillissée extérieurement, à crochets contournés comme les isocardes, tellement que quelques espèces dont on ne connaît pas la charnière restent douteuses entre les deux genres. Elles manquent complétement d'area ligamentaire externe.

Je crois qu'on peut réunir à ce genre les Moniolarca, Lycett.

Les isoarca paraissent spéciales à l'époque jurassique et à l'époque crétacée. On en connaît une douzaine d'espèces.

Je ne crois pas qu'on puisse admettre leur existence à l'époque salifèrienne.

L'*I. Stotteri*, d'Orb. (*Nucula Stotteri*, Klipstein), découverte à Saint-Cassian [4], a la charnière trop arquée pour appartenir à ce genre.

On en a cité quelques-unes de l'époque jurassique.

L'*I. Bajocensis*, d'Orb. [5], caractérise l'oolithe inférieure de Normandie.

L'*I. decussata*, Münster, a été trouvée dans le Jura blanc (oxfordien?) du Wurtemberg. Les *I. speciosa*, id., et *texata*, id. (*Pectunc. texatus*, Goldf., Atlas, pl. LXXX, fig. 13), appartiennent aux couches coralliennes de Ratisbonne, de Kelheim et Natheim [6].

Les *Isocardia subglobata*, Münster, *tenera*, id., et *transversa*, id., appartiennent, suivant M. Philippi, au même genre. Elles ont aussi été trouvées dans le calcaire jurassique. La première provient d'Heiligenstadt, les deux autres de Streitberg [7].

Elles ne sont pas abondantes dans les dépôts crétacés.

M. d'Orbigny [8] indique deux espèces inédites de l'époque néocomienne.

[1] Sismonda, *Synopsis*, p. 15.
[2] Darwin, *South America*, pl. 2.
[3] *New tert. foss.*, pl. 34.
[4] *Geol. der œstl. Alpen*, p. 262, pl. 17, fig. 8.
[5] *Prodrome*, t. I, p. 280.
[6] Münster, *Beitr. zur Petref.*, t. VI, p. 81, pl. 6.
[7] Goldfuss, *Petr. Germ.*, t. II, p. 209, pl. 140.
[8] *Prodrome*, t. II, p. 79 et 106.

L'*I. Agassizii*, Pictet et Roux [1], autrefois confondue avec la *Ceroneya crassicornis*, Ag., caractérise le gault des environs de Genève (Atlas, pl. LXXX, fig. 14

M. d'Orbigny [2] indique une espèce inédite dans le gault de Clar (*I. costata*, d'Orb.).

L'*I. obesa*, d'Orb. (*Nucula obesa*, id., olim, *Isocardia Orbignyana*, d'Archiac) a été trouvée dans la craie chloritée de Rouen et dans le tourtia de Belgique [3].

L'*I. supracretacea*, d'Orb. [4], espèce inédite, a été découverte dans les craies supérieures du Bausset (Var).

Les Cucullella, M'Coy, — Atlas, pl. LXXX, fig. 15 à 17,

sont de petites coquilles paléozoïques en formes d'arches ou de nucules à charnière droite ou un peu arquée, mais jamais coudée, sans area. La coquille est mince et son bord n'est pas crénelé. L'impression palléale est entière.

M. M'Coy borne ce genre aux espèces qui ont une côte interne dirigée depuis le crochet jusqu'au bord postérieur de l'impression musculaire buccale. Cette côte laisse un sillon sur le moule (Atlas, pl. LXXX, fig. 15).

Je crois devoir leur associer la majorité des espèces de l'époque silurienne qui ont été décrites sous les noms d'arca et de pectunculus, lors même qu'elles n'ont pas cette côte interne (Atlas, pl. LXXX, fig. 16 et 17). Elles me semblent ressembler bien plus à leurs contemporaines qu'aux arches et aux pétoncles actuels.

Leur coquille mince, sans area, me semble mettre ce fait hors de doute.

On peut citer surtout [5] les *Cucullella antiqua*, Sow., M'Coy ; la *C. coarctata* Phill., M'Coy, la *C. ovata*, Sow., M'Coy (Atlas, pl. LXXX, fig. 15), etc., qui appartiennent aux vraies cucullella.

Les *Arca edmondiiformis*, M'Coy, *primitiva*, Phill., *subæqualis*, M'Coy, sont des cucullella sans côte interne.

Je n'ai également point d'hésitation pour sortir du genre des arches et de celui des pétoncles les espèces décrites par M. Portlock [6] sous ces deux

[1] Pictet et Roux, *Moll. des grès verts*, p. 466, pl. 38.

[2] *Prodrome*, t. II, p. 138.

[3] D'Orbigny, *Paléont. fr., Terr. crét.*, t. III, p. 180, pl. 304 ; d'Archiac, *Mém. Soc. géol.*, 2ᵉ série, t. II, pl. 15.

[4] *Prodrome*, t. II, p. 243.

[5] M'Coy, *British palæoz. foss.*, p. 283.

[6] *Geol. report*, p. 427, pl. 34.

noms. Ce sont pour moi des cucullella. Si l'absence de la côte interne paraît devoir les en séparer, elles devront former un genre nouveau. M. Portlock décrit sept espèces d'arches et deux pétoncles. Nous avons figuré dans l'Atlas, pl. LXXX, l'*Arca regularis*, Portl., fig. 16, et le *Pect. Anjohni*, id., fig. 17.

Il est probable que ce genre se continue dans l'époque dévonienne, mais je crois qu'il ne s'étend pas jusqu'au terrain carbonifère; je ne saurais cependant pas l'affirmer. Je fais seulement remarquer que les espèces de ce terrain les mieux connues et les mieux figurées, paraissent avoir beaucoup plus les caractères des véritables arches que des cucullella.

Un nouvel examen sera nécessaire pour résoudre ces questions de détail.

LES NUCULES (*Nucula*, Lamk, *Polyodonta*, Megerle), — Atlas, pl. LXXX, fig. 18 à 20,

ont une coquille ovale, allongée ou triangulaire, inéquilatérale. La charnière est formée de petites dents disposées en deux lignes, qui se réunissent en formant un angle obtus, dont le sommet, qui est sous les crochets, présente une fossette ovale ou transverse, située dans la ligne même des dents. Le ligament est interne et placé dans cette fossette. Les moules, lorsqu'ils sont bien conservés, se distinguent facilement par l'impression angulaire de la charnière, sur laquelle on voit quelquefois les traces des dents et par des attaches musculaires très détachées. Le bord des valves est crénelé.

Les nucules diffèrent des limopsis par leur forme plus inéquilatérale et leur fossette dans la ligne même des dents. Elles se distinguent encore mieux des arches et des pétoncles par l'absence d'impression ligamentaire externe.

Les nucules ont vécu à tous les âges géologiques et forment une longue série d'espèces qui se ressemblent beaucoup par les formes et qui fournissent une preuve à ajouter à tant d'autres contre le perfectionnement graduel et les modifications de l'organisme. Elles paraissent aujourd'hui au maximum de leur développement et vivent sous toutes les latitudes.

Je crois, ainsi que je l'ai dit plus haut, p. 334, qu'il faut réunir aux nucules quelques coquilles associées à tort aux *Lyrodesma*, Conrad, et qui ont les dents des arcacides au lieu des lignes rayonnantes caractéristiques de ce genre. M. d'Orbigny les associe toutes aux leda mais il est probable qu'elles ont l'impression palléale entière (Atlas, pl. LXXX, fig. 18).

On connaît plusieurs nucules de l'époque primaire.

Le terrain silurien en renferme quelques-unes, mais peu certaines.

La N. *lævis*, Sow. (1), du terrain silurien inférieur de Llandeilo n'est connue que par une figure bien imparfaite.

La N. *anglica*, d'Orb. (*ovalis*, Sow., non Ziet.), provient du terrain silurien supérieur (2) où elle se trouve avec la N. *levata*, Hall, et le *Nuculites poststriatus*, Emmons, M'Coy.

Il faudrait y ajouter (3) le *Lyrodesma pulchella*, Hall (Atlas, pl. LXXX, fig. 18), des terrains siluriens inférieurs des États-Unis, et quelques espèces des mêmes gisements, décrites par M. Hall sous leur véritable nom de nucula.

Elles se continuent dans les terrains dévoniens, mais les espèces sont difficiles à distinguer des leda, car pour la plupart on ne connaît pas leur impression palléale (4).

Les espèces d'Allemagne ont surtout été décrites (5) par Goldfuss (N. *grandæva*, Goldf., *obesa*, id., *forniculata*, id., *obsoleta*, id., *prisca*, id., *securiformis*, id.). La N. *solenoides* se rapporterait plutôt aux Cucullella.

Il faut y ajouter (6) quelques espèces décrites par Roemer (N. *Jugleri*, *Krachtæ*, *elliptica*) et par le comte de Münster (N. *Protei*).

Parmi les espèces d'Angleterre on peut citer les N. *latissima*, Phillips, *lineata*, id., et *plicata*, id. (7). M. M'Coy (8) indique, outre la N. *Krachtæ*, Roemer, la N. *pullastriformis*, M'Coy.

M. M. Rouault (9) en a décrit quelques-unes de Bretagne.

Les terrains carbonifères en renferment plusieurs (10).

(1) Murchison, *Silur. system*, pl. 22, fig. 1.

(2) Murchison, *Silur. system*, pl. 5, fig. 8 ; M'Coy, *British palæoz. foss.*, p. 285.

(3) *Pal. of New-York*, p. 302, pl. 82 ; le *L. plana* reste un vrai Lyrodesme.

(4) M. d'Orbigny, *Prodrome*, t. I, p. 74, en transporte plusieurs dans le genre Leda.

(5) *Petref. Germ.*, t. II, p. 150, pl. 124.

(6) Roemer, *Harzgebirge*, p. 23, pl. 6 ; Münster, *Beitr. zur Petref.*, t. III, p. 54, pl. 11.

(7) *Palæoz. foss.*, pl. 18 et 58.

(8) *British palæoz. foss.*, p. 397.

(9) *Bull. Soc. géol.*, 2ᵉ série, 1851, t. VIII, p. 388. Il en cite aussi une (p. 366) du terrain silurien.

(10) On peut faire la même remarque que nous avons faite plus haut sur la difficulté d'en séparer les leda. Voyez d'Orbigny, *Prodrome*, t. I, p. 129.

Elles ont surtout été trouvées en Angleterre et ont été décrites [1] par Sowerby (*N. accipiens, acuta, æqualis, Bourelandii, palmæ*); Phillips (*N. cuneata, luciniformis, undulata*); Portlock (*N. lacirostrum*); M' Coy (*N. cylindrica*, etc.). Il y a des doubles emplois et quelques espèces à passer dans d'autres genres.

Le *N. cordæformis*, Eichwald, provient de Russie [2].

L'étage permien n'en a fourni que trois.

La *N. Wymmensis*, Keyserl. [3], provient de la Russie septentrionale.
La *N. Taleiana*, King [4], a été découverte en Angleterre.
Je crois devoir réunir à ce genre, la *Leda Vinti*, King (*Nucula speluncaria*, Geinitz), d'Angleterre et d'Allemagne ; la description parle d'un très petit sinus ; la figure montre une impression palléale parfaitement entière [5].

Elles augmentent de nombre dans l'époque triasique.

Goldfuss [6] a figuré sept espèces du muschelkalk : la *Nucula Goldfussii*, Alberti ; la *N. excavata*, Goldfuss ; la *N. cuneata*, Münster ; la *N. gregaria*, Münster ; la *N. elliptica*, Goldf. (*Munsteri*, id.) ; la *N. speciosa*, Münster, et la *N. incrassata*, id. Cette dernière est une cypricarde pour M. d'Orbigny.

Les espèces de Saint-Cassian ont été décrites [7] par le comte de Münster, et M. Klipstein. On en connaît une dizaine d'espèces.

Le lias n'en contient pas une grande quantité.

La plus commune est la *N. Hammeri*, Defrance, répandue en Allemagne et en France [8] (Atlas, pl. LXXX, fig. 19). Cette espèce est très voisine des *N. Hausmanni*, Roemer, *lævigata*, Münster, *ovalis*, Zieten, non Goldf. (*Zieteni*, Desh.), *ovalis*, Goldf., non Zieten, *pectinata*, Zieten, etc. Quelques auteurs proposent de les réunir en une seule.

Il faut ajouter la *N. triquetra*, Goldf. (*trigona*, Münster, *subglobosa*, Roemer) , la *N. cordata*, Goldf., et quelques espèces inédites indiquées par M. d'Orbigny.

[1] Sowerby, *Trans. geol. Soc.*, 2ᵉ série, t. V, pl. 39 et pl. 475; Phillips, *Geol. of Yorksh.*; Portlock , *Geol. report*, pl. 36; M'Coy, *Synopsis of Ireland*, pl. 11.

[2] Murchison, Keys. et Vern., *Paléont. de la Russie*, pl. 20, fig. 9.

[3] *Petschora Land*, p. 264, pl. 14, fig. 4.

[4] *Permian fossils (Palæont. Society*, 1848, p. 175).

[5] King, *Permian foss. (Palæont. Society*, pl. 15, fig. 21-22).

[6] *Petr. Germ.*, t. III, p. 152, pl. 124.

[7] Münster, *Beitr. zur Petref.*, t. IV, pl. 8; Klipstein , *Geol. der œst. Alpen*, pl. 17. Voyez pour les rectifications à faire, Deshayes, *Traité élém. conch.*, t. II, p. 297.

[8] Goldfuss, *Petr. Germ.*, t. II, pl. 125, fig. 17.

Elles sont moins nombreuses encore dans l'oolithe inférieure et la grande oolithe.

La *N. cordiformis*, Desh. (*N. nucleus*, Desh.) caractérise l'oolithe inférieure de Bayeux [1].

La *N. erato*, d'Orb. (*N. variabilis*, Phill., non Sow., non Zieten), a été trouvée dans l'oolithe inférieure de Aalen [2].

La *N. variabilis*, Sow., et la *N. Waltoni*, Morris et Lycett [3], proviennent de la grande oolithe d'Angleterre. La première se retrouve en France et en Allemagne.

Les autres espèces citées sont pour la plupart des leda.

Les dépôts kellowiens et oxfordiens en ont fourni plusieurs, mais elles sont mal connues.

On cite la *N. cuneiformis*, Sow. [4], trouvée dans l'Inde, à 3000 mètres d'élévation!

La *N. cæcilia*, d'Orb. (*pectinata*, Zieten?), provient du terrain kellowien de France et d'Allemagne [5].

La *N. elliptica*, Phillips [6], a été découverte dans l'étage oxfordien d'Angleterre.

La *N. rhomboïdes*, Keiserl. [7], provient du terrain oxfordien de Russie.

La *N. intermedia*, Münster [8], appartient au terrain oxfordien du Lindnerberg.

Il faut ajouter sept espèces inédites citées par M. d'Orbigny [9], dont quatre du kellowien et trois de l'oxfordien.

Les nucules paraissent très rares dans le terrain corallien et dans les étages supérieurs de l'époque jurassique.

M. d'Orbigny [10] indique une espèce inédite dans le corallien de la Rochelle et une dans le terrain kimméridgien.

[1] Deshayes, *Traité élém. conch.*, t. II, p. 299 ; Deslongchamps, *Mém. Soc. Lin. Calvados*, 1837, p. 71.

[2] *Prodrome*, t. I, p. 286.

[3] Sowerby, *Min. conch.*, pl. 475 ; Morris et Lycett, *Moll. from the great col. (Palæont. Soc.*, 1853, p. 51, pl. 5, fig. 13 et 14).

[4] *Trans. geol. Soc.*, 2ᵉ série, t. V, p. 328, pl. 22.

[5] *Prodrome*, t. I, p. 339 ; Zieten, *Pétrif. du Wurtemberg*, pl. 57, fig. 8.

[6] *Geol. of Yorksh.*, p. 109, pl. 5.

[7] *Petschora Land*, pl. 17.

[8] Roemer, *Norddeutsch. Oolgeb.*, p. 101, pl. 6, fig. 17.

[9] *Prodrome*, t. I, p. 339 et 367.

[10] *Prodrome*, t. II, p. 18 et 52.

La *N. Menkei*, Roemer [1], appartient au terrain portlandien de Wend-hausen.

Ces mollusques se continuent dans les dépôts crétacés.
On en trouve dans les terrains néocomien et aptien.

Les *N. planata*, Desh. (*obtusa*, d'Orb., non Sow.), *simplex*, Desh., et *Cornue-liana*, d'Orb. (*impressa*, d'Orb., non Sow.) [2], caractérisent le néocomien de France.

Les *N. antiquata*, Sow., *impressa*, id., et *subobtusa*, d'Orb. (*subrecurva*, Phillips), appartiennent au lower greensand et à l'argile de Specton [3].

La *N. subtrigona*, Roemer [4], provient du hils d'Allemagne.

Le gault en a fourni plusieurs.

Les *N. bivirgata*, Sow., *pectinata*, id., et *ovata*, Mantell, ont été décou-vertes dans le gault d'Angleterre [5] et retrouvées en France. Il faut leur ajouter [6] les *N. albensis*, d'Orb., *ardennensis*, id., et *ornatissima*, id., décrites par M. d'Orbigny, ainsi que quatre espèces du gault des environs de Genève que j'ai décrites avec M. Roux (*N. Neckeriana*, Atlas, pl. LXXX, fig. 20, *gargitis*, *Timotheana* et *l'arthusia*). J'y ajoute aussi la *Leda Ti-brayeana*, d'Orb., qui a certainement une impression palléale entière.

Les craies chloritées et les craies supérieures sont assez riches en nucules.

Sowerby a fait connaître [7] quelques espèces de Blackdown (*N. obtusa*, Sow., *apiculata*, id.).

La *N. Renauxiana* [8], d'Orb., paraît caractériser le terrain turonien d'U-chaux, si toutefois il n'y a pas erreur dans la synonymie.

La *N. concinna*, Sowerby [9], appartient au terrain crétacé de Gosau.

[1] *Norddeutsch. Ool.*, p. 98. pl. 6.

[2] Deshayes in Leymerie, *Mém. Soc. géol.*, 1842, t. V; d'Orbigny, *Paléont. fr., Terr. crét.*, t. III, pl. 300.

[3] Sowerby, *Min. conch.*, pl. 475; Phillips, *Geol. of Yorksh.*, pl. 2, fig. 11.

[4] *Norddeutsch. Kreidegeb.*, p. 68, pl. 8.

[5] Sowerby, *Trans. geol. Soc.*, 2e série, t. V, pl. 11 et *Min. conch.*, pl. 192; Mantell, *Geol. of Sussex*, pl. 19, fig. 8.

[6] D'Orbigny, *Paléont. fr., Terr. crét.*, t. III, pl. 301 et 302, Pictet et Roux, *Mollusques des grès verts*, p. 469, pl. 39.

[7] In Fitton, *Trans. geol. Soc.*, 2e série, t. IV, pl. 17, fig. 10 et 11.

[8] D'Orb., *Paléont. franç., Terr. crét.*, t. III, p. 179, pl. 304. M. Deshayes a déjà fait remarquer que cette espèce figure deux fois dans le *Prodrome*.

[9] *Trans. geol. Soc.*, 2e série, t. III, pl. 38.

La *N. tenera*, Müller, non Wood (*N. vox*, Philippi) [1], a été trouvée à Aix-la-Chapelle.

Les espèces d'Allemagne sont nombreuses. Elles ont été décrites [2] par Goldfuss, de Buch, et surtout par M. Reuss, qui en compte douze espèces, dont cinq nouvelles. (Il faut en déduire des leda.)

Elles sont abondantes dans les terrains tertiaires.

M. Deshayes [3] a décrit six espèces des environs de Paris, dont il faut retrancher la *N. deltoidea* qui est une *Limopsis*, la *N. striata*, qui est une *Leda*, et la *N. miliaris*, qui, comme ce savant conchyliologiste l'avait annoncé déjà, doit former un genre nouveau, et est devenu le type des *Nuculina*.

La *N. fragilis*, Desh., caractérise les sables inférieurs de Cuise-la-Motte, qui renferment en outre la *N. Levesquei*, d'Orbigny [4], confondue à tort avec la *N. margaritacea*, id., et avec l'espèce du calcaire grossier.

La *N. ovata*, Desh., non Mantell (*subovata*, d'Orb.), appartient au calcaire grossier.

Le *N. similis*, Sow. [5] (*margaritacea*, Lamk, non Lin.), se trouve dans l'argile de Londres, dans le calcaire grossier du bassin de Paris et dans les sables supérieurs de Valmondois (Atlas, pl. LXXX, fig. 21).

Les dépôts nummulitiques [6] renferment quelques-unes des espèces précédentes. On peut citer, en outre, la *N. laboensis*, J. de C. Sow., de l'Inde, et la *N. submargaritacea*, A. Rouault, de Pau.

Parmi les espèces de l'argile de Londres, qui ne sont pas des leda, on peut citer [7] la *N. minima*, Sow., la *N. trigona*, id., etc.

La *N. lunulata*, Nyst [8], a été trouvée dans les dépôts éocènes de Belgique.

Elles se continuent dans les étages miocène et pliocène.

M. Nyst [9] a décrit quatre espèces nouvelles du terrain tongrien de Belgique et la *N. Haesendonckii*, du crag du même pays.

La *N. podolica*, Dubois [10], provient de Volhynie.

[1] *Monog. Petr. Aach.*, 1, 17, pl. 2.
[2] Goldfuss, *Petr. Germ.*, t. III, pl. 125; Reuss, *Boehm. Kreidef.*, t. II, p. 3.
[3] *Coq. fos. Par.*, t. I, p. 230.
[4] *Prodrome*, t. II, p. 325.
[5] *Min. conch.*, pl. 192.
[6] D'Archiac, *Hist. des progrès*, t. III, p. 266, et *Mém. Soc. géol.*, 2ᵉ série, t. III.
[7] *Min. conch.*, pl. 191.
[8] *Coq. et pol. foss. Belg.*, p. 231, pl. 18.
[9] Id. Id.
[10] *Conch. foss. plat. Volh. Pod.*, p. 67.

Les espèces de Piémont ont été étudiées par MM. Michelotti, Sismonda, etc. [1]. Le terrain miocène renferme les *N. placentina*, Lamk, et *sulcata*, Bronn. La première se retrouve dans le terrain pliocène avec la *N. nucleus*, Lin. (*margaritacea*, Lamk), vivante, etc.

Le crag d'Angleterre en renferme, suivant M. Wood [2], cinq espèces, dont trois n'existent plus : ce sont la *N. lævigata*, Sowerby, la *N. Cobboldiæ*, id., et la *N. trigonula*, Wood.

Goldfuss [3] et M. Philippi ont décrit quelques espèces des terrains éocènes, miocènes et pliocènes d'Allemagne; mais la plupart sont des leda. On peut placer dans les nucules la *N. compta*, Goldf., la *N. lævigata*, id., non Sow. (*N. peregrina*, Desh.), la *N. Dechenii*, Phil., de Westeregeln, la *N. subglobosa*, id., du Mecklembourg; la *N. compressa*, id., etc.

Les nucules se trouvent aussi en Amérique [4].

Les NUCULINES (*Nuculina*, d'Orb.), — Atlas, pl. LXXX, fig. 22,

se distinguent des nucules par leurs dents sur une seule série, ne formant pas d'angle et moins régulièrement placées, par une dent latérale anale et par leur ligament placé sous le crochet. Il faut leur réunir les PLEURODON, Wood, et les NUCINELLA, id.

Ce genre, comme je l'ai dit plus haut, a été établi sur la *Nucula miliaris*, Desh., des tertiaires éocènes des environs de Paris. C'est l'espèce figurée dans l'atlas. M. Wood considère avec doute, comme lui étant identique, son *Pleurodon ovalis* du crag d'Angleterre [5].

Les NUCINELLA, d'Orb., — Atlas, pl. LXXX, fig. 23 et 24,

diffèrent des nucules par leur fossette ligamentaire qui n'est pas en forme de cuilleron et qui est treillissée.

[1] Michelotti, *Descr. foss. mioc. Ital. sept.*, p. 107; Sismonda, *Synopsis*, p. 15.

[2] *Mollusca from the crag* (*Palæont. Soc.*, 1850, p. 84, pl. 10); Sowerby, *Min. conch.*, pl. 180 et 192.

[3] *Petref. Germ.*, t. II, pl. 125; Philippi, *Palæontogr.*, 1, p. 52, pl. 8.

[4] La *N. incerta*, d'Orb. (*Voyage, Pal.*, p. 85), a été trouvée dans les terrains crétacés de l'Amérique méridionale. Les terrains tertiaires du même continent renferment la *N. Largilliertii*, d'Orbigny (id., p. 128), et les terrains quaternaires deux autres, indiquées p. 162.

Les terrains tertiaires de l'Amérique septentrionale en contiennent aussi. Voyez Huot, *Géol.*, t. I, p. 764; Say, *Journ. Acad. Phil.*, p. 141; *Amer. Journ. sc.*, t. XXIII, p. 339; Léa, *Desc. new foss. tert.*, etc.

[5] Deshayes, *Coq. foss. Par.*, t. I, p. 235; d'Orbigny, *Cours élem. de paléont.*, p. 66; Wood, *Moll. from the crag* (*Pal. Soc.*, 1850, p. 72).

Le type du genre est la *N. Nysti*, d'Orb., rapportée par MM. Nyst et Galeotti au genre Stalagmium. Elle provient du terrain éocène de Belgique [1]. Atlas, pl. LXXX, fig. 23.

Il faut y ajouter une espèce très remarquable du terrain nummulitique de Biarritz [2] décrite par M. d'Archiac sous le nom de *Stalagmium miculoides*. Atlas, pl. LXXX, fig. 24.

Les Leda, Schumacher, — Atlas, pl. LXXX, fig. 25 et 26,

ont une charnière tout à fait semblable à celle des nucules; mais leur coquille est rostrée du côté anal et n'est pas nacrée. Leur impression palléale présente un sinus étroit et peu profond.

Ces coquilles ont été désignées aussi sous les noms de Lembulus, Leach, Dacryomya, Agassiz, Yoldia, Möller [3].

Les rapports de ces mollusques ont été contestés. M. d'Orbigny, attachant une importance très grande à la sinuosité palléale, en a fait une famille intermédiaire entre les tellines et les vénus. Les caractères de l'animal ne justifient guère cette manière de voir, car les siphons n'ont, malgré la sinuosité palléale, qu'un incomplet développement. Le siphon branchial est seulement simulé par deux gouttières du manteau et n'interrompt pas la disjonction des lobes de cet organe. Le siphon anal est très grêle et formé par la soudure d'une valvule palléale. Il y a donc là une de ces exceptions [4] dont j'ai parlé plus haut, et ces faits anatomiques ôtent de la valeur à la sinuosité palléale qui n'est importante que lorsqu'elle est la preuve de siphons développés. On ne peut pas se refuser à constater les très grands rapports qui existent entre les leda et les nucula et il vaut mieux les laisser dans la même famille.

[1] D'Orbigny, *Cours élém. de paléont.*, p. 66, et *Prodrome*, t. II, p. 389; Nyst., *Coq. et pol. foss. Belg.*, p. 238, pl. 18, fig. 6.

[2] *Mém. Soc. géol.*, 2ᵉ série, t. III, p. 132, pl. 12, fig. 11.

[3] Ce dernier nom a, par erreur, été écrit Moldia (Gray).

[4] Ici l'exception consiste dans la nécessité de placer une coquille sinupalléale dans la série des intégropalléales. On pourrait, à la première vue, en tirer une objection contre la valeur de ces deux ordres; mais il faut remarquer aussi qu'il y a bien des autres groupes zoologiques dans lesquels on peut citer des exceptions du même genre. Ainsi il y a des quadrumanes sans pouce, des poissons sans cœur, etc. L'objection, à mon sens, porterait sur le mot plutôt que sur le fond, et peut-être vaudrait-il mieux, en effet, donner d'autres noms à ces ordres, qui ont par eux-mêmes une valeur réelle.

Cette manière de voir est d'autant plus acceptable en paléontologie qu'il est souvent impossible de distinguer les leda et les nucula. Quelques espèces telles que la *N. Vibrayeana*, d'Orb., etc., ont été placées dans le premier de ces genres et appartiennent cependant au second par leur impression palléale simple. On n'a pu pour bien des espèces se décider que sur la forme extérieure, souvent trompeuse, et l'on a réparti les espèces d'après une ressemblance insuffisante avec les vivantes. Il y a donc de grands doutes dans l'énumération que l'on peut essayer des espèces fossiles de ces deux genres.

Je ne puis pas avec M. Deshayes réunir aux leda les ORTHONOTA, car ces coquilles paléozoïques ont une impression palléale entière.

Ce genre, ainsi limité, a vécu dans plusieurs époques géologiques et se continue dans nos mers [1].

Je considère toutefois son existence pendant l'époque primaire comme très douteuse. M. d'Orbigny en cite quelques-unes ; mais M. M'Coy place la *N. levata*, Hall, dans les vraies nucules, et j'ai dit plus haut que j'avais la même opinion des lyrodesma.

Les espèces nombreuses que l'on a citées à l'époque dévonienne sont pour moi singulièrement douteuses. La sinuosité palléale n'est figurée à ma connaissance chez aucune, et je les ai placées provisoirement dans le genre nucula.

Je puis dire la même chose des nucula des époques carbonifère et permienne.

M. d'Orbigny a transporté dans les leda presque toutes les nucula de M. M'Coy, la *N. claviformis*, Sow., et la *N. brevirostris*, Phillips. Je reconnais que plusieurs sont rostrées ; mais je n'en ai eu aucune preuve tirée des caractères internes qui justifie suffisamment cette opinion. Elle a, du reste, aussi pour elle l'autorité de M. Deshayes.

J'ai des doutes analogues sur les *Nucula kasanensis*, d'Orb., et *parunculus*, id. [2], du terrain permien de Russie.

Je ne suis pas beaucoup plus convaincu qu'elles aient vécu à l'époque triasique.

---

[1] M. Deshayes en compte 128 espèces, en y comprenant les Orthonota, et M. d'Orbigny 119.

[2] Murchison, Vern. et Keys., *Pal. de la Russie*, pl. 19, fig. 14 ; Keyserling, *Petschora Land*, pl. 14, fig. 3.

Les *Leda speciosa* et *excavata*, d'Orb. (*Nucula*, Munster), du muschelkalk, ne sont point connues par leur impression palléale [1]. La dernière ressemble tout à fait, dans sa forme, à notre *N. Neckeriana*, Pictet et Roux, du gault, qui est une nucule incontestable.

Je n'ai aucun motif ni pour appuyer ni pour contester l'opinion de M. d'Orbigny, qui attribue aux leda sept espèces de Saint-Cassian, décrites [2] par le mte de Münster et par M. Klipstein, sous le nom de *Nucula*.

Les espèces du lias se rapprochent davantage des formes des leda vivantes et l'on peut avec plus de probabilité les associer à ce genre. Je dois toutefois prévenir que je n'ai aucune confiance à cet égard pour toutes les espèces dont on ne connaît pas l'impression palléale.

Les plus connues [3] sont la *L. rostralis*, d'Orb. (*N. rostralis*, Lamk., *N. claviformis*, Sow.), du lias supérieur; la *L. mucronalis*, Desh. (*N. mucronata*, Goldf., *gutta*, Münst., *L. Diana*, d'Orb.), du même gisement; la *N. subovalis* (*Nucula*), Goldfuss, du lias moyen; la *N. ovum* (*N. complanata*, Phillips, *inflata*, Zieten), du lias supérieur de France, d'Allemagne, d'Angleterre, etc.

Il faut ajouter la *N. acuminata*, de Buch, in Goldf., du lias moyen; la *N. Zieteni*, d'Orb. (*amygdaloides*, Zieten, non Sow.); quelques espèces confondues par Goldfuss avec les espèces anglaises, et des espèces inédites décrites par M. d'Orbigny.

Ce genre paraît se continuer dans les terrains jurassiques proprement dits.

Une des plus connues est la *Leda* (*Nucula*) *lacryma*, Sow., 476, de la grande oolithe d'Angleterre et de France. Diverses espèces ont été confondues avec elle. La *N. lacryma*, Phillips, de l'oolithe inférieure devient la *L. anglica*, d'Orb.; la *N. lacryma*, Goldf., de l'oolithe inférieure d'Allemagne, est la *L. Acasta*, d'Orb.

Il faut ajouter aux espèces anglaises la *N. axiniformis*, Phillips, de l'oolithe inférieure; la *N. mucronata*, Sow., 476, de la grande oolithe; la *N. nuda*, Young and Bird, et la *L. Phillipsii*, Morris, de l'oxford clay de Trowbridge [4].

On trouvera dans le *Prodrome* de M. d'Orbigny l'indication de plusieurs

[1] Goldfuss, *Petr. Germ.*, t. III, pl. 124, fig. 10 et 14.

[2] Münster, *Beitr. zur Petref.*, t. IV, pl. 8; Klipstein, *Geol. der œstl. Alpen*, pl. 17.

[3] Voyez, pour toutes ces espèces du lias, Deshayes, *Traité élém. conch.*, t. II, p. 278; d'Orbigny, *Prodrome*; Goldfuss, *Petr. Germ.*, t. II, pl. 125; Sowerby, *Min. conch.*, pl. 476; Zieten, *Pétrif. du Wurtemb.*, pl. 57, etc.

[4] *Quart. Journ. geol. Soc.*, 1850, t. VI, p. 318.

espèces décrites par les auteurs allemands et transportées dans le genre *leda*.

Le même auteur a indiqué un grand nombre d'espèces inédites.

Les *leda* ont aussi été trouvées dans les dépôts de l'époque crétacée; mais je fais la même réserve que pour les précédentes.

M. d'Orbigny [1] indique la *L. scapha*, dans le terrain néocomien de France et d'Amérique.

La *L. lingulata*, d'Orb. (*N. spathulata*, Forbes), caractérise le terrain aptien de France et le lower greensand [2].

M. d'Orbigny transporte dans le genre *leda* la *N. undulata*, Sow., 554, du gault de Folkstone et quatre espèces du gault de France qu'il avait lui-même décrites sous le nom de *nucula* [3]. J'ai déjà dit que l'une d'elles au moins, la *N. Vibrayeana*, a l'impression palléale entière.

Les *N. angulata*, Sow., et *porrecta*, id. [4], de Blackdown, sont aussi des *leda* pour M. d'Orbigny.

Le même auteur [5] transporte également dans ce genre un grand nombre des nucules décrites par Goldfuss et par MM. Reuss et Jos. Müller.

Les *leda* ne sont pas très abondantes dans les terrains tertiaires.

On en connaît une dizaine de l'époque éocène.

On doit rapporter à ce genre [6] la *Leda striata* (*Nucula striata*, Lamk) du calcaire grossier; la *Nucula inflata*, Sow., et la *N. amygdaloides*, Sow., de l'argile de Londres; la *N. Deshayesiana*, Duch., et la *N. Galeottiana*, Nyst, des terrains éocènes de Belgique; une espèce inédite indiquée par M. d'Orbigny, et quelques espèces américaines.

On en connaît un nombre un peu plus grand des terrains miocène et pliocène.

On place dans les *leda* les *N. interrupta*, Nyst., et *depressa*, id., du crag d'Anvers; l'*Arca minuta*, Brocchi, du miocène du Piémont, différente de l'espèce de Goldfuss, qui a reçu de M. d'Orbigny le nom de *L. subminuta*, la *N. nitida*, Brocchi, et la *N. concava*, Bronn, du même gisement; la *N. emar-*

<hr>

[1] *Pal. fr.*, *Terr. crét.*, t. III, p. 167, pl. 301.

[2] Forbes, *Quart. Journ. geol. Soc.*, t. 1, p. 243, pl. 3; d'Orbigny, *loc. cit.*, pl. 304.

[3] D'Orbigny, *Prodrome*, t. II, p. 136, et *Pal. fr.*, *Terr. crét.*, pl. 301 et 304.

[4] *Trans. geol. Soc.*, 2ᵉ série, t. IV, pl. 17, et *Min. conch.*, pl. 476.

[5] *Prodrome*, t. II, p. 159 et 236.

[6] Deshayes, *Coq. foss. Par.*, t. 1, pl. 12, fig. 4-6; Sowerby, *Min. conch.*, pl. 554; Nyst, *Coq. et pol. foss. Belg.*, p. 221; d'Orbigny, *Prodrome*, t. II, p. 378.

ginata, Lamk., du bassin de la Gironde, et quelques espèces du pliocène de l'Asteran rapportées aux *N. striata*, Lamk., *nicobarica*, id., et *rostrata*, id.

On trouve dans le crag de Belgique [1] la *Leda Philippiana* (*Nucula Philippiana*, Nyst, *Nucula tenuis*, Philippi, non Sow.), Atlas, pl. LXXX, fig. 25.

Le crag d'Angleterre a fourni à M. Wood [2] huit espèces, dont une seulement est éteinte (*N. semistriata*, Wood). Nous avons figuré dans l'atlas, pl. LXXX, fig. 26, la *N. lanceolata*, Sow., rapportée par M. Wood à une espèce des mers arctiques.

M. Philippi a indiqué quelques espèces éteintes des terrains quaternaires de Sicile. Quelques espèces des dépôts miocènes et pliocènes se trouvent vivantes et fossiles [3].

Les ORTHONOTA, Conrad (*Orthonotus*, id.), — Atlas, pl. LXXX, fig. 27,

ont des coquilles semblables à celles des arches; les crochets sont séparés par un espace plat sur lequel sont tracées des lignes disposées en chevrons dont l'angle est dirigé du côté buccal.

J'ai déjà dit, p. 535, que M. M'Coy avait ajouté à ce genre quelques coquilles sans dents à la charnière et sans chevrons, que je croyais devoir associer provisoirement au genre des *Tellinomya*, Hall.

Les orthonota, telles que nous les limitons ici à l'exemple des paléontologistes américains, appartiennent exclusivement au terrain silurien inférieur d'Amérique.

Les principales espèces [4] sont les *Orthonota pholadis*, Conrad, *parallela*, Hall, *contracta*, id. Cette dernière est figurée dans l'atlas.

10ᵉ FAMILLE. — SOLÉNOMYDES.

Ces mollusques forment un groupe isolé et anomal, rapproché anciennement des solens avec lesquels il n'a que des rapports éloignés. Leur manteau est fendu dans son tiers antérieur et n'est prolongé postérieurement que par un seul petit siphon, terminé par une ouverture unique, ronde et munie de cirrhes. Le pied est cylindrique. La coquille est équivalve, inéquilatérale, sans dents à la charnière, bâillante et couverte par un épiderme brillant. Il n'y

[1] *Coq. et pol. foss. Belg.*, p. 224, pl. 17.
[2] *Moll. from the crag* (*Palæont. Soc.*, 1850, p. 87).
[3] Voyez Deshayes, *Traité élém. conch.*, t. II, p. 285 et 288.
[4] Hall, *Pal. of New-York*, t. I, p. 299, pl. 82.

a aucune trace de sinuosité palléale. Ils paraissent avoir quelques affinités avec les nucules, et surtout avec les leda.

Les Solénomyes (1) (Solenomya, Lamk),

forment le seul genre connu de cette famille. Il renferme aujourd'hui quelques petites espèces remarquables par leur épiderme brillant, qui dépasse considérablement la coquille.

Leur existence à l'état fossile me paraît très douteuse.

Les S. *primæva*, Phillips, et *Puzosiana*, Kon., du terrain carbonifère, appartiennent à la famille des Cælonotides (2).

La S. *biarmica*, Geinitz, et la S. *biarmica*, Vern., du terrain permien ne paraissent indéterminables, ainsi que je l'ai dit plus haut (3). Elles forment pour M. King le type du genre JANEIA.

La S. *Voltzii* du lias est une pholadomye.

La S. *mediterranea*, Lin., encore vivante, est indiquée avec doute par M. Sismonda, dans les dépôts miocènes de Turin, mais elle n'est pas citée dans les travaux plus récents de M. Michelotti.

44e FAMILLE. — MYTILIDES.

Les mytilides forment une famille clairement caractérisée par leur coquille, qui est allongée et dont le crochet forme le plus souvent l'extrémité inférieure. Cette coquille est en général équivalve, bâillante dans les pinnes, et fermée dans tous les autres genres. Le ligament est très long, marginal ou submarginal. Les attaches musculaires sont très inégales; l'anale est grande et éloignée du bord; la buccale est très petite et est au contraire très rapprochée. L'animal a un manteau plus ou moins ouvert, une bouche pourvue de palpes, et un pied étroit, surmonté d'un byssus.

Les coquilles de cette famille, à cause de leur forme allongée, de leurs crochets terminaux ou subterminaux et de l'inégalité de leurs attaches musculaires, ne peuvent être confondues avec aucune des précédentes. Elles ont plus de rapports de formes avec

(1) Je corrige ici, à l'exemple des auteurs allemands, l'orthographe du nom. Lamarck a écrit SOLÉMYE, mais l'étymologie exige *Solénomye*.

(2) Phillips, *Geol. of Yorksh.*, p. 209, pl. 5; de Koninck, *Coq. et pol. foss. Belg.*, pl. 5, fig. 2.

(3) Voyez plus haut, p. 404 et 405; King, *Perm. foss. (Palæont. Soc.*, 1848, p. 177 et 246).

les avicules ; mais celles-ci sont inéquivalves et leur impression musculaire buccale est nulle ou très petite.

La plupart des mytilides actuels sont marins, quelques-uns vivent dans l'eau douce. Les espèces fossiles sont abondantes ; les mytilus paraissent remonter à l'époque dévonienne, et les pinna à l'époque carboniférienne ; les lithodomes ont vécu depuis l'époque jurassique ; les dreissena n'ont commencé qu'avec l'époque tertiaire. Ces quatre genres se retrouvent dans l'époque actuelle.

Les Pinnes (*Pinna*, Linné, nommées aussi les *Jambonneaux*). — Atlas, pl. LXXXI, fig. 1 et 2.

ont aussi une coquille très allongée, en forme de coin ou de triangle isocèle, dont les crochets forment le sommet et dont la base est bâillante, à angles arrondis. Les impressions musculaires sont au nombre de deux ; l'anale est très grande et la buccale est placée à l'extrémité des crochets. La charnière est dépourvue de dents. Le ligament est interne et très allongé.

Quelques auteurs les séparent en une famille spéciale ; elles diffèrent en effet de tous les mytilides par l'absence du siphon anal et par leur coquille bâillante.

Ces coquilles sont composées de deux couches, dont l'intérieure est lamelleuse et nacrée dans une grande partie de son étendue, et dont l'extérieure est composée de fibres perpendiculaires, structure que nous trouverons d'ailleurs dans la famille des malléacés. En se fossilisant, quelques espèces se décomposent de manière à se réduire quelquefois aux lames internes souvent désagrégées ; d'autres, au contraire, ne restent représentées que par les fibres perpendiculaires. Chaque valve est marquée dans le milieu par un sillon, qui quelquefois s'ouvre dans la fossilisation et partage ainsi chaque valve en deux. C'est à un fait de ce genre qu'est due la forme particulière dont Lamarck a fait sa *P. subquadrivalvis*.

Les pinnes ont apparu pendant l'époque primaire ; elles augmentent de nombre dans les terrains crétacés et tertiaires, sans cependant devenir très abondantes, et atteignent leur maximum numérique dans nos mers actuelles, où elles arrivent souvent à une très grande taille, mais en restant minces et légères.

Leur existence dans l'époque primaire ne paraît dater que de la période carbonifère.

M. de Koninck [1] a décrit deux espèces des terrains carbonifères de Belgique, la *P. prisca*, Kon., non Goldf., ou *Konincki*, d'Orb., et la *P. flabelliformis*, en réunissant à cette dernière la *P. costata*, Phill., et la *P. flexicostata*, M'Coy.

Il faut ajouter [2] la *P. Ivaniskiana*, Vern., March. et Keys., de Russie, la *P. mutica*, M'Coy, d'Irlande, et la *P. granulosa*, d'Orb. (*Modiola granulosa*, Phillips).

Le terrain permien en renferme quelques traces douteuses.

La *P. prisca*, Münst. [3] du zechstein, n'est pas assez bien conservée pour qu'on puisse être certain qu'elle appartienne bien à ce genre.

On en cite aussi dans l'époque triasique.

La *P. prisca*, Munst. [4], figurée dans Goldfuss, du keuper de Warzburg, n'est certainement pas la même que la précédente.

Quelques espèces sont indiquées dans le lias.

Phillips a décrit [5] la *P. folium*, du Yorkshire. Zieten [6] a figuré les *P. diluviana*, Schloth., et *Hartmanni*, Ziet., du lias inférieur du Wurtemberg (Atlas, pl. LXXXI, fig. 1). Goldfuss [7] a fait connaître la *P. lima*, du lias inférieur d'Altdorf.

Les espèces sont un peu plus nombreuses dans les terrains jurassiques.

Les espèces d'Angleterre ont été décrites [8] par Sowerby, Phillips, Morris et Lycett (*P. ampla*, Sow. et *nitis*, Phill., de l'oolithe inférieure et de la grande oolithe ; *P. cuneata*, Beau, de la grande oolithe ; *P. lanceolata*, Sow., du corallien ; *P. granulata*, id., du terrain kimméridgien).

Les espèces d'Allemagne ont été étudiées [9] par Goldfuss, Zieten, Koch et

---

[1] *Descr. anim. foss. carb. Belg.*, p. 123, pl. 1 et 5.

[2] *Pal. de la Russie*, p. 319, pl. 20 ; M'Coy, *Syn. of Ireland*, pl. 19 ; Phillips, *Geol. of Yorksh.*, pl. 5 ; d'Orbigny, *Prodrome*, t. I, p. 135.

[3] *Beitr. zur Petref.*, I, p. 45.

[4] *Petr. Germ.*, t. II, pl. 127, fig. 2.

[5] *Geol. of Yorksh.*, pl. 14, fig. 17.

[6] *Petrif. du Wurtemb.*, pl. 55 ; Goldfuss, *Petr. Germ.*, pl. 123, fig. 3.

[7] *Petref. Germ.*, pl. 127, fig. 4.

[8] Sowerby, *Min. conch.*, pl. 7, 281 et 347 ; Phillips, *Geol. of Yorksh.*, pl. 4, 5 et 9 ; Morris et Lycett, *Moll. from the great ool.* (*Palæont. Soc.*, 1853, p. 31, pl. 4).

[9] Goldfuss, *Petref. Germ.*, t. II, pl. 127 ; Koch et Dunker, *Beitr. Ool.* ; Roemer, *Norddeutsch. Ool.*, p. 88.

Dunker (*P. Buchii*, Koch et Dunk., de l'oolithe inférieure; *P. lineata*, Goldf., *tenuistria*, id., du Jura brun de Löpke; *P. radiata*, Munst. in Goldf., de Pappenheim, etc.; *P. lineata*, Roemer, et *conica*, id., du terrain corallien de Heersum).

Les espèces de France sont mal connues. On cite [1] la *P. obliquata*, Desh., non Leym., du corallien de la Rochelle; la *P. suprajurensis*, d'Orb. (*obliquata*, Leym.), du terrain portlandien, et six espèces inédites indiquées par M. d'Orbigny (une du bajocien, une du bathonien, deux du kellowien et deux du kimméridgien).

Le terrain crétacé en renferme également.

Quelques-unes appartiennent à l'époque néocomienne et à l'époque aptienne.

La *P. sulcifera*, Leymerie [2], est répandue dans le terrain néocomien d'Auxerre, de Vassy, du Var, etc.

La *P. Robinaldina*, d'Orb. [3], se trouve depuis le terrain néocomien d'Auxerre et Marolles jusqu'au terrain aptien.

La *P. rugosa*, Roemer (*P. gracilis*, Phillips) [4], caractérise, suivant ces auteurs, l'argile de Speeton et le Hilsconglomerat d'Osterwald; mais cette espèce me paraît difficile à distinguer de la *P. Robinaldina*, d'Orb.

La *P. crassa*, Sow., et la *P. tetragona*, id., non Brocchi [5], appartiennent au lower greensand. La dernière se retrouve à Blackdown.

Les pinnes paraissent manquer au gault; mais elles sont assez abondantes dans les craies chloritées et les craies supérieures.

M. d'Orbigny [6] a décrit cinq espèces de son terrain cénomanien et une du terrain turonien. Sa *P. Renauxiana* est la même que la *P. bicarinata*, Matheron. Nous avons figuré dans l'Atlas, pl. LXXXI, fig. 2, la *P. Gallienei*, d'Orb., de l'étage cénomanien de la Sarthe et du Calvados.

La *P. petasunculus*, Matheron [7], provient des craies supérieures de Gignac.

Les espèces d'Allemagne ont été décrites [8] par Goldfuss (cinq espèces);

[1] Deshayes, *Traité élém. conch.*, pl. 38, fig. 3; Leymerie, *Statist. géol. de l'Aube*, pl. 9, fig. 2; d'Orbigny, *Prodrome*, t. I, p. 282, 311 et 340; t. II, p. 52.

[2] *Mém. Soc. géol.*, 1842, t. V, pl. 9, fig. 9.

[3] *Pal. fr.*, *Terr. crét.*, t. III, pl. 329 et 330.

[4] Phillips, *Geol. of Yorksh.*, p. 94, pl. 2; Roemer, *Norddeutsch. Ool.*, Supplément, p. 32, pl. 18, fig. 37, et *Norddeutsch. Kreideg.*, p. 65.

[5] *Trans. geol. Soc.*, 2ᵉ série, t. IV, p. 130; *Min. conch.*, pl. 313.

[6] *Pal. fr.*, *Terr. crét.*, t. III, pl. 332 à 336.

[7] *Catalogue, Travaux Soc. stat. Mars.*, p. 252, pl. 27.

[8] Goldfuss, *Petr. Germ.*, t. II, pl. 127 et 128; Geinitz, *Charact.*, p. 35,

Geinitz (*P. Cottai*) ; Roemer (*P. fenestrata* et les espèces de Goldfuss) ; Reuss (*P. nodulosa*, etc.) ; von Hagenow (*P. imbricata et triangularis* de la craie de Rügen), etc.

La *P. sulcata*, Woodward ([1]), provient de la craie supérieure de Norfolk. Il faut ajouter quelques espèces inédites indiquées par M. d'Orbigny.

On en trouve aussi dans les terrains tertiaires.

On cite ([2]) dans les terrains nummulitiques la *P. pyrenaica*, Al. Renault, de Pau, et la *P. transversa*, d'Archiac, de Biarritz.

La *P. margaritacea*, Lamk ([3]), est répandue dans le calcaire grossier du bassin de Paris, les sables supérieurs de Valmondois et les dépôts éocènes de Belgique.

On trouve dans l'argile de Londres ([4]) les *P. affinis*, Sow., et *arenata*, id. La première de ces espèces se retrouve en Allemagne.

La *P. nobilis*, Lin., actuellement vivante, est citée comme fossile dans les terrains miocènes de Bordeaux et du Piémont, dans les terrains pliocènes d'Asti, etc. M. d'Orbigny n'admet pas ce rapprochement en entier. Il attribue à une espèce perdue, la *P. Brocchii*, d'Orb., tous les échantillons miocènes, et croit que la *P. nobilis*, ne se trouve qu'à partir du pliocène ([5]). L'absence de planches et d'échantillons originaux suffisamment bien conservés, m'empêche de me prononcer sur ce sujet.

La *P. tetragona*, Brocchi (*P. subquadrivalvis*, Lamk), a été trouvée dans les terrains pliocènes d'Asti, de Perpignan ([6]), etc.

M. Wood ([7]) cite avec doute, dans le crag d'Angleterre, la *P. pectinata*, Lin.

L'Amérique septentrionale en a aussi fourni.

La *P. rostriformis*, Conrad ([8]), caractérise les terrains crétacés des États-Unis.

pl. 11 ; Roemer, *Norddeutsch. Kreid.*, p. 65 ; Reuss, *Bœhm. Kreid.*, II, p. 11 ; von Hagenow, *Leonh. und Bronn, Neues Jahrb.*, 1842, p. 561.

([1]) *Geol. of Norfolk*, pl. 5, fig. 23.

([2]) A. Renault, *Mém. Soc. géol.*, 2ᵉ série, t. III, pl. 15, fig. 1 ; d'Archiac, id., t. II, pl. 8, fig. 1, et *Hist. des progrès*, t. III, p. 268.

([3]) Deshayes, *Coq. foss. Par.*, t. 1, p. 280, pl. 41.

([4]) Sowerby, *Min. conch.*, pl. 314.

([5]) Grateloup, *Catal. zool.*, p. 61 ; Brocchi, *Conch. subap.*, p. 588 ; Michelotti, *Descr. foss. mioc. Ital. sept.*, p. 93 ; d'Orbigny, *Prodrome*, t. III, p. 125 et 185.

([6]) Brocchi, *Conch. subapen.*, p. 389.

([7]) *Moll. from the crag (Palæont. Soc.*, 1850, p. 49).

([8]) *Journal Acad. Phil.*, t. VIII.

Les Moules (*Mytilus*, Linné), — Atlas, pl. LXXXI, fig. 3 à 7, ont une coquille qui ressemble à celle des pinnes par sa forme triangulaire ou cunéiforme; mais la région anale est fermée ou à peine bâillante, et la coquille n'est pas formée de la double couche qui caractérise le genre précédent. La charnière est longue et le plus souvent sans dents. Les impressions musculaires sont aussi au nombre de deux à chaque valve; l'une grande et oblongue est située sur la région anale, et l'autre petite est placée sur la région buccale. L'animal a un manteau ouvert sur presque toute sa longueur, des branchies formées de quatre larges bandes striées et un seul siphon distinct.

Lamarck a distingué sous le nom de Modioles, des espèces dans lesquelles les crochets sont latéraux (Atlas, pl. LXXXI, fig. 4, 5 et 7), et il a laissé le nom de mytilus aux espèces dans lesquelles ils sont terminaux et forment le sommet du triangle (*id*., fig. 3 et 6). Mais de nombreuses espèces présentent des transitions si insensibles, que presque tous les conchyliologistes sont aujourd'hui d'accord pour rejeter ce genre, dont l'étude des animaux ne confirme point l'importance.

Les moules sont nombreux dans presque tous les terrains. Ils vivent aujourd'hui dans la plupart de nos mers, ordinairement associés en grandes familles, et les basses marées les laissent fréquemment à découvert.

On en connaît plusieurs de l'époque primaire. Ils ne paraissent toutefois pas antérieurs à la période dévonienne [1].

Les espèces de cette époque ont surtout été décrites [2] par Phillips (trois espèces); Goldfuss (*Myt. priscus* et *Mod. antiqua*); de Buch (*M. cuspidatus*, d'Elbersreuth); Münster (huit espèces de mytilus et quatre modiola); Roemer (*M. intumescens*, d'Iberg); Richter (*M. psammitis*, de la Thuringe); M. Rouault (*M. Rathieri*, de Gahard); etc.

On en connaît quelques-unes de l'époque carbonifère.

[1] Les espèces indiquées dans l'époque silurienne paraissent en général appartenir à la famille des cœlonotides.

[2] Phillips, *Palæoz. foss.*, pl. 17 et 60 ; Goldfuss, *Petr. Germ.*, pl. 160 et 130 ; de Buch, *Goniat. et Clym.*, p. 16, pl. 2 ; Münster, *Beitr. sur Petr.*, t. III, p. 55, pl. 11 et 12 ; Roemer, *Palæontographica*, t. III, p. 32, pl. 5 ; Richter, *Palæont. Thuring*., p. 39, pl. 5 ; M. Rouault, *Bull. Soc. géol.*, 2ᵉ série, 1851, t. VIII, p. 389.

On trouvera leur description dans les ouvrages [1] de Phillips (trois espèces);
M' Coy (*Modiola patula*, etc.); Sowerby, (*M. carinata*, etc.); Portlock (deux
espèces) ; de Verneuil, Keys., et Murch. (*M. Teplofi*, de Russie), etc.

Deux espèces sont citées dans l'époque permienne.

Ce sont [2] le *M. squamosus*, J. de C. Sow. (*Hausmanni*, Goldf.), et le
M. septifer, King (*Mod. acuminata*, J. de C. Sow., *M. Hausmanni*, Keys.,
non Goldf.). Ces deux espèces se trouvent en Allemagne et en Angleterre.
La *M. keratophagus*, Schl. est une *Bakewellia*.

Les dépôts triasiques en ont fourni quelques-uns.

Le *M. eduliformis*, Schloth. (*M. vetustus*, Goldf.), est une espèce bien con-
nue [3], fréquente dans le muschelkalk (Atlas, pl. LXXXI, fig. 3).
On trouve [4] le *M. minutus*, Goldf., dans le keuper d'Allemagne, et le
M. Beaumonti, Vern., dans le muschelkalk de Russie. Le *M. gastrochœna*,
Dunker [5], provient du muschelkalk de Tarnowitz.
Le comte de Münster et M. de Klipstein ont décrit [6] sous les noms de
Modiola et de *Mytilus*, sept espèces de Saint-Cassian.

Les espèces sont nombreuses dans le terrain jurassique.
On en connaît en particulier plusieurs du lias.

Les espèces d'Angleterre ont été décrites [7] par Sowerby et Phillips (*Mod.
cuneata*, Sow., *Hillana*, id., *lœvis*, id., *minima*, id., *scalprum*, id.). Cette der-
nière (Atlas, pl. LXXXI, fig. 4) est une des plus caractéristiques.
Les espèces d'Allemagne ont été étudiées [8] par Goldfuss (quatre *modiola*);
Dunker (*Modiola, nitidula, glabrata, et reniculus*, d'Halberstadt); Koch et
Dunker (*M. elongata*); Roemer (*M. ventricosa et depressa*), etc.

<hr>

[1] Phillips, *Geol. of Yorksh.*, pl. 5 ; M' Coy, *Synopsis of Ireland*, pl. 13 ;
Vern., Keys., Murch., *Pal. de la Russie*, pl. 19, fig. 17.

[2] Voyez surtout King, *Permian fossils* (*Palæont. Soc.*, 1848, p. 158,
pl. 14).

[3] Schlotheim, *Petref.*, pl. 37, fig. 4 ; Goldfuss, *Petr. Germ.*, pl. 128, etc.

[4] Goldfuss, *Petr. Germ.*, pl. 130 ; Vern., Keys., Murch., *Palæont. de la
Russie*, pl. 22, fig. 2.

[5] *Palæontographica*, t. I, p. 296, pl. 53.

[6] Münster, *Beitr. zur Petref.*, t. III, pl. 7 ; Klipstein, *Geol. des œst.
Alpen*, pl. 17.

[7] Sowerby, *Min. conch.*, pl. 8, 210, 212 et 248 ; Phillips, *Geol. of Yorksh.*,
pl. 5 et 14.

[8] Goldfuss, *Petr. Germ.*, t. II, pl. 130 ; Dunker, *Palæontogr.*, t. I, p. 117
et 178, pl. 17 et 25, Koch et Dunker, *Beitr. Ool.*, p. 22, pl. 7 ; Roemer,
Norddeutsch. Ool., p. 91, pl. 4 et 5. Les *M. nitidula et reniculus*, Dunker,
sont probablement identiques avec la *M. lœvis*, Sow.

Les espèces de France sont peu connues. On y retrouve une partie des précédentes. M. Buvignier a décrit [1] les *M. ariothensis*, et *subcancellatus*, du lias de la Meuse, et M. d'Orbigny en indique quelques espèces inédites.

Elles se continuent abondantes dans les terrains jurassiques proprement dits.

Les auteurs anglais en ont décrit une vingtaine d'espèces [2]. L'oolithe inférieure a fourni la *Modiola plicata*, Sow., non Gmel. (*M. Sowerbyanus*, d'Orb.) Atlas, pl. LXXXI, fig. 5 ; les *M. reniformis*, Sow., et *cuneatus*, id., et la *M. aspera*, Phillips.

MM. Morris et Lycett comptent dans la grande oolithe douze espèces dont cinq nouvelles. Quelques-unes sont communes à l'oolithe inférieure.

Il faut ajouter les *M. gibbosa*, Sow., et *pectinata*, id., du kellowien ; la *M. pulchra*, Phill., du même gisement ; la *M. inclusa*, Phillips, du terrain corallien ; le *M. pectinatus*, Sow., du terrain kimméridgien ; la *M. pallida*, id., du portlandien, et le *M. Lyelli*, id., du terrain wealdien.

Le nombre des espèces d'Allemagne qui méritent une certaine confiance s'élève environ à vingt-cinq, parmi lesquelles il faut compter plusieurs des précédentes. Il y a en outre plusieurs espèces douteuses.

Goldfuss a figuré [3] dix-neuf espèces dont dix mytilus et quatre modiola sont nouvelles et nommées par lui ou par le comte de Münster. Les cinq autres étaient déjà décrites par Sowerby ou d'autres auteurs.

Nous citerons surtout dans l'oolithe inférieure, le *M. gregarius*, Goldf. ; dans le terrain kellowien, le *M. gibbosus*, Goldf., non Sow. ; dans le terrain oxfordien, les *M. falcatus*, Münster, *tenuistriatus*, id., *semitextus*, id., etc. ; dans le terrain corallien, le *M. furcatus*, Münster ; dans le terrain kimméridgien, le *M. subæquiplicatus*, Goldf., etc.

Zieten a fait connaître [4] le *M. minimus* de l'oolithe inférieure de Stuifenberg.

M. Roemer [5] a décrit, outre les espèces du lias et du hils, cinq mytilus et sept modiola. Là-dessus sept sont nouvelles ; elles appartiennent surtout au terrain corallien et aux étages jurassiques supérieurs. Le *M. jurensis*, Mérian, est une des espèces caractéristiques du kimméridgien de la Suisse.

Le terrain oxfordien de Russie renferme quelques espèces qui ont été décrites par M. d'Orbigny [6].

[1] *Stat. géol. de la Meuse*, p. 21.

[2] Sowerby, *Min. conch.*, pl. 8, 211, 248, 282 et 439 ; Phillips, *Geol. of Yorksh.*, pl. 3,5 et 11 ; Morris et Lycett, *Moll. from the great ool.* (Pal. Soc., 1853, p. 36).

[3] *Petref. Germ.*, t. II, pl. 129, 130 et 131.

[4] *Pétrif. du Wurtemb.*, pl. 59.

[5] *Norddeutsch. Ool.*, p. 88, pl. 4, 5 et 6.

[6] Murch., Keys. et Vern., *Paléont. de la Russie*, p. 261, pl. 39.

Parmi les espèces de France on peut citer [1] le *M. solenoides*, Lamk., du terrain kellowien ; la *Mod. acinaces*, Leymerie, du corallien de la Rochelle ; le *M. subreniformis*, Cornuel, du portlandien de Vassy ; les *N. triquetrus*, Buvignier, *opuntes*, id., et *textus*, id., du terrain corallien de la Meuse, et vingt-deux espèces inédites citées par M. d'Orbigny (une du bajocien, six du bathonien, trois du kellowien, une de l'oxfordien, huit du corallien, deux du kimméridgien et une du portlandien).

Le terrain crétacé en renferme un grand nombre.

On en connaît plusieurs des dépôts de l'époque néocomienne et de l'époque aptienne.

M. d'Orbigny [2] en a décrit sept de l'étage néocomien. Le *M. sublineatus*, d'Orb., passe à l'étage aptien où l'on trouve aussi le *M. undulatus*, d'Orb. (*Cypricardia undulata*, Forbes), et le *M. abruptus*, d'Orb. (olim, *lanceolatus*, d'Orb., non Sow.) qui passe de l'étage urgonien.

On trouve encore dans le lower greensand [3], le *Myt. edentulus*, Sow., et les *Modiola æqualis*, id., *aspera*, id., *bella*, id., *depressa*, id., *lineata*, id., etc.

Le *M. Couloni*, Marcou [4] (inédit), se trouve dans le néocomien de Censeau.

Les *Modiola rugosa*, Roemer [5], *pulcherrima*, id., et *angusta*, id. non Desh. (*M. subangustus*, d'Orb.), caractérisent le hils d'Allemagne.

Le gault en renferme peu.

Le *M. albensis*, d'Orb., espèce inédite, a été trouvée à Novion et à Cluse [6].

Nous avons décrit [7] les *M. Orbignyanus*, Pictet et Roux, *Rhodani*, id., *Giffreanus*, id., et *Mortilleti*, id., du gault des environs de Genève. Notre *M. gurgitis* appartient au terrain aptien et n'est qu'une compression accidentelle du *M. simplex*, d'Orb.

Les espèces augmentent dans les craies chloritées et les craies supérieures.

M. d'Orbigny [8] a décrit seize espèces du terrain cénomanien et trois du

[1] Lamarck, *Animaux sans vert.*, 2ᵉ édit., t. V, p. 117 ; Leymerie, *Stat. géol. de l'Aube*, pl. 10, fig. 2 ; Cornuel, *Mém. Soc. géol.*, t. IV, p. 287, pl. 15 ; Buvignier, *Stat. géol. de la Meuse*, p. 21 ; d'Orbigny, *Prodrome*, t. I, p. 282, 312, 340 et 370 ; t. II, p. 19, 53 et 60.

[2] *Paléont. franç.*, *Terr. crét.*, pl. 337 et 338.

[3] *Trans. geol. Soc.*, 2ᵉ série, t. IV, pl. 11 et 14, et *Min. conch.*, pl. 8, 210, 212 et 439.

[4] D'Orbigny, *Prodrome*, t. II, p. 81.

[5] *Norddeutsch. Ool. geb.*, p. 93 et supp., p. 33 ; *Kreidegeb.*, p. 60.

[6] *Prodrome*, t. II, p. 138.

[7] Pictet et Roux, *Moll. des grès verts*, p. 478, pl. 39 et 40.

[8] *Paléont. fr.*, *Terr. crét.*, t. III, pl. 338 à 342.

terrain sénonien. Il a cité en outre quelques espèces inédites, dont une du terrain danien de La Falaise.

Le *M. lanceolatus*, Sow., le *M. inæquivalvis*, id., le *M. prælongus*, id., le *M. tridens*, id., et la *Modiola reversa*, id., ont été trouvés à Blackdown [1]. (M. d'Orbigny réunit les *tridens* et *prælongus* au *lanceolatus*).

Le *M. clathratus*, d'Archiac [2] provient de Tournay (*tourtia*). Il s'y trouve avec le *M. tornacensis*, d'Archiac, qui est le même que le *M. Gallienei*, d'Orb.

Les *M. Cuvieri*, Matheron, et *subquadratus*, id. [3], appartiennent au terrain crétacé supérieur des Bouches-du-Rhône.

Les espèces d'Allemagne ont été décrites par Goldfuss [4] (*M. angustus*, Münster et *ornatus*, id., et deux modiola, *M. concentrica* et *radiata*, id.); Roemer (trois mytilus et deux modiola, dont deux espèces nouvelles); Geinitz (*M. Neptuni*, *arcacea*, etc.); Reuss (dix espèces, dont trois nouvelles); von Hagenow (*M. cretaceus* de la craie de Rugen); Jos. Muller (sept espèces de la craie d'Aix-la-Chapelle dont quatre nouvelles, le *faba* est un lithodome), etc.

Le terrain tertiaire a fourni aussi de nombreux mytilus.

Lamarck et M. Deshayes [5] ont fait connaître deux mytilus et douze modiola du bassin de Paris. Nous avons figuré dans la pl. LXXXI de l'Atlas, le *Mytilus acutangulus*, Desh. (fig. 6), des sables supérieurs de Valmondois, du groupe des mytilus proprement dits, et la *Mod. subcarinata*, Lamk. (fig. 7), du calcaire grossier, appartient au groupe des modiola.

Les *Mod. angularis*, Desh., et *hastata*, id., caractérisent les dépôts inférieurs du département de l'Oise où l'on retrouve aussi [6] le *M. subantiquus*, d'Orb. (*Dreissena*, Melleville).

La *Modiola tenuistriata*, Melleville, et la *Dreiss. serrata*, id. (*Mytilus serratus*, d'Orb.), appartiennent aux dépôts de Cuise-la-Motte.

Le terrain nummulitique renferme [7] outre une partie des espèces précédentes, le *M. corrugatus*, Brong., de Ronca, le *M. ellipticus*, Bellardi, de Nice, le *M. subhillanus*, d'Archiac, de Biarritz, etc.

[1] *Trans. geol. Soc.*, 2ª série, t. IV, pl. 17, et *Min. conch.*, pl. 439.

[2] *Mém. Soc. géol.*, 2ª série, t. II, p. 306, pl. 15.

[3] *Catalogue, Trav. Soc. stat. Mars.*, p. 178, pl. 28.

[4] Goldfuss, *Petr. Germ.*, t. II, pl. 129 et 131; Roemer, *Norddeutsch. Kreid.*, p. 66; Geinitz, *Characht et Quadersandsteingeb.*, pl. 10; Reuss, *Boehm. Kreidef.*, II, p. 14; von Hagenow, *Leonh. und Bronn Neues Jahrb.*, 1842, p. 562; Jos. Muller, *Mon. Petr. Aachen.*, t. I, p. 34, etc.

[5] *Coq. foss. Par.*, t. 1, p. 256.

[6] D'Orbigny, *Prodrome*, t. II, p. 307; Melleville, *Sables tert. inf.*, *Annales sc. géol.*, 1843, p. 39, pl. 2.

[7] D'Archiac, *Hist. des progrès*, t. III, p. 268, et *Mém. Soc. géol.*, 2ª série, t. III, pl. 12; Bellardi, *id.*, t. IV; Brongniart, *Vicentin*, pl. 5, fig. 6.

L'argile de Londres a fourni [1], outre la *M. sulcata*, Lamk, les *Mod. elegans*, Sow., et *subcarinata*, id.

La *M. affinis*, Sow., 532, provient des dépôts de l'île de Wight.

Ils sont assez abondants dans les terrains miocène et pliocène.

M. Nyst [2] a décrit un *M. fragilis*, Nyst, non Eichw. (*subfragilis*, d'Orb.), du terrain tongrien de Belgique.

La *Modiola cordata*, Basterot [3], non Lin., provient de Saucats (Gironde).

Le *M. Faujasi*, Brong. [4], a été trouvé à Mayence.

Le terrain miocène du Piémont [5] en a fourni plusieurs espèces (*M. oblitus*, Mich., *laciniosus*, id., *Taurinensis*, Bonelli). Quelques espèces, telles que le *M. mytiloides*, Sism., se trouvent à la fois dans le miocène et dans le pliocène. Quelques espèces sont propres à ce dernier gisement.

Le *M. Michelotianus*, Matheron, provient des Bouches-du-Rhône [6].

On cite, en Allemagne, plusieurs des espèces précédentes, et, en outre, la *M. pygmæa*, Philippi [7], et le *M. Haidingeri*, Hörnes. Le *M. carinatus*, Goldf., est une saxicave.

Le crag d'Angleterre, suivant M. Wood [8], renferme deux espèces de mytilus encore vivantes et huit modiola. La *M. costulata*, Wood, et la *M. sericea*, Bronn, sont les seules espèces éteintes.

Il faut ajouter [9] quelques espèces de Crimée décrites par M. Deshayes (*M. rostriformis*, *Calypso*, etc.); des espèces de Bessarabie décrites par M. d'Orbigny (*M. marginatus*, *Denisianus*, etc.), et des espèces de Wolhynie qu'a fait connaître M. Dubois de Montpéreux (*M. navicula*, *plebeius*, etc.).

Les Lithophages (*Lithophagus*, Mühl., *Lithodomus*, Cuvier) [10], — Atlas, pl. LXXXI, fig. 8 et 9,

diffèrent des mytilus par leur manteau fermé sur une partie de la région buccale et prolongé du côté anal en deux siphons, et par

[1] *Min. conch.*, pl. 9 et 210.

[2] *Coq. et pol. foss. Belg.*, p. 268, pl. 24.

[3] *Coq. foss. Bord.*, p. 79.

[4] *Vicentin*, pl. 6, fig. 13.

[5] Michelotti, *Desc. foss. mioc. Ital. sept.*, p. 93; Sysmonda, *Synopsis*, p. 14.

[6] *Catalogue*, p. 179, pl. 28.

[7] Philippi, *Tert. Verst. nordwest. Deutsch.*, p. 15.

[8] *Mollusca from the crag* (*Palæont. Soc.*, 1850, p. 52).

[9] Deshayes, *Mém. Soc. géol.*, t. III, pl. 4; d'Orbigny, *Voyage de M. H. de Hell*, pl. 5; Dubois de Montpéreux, *Conch. foss. plat. Volh.*, *Pod.*, p. 68, pl. 7.

[10] Le nom de lithophage doit remplacer celui de lithodome, car il est plus ancien. Les mollusques, dont il est question ici, ont été désignés, en 1798, par Bolten, sous le nom de Litophaga, en 1811, par Mühlfeld, sous celui de Litophages, orthographe qui a prévalu, et, en 1817 seulement, par Cuvier, sous le nom de Lithodomus.

leurs branchies formées de filaments libres. Ils en diffèrent surtout parce qu'ils ont la propriété de percer les pierres calcaires
et les coraux, et d'y former des cavités cylindriques tapissées
d'un tube calcaire, qu'ils prolongent souvent en dehors de la
pierre. Les coquilles sont un peu plus difficiles à caractériser ;
on reconnaîtra toutefois en général celles des lithophages, à ce
qu'elles sont allongées, oblongues, renflées, de manière à ce que
leur coupe transversale soit circulaire ou subcirculaire. Leurs
crochets sont fréquemment contournés et rappellent quelquefois
ceux des isocardes.

Ce genre, très naturel, doit être séparé des mytilus, mais il est
souvent difficile de décider dans les espèces des terrains anciens,
décrites comme des modioles, quelles sont celles qui doivent être
considérées comme de vrais lithophages.

Leur existence paraît remonter à l'époque jurassique.

Les espèces connues les plus anciennes appartiennent à la
grande oolithe ; on en connaît quelques-unes des étages supérieurs.

Les *Mod. flabella*, Desh., *parasitica*, id., et *inclusa*, id., sont de vrais lithophages[1]. Ils ont été trouvés, en France, dans la grande oolithe de Luc.
Les deux derniers sont également cités en Angleterre.

Le *L. Ermanianus*, d'Orb. [2], provient de l'oxfordien de Russie.

M. Buvignier a décrit [3] deux espèces du terrain oxfordien, qui percent le
test des gryphées (*M. arcoides*, Buv., et *aviformis*, id.), quatre espèces du
terrain corallien qui perforent les polypiers, et deux autres qui ont les mêmes
habitudes dans le calcaire kimméridgien à astartes. Nous avons figuré dans
l'Atlas, pl. LXXXI, fig. 8, le *L. subcylindricus*, Buvig., de ce dernier gisement.

Il faut ajouter quelques espèces inédites indiquées par M. d'Orbigny [4]
(deux de la grande oolithe, une de l'oxfordien et deux du corallien).

Les terrains crétacés en contiennent un assez grand nombre
d'espèces.

M. d'Orbigny en a décrit [5] quatre espèces du terrain néocomien inférieur,

(1) Deslongchamps, *Mém. Soc. Lin. Normandie*, 1838, pl. 9 ; Morris et
Lycett, *Moll. from the great ool.* (*Palæont. Soc.*, 1853, p. 42).

(2) Murch., Keys., Vern., *Pal. de la Russie*, p. 465, pl. 39.

(3) *Statist. géol. de la Meuse*, p. 21, pl. 17.

(4) *Prodrome*, t. I, p. 312 et 371, t. II, p. 20.

(5) *Pal. franç., Terr. crét.*, t. III, pl. 344, 345 et 346.

une de l'urgonien d'Orgon (*L. avellana*), cinq du terrain cénomanien, et deux des craies supérieures.

Il faut ajouter [1] le *L. pyriformis*, d'Archiac, du tourtia de Tournay, deux espèces inédites du Beausset, le *L. spathulatus*, Geinitz, des craies supérieures d'Allemagne, et le *Myt. faba*, Müller, d'Aix-la-Chapelle.

Les espèces ne sont pas abondantes dans le terrain tertiaire.

La *M. cordata*, Lamk., et la *M. lithophaga*, id. (*L. sublithophagus*, d'Orb.), Atlas, pl. LXXXI, fig. 9, appartiennent au calcaire grossier. La *M. argentina*, Desh., et la *M. papyracea*, id., caractérisent les sables supérieurs de Valmondois [2].

La *M. argentina* paraît se retrouver à Dax.

Le *M. lithophagus*, Lin., qui est le lithophage actuel le plus commun, se retrouve fossile dans les terrains pliocènes de l'Astézan, etc.

Les Dreissena , van Beneden (*Congeria*, Partsch, *Tichogonia*, Bronn, *Mytilina* et *Mytilomya*, Cantraine, *Enocephalus*, Munster), — Atlas, pl. LXXXI, fig. 10 et 11,

différent des moules parce qu'elles ont trois impressions musculaires à chaque valve, dont une anale énorme, occupant plus de la moitié de la largeur, et deux buccales, dont l'une grande, placée au-dessous d'une petite cloison de l'intérieur des crochets, et l'autre petite sous le ligament. Ce ligament est placé dans une fossette interne. Les animaux différent encore plus que les coquilles, car celui des dreissena a un manteau fermé, pourvu de deux siphons distincts.

Ce genre a été établi [3] en 1835 par M. Van Beneden, pour une petite espèce qui est très abondante dans les eaux douces ou saumâtres de la Russie, de la Hollande, de l'Angleterre, etc. La même année, M. Partsch a formé son genre Congeria, pour des coquilles fossiles trouvées dans le bassin de Vienne, dans une couche argileuse, et qui semblent avoir des caractères identiques avec ceux de la dreissena vivante. Ces deux genres doivent être réunis ; il

[1] D'Archiac, *Mém. Soc. géol.*, 2ᵉ série, t. II, p. 307, pl. 15 ; d'Orbigny, *Prodrome*, t. II, p. 196 et 247 ; Geinitz, *Charact.* ; Jos. Müller, *Monog. Petr. Aachen.*, p. 36, pl. 2.

[2] Deshayes, *Coq. foss. Par.*, t. I, p. 267, pl. 38-42.

[3] Van Beneden, *Ann. sc. nat.*, 2ᵉ série, t. III, p. 193 ; Partsch, *Ann. du Mus. d'hist. nat. de Vienne*, 1835. Le nom a souvent été écrit Dreyssena.

n'est pas aussi facile de savoir lequel des deux a le droit de priorité.

Ces mollusques n'ont encore été trouvés que dans les terrains tertiaires.

La *D. Brardi* (*Mytilus Brardi*, Faujas) [1], est fréquente dans les tertiaires des environs de Mayence, Atlas, pl. LXXXI, fig. 11.

M. Basterot a confondu avec elle une petite espèce des environs de Bordeaux que M. Deshayes nomme *M. Basteroti.*

Sowerby en a confondu une autre des terrains éocènes supérieurs de Hordwell. C'est la *D. Sowerbyi*, d'Orbigny (*Myt. Brardi*, Sow., *Dreissena Brardi*, Morris).

De nombreuses espèces du bassin tertiaire de Vienne ont été décrites par M. Partsch et par M. Goldfuss [2] (*Congeria subglobosa*, Partsch, *palatonica*, id. Atlas, pl. LXXXI, fig. 10, *subcarinata*, id., *ungula capræ*, id., *triangularis*, id., *Mytilus acutirostris*, Goldfuss, *M. spathulatus*, id., etc.).

La *C. amygdaloides*, Dunker, et une variété de la *spathulata* ont été trouvées [3] dans la mollasse de Gunsburg.

Il faut ajouter deux espèces de Crimée [4], la *Dreissena inæquivalvis* (*Mytilus inæquivalvis*, Desh.), et la *D. rostriformis* (*Mytilus rostriformis*, Desh.).

12ᵉ Famille. — TRIDACNIDES.

Les tridacnides sont clairement caractérisées par leur coquille épaisse, solide, triangulaire, dont les impressions musculaires sont réunies sur le milieu du côté palléal, en sorte qu'elles sont des monomyaires pour Lamarck. La charnière est pourvue d'une dent cardinale saillante et d'une dent latérale écartée du côté anal. Le ligament est extérieur. L'animal est distingué par son manteau fermé, ample, à trois ouvertures, et son pied court, énorme, entouré de faisceaux de fibres byssoïdes.

Les Tridacnes (*Tridacna*, Lamk, *Pelvis*, Mühl.), — Atlas, pl. LXXXI, fig. 12,

sont remarquables par les formes bizarres de l'animal et par leur coquille régulière, transverse, pesante, à bord palléal sinueux ou

[1] Faujas, *Ann. Mus.*, t. 18, p. 8, pl. 58; Deshayes, dans Lamarck, *Anim. sans vert.*, 2ᵉ éd., t. VII, p. 74; Sowerby, *Min. conch.*, pl. 532; d'Orbigny, *Prodrome*, t. II, p. 425, t. III, p. 125.

[2] Partsch, *loc. cit.*; Goldfuss, *Petr. Germ.*, t. II, pl. 129 et 130. Voyez aussi Nyst, *Coq. et pol. foss. Belg.*, p. 263.

[3] *Palæontographica*, t. 1, p. 162.

[4] Deshayes, *Mém. Soc. géol.*, t. III, p. 62, pl. 5.

ondé. La lunule est bâillante, sauf dans une espèce, dont Lamarck a fait son genre Hippopus, et qui est d'ailleurs identique avec toutes les autres par ses formes essentielles. Les individus très adultes ont même ordinairement la lunule close dans toutes les espèces, ce qui démontre la nécessité de la réunion de ces deux genres.

La belle espèce vivante connue sous le nom de Bénitier, est la plus grande et la plus pesante coquille connue, car elle atteint, dit-on, le poids de 500 livres. On n'en a encore découvert qu'un très petit nombre de fossiles dans les terrains les plus récents.

Il ne faut, en effet, pas rapporter à ce genre la *Tridæna pustulata*, Lamk, trouvée fossile en Normandie. Cette coquille appartient aux Productus (Brachiopodes).

M. Pusch [1] a décrit une belle espèce des terrains tertiaires de Pologne (*T. media*, Pusch); c'est l'espèce représentée dans l'Atlas. C'est peut-être (?) aussi celle qui a été figurée par Mercati sous le nom générique de Cresius.

M. Risso dit [2] que la *T. gigas* a été trouvée fossile dans les terrains tertiaires de Nice (?). Cette espèce vit aujourd'hui dans l'océan Indien.

2ᵉ ORDRE.

PLEUROCONQUES.

Ce groupe contient tous les acéphales qui ont une station horizontale, étant fixés sur un de leurs côtés. Leur coquille est inéquivalve, le plus souvent irrégulière. Ces mollusques, moins nombreux et moins variés que les orthoconques, ont en général une organisation plus imparfaite.

L'ordre des pleuroconques correspond à peu près aux *Monomyaires* de Lamarck, avec cette différence que nous n'y comprenons pas les tridacnes, et que par contre, nous y plaçons les chamides et les éthérides dont l'analogie avec les spondyles et les huîtres nous paraît incontestable.

[1] *Polens Palæont.*, p. 55 ; Mercati, *Metallotheca*, p. 297, fig. 6.
[2] *Europe mérid.*, t. IV, p. 328.

La petite famille des limides présente une question délicate. Les coquilles sont inéquivalves ou subéquivalves et par conséquent des orthoconques pour quelques auteurs. D'un autre côté leurs formes rappellent tellement celles des peignes, et leur charnière et leur ligament ont tant d'analogie avec les mêmes parties de la plupart des pleuroconques, qu'il est presque impossible de les en séparer, d'autant plus que l'animal n'a pas la station normale des vrais orthoconques et qu'il est remarquable par la manière dont il nage en agitant ses valves, habitude dont on retrouve des traces dans le genre des peignes. Il y a donc une exception à admettre, et les limes, quoique équivalves, sont pour nous des pleuroconques.

On peut caractériser les familles comme suit :

1° Deux grandes impressions musculaires écartées sur chaque valve. Coquille inéquivalve.

CHAMIDES : coquille à crochets saillants ; des dents à la charnière.

ÉTHÉRIDES : coquille très irrégulière, à crochets peu proéminents ; charnière sans dents.

2° Une grande impression musculaire sur chaque valve. Ligament large, étalé, quelquefois multiple.

MALLÉACÉS : coquille irrégulière, test feuilleté, une grande impression musculaire médiane, accompagnée quelquefois d'une très petite impression musculaire buccale située sous les crochets.

3° Une seule impression musculaire sur chaque valve. Ligament étroit, toujours simple.

A. *Coquille équivalve.*

LIMIDES : coquille régulière, test non feuilleté.

B. *Coquille inéquivalve.*

PECTINIDES : coquille régulière ou subrégulière, test non feuilleté, animal muni d'un pied.

OSTRACÉS : coquille irrégulière, test feuilleté, charnière sans dents ; animal dépourvu de pied.

1re FAMILLE. — CHAMIDES.

Les chamides ont une coquille inéquivalve, dont les crochets sont plus ou moins arrondis et recourbés et dont la charnière est formée de dents assez fortes. L'intérieur présente deux impressions musculaires distinctes. Ce dernier caractère, pour les conchyliologistes qui divisent les acéphales en monomyaires et dimyaires, assigne à ces coquilles une place dans le voisinage des familles précédentes. Mais les différences qui existent entre les valves et la station horizontale de l'animal, nous forcent à les placer dans les pleuroconques. Elles se distinguent facilement d'ailleurs de toutes les familles de cet ordre; car, sauf les éthérides et les anomides, dont les coquilles irrégulières et sans crochets recourbés ne peuvent point être confondues avec les chamides, toutes ces familles sont monomyaires.

La famille des chamides comprend trois genres : les CAMES, que l'on trouve vivantes et fossiles, les DICÉRATES, qu'on ne connaît que dans ce dernier état, et les CHAMOSTRÉES (*Chamostræa*, Roissy, *Cleidothærus*, Stutchbury), qui sont représentées dans nos mers par une seule espèce et dont on ne connaît aucun représentant dans les époques antérieures.

Les CAMES (*Chama*, Linné). — Atlas, pl. LXXXI, fig. 13,

ont une coquille irrégulière, à sommets inégaux, dont la charnière est composée d'une seule dent lamelleuse, épaisse, oblique, subcrénelée, reçue dans un sillon de la valve opposée. Le ligament est extérieur et enfoncé. La plupart des espèces sont raboteuses, écailleuses, ou épineuses.

Ces coquilles ont été décrites par Adanson, sous le nom de JATARONUS. Il faut leur réunir les ARCINELLA, Schumacher.

Les cames vivent dans la mer, attachées par leur grande valve aux rochers ou à d'autres corps marins. Leur adhérence est si grande qu'on les brise quelquefois en voulant les détacher. Les espèces fossiles ne sont pas nombreuses ; on les trouve depuis les terrains crétacés. Les espèces citées par divers auteurs comme trouvées dans les terrains jurassiques paraissent devoir être rapportées au genre des diceras. Les espèces crétacées appartiennent en partie, telles que la *C. ammonia*, à la famille des rudistes; les autres font, comme je le montrerai plus bas, une sorte de transition entre les cames et les diceras.

M. d'Orbigny (¹) a décrit la *Ch. cretacea*, d'Orb., du terrain cénomanien d'Aubenton, la *Ch. cornucopiæ*, id., des craies chloritées de Rouen, et la *Ch. angulosa*, id., de la craie supérieure de Royan. Ces espèces ne sont connues qu'à l'état de moule.

M. Roemer a fait connaître (²) les *Ch. costata*, et *zemiplana*. Cette dernière me paraît être une huître. La première est douteuse.

La *Ch. supracretacea*, d'Orb. (³), provient du terrain pisolithique de Meudon.

Les espèces sont plus nombreuses et plus normales dans les terrains tertiaires.

M. Deshayes (⁴) a décrit huit espèces des environs de Paris. La *Ch. lamellosa*, Chemnitz, Atlas, pl. LXXXI, fig. 13, la *Ch. gigas*, Desh., la *Ch. calcarata*, Lamk (*punctata*, Brug. d'Orb.), et la *Ch. sulcata*, Desh., caractérisent le calcaire grossier.

Les *Ch. substriata*, Desh., *papiracea*, id., *ponderosa*, id., et *turgidula*, Lamk (*rusticula*, Desh.), appartiennent aux sables supérieurs de Valmondois.

La *Ch. plicatella*, Melleville (⁵) caractérise les sables inférieurs de Laon.

Le terrain nummulitique (⁶) contient un assez grand nombre d'espèces, parmi lesquelles quelques-unes des précédentes. M. d'Archiac a décrit les *Ch. antescripta*, *granulosa* et *subcalcarata*, de Biarritz. M. Bellardi a fait connaître la *Ch. latecostata*, de la Palarea près Nice.

La *Ch. squamosa*, Brander (⁷), paraît avoir été confondue avec la *Ch. lamellosa*. Elle caractérise l'argile de Londres et a été retrouvée dans le terrain nummulitique de Bassano.

Elles se continuent dans les terrains tertiaires moyens et supérieurs.

La *Ch. gryphina*, Lamk (*sinistrorsa*, Brocchi), paraît se continuer depuis le terrain miocène jusqu'à l'époque actuelle (⁸). On l'a trouvée à Bordeaux, en Italie et dans le bassin de Vienne.

La *Ch. asperella*, Lamk, a passé aussi du terrain miocène du Piémont, au terrain pliocène et à la Méditerranée.

(¹) *Pal. fr., Terr. crét.*, t. III, pl. 464.

(²) *Norddeutsch. Kreideg.*, p. 67.

(³) *Bull. soc. géol.*, 2ᵉ série, 1850, t. VII, p. 132.

(⁴) *Coq. foss. Par.*, t. I, p. 245.

(⁵) *Sables tert. inf.* (*Ann. sc. géol.*, 1843, p. 38, pl. 2).

(⁶) D'Archiac, *Hist. des progrès*, t. III, p. 267, et *Mém. Soc. géol.*, 2ᵉ série, t. II, pl. 7; Bellardi, id., t. IV, pl. 1 (20), fig. 12.

(⁷) Brander, *Foss. Hanton.*, fig. 86 et 87; Sowerby, *Min. conch.*, pl. 348.

(⁸) Knorr, *Monum. diluv.*, t. D. III, fig. 3-4; Lamarck, *Anim. sans vert.*, 2ᵉ édit., t. VI, p. 584.

Les dépôts pliocènes de l'Astezan ont fourni, en outre [1], la *Ch. Brocchii*, Desh., espèce découverte en Morée, la *Ch. dissimilis*, Bronn, et la *Ch. squamata*, Desh.

La *Ch. dissimilis*, Philippi [2], du terrain quaternaire de Sicile n'est pas la même espèce que la *Ch. dissimilis*, Bronn ; M. Deshayes la nomme *Ch. Philippii*.

LES DICÉRATES (*Diceras*, Lamk), — Atlas, pl. LXXXI, fig. 14 et 15,

ne sont connues qu'à l'état fossile. Ce sont de grandes coquilles irrégulières et inéquivalves qui ressemblent aux cames, mais qui ont des crochets plus grands, divergents, ordinairement contournés en spirale irrégulière. Elles diffèrent surtout de ce genre par leur charnière large et puissante, dont la surface couvre quelquefois le tiers ou la moitié de l'ouverture. Chaque valve porte une forte dent qui est surtout proéminente sur l'inférieure; à côté d'elle est une fossette large et profonde, et quelquefois une dent plus petite. Le ligament est extérieur. L'impression musculaire anale est supportée par une lame saillante qui rappelle un peu celle de quelques arches. Le test est formé de trois couches, dont l'interne ne présente que des lignes d'accroissement, dont la médiane est mince et fragile, et dont l'externe est ornée de dessins en relief.

Les dicérates ont probablement vécu comme les cames; mais l'adhérence a été plus faible et ne laisse souvent que peu de traces. On a confondu avec elles quelques coquilles des terrains crétacés qui appartiennent à la famille des rudistes, ce qui a souvent amené des confusions dans l'usage que l'on en a fait en géologie [3].

Les dicérates les mieux connues [4] ont été trouvées dans les terrains jurassiques et peuvent servir à caractériser l'étage corallien.

[1] Sismonda, *Synopsis*, p. 14 : Deshayes, *Expéd. de Morée*, p. 107.

[2] *Enum. moll. Sicil.*, I, p. 69, II, p. 50.

[3] Ainsi le mot de *calcaire à Diceras* a été employé à tort pour désigner les calcaires néocomiens supérieurs à *Caprotina ammonia*.

[4] On pourra consulter, sur ce genre remarquable, divers articles de M. Deshayes, publiés dans l'*Encyclopédie méthodique* et le *Dictionnaire des sc. nat.*, et un Mémoire de M. Favre, inséré dans les *Mém. de la Soc. de phys. et d'hist. nat. de Genève*, t. X, p. 163.

M. G.-A. Deluc a publié [1] une figure de l'espèce du corallien du mont
Salève. Cette espèce a reçu de M. Defrance le nom de *D. Lucii* (Atlas,
pl. LXXXI, fig. 15).

M. Deshayes et M. d'Orbigny lui réunissent la *D. arietina*, Lamk, de Saint-
Mihiel en Lorraine. Je la considère comme une espèce tout à fait différente [2].

La *D. speciosa*, Goldfuss [3], est par contre probablement une simple variété
de la *D. arietina*.

Il faut ajouter à ces espèces [4] la *D. sinistra*, Desh., dont les crochets sont
tournés en sens inverse et qui diffère des précédentes par sa charnière ; la
Ch. minor, Desh., et la *Ch. Boblayei*, id.

La *Diceras Lonsdallii*, Sow., est une caprotine. La *D. saxonicum*, Geinitz
(*Charact.*, pl. VIII, fig. 1 et 2), ne paraît pas appartenir à ce genre.

Leur existence est contestable dans l'époque crétacée [5]. On
connaît quelques espèces qui paraissent intermédiaires entre les
cames et les véritables diceras, et qui, n'étant connues qu'à l'état
de moules, restent un peu douteuses.

Elles ont les crochets des deux valves enroulés et saillants, ce
qui est un caractère des diceras, tandis que dans les cames la
valve supérieure est operculiforme. Leur impression musculaire
anale est également bordée le plus souvent par une côte saillante,
ce qui est encore une affinité avec ce genre. Si l'on connaissait le
test, on pourrait mieux encore résoudre la question, car il n'est
divisé en couches distinctes que chez les diceras.

Ces réflexions peuvent s'appliquer à la plupart des cames des
terrains crétacés que j'ai signalées ci-dessus.

Elles s'appliquent surtout [6] à une petite espèce du gault des environs
de Genève (*D. gaultina*, Pictet et Roux, Atlas, pl. LXXXI, fig. 14).

2ᵉ Famille. — ÉTHÉRIDES.

Les éthérides sont très voisines des chamides par leurs carac-

----

[1] De Saussure, *Voyages*, t. I, p. 191.

[2] Voy. le Mémoire précité de M. Favre.

[3] *Petr. Germ.*, t. II, pl. 139.

[4] Deshayes, *Traité élém. conchyl.*, t. II, pl. 90 ; Buvignier, *Stat. géol. de
la Meuse*, p. 16.

[5] Il faut transporter dans le groupe des rudistes quelques espèces bien
connues dont je parlerai plus bas. Je crois qu'il en est de même de la *Diceras
Favrei*, Sharpe, *Quart. journ. geol Soc.*, 1849, t. VI, p. 183, qui a le faciès
d'une caprotine.

[6] *Mollusques foss. des grès verts*, p. 402, pl. 41. fig. 1.

tères essentiels ; elles sont comme elles irrégulières, inéquivalves, et ont deux impressions musculaires ; mais les crochets sont courts, comme enfoncés dans la base des valves, et la charnière est sans dents ; ces différences suffisent pour autoriser leur séparation, d'autant plus que l'étude des animaux confirme cette manière de voir, et que la plupart au moins des éthérides sont fluviatiles, tandis que les chamides sont marines.

La forme de ces coquilles, leur test feuilleté et leur irrégularité, les rapprochent beaucoup des huîtres ; mais la présence de deux impressions musculaires montre que ces rapports sont plus apparents que réels. Ce même caractère, joint à leur apparence générale et à de singulières boursouflures qui se voient à l'intérieur des valves, les distingue facilement de tous les autres pleuroconques.

Les ÉTHÉRIES (*Etheria*, Lam) [1],

sont le seul genre connu de la famille. Les espèces vivantes ont été d'abord indiquées comme marines, puis la plupart ont été reconnues fluviatiles. Elles sont fixées tantôt par une valve, tantôt par l'autre.

Le genre des MULLERIA, Férussac, n'est fondé que sur des jeunes éthéries, dans lesquelles une des impressions musculaires ne se distingue qu'avec peine.

Leur existence à l'état fossile n'a pas encore été constatée d'une manière suffisante.

La seule citation [2] est celle de l'*Etheria transversa*, Lamk (vivante à Madagascar), qui aurait été trouvée dans les terrains crétacés de l'île d'Aix (*T. cénomanien*). Cette citation, très problématique, n'est pas reproduite dans le prodrome de M. d'Orbigny.

3ᵉ FAMILLE. — MALLÉACÉS.

Les malléacés sont caractérisés par leur coquille plus ou moins irrégulière, subinéquivalve, à test feuilleté, dont la charnière allongée présente un ligament intérieur ou submarginal, presque toujours épate, quelquefois multiple et interrompu par des

[1] Ce nom est écrit quelquefois ÆTHERIA.
[2] D'Archiac, *Mém. Soc. géol.*, t. II, p. 189 ; d'Orbigny père, *Mém. Mus. d'hist. nat.*, t. VIII.

crénelures ou des dents. La coquille est dans quelques genres
échancrée pour le passage d'un byssus, et se prolonge quelquefois
en oreillettes irrégulières. L'animal est muni d'un pied : l'impression musculaire est très grande, médiane et semblable à l'impression unique de tous les autres monomyaires; on distingue, en
outre, au moins dans quelques espèces (¹), une petite impression
musculaire buccale sous les crochets.

Cette famille forme des transitions remarquables aux mytilides
(orthoconques intégropalléales); quelques genres, tels que les
avicules, ressemblent beaucoup aux pinnes par les formes générales de leur animal et par leur byssus, et leurs coquilles sont de
même composées d'une double couche, dont l'extérieure est fibreuse. On trouve aussi une analogie dans leurs deux impressions
musculaires inégales; l'inégalité toutefois est bien plus grande
chez les malléacés. Ces mollusques, du reste, appartiennent aux
pleuroconques par leur coquille inéquivalve, et la forme de leur
ligament les rapproche beaucoup des pectinides et des ostracés.
La connaissance exacte de l'animal de plusieurs genres manque
encore pour qu'on puisse apprécier complétement la valeur de ces
rapports. Peut-être faudra-t-il faire une famille spéciale des avicules; peut-être aussi sera-t-on forcé une fois à réunir les mytilides et les malléacés, comme quelques conchyliologistes l'ont
déjà proposé.

Les coquilles des malléacés, en admettant les limites de cette
famille telles que nous les avons indiquées plus haut, se distinguent de celles des mytilides par l'inégalité de leurs valves.

Elles diffèrent de celles des pectinides en ce qu'elles sont irrégulières et lamelleuses, tandis que ces dernières ont une forme
plus régulière et des sillons assez constants qui vont des sommets
au bord palléal. Le ligament des malléacés est en général plus
large, plus épaté et quelquefois divisé, externe dans le jeune âge
et devenant interne par l'accroissement du talon, tandis que celui des pectinides forme un faisceau plus limité et toujours intérieur. Les formes des animaux confirment d'ailleurs ces différences.

(¹) L'existence de la petite impression musculaire buccale est contestée.
Elle existe certainement dans les *Bakevellia*, MM. Gray, d'Orbigny, etc.,
l'admettent dans les avicules, MM. Deshayes, King, etc., la nient à l'exemple
de Lamarck.

Elles se distinguent des ostracés par les mêmes caractères du ligament et parce que leur coquille, moins irrégulière, a en général une charnière plus longue et moins simple que celle des huîtres et des genres voisins. Les différences principales entre ces deux familles existent d'ailleurs dans les formes de l'animal ; car les ostracés sont dépourvus de pied, tandis que les malléacés et les pectinides possèdent cet organe important.

Les malléacés ont vécu en abondance à toutes les époques géologiques.

On peut les subdiviser en trois groupes :

1° Deux impressions musculaires développées.

Genres : *Bakevellia, Pterinea, Pteroperna, Myalina* (?).

2° Impression musculaire buccale nulle ou presque nulle.

A. Ligament simple, non divisé. Genres : *Avicula, Monotis, Vulsella, Trichites, Posidonomya.*

B. Ligament divisé, charnière creusée de fossettes. Genres : *Crenatula, Perna, Gervilia, Inoceramus.*

Le genre des MARTEAUX (*Malleus*, Lam.), si remarquable par sa forme bizarre et sa longue coquille prolongée vers la charnière en oreillettes difformes, n'a pas encore été trouvé fossile [1].

Les BAKEVELLIA, King, — Atlas, pl. LXXXII, fig. 1,

forment un type intéressant par ses caractères et une transition remarquable entre les mytilides et les malléacés. Ils ont une coquille inéquivalve, fermée, sauf pour le passage du byssus, à charnière longue, prolongée en oreillettes tout à fait semblables à celles des avicules, et munie vers ses extrémités de dents linéaires peu apparentes, parallèles à sa direction. Entre les crochets et la charnière, on remarque une area ligamentaire qui rappelle beaucoup celle des arches. Le ligament est étalé sur cette area et divisé dans les fossettes qui y sont creusées. L'impression musculaire anale est un peu plus grande et un peu plus médiane que la buccale ; mais cette dernière est bien visible et aussi développée que dans les mytilides.

On voit par cette description que les bakevellia ont la plupart des caractères des mytilides, mais qu'ils en diffèrent par leur coquille inéquivalve et par leur ligament divisé, caractères qui les

___

[1] Le *Malleus articularis*, M' Coy, *Syn. of Ireland*, p. 87 est une avicule.

rapprochent au contraire des aviculides. Ils ont aussi des rapports incontestables avec la famille provisoire des cœlonotides, dans laquelle nous avons placé les genres paléozoïques à long ligament et à charnière linéaire, mais en y comprenant seulement des coquilles équivalves. Ils en ont enfin avec les orthonota ; mais ces dernières sont trop mal connues pour permettre une comparaison rigoureuse.

Je ne connais aucune bakevellia citée ailleurs que dans les terrains permiens. Il est toutefois possible (et même probable) que quelques espèces des terrains plus anciens ont été confondues avec les ptérinées ou avec les genres paléozoïques dont je viens de parler.

M. King ([1]) en a décrit cinq espèces des dépôts permiens d'Angleterre.

La première est connue depuis longtemps, et a été décrite par Schlotheim, sous le nom de *Mytilus keratophagus*, et sous celui d'*Avicula keratophagu* par la plupart des auteurs. Elle se trouve aussi en Allemagne.

La seconde est l'*Avicula antiqua*, Münster ([2]), qui se trouve aussi en Allemagne. C'est l'espèce figurée dans l'Atlas. Les autres sont nouvelles (*B. tumida*, King, *bicarinata*, id., et *Sedgwickiana*, id.).

Les Ptérinées (*Pterinea*, Goldfuss), — Atlas, pl. LXXXII, fig. 2 et 3,

ont la forme des bakevellia et des avicules ; elles se rapprochent beaucoup des premières par leurs impressions musculaires, dont la buccale est bien développée et dans les mêmes rapports avec l'anale. Elles leur ressemblent aussi par leur charnière composée de deux ou de plusieurs dents linéaires, parallèles, situées sous les crochets et accompagnées de quelques dents accessoires écartées. Elles paraissent en différer par leur ligament, qui est intérieur et non divisé, ainsi que par l'absence d'area ligamentaire et de fossettes.

Ces mollusques appartiennent à l'époque primaire ([3]).

Goldfuss en a décrit quatorze espèces du terrain dévonien. Nous avons figuré, dans l'Atlas, pl. LXXXII, la *P. lævis*, Goldf., fig. 2, et la *P. elongata*, id., fig. 3.

La *R. Ostasia*, M. Rouault, a été trouvée dans le dévonien de Bretagne.

[1] *Permian fossils* (*Palœont. Soc.*), 1848, p. 166, pl. 14).

[2] Goldfuss, *Petr. Germ.*, t. II, p. 126, pl. 116, fig. 7.

[3] *Petr. Germ.*, t. II, pl. 119 et 120 ; M. Rouault, *Bull. Soc. géol.*, 2ᵉ série, 1851, t. VIII, p. 392 ; Conrad, *Journ. Acad. Phil.*, t. VIII, p. 251.

M. Conrad en a fait connaître trois des terrains paléozoïques de l'Amérique septentrionale.

Les PTEROPERNA, Morris et Lycett, — Atlas, pl. LXXXII, fig. 4,

ressemblent singulièrement aux ptérinées et n'en forment probablement qu'un sous-genre. Elles ont comme elles une impression buccale bien marquée. Elles en diffèrent par la disposition des dents postérieures de la charnière, qui, dans les ptérinées, s'étendent jusqu'à l'impression musculaire, tandis que dans les pteroperna, ces dents ne dépassent pas le bord de la charnière et lui restent parallèles. Elles s'en distinguent aussi par les dents antérieures, beaucoup plus nombreuses dans les pteroperna, et par l'impression musculaire anguleuse chez les ptérinées, arrondie dans les pteroperna. On reconnaîtra extérieurement la coquille de ces dernières à un sillon allongé du côté anal.

Les pteroperna ont remplacé les ptérinées dans les terrains jurassiques, et il faudra probablement rapporter à ce genre plusieurs espèces confondues avec les avicules parce qu'on ne connaît pas leurs caractères internes.

MM. Morris et Lycett ont décrit (1) trois espèces de la grande oolithe d'Angleterre, savoir la *Gervilia costulata*, Deslongch., et deux nouvelles. La première est figurée dans l'Atlas.

Les MYALINA, de Koninck, — Atlas, pl. LXXXII, fig. 5,

sont encore très imparfaitement connues sous le point de vue de leurs attaches musculaires, mais paraissent se rapprocher des mytilus par leurs formes extérieures et en différer par leur ligament, qui recouvre une large facette, traversée dans le sens de sa longueur par un grand nombre de petits sillons très apparents, parallèles entre eux et au bord cardinal, organisation qui rappelle la charnière des ptérinées. Les crochets sont aigus, terminaux, petits, un peu recourbés, et ont à l'intérieur une petite lame qui ressemble à celle des dreissena.

Leurs rapports zoologiques sont encore très incertains. Je crois qu'on peut provisoirement les rapprocher du groupe dont les ptérinées forment le type principal.

On n'en connaît que des terrains carbonifères.

(1) *Mollusca from the great ool.* (*Palæont. Soc.*, 1853, p. 16, pl. 2.)

M. de Koninck [1] a décrit trois espèces des terrains carbonifères de Belgique, les *M. Goldfussiana, lamellosa* (Atlas, pl. LXXXII, fig. 5), et *virgula*.

Les Avicules (*Avicula*, Klein), — Atlas, pl. LXXXII, fig. 6 à 8,

ont une coquille nacrée, à charnière linéaire, formée par une ou deux dents calleuses très souvent effacées. La valve supérieure est bombée; l'inférieure est échancrée à sa base pour le passage du byssus. Le ligament semi-extérieur est logé dans une cavité oblique, triangulaire, canaliculée, élargie à sa base.

La plupart des coquilles de ce genre se distinguent, en outre, par leur bord cardinal prolongé à ses deux extrémités en des appendices allongés, qui les ont fait comparer à un oiseau qui vole. Ces espèces, ordinairement minces et fragiles, sont celles auxquelles Lamarck avait réservé le nom d'Avicula; elles sont faciles à distinguer par leur forme bizarre.

D'autres espèces plus épaisses, caractérisées aussi par une charnière droite et par l'échancrure du byssus, n'ont presque point de prolongements. Elles ont été désignées par Lamarck sous le nom de Pintadines ou Meleagrina, par Muhlfeld sous celui de Margaritiphora, et par M. Leach sous celui de Margarita. C'est à cette division qu'appartient la coquille célèbre qui fournit la nacre et les perles d'Orient. Des liaisons insensibles unissent ce genre avec le précédent, et les conchyliologistes sont maintenant d'accord pour ne pas les séparer.

Les Halobia, Bronn, paraissent aussi ne différer des avicules que par des détails de peu d'importance dans la forme extérieure, en particulier par leur contour plus régulier.

Le genre des Aucella, Keyserling [2], a été créé pour une association d'espèces, dont une partie sont des avicules et dont les autres paraissent être des inocérames.

Je suis également embarrassé pour trouver des caractères distinctifs précis, entre les Ambonychia, Hall, et les avicules. On ne connaît [3] pas la charnière de ces fossiles des terrains anciens, qui peuvent aussi être des *Perna*, etc.

Le test des avicules, qui est surtout facile à étudier dans les

[1] *Desc. anim. foss. carb. Belg.*, p. 125, pl. 3 et 6.
[2] *Petschora Land*, p. 298.
[3] *Paléont. of New-York*, t. I, p. 163, pl. 36.

grandes pintadines, est composé, comme celui des pinnes, de deux couches bien distinctes. L'intérieure est formée par la nacre; l'extérieure consiste en couches superposées, composées de fibres perpendiculaires au plan des couches.

Les avicules se trouvent dans tous les terrains et paraissent en particulier avoir formé une partie essentielle des faunes des terrains anciens.

On les trouve dès l'époque silurienne.

Sowerby [1] en a fait connaître quelques-unes des sables de Caradoc (silurien inférieur), et des roches de Ludlow (silurien supérieur). Nous avons figuré dans l'Atlas, pl. LXXXII, fig. 6, l'*A. reticulata*, Sow., de ce dernier gisement.

Sous le nom de *A. retroflexa* ont été confondues trois espèces ; l'une (Hall) provient d'Amérique, un autre (Hisinger) de Suède, et une troisième (Sow.), d'Angleterre. Le nom doit rester à celle d'Hisinger.

Il faut ajouter [2] quelques espèces inédites citées par M. d'Orbigny et quelques espèces d'Amérique.

Les espèces sont très abondantes dans le terrain devonien.

Une dizaine d'espèces ont été signalées par MM. Sowerby et Phillips [3].

Les terrains devoniens du bassin du Rhin, du Hartz, etc., ont fourni une vingtaine d'espèces, qui ont été décrites par Goldfuss [4] ; (cinq espèces) le comte de Münster ; Roemer (cinq espèces du Hartz) ; d'Archiac et Verneuil ; de Buch, Richter, etc.

Il faut ajouter de nombreuses espèces d'Amérique.

Les dépôts carbonifères en ont aussi une grande quantité.

M. Phillips [5] en a fait connaître quelques-unes du terrain carbonifère de Bolland ; et M. Sowerby un petit nombre de Coalbrook Dale.

M. M'Coy en a figuré une grande quantité, soit sous le nom d'*Avicula*,

[1] In Murchison, *Sil. syst.*, pl. 3, 5, et 20.

[2] D'Orbigny, *Prodrome*, t. I, p. 13 et 33.

[3] Sowerby, *Trans. geol. Soc.*, t. V, pl. 54 et *Sil. syst.*, pl. 3 ; Phillips, *Palæozoic fossils*, pl. 22 et 23.

[4] Goldfuss, *Petr. Germ.*, pl. 125 et 160 ; Münster, *Beitr. zur Petref.*, t. III, p. 51 et t. V, p. 118, pl. 11 ; Roemer, *Harzgeb.*, p. 21, pl. 6, et *Palæontographica*, t. III, p. 20, pl. 4 ; d'Archiac et Vern., *Mém. Soc. géol.*, pl. 36 ; de Buch, *Goniat. et Clym.*, p. 17, pl. 2 ; Richter, *Palæont. Thuring.*, p. 44, pl. 5.

[5] Phillips, *Geol. Yorksh.*, t. II, pl. 6 ; Sowerby, *Trans. Soc. geol. Soc.*, 2ᵉ série, t. V.

soit sous celui de *Meleagrina* [1], etc. M. d'Orbigny réunit à ce genre une foule d'espèces décrites par le même auteur comme des pecten, etc.

L'*A. papyracea*, Goldfuss (*Pecten papyraceus*, Sow., 354, non *Avicula papyracea*, Sow.), provient du terrain carbonifère de Essen [2] ; l'*A. subpapyracea*, Vern., Murch. et Keys., du terrain carbonifère de Russie.

M. de Koninck [3] a étudié les espèces du terrain carbonifère de Belgique. Il en compte quinze espèces dont cinq avaient déjà été décrites par M. Phillips. Il faut en retrancher l'*A. tumida*, de Kon., non de Buch, qui est une Monotis.

On en cite quelques-unes de l'époque permienne ; mais parmi les espèces indiquées, il y a des bakevellia et des monotis à retrancher.

Je crois qu'on peut considérer comme de vraies avicules l'*A. impressa*, Keyserling, non Münster (*Keiserlingii*, d'Orb.), l'*A. arcana*, Keys., et probablement, l'*A. lorata*, id. Ces trois espèces proviennent de Russie [4].

Les *A. antiquata*, Münster, et *keratophaga*, Sch., sont des Bakevellia.

Les *A. spelaecaria*, Keys., *Kasanensis*, Vern., non Gein., et *Kasanensis*, Gein., sont des monotis.

Le terrain triasique en a fourni plusieurs.

Goldfuss a figuré [5] trois espèces du muschelkalk (*A. socialis*, Bronn, *Bronnii*, Alberti, et *crispata*, Goldfuss), deux espèces du keuper (*A. subcostata*, Goldf., et *lineata*, id.), et deux espèces du grès bigarré (*A. acuta*, Goldf., et l'*A. Alberti*, Münster) [6].

Le comte de Münster et M. Klipstein ont décrit [7] beaucoup d'avicules de Saint-Cassian. Les unes ont les formes normales du genre (*A. alternans*, Münst., *bifrons*, etc.) D'autres sont remarquables par leur forme gryphoïde (*A. gryphaeata*, Münst., *tenuistria*, id., etc.). Plusieurs sont des Bakevellia (*A. keratophaga*, Münst., non Schlot., *antiqua*, id., etc.). Quelques-unes enfin sont des monotis (*M. salinaria*, *inaequicalvis*, etc.).

[1] *Synopsis of Ireland* ; d'Orbigny, *Prodrome*, t. I, p. 135. Je ne connais pas les genres LANISTES, M' Coy, et PTERONITES, id., que M. d'Orbigny associe aux avicules.

[2] *Petr. Germ.*, t. II, pl. 116, fig. 5 ; Murch., d'Arch. et Vern., *Paléont. de la Russie*, pl. 21, fig. 3.

[3] *Desc. anim. foss. carb. Belg.*, p. 128, pl. 4 à 6.

[4] *Petschora Land*, p. 250, pl. 10.

[5] *Petr. Germ.*, t. II, p. 128, pl. 117.

[6] Il ne faut pas confondre cette espèce avec la *Monotis Alberti*, Goldfuss.

[7] Münster, *Beitr. zur Petref.*, t. IV, p. 75, pl. 7 ; Klipstein, *Geol. der oestl. Alpen*, pl. 15 et 16.

Les véritables avicules ne sont pas nombreuses dans le lias.

L'*A. inæquivalvis*, Goldf., Zieten, non Sow. (*sinemuriensis*, d'Orb.), caractérise le lias inférieur de France, d'Angleterre et d'Allemagne [1].

Goldfuss a décrit en outre [2] les *A. gracilis*, Goldf., et *elegans*, id.

L'*A. sexcostata*, Roemer [3], provient du lias des environs de Goslar.

On trouve dans le lias d'Angleterre l'*A. lanceolata*, Sow., 512, et l'*A. cygnipes*, Phillips (*A. longicostata*, Stutchbury) [4].

M. d'Orbigny indique une espèce inédite dans le lias inférieur et une dans le lias supérieur.

Elles se continuent sans être abondantes dans les dépôts jurassiques proprement dits.

Les espèces d'Angleterre ont été étudiées principalement [5] par Sowerby, Phillipps, Portlock, Morris et Lycett. On en connaît environ une dizaine d'espèces réparties comme suit : L'oolithe inférieure et la grande oolithe en renferment cinq (la *Gastrochæna tortuosa*, Sow.; et les *A. costata*, Sow., 214, *A. echinata*, Sow., 243, *A. ovata*, Sow., 512, et *A. Bramburiensis*, Phill.); les roches de Kelloway, une (*A. inæquivalvis*, Sow., 214, non Goldf.); le terrain corallien trois (*A. ovalis*, Phill., *elegantissima*, id., et l'*A. expansa*, Phill., qui se trouve aussi dans l'oxfordien). L'*A. contorta*, Portlock, provient d'un gisement oolithique non précisé.

Goldfuss [6] a figuré six espèces, l'*A. Munsteri* (identique, suivant M. d'Orbigny, avec l'*A. digitata*, Desh.), et l'*A. rugosa*, Münster, de l'oolithe ferrugineuse; l'*A. tegulata*, Goldf., de la grande oolithe; l'*A. hybrida*, Münster, de Bamberg; l'*A. ornata*, Goldf., de l'oolithe du nord de l'Allemagne, et l'*A. modiolaris*, Münster, de Pappenheim.

Il faut ajouter [7] quelques espèces décrites par Roemer (*A. multicostata*, et *spondyloides*, du corallien de Hanovre); Koch et Dunker (*A. Goldfussii*, *pygmæa*, etc.).

Cinq espèces des terrains oxfordiens de Russie ont été indiquées par

[1] Goldfuss, *Petr. Germ.*, pl. 118, fig. 1; Zieten, pl. 55, fig. 2.

[2] *Petr. Germ.*, pl. 117, fig. 7 et 8.

[3] *Norddeutsch. Ool.*, p. 87, pl. 4, fig. 4.

[4] *Geol. of Yorksh.*, I, pl. 14, fig. 3; Stutchbury, *Ann. and mag. of nat. hist.*, 1839, p. 63, fig. 28.

[5] Sowerby, *Min. conch.*, pl. 214, 243, 244 et 512; Phillips, *Geol. of Yorksh.*; Portlock, *Geol. report*, p. 126; Morris et Lycett, *Moll. from the great ool.* (*Palæont. Soc.*, 1853, p. 15, pl. 2).

[6] *Petr. Germ.*, t. II, p. 131, pl. 118 et 121.

[7] Roemer, *Norddeutsch. Ool.*, p. 86; Koch et Dunker, *Beitr. Ool.*, p. 37 et 42, pl. 3 et 5.

MM. Murchison, Keyserling et de Verneuil [1]. C'est sur des espèces de ce gisement que M. Keyserling a fait en partie le genre AUCELLA dont j'ai parlé plus haut.

Parmi les espèces de France, on peut citer l'*A. digitata*, Deslongschamps [2], de l'oolithe inférieure de Normandie qui, comme je l'ai dit plus haut, est probablement la même que l'*A. Munsteri*, Goldf.

D. Buvignier [3] a décrit l'*A. obliqua*, du terrain portlandien du département de la Meuse.

M. Cornuel [4] a fait connaître l'*A. rhomboidalis* du terrain portlandien de Wassy.

M. d'Orbigny cite [5] seize espèces inédites des terrains jurassiques, réparties dans tous les étages.

Les avicules se continuent dans l'époque crétacée.

On en connaît quelques-unes des terrains néocomiens et aptiens.

Les *A. Carteroni*, d'Orb. (Atlas, pl. LXXXII, fig. 7), *Cottaldina*, id., et *Cornueliana*, id., caractérisent le terrain néocomien d'Auxerre et de Saint-Dizier [6].

L'*A. allodiensis*, Math. [7], a été découverte dans le terrain néocomien du midi de la France.

Le lower greensand d'Angleterre a fourni [8] les *A. pectinata*, Sow., *lanceolata*, Forbes non Sow., *depressa*, Forbes non Münster, et *ephemera*, Forbes.

L'*A. Rhodani*, Pictet et Roux [9], provient des grès aptiens de la perte du Rhône.

M. d'Orbigny ajoute [10] une espèce inédite du terrain aptien, l'*A. aptiensis*, d'Orb.

On n'en connaît qu'une du gault.

C'est l'*A. Rauliniana*, d'Orb. [11], de Grand-Pré.

[1] *Pal. de la Russie*, p. 474, pl. 42; Keyserling, *Petschora Land*, p. 299, pl. 18.

[2] *Mém. Soc. Lin. Normandie*, 1837, p. 40, pl. 1.

[3] *Stat. géol. de la Meuse*, p. 22, pl. 16.

[4] *Mém. Soc. géol.*, t. IV (1840), p. 288, pl. 15.

[5] *Prodrome*, t. I, p. 283, 313, 341, 372, et t. II, p. 21, 53 et 60.

[6] *Paléont. fr., Terr. crét.*, t. III, p. 470, pl. 389 et 390.

[7] *Catalogue*, p. 173, pl. 25.

[8] Sowerby, *Trans. geol. Soc.*, 2ᵉ série, t. IV, pl. 14, fig. 3; Forbes, *Quart. Journ. geol. Soc.*, t. I, p. 247, pl. 3.

[9] *Moll. des grès verts*, p. 494, pl. 41.

[10] *Prodrome*, t. II, p. 119.

[11] *Pal. franç., Terr. crét.*, t. III, p. 474, pl. 391.

Elles sont plus nombreuses dans les craies marneuses et les craies supérieures.

L'*A. anomala*, Sow., provient de Blackdown, et l'*A. gryphæoides*, id., du grès vert supérieur de Petersfield [1].

M. d'Orbigny a décrit [2] et figuré, outre l'*A. anomala*, Sow., quatre espèces du Mans et de la Malle (T. cénomanien). Il a ajouté une espèce inédite de ce dernier gisement, une du turonien et une du sénonien.

L'*A. cærulescens*, Nilsson [3], provient des craies de Suède et d'Allemagne.

Les espèces d'Allemagne sont nombreuses. Elles ont été décrites par Goldfuss [4] (quatre espèces dont trois nouvelles); Roemer (cinq espèces dont deux nouvelles); Reuss (neuf espèces dont huit nouvelles); von Hagenow (*A. subnodosa*); Jos. Müller (trois espèces dont une nouvelle), etc.

Les terrains tertiaires en renferment moins que les terrains anciens.

Lamarck et M. Deshayes [5] en ont décrit trois espèces des environs de Paris. Les *A. trigonata*, Lamk, et l'*A. microptera*, Desh., caractérisent le calcaire grossier. L'*A. fragilis*, Defr., se trouve à la fois dans ce gisement et dans les grès marins supérieurs (Atlas, pl. LXXXII, fig. 8).

M. d'Orbigny [6] indique une espèce inédite (*A. Levesquei*, d'Orb.) des dépôts inférieurs de Cuise-la-Motte.

Les *A. arcuata*, Sow., *media*, id., et *papyracea*, id., appartiennent à l'argile de Londres [7].

L'*A. phalænacea*, Lamk [8], caractérise les terrains miocènes de Bordeaux et de Turin.

L'*A. media*, Sism., non Sow. (*submedia*, d'Orb.), a été trouvée dans le terrain pliocène d'Asti [9].

On trouvera aussi l'indication de quelques espèces d'Amérique.

---

[1] *Trans. geol. Soc.*, 2ᵉ série, t. IV, pl. 11 et 17.

[2] *Pal. franç., Terr. crét.*, t. III, p. 476, pl. 391 et 392; *Prodrome*, t. II, p. 168, 197 et 249.

[3] *Petref. suecana*, pl. 3, fig. 19.

[4] Goldfuss, *Petr. Germ.*, t. III, pl. 118; Roemer, *Norddeutsch. Gol.*, p. 64; Reuss, *Bœhm. Kreidef.*, II, p. 22; von Hagenow, *Leonh. und Bronn, Neues Jahrb.*, 1842, p. 599; Jos. Müller, *Mon. Petr. Aach.*, I, p. 29, etc.

[5] *Coq. foss. Par.*, t. I, p. 288.

[6] *Prodrome*, t. II, p. 326.

[7] *Trans. geol. Soc.*, 2ᵉ série, t. V, pl. 8, et *Min. conch.*, pl. 2.

[8] *Anim. sans vert.*, 2ᵉ édition, t. VI, pl. 150.

[9] Sismonda, *Synopsis*, p. 14.

Les **Monotis**, Bronn, — Atlas, pl. LXXXII, fig. 9,

sont considérées par plusieurs auteurs comme ne différant pas génériquement des avicules ; je crois cependant qu'il y a des motifs suffisants pour les en distinguer. Je ne mets pas d'importance, il est vrai, aux caractères qui ont été en général mis en première ligne, savoir, l'inflexion brusque que forme le bord, là où passe le byssus, et la brièveté des oreillettes. Elles présentent, en outre, le fait que le ligament n'y est point étendu comme dans les avicules, mais restreint à une fossette subtriangulaire qui rappelle tellement celle des peignes, que l'on pourrait hésiter sur la convenance de placer ce genre dans la famille des pectinides. Il faut ajouter que les observations microscopiques de M. Carpenter ont montré que, dans quelques espèces au moins, le test n'est point nacré et a la structure de celui des pectinides et non de celui des malléacés.

Mais en admettant ce genre, je dois reconnaître la difficulté de distribuer les espèces entre les avicules et les monotis. Lorsque l'attention des paléontologistes aura été attirée sur leurs différences, on arrivera probablement à augmenter le nombre de ces dernières.

Elles paraissent avoir commencé avec l'époque permienne [1].

M. King [2] rapporte à ce genre l'*Avicula speluncaria*, Sch. (*A. gryphæoides*, J. de C. Sow. Atlas, pl. LXXXII, fig. 9), et l'*A. radialis*, Phillips. Il y ajoute la *Monotis garforthensis*, King.

Elles se continuent dans le terrain triasique.

On trouve dans le muschelkalk la *Monotis Alberti*, Goldf. [3].

Les dépôts salifériens de Salzbourg ont fourni la *M. salinaria*, Bronn, la *M. inæquicalvis*, id., et la *M. lineata*, Münster [4].

On trouve à Saint-Cassian [5] cette même *M. æquicalvis*, et quatre autres espèces décrites par le comte de Münster.

[1] Je ne connais pas la *Monotis æqualis*, M'Coy, du terrain carbonifère d'Irlande.

[2] *Permian fossils* (*Palæont. Soc.*, 1848, p. 154, pl. 13).

[3] *Petr. Germ.*, t. II, p. 138, pl. 120.

[4] In Goldfuss, id.

[5] *Beitr. zur Petr.*, t. IV, p. 78, pl. 7.

Elles ne dépassent pas l'époque jurassique.

Goldfuss a figuré [1] la *M. substriata*, Münster, du lias, la *M. decussata*, id., de l'oolithe inférieure de Westphalie, et la *M. similis*, id., du terrain jurassique de Bavière.

Les Vulselles (*Vulsella*, Lamk), — Atlas, pl. LXXXII, fig. 10,

ont été classées tantôt dans la famille des malléaces, tantôt dans le voisinage des huîtres. Cette question ne pourra être résolue que lorsqu'on connaîtra l'animal et qu'on saura s'il a ou non un pied.

Elles ont une coquille longitudinale, subéquivalve, irrégulière, libre, à crochets égaux. La charnière présente sur chaque valve une callosité saillante offrant l'impression d'une fossette conique, obliquement arquée et destinée à recevoir le ligament.

Ces mollusques, qui ressemblent aux huîtres, ne se fixent point comme elles, mais restent libres ; ils se logent souvent dans certains corps sous-marins, tels que les alcyons et les éponges.

Leur existence à l'état fossile est douteuse, car quelques auteurs associent aux huîtres les espèces qui ont été décrites sous ce nom.

La *V. turoniensis*, Dujardin [2], a été découverte dans la craie de Touraine.

La *V. falcata*, Goldfuss [3], provient des terrains nummulitiques du Kressenberg (Atlas, pl. LXXXII, fig. 10).

La *V. deperdita*, Lamk [4], se trouve dans le calcaire grossier du bassin de Paris.

Les Trichites, Lhwyd (*Pinnigène*, de Luc), — Atlas, pl. LXXXII,
fig. 11 et 12,

sont de grosses coquilles remarquables par leur structure fibreuse et par leur énorme épaisseur. Les échantillons complets sont très rares, en sorte que leurs caractères ne sont qu'imparfaitement connus.

Le premier auteur qui les a mentionnées est Plot [5]; il les a désignées sous le nom de trichites en les considérant comme un

[1] *Petr. Germ.*, t. II, p. 138, pl. 120.

[2] *Mém. Soc. géol.*, 1833, t. II, p. 228, pl. 15, fig. 1.

[3] *Petref. Germ.*, t. III, pl. 107, fig. 10.

[4] Deshayes, *Coq. foss. Par.*, t. I, p. 374, pl. 65, fig. 4 à 6.

[5] *Historia Oxon.*, pl. 7, fig. 7.

produit minéral Lhwyd, en 1689, les a placées dans les fossiles *incertæ classis*, mais en indiquant qu'un examen plus attentif les fera probablement reconnaître pour des coquilles bivalves. Woodward les a associées aux catillus. Ces fossiles ont été étudiés d'une manière plus complète par M. G.-A. de Luc [1] sur des échantillons trouvés dans le terrain corallien du mont Salève.

Ce savant paléontologiste reconnut dans leur test, composé de fibres perpendiculaires à la surface de la coquille, une analogie évidente avec les pinnes. Il fit observer en même temps que les pinnigènes en diffèrent parce qu'elles sont composées d'une valve aplatie et d'une convexe.

Ici se présente une question de priorité. Doit-on employer le nom de trichite, qui est le plus ancien, ou celui de pinnogène, qui correspond à la première description rationnelle du fossile? Il nous semble que la première alternative est la plus équitable, par le motif que Lhwyd y a bien su voir des coquilles bivalves, et que G.-A. de Luc, tout en ajoutant quelques faits à leur histoire, a eu le tort de ne pas avoir reconnu dans ces fossiles les trichites des anciens auteurs.

J'ai dit plus haut que les caractères de ce genre n'étaient encore connus que d'une manière incomplète [2]. Voici ce qu'on en sait de plus précis :

La coquille est épaisse, inéquivalve, close, ovoïde, subtrigone ou subcarrée, formant une pointe vers les crochets, qui sont creusés en canal. La valve convexe est profonde et épaisse; l'autre est plate. Le bord cardinal est irrégulier et paraît avoir logé un ligament simple et semi-intérieur comme chez les pinnes. La charnière est dépourvue de dents. L'impression musculaire est subcentrale, simple. Les ornements consistent ordinairement en côtes rayonnantes, irrégulières, ornées de pointes sur la valve convexe. Le test est composé de fibres perpendiculaires à la surface de la coquille, serrées, d'un aspect columnaire, traversées par des lames calcaires transverses, très minces, qui correspondent aux différentes époques ou couches d'épaississement de la coquille (Atlas, pl. LXXXII, fig. 11, *a*).

---

[1] De Saussure, *Voyages dans les Alpes*, t. I, p. 192.
[2] Voyez Defrance, *Dict. des sc. nat.*, et Lycett, *Annals and magaz. of nat. hist.*, 1850, t. V, p. 343.

Ces caractères montrent, comme on le voit, quelque analogie avec les pinnes. Les crochets sans dents, pointus et creusés en canal, ont à peu près la même apparence. La charnière et les fibres du test présentent aussi une ressemblance incontestable.

Il ne faut toutefois pas exagérer ces analogies, car elles sont dominées par des différences importantes. Les trichites, étant monomyaires et fortement inéquivalves, ont plus de rapports avec les malléacés; d'ailleurs il y a dans le test même de grandes différences : chez les pinnes, la couche externe est fibreuse, et l'interne est foliacée et nacrée. Les coquilles connues sous le nom de catillus (inocérames) ont, sous ce point de vue, plus de rapports encore avec les trichites.

Les espèces connues appartiennent presque toutes aux terrains jurassiques.

Le *T. nodosus*, Lycett (Atlas, pl. LXXXII, fig. 12), a été trouvé dans l'oolithe inférieure et dans la grande oolithe [1].

Le *T. undatus*, id., caractérise le premier de ces gisements.

La *Pinn. bathonica*, d'Orb. [2], espèce inédite, n'a peut-être pas été suffisamment comparée aux précédentes.

Le *T. Saussuri*, Defr. (Atlas, pl. LXXXII, fig. 11), est l'espèce décrite par de Luc. Il a été trouvé dans le terrain corallien du mont Salève, puis en France dans les étages corallien et kimméridgien.

La *Pinn. rugosa*, d'Orb., espèce inédite, provient de la pointe de Ché.

Ce genre se continue toutefois jusque dans les terrains néocomiens.

Nous trouvons dans le terrain néocomien le plus inférieur des environs de Genève (*Valanginien*, Desor), une grande espèce inédite.

M. d'Orbigny [3] en cite une également inédite (*P. magna*), du terrain urgonien de Nantua. (Est-ce la même ?)

Les POSIDONOMYES (*Posidonia* et *Posidonomya*, Bronn) [4], — Atlas, pl. LXXXII, fig. 13 et 14,

se rapprochent aussi des avicules; elles ont une coquille ovale,

[1] *Ann. and mag. of nat. hist.*, 1850, 2ᵉ série, t. III, p. 347; *Moll. from the great ool.* (*Palœont. Soc.*, 1853, p. 35).

[2] *Prodrome*, t. I, p. 314.

[3] *Prodrome*, t. II, p. 107.

[4] Ce genre a été établi en 1828 par Bronn, sous le nom de *Posidonia*, puis l'orthographe *Posidonomya* a paru plus correcte (Bronn, Neptune, par mœule).

subéquilatérale, à deux oreillettes peu distinctes. La charnière est linéaire, calleuse, dépourvue de dents et est creusée dans un canal fusiforme, strié, qui s'étend jusque sous une des oreillettes. Les crochets sont égaux, submédians et légèrement déprimés. Leur principale différence d'avec les avicules consiste dans ce que les valves ne sont pas échancrées à la base pour le passage du byssus. Leur test est mince et fragile. Ces mollusques ne vivent plus de nos jours; ils sont abondants dans les terrains de l'époque primaire et ne dépassent pas la période jurassique.

Leur existence est toutefois douteuse dans l'époque silurienne.

M. d'Orbigny [1] attribue à ce genre les AMBONYCHIA, Hall, dont j'ai parlé plus haut (p. 597) et dont les caractères sont incomplétement précisés. Ils n'ont guère la forme des posidonomyes.

M. Hall a décrit [2] une *A. alata* du terrain silurien des États-Unis.

Elles paraissent assez abondantes dans les dépôts de l'époque dévonienne.

Une des plus connues est la *P. Becheri*, Bronn [3], répandue dans toute l'Allemagne (Atlas, pl. LXXXII, fig. 13).

La *P. Pargai*, Verneuil [4], a été trouvée en Espagne.

M. M. Rouault [5] en a fait connaître cinq espèces de Bretagne.

Le comte de Münster en a décrit un grand nombre d'autres espèces [6].

M. d'Orbigny associe [7] à ce genre une certaine quantité de coquilles dévoniennes décrites sous d'autres noms génériques.

Le terrain carbonifère en a fourni quelques-unes.

M. de Koninck [8] en compte deux en Belgique, la *P. vetusta* (*Inoceramus vetustus*, Sow., Goldf., etc.), et la *P. hemisphærica* (*Pecten*, Phillips).

MM. Sowerby, Portlock et M'Coy ont décrit [9] quelques espèces d'Angleterre et d'Irlande (*P. costata*, M'Coy, *membranacea*, id., *complanata*, Portl., *lateralis*, Sow., *transversa*, Portl., *tuberculata*, Sow.)

[1] *Prodrome*, t. I, p. 13.

[2] *Nat. hist. of New-York*, n° 8, fig. 7.

[3] Bronn, *Lethæa*, t. I, p. 89, pl. 2, fig. 8; Goldfuss, *Petr. Germ.*, pl. 113, fig. 6, etc.

[4] *Bull. Soc. géol.*, 2ᵉ série, 1850, t. VII, p. 170.

[5]   *Id.*   1851, t. VIII, p. 390.

[6] *Beiträge zur Petref.*, t. III, p. 51, pl. 10, t. V, p. 117, pl. 11.

[7] *Prodrome*, t. I, p. 82.

[8] *Descr. anim. foss. carb. Belg.*, p. 140.

[9] M'Coy, *Synopsis of Ireland*, p. 78, pl. 13; Portlock, *Geol. report*, pl. 34 et 38; Sowerby, *Trans. geol. Soc.*, 2ᵉ série, t. V, pl. 52.

Elles se continuent dans le terrain triasique.

La *P. minuta*, Brown [1], se trouve dans le muschelkalk et le keuper.

Le comte de Münster a décrit [2] deux espèces des schistes de Wengen et d'Heiligkreutz.

La *C. Claræ*, Emmrich [3], se trouve dans le terrain triasique des alpes vénitiennes.

Les posidonomyes sont nombreuses dans le lias et elles ont donné leur nom (*Posidonomyen Schiefer*) à une couche du lias supérieur.

Goldfuss [4] a décrit les *P. Bronnii*, Voltz (Atlas, pl. LXXXII, fig. 44), *radiata*, Goldf., et *orbicularis*, Münster, recueillies dans cette couche.

Elles se continuent et se terminent dans les dépôts jurassiques proprement dits.

La *P. Buchii*, Roemer [5], se trouve dans l'oolithe inférieure.

M. d'Orbigny cite une espèce inédite du même gisement.

Les *P. anomala*, Münster, et *socialis*, id., ont été trouvées à Solenhofen, les *P. gigantea* et *canaliculata* à Streitberg [6].

La *P. revelata*, Keyserling et la *P. lobata*, d'Orb. (*Inoceramus lobatus*, Frears), ont été trouvées dans l'oxfordien de Russie [7].

La *P. kimmeridgiensis*, d'Orb. [8], espèce inédite du terrain kimméridgien de Chatelaillon, est l'espèce connue la plus récente.

LES CRÉNATULES (*Crenatula*, Lamk),

ont une coquille dont le test fibreux rappelle celui des avicules et des genres suivants. Cette coquille est subéquivalve, aplatie, un peu irrégulière, sans echancrure pour le byssus. La charnière est parallèle à la longueur de la coquille; elle est crénelée par une série de fossettes calleuses qui reçoivent un ligament multiple.

[1] *Lethæa*, pl. 11, fig. 22; Zieten, pl. 34, fig. 5; Goldfuss, *Petr. Germ.*, pl. 113, fig. 5.

[2] *Beitr. zur Petref.*, t. IV, p. 8 et 23.

[3] Bronn, *Lethæa*, pl. 12, fig. 9; *Leonh. und Bronn. Neues Jahrb.* 1849, p. 441.

[4] *Petref. Germ.*, pl. 113 et 114.

[5] *Norddeutsch. Ool.*, p. 84, pl. 4.

[6] Goldfuss, *Petref. Germ.*, pl. 114.

[7] Keyserling, *Petschora Land*, p. 302, pl. 14; Frears, *Bullet. Soc. Moscou*, 1846, t. XIX, pl. 7.

[8] *Prodrome*, t. II, p. 53.

Ce genre se lie d'une part aux avicules et aux pinnes, et de l'autre se rapproche beaucoup des pernes ; il se distingue facilement par la forme spéciale de sa charnière.

Les crénatules vivent aujourd'hui dans les mers chaudes ; leur existence à l'état fossile est très douteuse.

Les seules espèces citées appartiennent à l'époque jurassique et ne paraissent pas faire partie de ce genre.

La *C. cicatricosa*, Sow. (1), du lias est un inocérame. Les deux espèces figurées par Parkinson sont très incomplètes.

Les Pernes (*Perna*, Bruguière), — Atlas, pl. LXXXII, fig. 15 à 17,

ont une coquille subéquivalve, lamelleuse et subirrégulière ; leur test est aussi fibreux. Elles ont un sinus pour le passage du byssus. Leur charnière est linéaire, allongée, formée d'une surface plane, régulièrement divisée, et de dents sulciformes transverses, parallèles, non intrantes, sur lesquelles s'insère un ligament multiple.

Ce genre est clairement caractérisé par sa charnière. La forme allongée et régulière des dents peut servir à le distinguer facilement des crénatules.

Les règles strictes de la nomenclature exigeraient peut-être de rendre à ces coquilles le nom de Melina, par lequel elles ont été désignées en 1788 par Retz ; mais le mot de perna (2) est si généralement connu et admis, qu'il n'y aurait vraiment aucun avantage à cette substitution.

Les pernes ont été encore désignées plus tard par Megerle sous le nom de Sutura, et par Sangiovanni sous celui de Hippochata.

Elles vivent aujourd'hui dans les mers chaudes. Les espèces fossiles ne sont pas très nombreuses, mais elles ont existé dès le commencement de l'époque secondaire. Leur test très feuilleté fait qu'on les trouve souvent en partie décomposées.

On en connaît une seule espèce de l'époque triasique.

---

(1) Sowerby, *Min. conch.*, pl. 443 ; Parkinson, *Organic remains*, t. III, pl. 15

(2) Le mot Perna est plus ancien que celui de Melina, mais pas dans son acception actuelle. Adanson, en 1752, comprenait sous ce nom des malléacées, des Pecten, des Mytilus, des Cardita, etc. Retz, en 1788, l'a appliqué aux Mytilus, et Oken, en 1815, au genre lithophage.

La *P. vetusta*, Goldfuss [1], a été trouvée dans les marnes irisées (formation keuprique) et dans le muschelkalk (Atlas, pl. LXXXII, fig. 15).

On cite quelques espèces des terrains jurassiques.

La *Gervilia Hagenowii*, Dunker [2], du lias d'Halberstadt, est une véritable perne, comme le fait remarquer avec raison M. d'Orbigny.

La *P. mytiloides*, Lamk [3], a été souvent confondue avec des espèces de même forme et de divers étages jurassiques. On doit, suivant M. d'Orbigny, réserver ce nom à l'espèce du terrain kellowien ; elle passe à l'oxfordien.

Goldfuss a décrit [4] en outre les *P. crassitesta*, Münster, *quadrata*, Goldf., non Sow., et *rugosa*, id., de l'oolithe inférieure. Ces deux dernières espèces doivent probablement être réunies.

La *P. quadrata*, Sow. (non Goldf., non Phill.), provient, suivant Sowerby, du cornbrash (grande oolithe). M. Morris l'attribue au portlandien.

La *P. quadrilatera*, d'Orb., *Prodr.*, provient du terrain oxfordien de France et la *P. Fischeri*, Rouillier [5], des gisements analogues des environs de Moscou.

Il faut ajouter cinq espèces inédites indiquées [6] par M. d'Orbigny dans les étages sinémurien, bathonien, kellowien, oxfordien et corallien.

Le terrain crétacé en renferme quelques-unes.

La *P. Mulleti*, Deshayes [7], est répandue dans les terrains néocomien et aptien de France, d'Angleterre et d'Allemagne (Atlas, pl. LXXXII, fig. 16).

La *P. Ricordeana*, d'Orb., provient du terrain néocomien de l'Yonne.

La *P. alæformis*, Morris (*Modiola alæformis*, Sow., 251), qui caractérise le lower greensand de Court-at-Street, paraît être plutôt une gervilie.

La *P. Rauliniana*, d'Orb., a été découverte dans le gault de Clar.

La *P. rostrata*, Sowerby [8], provient de Blackdown

---

[1] *Petr. Germ.*, t. II, pl. 107, fig. 11.

[2] *Palæontographica*, t. I, pl. 6, fig. 9-11.

[3] *Hist. nat. anim. sans vert.*, 2ᵉ édition, t. VII, p. 79 ; Deshayes, *Coq. caract.*, p. 51, pl. 9, fig. 5.

[4] *Petr. Germ.*, t. II, pl. 107 et 108. La *Perna quadrata*, Goldfuss, n'est ni celle de Phillips, ni celle de Sowerby. M. d'Orbigny s'est trompé sur sa synonymie en la réunissant à la fois à la *rugosa*, Münster, de l'oolithe inférieure et à la *quadrilatera*, d'Orb., du terrain oxfordien.

[5] *Bull. Soc. imp. nat. Moscou*, 1844, p. 794, pl. 2.

[6] *Prodrome*, t. I, p. 219, 314, 341, 373 et t. II, p. 21.

[7] In Leymerie, *Mém. Soc. géol.*, t. V, 1842, pl. 11, fig. 1-3 ; d'Orbigny, *Pal. franç., Terr. crét.*, pl. 400, 401.

[8] *Trans. geol. Soc.*, t. IV, p. 241, pl. 17.

La *P. Marticensis*, Matheron [1], a été trouvée dans le terrain turonien des Martigues.

La *P. Royana*, d'Orb., appartient aux craies supérieures de Royan.

Il faut ajouter [2] la *P. lanceolata*, Geinitz, du quader inférieur de Tyssa, la *P. cretacea*, Reuss, du même gisement, la *P. subspathulata*, id., du grès à exogyres de Malnitz, et quelques espèces du Portugal.

Les terrains tertiaires en renferment un petit nombre.

On trouve aux environs de Paris la *P. Defrancii*, Sow., du calcaire grossier d'Hauteville [3], et la *P. Lamarckii*, Deshayes, des sables supérieurs de Senlis, Valmondois [4], etc.

M. Basterot [5] rapporte à la *P. ephippium*, qui vit dans l'Océan Indien, une espèce des environs de Bordeaux.

La *P. maxillata*, Sow. (*P. Soldanii*, Desh., *Ostrea maxillata*, Brocchi), est une belle espèce remarquable par l'épaisseur de la charnière; elle se trouve dans les tertiaires subapennins du Piémont (Atlas, pl. LXXXII, fig. 17).

On a aussi trouvé des pernes dans les terrains tertiaires d'Amérique. Une espèce confondue à tort avec celle du Piémont, *P. maxillata*, Lamk (Deshayes, *Enc. méth.*), se trouve en Virginie. La *P. Gaudichaudi* [6] provient de l'Amérique méridionale.

Les GERVILIES (*Gervilia*, Defrance), — Atlas, pl. LXXXIII, fig. 1 et 2,

sont très voisines des pernes par plusieurs caractères importants, tels que la structure du test et l'échancrure pour le byssus; mais la charnière est différente, car, outre les dents parallèles, semblables à celles des pernes, elles en présentent d'autres très allongées, très obliques, qui se reçoivent mutuellement, de sorte que l'on peut dire que les gervilies sont des pernes à charnière articulée. Elles en diffèrent aussi, ainsi que des inocérames, en ce que le bord cardinal forme un angle aigu avec la ligne qui joint les crochets et le milieu du bord palléal.

Aucune espèce de ce genre ne vit aujourd'hui. Les espèces

[1] *Catalogue*, p. 176, pl. 27.

[2] Geinitz, *Charact.*, p. 80, pl. 21; Reuss, *Boehm. Kreideg.*, II, p. 24, pl. 32; Sharpe, *Quart. Journ. geol. Soc.*, 1849, t. VI, p. 189.

[3] *Dict. sc. nat.*, t. XXXVIII, p. 514; Goldfuss, *Petr. Germ.*, pl. 106, fig. 4 (*P. Francii*, Gerville).

[4] *Coq. foss. Par.*, t. I, p. 284.

[5] *Coq. foss. Bord.*, p. 74.

[6] D'Orbigny, *Voyage, Paléont.*, p. 131.

fossiles paraissent appartenir exclusivement à l'époque secondaire [1].

Les plus anciennes ont été trouvées dans le terrain triasique de
Saint-Cassian.

Le comte de Münster [2] en a décrit trois espèces.

Les terrains jurassiques en renferment quelques-unes.

Le lias a fourni la G. *Hartmani*, Münster [3] (Atlas, pl. LXXXIII, fig. 1) ;
mais j'ai dit plus haut que la G. *Hagenowii*, Dunker, est une perne. Il en est,
je crois, de même de la G. *pinœformis*, Dunker.

La G. *aviculoides*, Zieten, non Sow. (*Zieten*, d'Orb.), et sa variété *modiolaris* [4], sont citées, en général, comme trouvées dans l'oolithe inférieure,
mais je dois faire remarquer que Zieten, en disant les avoir trouvées dans
des glaises au-dessus du lias, annonce en même temps qu'elles se trouvent
avec la *Trigonia navis*, Lamk. Je crois donc qu'elles appartiennent au lias supérieur.

M. Deslongchamps a décrit quelques espèces de Normandie [5].

La grande oolithe d'Angleterre [6] a fourni outre la G. *monotis*, Desh., six
espèces qui lui paraissent propres (G. *acuta*, Sow., *ovata*, Id., etc.).

Sowerby [7] a confondu, sous le nom de G. *aviculoides*, au moins trois espèces. Le nom d'*aviculoides* est conservé, par les auteurs Anglais, à celle du
lower greensand, mais M. d'Orbigny l'attribue à une des terrains kellowiens
et oxfordiens, identique avec la G. *pernoides*, Desl., à la G. *lanceolata*, Münster,
à la G. *siliqua*, Desl., etc.

La G. *lata*, Keys. [8], provient du terrain oxfordien de Russie. Elle ne paraît pas identique avec la *lata*, Phill.

La G. *kimmeridgiensis*, d'Orb. (*aviculoides*, Goldf., non Sow.), caractérise
le terrain kimméridgien [9].

La G. *tetragona*, Roemer [10], a été trouvée dans le portlandien de Gosslar.

[1] Les prétendues Gervilia de l'époque carbonifère ont des ligaments simples, et sont des avicules ou des ptérinées.
[2] *Beitr. zur Petr.*, t. IV, p. 79.
[3] Goldfuss, *Petr. Germ.*, t. II, p. 123, pl. 115, fig. 7.
[4] *Pétrif. du Wurtemberg*, pl. 54, fig. 6 et 55, fig. 1.
[5] *Mém. Soc. Lin. Norm.*, 1824, pl. 5, fig. 2.
[6] Sowerby, *Min. conch.*, pl. 510, 512 ; Morris et Lycett, *Moll. from the
great ool.* (*Pal. Soc.*, 1853, p. 20).
[7] *Min. conch*, pl. 66 et 511.
[8] *Petschora Land*, p. 304, pl. 16.
[9] *Prodrome*, t. II, p. 53.
[10] *Norddeutsch. Ool.*, p. 85, pl. 4.

Les gervilies se continuent et se terminent dans l'époque crétacée.

Le terrain néocomien et le lower greensand renferment l'espèce à laquelle les auteurs anglais ont conservé le nom de *G. aviculoides*, Sow. Elle paraît identique avec la *G. anceps*, Desh. [1], Atlas, pl. LXXXIII, fig. 2.

On trouve dans les mêmes gisements la *G. alæformis* (*Modiola alæformis*, Sow., 251), attribuée aux pernes par M. Morris.

La *G. difficilis*, d'Orb. [2], provient du gault de Clansayes.

La *G. alpina*, Pictet et Roux [3], a été trouvée dans le gault de Savoie.

La *G. enigma* appartient au grès vert du Mans.

La *G. solenoides*, Defrance, Goldfuss [4], a été trouvée, en France, à Valognes, et, en Allemagne, dans le quader inférieur, ainsi que dans toutes les subdivisions du planer.

La *G. Renauxiana*, d'Orbigny, caractérise le terrain crétacé supérieur de Mondragon et de Fondouilles.

Les *G. Fittoni*, Sharpe, et *sobralensis*, id. [5], proviennent du Portugal.

Les Inocérames (*Inoceramus*, Sowerby), — Atlas, pl. LXXXII, fig. 18 à 20,

ont des coquilles gryphoïdes, à test lamelleux, inéquivalves, mais subéquilatérales, dont les crochets sont opposés, pointus et fortement recourbés ; la charnière est courte, droite et présente une série de crénelures graduellement plus petites, destinées à recevoir un ligament multiple qui a probablement recouvert toute la facette ligamentaire. Celle-ci est perpendiculaire à la ligne qui, dans chaque valve, joint le crochet et le milieu du bord palléal.

Les impressions musculaires de ce genre étant inconnues, il peut rester quelques doutes sur sa véritable place ; toutefois ses valves inégales et sa charnière crénelée semblent démontrer qu'il appartient bien à cette famille. Il se distingue des gervilies par l'absence de dents à la charnière et par la direction de sa facette ligamentaire, qui, chez ces dernières, est oblique par rapport à la ligne menée dans chaque valve du crochet au bord palléal. La forme des fossettes de la charnière empêche de les confondre avec les pernes, qui ont des dents parallèles et régulières. D'ailleurs

[1] D'Orbigny, *Pal. franç.*, *Terr. crét.*, t. III, p. 482, pl. 394 et 395.
[2] *Id.*, pl. 396.
[3] *Moll. des grès verts*, p. 496, pl. 41.
[4] Goldfuss, *Petr. Germ.*, t. II, pl. 115, fig. 10.
[5] *Quart. Journ. geol. Soc.*, 1849, t. VI, p. 186.

ces dernières ont des coquilles aplaties et à crochets presque nuls, tandis que les inocérames sont bombés et ont de grands crochets.

Il est probable qu'on doit réunir aux inocérames les CATILLES (*Catillus*, Brongniart), qui sont de grandes coquilles de forme variable, aplaties ou bombées, quelquefois cordiformes, subéquivalves, inéquilatérales, à charnière peu oblique, dont le bord est garni d'une série de petites cavités très courtes, graduellement croissantes. Quelques-unes atteignent de très grandes dimensions, car on en cite de plusieurs pieds de longueur; d'autres sont plus petites et plus convexes. Il est rare de pouvoir les recueillir entières.

La principale différence qui existe entre ces coquilles et celles des inocérames consiste dans la structure du test, qui chez les catillus est fibreux dans sa couche externe, rappelant presque celui des trichites.

Les MYTILOÏDES, Brongniart, ne sont que des catillus plus transverses et allongées sur la ligne qui joint les crochets et le bord palléal.

Les inocérames ne vivent plus dans nos mers et paraissent caractériser exclusivement (¹) les époques jurassique et crétacée.

Les espèces ne sont pas nombreuses dans les terrains jurassiques, sauf dans le lias.

On trouve, dans le lias d'Angleterre, l'*I. dubius*, Sow., 384, à Withby, et l'*I. ventricosus* (*Crenatula ventricosa*, Sow., 443), dans le Yorkshire, etc.

Goldfuss (²) en a décrit onze espèces du lias et deux de l'oolithe. Il faut ajouter quelques espèces du lias décrites par Zieten (*I. undulatus*, Ziet., *elliptious*, id.), et Roemer.

Les inocérames augmentent de nombre dans les dépôts de l'époque crétacée, surtout vers la fin de cette période, et ils se terminent avec elle (³).

(¹) Les espèces de l'époque silurienne et de l'époque dévonienne, qui ont été décrites, sous le nom générique d'*Inoceramus*, paraissent avoir eu une charnière sans fossettes, et sont probablement en grande partie des posidonomyes (Portlock, *Geol. Report*, p. 423 et 567; Münster, *Beitrage zur Petref.*, t. III, p. 17; Goldfuss, *Petr. Germ.*, t. II, p. 108).

(²) *Petr. Germ.*, t. II, pl. 109 et 115; Zieten, *Pétrif. du Wurt.*, pl. 92.

(³) Voy. surtout sur la distribution des inocérames, dans les étages crétacés, un mémoire de M. Fr. Zekeli : *Das Genus Inoceramus und seine Verbrei-*

On en connaît peu de l'époque néocomienne.

L'*I. neocomiensis*, d'Orb. [1], a été trouvé à Bettancourt, etc., et à Cluse.
L'*I. plicatus*, d'Orb. [2], a été trouvé à Santa-Fé de Bogota.

Le gault en renferme quelques-uns [3]

Les deux plus connus sont les *I. concentricus*, Parkinson (Atlas, pl. LXXXII,
fig. 18), et *sulcatus*, id., répandus dans toute l'Europe.

Il faut y ajouter l'*I. Coquandianus*, d'Orb., de Clar, et l'*I. Salomoni*, id.,
de France et de Savoie.

Ils augmentent de nombre comme je l'ai dit plus haut dans les
craies chloritées et les craies supérieures.

L'*I. striatus*, Sow., Mantell, caractérise la craie inférieure d'Angleterre. Il
faut, suivant M. d'Orbigny, lui réunir l'*I. pernoides*, Matheron, et l'*I. concentricus*, Geinitz [4].

L'*I. latus*, Sow., Mantell, se trouve à peu près dans les mêmes gisements.

M. d'Orbigny a décrit [5] l'*I. angulatus*, d'Orb., du terrain cénomanien de la
Sarthe, les *I. problematicus*, d'Orb. (Atlas, pl. LXXXII, fig. 20), et *cuneiformis*, id., de l'étage turonien, et cinq espèces de la craie blanche, dont une nouvelle, l'*I. impressus*, d'Orb.; deux espèces confondues par Goldfuss, sous le nom
d'*I. Cripsii*, Goldfuss, non Mantell (*I. regularis*, d'Orb., et *Goldfussianus*, id.), et
trois espèces déjà connues, l'*I. Lamarckii*, Brongniart (Atlas, pl. LXXXII,
fig. 19), l'*I. inuolutus*, Sow., 583 et l'*I. Cuvieri*, Sow. (*Catillus Cuvieri*, Brongniart), commune dans la craie des environs de Paris.

L'*I. siliqua*, Matheron [6], provient de craies supérieures des Bouches-du-
Rhône.

Il faut ajouter environ six espèces distinctes des précédentes, parmi celles
qu'a décrites Goldfuss [7].

Les inocérames sont aussi indiqués en Amérique; mais il est probable,
comme pour les citations précédentes, que plusieurs espèces devront passer
dans d'autres genres.

lung in den *Gossaugebilden der æstlichen Alpen*, *Jahresbericht des Naturwis-
sensch. Vereines in Halle*, 1851, p. 79.

[1] *Paléont. fr., Terr. crét.*, t. III, p. 503, pl. 403, fig. 1 et 2.

[2] *Coq. de Colombie*, p. 56, pl. 3.

[3] Parkinson, *Trans. geol. Soc.*, 1820, t. V, p. 59, pl. 1; Sowerby, *Min.
conch.*, pl. 305 et 306; d'Orbigny, *Paléont. fr., Terr. crét.*, t. III, p. 504,
pl. 403 et 404; Pictet et Roux, *Moll. des grès verts*, p. 498, pl. 42, etc.

[4] Sowerby, *Min. conch.*, 582; Mantell, *Geol. of Sussex*, pl. 27, fig. 3;
d'Orbigny, *Prodrome*, t. II, p. 168.

[5] *Paléont. fr., Terr. crét.*, t. III, pl. 406 à 412.

[6] *Catalogue*, p. 174, pl. 25.

[7] *Petr. Germ.*, t. II, pl. 109, 110 et 113.

4ᵉ Famille. — LIMIDES.

Les limides sont monomyaires et ont une coquille ovale ou trigone, équivalve, souvent bâillante, auriculée, et un ligament inséré sous le crochet dans une fossette triangulaire.

Ces mollusques forment comme je l'ai dit plus haut une exception aux caractères des pleuroconques, à cause de leur coquille équivalve. Leurs oreillettes, la forme de leur ligament, leur impression musculaire unique, leur mode réel de station et de locomotion, et la structure de leur test leur donnent trop d'analogie avec les pectinides pour qu'on puisse les en séparer.

Cette famille ne comprend que deux genres.

Les Limes (*Lima*, Bruguière), — Atlas, pl. LXXXIII, fig. 3 à 5, ont une coquille subéquivalve, auriculée, à crochets écartés, un peu bâillante. Leur charnière est dépourvue de dents et présente pour le ligament une grande fossette que la direction de la charnière et l'écartement des crochets permet de voir en dehors.

Ce genre se distingue facilement de celui des peignes par ce dernier caractère. Il est encore plus distinct par les formes de l'animal. Le muscle adducteur est plus extensible que dans la plupart des mollusques ; aussi l'animal peut-il ouvrir beaucoup ses valves et leur imprimer des contractions fréquentes et subites, que facilite l'élasticité du ligament et qui permettent à l'animal de voltiger en quelque sorte dans l'eau.

Il faut réunir aux limes la plupart des espèces du genre Plagiostome (*Plagiostomus*, Lhwyd, *Plagiostoma*, Sowerby). Ce genre, établi par les auteurs anglais et adopté par Lamarck, a renfermé deux catégories de coquilles fort différentes. La plus grande partie sont équivalves et identiques avec les limes ; les autres sont des spondyles.

Il faut aussi réunir aux limes les Mantellum, Bolten, les Glaucion, Oken, et les Limatula, Wood. Ce sont les Glaucus et les Glaucoderma, de Poli.

Les limes paraissent manquer dans l'époque primaire [1] ; on les retrouve dès le commencement de l'époque secondaire, et elles ont

____

(1) Sauf la *Lima permiana*, King, *Perm. foss.* (*Pal. Soc.*, 1848, p. 154), petite espèce du terrain permien.

atteint leur maximum de développement dans les terrains jurassiques et crétacés.

On en connaît quelques-unes du terrain triasique.

Les plus communes dans le muschelkalk [1] sont la *Lima lineata*, Desh., Goldf., fig. 3 *a*, *b* (*Plagiostoma lineatum*, Hehl.), et la *L. striata*, Desh., Goldf. (*P. striatum*, Brongn.).

Il faut y ajouter la *Lima costata*, Münster, in Goldf., le *Plagiostoma regularis*, Klöden, Zieten, et le *P. ventricosum*, Zieten, du même gisement.

La *L. longissima*, Voltz (*Chamites punctatus*, Schlot., *Plagiostoma interpunctatum*, *Lima Schlotheimi*, d'Orb.), a été trouvée avec les précédentes.

Il en est de même de la *L. cordiformis*, Desh. (*P. ventricosum*, Zieten, *L. lineata*, Goldf., partim, fig. 3 c).

La *L. gracilis*, Pusch, provient du muschelkalk de Pologne.

Le comte de Münster en a décrit deux (*L. punctata*, Münst., non Sow., et *L. angulata*, M.), et M. Klipstein une (*L. margino-plicata*, K.), de Saint-Cassian [2].

Le lias en a fourni plusieurs.

On cite en Angleterre la *L. antiquata*, Sow., 214 ; le *P. punctata*, id., 113 ; le *P. pectinoides*, id., 113 ; le *P. gigantea*, id., 177 ; le *P. concentrica*, id., 559, le *L. pectinoides*, Phill. et non Sow. (*Galathea*, d'Orb.). Les quatre premières sont fréquentes en France, l'*antiquata* dans le lias inférieur, la *punctata* dans le lias moyen et les autres dans le lias supérieur.

Les auteurs allemands ont fait connaître [3] outre la *L. gigantea*, Sow., Goldf., etc., la *L. succincta*, Bronn (*P. Hermanni*, Ziet., Goldf., Atlas, pl. LXXXIII, fig. 3), la *L. inæquistriata*, Goldf. (*decorata*, id.), la *L. alternans*, Roemer, du lias moyen de Goslar, et la *L. Haussmanni*, Dunk., du lias inférieur d'Halberstadt. Il paraîtrait que la *L. pectinoides*, Sow., Goldf., se retrouve dans le lias et dans l'oolithe inférieure.

Il faut ajouter à celles des espèces ci-dessus qui se retrouvent en France, douze espèces inédites citées [4] par M. d'Orbigny (cinq du sinémurien, deux du liasien et cinq du toarcien).

[1] Goldfuss, *Petr. Germ.*, p. 78, pl. 100 ; Zieten, *Pétrif. du Wurtemb.*, pl. 50 ; d'Orbigny, *Prodrome*, t. I, p. 175 ; Pusch, *Polens Palæont.*, p. 43, pl. 5, etc.

[2] Münster, *Beiträge*, t. IV, p. 73, pl. 6 ; Klipstein, *Geol. der oestl. Alpen*, p. 218, pl. 16.

[3] Goldfuss, *Petr. Germ.*, pl. 100 et 101 ; Zieten, *Pétrif. du Wurtemb.*, pl. 51 ; Roemer, *Norddeutsch. Ool.*, p. 75, pl. 12 ; Dunker, *Palæontographica*, t. I, p. 41, pl. 6. La *L. semilunaris*, Zieten, paraît une simple variété de la *gigantea*.

[4] *Prodrome*, t. I, p. 218, 237 et 256.

Elles se continuent abondantes dans les terrains jurassiques proprement dits.

La *L. proboscidea*, Sow. (*Lima pectiniformis*, Zieten) (Atlas, pl. LXXXIII, fig. 4), est une espèce remarquable par les prolongements tubuleux et irréguliers qui ornent les côtes [1]. Elle caractérise principalement l'oolithe inférieure ; elle est citée aussi dans la grande oolithe d'Angleterre, et M. d'Orbigny admet sa continuation dans l'étage kellowien et dans l'étage oxfordien de France.

La *L. gibbosa*, Sow., 152, se trouve dans l'oolithe inférieure de France, d'Allemagne et d'Angleterre.

MM. Morris et Lycett [2] comptent dans la grande oolithe d'Angleterre sept espèces outre les deux précédentes. Deux sont nouvelles.

On trouvera encore chez les auteurs anglais la description d'une dizaine d'espèces des terrains jurassiques moyens et supérieurs, tant sous le nom de Lima (*L. rudis*, Sow., 214, du terrain corallien du Yorkshire), que sous celui de Plagiostoma (*P. duplicata*, Sow., 559, *cardiformis*, id., 113, *obscura*, id., 114, du terrain kellovien ; *rigida*, Sow., 114, du terrain oxfordien ; *læviuscula*, Sow., 112, du terrain corallien ; *rustica*, Sow., 381, du terrain portlandien, etc.).

Une partie de ces espèces se retrouve en Allemagne. Il faut y ajouter [3] les *L. tenuistriata*, Goldf., et *sulcata*, id., de l'oolithe ferrugineuse de Grafenberg ; la *L. antiquata*, id., du Jura brun de Thurnau ; au moins dix espèces décrites par le même auteur et provenant du Jura blanc (oxfordien et corallien) ; et quelques-unes figurées par Roemer (*L. parva*, R., et *costulata*, id., du corallien de Hoheneggelsen, etc.).

MM. Murchison, Keyserling et Verneuil [4], ont recueilli quelques espèces de l'oxfordien de Russie (*L. consobrina*, d'Orb., *Phillipsi*, id.).

Les espèces de France ont été étudiées par M. Deshayes [5] ; puis par M. Buvignier [6] qui a trouvé dans le département de la Meuse neuf espèces nouvelles (une de l'oxfordien, une du corallien, six du terrain à astartes, et une du portlandien).

Il en reste beaucoup à décrire, car M. d'Orbigny en signale [7] dix-sept espèces inédites, dont six du bajocien, sept du bathonien, une du kellowien, une de l'oxfordien et deux du corallien.

(1) Sowerby, *Min. conch.*, pl. 264 ; Zieten, *Pétrif. du Wurt.*, pl. 47, etc.

(2) *Mollusca from the great ool.* (*Palæont. Soc.*, 1853, p. 25).

(3) Goldfuss, *Petr. Germ.*, t. III, pl. 101, 102 et 121 ; Roemer, *Nord-deutsch. Ool.*, p. 78.

(4) *Paléont. de la Russie*, p. 477, pl. 42.

(5) *Encycl. méth.*, t. II.

(6) *Stat. géol. de la Meuse*, p. 22, pl. 18.

(7) *Prodrome*, t. I, p. 283, 312, 341 et 371, t. II, p. 20.

Ce genre s'est continué abondant pendant l'époque crétacée. On en connaît plusieurs des étages néocomien et aptien.

M. d'Orbigny (1) en a décrit dix, dont huit nouvelles du terrain néocomien inférieur, deux de l'urgonien et deux de l'aptien.

M. Matheron (2) a fait connaître les *L. massiliensis* et *galloprovincialis* du terrain néocomien des Bouches-du-Rhône.

On trouve dans le lower greensand d'Angleterre (3), la *L. semi-sulcata*, Sow., non Nils (*Fittoni*, d'Orb.), la *L. expansa*, Forbes, la *L. lingua*, id., et la *L. elongata*, Mantell (*intercostata*, Duj., *carinata*, Goldf., *parallella*, Sow.).

Le hils d'Allemagne a fourni (4) à M. Roemer six espèces dont cinq nouvelles.

Quelques espèces appartiennent au gault.

M. d'Orbigny (5) en a décrit quatre de France auxquelles M. Roux et moi en avons ajouté cinq du gault des environs de Genève.

Elles sont bien plus nombreuses dans les craies marneuses et les craies supérieures.

M. d'Orbigny a décrit (6) une trentaine d'espèces dont une douzaine environ étaient plus ou moins connues. Quatorze appartiennent à l'étage cénomanien, une au turonien et quinze au sénonien. Il faut ajouter quatre espèces inédites cénomaniennes, cinq sénoniennes et une du terrain danien, indiquées par le même auteur.

M. Dujardin (7) a décrit la *L. plicatilis* du terrain turonien, et neuf espèces de la craie blanche de la Touraine (dont sept nouvelles).

M. d'Archiac (8) a fait connaître les *L. pennata*, *rectangularis* et *resecta*, du tourtia de Belgique.

La *L. Renauxiana*, Math., provient des craies chloritées de Vaucluse (9).

Les grès verts de Blackdown (10) renferment la *L. subovalis*, Sow. On cite, dans

(1) *Paléont. fr.*, *Terr. crét.*, t. III, pl. 414 à 417.

(2) *Catalogue*, p. 182, pl. 29.

(3) Sowerby, *Trans. geol. Soc.*, t. IV, p. 359, et pl. 17 ; Forbes, *Quart. journ. geol. Soc.*, 1845, t. I, p. 248.

(4) *Norddeutsch. Ool. geb.*, p. 79 ; *Norddeutsch. Kreideg.*, p. 55.

(5) *Paléont. fr.*, *Terr. crét.*, t. III, pl. 416 et 417 ; Pictet et Roux, *Moll. des grès verts*, p. 484, pl. 40 et 43.

(6) *Pal. franç.*, *Terr. crét.*, t. III, pl. 417 à 427.

(7) *Mém. Soc. géol.*, 1837, t. II, p. 216 et 226.

(8) *Mém. Soc. géol.*, 2e série, 1847, t. II, p. 308, pl. 15.

(9) *Catalogue*, p. 183, pl. 29.

(10) Sowerby, *Mém. soc. géol.*, 2e série, t. IV, pl. 17.

les grès verts supérieurs et les craies marneuses d'Angleterre, quelques autres espèces (*Plag. asperum*, Mantell, *P. Hoperi*, Sow., 280).

Le *P. brightoniense*, Mantell, appartient aux craies supérieures.

Un grand nombre d'espèces ont été trouvées en Allemagne. Elles ont été décrites [1] par Goldfuss, Geinitz, Roemer, Reuss, etc. Ce dernier auteur, en particulier, en décrit dix-neuf, dont sept nouvelles.

Nilsson [2] a fait connaître les espèces des terrains crétacés supérieurs de Suède (huit espèces), dont plusieurs se retrouvent dans la craie de Rügen.

Les espèces de Maestricht et d'Aix-la-Chapelle ont plus particulièrement été étudiées par Goldfuss et Jos. Müller [3]. Ce dernier en compte neuf espèces à Aix-la-Chapelle, dont deux seulement sont nouvelles.

Les limes diminuent de nombre dans les terrains tertiaires.

Lamarck et M. Deshayes [4] en ont décrit six espèces du bassin de Paris. Les *L. spathulata*, Lamk (Atlas, pl. LXXXIII, fig. 5), *obliqua*, id., *dilatata*, id., et *bulloides*, id., caractérisent le calcaire grossier. Les *L. flabelloides*, Desh., et *plicata*, id., non Lamk (*subplicata*, d'Orb.), appartiennent aux sables supérieurs de Valmondois.

Le terrain nummulitique [5] a fourni plusieurs espèces nouvelles.

Les dépôts miocènes du Piémont ont fourni [6] les *L. dispar*, Micheletti, *scabra*, Desh., *miocenica*, Sismonda, et la *L. inflata*, Lam., vivante, ou une espèce bien voisine (*L. tuberculata*, Brocchi).

Le terrain pliocène du même pays [7] renferme la même *L. inflata*, Lamk, et la *L. squamosa*, id., encore vivantes.

Le crag d'Angleterre renferme, suivant M. Wood [8], six espèces de limes. Trois d'entre elles vivent encore (*L. hians*, Gm., *Loscombii*, G. Sow., *subauriculata*, Mont.). Les autres sont éteintes (*L. exilis*, Wood, *plicatula*, id., et *Limatula ovata*, id.).

Quelques autres espèces analogues à des vivantes ont été citées [9] par MM. Dujardin, Nyst, etc.

On cite quelques espèces en Amérique.

[1] Goldfuss, *Petr. Germ.*, t. II, pl. 101; Roemer, *Norddeutsch. Kreid.*, p. 57; Geinitz, *Charackt.*; Reuss, *Boehm. Kreidef.*, II, p. 32, etc.

[2] *Petrif. suecan*, p. 25, pl. 9.

[3] Goldfuss, *loc. cit.*; Jos. Müller, *Mon. Petr. Aachen*.

[4] *Coq. foss. Par.*, I, p. 295.

[5] D'Archiac, *Hist. des progrès*, t. III, p. 269, et *Mém. Soc. géol.*, 2ᵉ série, t. III, p. 433; Bellardi, id., t. IV.

[6] *Descr. foss. mioc. Ital. septent.*, p. 90.

[7] Sismonda, *Synopsis*, p. 13.

[8] *Mollusca from the crag* (*Palæont. Soc.*, 1850, p. 42, pl. 7).

[9] Dujardin, *Mém. Soc. géol.*, t. II, p. 269; Nyst, *Coq. et pol. foss. Belg.*, p. 281; Deshayes dans Lamarck, *Anim. sans vertèbres*, 2ᵉ édit., t. VI, p. 112.

Les LIMEA, Bronn (*Limoarca*, Münster), — Atlas, pl. LXXXIII,
fig. 6 et 7,

ne diffèrent des limes que par leur facette cardinale pourvue de
dents transverses, qui forment une charnière compliquée. Ces
coquilles établissent une sorte de liaison entre les arcacés (*Limopsis*) et les limes.

Ce genre n'existe plus aujourd'hui. On lui rapporte quatre espèces fossiles. Les plus certaines appartiennent à l'époque jurassique.

Ce sont [1] la *L. aculicosta*, Münster (*Limoarca gracilis*, id.), du lias, et
la *L. duplicata*, id., de l'oolithe ferrugineuse de Thurnau (Atlas, pl. LXXXIII,
fig. 6).

Les deux autres espèces ont vécu dans l'époque tertiaire, elles
sont remarquables par leur grande ressemblance avec les limopsis. Si M. Bronn ne disait pas positivement que leur impression
musculaire est unique et médiane, on pourrait même conserver
quelques doutes sur leurs véritables rapports.

La *L. Sackii*, Philippi [2], a été trouvée dans la mollasse d'Osterweddingen.
La *L. strigillata*, Bronn [3] (*Ostrea strigillata*, Brocchi), provient du terrain
pliocène du Piémont. (Atlas, pl. LXXXIII, fig. 7.)

5ᵉ FAMILLE. — PECTINIDES.

Les pectinides ont une coquille inéquivalve, régulière ou subrégulière, à test solide et non feuilleté. Le ligament est intérieur,
ordinairement sous la forme d'un faisceau étroit ; il est quelquefois visible au dehors par une entaille des crochets. Les animaux
ont un pied ordinairement peu développé, et les deux lobes du
manteau désunis ; ils n'ont ni tube, ni siphon. La plupart des coquilles ont des oreillettes distinctes, et plusieurs sont marquées
de lignes ou de sillons qui rayonnent du sommet. Les unes se

[1] Goldfuss, *Petr. Germ.*, t. II, p. 103, pl. 107, fig. 8 et 9.
[2] *Palæontographica*, t. I, p. 54, pl. 4, fig. 10.
[3] Bronn, *Ital. Geb.*, p. 115, et *Lethæa geogn.*, 1ʳᵉ édit., p. 910, pl. 39,
fig. 9 ; Brocchi, *Conch. subap.*, pl. 14, fig. 15.

fixent par un byssus, les autres sont adhérentes par une de leurs valves.

Cette famille se distingue des malléacés par la régularité de la coquille et par la nature du test. On peut y ajouter que le ligament est plus étroit et plus intérieur à tous les âges. Cette même régularité les distingue des ostracides, qui d'ailleurs s'en éloignent par un caractère plus important, puisqu'elles n'ont pas de pied. L'inégalité des valves empêche de les confondre avec la famille des limides.

Les pectinides ont existé dans toutes les époques géologiques, et ont en particulier été remarquables pendant la période secondaire, par le grand nombre de leurs espèces.

Les Houlettes (Pedum, Lamk),

forment un passage à la famille précédente par la largeur de leur ligament, et sont remarquables par la grande échancrure de leur valve inférieure. On n'en connaît pas de fossiles.

Les Peignes (Pecten, Lamk, nommés quelquefois Pèlerines ou
Coquilles de pèlerins), — Atlas, pl. LXXXIII, fig. 8 à 10,

sont clairement caractérisés par leur coquille libre, régulière, composée de deux valves bombées, inégales, auriculées, à bord cardinal droit, à crochets contigus, à charnière sans dents et à fossette cardinale triangulaire et intérieure. La plupart des espèces ont des côtes rayonnantes. Le ligament est formé de deux parties, l'une interne, placée dans la fossette, l'autre externe linéaire. La valve inférieure est échancrée vers son oreillette buccale pour le passage d'un byssus qui sert à fixer l'animal.

Schlotheim en a séparé, sous le nom de Pleuronectites ou Pleuronectes, les espèces qui se rapprochent du Pecten pleuronectes vivant, c'est-à-dire qui sont minces, lisses et aplaties. Ce genre ne peut pas être conservé. Ceux dont je parlerai plus bas sous le nom de Janira et d'Hinnites, ne sont pas beaucoup plus importants, mais ils reposent sur des caractères d'une observation facile. Ils n'ont probablement qu'une valeur de sous-genre.

Les peignes ont vécu dans toutes les époques géologiques, et présentent dans la plupart une quantité considérable d'espèces. Ils sont moins nombreux dans l'époque primaire que dans les suivantes.

On n'en connaît aucun de la période silurienne, mais la période dévonienne en a fourni quelques-uns.

Goldfuss a décrit (1) quatre espèces d'Allemagne, les *P. grandævus*, *P. oceani*, *P. Ottonis*, *P. striolatus*, en réunissant à ce dernier le *P. Philipsii*, id.

MM. d'Archiac et Verneuil ont fait connaître (2) le *P. Hasbachi*, du bassin du Rhin. Les *P. auritervis*, Roemer, *subrotulatus*, id., et *perobliquus*, id. (3), ont été trouvés dans le dévonien du Hartz.

Quelques espèces d'Angleterre ont été décrites (4) par Sowerby (*P. sexilis*, *transversus*), et Phillips (*P. alternatus*, *arachnoideus*, *granulosus*, *polytrichus*, *rugosus*). Je croirais volontiers, avec M. d'Orbigny, qu'une partie de ces dernières sont des avicules. L'imperfection des figures laisse des doutes.

Ils augmentent beaucoup de nombre dans la période carbonifère.

On trouvera une cinquantaine d'espèces décrites par MM. Sowerby, Phillips, Portlock et surtout par M. M'Coy (5).

M. de Koninck en a décrit (6) trois espèces trouvées dans les dépôts carbonifères de Belgique. Ce sont les *P. dissimilis*, Flem., *illegalis*, Kon. (*plicatus*, Phill. non Sow.), et *maclatus*, Kon.

MM. de Verneuil, Murchison et Keyserling ont trouvé huit espèces dans les terrains carbonifères de Russie (7). Six sont nouvelles.

On en connaît quelques-uns du terrain permien.

La plus répandue est le *Pecten pusillus* (*Discites pusillus*, Schl., *Pleuronectites pusillus*, Schl., etc.), qui se trouve en Angleterre, en Allemagne (8), etc.

Il faut ajouter le *P. Kokcharofi*, de Vern., de Keys. et Murch., et le *P. sericeus*, Keys., du terrain permien de la Russie (9).

<hr>

(1) *Petr. Germ.*, t. II, p. 41 et 282, pl. 88 et 160.

(2) *Mém. Soc. géol.*, 2ᵉ série, t. VI, p. 372, pl. 36.

(3) *Palæontographica*, t. III, p. 48 et 94, pl. 8 et 13.

(4) Sowerby, *Trans. geol. Soc.*, 2ᵉ série, t. V, pl. 53; Phillips, *Palæoz. foss.*, p. 46, pl. 21.

(5) Phillips, *Geol. of Yorksh.*, pl. 6; M'Coy, *Synopsis of Ireland*, p. 90; Sowerby, *Trans. geol. Soc.*, 2ᵉ série, t. V, pl. 39, et *Min. conch.*, p. 574.

(6) *Descr. anim. foss. carb. Belg.*, p. 143.

(7) *Pal. de la Russie*, p. 325, pl. 21.

(8) Schlotheim, *Petref.*, p. 219; Goldf., *Petref. Germ.*, t. II, pl. 98, fig. 8; King., *The permian fossils* (*Palæont. Soc.*, 1848, p. 153, pl. 13). Cette espèce n'est pas la même que le *Pleuronectites pusillus*, Steininger, *Mém. Soc. géol.*, t. I, p. 365, de l'Eifel.

(9) *Pal. de la Russie*, p. 325, pl. 20; *Petschora Land*, p. 246, pl. 10.

Le terrain triasique en renferme quelques espèces.

Le *P. lævigatus*, Bronn, Ziet. (*P. vestitus*, Goldf.), du muschelkalk (Atlas, pl. LXXXIII, fig. 8), est remarquable par la grande échancrure qu'il présente vers l'oreillette buccale [1]. Cette organisation a engagé M. d'Orbigny à le placer dans le genre des avicules; il faudrait, pour résoudre la question, connaître si le ligament est large ou réduit à la fossette triangulaire. Son test lisse me semble rappeler davantage les peignes.

Il faut ajouter [2] quatre espèces du muschelkalk, le *P. discites*, Bronn, le *P. tenuistriatus*, Goldf., le *P. inæquistriatus*, id., et le *P. reticulatus*, id. non Chem. (*Eolus*, d'Orb.).

Les espèces de Saint-Cassian [3] sont nombreuses ; Goldfuss a figuré le *P. alternans*, Munster (*subalternans*, d'Orb.); le comte de Munster a décrit neuf espèces et M. Klipstein, six.

Ces mollusques sont nombreux dans le lias.

Une des plus répandues est le *P. æquivalvis*, Sow., 136 [4], du lias moyen d'Angleterre, d'Allemagne et de France. (Atlas, pl. LXXXIII, fig. 9.)

Le *P. sublævis*, Phillips [5] non Defr. (*Cephus*, d'Orb.), se trouve dans les mêmes gisements en France et en Angleterre

Zieten et Goldfuss ont figuré [6] près de vingt espèces du lias d'Allemagne. Quelques-unes ont été associées à tort à des espèces anglaises, et M. d'Orbigny a relevé une partie de ces erreurs. Plusieurs d'entre elles se retrouvent en France. Les plus connues et les plus caractéristiques , sont, outre le *P. æquivalvis*, précité, les *P. Hehlii*, d'Orb. (*glaber*, Zieten), et *P. textorius*, Schl., Roemer, etc., du lias inférieur ; le *P. disciformis*, Schubl. Ziet. (*corneus*, Goldf.), du lias moyen ; et les *P. pumilus*, Lamk (*personatus*, Goldf., Ziet.), et *celatus*, id., du lias supérieur.

Il faut ajouter deux espèces inédites du lias inférieur et une du lias moyen indiquées par M. d'Orbigny.

Les gisements de l'époque jurassique en contiennent beaucoup.

[1] Zieten, *Pétrif. du Wurtemberg*, pl. 69, fig. 4 ; Goldfuss, *Petr. Germ.*, pl. 98, fig. 9.

[2] Goldfuss, *loc. cit.*, pl. 98, fig. 10, pl. 88, fig. 12 et pl. 89, fig. 1 et 2.

[3] Goldfuss, *Petr. Germ.*, t. II, pl. 98, fig. 11 ; Münster, *Beitr.*, t. IV, pl. 6 et 7 ; Klipstein, *Geol. der œstl. Alpen*, pl. 15 et 16.

[4] Sowerby, *Min. conch.*, pl. 136 ; Goldfuss, *Petr. Germ.*, pl. 89, fig. 4.

[5] *Geol. of Yorksh.*, pl. 11, fig. 5.

[6] Zieten, *Petrif. du Wurtemb.*, pl. 52 et 53 ; Goldfuss, *Petr. Germ.*, t. II, pl. 89 ; d'Orbigny, *Prodrome*.

Les espèces d'Angleterre ont été décrites (¹) par Sowerby, Phillips et MM. Morris et Lycett. L'oolithe inférieure et la grande oolithe renferment une dizaine d'espèces; les terrains kellovien et oxfordien un peu moins, et dans les dépôts jurassiques supérieurs on en cite très peu.

Les espèces d'Allemagne ont été étudiées (²) par MM. Goldfuss, Zieten, Roemer, Koch et Dunker. C'est dans les dépôts oxfordiens et coralliens qu'elles sont les plus nombreuses.

Les espèces du terrain oxfordien de Russie sont connues par les travaux de M. d'Orbigny, de Keyserling, etc.

Les espèces de France sont moins connues. On retrouve dans ce pays une bonne partie des précédentes. M. Buvignier (³) a fait connaître quatre espèces du terrain oxfordien, trois du corallien, et cinq des dépôts kimméridgiens et portlandiens. M. d'Orbigny (⁴) signale, en outre, environ vingt-cinq espèces inédites réparties entre tous les étages.

Il résulte de ces travaux que quatre-vingts espèces de peignes au moins sont réparties entre les divers étages jurassiques proprement dits.

Quelques-unes paraissent avoir une durée assez longue et avoir traversé deux ou plusieurs époques. Ainsi, le *P. lens*, Sow., espèce d'une détermination facile et sur laquelle les erreurs sont peu probables, est cité depuis l'oolithe inférieure jusqu'au terrain oxfordien. Il est très abondant en Angleterre dans l'oolithe corallienne de Malton et dans toute la grande oolithe.

Le *P. inæquicostatus*, Phillips, passe de l'oxfordien au corallien.

Il en est de même du *P. demissus*, Bean.

Le *P. lamellosus*, Sow., 239 (*annulatus*, Goldf., *distriatus*, Leym., *suprajurensis*, Buv.), appartient aux terrains kimméridgien et portlandien. A l'état jeune il ressemble au *P. lens*, et a fait croire à la continuation de cette espèce plus grande encore qu'elle n'est réellement.

La plupart des espèces ont eu une durée plus limitée. Il nous est impossible d'entrer ici dans les détails. Je citerai seulement les plus caractéristiques.

Le *P. articulatus*, Schl., Goldf., caractérise l'oolithe inférieure.

Le *P. vagans*, Sow., et le *P. obscurus*, id., sont très répandus dans la grande oolithe.

Le terrain kellowien est principalement caractérisé par les *P. fibrosus*, Sow., et *æquistriatus*, Schubler.

(¹) Sowerby, *Min. conch.*, pl. 136, 205, 231, 239, 371, 542, 543 et 574 ; Phillips, *Geol. of Yorksh.*, pl. 4 à 11 ; Morris et Lycett, *Mollusca from the great ool.* (*Palæont. Soc.*, 1853, p. 81).

(²) Goldfuss, *Petr. Germ.*, t. II, pl. 89, 90, 91, 98 et 99 ; Zieten, *Pétrif. du Wurtemb.*, pl. 52, 53 et 69 ; Roemer, *Norddeutsch. Ool. geb.*, p. 67 et suppl., p. 26 ; Koch et Dunker, *Beitr. Ool.*, p. 20 et 42 ; Münster, *Beitr.*, t. I, p. 107, etc.

(³) *Statist. géol. de la Meuse*, p. 25.

(⁴) *Prodrome*, t. I, p. 284, 314, 341, 373 ; t. II, p. 21, 54 et 61.

Le *P. subfibrosus*, d'Orb. (*P. fibrosus*, Goldf. non Sow.), est un des caractères du terrain oxfordien.

Le *P. lamellosus*, Sow., sert à reconnaître les étages jurassiques supérieurs.

Les peignes paraissent encore très abondants dans l'époque crétacée.

On en connaît plusieurs des étages néocomien et aptien.

Le *P. Goldfussi*, Desh., d'Orb., est commun dans le terrain néocomien de France et de Suisse.

M. d'Orbigny [1] a figuré et décrit, outre cette espèce et quelques inédites, six peignes du terrain néocomien inférieur, et une (*P. alpinus*), du terrain urgonien.

Le lias d'Allemagne [2] a fourni à M. Roemer neuf espèces dont cinq nouvelles (*P. striato-punctatus, crispus, comans, lineato-costatus, subarticulatus*).

Le *P. Matheronianus*, d'Orb. (*pulchellus*, Math. non Nils.), provient du terrain urgonien des Martigues [3].

On trouve dans le terrain aptien [4] de France et de Suisse, le *P. aptiensis*, d'Orb. (*interstriatus*, Leym.), et quelques espèces inédites.

Le gault en renferme quelques espèces.

M. d'Orbigny en a décrit [5] deux (*P. Dutemplei et Raulinianus*), et indiqué une espèce inédite (*P. Darius*).

M. Roux et moi avons ajouté [6] les *P. Rhodani*, et *Saxonen*.

Les espèces augmentent de nombre dans les craies chloritées et dans les craies supérieures.

Une des plus répandues est le *P. glaber*, Lam. [7], des grès verts cénomaniens et de Blackdown.

Sowerby a décrit, en outre [8], les *P. compositus, Milleri et Stutchburyanus* de Blackdown, et les *P. obliquus et orbicularis*, des grès verts supérieurs.

[1] *Pal. franç.*, *Terr. crét.*, t. III, p. 429 à 432.

[2] *Norddeutsch. Ool.*, suppl., p. 27, *Norddeutsch. Kreideg.*, p. 49.

[3] Matheron, *Catalogue*, pl. 30, fig. 4 et 5.

[4] Leymerie, *Mém. Soc. géol.*, t. V ; d'Orbigny, *Pal. franç.*, *Terr. crét.*, pl. 433.

[5] *Pal. franç.*, *Terr. crét.*, t. III, pl. 433.

[6] *Moll. des grès verts*, p. 509, pl. 46.

[7] D'Orbigny, *Pal. franç.*, *Terr. crét.*, t. III, pl. 434 ; Sowerby, *Min. conch.*, pl. 370.

[8] *Trans. geol. Soc.*, 2ᵉ série, t. IV, pl. 17 et 18, et *Min. conch.*, pl. 186 et 370.

Le *P. Beaveri*, Mant., Sow., paraît se trouver dans le grès vert supérieur et dans la craie [1].

Le *P. virgatus*, Nilsson [2], de Suède et de France, caractérise, suivant M. d'Orbigny, l'étage cénomanien.

M. d'Archiac a étudié [3] les peignes du tourtia de Belgique. Il en distingue cinq espèces.

Le *P. Puzosianus*, Matheron [4], a été trouvé à Uchaux et aux Martigues (turonien).

M. d'Orbigny [5] a décrit, outre une partie des espèces précédentes, et outre quelques espèces inédites, deux espèces nouvelles de l'étage cénomanien, une de l'étage turonien et sept de l'étage sénonien.

Les espèces des craies supérieures d'Angleterre ont été décrites par Woodward [6], Mantell et Sowerby (*P. concentricus*, Woodw., *P. nitidus*, Mant.).

Nilsson [7] a fait connaître plusieurs espèces des craies de Suède.

Les espèces des craies marneuses et supérieures d'Allemagne sont en trop grand nombre pour que je puisse les indiquer ici. Je renvoie aux ouvrages [8] de MM. Goldfuss (vingt-six espèces dont quinze nouvelles, après avoir retranché les janira); Roemer (vingt-cinq espèces environ, dont seulement trois nouvelles); Reuss (vingt-sept espèces dont six nouvelles); Geinitz, von Hagenow (plusieurs espèces, mais dont la synonymie doit être corrigée); Al. Althaus (onze espèces de Lemberg dont sept nouvelles); Jos. Müller (huit espèces d'Aix-la-Chapelle dont aucune nouvelle), etc.

L'époque tertiaire a été à peu près aussi riche que les précédentes en espèces de ce genre.

On en connaît un certain nombre de l'époque éocène.

Lamarck et M. Deshayes [9] ont décrit onze espèces des environs de Paris. Le *P. breviauritus*, Desh., caractérise les dépôts les plus inférieurs du dépar-

---

[1] Mantell, *Foss. Illust. of Sussex*, pl. 25; Sowerby, *Min. conch.*, pl. 153; Morris, *Catalogue*, p. 114.

[2] *Petrif. Suecana*, p. 22.

[3] *Mém. Soc. géol.*, 2ᵉ série, t. II, p. 309, pl. 15 et 16.

[4] *Catalogue*, p. 186, pl. 30; d'Orb., *Pal. franç.*, *Terr. crét.*, t. III, pl. 437.

[5] *Pal. franç.*, *Terr. crét.*, t. III, pl. 434 à 440.

[6] Woodward, *Geol. of Norfolk*, pl. 5; Münster, *Geol. of Sussex*; Sowerby, *Min. conch.*, pl. 394.

[7] *Petrif. Suecana*, p. 19.

[8] Goldfuss, *Petr. Germ.*, t. II, pl. 91 à 94, et pl. 99; Roemer, *Norddeutsch. Kreid.*, p. 49; Reuss, *Boehm. Kreid.*, II, p. 25; Geinitz, *Charact.*; von Hagenow, *Leonh. und Bronn*, *Neues Jahrb.*, 1842, p. 551; docteur Alois Althaus, *Haidinger Abhandlungen*, t. III, p. 244; Jos. Müller, *Monog. Petref. Aachen.*, I, p. 31; II, p. 67.

[9] *Coq. foss. Par.*, t. I, p. 302.

tement de l'Oise ; le *P. squamula*, Lam., appartient aux dépôts du Soissonnais ; les neuf autres ont été trouvées dans le calcaire grossier.

Le *P. Mellevillei*, d'Orb. (*P. corneus*, Mellev), a été trouvé dans les sables inférieurs de Laon et de Cuise-le-Motte [1].

Le terrain nummulitique en renferme un grand nombre [2] ; mais il y en a encore beaucoup d'inédites ; on retrouve dans ces terrains une partie des espèces du bassin de Paris et plusieurs qui paraissent nouvelles. M. d'Archiac en a décrit cinq espèces de Biarritz, dont quatre nouvelles, et le *P. subopercularis*, de Bayonne. M. Bellardi en a trouvé un assez grand nombre à Nice, dont les *P. parvicostatus*, Bell., et *amplus*, id., sont nouveaux. Les espèces d'Asie ont été étudiées par J. de Sowerby, etc.

L'argile de Londres renferme [3] quelques espèces décrites par Sowerby (*P. carinatus*, Sow., *corneus*, id., *duplicatus*, id., *reconditus*, id.).

Le *P. sublævigatus*, Nyst [4], et le *P. scabriusculus*, Nyst (*subscabriusculus*, d'Orb.), proviennent des dépôts éocènes de Belgique, où ils se retrouvent avec quelques-unes des espèces précédentes.

Les terrains moyens et supérieurs en ont une quantité d'espèces considérable.

M. Nyst [5] a trouvé quatre espèces dans le terrain tongrien de Belgique, le *P. Hœninghausii*, Defr., le *P. Deshayesi*, Nyst non Lea (*P. Diomedes*, d'Orb.), le *P. incurvatus*, Nyst, et une espèce rapportée au *P. reconditus*, quoiqu'elle ne soit, suivant M. d'Orbigny, ni l'*Ostrea recondita*, Brander, ni le *P. reconditus*, Sow. C'est le *P. subreconditus*, d'Orb. (Atlas, pl. LXXXIII, fig. 10.)

M. Nyst cite encore une dizaine d'espèces dans le terrain campinien (crag), dont les *P. Sowerbyi*, *radians*, *Gerardi* et *Lumolii*, sont nouveaux.

L'Allemagne est, de tous les pays, celui qui en a fourni le plus. Goldfuss [6] en figure quarante-cinq espèces, dont vingt-cinq environ n'ont pas été décrites avant lui et sont bien distinctes.

Il faut ajouter [7] quelques espèces décrites par Philippi (*P. textus*, de Cassel) ; Pusch (*P. Lilli* de Pologne); Dunker (*P. Hermanseni*, *crassicostatus*, etc., de Günzburg).

---

[1] *Sables tert. inf.* (*Ann. sc. géol.*, 1843, p. 39, pl. 2).

[2] D'Archiac, *Hist. des progrès*, t. III, p. 269, et *Mém. Soc. géol.*, 2ᵉ série, II, p. 210, et t. III, p. 436 ; Bellardi, *id.*, t. IV.

[3] *Min. conch.*, pl. 204 et 575.

[4] *Coq. et pol. foss. Belg.*, p. 298, pl. 24.

[5] *Coq. et pol. foss. Belg.*, p. 283.

[6] *Petr. Germ.*, t. II, pl. 94, 99 et 114.

[7] Pusch, *Polens Palæont.*, pl. 5 ; Philippi, *Tert. Verst. nordw. Deutschl.*; Dunker, *Palæontographica*, I, p. 164, pl. 22.

M. Dubois de Montpéreux a décrit (¹) plusieurs espèces de Volhynie.

On trouve dans le bassin de la Gironde (²) les *P. Beudanti*, Baster., *dubius*, d'Orb., etc.

Les dépôts miocènes du Piémont, ont fourni, suivant M. Michelotti (³), dix espèces dont huit nouvelles, mais deux sont des janira. M. Sismonda en admet (⁴) un plus grand nombre. Les terrains pliocènes du même pays en renferment une douzaine d'espèces dont quelques-unes sont communes au miocène.

Le crag d'Angleterre a fourni à M. Wood (⁵) treize espèces dont il faut retrancher une janira. Les *P. princeps* et *gracilis* étaient déjà connus de Sowerby. Toutes les autres espèces ont leurs représentants vivants, sauf le *P. Gerardii*, Nyst, du crag de Belgique.

Les peignes se trouvent aussi dans divers terrains de l'Amérique et de l'Inde.

Les Hinnites, Defrance (*Hinnita*, Fér., *Hinnus*, Defr.), — Atlas, pl. LXXXIV, fig. 1 et 2,

ressemblent tout à fait aux peignes tant qu'ils sont jeunes; mais arrivés à un certain âge, ils se fixent par leur valve inférieure et l'accroissement étant modifié par cette adhérence, ils deviennent des coquilles irrégulières.

Les formes de l'animal sont celles des peignes et ce groupe n'est guère, ainsi que je l'ai dit, qu'un sous-genre commode pour distinguer les espèces dans une famille très nombreuse.

Les hinnites paraissent dater du commencement de l'époque secondaire et ils se sont continués jusque dans les mers actuelles.

On en connaît quelques espèces de l'époque triasique.

Toutefois, l'*H. comta*, d'Orb. (*Ostrea comta*, Gold., *Ostrea spondyloides*, Schl.), qui est la seule espèce citée dans le muschelkalk, me paraît avoir au moins autant les caractères des spondyles (⁶).

Par contre, plusieurs espèces de Saint-Cassian décrites sous le nom de

(¹) *Conch. foss. plat. Wolh. Pod.*, pl. 8.

(²) Basterot, *Coq. foss. Bord.*, p. 74, pl. 5.

(³) *Descr. foss. mioc. Ital. septent.*, p. 85.

(⁴) *Synopsis*, p. 12.

(⁵) *Mollusca from the crag* (*Palæont. Soc.*, 1850, p. 7); Sowerby, *Min. conch.*, pl. 393 et 512.

(⁶) D'Orbigny, *Prodrome*, t. I, p. 176; Schlotheim, *Petref.*, pl. 36, fig. 1 a; Goldfuss, *Petr. Germ.*, t. II, pl. 72, fig. 6.

spondyles par M. Klipstein et le comte de Münster, paraissent de vrais hinnites [1].

Ces mollusques manquent dans le lias; mais les terrains jurassiques proprement dits, renferment quelques coquilles auriculées
irrégulières, que l'on a souvent confondues avec les spondyles,
dont ils ont les formes extérieures avec un aplatissement un peu
plus grand, et dont ils diffèrent par une charnière sans dents. Elles
paraissent appartenir au genre des hinnites.

On cite dans l'oolithe inférieure le *Spondylus tuberculosus*, Goldf.; dans le
terrain oxfordien, le *S. tenuistriatus*, Münster dans Goldf., et le *S. velatus*,
Goldf. (Atlas, pl. LXXXIV, fig. 1); dans le terrain corallien, le *S. coralli-
phagus*, Goldf., et le *S. inæquistriatus*, Voltz. Ce dernier passe à l'étage kimméridgien [2].

M. d'Orbigny ajoute [3] cinq espèces inédites dont deux du bathonien, deux
du kellovien et une du corallien,

On en connaît peu de l'époque crétacée.

L'*H. Leymerii*, Desh. [4], a été trouvée dans le terrain néocomien de
France.

J'ai décrit avec M. Roux [5], l'*H. Faurinæ*, des grès verts aptiens de la
perte du Rhône.

M. Deshayes a décrit [6] la *H. Dujardini*, de la craie turonienne.

Ils sont également rares dans l'époque tertiaire.

L'*H. Dubuissoni*, Defr., Sow. [7], se trouve dans le terrain miocène de
Saint-Paul-Trois-Châteaux et dans le crag d'Angleterre. M. Wood le réunit
à l'*H. Cortesii*, Defr.

L'*H. Defrancei*, Mich. [8], appartient aux terrains miocènes du Piémont.

L'*H. crispus*, Bronn (*H. Cortesii*, Defr.) (Atlas, pl. LXXXIV, fig. 2), a été

[1] D'Orbigny, *Prodrome*, t. I, p. 202; Klipstein, *Geol. der westl. Alpen*,
p. 13; Münster, *Beitr.*, t. IV, pl. 6.
[2] *Petr. Germ.*, t. II, pl. 105, fig. 2 à 4, et pl. 121, fig. 5.
[3] *Prodrome*, t. I, p. 314 et 342; t. II, p. 25.
[4] *Mém. Soc. géol.*, t. V, pl. 13; d'Orbigny, *Pal. franç., Terr. crét.*,
t. III, pl. 428.
[5] *Desc. moll. foss. des grès verts*, p. 563, pl. 43 et 44.
[6] *Mém. Soc. géol.*, t. V, p. 10, pl. 13; Defrance, *Dict. sc. nat.*, t. XXI.
[7] *Moll. from the crag* (Palæont. Soc., 1850, p. 18); Sow., pl. 601.
[8] *Descr. foss. mioc. Ital. septent.*, p. 85, pl. 3, fig. 8.

trouvé dans les terrains pliocènes du même pays (¹), avec l'*H. sinuosus*, Desh., encore vivant.

Les JANIRA, Schumacher (*Neithea*, Drouet), — Atlas, pl. LXXXIV, fig. 3 et 4,

ont comme les peignes une coquille auriculée; mais l'inégalité des valves y est beaucoup plus prononcée; l'une est très bombée et profonde, l'autre plane ou même un peu concave extérieurement (²). L'animal n'a point de byssus et repose sur le sable, la valve convexe en dessous.

Ce genre, réuni aux peignes par plusieurs auteurs, me semble cependant mériter d'en être distingué.

Les janira ont commencé avec l'époque crétacée où elles forment un type assez caractéristique. Elles se sont continuées jusqu'aux mers actuelles où elles paraissent avoir atteint leur maximum de développement.

On en connaît quelques-unes de l'époque néocomienne.

Les espèces ont été décrites (³) par M. Roemer, Matheron, d'Orbigny, Münster, etc.

Les plus connues sont la *J. atava* (*Pecten atavus*, Roemer), du hils conglomérat d'Allemagne et du néocomien de France et de Suisse; la *J. neocomiensis*, d'Orb., du néocomien de France; la *J. Deshayesiana* (*Pecten Deshayesianus*, Math.), de l'urgonien; le *P. notabilis*, Münster, de l'hils-conglomérat, etc.

Il faut ajouter quelques espèces inédites et quelques espèces d'Amérique citées par M. d'Orbigny.

Le terrain aptien de la perte du Rhône, le lower greensand, etc., renferment une espèce inédite qui a beaucoup de rapports avec la *J. quinquecosta*, Sow., mais qui en diffère par l'espace compris entre la dernière côte et le bord, qui est lisse, au lieu d'être strié.

Le gault en renferme quelques-unes.

L'espèce dont nous venons de parler passe à ce gisement.

(1) Sismonda, *Synopsis*, p. 12.

(2) La figure 3 de la planche LXXXIV représente la charnière de la *J. Jacobæa*, vivante.

(3) Roemer, *Norddeutsch. Ool.*, pl. 18, et *Norddeutsch. Kreideg.*, p. 52; Matheron, *Catalogue*; d'Orb., *Pal. franç.*, *Terr. crét.*, t. III, pl. 444 et 442; Münster dans Goldfuss, *Petr. Germ.*, t. II, pl. 93, fig. 3.

M. d'Orbigny en indique (¹) une autre (*J. albensis*) inédite, du gault de France et de Savoie.

J'ai décrit avec M. Roux (²) la *J. Faucignyana* du gault des environs de Genève.

Les espèces augmentent beaucoup de nombre dans les craies chloritées et les craies supérieures.

La *J. quinquecostata*, Sow. (³), est une espèce abondante dans le terrain cénomanien. (Atlas, pl. LXXXIV, fig. 4.)

M. d'Orbigny a décrit (⁴), outre la précédente, huit espèces du même gisement et trois du terrain turonien. Elles sont toutes nouvelles, sauf le *P. tumidus*, Duj. (*J. phaseola*, d'Orb.).

Il faut rapporter (⁵) au même genre le *P. striatocostatus*, Goldf., le *P. notabilis*, Münster, et le *P. quadricostatus*, Geinitz non Sow. (*Geinitzii*, d'Orb.).

La *J. quadricostata* (Sow.), d'Orb. (⁶), est caractéristique des craies blanches et des craies supérieures.

Il faut y ajouter (⁷) cinq espèces de la même époque décrites par M. d'Orbigny, et, en outre, le *P. Semlirkensis*, d'Orb., de Russie, le *P. podolicus*, d'Orb., de Crimée et le *P. Makovii*, Dubois, de Volhynie.

Les janira ont été peu abondantes dans l'époque tertiaire.
On n'en connaît point en Europe des terrains éocènes.

On cite en Amérique (⁸) la *J. Poulsoni* (*Pecten Poulsoni*, Morton), des terrains éocènes de l'Alabama.

Les terrains miocène et pliocène en renferment quelques-unes.

Les *P. galloprovincialis* et *planicosta*, Matheron (⁹), des mollasses du midi de la France appartiennent à ce genre.

Il en est de même du *P. Burdigalensis*, Lam., Goldf., de Bordeaux, et de

(¹) *Prodrome*, t. II, p. 139.
(²) *Moll. des grès verts*, p. 505, pl. 45.
(³) Sowerby, *Min. conch.*, pl. 56; d'Orb., *Pal. franç., Terr. crét.*, t. III, pl. 444, etc.
(⁴) *Pal. franç., Terr. crét.*, pl. 443 à 446.
(⁵) Goldfuss, *Petref. Germ.*, pl. 93; Geinitz, *Charact.*
(⁶) Sowerby, *Min. conch.*, pl. 56.
(⁷) D'Orbigny, *Pal. franç., Terr. crét.*, t. III, pl. 646 à 650; d'Orbigny dans Murchis., Keys. et Vern., *Pal. de la Russie*, p. 491, pl. 43; d'Orbigny, *Voyage de M. Hom. de Hell*, p. 440, pl. 6; Dubois de Montpéreux, *Conch. foss. plat. Volh. Pod.*, pl. 8.
(⁸) Morton, *Synopsis crét.*, p. 58, pl. 5; d'Orb., *Prodrome*, t. II, p. 393.
(⁹) *Catalogue*, p. 187, pl. 31.

Pologne, du *P. flabelliformis*, Defr., Goldf., et du *P. solarium*, Goldf., des mollasses d'Allemagne [1].

Le *P. angelica*, Dubois, est aussi une janira [2].

La *J. Westendorpiana*, Nyst, d'Orb., provient du crag de Belgique [3].

Les *P. complanatus*, Sow., et *grandis*, id., se trouvent dans le crag d'Angleterre et le premier dans le crag de Belgique [4]. M. Wood les réunit au *P. maximus*, Lin., qui vit encore dans nos mers.

Le *P. Jacobæus*, Lamk. également commun dans les mers actuelles a été trouvé fossile à Perpignan et dans l'Astesan.

La *P. pixidatus*, Sism. (*Ostrea pixidata*, Brocchi), et le *P. flabelliformis*, d'Orb. (*Ostrea flabelliformis*, Brocchi), ont été trouvés aussi dans les terrains pliocènes de l'Astesan [5], et doivent être rapportés aux janires.

LES SPONDYLES (*Spondylus*, Linné), — Atlas, pl. LXXXIV, fig. 5 à 9,

ont une coquille inéquivalve, adhérente, auriculée, en général hérissée d'épines diverses, à crochets inégaux, celui de la valve inférieure présentant une facette cardinale externe, aplatie, qui grandit avec l'âge. Le ligament est intérieur et étroit. La charnière a deux fortes dents sur chaque valve.

Ce genre, clairement caractérisé, se distingue des peignes, des limes et des hinnites par les dents de sa charnière, et des deux premiers par sa coquille irrégulière; il se rapproche davantage des plicatules, et n'en diffère que par la face plane du crochet, par ses oreillettes et par la direction des dents de la charnière. Il renferme actuellement de nombreuses coquilles remarquables par leurs belles couleurs et par les épines variées dont elles sont ornées.

Le test des spondyles est formé de deux couches superposées, dont l'interne est blanche et fort épaisse vers le talon, et dont l'externe, ordinairement colorée, revêt toute la coquille, sauf la facette plane de ce talon. Il arrive dans certains fossiles que la couche interne se trouve détruite, et que la coquille est réduite à sa couche externe qui forme ainsi une coquille à charnière sans dents, car celles-ci ne dépendent que de sa couche interne.

<hr>

[1] *Petr. Germ.*, t. II, pl. 96.

[2] *Conch. foss. plat. Wolh. pod.*, p. 69, pl. 8.

[3] *Conch. foss. plat. Wolh. pod.*, p. 69, pl. 8.

[4] Sowerby, *Min. conch.*, pl. 585 et 586; Wood, *Moll. from the crag* (*Palæont. Soc.*, 1850, p. 22, pl. 6).

[5] Sismonda, *Synopsis*, p. 12; d'Orb., *Prodrome*, t. III, p. 186.

Les coquilles, dans cet état, paraissent ressembler aux gryphées, et elles ont été décrites par Lamarck sous le nom de PODOPSIDES (*Podopsis*), par Sowerby sous celui de DIANCHORA, et par M. Defrance sous celui de PACHYTES. M. Deshayes (¹) a le premier démontré cette analogie par l'étude d'un fossile de la craie qui, entre la couche externe et un moule intérieur, présentait une matière pulvérulente, crayeuse, provenant de la décomposition de la couche interne. Le test externe était une podopside, et le moule interne était identique avec celui des spondyles vivants.

Les spondyles fossiles se trouvent dans les terrains crétacés et tertiaires. Les espèces qui ont été indiquées dans plusieurs terrains plus anciens, doivent être transportées dans d'autres genres.

Il est, en particulier, probable, ainsi que je l'ai dit plus haut, qu'il faut transporter dans le genre des limnites plusieurs des espèces décrites par Goldfuss (²), et en particulier le *S. comtus* du muschelkalk, et les espèces des terrains jurassiques que j'ai citées en traitant de ce genre.

Le *S. Goldfussi*, Münster (³), du terrain permien me paraît indéterminable.

Les prétendus spondyles de Saint-Cassian (⁴) sont aussi probablement des limnites.

Les espèces du terrain crétacé sont par contre nombreuses et remarquables par leurs ornements.

On les trouve dès l'époque néocomienne.

On cite (⁵) le *S. Roemeri*, Desh., d'Orb., de Bettancourt, Vandœuvre, etc.; le *S. striatocostatus*, d'Orb., d'Allauch et d'Escragnolles (urgonien), et le *S. complanatus*, id., du terrain aptien de Vassy.

J'ai décrit avec M. Roux (⁶) le *S. Brunneri*, Pictet et Roux (Atlas, pl. LXXXIV, fig. 6), des grès aptiens de la perte du Rhône.

Ils se continuent dans le gault.

M. d'Orbigny a décrit (⁷) les *S. Renauxianus*, d'Orb., et *gibbosus*, id.

(¹) Lamarck, *Anim. sans vertèbres*, 2ᵉ édit., t. VII, p. 196. Ce sont ces mêmes espèces dont une partie ont été décrites sous le nom de PLAGIOSTOMA. Voyez p. 616.

(²) *Petr. Germ.*, t. II, pl. 105, fig. 1.

(³) *Beitr. zur Petref.*, t. I, p. 44.

(⁴) Münster, *Beitr. zur Petref.*, t. IV, p. 74; Klipstein, *Geol. der œstl. Alpen*, p. 244.

(⁵) D'Orbigny, *Pal. franç.*, *Terr. crét.*, t. III, pl. 450 et 451.

(⁶) *Moll. des grès verts*, p. 514, pl. 47.

(⁷) *Pal. franç.*, *Terr. crét.*, t. III, p. 658, pl. 452.

On en trouve quelques-uns dans les craies marneuses; et ils augmentent de nombre dans les craies supérieures.

M. d'Orbigny [1] a fait connaître le *S. Coquandianus*, des Martigues (turonien), les *S. hippuritarum* et *alternatus*, du Bausset et d'Uchaux (id.), et décrit huit espèces dont six nouvelles du terrain sénonien.

Goldfuss a figuré [2] une douzaine d'espèces, parmi lesquelles les *S. striatus* et *hystrix*, décrites de nouveau par M. d'Orbigny, se retrouvent en France dans le terrain cénomanien, et le *S. truncatus*, dans le terrain sénonien. (Atlas, pl. LXXXIV, fig. 8.)

Le *S. spinosus*, Desh., d'Orb. (Atlas, pl. LXXXIV, fig. 7), est une des espèces les plus caractéristiques des craies blanches. C'est également à ce terrain qu'appartiennent la plupart des espèces décrites par Goldfuss.

Les espèces d'Angleterre avaient été décrites [3] par Sowerby et Mantell, sous le nom générique de Dianchora.

Les terrains tertiaires en renferment aussi.

M. Deshayes [4] en a décrit quatre espèces des environs de Paris. Les *S. radula*, Lamk., *rarispina*, Desh., et *granulosus*, id., caractérisent le calcaire grossier. Le *C. multistriatus*, Desh., appartient aux sables supérieurs de Valmondois.

Plusieurs espèces ont été citées dans le terrain nummulitique [5]. Le *S. asperatus*, Goldf., provient du Kressenberg; le *S. cualpiorum*, Brongt., de plusieurs localités de l'Italie du Nord; les *S. detritus*, d'Archiac, *dubius*, id., *Nystii*, id., *planicostatus*, id., *subspinosus*, id., de Biarritz. Le *S. bifrons*, Goldf., a été trouvé à Biarritz et à Nice. Les *S. lianoides*, Bell., et *pauci-spinatus*, id., ont été recueillis dans ce dernier gisement. On cite, en outre, des espèces des terrains nummulitiques de l'Inde et plusieurs espèces indéterminées.

Le *S. auriculatus*, Nyst [6], provient du terrain tongrien de Belgique.

Les *S. imbricatus*, Michelotti [7], *multicus*, id., et *Deshayesi*, id. (*S. radula*, Sism.), ont été trouvés dans les dépôts miocènes du Piémont.

On trouve dans l'Astezan [8] (terrain pliocène), le *S. gaederopus*, Lin., vi-

[1] *Pal. franç., Terr. crét.*, t. III, p. 660, pl. 453 à 461.

[2] *Petr. Germ.*, t. III, pl. 106, etc.

[3] Sowerby, *Min. conch.*, pl. 80; Mantell, *Geol. of Sussex*, pl. 25. La *D. lata*, Sow., est le *S. lineatus*, Goldf., la *D. striata*, le *S. striatus*, id., etc.

[4] *Coq. foss. Par.*, t. I, p. 320.

[5] D'Archiac, *Hist. des progrès*, t. III, p. 271, et *Mém. Soc. géol.*, 2ᵉ série, t. II, pl. 9, et t. III, pl. 13; Brongniart, *Vicentin*, pl. 5, fig. 1; Goldf., *Petr. Germ.*, pl. 105; Bellardi, *Mém. Soc. géol.*, 2ᵉ série, t. IV, etc.

[6] *Coq. et pol. foss. Belg.*, p. 309.

[7] *Descr. foss. mioc. Ital. septent.*, p. 81.

[8] Sismonda, *Synopsis*, p. 12; Deshayes, *Exp. de Morée*, p. 121.

vant, le *S. sulcostatus*, d'Orb. (*costatus*, Sism. non Lam.), le *S. crassicosta*, Lamk (Atlas, pl. LXXXIV, fig. 9), et le *S. quinquecostatus*, Desh. Ce dernier a été observé pour la première fois en Morée.

Les Plicatules (*Plicatula*, Lamk, *Harpax*, Park.), — Atlas, pl. LXXXIV, fig. 10 et 11,

ont comme les précédents, des coquilles adhérentes, inéquivalves, et un peu irrégulières, ce qui les distingue facilement des peignes et des limes. Leur charnière a deux fortes dents sur chaque valve comme les spondyles, auxquelles elles ressemblent par leur surface hérissée ou rude et leurs crochets inégaux. Ces deux genres sont très voisins, et les conchyliologistes ne sont pas d'accord sur la convenance de leur séparation. Les plicatules se distinguent par l'absence d'oreillettes, par le talon de la grande valve qui ne présente pas de surface aplatie, et par la direction des dents de la charnière qui sont allongées et forment ensemble un angle aigu.

On en connaît quelques espèces qui vivent dans les mers chaudes. Les espèces fossiles ont été trouvées dans la plupart des dépôts de l'époque secondaire et de l'époque tertiaire.

Leur origine remonte probablement jusqu'à l'époque triasique.

M. d'Orbigny rapporte à ce genre [1], ce me semble avec raison, le *S. obliquus*, Münster, de Saint-Cassian.

Le lias en renferme quelques-unes.

La plus connue [2] est la *P. spinosa*, Sow. (*ventricosa*, Münster), abondante dans le lias inférieur et le lias moyen de la plus grande partie de l'Europe. (Atlas, pl. LXXXIV, fig. 10.)

M. d'Orbigny y ajoute [3] trois espèces inédites, la *P. Oceani*, d'Orb., du lias inférieur, la *P. lævigata*, d'Orb., du lias moyen, et la *P. Neptuni*, d'Orb., du lias supérieur.

Les divers étages jurassiques en ont aussi fourni quelques espèces.

La *P. peregrina*, d'Orb. (*P. pectinoides*, Sow., *Trans. geol. Soc.* non Min.

[1] *Prodrome*, t. I, p. 102 ; Münster, *Beitr. zur Petref.*, t. IV, pl. 6, fig. 34.

[2] Sowerby, *Min. conch.*, pl. 245 ; Goldf., *Petr. Germ.*, pl. 107, fig. 3.

[3] *Prodrome*, t. I, p. 220, 238 et 257.

conch., non Lamarck), caractérise le terrain kellovien de France et celui de la province de Cutch, dans l'Inde [1].

La *P. tubifera*, Lamk (*armata*, Goldf.), est répandue [2] dans le terrain oxfordien de France et d'Allemagne.

M. d'Orbigny [3] signale deux espèces inédites du bajocien, deux du bathonien, une du kellovien et une du corallien.

Les plicatules se continuent dans l'époque crétacée. Leur abondance dans une division du terrain néocomien supérieur lui a même fait donner leur nom (argile à plicatules).

M. d'Orbigny cite [4], dans le terrain néocomien inférieur, les *P. asperrima*, d'Orb., *Carteroniana*, id., et *Roemeri*, id., ainsi que la *P. placunea*, Lam. [5], qui se trouve dans le terrain néocomien de Bettancourt, etc., dans l'argile à plicatules et dans le terrain aptien supérieur. Cette espèce, réunie à la *P. radiola*, Lamk (Atlas, pl. LXXXIV, fig. 11), est fort abondante dans certains dépôts et caractérise, en particulier, celui que nous venons de désigner sous le nom d'argile à plicatules.

Ces deux espèces se continuent dans le gault où l'on retrouve aussi la *P. Rhodani*, Pictet et Roux [6].

Les craies blanches de France et d'Allemagne ont fourni [7] la *P. aspera*, Sow., la *P. nodosa*, Dujardin (*P. pectinoides*, Reuss non Sow.), et la *P. radiata*, Goldf.

Quelques espèces sont citées [8] dans les mêmes terrains aux environs de Pondichéry.

Les terrains tertiaires en renferment un petit nombre.

M. Deshayes [9] en a décrit trois espèces des environs de Paris. La *P. follis*, Defrance, a été trouvée dans les dépôts inférieurs de Beauvais. Les *P. elegans*, Desh., et *squammula*, id., caractérisent le calcaire grossier.

---

[1] *Prodrome*, p. 342 ; Sowerby, *Trans. geol. Soc.*, 2ᵉ série, t. V, pl. 22.

[2] Lamarck, *Anim. sans vert.*, t. VI, p. 186 ; Goldf., *Petr. Germ.*, pl. 107, fig. 8.

[3] *Prodrome*, t. I, p. 285, 314 et 342 ; t. II, p. 23.

[4] *Prodrome*, pl. 462.

[5] *Anim. sans vert.*, 2ᵉ édition, t. VI ; d'Orbigny, *Pal. franç.*, *Terr. crét.*, t. III, pl. 462.

[6] *Moll. des grès verts*, p. 516, pl. 47.

[7] Sowerby, *Trans. geol. Soc.*, 1831, pl. 38, fig. 7 ; Goldf., *Petr. Germ.*, t. II, pl. 107, fig. 7 ; Dujardin, *Mém. Soc. géol.*, 1837, t. II, p. 228, pl. 15, fig. 14 ; d'Orb., *Pal. franç.*, *Terr. crét.*, t. III, pl. 463.

[8] D'Orb., *Prodrome*, t. II, p. 254.

[9] *Coq. foss. Par.*, t. I, p. 313.

Il faut probablement ajouter [1] la *P. solida*, d'Orb. (*Placuna solida*, Melleville), des sables inférieurs des environs de Laon.

On cite [2] dans le terrain nummulitique, la *P. aspera*, Studer, du canton de Berne, la *P. Beaumontiana*, Al. Rouault, de Pau, la *P. Caillaudi*, Bellardi, de Nice, et la *P. Kossinckii*, d'Archiac, de Biarritz.

On trouve dans la mollasse miocène du midi de la France la *P. Marioni*, Matheron [3].

Les dépôts miocènes du Piémont ont fourni [4] les *P. dilatata*, Michelotti, *Mantelli*, id., *laeva*, id., et *miocenica*, id.

La *P. dilatata* se retrouve dans le terrain pliocène du même pays [5], où l'on cite aussi la *P. laevis*, Bellardi, et la *P. pliocenica*, E. Sism. (olim *P. ramosa*, Lam., Auct. Ped.).

Les plicatules se trouvent dans les terrains tertiaires de l'Amérique et de l'Inde.

6e FAMILLE. — OSTRACÉS.

Les ostracés se rapprochent beaucoup par leurs coquilles des familles précédentes ; ils ont comme les peignes un ligament étroit et intérieur et une charnière simple et sans dents, et n'en diffèrent que par leur forme plus irrégulière et leur test lamelleux. Ce dernier caractère les rapproche des malléacés ; mais la plupart des genres de cette dernière famille ont un ligament plus étalé et une charnière plus compliquée.

Les formes de l'animal limitent la famille des ostracés par des caractères beaucoup plus précis, car il n'a point de pied, et est par conséquent complétement immobile. Ces mollusques vivent ordinairement fixés par une de leurs valves et sont les plus imparfaits de la classe des acéphales.

Les ostracés ne forment qu'un petit nombre de genres, mais ils ont été nombreux en espèces pendant les époques secondaire et tertiaire. Ils sont abondants aussi dans les mers actuelles, et manquent complétement dans l'époque paléozoïque.

Les conchyliologistes ne sont pas d'accord sur les limites de

[1] *Sables tert. inf.* (*Ann. sc. géol.*, p. 43, pl. 1).

[2] D'Archiac, *Hist. des progrès*, t. III, p. 271, et *Mém. Soc. géol.*, 2e série, t. II, pl. 9, fig. 5; Al. Rouault, id., t. III, pl. 15; Bellardi, id., t. IV, pl. 1 (20).

[3] *Catalogue*, p. 189, pl. 32.

[4] *Descr. foss. mioc. Ital. septent.*, p. 83, pl. 3.

[5] Sismonda, *Synopsis*, p. 12.

genres principaux de cette famille. Lamarck nomme Huîtres les espèces plates, à crochets peu saillants, et Gryphées celles où la valve inférieure, grande et concave, est terminée par un crochet saillant, courbé en spirale, et où la valve supérieure est petite, plane et operculaire. Depuis lors, M. Say a nommé Exogyres les gryphées où le crochet de la grande valve est dévié de côté. Ces trois genres ont, dans leurs espèces principales, un facies qui paraît assez tranché, ainsi que l'a montré M. Léopold de Buch [1]; mais je pense avec M. Deshayes que les caractères qui les distinguent sont insuffisants pour former des genres, d'autant plus que de nombreuses transitions lient les formes extrêmes. Leur rôle doit se borner à établir des sections commodes pour la distinction des espèces.

Les Huîtres (*Ostrea*, Linné), — Atlas, pl. LXXXV, fig. 1 à 8,

forment le genre principal de cette famille; elles ont une coquille adhérente, irrégulière, feuilletée, sans dents à la charnière et sans perforation.

Tantôt les crochets sont saillants, recourbés sur la ligne médiane : c'est le groupe des Gryphées (*Gryphæa*, Lamk.), Atlas, pl. LXXXV, fig. 2, 3 et 6.

Tantôt, encore saillants et recourbés, ils s'infléchissent latéralement : c'est le groupe des Exogyres (*Exogyra*, Say, *Amphidonta*, Fischer de Waldh.), Atlas, pl. LXXXV, fig. 4 et 7.

Tantôt les crochets sont presque nuls, écartés et non enroulés : c'est le groupe des Huîtres proprement dites, Atlas, pl. LXXXV, fig. 1, duquel on peut encore distinguer le type des espèces à plis réguliers et aigus, dont M. Fischer de Waldheim a fait le genre Alectryonia (*Ostrea crista-galli*), Atlas, pl. LXXXV, fig. 6.

J'ai déjà dit que de nombreuses transitions forçaient à refuser à ces groupes une valeur générique.

Il faut également réunir aux huîtres les Ptychodes, Fischer de Waldheim, qui n'en diffèrent que par des sillons internes situés sur le bord, entre la charnière et le milieu des valves.

Les huîtres ne paraissent pas avoir vécu dans la période paléozoïque, sauf peut-être tout à fait vers la fin.

[1] *Ann. sc. nat.*, 2ᵉ série, t. III, p. 298.

MM. de Verneuil, de Keyserling et Murchison citent [1] dans le terrain permien de Russie l'*O. matercula*; mais la figure me laisse des doutes; on ne voit ni talon, ni fossette à la charnière. Ne serait-ce point une valve de térébratule?

On en connaît quelques-unes de l'époque triasique.

On cite [2] dans le muschelkalk l'*O. difformis*, Schl. (*O. multicostata*, Goldf., *complicata*, id., *Munsteri*, Bronn), qui se trouve partout où existe le muschelkalk en Allemagne. L'*O. decemcostata*, Goldf. (*O. spondyloides*, Schl., Goldf., l'*O. placunoides*, Münst., Goldf. (*O. subanomia*, id., et *reniformis*), et l'*O. Schubleri*, Alb., Goldf., proviennent aussi du muschelkalk.

Les dépôts salifériens de Saint-Cassian [3] ont fourni quelques espèces. Quelques-unes doivent être comparées plus exactement avec les précédentes. Ainsi, l'*O. montis caprilis*, Klipst., est peut-être le même que l'*O. difformis*. Les *O. aviculoides*, Klipst. et *Bronnii*, id., ne sont probablement pas distinctes de l'*O. placunoides*, Münst.

On peut admettre avec plus de certitude les *O. venusta*, Braun, Münst., la *Gryph. arcta*, id.; la *G. avicularis*, Münst., etc.

Une douzaine d'espèces sont citées dans le lias [4].

Les unes appartiennent au groupe des gryphées, et deux sont particulièrement caractéristiques. La *G. arcuata*, Lamk (Atlas, pl. LXXXV, fig. 2) (*incurva*, Sow., Ziet., *obliqua*, id., *Maccullochii*, id. non Goldf., *læviuscula*, Ziet., *ovalis*, id., *Suilla*, Goldf.), appartient au lias inférieur. Elle est fréquente en Allemagne, en France, en Angleterre, en Suisse, etc.

La *G. cymbium*, Lamk (*G. obliqua*, Goldf., *gigantea*, id., *Maccullochii*, Ziet. non Sow. non Goldf.), appartient principalement au lias moyen; elle est aussi répandue que la précédente.

D'autres espèces sont de vraies huîtres et sont lisses, telles sont l'*O. irregularis*, Goldf. (*ungula*, Münster, *semi-circularis*, Roemer, *sublamellosa*, Dunker), du lias inférieur; les *O. Goldfussi*, Bronn (*læviuscula*, Goldf.), et *auricularis*, id., du lias inférieur d'Amberg, et l'*O. squama*, Goldf., du lias d'Eckersdorf, etc.

Il faut y ajouter l'*O. erina*, d'Orb., espèce inédite du lias supérieur, l'*O. edula*, id., espèce inédite du lias inférieur.

Quelques espèces, enfin, sont plissées, telles que l'*O. semi-plicata*, Goldf.,

[1] *Pal. de la Russie*, p. 330, pl. 21, fig. 13.

[2] Goldf., *Petr. Germ.*, t. II, pl. 72, fig. 1 à 5, et pl. 79, fig. 1-4.

[3] Münster, *Beitr.*, t. IV, p. 69, pl. 7; Klipstein, *Geol. der œstl. Alpen*, p. 247, pl. 15.

[4] D'Orb., *Prodrome*, t. I, p. 220, 238 et 257; Lamk, *Hist. nat. anim. sans vert.*, 2ᵉ édit., t. VI, p. 198; Sow., *Min. conch.*, pl. 112, 391 et 547; Goldf., *Petr. Germ.*, t. II, pl. 72, 79 et 84; Zieten, *Pétr. du Wurtemb.*, pl. 45, 49, 62, 69; Phillips, *Geol. Yorksh.*, pl. 14.

du lias moyen de Baireuth, telles aussi que l'*O. Knorri*, Voltz (*costata*, Roemer), et l'*O. calceola*, Goldf., Zieten, qui se trouvent à la partie la plus supérieure du lias supérieur de Wasseralfingen (oolithe inférieure de quelques auteurs).

Il faut y ajouter, parmi les espèces inédites de M. d'Orbigny, deux qui sont plissées, l'*O. Electra*, du lias inférieur de Semur, et l'*O. Sarthacensis*, du lias supérieur de la Sarthe et du Calvados.

Elles se continuent dans l'oolithe inférieure et la grande oolithe (¹).

Le type des gryphées y est représenté par quelques espèces, et en particulier, par la *G. polymorpha*, Münst., Goldf., et l'*O. Phœdra*, d'Orb., espèce inédite appartenant comme la précédente à l'oolithe inférieure.

Parmi les espèces costées, nous remarquons dans l'oolithe inférieure, l'*O. subcrenata*, d'Orb. (*O. crenata*, Goldf. non Gmel., *O. Marshii*, Phill. non Sow.), commune en France et en Allemagne, et l'*O. tuberosa*, Münst., Goldf., de Grafenberg. Ce type n'est représenté, dans la grande oolithe, que par de petites espèces, l'*O. costata*, Sow., et l'*O. gregarea*, Morris et Lycett.

Les espèces lisses sont plus abondantes. On trouve dans l'oolithe inférieure les *O. sulcifera*, Phillips, et *exarata*, Goldf. La grande oolithe a fourni les *O. bathonica*, d'Orb., *obscura*, Sow., *luciensis*, d'Orb., l'*Exogyra auriformis*, Morris et Lycett, et surtout l'*Ostrea acuminata*, Sow. 135, si abondante dans quelques couches qu'elle leur a donné son nom (marnes à *Ostrea acuminata*).

On trouve aussi des huîtres dans le terrain kellowien et dans le terrain oxfordien (²).

Plusieurs espèces importantes sont communes à ces deux étages : telles sont dans le type des gryphées, l'*O. dilatata*, Desh., Sow. (*O. Maccullochii*, Goldf. non Zieten, Atlas, pl. LXXXV, fig. 3), répandue dans presque toute l'Europe ; dans le type des huîtres costées, l'*O. Marshii*, Sow., clairement caractérisée par ses grandes côtes en toit aigu, l'*O. amor*, d'Orb. (*colubrina*, Goldfuss), et l'*O. gregaria*, Sow. 111.

Il faut ajouter au type des gryphées l'*O. alimena*, d'Orb. (*conica*, Sow., *Geol. Trans.*), du terrain kellovien, et à celui des espèces costées, l'*O. amata*, d'Orb., du même gisement.

(¹) D'Orbigny, *Prodrome*, t. I, p. 285 et 315 ; Phillips, *Geol. of Yorksh.*, pl. 9 ; Sow., *Min. conch.*, pl. 135 et 488 ; Morris et Lycett, *Moll. from the great ool. (Palæont. Soc.,* 1853, p. 2) ; Zieten, *Pétrif. du Wurtemb.*, pl. 47 et 48 ; Goldf., *Petr. Germ.*, t. II, pl. 72, 80 et 86 ; Levallois, *Bull. Soc. géol.*, 2ᵉ série, t. VIII, p. 327.

(²) D'Orbigny, *Prodrome*, t. I, p. 342 et 374 ; Phillips, *Geol. of Yorksh.*,

Les espèces lisses sont représentées dans l'étage kellovien par les *O. undosa*, Phillips, *archetypa*, id., et *Albertina*, d'Orb. Dans l'étage oxfordien on trouve quelques petites espèces qui lient les huîtres lisses normales avec le type des exogyres. Ce sont : la *Gryphæa nana*, Sow. (*Exogyra reniformis*, Goldf.), et les *O. duriuscula*, Bean, Phill., *sandalina*, Gold., et *Bononiæ*, d'Orb.

Le terrain corallien et les étages jurassiques supérieurs renferment aussi quelques huîtres (¹).

Le type des gryphées devient rare dans cette époque et n'est représenté que par l'*O. cyprœa*, d'Orb., espèce inédite du corallien.

Le types des huîtres costées devient rare. Le corallien renferme deux des espèces oxfordiennes ou kelloviennes citées ci-dessus, l'*O. acuta*, d'Orb., et l'*O. gregaria*, Sow., et en outre l'*O. solitaria*, Sow. 168 (*pulligera*, Goldf.).

Les étages supérieurs ne paraissent pas avoir des représentants de ce type.

On trouve des espèces lisses à crochets simples et des espèces lisses à crochets un peu enroulés latéralement, qui méritent le nom d'exogyres. A cette dernière catégorie appartiennent l'*E. spiralis*, Goldf., du corallien, l'*E. virgula*, Goldf. (*Gryphæa virgula*, Defr.), espèce très caractéristique de l'étage kimméridgien, l'*E. carinata*, Roemer (*Ostrea Roemeri*, d'Orb.) de Goslar, et l'*E. Bruntrutana*, Thurmann (*denticulata*, Roemer), du terrain kimméridgien, du Porrentruy, citée aussi dans l'étage portlandien.

Parmi les espèces lisses à crochets non enroulés, je citerai surtout l'*O. deltoidea*, Sow. 148, belle espèce, caractéristique des marnes kimméridgiennes, l'*O. multiformis*, Koch et Dunker, du même étage, et les *O. Hellica*, d'Orb. (*falcata*, Sow. non Morton), et *O. expansa*, Sow. 238, du terrain portlandien d'Angleterre.

Les huîtres se continuent abondantes dans l'époque crétacée.

Les espèces des étages néocomien et aptien se présentent sous des formes variées (²).

pl. 4 et 6; Sowerby, *Min. conch.*, pl. 48, 111, 113 et 368 et *Trans. geol. Soc.*, 2ª série, t. V, pl. 22; Goldf., *Petr. Germ.*, t. II, pl. 73, 74, 80 et 86; Zieten, *Petrif. du Wurtemb.*, pl. 45 et 48; Roemer, *Norddeutsch. Ool. Geb.*, pl. 3 et 4.

(¹) D'Orbigny, *Prodrome*, t. II, p. 23, 54 et 61; Sowerby, *Min. conch.*, pl. 111, 238 et 368, et *Trans. geol. Soc.*, 2ª série, t. IV, pl. 23; Goldf., *Petr. Germ.*, t. II, pl. 72 et 86; Koch et Dunker, *Monog. Norddeutsch. Ool.*, p. 45, pl. 5; Roemer, *Norddeutsch. Ool.*, p. 65, pl. 3.

(²) D'Orbigny, *Pal. franç.*, *Terr. crét.*, t. III, pl. 465 à 470; Deshayes dans Leymerie, *Mém. Soc. géol.*, t. V, pl. 14; Brongniart dans Cuv., *Ossem. foss.*, pl. Q; Pictet et Roux, *Moll. des grès verts*, p. 520; Sowerby, *Min. conch.*, pl. 468, etc.

Les unes sont de véritables exogyres, telles que l'*O. Couloni*, Defr., très abondante dans le terrain néocomien, et l'*O. aquila*, Brong., caractéristique du terrain aptien.

D'autres avec des formes analogues du crochet ont leurs bords ondulés, formant une transition aux espèces véritablement costées. Telle est l'*O. Boussingaulti*, d'Orb., du terrain néocomien (Atlas, pl. LXXXV, fig. 7), bien voisine de l'*O. harpa*, Goldf., qui appartient aux couches aptiennes.

D'autres ont les crochets droits et les bords tantôt lisses, tantôt ondulés comme l'*O. Leymerii*, Desh., du terrain urgonien.

Quelques-unes sont à côtes aiguës, simulant des dents comme l'*O. macroptera*, Sow. (Atlas, pl. LXXXV, fig. 8), qui se trouve depuis l'étage néocomien inférieur, jusqu'à l'étage aptien, et l'*O. allobrogensis*, Pictet et Roux, des grès verts aptiens de la perte du Rhône.

Le gault n'est pas très riche en huîtres [1].

Les *O. Rauliniana*, d'Orb., *aptiennensis*, id., et *canaliculata* (Sow.), id., appartiennent au groupe des exogyres. L'*O. Milletiana*, d'Orb., est une huître à côtes aiguës.

Toutes ces espèces se trouvent en France et dans le gault des environs de Genève.

Les craies chloritées et les craies supérieures en renferment une plus grande quantité [2]. Nous n'indiquerons ici que les principales.

Le type des gryphées est représenté dans les premières par l'*O. columba*, Desh., espèce fréquente et caractéristique (Atlas, pl. LXXXV, fig. 6). Celui des exogyres l'est par l'*Exog. haliotoidea*, Sow., Goldf., l'*O. canaliculata*, Sow., d'Orb., et l'*O. conica*, id., recueillies dans les mêmes gisements, ainsi que par l'*O. flabella*, d'Orb. (*plicata*, Goldf., Atlas, pl. LXXXV, fig. 4), qui s'ondule quelquefois sur le bord.

Ce même type est plus rare dans les craies supérieures; il est en partie remplacé par des huîtres profondes, lisses, qui diffèrent des gryphées, par la brièveté de ses crochets qui ne dépassent pas le bord cardinal. La plus connue est l'*O. vesicularis*, Goldf. [3]. Ce type était déjà représenté dans le terrain cénomanien par l'*O. biauriculata*, Lamk, d'Orb.

---

[1] D'Orbigny, *Pal. franç., Terr. crét.*, t. III, p. 471 et 472; Pictet et Roux, *Moll. des grès verts*, p. 520; Sowerby, *Min. conch.*, pl. 135.

[2] Voyez d'Orbigny, *Pal. franç., Terr. crét.*, pl. 473 à 488; Sow., *Min. conch.*, pl. 26, 135, 174, 363, 369, 392, 468, 489, 605; Goldfuss, *Petr. Germ.*, t. II, pl. 75, 76, 81, 82, 86, 88, 114; Nilsson, *Petr. Suec.*, pl. 7, etc. Voyez aussi les ouvrages de Reuss, Roemer, Geinitz, etc.

[3] *Petr. Germ.*, pl. 81, fig. 2.

Il faut ajouter plusieurs petites huîtres du groupe des exogyres, trouvées dans les terrains crétacés d'Allemagne [1], telles que les *G. lateralis*, Goldf., le *G. cyrtoma*, Althaus, *cornu-arietis*, Goldf., *inflata*, id., etc.

Quelques espèces font une transition entre les exogyres et les huîtres dentées, en ayant les crochets des premières et le bord des secondes. Telle est, quelquefois, comme je l'ai dit, l'*O. flabella*, d'Orb., du terrain cénomanien, et telles sont encore l'*O. laciniata*, Goldf., et l'*O. Matheroniana*, d'Orb., du terrain sénonien.

Plusieurs ont des dents aiguës et une forme allongée, et forment un type tranché que nous avons déjà reconnu dans plusieurs époques. Telle est l'*O. carinata*, Lamk, caractéristique des grès verts et des craies cénomaniennes; telle est, à un moindre degré, l'*O. carantonensis*, d'Orb., du même terrain, l'*O. diluviana*, Linné, d'Orb., du cénomanien et du turonien. Telles sont encore de nombreuses espèces des craies supérieures, les *O. frons*, Parkinson, *santonensis*, id., *semiplanata*, id., etc.

Les huîtres simples sont représentées dans le terrain cénomanien par l'*O. Lesueurii*, d'Orb., et dans les craies supérieures par les *O. hippopodium*, Nilss., *Normanniana*, d'Orb., *Wegmanniana*, id., *acutirostris*, Nilsson, etc.

Les huîtres ne font pas une partie très importante des faunes tertiaires. On en trouve cependant dans tous les étages.

Quelques-unes caractérisent les dépôts les plus inférieurs. De ce nombre est l'*O. bellovaccina*, Lamk, répandue en France et en Angleterre [2].

Les *O. sparnacensis*, Desh., et *heteroclita*, Defr., appartiennent en France aux mêmes dépôts [3]; les *O. angusta*, Desh., et *multicostata*, id., aux couches immédiatement supérieures.

La *Gryphæa eversa*, Melleville (*O. lateralis*, Leym. non Nilss.), et l'*O. punctata*, Melley. (*subpunctata*, d'Orb.), proviennent des sables inférieurs du département de l'Oise.

Les *O. tenera*, Sow., et *pulchra*, id., ont été trouvées dans l'argile plastique de Woolwich [4].

Les huîtres du terrain nummulitique ont été décrites [5] par Goldfuss (quelques espèces du Kressenberg); d'Archiac (plusieurs espèces de Biarritz et de Bayonne, dont quelques-unes nouvelles de cette dernière localité); J. de C. Sowerby (quelques espèces de la province de Cutch). Une des plus remar-

---

[1] Goldfuss, *Petr. Germ.*, pl. 82 et 87, Althaus, *Haiding. Abhandl.*, t. III, p. 253, pl. 12.

[2] Deshayes, *Coq. foss. Par.*, t. I, pl. 48, fig. 1 et 2.

[3] Deshayes, *Coq. foss. Par.*, pl. 57, 58, 63 et 64; Melleville, *Sables tert. inf.* (*Ann. sc. géol.*, p. 41, pl. 3).

[4] Sowerby, *Min. conch.*, pl. 252 et 279.

[5] D'Archiac, *Hist. des progrès*, t. III, p. 273, et *Mém. Soc. géol.*, 2ᵉ série, t. II, p. 213, et t. III, p. 438; Goldf., *Petr. Germ.*, pl. 77.

quables est l'*O. gigantea*, Brander, considérée par M. Deshayes comme une simple variété de l'*O. latissima*, et qui parvient à une taille colossale. Cette *O. latissima* se trouve dans le calcaire grossier de France et dans l'argile de Londres.

Ce dernier gisement a fourni aussi l'*A. dorsata*, Sow. [1].

Lamarck et M. Deshayes [2] ont décrit quarante et une espèces, en y comprenant celles des dépôts inférieurs dont nous venons de parler, et celles des couches miocènes ; une douzaine d'espèces proviennent du calcaire grossier du bassin de Paris, et autant des sables éocènes supérieurs. Une des plus répandues est l'*O. flabellula*, Lamk, du premier de ces gisements.

L'*O. virgata*, Goldf. [3], a été trouvée dans les dépôts éocènes de Belgique. (Atlas, pl. LXXXV, fig. 5.)

Les étages miocène et pliocène contiennent également des huîtres.

M. Deshayes a compris dans les fossiles du bassin de Paris quelques espèces des sables de Fontainebleau et de Versailles (*O. callifera*, Lamk, *cochlearia*, id., *cyathula*, id., *longirostris*, id.). L'*O. longirostris*, remarquable par sa grande taille, est répandue aussi dans le midi de la France [4].

Les espèces de Belgique ont été étudiées par M. Nyst [5].

On trouve dans le terrain tongrien les *O. paradoxa*, Nyst, *Meadii*, Nyst non Sow. (*Nystii*, d'Orb.), *ventilabrum*, Goldf., ainsi qu'une espèce rapportée à l'*O. belloraccina*, et qui est, pour M. d'Orbigny, l'*O. belgica*. Les *O. gigantea* et *virgata*, précitées, s'y retrouvent aussi.

Le système campinien a fourni les *O. undulata*, Nyst non Sow. (*princeps*, Wood), *ungulata*, Nyst (?), et *edulis*, Linn.

L'*O. Doublieri*, Matheron, provient de la mollasse du midi de la France [6].

Les *O. corrugata*, Brocchi, *Broderipi*, Michelotti, et *neglecta*, id., caractérisent la faune miocène du Piémont [7].

Le terrain pliocène du même pays renferme sept espèces dont quatre paraissent encore représentées dans les mers actuelles [8].

[1] *Min. conch.*, pl. 489.

[2] Deshayes, *Coq. foss. Par.*, t. I, p. 350.

[3] Goldfuss, *Petr. Germ.*, t. II, pl. 76, fig. 3 ; Nyst, *Coq. et pol. foss. Belg.*, pl. 28, fig. 2.

[4] C'est probablement en partie sur des variétés de cette espèce que M. Marcel de Serres a décrit des huîtres nombreuses du Midi, *Ann. sc. nat.*, 2ᵉ série, t. XX, p. 142.

[5] Nyst, *loc. cit.*

[6] Matheron, *Catal.*, p. 193, pl. 32.

[7] Michelotti, *Descr. foss. mioc. Ital. septent.*, p. 80.

[8] Sismonda, *Synopsis*, p. 11.

L'O. *navicularis*, Brocchi (*O. cochlear*, Poli), vivante, se retrouve dans les terrains récents de Morée [1].

L'O. *undata*, Lamk, se trouve dans le bassin miocène de Bordeaux, avec une partie des espèces précédentes.

Les huîtres du terrain tertiaire d'Allemagne ont été décrites [2] par Goldfuss (quinze espèces plissées dont sept nouvelles, six sans plis dont une seule nouvelle, et en outre la *Gryphæa navicularis*, Bronn, Zieten, ou *O. gryphoides*, qui paraît la même que l'O. *longirostris*, Lamk); Dubois de Montpéreux (*O. digitalina*); Philippi (*O. bullata*, de Cassel, ou *subbullata*, d'Orb.).

M. Wood [3] ne cite que deux espèces d'huîtres dans le crag, l'O. *edulis*, Lin., ou huître commune, et l'O. *princeps*, Wood (*O. undulata*, Nyst non Sow.), qui paraît éteinte et que nous avons déjà citée dans le crag de Belgique.

Il faut ajouter plusieurs espèces américaines [4].

Les Placunes (*Placuna*, Lamk)

forment un genre dont l'animal est encore inconnu et dont par conséquent les rapports ne peuvent pas être fixés. Elles se rapprochent des anomies par l'intermédiaire du genre PLACUNANOMIA [5] ; mais leur impression musculaire simple semble prouver des affinités plus grandes avec les huîtres.

Ce genre est caractérisé par une coquille irrégulière, aplatie, à valves minces, presque égales. La charnière offre sur une valve deux côtes longitudinales, tranchantes, qui forment un V, et sur l'autre valve deux impressions correspondantes. Le test est feuilleté.

Il est douteux que ce genre existe à l'état fossile.

On lui a rapporté, à tort, quelques espèces. La *P. pectinoides*, Lamk, est

[1] Deshayes, *Expédit. de Morée*, p. 124.

[2] Goldfuss, *Petr. Germ.*, t. II, pl. 76, 77, 78, 82, 83 ; Zieten, *Pétrif. du Wurtemb.*, pl. 48 ; Dubois de Montpéreux, *Conch. foss. plat. Volh.*, pl. 8 ; Philippi, *Tert. Verst. nordwest. Deutschl.*, p. 16, pl. 2. Nous avons figuré, dans l'Atlas, pl. LXXXV, fig. 1, une huître rapportée par Goldfuss à l'O. *edulis*, vivante.

[3] *Moll. from the crag* (*Palæont. Soc.*, 1850, p. 12).

[4] D'Orbigny, *Prodrome*, t. III, p. 133.

[5] Le genre PLACUNANOMIA, Broderip, a la dent en V des placunes, mais sa petite valve est échancrée par une fente qui rappelle le trou des anomies. On n'en connaît pas de fossiles.

une plicatule, ainsi que la *P. nodulosa*, Zieten ; la *P. jurensis*, Roemer, est une placunopsis.

La *P. papyracea*, Lamk., qui vit aujourd'hui dans la mer Rouge, a été trouvée fossile ou subfossile en Égypte.

M. Morton [1] cite la *P. scabra* comme trouvée dans l'étage inférieur du terrain crétacé des États-Unis. C'est une espèce douteuse.

Les Placunopsis, Morris et Lycett, — Atlas, pl. LXXXV, fig. 9,

ont une coquille suborbiculaire, inéquivalve, mince. La valve convexe est ordinairement ornée de lignes rayonnantes ; son bord cardinal est court et droit. La petite valve n'est point échancrée et quelquefois fixée. La charnière est dépourvue de dents. L'impression musculaire est subcentrale, grande, probablement bilobée.

Ces coquilles semblent intermédiaires entre les anomies et les placunes. Elles ont la coquille mince et irrégulière de toutes les deux ; mais elles n'ont ni les dents des placunes, ni la valve percée des anomies et des placunanomies.

On n'en connaît aucune espèce vivante, et les fossiles paraissent spéciales à l'époque jurassique.

MM. Morris et Lycett [2] en ont décrit quatre espèces de la grande oolithe d'Angleterre, les *P. jurensis* (Atlas, pl. LXXXV, fig. 9), *socialis*, *ornatus* et *radians*. Ces naturalistes associent la première à la *Placuna jurensis*, Roemer (*Anomia jurensis*, Morris), du terrain corallien supérieur. Il est impossible de juger par les figures de l'exactitude de ce rapprochement.

Les Anomies (*Anomia*, Lin.). — Atlas, pl. LXXXV, fig. 10,

sont très inéquivalves, presque toujours orbiculaires ou plates. Elles se fixent aux corps marins, dont elles prennent, pour ainsi dire, l'empreinte. La valve inférieure, qui est la plus petite, est percée pour le passage d'un ligament qui sert à fixer l'animal, et qui sécrète une lame calcaire sur le corps étranger où il adhère. La valve supérieure présente une impression musculaire divisée en trois parties. La valve inférieure n'en offre qu'une. La charnière est simple et ressemble à celle des placunes, dont les lames en V se seraient effacées.

[1] *Journ. Acad. Phil.*, VIII, p. 222.

[2] *Moll. from the great ool.* (*Palæont. Soc.*, 1853, p. 5) ; Roemer, *Nord-deutsch. Ool.*, p. 66, pl. 16, fig. 4.

Les organes principaux de l'animal paraissent montrer de grands rapports avec les huîtres. Les anciens auteurs les avaient à tort réunis aux térébratules en exagérant l'importance du trou par lequel ces mollusques se fixent aux corps sous-marins [1].

Les espèces vivantes ont été encore peu étudiées et paraissent répandues dans la plupart des mers ; les espèces fossiles se trouvent dans les terrains jurassiques, crétacés et tertiaires [2].

Elles manquent dans le lias et ne paraissent pas nombreuses dans l'époque jurassique.

L'*A. elliptica*, d'Orb. (*Orbicula elliptica*, d'Archiac), a été trouvée dans la grande oolithe de l'Aisne et du Calvados [3].

L'*A. jurensis*, d'Orb. (*Placuna*, Roemer), paraît être, comme je l'ai dit, une placunopsis.

Je ne connais pas l'*A. kimmeridgiensis*, d'Orb., ni l'*A. portlandica*, id. [4], espèces inédites du terrain kimméridgien et du terrain portlandien de France.

Elles sont un peu plus abondantes dans les dépôts de l'époque crétacée.

L'*A. neocomiensis*, d'Orb. [5], provient du néocomien de Castellane.

Les *A. convexa*, Sow. [6], *lævigata*, id., et *radiata*, id. (*pseudoradiata*, d'Orb.), ont été trouvées dans le lower greensand d'Angleterre.

L'*A. costulata*, Roemer [7], a été trouvée dans le hils des environs de Schœppenstedt.

L'*A. papyracea* [8] caractérise le terrain cénomanien des Deux-Sèvres.

Les terrains crétacés moyens et supérieurs d'Allemagne ont fourni [9] les

<hr>

[1] Les anomies ont reçu divers noms. Ce sont des Fenestella, pour Bolten, des Echion et Echioderma, pour Poli, des Cepa, pour Humphrey.

[2] Les fossiles des terrains paléozoïques décrits par les anciens auteurs sous le nom d'*anomia*, sont des brachiopodes.

[3] D'Orbigny, *Prodrome*, t. I, p. 315 ; d'Archiac, *Mém. Soc. géol.*, t. V, p. 375, pl. 27.

[4] *Prodrome*, t. II, p. 55 et 64.

[5] *Pal. franç.*, *Terr. crét.*, t. III, pl. 489.

[6] Dans Fitton, *Trans. geol. Soc.*, 2ᵉ série, t. IV, pl. 14.

[7] *Norddeutsch. Ool.*, suppl., pl. 18, fig. 5.

[8] *Pal. franç.*, *Terr. crét.*, t. III, p. 755, pl. 489.

[9] Geinitz, *Quadersandsteingeb.*, pl. 11, fig. 6-9 ; Reuss, *Kreidef.*, II, p. 45, pl. 31 ; Roemer, *Norddeutsch. Kreid.*, p. 49, pl. 8, etc.

A. semiglobosa, Geinitz, *excisa*, Reuss, *subradiata*, id., *lamellosa*, Roemer, etc.

M. Morton [1] cite deux espèces du terrain crétacé des États-Unis.

`en connaît quelques-unes des terrains tertiaires.

Les terrains tertiaires [2] éocènes renferment l'*A. tenuistriata*, Desh., du calcaire grossier (Atlas, pl. LXXXV, fig. 40), l'*A. lineata*, Sow., de l'argile de Londres, et l'*A. sublævigata*, d'Orb. (*lævigata*, Nyst non Sow.), du même gisement et de l'étage contemporain de Belgique.

L'*A. intustriata*, d'Archiac [3], provient du terrain nummulitique des Landes.

L'*A. asperella*, Philippi [4], a été recueillie dans le terrain tertiaire de Cassel.

Goldfuss [5] a figuré cinq espèces dont une seule nouvelle, savoir : l'*A. lens*, marck, de Cassel, etc.; l'*A. ephippium*, Lin. (*cepa* et *plicata*, Brocchi), du quaternaire de Sicile, du pliocène de l'Astézan et du tertiaire de Bünde; l'*A. orbiculata*, Brocchi, de Plaisance et de Bünde; l'*A. striata*, Brocchi, de l'Astézan, de Plaisance, de Perpignan et de Bünde, et l'*A. squamosa*, Goldf., de Bünde.

Il faut ajouter [6] l'*A. costata*, Bronn, Brocchi (*A. sulcata*, Poli), et l'*A. electrica*, Lin., qui se trouvent à la fois dans le terrain pliocène de l'Astézan et dans la Méditerranée.

M. Wood [7] cite dans le crag d'Angleterre quatre espèces qui se rapportent toutes à des vivantes.

Les PULVINITES, Defrance, — Atlas, pl. LXXXV, fig. 11,

participent à la fois aux caractères des anomies et à ceux des pernes. Elles ont, comme les premières, une valve aplatie, pourvue d'une ouverture ronde, mais sans opercule, et, comme les dernières, un ligament multiple divisé en fossettes transverses. La surface ligamentaire forme une facette en croissant.

M. Defrance, en établissant ce genre, n'avait connu que la grande valve et par conséquent que les caractères qui rappro-

[1] *Synopsis cret. group.*, p. 61.
[2] Deshayes, *Coq. foss. Par.*, t. I, p. 377; Sowerby, *Min. conch.*, pl. 425; Nyst., *Coq. et pol. foss. Belg.*, p. 311, pl. 24.
[3] *Mém. Soc. géol.*, 2ᵉ série, t. III, pl. 13.
[4] *Tert. verst. Nordw. Deutsch.*, p. 50, pl. 2.
[5] *Petr. Germ.*, t. II, p. 39, pl. 88, fig. 4 à 8.
[6] Sismonda, *Synopsis*, p. 11.
[7] *Moll. from the crag* (Palæont. Soc., 1850, p. 76).

chent ce genre des pernes. L'existence d'un trou dans la petite valve a été signalée par M. d'Orbigny.

On ne connaît que deux espèces fossiles de ce genre, aujourd'hui éteint.

La *P. rupellensis*, d'Orb. [1], espèce inédite, a été trouvée dans le terrain corallien de la Rochelle. Elle était fixée sur des polypiers.

La *P. Adansoni*, Defrance [2], provient de l'étage crétacé supérieur. C'est l'espèce figurée dans l'Atlas.

[1] *Prodrome*, t. II, p. 24.
[2] *Dict. sc. nat.*, 1820, t. XLIV, p. 407, pl. 88, fig. 3.

FIN DU TOME TROISIÈME.

TABLE DES MATIÈRES

DU TOME TROISIÈME.

FIN DE LA TABLE DU TOME TROISIÈME.

HISTOIRE NATURELLE
DES MOLLUSQUES
TERRESTRES ET FLUVIATILES
DE FRANCE,

CONTENANT DES ÉTUDES GÉNÉRALES SUR LEUR ANATOMIE ET LA DESCRIPTION
PARTICULIÈRE DES GENRES, DES ESPÈCES ET DES VARIÉTÉS,

PAR A. MOQUIN-TANDON,

Membre de l'Institut de France,
Professeur d'histoire naturelle à la Faculté de médecine de Paris, etc.

Ce bel ouvrage forme 2 volumes grand in-8 de chacun 400 pages, accompagnés d'un atlas de 54 planches gravées. Il est publié en six livraisons, chacune de 140 pages de texte et 9 planches gravées.

Prix de la livraison, figures noires.............. 7 fr.
— avec figures coloriées........ 11

HISTOIRE NATURELLE
DES
ANIMAUX SANS VERTÈBRES,

PRÉSENTANT

LES CARACTÈRES GÉNÉRAUX ET PARTICULIERS DE CES ANIMAUX,
LEUR DISTRIBUTION, LEURS CLASSES, LEURS FAMILLES, LEURS GENRES,
ET LA CITATION SYNONYMIQUE DES PRINCIPALES
ESPÈCES QUI S'Y RAPPORTENT,

PRÉCÉDÉE D'UNE INTRODUCTION OFFRANT LA DÉTERMINATION
DES CARACTÈRES ESSENTIELS DE L'ANIMAL, SA DISTINCTION DU VÉGÉTAL ET DES AUTRES
CORPS NATURELS; ENFIN, L'EXPOSITION DES PRINCIPES FONDAMENTAUX
DE LA ZOOLOGIE,

Par J.-B.-P.-A. DE LAMARCK,

Membre de l'Institut de France, professeur au Muséum d'histoire naturelle.

Deuxième édition revue et augmentée de nombreuses additions

PRÉSENTANT LES FAITS NOUVEAUX DONT LA SCIENCE S'EST ENRICHIE JUSQU'A CE JOUR,

Par MM. G.-P. DESHAYES et H. MILNE EDWARDS,

Ouvrage complet, 11 forts volumes in-8 de 700 pages chacun. — Prix du volume, 8 fr.

Dans cette nouvelle édition, M. Deshayes s'est chargé de revoir et de compléter l'*Introduction*, l'*Histoire des Mollusques et des Coquilles*; M. Milne Edwards, les *Infusoires*, les *Polypiers*, les *Zoophytes* l'organisation des *Insectes*, les *Arachnides*, les *Crustacés*, les *Annelides*, les *Cirrhipèdes*; M. F. Dujardin, les *Radiaires*, les *Echinodermes* et les *Tuniciers*; M. de Nordmann, de Berlin, les *Vers*, etc.

Les nombreuses découvertes des voyageurs, les travaux originaux de MM. Milne Edwards et Deshayes ont rendu les additions tellement importantes, que l'ouvrage de Lamarck a plus que doublé dans plusieurs parties, principalement dans l'*Histoire des Mollusques*, et nous ne craignons pas d'annoncer cette deuxième édition comme un ouvrage nouveau, devenu de première nécessité pour toute personne qui veut étudier avec succès les sciences naturelles en général, et en particulier celle des animaux inférieurs.

Cet ouvrage est ainsi distribué :

Tome Ier, Introduction, Animaux infusoires, in-8 de 440 pages. — Tome II, Polypiers, Zoophytes, in-8 de 684 pages. — Tome III, Les Radiaires, les Echinodermes, les Tuniciers, les Vers, Organisation des Insectes, in-8 de 770 pages. — Tome IV, Histoire des Insectes, in-8 de 787 pages. — Tome V, Les Arachnides, les Crustacés, les Annelides, les Cirrhipèdes, in-8 de 700 pages. — Tome VI, Histoire des Mollusques, in-8 de 600 pages. — Tome VII, Histoire des Mollusques, in-8 de 700 pages. — Tome VIII, Histoire des Mollusques, in-8 de 660 pages. — Tome IX, Histoire des Mollusques, in-8 de 728 pages. — Tome X, Histoire des Mollusques, in-8 de 610 pages. — Tome XI et dernier, Histoire des Mollusques, suivie d'une *Table générale des matières*.

DESCRIPTION DES ANIMAUX FOSSILES qui se trouvent dans le terrain carbonifère de la Belgique, par L. de Koninck, professeur de l'Université de Liége, 2 volumes in-4, dont 1 de 69 planches avec un supplément, in-4, avec 5 planches. 88 fr.
— Le supplément séparément, in-4, de 76 pages, avec 5 planches, 8 fr.

HISTOIRE DES SCIENCES NATURELLES AU MOYEN AGE, ou Albert le Grand et son époque considérés comme point de départ de l'école expérimentale, par F.-A. Pouchet, professeur d'histoire naturelle au Musée de Rouen, membre correspondant de l'Institut de France. Paris, 1853, 1 beau vol. in-8. 9 fr.

CATALOGUE MÉTHODIQUE ET DESCRIPTIF DES VERTÉBRÉS FOSSILES découverts dans le bassin hydrographique supérieur de la Loire, et surtout dans la vallée de son affluent principal, l'Allier, par M. Pomel, membre de plusieurs sociétés savantes. Paris, 1854. In-8 de 193 p. 3 fr.

PRINCIPAUX GLACIERS DE LA SUISSE, par H. Hogard. 1854, in-8 et atlas de 10 planches grand in-folio oblong, imprimées en lavis aquarelle d'après les originaux dessinés et peints d'après nature. 50 fr.

COUP D'OEIL SUR LE TERRAIN ERRATIQUE DES VOSGES, par H. Hogard. 1851, grand in-8 avec atlas de 32 planches in-folio lithographiées et imprimées en couleur. 30 fr.

LE MONDE PRIMITIF A SES DIFFÉRENTES ÉPOQUES DE FORMATION. Tableau des diverses périodes du monde primitif, par F. Unger, 1851. Texte in-4 en allemand et en français, avec 14 tableaux grand in-folio coloriés. 60 fr.

ESQUISSES OROGRAPHIQUES DE LA CHAINE DU JURA, par J. Thurmann, président de la Société jurassienne d'émulation, Porrentruy, 1852. In-4 avec 3 grandes cartes coloriées. 12 fr.

DESCRIPTION DES POISSONS FOSSILES du mont Liban, par M. F.-J. Pictet. 1850. In-4 avec 10 planches. 15 fr.

DESCRIPTION DES MOLLUSQUES FOSSILES qui se trouvent dans les grès verts des environs de Genève, par F.-J. Pictet et W. Roux. 1847-1853. Grand in-4 avec 51 planches (publié en 4 livraisons). 60 fr.

ESSAI SUR LA TOPOGRAPHIE GÉOGNOSTIQUE DU DÉPARTEMENT DE L'OISE, par L. Graves, membre de la Société géologique de France, ancien secrétaire général de la préfecture de l'Oise. Beauvais, 1847. 1 vol. in-8 de 800 pages. 8 fr.

STATISTIQUE GÉOLOGIQUE, minéralogique, minéralurgique et paléontologique du département de la Meuse, par A. Buvignier, membre de la Société géologique de France. Paris, 1852. 1 vol. in-8 de 700 pages, accompagné d'un bel atlas de 32 planches grand in-folio, contenant les descriptions et figures de 400 espèces inédites de fossiles des terrains jurassiques et crétacés. 48 fr.

ÉTUDES SUR LES ÉCHINIDES FOSSILES DU DÉPARTEMENT DE L'YONNE, par M. Cotteau. Cet ouvrage formera environ 20 livraisons, chacune de 16 pages et 2 planches in-8. 14 livraisons sont publiées. Prix de chaque livraison, 75 fr.

DESCRIPTION DES COQUILLES FOSSILES DES ENVIRONS DE PARIS, par G.-P. Deshayes. 3 vol. in-4 avec 160 planches. 160 fr.

GÉOGNOSIE DES TERRAINS TERTIAIRES, ou tableaux des principaux animaux invertébrés des terrains marins tertiaires du midi de la France, par Marcel de Serres, professeur de géologie à la Faculté des sciences de Montpellier. 1829, 1 vol. in-8 avec 6 planches. 7 fr. 50 c.

www.ingramcontent.com/pod-product-compliance
Lightning Source LLC
LaVergne TN
LVHW021919060726
842528LV00001B/35